电沉积材料及其现代测试分析与表征

姜传海　赵远涛　杨传铮　著

Electrodeposition Materials and Their Modern Testing-
Analysis and Characterization

Chuan-Hai Jiang，Yuan-Tao Zhao and Chuan-Zheng Yang

U0223058

科学出版社

北　京

内 容 简 介

全书分三部分，共 21 章。第一部分共 3 章(第 1～3 章)：电沉积原理、装备和工艺简介、电沉积有关理论问题、电沉积材料的性能及其应用领域。第二部分共 6 章(第 4～9 章)：表征电沉积材料化学成分的主要测试分析方法(4～5 章)、表征电沉积材料结构的主要射线衍射测试分析方法(第 6～8 章)、表征电沉积材料显微组织的主要测试分析方法(第 9 章)。第三部分共 11 章(第 10～20 章)，选择若干具有典型性、代表性的电沉积材料的制备、性能和现代测试分析与表征，以此示例。第 21 章"电沉积材料研究的新进展和展望"是全书的总结。

本书适合作为材料学等专业的高年级本科生、研究生的教学用书，也可供相关专业的科研人员参考使用。

图书在版编目（CIP）数据

电沉积材料及其现代测试分析与表征 / 姜传海，赵远涛，杨传铮著.-- 北京：科学出版社，2024.6.-- ISBN 978-7-03-078947-1

Ⅰ . TF111.34

中国国家版本馆 CIP 数据核字第 2024PG2305 号

责任编辑：刘凤娟　杨　探 / 责任校对：彭珍珍
责任印制：赵　博 / 封面设计：无极书装

科学出版社 出版

北京东黄城根北街 16 号
邮政编码：100717
http://www.sciencep.com

三河市春园印刷有限公司印刷
科学出版社发行　各地新华书店经销

*

2024 年 6 月第 一 版　开本：720×1000　1/16
2025 年 1 月第二次印刷　印张：47 3/4
字数：940 000
定价：299.00 元
（如有印装质量问题，我社负责调换）

作 者 介 绍

姜传海，男，1963 年 9 月生，汉族，教授，博士生导师。

1983 年 7 月毕业于兰州大学物理系(现物理科学与技术学院)，1983 年至 1995 年在哈尔滨汽轮机厂工作，1995 年至 2000 年在哈尔滨工业大学材料科学与工程学院攻读博士学位，2000 年至 2001 在上海交通大学材料科学与工程学院从事博士后工作。2001 年至今，在上海交通大学材料科学与工程学院从事材料内应力、电沉积和喷丸强化及其表征等方面的教学与科研工作。2007 年在法国国立高等工程技术学院(ENSAM)作高级访问学者。

现担任俄罗斯工程院外籍院士、国际喷丸学术委员会委员、中国机械工程学会材料分会常务理事及残余应力专业委员会副主任兼秘书长、中国机械工程学会失效分析分会常务理事及喷丸技术专业委员会常务副主任、中国机械工程学会理化检验分会理事、中国晶体学会理事及粉末衍射专业委员会委员、中国物理学会 X 射线衍射专业委员会委员、上海市物理学会 X 射线衍射与同步辐射专业委员会主任等。

曾开设有"材料组织结构表征""无损检测""X 射线衍射原理和技术""材料近代物理测试方法""不完整晶体结构及分析方法""同步辐射技术及其应用"等课程。

共主持国家及大型企业科研项目 100 余项，涉及我国核电、高铁、航空航天等制造领域的关键零部件，包括残余应力与安全性评价、喷丸强化与抗疲劳延寿、表面涂层与防腐、激光处理与增材制造等。累计发表 SCI 学术论文 200 余篇，授权发明专利 30 余项，获各类奖多项，合编教材及专著多部。

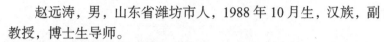

赵远涛，男，山东省潍坊市人，1988 年 10 月生，汉族，副教授，博士生导师。

2010 年 7 月本科毕业于山东大学材料科学与工程学院，2013 年 6 月硕士毕业于太原理工大学表面工程研究所，2018 年 9 月博士毕业于上海交通大学材料科学与工程学院，师从徐洲教授、姜传海教授。2021 年 1 月至今，在上海大学材料科学与工程学院、上海市纳米科技与产业发展促进中心进行博士后研究工作，师从董瀚教授、刘彦伯研究员。2019 年至今，在上海海事大学商船学院从事船舶腐蚀防护、涂层技术、增材制造及新材料等方面的教学与科研工作。2016～2017 年在德国 Helmholtz-Zentrum Geesthacht 研究所做访问学者。

现任中国机械工程学会材料分会理事、中国机械工程学会磨料丸料技术学术委员会副秘书长、残余应力学术分会委员、工程陶瓷专业委员会理事、喷丸技术专业委员会委员、上海市物理学会 X 射线衍射与同步辐射专业委员会委员、上海市腐蚀科学技术学会会员，*Frontiers in Chemical Engineering*(Review Editor)、《表面技术》、《失效分析与预防》、《电镀与涂饰》青年编委。

主持国家自然科学基金 2 项(面上 1 项、青年 1 项)、上海市青年科技英才扬帆计划项目 1 项、企业产学研合作项目 10 项，发表学术论文 100 余篇，被 SCI 检索 50 余篇，申请专利 20 余项，参与制定电网腐蚀防护行业标准 2 项，荣获"第五届全国设备管理与技术创新成果"一等奖，上海市青年科技英才，上海市"互联网+"优秀指导教师。

杨传铮，男，湖南新晃人，1939 年 8 月生，侗族，教授。

1963 年 6 月毕业于上海科学技术大学物质科学与技术学院。1963 年 7 月～1988 年 9 月在中国科学院上海冶金研究所从事材料物理、X 射线衍射和电子显微镜应用方面的研究。1988 年 10 月～1993 年 5 月先后应美国 Exxon 研究与工程公司和美国 Biosym 技术有限公司邀请，在美国长岛布鲁克海文

(Brookhaven)国家实验室(BNL)从事材料的同步辐射和中子衍射、散射合作研究。1993 年 6 月～1999 年 8 月在上海大学物理系任教，退休。

先后给研究生开设"激光光谱学""物质结构研究的理论与方法""同步辐射应用基础"和"应用物理前沿系列讲座"等课程。先后在各种期刊杂志上发表相关论文 60 多篇。《材料科学中的晶体结构和缺陷的 X 射线研究》获 1982 年国家自然科学四等奖(排名第二)，《遥控式 X 射线貌相机》获 1984 年上海市重大科研成果三等奖(排名第一)。

曾任中国物理学会 X 射线衍射专业委员会第一届委员(1982～1998 年)兼秘书长(1982～1986 年)，上海市 X 射线与同步辐射专业委员会第一届委员兼秘书长(1982～1992 年)，上海市金属学会理事兼材料专业委员会副主任。现任上海市物理学会 X 射线衍射与同步辐射专业委员会资深委员。

2004 年 3 月～2011 年 10 月应中国科学院上海微系统与信息技术研究所(原中国科学院冶金研究所)之聘，在纳米材料和电池活性物质及电极过程方面进行大量研究，又发论文 40 多篇。2010 至今任上海交通大学材料科学与工程学院 X 射线实验室顾问教授。

著作有：

(1)《物相衍射分析》，冶金工业出版社，1989。

(2)《晶体的射线衍射基础》，南京大学出版社，1992。

(3)《同步辐射 X 射线应用技术基础》，上海科学技术出版社，2009。

(4)《纳米材料的 X 射线分析》，化学工业出版社，2010，第 2 版，2019。

(5)《材料的射线衍射和散射分析》，研究生教材，高等教育出版社，2010。

(6)《X 射线衍射技术及其应用》，华东理工大学出版社，2010。

(7)《中子衍射技术及其应用》，科学出版社，2012。

(8)《内应力衍射分析》，科学出版社，2013。

(9)《科研征途辛乐行记》，上海大学出版社，2015。

(10)《绿色二次电池的材料表征和电极过程机理》，科学出版社，2015。

(11)《材料喷丸强化及其 X 射线衍射表征》，科学出版社，2019。

(12)《材料现代测试分析与研究》，高等教育出版社，研究生教材，2021。

(13) *Material Characterization and Mechanism Research of Secondary Battery*, Springer International Publishing，2022。

三位作者在上海交通大学材料科学与工程学院门厅的合影。左起依次为姜传海、杨传铮、赵远涛

前　言

电沉积(electrodeposition)和电镀(electro-plating)属同义词，前者比较学术化些，后者比较通俗。同样，电镀液和电沉积液是同义词，电镀层和电沉积层也是同义词。本书常混用，没有必要完全统一。

金属电沉积过程是指在电流作用下，电解液中金属离子在阴极附近还原，并沉积到基体表面形成具有一定性能的金属镀层。电沉积是一种涉及多学科的综合性技术，与电化学、络合物化学、有机化学、表面化学、结晶学、材料学及机电工程等学科密切相关。电解液的组成，如主电解液、络合剂、添加剂、其他辅助试剂和电镀条件(如温度、酸度、电流密度、电极电势、搅拌等)等，都将直接或间接影响金属离子的放电和电结晶过程。这些因素对电极过程的影响，主要表现在改变金属离子的形态和活化能；对电结晶过程的影响，表现在所得到电沉积层的各种性质上。

与其他沉积技术相比，如物理气相沉积(PVD)和化学气相沉积(CVD)，电沉积具有经济性和选择性的优点，以及优良的深沉积能力，较好的抗有机和金属杂质性能。

我国于20世纪70年代开始复合电沉积技术的研究，后来又出现脉冲复合电沉积这种新技术，它与直流复合电沉积相比，能有效地提高镀层质量，同时减少了添加剂，适应绿色生产的需要，在工程中获得越来越广泛的应用。

就沉积的材料而言，有单一金属及其合金，如铬、锌及锌合金、铜及铜合金、锡及锡合金等。

复合电沉积是指用电沉积时把非水溶性的固体微粒共沉积或用机械办法夹杂到镀层中，所形成的镀层，其实质是用电沉积办法制造复合材料，如 Ni-金刚石复合电镀、Ni-SiC、Fe-Al$_2$O$_3$、Fe-SiC 等。复合电沉积技术实质是在材料/零部件表面制备复合材料的方法。

夹杂层中的非水溶性物质大多数以固体微粒形式加入电镀液中，在电沉积的过程中进入镀层；加入的固体物质通常是细小的团状、块状物，也可以是丝状物，如碳化硅纤维、碳纤维、硼纤维、金属须等，此时则可以大幅度提高镀层的抗拉强度。团状、块状固体夹杂物通常是非金属颗粒，如碳化物、氧化物、氮化物、树脂等，但也可以是金属颗粒，如钨粉、铝粉、锌粉等。

固体夹杂物可以是小于 1μm 的微粉，也可以是大于 1mm 的粗砂，固体夹杂物可以是最硬的天然的或人造的金刚石，也可以是柔似膏脂的 MoS_2、WS_2、石墨等。固体夹杂物在金属镀层中的含量可高达 60%(体积百分数)，其含量的多少，可以方便地随意调节和控制。

随着科学技术与生产的发展，电沉积薄膜材料的应用已遍及国民经济各个生产和研究部门，例如机器制造、电子、精密仪器、化工、轻工、交通运输、兵器、航空、航天和核电等，对电沉积层性能的要求逐渐提高，其有着重要的应用前景，因此国内外都极其重视。

进入 21 世纪以来，国内已出版了几本专著，这里列出代表性的七本。

(1) 屠振密，安茂忠，胡会利,《现代合金电沉积理论与技术》,国防工业出版社，2016。

(2) 徐瑞东，王军丽,《金属基纳米复合材料脉冲电沉积制备技术》,冶金工业出版社，2010。

(3) 郭忠诚，曹梅,《脉冲复合电沉积的理论与工艺》,冶金工业出版社，2009。

(4) 屠振密,《电沉积纳米晶材料技术》,国防工业出版社，2008。

(5) 冯辉,《电镀理论与工艺》,化学工业出版社，2008。

(6) 郭鹤桐，张三元,《复合电镀技术》,化学工业出版社，2007。

(7) 安茂忠,《电镀理论与技术》,哈尔滨工业大学出版社，2004。

查看这几本书的章节目录，继而通读之后可知，主要描述了电镀的原理、方法及应用，涉及材料的组织结构的现代测试分析与表征的表述较少。基于我们课题组 20 多年开展一系列电沉积材料制备及其组织结构表征的研究，获得许多创新成果，培养不少硕士、博士研究生。在此基础上，我们在查阅"电镀和复合电镀"这一专题相关文献资料后，想用全新的思路、组织结构编著《电沉积材料及其现代测试分析与表征》。

本书的主要内容和特色介绍如下：

(1) 全书分三部分，共 21 章。第一部分共 3 章(第 1~3 章)：电沉积原理、装备和工艺简介、电沉积有关理论问题、电沉积材料的性能及其应用领域。第二部分共 6 章(第 4~9 章)：表征电沉积材料化学成分的主要测试分析方法(4~5 章)、表征电沉积材料结构的主要射线衍射测试分析方法(第 6~8 章)、表征电沉积材料显微组织的主要测试分析方法(第 9 章)。第三部分共 11 章(第 10~20 章)，选择若干具有典型性、代表性的电沉积材料的制备、性能和现代测试分析与表征，以此示例。第 21 章"电沉积材料研究的新进展和展望"是全书的总结。

(2) 全书突出材料的"现代测试分析与表征"。

(3) 本书以"电沉积复合材料"和"电沉积纳米材料"为重点，兼顾普通电沉积材料。

(4) 电沉积制备材料的测试分析与表征，当然首先是电沉积材料性能的测试与表征，第 3 章作了梗概性的讨论。但由于不同的材料的性能及其测试表征方法不同，不便统一介绍，故放在第三部分电沉积材料的各章去讨论。

(5) "电沉积材料现代测试分析与表征方法简介"这一部分中以电沉积材料的成分、物相结构和微观组织形貌的现代测试分析方法为序，介绍相关的现代测试分析仪器的原理、结构和测试分析方法；在介绍材料结构的射线衍射分析时，又分物相分析、相结构不变情况下的精细结构测试分析和微结构测试分析三个层次。

(6) 在"典型电沉积材料及其测试分析与表征示例"这部分所涉及的电沉积材料多以编著者曾研究过的为主，兼顾重要和典型的普通电沉积材料和电沉积复合材料，故分为电沉积金属及其合金、电沉积复合材料和电沉积纳米材料三方面，另外，第 20 章是关于直接电沉积 Fe_3O_4 涂层的。

(7) 在介绍某种电沉积复合材料时，包括制备、组织形貌、性能、成分、相结构、精细结构和微结构诸方面，通过综合分析探索电沉积工艺-性能-成分-组织-结构之间的关系，讨论电沉积相关机理。

需要说明的是，为了兼顾金属及合金的普通电镀，原计划在上面提到的(1)、(5)、(7)三本书中选择不同结构的金属，如密排六方结构的 Zn、四方结构的 Sn、体心立方的 Cr 和面心立方的 Cu 等电沉积材料，在第三部分写一章"几种金属及合金电镀层及其测试分析与表征"。但因三本书中很少涉及现代测试分析内容，新文献检索又未找到相关电沉积材料的现代测试分析与表征的资料，故放弃这个计划。因此，在第三部分中，普通电镀材料及其表征显得比较单薄些。

本书为集体的成果，许多研究生都做出重要贡献，如洪波、蔡飞、赵远涛、张中泉、王联波、李东栋、任鑫等，还要特别感谢徐瑞东、王军丽、屠振密等教授，以及郑明珉、刘艳红同志的指导和帮助。

本书可供从事材料及表面处理、金属腐蚀与防护、电化学、机械、冶金、石油、化工、航空、核电等相关领域的科研、生产的工程技术人员，以及高等院校及研究院所的教师和研究生阅读与参考。

　　由于作者的知识水平有限,涉及电沉积材料的种类不全,不妥之处在所难免,敬请广大读者批评指正。

姜传海　赵远涛　杨传铮

上海交通大学材料科学与工程学院

2024 年 6 月

目　　录

第三篇　典型电沉积材料及其现代测试分析与表征示例

第一篇　电沉积的一般原理、设备和相关理论概述

第1章　电沉积原理和工艺概述

谈到"沉"(sink)这个字眼，人们就会想到"沉重"(heavy)、"沉浮"(sink-float)、"沉淀"(precipitate)和"沉积"(deposit)等词语。沉重是指物体太重，思想负担太重。沉浮是分指沉下去、浮起来，比如把食油与水放在一个透明的玻璃杯中充分搅拌混合后不久，水沉在下面，食油浮在上面；社会学和文学领域的"谁主沉浮"，与自然科学无关。"沉淀"是个动词，是指水中或溶液中某种或某些物质从液体中沉淀出来。"沉积"则是指物质沉积在基材上的行为，而且基材可以水平放置，也可铅垂放置。

1.1　沉积方法一般介绍

就沉积方法而言，有物理沉积方法、化学沉积方法和电化学沉积方法。

1.1.1　物理沉积方法

物理沉积(physical deposition，PD)是镀膜行业常用的术语，主要是指**物理气相沉积**(physical vapor deposition，PVD)。

物理气相沉积是指在真空条件下，采用物理方法，将材料源——固体或液体表面气化成气态原子、分子或部分电离成离子，并通过低压气体(或等离子体)过程，在基材表面沉积具有某种特殊功能的薄膜材料的技术。主要分为三类：真空蒸发镀膜、真空溅射镀膜和真空离子镀膜，相应的真空镀膜设备也就有真空蒸发镀膜机、真空溅射镀膜机和真空离子镀膜机三种。

具体的物理气相沉积的主要方法有：真空蒸镀、溅射镀膜、电弧等离子体镀膜、离子镀及分子束外延等。发展到目前，物理气相沉积技术不仅可沉积金属膜、合金膜，还可以沉积化合物、陶瓷、半导体、聚合物膜等。

1. 真空蒸镀

真空蒸镀是指在真空条件下，将镀料加热并蒸发，使大量的原子、分子气化并离开液体镀料或离开固体镀料表面(升华)，气态的原子、分子在真空中经过很少的碰撞迁移到基体，镀料原子、分子沉积在基体表面形成薄膜。

2. 溅射镀膜

溅射是指在真空条件下，利用获得动能的粒子轰击靶表面材料，使靶材料表面原子获得足够的能量而逃逸的过程。被溅射的靶材沉积到基材表面，就称作溅射镀膜。溅射镀膜中的入射离子，一般采用辉光放电获得，在 $10^{-2}\sim10Pa$ 范围，所以溅射出来的粒子在飞向基体过程中，易与真空室中的气体分子发生碰撞，使运动方向随机，沉积的膜易于均匀。发展起来的规模性磁控溅射镀膜，沉积速率较高，工艺重复性好，便于自动化，其适用于大型建筑装饰镀膜、工业材料的功能性镀膜，以及 TG-CS-1/TGNJR 型用多弧或磁控溅射在卷材的泡沫塑料及纤维织物表面镀镍(Ni)或银(Ag)。

3. 电弧等离子体镀膜

这里指的是 PVD 领域通常采用的冷阴极电弧蒸发，以固体镀料作为阴极，采用水冷，使冷阴极表面形成许多亮斑，即阴极弧斑。弧斑就是电弧在阴极附近的弧根。在极小空间内电流密度极高，弧斑尺寸极小，估计为 $1\sim100\mu m$，电流密度高达 $10^5\sim10^7 A/cm^2$。每个弧斑存在极短时间，爆发性地蒸发离化阴极弧斑点处的镀料，蒸发离化后的金属离子，在阴极表面也会产生新的弧斑，许多弧斑不断产生和消失，所以又称多弧蒸发。最早设计的等离子体加速器型多弧蒸发离化源，是在阴极背后配置磁场，使蒸发后的离子获得霍尔(Hall)加速效应，有利于离子增大能量轰击阴极基体，采用这种电弧蒸发离化源镀膜，离化率较高，所以又称为电弧等离子体镀膜。

4. 离子镀

离子镀技术最早在 1963 年由 D. M. Mattox 提出，1972 年，Bunshah 和 Juntz 推出活性反应蒸发离子镀(AREIP)，沉积 TiN、TiC 等超硬膜，1972 年，Moley 和 Smith 发展完善了空心热阴极离子镀，1973 年又发展出射频离子镀(RFIP)。20 世纪 80 年代，又发展出磁控溅射离子镀(MSIP)和多弧离子镀(MAIP)。

离子镀的基本特点是采用某种方法(如电子束蒸发磁控溅射，或多弧蒸发离化等)使中性粒子电离成离子和电子，在基体上必须施加负偏压，从而使离子对基体产生轰击，适当降低负偏压后，使离子进而沉积于基体成膜。离子镀的优点为：①膜层和基体结合力强；②膜层均匀，致密；③在负偏压作用下绕镀性好；④无污染；⑤多种基体材料均适合于离子镀。

如果采用电子束蒸发源蒸发，则在坩埚上方加 $20\sim100V$ 的正偏压。在真空室中导入反应性气体，如 N_2、O_2、C_2H_2、CH_4 等代替 Ar，或混入 Ar 中，电子束中的高能电子(几千至几万电子伏特)，不仅使镀料熔化蒸发，而且能在熔化的镀料表面激励出二次电子，这些二次电子在上方正偏压作用下加速，与镀料蒸发中性粒子发生碰撞而电离成离子，在工件表面发生离化反应，从而获得氧化物(如 TeO_2、SiO_2、Al_2O_3、ZnO、SnO_2、Cr_2O_3、ZrO_2、InO_2 等)。其特点是沉积率高，工艺温度低。

多弧离子镀又称电弧离子镀，由于在阴极上有多个弧斑持续呈现，故称作"多弧"。多弧离子镀的主要特点如下：①阴极电弧蒸发离化源可从固体阴极直接产生等离子体，而不产生熔池，所以可以任意方位布置，也可采用多个蒸发离化源；②镀料的离化率高，一般达 60%～90%，显著提高与基体的结合力，改善膜层的性能；③沉积速率高，改善镀膜的效率；④设备结构简单，弧电源工作在低电压大电流工况，工作较为安全。

1.1.2　化学沉积方法

化学沉积是指利用一种合适的还原剂，使镀液中的金属离子还原并沉积在基体表面上的化学还原过程。与电化学沉积不同，化学沉积不需要整流电源和阳极。

1. 化学气相沉积

化学气相沉积(chemical vapor deposition，CVD)是指利用加热、等离子体激励或光辐射等方法，使气态或蒸汽状态的化学物质发生反应并以原子态沉积于适当位置的衬底上，从而形成所需要的固态薄膜或涂层的过程。化学气相沉积是一种非常灵活、应用极为广泛的工艺方法，可以用来制备各种涂层、粉末、纤维和成型元器件。特别在半导体材料的生产方面，化学气相沉积的外延生长显示出其他外延方法(如分子束外延、液相外延)所无法比拟的优越性，即使在化学性质完全不同的衬底上，利用化学气相沉积也能产生出晶格常数与衬底匹配良好的外延薄膜。此外，利用化学气相沉积还可生产耐磨、耐蚀、抗氧化、抗冲蚀等功能涂层。在超大规模集成电路中很多薄膜都是采用化学气相沉积方法制备的。

2. 液相沉积法

液相沉积法(liquid-phase deposition，LPD)，是专为制备氧化物薄膜而发展起来的液相外延技术。其基本原理是从金属氟化物的水溶液中生成氧化物薄膜，通过添加水、硼酸或者金属铝(Al)，使金属氟化物缓慢水解。其中水直接促使生成氧化物，硼酸和铝作为氟离子的捕获剂，促进水解，从而使金属氧化物沉积在基体表面。该法要求对水解反应以及溶液的过饱和度有很好的控制。另外，薄膜的形成过程是在强酸性的溶液中进行的。当前，已可以采用 LPD 沉积的金属的氧化物有：Ti、Sn、Zr、V、Cd、Zn、Ni、Fe、Al 等。整体而言，LPD 法工艺简单、成膜速率高、对环境污染小，为功能薄膜的生产开辟了一条新的途径。

1.1.3　电沉积和电化学沉积

　　电沉积是指金属或合金从其化合物水溶液、非水溶液或熔盐中电化学沉积的过程，是金属电解冶炼、电解精炼、电镀、电铸过程的基础。这些过程在一定的电解质和操作条件下进行，金属电沉积的难易程度以及沉积物的形态与沉积金属的性质有关，也依赖于电解质的组成、pH、温度、电流密度等因素。

　　电化学沉积是指在外电场作用下电流通过电解质溶液中正负离子的迁移，并在电极上发生得失电子的氧化还原反应而形成镀层的技术。在阴极产生金属离子的还原而获得金属镀层，称为电镀。在阳极发生阳极金属的氧化而形成合用的氧化膜，称为金属的电化学氧化，简称金属的电氧化[1]。

　　电化学沉积与化学镀的最大区别在于，虽然都是在溶液中进行氧化还原反应，但前者是在外电场作用下通过电解质溶液中正负离子的迁移而在电极上发生氧化还原反应形成镀层的；后者则是通过化学镀液在工件的自催化作用下在工件表面直接形成镀层的，而且不需要阳极。

1.2　各种电沉积方法

　　电沉积(electrodeposition)和电镀(electro-plating)属同义词，前者比较学术化些，后者比较通俗。金属电沉积过程是指在电流作用下，电解液中金属离子还原，并沉积到基体表面形成具有一定性能的金属镀层。电沉积是一种电化学过程，也是氧化还原过程，它的重点是"阴极沉积"。电沉积是在含有被镀金属离子的水溶液中通以电流，使带电的阳离子在阴极上放电还原，于是得到金属镀层。电沉积过程通常是在水溶液中进行，但也在非水溶液中进行，如极性有机化合物等，还可在熔融盐中进行。

　　电沉积法有直流电沉积、脉冲电沉积、喷射电沉积、电刷镀电沉积、超声波电沉积和复合电沉积等[2-8]。如果是电沉积纳米材料，则在电沉积的溶液中加入适当的结晶细化剂、表面活性剂是非常必要的，这有利于得到晶粒细化的纳米晶材料。

1.2.1　直流电沉积法原理

　　直流电沉积法为采用直流电源为阴极基材提供自由电子，金属阳离子在电泳力作用下，到达阴极表面发生还原，并完成形核与长大，最终形成沉积层的方法。

1. 直流电沉积纳米晶的原理

　　电沉积过程中，当金属离子传递到阴极时，由于电荷传递反应形成吸附原子，最后形成晶体点阵。电沉积过程中非常关键的步骤是新晶核的生成和晶体的成长，以上两个步骤的竞争直接影响到沉积层中生成晶粒的大小，起决定性作用的因素是由吸附表面的扩散速率和电荷传递反应速率不一致造成的。如果在阴极表面具有高的表面扩散速率(或)和由较慢的电荷传递反应引起的低吸附原子数目聚集，以及低的过电势将有利于晶体的成长；相反，低表面扩散速率和高的吸附原子数目聚集以及高的过电势，都将有利于增加成核速率。

成核速率由 δ 表示，则

$$\delta = K_1 \exp\left(\frac{-bs\varepsilon^2}{zek_{\mathrm{B}}T\eta}\right) \tag{1.1}$$

式中，K_1 为速率常数；b 为几何指数；s 为一个原子在点阵上占的面积；ε 为边界能量；k_{B} 为玻尔兹曼(Boltzmann)常量；e 为电子电荷；z 为离子电荷；T 为热力学温度；η 为过电势。

根据塔费尔(Tafel)公式，有

$$\eta = \alpha + \beta \lg J \tag{1.2}$$

式中，α 和 β 为常数；J 为电流密度。

由式(1.1)和式(1.2)可知，影响成核速率的电化学因素主要是过电势，而影响过电势的主要因素是电流密度，所以当提高电沉积时的电流密度时，就提高了过电势，也就增加了成核速率。从而可知，生成纳米晶的主要电化学因素就是有效地提高电沉积时的电流密度及过电势。

总之，电沉积时的平均晶粒尺度取决于过电势，在高的过电势下，也就是在较高的电流密度下，就可以得到平均晶粒较小的晶粒或纳米沉积层。

另外，在沉积液中加入适量的添加剂，就可通过增大阴极极化，使形核晶界自由能减小，使结晶细化，就可得到纳米晶。

2. 工艺上得到电沉积纳米晶的措施

可以采用多重措施促使纳米晶的形成。

1) 采用适当的电流密度

随着电流密度的增加，电极上的过电势升高，使形核的驱动力增加，沉积层的晶粒尺寸减小。不过，如果电流密度增大而阴极附近电解液中消耗的沉积离子来不及得到补充，则反而会使晶粒尺寸增大。

2) 采用有机添加剂

一方面，添加剂分子吸附在沉积表面的活性部位，可抑制晶体的生长。另一方面，析出抑制的扩散也被吸附的有机添加剂分子所抑制，较少到达生长点，从而优先形成新的晶核。此外，有机添加剂还能提高电沉积的过电势。以上这些作用都可细化沉积层的晶粒。通常使用的添加剂有糖精、十二烷基磺酸钠、硫脲及香豆素等。

1.2.2 脉冲电沉积方法

脉冲电沉积是将电沉积槽和脉冲电源连接构成的电沉积体系,脉冲电源有各种波形,通常多采用方波。脉冲电沉积过程中,除可以选择不同的电流波形外,还有三个独立的参数可调,即脉冲电流密度 J_p、脉冲导通时间 θ_1 和脉冲关断时间 θ_2。各参数间的关系可按下列公式进行换算。脉冲周期 $\theta = \theta_1 + \theta_2$,脉冲频率 $f = 1/\theta$,平均电流密度 $J_m = J_p v$,则峰值电流密度 $J_p = J_m / v$,占空比(脉冲导通时间与脉冲周期之比)$v = (\theta_1 / \theta) \times 100\%$。

1. 脉冲电沉积的特点

采用脉冲电流进行脉冲电沉积时,一个电流脉冲后,阴极-溶液界面处消耗的沉积离子可在脉冲间隔内得到补充,因而可采用较高的峰值电流密度,得到的晶粒尺寸比直流电沉积的小。此外,采用脉冲电流时,由于脉冲间隔的存在,增长的晶体受到阻碍,减少了外延生长,生长的趋势也发生改变,从而不易成为粗大的晶体。目前电沉积纳米晶较多采用脉冲电沉积,所用脉冲电流的波形一般是矩形波。

脉冲电沉积与直流电沉积相比,更容易得到纳米晶沉积层。脉冲电沉积可分为恒电流和恒电势控制两种形式;按脉冲性质又可分为单脉冲、双内场及换向脉冲等。脉冲电沉积可通过控制波形、频率、通断比及平均电流密度等参数,获得具有特殊性能的纳米沉积层。

2. 脉冲电沉积纳米晶的控制步骤

电沉积纳米晶材料由两个步骤控制:①形成高晶核数;②控制晶核的长大。以上两个途径可由控制活性和物理参数来实现,晶核的大小和数目可由过电势 η 来控制。

成核速率(δ)由下式表示:

$$\delta = K_1 \exp\left(\frac{-K_2}{|\eta|}\right) \tag{1.3}$$

式中,K_1 为比例常数;K_2 为与二维成核过程所需能量有关的常数;$|\eta|$ 为过电势的绝对值。

由式(1.3)可知,成核速率随过电势的增加而呈指数性地提高,于是晶核形成的数目迅速增多。

也可用开尔文(Kelvin)电化学公式表示临界晶核形成界限 γ:

$$\gamma = \frac{2\delta V}{ze_0 |\eta|} \tag{1.4}$$

式中，δ 为表面能；V 为晶体中原子体积；z 为离子电荷数；e_0 为元电荷量；η 为过电势。

式(1.4)表明，高的过电势可形成较小的晶核，也就是当给出高的电流密度时，就可得到高的过电势，于是下面相应得到高的形成晶核速率。但是，在脉冲电沉积时，高沉积速率的导通时间 θ_1 仅能保持几毫秒，因受扩散控制，在阴极附近金属离子的浓度会迅速降低。因此，脉冲电流转换为关断时间 θ_2 保持 20～100ms，在 θ_2 时，金属离子从电解液中扩散到阴极表面，以补偿金属离子的消耗，于是连续反复进行，从而控制了微晶的大小和长大。

3. 脉冲电沉积纳米晶时的注意事项

进行脉冲电沉积纳米晶时，要注意以下几点：

(1) 电流密度影响晶核的大小和数目，在每个周期恒定充电情况下，提高电流密度会降低微晶的尺度；

(2) 在恒定导通时间 θ_1 和电流密度的条件下，关断时间 θ_2 延长，微晶尺寸增加；

(3) 若采用晶体有机细化添加剂来控制微晶过程，当关断时间反向时，由于添加剂吸附在电极表面，会阻碍吸附原子的表面扩散；

(4) 工作温度对微晶和晶核的形成有一定影响。

4. 脉冲电沉积极限电流密度和直流电沉积极限电流密度的关系

脉冲周期和占空比(通断比)的关系如图 1.1 所示。

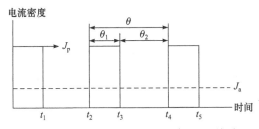

图 1.1　脉冲周期和占空比(通断比)的关系

H. Y. Chen 通过计算和整理，给出了脉冲电沉积极限电流密度 $(J_p)_1$ 和直流电沉积极限电流密度 $(J_{dc})_1$ 的关系式：

$$\frac{(J_{p})_1}{(J_{dc})_1} = \left\{1 - \frac{8}{\pi^2}\sum_{j=1}^{n}\left[\frac{1}{(2j-1)^2}\times\frac{\exp\left((2j-1)^2\alpha\theta_2\right)-1}{\exp\left((2j-1)^2\alpha\theta\right)-1}\right]\right\}^{-1} \tag{1.5}$$

式中，$\alpha = \pi^2 D/(4\delta^2)$ 是扩散系数(s^{-1})。

图 1.2 表示的脉冲电沉积的极限电流密度和直流电沉积的极限电流密度之比 $(J_{p})_1/(J_{dc})_1$ 与占空比 $\alpha\theta$ 之间的关系，还可看出脉冲电沉积极限电流密度总是高于直流电沉积极限电流密度。还能看出，降低脉冲周期或降低占空比都能在高电流密度下进行电沉积。根据式(1.2)可知，在高的电流密度下，就能得到高的过电势，都能有效地提高成核速率，有利于细晶的形成。

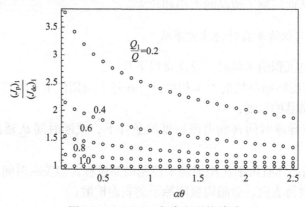

图 1.2 $(J_{p})_1/(J_{dc})_1$ 与占空比的关系

根据以上分析可以看出，在采用脉冲计算时通过选择适当的脉冲参数就能减小电结晶的晶粒尺度，就可以得到纳米晶沉积层。因此，在采用电沉积法制取纳米晶时，目前常采用脉冲电沉积技术。

5. 脉冲电沉积纳米晶的优点

脉冲电沉积中，采用的脉冲电流密度比直流高得多，因而脉冲电沉积时，电极表面吸附原子总数高于直流电沉积，其结果是成核速率大大增加，于是形成细密的晶体结构。另外，采用高的电流密度，导致高的过电势，这有利于通过成核速率，促使晶粒细化。

为了保证阴极-溶液界面的沉积离子能得到及时补充，采用峰值电流密度高的脉冲电流时，应结合短的脉冲导通时间(θ_1)和适当长的脉冲关断时间(θ_2)，增加电解液与阴极的相对流速，例如，采用高速冲液或增加阴极旋转速度等措施也是有效的。

1.2.3　喷射电沉积方法

喷射电沉积是一种局部高速电沉积技术，由于其特殊的流体动力学特性，兼有高的热量和物质传递速率，尤其是高的沉积速率而引人注目。电沉积时，一定流量和压力的电解液从阳极喷嘴垂直喷射到阴极表面，使得电沉积反应在喷射流与阴极表面冲击的区域发生。电解液的冲击不仅对镀层进行了机械活化，同时还有效地减少了扩散层的厚度，改善了电沉积过程，使镀层组织致密，晶粒细化，性能提高。

喷射电沉积法能有效地提高电沉积极限扩散电流密度和沉积速率，并能有效提高镀层的硬度等，将脉冲技术引入喷射电沉积中，利用脉冲喷射电沉积，可以比较容易地得到纳米晶材料。已经有人利用喷射脉冲技术制备出纳米镍层。

1.2.4　电刷镀复合电沉积

电刷镀的主要特点是镀液浓度高、阴阳极间距小，并可相对运动，可允许使用较高的电流密度，进而优化了结晶过程，限制了生成粗晶和粒状结晶的可能，细化了结晶，因而镀层结晶细密，孔隙少，耐蚀性十分优异。电刷镀复合电沉积原理与复合电沉积的沉积机理基本相同，但在工艺上采用电刷镀技术，而镀液中主盐浓度较高。

电刷镀纳米复合沉积层在工程领域得到了一定的研究与应用，徐滨士等曾对电刷镀纳米微粒复合镀层的组织及沉积过程进行了研究，在快速镀镍液中加入粒径为 30nm 的 Al_2O_3 纳米微粒，得到纳米微粒均匀分布的复合沉积层，且指出纳米复合沉积层的生长过程与纯镍沉积层相似，可分为三个阶段：均匀生长阶段、微凸体形成阶段和树枝状晶形成阶段。

将脉冲技术用于纳米电刷镀 Ni-SiO$_2$ 复合沉积层。与直流电沉积相比，只要选择适宜的脉冲参数，就能进一步提高纳米复合沉积层的性能，使镀层表面更光亮，晶粒更细、更均匀、更致密，孔隙更小，同时还提高了强度和耐蚀性。

1.2.5　超声波电沉积

所谓超声波是指频率在 20kHz 以上的机械波，波速一般约为 340m/s。超声波的波长(10～0.01cm)远大于分子尺寸，超声波本身不能直接对分子起作用，而是通过周围环境的物理作用转而影响分子，所以超声波的作用与其作用的环境密切相关。利用超声波能够加速和控制化学反应，提高反应率，改变反应途径，改善反应条件以及引发新的化学反应。

超声场对电沉积晶材料的作用可归功于超声空化。液相中制备纳米粒子必须保证在成核期生成大量的晶核，在晶核生长期控制晶核的长大。超声的空化效应对这两个过程都起到了很大的促进作用。在成核期，临界晶核的形成需要一定能量，即成核能，成核能可借助于体系内部的能量起伏来获得。

在超声场作用下，局部的高能量加大了单位体积的能量起伏，使成核能大大增加，从而使体系的亚晶核容易达到所需要的成核能，成核概率增大，瞬间可生成大量的晶核。在晶核的生长期，超声空化可有效控制晶核的长大。超声场下空化泡表面可作径向均匀的非线性振动，它能向反应液辐射次级均匀的球面波。当气泡移动到微粒的表面上时，这种球面波就会在该微粒的表面上引起反应液的显微涡动，可实现介质的均匀混合，消除电解液的局部浓度不均，从而控制晶核长大。超声波电沉积中的超声振动及产生的射流能使沉积在阴极表面的金属迅速脱离阴极表面，并随溶液的流动分散到整个溶液中，防止微粒的长大[2]。

1.3　复合电沉积原理与方法

复合电沉积是一种用电沉积制备复合材料的方法，可用多种电沉积方法来制备复合材料，有必要专门讨论。

1.3.1　复合电沉积的原理和特点

复合电沉积技术是将固体微粒嵌于金属沉积层中，使微粒与金属离子共沉积。把微粒独特的物理及化学性能赋予金属沉积层，而形成的复合材料，是纳米材料科技和复合电沉积技术的完美结合，也是复合电沉积技术发展中的一次飞跃。有人认为，"复合电沉积——沉积层发展史上的里程碑"，是金属基复合材料中的一支新军。可以预言，纳米复合电沉积技术必将得到迅速的发展和应用。

复合沉积层与普通沉积层相比具有一些特点。

(1) 普通电沉积形成的沉积层，在组成上是均匀而连续的。而复合沉积层中由于有固体微粒的嵌入，破坏了原有金属结构的连续性。如果不经过特殊的加工处理，则复合沉积层中基质金属与固体微粒间的相界面是比较清晰的，大多数不会发生相互扩散现象。

(2) 由于固体微粒的出现，尽管它在沉积层中的含量并不高(一般不超过百分之几)，却常常可以明显地改变原来金属沉积层的性能。固体微粒与基质金属组成的复合沉积层，具有多相结构，并具有两者的优点，使沉积层性能发生巨变。

纳米微粒与基质金属共沉积过程中，纳米微粒的存在将影响电结晶过程，使基质金属的晶粒大为细化，且使基质金属的晶粒成为纳米晶。

(3) 能够用于电镀的单金属种类并不太多，一般不超过二十种。电镀合金的品种，理论上可以说其数目是难以准确计算的，有二元合金、三元合金，甚至可镀多元素组成的合金。然而能够实际应用的合金沉积层却不太多。目前只有那些在一定电流密度范围内，成分基本稳定的合金镀层才有实际应用价值。所以说，依靠电沉积合金来扩大镀层的品种，显然不切实际。因此，要想实现这个目的只有依赖于复合电沉积。

复合电沉积可以在一种基质金属中嵌入一种或几种性质各异的固体微粒，也可将某一种微粒镶嵌入不同的基质金属中。基质金属既可以是单一金属，也可以是二元素、三元素组成的合金。可供选择的固体微粒品种也非常多，几乎一切不溶于电沉积液中的微粒均可能用来制备复合沉积层。而且各种基质金属与各种微粒的共沉积，通常都比电沉积合金容易实现得多。如果将不同种类的固体微粒与各种可用于电沉积的基质金属进行排列组合，就会发现能够较顺利地形成复合沉积层的品种数目，将会大得惊人，远非普通电沉积所能比拟。

(4) 在普通的金属/合金电沉积中，改变电流密度与温度等工艺条件，有可能影响沉积层的粗糙度、光亮度、孔隙率、脆性、对基体的覆盖度及厚度等性质。而在复合电沉积中，改变电流密度、温度、搅拌强度、微粒在沉积液中的含量等工艺条件，可使固体微粒在沉积层中的含量产生明显的变化。沉积层的性质也自然会随之产生相应的变化。因此，人们可依据使用要求，通过变化沉积层中微粒含量来控制沉积层的性能。也就是说，复合电沉积技术为改变和调节材料的力学、物理和化学性能提供了极大的可能性和多样性。

(5) 为了降低浓差极化，改善沉积层质量，普通电沉积虽也对沉积液采取一些搅拌措施，不过强度都不大。虽然在个别情况下，也可采用象形阳极和沉积液高速流动以实现高速电沉积，但通常要在某些特殊的密封装置中完成。它对普通电镀来说，没有什么普遍意义。复合电沉积则不然，沉积液中的微粒必须持续地均匀悬浮起来，这是保证微粒进入沉积层的必要条件之一，于是采用各种不同的搅拌措施就显得十分重要。由于沉积液的流速较大，电流密度可相应地提高，因此复合电沉积的速度自然比普通电镀的速度要高。

1.3.2　复合电沉积层中固体微粒含量的表示方法

固体微粒存在于复合沉积层中的量直接影响沉积层的性能。在实际工作中经常需要标出它们的含量。一般可用以下几种方法表示。

1. 质量百分数 α_w

复合沉积层中含有的固体微粒质量在整个复合沉积层质量中所占的百分数，通常用下式计算：

$$\alpha_w = \frac{\text{复合沉积层中微粒的质量}}{\text{复合沉积层的质量}} \times 100\% \tag{1.6}$$

2. 体积百分数 α_v

复合沉积层内含有的固体微粒体积在整个复合沉积层体积中所占的百分数，通常用下式计算：

$$\alpha_v = \frac{复合沉积层中微粒的体积}{复合沉积层的体积} \times 100\% \tag{1.7}$$

显然，用体积百分数能更明确地表达沉积层中微粒与基质金属间的比例关系。各种固体微粒密度的差别可以很大，例如，石墨、六方氮化硼(h-BN)等微粒的密度仅为 2g/cm³ 左右，而 WC、TaC 等微粒的密度却高达 15g/cm³。基质金属之间的密度差别也很显著，例如，由 7g/cm³ 的锌可以增大到 20g/cm³ 的金。这就是说，用质量百分数难以形象地表示出微粒在复合沉积层中实际占有的空间大小，而复合沉积层的性质又常与其中基质金属和微粒的体积比有关。因此，体积百分数要比质量百分数实用得多。

根据式(1.6)和式(1.7)的定义很容易导出下列关系式：

$$\alpha_v = \frac{\alpha_w \rho_m}{\rho_p + \alpha_w (\rho_m - \rho_p)} \tag{1.8}$$

$$\rho_c = \frac{\rho_m \rho_p}{\rho_p + \alpha_w (\rho_m - \rho_p)} \tag{1.9}$$

$$\rho_c = \frac{\alpha_v}{\alpha_w} \cdot \rho_p \tag{1.10}$$

式中，ρ_m 为基质金属的密度；ρ_p 为固体微粒的密度；ρ_c 为复合沉积层的密度。

3. 表面积百分数 α_s

在某些情况下，也可用在复合沉积层的总表面积中固体微粒面积所占的百分数来表示固体微粒在复合沉积层中的含量，即

$$\alpha_s = \frac{复合沉积层表面上微粒占的面积}{复合沉积层的总表面积} \times 100\% \tag{1.11}$$

用这种方法表示沉积层中微粒的含量时，要求微粒在整个复合沉积层(包括沉积层内部及其表面)中的分布均匀一致。

1.3.3 复合电沉积层中固体微粒含量的测定

在电沉积的复合材料的研究、制备过程中，比较精确地测定固体微粒在沉积层中含量是一项非常重要的任务。然而做到这一点并不容易。研究工作中可以使用的方法很多，下面介绍几种方法。

1. 化学分析法

如果复合电沉积层中含有的固体微粒不溶于酸和碱，则可用酸或碱将基质金属溶解后，按重量法测定微粒质量，求出微粒在镀层中的含量。当然也可以通过容量法测定被酸或碱溶解的基质金属，求出基质金属的含量，再间接地求出镀层中微粒的含量。对于能溶于酸或碱的固体微粒，可以通过测固体微粒溶解后消除的特征离子浓度，求出微粒的含量。下面是溶解灼烧重量法的具体做法。

(1) 试片于电镀前后分别进行清洗、干燥后，称取其质量。电镀前后的质量差即为复合镀层的质量。对于能从基体剥离下来的复合镀层，可直接称其质量。

(2) 若镀层的基质金属为 Cu、Ag、Zn、Cd、Sn、Pb、Fe、Ni、Co 和 Pd 等，可用 15%～25%的 HNO_3 溶解它们。如果基质金属是 Au、Pt 等，则必须用王水才能溶解。Cr 基复合镀层可用 HCl 溶解。对于某些难溶的 Pt 系金属，有时要采用电化学阳极溶解法。

在用酸溶解基质金属时，Al_2O_3、TiO_2、ZrO_2、SiO_2、滑石、莫来石，以及其他某些氧化物微粒，在 HNO_3 中实际上是不溶解的，只有在分散度极高的情况下，才会有极少量的微粒溶解。硼化物、碳化物、氮化物、硅化物等或多或少地能溶于酸中。因此，在测定上述各种微粒含量时，要避免采用热酸溶解复合镀层，并严格防范微粒在酸中的溶解。对于在酸中溶解度稍大的微粒，例如石墨、h-BN、MoS_2 等应根据溶解的具体条件，考虑引入校正系数。如果微粒能完全溶解于酸中，则可通过测定微粒溶解后产生的特征离子浓度，换算出微粒的质量。

(3) 对于不溶于酸或碱的，并沉淀于烧杯底部的固体微粒，用倾泻法使微粒与溶液分离。用清水多次清洗后过滤、烘干、称重。对于粒径小于 1μm 或密度较小难以沉淀的微粒，应考虑用离心机分离法，强制微粒沉淀下来。

2. 金相显微镜法

金相显微镜常用来观测粒径大于 0.5μm 的固体微粒的大小及形状，也可观测微粒在复合镀层表面的分布均匀程度以及它所占镀层表面面积的百分数。若制成金相磨片，还可观测微粒在镀层内部的分布均匀程度，以及镀层内含有的微粒体积占整个镀层体积的百分数。但要比较精确地计算百分数，却是一件既烦琐又很难达到精确度要求的工作。下面介绍的放射显影法倒是一个比较简便的方法。

3. 放射显影法

放射显影法又称同位素法，对于某些难以用化学分析法测定其中微粒含量的复合镀层，可以考虑采用放射显影法。该法是借助于核反应，使微粒具有一定的放射性。然后将它共沉积到复合镀层中，并测定镀层的放射性强度，来测定其中微粒的含量。这是一种非破坏性测定方法。

已经证明，用放射显影法测定的结果，与用化学分析法所得的结果相符。还有人利用含有示踪原子 ^{35}S 的 MoS_2 微粒制成复合镀层，然后用放射显影法测定其中 MoS_2 的含量。也有人利用含有放射性 ^{60}Co 或 ^{63}Ni 离子的镀液，电沉积 Co 或 Ni 镀层作基质金属，测定镀层内由含有 h-BN 微粒而引起的放射性强度下降，来确定微粒含量的多少。这种方法的重现性远高于化学分析(重量)法。这是因为化学分析法溶解基质金属时，常常会有少量的 h-BN 溶解于溶液中。

4. 电导法

固体微粒多为绝缘体或是导电能力比基质金属低得多的物质。通过对比纯金属与复合镀层两者间电导率的差别，可以推算出复合镀层中微粒的含量。只有在复合镀层中的微粒含量较高时，这种方法的精确度才比较好。

1.4　电沉积的主要设备

1.4.1　实验室电沉积设备

电沉积的基本设备是电沉积槽，常见的有图 1.3 中所示的两种，其主要差别是阴极和阳极都分别是水平放置和铅垂放置。除阴极和阳极外，图中还示出电镀液、电源、磁力搅拌器和恒温槽。顾名思义，磁力搅拌器为搅拌所需；恒温槽为在电沉积过程中保持一定的温度或改变电沉积温度；电源更是电沉积所必需的基本设备，以改变电沉积时的电流密度。不过，不同的电沉积方法所用电源则大不相同，也就是不同电沉积方法的特殊设备。

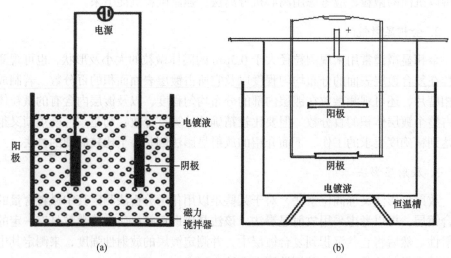

(a)　　　　　　　　　　　　　　(b)

图 1.3　两种典型的电镀装置示意图

前述不同电沉积方法的基本设备和特殊设备列入表 1.1 中。

表 1.1　电沉积方法的基本设备和特殊设备

	电沉积方法	基本设备	特殊设备
1	直流电沉积		**直流电源**
2	脉冲电沉积		**脉冲电源**：脉冲电沉积过程中，除可以选择不同的电流波形外，还有三个独立的参数可调，即脉冲电流密度、脉冲导通时间和脉冲关断时间
3	喷射电沉积		**喷射器**：流体动力学特性，兼有高的热量和物质传递速率，尤其是高的电沉积速率而引人注目
4	电刷镀电沉积	包括电解液、电源、磁力搅拌器、恒温槽和阴极、阳极的电沉积槽（图 1.3）	**无须特殊设备**：电刷镀的主要特点是镀液浓度高、阴阳极间距小，并可相对运动，可允许使用较高的电流密度，进而优化了结晶过程，限制了生成粗晶和粒状结晶的可能，细化了结晶，因而镀层结晶细密，孔隙少，耐蚀性十分优异。电刷镀复合电沉积原理与复合镀的沉积机理基本相同，但在工艺上采用电刷镀技术，而镀液中主盐浓度较高
5	超声波电沉积		**超声波发生器**：是指频率范围在 $10\sim106$kHz 的机械波，波速一般约为 1500m/s
6	复合电沉积		**无须特殊设备**：可用前述五种方法进行，但多用脉冲电沉积法。复合电沉积技术是将纳米微粒嵌于金属镀层中，使纳米微粒与金属离子共沉积的过程

1.4.2　工厂生产企业的电沉积装置

工厂生产企业的电沉积装置是指工业产品电沉积工艺过程中所有电沉积设备的统称，电沉积工艺是必须按照先后顺序来完成的，电沉积生产线也叫电沉积流水线。图 1.4 给出的仅为两个例子。

工厂的电沉积车间进行电沉积生产分为电沉积前表面处理、电沉积和电沉积后处理三个环节。

电沉积前处理的主要有磨光、抛光、滚光、喷砂、去油、去锈、腐蚀中和及清洗等。针对零件的材料、形状、表面状况和工艺要求，选择其中适当的几个步骤，对零件表面进行必要的修整加工，使零件具有平整光洁的表面，这是获得优质镀层的重要环节，电沉积前的主要设备有磨、抛光机、刷光机、喷砂机、滚光机和各类固定槽。

电沉积处理是整个电沉积生产过程中的主要工艺。光洁零件的要求，是有针对性选择某一种或几种单金属或合金电沉积工艺，对零件进行电沉积，以达到防腐蚀、耐磨和美观的目的。电沉积过程中的设备主要有各类固定槽、滚镀槽、挂具、吊篮，以及阳极、电镀液、搅拌器、恒温设备等。

(a) 某公司大型电沉积生产线　　　　　　(b) 一条自动沉积镍的大型生产线

图 1.4　工厂生产企业电沉积生产线

就主电沉积槽而言，电沉积企业大体上只按容量来确定其大小，比如，500L、800L、1000L、2000L 直至 10000L、20000L 的沉积槽都有。而其长宽和高度也由各厂家自己根据所生产的产品的尺寸和车间大小来确定，因此，即使是同一种容量的沉积槽，其外形尺寸也不一定是相同的。

制作沉积槽的材料也是各色各样的，有用玻璃钢的，有用硬聚氯乙烯(PVC)的，有用钢板内衬软 PVC 的，还有用砖混结构砌成然后衬软 PVC 的，或在地上挖坑砌成的沉积槽，甚至有用花岗岩凿成的沉积槽，这中间当然有不少是不规范的做法，但却是我国电镀加工业中真实存在的状况。

电沉积后处理是对沉积层/零件进行抛光、出光、钝化、着色、干燥封闭、去氢等工作。根据需要选用其中一种或多种工序使材料/零件符合质量要求。电沉积后处理常用设备主要有磨、抛光机和固定槽。

生产线分为许多类型。

1) 手动电沉积生产线

手动电沉积生产线适用于贵金属电沉积，如镍、银、金等。手动电沉积生产线设计布局灵活，占地面积较小，可同时具有 2~3 个工艺流程，能满足多种零件的电沉积工艺。

2) 半自动电沉积生产线

半自动电沉积生产线适用于针对精密电子、小五金件的成批生产及大量生产，产值大，经济效益好。该电沉积生产线是在生产线上设导轨，行车在导轨上运行从而输送控件在沉积槽中进行加工，工人手控行车电钮进行操作。半自动电沉积生产线在设计时已经计算好行车及挂钩的运行速度、工件数量及面积、生产节拍及工艺参数，因此生产的产品质量稳定，一致性好，产量大，设计负荷系数达85%以上！半自动线由于变通性强，而又有较高效率和产能，因此是当前国内电沉积生产线中的主流设备。

3) 全自动电沉积生产线

全自动电沉积生产线是按一定电沉积工艺过程要求将有关沉积槽、沉积件提升传运装置、电器控制装置、电源设备、过滤设备、检测仪器、加热与冷却装置、空气搅拌设备等组合为一体，通过机械和电气装置自动完成电沉积工序要求的全部过程，生产效率高，产品质量稳定。

全自动电沉积生产线适合于产品比较单一而产量又很大的产品，比如铝合金汽车轮壳或自行车车圈，对这类产品电沉积的自动生产线是根据产品的大小和产量设计的，因此有非常适合产品的装载方式和相对固定的动作节拍，在沉积液管理严格和动作程序编好以后，就可以连续不断地进行电沉积自动生产。全自动电沉积生产线的控制系统采用可编程逻辑控制器(PLC)，将确定的工艺流程编程后输入计算机，即可以进行全自动的控制。

4) 塑料电沉积生产线

塑料电沉积广泛应用于汽车装饰件、手机装饰件和标牌等行业，随着工程塑料应用的扩大，塑料电沉积的范围也在扩大，主要适用于丙烯腈-丁二烯-苯乙烯共聚物(ABS)、聚碳酸酯(PC)塑料产品的电沉积处理。

首先在塑料基本表面采用特定的处理方法获得一层金属层，使之兼有塑料和金属两者的优点，即塑料金属化，然后进行常规电沉积。

金属化的塑料克服了塑料本身的许多缺陷，具有良好的耐溶剂性、耐蚀性、耐磨性、耐光照性、导热性能，具有金属外观性好，电沉积层硬度高等特点。

5) 环形生产线

环形垂直升降式电沉积线与普通的电沉积线在结构上有着很大的不同，工件的横移和升降不再是针对单一的槽进行，而是整条线的挂具和工件同时动作，单槽的工件在上升、横移、下降后进入下一个槽，沉积槽和药水槽的工件则在槽内做连续移动，不做升降。

工件的横移是通过马达带动链条，链条拖动轨道来实现的，工件的升降也是通过马达带动链条，链条带动升降平台，托住滑动器、吊臂、挂具和工件来做上下运动的，所有的动作和安全防护都由感应器控制，通过一定的设置，可以实现工件多套程序，以及空中滴水、跳槽、下降到高位等特殊要求。

环形垂直升降式电沉积线适用的范围非常广泛，主要用于种类多、零件小、产量大、工艺单一的产品，包括塑料电沉积，实现电沉积镍铬、电沉积铜、ABS电沉积铜镍铬等电沉积要求。

1.5　电沉积金属/合金材料分类

所谓沉积材料是指用各种可能的电沉积方法在基底(衬底)材料表面沉积一定厚度的材料，也就是电沉积获得物。人们比较熟悉的听得较多的有镀 Ni，如镀镍的扳手；镀 Cu，如镀铜的电线；镀 Zn，如镀锌的铅丝；还有镀克洛米(chromium，铬)，如镀克洛米的自行车轮毂。这些都是工业化生产的东西。在研究中的沉积材料比实际应用的沉积材料要多得多，一般把它分为单金属/合金、电沉积复合材料和电沉积纳米材料三大类。本节先介绍电沉积金属/合金材料的分类。

电沉积金属/合金材料分为单金属和合金两种。

1.5.1　电沉积单金属材料

电沉积单金属材料有常见的 Zn、Ni、Cu、Cr 和 Sn 等；还有镀 Au、Ag 和 Pt，在装饰品行业也是常见的；镀钯(Pd)在特殊行业使用。在元素周期表中 92 号元素(U)之前，大约有 70 种金属元素，其中 33 种可以从水溶液中沉积出来，见图 1.5。

1 H																	2 Ne
3 Li	4 Be											5 B	6 C	7 N	8 O	9 F	10 Ne
11 Na	12 Mg											13 Al	14 Si	15 P	16 S	17 Cl	10 Ar
19 K	20 Ca	21 Sc	22 Ti	23 V	24 Cr	25 Mn	26 Fe	27 Ni	28 Co	29 Cu	30 Zn	31 Ga	32 Ge	33 As	34 Se	35 Br	36 Kr
37 Rb	38 Sr	39 Y	40 Zi	41 Nb	42 Mo	43 Tc	44 Ru	45 Rh	46 Pd	47 Ag	48 Cd	49 In	50 Sn	51 Sb	52 Te	53 I	54 Xe
55 Cs	56 Ba	57 71	72 Hf	73 Ta	74 W	75 Re	76 Os	77 Ir	78 Pt	79 Au	80 Hg	81 Tl	82 Pb	83 Bi	84 Po	85 At	86 Rn
87 Fr	88 Ra	89 71 Ac	90 Th	91 Pa	92 U												

图 1.5　在元素周期表中能从水溶液中沉积出来的 33 种(长方框内)元素，椭圆内的非金属也能从水溶液中析出

1.5.2　电沉积合金材料

在 33 种金属元素中比较常用的金属仅有 15 种，它们是 Cr、Mn、Fe、Ni、Co、Cu、Zn、Cd、Au、Bi、Pb、Rh、Ag、Sn 和 Pt。从以上 33 种金属或常用 15 种金属中就能获得数百种二元和三元合金。

目前，国内外已研究的合金电沉积超过 500 种，但在生产上实际应用的仅 50

余种，包括电沉积锌基合金、铜基合金、锡基合金、镍基合金、铁基合金、钴基及铬基合金和贵金属合金。它们又分二元合金和三元合金。

电沉积合金可按多种方法分类。

1) 根据电沉积合金层中金属成分不同分类

按成分不同分为双金属电沉积、三金属电沉积和多金属电沉积合金。比如，**二元合金**有 Cu-Sn、Fe-Ni、Zn-Ni 和 Ni-P；**三元合金**有 Fe-Ni-Co、Ni-Fe-Co、Ni-Fe-Cr、Co-Ni-P、Cu-Ni-P 和 Ni-Mo-Co 等；**多元合金**有 Ni-Co-Mo-Co、Ni-Co-W-P、Cu-Zn-Sn-Co 和 Ni-Co-W-RE 等。

2) 根据合金电沉积的特性和应用分类

根据合金电沉积的特性和应用可分为：电沉积防护性合金、电沉积装饰性合金、电沉积防护装饰性合金、电沉积功能性(包括可焊性、耐磨性、减摩性和磁性)合金和电沉积贵金属合金等。

3) 根据电沉积合金形成晶态特点分类

根据电沉积合金形成晶态特点分为：非晶态合金、纳米合金和合金复合层。最后一种属于下面要介绍的电沉积复合材料。

1.6 电沉积复合材料的分类

自 1949 年美国 A. Simos 获得第一个复合电镀专利以来，复合电镀工艺已有很大发展，从单金属、单颗粒复合电镀，发展为满足特殊性能要求的合金、多种颗粒的复合电镀工艺，且工艺手段与方法不断得到完善。1966 年，Metzger 等开始试验复合化学镀，以化学镀镍合金作为复合镀层的基质金属。1983 年，苏联报道了制备以磷化层为基质，以 MoS_2 为镶嵌微粒的复合镀层。除在水溶液中沉积复合镀层之外，还可在非本溶液中沉积复合镀层。另外，既可以用挂镀法，也可用滚镀法沉积复合镀层。

我国于 20 世纪 70 年代开始研究复合电沉积技术：天津大学进行了 Ni-金刚石复合电沉积工艺的研究；哈尔滨工业大学开展了 Ni-SiC、Fe-Al_2O_3、Fe-SiC 等复合电沉积工艺研究；武汉材料保护研究所于 20 世纪 70 年代末开展了 Ni-氟化石墨和 Cu-氟化石墨复合电沉积工艺的研究；天津大学开展了具有电接触功能复合键电沉积工艺的研究，如 Au-WC、Au-MoS_2、Ag-Mo 等。昆明理工大学于 20 世纪 90 年代初开展了多元复合电沉积工艺研究，研制出 Ni-W-P-SiC 等复合材料沉积层。

因此，电沉积复合材料的分类有三种方法：按材料组分分类，按电沉积材料的功能分类，以及根据微粒和基质金属在沉积层中所起的作用来分类。

1.6.1 按构成复合沉积层的组分分类

这里又分别依据基质金属的不同以及微粒性能间的差别进行分类。

(1) 按基质材料的不同分为：①单金属基质复合沉积层，如 Ni、Cu、Zn；②合金基质复合沉积层，如 Cu-Sn 合金、Ni-Co 合金及 Ni-W-P 合金等。

(2) 按微粒性能间的差别分为：①无机微粒的合金沉积层，如金刚石、石墨、Al_2O_3 等氧化物、SiC 等碳化物、MoS_2 等硫化物、CrB 等硼化物、$BaSO_4$ 等硫酸盐、高岭土等硅酸盐等；②有机物微粒复合沉积层，如聚四氟乙烯、氟化石墨、尼龙、聚氯乙烯、氨基甲醛树脂等有机化合物；③金属微粒复合沉积层，如 Ni、W、Cr、Ni-Ti、Al-Ti 等。

因此，由基质材料和嵌入基质中的微粒组成的电沉积复合材料的体系就很多了，比如有 Ni-SiC、Ni-金刚石、Ni-Co-金刚石、Ni-Co-SiC、Ni-Co-Si_3N_4、Ni-P-SiC、Ni-P-SiC、Ni-P-WC、Ni-W-Zr、Ni-W-B-ZrO_2、Ni-W-Si_3N_4 及 Cu-SiC 等。

研究得较多的有 Ni-Ti、Ni-Al-Ti 等。

1.6.2 功能性复合电沉积层材料

按沉积层材料的主要功能又可分为以下几类。

1) 高硬度、耐磨复合沉积层

对于需要承受摩擦和在高温下使用的金属材料，如何提高材料的耐磨性和硬度是人们所要考虑的问题。人们通常以 Al_2O_3、ZrO_2、TiC、Cr_3C_2、SiC、BN、Si_3N_4、WC、TiO_2、B_4C、ZrB_2、CaF_2、金刚石等作为其分散微粒而获得复合沉积层，这些粒子具有比基体更高的屈服极限，且耐磨，还能起到弥散强化基体的作用。因此，这类复合沉积层具有良好的耐磨性能和较好的耐高温、抗氧化性能，吸引众多学者进行研究。

2) 自润滑复合沉积层

固体润滑剂微粒，如 MoS_2、石墨、氟化石墨、BN、WS_2、聚四氟乙烯(PTFE)等，这些微粒在大气中的摩擦系数很小，MoS_2 为 0.05～0.25，WS_2 为 0.05～0.25，石墨为 0.1～0.3，PTFE 为 0.02，h-BN 为 0.1～0.2，氟化石墨为 0.02～0.20，若将这些微粒和金属共沉积而得到复合沉积层，可防止原有摩擦副金属的直接接触，从而减少或防止了黏着磨损，使磨损量大大下降。

3) 具有电接触功能的复合沉积层

人们广泛使用沉积金层与沉积银层作为电接触材料，这类沉积层虽具有优良的导电、导热和耐蚀性能，但其耐磨性较差。若使一些固体与金、银共沉积，则形成的相应复合沉积层具有良好的电接触功能，这类复合沉积层以 Au、Ag 为基质的较多，分散微粒有 WC、SiC、BN、MoS_2、La_2O_3 等。

4) 耐蚀、装饰功能的复合沉积层

普通装饰-防护沉积层中最外面的沉积铬层，内应力极大，易产生应力腐蚀，为了避免这种现象出现，人们往往以镍作为牺牲阳极，在沉积铬之前，于亮镍层上沉积一层薄的镍封沉积层，如 $Ni-SiO_2$、$Ni-BaSO_4$、Ni-高岭土等，非导体的固体颗粒与镍共沉积，将使沉积层变得致密，大大降低了镀镍层的孔隙率和内应力。更重要的是在镍封沉积层上沉积铬层时，由于镍封沉积层表面上的固体颗粒不导电，铬不能在固体微粒上沉积，结果沉积铬层表面上形成了大量微小的孔隙。这在很大程度上降低了普通沉积铬层中的巨大内应力，从而减少了应力腐蚀。

5) 复合电沉积型刀片

作为分割大规模集成电路芯片用的刀片，其厚度仅 $15\sim30\mu m$，还得是环形的，并能从沉积的基体上完好地剥离下来，刀片要具有足够的硬度、锋利度和足够的刚度，才能安装在 30000r/min 的划片机上。目前已有 Cu-金刚石、Ni-金刚石和 NiCo-金刚石三种。

6) 其他功能的复合沉积层

为了节约能源，人们开发出了具有催化功能的复合沉积层。例如，天津大学研制出以半导体材料 ZrO_2、TiO_2 为分散介质而形成的 $Ni-ZrO_2$、$Ni-TiO_2$ 复合沉积层。该镀层具有光电转换效应。又如，有些 Ni-荧光颜料复合沉积层在紫外线照射下发出强烈而明亮的各色荧光，具有广阔的应用前景。另外，还有高温下耐磨与抗氧化复合沉积层，此种沉积层一般以钴为基质金属，以 SiC、Cr_3C_2、WC、ZrB_2 等为分散微粒，获得 Co-SiC、$Co-Cr_3C_2$、Co-WC、$Co-ZrB_2$ 复合沉积层，此种沉积层在大气干燥、$300\sim800$℃的条件下，仍能保持优良的耐磨性能和高温抗氧化性。还有用于降低内应力的复合沉积层，用作有机膜底层的复合沉积层等。

1.6.3 依据复合沉积层组分所起作用的地位分类

1) 微粒性能起主导作用的复合沉积层

用于制备钻、磨、切割工具的 Ni-金刚石、Ni-Co-金刚石复合沉积层是微粒性能在沉积层中起主导作用的典型代表。无论是钻头，还是磨轮、滚轮及刀片，都是利用金刚石的坚韧性能来作为钻、磨、滚和刀的切削刃，显然，金刚石的性能和状态(如纯度、粒度、形状等)直接影响着钻、磨、滚和刀具的质量；而复合沉积层中的基质金属 Ni、Ni-Co 起着结合剂和支撑体的作用。它对这种复合沉积层的功能与作用的发挥也有重要影响。因此，对基质金属的性能也有一定的要求。例如，若基质金属的硬度和耐磨性差，则整个工具将很快失效；如果把非常硬的金刚石嵌夹在很软的金属中，金刚石的刀刃性自然无法发挥作用。除硬度与耐磨性外，也对基质金属提出了一些其他要求，例如，在高温下基质金属不能与金刚石发生化学反应，基质金属应有良好的导热性，以便在摩擦磨损过程中及时散热。所以说，复合沉积层中微粒起主导作用，并不等于基质金属的作用不重要，绝非任何物质都能用作这种钻、磨、滚和刀工具的复合沉积层的基质金属的。

2) 基质金属起主导作用的复合沉积层

基质金属起主导作用的复合沉积层的典型代表是具有可焊性的锡基复合沉积层。普通的镀锡层的可焊性相当好，但在存放过程中可焊性会逐渐变坏，硬度也很低，耐磨性很差。为了改善这些不足，一是采用锡基合金来做基质金属，二是锡基质金属加上固体微粒的复合沉积层，也可在很大程度上有效克服纯锡的缺点，保证锡的良好可焊性。在这里微粒完全是为了基质的特有功能得以改善和提高，基质金属仍起着主导作用。

基质金属起主导作用的复合沉积层的另一个例子是 Ag-BN 复合沉积层，微粒 BN 的加入可以在保持镀银层接触电阻变化不大的前提下，提高其耐磨性。

3) 微粒与基质金属间相互作用起主导作用的复合沉积层

在对大量复合沉积层研究的基础上，人们发现，有些复合沉积层的性能既不同于基质金属，也与微粒存在着很大差异，出现了新的飞跃，这显然是微粒与基质金属间存在着相互作用而引起的。具有光电转换效应的 Ni-TiO$_2$ 复合沉积层就是一个例子。Ni 本身是较好的导体，TiO$_2$ 虽然是半导体材料，但由于它的禁带较宽，一般情况下并不具有光电效应。在 Ni 与 TiO$_2$ 形成复合沉积层后，两者界面间出现 Ni 原子的 3d 电子对 TiO$_2$ 的掺杂作用。这种相互作用使 TiO$_2$ 性质发生重要变化，呈现出明显的光电效应。

另一个例子是具有耐电蚀功能的 Ag-La$_2$O$_3$ 复合沉积层。纯 Ag 基本上不具备耐电蚀能力，故不宜用它做电接触头，La$_2$O$_3$ 并非导体，更谈不上用作电接触材料问题。可是 Ag-La$_2$O$_3$ 沉积层却是良好的电接触材料，这很可能是因为电沉积过程中在 La$_2$O$_3$ 与 Ag 的界面间形成了非计量的界面扩散反应层，使 La^{3+} 被还原为较低价态的 La^{x+}($x<3$)。

1.7　电沉积纳米材料

经电沉积获得的材料晶粒、颗粒在纳米量级(几纳米至 100nm)的材料称为电沉积纳米材料。在屠振密教授主编的《电沉积纳米材料技术》(国防工业出版社，2008)和徐瑞东、王军丽编著的《金属基纳米复合材料脉冲电沉积制备技术》(冶金工业出版社，2010)两书中有详细介绍。这里以前者为主线索摘编一些有关的电沉积纳米材料。

1) 电沉积单金属纳米材料

例如，Cu 纳米线、Cu 纳米镀层；Co 纳米薄膜、Co 纳米线、Co 纳米颗粒；

Ni 纳米镀层、Ni 纳米线、Ni 纳米管、Ni 纳米阵列；Pt、Pb、Pd 纳米材料等。

2) 电沉积单金属纳米复合材料

基质材料为单金属，加入各种固体微粒的电沉积材料称为电沉积单金属纳米复合材料。就基质金属而言有 Cu、Ni、Ag 和 Sn 等；就固体微粒而言有 SiO_2、Al_2O_3、TiO_2、ZrO_2 和 SiC 等。例如，Cu/n-SiO_2、Cu/n-Al_2O_3、Ni/n-CeO_2、Ni/n-Al_2O_3 等。

3) 电沉积纳米合金

电沉积纳米合金又分二元和三元电沉积纳米合金。例如，二元合金有 Zn 基的 Zn-Ni(Ni_xZn_{1-x})、Zn-Sb；Ni 基的 Ni-Fe、Ni-Co、Ni-Cu、Ni-Mo、Ni-W、Ni-P；Co 基的 Co-Ni、Co-Cu、Co-Bi、Co-Fe、Co-Pt；Fe 基的 Fe-Ni、Fe-Pt、Fe-Pd 或 Pd-Fe；Sn 基的 Sn-Ni、Sn-Cu 或 Cu-Sn、Sn-Mn 等。三元纳米合金有 Co-Ni-Fe、Fe-Ni-Co、Ni-Fe-Cr、Co-Ni-P、Cu-Ni-P 和 Ni-Mo-Co 等。

4) 电沉积纳米合金纳米复合材料

加入纳米微粒的纳米合金基质材料称为电沉积纳米合金复合材料。例如，Ni-P 纳米复合材料——Ni-P/纳米 SiC 复合镀层、Ni-P/纳米 WC 镀层、Ni-P/纳米金刚石复合镀层、Ni-P/纳米 Si_3N_4 复合镀层、Ni-P/纳米 Al_2O_3 镀层和 Ni-P/纳米 SiO_2 复合镀层；Ni-Co 纳米复合镀层——Ni-Co/纳米金刚石、Ni-Co/纳米 SiC、Ni-Co/纳米 Si_3N_4；Ni-W 纳米复合镀层——Ni-W/纳米 SiC、Ni-W/纳米 ZrO、Ni-W-B/纳米 ZnO、Ni-W/纳米 Si_3N_4；Ni-Fe 纳米复合镀层和 Zn-Ni 纳米复合镀层，等等。

1.8　关于电极材料和电沉积液的讨论

1.8.1　关于阴极和阳极材料的讨论

1. 阴极材料问题

在电沉积槽中有阳极和阳极，阴极是电沉积物的衬底，也就是实际使用物件。比如，潜水艇的外壳钢材要有足够的耐海水腐蚀性能，为了提高钢板的耐海水腐蚀性能，需要在其表面电镀一定厚度耐腐蚀层，因此，阴极就是这种钢板。又如，坦克机身高强度钢不足以抵抗高射机枪的攻击，希望能对其表面做防弹处理，电沉积的阴极只能是这种高强度钢。再如，对于飞机机身的 Ti 合金或高强度的 Al 合金我们希望能对其表面做防弹处理，因此阴极只能是这种 Ti 合金或高强度 Al 合金。许多民用产品也存在类似问题。因此，作为电沉积设备中的阴极材料在许多情况下是不允许选择的，除非是为某种研究的需要作选择，比如，为排除基体材料晶粒取向的影响，而在基体上沉积一层非晶的 Ni-P 层。

至于如何处理，沉积什么材料，是单金属、合金，还是电沉积复合材料，这是科学家和工程技术人员要研究的第一个问题；要研究的第二个问题是，直接在基体材料/部件表面沉积，还是先沉积一层过渡层后再沉积。比如，在坦克机身高强度钢表面、飞机机身的 Ti 合金或高强度 Al 合金表面直接采用喷射电沉积方法在表面喷镀一层 Si_3N_4，效果还是不错的，但存在厚度不够和与基体结合不够好的问题。比较好的方法是电沉积以 Si_3N_4 微粒为嵌镶体的复合材料，并对高强度钢、Ti 合金和高强度 Al 合金基体分别沉积 Fe、Ti 和 Al 为基质的 Si_3N_4 复合沉积层，厚度可以控制，还可做沉积后退火处理，以使沉积层与基体结合良好。

当然，为了某些特殊问题的研究可以不考虑阴极的材料问题。比如，研究电沉积层的纤维织构问题，以及其与不同晶体结构类型基体的关系问题等。

2. 阳极材料问题

在电沉积工作中，选择阳极材料的原则是电沉积什么材料就选择什么材料做阳极。如果沉积单金属或合金，就以这种金属或合金做阳极材料；如果电沉积复合材料，则以复合材料中基质材料做阳极。这样做的好处是阳极可向电沉积液中不断补充金属离子。

1.8.2 电沉积液问题

我们先考察两个例子。

1. 电沉积铜和电沉积 Cu-SiC 复合材料的电沉积液

1) 紫铜电沉积 Cu

为了避免基体紫铜对沉积铜组织结构的影响，采用紫铜-(Ni-P)-Cu 的结构。因此电沉积液有两套。其一为在紫铜上电沉积 Ni-P 的电沉积液，见表 1.2；其二是在 Ni-P 上面电沉积 Cu 的电沉积液，见表 1.3。

表 1.2 制备 Ni-P 非晶层的沉积液[9]

电沉积条件		1 号		2 号	
电沉积液成分		电流密度/(A/dm²)	温度/℃	电流密度/(A/dm²)	温度/℃
$NiSO_4 \cdot 6H_2O$ $NiCl_2 \cdot 6H_2O$ $NaH_2PO_2 \cdot 6H_2O$ H_3BO_4	250g/L 50 g/L 40 g/L 30 g/L	2	60	12	60
Ni-P 非晶层中 P 的含量		16.8at%		27.8at%	

表 1.3　在 Ni-P 非晶层上电沉积 Cu 的电解[9]

主电沉积液/(g/L)		添加剂/(g/L)		
		1	2	3
CuSO₄·7H₂O	280			
H₂SO₄	80			
稀土铈盐		0.05		
聚乙二醇			0.025	
乙二胺四乙酸 (EDTA)二钠				20

注：at%为原子分数。

2) 在不锈钢上电沉积 Cu-SiC

电沉积中阳极材料采用磷铜板(含铜量 99.6%)；不锈钢片作为阴极材料，尺寸为 10mm × 10mm。

实验中选用硫酸铜溶液作为电沉积液，其成分列于表 1.4。

表 1.4　在不锈钢上面电沉积 Cu-SiC 的电沉积液

成分	浓度/(g/L)	温度/℃	电流密度/(A/dm²)	搅拌速度/(r/min)
CuSO₄·7H₂O	180～220	20～40	1～10	30～100
H₂SO₄	50～70			
SiC		粒径 3.5μm、7.0μm 和 10μm 三种		

2. 电沉积 Ni-Co-金刚石和在不锈钢上电沉积 Ni-ZrC 的电沉积液

1) 电沉积 Ni-Co-金刚石刀片

电沉积液组成及电沉积条件列于表 1.5 中。

表 1.5　电沉积 Ni-Co-金刚石的电沉积液组成及电沉积条件[10]

电沉积液编号	Ni-金刚石	Ni-Co-金刚石			
		1	2	3	4
成分和基本条件	电沉积液浓度/(g/L)				
NiSO₄·6H₂O	200	220	220	200	300
CoSO₄·7H₂O	—	15	30	30	50
NiCl₂·6H₂O	—	—	30	—	40
NaCl	18	15	—	15	—
H₃BO₃	45	30	40	40	40
糖精	1～2	2	2	0.5～1.0	—

续表

电沉积液编号	Ni-金刚石	Ni-Co-金刚石			
		1	2	3	4
成分和基本条件	电沉积液浓度/(g/L)				
十二烷基硫酸钠	0.2	0.2	0.3	0.2	0.3
1.4 丁炔二醇	1	1	1	1~2	1
乙二胺四乙酸(EDTA)	—	4	—	—	—
对甲苯磺酰胺	—	—	—	—	1
金刚石粉	10~15	7	2~3	2~3	7
pH	3.5~4.0	3.5~4.0	3.5~4.0	3.5~4.0	3.5~4.0
电流密度/(A/cm²)	2	2~3	2~3	—	2~6
温定/℃	50	30	30~50	30~50	24~30

2) 在不锈钢上电沉积 Ni-ZrC

采用不锈钢 Ni-P/Ni-ZrC 结构。

在电沉积工作中，无论沉积材料是单金属，还是金属合金，以及电沉积复合材料中的基质金属等，都必须在所用电沉积液中有含这种(些)金属离子的盐类，我们把含有这种(些)金属离子的盐类称为**主导电沉积液**。如表 1.6 和表 1.7 中 $NiSO_4 \cdot 6H_2O$、$NiCl_2 \cdot 6H_2O$ 和表 1.6 中 $NaH_2PO_2 \cdot H_2O$ 等。

表 1.2 和表 1.5~表 1.7 中的 H_3BO_3，表 1.3~表 1.4 中 H_2SO_4 是为了调整电沉积液的酸碱度而加入的，通常用 pH 表示酸碱度，它是 pondus hydrogenium 的缩写。pH 的范围为 7~14：pH<7 为酸性；pH = 7 为中性；pH>7 为碱性。因此，有酸性电沉积液和碱性电沉积液的说法。

表 1.6　Ni-P 镀层的电沉积液组成及电沉积条件[11]

电沉积液成分	浓度/(g/L)	电沉积条件
$NiSO_4 \cdot 6H_2O$	170	电流密度：12A/dm²
$NiCl_2 \cdot 6H_2O$	45	pH：2
H_3BO_3	50	温度：80℃
$NaCO_3$	10	搅拌速率：350~400r/min
$NaH_2PO_2 \cdot H_2O$	60	时间：10min

表 1.7　电沉积 Ni-ZrC 液组成及电沉积条件[12]

电沉积液的成分	浓度/(g/L)	电沉积条件
$NiSO_4 \cdot 6H_2O$	250	电流密度：$1.25\sim20A/dm^2$
$NiCl_2 \cdot 6H_2O$	40	pH：$1.5\sim4.0$
H_3BO_3	30	温度：50℃
$C_{12}H_{25}NaO_4S$	0.2	搅拌速率：$350\sim400r/min$
ZrC 颗粒	$0\sim40$	时间：$2\sim60min$

有时，电沉积液中还有添加剂，如表面活性剂、电结晶细化剂。

如果电沉积复合材料，电沉积液中一定有微粒，如表 1.4 中的 SiC，表 1.5 中的金刚石粉，表 1.7 中的 ZrC 等。

可见，电沉积液的组成是比较复杂的，一般可以通过文献查找到主导电沉积液成分，但一般都需要实验摸索才能决定其类型及浓度等。

1.8.3　电沉积溶液的类型

经上述实例和大量电沉积溶液的综合分析，可把电沉积溶液分为以下几类。

1) 简单盐电沉积液

从简单金属盐电沉积液中实现金属的共沉积，例如，从氯化物或硫酸盐电沉积液中电沉积出铁族(Fe、Co 和 Ni)合金；从氟硼酸盐镀液中电沉积 Pb-Sn 合金；从氯化物体系中电沉积 Zn-Ni、Zn-Fe 和 Zn-Co 合金等。

2) 配合物电沉积液

大多数电沉积合金是从配合物电沉积液中沉积出来的。优点是只用一种配位剂，如氰化物 Cu-Zn 合金电沉积液。也有的需用两种配位剂分别配合两种金属离子才能共沉积，如 Cu-Sn 合金，其中氰化物配合铜离子，锡酸盐配合锡离子。

3) 有机溶剂电沉积液

有些金属离子很难从水溶液中共沉积，但在有机溶剂中沉积比在水溶液中更容易，因而容易共沉积。比如，从有机溶剂(甲酰胺等)中可以共沉积得到 Al 合金。对于活泼金属(如 Al、Mg 和 Be 等)和难以从水溶液中电沉积的金属(如 Ti、Mo 和 W 等)及其合金，往往可以从有机溶剂中沉积或共沉积出来。

4) 熔融盐电沉积液

有些重要的金属，如碱金属和碱土金属，由于它们的电极很负，因此不能在阴极上从水溶液中单独沉积出来。为了得到这类金属的合金，往往可以采用它们的熔融盐电沉积液。例如，从 $AlCl_3$-NaCl-$MnCl_2$ 熔盐体系中电沉积 Al-Mn 合金，从 LiCl-KCl-$PdCl_2$ 熔盐体系中电沉积 Li-Pd 合金，从 NaCl-KCl-$TiCl_4$ 熔盐体系中电沉积 Ti 及其合金等。

5) 离子液体电沉积液

近几年来，新发展起来一种离子液体电沉积方法。离子液体是在室温或室温附近呈液态的由离子构成的物质，具有呈液态的温度区间大、溶解范围广、蒸气压极低、稳定性好、极性较强且酸性可调、电化学窗口大等许多优点。离子液体的阳极离子和阴极离子可以有多种形式，也可设计成具有一系列性质的基团。

与普通有机溶解相比，室温离子液体具有很宽的电化学窗口、优良的导电性、不挥发、热稳定性较高等优点。离子液体作为新一代绿色溶解正日益受到重视。

在离子液体中能够电沉积出来在水溶液中不能或难以沉积的金属和合金，如 Al、Mg、W、Sb 和 In-Sb 合金等。

1.8.4　电沉积过程中各种因素的相互关系

在电沉积过程中，整个体系包括的因素较多，各种因素针对的目标不同，作用也不同，见图 1.6。维持整个体系处于最佳状态，才能获得正常的电沉积层。当需要对某一目标有特殊要求时，可采用相应的措施。例如，同样是电沉积铜，采用氰化物做配合物时，氰化物用来实现增加阴极极化；当采用硫酸盐电沉积铜时，则采用添加剂来实现增加阴极极化，具体使用时要根据电沉积计算要求剂加工环境的许可条件。对于弱酸性电沉积液通常需要缓冲剂来稳定 pH，而对于强碱性或酸性电沉积液则不需要。各种添加剂主要作用于阴极，可依据不同目的和工艺特点来选取。

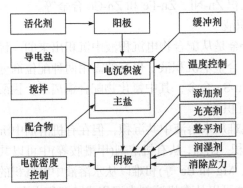

图 1.6　电沉积液中各种因素的相互关系

参 考 文 献

[1] 屠振密, 安茂忠, 胡会利. 现代合金电沉积理论与技术. 北京: 国防工业出版社, 2016.
[2] 徐瑞东, 王军丽. 金属基纳米复合材料脉冲电沉积制备技术. 北京: 冶金工业出版社, 2010.
[3] 郭忠诚, 曹梅. 脉冲复合电沉积的理论与工艺. 北京: 冶金工业出版社, 2009.
[4] 屠振密, 李宁, 胡会利, 等. 电沉积纳米晶材料技术. 北京: 国防工业出版社, 2008.

[5] 冯辉, 张勇, 张林森, 等. 电镀理论与工艺. 北京: 化学工业出版社, 2008.

[6] 郭鹤桐, 张三元. 复合电镀技术. 北京: 化学工业出版社, 2007.

[7] 冯立明. 电镀工艺与设备. 北京: 化学工业出版社, 2005.

[8] 安茂忠. 电镀理论与技术. 哈尔滨: 哈尔滨工业大学出版社, 2004.

[9] 沈品华, 屠振密. 电镀锌及锌合金. 北京: 机械工业出版社, 2002.

[10] 向国朴. 脉冲电镀的理论与应用. 天津: 天津科学技术出版社, 1989.

[11] 罗荣芳, 杨传铮. 复合电镀镍-钴-金刚石薄片的性能和结构. 上海金属(有色分册), 1985, 6(2): 21-26.

第 2 章　金属/合金的电沉积和复合电沉积理论概要

　　一般认为，金属/合金的电沉积过程是，电沉积液中的金属原子失去外层电子而被离解成带正电的阳离子，在电场的作用下向阴极运动，在到达阴极表面时获得电子还原为中性原子而沉积在阴极表面。但实际情况并非这么简单。

　　复合电沉积是指在普通电沉积液中添加无机物(如金属氧化物、碳化物、氮化物等)、有机或金属不溶性的固体微粒，并使之在电沉积液中充分悬浮，金属离子在阴极被还原的同时，将微粒吸附或包覆后与金属共沉积，而形成电沉积复合材料的技术。因此，复合电沉积既包括金属/合金的电沉积过程，又包括固体微粒与金属离子的共沉积过程。故本章前两个部分分别介绍金属/合金电沉积理论和复合电沉积理论，第三部分介绍电沉积纳米晶(包括纳米镀层、纳米线、纳米管等)的机理。

2.1　金属离子还原的可能性和合金共沉积的条件

2.1.1　金属离子还原的可能性

　　从原则上讲，只要电极电势足够负，则任何金属离子都有可能在阴极上还原和电沉积。但是，如果金属离子的还原电势比溶剂的还原电势低，则碱性金属就不能从水溶液中电沉积出来。

　　(1) 如果以合金形式沉积，则由于生成物中金属(合金)的活度比纯金属小，因而有利于还原反应的实现。若采用汞电极作阴极，则碱金属、碱土金属、稀土金属的离子都能从水溶液中还原而生成汞齐。

　　(2) 在周期表(表 2.1)中，越靠右边的金属离子越容易还原。铜右边的元素在水溶液中的析出电势较正，电结晶时电化学极化较小，很难得到致密的电沉积层，采用配合物时，由于析出电势向负方向移动，具有较强的电化学极化特性，可得到致密的沉积层，如氰化物电镀铜；采用添加剂时，由于添加剂吸附在阴极表面，增大了金属离子的电化学反应阻力，提高了阴极极化，也能得到致密的电沉积层，如硫酸盐镀铜、钾盐镀锌等。

表 2.1　金属离子还原的可能性

I A	II A	III B	IV B	V B	VI B	VII B		VIII			I B	II B	III A	IV A	V A	VI A	VII A	0
Li	Be													C	N	O	F	Ne
Na	Mg												Al	Si	P	S	Cl	Ar
K	Ca	Sc	Ti	V	Cr	Mn	Fe	Co	Ni		Cu	Zn	Ga	Ge	As	Se	Br	Kr
Rb	Sr	Y	Zr	Nb	Mo	Tc	Ru	Rh	Pd		Ag	Cd	In	Sn	Sb	Te	I	Xe
Cs	Ba	La ~ Lu	Hf	Ta	W	Re	Os	Ir	Pt		Au	Hg	Tl	Pb	Bi	Po	Ar	Rn
金属元素			水溶液中可能电沉积				氰化物溶液中可能电沉积											

(3) 在非水溶液中,金属离子的溶剂化能与水中相差很大,因此,水中不可能沉积的金属将有可能在适当的有机溶剂中沉积出来。

(4) 在熔盐电解液中,碱性金属可以合金的形式还原成金属(如铅-钙合金的制备)。

2.1.2　合金共沉积的条件

合金共沉积的应用和研究目前局限于二元合金和少数三元合金,以下重点讨论二元合金的共沉积。

(1) 合金中的两种金属至少有一种金属能单独从水溶液中电沉积出来。有些金属(如 W、Mo 等)虽然不能单独从水溶液中电沉积出来,但可与另一种金属(如 Fe、Cu、Ni 等)同时从水溶液中电沉积出来。

(2) 合金电沉积的基本条件是两种金属的析出电势要十分接近或相等,即

$$E_{析} = E_{平} + \eta \tag{2.1}$$

$$E_{析} = E^0 + \frac{RT}{nF}\ln\alpha + \eta \tag{2.2}$$

式中,$E_{析}$ 为金属的析出电势,$E_{平}$ 为金属的平衡电势,E^0 为标准电极电势,η 为极化过电势,单位都是伏特(V);R 为气体常数(8.315J/(K·mol));T 为热力学温度(K);F 为法拉第(Faraday)常数(26.8 A·h/mol);n 为参加电极反应的电子数;α 为金属离子的活度。

欲使两金属离子在阴极上共沉积,它们的析出电势必须相等,即

$$E_{析1} = E_{析2} \tag{2.3}$$

$$E_{析1} = E_1^0 + \frac{RT}{n_1F}\ln\alpha_1 + \eta_1 \tag{2.4}$$

$$E_{析2} = E_2^0 + \frac{RT}{n_2 F} \ln \alpha_2 + \eta_2 \tag{2.5}$$

在合金电沉积系统中，合金中两个金属的极化值是无法测定的，也不能通过理论计算得到。因此，式(2.3)～式(2.5)无法实际应用。

根据上面诸式可以看出，仅有少数金属具有从简单盐溶液中共沉积的可能性。例如，Pb(−0.126V) 与 Sn(−0.136V)，Ni(0.25V) 与 Co(−0.277V)，Cu(0.34V) 与 Fe(0.32V)，它们的标准电极电势比较接近，通常可以从它们的简单盐溶液中实现共沉积。但多数的合金电沉积并不容易，通常需要采用以下措施。

1) 改变金属离子的浓度

如在简单盐溶液中，金属的平衡电势相差不大，则可以通过改变金属离子浓度(活度)来降低电极电势比较正的金属离子的浓度，使其电势负移，或者增大电势比较负的金属离子的浓度，使它的电势正移，使金属的析出电势相互接近或相等，从而达到合金电沉积的目的。

2) 在沉积液中加入配位剂

在沉积液加入适宜的配位剂，使两种以上金属离子的析出电势相互接近，从而得到共沉积，这是非常有效的方法。它不仅可使金属离子的平衡电势向负方移动，还能增加阴极极化，这都对共沉积有利。

3) 在沉积液中加入添加剂

在沉积液中加入适宜的添加剂，一般对金属的平衡电势影响很小，但对金属的极化往往有较大的影响。由于添加剂在阴极表面可能被吸附或形成表面配合物，所以对阴极反应常具有明显的阻化作用。添加剂在阴极表面的阻化作用常具有一定的选择性，一种添加剂可能对几种金属的电沉积起作用，而对另一种金属的电沉积则无效果，这一点应引起注意。

综合上面对配位剂和添加剂的讨论得知，为了实现合金的电沉积，可以在沉积液中单独加入添加剂，也可同时在沉积液中加入配位剂和添加剂。

2.2　金属电结晶的基本历程

2.2.1　金属离子在电解液中的存在形式

在同一体系的金属离子之间，金属离子与水溶液之间，总是相互作用、相互联系着的，金属离子在电解液中的状态与其放电过程、放电析出层结构是密切相关的[1-3]。

这里对 NaCl 这种典型的离子晶体溶于水的过程进行考察。图 2.1 所示，Na^+ 和 Cl^- 在水溶液中都要发生电离，这就是盐类的水解，形成相应的阴离子和阳离子。

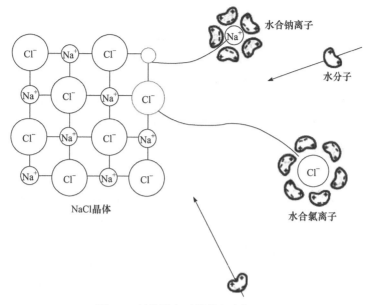

图 2.1　氯化钠离子晶体和水解过程

如同 Na^+ 一样，Cu^{2+} 在水溶液中有

$$Cu^{2+} + nH_2O \longrightarrow Cu(H_2O)_n^{2+}$$

如同 NaCl 中 Cl^- 一样，HCl 中的 Cl^- 在水溶液中有

$$HCl + H_2O \longrightarrow H_3O^+ + Cl^-$$

$$Cl^- + mH_2O \longrightarrow Cl(H_2O)_m^-$$

另一方面，向含 Cu^{2+} 的水溶液中加入过量的 NaCN 时，Cu^{2+} 将被 CN^- 还原成 Cu^+，同时 Cu^+ 和 CN^- 形成配离子

$$Cu^+ + CN^- \longrightarrow Cu(CN)_3^{2-}$$

金属离子和有机阴离了形成的配合物具有一定的稳定性，这种稳定性对电沉积来说非常重要。

处于氧化态的过渡金属中的 d 轨道或 f 轨道通常总有空位。这使得其非常容易形成配合物，而非过渡金属的离子所构成的配合物则不十分稳定。

氰根(CN^-)能和 Cu、Ag、Au、Pt、Pd、Fe、Co、Ni 等金属离子形成稳定的配合物，但和 Zn、Cd 所生成的配合物便没有那么稳定了，CN^- 和铁、镍离子生成的配合物过于稳定，无法在水中放电，因而不能用氰化物沉积液来沉积 Fe 和 Ni。

焦磷酸盐也能和几种金属的离子形成配合物，因而可以用其制备 Zn、Cu、

Sn、Ni 等金属离子沉积层。

卤素离子也能与若干种类的金属离子形成配合物，如卤化物沉积锡液，其中放电配合物为 $SnCl_6^{2-}$。

配合物的电化学性质对于我们十分重要，它影响着电沉积液和沉积层的各种性能，同时使一些在简单盐中无法发生共沉积的金属离子以其配合物的形式沉积出来，获得合金沉积层，如 Cu-Zn 合金沉积层等。

金属离子在水溶液中形成配合物的过程是一步一步完成的，如

$$Cd(H_2O)_4^{2+} + CN^- \longrightarrow Cd(CN)(H_2O)_3^+ \tag{2.6}$$

$$Cd(CN)(H_2O)_3^+ + CN^- \longrightarrow Cd(CN)_2(H_2O)_3 \longrightarrow 最后生成Cd(CN)_4^{2-} \tag{2.7}$$

1974 年，Grahame 将电极表面的情况进行了较为详尽的描述，他将距电极表面 0.1nm 以内的近电极层称为内亥姆霍兹层。在这层内，裸阳离子在量子力学效应的作用下，在电极表面发生特性吸附；而阴离子及其基团则不与电极表面发生这种作用，也不能在内亥姆霍兹层内整齐排列。Grahame 将距电极表面 0.2～0.3nm 的薄层称为外亥姆霍兹层。裸阴离子及水合金属离子能够进入该层内，这是由内亥姆霍兹层吸附在电极表面的阳离子对外亥姆霍兹层所起的静电引力而导致的。内、外亥姆霍兹层又统称为内层霍固定层，也称亥姆霍兹双电层。从固定层向溶液内部方向的数百纳米内的溶液层称为扩散双电层。由扩散双电层再向溶液本体延伸的液层称为扩散层。金属水合离子或配离子在以上各层内的受力情况，即能量状态是不同的。

由于溶液本体内有对流发生，因此扩散层的厚度不可能无限制地增加。通常情况下，其最大厚度为 10μm 左右。这一厚度值总是随溶液与电极表面状态的不同而发生着复杂的变化。电极的旋转、溶液的流动、稳定的升高都会减薄扩散层。但电极高速旋转到一定程度时，可以认为扩散层的厚度等于零。另外，适当地控制脉冲电流的频率，可使扩散层的厚度减薄到直流状态下的 1/10 左右。随着扩散层的减薄，放电离子向电极表面的扩散阻力减小。这是实现高速电沉积的必要条件。也只有在扩散层非常薄的情况下，才能获得与溶液中金属离子组成比相近的合金沉积层的必要条件。

在扩散层内，水和金属离子的移动受浓度梯度的控制。在扩散层厚度一定时，金属离子浓度越高，或者在金属离子浓度一定时扩散层厚度减薄，放电金属离子向电极扩散的速度越快。这是实现高速电沉积的条件。

电极反应速度为

$$v = nFD(c_0 - c_s)/\delta \tag{2.8}$$

式中，v 为反应速度；n 为放电金属离子的价态；D 为扩散系数；F 为法拉第常数；

c_0 为放电金属离子在溶液本体中的浓度；c_s 为在电极表面的浓度；δ 为扩散层厚度。

在扩散层内的电场强度还不足以使放电金属离子脱去水合的水分子或者配合的配位剂。但在该层内的电场强度足以使这些配体呈定向排列。放电基团由扩散双电层进入亥姆霍兹双电层(紧密层)，便要受到高达 $10^7 \mathrm{V/cm}$ 的电场强度的作用，进入紧密层的过程同时也是脱去配体的过程。金属离子的放电是在内亥姆霍兹层与外亥姆霍兹层的中间位置发生的。在此位置上，金属离子放电，变成在电极表面可进行二维移动的金属原子。

2.2.2　通电时金属离子的放电历程

电沉积的目的是使金属离子在工件(阴极)表面电化学还原而析出金属层，这一过程(图 2.2)可分为如下四步。

(1) 金属离子(水合离子或配离子)从溶液的内部向阴极表面扩散；

(2) 金属离子在电场的作用下向电极表面的双电层内进行迁移(在这一步骤中金属离子要脱去其表面的配体)；

(3) 金属离子在电极表面接受电子(放电)，形成吸附原子；

(4) 吸附原子向阴极晶体点阵内嵌入(形成沉积层)。

仔细考察这四个步骤的进行速度。可以认为，在这一串联反应过程中，进行得最慢的为总反应的控制速度，即为放电反应速度。其中哪一步为控制步骤，与放电离子的本性、浓度、电极电势等因素相关。

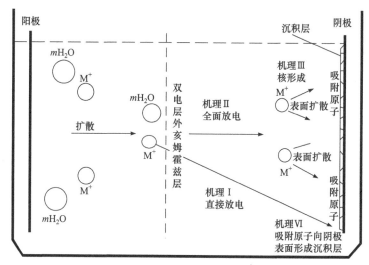

图 2.2　金属析出的反应历程

人们在考虑水合离子进入紧密双电层后,以怎样的途径进入沉积层的问题时,存在着两种观点。一种观点认为放电离子全部经历了以上 4 个步骤中的(1)～(3)步，这种观点提出的假说为"全面放电理论"。另一种观点认为，金属离子的放电是在金属表面的低能量点上首先发生的，也就是说，是在金属电极表面的缺陷点上放电的，这些缺陷包括位错、空穴、晶界等，这一理论称为"局部放电理论"。金属离子在平面位置上放电要比其在缺陷位置上放电所需要的能量低，脱水合离子与配体的过程是放电离子体系吸收能量的过程，在电极表面不同点上放电所需活化能不同，由于水合离子在放电前的形变程度越大，所需能量越高，所以在平面上放电所需能量低于在空穴处放电所需能量，如表 2.2 所示。

表 2.2　不同位置水合金属离子放电所需活化能　　　　　　(单位：kJ/mn)

金属离子	平台	阶梯	位错	空穴
Ni^{2+}	450	800	>800	>800
Cu^{2+}	540	750	>750	>750
Ag^+	40	80	150	150

从表 2.2 还可以看出，一价金属离子放电所需活化能远小于二价金属离子。这些数据支持了电沉积过程中的"全面放电理论"。例如，

$$Cu^{2+}+e^- \Longrightarrow Cu^+ \tag{2.9}$$

$$Cu^++e^- \Longrightarrow Cu \tag{2.10}$$

研究表明，反应(2.10)为控制步骤。另一些数据表明，多价离子的放电是逐级完成的，所以需要较高的反应活化能。也有一些学者认为，二价金属离子有可能一步放电而变成金属原子。

金属离子在经历(1)～(3)步而放电后，在电极二维表面形成吸附原子，这些吸附通过表面扩散到达一维晶体生长线上，再沿生长线到达生长点，固定并进入晶体点阵。在晶体表面上的原子扩散，随着晶面的不同，所需活化能不同。对于金属银、铜、镍与铅等面心六方金属，其(111)面沉积活化能最小，并按(100)<(011)面的顺序增大。也就是表面扩散按最低能量原理，致使(111)面择优生长。

Kossel 认为，晶体表面的一维生长线的表面能高于二维平面，而固定的生长点的能量又高于一维生长线，所以原子最容易扩散到晶体表面的缺陷与位错面上，并应该引起晶体的螺旋生长。

2.3　金属配离子还原时的极化

在元素周期表中，ds 区及 p 区元素的价态都容易失去 s 轨道的电子，因而不

容易与配位剂配合，而这些金属元素的 i^0 值都较大，在放电时十分容易沉积出粉末层，这是因为结晶是阴极过程的控制步骤。因而往往采用配位剂对 ds 区及 p区元素进行配合，以提高其阴极沉积过电势，常用的配位剂有氰化物、氢氧化物、卤化物、柠檬酸、焦磷酸、氨基二乙酸等。为了使镀液稳定往往要加入过量的配位剂，这就是通常所说的游离配位剂，金属离子的配合使其放电电势向负向偏移，受金属离子的不同，即配位剂的种类与量的不同等诸多因素的影响，偏移的幅度也不相同。

2.3.1　配合物中金属离子的浓度

在配合物电解液中，沉积金属以配离子的状态存在。虽然配离子具有相当高的稳定性，但是，总有一部分电离，并能建立电离平衡

$$ML_k^{(n-kp)} \Longleftrightarrow M^{n+} + KL^{p-}, \qquad K_{\text{不稳}} = \frac{[M^{n+}][L^{p-}]^k}{ML_k^{n-kp}}$$

式中，$K_{\text{不稳}}$ 是配离子在一定温度下的电离平衡常数，称为配合物的不稳定常数，它表达了配合物的稳定性。$K_{\text{不稳}}$ 越小，配离子的稳定性就越大。下面举例说明配合物电解液中各真实组分的估计含量和沉积金属的存在状态。

氰化物电沉积铜溶液配方的基本成分为

$$\text{CuCN} \qquad 35\text{g/L}(\approx 0.4\text{mol/L})$$

$$\text{NaCN} \qquad 48\text{g/L}(\approx 1.0\text{mol/L})$$

Cu^+ 和 CN^- 形成的配离子可能有 $[Cu(CN)_2]^-$、$[Cu(CN)_3]^{2-}$、$[Cu(CN)_4]^{3-}$ 等形式。根据所给配方 $[CN^-]/[Cu^+]$ 的值来看，以 $[Cu(CN)_3]^{2-}$ 形式存在是合理的。在水溶液中 $[Cu(CN)_3]^{2-}$ 的电离平衡为

$$[Cu(CN)_3]^{2-} \Longleftrightarrow Cu^+ + 3CN^-$$

$$K_{\text{不稳}} = \frac{[Cu^+][CN^-]^3}{[Cu(CN)_3]^{2-}} = 2.6 \times 10^{-29}(18\sim30\text{℃})$$

$K_{\text{不稳}}$ 如此之小，以至于可以认为全部的铜都被配合成 $[Cu(CN)_3]^{2-}$，即三氰合铜(I)配离子，这种离子在溶液中的浓度近似地等于 0.4mol/L；而游离氰化物(CN^-)的含量则近似为 $1.4 - 3 \times 0.4 = 0.2(\text{mol/L})$。依据这些近似数值，就可估计出游离的 Cu^+在溶液中的浓度约为

$$[Cu^+] = 2.6 \times 10^{-29} \times [Cu(CN)_3]^{2-}/[CN^-]^3 = 1.3 \times 10^{-27}(\text{mol/L})$$

由此可见，氰化物电沉积铜溶液的真正组分及含量为 $[Cu(CN)_3^{2-}] = 0.4\text{mol/L}$，

[Cu$^+$]=1.3 × 10^{-27}mol/L，游离[CN$^-$]=0.2mol/L。

从这些数据来看，游离 Cu$^+$的含量可以忽略不计。如果考虑到 1mol 离子铜含有 6.023 × 10^{23} 个离子，则在 10^{4}L 溶液中才能有 8 个 Cu$^+$存在。

2.3.2　金属配离子还原时的阴极极化

在配合物电解液中存在着配离子的电离平衡，沉积金属总是以一定配位数的配离子为主要存在形式。直接参加放电的，是否就是呈主要存在形式的那种配离子？还是配离子的其他品种(例如，配位数较小的或同配合能力较低的配位体形式的配离子)？或是从配离子电离的简单金属离子？这个问题首先要弄清楚。

过去曾认为，配离子必须先离解成简单的金属离子，才能在阴极上放电，阴极极化大的原因是配离子离解成简单金属离子困难。然而，在配合物电解液中实际上不存在简单金属离子放电，因此，使阴极极化增大的这种解释是不能成立的。

以氰化物电沉积铜为例，在这种电解液中实际上不存在简单的金属离子。假定 1A 的电离下向电沉积铜槽中通电 1s(即通入 1C 的电量)，那么就要有约 6.2 × 10^{18} 个离子在电极上放电。如果认为通过配离子电离能够提供这个数目的简单金属离子，那么把金属离子脱离配位体一个离子半径(约 10^{-8}cm)的距离，算它成为简单的金属离子，则 6.2 × 10^{18} 个金属离子就必须在 1s 内总共走完 6.2 × 10^{18} × 10^{-8}=6.2 × 10^{10}(cm)的路程。这个速度比光速还要大，所以是不可能的。

另一个解释是配离子可以在电极上直接放电，这里所说的配离子显然是指浓度最低的配离子品种，即所谓"主要存在形式"。然而，主要存在形式的配离子往往具有较高的或最高的配位数，同时也具有较低的能量，与其他配离子比较，这种离子放电时需要较高的活化能，因此，它们在电极上直接放电的可能性应该是比较小的。

究竟是哪种配离子在阴极上直接放电，利用测定电化学反应级数的方法，可以对这个问题做出客观的回答，对一些级数配离子的电极过程得到的结果如表 2.3 所示。从这些数据可知，在一般情况下，直接在电极上放电的总是配位数较低的配离子。出现这种情况的可能原因之一是，配位数较低的配离子具有适中的浓度即反应能力，较好配位数较高的配离子的活化能。另外，大多数种类电极反应是在或荷负电的电极表面上进行的，而不少配位体带有负电，因而配位数较高的配离子应更强烈地受到双电层电荷的排斥作用。这也会导致配位数较高的配离子不易在电极表面上直接放电，而使配位数较低的配离子成为主要的反应离子。

表 2.3　直接在电极上放电的配离子

电极体系	配离子的主要存在形式	直接在电极上放电的配离子
$Zn(Hg)/Zn^{2+}$，CN^-，OH^-	$[Zn(CN)_4]^{2-}$	$Zn(OH)_2$
$Zn(Hg)/Zn^{2+}$，NH_3	$[Zn(NH_3)_3OH]^+$	$[Zn(NH_3)]^{2+}$
$Cd(Hg)/Cd^{2+}$，CN^-	$[Cd(CN)_4]^{2-}$	$c(CN^-)<0.05mol/L$ 时 $Cd(CN)_2$ $c(CN^-)>0.05mol/L$ 时 $Cd(CN)_3^-$
Ag/Ag^+，CN^-	$[Ag(CN)_3]^{2-}$	$c(CN^-)<0.1mol/L$ 时 $AgCN$ $c(CN^-)>0.2mol/L$ 时 $Ag(CN)_2^-$
Ag/Ag^+，NH_3	$Ag(NH_3)_2^+$	$Ag(NH_3)_2^+$

还必须指出，通过电化学反应级数的测量来确定反应历程的方法还存在一些局限性。不能确定参加反应的配离子是溶液中存在的，还是电极表面存在的。而按反应级数法求出的反应离子往往在溶液中的浓度极低，甚至无法测出，所以将反应离子看作表面配合物似乎更为合理。

综上所述，配离子的电化学还原历程大致如下所述。

(1) 电解液中以主要形式存在的配离子(浓度最大稳定的配离子)，在电极表面上转化成在电极上直接放电的表面配合物，即配位体减小的转化步骤。

例如，在碱性氰化物电沉积锌的电极体系 (Zn/Zn^{2+},CN^-,OH^-) 中，

$$[Zn(CN)_4]^{2+} + 4OH^- \Longleftrightarrow [Zn(OH)_4]^{2-} + 4CN^- \quad (配位体交换)$$

$$[Zn(OH)_4]^{2-} \Longleftrightarrow Zn(OH)_2 + 2OH^- \quad (配位体减小)$$

又如，在氰化电沉积镉的电极体系(Cd/Cd^{2+},CN^-) 中，

$$[Cd(CN)_4]^{2-} \Longleftrightarrow Cd(CN)_2 + 2CN^-$$

(2) 表面配合物直接在电极表面放电，例如，

$$Zn(OH)_2 + 2e^- \Longleftrightarrow Zn(OH)_{2吸附}^{2-} \quad (电极与中心离子之间电子传递)$$

$$Zn(OH)_2^{2-} \Longleftrightarrow Zn_{(晶格)} + 2OH^- \quad (脱去配位体)$$

又如，

$$Cd(CN)_2 + 2e^- \Longleftrightarrow Cd(CN)_2^{2-} \quad (吸附)$$

$$Cd(CN)_{2(吸附)}^{2-} \Longleftrightarrow Cd_{(晶格)} + 2CN^-$$

这样，当金属从配合物电解液中沉积时，呈现较大的电化学极化，这应与中心离子周围配位体转化时的能量变化有关。如果电解液中主要存在的配离子转化为活化配合物时的能量变化较大，则金属离子还原时所需的活化能较高，导致电化学极化增加。

2.3.3　配合剂种类的影响

配合物电解液包括焦磷酸盐、碱性配盐和氰化物等多种。多年来，生产上较多采用氰化物电解液。这种电解液虽有剧毒，但可获得良好的沉积层。从电极过程来看，金属从氰化物电解液中沉积时往往表现出较大的阴极极化。如上所述，较大的阴极极化，是因为氰合配离子转化为能在电极上直接放电的活化配离子时，需要较高的活化能。大多数氰合配离子都具有较小的 $K_{不稳}$ 值，即较稳定。配位体转化的能量变化自然也较大，由此便可以解释为什么氰合配离子还原时往往产生较大的阴极极化。

但是，不能由此导出配离子的 $K_{不稳}$ 值越小，它在电极上还原时的阴极极化就越大的结论。首先，$K_{不稳}$ 是一个热力学平衡常数，当金属离子形成配离子时，能量变化(自由能降低)只能影响体系的平衡电势，并不能影响体系的动力学性质，即与金属自阴极上析出的过电势不应有直接关系。另一方面，上述配离子还原的历程，会不会呈现较大的阴极极化，取决于配离子转化成活性配离子时的能量变化。如果溶液中以主要形式存在的配离子的配位体是活性剂(OH^-、Cl^- 等)，则即使配离子具有较小的 $K_{不稳}$ 值，金属析出时仍然不会呈现明显的电化学极化。在强碱性锌酸盐电解液中镀锌就是典型的例子。Zn^{2+} 与 OH^- 形成 $[Zn(OH)_4]^{2-}$ 时的 $K_{不稳}$ 值相当小(约为 $10^{-15.4}$)，同 $[Zn(CN)_4]^{2-}$ 的 $K_{不稳}$ 值(约 $10^{-16.9}$)差不多。但锌酸盐电解液中析出时的 i^0 相当大，并且在碱浓度不超过 $7 \sim 8mol/L$ 时，随 OH^- 浓度的增大而增大，表现出极低的电化学极化。

还可以举出焦磷酸盐电解液电沉积铜的例子。Cu^{2+} 与 $P_2O_7^{4-}$ 形成的配离子 $[Cu(P_2O_7)]^{6-}$ 并不具有较小的 $K_{不稳}$ 值(1.0×10^{-9})。但是，铜从这种电解液中沉积时都有显著的阴极极化，与铜从氰化物电解液中析出时的阴极极化差不多。

综上所述，配合剂的种类不同时，对阴极极化、沉积层质量及其他性能是有显著影响的。这种影响取决于配离子配位体的本性(对电极过程是起活化作用还是阻化作用)及其在转化时的能量变化。配离子的 $K_{不稳}$ 值可以影响配位体转化时的能量变化，因而在某些情况下，$K_{不稳}$ 值较小的配离子还原时呈现较大的阴极极化。但 $K_{不稳}$ 值与阴极极化并不呈反比关系，它只影响体系的平衡电势，而不改变体系的动力学性质，所以 $K_{不稳}$ 值常常不是阴极极化增大的充分条件，也不可以用 $K_{不稳}$ 值来预测阴极极化。

由于电极反应的本质是界面反应，因此不论配位剂与金属离子形成什么样的配离子，配位剂只能通过影响界面上反应离子的组成、在界面上的排列方式及界面反应速度才能改变金属的电极反应速度。因此，除了考虑配位剂在溶液中的性质外，还必须考虑其界面性质。如前所述，直接参加电子交换反应的离子是表面配合物，所以，配位剂本身的表面活性就具有重要的意义。例如，在一些低氰电沉积锌配方中，当 CN⁻ 的总量很低时，原有配离子的主要存在形式为锌酸盐，但其却能提高交换和改善电沉积层质量。这种事实，只能说明配位剂的表面活性对界面反应产生了影响。

最后还要指出，在配位体不同的配离子中，有的可以荷正电，有的可以荷负电，荷电性质不同的配离子，在电场存在下对传质过程将发生不同的影响，如图 2.3 所示。当电解液中存在大量局外电解质时，电迁移的传质作用可以忽略不计，在这种情况下，配离子荷电性质并不影响浓度差极化。

2.3.4　金属离子浓度的影响

在配合物电解液中，金属离子浓度的变化对阴极极化也有较大的影响。图 2.4 是氰化物镀铜电解液中铜离子浓度的变化对阴极极化的影响。从图可以看出，随着金属离子浓度的降低，阴极极化增大，曲线逐渐呈现出扩散步骤与电化学步骤联合控制，转变为电化学步骤控制的特征。此时，在工艺控制的电流密度范围极化度较大，这将使电解液的分散能力得到改善。生产上为获得厚度均匀的电沉积层，并使外形复杂的零件能够完全电沉积上金属，常常采用低浓度的配合物电解液(如氰化物镀锌电解液)。但是，若电解液中金属离子浓度低，极限电流密度就要下降，析氢也提前出现(曲线的直线部分)，电流效率显著下降。因此，为加快沉积速度和电解液维护上的方便，就要采用金属离子浓度较高的电解液。

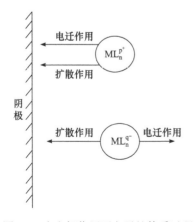

图 2.3　在电场作用下离子的传质过程

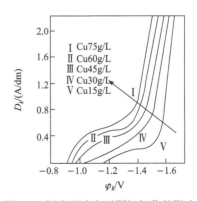

图 2.4　铜离子浓度对阴极极化的影响

2.3.5 游离配位剂的影响

在所有配合物电解液中，都必须含有游离的配合剂，因为其含量对沉积层的质量也有较大影响。游离配位剂的作用如下所述。

1) 使电解液稳定

大多数配合物电解液的配制，总是先生长沉淀，再加入过量的配位剂，这样才能生长可溶性配合物，例如，

$$CdSO_4 + 2NaCN \longrightarrow Cd(CN)_2 \downarrow + Na_2SO_4$$

$$Cd(CN)_2 + 2NaCN \Longrightarrow Na_2[Cd(CN)_4]$$

$$SnCl_4 + 4NaOH \longrightarrow Sn(OH)_4 \downarrow + 4NaCl$$

$$Sn(OH)_4 + 2NaOH \Longrightarrow Na_2SnO_3 + 3H_2O$$

$$2CuSO_4 + Na_4P_2O_7 \Longrightarrow Cu_2P_2O_7 + 2Na_2SO_4$$

$$Cu_2P_2O_7 + 3Na_4P_2O_7 \Longrightarrow 2Na_6[Cu(P_2O_7)_2]$$

由此可知，如果没有过量的配位剂，则配合物是不稳定的。

2) 促使阳极正常溶解

在游离配位剂的作用下，阳极表面的原子更容易失去电子，溶解于电沉积液中。

3) 增大阴极极化

当其他条件不变时，随着游离配位剂含量的提高，阴极极化随之增大。因为游离配位剂的含量增加，配离子更稳定，所以使其转化为能在电极上直接放电的活化配合物就更困难。然而，游离配位剂的含量过高，将使电流效率和允许电流密度的上限下降。所以，对于一定的电解液，游离配位剂的浓度应控制在一定范围内。

2.4 结晶的吸附原子表面扩散控制和晶核的形成与长大

2.4.1 结晶的吸附原子表面扩散控制

在许多电极上，吸附原子的表面扩散速度是不大的。如果电化学步骤比较快，则电结晶过程的进行速度将由吸附原子的表面扩散步骤控制；如果电极体系的交换电流较小，则往往由电化学步骤和表面扩散步骤共同控制。

通常，电结晶步骤缓慢的原因大致有：吸附原子的表面浓度低或者是生长点的表面浓度很小，以至于吸附原子的扩散途径比较长，等等。当然，这几种原因也可能同时存在。

现在讨论吸附原子的浓度变化情况。图 2.5 表示电极表面上的一个典型台阶，在这个台阶附近进行着表面扩散过程。若考虑上面的一个无穷小的面(图 2.5)，并假设单位表面上平均吸附原子的浓度为 $c_{M吸}$，它对时间 t 的变化应为表面上由法拉第电流(外电流)产生的吸附原子量，减去从该处扩散走的吸附原子量，即

$$\frac{dc_{M吸}}{dt} = \frac{i}{nF} - v \tag{2.11}$$

式中，v 是从单位表面上移走的吸附原子的平均速度，并与 $c_{M吸}$ 有线性关系

$$v = \frac{c_{M吸} - c_{M吸}^0}{c_{M吸}^0} v^0 = v^0 \cdot \frac{\Delta c_{M吸}}{c_{M吸}^0} \tag{2.12}$$

将式(2.12)代入式(2.11)，并积分($t=0$ 时，$\Delta c_{M吸} = 0$)，得

$$\frac{\Delta c_{M吸}}{c_{M吸}^0} = \frac{i}{nFv^0} \cdot \left[1 - \exp\left(\frac{t}{\tau}\right) \right] \tag{2.13}$$

式中，τ 为暂态过程时间常数，$\tau = c_{M吸}^0 / v_0$。

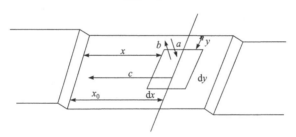

图 2.5　电流和吸附原子表面分布的电极表面模型
a 为阴极电流；b 为阳极电流；c 为表面扩散流量；x、y 为距离

当暂态过程经历了时间 τ 以后，$\Delta c_{M吸}$ 达到稳态值的 $1-1/e$(约为 63%)。若同时考虑电化学步骤和结晶步骤的影响，则电结晶过程达到稳态以后，极化曲线应具有形式

$$i = i_0 \left[\frac{c^* - c_{M吸}}{c^* - c_{M吸}^0} \exp\left(\frac{\alpha nF}{RT} \cdot \eta_k\right) - \frac{c_{M吸}}{c_{M吸}^0} \exp\left(-\frac{\beta nF}{RT} \cdot \eta_k\right) \right] \tag{2.14}$$

式中，c^* 为相当于吸附原子铺满整个表面时吸附原子的表面浓度；i_0 为电化学步骤的交换电流。

在平衡电势附近 $\eta_k \ll RT / (anF)$，可以忽略指数项展开式中的高次项。若此时 $c^* \gg c_{M吸}^0$ (表面吸附原子很少时)，则近似地有 $c^* - c_{M吸} / (c^* - c_{M吸}^0) \approx 1$，以及 $\Delta c_{M吸} \ll 1$。则式(2.14)可简化为

$$\eta_k = \frac{RT}{nF} \cdot \left(\frac{i}{i_0} + \frac{\Delta c_{M吸}}{c_{M吸}^0} \right) \tag{2.15}$$

由式(2.9)可知，在这种情况下出现的过电势等于电化学步骤和结晶步骤分别引起的电势之和：

$$\eta_k = \eta_{电化学} + \eta_{结晶} \tag{2.16}$$

根据 i/i_0 和 $\Delta c_{M吸}$ 两项的相对大小，通过电流时可以出现几乎纯粹的电化学极化，或者是混合极化，或者是几乎纯粹由结晶步骤所引起的极化。

2.4.2 晶核的形成

电结晶过程和其他结晶过程有某些共同的规律。众所周知，由盐溶液中析出盐的晶体需要过饱和度；由液态金属变成固体金属需要过冷度；而金属离子从溶液中电结晶需要过电势。金属晶核能够稳定存在，则形成晶核过程的自由能一定是下降的，即自由能的变化小于零。

形成晶核过程的能量变化由两部分组成：一部分是形成晶核的金属由液相变为固相而释放能量，使体系自由能下降；另一部分是形成新相，建立相界面时需要吸收能量，使体系自由能升高，所以，形成晶核过程的自由能变化 ΔG 应等于这两部分的总和。在讨论形成晶核所需要的表面能时，晶核的形成可以设为正方形、球形和圆柱形。晶核的形成可以是三维的，也可以是二维的，在这里设晶核是二维的圆柱形状，从而导出形成晶核的速度与过电势的关系。

体系自由能的变化 ΔG 是晶核尺寸 r 的函数：

$$\Delta G = -\frac{\pi r^2 h \rho nF}{M} \cdot \eta_k + 2\pi rh\sigma_1 + \pi r^2 (\sigma_1 + \sigma_2 + \sigma_3) \tag{2.17}$$

式中，ρ 为晶核密度；h 为一个原子的高度；n 为金属离子的化合价；F 为法拉第常数；M 为沉积金属的原子量；σ_1 为晶核与溶液之间的界面张力；σ_2 为晶核与电极之间的界面张力；σ_3 为溶液与电极之间的界面张力。

由式(2.10)可知，当 r 较小时，晶核的比表面大，表面形成能难以由沉积金属的化学位下降所补偿，此时 ΔG 升高，晶核不稳定，形成的晶核会重新进入溶液；当 r 较大时，较高的比表面减小，表面形成能可以由化学位下降所补偿，此时体系的 ΔG 是下降的，形成的晶核才能稳定。所以，ΔG 随 r 的变化曲线有一个极大值，对应极大值的半径称为临界半径，晶核尺寸大于临界尺寸时，才能稳定存在。以 $\partial \Delta G / \partial r = 0$ 求得临界半径

$$r_c = \frac{h\sigma_1}{\frac{h\rho nF}{M} \cdot \eta_k - (\sigma + \sigma_2 + \sigma_3)} \tag{2.18}$$

由此可以看出，r_c 随过电势 η_k 的升高而减小。当晶核与阴极是同种金属时，$\sigma_1 = \sigma_3$，$\sigma_2 = 0$，将式(2.18)代入式(2.17)，可得 ΔG 与过电势 η_k 的关系式，即

$$\Delta G = \frac{\pi h \sigma_1 M}{\rho n F \eta_k} \tag{2.19}$$

二维晶核形成速度 $v_{\text{二维}}$ 与过电势 η_k 有下列关系：

$$v_{\text{二维}} = K \exp\left(-\frac{\pi h \sigma_1^2 N M}{\rho n F R T} \cdot \frac{1}{\eta_k}\right) \tag{2.20}$$

以上表明，过电势越大，成核速度越大，晶粒越细。假设晶核与电极是同种金属，则式(2.20)适合第一层长满后的格层生长，也适合过电势高的情况。

上面讨论的是二维晶核的成核速度与过电势的关系。实际上，如果沉积的金属和电极是不同材质，并且这种金属不能在电极上延续生长，则虽然有电极的依附，也会出现三维晶核，例如，在 Pt 上沉积 Cd、Ag 和 Pb 时就是如此。三维晶核的成核速度与过电势的关系式为

$$v_{\text{三维}} = K \exp\left(-\frac{b}{\eta_k^2}\right) \tag{2.21}$$

式中，K、b 为常数；η_k 为阴极过电势。由式(2.21)可知，随着阴极过电势的升高，形成晶核的速度急剧增加。

2.4.3　晶核长大

目前普遍认为，由于实际晶体中总包含大量的缺陷，如位错、台阶等，则如果晶面绕着位错线生长，特别是绕着螺型位错线生长，生长线就永远不会消失。晶面提高台阶线绕螺旋位错显露点旋转生长，吸附原子沿径向和旋转方向并入点阵，最后导致每一层沿径向放射性的扩展和每一个新层沿同样方向显露，这就是所谓"螺旋生长机理"。

在过高的电势下，晶胞的每个晶面都可均匀地生长，最终长成球形，其遵循表面最小原则；在较低电势下，由于电沉积动力较小，则金属原子优先沉积在某个活性较高的晶面上，这种情况下可能产生树枝晶，也可能产生疏松的粉晶镀层。

2.5　电沉积金属的形态和织构

电沉积金属的晶体结构取决于沉积金属本身的晶体学性质。然而，它的表面形貌的形成则取决于电沉积的条件。因为电结晶和其他结晶有很大区别，这就构

成了电沉积金属在组织结构和性能上的特点。这种区别主要是在电极表面存在阴离子或水分子或溶剂化的吸附离子(而不是吸附原子)的吸附层，即双电层电场；其次是表面上的吸附粒子在并入沉积层之前与基体的相互作用有本质不同，电结晶不仅有电化学条件下的吸附离子代替吸附原子，而且有金属和溶剂的交互作用，同时由于溶液中离子的扩散速度小于气相中原子的扩散速度，所以，扩散扩展过程的可能性增大。这些区别从本质上来说是电势对金属表面自由能的影响和表面存在阴离子的接触吸附，造成电结晶的各种形态和结构。

2.5.1　电结晶的主要形态

在电结晶的早期阴极工作中，人们非常注重描述基体生长的各种形态。1905 年，首次进行了显微镜下的观察记录，后来使用干涉相衬显微镜和偏光显微镜，观察得到比电子显微镜观察更为丰富的现象。从大量现象中归纳出下面几种电结晶形态。

1) 层状

层状(图 2.6(a))形态的条件平均高度达 50nm 左右就可观察到，有时每层还包含许多微观台阶。

2) 金字塔(棱锤)状

金字塔状(图 2.6(b))是在螺旋位错的基础上，并考虑到基体生长的对称性而得。棱锤的对称性与基体的对称性有关，锤面似乎不是由高指数晶面构成的，而是由宏观台阶构成的，锤体的锤数不定。

3) 块状

块状(图 2.6(c))相当于截头的棱锤，截头可能是杂质吸附阻止基体生长的结果，截头棱锤向横向生长，也发展成为块状。

4) 屋脊状

屋脊状(图 2.6(d))是在吸附杂质存在的条件下，层状生长构成中的中间类型，如果加入少量表面活性剂，则屋脊状可以在层状结构的基底上发展起来。

5) 立方层状

立方层状(图 2.6(e))是块状和层状之间的形貌结构。

6) 螺旋状

螺旋状(图 2.6(f))是对于顶部的螺旋形排布而言，它可以作为带有分层的锤体出现。台阶高度大约 10nm，台阶间隔为 1～10nm，而且随电流密度的减小而增大。

7) 晶须状

晶须状(图 2.6(g))是一致长的线状单晶体，在相当高的电流密度下，特别是在溶液中层状有机物的条件下容易形成。

8) 枝晶状

枝晶状(图 2.6(h))是一致长针状或树枝状结晶，它常常从低浓度的简单金属盐和熔融盐中得到。当电解液中有特性吸附的阴离子存在时，也容易获得枝晶。枝晶的主干和分支平行于电子低指数方向，它们之间的夹角是一定的。枝晶可以是二维的，也可是三维的。

有人提出了电流密度和过电势对铜结晶的影响关系，当电流密度和过电势增大时，结晶形态的转变方式为：屋脊状→层状→块状→多晶体。认为枝晶状的产生是在扩散块状条件下电沉积时，晶核的数目本来就不多，形成了粗晶。当达到极限电流密度时，阴极表面附近的溶液中缺乏放电离子，且只有放电离子能达到的部分晶面才能继续生长，而另一部分晶面却被钝化，结果便形成了枝晶。例如，在物表面活性剂的硫酸盐电解液中镀锡和镀铅，以及在正常电解液中采用过高的电流密度时，都会产生枝晶。

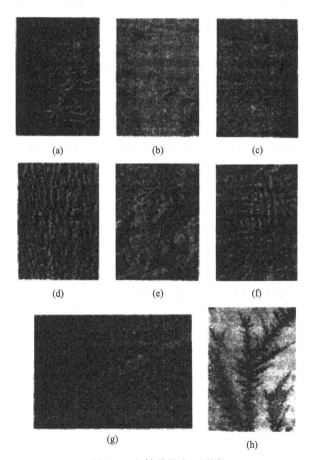

(a)　　　　　(b)　　　　　(c)

(d)　　　　　(e)　　　　　(f)

(g)　　　　　(h)

图 2.6　电结晶的主要形态

2.5.2　电沉积的外延与结晶取向

在一种金属基体上电沉积同一种金属时，通电后的最初一段时间内，由于被沉积金属原子在基体表面力场的作用下，优先进入基体表面上形成的点阵位置，故所形成的电沉积层可以与基体的结晶取向完全一致。若使一种金属电沉积在另一种金属基体上，则在通电的初始阶段，同样也会出现电沉积层沿袭着基体点阵生长的现象。这就是通常所说的外延。实验结果表明，在被沉积的金属与基体的点阵参数差别不足 15%时，容易发生外延生长。通常这种外延影响的延伸厚度可达 100nm，外延持续时间的长短与电结晶过程中出现的位错有关。在电沉积过程中任何引起电沉积层中位错产生的因素，都会促使外延生长提早结束。

随着电沉积过程的延续，不管基体金属的结晶学性质如何，电沉积层终归会由外延转变为由无序取向的晶粒构成的多晶沉积层。在这种多晶沉积层继续生长过程中，新形成的沉积层将有相当数量的晶粒出现相同的特征性取向，即出现了通常所说的择优取向。各晶粒的各种取向中，若有一个与参考坐标系具有固定的关系，例如，在晶粒中某 $\langle hkl \rangle$ 方向垂直于基体表面，则形成单一取向的纤维织构(fiber texture)。如果择优取向(preferred orientation)不止一种，则可能出现双(多)取向的织构，一般来说，无论单向的，还是双(多)取向的，每种取向都还存在一定的分散度，因此纤维织构又称为轴向对称织构。

电沉积层的织构是在金属电沉积过程中形成的，电沉积的具体条件(电沉积液的组成、pH、电流密度、温度、调制电流的波形、电极的转速等)自然会对镀层的织构有影响。例如，在硫酸盐溶液中电沉积锌，随着 H_2SO_4 与 $ZnSO_4$ 的含量之比由小变大，镀层的择优取向轴将发生变化，而且明胶等胶体物质加入镀液中后，也会对电沉积锌层的择优取向方向有某些明显影响。在普通电沉积镍液中，在较低电流密度下电沉积镍时，择优取向为 $\langle 110 \rangle$。随着电流密度的提高，择优取向方向将发生变化，而且这种变化与 pH 有关，当 pH<2.5 时，择优取向方向为 $\langle 100 \rangle$；而 pH 高于 2.5 后，择优取向方向转变为 $\langle 211 \rangle$。随着电流密度的进一步提高，当 pH<2.5 时，晶粒按 $\langle 210 \rangle$ 晶向择优；当 pH>2.5 时，则变成以 $\langle 100 \rangle$ 为择优取向方向。此外，将 I^- 和丁炔二醇加入电沉积镍液中，也会使电沉积镍层的择优取向方向发生显著变化。

2.6　合金共沉积理论

前面讨论了单金属的电沉积问题。所谓合金是指两种或两种以上(如三元、四元等)金属元素组成的金属材料。

2.6.1　合金共沉积的类型

根据合金电沉积的动力学特征以及电解液的组成和工艺条件，可将合金共沉积分为正则共沉积、非正则共沉积、平衡共沉积、异常共沉积和诱导共沉积五种类型[1-3]。其中前三者均属于正常共沉积，后两者均属于非正常共沉积。

1. 正常共沉积

电势较正的金属优先沉积，依据各组分金属在对应溶液中的平衡电势，可定性推断在合金电沉积层中各金属的含量。正常共沉积又可分为三种。

1) 正则共沉积

合金共沉积的特点是反应受扩散控制。合金电沉积层中电势较正的金属含量随阴极扩散层中金属离子总含量的增多而提高。电镀工艺条件对沉积层组成的影响，可由电解液在阴极扩散层中金属离子的浓度来预测，并可用扩散定律来估计。因此，提高电解液中金属离子的总量、减小阴极电流密度、提高电解液的温度或增加搅拌等，这些能增加阴极扩散层中金属离子浓度的措施，都能使合金电沉积层中电势较正的金属含量增加。

简单金属盐电解液一般属于正则共沉积，例如，Ni-Co、Cu-Bi 和 Pb-Sn 合金从简单金属盐中实现的共沉积就属于此类。有的配合物电解液也能得到此类共沉积。若能取样测出阴极溶液界面上各组分金属离子的浓度，就能推算出合金沉积层的组分。如果各组分金属的平衡电势差较大，共沉积不能形成固溶体合金时，则容易腐蚀正则共沉积。

2) 非正则共沉积

非共沉积的特点是主要受阴极电势控制，即阴极电势决定了沉积合金的组成。工艺条件对合金沉积层组成的影响远比正则共沉积小得多。有些电解液组成对合金沉积层各组分的影响符合扩散理论，而另一些却不符合扩散理论。配合物电解液，特别是配合物浓度对某一组分金属的平衡电势有显著影响的电解液，多属于此类共沉积。例如，Co 和 Zn 在氰化物电解液中的共沉积。另外，如果各组分金属的平衡电势比较接近，且形成固溶体的电解液，则也容易出现非正则共沉积。

3) 平衡共沉积

平衡共沉积的特点是在低电流密度下(阴极极化非常小)，合金沉积层中各组分金属比等于电解液中各金属比。当将各组分金属浸入含有各组分金属离子的电解液中时，它们的平衡电势最终变得相等，在此电解液中以低电流密度电解时(阴极极化很小)发生的共沉积，即称为平衡共沉积。属于此类共沉积的不多。例如，在酸性电解液中沉积 Cu-Bi 合金和 Pb-Sn 合金等。

以上三种类型属于正常共沉积，通常以电势较正金属优先沉积为特征。在沉积层组分金属之比与电解液中相应金属离子含量比服从下式：

$$\frac{M_1}{M_2} > \frac{c_1}{c_2} \ \text{或} \ \frac{M_1}{M_1+M_2} > \frac{c_1}{c_1+c_2} \tag{2.22}$$

式中，M_1 和 M_2 分别是合金中电势较正金属和电势较负金属的含量；c_1 和 c_2 分别表示电解液中 M_1 和 M_2 的金属离子的浓度。

2. 非正常共沉积

非正常共沉积又分为异常共沉积和诱导共沉积。

1) 异常共沉积

异常共沉积的特点是电势较负的金属反而优先沉积。对于给定电解液，只有在某种浓度和某些工艺条件下才能出现异常共沉积，当条件有了改变就不一定出现异常共沉积。含有铁族金属中的一个或多个的合金共沉积多属于此类，例如，Ni-Co、Fe-Co、Fe-Ni、Zn-Ni、Fe-Zn 和 Ni-Sn 合金等，其沉积层中电势较负金属组分的含量总比电势较正金属组分含量高。

2) 诱导共沉积

从含有 Ti、Mo 和 W 等金属盐的水溶液中是不可能电沉积出纯金属镀层的，但可与铁族金属形成合金而共沉积出来，这是因为形成合金时，合金的自由能降低，导致合金共沉积时产生去极化特性，因此一些电势较负的金属也能以合金的形式从水溶液电沉积出来，称为诱导共沉积。诱导共沉积与其他类型的共沉积相比，则更难推测出电解液中组分和工艺条件的影响。

2.6.2　金属共沉积理论

由于金属共沉积需要考虑两种或两种以上金属的电沉积规律，因而对金属共沉积规律和理论的研究更加困难。多数研究者仅停留在实验结果的综合分析和定性的解释方面，而定量的规律和理论显然更不完善。合金电沉积的应用和研究，目前局限于二元合金和少数三元合金，在理论指导生产实践方面还有很大距离。以下重点讨论二元合金共沉积条件。

(1) 合金的两种金属中至少有一种能单独从水溶液中沉积出来。有些金属，如 W、Mo 等虽然不能从水溶液中沉积出来，但可与另一种金属，如 Fe、Co、Ni 等同时从水溶液中实现共沉积。

(2) 金属共沉积的基本条件是两种金属的析出电势要十分接近或相等，即

$$\varphi_{析} = \varphi_{平} + \Delta\varphi = \varphi^0 + \frac{RT}{nF}\ln\alpha + \Delta\varphi \tag{2.23}$$

式中，$\varphi_{析}$ 为析出电势；$\varphi_{平}$ 为平衡电势；$\Delta\varphi$ 为金属离子的极化值；α 为金属离

子的活度。

欲使两种金属离子在阴极上共沉积，它们的析出电势必须相等，即

$$
\begin{cases}
\varphi_{析1} = \varphi_{1平} + \Delta\varphi_1 = \varphi_1^0 + \dfrac{RT}{n_1 F}\ln\alpha_1 + \Delta\varphi_1 \\
\varphi_{析2} = \varphi_{2平} + \Delta\varphi_2 = \varphi_2^0 + \dfrac{RT}{n_2 F}\ln\alpha_2 + \Delta\varphi_2 \\
\varphi_{析1} = \varphi_{析2}
\end{cases}
\tag{2.24}
$$

在金属共沉积体系中，合金中个别金属的极化值是无法测出的，也不能通过理论进行计算，因此以上关系式的实际应用价值不大。从电化学顺序表中的标准电势看，仅有少数金属可以从简单盐溶液中预测出共沉积的可能性。例如，Pb(−0.126V)与Sn(−0.136V)，Ni(−0.25V)与Co(−0.277V)，Cu(0.34V)与Bi(0.32V)，它们的标准电势比较相近，通常可以从它们的简单盐溶液中沉积出来。

通常金属的析出电势与标准电势有很大差别，如离子的络合状态、过电势，以及金属离子放电时的相互影响等，因此，仅从标准电势来预测金属共沉积是有很大局限性的。若金属平衡电势相差不大，则可通过改变金属离子的浓度(或活度)，降低电势较正金属离子的浓度，使它的电势负移，或者增大电势较负金属离子的浓度，使它的电势正移，从而使它们的析出电势相互接近。金属离子的活度每增加 10 倍或降低为原来的 1/10，其平衡电势分别正移或负移 29mV，这是非常有限的。多数金属离子的平衡电势相差较大，采用改变金属离子浓度的措施来共沉积显然是不可能的。因为金属离子浓度变化 10 倍或 100 倍，其平衡电势仅能移动 29mV 或 59mV。

例如，$\varphi_{Cu^{2+}/Cu}^0 = 0.337V$，$\varphi_{Zn^{2+}/Zn}^0 = -0.763V$，它们从简单盐溶液中是不能共沉积的。若想通过改变离子的相对浓度，使它们能在阴极上共沉积，则根据计算，溶液中离子含量要维持 Cu 的浓度为 1mol/L；Zn 的浓度为 1×10^{38}mol/L，显然这是不可能实现的。

为了实现金属共沉积，通常采用的措施如下。

1) 加入配合剂

在电解液中加入适宜的配合剂，使金属离子的析出电势相接近而共沉积，是非常有效的方法。

它不仅使金属离子的平衡电势向负方向移动，还能增加阴极极化。例如，在简单盐溶液中 Ag 的电势比 Zn 正 1.5V；但在氰化物电解液中，Ag 的电势比 Zn 还负。金属离子在含有配合剂的溶液中，所形成的配位离子电离度都比较小。配位离子在溶液中的稳定性，取决于不稳定常数的大小，不稳定常数越小，配位离

子电离成简单离子的程度越小，则溶液中简单离子的浓度也越小。例如，当配位离子的$K_{不稳}$比较大时，金属可能仍以简单离子形式在阴极上放电，以浓度近似地代替活度，则平衡电势可写成

$$\varphi_{平} = \varphi^0 + \frac{RT}{nF}\ln c \tag{2.25}$$

式中，c为放电近似的离子浓度。

根据配位离子不稳定常数的表达式可知，溶液中简单金属离子的浓度取决于$K_{不稳}$的大小、配位离子的浓度以及配位剂的游离量。当采用络合能力较低的配位剂时，其不稳定常数较大，此时仍将以简单离子在阴极上放电，但简单离子的有效浓度会大大降低，其平衡电势向负方向移动，并随配位离子的电离度和配位剂的游离量而变化。

通常在不稳定常数比较小(如$K_{不稳} = 10^{-30} \sim 10^{-8}$)的配合物溶液中，简单金属离子的浓度是极低的，而且存在时间可能很短，因此，可以认为极低金属离子放电的可能性极小，主要是配位离子在阴极上放电。例如，

$$Ag(CN)_2^- \Longrightarrow -Ag^+ + 2CN^{-2}$$

$$K_{不稳} = \frac{[Ag^+][CN^-]^2}{[Ag(CN)_2^-]} = 10^{-22}$$

$$[Ag^+] = \frac{K_{不稳}[Ag^+][CN_2^-]}{[CN^-]^2} = 10^{-22} \times \frac{[Ag(CN)_2^-]}{[CN^-]^2}$$

$$\varphi_{平} = \varphi^0 + \frac{RT}{nF}\ln[Ag^+] = \varphi^0 + 0.059\lg[Ag^+]$$

$$= \varphi^0 + 0.059\lg10^{-22} + 0.059\lg\left\{\frac{[Ag(CN)_2^-]}{[CN^-]^2}\right\}$$

$$= \varphi^0 - 1.2981 + 0.059\lg\left\{\frac{[Ag(CN)_2^-]}{[CN^-]^2}\right\}$$

从上式可以看出，金属离子在电解液中以配合物形式存在时，使金属的平衡电势明显负移。另外，由于金属离子在配合物溶液中形成稳定的配位离子，使阴极上析出的活化能提高，就需要更高的能量才能在阴极还原，所以阴极极化也增加了，这样可能使两种金属离子的析出电势相近或相等，达到共沉积的目的。

2) 加入添加剂

添加剂一般对金属的平衡电势影响甚小，而对金属的极化有较大影响。由于添加剂在阴极表面的吸附或可能形成表面配合物，所以常具有明显的放电阻化作用。添加剂在阴极表面的阻化作用常带有一定的选择性，一种添加剂可能对几种

金属的沉积起作用，而对另一些金属的沉积无效果。例如，在含有铜和铅离子的电解液中，添加明胶可实现合金的共沉积，因此，在电解液中加入适宜的添加剂，也是实现共沉积的有效方法之一。为了实现金属的共沉积，在电解液中可单独加入添加剂，也可同时加入配合剂。

2.7　复合电沉积层共沉积机理

2.7.1　复合电沉积的基本原理

复合电沉积是指在普通金属/合金沉积液中添加无机、有机或金属等不溶性固体颗粒，并使之在沉积液中充分悬浮，在金属离子阴极还原的同时，将颗粒吸附或包覆与金属共沉积制备复合沉积层的技术[4-6]。

复合电沉积机理的研究进展介绍如下。

要保证固体微粒与金属/合金实现共沉积而进入复合材料中，必须满足以下条件：①固体微粒呈悬浮状态；②固体微粒粒度适当，粒度过大则不易被包覆，粒度过小则团聚严重，在沉积层中分布不均匀；③固体微粒具有亲水性，在水溶液中最好是带正电荷，这对疏水固体微粒(如氟化石墨、聚四氟乙烯等)特别重要。

固体微粒如何进入沉积层中，也就是金属与固体微粒共沉积的机理问题。对于此问题，自 20 世纪 70 年代以来，国际上陆续开始报道，为推动电沉积理论的发展和电沉积技术的应用奠定了基础。

1967 年，Brandes 和 Goldthorpe[9]提出机械截留理论，认为在复合电沉积时，固体微粒由电沉积液内部向阴极表面运动的过程中受到两种力的作用：一是在搅拌条件下由于电沉积液的流动使固体微粒悬浮并运动到阴极附近；二是微粒带电后在电场力的作用下电泳到阴极表面。

1969 年，Tomaszewski 等[10]提出，颗粒可提高吸附金属离子和氢离子使其表面荷正电；增大金属离子的浓度或进入四乙烯五胺（TEPA）、乙二胺四乙酸（EDTA）等，可提高颗粒吸附金属离子的量。他们假设这些添加剂在共沉积时的促进作用来源于它们能提高和改善金属离子在颗粒表面的吸附，从而有利于颗粒向阴极表面移动和吸附。

1973 年，Foster 等[11]在研究 Ni 、Cu 和 Al_2O_3 颗粒的复合电沉积时认为，固体颗粒表面吸附电沉积液中的正离子而形成较大的正电荷密度，这才是固体微粒与金属共沉积的前提条件。

有关复合电沉积机理研究，国内外学者提出几种不同的观点，每种机理都有合理的一面，能够解释以下现象，但也都有片面性，不能解释所有复合电沉积的现象。综合来看，最具有代表性的固体颗粒与解释的共沉积主要有以下三种机理。

1) 吸附理论

颗粒与金属共沉积必须通过范德瓦耳斯力，使颗粒吸附在阴极表面后才能发生。一旦颗粒被吸附在阴极表面，便能够被生长金属嵌入。

2) 力学机理

颗粒携带电荷在共沉积过程中意义不大，颗粒只通过简单的力学过程被包覆。颗粒被运动流通传递到阴极表面，一旦接触阴极便靠外力停留其上，在停留时间内，被生长金属捕获。因此，认为共沉积过程依赖于流体动力因素和金属沉积速率。

3) 电化学机理

电极与溶液界面间的场强和颗粒表面所带电荷是沉积的关键因素。颗粒在沉积液中的电泳迁移速率是控制电沉积过程的关键；颗粒穿越电极表面分散层的速率及电极表面形成的静电吸附强度是控制该过程的关键；颗粒部分穿越电极表面的紧密层，吸附在颗粒表面的水化金属离子阴极还原，使得颗粒表面直接与沉积金属接触，从而形成颗粒-金属键，这一过程的速率被认为是颗粒共沉积的控制步骤。

对于这三种理论，人们很难区分它们之间的相对重要性，更无法形成一个统一的认识，只能认为，对于某些体系或实验现象，其中某种理论能给予较好的解释。例如，利用力学机理可解释微观分散能力对复合电沉积的影响，以及那些荷负电或不带电的颗粒的复合电沉积过程。对于搅拌因素对复合电沉积的影响，也只能用力学机理来分析。对于电沉积液种类、pH 和温度等因素对复合电沉积过程的影响，用力学机理解释便行不通，而电化学机理却可以给出解释：颗粒在不同电沉积液中，对不同金属离子的吸附能力不同，表面电荷密度便不同，引起颗粒共沉积能力的不同。pH 不同，颗粒对 H^+ 的吸附能力不同。pH 越低，颗粒表面吸附的 H^+ 越多，当颗粒抵达电极表面并部分进入紧密层后，H^+ 脱附且还原，阻碍了颗粒-电极键的形成，出现颗粒"漂浮"现象，从而降低了颗粒沉积的速率。至于温度的影响，电化学机理认为是由不同温度导致小颗粒表面荷电状态不同而引起的。

对于电沉积复合材料的形成，目前公认有三大步骤，见图 2.7。

(1) 悬浮于沉积液中的微粒，由电沉积液深处向电极表面附近输送。此步骤主要取决于对沉积液的搅拌方式和强度，以及阴极的形状排布状况。

(2) 微粒黏附于电极上。凡是影响微粒与电极间作用力的因素，均对这种黏附有影响。它不仅与微粒和电极的特性有关，而且也与沉积液的成分和性能以及电镀的操作条件有关。

(3) 微粒被阴极上析出的基质金属嵌入。黏附于电极上的微粒，必须延续到超过一定时间，才有可能被电沉积的金属捕获。因此，这个步骤除了与微粒的附着力有关外，还与流动的溶液对黏附于阴极上的微粒的冲击作用以及金属电沉积的速度等因素有关。

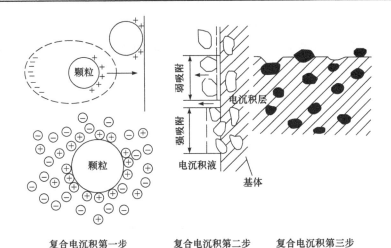

复合电沉积第一步　　　　复合电沉积第二步　　　复合电沉积第三步

图 2.7　复合电沉积三大步骤(阶段)示意图

纳米复合沉积层的基质金属和共沉积的纳米微粒共同决定了电沉积层的质量。其主要影响因素有：微粒表面的有效电流密度、微粒的尺度和结构、电流密度、搅拌强度等，以及电沉积液的类型、组分及含量、添加剂、pH、温度、极化性等，它们都会影响电沉积层的质量和微粒的复合量。

另外，纳米颗粒的表面状态对电沉积层的性能也有很大影响。在电沉积液中添加适量的表面活性剂，可以改善纳米微粒的湿润和表面电荷的极性，有利于纳米颗粒向阴极迁移、传递和被阴极表面俘获。

2.7.2　描述复合电沉积给出的数学模型

在已有的复合电沉积机理的研究中，用于描述复合电沉积机理的数学模型比较有影响力的主要有如下六种。

1. Guglielmi 模型[12]

为了解释电流密度对复合电沉积的影响以及复合电沉积中颗粒含量与电解液中颗粒浓度之间的非线性关系，Guglielmi 提出了两步吸附理论并建立模型。

两步吸附理论认为：第一步，表面带有吸附离子层的颗粒首先弱吸附在阴极表面，此时颗粒表面仍被吸附的离子所包围，具有可逆性，实质上是一种物理吸附，颗粒的弱吸附量较多；第二步，随着一部分弱吸附离子在表面的吸附层被还原，颗粒与阴极形成强吸附而进入沉积层，具有不可逆性，随着金属的电沉积，处于强吸附状态的微颗粒永久被嵌入沉积层中。该模型认为，强吸附步骤是复合电沉积给出的速度控制步骤。

两步吸附理论综合考虑了电泳和吸附机理，为人们理解金属和颗粒的共沉积过程作出了重要贡献。直到现在，该机理仍然是永久复合电沉积机理的经典理论。该模型对弱吸附步骤的数学处理采用朗缪尔(Langmuir)吸附等温式的形式；对强吸附步骤，认为颗粒的强吸附速率与弱吸附的覆盖率都同电极与溶液界面的电场有关，通过理论推导，其基本方程式为

$$\frac{C}{\alpha} = \frac{W i_0}{nFdv_0} \cdot e^{(A-B)\eta} \cdot \left(\frac{1}{K} + C\right) \tag{2.26}$$

式中，α 和 C 分别为颗粒在复合沉积层和电解液中的体积分数；W、d 和 i_0 分别为被沉积金属的相对摩尔质量、密度和交换电流密度；n 为参加反应的电子数；F 为法拉第常数；v_0 为颗粒弱吸附覆盖度 $\sigma=1$ 及阴极过电势 $\eta=0$ 时的颗粒强吸附速度；A 和 B 分别表示反应电极与电沉积液界面间电场对金属电沉积和颗粒强吸附影响程度的常数；K 为颗粒弱吸附的速度常数。

Guglielmi 模型表达式将颗粒的共沉积量与电沉积液中颗粒分数和阴极过电势联系在一起，反映了颗粒共沉积的主要特性，在 Ni/SiC、Ni/TiO$_2$、Cu/Al$_2$O$_3$、Ag/Al$_2$O$_3$、Ni/WC、Au/SiC、Au/WC 和 Ni/Al$_2$O$_3$ 等体系中得到验证。但由于其未考虑到流体力学因素、溶液成分、pH、温度以及颗粒大小、尺度等的影响，从而仍存在较大的局限性，还有待进一步完善。

2. MTM 模型[13]

由于 Guglielmi 模型不能满意地解释在 Cu/Al$_2$O$_3$ 等体系中出现的颗粒共沉积量与 D_k 关系中存在峰值这一现象，Celis 等提出 mathematical model(MTM)模型，基本假设是"只有当吸附在颗粒表面的离子还原到一定比例时，颗粒才会被嵌入"。该模型提出了五步沉积机理：第一步是颗粒表面在电解液中形成吸附层；第二步是颗粒在搅拌作用下通过流动层迁移到动力学边界层；第三步是颗粒通过扩散层到达阴极表面；第四步是自由吸附的电活性离子在阴极得到还原；第五步是颗粒上最初吸附得到一部分离子还原的同时，颗粒被捕获，进而与基质金属形成复合沉积层。因综合考虑了各种因素的影响，该模型可以预测颗粒的共析量，建立起的颗粒共析量关系式为

$$W_t = \frac{W_p N_p P}{W_i + W_p N_p P} \tag{2.27}$$

式中，W_p 为单个颗粒的质量；N_p 为单位时间内通过扩散层到达阴极表面单位面积的颗粒数；P 为颗粒共沉积的概率；W_i 为单位时间内单位面积沉积层由于金属沉积作用所增加的质量。

这个基于沉积过程统计方法的模型，同时考虑了流体力学因素和界面场强对

复合电沉积过程的影响，为不同条件下定量描述复合电沉积过程的机理提供了可能性，并在 Cu/Al₂O₃ 和 Au/Al₂O₃ 体系中进行电沉积时得到了证实。由于 MTM 模型缺乏对电极与溶液界面和颗粒/电极的相互作用的认识，所以仍有较大的局限性。

3. Valdes 模型[14]

Valdes 等为了避免对颗粒/阴极相互作用的认识不清楚这一问题，引进了完全沉降模型。该模型假定颗粒在到达电极表面一定距离内便被生长的金属不可逆地捕获，在旋转圆盘电极上复合电沉积及颗粒在电解液中传质时遵循质量平衡原则，由此推断出颗粒浓度的连续性方程。该模型假定处在电极表面一定距离内的所有颗粒都将不可避免地被电极立即捕获。在电子-离子-颗粒电子迁移模型中，Valdes 等认为，吸附在颗粒上的电活性离子，其电活性还原为电极表面颗粒的共沉积提供了必要的相互结合作用。因此，影响颗粒共沉积的主要驱动力不可避免地成为活化过电势。根据巴特勒-福尔默(Bulter-Volmer)动力学，导出颗粒沉积的电活性速率表达式为

$$r_{\mathrm{p}} = k^0 c_{\mathrm{s}} \left\{ \exp\left(\frac{-\alpha ZF}{RT}\eta_{\mathrm{a}}\right) - \exp\left[-\frac{(1-\alpha)ZF}{RT}\eta_{\mathrm{a}}\right] \right\} \tag{2.28}$$

式中，k^0 为依赖于 c_{s} 的标准电化学反应速率常数；c_{s} 为吸附在颗粒上电活性物质的浓度；η_{a} 为电极反应单位。

这一模型因为引进了作用在向电极表面迁移的颗粒上的电化学和流体动力学等概念而极具意义，在具体处理流体力学对复合电沉积过程的影响时，能定量地描述流体力学运动的规律，理论上可以预测电流密度与颗粒复合沉积速度之间的关系趋势。但在解释极限电流下极大共沉积峰这一现象时，与实验结果是相悖的。

4. 运动轨迹模型[15]

1992 年，在 Valdes 模型的基础上，Fransaer 等基于对旋转圆盘电极周围流体场的认识，在充分考虑电极附近流体流动状况以及颗粒在电极上所受各种力的作用(如重力、浮力、电泳力、双层力等)的基础上，提出了用于分析和估计颗粒共沉积速率的运动轨迹模型。对于非布朗型颗粒，不考虑扩散的影响，通过建立颗粒的运动方程，便可决定其轨迹方程。在旋转圆盘电极上，通过极限轨迹分析法，可求出单位时间内碰撞到工作电极表面上颗粒的体积流量。若有一部分颗粒能黏附在电极表面，则可计算出颗粒的共沉积速度。该模型提出了滞留系数的概念，表达式为

$$P_i = \frac{\int_{F_{\text{shear}}}^{\infty} (f_{\text{adh}}(F) + F_{\text{stagn}})\mathrm{d}F}{\int_0^{\infty} (f_{\text{adh}}(F) + F_{\text{stagn}})\mathrm{d}F} \tag{2.29}$$

式中，$f_{\text{adh}}(F)$ 为颗粒在电极表面黏附力的分布函数；F_{stagn} 为作用在颗粒上并指向电极表面的滞留力；F_{shear} 为切向力；P_i 为碰撞到电极表面上的某个颗粒被电极黏附并停留在其上的概率，它与体积流量的乘积即为滞留在电极表面的颗粒数量，可认为它就是颗粒的复合沉积速率。

　　运动轨迹模型详细考察了电极表面颗粒所受力以及流体场因素对复合电沉积过程的影响，可以定量地描述电解液中的流体力学规律，使实验结果可以重现，进一步深化了对复合电沉积机理的认识；其不足之处是没有很好地分析界面电场的影响，对于小颗粒的运动轨迹不能给出其轨迹方程，以及对于湍流场颗粒的传质过程也能通过"极限轨迹法"给出定量解。

5. Hwang 模型[16]

　　1993 年，B. J. Hwang 和 C. S. Hwang 在酸性溶液中电沉积 Co/SiC 复合沉积层时，提出了一个比 Celis 模型更具有普遍性的模型。Hwang 模型在 Guglielmi 模型的基础上，考虑了不同电流密度范围内颗粒的共沉积速率是由吸附不同种类的颗粒电极反应所决定，而吸附速率则由动力学扩散参数确定，也考虑了液相传质对反应机理的影响。模型能较好地解释 SiC 共沉积量与电流密度关系曲线中出现两个峰值的现象，认为颗粒从本体溶液到完成复合沉积的整个过程经历了三个步骤：首先由强制对流带到电极表面的吸附层，然后在阴极表面弱吸附，最后不可逆地沉积在基底上。

　　在 Co/SiC 体系中，颗粒的沉积速度由 Co^{2+} 和 H^+ 的电化学还原速度和液相传质速度联合控制：在低电流密度区，只有 H^+ 得到还原；在中电流密度区，H^+ 的还原速率达到极限值而 Co^{2+} 开始还原；在高电流密度区，Co^{2+} 和 H^+ 的还原速率都达到极限值。

　　类似于 Guglielmi 模型，他们将金属沉积的速率定义为

$$v_{\text{m}} = \frac{M_{\text{m}}}{\rho_{\text{m}} nF} \cdot i \cdot \Gamma(1 - \theta) \tag{2.30}$$

式中，Γ 为电流效率；θ 为强吸附表面覆盖率。

　　在低电流密度区，颗粒的沉积速率表示为

$$v_{\text{p低}} = k_1 C_{\text{H}}^0 \sigma e^{B_1 \eta} \tag{2.31}$$

式中，C_{H}^0 为颗粒表面吸附 H^+ 的浓度，随着 H^+ 还原的增加而降低。

在中电流密度区，颗粒的沉积速率为

$$v_{p中} = v_{p,H^+} + k_2\left(1 - \frac{v_p}{v_{p,m}}\right)C_m^\infty \sigma e^{B_2\eta} \tag{2.32}$$

式中，$v_{p,m}$ 为颗粒极限沉积速率；C_m^∞ 为电沉积液中的金属离子浓度。

在高电流密度区，颗粒的沉积速率可简化为

$$v_{p高} = k_3\sigma \tag{2.33}$$

与其他模型相比，Hwang 模型更为精确。但公式中包含许多参数，使得轻易洞察这些参数的影响变得十分困难，需要用计算机进行大量的计算。

6. Yeh 和 Wan 模型[17,18]

1997 年，Yeh 和 Wan 在研究瓦特(Watts)镀镍溶液中 Ni/SiC 复合电沉积时发现，在低电流密度区，复合电沉积给出遵循 Guglielmi 的两步吸附机理。当电流密度大于极限电流密度时，符合电沉积是微粒扩散控制的函数，SiC 颗粒没有足够的时间在电极表面弱吸附。在这种情况下，就不能用吸附控制模型来解释复合电沉积的机理。在考虑到搅拌作用的影响时，他们提出了高电流密度下复合电沉积为颗粒向阴极传输所控制的理论，其数学模型为

$$\frac{\alpha}{1-\alpha} = \frac{nFdfw}{\xi iM} \cdot C \tag{2.34}$$

式中，α 和 C 分别为颗粒在复合电沉积层和电解液中的体积分数；i 为电流密度；f 为转换因子；ξ 为电流效率；w 为电磁搅拌速度；d 为电沉积金属的密度；n 为电沉积金属的化合价；M 为电沉积金属的摩尔原子量；F 为法拉第常数。

Yeh 和 Wan 模型很好地解释了高电流密度区 Ni/SiC 复合电沉积的机理，该模型也在彭群家等[19]研究 Watts 镀镍溶液中 Ni/ZrO$_2$ 机理时得到证实。但其直线斜率的物理意义仍不清楚，而且由磁力搅拌导致电解液产生湍流，使实验数据的重现性受到影响。因此，该模型只有半定量的意义。

7. 其他机理及模型

除了以上几种典型的数学模型以外，还有并联吸附理论[20]、吸附力模型[21]、Guglielmi 修正模型[22]、武刚模型[23]、Vereecken 模型[24]、Shao 模型[25]，以及其他模型[26,27]。

综上所述，尽管人们对复合电沉积机理的研究做了许多工作，但颗粒到达阴极后，以何种力黏附其上，然后又是以怎样的模式或途径被捕获，生长金属到底是如何包裹住固体颗粒的？人们对这些关键性问题的认识目前尚不完全清楚，而

当前的实验手段还不能直接对复合电沉积的本质给出解释。因此,以上所提及的这些数学模型,均有待进一步修正和完善。

2.7.3 影响复合电沉积的因素

1. 复合电沉积的基本条件

复合电沉积通常是在一般电沉积液中加入所需的固体微粒,在一定条件下进行的[6]。要制备复合电沉积层,需要满足以下条件。

(1) 使固体微粒呈悬浮状态。

(2) 所用微粒的粒度适当,若粒度过粗即微粒过大,则不易包覆在沉积层中,会造成沉积层粗糙;若粒度过细,则微粒在溶液中容易结块,从而使其在电沉积液中分布不均匀。一般常使用粒度在 $0.1\sim10\mu m$ 的微粒。

(3) 微粒应亲水,在水溶液中最好是正电荷,这一点对于疏水微粒,如氟化石墨、聚四氟乙烯等微粒特别重要。微粒,特别是疏水微粒,在使用前(入电沉积液前)应该用表面活性剂对其进行润湿处理,已被润湿的微粒还需要进行活化处理(在稀酸中浸渍以除去铁等金属杂质)。活化后,用水清洗数次(若电沉积液对水质要求较高,那么最后清洗用水应与配电沉积液用水质量相同),清洗后微粒表面呈中性。此时再与少量电沉积液混合并充分搅拌,使其被电沉积液润湿,最后将处理好的微粒倒入电沉积液中。为了使微粒表面带正电荷,在电沉积液中应添加阳离子表面活性剂。

2. 影响复合电沉积层生成的因素

复合电沉积层的生成,意味着微粒的共沉积。凡影响微粒共沉积的因素均是影响复合沉积层生成的因素。微粒表面性质、处理方法、电沉积液组成及工艺条件都会影响微粒共沉积。

1) 微粒表面电荷状况的影响

在复合电沉积过程中,微粒的共沉积与其表面的有效电荷密度有密切的关系,即微粒与阳极表面的静电引力是影响共沉积的重要因素之一。

众所周知,微粒在电沉积液中往往要吸附一定量的离子而使其表面带有一定量的某种符号的电荷。通常,微粒表面会吸附金属离子和氢离子,使微粒表面带正电荷。悬浮在溶液中的微粒表面所带电荷的符号和大小,可通过测量流动电荷或流动电流的大小得知。若微粒表面带正电荷,则微粒容易吸向阴极,所以复合电沉积层中的微粒含量越高,越容易共沉积;相反,若微粒表面带负电荷,则微粒在复合电沉积层中的含量会减少,甚至不可能共沉积。

2) 微粒尺寸及处理方法对共沉积的影响

复合电沉积时，分散微粒的大小、形状和所带电荷情况都能影响微粒的共沉积。微粒太大或呈球形都难以共沉积；微粒太细又容易凝聚。微粒大小是根据对沉积层性能要求和沉积层种类进行选择的。一般认为微粒粒径为 $0.01\sim10\mu m$ 较好。微粒进入电沉积液之前，必须进行活化处理，不经活化处理的微粒，共沉积量也很少。

3) 电流密度的影响

微粒共沉积量随着电流密度升高而增加，但达到一定数值后，继续提高电流密度，共沉积微粒的量反而下降。随电流密度提高，微粒共沉积量增加的可能原因是，金属不断产生微粒沉积，而随着金属与微粒间接触面积的增大，微粒附着强度增大，因而由于搅拌产生的冲击力使微粒离开表面的概率减小，容易被金属所捕获。电流密度过高时，金属析出的速度随电流密度增加而增加，而微粒的吸附速度在其他条件不变的情况下是一定的。由于微粒共沉积量的提高相对小于金属沉积量的提高，所以电沉积层中微粒的相对含量有所降低。

4) 电沉积液搅拌强度的影响

在复合沉积的过程中，为了使固体微粒均匀地悬浮在镀液中，经常采用搅拌或悬浮循环的方法，对电沉积液搅拌强度的大小也影响微粒的共沉积量。若提高电沉积液的搅拌强度，会使微粒向电沉积层表面碰撞概率增大，所以微粒共沉积量随电沉积液搅拌强度的增加在某种程度上也会增加。但是，搅拌加强时，溶液流动速度加快，则吸附在电极表面的微粒被冲刷下来的概率也增加了，因此微粒的共沉积量降低。所以复合电沉积过程中，对电沉积液的搅拌强度也要给予充分的重视。

5) 电沉积液温度的影响

溶液的温度对微粒共沉积也有影响，一般来说，温度升高溶液黏度下降，微粒容易沉积，而且微粒对阳极表面的黏附性减弱，使微粒共沉积量降低。温度变化对有些复合电沉积系统的影响情况比较复杂。

此外，微粒本身导电与否，也能影响微粒的共沉积，因为导电性微粒一旦被电沉积层捕获，则它和基体金属一样成为阴极的一部分，在它表面也能引起金属的电沉积。因此，这种共沉积，电沉积层表面的微粒往往是包覆的。在 Ni/BC 复合电沉积研究中，可清楚地看到这种情况。

非导电的微粒共沉积时，电沉积层表面的微粒总是裸露的，随着电沉积过程的进行，微粒逐渐被掩埋，而新吸附的微粒又被裸露。当微粒导电时，特别是当微粒直径较大或电沉积的电流密度较高时，在微粒表面电流容易集中，于是在复合电沉积层表面呈瘤状凸起而使电沉积层表面粗糙。

脉冲电流、换向电流、超声波和磁场对复合电沉积层均有不同程度的影响。

2.8　脉冲电沉积理论

由于脉冲电沉积在复合电沉积、电沉积纳米材料及纳米复合材料制备中的重要性，特介绍脉冲电沉积理论。

2.8.1　脉冲电沉积的基本原理

在脉冲电沉积过程中，当电流导通时，电流从接通到关断的时间 t_{on} 为脉冲持续时间，也叫脉冲宽度，即电沉积过程，此时，接近阴极的金属离子充分地被沉积；而当电流关断时，电流从关断到接通的时间 t_{off} 为脉冲间隙时间，或叫脉冲间隔，此时，阴极周围的放电离子又恢复到初始浓度。这样周期的连续重复脉冲电流主要用于金属离子的电沉积[6,7]。一般情况下，我们将脉冲持续时间 t_{on} 与脉冲周期 $T(T=t_{on}+t_{off})$ 之间的比值称为脉冲电镀的占空比。用公式表示为

$$r = t_{on} / T = t_{on} / (t_{on} + t_{off}) \tag{2.35}$$

在脉冲电沉积中，峰值电流密度和平均电流密度、占空比之间的关系为

$$J_p = J_m / r = (t_{on} + t_{off}) \cdot (J_m / t_{on}) = T \cdot (J_m / t_{on}) \tag{2.36}$$

如果选用导通时间很短的短脉冲，则必将使用非常大的脉冲电流密度，这将使金属离子处在直流电沉积实现不了的极高过电势下沉积，其结果不仅能改善电沉积层的物理化学性质，而且还能降低析出电势较负金属电沉积时析氢副反应所占的比例。

2.8.2　脉冲电沉积中金属的电结晶

在金属电结晶过程中，晶核形成的概率与阴极的极化有关，阴极极化越大，阴极过电势越高，则阴极表面吸附原子的浓度越高，晶核析出的概率越大，晶粒尺度越小。

在脉冲电沉积中，金属的电结晶过程与直流电沉积时的规律是一样的。只不过脉冲电流密度要比相同条件下直流电沉积时的电流密度高得多，这就导致了脉冲电沉积条件下阴极的高过电势，其结果使得晶核形成的概率大大提高，沉积层的晶粒细化。这就是采用脉冲电沉积技术能获得纳米晶和光滑沉积层的本质原因。

2.8.3　脉冲电沉积中双电层的充放电影响

在电极-溶液界面上存在一个近似于平板电容器的双电层，其间的距离只有零点几纳米，因而具有很高的电容。当每个脉冲电流通过电极时，必须首先给双电层充电至金属沉积所需要的电极电势值。双电层充电需要一定的时间，它取决于

电流密度和电沉积体系的其他物理化学常数。在实际应用中，充电时间应比脉冲导通时间短得多，否则电流脉冲将受电容效应的影响而明显变形。同样，双电层放电也需要时间，它应比脉冲关断时间短得多。在脉冲开始时给双电层充电所需要的电流是不会损失的，因为当脉冲终结电容放电时电荷又再生。因此，在一定频率范围内，脉冲电沉积时的电容效应并不明显地影响电流效率，但是影响到脉冲的幅度，从而影响到电极反应的能量和其相关的电沉积层的结构和性质。电容效应的存在使得在脉冲电沉积中的瞬间峰电势高时的有利作用不能充分发挥，因此，在使用脉冲电沉积时应避免导通时间和关断时间比双电层的充、放电时间短。

当给电极施加脉冲电流时，应用电容效应，每个脉冲电流密度 J_p 将分成两个部分，即用于双电层充电的电容电流密度 J_c 和用于金属沉积的法拉第电流密度 J_F，可用下式表达：

$$J_p = J_c + J_F \tag{2.37}$$

充放电时间 t_c 为电极电势达到对应的脉冲电流之前的时间，充放电时间 t_d 为电势下降到零电流以前的时间。图 2.8 描绘了与总脉冲时间相联系的不同充、放电时间的电流轮廓图。

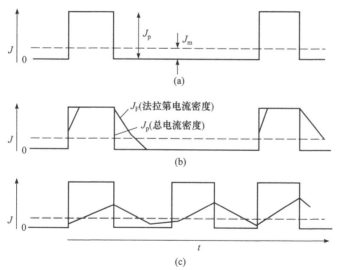

图 2.8　与总脉冲时间相联系的不同充放电时间的电流轮廓图

(a) $t_c \ll t_{on}$ 且 $t_d \ll t_{off}$，没受阻尼(理想情况)；(b) $t_c < t_{on}$ 且 $t_d < t_{off}$，稍受阻尼；(c) $t_c > t_{on}$ 且 $t_d > t_{off}$，受强阻尼

如果充电时间 t_c 与脉冲导通时间 t_{on} 相比可以忽略，放电时间 t_d 与脉冲关断时间 t_{off} 相比也可忽略，则可得到如图 2.8(a)所示的理想脉冲，此时法拉第电流密度 J_F 实际上就等于施加于阴极上的方波脉冲电流密度 J_p。然而在实际情况中，充电时间往往会占据一部分脉冲时间，使脉冲形状受到干扰，如图 2.8(b)所示。此时

尽管施加于阴极上的是方波脉冲电流，然而金属的沉积或多或少地受到电容效应的干扰。如果充、放电时间分别比脉冲的接通和关断时间还要长，则与脉冲电流密度相对应的电势值就永远达不到，而且在关断时间内双电层不可能放完电，在整个脉冲过程中 J_F 都小于 J_p，如图 2.8(c)所示。在这种情况下，J_F 只在平均电流密度附近振荡，施加的脉冲电流变成了带有波纹的直流电流，也就失去了脉冲电沉积中瞬时峰电势高的特点。

在脉冲电沉积中 t_c 和 t_d 可以用下式估算：

$$t_c=17/J_p, \qquad t_d=120/J_p$$

式中，被估算的 t_c 和 t_d 为μs 量级；J_p 单位为 A/cm^2。通过上式的估算，提供了一个与所施加脉冲电流密度 J_p 相联系的合理的 t_c 和 t_d 值。

2.8.4　脉冲电沉积中的扩散传质

1. Norbert(N.IbL)的双扩散层模型

在直流电沉积和脉冲电沉积中，对流传质和电迁移传质基本上是相同的，而扩散传质对脉冲电沉积来说起着非常重要的作用。它限制了脉冲条件的有效范围和最大沉积速度，影响所得电沉积层的结构和性质，同样也影响电沉积液的宏观及微观分散能力。

对于脉冲电沉积时扩散传质的描述，N.IbL 提出了扩散层模型，如图 2.9 所示。脉冲电沉积时在阴极附近的浓度随脉冲频率而波动，在脉冲时浓度降低，而

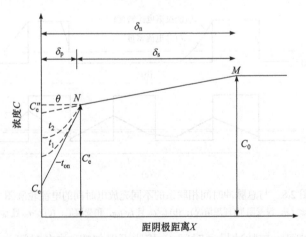

图 2.9　脉冲电沉积中在一个脉冲终结时两个扩散层的浓度分布

虚线表示在关断时间内脉冲扩散层浓度的恢复($t_{on}<t_1<t_2<\theta$)；C_0 表示主体溶液浓度，mol/cm^3；
C_e' 表示脉冲电沉积终结时阴极的界面浓度，mol/cm^3；C_e'' 表示相当于直流电镀时的界面浓度，mol/cm^3；
δ_p 表示外稳态扩散层厚度，cm；δ_n 表示扩散层总厚度，即相当于直流电镀时的厚度，cm

在关断期间浓度回升。因此在紧靠阴极表面有一个脉冲扩散层。假如脉冲宽度较窄，扩散层来不及扩散到对流占优势的主体溶液中，那么，在脉冲时电沉积的金属离子必须靠主体溶液向脉冲扩散层来扩散传输，这就意味着在主体溶液中也建立了一个具有浓度梯度的扩散层，即外扩散层。这个扩散层的厚度与相同流体力学条件下用直流电流时所获得的扩散层厚度相当，而且是稳定的。在关断时间内金属离子穿过外扩散层向阴极传递，从而使得脉冲扩散层的浓度回升。

根据菲克(Fick)定律，阴极反应物的扩散流量 N(单位时间通过单位横截面面积宽度的物质的量)与浓度梯度成正比。在一个脉冲时脉冲扩散层的浓度分布近似一条直线，则脉冲扩散层的扩散流量 N_p 可表示为

$$N_p = D(C'_e - C_e) / \delta_p \qquad (2.38)$$

换算为脉冲电流密度，可以写成

$$J_p = nFDN_p = nFD(C'_e - C_e) / \delta_p \qquad (2.39)$$

式中，n 为每个金属离子转移的电子数；F 为法拉第常数，C/mol；D 为扩散系数，cm^2/s。

该式只有在金属电沉积的电流效率是 100%时才是正确的，并且表示脉冲电流密度 J_p 与脉冲时浓度分布线的斜率成正比。在关断时间内界面浓度梯度必须为零，故在浓度分布线的末端用一水平分支虚线来表示，如图 2.9 中由 N 点延长至界面的水平虚线所示。

与 N_p 相比，通过外扩散层的扩散流量 N_s，在脉冲关断时间内不会降低，而是在导通与关断时间内以同样的方式继续。因此，N_s 正比于平均电流密度 J_m：

$$J_m = nFN_s = nFD(C_0 - C'_e) / \delta_s \qquad (2.40)$$

综上所述，采用很短的脉冲可能造成脉冲扩散层很大的浓度梯度，而脉冲扩散层的厚度却很小，这就说明了为什么高的瞬时脉冲电流密度可以用于脉冲电沉积。从图 2.9 中还可以看出，在外扩散层中浓度分布线的斜率比起脉冲扩散层的斜率要小得多，而且在外扩散层中的浓度梯度也不可能大于在直流电沉积时极限电流密度的浓度梯度。由此可见，在采用脉冲电沉积时，尽管脉冲电流密度很大，但其平均电流密度却不能超过在同样条件下直流电沉积时的极限电流密度。

2. 脉冲传质对电沉积的实际影响

1) 脉冲传质对沉积层结构的影响

在直流电沉积中，假如在极限电流密度或接近极限电流密度下进行电沉积，则将得到树枝状或粉末状的电沉积层。从传质的观点来看，这就是由于在零件表面的凸处比凹处更容易受到电沉积。所以在直流电沉积中所实现的电流密度不能

大于极限电流密度的 10%～20%。在脉冲电沉积中则不同，甚至在脉冲扩散层非常薄的脉冲极限电流密度下也可以得到平滑的电沉积层。但是，若要表面形成树枝状或粉末状的沉积层，仍应当保持脉冲得到的平均电流密度 J_m 低于直流镀时极限电流密度 J_{gg}。一般情况下，J_m 与 J_{gg} 之比应不大于 0.5。

2) 脉冲传质对电流斜率的影响

在直流电沉积中，当电流密度超过极限电流密度时，金属电沉积的电流斜率随之降低。在脉冲电沉积中也是这样。因此，在脉冲电沉积中，其脉冲平均电流密度通常保持在低于相应直流电沉积的极限电流密度以下。

2.8.5　脉冲电沉积中的电流分布

一般说来，影响电流分布的因素有：体系的几何因素、电解液和电极的导电性、活化过电势、浓差过电势。根据这些因素，通常将电流分布区分为三种类型：颗粒几何因素影响属于一次电流分布；活化过电势的影响属二次电流分布；活化过电势与浓差过电势的影响均考虑属于三次电流分布。电流分布实际上受电极表面的电荷转移和溶液中液相传质的双重控制。在理论上，若在相同的平均电流密度下比较脉冲电沉积和直流电沉积的电流分布，则脉冲电沉积的电流分布不如直流电沉积的均匀。实践中常常将电流分布区分为首次、二次和三次电流分布。首次电流分布与施加的电流方式无关。脉冲电沉积中的二次电流分布比直流电沉积的差。如果脉冲扩散层沿着电极表面有恒定的厚度，则脉冲电沉积中的三次电流分布比直流电沉积的好。

1. 过电势对电流分布的影响

对于一个电极反应，其过电势 η 与电流密度 J 的关系如图 2.10 所示。从图 2.10 看出，在电流密度较小阶段，随着电流密度的增加，过电势增加较大，即极化度较大，电化学极化显著，因而有利于二次电流分布趋向均匀。随着电流密度的继续增加，η-J 曲线的斜率较大，即极化度减小，如图 2.10 所示的中间阶段。在这一阶段，虽然电流密度极高，但二次电流分布趋向于基底电流分布的均匀性。当采用更高的接近极限电流密度的电流时，如图 2.10 所示的最后一段，传质的影响发挥作用，浓差过电势随电流密度的增加而增大，电流分布又变得均匀，这就是三次电流分布。

为了更直观地反映 η-J 曲线斜率的变化而引起的电流分布的变化，通常采用无量纲的常数 W_s 来表示：

$$W_s = \kappa(\mathrm{d}\eta / \mathrm{d}J) / L \tag{2.41}$$

式中，κ 为电解液的电导率；L 是体系的特征长度。常数 W_s 越大，电流分布越均匀。

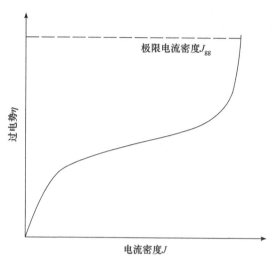

图 2.10 过电势 η 与电流密度 J 的关系曲线

2. 一次、二次和三次电流分布

1) 一次电流分布

一次电流分布或叫初次电流分布，是指不考虑电极极化影响而单纯考虑几何因素，这时，$W_a=0$。对脉冲与直流电镀而言，一次电流分布是相同的。

2) 二次电流分布

考虑活化过电势 η_a 的影响，可用塔费尔方程来描述：

$$\eta_a \sim \lg J, \quad \mathrm{d}\eta_a / \mathrm{d}J \sim J^{-1} \tag{2.42}$$

从上式可以看出，随电流密度 J 的增加，$\mathrm{d}\eta_a / \mathrm{d}J$ 降低，即 W_a 常数降低。脉冲电流密度比直流密度高，故脉冲电沉积二次电流分布的均匀性不如直流电沉积。

3) 三次电流分布

当采用更高的接近极限电流密度的电流时，浓差过电势 η_c 起主要作用，传质控制着电化学反应，这时浓差过电势 η_c 与电流密度 J 可用下式表示：

$$\eta_c \sim \lg(1 - J / J_{gg}), \quad \mathrm{d}\eta_c / \mathrm{d}J \sim (1 - J / J_{gg})^{-1} \tag{2.43}$$

显然对于一个给定的极限电流密度 J_{gg} 而言，随着电流密度 J 的增加，$\mathrm{d}\eta_c / \mathrm{d}J$ 将增加，即 W_s 常数增加，故三次电流分布又趋于不均匀。采用脉冲电沉积可以在脉冲极限电流密度下得到平滑的电沉积层；而采用直流电沉积在极限电流密度时只能得到粉末状的沉积层，故三次电流分布时脉冲电沉积优于直流电沉积。

在实际应用中，不可能将电流分布清楚地分为一次、二次或三次，通常为一、二次和三次电流分布之间。因此，从电流分布总体上说，脉冲电沉积的不如直流电沉积的。但采用脉冲电沉积有可能降低电流分布的均匀性，也有可能提高电流分布的均匀性。因此，采用脉冲电沉积通过脉冲参数的选择使二次电流分布转变为由传质控制的三次电流分布，从而改善电流分布，可获得致密、细晶粒的沉积层；且随着脉冲电流密度的增加，颗粒尺寸变小，这是因高电流密度和由此产生的高过电势使晶核的临界尺寸变小和成核数增加。

2.9　对脉冲复合电沉积的影响因素

2.9.1　电解液体系对脉冲复合电沉积的影响

电解液体系，如硫酸镍、柠檬酸、次亚磷酸钠和钨酸钠的浓度，对脉冲电沉积制备$(Ni-W-P)/(CeO_2-SiO_2)$颗粒增强金属纳米复合材料过程有很大的影响，具体表现如下所述[8]。

(1) 在较低硫酸镍浓度下，通过诱导共沉积，可以增加 W 的沉积速率；当硫酸镍浓度增加到一定程度时，Ni^{2+}在阴极的沉积速率又会超过 W 的沉积速率。

(2) 柠檬酸是 Ni^{2+} 的主配合剂，使得大浓度有利于增加电解液的稳定性；当柠檬酸浓度很高时，柠檬酸与 W 的配合能力也会增强，使 W 的电极电势变得更负，模型增大了 W 和 P 在阴极表面沉积的难度和速度；过高的柠檬酸浓度会引起电解液中的 H^+增多，阴极析氢反应加快，阻碍 CeO_2 和 SiO_2 纳米颗粒在阴极表面的竞争析出。

(3) 电解液中钨酸钠浓度越高，阴极反应电极电势越低，越有利于 W 与 Ni 和 Pd 共沉积；铁族元素在阴极表面沉积时具有极高的析氢过电势，增加钨酸钠浓度，沉积速率加快，H 极易在阴极表面放电析出，使 CeO_2 和 SiO_2 纳米颗粒很难稳定地吸附在阴极表面，导致共沉积概率较低。

(4) 增加次磷酸钠浓度，相同时间内 Ni 和 P 的沉积速率加快，但同时也造成 H^+在阴极上的放电机会增加，阻碍 CeO_2 和 SiO_2 纳米颗粒在阴极上的析出。

2.9.2　脉冲工艺对脉冲复合电沉积的影响

脉冲电沉积所依据的电化学原理主要是利用电流或电压脉冲的起伏增加阴极的活化极化和降低阴极的浓度差极化，从而改善沉积层的物理化学性能。脉冲电沉积过程中，当电流导通时，接近阴极的金属离子充分地沉积；而当电流关断时，阴极周围的放电离子又恢复到初始浓度。这样周期的连续重复脉冲电流主要用于金属离子的电沉积。如果选用导通时间很短的脉冲，必将使用非常大的脉冲电流密度，这将使金属离子处在直流电沉积实现不了的极高过电势下电沉积，其结果不仅能改善沉积层的物理化学性质，而且还能降低析出电势较负的金属电沉积时析氢副反应所占的比例。而周期反向脉冲的阳极电流好比是"退电沉积"过程，能够将阴极脉冲获得的沉积层表面的毛刺溶解除去，改善沉积层厚度的均匀分布，整平作用明显。

在阴极沉积金属基非晶复合材料过程中，原子束形成的概率与阴极的极化有关，阴极极化越大，阴极过电势越高，则阴极表面吸附原子的浓度越高，原子束形成的概率越大，最后形成的非晶小颗粒尺寸就越小。

2.9.3 纳米颗粒对脉冲复合电沉积的影响

纳米颗粒的表面能比较大，在电解液体系中非常容易团聚。在脉冲电沉积制备$(Ni\text{-}W\text{-}P)/(CeO_2\text{-}SiO_2)$颗粒增强金属纳米复合材料过程中，向电解液中添加的$CeO_2$和$SiO_2$纳米颗粒经过了阳离子表面活性剂十六烷基三甲基溴化铵(CTAB)的活化处理。阳离子表面活性剂的进入使电解液呈弱酸性。纳米颗粒表面会带正电荷，表面正电荷增多，过电势就增加，使纳米颗粒间的静电斥力增大，能够很好地抑制纳米颗粒的团聚，使纳米颗粒分散的均匀程度和沉积提高。但过高浓度的阳离子表面活性剂也会造成电解液中离子强度过高，压缩双电层，减小纳米颗粒间的静电斥力，又重新使纳米颗粒腐蚀团聚。

在脉冲复合电沉积过程中，当活化处理的纳米颗粒浓度增加时，在相同时间内被输送到阴极附近并与阴极发生碰撞形成弱吸附的纳米颗粒量随之增加，因为纳米颗粒产生强吸附的形成速度和被嵌入阴极的概率与弱吸附的覆盖度成正比，使纳米颗粒的沉积量随电解液中纳米颗粒浓度的增加和弱吸附覆盖度的增大而增加。当纳米颗粒浓度很高时，电解液黏结度增加、纳米颗粒团聚严重以及因大量纳米颗粒吸附于电极表面，使电极表面提供电化学反应的面积减小，导致真实电流密度增大而引起电极表面析氢量增多等，降低了纳米颗粒的复合沉积量。

在脉冲电沉积过程中，CeO_2和SiO_2纳米颗粒在电解液及复合材料中的分散均匀性的维持以及从电解液内部向阴极表面运动的过程，主要依靠适宜的机械搅拌速度和添加剂的相互作用共同实现。CeO_2和SiO_2纳米颗粒从电解液内部向阴极表面的运动是靠机械搅拌引起的电解液流动输送的。机械搅拌速度增加，电解液流动速度增加，加快了纳米颗粒被输送到阴极表面的速度，被嵌入概率增大；但当机械搅拌速度很大时，电解液中的纳米颗粒长期处于剧烈运动状态，使其与阴极表面剧烈碰撞频繁，在阴极表面停留时间较短，也会使部分已经在表面吸附的纳米颗粒又重新脱落到电解液中，不利于纳米颗粒的共沉积。

参 考 文 献

[1] 安茂忠. 电镀理论与技术. 哈尔滨: 哈尔滨工业大学出版社, 2004.

[2] 冯辉, 张勇, 张林森, 等. 电镀理论与工艺. 北京: 化学工业出版社, 2008.

[3] 屠振密, 安茂忠, 胡会利. 现代合金电沉积理论与技术. 北京: 国防工业出版社, 2016.

[4] 郭忠诚, 杨显万. 电沉积多功能复合材料的理论与实践. 北京: 冶金工业出版社, 2002.

[5] 郭鹤桐, 张三元. 复合电镀技术. 北京: 化学工业出版社, 2007.

[6] 郭忠诚, 曹梅. 脉冲复合电沉积的理论与工艺. 北京: 冶金工业出版社, 2009.

[7] 屠振密. 电沉积纳米晶材料技术. 北京: 国防工业出版社, 2008.

[8] 徐瑞东, 王军丽. 金属基纳米复合材料脉冲电沉积制备技术. 北京: 冶金工业出版社, 2010.

[9] Brandes E A, Goldthorpe D. Electrodeposition of cerments. Metallurgia, 1967, 76(1): 195-198.

[10] Tomaszewski T W, Tomaszewski L C, Brown H. Codeposition of finely dispersed particles with metals. Plating, 1969, S6(11): 1234-1238.

[11] Foster J A. Study of the mechanisms of formation of electrodeposition composite coatings. Transations of the Institude of Metal Finishing, 1973, 51: 27-31.

[12] Guglielmi N. Kinetics of the deposition of inert particles from electrolytic baths. J. Electrochem. Soc., 1972, 119(8): 1009-1012.

[13] Fransaer J, Celis J P, Roos J R, Analysis of electrolytic codeposition of non-Brownian partiles with a metals. J. Electrochem. Soc., 1987, 134(4): 223-225.

[14] Valdes J L, Jansen I I. Electrochemical codeposition of inert particles in a metallic matrix. J. Appl. Electrochemistry , 1995, 25(6): 519-527.

[15] Fransaer J. Analysis of the electrolytic codeposition of non-Brownian particles with metals. J. Electrochem. Soc., 1992, 139: 413-425.

[16] Hwang B J, Hwang C S. Mechanism of codeposition of silicon carbide with electrolytic cobalt. J. Electrochem. Soc., 1993, 140: 979-984.

[17] Yeh S H, Wan C C. A study of SiC/Ni composite plating in the Watts bath. Plating and Surface Finishing, 1997, 84(3): 54-57.

[18] Yeh S H, Wan C C. Codeposition of SiC powders with nickel in a Watts bath. J. Appl. Electrochem., 1994, 24(10): 993-1000.

[19] 彭群家, 穆道彬, 马莒生, 等. Ni/ZrO$_2$复合电沉积机理的研究. 电化学, 1999, 5(1): 68-73.

[20] 胡信国, 孙福根, 王殿龙, 等. 无机颗粒的共沉积机理. 电镀与精饰, 1989, 11(2): 7-10.

[21] Wang D L, Li J, Dai C S, et al. An adsorption strength model for the electrochemical codeposition of Al$_2$O$_3$ particles and a Fe-P alloy. J. Appl. Electrochem., 1999, 29(4): 437-444.

[22] Bercot P, Pena-Munoz E, Pagetti J. Electrolytic composite Ni-PTFE coatings: an adaptation of Guglielmi's model for the phenomena of incorporation. Surface and Coating Tech., 2002, 157(2-3): 282-289.

[23] 武刚, 李宁, 王殿龙, 等. α-Al$_2$O$_3$与Co-Ni合金电化学共沉积动力学模型. 物理化学学报, 2003, 19(11): 996-1000.

[24] Vereecken P M, Shao I, Searson P C. Particle codeposition in nanocomposite films. J. Electrochem. Soc., 2000, 147(7): 2572-2575.

[25] Shao I, Vereecken P M, Cammarata R C, et al. Kinetics of particle codeposition of nano composites. J. Appl. Electrochem., 2002, 149(11): C610-C614.

[26] 覃奇贤, 朱龙章, 刘淑兰, 等. 镍-碳化钨微粒复合电沉积机理的研究. 物理化学学报, 1994, 10(10): 892-896.

[27] 郭鹤桐, 王兆勇. 在柠檬酸镀金溶液中复合镀层的形成机理. 天津大学学报, 1985, (1): 13-19.

第3章 电沉积材料的性能测试与表征

3.1 引　言

由于电沉积材料的特殊性，一般比较薄，又不能剥离下来，因此如何测试与表征这种特殊材料的性能，还是很重要的。张景双、石金声、石磊和曹立新编著的《电镀溶液与镀层性能测试》(化学工业出版社，2003)和曹立新、石金声、石磊、梅晓宏编著的《电镀溶液与镀层性能测试》(化学工业出版社，2011)两本同名书都提到 11 种性能的测试，加上延展性、表面接触电阻和力学性能，共 14 种要测试的性能：

(1) 电沉积层外观检验；

(2) 与基体结合力试验；

(3) 电沉积层厚度测量；

(4) 电沉积层孔隙率的测量；

(5) 电沉积层显微硬度测试；

(6) 电沉积层内应力的测量；

(7) 电沉积层脆性的测量；

(8) 电沉积层焊接性能的测试；

(9) 耐腐蚀性能测试；

(10) 氢脆性能的测试；

(11) 耐磨性能的测试；

(12) 电沉积层的延展性能测试；

(13) 表面接触电阻测量；

(14) 电沉积层的力学性能测试。

粗看上去这 14 种都属于宏观性能，即使已提到的内应力，宏观的残余内应力，还有一些测量微观的性能，如电沉积层的显微组织、晶体结构、精细结构、微结构(如残余的微应力、晶粒大小和晶体缺陷等)，这些都是直接影响电沉积层的使用性能的。

上述两本书中分别以"现代分析技术在镀层与镀液性能研究中的应用"和"现代电化学分析仪器及表面分析技术在镀层、镀液性能研究方面的应用"为章名介绍一些镀层材料的现代测试内容。本书《电沉积材料及其现代测试分析与表征》则主要是应用现代测试分析仪器和方法来测试分析与表征电沉积材料的，而且特

别注意探讨电沉积材料的成分、晶体结构、精细结构和微结构,以及沉积层的显
微组织形貌与沉积层性能之间的关系。

在这方面需要介绍一下徐瑞东、王军丽所著的《金属基纳米复合材料脉冲电
沉积制备技术》,书中借助扫描电子显微镜、能谱仪、X 射线衍射仪等仪器,进行
了 Ni-W-P/CeO₂-SiO₂ 纳米复合材料制备过程的成分设计优化、动力学优化和过程
学优化,探讨了材料形成热力学条件和双脉冲电沉积机理,考察了复合材料的晶
化过程、界面结合方式,以及腐蚀过程和氧化过程的动力学规律和机理,探明了
材料组元之间的相互作用机理;并将智能多脉冲电源应用到 CeO₂ 和 SiO₂ 颗粒增
强 Ni-W-P 基纳米复合材料的制备技术中,制备出了微观组织致密、耐腐蚀和抗
高温氧化性能较良好的 Ni-W-P/CeO₂-SiO₂ 颗粒增强金属基纳米复合材料。因此,
本书作者认为,《金属基纳米复合材料脉冲电沉积制备技术》不仅是一本脉冲电沉
积方面的专著,更是电沉积材料现代测试分析的优良范例。关于 Ni-W-P/CeO₂-SiO₂
复合材料将在本书第 3 篇中介绍。

本章仅介绍电沉积层成分、相结构和形貌直接影响的性能测试,即介绍电沉
积层的显微硬度、力学性能测试和耐腐蚀性能分析方法。电沉积层的其他性能测
试分析方法可参考已提到的两本专著。

3.2　硬度的测试方法——静载压入法

3.2.1　硬度的定义和测试特点

1. 硬度的定义

按人们通常的概念,对材料的硬度是这样理解的:坚硬的材料具有高的硬度;
反之,较软的材料其硬度值小。硬度是材料的一种性质,其定义存在以下三种表
达方式:

(1) 材料抵抗残余变形或破坏的能力;

(2) 材料抵抗弹性变形、塑性变形或破坏的能力;

(3) 指抵抗另一较硬的、具有一定形状和尺寸的物体压入其表面的能力。

目前这三种表达方式共存,都能比较形象地描述材料硬度这一特性,其中(3)
是根据硬度的测量方法给出的定义。

2. 硬度测定的特点

硬度测定属机械性能试验,对于一些材料或零部件,常要求具有耐磨性、较
高的强度及耐冲击等,可以通过硬度的测定并进行相应的换算,得出一些主要的
机械性能。与其他机械性能的测定相比,硬度的测定具有以下特点:

(1) 硬度的测定为非破坏性的，对被测零部件或制品的损伤极小；

(2) 对不便做成试样的如刀具、工具或轴类等可直接测定；

(3) 测试方法简单而且快捷，可以采用便携式的测量仪在现场测定；

(4) 硬度测试方法较多，如果测量方法不同，或测量方法相同，但测试条件不同，则所得数据不能进行比较。

硬度测量有静载压入和动载压入两类方法，镀层硬度测量几乎不用动载压入法，故这里仅介绍静载压入法，其又分维氏(Vickers)硬度、显微维氏硬度、努氏(Knoop)硬度、洛氏(Rockwell)硬度和布氏(Brinell)硬度。下文将分别进行简介。

3.2.2　维氏硬度

1. 试验原理

在规定的试验力作用下，将顶部两个相对面夹角为136°的金刚石正四棱锥体压头压入试样表面，见图3.1(a)，保持一定时间(一般为10~15s)，卸除试验力，测量试样表面压痕对角线的长度，见图3.1(b)。

维氏硬度值等于试验力除以压痕表面积，压痕为具有正方形基面并与压头角度相同的理想形状。

2. 计算公式

根据上述试验原理，维氏硬度=试验力压痕表面积，最后导出维氏硬度的计算公式：

$$HV = 0.1891 \cdot \frac{F}{d^2} \tag{3.1}$$

式中，HV为维氏硬度的符号；F为试验力(N)；d为压痕两对角线d_1和d_2的算术平均值(mm)。

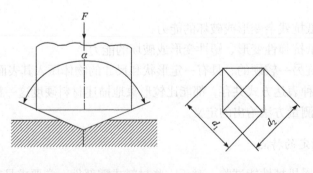

(a) 压头(金刚石锥体)　　　　　　(b) 维氏硬度压痕

图3.1　维氏硬度测试原理图

3. 维氏硬度的表示方法

维氏硬度的测得值由三部分组成，即硬度的数值 HV、试验力的数值、维氏硬度符号。HV 前面的数值为测得的硬度值；HV 后面的数值为测量采用的试验力。但是，HV 后面的数值不是直接采用的试验力，而是这样定义的：试验力为 9.80N，则 HV 后面的数值为 1；试验力为 0.10N，则 HV 后面的数值为 0.1；试验力为 98.07N，则 HV 后面的数值为 10。例如，测量某镀层的试验力为 49.03N，测得维氏硬度值为 800，则应表示为 800HV5；又如测量某镀层的试验力为 1.96N，测得维氏硬度值为 453，则应表示为 453HV0.2。在很多文章中都是在实验内容中给出了试验力的数值，因此在 HV 后面也就不再标注试验力，例如前面的实例 453HV0.2，若在实验内容中已经给出采用 1.96N 的试验力，则测得的值可写作 453HV。

4. 测量金属维氏硬度的方法

根据 GB/T 4340.4—2022/ISO 6507-4：2018 标准，按表 3.1 中三个试验力范围分为三种试验方法。

表 3.1　测量金属维氏硬度的试验方法

试验力范围/N	硬度符号	试验方法
$F \geqslant 49.03$	HV5	维氏硬度试验
$1.96 \leqslant F < 49.03$	HV0.20～HV5	小负荷维氏硬度试验
$0.10 \leqslant F < 1.96$	HV0.01～HV0.2	显微维氏硬度试验

5. 试验力的选择

除按表 3.1 中三种试验方法选择试验力外，试验还规定，试样或测试层的厚度至少为压痕对角线长度的 1.5 倍，根据这一要求，前人给出了试样或测试层最小厚度与试验力之间的关系，可以从相关的手册上查阅。

6. 试样的要求

试样表面无油脂、无氧化皮，表面应平整光滑，表面的质量应保证压痕对角线长度的精确测量。三种试验方法对表面粗糙度的要求如下：维氏硬度试样 Ra=0.4μm；小负荷维氏硬度试样 Ra=0.2μm；显微维氏硬度试样 Ra=0。

7. 影响硬度准确度的因素

1) 试验力的影响

显微硬度的测定值受试验力大小的影响，只有在试验力和保持时间相同的情况下，才能获得可比较的硬度值。

2) 压头速度的影响

如果压头同待测表面接触速度太大，获得的硬度值偏低；压头与试验表面接触的速度应当降低到不致出现偏高于应当值的程度。压头的速度在 15～70μm/s 为宜。

3) 试验力保持时间的影响

在正常的情况下，试验力一般应保持 10～15s。

4) 振动的影响

不管用什么样的试验力，振动都是一种严重的误差来源。为了减小振动的影响，可把试样装在刚性支撑台上。

5) 试样表面状况的影响

如果试样表面是粗糙的，则不可能准确测量压痕对角线的长度，因此一般都在试样的横断面上测定显微硬度；另外，表面曲率会给硬度测量带来一定的误差，这种误差随着曲率半径的减小而增大。如果必须在曲率较大的试样表面上测量维氏硬度，则曲率的影响可采用修正系数予以消除。

6) 试样方位的影响

在试样表面不垂直于压头轴线的情况下，其测量是无效的。因此被测试样应该固定在载物台或夹具上，使其被测的表面垂直于试验力的作用方向，在整个试验过程中应当始终保持这种状态。

7) 被测材料脆性的影响

如果在加载过程中试样出现裂纹，则不能获得真实的硬度值，通常用减小试验力的办法来解决这一问题。

8) 压痕位置的影响

压痕的大小和形状受被测处其他材料的影响，其表现形式是压痕形状的不正常。比如压痕接近基体，而基体又比电沉积层软时，测得的硬度偏低。

3.2.3　显微维氏硬度

显微维氏硬度是国标规定的测量金属维氏硬度三种试验方法中的一种(表 3.1)，其试验力小(0.10N≤F<1.96N)。显微维氏硬度的测试原理、硬度值的计算及表示方法都与维氏硬度相同(详见 3.2.2 节)。刊出的文章中显微维氏硬度常简称为维氏硬度或显微硬度，严格来讲应按国标的规定，称作显微维氏硬度。显微维氏硬度适用于测量薄型材料，诸如电沉积层、渗碳层及氮化层之类的硬度，在表面处理及材料科学研究领域应用较多。显微维氏硬度的测量具有以下特点。

(1) 采用的试验力小(0.10N≤F<1.96N)。

一般试验力大于 0.49N(HV0.05)的测量具有较高的精度，可以作为定量测定。

试验力小于 0.49 N 的测量，所获得的压痕小，测量误差大，只能做定性分析。无论是定量测定还是定性测定，选择试验力的原则均与 3.2.2 节 5.小节所述相同。

(2) 由于压痕小，所以对试样无损伤。

(3) 由于显微维氏硬度测量的压痕小，所以必须借助测量显微镜读取压痕对角线的长度，测量显微镜的放大倍率应不低于 400 倍。要求压痕边缘成像清晰，照明均匀，刻线均匀、规则。

(4) 测量工作应在室温下进行，周围无腐蚀气体和振源。显微硬度计安装稳固，调至水平。

(5) 同一试样至少测 3 个点，取其平均值作为测得的硬度值。测量时应注意：压痕中心至试样边缘的距离，对于钢、铜及铜合金至少应为压痕对角线长度的 2.5 倍，轻金属、铅、锡及锡合金至少应为压痕对角线长度的 3 倍；两相邻压痕中心间的距离，对于钢、铜及铜合金至少应为压痕对角线长度的 3 倍，对于轻金属、铅、锡及锡合金至少应为压痕对角线长度的 6 倍。

3.2.4　努氏硬度

目前除了显微维氏硬度应用较广泛外，努氏硬度的测量也逐渐被人们认知，国际标准化组织(ISO)和我国都公布了努氏硬度试验方法的标准。

1. 试验原理

在规定的试验力作用下，将顶部两相对面具有规定角度的菱形棱锥体金刚石压头压入试样表面，保持一定时间(10～15s)，卸除试验力，测量压痕长对角线长度，计算出压痕的投影面积。努氏硬度与试验力除以压痕投影面积的商成正比。

2. 计算公式

根据试验原理，努氏硬度=0.102FA，式中，F 为试验力，N；A 为压痕投影面积，mm²。最后导出努氏硬度的计算公式：

$$HK = 1.451 \cdot \frac{F}{d^2} \tag{3.2}$$

式中，HK 为努氏硬度的符号；d 为压痕长对角线长度，mm。

3. 努氏硬度的表示方法

努氏硬度的测得值也是由三部分组成：在 HK 前面的数值为测得的硬度值，HK 后面的数值为试验力。与维氏硬度的表示方法相同，HK 后面的数值也不是测量用试验力，按规定试验力为 0.10N，记作 HK0.01；0.98N，记作 HK0.1；9.80N，记作 HK1。例如试验力为 0.98N，测得硬度值为 640。努氏硬度表示为 640HK0.1。

该方法规定，试验力保持时间为 10～15s，测得的数值按上述方法表示；若试验力保持时间不在10～15s 范围内，则还应标注保持时间。例如，试验力为 0.98N，保持时间为 25s，测得硬度值为 640，则应表示为 640HK0.1/25。努氏硬度测量的特点及要求基本上与显微维氏硬度相同，也需要借助于显微镜读数，不同的地方有以下几点。

(1) 努氏硬度的测量精度更高，因为努氏压头是具有菱形基面的棱锥体，压痕是细长的，长对角线的长度是短对角线的 7.11 倍；当试验力相同时，努氏硬度测量得到长对角线长度为维氏硬度对角线长度的 3 倍，因此努氏硬度测量的精度高。

(2) 努氏硬度测量，在试验力卸除以后，弹性回复主要发生在短对角线，长对角线弹性回复很小，可略去。根据长、短对角线的比值关系等，可以定性分析材料弹性和塑性变形。

(3) 在相同的试验力下，努氏压头压入深度比维氏压头压入深度浅，所以努氏硬度的测量更适用于镀层等薄层的测量。

(4) 努氏硬度测量中压头的压痕浅，因此压痕周围脆裂的倾向性小，比较适合于测量高硬度的材料。

3.2.5　洛氏硬度和表面洛氏硬度

1. 洛氏硬度

1) 试验原理

在初试验力 F_0 及总试验力($F=F_0+F_1$，F_1 为主试验力)先后作用下，将规定压头压入试样表面，保持一定时间后卸除 F_1，在保留 F_0 下测量其压入深度 h_1，以 h_1 与 F_0 作用下的压入深度 h_0 之差(图 3.2 试验原理图中的 Δh)表示洛氏硬度的高低，深度差大，硬度值低，深度差小，硬度值高，Δh 又叫残余压痕深度。

2) 计算公式

$$HR = K \cdot \frac{b_1 - b_0}{C} \tag{3.3}$$

式中，HR 为洛氏硬度的符号；K 为常数，由测量采用的标尺而定；C 为常数，分别为 0.002mm(洛氏硬度)及 0.001mm(表面洛氏硬度)。

3) 洛氏硬度的表示方法

洛氏硬度由测得数值和硬度符号两部分组成，数值在硬度符号的前面，HR 后面的字母或"数字+字母"代表测量中选用的标尺，共有 15 个标尺，其中 6 个试验力小的用于表面洛氏硬度的测定，根据所测试样的材质、硬度值的大小及试样的尺寸而选择不同的标尺，不同的标尺的试验力及压头不相同，测试采用的标

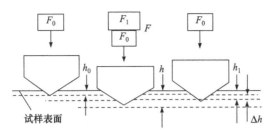

图 3.2　洛氏硬度测量原理图

尺可以从手册上查阅。以电沉积层洛氏硬度的测定值为例，其测定选用的是 C 标尺(压头为金刚石圆锥，$F_0 = 98N$，$F_1 = 1373N$，$F = 1471N$)，测得数值为 735，则应为：735HRC。

4) 洛氏硬度测量的特点

洛氏硬度测定对试样表面的要求及仪器的安装等，与维氏硬度相同。其特点是操作简单，测量迅速，测量仪器能直接显示所测得的硬度值。洛氏硬度测量所用试样或试验层的厚度应不小于残余压痕深度的 10 倍；采用球压头时，其厚度不小于残余压痕深度的 15 倍。

2. 表面洛氏硬度

表面洛氏硬度属于洛氏硬度，使用同一个国标，所不同的是，采用的试验力小，压痕深度浅，对试样表面损伤很小，因此常用于薄板、表面层及小工件等的测量。

3.2.6　布氏硬度

1. 试验原理

用一定直径的硬质合金球，在规定的试验力作用下压入试样表面，保持 10～15s 后，卸除试验力，测量表面压痕直径。布氏硬度=常数 × 试验力/压痕表面积。

2. 计算公式

$$HBW = 0.102 \cdot \frac{2F}{\pi\left(D - \sqrt{D^2 - d^2}\right)} \tag{3.4}$$

式中，HBW 为布氏硬度符号；D 为球压头直径，mm；F 为试验力，N；d 为平均压痕直径，mm。

3. 布氏硬度的表示方法

布氏硬度符号 HBW 前面的数字为硬度值，符号后面为测量条件，包括压头球的直径，mm；试验力，N；保持时间，s。举例如下：450HBW10/1839/20，其中 450 为布氏硬度值, HBW 为布氏硬度符号, 10 为压头球直径, 1839 为试验力, 20 为保持时间(若保持时间为 10~15s, 可不标注)。

4. 布氏硬度的特点

布氏硬度测量采用的压头大而且试验力也大, 得到的压痕大, 因而能测量出试样较大范围的硬度, 在冶金及机械制造行业应用较多, 不适于如电沉积层等薄试样的测量。

3.3　电沉积层的力学性能物理方法测试

薄膜和电沉积层不论用于功能元件还是结构元件, 其力学性能都是极为重要的。与大块固体相比, 薄膜和电沉积层力学性能的测试有很大的困难。首先, 试样的制取很困难, 无支撑的薄膜在取样过程和测试过程中极易发生非正常损坏或隐藏的缺陷, 影响测试结果; 有支撑的薄膜和电沉积层则由于基体以及基体与膜层的界面对测试结果有很大的影响, 测试结果分散性很大, 同样的材料由不同的人员测试, 其结果可能有很大的差异。其次, 在大块固体上的标准拉伸、压缩、弯曲等测试方法往往不适用于薄膜和电沉积层, 必须寻找新的方法, 国内外经过多年努力, 已取得不少进展, 虽然尚未形成标准的测试技术和规程, 但基本的思路已逐步形成。下面简述其要点。

首先要对基本的弹性性质作全面的测量, 即对弹性系数矩阵的所有分量 C_{ijlk} 作测量, 由于晶体结构的对称性及力学平衡的要求, 这些分量中有许多是相等的, 所以会大大减少需要测量的分量数。理论上这些弹性系数应取决于材料中原子之间的互作用力, 对于薄膜和电沉积层, 与大块固体相比较没有什么特别之处, 是否可以套用大块固体已有的标准数据呢? 这是不现实的, 因为薄膜和电沉积层往往比较疏松, 有很多微孔洞, 特别在厚度达到几十纳米时, 与宏观三维物体已有很大差别, 包括原子间作用力在内已有变化。加上表面缺陷、氧化层等不可避免的影响, 必须测量实际的弹性性质, 或称为表观弹性性质。测量这些弹性系数的方法, 总的来说可分为两类: 一类是非接触式方法, 包括表面布里渊散射(SBS)、表面声波(SAW)和声显微学(AM)方法; 另一类是接触式方法, 主要是微压入法。前者是完全的无损检测, 后者则多少破坏了材料的表面状态, 特别是随着压入载荷的增加, 总会造成越来越多的塑性形变, 破坏了纯弹性状态, 对测量结果的影响越来越大。两类方法的结合可以取长补短, 得到比较可靠的结果。微压入法的缺点同时又是它的优点, 它多少造成一定的塑性形变, 于是可以判定弹性到塑性形变的转变点, 这正相当于拉伸曲线上的屈服点, 只是现在加载和形变区的应力-应变状态非常复杂, 不可能得到标准的屈服强度。从压痕周围的形貌(用原子力显微镜(AFM)或扫描电子显微镜(SEM)观察)可以判定塑性形变量。如果压痕周围出现裂纹，则相当于达到断裂应力，但也不能得到标准的断裂强度。得到这些基本的弹塑性数据后，必须根据现代的弹塑性理论和计算机模拟方法(主要是有限元和边界元方法)进一步得出在各种加载条件下的薄膜和电沉积层的力学行为，例如，可以模拟单轴拉伸条件，得到屈服强度和断裂强度，等等。

下面主要介绍非接触式和接触式的实验测试方法。

非接触式方法包括表面布里渊散射、表面声波和声显微学，可统称为声学方法。前两种方法都是用激光束射到试样表面，激发出表面声波，从表面声波的不同分支(频率和波长不同)的波速以及波谱的色散关系就可以得到相应的弹性系数。由不同方向传播的声波可以得到各个弹性系数分量，由不同波长的分支可以得到相应厚度的表面层的特性。第三种方法是用入射声波通过液体介质射到试样表面激发出表面声波，它的频率比前两者低，因此适用于探测较厚的表面层。表面布里渊散射和表面声波法的差别是前者用低功率激光器激发声波，试样表面温升不大，测量时间长，达到小时量级；后者则用大功率激光器，表面温度升得相当高，因此可测量高温材料的弹性系数，而测量时间短，只需数秒。

3.3.1 表面布里渊散射方法

激光激发的声波分支有瑞利波、纵波、慢横波和快横波等。瑞利波是表面波，波长在 100nm 量级范围，因此对表面层 1～100nm 深度中的弹性性质敏感。现在我们来研究表面瑞利波。如图 3.3 所示，如试样表面不透光，则激光束不会折射到试样体内，激发出的声子相对于激光光子的能量是很小的，激光损失能量很小，入射波数 K_i 和散射波数 K_s 近似相等：

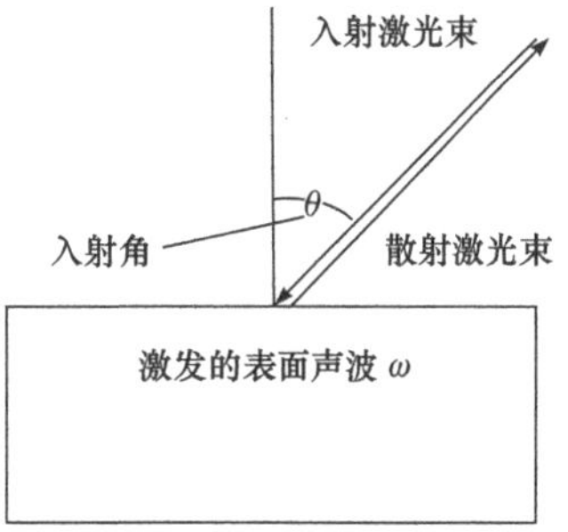

图 3.3 表面布里渊散射方法示意图

ω 为光束激发出的声波频率

$$|K_s| \approx |K_i| \tag{3.5}$$

而表面瑞利波数 $K_R = 2K_i \sin\theta$，它的频率 $\omega = v_R K_R$，约在 30GHz 量级，v_R 就是相应的瑞利波速(相速度)。

$$|\omega| = |\omega_s - \omega_i| \leqslant |\omega_i| \tag{3.6}$$

式中，ω_i 为入射激光的频率；ω_s 为散射激光的频率。

由于激光功率小，表面温度可认为是室温，此时 $\omega \ll k_B T/\hbar$(k_B 是玻尔兹曼常量，T 是表面温度，$\hbar$ 是普朗克常量 h 除以 2π)，因此可用经典理论处理。如果膜层是均匀各向同性且有相当厚度，则经典弹性波传播理论给出 v_R 的近似值应为

$$v_R = (C_{11}/\rho)^{1/2}\left[(2.87C_{11}-4C_{44})/(3(C_{11}-4C_{44}))\right] \tag{3.7}$$

其中，C_{11}，C_{44}分别为两个独立的弹性系数分量；ρ是膜层的密度。

实际上，

$$C_{11} = G(E-4G)/(E-3G)$$
$$C_{44} = G \tag{3.8}$$

式中，E为杨氏模量；G为切变模量。

由此可见，单由一个 v_R 值不能得到 C_{11} 和 C_{44} 两个未知量，必须得到一个色散关系，即 v_R-K_R 曲线，然后用不同的 C_{11} 和 C_{44} 来拟合，得到最佳的 C_{11} 和 C_{44} 值。当膜层是各向异性材料时，更需使 K_R 在膜面上取不同的方向，以便使它对特定的弹性系数分量敏感，由拟合色散曲线来获得最佳的特定弹性系数值。图 3.4 是一个典型的拟合曲线。至于布里渊散射的观测，最近发展的多通道干涉仪和低噪声高灵敏探测器等元件的灵敏度和准确度已大大提高。本方法已成功地应用于一系列薄膜和电沉积层试样。例如，$VC_{0.75}$ 膜由纵波得到 C_{11} 和 $C_{12}+2C_{44}$，由瑞利波得到 C_{44} 和 $(C_{11}-C_{12})/2$，这样就得到 $C_{11}=440GPa$，$C_{12}=92GPa$，$C_{44}=136GPa$；

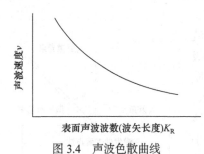

图 3.4　声波色散曲线

高速钢上的 TiN，沉积层测试得到 $E=142GPa$，$G=63GPa$；ZnSe(001)膜沉积在 GaAs 基体上，测得了 C_{11}，C_{12} 和 C_{44}；六方 BN 沉积在 Si(001) 上得到了 C_{11}，C_{13}，C_{33} 和 C_{44}；织构很强的 Au 膜也可得到 C_{11}，C_{13}，C_{33} 和 C_{44}。

此外，在高 T_C 超导体 BiSCO、Ni 基超合金、Si/Ge 超晶格、$Si_{1-x}Ge_x$ 合金等薄膜，以及透明膜 C60 及 C70 上均成功地测得了相应的弹性系数，甚至还可测得密度及膜层厚度。

3.3.2　表面声波法

表面声波法的实验装置示意图如图 3.5 所示。入射激光的焦点形状有三种，即点焦点、线焦点和光栅式焦点。本方法所用激光功率高，使表面温度升得很高，产生热弹性效应，甚至可使表面物质局部溅起而产生一反作用力加在表面上，激发出表面声波。点焦点情况下，表面波沿着表面向各方向传播，形成宽频连续谱。线焦点情况下，表面波主要传播方向与焦点线垂直，也形成宽频连续谱。光栅式焦点由两个激光束干涉产生，形成的表面声波是非连续谱。此种表面声波频率在 0.05～5GHz 范围，波长比瑞利波稍长，故探测表面深度也更大些。

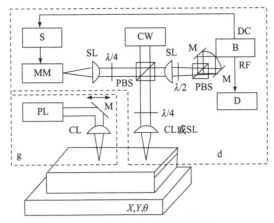

图 3.5　表面声波法的实验装置

S 为稳定线路；MM 为带镜面的压电发生器；CW 为 $\lambda=1064\mu m$ 的激光器；B 为平衡光接收器；PBS 为偏振分光器；SL 为 $\tau=0.2\mu m$，$\lambda=532\mu m$ 的脉冲激光器；D 为数字示波器；DC 为直流输出；RF 为射频输出；CL 为柱面透镜；PL 为脉冲长度；M 为反射镜；g 为产生一个脉冲线焦点；SL 为球面透镜；d 为探测部分，实际是迈克耳孙干涉仪；$\lambda/4$ 为 1/4 波片；X，Y，θ 为可平移和旋转的试样台；$\lambda/2$ 为半波片

SAW 的测量有多种方法，最简单的还是用光学方法，大致有三种方法。

1) 干涉仪

把原始激光束分成两股：一股为参考光；另一股为探测光，它经过激发出表面声波后与参考光会合，进入光探测器。这样，它与参考光的干涉就会反映出它受表面声波调制后的光程变化，也即反映出表面声波的信息。

2) 测量探测光的偏转

探测光激发出表面声波后会发生一微小偏转，通过插入一个刀边片或用一个尖劈镜，可把光束的偏转角测量出来。这个偏转角反映了表面声波的信息。

3) 飞秒声学方法

用极短脉冲的激光束入射表面，随后立即观察反射脉冲，即可获得所激发的表面声波信息。表面声波很适合于薄膜和电沉积层的研究，它包括一个频率谱，高频部分集中在较浅的表面层中，低频部分则传播更深，因此可以反映不同深度表面层的弹性性质；所需的数据就是它的色散关系，即波的相速度和频率的关系；然后用合适的弹性系数来拟合所得的实验色散曲线。如果膜层的弹性性质是各向异性的，则最好用线焦点的激光束来激发表面声波，它的传播方向垂直于焦点线，得到相应的弹性系数，然后把焦点线转一个角度得到另一些弹性系数，如此等等。由于相速度 $v=\omega/K$，则测得一系列 ω 和 K 值就可得到色散曲线。由色散曲线最后确定各个弹性系数分量，还是一个非常烦琐的工作。最近这方面也有一些进展，使数据处理过程大为简化，而且增加了准确度。本方法也有不少成功的实例。例如，在硅和石英玻璃基体上的 C60 和 C70 膜层，用本方法成功测定了它们的 E

和 G；还测出了镍和 TiC 电沉积层的弹性系数和层厚度；对于非晶氢化硅膜和金刚石膜，成功测定了 E 和密度；还成功地确定了表面喷丸残余应力对钢表面弹性系数的影响；研究了硅基体上 TiN 电沉积层的各个弹性系数和电沉积层厚度与残余应力的关系；测定了硅基体上杜邦 PI2555 高分子膜(厚 0.9～8.46μm)的 E =5.4GPa，泊松比 ν=0.38，密度 ρ=1.45g/cm^3，并与膜厚无关。

3.3.3　声显微学

声显微学的基本装置如图 3.6 所示。高频声波由一个电压传感器传到红宝石声透镜，此棒有一个球面或柱面外表面，以便把声波聚焦到试样表面某个深度，可以聚焦成点或线。红宝石声透镜与试样之间有耦合液体作为耦合介质，一般可用水。入射聚焦的声波束激发出试样表面的瑞利波，经此瑞利波调制后反射回红宝石声透镜和接收器。这个装置称作声透镜，它的聚焦面在表面以下 z 处，反射束和入射束发生干涉，干涉振幅 $V(z)$ 是一个准周期函数，准周期为 Δz，如图 3.7 所示，进行一个简单的快速傅里叶变换(FFT)就可以准确测出 Δz 值，相应的瑞利波速 v_R 是 $v_R=v_0(1-v_0)$：

$$v_R = v_0 \left(1 - \frac{v_0}{2f\Delta z} \right)^{-1/2} \tag{3.9}$$

式中，f 为工作频率，一般在 100MHz～2GHz；v_0 为声波在耦合液体中的传播速度。

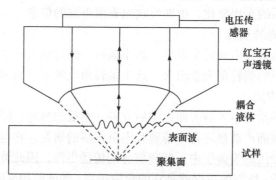

图 3.6　声显微学装置

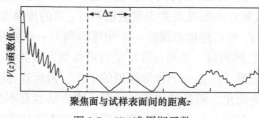

图 3.7　$V(z)$准周期函数

在此种频率范围，测量 100～10nm 厚度的薄膜或沉积层的弹性性质是最合适的。v 与弹性性质的关系如下：

$$E = k\rho v^2 R$$
$$k = \frac{2(1+v)^3}{(0.87+1.12v)^2}$$

(3.10)

式中，E 为杨氏模量；v 为泊松比；ρ 为密度。

另一种方法是时间分辨声显微术(TRAM)：把入射脉冲和调制后反射脉冲在时间上分开，由调制波得到表面声波速度 v，然后计算弹性性质。

利用本方法已成功测量了 MgO 基体上的单晶 NbN、VN 和 TiN 膜的弹性性质，铝上多孔氧化膜的密度和弹性常数，以及 SnS_2、SnO_2、硅和钢上的 TiN 等薄膜或电沉积层的弹性性质。

3.3.4 微压入法

近年来兴起的微压入法(或叫纳米压入法)主要用于测量硬质膜和耐磨沉积层的硬度。为了避免基体的影响，压入深度浅，但试样表面必须非常平整，起伏极小；否则压入越浅，误差越大。由于微压入设备的进步，现在已可精确测出载荷-压入量曲线。由此曲线(包括加载和卸载两条曲线)不但可以得到硬度，还可以测出弹性模量、屈服强度以及塑性形变阻力。与压痕形貌观察(用扫描电子显微镜或原子力显微镜)相结合还可判断其塑性形变特征，甚至断裂强度和断裂韧性。

由于此法终究是接触式测量，压入量不论多小也不可能完全没有塑性形变，而且压头压下的过程其应力-应变是很复杂的，不像单轴拉伸那样简单。虽然弹性性能是由卸载曲线得到的，但它仍然会受塑性形变过程以及残余形变、残余应力的影响，已不是"纯"弹性性质。此外，所得塑性形变阻力、断裂强度、断裂韧性更是针对这种负载方式和复杂的应力-应变状态，与大块物体标准测试所得结果无法相提并论。当然，对于硬质膜和耐磨电沉积层来说，这些数据的确很重要，例如硬度一般是与耐磨性相联系的，塑性形变阻力是与刚性相联系的，而这样测得的断裂强度和断裂韧性则是同膜层与基体的结合力有关。对于功能薄膜和电沉积层，这些性能就不重要了。

图 3.8 所示为一个微压入过程的加载-卸载曲线，由卸载曲线 BC 在 B 点处的曲线斜率

$$S = \left(\frac{\mathrm{d}p}{\mathrm{d}h}\right)_{\max} = 2E_r(A/\pi)^{1/2}$$

(3.11)

可以得到杨氏模量 E，此处 $E_r = E/(1-v^2)$，这里 v 是泊松比，而 A 是弹性接触面的投影面积。此公式可普遍应用于各种形状的压头，包括维氏压头、圆锥、三角

棱锥及四角棱锥压头等。对于维氏压头，可简化为

$$p_{max} = 1.778E_r(h_t - h_r')^2 \tag{3.12}$$

式中，h_r' 为实际压痕深度；h_t 为理论压痕深度。

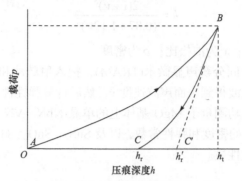

图 3.8　微压入加载曲线及卸载曲线

AB 为加载曲线，BC 为卸载曲线，BC' 为 B 点切线

　　而硬度 $H = p_{max}/(26.43\,h_r')^2$ 主要由塑性形变决定，可以代表塑性形变抗力。与传统的硬度测量相同，最大压入量 h_{max} 应小于膜层厚度的 1/10，以便尽量减小基体的影响。这方面有许多研究，用一系列负载得到一系列的 p-h 曲线和一系列的 H 值，然后外推到 p=0 的 H 值，便是完全不受基体影响的真正的硬度值。屈服点是弹性-塑性形变的开始点。有报道用循环加载-卸载方法确定这个临界点：先用小载荷，如在屈服点以下，则加载和卸载曲线必然完全重合，然后增加载荷，记录加载-卸载曲线，直到出现两个曲线的分离。这个最大载荷就是屈服载荷，除以压头接触面的投影面积，便可得到屈服应力。当然这种屈服应力和大块样品的标准屈服强度是不同的，后者是在单轴拉伸实验中由拉伸曲线得到的。不论如何，在微压入过程中的复杂应力-应变状态下，这种屈服应力是这种状态下塑性形变开始的临界应力，有明确的物理意义。压痕形貌的观察在扫描电子显微镜或原子力显微镜下进行，可以得到若干定性半定量的结果。例如，压痕周围的隆起程度即标志塑性形变量的大小；压痕周围出现裂纹即标志已达到断裂应力，而裂纹扩展速度与断裂韧性有关。若干研究表明，裂纹有两种，一种是环绕压痕的圆周裂纹，一种是放射形的径向裂纹，它们的机制是不同的。有人认为，裂纹的产生和扩展不但与膜层的力学强度和韧性有关，还同膜层与基体的结合力有关。这个结合力是很复杂的，同膜层与基体的力学行为差别有关，又同沉积膜工艺有关，不是一个单纯的物理量，但又是有实际价值的量，不得不加以研究。从最近国内外研究结果来看，把各种声波方法和微压入方法相结合，可对大多数薄膜及沉积层的弹性性质进行可靠的测量。再加上计算机数字模拟，根据弹塑性力学理论可对各种

复杂的应力-应变状态进行处理，得到各种条件下有实用价值的力学参数。用微压入法曾成功地测量了 500nm 厚的氧化铝、氧化钽，以及它们的混合氧化物沉积层的硬度和杨氏模量。这三种沉积层均为非晶状态，所得的硬度分别为 7.0GPa，5.3GPa 和 6.5GPa，而杨氏模量分别为 122GPa，140GPa 和 130GPa，硬度和杨氏模量的变化方向正好相反。氧化铝沉积层的杨氏模量和晶态沉积层相比，小 3.1～3.7 倍。

还有人研究了微压入法所得各个力学量之间的关系，所用试样是 Ti-Al-V-N 沉积层，以及超硬膜 Al-Cu-N 和 Zn-Cu-N，硬度最高达 56GPa，杨氏模量达数百吉帕。

3.4 电沉积层力学性能的 X 射线衍射分析

本节以 Ni-ZrC 复合沉积层为例介绍电沉积层力学性能的 X 射线衍射分析。

将电沉积层进行拉伸试验，并进行原位 X 射线应力分析。其中 Ni-ZrC 复合电沉积层的制备参数为 5A/dm^2，电沉积液中 ZrC 浓度为 20g/L，ZrC 尺寸为 0.8μm。在拉伸试验之前，不锈钢基底的厚度 e_s=600μm，镍基电沉积层的厚度 e_c=50μm。整个试样的有效拉伸尺寸为 30mm × 5mm × 0.65mm。其中加载方向对应于 e_{11} 样品轴。假设电沉积层与基底紧密结合，那么电沉积层与基底在拉伸过程中的应变 ε_{11c} 及 ε_{11s} 相等，同样地，横向应变 $\varepsilon_{22c} = \varepsilon_{22s}$。在单轴拉伸应力状态下，即 $\sigma_{22As} = \sigma_{33As} = 0$，那么镍基电沉积层所受到的拉伸应力与载荷 F 的关系可以由下式得到

$$\sigma_{11}^{Ac} = F / (b(e_c + e_s E_s / E_c)) \tag{3.13}$$

其中，b 为样品宽度；e_c 与 e_s 分别为镍基电沉积层及基底的厚度；E_c 与 E_s 分别为镍基电沉积层及基底的杨氏模量。若在平面应力各向同性的情况下（$\sigma = \sigma_{11} = \sigma_{22} = \sigma_\phi$），忽略剪切应力，那么 X 射线衍射应力测试有以下关系：

$$\ln(1 / \sin \theta_{hkl}) = \frac{1}{2} S_2(\sigma_\phi \sin^2 \psi) + S_1(\sigma_{11} + \sigma_{22}) + \ln(1 / \sin \theta_0) \tag{3.14}$$

可以表示为

$$\ln(1 / \sin \theta_{hkl}) = \frac{1}{2} S_2 \sigma_\phi \sin^2 \psi + 2 S_1 \sigma + \ln(1 / \sin \theta_0) \tag{3.15}$$

结合式(3.13)，那么对于一个固定的晶面{hkl}：

$$\ln(1 / \sin \psi) = p_1^c \sin^2 \psi + m_1^c \tag{3.16}$$

$$p_1^c = [(1+\nu_c) / (E_s e_s + E_c e_c)](F / b) + [(1+\nu_c) / E_c] \sigma_{11}^{rc} \tag{3.17}$$

$$m_1^c = [-\nu_c / (E_s e_s + E_c e_c)](F / b) - (\nu_c / E_c)(\sigma_{11}^{rc} + \sigma_{22}^{rc}) + \ln(1 / \sin \theta_0) \tag{3.18}$$

其中，ν_c 为镍基电沉积层的泊松比，上标 r 对应于残余应力。将 p_1^c 对所测得的残

余应力作图，可以得到一直线，其斜率可以表示为

$$\rho^* = (1+\nu_c)/E_c \tag{3.19}$$

同样将 m_1^c 对所测得的残余应力 $\sigma_{11}^{rc}+\sigma_{22}^{rc}$ 作图，也可以得到一直线，斜率为

$$m^* = -\nu_c/E_c \tag{3.20}$$

那么根据已知的基底的杨氏模量，可以计算获得电沉积层的杨氏模量 E_c 以及泊松比 ν_c：

$$E_c = 1/(p^*+m^*) \tag{3.21}$$

$$\nu_c = -m^*/(p^*+m^*) \tag{3.22}$$

拉伸试验结合原位 X 射线应力分析的一个例子是 Ni-ZrC 电沉积层，其沉积层表面内应力随外加应力的变化。图 3.9 给出了 Ni-ZrC 电沉积层的表面应力随外加拉应力的变化，可见沿外加拉应力方向的电沉积层内应力，随着外加拉应力的增大而不断升高；而垂直于外加拉应力方向的电沉积层内应力，随外加拉应力的增大而略微降低。

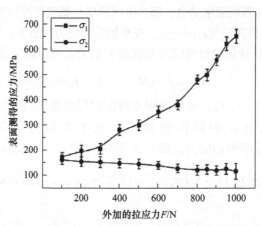

图 3.9　Ni-ZrC 电沉积层表面应力随外加拉应力的变化

利用原位 X 射线测试结果中的 $\theta\psi$ 及 ψ 值，然后可以求得每个外加拉应力 F 下的 p_1^c 及 m_1^c 的值。将不同外加拉应力 F 下的 p_1^c 及 m_1^c 分别对其所对应的残余应力 σ_{11}^{rc} 及 $\sigma_{11}^{rc}+\sigma_{22}^{rc}$ 作图，如图 3.10 所示，其中 p_1^c-σ_{11}^{rc} 图中所拟合直线的斜率即为 p^*，而 m_1^c 对 $\sigma_{11}^{rc}+\sigma_{22}^{rc}$ 作图，图中所拟合直线的斜率即为 m^*。由图中可得：$p^* = 5.497\times10^{-6}\mathrm{MPa}^{-1}$，而 $m^* = -1.260\times10^{-6}\ \mathrm{MPa}^{-1}$。因此，可以求得 Ni-ZrC 电沉积层的杨氏模量 E_c 约为 236GPa，泊松比 ν_c 约为 0.297，较之普通的块体镍材料，均有所提高。

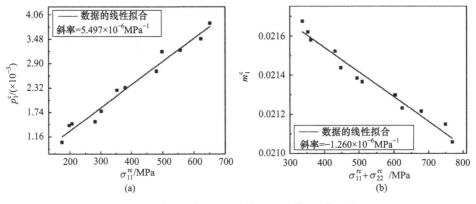

图 3.10　p_1^c 及 m_1^c 分别对 σ_{11}^{rc} (a) 及 $\sigma_{11}^{rc} + \sigma_{22}^{rc}$ (b) 作图

在研究中，拉伸过程中所得到的为电沉积层和基底共同的拉伸曲线，因此无法直接利用实测的拉伸曲线得到电沉积层的屈服强度。然而，利用已经求得的电沉积层的杨氏模量和已知的基底的杨氏模量，根据式(3.13)，可以求得加载至电沉积层上的拉伸载荷，结合实测的应变，便可以得到 Ni-ZrC 电沉积层的拉伸曲线，如图 3.11 所示。那么可以得到 Ni-ZrC 电沉积层的屈服强度 $\sigma_{0.2}$ 为 290MPa。

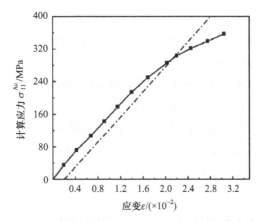

图 3.11　计算所得的 Ni-ZrC 电沉积层的拉伸曲线

3.5　沉积层耐腐蚀性能的测试

电沉积层耐腐蚀性能检测的方法分为两大类：一类是环境试验法，或称大气暴露腐蚀法；另一类方法是加速腐蚀试验法。第一类方法是在选定的大气暴露试验场，对工件进行大气暴露耐腐蚀性能试验。而所谓加速腐蚀试验法是以试验箱等设备来模拟工作腐蚀环境，并强化这种环境以更快速地得到腐蚀状态信息，包括中性盐雾试验、醋酸盐雾试验、铜加速醋酸盐雾试验、腐蚀膏试验等。

3.5.1 盐雾试验

根据所用溶液组分不同，盐雾试验可分为中性盐雾试验(NSS)、醋酸盐雾试验(ASS)和铜加速醋酸盐雾试验(CASS)。NSS 试验应用较早、较广，但与户外暴晒试验相比，重现性差，试验周期长。ASS 试验是一种重现性较好的加速试验。CASS试验是对铜-镍-铬或镍-铬装饰性电沉积层进行加速腐蚀试验的通用方法。

1) 盐雾试验溶液的配制

应该选用经过鉴定符合有关标准的盐雾试验箱。盐雾箱的容积不小于 0.2m³。盐雾装置包含喷雾气源、喷雾室和盐水存贮槽。试验箱内的结构材料不应影响盐雾的腐蚀性能；盐雾不得直接喷射在试样上；雾室顶部凝聚的液滴不允许滴在试样上。

盐雾试验箱要用下述方法测定并调整好盐雾沉降率之后才可使用。在箱内暴露区，至少放置两个清洁的集雾器。集雾器由直径为 10cm 的漏斗插入带有刻度的容器组成，其收集面积为 80cm²。放置时，一个紧靠喷嘴入口，一个远离喷嘴入口。要求收集的只是盐雾，而不是从试样或箱内其他部分滴下的液体。开动盐雾箱连续喷雾 8h，计算 80cm²的集雾器平均每小时收集的沉降毫升数。根据测定结果，调节箱内喷雾收集速度和收集浓度，使其保持在表 3.2 规定范围内。

2) 试样放置和要求

①试样数量一般规定为 3 件。试验前，试样必须充分清洗。清洗方法视表面情况及污物的性质而定。不能使用任何会侵蚀试样表面的磨料和溶剂。②试样在箱内放置的位置，应使受试平板试样与垂直线成 15°～30°，试样的主要表面向上，并与盐雾在箱内流动的主要方向平行。③试验时，试样之间不得互相接触，也不与箱壁相碰。试样间间隔应能使盐雾自由沉降在试样的主要表面上。一个试样上的盐水溶液不得滴在任何别的试样上。④试样支架必须用惰性的非金属材料制造，如玻璃、塑料或适当涂覆过的木料。如果试样需要悬挂，挂具材料不能采用金属，必须采用人造纤维、棉纤维或其他惰性绝缘材料，支架上的液滴不得落在试样上。⑤试样的切割边缘及作有识别标记的地方，应以适当的材料涂覆。⑥试验结束后，取出试样在室内自然干燥 0.5～1h，然后用流动冷水轻轻洗涤或浸渍，以除去沉积于试样表面的盐类，用吹风机吹干后检查，评定等级，见表 3.2。

表 3.2 盐雾试验条件和参数

	中性盐雾试验	醋酸盐雾试验	铜加速醋酸盐雾试验
盐溶液	NaCl 50g/L	NaCl 50g/L，用醋酸调节 pH	NaCl 50g/L，氯化铜(0.26±0.02)g/L，用醋酸调节 pH
溶液 pH	6.5 ~ 7.2	3.2±0.1	3.2±0.1
箱内温度/℃	35±2	35±2	50±2
喷雾方式	连续喷雾	连续喷雾	连续喷雾

	中性盐雾试验	醋酸盐雾试验	铜加速醋酸盐雾试验
盐雾沉降率	$(1.5\pm0.5)mL/(h \cdot 80cm^2)$	$(1.5\pm0.5)mL/(h \cdot 80cm^2)$	$(1.5\pm0.5)mL/(h \cdot 80cm^2)$
收集的雾液	$NaCl(50\pm10)L$，$pH6.5\sim7.2$	$NaCl(50\pm10)L$，$pH3.2\pm0.1$	$NaCl(50\pm10)L$，$pH3.2\pm0.1$
试验周期/h	2，6，16，24，48，96，240，480，720	4，8，24，48，96，144，240，360，480，720	2，4，8，16，24，48，72，96，144，240，480，720
适用范围	金属沉积层和非金属材料的有机或无机涂层的腐蚀性能(或保护性能)的检验和鉴定，但不宜做涂层的寿命试验，也不能用于不同金属沉积层耐大气腐蚀的比较	试验范围与中性盐雾试验相同，只是腐蚀速度快，可缩短试验周期。本方法适用于 Cu-Ni-Cr 或 Ni-Cr 装饰性电沉积层，也适用于铝的阳极氧化	目前国际上钢件或锌压铸件上装饰性 Cu-Ni-Cr 或 Ni-Cr 层进行加速试验的通用方法，也适用于铝及铝合金阳极氧化层耐腐蚀性试验

3) 结果的评定

为了满足特殊要求，可以采用许多不同的试验结果评定标准。例如，质量变化；由显微镜观察所显示出的变化；或是机械性能的改变。多数试验的常规记录应包括：试验后的外观；去除表面腐蚀产物的外观；腐蚀缺陷的分布和数量，即点蚀、裂纹、鼓泡；开始出现腐蚀的时间等。

各种电沉积层和需要在不同环境下使用的产品零件，其盐雾试验周期、评定方法和合格标准应满足产品技术条件。

3.5.2　腐蚀膏试验

腐蚀膏试验(CORR 试验)(ISO 4541：1978)是将含有腐蚀性盐类的泥膏涂敷在待测试样上，等腐蚀膏干燥后，将试样按规定时间周期在相对湿度高的条件下进行暴露。本方法适用于钢铁基体和锌合金基体上的铜-镍-铬电沉积层和镍-铬电沉积层耐蚀性能的快速鉴定。CASS 试验和 CORR 试验的腐蚀图像与实际使用情况更接近。

1) 腐蚀膏成分

硝酸铜($Cu(NO_3)_2\cdot3H_2O$)，0.035g；氯化铁($FeCl_3\cdot6H_2O$)，0.165g；氯化铵(NH_4Cl)，1.0g；洗净陶瓷级高岭土，30g；蒸馏水(H_2O)，50mL。

2) 腐蚀膏的制备

将计算量的硝酸铜、氯化铁、氯化铵溶于 50mL 蒸馏水中，然后加入高岭土，充分搅拌均匀即可。腐蚀膏应现配现用，所有化学药品必须为化学纯。

3) 试验方法

①试验前试样可用适当的溶剂如乙醇、丙酮清洗，但不能使用有腐蚀性或能生成保护膜的溶剂进行清洗。②用干净的刷子将腐蚀膏均匀地涂敷在试样上，并使其湿膜厚度达到 0.08～0.2mm。在室温和相对湿度低于 50%的条件下干燥 1h。③干燥后将试样移到温度为(38±2)℃、相对湿度为 80%～90%，且在湿热箱中试

样表面无凝露产生，连续暴露16h为一个周期。除投放或取出试样需要短暂间断外，湿热箱应连续运行。④试验周期及循环次数应在受试覆盖层或产品技术规范中规定。若试验需进行两个周期以上，则第一个周期结束后，用清水及海绵将试样上的膏剂清除干净，再用前述方法涂上新的腐蚀膏，重复循环试验。

4) 试样的检查和评定

①钢铁试样上的电沉积层，将试样干燥后，检查腐蚀膏中出现的腐蚀点的大小和数量。为使锈点便于观察，可除去试样上的腐蚀膏，并在中性盐雾条件下暴晒4h；或在温度为38℃、相对湿度为100%的湿热箱里暴露24h，以显示出腐蚀锈点。有时为了检查试样外观破坏情况，用清水和海绵将腐蚀膏清除，干燥后检查外观光泽和开裂变化情况。②锌合金或铝合金制件上的电沉积层用清水及海绵将腐蚀膏清除，干燥后检查电沉积层外观光泽、开裂及基体金属腐蚀锈点等。

3.5.3　周期浸润腐蚀试验

周期浸润(简称周浸)腐蚀试验(GB/T1946—2005，HB5194—1981)是一种模拟半工业海洋性大气腐蚀的快速试验方法。本试验适用于锌、镉电沉积层，装饰铬电沉积层以及铝合金阳极氧化膜层等的耐蚀性试验。其在加速件、模拟性和再现性等方面均优于中性盐雾试验。

1) 试验设备

采用 FL-65 类型的轮式周浸试验机。

2) 试验溶液和补给溶液

试验溶液、补给溶液及试验规范见表 3.3。

表 3.3　试验溶液、补给溶液及试验规范

	试验溶液/(wt%)		补给溶液/(wt%)	
	A	B	A	B
氯化钠(NaCl)	5.0±0.5	5.0±0.5	1	1
过硫酸钠 $(Na_2S_2O_8)$	0.25±0.05	0.8±0.05	0.22	0.6
硫酸铵 $[(NH_4)_2SO_4]$	0.02	0.05	3~5	6~8	6~8
pH	4.8~5.0　　　5.0~5.2	3.6~4.0	—	—
适用范围	Zn、Cd 电沉积层	装饰 Cr 层	铝合金阳极氧化层	ZnCd 电沉积层　　　装饰 Cr 层	铝合金阳极氧化层
适用条件	指示温度(45±1)℃(平衡时溶液的温度(42±2)℃)，指示湿度(75±5)%，浸润周期 15min(试样浸入溶液时间 1.5min)			

注：① 除过硫酸钠为分析纯外，其余化学试剂均为化学纯，并用蒸馏水配制；② 溶液的 PH 用醋酸或冰醋酸调整；③ 液面高度和溶液浓度由周浸试验机补给系统自动保持与补偿；④ wt%为质量分数。

3) 试样

试样尺寸一般为 60mm × 40mm 或 100mm × 50mm，每组试样一般为 5 个，不应少于 3 个。

4) 试验结果的检查与评定

根据 HB5192—1981《镀层和化学覆盖层表观腐蚀等级评定方法》，腐蚀等级可根据腐蚀破坏的百分率分为 8 个级别。腐蚀破坏百分率是根据试样表面斑点状破坏的多少和大小，对照标准图评出密度和大小，再通过计算和查表便可得出腐蚀等级。具体评定方法见 HB5192—1981。

5) 试验周期

试验延续时间及耐蚀性质量要求见表 3.4。

表 3.4　试验延续时间及耐蚀性质量要求

被测防护层		镀层厚度/μm	周浸试验延续时间/h	耐浸性质量等级	表现腐蚀等级
	电沉积锌层钝化膜	>5	22	优质	电沉积层腐蚀等级低于三级
			5	合格	
	经钝化的锌电沉积层	8～12	120	优质	基体腐蚀等级低于三级
			60	合格	
	镉电沉积层钝化膜	>5	22	优质	电沉积层腐蚀等级低于三级
			5	合格	
	经钝化的镉电沉积层	8～12	20	优质	基体腐蚀等级低于三级
			60	合格	
	装饰铬电沉积层	Cu12～18, Ni8～12 Cr0.5～2	32	优质	基体腐蚀等级低于二级
			4	合格	
铝及其合金	硫酸阳极氧化膜层(重铬酸盐封闭)	—	96	优质	腐蚀等级低于二级
		—	48	合格	
	硫酸阳极氧化膜层(热水封闭)	—	64	优质	腐蚀等级低于二级
		—	24	合格	

注：锌电沉积层、电沉积层钝化后应放 24h(但不超过一个月)，再进行周浸试验。

3.5.4　通常凝露条件下二氧化硫试验

含有二氧化硫的潮湿空气能使许多金属很快产生腐蚀，其腐蚀形式类似于它们在工业大气环境下所出现的形式。因此，二氧化硫试验(ISO 6988：1985)作为模拟和加速试样在工业区使用条件下的腐蚀过程，主要用于快速评定防护装饰性电沉积层耐蚀性和电沉积层质量。

1) 试验设备

试验箱应安装有：温度调节、排气处理、加热装置；SO_2 气体瓶及气体定量稀释装置；浓度调节装置等；且密封性能要好。

2) 试样的暴露方式

①置于箱内支架上的试样，它们之间的距离不得小于 20mm，试样距箱壁或箱顶不得小于 100mm，试样下端与箱底水面的距离不得小于 200mm，试样与支架之间的接触面积要尽可能小。②放置试样时，要使试样或支架上的任何冷凝水不得滴落到下方的其他试样上。③暴露试样表面严格朝南。平板试样表面应与垂直方向成 15°±2°倾斜放置。

试验周期：以 24h 为 1 个试验周期。一个试验周期内可在试验箱内连续暴露；也可先在试验箱内暴露 8h，然后将试样置于室内环境大气中(温度为(23±5)℃，相对湿度小于 75%，暴露 16h)。

试验总时间按产品技术条件规定进行。

3.5.5 电解腐蚀试验

电解腐蚀试验(EC 试验)(ISO 4539：1980)对户外使用的钢铁件和锌合金压铸件上铜-镍-铬或镍-铬电沉积层的耐蚀性鉴定是个快速、准确的方法。电沉积试样在规定的电解液中使用一定的电势和预定时间进行阳极处理(一般通电 1min)，然后断电，让试样在电解液中停留约 2min，再取出清洗，并将它浸入含有指示剂的溶液中，使指示剂与基体金属离子(锌或铁离子)产生显色反应，以检查试样的腐蚀点。检查后再把试样浸入电解液，按产品试验要求重复上述试验多次。电解时间由模拟的使用年限决定。EC 试验所用的电解液和腐蚀点显示液见表 3.5。

表 3.5　EC 试验所用的电解液和腐蚀点显示液

基体		电解液	电解条件	显示液
I	Zn 压铸件	NaNO₃ 10.0g, NaC 11.3g, HNO₃(ρ=1.52g/cm³)5.0mL, 蒸馏水配至 11mL	试样做阳极；阴极为不溶性金属，阳极最高电流密度 0.33A/dm², 电势：+0.3V, 通电周期；通 1min，断 2min，槽液寿命 900C/L	冰醋酸 2mL，喹啉 8mL，加蒸馏水配至 11mL
	钢件			冰醋酸 2mL，硫氰酸钾 3g，30%过氧化氢 3mL,加蒸馏水配至 11mL
II	钢件	NaNO₃ 10.0g, NaCl 1.0g, HNO₃(ρ=1.52g/cm³)5.0mL 1, 10 盐酸二氮杂菲 1.0g, 蒸馏水配至 11mL	槽液寿命 200C/L，其他条件同上	电解液中已加入指示剂,故不必定期把试样从电解槽移到指示剂溶液内

3.5.6　硫化氢试验

硫化氢试验是指采用必要的空调和减压装置，直接向试验箱内通入含硫化氢 (H2S) 气体的空气，H2S 含量为(10~15) × 10⁻⁴%。箱内温度为(25±2)℃，相对湿度为(75±5)%。也可以在玻璃干燥器的底部贮水，以保持干燥器内有较大的相对湿度(一般大于 75%即可)。将盛有适量硫化钠的烧杯放入干燥器，再从分液漏斗向干燥器导入相应量的硫酸溶液，使其产生硫化氢气体，浓度为 0.3%~0.5%。本方法常用来检验银电沉积层及带有保护层的银电沉积层在含 H2S 气体中的大气腐蚀情况。但 H2S 毒性大，且有特别臭味，故不推荐作为一般的电沉积层质量鉴定。

3.5.7　硫代乙酰胺腐蚀试验

硫代乙酰胺腐蚀试验(TAA 试验)是将试样暴露在由硫代乙酰胺逸出的蒸汽之中，并由饱和醋酸钠溶液维持具有 75%的相对湿度。本试验适用于评价银或铜防变色处理的效能和检查这些金属上的贵金属电沉积层的不连续性。应当注意，硫代乙酰胺是一种致癌物，应避免与皮肤接触。

3.5.8　湿热试验

为了模拟电沉积层在湿热条件下受腐蚀的状况，所以由人工创造洁净的高温高湿环境进行试验。但由于这种试验对电沉积层的加速腐蚀作用不是很显著，故湿热试验一般不单独作为电沉积工艺质量的鉴定，而是作为对产品组合件，包括电沉积层在内的各种金属防护层的综合性鉴定。

1) 试验设备

可采用湿热试验箱或湿热试验室。

2) 试验方法

①恒温恒湿试验：温度(40±2)℃，相对湿度 95%以上，用于模拟产品经常处于高温高湿条件下的试验。②交替变化温度、湿度试验：升温，从 30℃升到 40℃，相对湿度≥85%，时间 1.5~2h；高温高湿(40±2)℃，相对湿度 95%，时间 14~14.5h；降温，从(40±2)℃降到 30℃，相对湿度 85%，时间 2~3h；低温高湿，(30±2)℃，相对湿度 95%，时间 5~6h。此法模拟产品经常处于温度、湿度变化引起凝露的环境条件中。③高温高湿试验：温度(55±2)℃，相对湿度高大于 95%，有凝露时暴露 16h。关掉热源使空气循环，温度降到 30℃时，试样保温 5h 作为 1 个周期。每个周期后检查试样。

本法适于锌层无色钝化膜的潮热试验，但效果不显著，周期长，在电沉积层耐蚀性试验中应用不普遍。

3) 电沉积层湿热试验的质量评定

良好：色泽变暗，电沉积层和底层金属无腐蚀；合格：电沉积层的腐蚀面积不超过电沉积层面积的 1/3，但底层金属除边缘及棱角外无腐蚀；不合格：电沉积层腐蚀占总面积的 1/3 或更多，或底层金属出现腐蚀。

3.6　电沉积层耐腐蚀性能的电化学测试

3.6.1　极化曲线法

利用动态极化实验对不同 Zr 含量的 Ni-Zr 电沉积层的耐腐蚀性能进行研究，得到的极化曲线如图 3.12 所示。可以发现，所有的 Ni-Zr 电沉积层的极化曲线表现出相似的形状。利用 Stern-Geary 方程对极化曲线进行拟合计算，可得出腐蚀电流密度 I_{corr}，其值大小可用来衡量电沉积层的抗腐蚀性能。

$$I_{corr} = \frac{\beta_a \times \beta_c}{2.303 \times R_p (\beta_a + \beta_c)}$$

其中，β_a 和 β_c 分别为阳极和阴极 Tafel 斜率。由表 3.6 可以发现，纯 Ni 电沉积层具有较大的腐蚀电流密度，7.206 μA/cm²。当加入 3 wt%的 Zr 颗粒时，Ni-Zr 电沉积层的腐蚀电流密度急剧下降，为 0.765μA/cm²，降低了约原来的 1/10。进一步增加 Zr 含量，电沉积层腐蚀电流密度继续降低，且在 Zr 含量为 13.6 wt%时，电沉积层腐蚀电流密度降低至 0.296 μA/cm²。上述结果表明，金属 Zr 颗粒可以显著增加 Ni-Zr 电沉积层的抗腐蚀性能，并且抗腐蚀性能随着 Zr 含量的增加而增加。

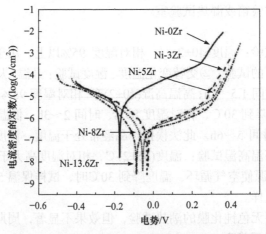

图 3.12　不同 Zr 含量 Ni-Zr 电沉积层的极化曲线

表 3.6　**Ni-Zr 复合电沉积层的 E_{corr} 和 I_{corr}**

不同 Zr 含量的 Ni-Zr 复合电沉积层	E_{corr}/mV	I_{corr}/($\mu A/cm^2$)
Ni-0Zr	−174.1	7.206
Ni-3Zr	−33.7	0.765
Ni-5Zr	−27.5	0.552
Ni-8Zr	−55.4	0.417
Ni-13.6Zr	−97.7	0.296

3.6.2　电化学阻抗谱技术

电化学阻抗谱(EIS)技术作为一种广泛的测量技术，用来测量电沉积层的抗腐蚀性能，可以得出更多的腐蚀信息。电化学阻抗谱是以一种小振幅的正弦波(或电流)为扰动信号施加于被测体系，通过测试其响应，从而得到样品与介质的电阻、电容，以及界面双电层电容等相关信息。电化学阻抗谱技术施加的变化信号振幅很小，所以对样品表面影响可以忽略不计，是一种无损的电化学测试方法。

图 3.13 为不同 Zr 含量 Ni-Zr 电沉积层的奈奎斯特(Nyquist)图。可以发现，Ni-Zr 电沉积层 Nyquist 图曲线近似半圆弧，并且圆弧半径随着 Zr 含量的增加而增加。

对电化学阻抗谱进行等效电路分析，可得到电沉积层在腐蚀介质中的电化学反应信息。图 3.14 等效电路图中，R_s 为溶液对电荷传递过程产生的电阻，C.P.E 为常相位角元件，R_p 为样品表面电极反应的电荷转移电阻，其数值大小可以用来衡量材料的耐腐蚀性能。

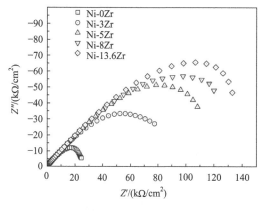

图 3.13　不同 Zr 含量 Ni-Zr 电沉积层的 Nyquist 图

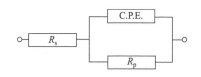

图 3.14　等效电路图

根据图 3.14 所示等效电路图，可以得出总的阻抗为

$$Z = R_s + \left(\frac{1}{R_p} + \frac{1}{Z_{C.P.E.}} \right)$$

其中，$Z_{C.P.E.} = [A(j\omega)^n]^{-1}$，这里，$\omega$ 为频率；j 为虚数单位；A 为常数项常数；n 为常数，取值范围在 0～1。

表 3.7 为利用等效电路图拟合得出的结果，从表中可以看出，纯 Ni 电沉积层的 R_p 值为 25.21kΩ/cm²。随着电沉积层中 Zr 含量的增加，R_p 值增加，且在 Zr 含量为 13.6wt%时达到 153.07kΩ/cm²。这表明金属 Zr 颗粒的加入增加了 Ni-Zr 电沉积层的抗腐蚀性能，且抗腐蚀性能随着 Zr 含量的增加而增加，这与由极化曲线得出的结果相一致。

表 3.7　利用等效电路图拟合不同 Zr 含量 Ni-Zr 电沉积层的电化学阻抗谱得出的结果

不同 Zr 含量的 Ni-Zr 复合电沉积层	R_s/(kΩ/cm²)	R_p/(kΩ/cm²)	C.P.E./(μF/cm²)	n
Ni-0Zr	8.6	25.21	70.1	0.891
Ni-3Zr	7.5	80.27	40.7	0.89
Ni-5Zr	7.1	119.57	34.0	0.90
Ni-8Zr	6.6	139.03	31.9	0.88
Ni-13.6Zr	6.3	153.07	27.2	0.89

注：C.P.E.为常相位角元件，即沉积层表面非理想双电子层电容。

3.7　电沉积层厚度的测定

电沉积层厚度是一个十分重要的参数，测量的方法也颇多。在张景双、石金声、石磊、曹立新编著的《电镀溶液与镀层性能测试》一书介绍了计时液流法、点滴测厚法、称量法、库仑法、金相显微镜法、扫描电子显微镜法、磁性测厚仪法、电涡流法、β射线反向散射法、X 射线光谱测定法和双光束显微镜十一种方法。兹将最重要的几种方法的原理、优缺点和适用范围列入表 3.8 中，以备参考。

表 3.8　测量电沉积层厚度的主要方法

	测量方法		原理	优点	缺点	应用范围
1	金相显微镜法	破坏性	通过金相显微镜对样品切片沉积层剖面进行测量，从而确定镀层的厚度	便宜，且技术成熟	有破坏性，耗时长，测量电沉积层范围小	工艺样板
2	库仑法		根据药液与单位面积电沉积层金属的反应时间确定电沉积层厚度	便宜，且技术成熟	有破坏性，耗时长，测量电沉积层范围小	位相面积的电沉积层、防氧化及金电沉积层

续表

	测量方法	原理	优点	缺点	应用范围
3	X 射线光谱测定法	根据单位面积 X 射线入射电沉积层后所激发或吸收的荧光确定电沉积层或涂层的厚度	精确,测量电沉积层范围广,适合细小面积及超薄电沉积层测量,并可测量多层电沉积层	价格较贵	电沉积 Cu、电沉积(沉)Ni、电沉积(沉)Sn-Pb、电沉积(沉)Ag、电沉积纯 Sn 等钟表、首饰等配件或产品
4	β射线反向散射法	根据单位面积β射线入射电沉积层后所激发或吸收的荧光确定电沉积层或涂层的厚度	较 X 射线法便宜,测量范围较广	不精确,需接触测量表面,放射源需定期更换,测量多层结构困难	测电沉积 Cu、电沉积(沉)Ni-Au、电沉积(沉)Sn-Pb/电沉积 Ag、电沉积纯 Sn 等产品
5	电涡流法	通过对样品表面涡流的测量确定电沉积层的厚度	便宜,快速	测量电沉积层范围小,需接触表面,适合非磁性衬底材料的电沉积层材料	孔壁 Cu 层及板材 Cu 厚度材料
6	微电阻法	根据四个探针确定电沉积层厚度	便宜	材料电沉积层范围小	精确测量 Cu 电沉积层厚度、勉强可测量 Pb-Sn 及 Au 电沉积层厚度

（表中"非破坏性"跨第3~5行的"测量方法"栏。）

参 考 文 献

[1] 张景双, 石金声, 石磊, 等. 电镀溶液与镀层性能测试. 北京: 化学工业出版社, 2003.

[2] 曹立新, 石金声, 石磊. 等. 电镀溶液与镀层性能测试. 北京: 化学工业出版社, 2011.

[3] 覃奇贤, 刘淑兰. 镀层硬度的测定. 电镀与精饰, 2009, 31(4): 27-30.

[4] 王煜明. 薄膜和镀层力学性能的物理方法测试. 理化检验(物理分册), 2002, 38(11): 473-477.

[5] 张中泉. 电沉积 Ni-ZrC 复合镀层的织构及内应力研究. 上海: 上海交通大学, 2015.

[6] 电镀层耐腐蚀性能测试标准. 德信诚培训网. https://www. renrendoc. com/paper/193319798 html. [2022-1-1].

[7] 徐瑞东, 王军丽. 金属基纳米复合材料脉冲电沉积制备技术. 北京: 冶金工业出版社, 2010.

第二篇　电沉积材料现代测试分析与表征方法简介

材料现代测试分析与表征方法包括材料的成分、物相结构和微观组织形貌三个部分。下面以材料的现代测试分析方法为序介绍相关的现代测试分析仪器的原理、结构和测试分析方法；在介绍材料结构的射线衍射分析时，又分物相分析、相结构不变情况下的精细结构测试分析和微结构测试分析三个层次。

第4章 电沉积材料成分分析的 X 射线光谱法

4.1 材料成分分析仪器大全

在前言中已经提到，材料成分分析方法多种多样，由于篇幅的限制不可能一一加以介绍。本章先以"材料成分分析仪器大全"为题极简单地列述材料成分分析现代物理仪器的原理、方法和应用领域。表 4.1 和表 4.2 分别列出材料体相成分统计分析方法，以及表面成分分析和微区成分分析方法。

表 4.1 材料体相成分统计分析方法

分析仪器和方法	原理简介	适合分析的材料	应用领域
(1) 原子发射光谱(又称俄歇电子能谱)(AES，ICP-AES)	利用等离子体激发光源(ICP)使试样蒸发气化、离解或分解为原子态，原子进一步电离成离子态，原子及离子在光源中激发发光。利用分光系统将光源发射的光分解为按波长排列的光谱，之后利用光电器件检测光谱，根据测定得到的光谱波长对试样精细定性分析，按发射光的求得进行大量分析	高纯有色金属及合金，金属材料、电源材料、贵金属、电子材料、通信材料、报纸材料、医疗器械材料及汽车包装材料	冶金、地矿、建材、机械、化工、农业、环保、医药等
(2) 原子吸收光谱(AAS)	原子吸收光谱分析的波长范围在近紫外区，其原理是光源辐射出待分析元素的特征光谱，通过样品的蒸气中待测元素基态原子吸收，由发射光谱被减弱的程度，进而求得材料中待测元素含量	金属材料，非金属材料等	化工、冶金、食品和环境等
(3) 原子荧光光谱	气态自由原子吸收特征波长辐射后，原子的外层电子从基态或低能级跃迁到高能级，经过约 10^{-8}s，又跃迁至基态或低能级，同时发射出与原激发波长相同或不同的辐射，称为原子荧光。用荧光发射强度来确定待测元素含量	金属材料，非金属材料等	地质、石油、农业、生物医学等
(4) 电感耦合等离子体质谱(ICP-MS)	测定时样品由携载气体(氩)引入雾化系统进行雾化后，以气溶胶形式进入等离子体中心区，在高温和惰性气体中被去溶剂化、气化解理，转化成带正电荷的正离子，经离子采集系统进入质谱仪，质谱仪根据荷质比进行分离，根据元素质谱峰强度测定样品中相应元素的含量	金属、非金属材料	环境、半导体、医学、生物冶金、石油、核材料等
(5) X 射线荧光光谱仪(XRF) 分为波长色散(WD)型和能量色散(ND)型	用 X 射线照射试样时，试样可以被激发出各种波长的荧光 X 射线，需要把混合的 X 射线按波长(或能量)分开，并与元素的特征 X 射线相对比，进行元素的定性分析；分别测量不同波长(或能量)X 射线的强度，以进行定量分析	铝合金，不锈钢，Cr-Mo合金，金属管道和法兰材料，黄铜、青铜及其他铜合金，金属焊料，Ti 合金，工具钢，Ni 基 Co 基合金	地质、环境、石油、矿业、水泥、玻璃等

分析仪器和方法	原理简介	适合分析的材料	应用领域
(6) 极谱仪和方波极谱	极谱仪(polarography)是根据物质电解时所得到的电流-电压曲线,对电解质溶液中不同离子含量进行定性分析及定量分析的一种电化学式分析仪器。它的测试结果是一条极谱曲线(或称极谱图)。极谱图上对应各物质的半波电势是定性分析的依据,波高(代表极限扩散电流)则是定量分析的依据	—	
(7) 分光光度计	分光光度计采用一个可以产生多个波长的光源,通过系列分光装置,从而产生特定波长的光源,光线透过测试样品后,部分光线被吸收,计算样品的吸光值,从而转化成样品的浓度,吸光值与样品的浓度成正比	金属、非金属	工业、农业、生化、地质、冶金、食品、环保等
(8) 红外(IR)吸收谱仪	用不同气体对不同波长的红外线具有选择性吸收的特性。具有不同对称结构的双原子或多原子气体分子,在某些波长范围内(1~25μm)吸收红外线,具有各自特征吸收波长	无机、有机、高分子化合物	化工、物理、天文、气象、遥感、生物医学等
(9) 拉曼 (Raman)光谱仪	当光线打到样品上时,样品分子会使入射光发生散射。大部分散射光的频率没变,称为瑞利散射;部分光的频率改变,称为拉曼散射。散射光与入射光之间的频率差称为拉曼位移。拉曼光谱仪主要是通过拉曼位移来确定物质的分子结构	固体、液态、气体、有机物、高分子	石油、食品、农业、刑侦、珠宝、环境、鉴定、地质;化学高分子制药等

表 4.2 表面成分分析和微区成分分析方法

分析仪器和方法	原理简介	适合分析的材料	应用领域
(1) 电子探针,分为能谱和波谱	利用聚焦电子束(电子探针)照射试样表面待测的微小区域,从而激发样品中的元素产生不同波长(能量)的特征 X 射线。用 X 射线谱仪探测这些 X 射线,得到 X 射线谱。根据特征 X 射线的波长(或能量)进行元素定性分析;根据特征 X 射线的强度进行元素的定量分析	金属及合金、高分子材料、陶瓷、混凝土、生物、矿物、纤维等无机或有机固体材料	地质、冶金、石油、矿产、农业等
(2)X 射线荧光,分为能谱和波谱	参见表 4.1 中"X 射线荧光光谱仪"	参见表 4.1 中"X 射线荧光光谱仪"	参见表 4.1 中"X 射线荧光光谱仪"
(3) 俄歇电子能谱 (AES)	具有一定能量的电子束(或 X 射线)激发样品的俄歇电子,通过检测俄歇电子的能量和强度,从而获得材料表面的化学成分和结构的有关信息	金属、高分子等材料、薄膜、涂层等	半导体技术、冶金、矿物加工和晶体生长等
(4)X 射线光电子能谱 (XPS)	激发源为 X 射线,用 X 射线作用于试样表面,产生光电子。通过分析光电子的能量分布得到光电子能谱图,研究样品表面组分和电子价态	金属、高分子等材料、薄膜、涂层等	半导体、冶金、催化、矿物加工和晶体生长等

续表

分析仪器和方法	原理简介	适合分析的材料	应用领域
(5) 离子散射光谱仪 (ISS)	根据弹性散射理论，由于散射离子的能量分布和角分布与表面原子量有确定的关系，因此通过对散射离子进行分析就可得到表面单层元素组成及表面结构	冶金、高分子材料	物理、化学、微电子、生物、治药、空间分析等
(6) 二次离子质谱 (SINP)	通过发射热电子电离氩气或氧气等离子体轰击样品表面，探测样品表面溢出的荷电离子或离子团来表征样品成分。可以对同位素分布进行成像，表征样品成分；探测样品成分的纵向分布	金属、半导体、陶瓷、有机物	物理、化学、微电子、生物、制药、空间分析等

可见，材料成分分析的方法多种多样，不可能——都给予介绍。本章介绍 X 射线光谱方法，第 5 章介绍电子能谱方法，以及成分分析的种类及方法等。

4.2 特征 X 射线发射谱及其精细结构

电子探针与荧光 X 射线分析都是利用探测待测物质的特征 X 射线的波长和强度来进行元素定性定量分析的方法，只是激发特征 X 射线的方法不同，前者是利用聚焦的高能电子束作为激发源，而后者是利用 X 射线作为激发源，因此两者都属 X 射线发射谱。

4.2.1 特征 X 射线谱发射机制

多电子原子的核外电子都分布在 K，L，M，N，…壳层上，它们分别对应于主量子数 $n=1$，2，3，4，…。当原子的外层电子受到激发时会产生可见光、紫外线等，而当内层电子受到激发时会产生 X 射线，当 K 层电子受到激发留下一个空位时，L，M，N，…壳层的电子就会跃入此空位，同时将它们多余的能量以 X 射线光子的形式释放出特征 X 射线来，如图 4.1(a)所示。为了方便起见，对 L，M，N，…壳层的电子跃入 K 层空位产生的 X 射线分别称为 Kα，Kβ，Kγ，…谱线，它们共同构成该元素的 K 系特征 X 射线(或称标识 X 射线)，这是因为这些谱线的波长都与该元素的能级结构有关，是该元素的特征值，每种元素都有其特有波长的特征 X 射线。同样，当某种元素的 L，M，N，…层电子受到激发留下一个空位时，就会产生该元素的 L 系的 Lα，Lβ，Lγ，…；M 系的 Mα，Mβ，Mγ，…和 N 系的 Nα，Nβ，Nγ，…特征 X 射线。图 4.1(b)和(c)分别为电子壳层跃迁和电子能级跃迁产生特征 X 射线的过程示意图。

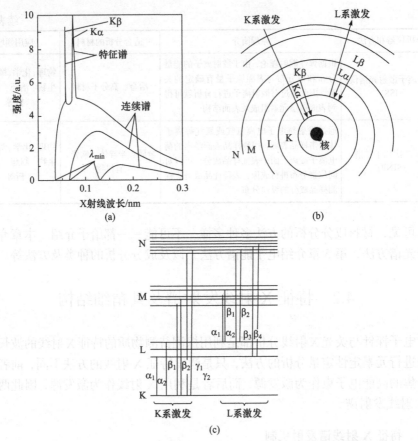

图 4.1　特征 X 射线谱(a)和其产生过程的原子中电子壳层跃迁(b)及电子能级跃迁(c)示意图

　　根据量子理论,原子中的能级结构远较上述复杂,L 壳层实际上由 3 个子壳层构成,它们分别对应于 L_1,L_2,L_3 三个子能级,而 M 壳层由 M_1,M_2,…,M_5 五个子能级构成,N 壳层由 N_1,N_2,…,N_7 七个子能级构成……因此,每个子系又有α,β,γ,…。这些能级分别对应于主量子数 n,角量子数 l 和内量子数 J 的不同数值,见图 4.2。此外电子在各个能级之间的跃迁还要服从以下选择规则:

$$\Delta n \neq 0$$

$$\Delta l = \pm 1$$

$$\Delta J = \pm 1 \text{或} 0$$

在图 4.2 中画出了按照选择规则可能产生的部分特征 X 射线。可见,L 系包括 L_1,L_2 和 L_3 三个子系,M 系包括 M_1,M_2,M_3,M_4 和 M_5 五个子系,每个子系又分α,β,γ,等等。

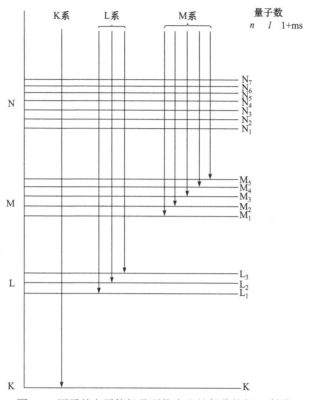

图 4.2　原子的电子能级及可能产生的部分特征 X 射线

从上述可知，如果某元素的所有特征 X 射线同时被激发，那么该元素原子的 X 射线特征谱线很多，分布也很密。如果多元素合金样品中各元素都如此，那么合金样品的特征 X 射线就更多，谱分布就显得十分复杂。但由于下述原因，使合金样品的特征 X 射线谱简单得多。

(1) 实验表明，一种元素一旦被激发 K 系特征 X 射线，那么其他体系(如 L 系、M 系)的特征 X 射线被激发的概率非常小；如果激发源不足以激发某元素的 K 系特征 X 射线，就会激发 L 系，而 M 系和 N 系被激发的概率也非常小。

(2) 因为 Kα1 和 Kα2，Kβ1、Kβ2 和 Kβ3 的波长或能量差别很小，所用的能谱仪或波谱仪不能分辨。比如，CuKα1 和 CuKα2 其波长分别为 0.154056nm 和 0.154439nm，不能分开，故一般认定为 CuKα，其波长可由下式求得

$$\lambda_{K\alpha} = \frac{2}{3}\lambda_{K\alpha 1} + \frac{1}{3}\lambda_{K\alpha 2} \tag{4.1}$$

故 $\lambda_{CuK\alpha} = 0.154184nm$。

(3) 因为被激发各特征 X 射线的相对强度有很大差别，比如 $I_{K\alpha 1} : I_{K\alpha} : I_{K\beta} =$

10∶5∶2，所以有许多特征 X 射线观测不到。CuKβ1、CuKβ2 和 CuKβ3，因波长相差很小，CuKβ2 和 CuKβ3 的强度又很低，故仅出现 CuKβ1，通常简写为 CuKβ，故 $\lambda_{CuK\beta}=0.139222nm$。

要激发出 K 系特征 X 射线，参与激发的高速电子或光子等必须要有足够高的能量，例如，实验表明，要激发出铜(Cu)的 K 系特征 X 射线 CuKα……则参与激发的电子或光子必须要具有 8.9KeV 以上的能量。所以，在常用的以铜为阳极的铜靶 X 射线管中，若要产生 CuKα 特征 X 射线，则 X 射线管的阴极与阳极之间的加速电压必须在 8.9kV 以上，称为 K 系特征 X 射线的激发电压。表 4.3 中给出各种元素的 K 系、L 系特征 X 射线的特征激发电压。实验表明，电子束的加速电压越高，则激发出的特征 X 射线的强度越强，因此在较高加速电压下工作，对于 X 射线衍射分析和用 X 射线发射谱作元素的定性和定量分析是有利的。比如，CuK 系特征 X 射线的激发电压为 8.86kV，而 X 射线管的最佳工作电压在 35～45kV。

当采用高能电子束来激发产生特征 X 射线时，还伴有电子束碰撞靶材时突然减速而产生的连续 X 射线，称为轫致辐射，这就是图 4.1 中的连续谱。这种连续 X 射线谱包含从某个短波极限开始的各种波长的 X 射线，但每条谱线的强度都只有特征 X 射线强度的数百分之一。

4.2.2 特征 X 射线的频率、波长和能量

当电子从主量子数为 n_2 的壳层跳入主量子数为 n_1 的壳层时，发射出的 X 射线光子的能量和频率近似地可由下式计算：

$$h\nu_{n2-n1}=E_{n2}-E_{n1}=Rhc(Z-\sigma)^2(1/n_1{}^2-1/n_2{}^2) \tag{4.2}$$

式中，h 为普朗克常量；c 为光速；R 为常数；Z 为该原子的原子序数；σ 称为屏蔽常数。

根据关系式(4.2)，对 Kα 线而言，主量子数 $n_1=1$，$n_2=2$，于是有

$$h\nu_{K\alpha}=E_{n2}-E_{n1}=3/4\{Rhc(Z-\sigma)^2\} \tag{4.3}$$

从上式可得 Kα 谱线的频率和波长分别为

$$\sqrt{\nu}=k(Z-\sigma) \tag{4.4}$$

$$\lambda_{K\alpha}=c/\nu_{K\alpha}=(4/3)\cdot\{1/(R(Z-\sigma)^2)\} \tag{4.5}$$

由此可知，对一定线系的某条谱线(如 Kα 线)而言，其波长与原子序数的平方近似呈反比关系，这个规律是莫塞莱(Moseley)首先发现的，所以称为莫塞莱定律。

特征 X 射线的能量与波长可通过下式换算：

$$E(keV)=1.2398/\lambda\ (nm) \tag{4.6}$$

激发 X 射线可用高能电子束，也可以用 X 射线等其他高能离子。实验室 X

射线源就是用电子束激发金属元素靶(W、Au、Mo、Cu、Co、Ni、Cr)的 K 系辐射的。此外，初级 X 射线分析仪、电子探针、扫描电子显微镜和透射电子显微镜中的 X 射线能谱分析，都是用电子束激发样品的特征 X 射线的。

用 Rh(铑，第 45 号元素)靶发出的 X 射线激发样品的常规荧光 X 射线分析。

用同步辐射 X 射线激发样品的荧光 X 射线分析[1, 2]，其始于 20 世纪 70 年代，与常规荧光 X 射线相比较有如下特点。

(1) 选择激发，用于激发的入射线波长不受靶元素的限制，用晶体单色器选择波长小于待测元素吸收限和/或均小于试样中各元素吸收限的单色 X 射线来激发样品，后者能对样品作全元素分析；若是前者，可以提供待测元素与其他元素荧光强度的相对比值，可简化结构，降低谱背底。

(2) 由于同步辐射的亮度高，以及利用同步辐射的特点而采取降低背底的措施，从而大大提高了检出限，系统检出限已超过 ppm 量级，达到几十个 ppm，目前已向 ppb 量级发展，比电子探针的检测限 0.1‰高出许多量级。

(3) 由于同步辐射 X 射线准直性好，尺寸小，因此能实现微区荧光 X 射线分析，空间分辨率已能达到 μm 量级，随着第三代同步辐射光源的应用，空间分辨率能做到 50nm。

(4) 同步辐射的光源的各种参数可以计算获得，这对荧光分析来说，就可以精确计算入射光的强度和能谱结构，这有利于提高无标样分析的精确度和准确度。

表 4.3 给出几种金属元素 K 系、L 系的特征 X 射线的激发电压，以及 K 系、L 系的主要特征 X 射线的波长及吸收限的波长的数据。比较这些数据不难发现：

(1) K 系和 L 系的激发电压都随原子序数的增加而增大，表明原子核与电子壳层的结合能随原子序数的增加而增加，因此特征 X 射线的激发电压随之增加。

(2) 同名的特征 X 射线的波长随原子序数的增加而降低，特征 X 射线的能量随原子序数的增加而增加；吸收限的波长和能量也是如此。

(3) 在同一系中的 X 射线的波长则与被跃迁的电子的能级高低有关，处于较高能级的电子跃迁产生的特征 X 射线其波长较短，能量较高；反之则降低。比如，K 系的特征 X 射线的波长是 $\lambda_{K\alpha} > \lambda_{K\beta} > \lambda_{K\gamma}$，$\lambda_{K\alpha 1} > \lambda_{K\alpha 2} > \lambda_{K\beta}$，能量则相反，即 $E_{K\alpha} < E_{K\beta}$，$E_{K\alpha 1} < E_{K\alpha 2} < E_{K\beta}$；L 系与 M 系也是如此。这种关系在图 4.1(c) 中清楚可见。

(4) L 系的激发电压明显低于 K 系的激发电压，比如，W 的 K 系激发电压为 69.2kV，而 L 系激发电压仅 12.1kV，这表明位于 K 层上的电子与原子核的结合能比位于 L 层上的电子与原子核的结合能大很多，故激发 L 系的特征 X 射线需要的能量要小得多。因此高原子序数的原子多仅能激发 L 系的特征 X 射线。类似地，$\lambda_{WK\alpha}$、$\lambda_{WK\beta}$ 要比 $\lambda_{WL\alpha}$、$\lambda_{WL\beta}$ 小得多，这表明任何元素的 L-K 和 M-K 层之间的能量差要比 M-L 和 N-L 层之间的能量差大很多。

表 4.3　几种金属元素 K 系、L 系的特征 X 射线的激发电压、波长、吸收限的波长

原子序数	元素符号	K 系的特征 X 射线				L 系的特征 X 射线					
		激发电压	Kα1	Kα2	Kβ	吸收限	激发电压	Lα1	Lα2	Lβ1	Lβ2	吸收限
		/kV	波长/Å				/kV	波长/Å				
26	Fe	7.10	1.9399	1.9360	1.7565	1.7455	—	17.616	17.616	17.255	—	—
27	Co	7.71	17928	1.7889	1.6208	1.6081	—	15.927	15.927	15.652	—	—
28	Ni	8.29	1.6617	1.6579	1.5001	1.4881	—	14.559	14.559	14.269	—	—
29	Cu	8.86	1.5444	1.5406	1.3922	1.5406	—	13.333	13.333	13.056	—	—
30	Zn	9.65	1.4390	1.4351	1.2952	1.2834	1.20	12.255	13.255	11.984	—	—
...												
42	Mo	22.0	0.7136	0.7093	0.6323	0.6198	2.87	5.412	5.406	5.177	4.820	4.914
47	Ag	25.5	0.5638	0.5594	0.4971	0.4859	3.79	4.162	4.154	3.934	3.701	3.5034
74	W	69.2	0.2138	0.2091	0.1844	0.1784	12.1	1.487	1.476	1.282	1.244	1.2154
...												
90	Th	109.0	0.1378	0.1328	0.1174	0.1131	20.5	0.976	0.955	0.765	0.793	0.7615
91	Pa	—	0.1343	0.1293	0.1143	—	—	0.945	0.933	0.742	0.774	—
92	U	115.0	0.1308	0.1259	0.1114	0.1672	21.7	0.922	0.911	0.720	0.755	0.1223

4.2.3　X 射线发射谱的精细结构

用现代精密的、高分辨率的谱仪可以发现化学键及离子电荷的改变，原子在不同分子或晶格中对内层电子能级间的跃迁产生影响，一般还是着重于研究与最外层能级有关的谱线，因为最外层能级受化学键、晶格等的影响最大。

1. 外层电子数目与谱线宽度的关系

从自由电子近似得出外层电子数与能带宽度的关系：

$$n = \frac{8\pi (2m)^{3/2} V_a}{3h^2} (E_{max} - E_0)^{3/2} \tag{4.7}$$

式中，n 为属于每个原子的平均价电子数；m 为电子质量；V_a 为原子体积。电子从外层宽为 $E_{max} - E_0$ 的能带跃迁到内层宽为 ΔE_i 的能带，发射谱宽为 ΔE，

$$\Delta E - \Delta E_i = E_{max} - E_0 \tag{4.8}$$

如果能量用 eV 表示，原子体积用 Å³ 表示，则

$$n = 0.00453 V_a (\Delta E - \Delta E_i)^{3/2} \tag{4.9}$$

2. 外层电子状态分布与谱线形状的关系

这里的谱线是指电子从导带跃迁到内层能级而产生的，自由电子状态分布 $n(E)$ 有如下关系：

$$n(E) = \frac{4\pi V_a m \sqrt{2m}}{h^3}(E - E_0)^{1/2} \tag{4.10}$$

目前主要研究结果是：①电子状态分布 $n(E)$ 决定谱线的强度，但不是唯一因素，谱线强度还取决于跃迁概率；②跃迁概率在谱线的长波方面，s 电子跃迁概率 $|\alpha_s|=$ 常数，p 电子跃迁概率 $|\alpha_p|^2 \sim k^2 \sim (E-E_0)$，故有长波方面的强度

$$I_p(E) \approx (E - E_0)^{1/2} \tag{4.11}$$

③在谱线短波方面较为复杂。总之，从 X 发射谱的精细结构来讲，由于价态对特征 X 射线的位移影响太小，故不能借助特征 X 射线峰位移来揭示被激发原子所处的状态。

激发 X 射线可用高能电子束，也可以用 X 射线等其他高能离子。初级 X 射线分析仪、电子探针、扫描电子显微镜和透射电子显微镜中的 X 射线能谱分析，都是用电子束激发样品的次级 X 射线的。

4.3　电子探针分析仪的构造

电子探针是电子探针 X 射线显微分析仪的简称，英语缩写为 EPMA(electron probe X-Ray micro analyzer)[1-3]。第一台商用电子探针是 1956 年制成的，它检测由高能电子束轰击样品表面产生的特征 X 射线，为一种微区成分分析仪器。图 4.3 为岛津公司的场致发射电子探针 EPMA-8050G 的实物照片。

图 4.3　岛津公司的场致发射电子探针 EPMA-8050G 及其主机构造图

图 4.4 为电子探针的构造示意图，主要由电子光学系统、真空系统和信号检测系统组成。其镜筒部分(电子枪、电磁透镜、扫描线圈及实验室等)与扫描电子显微镜大致相同。所不同的是探针的信号检测系统中包含测量 X 射线波长(或能量)和强度的装置，称为 X 射线谱仪。

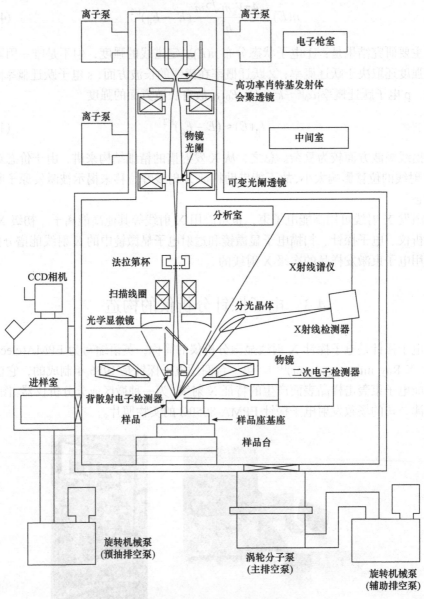

图 4.4　电子探针构造示意图(岛津公司 EPMA-8050G)

CCD：电荷耦合器件

通常将待测定探针 X 射线波长的谱仪称作波长色散谱仪(wavelength dispersive spectrometer, WDS)或波谱仪；用于测定待测元素特征 X 射线(光子)能量的谱仪称作能量色散 X 射线谱仪(energy dispersive X-ray spectrometer, EDS)或能谱仪。

电子枪发射的电子束经高压电场加速和电磁透镜(聚焦镜、物镜)聚焦后成为很细的高能电子束，当它轰击在试样表面时，会产生各种物理信号。但电子特征只检测特征 X 射线。特征 X 射线的波长由试样内部组成的各元素决定。它的频率 ν 和元素的原子序数 Z 满足莫塞莱定律：

$$\nu^{1/2} = R(Z - \sigma) \tag{4.12}$$

其中，R 和 σ 均为常数，且 σ 近似于 1。X 射线的波长、频率和光子能量有下列关系：

$$\lambda = c/\nu, \qquad \varepsilon = h\nu \tag{4.13}$$

式中，c 为光速；h 为普朗克常量。

从上可知，只要测定从试样激发出的特征 X 射线的波长或光子能量，即可确定试样中包含哪些元素，进行定性分析。某元素的特征 X 射线强度与其在试样中的含量有关，因此测定其强度，又可进行成分的定量分析。

电子探针是微区域分析仪，通常用于激发的电子束束斑都很小，激发区体积只有 $10\mu m^3$ 左右。在波谱仪中，因为使用了晶体单色器，X 射线的利用效率较低，所以电子束斑直径和束流都不能很小，一般束斑直径在 200nm 以上，而束流大于 $10^{-9}A$。在能谱仪中，由于没有晶体单色器，因此 X 射线利用效率高，即使束斑直径小至 5nm、束流小至 $10^{-11}A$，仍能进行分析。

试样上的分析区域可以用谱仪上附置的光学显微镜来观察选定。若选定试样上某一点进行分析，则称为定点分析；也可以使试样相当于电子束在一直线或平面上扫描，这样可得到试样上沿某一直线或某个平面上某元素的分布情况，称为线分析或面分析。

关于波谱仪和能谱仪的原理和结构等将在第 17 章介绍。波谱仪与能谱仪相比，分辨率和灵敏度高，定量分析准确度高，适合于测量微量元素、有重叠峰的元素(如稀土元素)及超轻元素，例如分析钢中的 C 和 N 元素，玻璃中的 B 元素，绿柱石中的 Be 元素，合金中的稀土元素等。

超轻元素具有波长长(≥1.2 nm)、能量低(≤1keV)，质量吸收系数大，谱峰干扰大，测试过程中峰位存在较大偏移等特征，使用电子探针分析时，需要高 X 射线取出角(减少特征 X 被吸收)，高分辨率和高灵敏度 X 射线波谱仪(提高灵敏度和分辨率，减弱谱峰干扰)及测试过程中对元素寻峰，来综合对超轻元素进行测试。例如使用岛津公司 EPMA-1720H，对绿柱石中 Be 元素进行定量测试(图 4.5，表 4.4)。

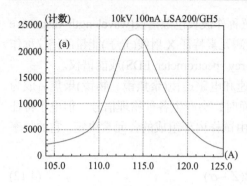

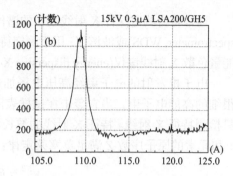

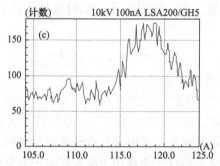

图 4.5　绿柱石中 Be 元素电子探针分析

(a) 纯 Be 标样，BeKα峰位=11.406nm；(b) 绿柱石，峰形未使用 PHA(脉冲高度分析器)；(c) 绿柱石，使用 PHA 过滤高次线干扰，BeKα峰位=11.826 nm

表 4.4　绿柱石电子探针定量分析结果　　　　　　　　(单位：wt%)

序号	SiO_2	Al_2O_3	BeO	FeO	MgO	CaO	K_2O	Na_2O	Cr_2O_3	合计
1	64.71	18.01	13.90	0.37	0.17	0.03	0.05	0.28	0.25	97.76
2	64.66	17.69	13.94	0.44	0.16	0.02	0.07	0.90	0.12	97.99
3	65.06	17.99	14.07	0.39	0.17	0.03	0.03	0.30	0.32	98.36
4	64.60	17.52	13.81	0.29	0.17	0.06	0.06	0.28	1.59	98.36
平均	64.76	17.80	12.93	0.37	0.17	0.04	0.05	0.44	0.57	98.12
标准误差	0.21	0.24	0.11	0.06	0.01	0.02	0.02	0.31	0.69	0.26
相对标准误差/%	0.33	1.34	0.80	17.20	3.53	43.46	29.88	70.71	120.62	0.27

　　稀土元素的特征 X 射线能量之间的差异很小，而能谱仪能量分辨率不足，表现在能谱图上重叠峰就非常严重，无法很好地区分，当然也就给定量测试结果带来很大的干扰。EPMA 配备的波谱仪比能谱仪在能量分辨率上高一个数量级，能够分离谱峰，避免干扰，特别是约翰逊型波谱仪在测试稀土元素时能够很好地应对(图 4.6，图 4.7，表 4.5)[13]。

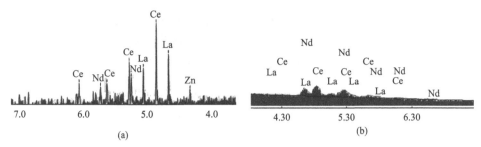

图 4.6　Mg-Zn 稀土合金-电子探针波谱仪(a)和能谱仪(b)的分辨率差异对比

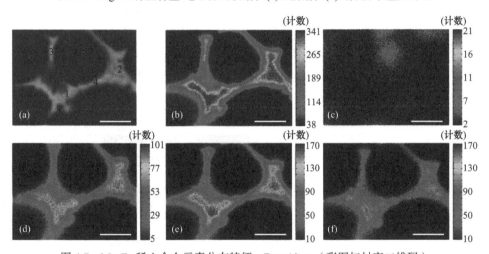

图 4.7　Mg-Zn 稀土合金元素分布特征，Bar=10μm（彩图扫封底二维码）

(a) 背散射电子像，显示测试点的位置；(b) Zn 元素；(c) Zr 元素；(d) La 元素；(e) Ce 元素；(f) Nd 元素。Bar 为波谱仪的标尺显示

表 4.5　**Mg-Zn 稀土合金不同位置定量分析结果**　　　　（单位：wt%）

分析点	Mg	Zr	La	Ce	Nd	Zn	合计
1	61.070	0.027	7.675	13.999	3.438	13.737	99.946
2	61.138	0.156	8.158	13.341	3.129	13.442	99.364
3	82.290	0.108	2.561	5.393	1.774	7.825	99.952
4	72.455	0.138	5.257	8.898	1.971	10.673	99.392
5	98.046	1.062	0.129	0.086	0.135	0.131	100.589

4.4　荧光 X 射线分析仪的构造

4.4.1　实验室荧光 X 射线分析仪的构造

　　根据激发方式的不同，X 射线荧光分析仪可分为源激发和管激发两种：用放射性同位素源发出的 X 射线作为原级 X 射线的 X 荧光分析仪称为源激发仪器；用 X 射线发生器(又称 X 光管)产生原级 X 射线的 X 荧光分析仪称为管激发仪器[4,5]。

按对试样产生的荧光X射线分析的方法又分为波长色散型和能量色散型荧光X射线分析仪。图 4.8(a)和(b)分别给出管激发波长色散型荧光 X 射线光谱仪(WDFXS)和能量色散型荧光 X 射线光谱仪(EDFXS)基本构造的示意图，可见都由激发源原级 X 射线发生器、试样台、检测系统和数据处理系统这四部分组成。

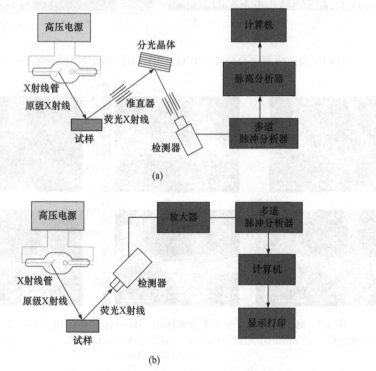

图 4.8　波长色散型(a)和能量色散型(b)荧光 X 射线光谱仪示意图

原级 X 射线管的靶元素通常使用 W 的连续辐射，现代则多选用 Rh/Cr 双靶 X 射线管，并配有滤光片，这种滤光片的作用是有效地改善一些谱线区域，见表 4.6。

试样台不仅可放置单个试样，也提供 12 个试样的转台；检测系统分波谱仪和能谱仪，这与扫描电子显微镜、电子探针中的波谱仪和能谱仪是一致的。图 4.9 为波长色散型和能量色散型荧光 X 射线光谱仪实物分布图。

表 4.6　管激发线荧光 X 射线光谱仪常用的靶元素

靶元素	滤光片	有效改善的谱线区
Rh	Zr	RuKα ～ CdKα
Rh, Cr	Ni	ZnKα～AsKα，PbLα，BiLα
Cr	Ti	CrKα～FeK
Rh	Al	RhLα，ClLα

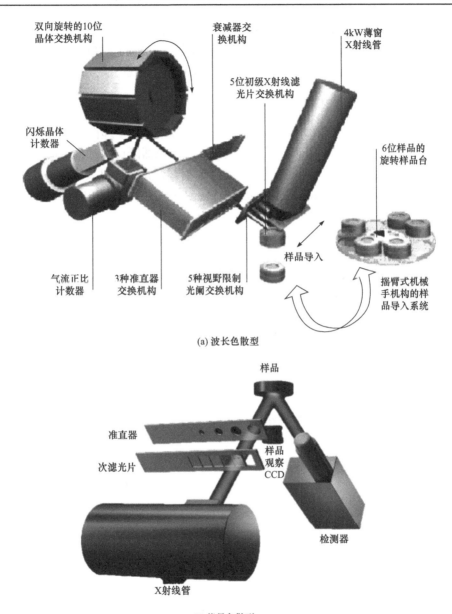

(a) 波长色散型

(b) 能量色散型

图 4.9　波长色散型(a)和能量色散型(b)荧光 X 射线光谱仪实物分布图

　　X 射线荧光分析(主要是描述白光单点能散衍射(EDXRD))法的特点与适应范围是:

　　(1) 适应范围广, 除了 H, He, Li, Be 外, 可对周期表中从 $^5B\sim{}^{92}U$ 作元素的常量、微量的定性和定量分析;

(2) 操作快速方便，在短时间内可同时完成多种元素的分析；

(3) 不受试样形状和大小的限制，不破坏试样，分析的试样应该均匀；

(4) 灵敏度偏低，一般只能分析含量大于 0.01%的元素。

4.4.2　同步辐射荧光 X 射线分析仪

就同步辐射荧光 X 射线分析仪的测量模式来讲有两种，即白光激发和单色光激发，其实验安排如图 4.10 所示。其中弯曲石墨单色器既可以选择单色光，也可以把光束聚焦到样品上。为了实现同步辐射 X 射线微探针，已发展了一些技术，如菲涅耳(Fresnel)波带板(zone plates)[3]、Aplanatic 光栅衍射、弯曲镜面反射、多层膜反射等。

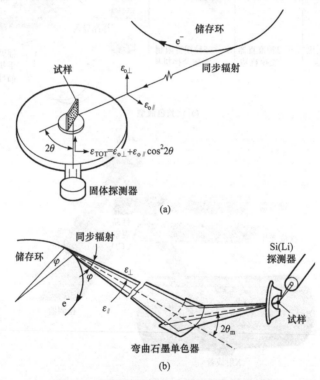

图 4.10　同步辐射荧光 X 射线分析仪示意图

(a) 用白光激发；(b) 用弯晶单色器获得单色光激发

由于同步辐射荧光 X 射线谱(SRFXS)的线束设备有些特殊要求，所以多为专用线束和实验站。美国布鲁克海文国家实验室(Brookhaven National Laboratory, BNL)的国家同步辐射光源(NSLS)上的 X-26 和 X-14 都为 SRFXS 专用，分别采用准直白光和双晶单色器加椭球面反射镜得到聚焦的单色光，其微区扫描分析空间分辨率达 6μm，可给出大于 1ppm 的元素二维分布。就探测样品发射的 X 射线方式而言，有波长色散和能量色散两种，前者是用分光晶体把不同波长的 X 射线展谱，后者是能量探测器记录 X 射线光子的能量。

4.5　X 射线发射谱的定性定量分析

4.5.1　X 射线发射谱的定性分析

电子探针和 X 射线荧光谱都属于 X 射线发射谱，它们的定性分析方法是一致的。它们是根据不同元素有不同的特征 X 射线谱来进行的。元素的定性分析是简单的，只需标定谱图中各峰的能量(或波长)与各元素的特征 X 射线谱的数据对比就可完成[4,5]。

不过，元素的各个系列的特征 X 射线还有大致相同的相对强度比，如表 4.7 所示。

表 4.7　K 系和 L 系特征 X 射线的相对强度比

K 系谱线	Kα1	Kα2	Kβ1	Kβ2	Kβ3	
	100	50	14	5	7	
L 系谱线	Lα1	Lα2	Lβ1	Lβ2	Lβ3	Lβ4
	100	12	50	25	10	3

在某些元素的某一波长附近，常有可能会同时出现若干条谱线，分别属于不同元素。例如，在 1.551Å 附近就有 CuKα1(1.540Å)、CuKα2(1.544Å)、HfLα1(1.569Å)、HoLβ2(1.567Å)等几条谱线。如果 X 射线谱仪(WDS 或 EDS)的分辨率不高就有可能造成谱线重叠，从而导致分析结论的错误。在实际分析时，要根据待测元素的荧光谱线的波长以及这些谱线的相对强度比，做出谨慎判断。

4.5.2　X 射线发射谱的定量分析

定量分析与常规荧光 X 射线中的经验系数法、基本参数法相似，这里称为标样法和无标样法。所谓标样法就是以纯元素作标样，分别对试样和标样测量选定特征线的强度 I_j 和 I_j^0，代入下式：

$$C_j = \frac{Q_j I_j (\mu_{s.i} + \mu_{s.f} \sin\psi / \sin\phi)\rho_s}{1 - \exp\{-[\mu_{s.i} + \mu_{s.f} \sin\psi / \sin\phi]\}\rho_s T \sin\psi} \tag{4.14}$$

$$Q_j = \frac{1}{I_j^0}(\mu_{s.i}^o + \mu_{s.f}^o \sin\psi / \sin\phi) / \rho_s^o \tag{4.15}$$

即可求得试样单位质量中元素的质量 C_j 分数。式中，ψ、ϕ 分别为入射 X 射线对试样表面的夹角和发出荧光射线对试样表面的夹角；T 为入射线激发试样的厚；$\rho_s T$ 为均匀厚度样品单位面积的质量；$\mu_{s,i}$、$\mu_{s,f}$ 分别为试样对入射线和荧光 X 射线的质量吸收系数；$\mu_{s,i}^o$、$\mu_{s,f}^o$ 分别为纯元素标样对入射 X 射线和荧光 X 射线的质量吸收系数。

由上可知，元素浓度的测定依赖于人们对纯元素标样和未知成分试样对入射辐射及荧光辐射质量吸收的知识，谢忠信[4] 已评论了这些系数的测定方法和荧光测量的数学处理。

无标样法不需要中间标准成分的标样或任何经验系数，仅通过一系列参数计算而得到结果。首先，入射辐射的光谱分布是无标样法所必需的第一个参数，这对同步辐射是方便且较简单的。其次，对于每种试样，都存在基本吸收和二次荧光，因此必须考虑：①波长为 λ 的一次辐射在试样中的穿透能力；②在 dx 层中各元素的一次激发；③dy 层中各元素受 dx 层中一次激发产生的特征辐射的二次激发而产生的二次荧光；④基体对各新生辐射的吸收。计算从各元素 X 射线相对强度测量值估计这些元素的含量开始，计算出应被观测到的假设成分的强度，以此值与测量值比较，然后对假设成分进行修正，并由此又计算出一套估计强度。如此反复，直至假设成分的 X 射线强度值与测量 X 射线强度值的符合程度达到预先规定的精确程度，然后打印出分析结果。

对于薄膜样品，使用单色光激发，能量色散 X 射线谱仪测量，测试样中 i 元素的含量 c_i 按下式计算[5]：

$$c_i = \frac{I_i 4\pi R^2}{p_o D_i \sum_k \left[(u_k / \rho)_o w_k f_k \right]_i \rho_s T / \sin\varphi} \tag{4.16}$$

式中，$\sum_k \left[(u_k / \rho)_o w_k f_k \right]_i$ 对各元素是常数，用 ℓ_i 表示；$p_o D_i \rho_s T | \sin\varphi | 4\pi R^2$ 项只与测量有关，令其为 K，则上式可写作

$$c_i = I_i / (K\ell_i) \tag{4.17}$$

当用标准曲线或标准加入方法时，分母项$(K\ell_i)$将消去，即强度与含量成正比。

特征 X 射线谱几乎与元素的物理状态或原子的化合价无关，这是 X 射线荧光分析的优点之一。这个特点并不适用于低原子序数元素的 K 系谱线和高原子序数元素的 L 系或 M 系谱线。当上述元素的原子价电子发生某种变化时，即出现谱线的漂移和形状畸变。反之，精细测定谱线的漂移和谱线形状，是研究原子之电子态的有效方法。

同步辐射 X 射线分析，已从开始的岩石、矿样、陨石、海底沉积物等体积较

大、待测含量较高的样品，到后来的陶瓷、半导体等材料，现已扩大到宇宙尘埃、组织切片、生物细胞等分析区域小、待测含量低的样品。因此，同步辐射 X 射线荧光分析已经深入地质矿物、海洋科学、天体化学、材料科学、生物医学、刑侦法学以及工农业生产的各个领域，在科学实验和工农业生产中发挥越来越重要的作用，并能获得二维微量元素分布图[6]，还发展了研究深度仅几纳米的全反射荧光测量方法[7, 8]。

X 射线全反射临界角与反射面材料和入射波长有关：

$$\alpha_c = (5.4 \times 10^2 Z\rho\lambda^2 / A)^{1/2} \qquad (4.18)$$

式中，Z、A、ρ 分别为反射体的原子序数、原子量和密度(g/cm³)，全反射 X 射线荧光分析较一般 X 射线荧光分析有更高的检测灵敏度。

4.6　X 射线吸收谱和近限结构

4.6.1　吸收限

实验研究表明，物质对 X 射线的质量吸收系数 μ_m 与波长及物质的原子序数 Z 有如下关系[6-9]：

$$\mu_m \propto \lambda^3 Z^3 \qquad (4.19)$$

图 4.11 给出吸收系数 μ_m 与入射 X 射线波长(能量)的关系，可见，一般地说，吸收系数随波长的减小而急剧下降，但出现一系列吸收突增的峰，对 Pt，$\lambda_K = 0.1582$ Å，$\lambda_{L1} = 0.8940$Å，$\lambda_{L2} = 0.9348$Å，$\lambda_{L3} = 1.0731$Å，这些对应于突增峰的波长(或能量)称为吸收限，K 系的吸收限附近放大于图 4.11(b)中，分为限前区、吸收限区、扩展区，后者又称扩展 X 射线吸收精细结构(EXAFS)区。吸收突增的现象解释如下：当原

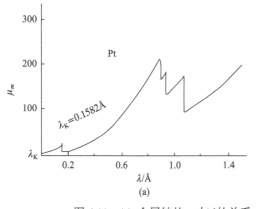

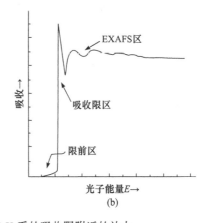

图 4.11　(a) 金属铂的 μ_m 与 λ 的关系；(b) K 系的吸收限附近的放大

子俘获一个 X 射线光子而发生电离时，这个光子的能量必然等于或大于被击电子的结合能；当入射波长较长(能量较小)，光子的能量 $h\dfrac{c}{\lambda}$ 小于某一壳层的电子结合能时，就不能击出这个壳层的电子；但当入射光子能量恰好等于或略大于该壳层电子的结合能时，光子将被物质大量吸收，吸收系数突增。设 K 壳层的电子结合能为 w_K，则 K 系吸收限波长 λ_K 为

$$\lambda_K = \frac{hc}{w_K} \tag{4.20}$$

4.6.2　X 射线吸收谱的近限结构

在图 4.11(b)所示的吸收限区，即凝聚态物质光子能量连续谱中，阈值(吸收限)之上 30～60eV 能量区，吸收谱呈现出强的吸收特征和结构，称为 X 射线吸收近限结构(X-ray absorption near edge structure，XANES)[6-9]。它是由激发的光电子经周围环境的多次散射而造成的。分析这一谱结构，不仅能获得围绕吸收原子周围的局域原子团(cluster)的原子几何配置情况的信息，而且还反映出费米能级之上低位的电子态结构。

解释 XANES 谱特性的理论方法有：

(1) 多重散射理论；

(2) 独立粒子模型或单电子近似，其中哈特里-福克(Hartree-Fock)近似多年前已成功应用到电子结构的计算中；密度泛函理论提出了另一种有效的单电子理论，绘出更精确的基态总能量和电荷密度分布。

上述两种理论和方法，由于其复杂性，这里不作介绍，仅给出一个实际应用的例子，更多的内容和参考文献，可在两篇评论性文章[9,10]中找到。

4.6.3　用 X 射线吸收谱的化学定性定量分析

由前讨论可知，吸收限的能量和波长是元素的表征。如果试样由多种元素组成，则测定该试样的全吸收谱时，就能获得包含各元素的特征吸收限谱线的吸收谱，标定各谱线的能量或波长就能判断试样中存在的元素。用吸收限法做定量分析如下所述。

设试样由吸收限元素 A 和非吸收限元素 i 组成，显然这里 $i = 1, 2, \cdots, n$，$i \neq A$，则试样的吸收系数为

$$\left(\frac{\mu}{\rho}\right)_m = w_A \left(\frac{\mu}{\rho}\right)_A + w_i \left(\frac{\mu}{\rho}\right)_i \tag{4.21}$$

那么透射强度按指数定律衰减，即

$$I = I_0 e^{-\left(\frac{v}{\rho}\right)_m \rho_m} = I_0 e^{-\left[\left(\frac{\mu}{\rho}\right)_A w_A + \left(\frac{\mu}{\rho}\right)_i w_i\right]\rho_m t} \tag{4.22}$$

在 A 元素吸收限上下分别进行测量，这时 A 元素的质量吸收系数分别为 $\left(\frac{\mu}{\rho}\right)_{A\text{上}}$、

$\left(\frac{\mu}{\rho}\right)_{A\text{下}}$，但非吸收限元素的质量吸收系数不变，故有

$$I_{\text{上}} = I_0 e^{-\left[\left(\frac{\mu}{\rho}\right)_{A\text{上}} w_A + \left(\frac{\mu}{\rho}\right)_i w_i\right]\rho_m t} \tag{4.23}$$

$$I_{\text{下}} = I_0 e^{-\left[\left(\frac{\mu}{\rho}\right)_{A\text{下}} w_A + \left(\frac{\mu}{\rho}\right)_i w_i\right]\rho_m t} \tag{4.24}$$

两式相除得

$$\frac{I_{\text{上}}}{I_{\text{下}}} = e^{w_A\left[\left(\frac{\mu}{\rho}\right)_{A\text{下}} - \left(\frac{\mu}{\rho}\right)_{A\text{上}}\right]\rho_m t} \tag{4.25}$$

令

$$\left(\frac{\mu}{\rho}\right)_{A\text{下}} - \left(\frac{\mu}{\rho}\right)_{A\text{上}} = k_A, \qquad \rho_m t = M_m \tag{4.26}$$

$$W_A = \frac{\ln\left(I_{\text{上}}/I_{\text{下}}\right)}{k_A M_m} \tag{4.27}$$

于是可测得吸收限元的质量分数 W_A，其中，ρ_m 和 t 分别为试样的密度和厚度；M_m 为试样单位面积的质量。类似地，在 i 元素吸收限上下进行测量就可求得 w_i。

4.7　扩展 X 射线吸收精细结构

扩展 X 射线吸收精细结构(extended X-ray absorption fine structure，EXAFS)是在 X 射线吸收限高能侧30～1000eV 范围随入射 X 射线光子能量的增大而起伏振荡的现象。这种振荡的幅度很小，一般仅为吸收限处吸收系数的百分之几。这种现象在 20 世纪 30 年代就发现了，但直至 70 年代，Stern 等[13-15]将 EXAFS 函数做傅里叶(Fourier)变换，使它与物质结构(原子排列)联系起来，EXAFS 谱方法才成为一种新的重要结构分析手段，并已有一些相关书籍[6-9]。

4.7.1 EXAFS 的基本原理

1. EXAFS 的产生

EXAFS 的产生是吸收原子与周围近邻原子相互作用的结果，吸收原子 A 内层电子的激发，将产生向外发射的光电子波，称为出射波，这种出射波遇到中心原子近邻的周围原子时，将受到散射而产生背散射波。由于出射波与背散射波的频率相同，它们将在中心吸收原子处发生干涉，按照相位关系，合成波被增强或减弱，即光电子末态波函数随能量的变化增强或减弱，导致吸收系数出现起伏振荡的变化，形成 EXAFS。

2. 基本理论公式

基本理论假定：①物质中的原子排列是短程序的，即使是晶体物质也存在短程序；②假定每一个吸收原子只有一个受激出来的电子；③认为电子只被散射一次。基于这些假设建立的理论可称为短程序单电子单散射 EXAFS 理论。

一般说来，测得的吸收系数，它既反映 EXAFS，也反映其他吸收。为了取出 EXAFS 信息，就需要扣除背底(其他吸收)。其一般公式为

$$\chi(E) = \frac{\mu(E) - \mu_0^l}{\mu_0} \tag{4.28}$$

为了使 $\chi(E)$ 与结构参数联系起来，也需要把能量 E 变换成波矢量 κ，吸收 X 射线光子，产生一个光电子从吸收原子的初态向外传播，可以看成一个球面波，其波长 $\lambda = \dfrac{2\pi}{\kappa}$，这里 κ 是波矢量

$$\kappa = \left[\frac{\pi m}{\hbar^2} (E - E_0) \right]^{\frac{1}{2}} \tag{4.29}$$

$\chi(E)$ 在 κ 空间变为 $\chi(\kappa)$，其理论表达式为

$$\chi(\kappa) = -\sum_j \frac{N_j}{\kappa \gamma_j^2} \left| f_j(\kappa) \right| \exp(-2\kappa^2 \sigma_j^2) \exp[-\gamma_j / \lambda(\kappa)] \sin\left[2\kappa \gamma_j + \phi_j(\kappa) \right] \tag{4.30}$$

式中，各量的物理意义如下：

μ：多原子气体或凝聚态物质中，吸收原子的 1s 或 2s 电子被激发时，物质的线吸收系数；

μ_0：处于自由原子态时物质的线吸收系数；

μ_0^l：多原子气体或凝聚态物质中，将吸收原子看作孤立原子，即不考虑周围原子背散射的影响时，物质的线吸收系数；

N_j：第 j 配位层的配位数；

γ_j：第 j 配位层的原子与中心吸收原子间的平均距离；

$\left| f_j(\kappa) \right|$：第 j 配位层上每个原子的背散射振幅；

σ_j：第 j 配位层上原子与中心吸收原子之间相对位移的均方根值；

$\lambda(\kappa)$：光电子的平均自由程；

$\phi_j(\kappa)$：相移因子。

从式(4.30)可见，EXAFS 振荡是许多衰减的正弦振荡的叠加，其中每个正弦振荡是以吸收原子为中心，以周围近邻原子某一配位层形成的。所以 EXAFS 信息主要来自近配位层的贡献，正弦振荡的相角为 $2\kappa\gamma_j + \varphi_j(\kappa)$。

3. 热和静畸变效应

式(4.30)中 $\exp(-2\kappa^2\sigma_j^2)$ 为德拜-沃勒(Debye-Waller)因子，其导致振幅的指数衰减是由热和静畸变效应引起的，也称无序效应。因无序使原子相对位置发生变化，将影响出射波与背散射波之间的相位关系，从而使相干波的振幅减弱。必须指出，EXAFS 谱中的 $e^{-\kappa^2\sigma^2}$ 与表征 X 射线衍射强度热漫散射的 Debye-Waller 因子 $e^{-\kappa^2u^2}$ 不完全相同。可见无序效应对 EXAFS 振幅衰减更大。

4. E_0 值反相移的可转换性

在式(4.30)中相移因子 $\varphi_j(\kappa)$ 在 EXAFS 分析中是一个重要参数，它是由吸收原子的光电子波与其周围原子的背散射波形成的相干波相位 $2\kappa\gamma_j + \varphi_j(\kappa)$ 中的相移部分。总的相移可表示为吸收原子与散射原子的作用之和：

$$\phi_j = 2\sigma_a(\kappa) + \sigma_s(\kappa) \tag{4.31}$$

式中，下标 a 和 s 分别表示吸收原子和散射原子。

5. 多体效应

式(4.30)表达单电子、单次散射近似，而实际过程则是多体的。

一种多体效应是与吸收原子相关的多电子过程。受 X 射线作用直接激发内层电子称为"主动电子"，吸收原子中的其他电子则称为"被动电子"，设吸收原子包含的总电子数为 N，描述 $N-1$ 个被动电子的状态波函数，在吸收原子的内层电子被激发前、后分别为 φ_{N-1} 和 φ'_{N-1} 时，其对 EXAFS 振幅的贡献取决于它们的重叠情况。

另一种多体效应也导致 EXAFS 振幅的衰减，它与激发态的有限寿命相联系。

6. 多重散射

式(4.30)给出的 EXAFS 函数是单次散射近似，忽略了多重散射的影响，Lee 和 Pendry 曾指出，每一个多重散射过程可用一个等效的散射路径描述，它等于以吸收原子作起点和终点的所有散射路径之总和。例如吸收原子经两个原子散射，双重散射的情况，那么总的路径 $\gamma_1 + \gamma_2 + \gamma_3$ 显然大于被一个原子单次散射的路径 $2\gamma_1$，并可用某一单次散射路径 γ_{eff} 等效：$\gamma_{eff} = \gamma_1 + \gamma_2 + \gamma_3$。一般地，$2\gamma_{eff}$ 都比较大，而且包含依次的大角散射过程，其对应于 κ 空间的 EXAFS 振荡，$\sin\left[2\kappa\gamma_{eff} + \varphi(\kappa)\right]$ 为高频振荡，振幅则随 $\dfrac{1}{\gamma_{eff}^2}$ 衰减很快，对 $\chi(\kappa)$ 作傅里叶变换后，γ 空间的谱 $\varphi(\gamma)$ 包含一些峰，各峰位对应于 γ_j。因此多重散射相应的峰位出现在 γ_{eff} 处，$\gamma_{eff} > \gamma_j$，故多重散射对于研究最近邻原子的分布基本上没有影响。

4.7.2 EXAFS 谱的测量方法

在通常情况下，EXAFS 中的有用信息 $\Delta\mu$ (吸收系数的振荡部分)是吸收边高度的百分之几，因而要求有尽量强且稳定的 X 射线源，以得高信噪比，对能量分辨率也有相当高的要求，同步辐射 X 射线源是最理想的。

1. 透射法

透射法的原理见图 4.12，为了消除入射线中起伏部分的影响，在吸收样品前安装一个部分吸收的探测器 D_0。它记录的强度为

$$I_d = I_0\left[1 - e^{-(\mu x)_d}\right] \tag{4.32}$$

式中，I_0 为入射线的强度；$(\mu x)_d$ 为探测器 D_0 的吸收长度。样品前后的强度分别为

$$
\begin{aligned}
I_0^1 &= I_0 e^{-(\mu x)_d} \\
I_t &= I_0 e^{-(\mu x)_d} e^{\mu_T d}
\end{aligned}
\tag{4.33}
$$

式中，μ_T 为样品总的吸收系数；d 为厚度。若样品中待测元素 A 的吸收系数为 μ_A，其他组合吸收系数为 μ_B，n 表示浓度(原子数每立方厘米)，σ 为原子吸收系数，则有

$$
\begin{aligned}
\mu_T &= \mu_A + \mu_B \\
\mu_A &= n_A \sigma_{A(B)} \\
\mu_B &= \sum_i n_i \sigma_i(E)
\end{aligned}
\tag{4.34}
$$

探测到的信号之比为 I_d / I_t，而我们感兴趣的是 μ_A 中的振荡部分 $\Delta\mu_A$ 的大小。

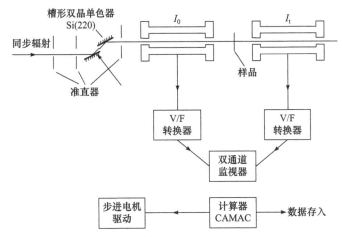

图 4.12　透射法测定 EXAFS 谱的原理图

V/F 为电压-频率；CAMAC 为计算机自动测量和控制

2. 荧光方法

物质吸收 X 射线光子产生荧光 X 射线光子的数目与吸收系数成正比，对于一厚度为 $\mathrm{d}t$ 的薄层样品，吸收入射 X 射线光子后，发出的荧光强度 $\mathrm{d}I_{\mathrm{fA}}$ 为

$$\mathrm{d}I_{\mathrm{fA}} = \mu_{\mathrm{A}}\mathrm{d}t \cdot \omega_{\mathrm{fA}} \tag{4.35}$$

式中，下标 A 表示待测元素 A；ω_{fA} 为荧光产额。考虑厚度 d 的样品，为方便起见，实验样品一般均与入射光和探测器成 45°，如图 4.13 所示，设荧光探测器 D_{f} 的接收立体角为 Ω，考虑到样品对入射光与荧光的吸收，可得

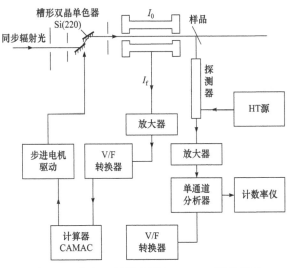

图 4.13　荧光 X 射线法测定 EXAFS 的原理图

HT 为 high throughput

$$I_f = \int_0^{\sqrt{2}d} \frac{\Omega}{4\pi} I_0 e^{-\mu_T(E)x} u_A e^{-\mu_T(E_f)x} dx$$

$$= \frac{\Omega}{4\pi} I_0 \mu_A(E) \omega_{fA} \frac{1}{\mu_T(E) + \mu_T(E_f)} \left\{ 1 - e^{-\sqrt{2}(\mu_T(E) + \mu_T(E_f))d} \right\} \tag{4.36}$$

式中，E_f 为荧光光子能量。

对于薄样品，即 $\mu_T d \ll 1$ 时，式(4.36)简化为

$$I_f = \frac{\Omega}{4\pi} I_0 \mu_A \omega_{fA} \cdot \sqrt{2}d \tag{4.37}$$

对于厚样品，即 $\mu_T d \gg 1$ 时，式(4.36)简化为

$$I_f = \frac{\Omega}{4\pi} I_0 \omega_{fA} \cdot \frac{\mu_A(E)}{\mu_T(E) + \mu_T(E_f)} \tag{4.38}$$

实际上，对透射法中使用的样品 $\mu_T d = 2$，$\sqrt{2}[\mu_T(E) + \mu_T(E)]d \approx 6$，已可看成厚样品。

由于吸收系数 $\mu \propto Z^4$，荧光产额 ω_f 也随 Z 增大，因此，荧光法特别适合于样品中含量很小，Z 较大元素的分析。

3. 俄歇电子和二次电子方法

原子吸收 X 射线光子发出的俄歇(Auger)电子和二次电子也与吸收系数成正比，因此通过探测俄歇电子或二次电子来得到 EXAFS 信号。因电子逸出深度一般为几十埃，故称为表面 EXASF，即 SEXAFS。

电子产额 $\omega_n = 1 - \omega_f$，电子衰减系数近似表示为

$$n(E) = 2 \times 10^8 (E)^{\frac{1}{2}} \, \text{cm}^{-1} \tag{4.39}$$

下面介绍 EXAFS 谱的数据分析和非晶局域结构测定的步骤。

4.7.3　实验测量 EXAFS 谱和预处理

1. 实验数据的收集

实验测量的曲线是强度随入射能量的关系，比如透射法，测定 I_t / I_0-E 的关系曲线，求总吸收系数 μ_{Tx} 随 X 射线能量 E 的变化 $I_t / I_0 = e^{-\mu_{Tx}}$，$\mu_{Tx} = \ln(I_0 / I_t)$。为了求得 μ_{Tx} 随 E 的变化，需作自变量变换，$E = 1239.82 / (2d\sin\theta)$，式中，$\theta$ 为单色光布拉格(Bragg)角，d 为单色晶体的晶面间距，以 nm 为单位，能量 E 以 eV 为单位，

$$\chi(E) = \frac{\mu_{Tx} - \mu_{0x}}{\mu_{0x}} \tag{4.40}$$

2. 扣除背底 μ_{0x}

总的吸收系数是待测原子的吸收系数 μ_x 与背底的吸收系数 μ_{bx} 之和，即 $\mu_{Tx} = \mu_x + \mu_{bx}$，故 $\mu_x = \mu_{Tx} - \mu_{bx}$，见图 4.14。吸收背底包括各种组成部分，主要有两种：除待测原子外，样品中其他原子的吸收；除了待测原子所测定吸收限相应的内层电子激发外，待测原子其他电子激发造成的吸收。例如，测定某元素的 K 吸收限时，该原子中 2s，$2p_{1/2}$，$2p_{3/2}$，3s 束电子的激发都构成吸收背底的一部分；此外，蒸发薄膜样品的衬底材料的吸收也将产生吸收背底。但是，上述吸收背底的叠加随能量单调变化，遵从 Vectoreen 公式 $\mu_b = CE^{-3} + DE^{-4}$，这里 C 和 D 为待定常数。因此背底吸收曲线的求法是：由第一步数据求得 μ_{Tx}-E 曲线，选取吸收限低能侧该曲线上的一些点，进行最小二乘法拟合，求出 C、D，即可计算整个测定能量范围背底吸收随能量的变化曲线。

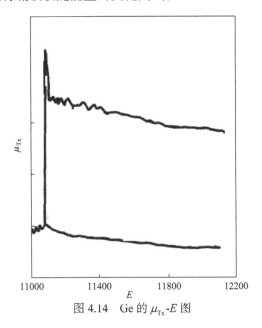

图 4.14　Ge 的 μ_{Tx}-E 图

3. 求自由原子态的吸收曲线 μ_0

由于 $\mu_0(k)$ 所对应的是物质处于自由原子态的吸收系数，目前还没有试验能够测定，也没有理论计算方法可以求得，因此只能采用经验函数拟合的方法求得，应用较多的是样条函数法。

先将第二步求出的 $\mu_\chi \sim E$，变为 k 的函数 $\mu_\chi(k) \sim k$，

$$k = \sqrt{\frac{2m(E - E_0)}{h^2}} = \sqrt{26.3(E - E_0)} \tag{4.41}$$

式中，E_0 是能量阈值，是可调参数，一般可以先选取吸收限处曲线的拐点所对应的能量为 E_0，然后再作调节，根据

$$\chi(k) = \frac{\mu(k) - \mu_0(k)}{\mu_0(k)} = \sum_j A_j(k)\sin[(2kr_j + \varphi_j(k)] \tag{4.42}$$

它是一系列衰减正弦振荡函数的叠加，且第一配位层相应的正弦振荡占优势，自由原子态的吸收曲线随 k 单调变化的函数。据此，可以认为 $\mu_{0x}(k)$ 为一条光滑曲线，故在吸收曲线的振荡部分，作一条尽可能平分振荡正、负的光滑曲线，再按样条函数法求此函数的拟合曲线，即得到欲求的 $\mu_{0x}(k)$，如图 4.15(a)中光滑曲线所示。

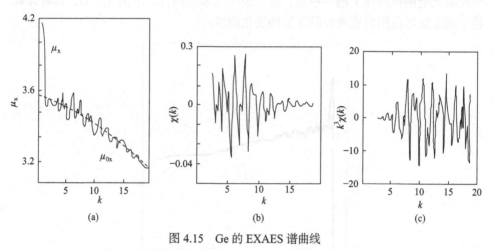

图 4.15　Ge 的 EXAES 谱曲线

(a) Ge 的 μ_x-k 曲线；(b) 扣除光滑背底测得 $\chi(k)$-k 曲线；(c) 函数 $\chi(k)$ 乘以 k^3 得到的 $k^3\chi(k)$-k 曲线

4. 求 EXAFS 函数 $\chi(k)$

求出 $\mu_{0x}(k)$ 之后，根据定义

$$\chi(k) = \frac{\mu\chi(k) - \mu_0^L\chi(k)}{\mu_0\chi(k)} \approx \frac{\mu\chi(k) - \mu_0\chi(k)}{\mu_0\chi(k)}, \qquad \mu_0^L\chi(k) = \mu_0(k) + \Delta\mu_0(k) \tag{4.43}$$

其中，$\Delta\mu_0(k)$ 为将物质中吸收原子视为"孤立"原子时的吸收系数对自由原子吸收系数的修正项。图 4.15(b)为 Ge 的 $\chi(k)$-k 曲线。以 k^3 乘以 $\chi(k)$ 得到图 4.15(c)的 $k^3\chi(k)$-k 曲线，这一步处理是很重要的，因为：

(1) 这一因子抵消了 EXAFS 公式中 k^{-1} 的作用，也大体上抵消了 $|f(k)|^2$ 中 k^{-2} 的作用，使得在以上的 k 值范围内，函数较为均匀。

(2) k^3 权重还有利于消除 EXAFS 中的化学效应。

4.7.4　求径向分布函数 RDF(*r*)

对 $\mu_x\text{-}k$ 曲线作用傅里叶变换(FT)(图 4.16)，并把 k 空间的 $k^3\chi(k)$ 在一定范围内，即 $k_{\min}$ 到 $k_{\max}$ 内的值转换为径向分布函数 RDF(*r*):

$$\text{RDF}(r) = \frac{1}{2\pi^{1/2}} \int_{k_{\min}}^{k_{\max}} k^3 \chi(k) e^{2\pi i k r} dk \tag{4.44}$$

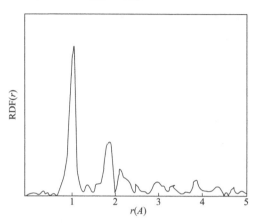

图 4.16　图 4.15(c)中曲线的 FT 的结果

还可作如下计算：$N = \dfrac{Ar^2}{A_s r_s^2} N_s$，这里 N、A、r 分别为未知物的原子数、FT 峰面积、原子间的距离，N_s、A_s、r_s 分别为标样的原子数、FT 峰面积、原子间的距离。

曲线拟合技术是在 k 空间最佳拟合 $k^n \chi(k)$ 谱，以便利用最小二乘法和建立在下式得的理论模型统一起来：

$$\chi(k) = \sum_j N_j S_j(k) F_j(k) e^{-2r_j/\lambda(k)} \frac{\sin(2kr_j + \phi_j(k))}{kr_j^2} \tag{4.45a}$$

$$\chi(k) = \sum_j N_j S_j(k) F_j(k) \sqrt{A_j^2 + S_j^2}\ e^{-2r_j/\lambda(k)} \frac{\sin(2kr_j + \phi_j(k) + \arctan(A_j/S_j))}{kr_j^2} \tag{4.45b}$$

4.7.5　结构参数的计算

非晶态结构的主要特点是在任意原子周围仅几个原子间距内的原子排列有一定秩序，即短程有序的局域结构。这里最重要的是最近邻原子的平均距离、这些原子的实际距离偏离平均距离的程度、最近邻原子的品种和数目，以及最大有序范围。通常引用四个结构参数，即最近邻原子的平均距离 r 及其位移 σ、配位数 n

及有序畴尺寸 r_s 来表述这些特点。

1. 最近邻原子的平均距离

原子周围的原子数密度 $\rho(r)$ 是随距离的增大而在平均原子密度 ρ_a 附近上下振荡的，因而可把周围原子分成壳层。$\rho(r)$ 曲线第一个极大是第一原子壳层，依此类推。第一壳层内密度最大处距中心原子的距离就是最近邻原子的平均距离，这个距离也就是双体分布函数 $g(r)$ 的第一峰峰位，因为按定义 $g(r)=\rho(r)/\rho_a$，所以要测 $g(r)$ 才能求出最近邻间距。

2. 原子的平均位移

第一壳层内原子实际位置偏离平均位置的程度表征非晶态结构的无序性，这个无序度可用原子的均方根位移来表示。设第一壳层内任一原子距中心原子的距离为 r_{i1}，则 $\sqrt{\langle (r_{i1}-\overline{r})^2 \rangle}=\sigma$ 可以表示这个平均位移。这个均方根位移等于 $RDF(r)$ 第一峰半峰全宽(FWHM)的 1/2.36 倍。

目前很少有文献提及这个无序参数。主要原因是现在普遍采用的测算 $RDF(r)$ 的方法都对 $RDF(r)$ 第一峰峰形有影响，因而求出的 σ 不能代表原子平均位移。如果我们采用不影响峰形的测算方法，例如能量色散 X 射线衍射法或 Kaplow 迭代法，则这个有意义的参数是会受到重视的。

3. 配位数

配位数目前还没有唯一的确定方法。文献中提出的比较通用的计算方法有三种，它们的要点示于图 4.17 中。

1) 对称的 $rg(r)$ 法

这个方法原来是为准晶模型导出的。该作者认为第一原子壳层的 $rg(r)$ 是对称的，$r^2g(r)$ 是不对称的。配位数 n_1 由下面的积分(图 4.17(a))给出

$$n_1^A = 2\int_{r_0'}^{r_{max}'} 4\pi r \rho_a [rg(r)]_{syn} dr \tag{4.46}$$

式中，r_0' 与 r_{max}' 别为 $rg(r)$ 曲线第一峰左边零值处和峰值处的 r 值。

2) 对称的 $r^2g(r)$ 法

在文献中这个方法是最通用的。它是以 $r^2g(r)$ 曲线第一峰对称为基础的(图 4.17(b))，因而

$$n_1^B = 2\int_{r_0}^{r_{max}} 4\pi \rho_a [r^2 g(r)]_{syn} dr \tag{4.47}$$

式中，r_0 与 r_{max} 分别为 $4\pi r^2\rho_a g(r)$ 曲线第一峰左边零值处和峰位处的 r 值。上下限 r_0 与 r_{max} 易于测定，因此，不同作者所报道的 n_1 值是可以比较的。尽管这个方法常用，但实验测定的 $r^2 g(r)$ 却不一定是对称的。

3）在 $4\pi\rho_a r^2 g(r)$ 曲线上积分到第一极小值

$$n_1^C = \int_{r_0}^{r_{min}} 4\pi r^2 \rho_a g(r)\mathrm{d}r \tag{4.48}$$

式中，r_0 为图 4.17(c) 的第一峰左边零值处；r_{min} 为第一峰右边极小处。这个方法没有物理基础，但在数学上 r_0 与 r_{min} 的定义明确。当出现实验误差所引起的小峰时，这个方法的正确性就值得怀疑。在文献中，当出现这类小峰时就将它任意平滑掉。该方法给出的 n_1 值在三种方法中无疑是最大的。

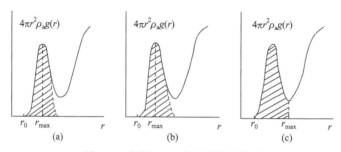

图 4.17　根据 RDF 曲线计算配位数

作为例子，用上述三种方法计算的近熔点液态金属 Cu、Ag、Au 的 n_1 列于表 4.8。由表可见，各种方法所得结果之间有 ±1 的差别。合理的值似乎是它们间的某个值。

表 4.8　最近邻原子的配位数

元素	温度/℃	测量范围		
		(1)	(2)	(3)
Cu	1150	9.9	10.3	11.3
Ag	1000	9.7	10.5	11.3
Au	1150	9.5	10.3	11.9

4. 有序畴尺寸

非晶态材料中双体势的有效作用范围是有限的，一般不到十个原子间距。在 $g(r)$ 曲线上，当 r 增大时 $g(r)\rightarrow 1$，双体相关性逐渐变为零。考虑到实验有误差，平常定义 $g(r)=1.02$ 处的 r 为有序畴尺寸 r_s。

4.8　衍射异常精细结构

1992 年，Stragier、Cross 等提出一种新的结构技术——衍射异常精细结构(DAFS)，它是用选择 Bragg 衍射(SBD)来测定 X 射线吸收近限结构(XANES)和扩展 X 射线吸收精细结构(EXAFS)的方法[11,12]。

4.8.1　衍射异常精细结构的原理

在 X 射线散射研究中，当入射线的频率接近某原子对 X 射线的吸收限时，原子发生离化，非弹性散射变得十分重要，不可忽略，并导致原子散射因子与入射线能量的依赖关系十分明显。由非弹性散射引起的原子散射因子的相对变化，称为异常散射。总的原子散射因子 $f(S,\lambda)$ 写为

$$f(S,\lambda) = f_0(S) + f'(S) + if''(S,\lambda) \tag{4.49}$$

其值可简写为

$$f = \sqrt{(f_0 + f')^2 + (f'')^2} \approx f_0 + f' + \frac{1}{2} \cdot \frac{(f'')^2}{f_0 + f'} \tag{4.50}$$

式中后面两项表明异常散射对原子散射因子的贡献，f' 的相位与 f_0 相反，f'' 显示有 90° 位移。

理论技术和实验测定都表明，任何元素的 f' 和 f'' 随入射线波长的贡献曲线上都分别出现许多低谷和峰值，其位置与该元素对 X 射线的吸收限一致，因此，异常散射有如下性质。

(1) 异常散射修正项 $f' + \dfrac{1}{2}\dfrac{(f'')^2}{f_0 + f}$ 随入射线波长变化，当入射线波长远离吸收限时，异常散射修正一般可以忽略；当在吸收限附近时，异常散射修正量一般相当大，且随散射角增加而增加，异常散射不可忽略；当与吸收限一致时，异常散射影响巨大，在高散射角时可占支配地位。

(2) 由于每种元素有其特征的吸收限，异常散射修正与原子序数有关，因此可精修许多选择元素的衍射(散射)实验。

近 30 多年发展的扩展 X 射线吸收精细结构(EXAFS)和 X 射线吸收近限结构(XANES)就是两种选择衍射(散射)实验。由于在吸收限附近，异常散射极大地影响吸收效应和 X 射线荧光发射效应，故一般用透射法或荧光法来得到 EXAFS 谱和 XANES 谱，且无论是液体或固体试样均可进行测定，其结果是样品某选择元素的总贡献。

用选择 Bragg 衍射来测定 XANES 谱和 EXAFS 谱，这就是 X 射线衍射异常

精细结构, 简称 XDAFS。如果我们能计算不同晶体学位置的原子(或离子)对各 *hkl* 衍射强度的贡献, 就会发现, 特定的 *hkl* 仅仅是某特定晶体学位置上原子(离子)的贡献。故把 DAFS 能提高的信息归纳如下:

(1) 由衍射条件选定的长程有序原子周围的短程序, 即局域结构;

(2) DAFS 在化学上和价比上是灵敏的, 即使近邻为低原子序数的原子也是灵敏的;

(3) 晶格位置不等效的原子具有不同衍射结构因子, 其贡献的不同 Bragg 峰可通过 DAFS 强度来分开。

实验测定 DAFS 谱多在同步辐射 X 射线实验站进行, 可以采用两种方案。

(1) 在某元素的吸收限附近用单色器选定某一能量位置, 再对选定的衍射峰进行常规的 θ-2θ 扫描。测量其衍射峰的积分强度, 然后以一定的步长将单色器转到下一个能量位置, 重复 θ-2θ 扫描, 如此往复直到所需能量范围全部测完。

(2) 确定能量范围的上下限, 计算(或实测)对应的 Bragg 位置, 在确定的能量区间和对应衍射位置区间内确定步长或分阶的步数, 然后按设定同时自动分阶扫描能量和 Bragg 位。

4.8.2　数据分析方法

(1) 实验获得的能量依赖的衍射强度曲线首先用样条函数进行拟合, 得到平滑的背底, 从整个衍射谱扣除样条函数, 然后再除以样条函数就得到平均的 DAFS 振荡曲线; 将 DAFS 振荡曲线分别进行傅里叶变换和傅里叶滤波就得到相应的径向分布函数和单配层 DAFS 曲线。这一分析过程与 XAFS 数据分析完全相似。

(2) 不依赖于晶体结构模型从 DAFS 谱中分离出 XAFS 信号, 然后按 XAFS 数据处理方法得到对应的结构参数, 步骤如下:

(a) 从原始的衍射强度中分离出 $f'(\lambda)$ 和 $f''(\lambda)$;

(b) 用 $\mu_{(\lambda)}(\text{cm}^{-1}) = 0.5632 \times 10^4 \lambda(\text{Å}) N(\text{Å}^{-3}) f''_{(\lambda)}$ 关系转换成 X 射线吸收系数;

(c) 然后可完全按照 XAFS 数据处理方法进行。

图 4.18 给出在(001)MgO 基底外延 2000Å 厚的 $YBa_2Cu_3O_{7-\delta}$ 超导薄膜, 在 Cu 的 K 吸收限对不同(00L)Bragg 散射侧的 DAFS 谱和傅里叶变换谱。由图 4.18(a) 可见两者明显不同, 是两种 Cu 位置的不同晶体学权重和 DAFS 信号的不同相位和大小导致的。图 4.18(b)两个 Cu(1)和 Cu(2)的 DAFS 信号是通过不同(00L)的衍射对的线性分析得到的, 可以看到: Cu(2)位置有一个很强的 O 第一配位峰, Y 第二配位峰也能明显地看出; Ba 第三个配位峰对 Cu(1)位置明显降低; 而 Cu(1) 位置的 O 配位峰相对来说要小得多, 且向低 r 方向移动, 其 Y 第二配位峰明显地压缩得很小, 而 Ba 第三个配位峰相对 Cu(2)要大得多。这些特征完全反映了 $YBa_2Cu_3O_{7-\delta}$ 超导样品中 Cu(1)和 Cu(2)不等效点阵位置的配位情况。

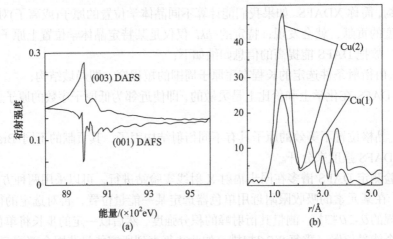

图 4.18　(a) YBa₂Cu₃O₇₋δ 超导薄膜(001)(003)衍射强度随能量变换的曲线；(b) Cu(1)和 Cu(2)位置的 DAFS 信号的 Fourier 变换谱

图 4.19 给出 Eu₂O₃ 和 EuB₆ 中近吸收限 Eu L₃ 的 DAFS 谱，两者差别十分明显，表明在这种化合物中，原子 Eu 的电子态和局域结构都明显不同；Eu₂O₃ 的主谷位在 EuB₆ 的高能量一侧，谷位差达 8.0eV，表明 EuB₆ 中铕离子的价数低于 +3 价，即 +2 价。

该例子表明，在实验上能尽量克服荧光 X 射线对衍射强度的影响干扰之后，选择 Bragg 衍射将成为研究 X 射线吸收近限结构的有效方法；与此类似，选择 Bragg 衍射也可用来研究扩展 X 射线吸收限的精细结构。这种 DAFS 方法的特点是能研究不同晶体学位置同类和异类原子的价态(电子态)和局域结构，这是其他方法无可比拟的。

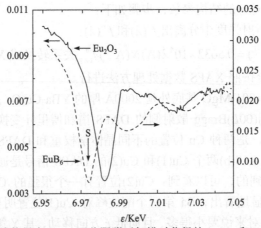

图 4.19　入射线能量在 Eu L₃ 吸收限附近扫描时获得的 Eu₂O₃ 和 EuB₆ 的 DAFS 谱

在能量色散衍射(EDD)方法中，衍射角 2θ 保持不变，而使用多色 X 射线入射或能量扫描，每组点阵平面的衍射由不同的能量给出：

$$2d\sin\theta = \lambda \tag{4.51}$$

式中，d 的单位分别为 Å。能量色散粉末衍射给出试样的晶体结构和化学元素的信息。如果选定所研究物质某一(或某些)d 值的晶面，用选定元素吸收限能量，按式(4.51)计算出 θ 值，将探测器置于这个特定的 2θ 位置，然后作能量扫描，并注意能量通过吸收限及其附近时，能量需扫描阶宽和克服荧光 X 射线的干扰，这样获得的衍射花样除给出试样的晶体结构和化学元素信息外，选定 d 值的衍射线形还包括选定吸收限及其附近的衍射异常精细结构的信息。这种方法可称为异常散射-能量色散衍射(AS-EDD)方法，它可能会成为同时研究晶体结构、重原子组成、离子价态和局域结构的一种新方法。

参 考 文 献

[1] 曾毅, 吴伟, 高建华. 扫描电镜和电子探针的基础及应用. 上海: 上海科学技术出版社, 2009.

[2] 彭昌盛, 宋少先, 谷庆宝. 扫描探针显微技术理论与应用. 北京: 化学工业出版社, 2007.

[3] 戈尔茨坦. 扫描电子显微技术与 X 射线显微分析. 张大同, 译. 北京: 科学出版社, 1988.

[4] 谢忠信. X 射线光谱分析. 北京: 科学出版社, 1982.

[5] 吉昂, 陶光仪, 卓尚军, 等. X 射线荧光光谱分析. 北京: 科学出版社, 2003

[6] 陆坤权. 扩展 X 射线吸收精细结构(EXAFS)谱. 物理学进展, 1985, 5(1): 125-166.

[7] 顾本源, 陆坤权. X 射线吸收近边结构理论. 物理学进展, 1991, 11(1): 106-125.

[8] 王其武, 刘文汉. X 射线吸收精细结构及其应用. 北京: 科学出版社, 1994.

[9] 魏光普. 扩展 X 射线吸收精细结构及其应用. 物理, 1983, (11): 663-669.

[10] Stragier H, Cross J O, Rehr J J, et al. Diffraction anomalous fine structure: a new X-ray structural technique. Phys. Rev. Lett., 1992, 69(12): 3064.

[11] 杨传铮, 朱红妹, 韩定定. 复旦学报(自然科学版). 1995, 34(增刊): 54.

[12] 杨传铮, 韩定定, 朱红妹. Fe$_3$O$_4$ 中铁离子电子态的 XDAFS 研究. 应用科学学报, 1996, 14(4): 398-402.

[13] 贾彦彦, 赵同新, 李哲夫. 微束分析仪器在金属材料研究中的应用. 电子显微学报, 2017, 36(3): 293-299.

[14] Stern E A. Theory of the extended X-ray-absorption fine structure [J]. Phy. ReV. B, 1974, 10(8): 3027-3037.

[15] Sayers D Z, Sfem Z A. New technique for investigating noncrystalline structures: Fourier analysis of the extended X-ray—absorption. Rev. Lett., 1971, 27: 1204-1207.

第 5 章　电沉积材料成分分析的电子能谱法

电子能谱包括光电子能谱(PS)和俄歇电子能谱(AES)，由于激发光源的不同，光电子能谱又分紫外光电子能谱(UPS)和 X 射线光电子能谱(XPS)。这三种电子能谱的原理和分析方法有一定的差别，但能谱仪的基本构造是相类似的。

5.1　光电子和俄歇电子的产生机制

5.1.1　光电效应——光电子产生机制和能量

图 5.1 为光电效应过程的示意图，当能量为 $h\nu$ 的光子与孤立原子 A 碰撞时，若光子能量大于原子中某壳层电子的结合能 E_b，就会将该壳层的束缚电子激发出来，成为光电子，这个过程称为光电效应，也可称为光电离或光致发射，可表示如下：

$$A + h\nu \longrightarrow A^{*+} + e^-$$

其中，A 为中性原子；A^{*+}为处于激发态的离子；e^-为发射出的自由电子，即光电子。根据能量守恒定律，对上述过程有

$$h\nu = E_b + E_k + E_r \tag{5.1}$$

其中，E_b 为结合能。若以自由的真空能级为参比能级，E_b 就是将电子从原子内的束缚能级激发到真空能级所需的能量(表 5.1)；E_k 为发射出的光电子的动能；E_r 为原子的反冲能，可按下式计算：

$$E_r = \frac{1}{2}(M - m)v^2 \tag{5.2}$$

这里，M 与 m 分别表示原子和电子的质量；v 为激发态原子的反冲速度。当光子能量不太大时，原子的反冲能可近似表示为

$$E_r = h\nu \frac{m}{M} \tag{5.3}$$

由于电子质量 m 比原子质量 M 小数千倍至数万倍，所以 E_r 的数值一般都很小，从式(5.3)可知，反冲能 E_r 还与光子的能量 $h\nu$ 有关。表 5.2 列出了使用不

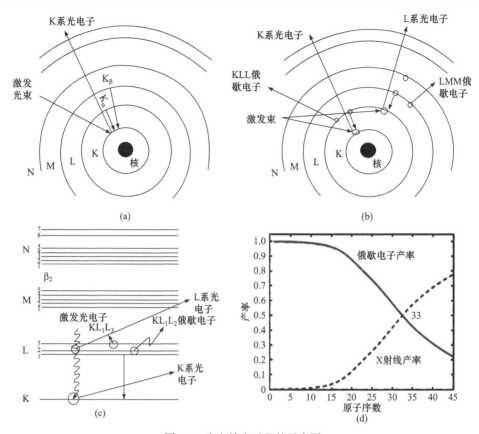

图 5.1　光电效应过程的示意图

(a) 激发出 X 射线；(b) 示意 KLL 和 LMN 系俄歇电子产生的电子壳层的跃迁；(c) 激发光电子和俄歇电子过程的
能级跃迁；(d) K 系 X 射线和 K 系俄歇电子平均产额随原子序数的变化

同 X 射线源时一些原子的最大反冲能，从中可见，E_r 随受激原子的原子序数
的增大而减小，又随 X 射线光子能量的减小而减小。一般地，用 Al Kα 和
Mg Kα 作 X 射线源时，反冲能 E_r 只有 0.01eV 左右，可以忽略不计，这时式 (5.1)
可简化为

$$h\nu = E_k + E_b \tag{5.4}$$

由于用以激发 X 射线光子的能量 $h\nu$ 是已知的(表 4.3)，而光电子的动能 E_k 可以
实验测定，于是从式(5.4)就可计算出电子的结合能 E_b。而各种元素原子的各壳层
电子的结合能，已经由不少其他方法精密测定。表 5.1 列出第 1~47 号元素原子
各壳层电子的结合能。因此只要将计算得到的电子结合能与标准结合能数据表对
比，就可以确定该原子是何种元素，得到元素定性分析结果。

表 5.1 第 1～47 号元素的电子结合能　　　　　　　（单位：eV）

	1s1/2 K	2s1/2 LI	2p1/2 LII	2p3/2 LIII	3s1/2 MI	3p1/2 MII	3p3/2 MIII	3d3/2 MIV	3d5/2 MV	4s1/2 NI	4p1/2 NII	4p3/2 NIII	4d3/2 NIV
1 H	14												
2 He	25												
3 Li	55												
4 Be	111												
5 B	188		8										
6 C	284			7									
7 N	390			9									
8 O	532	24		7									
9 F	686	3		9									
10 Ne	867	45		18									
11 Na	1072	63		21	1								
12 Mg	1305	89		52	3								
13 Al	1506	118	74	73	1								
14 Si	1839	149	100	99	8		3						
15 P	2149	189	135	135	16		10						
16 S	2472	229	165	164	16		8						
17 Cl	2923	270	202	200	18		7						
18 As	3202	320	247	245	28		12						
19 K	3608	377	297	294	34		18						
20 Ca	1038	438	350	347	44		26		8				
21 Sc	4493	500	407	402	54		32		7				
22 Ti	4965	564	461	455	59		34		3				
23 V	5465	328	529	513	66		38						
24 Cr	5989	695	584	575	74		63		2				
25 Mn	6539	769	652	641	84		49		4				
26 Fe	7114	846	723	710	98		56		6				
27 Co	7709	926	794	779	101		60		3				
28 Ni	8333	1008	872	855	112		68		4				
29 Cu	8979	1096	951	931	120		74		2				
30 Zn	9659	1194	1044	1021	137		87		9				
31 Ga	10367	1298	1143	1116	158	107	103	18				1	
32 Ge	11104	1413	1249	1217	181	232	122	29				3	
33 As	11867	1527	1359	1323	204	147	141	41				3	
34 Se	13658	1654	1476	1436	232	158	162	57				6	
35 Br	13474	1782	1596	1550	257	189	182	70	69	27		5	
36 Kr	14326	1921	1727	1675	289	223	214	89		24		11	
37 Rb	15200	2065	1864	1805	322	248	269	112	111	30	15	14	
38 Sr	16105	2216	2007	1940	358	280	269	135	133	38		20	
39 Y	17039	2373	2155	2030	395	313	301	160	158	46		26	3
40 Zr	17998	3532	2307	2223	431	345	331	183	180	52		29	3
41 Nb	18986	2698	2455	2371	469	379	363	208	205	8		34	4
42 Mo	20000	2866	2625	2520	505	410	393	230	227	62		35	2
43 TC	21044	3043	2793	2677	544	445	425	257	253	68		39	2
44 Ru	22117	3224	2967	2838	585	493	461	284	279	75		43	2
45 Rh	23220	3412	3146	3004	627	521	496	312	307	81		48	2
46 Pd	24352	3605	3331	3173	670	559	531	340	335	86	62	51	1
47 Ag	25514	3806	3524	3351	717	302	571	373	367	95		56	3

5.1.2　俄歇电子产生机制

当原子受到激发，电子从内壳层被逐出而产生空位时，称原子处于受激态，这种高能状态是不稳定的，原子外壳层电子会跃入空位，使原子重新处于稳定的基态，这种过程称为受激原子的弛豫或去激发过程。受激原子的去激发过程是从高能态向低能态转变的过程，必然要伴随能量的释放，通常有两种方式。

一种是发射特征 X 射线，如 K 层的电子被激发成 K 系光电子，L 层的电子跃迁至 K 层空位，多余能量就转变为 X 射线光子能量，见图 5.1(a)，这种方式称为辐射弛豫。

另一种方式是原子把多余能量传递给邻近的其他电子，使其脱离原子并成为具有一定动能的自由电子，这种发射电子的过程称为俄歇过程，它是法国物理学家俄歇首先发现的。俄歇过程是无辐射过程，故又称为无辐射弛豫。比如，K 层上的电子被激发成光电子，即在原处留下空位，L 层上的一电子跃迁至 K 空位，它把能量传递给 L 层的另一电子而被激发出体系外，它就是 KLL 俄歇电子。图 5.1(b)示出 KLL 和 LMM 两种俄歇电子发射时电子壳层的跃迁。图 5.1(c)示出 KL_1L_2 和 KL_1L_3 两种俄歇电子产生时的能级跃迁。

由上述可知，特征 X 射线的产生是两个处在不同主壳层上的被激发和跃迁过程；而俄歇电子的产生是一个处在较低主能级的电子被激发，较高主能级的两个电子的跃迁和发射的三电子过程。

在原子受激后的弛豫过程中，一般来说，上述两种过程发生的概率都是有的；但随着受激原子的原子序数的增加，发射俄歇电子的概率逐渐减小，而发射特征 X 射线的概率逐渐增大，K 系 X 射线和 K 系俄歇电子的平均产额随原子序数而变化，图 5.1(d)就是这种变化关系的实验曲线。从图中可看到，对原子序数为 33 的 As 来说，两种过程发生的概率约各占 50%，但对原子序数小于 20 的轻元素来说，俄歇过程的概率大大高于辐射弛豫的概率。由此可见俄歇电子能谱分析特别适宜于轻元素的分析。

5.2　电子能谱仪的基本构造

X 射线光电子能谱(XPS)、紫外光电子能谱(UPS)和俄歇电子能谱(AES)测量的都是低能电子，这些能谱仪的结构基本相同，其主要差别是激发源不同。因此，一台能谱仪，只要配以不同的激发源，就可以兼具 XPS、UPS 和 AES 等多种功能，这是新型电子能谱仪的发展方向。图 5.2 是以 XPS 为主的多功能电子能谱仪的结构框图。从中可见电子能谱仪主要由激发源、样品操作台、用于样品表面溅射剥蚀的离子枪、电子能量分析器、检测器、样品室及真空系统等构成。

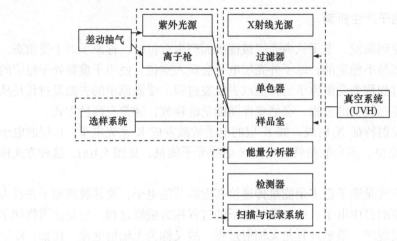

图 5.2　电子能谱仪结构示意图

5.2.1　电子能谱仪的激发源

UPS 的激发光源是紫外(UV)光,用 He、Ne 等气体放电产生的紫外光,见表 5.2,可见紫外光的光子能量是比较低的。

XPS 的激发源是 X 射线,激发源是用轻金属(Mg、Al 等)作阳极靶的 X 射线管(表 5.3)。常用分光晶体使 X 射线单色化,以提高谱仪的分辨率。与表 5.2 相比,可见X射线光子能量比紫外光光子能量大很多。AES 的激发源则一般用强度较大、能量较高(5～10keV)的电子枪。

表 5.2　紫外光电子能谱仪常用的紫外光源

紫外光源	光子能量/eV
He(Ⅰ)	21.2
He(Ⅱ)	40.8
Ne(Ⅰ)	16.5; 16.83
Ar(Ⅰ)	11.62; 11.83
Xe(Ⅰ)	9.55; 8.42
Kr(Ⅰ)	10.02; 10.63

表 5.3　常用于 XPS 的 X 射线激发源

阳极靶材料	X 射线	光子能量/eV	谱线宽度/eV	单色化后谱线宽/eV
Mg	MgKα	1253.6	0.68	—
Al	AlKα	1486.6	0.83	0.17

续表

阳极靶材料	X 射线	光子能量/eV	谱线宽度/eV	单色化后谱线宽/eV
Ag	AgLα	2984.4	2.6	0.8
Cu	CuKα	8055	<2	—
Cr	CrKα	5417	<2	—
Zr	ZrKα	151.4	0.77	—
Zr	ZrLα	2042.4	1.70	—
Y	YMζ	132.3	0.45	—

5.2.2　电子能量分析器

当试样受到 X 射线、紫外线或高能电子束激发时，会产生各种能量的光电子或俄歇电子，为了分别测量各种能量的电子数目以获得电子能谱，则必须用能量分析器将各种不同能量的电子分离，分别探测其数目。电子能量分析器有磁场型和静电型两类。静电型能量分析器体积小，外磁场屏蔽简单，易于安装和调整，因此在大多数仪器中被采用。

常用的静电型电子能量分析器又可分为半球形和筒镜形两种，它们的共同特点是对应于内外两个球状或筒状金属板的一定电势差，只允许一种能量的电子通过，若连续改变两金属板间的电势差，就可对电子能量进行扫描探测。图 5.3 是两种分析器的结构示意图。半球形分析器主要由内外两个同心半球形金属板构成。当两金属板上加以内高外低的电势差 V 时，可以证明，只有当电子动能 E_k 满足以下关系时，该电子才能通过分析器而到达探测器：

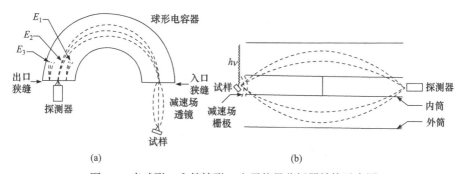

图 5.3　半球形(a)和筒镜形(b)电子能量分析器结构示意图

$$E_k = \frac{eV}{r_2/r_1 - r_1/r_2} \tag{5.5}$$

式中，e 为电子电荷；r_1 和 r_2 分别为内外半球的半径。连续改变电势差 V，就可使不同能量的电子依次通过分析器，获得能谱图。半球形分析器多用于 XPS 与 AES 联用的仪器中。单独的 AES 则多用筒镜形能量分析器。

筒镜形能量分析器由两个同轴金属圆筒组成。试样和探测器分别置于圆筒轴线两端，空心内筒的两端设有电子进口和出口狭缝，内筒接地，外筒上加负电压，这样内外筒之间的静电场就会使光电子或俄歇电子向内筒做弯曲运动，理论分析表明，只有动能 E_k 满足以下关系式的电子才能通过分析器而到达探测器：

$$E_k = \frac{eV}{2\ln(r_2 / r_1)} \tag{5.6}$$

式中，e 为电子电荷；V 为内外圆筒间的电压差；分式中的分母是内外筒半径比 r_2/r_1 的对数。

半球形能量分析器具有聚焦作用，透过率和分辨率比较高。筒镜形能量分析器因其接收角大，故灵敏度高，这对探测电子流强度很小的 AES 较为适用。但筒镜形能量分析器分辨率较低，若采用串联筒镜形能量分析器，使电子先后通过两个分析场，可使分辨率提高。

能量分析器的平均半径很大程度上决定了测量谱线的分辨率。能量分析器的平均半径越大，则光电子通过其间时的能量分散的路径就越长，因而在等同通能的情况下获得的谱线的能量分辨就越高。

能量分析器的平均半径也决定了检测灵敏度。能量分析器的平均半径越大，则光电子在其间传输时的可利用空间就越大，换言之就是传输效率更高，因而在等同能量分辨下的灵敏度越高。

目前商业化 XPS 具备了平均半径达 165mm 的双层半球扇形电子能量分析器，如图 5.4 所示。内层用于采谱，外层用于快速平行化学状态成像。

图 5.4　165mm 平均半径的双层半球扇形的电子能量分析器

5.2.3　检出器与数据处理系统

电子能谱的信号电流本身很小，经过能量分析器后就更小，一般到达检出器的信号电流只有 $10^{-16} \sim 10^{-14}$A 的量级，因此必须用高增益的电子倍增器作检出器。早期的电子倍增器大多是分立倍增电极式，电子先撞击第一个电极，所产生的二次电子受相邻电极正高压的加速撞向第二个电极，得到更多的二次电子，这种过程不断继续，经 20 级左右电极板的倍增，可使电流放大 $10^4 \sim 10^7$ 倍。近期的电子倍增器是通道式的，它是一个曲面的小玻璃管，内壁涂有高电阻电子激励材料，在管的两端加 3kV 左右的高电压，这使高电阻材料表面成为一个连续的倍增电极。信号电子进入低电压(+500V 左右)端后，与管壁上的高阻材料碰撞产生二次电子，这些二次电子受电压加速又撞向管壁，产生更多二次电子，形成雪崩效应。通道式倍增器的增益为 $10^7 \sim 10^8$。

电子倍增器的输出电流经前置放大器、放大器、甄别器以及记数率计等系统处理后，可将图谱显示在 X-Y 记录仪上。也可将放大、甄别后的信号经计算机接口使数据数字化，并存入计算机进行数据处理，然后，显示或打印出电子能谱图。

目前最高级的 XPS 正在采用一种新型的二位阵列检测器——延迟线检测器(delay-line detector，DLD)，该检测器具备 100 个以上的物理通道，上下两层铺设的弯折成物理通道的延迟线在受到倍增后的电子打击后，形成的电脉冲将分别向导线的两端传播。利用计时线路记录下电脉冲到达导线两端的时间差，再乘以电脉冲的传播速度(光速)，就获得了电脉冲传播的距离差，亦即可以确定打击点的位置。同时，光电子的信号强度将被脉冲高度分析器记录。因此，该检测器可以兼作采谱检测器和成像检测器。

延迟线检测器具有较多的物理通道(图 5.5)，所以具备快速采谱("拍照"式采谱)的功能，可以在短至数秒钟的时间内获得某一元素的完整的 XPS 谱，从而实现动态(瞬态)XPS 分析，代表了未来 XPS 检测系统的发展方向。

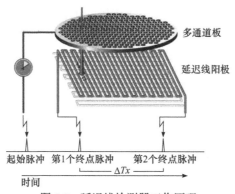

图 5.5　延迟线检测器工作原理

由于延迟线的每一个通道具有足够的长度，所以可以获得足够高的计数率，从而可以大大地缩短计数时间。若采用传统的扫描计数模式，每一次仅记录一个能量值的光电子强度，那么记录一个 XPS 谱图的时间一般为数分钟，而采用延迟线检测器以后，一定能量区间范围的光电子的信号被一次性地记录下来，记录时间仅数秒钟。

5.2.4 试样室和真空系统

由于电子和离子都要在高真空系统中才能自由运动，所以电子能谱仪的样品室等主要腔体和管道都要在 $10^{-8}Pa$ 左右的超高真空下运行。此外电子能谱分析极易受到试样表面污染的影响，所以也必须使试样处于超高真空中。试样在进入样品室之前，还须先在较低真空的预处理室进行氩离子轰击清洗等。

5.2.5 多目的能谱仪

在 XPS 中，配备适当的电子枪作俄歇电子激发源，就可利用同样的分析器、检测器及电子学系统进行俄歇电子能谱分析。很多谱仪中备有氩离子枪，用于轰击清洗试样表面，或对试样进行离子轰击剥蚀、进行深度剖析。样品室可配备加热、制冷等装置，这对研究吸附解析、催化反应，以及高温、低温状态时试样的能谱变化情况特别有用。不少谱仪中还配有低能电子枪，以便对绝缘试样表面冲注电子以中和其表面的积累电荷。有些谱仪还在真空室内配有试样的原位断裂附件、薄膜蒸发沉积设备等。

5.3 X 射线光电子能谱

5.3.1 X 射线光电子能谱基本原理

XPS 是用 X 射线来照射试样，激发出试样中各种原子的光电子，并测量这些光电子的动能，从而判别试样中含有哪些元素的分析方法。

对用作激发的 X 射线源的要求是 X 射线光子能量足以激发出光电子，并要求 X 射线强度高、谱线宽度小。X 射线的谱线宽度决定了 XPS 能谱图中谱峰的宽度，对仪器的分辨率有很大影响。满足上述要求且容易制作的是以 Mg 和 Al 为阳极靶的 X 射线源。Mg Kα 线的光子能量为 1253.5eV，线宽 0.7eV；而 Al Kα 线的光子能量为 1486.6eV，线宽 0.85eV。两者线宽都小，稳定性好，且 Mg 和 Al 靶的激发电压都在 15kV 以下，技术上容易实现。现在有些谱仪中还配有 Mg/Al 双阳极 X 射线源，也有的配有 Mg/Zr, Al/Zr 等双阳极源。Zr 的 Lα 线光子能量为 2042.2eV，虽然线宽较大(1.7eV)，但对 Al、Si 等待测元素特别灵敏，故也常被采用。表 5.3

已列出了 XPS 中常用的激发源及其某些特性。利用 Mg、Al、Zr 等阳极靶获得其特征 X 射线时，常伴有其他不需要的特征谱线及连续谱，因此常需用单色器进行纯化。

用上述方法获得的都是离散谱线，强度也往往不够高，使用上受到限制。利用同步辐射源可获得 10eV 到 10keV 连续变化的 X 射线源，这样可针对待测元素的特定电子层，选取最适宜波长的 X 射线，从而获得最高的光电离截面。另一方面，同步辐射源有很高的强度，从而可提高 XPS 谱图的信噪比和光电子流强度，也大大提高了谱图的分辨率和灵敏度，非常有利于分析过程。

日本岛津公司的 Al/Ag 单色化双阳极：采用 Al 单色化 X 光源的石英单色器，将 AgLα 单色化，得到本征线宽仅为 0.8eV 的高能 X 射线，AgLα 的能量为 2984.4eV。利用 AgLα 源可以获得更深的深度信息，同时改变了光电子的动能，可以排除复杂样品中俄歇峰的干扰，对于分析过渡金属的氧化状态有非常理想的效果。表 5.4 总结了以不同 X 射线源激发一些原了时的反冲能。

表 5.4　以不同 X 射线源激发一些原子时的反冲能　　　　　(单位：eV)

被激发原子	AgKα	RuKα	AlKα
H	16	5	0.9
Li	2	0.8	0.1
Na	0.7	0.2	0.04
K	0.4	0.1	0.02
Rb	0.2	0.06	0.01

但原子并不是孤立的原子，而是处在凝聚态物质(例如晶体)中，则还应当考虑光电子从晶体中逸出时，所需的逸出功(又称功函数)的影响[1]。在固体中，轨道电子的结合能是指从该轨道能级跃迁到费米能级所需的能量。费米能级是指固体能带中充满电子的最高能级，而逸出功 φ_{sa} 是指电子由费米能级 E_F 进入真空成为静止自由电子(其能量为 E_L)所需的能量。这时有

$$h\nu = E_b + E_k + \varphi_{sa} \tag{5.7}$$

实际上当试样放入电子能谱仪时，试样与谱仪的试样架之间还存在接触电势差 ΔV。接触电势差的产生是由试样的逸出功 φ_{sa} 与仪器的逸出功 φ_{sp} 不一致而造成的，如图 5.6 所示，它由固体试样(晶体)的功函数 φ_{sa} 及能谱仪的功函数 φ_{sp} 之差决定，即

$$\Delta V = \varphi_{sa} - \varphi_{sp} \tag{5.8}$$

根据固体物理，当两种材料(在此指试样与仪器)相互接触时，它们的费米能

级(标志着电子的填充水平)将处在同一水平上，因此有 $\varphi_{sa}+E_k=\varphi_{sp}+E_k'$。这时自由电子的动能将由 E_k 增加到 $E_k'=E_k+\Delta V$，于是有

$$hv = E_b + E_k' + \varphi_{sp} \tag{5.9}$$

固体试样的逸出功 φ_{sa} 因试样而异，但仪器的逸出功 φ_{sp} 却为一定值，约为4eV。因此根据光子能量和测得的光电子动能 E_k'，就可算出原子中电子的结合能。在某些能谱仪中，谱仪的功函数常用电子学方法予以补偿。

为了消除仪器因素的影响，使测得的结合能数据尽量准确，常用表5.5所列标准数据来校对，进行电子能量标定。

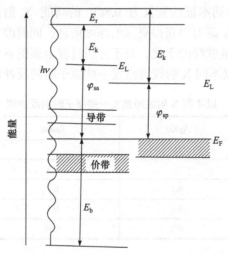

图 5.6　固体试样 X 射线光电子能谱中的各种能量关系

E_b 为电子结合能；φ_{sa} 为试样的功函数；φ_{sp} 为谱仪测量的功函数；E_k' 为试样发射电子的动能；
E_k 为谱仪测量的电子动能；E_r 为反冲能量；E_L 为自由电子能量；E_F 为费米能级

表 5.5　光电子能谱常用标准谱线

原子能级		结合能/eV	原子能级		结合能/eV
Cu	$2p_{3/2}$	932(2)	Na	1s	870.37(9)
Ag	$3p_{3/2}$	573.0(3)	F	$1s(CF_4)$	695.52(14)
Ag	$3d_{5/2}$	368.2(2)	O	$1s(CO_2)$	541.28(12)
Pd	$3d_{5/2}$	335.2(2)	N	$1s(N_2)$	409.93(10)
C	1s	284.3(3)	C	$1s(CO_2)$	297.69(14)
C(石墨)	1s	284.0	Ar	$2p_{3/2}$	248.62(8)
Cu	3a	122.9(2)	Kr	$3p_{3/2}$	22.55(15)

续表

原子能级		结合能/eV	原子能级		结合能/eV
Au	$4f_{7/2}$	83.8(2)	Na	$2s_{1/2}$	48.47
Pt	$4f_{7/2}$	71.0(2)	Na	$2p_{3/2}$	21.59
Pd	$4d_{3/2}$	0.0(1)	Ar	$3p_{3/2}$	2.81
Kr	$3d_{5/2}$	93.80(10)			

从上可知，在光子能量确定后，光电子的能量是与原子各壳层电子的结合能有关的，是每种元素原子的特征值。若把测得的光电子数目相对于光电子的能量来作图，就可得到光电子能谱图，则可看出每种元素的原子都有其特征的光电子能谱，这就是用光电子能谱进行元素定性分析的依据，图 5.7 是用 MgKα X 射线作激发源得到的银(Ag)原子的光电子能谱图。

从图 5.7 可知，同一元素原子各壳层(轨道)产生的光电子数目不一样，对 Ag 来说 $3p_{5/2}$ 峰最强，$3p_{3/2}$ 峰次之，其他比较弱。能谱峰的相对强度代表各种不同能量的光电子的相对数目，它由光子与该轨道电子相互碰撞产生光电效应的概率所决定。这种概率又称为光电效应截面。理论分析与实践表明，光电效应概率与入射光子的能量 $h\nu$、受激原子的原子序数 Z 以及电子在原子中所处的轨道等多种因素有关。

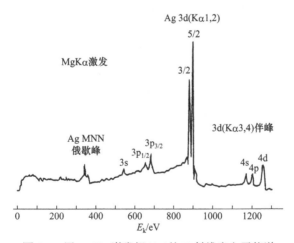

图 5.7　用 MgKα 激发银(Ag)的 X 射线光电子能谱

当试样是由多种元素原子组成的气体分子、固体化合物、固溶体、合金等材料时，各种元素的光电子能谱都会呈现在同一谱图中，而且各元素的特征峰强度将与它在试样中所含的原子百分数有一定的比例关系，据此就可测得试样中各元素的相对含量，进行定量分析。图 5.8 是一个月球土壤样品的 X 射线光电子能谱图 (MgKα 激发)，从中可见月球土壤的主要成分也是 Al、Si、K、Cl、C、O 等元素。

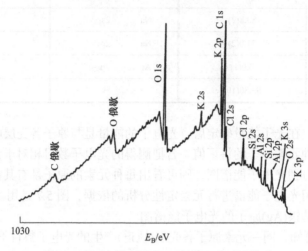

图 5.8　月球土壤样品的 X 射线光电子能谱图

5.3.2　光电子谱峰的物理位移与化学位移

试样原子周围物理环境与化学环境的变化会引起原子的光电子能谱峰的位移，由物理因素引起的称为物理位移，由化学因素引起的称为化学位移。

物理位移中比较明显的是由固体的热效应和表面电荷效应引起的谱峰位移。化学位移是原子周围电子云分布的变化造成的。原子中各个轨道能级的位置不但受到原子内部电子云分布的影响，也受到原子外部其他原子的电子云分布的影响，因此原子周围电荷分布情况的变化，例如原子价态的变化、原子与不同电负性元素结合等，都会导致光电子能谱峰的位移，这种化学位移的数值一般在几个电子伏。

三氟醋酸乙酯($CF_3COOC_2H_5$)中处于四种不同化学环境的 C 原子造成电子能谱中 C 的 1s 电子结合能的变化，是原子电负性影响化学位移的很好例子。三氟醋酸乙酯的结构式为

$$\begin{array}{ccccc}
F & O & & H & H \\
| & | & & | & | \\
F-C & -C & -O-C & -C-H \\
| & & & | & | \\
F & & & H & H
\end{array}$$

可见分子中的四个 C 原子处在四种不同的化学环境中，即 F_3-C；$-\overset{\overset{O}{\|}}{C}-O$；$\overset{|}{O}-C-H_2$ 和 $-CH_3$。分子中四种元素的电负性大小次序为 F>O>C>H。由于 F 的电负性大，所以与 F 结合的 C 周围负电荷密度较低，对 C_{1s} 电子的屏蔽作用也小，

使 1s 电子与 C 原子核结合较紧密，结合能就大。图 5.9 中，—CF$_3$ 的 C$_{1s}$ 已从原来的 284eV 正位移至 292.2eV；—CH$_3$ 中的 C$_{1s}$ 则由于 H 的电负性小，E_b 就小，位于图中谱峰的最右边；另两种情况，C$_{1s}$ 电子结合能介于上述两种情况之间。

　　这个例子说明，借助光电子能谱可以分析原子的结合状态。当原子处于不同的氧化态，或不同价态时，其中电子的结合能也会发生，造成在光电子能谱中谱峰的位移，图 5.10 中显示了金属铍、氧化铍和氟化铍中 Be 的 1s 电子的光电子能谱峰的位移情况，可见氧化铍中 Be 的 1s 电子的结合能要比金属铍的大 3eV 左右。通常原子内壳层电子的结合能随着原子氧化态的增高而增大。

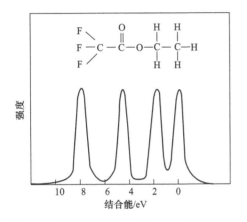 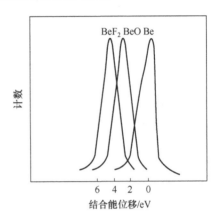

图 5.9　三氟醋酸乙酯中 C 的 1s 电子的光电子　　图 5.10　金属铍、氧化铍和氟化铍中 Be 的 1s
　　　　能谱图(用 AlKα 作激发源)　　　　　　　　　　　　电子的光电子能谱图

5.3.3　深度剖析

　　XPS 也可如二次离子质谱(SIMS)那样进行深度剖析。通常有两种方法可观察深度剖析效应。第一种变角 XPS 深度分析是使样品倾斜(相对于入射 X 光束)，改变倾角可以改变接收到的光电子的发射深度，从而可观察到成分和深度的关系，而且不破坏试样，但这种方法只能观察很薄的表面处的成分变化。第二种氩离子溅射深度分析是用惰性气体(Ar 等)离子束轰击剥蚀样品，并记录 XPS 随深度的变化情况，这个过程与 SIMS 完全相似。这种离子轰击剥蚀方法也被应用于 AES 中，以作深度剖析。

5.4　紫外光电子能谱

　　紫外光电子能谱是以紫外线为激发源获得光电子，然后测量光电子动能的分析方法，用作紫外光电子能谱激发源的大多是 He、Ne、Ar 等气体放电光源产生的紫外线，如表 5.2 所示。

　　紫外光子的能量只有几十电子伏，比 X 射线光子能量小很多，所以只能激发出原子或分子的外层价电子。价电子的结合能习惯上称为电离能。紫外光电子能谱较多地用于分析气体试样。当气体分子受紫外光照射时，会产生一个光电子和一个处于激发态的分子离子，并且这个离子可处于一定的振动、转动状态。因此，入射光子的能量将耗损于以下几个方面：光电子的电离能 I；光电子的动能 E_k；分子的振动能 E_v 和转动能 E_r，故有

$$hv = I + E_k + E_v + E_r \tag{5.10}$$

其中，转动能 E_r 很小，可忽略不计；而分子振动能 E_v 可达数百毫电子伏(即 $0.05\sim0.5\mathrm{eV}$)。当采用高分辨紫外光电子能谱仪时，可观测到分子振动的精细结构，这是因为紫外光的谱线宽度较窄，且分子振动周期为 $10^{-13}\mathrm{s}$，而光电离过程的时间长度约为 $10^{-16}\mathrm{s}$，远比分子振动要快，因此易于观测。但在 X 射线光电子能谱中却无法观测到分子振动引起的精细结构，这主要是因为 X 射线的自然线宽在 $0.5\sim2\mathrm{eV}$，已经大于分子振动能级 E_v 的能级差 ΔE_v。

　　在高分辨紫外光电子能谱图中，常可见到多个谱带，它们与原子或分子的第一电离电势、第二电离电势、…相对应。在一个谱带中还可见到与振动能级对应的精细结构，图 5.11 是空气的紫外光电子能谱图，从中可见，空气中所含的 O_2、N_2、CO_2 等都有它们的能谱峰，其中 O_2、N_2 等都有第Ⅰ、第Ⅱ、第Ⅲ、…多个谱带，不少谱带中还可见到与振动能级对应的精细结构峰。

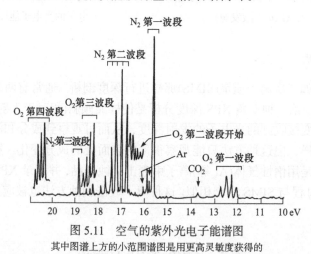

图 5.11　空气的紫外光电子能谱图
其中图谱上方的小范围谱图是用更高灵敏度获得的

　　实验表明，紫外光电子能谱的位置及形状与分子轨道结构及成键情况有关。由非键或弱键轨道中电离出来的电子的谱峰很窄，而成键及强键轨道中电离出来

的电子谱峰较宽。图 5.12 是一些典型的自强光电子能谱谱带形状。

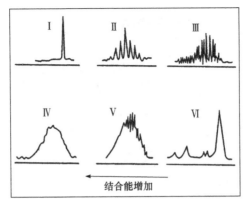

图 5.12 典型的自强光电子能谱谱带的形状

Ⅰ-非键或弱键轨道；Ⅱ、Ⅲ-成键或反键轨道；Ⅳ-非常强的成键或反键轨道；
Ⅴ-振动谱叠加在离子的连续谱上；Ⅵ-组合谱带

由于每种物质都有其特征的紫外光电子能谱图，所以与红外吸收光谱相似，利用与标准图谱相比较的方法，紫外光电子能谱可用于化合物的定性鉴定及结构分析，还可用于鉴别同素异构体，确定化合物中原子的取代作用和配位作用。

紫外光电子能谱特别适用于固体表面状态的分析，这是因为紫外光电子能量小，逸出深度也小，所以常用于研究固体表面能带结构、表面原子排列与电子结构、表面吸附机理、表面催化机理等表面物理与化学方面的研究。由于紫外光电子能谱的谱峰位置和强度受很多因素影响，因此难以用作元素定性及定量分析。

5.5 光电子能谱的定性定量分析

用常规的紫外线或 X 射线激发原子的光电子的紫外线光电子能谱和 X 射线光电子能谱(XPS)已经比较成熟和广泛应用，特别是 XPS 能作为化学分析的重要手段，故被称为"化学分析用电子能谱"(ESCA)。

5.5.1 光电子谱的能量和强度

图 5.13(a)为 Ne 的 K 壳层电子的光电子能谱图，除能量为 616eV 的主峰外，还伴随着很多峰。震离(shake-off)——外层电子跃迁到连续自由态，即电离过程，只增加谱的背底，其余的都是震激谱线，即内层电子发射时，外层电子跃迁到更外层的束缚能级，此过程称电子震激(shake-up)，图 5.13(b)给出了 Ne 的 1s 发射光电子激发时的震激、震离过程的示意图。

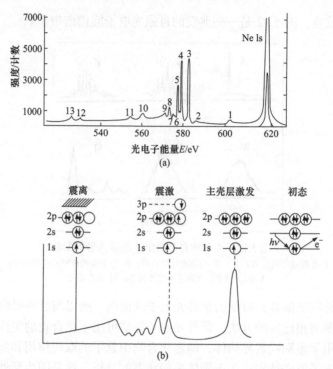

图 5.13　(a) Ne 原子 K 壳层电子的光电子能谱图；(b) Ne 的 1s 发射光电子激发时的震激和震离
过程图解

　　光电子进入电子能谱仪后具有的动能 E_e^*：

$$E_e^* = h\nu - E_b - \Phi_{SP}$$

其中，E_b 为电子的结合能，所谓结合能就是将某一芯能级的一个电子移到真空能级(气体)或费米能级(固体)所需的能量；Φ_{SP} 为谱仪材料的功函数。因此，只要测得光电子能量 E_e，即可从实验上求得电子的结合能。

　　由震激出现的伴峰相对应的光电子动能 E_e^* 为

$$E_e^* = h\nu - \left(E_f^* - E_i^*\right) \tag{5.11}$$

式中，E_i^* 和 E_f^* 分别代表震激初态和末态的能量。伴峰与主峰间的能量间隔 ΔE 为

$$\Delta E = E_e - E_e^* = E_f^* - E_f \tag{5.12}$$

谱图上光电子峰的强度是指光电子峰的面积，其对应于未经非弹性散射的光子信号的强度，即发射光电子数目的多少。对于 i 元素能量为 E_{ei} 的光电子峰的强度 I_i 可表达为

$$I_i = I_0 \, C_i \sigma_i \lambda_{T(E_{ei})} D_{(E_{ei})} \tag{5.13}$$

其中，I_0 是入射线的光子能量；C_i 是 i 元素的浓度；σ_i 是光电效应截面，即光致激发概率；$\lambda_{\mathrm{T}(E_{ei})}$ 是能量为 E_{ei} 的光电子在试样主体材料中的平均自由程；$D_{(E_{ei})}$ 是探测器对能量为 E_{ei} 的光电子的探测效率。

5.5.2　X 射线光电子能谱定量化学分析

由于元素周期表中每一种元素的原子结构都与其他元素不同，所以只要测定某元素一条或几条光电子能谱峰的位置就能很容易识别分析样品表面存在的元素，即使是周期表中相邻元素，它们同种能级的电子结合能相差还是相当远，因此就能鉴定周期表中除 H 以外的所有元素。

由式(5.13)可知，如果 $I_0, \sigma_i, \lambda_{\mathrm{T}}$ 和 $D_{(E_{ei})}$ 都知道，则根据测得的 I_i 可计算出浓度 C_i，但 I_0 和 $D_{(E_{ei})}$ 通常不知道，σ 和 λ_{T} 需作理论计算，因此做定量分析不是一件简单的事。如果作相对浓度测定就简单得多，根据式(5.13)得

$$\frac{C_i}{C_m} = \frac{I_i}{I_m} \cdot \frac{\sigma_m}{\sigma_i} \cdot \frac{\lambda_{\mathrm{T}(E_{em})}}{\lambda_{\mathrm{T}(E_{ei})}} \cdot \frac{D_{(E_{em})}}{D_{(E_{ei})}} \tag{5.14}$$

式中，C_i 和 C_m 分别表示杂质 i 和主体 m 原子的浓度；I_i/I_m 从实验中得到。如果是二元合金或化合物，则类似有

$$\frac{C_1}{C_2} = \frac{I_1}{I_2} \cdot \frac{\sigma_1}{\sigma_2} \cdot \frac{\lambda_{\mathrm{T}(E_{e2})}}{\lambda_{\mathrm{T}(E_{e1})}} \cdot \frac{D_{(E_{e2})}}{D_{(E_{e1})}} \tag{5.15}$$

仪器的相对探测效率 $\dfrac{D_{(E_{em})}}{D_{(E_{ei})}}$ 可以测得，因此只要知道相对光电截面和相对光电子平均自由程，就可求得相对浓度。

光电效应截面 σ 可用量子力学计算，例如，Scofield 用相对论，Hartree-Slater 模型对各元素的 σ 作了广泛的理论计算，可作参考使用；对于价电子和内层电子激发，平均自由程可写为

$$\lambda_{\mathrm{T}(E_e)} = \frac{E_e}{a(\ln E_e + b)}$$

$$\frac{\lambda_{\mathrm{T}(E_{em})}}{\lambda_{\mathrm{T}(E_{ei})}} = \frac{E_{em}}{E_{ei}} \cdot \left(\frac{\ln E_{ei} + b_i}{\ln E_{em} + b_m} \right) \approx \frac{E_{em}}{E_{ei}} \cdot \frac{\ln E_{ei} - 2.3}{\ln E_{em} - 2.3} \tag{5.16}$$

这样便可根据式(5.14)或式(5.15)计算原子的相对浓度。

5.5.3 价态研究

光电子发射能够发生的前提是所用入射光源的光子能量必须大到足以把原先位于价带或芯能级上的电子激发到能量高于真空能级的末态，也就是说，在光电子发射过程中能量必须守恒，即

$$E_{f(k)} = E_{i(k)} + h\nu \tag{5.17}$$

可见激发价态电子需要的能量较低，因此紫外光电子谱又称价带光电子能谱，可以用来研究原子价态，以及态密度分布、能带在波矢空间的色散、波函数的对称性等。

原子的内壳层电子的结合能受到核内电荷和核外电荷分布的影响，任何引起这些电荷分布的变化的过程都会使光电子能谱上的谱位置移动。由原子处于不同化学环境而引起的结合能位移，称为化学位移。根据光电子峰的化学位移的测定可得到分析样品的结构和化学信息，激发内层电子而产生的光电子称为芯态光电子能谱。根据激发芯能级结合能的不同，所用光源可以是光子能量为100eV 的真空紫外辐射，也可是能量为几百电子伏到 1～2keV 的软 X 射线，或者硬 X 射线，对于金属及其化合物中元素的芯态激发多用硬 X 射线，故记为XPS。

芯能级上电子的结合能 E_b，也称电离能 I_k，按库普曼斯(Koopmans)近似，它等于其自洽场(SCF)轨道能 E_k^{SCF} 的负值，即

$$E_b = I_k = -E_k^{SCF} \tag{5.18}$$

这一近似还是相当不错的，这是因为造成 I_k 偏高 $-E_k^{SCF}$ 的两个主要因素：电子弛豫和电子关联作用，在一定程度上两者的作用是相互抵消的。

在能量体系中，体现 Koopmans 定理和对体系中电荷分布作基本描述的最简单近似下，两组芯态光电子信号的电离能差——化学位移可表示为

$$I_A - I_B = (E_B - E_A) + e(V_B - V_A) \tag{5.19}$$

这里，下标 A 和 B 用以区分同种元素原子的不同价态；轨道能 E_A 和 E_B 严格对应于价态——原子的一种假想状态，通过把原子绝热地从所处化学环境移到自由空间得到；V_A 和 V_B 是原子在各自所处位置受到的静电势，值得注意的是，"非局域"项 $e(V_B - V_A)$ 通常与"局域"项 $E_B - E_A$ 符号相反，这是影响化学位移的重要因素。可见原子周围的化学环境的差异，这表现为光电子峰位置在单质和不同化合物中会不一样，相互之间的能量差可以零点几到十几电子伏特，这正是芯态光电子能谱用于研究原子价态的依据。

5.6　俄歇电子能谱分析

5.6.1　俄歇电子能谱仪

俄歇电子能谱仪结构的原理见图 5.14(a)，也是由激发源、样品操作台、用于样品表面溅射剥蚀的离子枪、电子能量分析器、检测器、样品室及真空系统等构成[6-9]。图 5.14(b)为一台俄歇电子能谱仪的实物照片，可见还是相当复杂的。

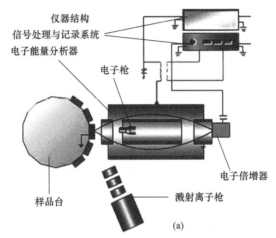

(a)

(b)

图 5.14　俄歇电子能谱仪的结构原理图(a)和一台俄歇电子能谱仪的实物照片(b)

5.6.2　俄歇电子的能量关系

俄歇电子的发射过程涉及原子的三个能级(或壳层)。假设原子受激后在 W 层上留下空位,被 X 层上的电子跃入填充,又将多余能量传递给处于 Y 壳层上的电子,则就以 WXY 表示此俄歇电子。例如,当 K 层电子受激留下空位后,若被 L1 层的电子填充,又将多余能量交给 L2 层电子,则就称此俄歇电子为 KL_1L_2 电子(图 5.15)。

从孤立原子发射的俄歇电子的能量可从它涉及的三个能级算出。例如对 KL_1L_2 电子,若以自由电子的真空能级作为参比能级并设其为 0,则对应的三个能级的能量 E_K、E_{L1}、E_{L2} 都为负值,于是该俄歇电子能量 $E_{KL_1L_2}$ 为

$$E_{KL_1L_2} = (E_{L_1} - E_k) - (0 - E_{L_2}) = E_{L_1} + E_{L_2} - E_k \tag{5.20}$$

实际上俄歇电子的发射过程是双电离过程,当 L1 能级的电子跃迁到 K 能级时,L2 能级就要降低(相当于结合能增大),因此所产生的俄歇电子能量要有一个修正值 $\Delta E_{L_1L_2}$,于是式(5.20)成为

$$E_{KL_1L_2} = E_{L_1} + E_{L_2} + \Delta E_{L_1L_2} - E_k \tag{5.21}$$

一般修正值很小,可以忽略不计。此外,对于固体样品,俄歇电子从原子发射进入固体后,要脱离固体,还需再克服逸出功 φ_s,于是

$$E_{KL_1L_2} = (E_{L_1} + E_{L_2} + \Delta E_{L_1L_2} - E_k) - \varphi_s \tag{5.22}$$

将式(5.20)推广到任一 WXY 俄歇电子,其能量近似地可表示为

$$E_{WXY} = E_X + E_Y - E_W \tag{5.23}$$

事实上,要精确计算俄歇电子的能量,则必须考虑电子跃迁前后原子系统初态和终态的能量差。以下的经验公式常被采用:

$$E_{ZWXY} = E_{ZW} - E_{ZX} - E_{ZY} - (E_{Z+1Y} - E_{ZY} + E_{Z+1X} - E_{ZX}) \tag{5.24}$$

上式左边的 E_{ZWXY} 是原子序数为 Z 的原子所发射的 WXY 俄歇电子的能量。式的右边各项代表原子数为 Z 或 Z+1 的原子的各对应能级电子的束缚能,其中前三项之和为主项;带括号部分为修正项,代表 X 电子不在时 Y 电子束缚能的增加和 Y 电子不在时 X 电子束缚能的增加两者的平均值。下面以 Ni 的 KL_1L_2 俄歇电子能量的计算为例说明之。

式(5.24)中 E 的右上角标出的是元素符号。各种元素原子的对应能级的电子束缚能可从表 5.1 查出,以电子伏特为单位时,得 $E_K^{Ni} = 8333$,$E_{L1}^{Ni} = 1008$,$E_{L2}^{Ni} = 872$,$E_{L1}^{Cu} = 1096$,$E_{L2}^{Cu} = 951$,代入式(5.24)可求出主项为 6453eV,修正项为 84eV,最后得到

$$E_{KL_1L_2}^{Ni} = 6453 - 84 = 6369(eV)$$

这与实验测定值 6384eV 相当符合。

　　从上可知，每种元素原子的俄歇电子能量与该原子的能级结构有关，是该种原子的特征值，也即每种元素的原子都有其特征能量的俄歇电子。因此，我们在试样发射的俄歇电子中，若发现有某种元素原子的俄歇电子存在，就可判定试样中有该元素存在。这是利用俄歇电子能谱进行元素定性分析的依据。图 5.15 表示俄歇电子产生时的能量关系图。

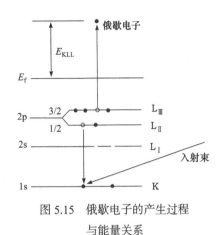

图 5.15　俄歇电子的产生过程
与能量关系

5.6.3　俄歇电子的逸出深度

　　俄歇电子在固体中产生后，大多数都在与周围原子碰撞过程中被吸收或遭受能量损失，只有离固体表面很近的一薄层内产生的俄歇电子，才有可能保持特征能量并逸出表面成为自由电子。这一薄层的厚度称为逸出深度，相当于电子的平均自由程，它的数值与俄歇电子的能量及固体材料的性能有关。对于 50~2000eV 范围内的俄歇电子，其逸出深度(或平均自由程)为 0.4~2nm。正因逸出深度很小，所以俄歇电子能谱特别适用于固体表面分析。

　　俄歇电子的逸出深度可用实验测定。在某种基片(例如硅片)上用真空蒸发等办法沉积一薄层预测逸出深度的材料，薄层的厚度可用控制蒸发时间等办法控制，在蒸发的同时监视来自基片的俄歇电子峰的减弱程度，由此可得俄歇电子在薄膜材料中的逸出深度。

　　由于俄歇电子的逸出深度很小，入射电子束和俄歇电子的侧向扩展效应可以忽略不计，故俄歇能谱分析的空间分辨率主要由入射电子束的直径决定。

5.6.4　俄歇电子流的强度

　　谱仪测得的俄歇电子流的强度 I_A 与两个因素有关：①单位时间内被激发出的俄歇电子数；②被激发出的电子数是否能通过仪器各部件而到达探测器。后者主要与仪器的设计以及探测器效率等有关。前者则正比于原子的电离截面和俄歇电子的发射概率，即 $I_A \propto Q \cdot P$。

　　电离截面 Q 与原子中被束缚电子的能量 E_i 和入射电子的能量 E_P 有关。当 $E_P < E_i$ 时，入射电子能量不足以使原子电离。若 E_P 过大，则入射电子与原子相互作用时间过短，俄歇电子产额也不高。实验表明，当 $E_P \approx 3E_i$ 时，俄歇电流有最大

值。若入射电子与试样表面的入射角较小(10°～30°)，则可获得较大检测体积，使俄歇电流增大。

5.6.5　俄歇电子能谱图

在各种元素的俄歇电子能谱图中，对原子序数 Z 为 3～14 的元素，最显著的俄歇电子峰是由 KLL 跃迁形成的，对原子序数为 14～42 的元素，则是由 LMN 或 LMM 形成的。对 Z 大于 42 的元素，则 MNN 和 MNO 俄歇电子峰最强，通常俄歇能谱分析都是用这些最强峰来进行的。

俄歇电子能谱有直接谱和微分谱两种。直接谱描绘的是俄歇电子强度 $N(E)$ 对其能量 E 的分布图(即 $N(E)$-E 关系线)，而微分谱是从直接谱经微分而得到的，是 $N(E)$ 的微分值 $\mathrm{d}N(E)/\mathrm{d}E$ 与 E 的关系(即 $\mathrm{d}N(E)/\mathrm{d}E$-$E$ 的关系线)。因微分表示斜率，在 $N(E)$-E 关系线的峰顶，斜率由正变负，所以直接谱上的一个峰，在微分谱上变成一个"正峰"和一个"负峰"。微分谱大大提高了信噪比，使俄歇能谱图变得更清晰敏感。在利用微分谱进行分析时，一般以负峰对应的能量值作为俄歇电子能量，据以识别元素，进行定性分析，而正负峰顶的高度差则代表俄歇峰的强度，用于定量分析。图 5.16 是采用 1keV 的入射电子激发得到的银原子的俄歇电子能谱图，其中画出了直接谱 $N(E)$-E 和 $N(E)\times10$-E 及微分谱 $\mathrm{d}N(E)/\mathrm{d}E$-$E$ 的关系曲线，从中可见微分谱最为清晰敏感。

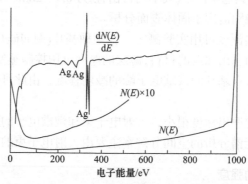

图 5.16　纯银的俄歇电子能谱(直接谱与微分谱)

俄歇电子在逸出固体表面时，可能由各种原因而产生能量损失，从而在主峰的低能端形成伴峰。用以激发的入射电子也可能引起原子内壳层电子电离而产生伴峰，常称为电离损失峰。另外，入射电子还可引起固体表面弱束缚价电子的类似等离子体的振荡激发，从而受到能量损失，由此造成的伴峰称为等离子伴峰。俄歇电子可能多次与固体原子碰撞而逐步损失能量，造成多个等离子伴峰。

5.6.6　俄歇能谱峰的宽度

俄歇电子能谱的谱峰固有宽度，主要取决于以下两个因素。

(1) 寿命加宽。根据量子力学的测不准原理，谱峰宽度ΔE与原子最初电离态的寿命Δt有$\Delta E = h/\Delta t$的关系，其中h为普朗克常量，一般Δt为$10^{-14} \sim 10^{-17}$s，由此算得ΔE可达几个电子伏特的量级，对于KL_1L_2电子甚至可达 10eV 以上。

(2) 电子跃迁的初始能级和终态能级的宽度也会影响谱峰宽度，特别是对固体试样，俄歇电子从固体表面逸出之前，可能会遭受多次碰撞而导致能量逐步损失，从而使谱线变宽。

5.6.7　化学环境对俄歇电子能谱的影响

原子周围化学环境的变化，会导致其俄歇电子能谱的谱峰位移和结构变化。与 XPS 的化学位移相比，俄歇电子能谱的化学位移较难解释。因为前者是单电子过程，而且谱线较窄；而俄歇电子能谱是双电子过程，谱线又比较宽。造成俄歇电子能谱化学位移和谱图结构变化的原因如下所述。

1. 电荷转移

原子周围由价态变化等原因产生的电荷转移，引起内壳层能级移动，从而导致谱峰位移。由于俄歇电子的能量与三个能级有关，三个能级中任一个的变化都会使俄歇电子能量产生变化。例如对 WXY 跃迁而言，若三个能级的能量变化分别为ΔE_W、ΔE_X、ΔE_Y，则根据式(5.23)俄歇电子的化学位移为

$$\Delta E_{WXY} = \Delta E_X + \Delta E_Y - \Delta E_W \tag{5.25}$$

一般这种化学位移的数值在 0.1~20eV。

2. 价电子重排

原子周围环境变化，会形成新的化学键，造成价电子电荷密度的重新排布，这时不但谱峰的位置会变化，而且图谱形状也改变。图 5.17 为纯锰、部分氧化锰和氧化锰的俄歇电子能谱图，可见锰氧化后，不但峰位有移动，而且峰的结构也有变化，在 40eV 处由一个峰变为几个峰。

3. 等离子激发

化学环境的变化会造成不同的等离子激发，从而使峰的结构产生变化。

从上可知，原子周围化学状态的变化会引起俄歇能谱的变化，因此，根据俄歇能谱的谱峰位移和谱图结构变化，反过来也可推断出物质表面价电子重排及化学键等的变化。

俄歇电子能谱则是能量为几千电子伏特的入射线(可为电子束，也可为 X 射线)轰击试样表面，使试样表面逸出俄歇电子，再用电子能量探测器、锁相放大器等接收和放大，最后给出能量分布曲线 $(N(E)\text{-}E)$ 或能量分布微分曲线 $\{dN(E)/dE\text{-}E\}$，见图 5.17，各种逸出的俄歇电子在分布曲线上对应于一个谱峰，它的形状、位置和强度与表面几个原子层内的成分、浓度、价态和价态密度有关。图 5.18 是用 1keV 电子束激发 Ag 获得的俄歇电子能谱曲线，除俄歇电子峰外，还包括弹性电子峰和等离子损失电子峰，用 X 射线激发的俄歇电子谱要简单得多。

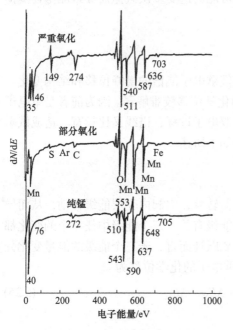

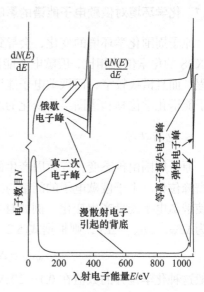

图 5.17　各种化学状态的锰的俄歇电子　　　图 5.18　1kev 电子束轰击 Ag 获得的俄歇电子
能谱图　　　　　　　　　　　　　　　　能谱曲线

5.7　俄歇能谱法定性与定量分析和价态分析

5.7.1　俄歇电子能谱的定性分析

利用俄歇电子能谱进行定性分析主要是指利用测得的俄歇电子能谱与标准能谱进行对照比较的过程。由于俄歇电子的能量强烈依赖于原子序数，所以用俄歇电子来鉴别元素进行定性分析是明确而不易混淆的。各种元素的标准俄歇电子能谱与电子能量图已由国际协作机构精密测定并收集编制成册，可供查阅(例如 L. E. Davis 等编著的《俄歇电子谱手册》)。实验测定的俄歇电子能量是根据直接谱的峰顶能量或微分谱的负峰能量决定的。表 5.1 中列出了原子序数从 1～47 的各元素各层电子的结合能，从中可计算出这些元素的俄歇电子能量。图 5.19 画出了各种元素的多个系列的俄歇电子能量，还用实心圆圈和空心圆圈表示出了各个俄歇峰的相对强度，实心圆圈表示强度最高的俄歇电子。

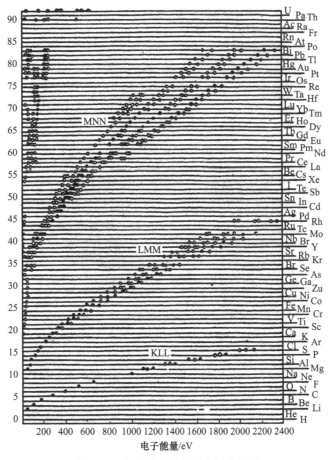

图 5.19　各种元素的俄歇电子能量图

在进行定性分析时，应考虑到可能存在的化学位移，因此实测谱上的峰位能量与标准谱上的峰位能量相差几个电子伏特是可能的。

5.7.2　俄歇电子能谱的定量分析

俄歇电子的能量有三种表达方式。

基本原理表达式为

$$E_{ZA(WXY)} = E_{Z(W)} - E_{Z(XY)} \tag{5.26}$$

其中，$E_{ZA(WXY)}$为原子序为 Z 的 WXY 跃迁俄歇电子的能量；$E_{Z(W)}$为 W 能级出现一个空位时原子的能量；$E_{Z(XY)}$为 X、Y 两个能级上各出现一个空位时原子的能量。

半经验表达式为

$$E_{ZA(WXY)} = E_{Z(W)} - E_{Z(X)} - E_{Z(Y)} - E_{Z(XY)} + R^e_{S(XY)} + R^{ea}_{S(XY)} \tag{5.27}$$

式中，$E_{Z(W)}$、$E_{Z(X)}$、$E_{Z(Y)}$分别为 W、X、Y 三个壳层的电子结合能，可用光电子能谱测出；$E_{Z(XY)}$为空位聚合物；$R^e_{S(XY)}$为原子静态弛豫，表征 X、Y 壳层上各出现一个空位后原子内部其他轨道上电子的弛豫作用；$R^{ea}_{S(XY)}$是原子外部静态弛豫能，它表征原子周围电荷由于 X、Y 壳层各出现一个空位后重新分布而产生弛豫作用。

经验表达式为

$$E_{ZA(WXY)} = E_{Z(W)} - E_{Z(X)} - E_{Z(Y)} - \Delta Z[E_{Z(Y)} - E_{Z+1(Y)}] \tag{5.28}$$

式中，$E_{Z+1(Y)}$是原子序数为 $Z+1$ 时 Y 壳层的电子结合能；ΔZ 为大于 0 小于 1 的经验常数，ΔZ 对不同的 Z 有不同的值，式(5.28)右边各项都可查表得到，故因计算简便而被常用。

当样品为均匀的非晶体，表面理想平整时，在 θ 方位角上单位立体角的 WXY 俄歇电子的强度可表达为

$$\frac{dI_{(WXY)}}{d\Omega} = \frac{\alpha_{(WXY)}}{4\pi} \int_0^\infty f_{(z,E_P,I_P,\phi,E_{(W)},N)} \exp\left(\frac{-\mu z}{\cos\theta}\right) dz \tag{5.29}$$

式中，$\alpha_{(WXY)}$ 为 WXY 俄歇电子的产额；$f_{(z,E_P,I_P,\phi,E_{(W)},N)}$ 是 W 壳层电离后离子密度的纵向(z 方向)的分布，它是入射线能量 E_P、强度 I_P、入射角 ϕ，以及 W 能级的电离能 $E_{(W)}$、试样的原子密度 N 的函数；Ω 为立体角；$\exp\left(\frac{\mu z}{\cos\theta}\right)$ 为俄歇电子向表面输运过程的衰减因子；μ 为 WXY 俄歇电子的衰减系数，$\frac{1}{\mu}$ 为电子的平均自由程 λ。考虑了产额 α、离子纵向分布函数和衰减系数对俄歇电子强度影响后得

$$\frac{dI_{(WXY)}}{d\Omega} = \frac{\alpha_{(WXY)} \cos\theta}{4\pi \cos\varphi} I_P N \sigma_W \lambda \left[1 + \gamma_{(E_{(W)},E_P,Z,\varphi)}\right] R \tag{5.30}$$

其中，σ_W 为 W 能级电子的电离截面；$\gamma_{(E_{(W)},E_P,Z,\varphi)}$ 是背散射系数，它的经验公式为

$$\gamma_{\left(E_{(\mathrm{W})},E_{\mathrm{P}},Z,\varphi\right)} = 28 \times \left[1 - 0.9 \times \frac{E_{(\mathrm{W})}}{E_{\mathrm{P}}}\right]\eta \tag{5.31}$$

$$\eta = 0.00254 + 0.016Z - 0.000186Z^2 + 8.3 \times 10^{-7}Z^3$$

这里，R 为表面粗糙度的经验因子。

俄歇电子的能量对应于电子能谱图中俄歇峰的位置，其主要取决于原子、电子壳层的结构，每种元素都有其特定的电子能谱，这就是定性分析的依据，其步骤如下：①实验获得待测试样的俄歇电子能谱；②标定各俄歇峰的能量；③与标准俄歇谱的数据相对照。

试样表面第 i 个组元的某俄歇电子的强度为

$$I_i = C_i \frac{\alpha_i T \cos\theta}{2\cos\varphi} I_{\mathrm{P}} N \lambda_i \sigma_i R(1+\gamma_i) \tag{5.32}$$

俄歇谱通常用微分谱表示，若用转换系数 K_i 表示 I_i 与对应微分峰上下峰高(或称为峰峰高)H_i 之比，则

$$K_i = \frac{I_i}{H_i}$$
$$H_i = C_i \frac{1}{K_i} \frac{\alpha_i T \cos\theta}{2\cos\varphi} I_{\mathrm{P}} N \lambda_i \sigma_i R(1+\gamma_i) \tag{5.33}$$

其中，T 为电子能量分析器的透射率。式(5.32)和式(5.33)是利用俄歇电子强度或俄歇微分峰峰高作表面组元浓度(原子分数 C_i)的基本方程。其具体方法有两种。

(1) 标样法。

设待测试样中元素 i 的浓度为 C_i^{U}，标准中该元素的浓度为 C_i^{S}，则有

$$\frac{C_i^{\mathrm{U}}}{C_i^{\mathrm{S}}} = \frac{H_i^{\mathrm{U}}}{H_i^{\mathrm{S}}} \cdot \frac{\lambda^{\mathrm{S}}}{\lambda^{\mathrm{U}}} \cdot \left(\frac{1+\gamma_i^{\mathrm{S}}}{1+\gamma_i^{\mathrm{U}}}\right) \tag{5.34}$$

这种方法的突出优点是无须电离截面 σ_i 和俄歇电子产额的数据。当待测样品成分与标样成分相似时，逸出深度和背散射系数也可消除，方法的精度可达 $3\% \sim 5\%$。

(2) 相对灵敏度因子法。

假定所有元素的确切灵敏度因子可以获得，那么样品中元素 i 的原子浓度 C_i 可表达为

$$C_i = \frac{H_i}{S_i}\left(\sum_j \frac{H_j}{S_j}\right)^{-1} \tag{5.35}$$

式中，H_i 和 H_j 为实验测得试样表面 i 元素和 j 元素最大的俄歇峰峰高；S_i 和 S_j 分别为元素 i 和 j 的相对灵敏度因子，它等于纯 i 元素或纯 j 元素的最大俄歇峰峰高与同样实验条件下银的 MNN 351eV 俄歇峰峰高之比，即

$$S_j = \frac{H_j}{H_{Ag}(MNN\ 351eV)} \tag{5.36}$$

美国 Palmberg 等[6]已经测出所有元素的相对灵敏度因子，并制成手册和图表。因此只要测量试样俄歇谱中各成分的主要俄歇峰峰高，便可求出各元素的原子浓度。

相对灵敏度因子法虽不太准确，但十分有用。

5.7.3　用俄歇谱的化学价态研究

当元素的化学价态发生变化时，在俄歇电子能谱中出现两种效应：①俄歇电子能量的变化，即化学位移；②与价电子带有关的俄歇峰形状的变化，反过来，则可根据化学位移和俄歇峰形状的变化来进行化学价态分析。原则上讲，只要化学位移大于俄歇电子能谱仪的能量分辨率，就可以进行上述工作。

5.8　俄歇电子能谱分析的应用

5.8.1　俄歇电子能谱的应用领域

通过正确测定和解释 AES 的特征能量、强度、峰位移、谱线形状和宽度等信息，能直接或间接地获得固体表面的组成、浓度、化学状态等多种数据。

1. 定性分析

定性分析主要是利用俄歇电子的特征能量值来确定固体表面的元素组成。能量的确定在积分谱中是指扣除背底后谱峰的最大值，在微分谱中通常规定负峰对应的能量值。习惯上用微分谱进行定性分析。元素周期表中由 Li 到 U 的绝大多数元素和一些典型化合物的俄歇积分谱及微分谱已汇编成标准 AES 手册，因此由测得的俄歇谱来鉴定探测体积内的元素组成是比较方便的。但是，随着原子序数的增加，俄歇谱线变得复杂并出现重叠；当表面有较多元素同时存在时，这种重叠现象会增多，如 Cr 与 O，F、Fe 和 Mn，Cu 和 Ni 等，这可以采用谱扣除技术进行解决(扣除相同测试条件下纯元素的谱线)。

在与标准谱进行对照时，除重叠现象外还需注意如下情况：

(1) 由化学效应或物理因素引起峰位移或谱线形状变化而引起的差异；

(2) 由与大气接触或在测量过程中试样表面被玷污而引起的玷污元素的峰。

2. 状态分析

对元素的结合状态的分析称为状态分析。AES 的状态分析是利用俄歇峰的化学位移、谱线变化(包括峰的出现或消失)、谱线宽度和特征强度变化等信息。根据这些变化可以推知被测原子的化学结合状态。一般而言，由 AES 解释元素的化学状态比 XPS 更困难。实践中往往需要对多种测试方法的结果进行综合分析后才能作出正确的判断。

3. 深度剖面分析

利用 AES 可以得到元素在原子尺度上的深度方向的分布。为此通常采用惰性气体离子溅射的深度剖面法。由于溅射速率取决于被分析的元素，以及离子束的种类、入射角、能量和束流密度等多种因素，因此溅射速率数值很难确定，一般经常用溅射时间表示深度变化。

4. 界面分析

用 AES 研究元素的界面偏聚时，首先必须暴露界面，如晶界面、相界面、颗粒和基体界面等。一般是利用样品冲断装置，在超高真空中使试样沿界面断裂，得到新鲜的清洁断口，然后以尽量短的时间间隔，对该断口进行俄歇分析。对于在室温不易沿界面断裂的试样，可以采用充氢或液氮冷却等措施。如果还不行，则只能采取金相法切取横截面，磨平、抛光或适当腐蚀显示组织特征，然后再进行俄歇图像分析。

5. 定量分析

AES 定量分析的依据是俄歇谱线强度。表示强度的方法有：在微分谱中一般指正、负两峰间距离，称峰到峰高度，也有人主张用负峰尖和背底间距离表示强度。

5.8.2　在材料分析的应用

俄歇电子能谱仪具有很高的表面灵敏度，在材料表面分析测试方面有着不可替代的作用，通过正确测定和解释 AES 的特征能量、强度、峰位移、谱线形状和宽度等信息，能直接或间接地获得固体表面的组成、浓度、化学状态等多种信息，所以在国内外材料表面分析方面，AES 技术得到广泛运用。

1. 材料失效分析

材料成型过程中存在的缺陷或贮存和使用环境等方面的原因，使得材料或构件在贮存和使用过程中失去原来的使用性能。通过对失效材料或失效件结构或断面进行分析，可以了解失效的原因，为材料改进和构件设计提供技术支持，也可澄清由失效而引起的事故责任。运用俄歇电子能谱仪可以分析断口的化学成分和元素分布，从而了解断裂的原因。盛国裕等通过俄歇电子能谱仪，分析了高温回火的 40Cr 合金结构钢的脆性断口和非脆性断口。脆性断口的俄歇电子谱上 P 和 Sn 谱线的峰值比非脆性断口的峰值强得多，说明 P 和 Sn 元素在脆性断口晶界处严重偏析，使金属材料变脆，造成合金结构钢脆断。

2. 表面元素定性分析

俄歇电子的能量仅与原子的轨道能级有关，与入射电子能量无关，也就是说与激发源无关。对于特定的元素及特定的俄歇跃迁过程，俄歇电子的能量是特征性的。因此可以根据俄歇电子的动能，定性分析样品表面的元素种类。由于每个元素会有多个俄歇峰，因此定性分析的准确度很高。AES 技术可以对除 H 和 He 以外的所有元素进行全分析，这对于未知样品的定性鉴定非常有效。由于激发源的能量远高于原子内层轨道的能量，一束电子可以激发出原子芯能级上多个内层轨道上的电子，加上退激发过程则涉及两个次外层轨道上电子的跃迁。因此，多种俄歇跃迁过程可以同时出现，并在俄歇电子能谱图上产生多组俄歇峰。尤其是原子序数较高的元素，俄歇峰的数目更多，使 AES 的定性分析变得非常复杂。因此，定性分析必须非常小心。元素表面定性分析，主要是利用俄歇电子的特征能量值来确定固体表面的元素组成。能量的确定，在积分谱中是指扣除背底后谱峰的最大值，在微分谱中通常是指负峰对应的能量值。为了增加谱图的信背比，习惯上用微分谱进行定性分析，并利用标准 AES 手册鉴定探测体积内的元素组成。

AES 的采样深度很浅，一般为俄歇电子平均自由程的 3 倍。根据俄歇电子的平均自由程可估计出各种材料的采样深度。一般金属材料为 0.5～2.0nm，有机物为 1.0～3.0nm。对于大部分元素，俄歇峰主要集中在 20～1200eV 范围内，只有少数元素才需要用高能端俄歇峰辅助进行定性分析。尹燕萍等用 595 型多探针俄歇电子能谱仪测得 $LiNbO_3$ 的 AES 谱图，从而得知 $LiNbO_3$ 试样表面很干净，几乎没有碳峰，而 Li、Nb、O 元素的特征峰十分明显。

3. 表面元素半定量分析

样品表面处射俄歇电子强度与样品中该原子的浓度有线性关系，利用这种关系可以进行元素的半定量分析。俄歇电子强度不仅与原子多少有关，还与俄歇电子的逃逸深度、样品的表面光洁度、元素存在的化学状态有关。因此，AES 技术一般不能给出所分析元素的绝对含量，仅能提供元素的相对含量。必须注意的是，AES 给出的相对含量也与谱仪的状况有关。因为不仅各元素的灵敏度因子不同，AES 谱仪对不同能量俄歇电子的传输效率也不同，并会随谱仪污染程度而改变。

当谱仪分析器受到严重污染时，低能端俄歇峰的强度可以大幅度下降。AES 仅提供表面 1～3nm 表面层信息，样品表面的 C、O 污染以及吸附物的存在，也会严重影响定量分析结果。由于俄歇能谱各元素的灵敏度因子与一次电子束的激发能量有关，因此激发源的能量也会影响定量结果。

4. 表面元素价态分析

虽然俄歇电子的动能主要由元素的种类和跃迁轨道所决定，但由于原子外层电子的屏蔽效应，芯能级轨道和次外层轨道上电子的结合能，在不同化学环境中是不一样的，有一些微小的差异。轨道结合能的微小差异可以导致俄歇电子能量的变化，称为俄歇化学位移。一般来说，俄歇电子涉及三个原子轨道能级，其化学位移要比 XPS 的化学位移大得多。利用俄歇化学位移可以分析元素在该物质中的化学价态和存在形式。最初，由于俄歇电子能谱的分辨率低，化学位移的理论分析比较困难，因此俄歇化学效应在化学价态研究上的应用未能得到足够重视。随着俄歇电子能谱技术和理论的发展，俄歇化学效应的应用也受到了重视，利用这种效应可对样品表面进行元素化学成像分析。

5. 表面元素分布分析

AES 表面元素分布分析，也称为 AES 元素分布图像分析。它可以把某种元素在某一区域内的分布以图像方式表示出来，就像电子显微镜照片一样。只不过电子显微镜照片提供的是样品表面形貌，而 AES 提供的是元素的分布图像。结合俄歇化学位移分析，还可以获得特定化学价态元素的化学分布图像。AES 的表面元素分布分析适合于微型材料和技术的研究，也适合表面扩散等领域的研究。在常规分析中，由于该分析方法耗时非常长，一般很少使用。把表面元素分布分析与俄歇化学效应相结合起来，还可以获得元素的化学价态分布图。

5.9　材料成分分析类别及方法

1. 材料成分的统计分析

无论金属材料还是非金属无机材料，在配料、制备之后，人们总希望了解材料化学成分是否正确，是否达到材料设计的要求；材料经过加工成形之后，材料成分有没有变化，以及材料经长期使用之后，材料化学成分是否保持不变等。要回答这几个问题，无疑是要进行材料化学成分的统计测试分析，或称材料化学成分的体相分析。从表 4.1 和表 4.2 可知，进行材料成分统计测试分析的方法有：各种原子光谱、极谱、荧光 X 射线谱、质谱等。其中荧光 X 射线谱最为方便，特别是扫描型荧光光谱仪的出现和多(12)个试样自动转换的转动台的使用之后，就更为方便。

2. 微区分析

微区分析是指分析材料的区域在一个较小的面积范围进行，其面积大小取决于所需实际观测的区域大小和激发源光束尺度。由表 4.2 可知，可供做微区分析的方法有：电子探针显微分析(EPMA)、离子散射光谱、二次离子质谱、荧光 X 射线谱等多种方法。显然微区分析区域的大小取决于打到试样上的电子束、离子束和原级 X 射线束的直径。电子束的大小取决于电子探针中电子束的加速系统、准直和聚焦系统；离子束的大小同样取决于离子束的加速系统、准直和聚焦系统。

原级 X 射线是电中性的，不可能用电磁透镜来准直、聚焦，因此尺度不可能很小。目前日本岛津公司的 XRF-1800 扫描型荧光 X 射线光谱仪的分析区域尺度达 250μm。激光拉曼谱也是微区成分分析的不错选择，其微区尺度取决于激光束的大小。这种微区分析在材料/部件的失效原因分析中有重要作用。

3. 材料剖面成分分析

实际使用材料时，在不少情况下，常常在所用材料的表面做些处理，如涂层、电镀、表面渗透等。而且随后做热处理，材料表层的成分会发生变化，因此往往需要对表面层做材料剖面成分分析。其方法是制备材料的表层的剖面，用能进行微区成分分析的方法，对剖面进行逐点式或扫描式的成分分析。

4. 材料表面分析和界面分析

材料成分的表面分析和界面分析也会经常遇到。比如改善材料/部件的表面性能，需对材料/部件进行表面处理，如渗碳、渗氮处理、表面淬火硬化、喷丸强化等，一般都需要对表面处理前后进行表面化学成分的对比分析，有时还需要对经表面处理后的材料/部件的剖面进行成分分析，以了解某些元素在剖面上及界面的分布。

进行材料表面分析的方法主要选用那些激发源对试样表面的有效轰击深度，电子束仅为几个原子层厚度，原级 X 射线对试样的激发深度为 mm 量级，离子束的激发深度在μm 量级，因此，电子探针和用电子束激发的 AES 对表面成分分析最为有效；二次离子质谱对近表层的成分分析最有效；荧光 X 射线分析最适合于微米至毫米量级的材料表层成分分析。

材料剖面成分分析，首先需将待测试分析的材料/部件制备成垂直于表面的剖面试样，对于极薄的表面可制备与表面成一定角度的斜剖面；其次选用能用作微区的方法，做剖面的逐点式或扫描式测试分析，了解某些元素沿剖面的分布。

5. 常量分析、痕量(微量)分析和超纯分析

材料的成分分析还分为常量分析、痕量(微量)分析和超纯分析等。常量分析与统计分析很相类似，因此，各种原子光谱、极谱、荧光 X 射线谱等是经常应用的方法，而痕量和超纯分析则多用质谱、极谱和中子活化等方法作统计分析，如果要进行微区的痕量或超纯分析，则二次离子质谱是一种合适的方法。

6. 材料中元素价态分析

许多氧化物、硅酸盐等材料中存在阳离子和阴离子，为保持电荷平衡，阳离子总价数必须等于阴离子的总价数。阳离子以什么样的价态存在，要经过实验测定和分析才能得知。从前面各种光谱、能谱的介绍可知，不是所有的光谱(或能谱)都能进行原子价态测定的。光电子能谱、AES 能进行这方面的工作。此外，从 X 射线激发谱的精细结构、扩展 X 射线吸收精细结构(EXAFS)，特别是衍射吸收精细结构(DAFS)能进行这方面工作。

5.10 材料原子价态分析实例

5.10.1 镍-氢电池正极活性材料 β-Ni(OH)₂ 中 Ni 原子价态的光电子能谱分析

为了测试镍-氢电池在充电过程中是否出现正三价 Ni^{3+} 的β-NiOOH，现选择两个典型样品进行光电子能谱分析，其 $2p_{3/2}$ 扫描曲线绘于图 5.20 中[1]。一般不能从扫描图直接获得数据，而以 C-1s 的实测峰位，与其标准峰位(284.6eV)相比较，求得校正量。用其去校准 Ni-$2p_{3/2}$ 实测峰位，结果列入表 5.6 中。由标准值(见表的右侧)可见，两个样品中均未观测到正三价的 Ni^{3+}。

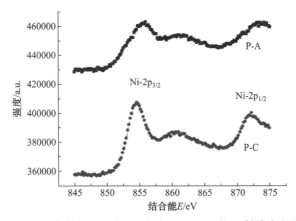

图 5.20 β-Ni(OH)₂ 未充电(P-A)和 0.2 充电 50%(P-C)的 X 射线光电子能谱曲线

表 5.6　典型样品的 X 射线光电子能谱的数据分析

		C -1s/eV			Ni-2p$_{3/2}$/eV		标准值/eV			
		标准	实验	修正值	实验	修正后	Ni	Ni(OH)$_2$	NiOOH	NiO
P-A	未充电	284.6	287.5	−2.9	858.7	855.8	852.7	856.2	858.2	854
P-C	充电 50%		285.9	−1.3	855.9	854.6	852	856.0		

5.10.2　Li(Ni$_{0.6}$Co$_{0.2}$Mn$_{0.2}$)O$_2$ 合成过程中阳离子的价态研究

图 5.21 给出在合成 Li(Ni$_{0.6}$Co$_{0.2}$Mn$_{0.2}$)O$_2$ 的前驱体 Me(OH)$_2$ 中，500℃中间产物(Lncmm)和 900℃最终产物的光电子能谱图。由图 5.21(a)可知，前驱体中不存在 Li 1s 的峰；中间产物和最终产物的 Li 1s 峰都很明显，前者比较宽，后者有分裂的趋向。从图 5.21(b)看到，前驱体中 Ni 以+2 价存在，中间产物和最终产物的 Ni 2p 峰都向低能方向移动，后者移动更大一些。综合起来看，在中间产物和最终产物中，Li 有从+1 价向大于+1 价的变化，而 Ni 有从+2 价向小于+2 价的变化，这可能与 Li 和 Ni 在畸变的 Li(Ni$_{0.6}$Co$_{0.2}$Mn$_{0.2}$)O$_2$(中间产物)和畸变的 Li(Ni$_{0.6}$Co$_{0.2}$Mn$_{0.2}$)O$_2$(最终产物)中的混合占位有关。

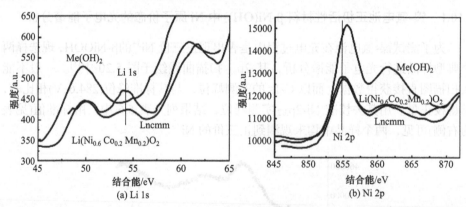

图 5.21　合成 Li(Ni$_{0.6}$Co$_{0.2}$Mn$_{0.2}$)O$_2$ 的三个主要阶段：前聚体[Me(OH)$_2$]、中间产物(Lncmm)和最终产物的光电子能谱图

比较 5.3 节至 5.7 节内容可知，上述四种光谱术都能进行元素的定性、定量分析，也能作原子化学电子态的研究，还能分别以各种信号成像，观测元素化试样中的空间分布，这是它们的共同特点，但它们也各自的特点，如下所述。

(1) X 射线荧光光谱和 X 射线吸收谱适用于大块样品分析，前者为近表面层，后者为透射排列；俄歇电子能谱和光电子能谱只适用于试样表面几个原子层的分析，因此在表面科学中有着广泛的应用。

(2) 在化学位移研究中，两种电子能谱有较高的分辨率，且光电子能谱最常用。然而，对于某些化学价态的变化(如金属氧化物)，原子内外静电弛豫能变化对化学位移起主要作用，这类变化与空位数目的平方成正比，因此终态包括两个空位的俄歇电子的化学位移将超过终态只包括一个空位的光电子的化学位移，因此俄歇电子的化学位移对研究价态变化更为有利。

5.10.3　Fe_3O_4 中不同晶体学位置 Fe 的价态的 DAFS 分析

这里介绍 SBD-XANES 的一个应用。杨传铮等[11,12] 用 Lazy 程序计算 $Fe_3O_4 = Fe_2^{3+}Fe^{2+}O_4^{2-}$ 的衍射相对强度，列于表 5.7 中。当考虑全部原子($Fe^{3+} + Fe^{2+} + O^{2-}$) 的贡献时，计算强度与实验观测符合很好；220 仅 Fe^{2+} 原子有贡献；虽然 Fe^{3+} 对 222 无贡献，但由 Fe^{3+} 和 O^{2-} 贡献，且 O^{2-} 的贡献比例不小；虽然 Fe^{2+} 和 O^{2-} 对 400 都有贡献，但有 Fe^{3+} 的贡献起支配作用。因此我们选用 220 和 400 作近吸收限谱测定，用固定 $Q-2\pi\sin\theta/\lambda$ 作能量扫描获得的 SBD-XANES 曲线绘于图 5.22 和图 5.23 中，为了比较，Fe $K\alpha$ 荧光 X 射线强度 I_f 曲线也示于图 5.22。由图 5.22 可知，在吸收限的低能一侧，随着入射线能量的增加，衍射强度降低，而荧光强度增加，这与吸收系数增大及总的原子散射因子降低相对应；在吸收限的高能一侧，随着入射线能量的增加，衍射强度增加，这与总的原子散射增加相对应，但荧光 X 射线强度继续增加，其衍射强度曲线的谷位大致出现在荧光强度曲线的低角度一侧，换言之，衍射强度曲线的谷位表征吸收限的能量位置。比较图 5.23(a)、(b)可知，400 衍射强度曲线的谷位相对于 220 的谷位向高能量方向漂移，测得这种漂移约为 1.4eV。这清楚地表明，在 Fe_3O_4 中，处于不同结晶学位置的两种 Fe 原子的电子态明显不同，占 8a 位的是 Fe^{2+}，占 16d 位的是 $2Fe^{3+}$。

表 5.7　Fe_3O_4 中不同原子对衍相对射强度的贡献

			原子	位置	x	y	z
$Fe_3O_4=Fe_2^{3+}Fe^{2+}O_4^{2-}$			Fe^{2+}	8a	0.125	0.125	0.125
Fd3m　a=8.394Å			Fe^{3+}	16d	0.500	0.500	0.500
λ=1.746Å　7.096keV			O^{2-}	32c	0.2548	0.2548	0.2548

hkl	d/Å	$\left(\dfrac{I}{I_1}\right)_{实验}$	$(I/I_1)_{计算}$					
			$Fe^{3+}+Fe^{2+}+O^{2-}$	Fe^{3+}	Fe^{2+}	O^{2-}	$Fe^{3+}+O^{2-}$	$Fe^{2+}+O^{2-}$
111	4.8463	8	8.0	100	100	1.6	100	100
220	3.9677	30	28.0	0.0	83.8	0.0	0.0	99.4
311	3.5309	100	100	53.8	53.8	0.08	45.8	59.1
222	3.4231	8	8	61.7	0.0	100	11.1	44.4
400	3.0985	20	20	29.3	3.7	0.07	61.6	0.06

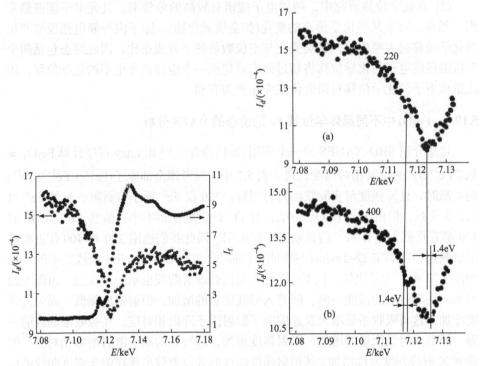

图 5.22　入射线能量经过 Fe K 系吸收限时 Fe₃O₄ 220 衍射强度 I_d 和 Fe Kα 荧光 X 射线强度 I_f 曲线

图 5.23　择 Fe₃O₄ 的 220(a) 和 400(b)Bragg 峰时经过 Fe K 系吸收限衍射强度随入射能量的变化曲线

参 考 文 献

[1] 刘世宏. X 射线光电子能谱分析. 北京: 科学出版社, 1988.

[2] Briggs D. Handbook of X-Ray and Ultraviolet Photoelectron Spectroscopy. 桂琳琳, 黄惠忠, 郭国森, 译. 北京: 北京大学出版社, 1984.

[3] 左志军. X 光电子能谱及其应用. 北京: 中国石化出版社, 2013.

[4] 刘世宏. X 射线光电子能谱分析. 北京: 科学出版社, 1988.

[5] 潘家来. 光电子能谱在有机化学上的应用. 北京: 化学工业出版社, 1987.

[6] Palmberg P W, Rach G E. Handbook of Auger Electron Spectroscopyate. Physical Electronics Industries Incorporated, 1972.

[7] 王文生. 俄歇电子能谱分析方法及其应用. 电子元件与材料, 1989, 8(3): 48-52.

[8] 吴正龙. 场发射俄歇电子能谱显微分析. 现代仪器, 2005, 11(3): 1-4.

[9] 张录平, 李晖, 刘亚平. 俄歇电子能谱仪在材料分析中的应用. 分析仪器, 2009, 4: 14-17.

[10] 李玉霞, 杨传铮, 娄豫皖, 等. MH/Ni 电池充放电过程导电物理机制的研究. 化学学报, 2009, 67(9): 901-909.

[11] 杨传铮, 娄豫皖, 张建, 等. 绿色二次电池的材料表征和电极过程机理. 北京: 科学出版

社, 2012.

[12] 杨传铮, 韩定定, 朱红妹. Fe$_3$O$_4$ 中铁离子电子态的 XDAFS 研究. 应用科学学报, 1996,
14(4): 398-402.

□□□□□□□□□□□□□□□□□□□□□□□□ XDA-5 □□□□□□□□□□□□ 1966 □
□□□□□□□

第 6 章　粉末衍射仪和物相定性定量分析

6.1　X 射线多晶衍射分析的衍射仪法

6.1.1　现代 X 射线粉末衍射仪

1. 现代 X 射线粉末衍射仪的结构

粉末(多晶)X 射线衍射仪由 X 射线发生器、测角仪、探测-记录系统三大部件组成，图 6.1 给出 XD 系列 X 射线衍射仪的实物照片。其中图 6.1(a)为 XD-2/3 型的总体实物照片，XD-2 型是 θ-2θ 方式扫描(图 6.1(b))，XD-3 型是样品台静止不动的 θ-θ 方式扫描(图 6.1(c))，均为立式测角仪结构。粉末衍射仪的核心部件是测角仪。线焦源发出的线状 X 射线束经垂直发散 Soller 光阑 S1、水平发散狭缝 DS 打到样品 C 上，试样产生的衍射 X 射线通过接收狭缝 RS、接收垂直发散索拉(Soller)光阑 S2、防散射狭缝 SS，最后进入探测器探头，见图 6.2。从 X 射线管阳极靶面的焦点到衍射仪中心的距离与试样中心到 RS 的距离相等，称为衍射仪半径 r。图 6.2 给出粉末 X 射线衍射仪的实验光路和布置。

试样中心严格与衍射仪轴重合，并绕衍射仪轴作 θ 扫描，而 RS、S2、SS 与计数管一起绕衍射仪轴作 2θ 扫描。在扫描过程中，RS 始终保持与以衍射仪轴为圆心、半径为 r 的衍射仪圆相切。由图可见，这和聚焦照相机中底片安装在聚焦

(a)

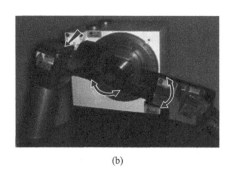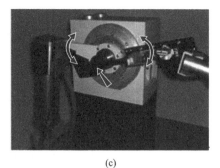

(b)　　　　　　　　　　　　　　　　　　(c)

图 6.1　XD 系列 X 射线衍射仪的实物照片

(a) XD-2/3 型的总体外貌；(b) XD-2 型 θ-2θ 立式扫描；(c) XD-3 型 θ-θ 立式扫描

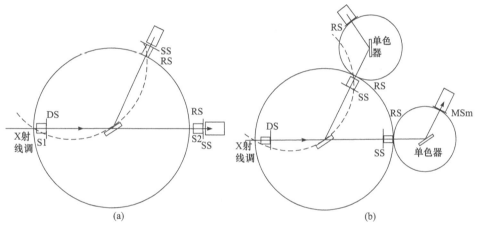

(a)　　　　　　　　　　　　　　　　(b)

图 6.2　粉末 X 射线衍射仪的衍射几何(聚焦圆半径随 2θ 增加而变小)

(a) 无晶体单色器；(b) 带有衍射束晶体单色器

圆上不同，在粉末衍射仪中，探测器并不沿聚焦圆移动，而是沿衍射仪的同心圆移动。衍射仪圆与聚焦圆只有两个交点，其中一个为靶面交点 F，另一个交点是变化的，也就是说，无论衍射条件如何改变，在一定的条件下，只能有一条衍射线在衍射仪圆聚焦，因此，沿测角仪圆的同心圆圆周运动的探测器只能逐条地对衍射线进行测量；聚焦圆的半径 R 也随之而改变。

聚焦圆半径与 Bragg 角 θ 的关系可从图 6.2 中得到

$$\frac{r}{2R} = \cos\left(\frac{\pi}{2} - \theta\right) = \sin\theta$$

$$R = \frac{r}{2\sin\theta}$$

(6.1)

当 $\theta = 0.00°$时，聚焦圆半径为无穷大；随 θ 角的增大，聚焦圆半径逐渐缩小，当 $\theta =$ 90.00°时，$R = r/2$。因此测角仪可以看作是一个聚焦圆半径 R 随 θ 变化的不对称聚焦照相机。

粉末衍射仪分为水平扫描和垂直扫描两种,即扫描平面可为水平面或铅垂面,它们都与衍射仪轴垂直。两者的比较列于表 6.1。

表 6.1 水平扫描型和垂直扫描型 X 射线多晶衍射仪特征

焦平面	水平扫描型	垂直扫描型
	水平	铅垂面
X 射线管	固定靶:水平安装 可折式靶:水平安装或垂直安装 水平安装仅能使用两个窗口	垂直安装 可同时使用四个窗口
空间利用率	较低	较高
2θ 扫描角范围	$-100°\sim165°$	$-40°\sim165°$
附件安装	便于改装,可安装结构分析、高低温、高压、反应器等特殊附件	原则上可以,但困难较多

2. 粉末衍射仪的工作模式

现代粉末衍射仪有波长色散和能量色散两种工作模式。下面分别介绍。

1) 波长色散粉末衍射

波长色散粉末衍射就是通常用单色(特征)X 射线入射、计数管(盖格管、闪烁管、正比计数管等)作探测器的粉末衍射,其衍射条件必须满足 Bragg 定律:

$$2d\sin\theta = n\lambda \tag{6.2a}$$

该粉末衍射常用多晶衍射仪,其扫描模式、特点及应用列于表 6.2。

表 6.2 多晶衍射仪的扫描模式、主要特点和应用

扫描方式	主要特点	主要应用
反射式 θ、2θ 连动	衍射面近乎平行于试样表面,准聚焦几何	广角衍射和广角散射
反射式 2θ 扫描	掠入射,非聚焦几何,改变掠射角可改变参与衍射的深度,衍射面方位随 2θ 而变	薄膜样品的广角衍射和散射
θ 扫描	固定 2θ,仅 θ 扫描	一维极密度测定
θ-θ 扫描	试样不动,射线源和探测器同步作 θ-θ 扫描	最适用于液态样品
透射式 2θ 扫描	固定 θ 于$-90°$,仅 2θ 扫描	较厚样品的非破坏分析

现代粉末衍射仪仍分连续扫描、分阶扫描(又分定时计数和定数计时)两种记录模式,其实两种扫描模式已经没有差别,连续扫描也是分阶的,这里的阶宽(step size)称为取样宽度(sampling width)。

2) 能量色散粉末衍射

如果使用白色(连续波长)的 X 射线入射，不同 d 值的晶面处在相同方位，入射线的方向不变，则不同 d 值各晶面的衍射线方向相同，因此探测器必须固定在一选定的 2θ 位置，各衍射线服从

$$2d\sin\theta = 6.3985/E \tag{6.2b}$$

其中，E 为入射线的能量，单位为 keV；d 的单位为 Å；$\sin\theta$ 固定。因此，处在同样方位的不同 d 值的晶面衍射不同能量的 X 射线，入射线应为连续辐射，称为能量色散衍射。其有两种工作模式。

(1) 同时测量不同能量衍射强度的方式：入射线是不同能量的 X 射线同时入射，相同方位的不同 d 值晶面选择满足衍射条件的不同能量的 X 射线衍射到同一方向，因此探测器必须是在固定 2θ 位置的能量色散探测器，经过探测器的接受和后继处理给出各衍射线的能量和强度，即 $I\text{-}E$ 谱。

(2) 入射线能量扫描模式：光源发出的 X 射线是能量连续分布的，在入射到式样之前经分光晶体作能量扫描，换言之，不同能量的 X 射线相继入射到样品上，处在相同位置的不同 d 值的晶面选择满足衍射条件的能量相继产生衍射，固定在 2θs 位置的探测器相继测量不同能量衍射线的强度，给出 $I\text{-}2\theta_M$ 花样，其中 θ_M 为分光晶体的 Bragg 角。以上两种工作模式的特点比较列于表 6.3 中。

表 6.3　两种工作模式的特点比较

工作模式	入射到试样的方式	花样探测方式	获得花样的速度	花样的谱性质	数据处理方式
能量色散探测器[Si(Li)]模式	不同能量的 X 射线同时入射到试样上	能量色散探测器,同时记录各衍射线	快数秒钟	$I\text{-}E$	按 $2d_{sj}\sin\theta$s$=6.3985/E_j$ 求 d_{sj} 给出 $I\text{-}d_{sj}$
能量扫描方式	使用分光晶体扫描,不同能量的 X 射线相继入射到试样上	闪烁计数管随分光晶体的转动相继记录各衍射线	慢 10min 量级	$I\text{-}2\theta_M$	依据 $2d_M\sin\theta_{mj}=2d_{sj}\sin\theta$s 求 d_{sj} 给出 $I\text{-}d_{sj}$

透射能量色散衍射与反射能量色散衍射的比较列于表 6.4，可见两者各有特点，其互补性是明显的。

表 6.4　透射能量色散衍射与反射能量色散衍射的比较

比较项目	反射能量色散衍射	透射能量色散衍射
入射 X 射线特征	大约 100kV 下钨靶发射的连续 X 射线，或白色同步辐射	
参与衍射的能量范围	6.4～70keV(2.296～0.177Å)	24～95keV(0.5166～0.1337 Å)

比较项目	反射能量色散衍射	透射能量色散衍射
固定的衍射角 θ_s	较大(5°～20°)	较小(1°～4°)，可选的范围较小
吸收的影响	影响不大，不予考虑	影响很大，最小能量决定被检测样的最大厚度
能量衍射花样的特征	(1) 随 θ_s 的大小而不同 (2) 不大会漏掉大 d 值的线条	(1) 随 θ_s 的大小而不同 (2) 因低能量 X 射线可能被吸收，可能漏掉大 d 值的线条而影响物相的最后判断
	两种方法具有互补性	

3) 波长色散和能量色散衍射方法的比较

这里不准备对波长色散衍射和能量色散衍射做全面比较，仅把两种透射式方法的特点列于表 6.5 中。从非破坏性检测的实用角度来看，在超厚样品效应和衍射中心位置两方面，能量色散衍射优越、方便得多；从有效穿透厚度和适用性来看，两种方法有自己的应用范围，波长色散衍射能检测样品厚度 4～20mm 范围(与用靶元素有关)；能量色散衍射能检测样品厚度约 20cm 量级。在透射的情况下，能量色散衍射可以取代波长色散衍射，但波长色散衍射不能取代能量色散衍射。

表 6.5　波长色散衍射和能量色散衍射的比较

	比较项目	透射波长色散衍射	透射能量色散衍射
1	入射式	单色的辐射	一定能量范围的连续 X 射线
2	衍射式	与入射线相同的特征辐射，各衍射线在样品中的行程不同	选择一定能量范围的 X 射线衍射，各衍射在样品中的行程相同
3	衍射花样特征	与相同辐射的标准花样差不多	与选定的 2θ 位置有关
4	超厚样品效应	线条宽化和重叠效应严重，用截限狭缝可减少和克服这种效应	不存在线条宽化和重叠效应
5	衍射几位中心的位置	应处在 X 射线与检测物出射面交截处，实际中较难实现	可处在 X 射线与检测物相交截的任何位置，实际中不难实现
6	衍射花样的接收和记录	计数管作 2θ 扫描，或使用零维或一维探测器	能量扫描，计数管固定在 2θ 位置或用固定在 2θ 位置能量色散探测器
7	有效穿透厚度	小，与所用辐射波长有关	大得多，3～5 倍
8	适用性	用 Ag Kα 或 Mo Kα 辐射可作毒品和小包装爆炸物在线检查	用 Au 或 W 靶，60kV 或更高管压，可在线检测大包装的爆炸物
9	价格	计数管扫描与能量扫描差不多，使用一维探测器与用能量色散探测器相差不会太大	

6.1.2　X 射线粉末衍射仪中的附件

一台现代 X 射线粉末衍射仪，除了光源、测角仪、探测器和记录系统、设备的控制系统和数据处理系统这些基本结构外，为了扩大应用范围，还有许多附件可供选择。表 6.6 列出了一些主要附件及其特征和应用范围。由表可知，附件是多种多样的，各仪器公司生产的主机功能大致相同，但附件配置各不相同。每种附件不仅有机械部件，还必须有计算机控制和数据处理软件，以及相应的作图软件。例如织构附件，不仅带有 α 和 β 角的旋转机构，还需要控制 α 和 β 操作系统、对数据 $I(\alpha, \beta)$ 进行处理和最后自动描绘极图等软件。

表 6.6　X 射线粉末衍射仪的主要附件

	附件名称	特征	作用和应用
1	入射束单色器	使入射束单色化，可以仍为发散光束	X 射线粉末衍射仪中一般不用
	平行光束	使入射的发散束变为平行束	适用于薄膜样品的掠入射衍射
	会聚光束	使入射的发散束变为聚集光束	特别适用于厚样品的透射衍射
2	衍射束单色器	使衍射束单色化	提高衍射花样的分辨率
3	试样旋转附件	使试样在样品平面内快速旋转	消除或减少样品的大晶粒效应；单晶片的多重衍射
4	试样自动交换台	在同心圆上设有多个填样区	自动更换样品
5	真空附件	试样处于真空或保护气氛下	防止和降低空气散射，防止样品的氧化和潮解
6	高温附件	在衍射实验过程中加热试样	测定样品在高温下的相变和相结构，测定样品的热膨胀系数
7	低温附件	降低试样温度，低达 3.2K	测定样品在低温下的相变和相结构，消除或降低热漫散射
8	高压附件	使样品处在高压下	测定样品在高压下的相变和相结构
9	纤维样品附件	安装纤维样品	测量纤维样品的衍射
10	拉伸附件	使试样在拉伸状态下衍射	测定试样在拉伸状态下的衍射
11	应力附件	—	测定材料的内(第一类)应力
12	织构附件	带有 α 和 β 旋转的透(反)射	测定板材织构的极图
13	单晶附件	—	分析单晶样品
14	多功能测角头	具有几种附件的复合功能	测定样品几种性质和参数
15	微区衍射附件	光束仅照射在样品的微小区域	适用于样品微小区域分析

6.2　物相定性分析的原理和 ICDD 粉末衍射数据库

6.2.1　物相定性分析的原理和方法

任何结晶物质，无论它是单晶体还是多晶体，都具有特定的晶体结构类型，晶胞大小，晶胞中的原子、离子或分子数目的多少，以及它们所在的位置，因此能给出特定的多晶体衍射花样。说清楚些，一种多晶物质，无论是纯相还是存在于多相混合试样中，它都给出特定的衍射花样。事实上没有哪两种不同的结晶物质可以给出完全相同的衍射花样，就如同不可能找到指纹全然相同的两个人一样。另一方面，未知混合物的衍射花样是混合物中各相物质衍射花样的综合，每种相的各衍射线条的 d 值、相对强度 I/I_1 不变，这就是能用各种衍射方法作物相定性分析(物相鉴定)的基础[1]。任何化学分析的方法只能得出试样中所含的元素及其含量，而不能说明其存在的物相状态。多晶的电子衍射和中子衍射花样除相对强度不同于 X 射线衍射外，其他则应相同。

定性分析的基本方法是将未知物相的衍射花样与已知物质的衍射花样相对照。这种方法是哈纳沃特(Hanawalt)及其合作者[2] 首先创建的。起初，他们搜集了 1000 多种化合物的衍射数据作为基本参考。后来，美国材料与试验学会和 X 射线及电子衍射学会在 1942 年出版了第一组衍射数据卡片，以后逐年增编，到 1963 年一共出版了十三组，后来每年出版一组，并分为有机和无机两部分，称为 ASTM 卡片。1969 年建立了粉末衍射标准联合委员会(简称 JCPDS)这个国际性组织，在有关国家相应组织的合作下，编辑出版粉末衍射卡组，简称 PDF 卡组。

1998 年改由国际衍射数据中心(ICDD)收集编辑出版 PDF 卡组，并以 Window 方式建立数据库——PCPDFwin。图 6.1 分别给出 Fe_3O_4 和 Nb_3Sn 的 PDF 卡片以之示例。

这两张卡片的最大差别是图 6.3(a)中给出衍射花样最大 d 值(4.85)和三条最强

11-0614　　Fe_3O_4

d	2.53	1.49	2.97	4.85	Fe_3O_4 氧化铁(Ⅱ，Ⅲ)			★ 磁铁矿	
I/I_1	100	40	30	8					
辐射 CuKα　1.5405　滤片 Ni					$d/Å$	I/I_1	hkl	$d/Å$	I/I_1	hkl

$d/Å$	I/I_1	hkl	$d/Å$	I/I_1	hkl
4.85	8	111	1.050	6	800
2.967	30	220	0.9896	2	822
2.532	100	311	0.9695	6	751
2.424	8	222	0.9632	4	662
2.099	20	400	0.9388	4	840
1.715	10	422	0.8952	2	864
1.616	30	511	0.8802	6	931
1.485	40	440	0.8569	8	844
1.419	2	531	0.8233	4	1020
1.323	4	620	0.8117	6	951
1.281	10	533	0.8080	4	1022
1.266	4	622			
1.212	2	444			
1.122	4	642			
1.093	12	731			

I/I₁ 衍射仪
参考文献 National Bureau of Standards，Monograph 25，Sec.5，31 (1967)

晶系 立方　　空间群 Fd3m(227)
a_0 8.396　b_0　　c_0　　A　C
α　　β　　γ　$Z8$　$D×6.197$
参考文献　同上

ε_α　　$n\omega\beta$　ε_γ　　Sign (符号)
$2V$　D　　mp　　颜色 黑
参考文献　同上

样品从纽约哥伦比亚碳公司
光谱分析表明主要杂质 0.01%～0.1%Co，0.001%～0.01%Ag，Al，Mg，Mn，Mo，Ni，Ti 和 Zn。
样品在 25℃下获得

(a)

PDF#19-0875: QM=Intermediate; d=Debye-Scherrer; I=Film/Visual
Niobium Tin
Nb₃Sn　　　　(White)
Radiation=CuKa　　　Lambda=1.5418　　　Filter=Ni
Calibration=　　　d-Cutoff=　　　I/Ic(RIR)=
Ref= Institute of Physics，University College，Cardiff，Wales.
ICDD Grant-in-Aid (1967)
Cubic - Powder Diffraction，Pm-3n (223)　　　Z=2　　　mp=1980(10)
Cell=6.2906　　Pearson=cP8 (Cr3 Si)
Density(c)=8.920　　Density(m)=8.950　　Mwt=397.41　　Vol=148.09　　F(19)=3.8(0.158，32)
Ref= van Vucht et al.
Philips Res. Rep.，20 136 (1965)
Strong Line: 2.15/X 1.41/9 2.36/8 0.79/7 0.78/7 0.86/6 1.32/4 1.18/4 1.15/4 0.98/4
NOTE:　Author suggests cubic symmetry，Pm3n，with a=6.2902 to a=6.2816.
Peritectic decomposition on melting.
Deposited on Niobium ribbon by Oxford Instrument Company，Ltd.
Pattern taken at 26.4 C.
Stable below 775 C.

d(A)	I(f)	I(v)	h	k	l	n^2	2-Theta	Theta	1/(2d)	2pi/d
2.632	30.0	6.0	2	0	0	4	34.034	17.017	0.1900	2.3872
2.357	80.0	38.0	2	1	0	5	38.150	19.075	0.2121	2.6658
2.149	100.0	52.0	2	1	1	6	42.008	21.004	0.2327	2.9238
1.524	20.0	16.0	2	2	2	12	60.720	30.360	0.3281	4.1228
1.463	30.0	23.0	3	2	0	13	63.540	31.770	0.3418	4.2947
1.410	90.0	71.0	3	2	1	14	66.227	33.113	0.3546	4.4562
1.319	40.0	34.0	4	0	0	16	71.463	36.732	0.3791	4.7636
1.181	40.0	38.0	4	2	0	20	81.419	40.710	0.4234	6.3202
1.153	40.0	39.0	4	2	1	21	83.836	41.918	0.4337	6.4494
1.126	30.0	30.0	3	3	2	22	86.327	43.164	0.4440	6.5801
0.983	40.0	46.0	5	2	0	29	103.591	51.591	0.5086	6.3918
0.965	30.0	36.0	5	2	1	30	106.920	52.960	0.5181	6.5111
0.936	20.0	24.0	4	4	0	32	110.762	56.381	0.5342	6.7128
0.882	40.0	51.0	6	0	0	36	121.697	60.848	0.5669	7.1238
0.870	30.0	38.0	6	1	0	37	124.596	62.298	0.5747	7.2221
0.859	60.0	78.0	6	1	1	38	127.460	63.730	0.5821	7.3145
0.798	30.0	42.0	6	2	2	44	149.708	74.854	0.6266	7.8737
0.789	70.0	99.0	6	3	0	45	154.988	77.494	0.6337	7.9635
0.780	70.0	100.0	6	3	1	46	161.891	80.945	0.6410	8.0554

(b)

图 6.3　Fe₃O₄(磁铁矿) (11-0614)(a)和超导体 Nb₃Sn(19-0875)(b)的 PDF 卡片

线的 d 值以及相对强度。这是因为 ICDD 编辑出版的粉末衍射卡组，到 1985 年已出了 35 组，包括有机和无机物质共 5 万 3 千多张，并以每年 2000 多张的速度继续增加。2000 年已出版 50 组，今年已查到 86 组(86-1575，FeTiH₁.₃₇，P2221)，看来 2000 年以后几乎每年增加两组。估计目前卡片数达 10 万多。怎样从 10 多万张卡片中获得所需要的卡片呢？过去借助各种文字索引(哈纳沃特(三强线)索引、芬克(Fink，八强线)索引、字母顺序索引和化学式索引等)人工检索卡片，进行物相定性分析已不大可能，所以必须使用计算机进行自动检索匹配，那么第一步要建立 PDF 卡的数据库。

6.2.2 PDF 数据库

由于 PDF 卡片越来越多,通过人工检索和对卡来识别物相也就更加困难,目前依靠两方面解决这些问题,一方面,各专业系统根据所接触的对象编制专门的数据手册,可以提供某些方便;另一方面是借助计算机,自 1965 年以来,计算机在物相鉴定方面的应用有很大发展。

利用计算机进行物相鉴定的工作包括两个方面。

(1) 建立数据库:就是把已知物相衍射花样的数据,用各种可能的方式存入计算机的硬盘中。

(2) 检索/匹配(S/M)程序:即把未知样品(单相或多相混合物)的实验衍射数据在考虑一定误差窗口之后输入计算机,然后计算机按给定程序自动地与数据库的已知花样的数据进行检索、核对和匹配。

由于数据库的建立和检索匹配系统不同,因此出现各种各样的方法。《物相衍射分析》一书[1]中有较多的介绍,这里仅介绍 J-V(Johnson-Vand)的方法[11],因为 JCPDS 和 ICDD 的数据库都按这种方法建库和检索。

1. J-V 法数据库

J-V 法的数据库包括正文件和反文件。正文件包含所有的标准衍射数据;反文件仅包含标准谱中强线数据,便于加快检索速度。对面间距 d 和相对强度(I/I_1) $\times 100$,采用了代码存储的办法,建库时用正整数 PS(层间距, packed spacing),即组合面间距作为 d 的存储代码值,PS=[1000/d]取整(d 的单位为 Å),对于 0.7~20Å 范围的面间距 d 值,相应的 PS 值范围为 50~1430。

将 PDF 标准衍射卡片中的相对强度$(I/I_1) \times 100$(下文提到的 I/I_1 值均为已乘 100 的值)用 10 为底的对数变换成 0~9 的一位整数,作为相对强度 I/I_1 的存储代码 I'。相对强度 I/I_1 与其存储代码 I' 的换算是 $I'=[5\lg(I/I_1)]$取其整数,其对应换算值列于表 6.7 中。对 I/I_1=10 及 100,按 $I'=[5\log(I/I_1)]$计算取整,其存储代码 I' 值分别为 5 和 10,可将它们归入存储代码 I' 为 4 及 9 内,这样衍射强度存储代码 I' 均为一位的正整数。

表 6.7　相对强度 I/I_1 与存储代码 I' 值对照表

相对强度 I/I_1	0~1	2	3	4~6	7~10	11~15	16~25	26~39	40~63	64~100
存储代码 I'	0	1	2	3	4	5	6	7	8	9

正文件以 PDF 卡片号为序,以各卡片的 d 值、I/I_1 值、化学式、PDF 卡片号等为主要存放内容,最初方案是把 I' 接在 PS 后面组合成 PS I',PS $I'=\left[\dfrac{1000}{d}\right]$取

整+I'；对于 16 位的计算机，前 11 位用于存放[$1000/d$]，后 5 位存放 I'。一个物相构成一个记录，记录中包括该物相的 PDF 卡片号及物相名称，I/I_c 参考强度比，化学式，以及全部 d 值、I/I_1 值，即所有 PS I' 值。以 PS I' 的顺序按相对强度增加的方式排列，建立起正文件。这样正文件包括了全部 PDF 卡片，每个物相衍射花样的 PS I' 数值后均附有它的 PDF 卡片号。

以后对上述方案作了改进，将 PS 值与 I' 值分开存放，以便与不同的检索匹配程序相适应。

这种正文件可便于在检索匹配对比时，有统一的误差窗口，以便于数据存储及传输，又能使衍射线高、低强度对比较为平衡，有利于强度匹配，这些均有利于提高运算及检索速度。

反文件并不是把每一物相所有衍射线均列入反文件，它有一个相对强度的限制。只有相对强度存储代码 $I' \geq 7$ 的衍射线，即从图 6.3 中可查出相对强度 I/I_1 ≥ 26 以上的那些较强衍射线才列入反文件。反文件以面间距倒数递增顺序存放 PDF 卡片，但此处 d_{PS} 值为 $\left[\dfrac{1000}{d} - 50\right]$ 取整，因此相应于 d 值为 3.0～0.07nm 范围的 d_{PS} 值就变为 0～1380 左右了。反文件按 d_{PS} 建立记录，每一记录包括一个 d_{PS} 值和这个 d_{PS} 值的所有 PDF 卡片号，即与这些卡片号相对应的物相，必然有一条 $I/I_1 \geq 26$ 的衍射线，其 d_{PS} 值与这个记录中的 d_{PS} 值相同。而一个物相的 PDF 卡片号会在与它的相对强度 $I/I_1 \geq 26$ 的衍射线相应的所有 d_{PS} 记录中存在。显然反文件的优点主要是考虑衍射花样中的那些强衍射线，这些强线是检索匹配时首先要关心的。反文件体积比正文件的小得多，计算机自动检索时，可首先检索反文件，因此可大大加快检索速度。

2. 检索与匹配

J-V 法检索程序利用标准衍射数据库的正文件和反文件对所测样品衍射数据与标准数据进行比较：筛选出初步入选文件卡，进而首先进行 d 值的匹配；其次进行强度 I 值的匹配；最后进行化学元素的筛选与匹配。每一步均计算其匹配率或匹配质量因素。将这三步所得的数值相乘，得出匹配可靠性因数 RF，并与查出的化学元素信息因数 SF 值相乘，求出 FM 值，然后按 FM 值的大小顺序排列，输出前 50 个可能的物相，并将 FM 值最高的，亦即匹配得最好的前面几个物相的标准衍射数据与所测得试样数据 d 值和 I 值匹配情况详细列出。程序也可允许将中间过程一些内容，根据人机对话输入参数的要求，输出一部分内容。

下面对这三步进行简介。

1) d 值筛选与匹配

首先，自动检索程序将反文件中的标准衍射谱中的强峰($I/I_1 > 37$)与被测试样衍射谱进行比较，若被测试样衍射谱中包括三强线在内，一般约有 1/3 的强峰能对上，则此标准衍射谱被选中。其次进行 d 值匹配，程序把正文件中标准谱线与被测样全部谱线进行比较，计算出衍射峰匹配率 A，

$$A = (n/n_0) \times 100 \tag{6.3}$$

及匹配质量因数 B，

$$B = \left(1 - \sum |\Delta d| / (nW)\right) \times 100 \tag{6.4}$$

式中，n 为标准谱线中已对上的衍射峰数目；n_0 为标准谱线在实验测量范围内的峰数；Δd 为已对上的标准谱线峰的 d 值与相应的被测样谱线峰 d 值之差；W 为 d 值的允许误差窗口，$|d_{测量} - d_{标准}| \leqslant W$。

2) I 值筛选与匹配

对通过了 d 值筛选与匹配的那些选中的标准谱，进行 I 值匹配，并按下列公式计算 I 值匹配质量因数 C：

$$C = \left[1 - \sum |\Delta I| / \sum |I|\right] \times 100 \tag{6.5}$$

式中，ΔI 为标准谱中已对上的衍射线与被测试样相应线条强度之差；I 为标准谱中已对上的衍射峰强度。

为表示匹配质量的好坏，可按下式计算被选中相的可能性系数 RF：

$$RF = A \times B \times C \tag{6.6}$$

3) 化学元素筛选与匹配

对经过 d 值和 I 值筛选和匹配后选中的物相，还需进行化学元素的筛选，按化学元素的大量、少量、微量、未检测和不可能存在等几种情况，按表 6.8 查出化学元素信息因数 SF。将查出的 SF 值与 RF 值相乘后，以 FM 表示。按 FM 值大小顺序排列输出前 50 个物相，并根据人机对话时输入的参数，将前几个匹配较好的物相的 d 值和 I 值匹配情况输出在显示终端屏幕上，或打印出来。

3. J-V 法自动检索

J-V 法自动检索分两步进行。

1) 开始阶段

通过人机对话，输入自动检索程序要求的有关参数，例如，文件名称、误差窗口值(也可输入 d 代码单位的数目，1 个 d 代码单位约等于 $2\theta = 0.05°$，当 d 用

1000/d 作代码时)，能否存在的化学元素符号；所检物相类别(如有机物、无机物、矿物……)，检索哪几个数据库(如大、中、小库)及检索顺序，排除或强制匹配哪些 PDF 卡片；检索匹配的某些判断数据值(品质因数、可靠性因数等)，报告要求(一般报告、中间结果、全部详细结果)，详细列出几个匹配好的物相的 d、I 值细节。如果试样衍射数据未在外存储器中，则需先用键盘输入 d-I 数据(最多输入 200 条衍射线)，以建立相应文件。

表 6.8　按化学元素信息查 SF 值

大量	少量	微量	未检测	SF	大量	少量	微量	未检测	SF
0	0	1		0.074	1	1	0		0.810
0	0	0		0.180	1	1	1		0.850
0	1	0		0.440	1	2	0		0.850
0	1	1	1	0.480	1	2	1		0.880
0	2	0		0.510	2	0	0		0.920
0	2	1		0.570	2	1	0		1.000
1	0	0		0.740	2	1	1		1.000
1	0	1		0.770					

2) 检索匹配阶段

自动检索程序根据所提供的文件名从磁盘中调出所测得并经确认的 d-I 数据，并自动把 d 转换成 d_{PS} 值，按给定的误差窗口，检索出具有强线 d_{PS} 值的所有 PDF 卡片号(对被测试样 $I/I_1 > 37$ 的衍射线进行此种检索)，并统计每张 PDF 卡片的入选次数 n，给定初选阈值 N，那些 $n > N$ 的 PDF 卡片即为初选入选卡片(如果在一个数据库，如 MICRO 库中经过几个检索循环而无结果，则程序会进入下一个数据库，如 MINI 库继而 MAXI 库循环检索)。而后，从正文件中调出各卡片上的 d、I 值与试样的 d、I 值进行匹配，计算出 A、B、C 值及查出元素含量的 SF 值，求出它们的乘积 FM 值，并按 FM 值大小列出 50 个可能物相(卡片号)，并将剩余线条、强度列入一个文件中，以备必要时进行新一轮检索。如果一个相也未检索出来，程序会提示应重新检查所测数据和输入参数是否正确。人们可重新检查或重新测量数据，重新检索。自动检索到此结束。

由于 J-V 法给出的只是"可能"的物相，并有较多的多检，有时还有漏检等情况，所以最后必须通过人工判断及检索，将前面若干个可能性大的 PDF 数据从存储器中调出在图像显示终端上，与所测衍射谱进行比较，结合操作者的经验、知识，做出最终判断；或利用自编程序将可能性大的 PDF 数据叠合成图谱，与所测衍射谱比较以做出最终判断；或者对剩余线条重新输入一组新参数，进行新一轮检索及人工判断和检索，直至所有物相均被检出。

现在广泛应用的是 PCPDFWIN 和 Jade 程序，将在 6.4 节中介绍。

6.3　定性分析的步骤

定性分析工作总的分为实验、数据观测与分析、检索和匹配、最后判断四大步骤。下面就这些步骤及有关技术问题作简单介绍。

6.3.1　实验获得待检测物质的衍射数据

实验的目的是获得未知试样的衍射数据，即 d 值和相对强度数据。在 X 射线照相法中常使用德拜相机、聚焦相机，必要时可使用试样到底片距离大的平板相机以获得大 d 值(即低角度)的衍射数据。这些照相法需要的样品极少，特别是四重聚焦照相法，一次可获得四个样品的衍射数据[1]。

在使用粉末衍射仪收集数据时，要特别注意试样的制备。

粉末试样一般制备比较简单，但对于某些复相分析，试样应全部通过一定的筛目，以防筛掉某些相。另外建议多做几个试样分别进行实验，获得数据互相补充，以弥补可能由相的不均匀分布造成的困难，尤其是若能从某些性质上的差别(比如颜色、粒度、磁性、密度以及在溶液中的可溶性等)有选择性地制取几个试样进行实验，将会给以后的分析带来方便。

一般都将粉末试样压入专制的试样架的槽内。制备试样架的材料有多种多样，但以铝质或玻璃试样架最为常用。架上的试样槽有对通和不对通两种，槽的长宽尺寸对不同型号的衍射仪可能不同。槽的深度可制成多种，视试样粉末多少选用。如果粉末粒度较粗，则在使用水平衍射仪时，还应添加少量黏结剂，如用苯稀释的加拿大树胶或 5‰的火棉胶酒精溶液。

在很多情况下不是粉晶试样，只能采用块状试样，如附着在材料表面的腐蚀产物、氧化产物或其他表面处理的产物和合金试样等。在采用块状试样做实验时，要注意织构对衍射线相对强度的影响，一方面最好采用旋转试样架，另一方面尽可能从几个角度获得实验数据。例如，一磁性方柱体块状材料，可能由于各个面所处条件的差别和互相影响，在每一个面只能显示出个别相的极强衍射线峰，而其他相则被湮没，此时不能做出其他相不存在的结论，而应该对几个面(至少应对组成方柱体的三个基本面)分别仔细进行实验。

一些块状试样中某些相含量极少(相对含量少于 1%～5%)，特别是弥散相，可能因给不出相应的衍射线条而被漏掉，这时要采用特殊的相提取技术，如超声-机械钻取、化学萃取分离等。

6.3.2　数据观测与分析

首先应对衍射花样进行初步而又仔细的观察，借以发现花样的特征，比如，花样中衍射线条是否具有单相、面心立方、简单立方或密堆六方的衍射花样的特点；未知复相花样中是否具有某种特征，如某些较宽化的线等；如果同时对具有某些类似特点的一系列试样进行分析，要特别注意对比观察，发现各试样间衍射线出现与否的特点。

在衍射仪法中，一般用顶峰法确定峰位，测定每条衍射线的 2θ 或 θ 值，获得相应的晶面间距 d 值；在扣除背底之后读出每条衍射线的峰高强度，以其中最强线 I_1 为 100，计算各线条的相对强度 I/I_1，如果进行人工检测，还需决定其三强线或八强线(复相时可以超过八条)的 d 值。照相法则直接使用 d 尺测量，目测法观测强度。

在使用计算机控制的现代衍射仪时，特别是带有 Jade 等衍射数据分析程序的衍射仪[12]，则衍射花样的观测工作变得十分简单。

6.3.3　检索和匹配

在考虑了适当的实验误差以后，合理地使用各种索引，寻找可能符合的 PDF 卡号，抽出卡片与未知花样的实验数据核对，必要时应做多次反复。关于计算机检索将在 6.4 节中讨论。

在人工检索时应灵活使用各种索引，不可局限于一种。除考虑实验数据的可能偏差外，还需要有坚强的信心和毅力，耐心地做坚持不懈的努力，切忌急躁情绪；抽卡核对要细心，反复核对比较，对所抽出的许多卡片(特别是使用三强线索引时)作出尽可能合理的取舍，同时还要注意由待分析花样的实验条件与 PDF 标准卡片的实验条件不同而造成的差异，以及 d 值系统偏离和卡片中可能存在的错误。

6.3.4　最后判断

经验告诉我们，单纯从数据分析作最后判断，有时是完全错误的。比如，TiC、TiN 和 TiO 都属面心立方结构，点阵参数相近，元素分析阳离子都是 Ti，即使了解试样的来源，仍难以区别 TiN 和 TiO，这时需要借助精确测定点阵参数才能最后判断。此外还应注意以下两点。

(1) 分析结果的合理性和可能性。例如，在某种复杂矿物试样中分析出多种矿物物相，但由矿物知识得知它们不可能共生，则分析结果必须重新考虑。又如，对腐蚀产物、氧化产物分析时，虽然数据符合尚好，但实际不可能生成时，此结果也应重新考虑。

(2) 分析结果的唯一性。特别是单相分析时要注意分析结果的唯一性，最好能与其他手段密切配合。一般可根据初步分析结果，计算点阵参数，使用美国国家标准局的《晶体数据》在相应晶系和点阵参数附近查寻是否存在与此相似的物相，这对物相的最后判定是有益的。

6.4　材料的定性相分析计算机检索方法

所谓人工检索，就是利用未知花样的三强线或/和八强线的 d 值，考虑一定误差范围后，在 Hanawalt 索引或 Fink 索引中寻找可能与未知花样完全符合(单相)或部分符合的 PDF 卡号，或是利用已知元素(英文名称)或矿物学英文名称，在字母顺序索引中寻找可能符合的卡片号。

所谓半自动检索就是利用 PDF 数据库 PCPDFWIN 系统和 Jade 程序的定性分析及系统，下面对其进行介绍。

6.4.1　PCPDFWIN 定性相分析系统的应用

左键双击 PCPDFWIN，打开 PCPDFWIN 程序，如图 6.4 所示。

图 6.4　PCPDFWIN 图标及部分界面

1. 根据卡片号检索

左键击 PDFIDNumber 如图 6.5 所示。

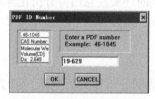

图 6.5　PDFIDNumber 界面

并输入 PDF 卡号，比如 19-0629，左键击 OK，得到如图 6.6 所示的卡片。

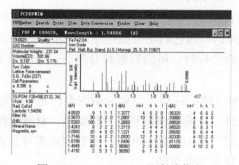

图 6.6　PDF#19-0629 的卡片信息

如果需要打印这张卡片，则单击 Print，再单击确定，则可获得这张卡片。

2. 根据已知元素检索

左键击 SEARCH，菜单中有许多选项，其中 Element 最为常用，如图 6.7 所示。

图 6.7　SEARCH 界面工具栏

单击 SEARCH 后选择 Select Elements，如果全部元素已知则单击 Only 或 Just，若部分元素已知，则单击 Inclusive，如图 6.8 所示。

图 6.8　Elements 下拉菜单图

图 6.8 中标 Only 为已知元素仅组成一种物相的情况；Just 为已知元素组成一种或多种物相；Inclusive 表示物相中包括已知元素，还包括其他元素。无论采用哪一种元素限制，均出现如图 6.9 所示元素周期表。

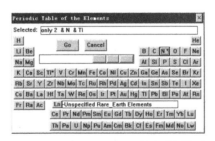

图 6.9　Select Elements 下的元素周期表

分别单击元素周期表中的元素，如 Ti 和 N，单击 Go 得到如图 6.10 所示结果。

图 6.10　Ti、N 元素搜索结果

单击 Search Result，得到可能存在的物相，其中包括 PDF 卡号 ID，物质名称 (Chemical Name)，化学式(Chemical Formula)，三强线(Strongest Lines)的 d 值及晶

系等，如图 6.11 所示。

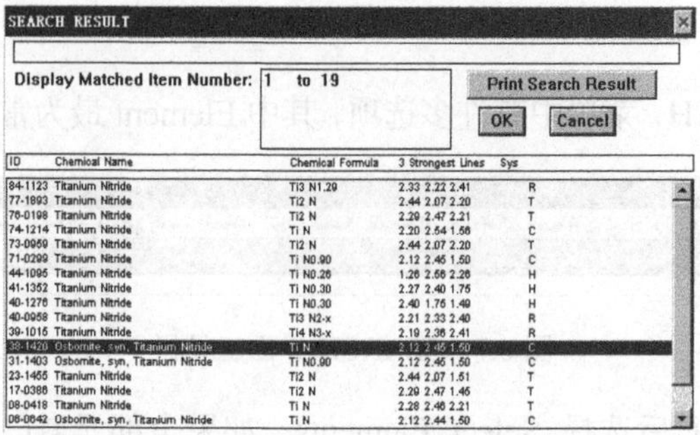

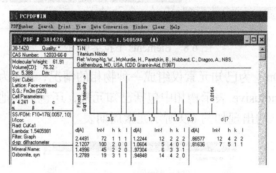

图 6.11　Search Result 显示图

选中图 6.11 中的某物相(如此等等 38-1420)后，单击 OK 得到其 PDF 卡片如图 6.12 所示。

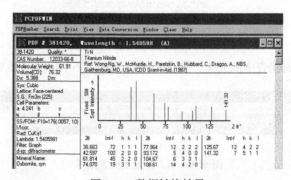

图 6.12　PDF#38-1420

卡片中给出了 d(Å)、int-f、hkl，必要时可单击 Data Conversion 和 2Theta，则完成数据转换如图 6.13 所示。

图 6.13　数据转换结果

当用 2Theta 进行匹配时，要注意实验用的波长是否与卡片的波长一致，如果不一致，卡片中的 2Theta 是不可用的。

在标定时，为了缩小检索范围，通常还要利用衍射谱的强线信息，即选择最强线和次强线，经上述 Only、Just、Inclusive 的元素限制后，单击 Misc，再选择 StrongLines。

出现如图 6.14 所示的对话框，将最强线的 d 值减 0.02 后填入 Lower Limit，将 d 加上 0.02 后填入 Upper Limit，有时可加减更大的值。

图 6.14　StrongLines 的选择与 Lower Limit、Upper Limit 填写

单击 OK 得到如图 6.15 所示结果。

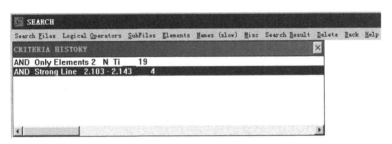

图 6.15　StrongLines 检索结果

由图 6.15 可知，19 个相减至 4 个相，即 19 个相中选中 4 个相。单击 Search Result 如图 6.16 所示。

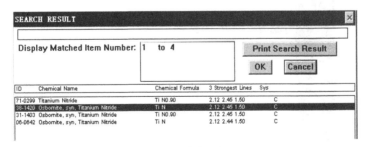

图 6.16　StrongLines 检索后的 Search Result

从上可知，其仅仅是检索方便，但对卡和匹配还需人工进行。

6.4.2　Jade 定性相分析系统的应用

左键双击 MDI Jade 6.5，即进入 Jade 6.5 程序，出现如图 6.17 所示图样。

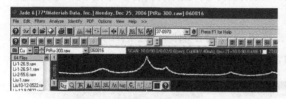

图 6.17　MDI Jade 6.5 图标与界面显示

左键单击 ，寻找欲分析的文件夹和 File Name 如图 6.18 所示。

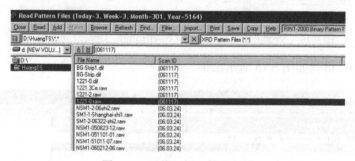

图 6.18　寻找目标文件示意图

左键双击 1221-0.raw (或单击 1221-0.raw+READ)得欲分析的衍射花样如图 6.19 所示。

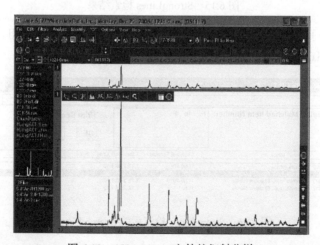

图 6.19　1221-0. raw 文件的衍射花样

右击 出现如图 6.20 所示图样。

左键单击 Apply 和 Strip K-alpha2 即去除 K-alpha2 成分，或左键单击 Apply
和 Remove，即同时去除背底和 K-alpha2 成分。

右击 ⅩⱮ 或 ⚙，出现如图 6.21 所示图样。

图 6.20　扣除背底的参数设置

图 6.21　S/M 显示界面

左键单击 General →Reset，回复到没有设定的状态，设定 Subfile to Scarch 和
Search/Match Filters，见图 6.21，即出现元素周期表如图 6.22 所示。

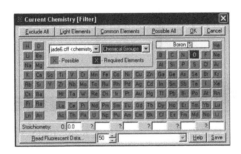

图 6.22　元素周期表

选择样品中的元素，分必需的(O)和可能的(La 和 H)两种情况；左键单击 OK，
出现图 6.23 所示画面。

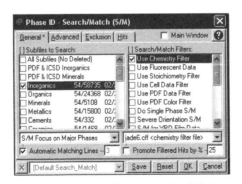

图 6.23　选择元素后的 S/M 显示界面

再左键单击 OK，则在出现如图 6.24 所示界面后，再左键单击 NO 或 Yes(NO 表示不扣背底，而 Yes 为扣除背底)，则出现许多候选的可能相的英文名称、化学式、PDF 卡号、空间群和点阵参数等，见图 6.25 下方。

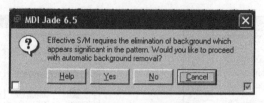

图 6.24　扣背底提示界面

左键选择(逐条或跳选)可能符合的相与未知花样匹配，并在符合较好相的左侧单击，即打上钩，已打了两个勾，然后右击 ▣，消除未选中的相，只保留 La_2O_3 和 $La(OH)_3$ 两个相，见图 6.26。

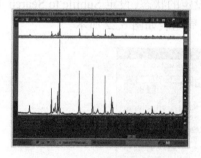
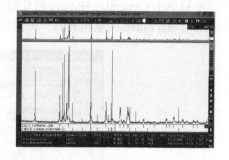

图 6.25　候选物相信息界面　　　　图 6.26　La_2O_3 和 $La(OH)_3$ 相的信息界面

左键单击 ▣ 会出现未被鉴定峰的一览表，见图 6.27 的右下方。

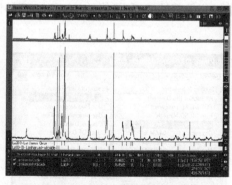

图 6.27　未被鉴定峰信息界面

可对这些峰逐条匹配；左键击 ▣，回复到图 6.27。

显然图中只显示最后一个相的相对强度。为了对所有相的相对强度进行匹配，

左键单击 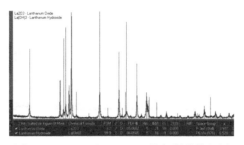 便得图 6.28，两个相的相对强度都显示在图中。再左键单击 ▥，即恢复原样。

图 6.28　La_2O_3 和 $La(OH)_3$ 的衍射峰位置图

如果需要查看 PDF 卡片，可左双击该相名称条，便能获该相卡片的数据，见图 6.29。

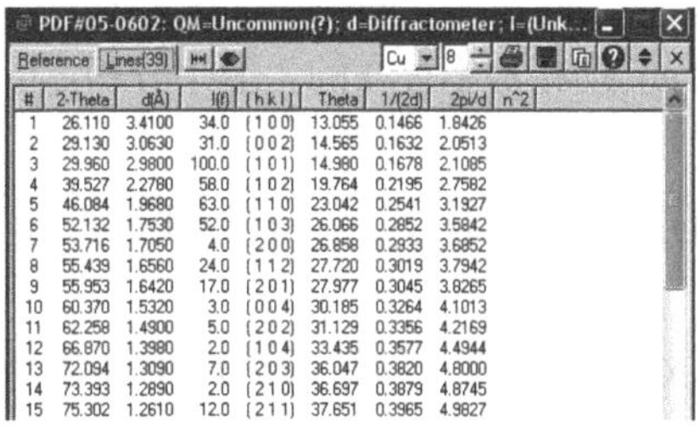

图 6.29　La_2O_3 的 PDF 卡片信息

左击 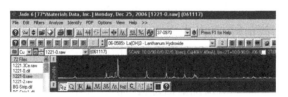，出现图 6.30。

图 6.30　物相鉴定后的衍射成形

左击 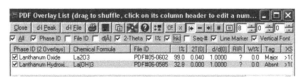 2 显示图 6.31 界面。

图 6.31　La_2O_3 与 $La(OH)_3$ 两相信息

在 All，Phase ID，d(Å)或/和 2Theta，I%，hkl 前方框中单击，即打钩，得到

最后的分析结果，如图 6.32 所示。

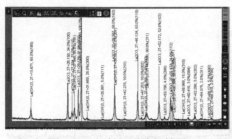

图 6.32　衍射级形分析结果

从以上可知，其检索和匹配均以人机对话的方式进行。如果在欲分析的衍射花样之后，只选定 Subfile to Search，而清除 Search/Match Filters 的设定之后，左键单击 S/M 或 ，即进行所谓全自动检索。理论和实际经验表明，这种全无约束的自动检索/匹配结果往往是不可信的，或者误检率很高，这是因为结构(空间群，原子数目及占位，晶胞参数)完全相同的物相是不存在的，但十分相近的相是很多的。

6.5　物相定量分析的原理

未知混合物的多晶 X 射线衍射花样是混合物中各相物质衍射花样的总和；每种相的各衍射线条的 d 值不变、相对强度也不变，即每种相的特征衍射花样不变；但混合物中各物相之间的相对强度则随各相在混合物中的质量分数而变化。因此，我们可以通过测量和分析各物相之间的相对强度来测定混合物中各相的质量分数。要解决这个问题，首先必须知道各相的强度与质量分数之间的关系。定量相分析主要使用 X 射线衍射方法[1-3]。

多晶试样的衍射强度问题只能用运动学衍射理论来处理。一般从一个自由电子对 X 射线散射强度开始，讨论一个多电子的原子对 X 射线的散射强度，进而研究一个晶胞和小晶体对 X 射线的散射强度，最后导出多晶试样的衍射积分强度的表达式。这里只从单相试样某衍射线的积分强度的表达式开始。

6.5.1　单相试样衍射强度的表达式

在用 X 射线衍射仪进行实验工作时，如果试样为单相物质，则 hkl 衍射线条的积分强度 I_{hkl} 为

$$I_{hkl} = \left(\frac{I_0}{32\pi r} \cdot \frac{e^4 \lambda^3}{m^2 c^4} \right) \cdot \left(N^2 \cdot P_{hkl} \cdot F_{hkl}^2 \cdot \frac{1 + \cos^2 2\theta_{hkl}}{\sin^2 \theta_{hkl} \cdot \cos \theta_{hkl}} \cdot e^{-2M} \right) \cdot A \cdot V \tag{6.7}$$

式(6.7)中第一个括号与所研究的物质无关，而第二个括号与所研究的物相及选用的衍射线有关。令

$$R = \frac{I_0}{32\pi r} \cdot \frac{e^4 \lambda^3}{m^2 c^4} \tag{6.8}$$

$$K_{hkl} = N^2 \cdot P_{hkl} \cdot F_{hkl}^2 \cdot \frac{1 + \cos^2 2\theta_{hkl}}{\sin^2 \theta_{hkl} \cdot \cos \theta_{hkl}} \cdot e^{-2M} \tag{6.9}$$

式中，R 和 K_{hkl} 分别称为物理-仪器常数和物相-实验参数。则式(6.7)可简写为

$$I_{hkl} = R\,K_{hkl}\,AV \tag{6.10}$$

6.5.2　衍射体积

衍射体积显然与发散光阑(DS)的宽度有关，还与试样的线吸收系数 μ_1 有关。对于衍射仪，衍射体积 V 为

$$V = \frac{T}{2} lL \tag{6.11}$$

其中，l 为入射线束照射试样表面的宽度，它与入射线的发散度、衍射仪半径 r 有关，并与 $\sin\theta$ 值成反比；L 为光阑狭缝(SS)的长度，是一个常数。$l = \dfrac{W_0}{\sin\theta} = \dfrac{2\pi r}{360} \times \dfrac{\phi}{\sin\theta}$，代入式(6.11)得

$$V = \frac{2.30 \sin\theta}{2\overline{\mu}_1} \times \frac{W_0}{\sin\theta} = \frac{2.30}{360} \frac{\pi r \phi}{\overline{\mu}_1} \times L \tag{6.12}$$

其中，W_0 为入射线束的宽度，它与 DS=SS 的角宽度有关，在同一实验中也为一常数。可见对同一试样，衍射体积不随 θ 而变化，而仅与试样的线吸收系数 $\overline{\mu}_1$ 成反比。

对于粉末多晶试样，不同的制样方法，其致密度有一定差别，一般仅为块状试样密度的 70%～80%，因此试样的线吸收系数、衍射体积也与该物质的大块试样不同，在定量相分析中应予以适当考虑。不过在实际工作中，只要保持制样方法的一致性，则致密度问题可以不予考虑。

6.5.3　多相试样的衍射强度

综合上述的讨论，得单相物质的衍射强度公式：

$$I_{hkl} = RK_{hkl} \cdot V \cdot \frac{1}{2\mu_1} \tag{6.13}$$

相对强度公式为

$$I_{hkl\text{相对}} = P_{hkl}F^2{}_{hkl}\frac{1+\cos^2 2\theta_{hkl}}{\sin^2\theta_{hkl}\cdot\cos\theta_{hkl}}\cdot e^{-2M}\cdot A \tag{6.14}$$

如果试样为多相物质的混合物，那么其中第 i 相的衍射强度受整个混合物吸收的影响，该相的衍射体积 V_i 是总的衍射体积 $\overline{V}$ 的一部分。设混合物试样的线吸收系数为 $\overline{\mu}_1$，第 i 相的体积分数为 f_i，则第 i 相某 hkl 的衍射强度(略去下标 hkl)为

$$I_i = \frac{RK_i\overline{V}}{2\overline{\mu}_1}\cdot f_i = \frac{RK_i\overline{V}}{2\overline{\mu}_m\overline{\rho}}\cdot f_i \tag{6.15}$$

如果第 i 相的密度和质量分数分别为 ρ_i、x_i，则 $x_i = \dfrac{W_i}{W} = \dfrac{\overline{V}f_i\rho_i}{\overline{V}\overline{\rho}} = \dfrac{f_i\rho_i}{\overline{\rho}}$，代入式(6.15)得

$$I_i = \frac{RK_i\overline{V}\overline{\rho}}{2\overline{\mu}_1\rho_i}x_i = \frac{RK_i\overline{V}}{2\overline{\mu}_m\rho_i}x_i \tag{6.16}$$

式中，$\overline{\rho}$ 为混合试样的密度，式(6.15)和式(6.16)就是与 i 相含量(体积分数 f_i、质量分数 x_i)直接相关的衍射强度公式，它们是定量相分析工作的出发点。在介绍 X 射线衍射定量分析方法时，许多人把式(6.16)写成

$$I_i = K_i'x_i / \overline{\mu}_m \tag{6.17a}$$

这意味着

$$K_i' = RK_i\overline{V} / (2\rho_i) \tag{6.17b}$$

对于纯相 i 样品

$$I_i^0 = \frac{RK_i\overline{V}_i^0}{2\mu_{im}\rho_i} = K_{i0}' / \mu_{im} \tag{6.17c}$$

可见

$$K_i' \neq K_{i0}' \tag{6.17d}$$

如果已知混合物试样的元素组元 P 及其含量 ω_p，则混合物试样的吸收系数按下式求得

$$\overline{\mu}_1 = \overline{\rho}\overline{\mu}_m = \overline{\rho}\sum_{p=1}^{m}\omega_p\mu_{pm} \tag{6.18}$$

类似地，可由混合物试样品的物相组元 i 和其含量 x_i 求得混合物样品的吸收系数：

$$\overline{\mu}_1 = \overline{\rho}\overline{\mu}_m = \overline{\rho}\sum_{i=1}^{m}x_i\mu_{im} \tag{6.19}$$

其中，μ_{im} 为 i 相的质量吸收系数，若已知该相的化学成分或化学式，即可按式(6.19)求 μ_{im}。

$$f_i = \frac{V_i}{V} = V_i \Big/ \left(\sum_{i=1}^{n} V_i \right) \tag{6.20}$$

值得注意的是，乍看起来，式(6.15)和式(6.16)表明，衍射强度与物相的含量（f_i 或 x_i）呈线性关系，但实际上常常不一定如此(图 6.3)。这是因为，衍射强度还与总的衍射体积和试样的吸收系数有关，而衍射体积和吸收系数（$\bar{\mu}_l$ 或 $\bar{\mu}_m$）又与相的含量有关。由图 6.33 可见，石英-方石英的那条线为直线，这是因为两者都是 SiO_2 的同分异构体，混合试样的衍射体积和质量吸收系数不随两者相对含量变化，$\bar{\rho}$ 的变化甚小；而另外两条则因衍射体积和吸收系数随两相的相对含量而变化，故呈非线性关系。

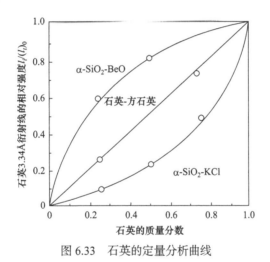

图 6.33　石英的定量分析曲线

6.6　无标样的定量相分析方法及其比较

电沉积材料属大块材料，不可能用标样法进行定量相分析，故这里只介绍无标样法。所谓无标样法就是指在物相定量分析的实验和数据处理中不涉及待测试样之外的标样的定量分析方法。

6.6.1　直接比较法

在 n 元物相系中，根据式(6.15)和式(6.16)我们有

$$I_i = \frac{RK_i}{2\bar{\mu}_l} \cdot \bar{V}f_i \;, \quad I_i = \frac{RK_i}{2\bar{\mu}_m} \cdot \frac{\bar{V}}{\rho_i} \cdot x_i \quad (i = 1, 2, \cdots, m, \cdots, n)$$

$$\begin{cases} \dfrac{I_m}{I_i} = \dfrac{K_m}{K_i} \cdot \dfrac{f_m}{f_i} \\[2mm] \displaystyle\sum_{i=1}^{n} f_i = 1 \end{cases} , \quad \begin{cases} \dfrac{I_m}{I_i} = \dfrac{K_m}{K_i} \cdot \dfrac{\rho_i}{\rho_m} \cdot \dfrac{x_m}{x_i} \\[2mm] \displaystyle\sum_{i=1}^{n} x_i = 1 \end{cases} \tag{6.21}$$

6.6.2　绝热法

所谓"绝热"就是指在定量分析中不与系统外发生关系，因此，绝热法也是一种直接比较法。类似于式(6.21)有

$$\left. \begin{array}{l} \dfrac{I_2}{I_1} = \dfrac{K_2 \rho_2^{-1}}{K_1 \rho_1^{-1}} \cdot \dfrac{x_2}{x_1} \\[2mm] \cdots\cdots \\[2mm] \dfrac{I_i}{I_1} = \dfrac{K_i \rho_i^{-1}}{K_1 \rho_1^{-1}} \cdot \dfrac{x_i}{x_1} \\[2mm] \cdots\cdots \\[2mm] \dfrac{I_n}{I_1} = \dfrac{K_n \rho_n^{-1}}{K_1 \rho_1^{-1}} = \dfrac{x_n}{x_1} \\[2mm] \displaystyle\sum_{i=1}^{n} x_i = 1 \end{array} \right\} \tag{6.22}$$

并可得到

$$x_i = \left(\frac{I_i}{I_1} \cdot \frac{K_1 \rho_1^{-1}}{K_i \rho_i^{-1}} \right) \cdot x_1 \tag{6.23}$$

代入式(6.22)最后一式得

$$\frac{K_1 \rho_1^{-1} x_1}{I_1} \sum_{i=1}^{n} \frac{I_i}{K_i \rho_i^{-1}} = 1 \tag{6.24}$$

$$x_1 = \left(\frac{K_1 \rho_1^{-1}}{I_1} \sum_{i=1}^{n} \frac{I_i}{K_i \rho_i^{-1}} \right)^{-1} \tag{6.25}$$

最后写成一般式：

$$x_i = \left(\frac{K_i \rho_i^{-1}}{I_i} \sum_{i=1}^{n} \frac{I_i}{K_i \rho_i^{-1}} \right)^{-1} \tag{6.26}$$

在用直接比较法和绝热法的实际工作中可以用两种方法求得 K_i，则可求得体积分数或质量分数。

(1) 可按式(6.10)计算求得 K_1，K_2，$\cdots$，K_n，但用理论计算求得的 K 的测定结果误差很大；

(2) 从式(6.21)的最后一式可知，当 $x_1 : x_2 : \cdots : x_n = 1 : 1 : \cdots : 1$ 时，因 ρ_i，ρ_m 已知，则可通过 $1 : 1 : 1 : \cdots$ 的外标样实验测得 K_i/K_m 值，便能测得各相的质量分数。

6.6.3　Zevin 无标样法

在混合物多相样品中，式(6.10)可写成如下形式：

$$I_i = \frac{R K_i \overline{V} \overline{\rho}}{2\mu_1 \rho_i} \cdot x_i = \frac{R K_i \overline{V} \overline{\rho}}{2\overline{\mu}_m \overline{\rho} \rho_i} x_i = \frac{R K_i \overline{V}}{2\overline{\mu}_m \rho_i} x_i \tag{6.27}$$

令 $Q_i = \dfrac{R K_i \overline{V}}{2\overline{\mu}_m \rho_i}$，而 $\overline{\mu}_m = \sum\limits_{i=1}^{n} x_i \mu_{im}$ 则有

$$I_i = Q_i x_i / \sum_{i=1}^{n} x_i \mu_{im}$$

如果有 n 个待测样品，每个样品中都包含 n 个物相，而且每个物相至少在两个以上的样品中的质量分数不同，我们用大写字母的下标表示样品号，用小写字母的下标表示物相号，于是有

$$\begin{cases} I_{iJ} = Q_i x_{iJ} / \sum\limits_{i=1}^{n} x_{iJ} \mu_{i\,m} \\ I_{iK} = Q_i x_{iK} / \sum\limits_{i=1}^{n} x_{iK} \mu_{i\,m} \end{cases}, \quad J \neq K \tag{6.28}$$

$$\begin{cases} I_{jJ} = Q_j x_{jJ} / \sum\limits_{j=1}^{n} x_{jJ} \mu_{j\,m} \\ I_{jK} = Q_j x_{jK} / \sum x_{jK} \mu_{j\,m} \end{cases}, \quad J \neq K \tag{6.29}$$

把式(6.28)和式(6.29)中两方程组两两相除，则

$$\begin{cases} \dfrac{I_{iJ}}{I_{iK}} = \dfrac{x_{iJ}}{x_{iK}} \cdot \dfrac{\displaystyle\sum_{i=1}^{n} x_{iK}\mu_{im}}{\displaystyle\sum_{i=1}^{n} x_{iJ}\mu_{im}} \\[4mm] \dfrac{I_{jJ}}{I_{jK}} = \dfrac{x_{jJ}}{x_{jK}} \cdot \dfrac{\displaystyle\sum_{i=1}^{n} x_{iK}\mu_{jm}}{\displaystyle\sum_{i=1}^{n} x_{jJ}\mu_{jm}} \end{cases} \tag{6.30}$$

再把式(6.30)中两式相除，则

$$\frac{I_{iJ}}{I_{iK}} \cdot \frac{I_{jK}}{I_{jJ}} = \frac{x_{iJ}}{x_{iK}} \cdot \frac{x_{jK}}{x_{jJ}} \tag{6.31a}$$

$$x_{iJ} = \frac{I_{iJ}}{I_{iK}} \cdot \frac{I_{jK}}{I_{jJ}} \cdot \frac{x_{jJ}}{x_{jK}} \cdot x_{iK} \tag{6.31b}$$

1) 当已知各物相的质量吸收系数时

因为 $\displaystyle\sum_{i=1}^{n} x_{iJ}\mu_{im} = \sum_{j=1}^{n} x_{jJ}\mu_{jm}$，$\displaystyle\sum_{i=1}^{n} x_{iK}\mu_{im} = \sum_{j=1}^{n} x_{jK}\mu_{jm}$，故式(6.10b)可写成

$$\sum_{i=1}^{n} x_{iJ}\mu_{im} = \frac{x_{iJ}}{x_{iK}} \cdot \frac{I_{iK}}{I_{jJ}} \cdot \sum_{j=1}^{n} x_{jK}\mu_{jm} \tag{6.32a}$$

将式(6.20b)代入得

$$\sum_{i=1}^{n} \left(\mu_{im} \cdot \frac{I_{iJ}}{I_{iK}} \cdot \frac{I_{jK}}{I_{jJ}} \cdot \frac{x_{jJ}}{x_{jJ}} \cdot x_{iK} \right) = \frac{x_{jJ}}{x_{jK}} \cdot \frac{I_{jK}}{I_{jJ}} \cdot \sum_{i=1}^{n} x_i \mu_{im} \tag{6.32b}$$

将式(6.32a)的左边与 i 无关的提到求和符号外面，并简化得

$$\sum_{i=1}^{n} \left(\frac{I_{iJ}}{I_{iK}} \cdot \mu_{im} x_{iK} \right) = \sum_{i=1}^{n} x_{im}\mu_{im} \tag{6.32c}$$

移项合并有

$$\begin{cases} \displaystyle\sum_{i=1}^{n} \left[\left(1 - \frac{I_{iJ}}{I_{iK}} \right) x_{iK}\mu_{im} \right] = 0 \\[4mm] \displaystyle\sum_{i=1}^{n} x_{iK} = 1 \end{cases} \tag{6.33}$$

这就是表 6.6 中 Zevin 无标样法已知各相质量吸收系数情况的工作方程。式(6.33)

表示$(n-1)+1$ 个方程，即 $J=1，2，\cdots，n\neq K$，每个方程都有 n 个项。如果已知要测定的试样中各相的质量吸收系数 μ_{im}，则从 n 个试样的测量便可求出第 K 号样品中各相的质量分数 x_{iK} ($i=1，2，\cdots，n$；$J=1，2，\cdots，n$)。类似地，对其他样品进行数据处理则可求得各样品中各相的质量分数。

2) 当未知各物相样品的质量吸收系数时

当各相的质量吸收系数 μ_{im} ($i=1，2，\cdots，n$)未知，而样品中的元素组元定量分析已知时，则可以计算各样品的质量吸收系数 $\bar{\mu}_{Jm}$ ($J=1，2，\cdots，n$)，那么，各物相的质量分数可用下述方法求解。式(6.32a)可改写为

$$x_{iJ} = \frac{I_{iJ}}{I_{iK}} \cdot \frac{\displaystyle\sum_{i=1}^{n} x_{iJ}\mu_{im}}{\displaystyle\sum_{i=1}^{n} x_{iK}\mu_{im}} \cdot x_{iK} = \frac{I_{iJ}}{I_{iK}} \cdot \frac{\bar{\mu}_{Jm}}{\bar{\mu}_{Km}} \cdot x_{iK} \tag{6.34}$$

代入 $\displaystyle\sum_{i=1}^{n} x_{iJ} = 1$ 得到

$$\begin{cases} \displaystyle\sum_{i=1}^{n} \left(\frac{I_{iJ}}{I_{iK}} \cdot \frac{\bar{\mu}_{Jm}}{\bar{\mu}_{Km}} \cdot x_{iK} \right) = 1 \\ \displaystyle\sum_{i=1}^{n} x_{iK} = 1 \end{cases} \tag{6.35}$$

式(6.35)就是表 6.6 中 Zevin 无标样法已知各样品质量吸收系数情况的工作方程。类似地，Zevin 无标样法已知各相吸收系数情况之方法可求解各样品中的各相的质量分数 x_{iK} ($i=1，2，\cdots，n$；$J=1，2，\cdots，n$)。

这种无标样方法的最大特点是不使用待测样品以外的任何标样，且对仅已知各相的质量吸收系数或各样品的质量吸收系数，甚至两者均未知这三种情况都可适应，因此是一种较好的、实用性较广的方法。但要求有 n 个样品，每个样品中都有 n 个物相，且待测相在各样品中的质量分数不同，其差别越大测量精度越高，各样品中不包括非晶相。因此出现许多改进方法，这里不再赘述。

6.6.4　无标样法特征的比较

无标样法包括直接比较法、绝热法和 Zevin 无标样法三类，最后一类又有许多改进。各种无标样法的工作方程和主要特点归纳于表 6.9 中。

表 6.9 各种无标样法的工作方程和主要特点的比较

无标样方法	工作方程	方法特点
直接比较法	$$I_i = \frac{RK_i}{2\bar{\mu}_i} \cdot \bar{V} f_i$$ $$I_i = \frac{RK_i}{2\bar{\mu}_m} \cdot \frac{\bar{V}}{\rho_i} \cdot x_i \quad (i = 1, 2, \cdots, m, \cdots, n)$$	K_i 需理论计算, $$K_i = N^2 P_i F_i^2 \frac{1+\cos^2 2\theta}{\sin^2 \theta_i \cos\theta_i} \cdot e^{-2M_i}$$
绝热法	$$x_i = \left(\frac{K_i \rho_i^{-1}}{I_i} \sum_{i=1}^{n} \frac{I_i}{K_i \rho_i^{-1}} \right)^{-1}$$	$K_i \rho_i$ 需理论计算 $K_i \rho_i$ 实验求得
Zevin 无标样法[4]	(1) 已知各相的质量吸收系数 $$\begin{cases} \sum_{i=1}^{n} \left[\left(1 - \frac{I_{iJ}}{I_{iK}} \right) x_{iK} \mu_{im} \right] = 0 \\ \sum_{i=1}^{n} x_{iK} = 1 \end{cases}$$	μ_{im} 可根据各个相的化学式进行计算; n 个样品中均含 n 个且含量不同的相
	(2) 已知各样品的质量吸收系数 $$\begin{cases} \sum_{i=1}^{n} \left(\frac{I_{iJ}}{I_{iK}} \cdot \frac{\bar{\mu}_{Jm}}{\bar{\mu}_{Km}} x_{iK} \right) = 1 \\ \sum_{i=1}^{n} x_{iK} = 1 \end{cases}$$	μ_{Jm} 可根据各个样品的化学成分计算; n 个样品中均含 n 个且含量不同的相
	(3) 未知质量吸收系数 $$\begin{cases} \sum_{i=1}^{n} \left(\frac{I_{iJ}}{I_{iK}} \cdot \frac{I_{iK} - I_{i(K+J)}}{I_{i(K+J)} - I_{iJ}} x_{iK} \right) = 1 \\ \sum_{i=1}^{n} x_{iK} = 1 \end{cases}$$	$$\frac{I_{iK} - I_{i(K+J)}}{I_{i(K+J)} - I_{iJ}} = \frac{\bar{\mu}_{Jm}}{\bar{\mu}_{Km}}$$ $K+J$(即两两)样按 1:1 混合; n 个样品中均含 n 个且含量不同的相
郭常霖 通用无标样法[5-7]	(1) 吸收系数已知时参考试样缺相的无标样法; (2) 吸收系数已知时参考试样不纯的无标样法; (3) 吸收系数未知时参考试样缺相的无标样分别混样法; (4) 吸收系数未知时参考试样缺相的无标样连续混样法	μ_{im} 和 $\bar{\mu}_{Jm}$ 需计算, n 个相 N 个样品 $n \ll N$, 参考样品为多相
林树智的普适无标样法 [8-10]	$$\sum_{s=1}^{n} A_{isp} W_{is} = 1, \quad 1 \leqslant p \leqslant n$$ $$W_{lp} = \frac{A_{isp} W_{is} a}{1-a}$$	(1) 每个物相最少在两个试样中存在; (2) 所有试样中都有 i 相; (3) 只对 n 个相中的 m 个进行定量分析; (4) 在含有 n 个相的样品中, 如果有 m 个相的质量分数, 可用别的方法测得或已知
陈名浩的回归求解无标样法[11]	$$x'_{ij} = \frac{I_{ij}}{I_{sj}} k_s' \left(\frac{x_{sj}}{1-x_{sj}} \right)$$	(1) 具有联立方程法的特点和只适用于无非晶物质的粉末样品; (2) 减少了联立方程法中的误差传递, 提高精度; (3) 使用 m 个($m>n$)试样求 n 个相含量, 可防止方程简并的危险

续表

无标样方法	工作方程	方法特点
陆金生的 无标样法[12]	参考文献[12]	(1) 已知各物相的质量吸收系数μ时； (2) 已知试样的质量吸收系数时； (3) 样品和物相的质量吸收系数都不知道
单个标样 外标法	$$x_i = \frac{\dfrac{I_i}{I_j}\left(\dfrac{I_{jS}}{I_{iS}}\right)}{\sum\limits_{i=1}^{n}\left[\dfrac{I_i}{I_j}\cdot\left(\dfrac{I_{jS}}{I_{iS}}\right)\right]}$$	(1) 求主相含量的非纯物相分别增量法； (2) 求主相含量的非纯物相连续增量法； (3) 求全部含量的非纯物相分别增量法

无标样方法	对试样的要求	常数的来源	分析速度	准确度
直接比较法	无特殊要求，一个样品即可解；无 特殊要求，求x_i还需要密度	K值理论计算复杂， 实验分析较快		不准
绝热法	n个样品中均不含不同含量的n个 物相；配制二元参考样	K值理论计算复杂， $K_i \rho_i^{-1}$实验求得	一般	不准 准
Zevin 无标样法[4]	n个样品中均包含不同含量的 n物相	μ_{im}可根据各相的成分 进行计算	解方程组较 烦琐	较准
	n个样品中均包含不同含量的 n物相	$\overline{\mu}_{Jm}$可根据各样品的化学成分 进行计算	解方程 组较烦琐	较准
	n个样品中均包含不同含量的 n物相	尚需样品按$1:1$的重量比混样， 求解μ_{Jm}/μ_{Km}	解方程 组较烦琐	不够准
郭常霖 通用无标样 法[5-7]	(1) 已知质量吸收系数μ_{im}，$\overline{\mu}_{Jm}$时 　　缺相； (2) 已知质量吸收系数μ_{im}，$\overline{\mu}_{Jm}$时 　　多相； (3) 未知吸收系数时混样	μ_{im}，$\overline{\mu}_{Jm}$需计算	解方程 组较烦琐 解方程 组较烦琐 解方程 组较烦琐	较准； 较准； 不准
单个标样 外标法	按$1:1:1:\cdots:1$配制一参考样 品，仅适用于最强线	(1) $(I_j/I_i)_{1:1}$可实验求得； (2) 也可从PCPDFwim数据库查得	快； 快	准； 较准

6.6.5　无标样法的实验比较

当K值比用计算或实验求得后，简化外标法只需对待测样进行实验测量强度即可求得待测样中的各相重量分数，因此在这种情况下简化外标法也属无标样法[13]。三种无标样法及简化外标法的测量实例的结果如表 6.10 所示。仔细比较表 6.10 中各项和数据可得如下结论。

表 6.10　一组样品不同无标样法的测量结果

样品号			1			2			3		
物相			Cu	Ni	GaAs	Cu	Ni	GaAs	Cu	Ni	GaAs
原配比/%			20.0	50.0	30.0	16.7	36.3	50.0	50.0	16.7	36.3
测定结果/%	直接比较法		20.6	56.3	26.1	18.2	39.2	46.6	56.5	17.6	26.9
	绝热法	K 值理论计算	20.6	56.3	26.1	18.2	39.2	46.6	56.5	17.6	26.9
		K 值实验测定	19.7	51.5	28.8	16.3	36.7	49.9	56.8	16.7	31.5
	Zevin 法	已知 μ_{mi}	26.8	46.4	29.9	19.3	29.9	50.8	57.8	16.6	29.6
		已知 $\bar{\mu}_{mJ}$	26.2	46.7	30.1	18.8	30.0	51.1	56.8	16.0	30.2
	单个标样外标法		19.7	51.5	28.8	16.3	36.7	49.9	56.8	16.7	31.5

(1) 直接比较法最为方便，只要一个试样就能给出结果，但 K 值需要理论计算，要求知道物相单晶胞中原子的数目及其坐标位置才能计算结构因数，要求知道德拜温度 Θ 才能计算温度因数 e^{-2M}，这在很多情况下是难以办到的，故多用于结构简单的体系中，如铁基或铁-镍基合金中 α 相和 γ 相的测定，钛合金中 α 相和 β 相的测定等。

(2) Zevin 法是一种很好的无标样法，仅涉及物相或样品质量吸收系数的计算，只需知道物相或样品的化学成分，查阅质量吸收系数就可计算。显然，这是不难办到的，因此具有较广泛的应用前景。但它要求 n 个样品均含不同质量分数的 n 个物相。这一点与郭常霖等[5-7]的改进方法不同，后者所用样品可以缺相或多相。但两者解工作方程都比较烦杂。值得注意的是，从原理上讲，Zevin 的第三种方法虽然可行，但当 $\left[I_{iK} - I_{i(K+J)}\right] / \left[I_{i(K+J)} - I_{iJ}\right]$ 之值在积分强度测量的统计误差范围内时，便可能出现

$$\left[I_{iK} - I_{i(K+J)}\right] / \left[I_{i(K+J)} - I_{iJ}\right] < 0 \tag{6.36}$$

的情况而无解。普适法[8,10]、回归求解法[11]和陆金生[12]优化计算法是很好的改进，可望广泛应用。

(3) 单个标样外标法虽属标样法，但当 K 值之比由实验测得后，就是一种简便易行的无标样法，也可以从一个试样的强度测量获得各相的质量分数。当 K 值采用理论计算时，绝热法与直接法一致；而当 K 值由实验求得时，绝热法与单个

标样外标法一致。在后一种情况下,单个标样外标法实际上是一种无标样法,且只要求出一相质量分数后,其他各相均与该相呈倍率关系,故计算简单。

(4) 由表 6.4 可知,实验测定的准确度以单个标样外标法与 K 值实验测得的绝热法最高,Zevin 法次之,直接比较法与 K 值理论计算的绝热法最差。由此可知,由实验求出 $K\rho^{-1}$ 值的方法准确度高,这涉及外标样的采用;由于理论计算常数的方法的准确度差,故计算中采用理论数据(即有关书籍中给出的数据)越多,造成的误差越大,因此在完全无标样法中以 Zevin 法最好,即无标样,使用的理论数据也最少。

比较上述三类无标样定量方法可知,理论参数计算法和全谱图拟合法同属计算法范畴,联立方程则属实验法。

理论参数计算法需要知道待定量相的精确晶体结构,各种校正较难以实行,也不够完善,定量结果受结构与织构影响很大,特别是单线方法,定量精度很差,基本上已不采用。即使是多线平均法,也仅可在含物相数少及晶体结构简单的样品体系中应用。

因为晶体结构数据库逐步建立,且 Rietveld 全图拟合法只需粗略的晶体结构,就可以通过微调标准的参考曲线来拟合自己的实验谱线从而得出自己样品的一系列结果。各种校正方法可以通过不断拟合迭代而容易实行,可以得到比较精确的定量结果,因而其实际上已取代了理论参数计算法。其问题是择优取向校正和吸收校正还需要改进。特别是择优取向校正过于简化,还不适合强择优取向和多种择优取向的情形。若样品中含有非晶态物质,则 Retveld 全图拟合法需用添加内标物质来定量,这已不属无标样法。

属于实验法的联立方程法已可在参考试样缺相或多相以及待测试样含非晶态物质等较普遍条件下进行,并通过稳定性因子判别法、抛弃平均法和多晶样品最小二乘方法获得较好的结果,对于结构未知或易变或者含非晶态的样品情形,其可以作为无标样法选用。

参 考 文 献

[1] 杨传铮, 谢达材, 陈癸尊, 等. 物相衍射分析. 北京: 冶金工业出版社, 1989: 174-175.

[2] 程国峰, 杨传铮. 纳米材料的 X 射线分析. 2 版. 北京: 化学工业出版社, 2019.

[3] Klug H P, Alexander L E. X-ray Diffraction Procedurer for Polycrystalline and Amorphous Materials. 2nd ed. Now York: John Wiley & Son, 1974.

[4] Zevin L S. A method of quantitative phase analysis without standards. Journal of Applied Crystallography, 1977, 10(3): 147-150.

[5] 郭常霖, 姚公达. 通用无标样 X 射线衍射定量相分析的新方法. 物理学报, 1985, 34(11): 1451-1459.

[6] 郭常霖, 黄月鸿. 无标样 X 射线定量分析联立方程组稳定性的统计判据. 物理学报, 1992,

41(8): 1289-1295.

[7] 郭常霖, 黄月鸿. 无标样 X 射线定量分析最小二乘法方程的稳定解. 物理学报, 1993, 42(7): 1106-1111.

[8] 林树智, 张喜章. 普适 X 射线无标定量相分析方法. 金属学报, 1988, 24(1): B55-57.

[9] 林树智, 张喜章. 普适 X 射线无标样定量相分析的数据处理. 金属学报, 1989, 25(2): B125-130.

[10] 林树智, 张喜章. X 射线无标样定量相分析新的表达式. 金属学报, 1985, 21(2): B100-104.

[11] 陈名浩. 无标样 X 射线衍射定量相分析的回归求解. 金属学报, 1988, 24(3): 280-281.

[12] Jinsheng L, Ronghou X, Xiaoqun T, et al. Optimizing the calculation of stan dardless quantitative analysis. Advances in X-ray Analysis, 1988, 32: 515-522.

[13] 杨传铮, 陈癸尊, 王兆祥. X 射线物相定量分析中标样法的比较. 上海金属(有色金属分册), 1983, 4(4): 67.

第 7 章　表征电沉积材料精细结构射线衍射测试分析方法

许多材料在成材过程中，材料本身相结构不变，但许多结构参数会发生明显的变化，比如点阵参数的变化、晶粒大小及其取向分布会发生明显的变化。这些在物相结构不变情况下的变化称为物相精细结构的变化。这些精细结构的变化的衍射效应反映在该物相衍射花样的线条位移、各衍射峰相对强度偏离晶粒无序分布的情况，即相对强度的变化，换言之，各衍射峰的位移和相对强度的变化是由材料精细结构的变化所引起，这些效应包括点阵参数的变化、宏观残余应力的存在、晶粒择优取向(织构)的出现。本章介绍有关精细结构测试分析与表征方法。

7.1　点阵参数的精确测定

点阵参数的变化除存在宏观应力因素外，也由固溶体合金中溶质浓度不同所引起，并且这种变化会直接影响材料的性能，因此研究点阵参数变化与性能之间的关系是十分重要的[1-5]。

7.1.1　点阵参数测定的误差来源

衍射仪易于自动化操作，且可以达到较高的测量精度。但它采用更为间接的方式来测量试样点阵参数，从而造成误差分析上的复杂性。衍射仪法的误差来源主要与测角仪、试样本身及其他因素有关。兹将衍射仪法的系统误差列于表 7.1 中，并简介如下。

表 7.1　多晶 X 射线衍射仪法的系统误差

系统误差因素	误差表达式	备注
2∶1 失调	$\Delta(2\theta) = \dfrac{2}{\tan\theta + \tan\gamma}\tan\theta\tan\gamma$	γ 为试样表面与衍射面的夹角 β 是在 $\theta = 0$ 时试样表面与衍射面的夹角
零位	$\Delta(2\theta) = $ 常数	—
光源沿聚焦圆切线方向的位移	$\Delta(2\theta) = \arctan\dfrac{x}{R} \approx \dfrac{x}{R}$	x 为光源沿聚集圆切向的位移

续表

系统误差因素	误差表达式	备注
光源和接收光阑的有限宽度	当光束的重心在测角仪轴上时，$\Delta(2\theta)=0$	—
齿隙		除精密加工外，可在操作时作补救
角精度	$\Delta(2\theta),\Delta\theta$ 固定，但不可修正	—
轴向发散度	$\Delta\theta=\dfrac{\delta_1}{6}\cot\theta+\dfrac{\delta_2}{3\sin 2\theta}$	δ 由索拉光阑限制，$\delta=$光阑片间距/在入射方向的片长，δ_1,δ_2 分别对应于入射和接收光阑
水平发散度	$\Delta(2\theta)=-\dfrac{\alpha^2}{6}\cot\theta$	α 为入射线的水平发散角
试样的透明度	厚样品：$\Delta(2\theta)=-\dfrac{1}{2\mu R}\sin 2\theta$ 薄样品：$\Delta(2\theta)=-\dfrac{1}{R}\cos\theta$	μ 为试样的线吸收系数
折射	$\Delta(2\theta)=-2\delta\cot\theta$	$\delta=1-\mu$，这里 μ 为 X 射线的折射率
吸收	$\Delta(2\theta)=-\dfrac{6\mu W}{\lambda^2}\tan\theta$	—
偏振	$\Delta(2\theta)=-16\dfrac{W}{\lambda^2}\tan^2\theta\dfrac{\cos 2\theta\cos^2\theta}{1+\cos^2\theta}$	$W=\dfrac{S(\lambda-\lambda_0)I(\lambda)\mathrm{d}\lambda}{SI(\lambda)\mathrm{d}\lambda},\lambda_0=\dfrac{S\lambda I(\lambda_0)\mathrm{d}\lambda}{SI(\lambda)\mathrm{d}\lambda}$
洛伦兹因子	$\Delta(2\theta)=\dfrac{2W}{\lambda^2}\tan^2\theta$	—
色散	$\Delta(2\theta)=\dfrac{W}{\lambda^2}\tan^2\theta$	—
量子统计效率	$\Delta(2\theta)=\dfrac{2W}{\lambda^2}\tan\theta\cdot\dfrac{f'}{f}$	$\dfrac{f'}{f}$ 由探测器的计数效率对波长的响应求出

1. 测角仪引起的误差

测角仪因素，是衍射仪法的重要误差来源，主要包括：2θ 的零位误差、2θ 刻度误差、试样表面离轴误差，以及垂直发散误差等。

1) 2θ 的零位误差

测角仪是精密的分度仪器，调整的好坏对所测结果是重要的，在水平及高度等基本准直调整好之后，把 2θ 转到 0°位置，此时的 X 射线管焦点中心线、测角仪转轴线以及发散狭缝中心线必须处在同一直线上。这种误差与机械制造、安装和调整中的误差有关，即属于系统误差，它对各衍射角的影响是恒定的。

2) 2θ刻度误差

步进电机及机械传动机构制造上存在误差，会使接收狭缝支架的真正转动角度并不等于控制台上显示的转动角度。测角仪的转动角等于步进电机的步进数乘以每步所走过的 2θ 转动角度，因此这种误差随 2θ 角度而变。不同测角仪的 2θ 刻度误差不同，而对于同一台测角仪，这种误差则是固定的。

3) 试样表面离轴误差

试样台的定位面不经过转轴的轴线、试样板的宏观不平、制作试样时粉末表面不与试样架表面同平面、安装试样不正确等，这些因素均会使试样表面与转轴的轴线有一定距离。假设这种偏差距离为 s，如图 7.1 所示，图中转轴线为 O，试样的实际位置为 O'，则可以证明，由此所造成的 2θ 及 d 误差为

$$\Delta(2\theta) = O'A/R = -2s\cos\theta/R$$
$$\Delta d/d = -(\cot\theta)\Delta\theta = (s/R)\left(\cos^2\theta/\sin\theta\right) \tag{7.1}$$

上式表明，当 2θ 趋近 180°时，此误差趋近于零。

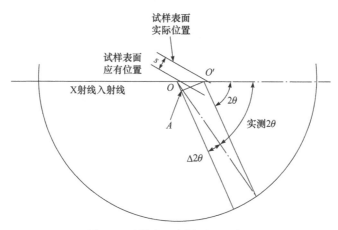

图 7.1　试样表面离轴误差示意图

4) 垂直发散误差

测角仪上的索拉狭缝，其层间距不能做得极小，否则 X 射线的强度严重减弱。所以入射 X 射线并不严格平行于衍射仪的平台，而是有一定的垂直发散范围。在使用线焦点并有前后两个索拉狭缝的情况下，如果两个狭缝的垂直发散度(δ =狭缝层间距/狭缝长度)相等而且不大，则此时的 2θ 及 d 误差分别为

$$\Delta(2\theta) = -\left(\delta^2/6\right)\cot(2\theta), \qquad \Delta d/d = \left(\delta^2/24\right)\left(\cot^2\theta - 1\right) \tag{7.2}$$

式中，d 误差可以分为两部分：一部分是恒量 $\delta^2/24$，另一部分为 $\delta^2\cot^2\theta/24$；当 2θ 角趋近于 180°时后者趋近于零，而当 2θ=90°时总误差为零。

2. 试样引起的误差

试样本身的一些因素也可以引起测量误差，这类误差来源主要包括：试样平面性、试样晶粒大小及试样吸收误差等。

1) 试样平面性误差

如果试样表面是凹曲形，且曲率半径等于聚焦圆半径，则表面各处的衍射线聚焦于一点。但实际上采用的是平面试样，入射光束又有一定的发散度。所以，除试样的中心点外，其他各点的衍射线均将有所偏离。当水平发散角 ε 很小时($\leqslant$ 1°)，可以估计出其误差的大小：

$$\Delta(2\theta)=\left(\varepsilon^2\cot\theta\right)\big/12\,,\qquad \Delta d/d=\left(\varepsilon^2\cot^2\theta\right)\big/24 \tag{7.3}$$

因此，当 2θ 趋近于 180°时，此误差趋近于零。

2) 晶粒大小误差

在实际衍射仪测试中，试样照射面积约 1cm^2，其衍射作用的深度视吸收系数而定，一般为几微米到几十微米。因而 X 射线实际照射的体积并不大。如果晶粒度过粗，会使同时参加衍射的晶粒数过少，个别体积稍大并产生衍射的晶粒，其空间取向对峰位有明显的影响。一般用作衍射分析的粉末试样，常以 325 目为准。但 325 目筛网的孔径近 40μm，因而还是不够细。

3) 试样吸收误差

试样吸收误差，也称透明度误差。通常，只有当 X 射线仅在试样表面产生衍射时，测量值才是正确的。但实际上，由于 X 射线具有一定的穿透能力，即试样内部也有衍射，这相当于存在一个永远为正值的偏离轴心距离，使实测的衍射角偏小。这类误差为

$$\Delta(2\theta)=-\sin 2\theta\big/(2\mu R)\,,\qquad \Delta d/d=\cos^2\theta\big/(2\mu R) \tag{7.4}$$

式中，μ 为线吸收系数；R 为聚焦圆半径。可见，当 2θ 趋近于 180°时误差趋近于零。

3. 其他误差

除测角仪及试样本身所引起的误差外，还包括其他引起误差的因素，例如角因子偏差、定峰误差、温度变化误差、X 射线折射误差及特征辐射非单色误差等因素。

1) 角因子偏差

角因子包括了衍射的空间几何效应，对衍射线的线形产生一定影响。对于宽化的衍射线，此效应更为明显。校正此误差的方法是：用阶梯扫描法得一条衍射线，把衍射线上各点计数强度除以该点的角因子，即得到一条校正后的衍射线，

利用它计算衍射线位角。

2) 定峰误差

利用上述角因子校正后的衍射线来计算衍射线位角，实际上是确定衍射峰位角 2θ 值，确定衍射峰位的误差(定峰误差)，直接影响点阵参数的测量结果。为确保定峰的精度，可采用半高宽中点及顶部抛物线等定峰方法。具体定峰方法将在后面章节中讨论。

3) 温度变化误差

温度变化可引起点阵参数的变化，从而造成误差。面间距的热膨胀公式为

$$d_{hkl,t} = d_{hkl,t_0}\left[1 + \alpha_{hkl}\left(t - t_0\right)\right] \tag{7.5}$$

式中，α_{hkl} 为(hkl)晶面的面间距热膨胀系数；t_0 及 t 分别为变化前后的温度值。根据 α_{hkl} 以及所需的 d_{hkl} 值测量精度，可事先计算出所需的温度控制精度。

4) X 射线折射误差

通常 X 射线的折射率极小，但在做精确测定点阵参数时，有时也要考虑这一因素。当 X 射线进入晶体内部时，由于发生折射(折射率小于并接近于 1)，λ 和 θ 将相应改变为 λ' 和 θ'。此时需要对点阵参数进行修正，如下式：

$$a = a_0\left(1 + C\lambda^2\right) \tag{7.6}$$

式中，a_0 及 a 分别为修正前后的点阵参数；λ 为辐射波长；C 为与材料有关的常数。

5) 特征辐射非单色误差

如果衍射谱线中包括 $K\alpha_1$ 与 $K\alpha_2$ 双线成分，则在确定衍射峰位之前必须将 $K\alpha_2$ 线从总谱线中分离出去，这样就可以消除该因素的影响。具体分离方法，将在后面章节中讨论。

但即使采用纯 $K\alpha_1$ 特征辐射，也并非是绝对单色的辐射线，而是有一定的波谱分布。由于包含一定的波长范围，因此也会引起一定误差。当入射及衍射线穿透铍窗、空气及滤片时，各部分波长的吸收系数不同，从而引起波谱分布的改变，波长的重心及峰位值均会改变，从而导致误差。同样，X 射线在试样中衍射以及在探测器的探测物质中穿过时，也会产生类似偏差。可以证明，特征辐射非单色所引起的 2θ 值偏差与 $\tan\theta$ 或 $\tan^2\theta$ 成正比，当衍射角 2θ 趋近 180°时，此类误差急剧增大。如果试样的结晶较好并且粒度适当，则这类误差通常很小。

以上论述了衍射仪法的一些常见重要误差。实际它们可细分为 30 余项，并归类为仪器固有误差、准直误差、衍射几何误差、测量误差、物理误差、交互作用误差、外推残余误差以及波长值误差等。工作性质不同，所着重考虑的误差项目也不同。例如，一台仪器在固定调整状态和参数下，当比较几个试样的点阵参数相对大小时，只需考虑仪器波动及试样制备等偶然误差；但对于经不同次数调整

后的仪器，为了对比仪器调整前后所测得试样的点阵参数，就要考虑仪器准直(调整)误差；对不同仪器的测试结果进行比较时，还要考虑衍射仪几何误差、仪器固有系统误差以及某些物理因数所引起的误差等。若要求测试结果与其真值比较，即要获得绝对准确的结果时，则必须考虑全部误差来源。

7.1.2　消除误差的实验方法

任何实验误差都包括随机误差和系统误差两大类，采用多次重复测量并取平均值的方法，能够消除随机误差，但却不能消除系统误差。如果对结果精确度要求不是太高，则可利用高角衍射线直接计算试样的点阵参数。若要获得精确的点阵参数，则必须消除有关的系统误差和/或随机误差。

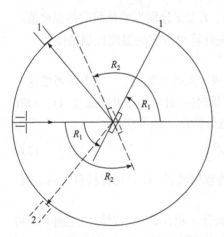

图 7.2　X 射线衍射仪双边扫描示意图

1. 精密的实验方法

①使用符合要求的样品，比如，样品的晶粒(或颗粒)大小在 μm 量级；衍射仪法的填样深度在整个角度扫描角范围内能满足无穷厚的要求、样品表面与衍射仪轴重合，合适的步长(取样宽度)和扫描速度等；德拜照相法的柱状样品要细，并且对心极好，并采用非对称装片法。②衍射仪零位要严格校准，也可以用如图 7.2 所示的双边扫描法消除零位误差。③尽可能用高角度的衍射线条。

2. 确定峰位的合理方法

过去常采用切线法、抛物线法、弦中点法、线形质心法来精确测定峰位。而在 Jade 程序中有自动寻峰和拟合两类方法，前者又分顶峰法、质心法、抛物线法。对于衍射线宽化不严重的，可用自动寻峰法中的任何一种方法；但线条严重宽化者，一定要用 Refine 或 Fit All Peaks 方法。在具体操作上，要用 BG 除去 Kα2 成分后才进行寻峰操作。

3. 内标法

内标法就是利用一种已知点阵参数的物质(内标样品)来标定衍射谱线。一般选 Si 或 SiO_2 粉末作为内标样品。如果被测试样点阵参数较大，可选 As_2O_3 粉末。当被测试样是粉末时，直接将标样与待测试样均匀混合即可。当试样为块状时，将少量标样黏附在试样表面即可。利用 X 射线衍射仪测量试样与标样衍射谱线。从实测衍射谱线上确定试样 $2\theta_{hkl}$ 和已知 d_s 的标样 $2\theta_s$，则被测试样晶面间距 d_{hkl} 为

$$d_{hkl} = \left(\sin\theta_s / \sin\theta_{hkl} \right) d_s \tag{7.7}$$

这样，根据已知 d_s 和测量的 θ_s 及 θ_{hkl}，即可得到经内标修正后的试样晶面间距 d_{hkl} 值。也可利用多条谱线制作 d_s-$\sin\theta_{hkl} / \sin\theta_s$ 标定直线，利用最小二乘法求得斜率即 d_{hkl} 值。内标法使用方便可靠，缺点是测量精度不可能超过标准物质本身点阵参数的精度。在 Jade 程序中有角度补正(calibrate)的功能，并分内标和外标两种情况，目的是消除由零位、偏心等引起的角度的系统偏离。

7.1.3　初始点阵参数的获得

测定点阵参数总是对已知晶体结构的样品进行的，因此该样品衍射图谱的每一条衍射线的正确无误的指标化和精确的衍射角数据是关键。有了这两组数据就可求出点阵参数。

1. 联立方程法

对于一种物质，若已知其衍射花样每条衍射线的晶面指数，并精确测得这些线条的 2θ 角，则可根据布拉格公式计算晶面间距，进行点阵参数计算。对于立方晶系有

$$a = \sqrt{h^2 + k^2 + l^2} \times d_{hkl} \tag{7.8}$$

可见每条线都能计算出 a，理论上这些 a 都应相等，但由于 2θ 的测定总有误差，因此各 a 值是不同的。对于非立方晶系则需解联立方程组。下面讨论最一般情况，即对于三斜晶系有

$$\frac{1}{d_i^2} = h_i^2 A + k_i^2 B + l_i^2 C + h_i k_i D + k_i l_i E + l_i h_i F \tag{7.9}$$

这里包括六个未知数，至少需六条衍射线组成联立方程组，才可求得 A、B、C、D、E、F，从而求得倒易点阵参数 a^*、b^*、c^*、α^*、β^*、γ^*，再根据晶体点阵与倒易点阵参数间的关系求得晶体点阵参数 a、b、c、α、β、γ。为了求得较精确的点阵参数，对有 n 条衍射的图谱可组成 $N = C_n^m$ 个方程组，求得 N 组点阵参数，最后求平均值或进一步处理，其中 m 表示点阵参数的个数，对于三斜晶系，$m=7$。至于其他晶系，可作类似处理，只需注意：

立方晶系　　　$m=1$，$A=B=C$，　　　　　　　　　　$D=E=F=0$
四方晶系　　　$m=2$，$A=B$，　　　　　　　　　　　　$D=E=F=0$

六方晶系	$m=2$，$A=B$，	$D=A/2$，$E=F=0$

六方晶系　　$m=2$，$A=B$，　　　　　　　　$D=A/2$，$E=F=0$
正交晶系　　$m=3$，A，B，C，　　　　　$D=E=F=0$
单斜晶系　　$m=4$，A，B，C，D，　　　$E=F=0$
三斜晶系　　$m=6$，A，B，C，D，E，F

在 Jade 程序中有用联立方程求解点阵参数功能。其操作步骤是：选择分析的数据花样、作寻峰、report、print、退出、option、Lattice calculate、确定正确的晶系、认真检查所列出的五条线的 hkl 必须完全正确、获得相应线条的点阵参数和平均点阵参数、退出、option、Cell refine、Calcule，最后获得较精确的点阵参数。

2. 线对法

Popovic[3]和 Halliwell[4]各自独立地提出求解点阵参数的立方晶系线对法。有布拉格公式

$$\lambda_1 = 2d_1 \sin\theta_1$$
$$\lambda_2 = 2d_2 \sin\theta_2 \tag{7.10}$$

令 $\theta_1 = \theta_2 = \delta$，推导得

$$4\sin^2\delta = \left(\frac{\lambda_1}{d_1}\right)^2 \sin^2\delta + \left(\frac{\lambda_2}{d_2} - \frac{\lambda_1}{d_1}\cos\delta\right)^2 = \left(\frac{\lambda_1}{d_1}\right)^2 + \left(\frac{\lambda_2}{d_2}\right)^2 - 2\frac{\lambda_1}{d_1}\frac{\lambda_2}{d_2}\cos\delta \tag{7.11}$$

对于立方晶系，若 d 对应的晶面为(hkl)，取 $N = h^2 + k^2 + l^2, d = \frac{a}{\sqrt{N}}$，则有

$$a = \frac{1}{2\sin\delta}(N_1\lambda_1^2 + N_2\lambda_2^2 - 2\sqrt{N_1 N_2}\lambda_1\lambda_2\cos\delta)^{1/2} \tag{7.12}$$

当 $\lambda_1 = \lambda_2 = \lambda$，$N_1 \neq N_2$，即使用同一波长的两个不同经面的衍射线对时，则

$$a = \frac{\lambda}{2\sin\delta}[(N_1 + N_2) - 2\sqrt{N_1 + N_2}\cos\delta)]^{1/2} \tag{7.13}$$

当 $N_1 = N_2 = N, \lambda_1 \neq \lambda_2$，即对同一晶面的两种波长的衍射线对求解时，得

$$a = \frac{\sqrt{N}}{2\sin\delta}[(\lambda_1^2 + \lambda_2^2) - 2\lambda_1\lambda_2\cos\delta]^{1/2} \tag{7.14}$$

郭常霖和马利泰[5]对法发展到其他六个晶系。下面以三斜晶系着手讨论。令

$$H_i = \frac{1}{4}\lambda_i^2 h_i^2, \quad K_i = \frac{1}{4}\lambda_i^2 k_i^2, \quad L_i = \frac{1}{4}\lambda_i^2 l_i^2$$
$$U_i = \frac{1}{4}\lambda_i^2 k_i l_i, \quad V_i = \frac{1}{4}\lambda_i^2 h_i l_i, \quad W_i = \frac{1}{4}\lambda_i^2 h_i k_i \tag{7.15}$$

式中，λ_i是第 i 条衍射线的波长，于是有

$$\sin^2 \theta_i = AH_i + BK_i + CL_i + DU_i + EV_i + FW_i \tag{7.16}$$

设有 i、j、m 三条线组成的两线对，$\theta_m > \theta_j > \theta_i$，若 $\delta_{ij} = \theta_j - \theta_i$，$\delta_{im} = \theta_m - \theta_i$，则有

$$\sin^2 \delta_{ij} = \sin^2 \theta_i + \sin^2 \theta_i (1 - 2\cos^2 \delta_{ij}) - (2\sin \delta_{ij} \cos \delta_{ij} \cos \theta_i \sin \theta_i) \tag{7.17}$$

化简并将式(7.9)代入得

$$\tan \delta_{ij} = AP_{ij} + BQ_{ij} + CR_{ij} + DS_{ij} + ET_{ij} + FG_{ij} - 2\sin 2\theta_i \tag{7.18}$$

其中，

$$\begin{aligned}
&P_{ij} = \frac{2(H_j - H_i \cos 2\delta_{ij})}{\sin 2\delta_{ij}}, \quad S_{ij} = \frac{2（U_j - U_i \cos 2\delta_{ij}）}{\sin 2\delta_{ij}}, \quad Q_{ij} = \frac{2(K_j - K_i \cos 2\delta_{ij})}{\sin 2\delta_{ij}} \\[2mm]
&T_{ij} = \frac{2(V_j - V_i \cos 2\delta_{ij})}{\sin 2\delta_{ij}}, \quad R_{ij} = \frac{2(L_j - L_i \cos 2\delta_{ij})}{\sin 2\delta_{ij}}, \quad G_{ij} = \frac{2(W_j - W_i \cos 2\delta_{ij})}{\sin 2\delta_{ij}}
\end{aligned} \tag{7.19}$$

对于第 i、m 线对，也得到式(7.17)和式(7.18)，只需把下标 j 换成 m 即可，然后将两式相减即可得

$$Z_{ijm} = \tan \delta_{im} - \tan \delta_{ij} = AP_{ijm} + BQ_{ijm} + CR_{ijm} + DS_{ijm} + ET_{ijm} + FG_{ijm} \tag{7.20}$$

其中，

$$\begin{aligned}
&P_{ijm} = P_{im} - P_{ij}, \quad S_{ijm} = S_{im} - S_{ij}, \quad Q_{ijm} = Q_{im} - Q_{ij} \\
&T_{ijm} = T_{im} - T_{ij}, \quad R_{ijm} = R_{im} - R_{ij}, \quad G_{ijm} = G_{im} - G_{ij}
\end{aligned} \tag{7.21}$$

在式(7.19)中只有 A、B、C、D、E、F 六个未知数，因此需六个三线组才能求解。

对于立方晶系可用一线对求解：

$$a = \frac{(H_i + H_j - 2\sqrt{H_i H_j} \cos \delta_{ij})^{1/2}}{2\sin \delta_{ij}} \tag{7.22}$$

7.1.4　精确点阵参数的获得

用单线法、联立方程法和线对法求得的点阵参数，或多或少总存在误差，因此对所得结果尚需进一步处理才能获得准确的点阵参数。这种精确化处理有下述三种方法。

1. 外推法

所谓外推就是根据求得的点阵参数对外推函数作图，并外推到误差等于零时，即得到精确的点阵参数。已提出的外推函数总结于表 7.2 中，可见不同的外推函数基于不同的原理，当 $\theta = 90°$ 时，这些外推函数均等于零。

表 7.2　精确测定点阵参数的外推函数

方法	外推函数	依据的原理
德拜照相法	$\cos^2\theta,$ $\dfrac{1}{2}\left(\dfrac{\cos^2\theta}{\sin\theta}+\dfrac{\cos^2\theta}{\theta}\right)$	消除偏心误差　$\dfrac{\Delta d}{d}=K\cos^2\theta$ 消除吸收误差　$\dfrac{\Delta d}{d}=K\dfrac{1}{2}\left(\dfrac{\cos^2\theta}{\sin\theta}+\dfrac{\cos^2\theta}{\theta}\right)$
衍射仪法	$\cos^2\theta,\ \cot^2\theta$ $\cos\theta,\cot\theta$	试样表面偏离聚焦圆引起的误差 消除试样偏心误差

由于立方晶系 $\Delta d/d=\Delta a/a$，则用图解外推求精确点阵参数是很方便的。对于非立方晶系有

$$四分晶系\quad a=\frac{\lambda}{2\sin\theta_{hk0}}\sqrt{h^2+k^2},\quad c=\frac{\lambda}{2\sin\theta_{00l}}l \tag{7.23a}$$

$$六方晶系\quad a=\frac{\lambda}{\sqrt{3}\sin\theta_{hk0}}\sqrt{h^2+hk+k^2},\quad c=\frac{\lambda}{2\sin\theta_{00l}}\cdot l \tag{7.23b}$$

$$正交晶系\quad a=\frac{\lambda h}{2\sin\theta_{h00}},\quad b=\frac{\lambda k}{2\sin\theta_{0k0}},\quad c=\frac{\lambda l}{2\sin\theta_{00l}} \tag{7.23c}$$

因此应分别计算出 a、b、c，然后分别外推便可求得精确的点阵参数。

2. 流移常数图解法

在德拜-谢乐(Debye-Scherrer)法中，试样的偏心误差和吸收误差是主要的，它们对布拉格角产生的误差分别为

$$\Delta\theta_e=D\sin 2\theta$$
$$\Delta\theta_a=E\cdot\frac{1}{2}\left(\frac{1}{\sin\theta}+\frac{1}{\theta}\right)\sin 2\theta=E\Theta\sin 2\theta \tag{7.24}$$

故总的 $\Delta\theta$ 为

$$\Delta\theta=(D+E\Theta)\sin 2\theta$$
$$\frac{\Delta d}{d}=-\cot\theta\cdot\Delta\theta=-2(D+E\Theta)\cos^2\theta \tag{7.25}$$

对于立方晶系，

$$\frac{\Delta a}{a}=\frac{\Delta d}{d}=-2(D+E\Theta)\cos^2\theta \tag{7.26}$$

假定 $a\sim\cos^2\theta$ 或 $a\sim\dfrac{1}{2}\left(\dfrac{\cos^2\theta}{\sin\theta}+\dfrac{\cos^2\theta}{\theta}\right)$，外推获得第一级近似值 a_1，前者的准确

度可达 1/30000，则有

$$-\frac{\Delta a}{a_1 \cos^2 \theta} = -2D + 2E\Theta \tag{7.27}$$

可见，把 $\dfrac{-\Delta a}{a_1 \cos^2 \theta}$ 对 Θ 作图，应为一条直线，这条直线在纵坐标上的切距就是 $2D$，它的斜率就是 $2E$。这样可获得一种从衍射数据本身用图解法求得流移常数 $2D$ 和 $2E$ 的方法。

　　然而，上述作图的直线性在很大程度上取决于 a_1 的准确度。可以证明，a_1 所构成的误差对大多数低角度点比较不灵敏，高角度点则系统地偏离由大多数低角度点所构成的直线，如图 7.3 所示。这样就可以从高角度点的偏离度 $\dfrac{\delta_a}{a_1 \cos^2 \theta}$ 计算出真实的 a，即实测的偏离度乘以 $a_1 \cos^2 \theta$ 得到 δ_a，于是

$$a = a_1 + \delta_a \tag{7.28}$$

这样再次继续下去，直到得到一条在高角度没有偏离的直线为止。流移常数法的准确度可达 1/500000。

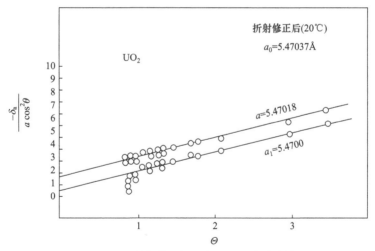

图 7.3　流移常数图解法求 UO_2 的点阵常数
当 $a = 5.4700$ 时，高角度的在直线下方；当 $a=5.47018$ 时，则所有点都在直线上

　　对于四方、六方和正交晶系，也可按图解外推求得一级近似的点阵常数，然后再用流移常数法分别求得更精确的点阵常数。

3. 最小二乘方法

按最小二乘方法的原理，最佳直线是误差的平方和最小的直线。下面从一般情况入手。已知两个物理量 x 和 y 呈如下线性关系：

$$y = A + Bx \tag{7.29}$$

并对 x 进行了 n 次测量，以求得最佳直线的截距 A 和斜率 B。由测量的 x 值按式(7.27)计算得 y 值，其误差为

$$\Delta y_i = (A + Bx_i) - y_i \tag{7.30}$$

误差的平方和为

$$\sum_i (\Delta y_i^2) = (A + Bx_i - y_i) + (A + Bx_i - y_i)^2 + \cdots \tag{7.31}$$

使 $\sum_i (\Delta y_i^2)$ 为最小的充要条件是

$$\frac{\partial \sum_i (\Delta y_i^2)}{\partial A} = 0, \quad \frac{\partial \sum_i (\Delta y_i^2)}{\partial B} = 0 \tag{7.32}$$

于是得

$$\begin{cases} nA + B\sum x = \sum y \\ A\sum x + B\sum x^2 = \sum xy \end{cases} \quad 或 \quad \begin{pmatrix} n & \sum x \\ \sum x & \sum x^2 \end{pmatrix} \begin{pmatrix} A \\ B \end{pmatrix} = \begin{pmatrix} \sum y \\ \sum xy \end{pmatrix} \tag{7.33}$$

这就是正则方程，通过解这个联立方程即可求得 A、B 的最值。

综上所述，写正则方程的步骤如下：①将 x 和 y 的实验值代入式(7.29)，n 次测量有 n 个方程；②将 A 的系数乘以 n 个方程，然后求和；③将 B 的系数乘以 n 个方程，然后求和。

经推导，对于立方晶系，类似于式(7.27)有

$$\frac{\lambda^2}{2a^2}(h^2 + k^2 + l^2) + D\sin^2 2\theta = \sin^2 \theta \tag{7.34}$$

得正则方程组

$$\begin{pmatrix} A\sum N^2 & D'\sum N\delta \\ A\sum N\delta & D'\sum \delta^2 \end{pmatrix} \begin{pmatrix} A \\ D' \end{pmatrix} = \begin{pmatrix} \sum N\sin^2 \theta \\ \sum \delta \sin^2 \theta \end{pmatrix} \tag{7.35}$$

其中，$A = \dfrac{\lambda^2}{4a^2}$，$N = h^2 + k^2 + l^2$，$\delta = 10\sin^2 2\theta$，$D' = D/10$，

$$a = \frac{\lambda}{2\sqrt{A}} = \frac{\lambda}{2} \cdot \sqrt{\frac{\sum N^2 \sum \delta^2 - (\sum N\delta)^2}{\sum \sin^2 \theta \sum \delta^2 - \sum \delta \sin^2 \theta \cdot \sum N\delta}} \tag{7.36}$$

四方晶系和六方晶系的正则方程是

$$\begin{pmatrix} \sum N^2 & \sum NR & \sum N\delta \\ \sum NR & \sum R^2 & \sum R\delta \\ \sum N\delta & \sum R\delta & \sum \delta^2 \end{pmatrix} \begin{pmatrix} A \\ B \\ D' \end{pmatrix} = \begin{pmatrix} \sum N\sin^2\theta \\ \sum R\sin^2\theta \\ \sum \delta\sin^2\theta \end{pmatrix} \tag{7.37}$$

虽然四方晶系和六方晶系的正则方程形式相同，但其中的符号意义有一定差别。

四方晶系

$$N = h^2 + k^2, \quad R = l^2, \quad A = \frac{\lambda^2}{4a^2}, \quad B = \frac{\lambda^2}{4c^2} \tag{7.38}$$

六方晶系

$$N = h^2 + hk + k^2, \quad R = l^2, \quad A = \frac{\lambda^2}{3a^2}, \quad B = \frac{\lambda^2}{4c^2} \tag{7.39}$$

对于菱形晶系，一般按六方晶系指标化，故先按六方晶系求解点阵常数，然后再按下式求菱形晶胞的点阵常数 a_R 和 c_R：

$$a_R = \frac{1}{3}\sqrt{3a_H^2 + c_H}, \quad c_R = 2\arcsin\frac{3}{2\sqrt{3 + (c_H/a_H)^2}} \tag{7.40}$$

式中，下标 H 表示六方晶系。

正交晶系的正则方程组为

$$\begin{pmatrix} \sum N^2 & \sum NR & \sum NS & \sum N\delta \\ \sum NR & \sum R^2 & \sum RS & \sum S\delta \\ \sum NS & \sum RS & \sum S^2 & \sum S\delta \\ \sum N\delta & \sum R\delta & \sum S\delta & \sum \delta^2 \end{pmatrix} \begin{pmatrix} A \\ B \\ C \\ D' \end{pmatrix} = \begin{pmatrix} \sum N\sin^2\theta \\ \sum R\sin^2\theta \\ \sum S\sin^2\theta \\ \sum \delta\sin^2\theta \end{pmatrix} \tag{7.41}$$

其中，

$$N = h^2, \quad R = k^2, \quad S = l^2, \quad A = \frac{\lambda^2}{4a^2}, \quad B = \frac{\lambda^2}{4b^2}, \quad C = \frac{\lambda^2}{4c^2}, \quad \delta = 10\sin^2 2\theta \tag{7.42}$$

7.2　宏观残余应力的测定

7.2.1　单轴应力的测定原理和方法

材料在单向张(压)应力作用后，经常存在单轴应力。图 7.4 为在 z 轴方向施加单向应力作用后的样品，其在 z 方向的应力 σ_z 为

$$\sigma_z = E\varepsilon_z \tag{7.43}$$

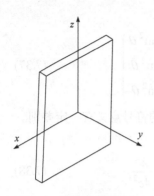

图 7.4 单轴应力测定的
试样和取向

而在 x、y 方向的应变相等，即

$$\varepsilon_x = \varepsilon_y = -\nu\varepsilon_z \tag{7.44}$$

用 X 射线衍射方法可测定垂直于 y 轴衍射面的晶面间距的变化 $\dfrac{d_{hkl}^s - d_{hkl}^0}{d_{hkl}^0} = \varepsilon_y$，于是可求得

$$\sigma_z = E\varepsilon_z = -E\frac{\varepsilon_y}{\nu} = -\frac{E}{\nu}\left(\frac{d_{hkl}^s - d_{hkl}^0}{d_{00}}\right) \tag{7.45}$$

7.2.2 平面宏观应力的测定原理

在各种类型的内应力中，宏观平面应力(简称平面应力)最为常见。X 射线应力测量原理，是基于布拉格方程，即 X 衍射方向理论，通过测量不同方位同族晶面衍射角的差异，来确定材料中内应力的大小及方向；换言之，是通过测量应变，并用测量的弹性模量来计算应力的[6-9]。

材料中晶面间距变化与材料的应变量有关，而应变与应力之间遵循胡克定律关系，因此晶面间距变化可以反映出材料中的内应力大小和方向。由于 X 射线穿透深度较浅(约 10μm)，因此材料表面应力通常表现为二维应力状态，法线方向的应力为零。

1. 材料中应变与晶面间距

图 7.5(a)示出材料体积单元中的六个应力分量，σ_x、σ_y 及 σ_z 分别为 x、y 及 z 轴方向的正应力分量，τ_{xy}、τ_{xz} 及 τ_{yz} 分别为三个切应力分量。图 7.5(b)为相应的直角坐标系，φ 及 ψ 为空间任意方向 **OP** 的两个方位角，ψ 为 OP 与样品表面法线的夹角，φ 表示 OP 在平面上的投影与 x 轴的夹角，$\varepsilon_{\varphi\psi}$ 为材料沿 **OP** 方向的弹性应变。根据弹性力学的理论，应变 $\varepsilon_{\varphi\psi}$ 可表示为

$$
\begin{aligned}
\varepsilon_{\varphi\psi} =\ & [\,(1+\nu)/E\,]\,(\sigma_x\cos^2\varphi + \tau_{xy}\sin 2\varphi + \sigma_y\sin^2\psi - \sigma_z)\sin^2\psi \\
& + [\,(1+\nu)/E\,]\,(\tau_{xz}\cos\varphi + \tau_{yz}\sin\varphi)\sin 2\psi + [\,(1+\nu)/E\,]\,\sigma_z \\
& -(\nu/E)\,(\sigma_x + \sigma_y + \sigma_z)
\end{aligned}
\tag{7.46}
$$

式中，E 及 ν 分别是材料的弹性模量及泊松比。如果 X 射线沿图 7.5(b)中的 **PO** 方向入射，则应变 $\varepsilon_{\varphi\psi}$ 还可表示为垂直于该方向的(hkl)晶面间距改变量，根据布拉格方程 $2d\sin\theta = \lambda$，这个应变为

$$\varepsilon_{\varphi\psi} = \frac{d_{\varphi\psi} - d_0}{d_0} = -(\theta_{\varphi\psi} - \theta_0)\cot\theta_0 = -\Delta\theta_{\varphi\psi}\cot\theta_0 \tag{7.47}$$

式中，d_0 及 θ_0 分别是材料无应力状态下 (hkl) 晶面间距及半衍射角，单位为弧度。

式(7.46)与(7.47)都表示应变 $\varepsilon_{\varphi\psi}$，其中前者代表了宏观应力与应变之间的关系，后者则是晶面间距的变化，因此两者将宏观应力(应变)与微观晶面间距变化结合在一起，从而建立了 X 射线应力测量的理论基础，并已有测试标准。

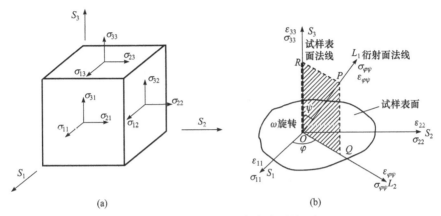

图 7.5　材料中应力分量(a)与应力测量几何(b)

2. 平面应力表达式

材料内部的单元体通常处于三轴应力状态，但其表面却只有两轴应力，垂直于表面上的应力为零。由于 X 射线穿透表面的深度很浅，因此在测量厚度范围内可简化为平面应力问题来处理，此时 $\sigma_z = \tau_{xz} = \tau_{yz} = 0$，将其代入式(7.46)，进一步简化得到

$$\left[(1+\nu)/E\right]\left(\sigma_x\cos^2\varphi + \tau_{xy}\sin 2\varphi + \sigma_y\sin^2\varphi\right)\sin^2\psi - (\nu/E)\left(\sigma_x + \sigma_y\right)$$
$$= -\left(\theta_{\varphi\psi} - \theta_0\right)\cot\theta_0$$
$$\tag{7.48}$$

当方位角 φ 为 0°、90° 及 45° 时，分别对上式简化，并对 $\sin^2\psi$ 求偏导，整理后得到

$$\sigma_x = K\left(\partial 2\theta_{\varphi=0}/\partial\sin^2\psi\right)$$
$$\sigma_y = K\left(\partial 2\theta_{\varphi=90}/\partial\sin^2\psi\right) \tag{7.49}$$
$$\tau_{xy} = K\left[\left(\partial 2\theta_{\varphi=45}/\partial\sin^2\psi\right) - \left(\partial 2\theta_{\varphi=0}/\partial\sin^2\psi + \partial 2\theta_{\varphi=90}/\partial\sin^2\psi\right)\Big/2\right]$$

$$K = -\frac{E}{(1+\nu)} \cot\theta_0 \tag{7.50}$$

式中，K 称为 X 射线弹性常数或 X 射线应力常数，简称应力常数。式(7.49)就是平面应力测量的基本公式，利用应力分量 σ_x、σ_y 和 τ_{xy}，实际上已完整地描述了材料表面的应力状态。由于公式中不包含无应力状态的衍射角 $2\theta_0$，因此给应力测量带来方便。

在工程上，往往需要了解最大主应力 σ_1、最小主应力 σ_2 及最大主应力方向(用 σ_1 与 x 轴夹角 α 表示)，可用以下等式换算：

$$\sigma_1 = (\sigma_x + \sigma_y)/2 + \sqrt{\left[(\sigma_x - \sigma_y)/2\right]^2 + \tau_{xy}^2}$$

$$\sigma_2 = (\sigma_x + \sigma_y)/2 - \sqrt{\left[(\sigma_x - \sigma_y)/2\right]^2 + \tau_{xy}^2} \tag{7.51}$$

$$\alpha = \arctan\left[(\sigma_1 - \sigma_x)/\tau_{xy}\right]$$

为了获得 x 轴方向正应力 σ_x，射线应在 $\varphi = 0°$ 情况下以不同 ψ 角照射试样，测量出各 ψ 角对应相同 (hkl) 晶面的衍射角 $2\theta_{0,\psi}$ 值。为了获得 y 轴方向正应力 σ_y，射线应在 $\varphi = 90°$ 情况下进行照射，测量出各 ψ 角对应的晶面衍射角 $2\theta_{90,\psi}$ 值。为了获得切应力分量 τ_{xy}，则需要分别在 $\varphi = 0°$，$\varphi = 45°$ 及 $\varphi = 90°$ 情况下进行测量。

式(7.49)中 $\partial 2\theta / \partial \sin^2\psi$ 项，实际是 $2\theta_{0,\psi}$ 与 $\sin^2\psi$ 关系直线的斜率，采用最小二乘法对它们进行线形回归，精确求解出该直线斜率，代入应力公式中即可获得被测的三个应力分量。在每个入射方位角 φ 下，必须选择两个以上的 ψ 角进行测试。所选择入射角 ψ 的数量，视具体情况而定。为了节省应力测量的时间，有时只选择两个 ψ 角进行测试，假设它们分别是 ψ_1 和 ψ_2，则该直线斜率为

$$\left(\partial 2\theta / \partial \sin^2\psi\right)_{\psi 1, \psi 2} = \left(2\theta_{\psi 2} - 2\theta_{\psi 1}\right)/\left(\sin^2\psi_2 - \sin^2\psi_1\right) \tag{7.52}$$

典型情况为 $\psi = 0°$ 和 45°，这就是所谓的 0°～45°法，此时

$$\left(\partial 2\theta / \partial \sin^2\psi\right)_{\psi = 0,45} = 2K\left(2\theta_{\psi = 45} - 2\theta_{\psi = 0}\right) \tag{7.53}$$

如果选择多个 ψ 角进行测试，假设有 n 个 ψ 角，则最小二乘法的结果为

$$\partial 2\theta / \partial \sin^2\psi = \left[n\sum_{i=1}^{n} 2\theta_i \sin^2\psi_i - \left(\sum_{i=1}^{n} 2\theta_i\right)\left(\sum_{i=1}^{n} \sin^2\psi_i\right)\right] \bigg/ \left[n\sum_{i=1}^{n}\sin^4\psi_i - \left(\sum_{i=1}^{n}\sin^2\psi_i\right)^2\right] \tag{7.54}$$

7.2.3　平面宏观应力的测定方法

应力测量方法属于精度要求很高的测试技术。测量方式、试样要求以及测量参数选择等，都会对测量结果造成较大影响。

根据 ψ 平面与测角仪 2θ 扫描平面的几何关系，可分为同倾法与侧倾法两种测量方式。在条件许可的情况下，建议采用侧倾法。

1. 同倾法

同倾法的衍射几何特点是 ψ 平面与测角仪 2θ 扫描平面重合。同倾法中设定 ψ 角的方法有两种，即固定 ψ_0 法和固定 ψ 法。

1) 固定 ψ_0 法

此方法的要点是，在每次探测扫描接收反射 X 射线的过程中，入射角 ψ_0 保持不变，故称为固定 ψ_0 法，如图 7.6 所示。选择一系列不同的入射线与试样表面法线之夹角 ψ_0 来进行应力测量工作。根据其几何特点不难看出，此方法的 ψ 与 ψ_0 之间关系为

$$\psi = \psi_0 + \eta = \psi_0 + 90° - \theta \tag{7.55}$$

同倾固定 ψ_0 法既适合于衍射仪，也适合于应力仪。由于此方法较早应用于应力测试中，故在实际生产中的应用较为广泛。其 ψ_0 角设置要受到下列条件限制：

$$\psi_0 + 2\eta < 90° \quad \rightarrow \quad \psi_0 < 2\theta - 90°$$
$$2\eta < 90° \quad \rightarrow \quad 2\theta > 90° \tag{7.56}$$

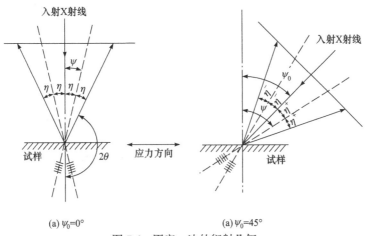

(a) $\psi_0 = 0°$ 　　　　　　(a) $\psi_0 = 45°$

图 7.6　固定 ψ_0 法的衍射几何

2) 固定 ψ 法

此方法要点是，在每次扫描过程中衍射面法线固定在特定 ψ 角方向上，即保持 ψ 不变，故称为固定 ψ 法。测量时 X 射线管与探测器等速相向(或相反)而行，每个接收反射 X 射线时刻，相当于固定晶面法线的入射角与反射角相等，如图 7.7

所示。通过选择一系列衍射晶面法线与试样表面法线之间的夹角ψ，来进行应力测量工作。

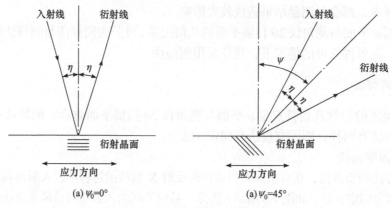

(a) $\psi_0=0°$　　　　　　　　　　(a) $\psi_0=45°$

图 7.7　固定ψ法的衍射几何

同倾固定ψ法同样适合于衍射仪和应力仪，其ψ角设置要受到下列条件限制：

$$\psi + \eta < 90° \quad \rightarrow \quad \psi < \theta \tag{7.57}$$

2. 侧倾法

侧倾法的衍射几何特点是ψ平面与测角仪2θ扫描平面垂直，如图 7.8 所示。由于2θ扫描平面不再占据ψ角转动空间，两者互不影响，ψ角设置不受任何限制。在通常情况下，侧倾法选择为ψ扫描方式，即不同ψ法或$\sin^2\psi$法。我们有

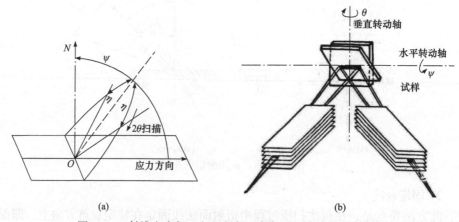

(a)　　　　　　　　　　(b)

图 7.8　X 射线应力仪(a)与衍射仪(b)侧倾法测应力的衍射几何

$$\varepsilon_{\varphi\psi} = \frac{1+\nu}{E} \cdot \sigma_\varphi \sin^2 \psi - \frac{\nu}{E}(\sigma_1 + \sigma_2)$$

$$\varepsilon_{\varphi\psi} = \frac{d_{\varphi\psi} - d_0}{d_0} = -\tan\theta \cdot \Delta\theta \tag{7.58}$$

$$\sigma_x = \sigma_{\varphi 0} = \cos^2 \varphi \cdot \sigma_1 + \sin^2 \varphi \cdot \sigma_2$$

图 7.9 给出 $\varepsilon_{\varphi\psi}$-$\sin^2 \psi$ 的关系图，由此可得

$$\varepsilon_{\varphi\psi}=0 \text{ 时,} \qquad \sin^2 \psi = \frac{\nu}{1+\nu} \cdot \frac{\sigma_1 + \sigma_2}{\sigma_x} \tag{7.59}$$

$$\sin^2 \psi = 0 \text{ 时,} \qquad \varepsilon_{\psi 0} = -\frac{\nu}{E}(\sigma_1 + \sigma_2)$$

$$\frac{\partial \varepsilon_{\varphi\psi}}{\partial \sin^2 \psi} = M = \frac{1+\nu}{E}\sigma_x \tag{7.60}$$

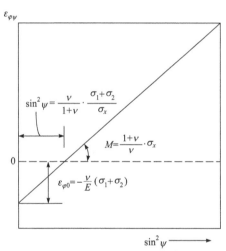

图 7.9　$\varepsilon_{\varphi\psi}$-$\sin^2 \psi$ 的关系图

在张应力的情况下，设 $\varphi = 0$，则 $\sigma_x = \sigma_1 = \sigma, \sigma_2 = 0$，有

$$\varepsilon_{0\psi} = \frac{1+\nu}{E}\sigma \cdot \sin^2 \psi - \frac{\nu}{E}\sigma \tag{7.61}$$

当 $\varepsilon_{0\psi} = 0$ 时则有

$$\sin^2 \psi = \frac{\nu}{1+\nu}$$

$$\frac{\partial}{\partial \sigma}\left(\frac{\partial \varepsilon_{\varphi\psi}}{\partial \sin^2 \psi}\right) = \frac{1+\nu}{E} \tag{7.62}$$

于是联立式(7.62)可求得弹性常数 E 和 ν。

在一些专业文献和一些实际测量中，常把式(7.46)和式(7.47)写成

$$\varepsilon_{\varphi\psi}^{hkl} = \frac{1+\nu}{E}\sigma_\varphi \sin^2\psi - \frac{\nu}{E}(\sigma_{11}+\sigma_{22}) \qquad (7.63)$$

式中，

$$\sigma_\varphi = \sigma_{11}\cos^2\varphi + \sigma_{22}\sin^2\varphi \quad (\text{二维主应力状态}) \qquad (7.64a)$$

$$\sigma_\varphi = \sigma_{11}\cos^2\varphi + \sigma_{12}\sin(2\varphi) + \sigma_{22}\sin^2\psi \quad (\text{一般二维应力状态}) \qquad (7.64b)$$

那么上述的 0°-45°法测定和 $\sin^2\psi$ 法的测定就更为简单些。

侧倾法主要具备以下优点：①由于扫描平面与 ψ 角转动平面垂直，在各个 ψ 角衍射线经过的试样路程近乎相等，因此不必考虑吸收因子对不同 ψ 角衍射线强度的影响；②由于 ψ 角与 2θ 扫描角互不限制，因而增大这两个角度的应用范围；③由于几何对称性好，可有效减小散焦的影响，改善衍射谱线的对称性，从而提高应力测量精度。

7.2.4 平面宏观应力的测量实例

下面以某钢材试样的应力测量为例，简要说明平面应力的测量过程。实验中采用 CrKα 特征辐射 X 射线，所选择的衍射晶面为 Fe(211)。设定 ψ 角为 0°、90°和 45°，对于每个 ψ 角，分别在 ψ 角为 0°、24°、35°及 45°下测量，获得各种情况的衍射谱线。利用半高宽中点或抛物线定峰方法，确定这些衍射谱线的峰位角，结果如表 7.3 所示。有关的定峰方法，将在后面数据处理部分详细介绍。

利用表 7.3 中数据，建立 2θ 与 $\sin^2\psi$ 关系直线，并通过线形回归分析即式(7.9)，求出三条直线斜率 $\partial 2\theta_{\varphi=0°}/\partial\sin^2\psi = 1.860°$，$\partial 2\theta_{\varphi=45°}/\partial\sin^2\psi = 1.860°$，$\partial 2\theta_{\varphi=90°}/\partial\sin^2\psi = 1.104°$，代入应力测量公式(7.4)中，取钢材应力常数为 $K = -318\text{MPa}/(°)$，得到三个应力分量为 $\sigma_x = -591\text{MPa}$，$\sigma_y = -351\text{MPa}$ 和 $\tau_{xy} = -45\text{MPa}$。

表 7.3 衍射谱线定峰结果

$\varphi/(°)$	$2\theta_{\varphi\psi}/(°)$			
	$\psi=0°$	$\psi=24°$	$\psi=35°$	$\psi=45°$
0	155.883	157.128	157.458	157.804
45	155.973	157.163	157.462	157.773
90	157.080	157.217	157.411	157.627

由于切应力分量 $\tau_{xy} \neq 0$，说明坐标系中 σ_x 和 σ_y 并不是两个主应力，根据式(7.6)得到主应力 $\sigma_1 = -343\text{MPa}$，$\sigma_2 = -599\text{MPa}$ 及 $\alpha = -79.7°$，至此完成了整个应力分析工作。

7.2.5 三维应力的测定

三维应力及薄膜应力测量，属于特殊的 X 射线应力测量技术，测量原理虽然严密，但其测量方法尚未进入工程实用化阶段，故在此只作简要介绍[10,11]。

对于具有强烈织构或经过磨削、轧制及其他表面处理的金属材料，其表层往往存在激烈的应力梯度，造成表面应力分布呈现为三维应力状态。此外，多相材料的相间应力通常是三维的，有些薄膜及表面改性材料也表现为三维应力特征。对于这些材料，必须采用三维应力测量方法，需要确定六个应力分量，即三个正应力分量 σ_x、σ_y 和 σ_z，以及三个切应力分量 τ_{xy}、τ_{xz} 和 τ_{yz}，从而正确地评价这类材料中的内应力。

定义参数 b_1 及 b_2 为

$$b_1 = \left(2\theta_{\varphi\psi+} + 2\theta_{\varphi\psi-}\right)\!\big/2 \quad,\quad b_2 = \left(2\theta_{\varphi\psi+} - 2\theta_{\varphi\psi-}\right)\!\big/2 \tag{7.65}$$

式中，$2\theta_{\varphi\psi+}$ 及 $2\theta_{\varphi\psi-}$ 分别表示在同一 φ 角平面内，ψ 角大小相等而方向相反条件下所测得的一对衍射角。由上式及式(7.46)和式(7.47)可得到

$$\partial b_1 \big/ \partial \sin^2\psi = \left(\sigma_x \cos^2\varphi + \sigma_{xy}\sin 2\varphi + \sigma_y \sin^2\psi - \sigma_z\right)\!\big/K$$
$$\partial b_2 \big/ \partial \sin 2\psi = \left(\sigma_{xz}\cos\varphi + \sigma_{yz}\sin\varphi\right)\!\big/K \tag{7.66}$$

当 $\varphi=0°$、$90°$ 及 $45°$ 时，由上式分别得到

$$\sigma_x - \sigma_z = K\left(\partial b_{1,\varphi=0}\big/\partial \sin^2\psi\right), \quad \tau_{xz} = K\left(\partial b_{2,\varphi=0}\big/\partial\sin 2\psi\right)$$
$$\sigma_y - \sigma_z = K\left(\partial b_{1,\varphi=90}\big/\partial \sin^2\psi\right), \quad \tau_{yz} = K\left(\partial b_{2,\varphi=90}\big/\partial\sin 2\psi\right) \tag{7.67}$$
$$\tau_{xy} - \sigma_z + \left(\sigma_x + \sigma_y\right)\!\big/2 = K\left(\partial b_{1,\varphi=45}\big/\partial\sin^2\psi\right)$$

当 $\psi=0°$ 时，由式(7.66)可得到

$$\sigma_z - \left[\nu\big/(1+\nu)\right]\left(\sigma_x + \sigma_y + \sigma_z\right) = K\left(2\theta_{\psi=0} - 2\theta_0\right) \tag{7.68}$$

式中，$2\theta_{\psi=0}$ 是 $\psi=0°$ 情况下所测得的衍射角。

联立求解，得到正应力分量为

$$\sigma_x = K\left[S'\left(2\theta_{\psi=0} - 2\theta_0\right) - \left(S''-1\right)\left(\partial b_{1,\varphi=0}\big/\partial\sin^2\psi\right) - S''\left(\partial b_{1,\varphi=90}\big/\partial\sin^2\psi\right)\right]$$

$$\sigma_y = K\left[S'\left(2\theta_{\psi=0} - 2\theta_0\right) - S''\left(\partial b_{1,\varphi=0}\big/\partial\sin^2\psi\right) - \left(S''-1\right)\left(\partial b_{1,\varphi=90}\big/\partial\sin^2\psi\right)\right]$$

$$\sigma_z = K\left[S'\left(2\theta_{\psi=0} - 2\theta_0\right) - S''\left(\partial b_{1,\varphi=0}\big/\partial\sin^2\psi\right) - S''\left(\partial b_{1,\varphi=90}\big/\partial\sin^2\psi\right)\right]$$

$$\tag{7.69}$$

式中，$S' = (1+\nu)\big/(1-2\nu)$，$S'' = -\nu\big/(1-2\nu)$。

切应力分量为

$$\tau_{xy} = K\left[\partial b_{1,\varphi=45}\big/\partial\sin^2\psi - \left(\partial b_{1,\varphi=0}\big/\partial\sin^2\psi + \partial b_{1,\varphi=90}\big/\partial\sin^2\psi\right)\big/2\right]$$

$$\tau_{xz} = K\left[\partial b_{2,\varphi=0}\big/\partial\sin 2\psi\right], \quad \tau_{yz} = K\left[\partial b_{2,\varphi=90}\big/\partial\sin 2\psi\right] \tag{7.70}$$

式(7.67)和(7.68)就是材料表层三维应力测量的普遍表达式,共包括六个应力分量。对于平面应力问题,即 $\sigma_z = \tau_{xz} = \tau_{yz} = 0$,这些公式分别简化为式(7.49)的形式,因此二维应力公式是三维应力公式的特例。从式(7.67)中不难发现,在进行三维应力测量时,必须首先精确测定出材料无应力状态下的衍射角 $2\theta_0$,这实质上是要完成点阵常数精确测定的工作,而且在许多情况下无法获得无应力的试样,从而给上述三维应力测量带来一些不便。

7.2.6　薄膜应力的测定

薄膜材料中普遍存在内应力问题,这类应力在宏观上常表现出平面应力特征。理论上讲,当材料结晶状况非常良好时,可以采用平面应力测量方法。然而在实际测量中,由于薄膜材料的衍射强度偏低,常规应力测量方法会遇到一些困难,测量结果误差较大。为了提高测量精度,就需要对常规方法进行改进[12-17]。

考虑到掠射法能够获得更多的薄膜衍射信息,侧倾法可确保衍射几何的对称性,内标法能够降低系统测量误差,因此将掠射、侧倾以及内标等方法有效地结合起来,肯定是薄膜应力测量的最佳方案,如图 7.10 所示,其中图 7.10(b)代表试样表面附着一些标准物质粉末,以此作为内标样品,α 为 X 射线的掠射角,Ω 为试样转动的方位角。

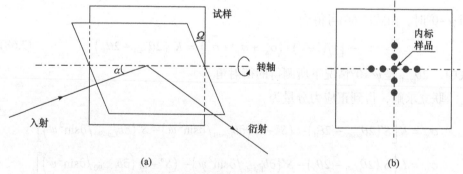

图 7.10　薄膜应力 X 射线测定的衍射几何(a)及内标方法(b)

采用这种内标方法,仪器系统误差 $\Delta 2\theta$ 为

$$\Delta 2\theta = 2\theta_{c,0} - 2\theta_c \tag{7.71}$$

式中，$2\theta_c$ 为标样衍射角实测值；$2\theta_{c,0}$ 为标样衍射角真实值。假定薄膜的实测衍射角为 2θ，则其真实值 $2\theta'$ 应该为

$$2\theta' = 2\theta + \Delta 2\theta = 2\theta + 2\theta_{c,0} - 2\theta_c \tag{7.72}$$

由于 $2\theta_{c,0}$ 为常数即 $\partial 2\theta_{c,0}/\partial \sin^2\psi$ 为零，结合上式，并假定薄膜中存在平面应力，则

$$\sigma = K\left(\partial 2\theta'/\partial \sin^2\psi\right) = K\left[\partial(2\theta - 2\theta_c)/\partial \sin^2\psi\right] \tag{7.73}$$

另外，由图 7.10(a)中几何关系不难证明，此时入射线与试样表面法线的夹角即 ψ 为

$$\psi = \arccos\left[\cos(\theta - \alpha)\cos\Omega\right] \tag{7.74}$$

利用式(7.73)及(7.74)即可计算薄膜中的内应力。由于式中出现了同一衍射谱的薄膜实测衍射角与标样实测衍射角之差，因此有效降低了仪器的系统误差。

7.2.7　丝织构沉积层的 X 射线应力分析及修正

通常，理想多晶材料在进行 X 射线衍射应力分析时，晶格应变 $\varepsilon_{\varphi,\psi}$ 或是 2θ 角与 $\sin 2\psi$ 呈线性关系。然而，对强织构存在的材料进行应力分析时，发现 $\varepsilon_{\varphi,\psi}$ 与 $\sin 2\psi$ 呈非线性关系。许多研究指出，晶体择优取向、弹性各向异性以及塑性各向异性这三种因素是形成这种非线性关系的主要原因，而这三种因素的相互交织也成为织构材料 X 射线内应力测定的难点所在。

具有理想丝织构的电沉积层在应力测试中的示意图如图 7.11 所示。电沉积层具有理想 $\langle hkl \rangle$ 丝织构在进行 X 射线应力测试时，在 $\psi=90°$ 的方向上，电沉积层晶体呈无规则分布，可以看成沿平行于样品方向是各向同性的。而在其余的 ψ 角下，电沉积层的弹性常数则由织构强度决定。

对于测试 (hkl) 晶面，Reuss 提出了均应力模型，其方程如下：

$$\bar{\varepsilon}_R = (S_{11} - S_{12} - 3S_0\Gamma)\sigma_x \sin^2\psi + (S_0\Gamma + S_{12})(\sigma_x + \sigma_y)$$
$$\Gamma = \frac{h^2k^2 + k^2l^2 + l^2h^2}{h^2 + k^2 + l^2} \tag{7.75}$$

Voigt 提出了一种均应变模型，方程如下：

$$\bar{\varepsilon}_V = \left(S_{11} - S_{12} - \frac{3}{5}S_0\right)\sigma_x \sin^2\psi + \left(\frac{1}{5}S_0 + S_{12}\right)(\sigma_x + \sigma_y) \tag{7.76}$$

然而，无论是 Reuss 模型还是 Voigt 模型，其都不满足不同取向晶粒间的应变平衡条件，需进行修正。Hill 提出一种通过将两种模型加权平均的方法进行修正，方程如下：

$$\overline{\varepsilon}_H = \left[S_{11} - S_{12} - \frac{3}{2} S_0 \left(\frac{1}{5} + \Gamma \right) \right] \sigma_x \sin^2 \psi + \left[\frac{1}{2} S_0 \left(\frac{1}{5} + \Gamma \right) + S_{12} \right] \sigma_x \quad (7.77)$$

该修正与各向同性材料的实验结果相符较好。

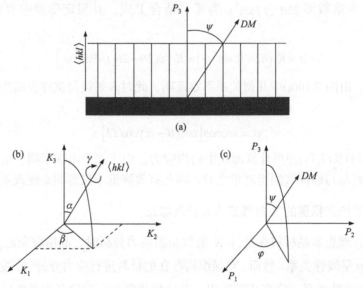

图 7.11   (a) 具有 $\langle hkl \rangle$ 丝织构的电沉积层的 X 射线应力测试；(b) 晶体坐标系示意图；(c) 测试坐标系示意图

而对于织构材料，假设被测试有织构材料 DM 方向(X 射线的应力测试方向)上的机械弹性常数为 E'，材料无织构的弹性常数为 E，则 E' 可由以下关系求出：

$$E' = \frac{\sum P_{hkl} E_{hkl}}{\sum P_{hkl}} , \quad E_{hkl} = \frac{1}{S_{11} - 2S_0 \Gamma} \quad (7.78)$$

其中，P_{hkl} 为 DM 方向上晶体分布的概率。根据 Ni 晶体各 $\langle hkl \rangle$ 方向对应的 Z_{hkl}，那么对 Hill 模型进行修正[29]，可以将式(7.78) 表示为

$$\overline{\sigma}_H = \frac{1}{2} S_0 \left(\frac{AE}{E'} + B \right) \sigma_x + \left(\frac{1}{2} S_{44} \sin^2 \psi + S_{12} \right) \sigma_x \quad (7.79)$$

其中，

$$A = \frac{1}{5} \left(1 + 2 \sin^2 \psi \right) \quad (7.80)$$
$$B = (1 - 3\Gamma) \sin^2 \psi + \Gamma$$

那么根据式(7.77) ～式(7.80)便可以求得在 Hill 模型下所修正的各向异性材料的 X 射线应力计算方程。

7.3　多晶材料织构分析

多晶材料中的晶粒取向形成某种有规律排列的现象，通称为"择优取向"或"织构"，其物理含义是：多晶材料中的晶粒取向分布明显地偏离完全随机分布的取向分布。这时多晶材料在力学、磁性等许多性能上表现出各向异性[17,18]。

"织构"按生成方式基本上可分为：液态凝固织构、气态凝聚织构、电解沉积织构、加工织构(冷加工、热加工)、再结晶及二次再结晶织构、相变织构等。按晶粒的晶体学取向分布状况可分为纤维织构和板织构两种。前者是某种(或几种)晶面法线择优地与纤维轴一致，常用平行于纤维轴的指数$\langle hkl \rangle$及其分散度来表示；在板织构的情况下，某些指数的晶面$\{hkl\}$择优地平行于板平面，$\{hkl\}$平面内的某些方向$\langle uvw \rangle$择优地平行于轧向(RD)，故用$\{hkl\}\langle uvw \rangle$符号来表示，称为理想取向。在电沉积材料的情况下，多为某些晶面$\{hkl\}$平行于膜面，即该晶面的法线$\langle hkl \rangle$垂直于膜面，属纤维织构类型，常用平行膜面的晶面的那些晶面指数$\{hkl\}$来表示。

虽然有多种方法来测定织构，但以 X 射衍射[19,21]和中子衍射[7,22-24]方法最为直接和方便，其衍射原理和方法相通。除一些简单的表示方法外，还有下面三种不同的方法来描述织构，即：

(1) 极图(pole figure)；

(2) 反极图(inverse pole figure)；

(3) 三维取向分布函数(three dimensional orientation distribution function，ODF)。

下面分别对其进行介绍。

7.3.1　极图测定

1. 极图测定的衍射几何和方法[25-27]

极图就是多晶材料中各个晶粒的某类$\{hkl\}$晶面族法线的极射赤面投影，也就是多晶材料中各个晶粒的某些$\{hkl\}$晶面在试样坐标系中概率分布的极射赤面投影。对于板织构，令投影基面平行于板平面，板平面的法线极点与极图中心重合，其向上的直径与板的轧向平行，水平直径与板的横向(TD)平行。在完全无序的情况下，所有晶面的极点都以同一强度遍布整个极图。在有织构的情况下，极图的图案随反射晶面指数和样品的织构状况不同而异。

在多晶衍射仪的对称反射几何的情况下，只有平行于表面的那些晶面参与衍射，即只能测量极图中心($\alpha = 90°$)的强度，欲测得与表面成各种角度的那些晶面的衍射强度，则需绕试样平面内的轴旋转，称为 α 旋转，$\alpha = 0° \sim 90°$；此外还需要绕试样表面法线旋转，称为 β 旋转，$\beta = 0° \sim 360°$。因此需要专用的织构测角头。

1) 反射法

图 7.12 给出极图反射测量方法的衍射几何，其中 2θ 为衍射角，α 和 β 分别为描述试样位置的两个空间角。当 $\alpha = 0°$ 时，试样为水平放置；当 $\alpha = 90°$ 时，试样为垂直放置，并规定从左往右看时 α 逆时针转向为正。对于丝织构材料，若测试面与丝轴平行，则 $\beta = 0°$ 时丝轴与测角仪转轴平行；板织构材料的测试面通常取其轧面，即 $\beta = 0°$ 时轧向与测角仪转轴平行；规定面对试样表面 β 顺时针转向为正。反射法是一种对称的衍射方式，理论上讲，该方式的测量范围为 $0° < |\alpha| \leqslant 90°$，但当 α 太小时，由于衍射强度过低而无法进行测量。反射法的测量范围通常为 $30° \leqslant |\alpha| \leqslant 90°$，即适合于高 α 角区的测量。

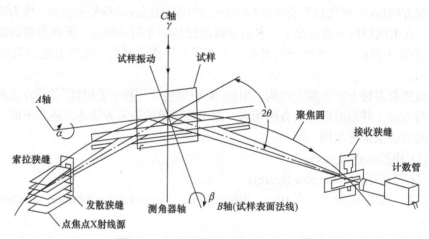

图 7.12　极图反射测量方法的衍射几何

实验之前，首先根据待测晶面 $\{hkl\}$，选择衍射角 $2\theta_{hkl}$。在实验过程中，始终确保该衍射角不变，即测角仪中计数管固定不动。依次设定不同的 α 角，在每一 α 角下试样沿 β 角连续旋转 $360°$，同时测量衍射强度。

对于有限厚度试样的反射法，$\alpha = 90°$ 时的射线吸收效应最小，即衍射强度 $I_{90°}$ 最大。可以证明，$\alpha < 90°$ 时的衍射强度 I_α 吸收校正公式为

$$R = I_\alpha / I_{90°} = \left(1 - e^{-2\mu t/\sin\theta}\right) / \left[1 - e^{-2\mu t/(\sin\theta\sin\alpha)}\right] \tag{7.81}$$

式中，μ 为 X 射线的线吸收系数；t 为试样的厚度。该式表明，如果试样厚度远大于射线有效穿透深度，则 $I_\alpha / I_{90°} \approx 1$，此时可以不考虑吸收校正问题。

对于较薄的试样，必须进行吸收校正，在校正前要扣除衍射背底，背底强度由计数管在 $2\theta_{hkl}$ 附近背底区获得。

经过一系列测量及数据处理后，最终获得试样中某族晶面的一系列衍射强度 $I_{\alpha,\beta}$ 的变化曲线，如图 7.13 所示。图中每条曲线仅对应一个 α 角，α 由 30° 每隔一定角度变化至 90°，而角度 β 则由 0° 连续变化至 360°，即转动一周。

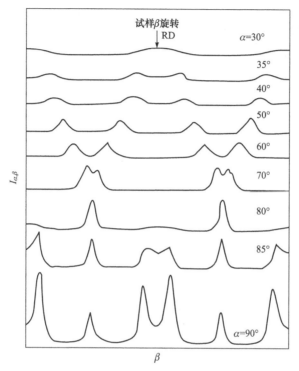

图 7.13　铝板 {111} 极图测量中的一系列 $I_{\alpha,\beta}$ 曲线

将图 7.13 所示数据，按衍射强度进行分级，其基准可采用任意单位，记录下各级强度的 β 角度，标在极网坐标的相应位置上，连接相同强度等级的各点成光滑曲线，这些等级密度线就构成极图。目前，绘制极图的工作大都由计算机程序来完成。

2) 透射法

在对称透射几何情况下，即入射线与衍射线的夹角被样品表面平分的对称几何情况下，只能测量与样品表面垂直的那些晶面的衍射。欲测量所有垂直于样品表面的晶面，样品也需绕其表面法线作 β 旋转；欲测量与样品表面夹角小于 90° 的晶面，样品也需作 α 旋转，透射几何一般只能测量 $\alpha = 0° \sim (90° - \theta_B)$ 范围。图 7.14 给出透射法的衍射几何及 α、β 旋转与投影极网上 α、β 角的关系。不过现在 α、β 旋转方式已从分开运动发展到螺旋式联动方式，并用计算机联合控制 α、β 旋转，那么 α、β 旋转的轨迹在极网上则为螺旋线。记录或打印给出 α、β 连续扫描的衍射强度曲线或选定角度的强度数据。

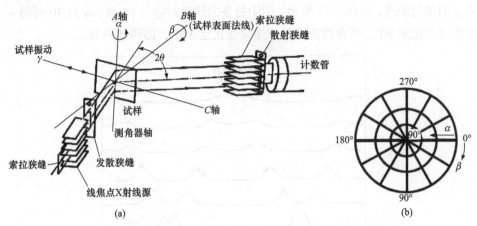

图 7.14　极图透射测量方法的衍射几何(a)和投影极网(b)

2. 数据处理和极图的描绘

所测量得到的强度数据一般尚需作如下处理。

(1) 扣除背底。

(2) 透射法测定时，必须考虑 $\alpha \neq 0$，由于透射厚度的增加而要做吸收校正，其公式如下：

$$(I_{\pm\alpha})_{校正} = (I_{\pm\alpha})_{实测} \times (I_0 / I_{\pm\alpha}) \tag{7.82}$$

式中，

$$I_0 / I_{\pm\alpha} = \frac{\mu t e^{-\mu t/\cos\theta}}{\cos\theta} \times \frac{[\cos(\theta \pm \alpha)/\cos(\theta \mp \alpha)] - 1}{e^{-\mu t/\cos(\theta \pm \alpha)} - e^{-\mu t/\cos(\theta \mp \alpha)}} \tag{7.83}$$

这里，$I_0/I_{\pm\alpha}$ 为无序排列的样品在 $0°$ 与 $\pm\alpha$ 时的衍射强度；μt 可通过实验求得，即通过 $I_1 = I_0 e^{-\mu t}$ 关系实验求得 μt。

(3) 对于反射几何，由于 α 角随旋转而改变，会改变衍射体积，特别是在使用线焦点源时，因此一般使用点光源。

(4) 当用综合("透射+反法")法时，还要注意透射和反射强度的统一。一般用透、反射法都测量的重叠部分来校正。

(5) 最后对强度进行分级，并把各分级线与强度分布曲线相交处的 α，β 数据连同强度等级描绘于投影图中。

(6) 用光滑曲线连接各等强度级各点，绘制强度等高线极图。

由于需进行人工数据处理和描绘极图，故该透射法属半自动测绘极图。现已发展到由计算机和织构衍射仪组成的全自动极图测绘装置，数据收集、数据处理和极图描绘都能按设定程序自动完成。

图 7.15 给出 X 射线衍射测得的冷轧铝板的{111}极图，可见联合使用了透射和反射两种方法。

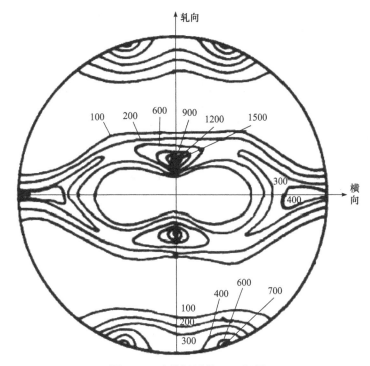

图 7.15　冷轧铝板的{111}极图

7.3.2　反极图的测定

反极图就是把多晶材料中轧面法线方向(ND)(或轧向(RD)、横向(TD))所有晶面的极点全部投影在同一基本三角形中，也就是某一试样的参考轴方向(ND、RD、TD)在晶体坐标系概率分布的极射赤面投影。与极图比较，反极图比较直观、全面地表达了织构的情况。其优点是便于定量处理，可直接将织构与物理量的变化联系起来，而且测绘手续简单，无须专用的测角头。缺点是不能从一张反极图上反映出轧面与轧向的关系。

普通衍射仪都采用对称反射几何，这时只有与样品表面平行的晶面才参与衍射，因此，某晶面的衍射强度的变化就反映了该晶面平行于样品表面数量的变化。由此可知，获得反极图的办法是分别测量相同材料的无织构试样和有织构试样的各条衍射线的强度 I_i^0 和 I_i，将它们的强度比 I_i/I_i^0 标到标准投影三角形的相应位

置上，最后用光滑的曲线连接各等强度点，就能获得反极图，图 7.16 和图 7.17
分别给出挤压铝棒和 2S 铝冷轧板织构的反极图，由法向图可知，强度最高为 011，
轧向图是 112，横向为 111，故该织构理想取向为 {110}⟨112⟩。

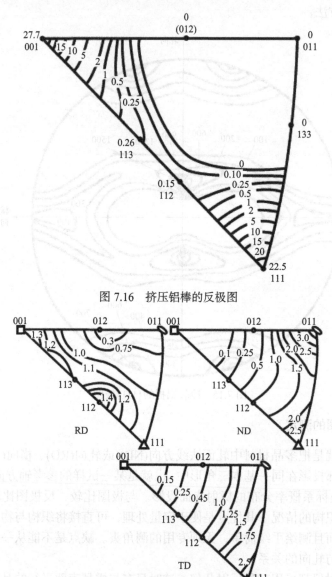

图 7.16　挤压铝棒的反极图

图 7.17　2S 铝冷轧板织构的反极图

7.3.3　三维取向分布函数

1. 一般介绍

多晶材料中晶粒取向是三维空间分布的。完全描述晶粒取向需三个自变参数，其中两个参数用来描述一个特定的晶轴取向，第三个参数用来描述这个晶轴的转动。因此晶粒的取向分布函数是三个自变量的函数，称为三维取向分布函数 (ODF)[26]。

三维取向分布函数是基于试样的宏观坐标系和晶体坐标系之间的关系建立起来的。现令 $O\text{-}XYZ$ 为试样的直角坐标系，对于板材，OX 为轧向，OY 为横向，OZ 为轧面法向；$O\text{-}ABC$ 为晶体直角坐标系，对于立法晶系，OA、OB 和 OC 分别为[100]、[010]和 [001]。$O\text{-}XYZ$ 和 $O\text{-}ABC$ 之间的关系用一组角度旋转来表示，见图 7.18(a)和(b)。先绕 OZ 轴旋转 ψ 角度，OY 转至 OY'，OX 转至 OX'，再绕 OY' 旋转 θ 角度，OX' 转至 OX''，OZ 转至 OC，最后绕 OC 轴旋转 φ 角度，OY' 转至 OB，OX'' 转至 OA，这时两个坐标系统重合。这样 $O\text{-}XYZ$ 和 $O\text{-}ABC$ 之间的转换由 ψ、θ、φ 三个角度表示，这种角度称为欧拉(Euler)角。

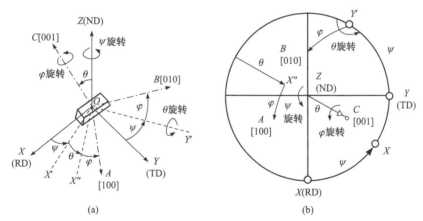

(a)　　　　　　　　　　　　(b)

图 7.18　(a) 试样坐标系 $O\text{-}XYZ$ 与晶体坐标系 $O\text{-}ABC$ 之间的按 ψ, θ, φ 顺序旋转的关系；
　　　　(b) 用极射赤面投影表示的一组坐标 $\psi=60°$，$\theta=66°$，$\varphi=45°$ 晶体取向

被测多晶材料中每个晶粒取向均可用一组 ψ、θ、φ 表示，即在 $O\text{-}\psi$、θ、φ 直角坐标系中有一个对应点。将所有晶粒的 ψ、θ、φ 都标在 $O\text{-}\psi$、θ、φ 中得到该样品的晶粒取向分布图。与极图的极密度和反极图中的轴向密度相似，引入三维取向密度 $f(\psi, \theta, \varphi)$，其定义为

$$f(\psi,\theta,\varphi) = K\frac{\Delta V}{V} / (\sin\theta \cdot \Delta\theta\Delta\psi\Delta\varphi) \tag{7.84}$$

式中，K 为比例系数，令其为 1；$\sin\theta \cdot \Delta\theta\Delta\psi\Delta\varphi$ 为取向元；$\dfrac{\Delta V}{V}$ 为取向落在该取向元内晶粒的体积 ΔV 与试样的总体积之比。对 $\omega(\psi,\theta,\varphi)$ 在整个取向范围内积分有

$$\int_0^{2\pi}\int_0^{2\pi}\int_0^{\pi} f(\psi,\theta,\varphi)\sin\theta\mathrm{d}\psi\mathrm{d}\theta\mathrm{d}\varphi = 1 \tag{7.85}$$

目前取向分布函数 $f(\psi,\theta,\varphi)$ 不能直接测定，通常利用调和分析方法，在测定组合试样的一组(立方晶系一般为三个)极图数据 $P_i(\alpha,\beta)$ 之后，把极图数据 $P_i(\alpha,\beta)$ 和取向分布函数 $f(\theta,\psi,\varphi)$ 分布展开为球谐函数的级数，再根据两级数之系数关系，从 $P_i(\alpha,\beta)$ 级数之系数求 $f(\theta,\psi,\varphi)$ 级数之系数，进而求得 $f(\psi,\theta,\varphi)$)。

2. 极密度分布函数

用衍射方法测得的极密度 $P_{HKL}(\alpha,\beta)$ 可由下式表示：

$$P_{HKL}(\alpha,\beta) = \sum_{l=0}^{\infty}\sum_{n=-l}^{ln} F_{l(HKL)}^n K_l^n(\alpha,\beta)_l , \quad 0\leqslant\alpha\leqslant\pi, \ 0\leqslant\beta\leqslant 2\pi \tag{7.86}$$

其中，$K(\alpha,\beta)$ 称为球函数；$F_{l(HKL)}^n$ 是二维线性展开系数，它们是一组常数。球函数的表达式为

$$K_l^n(\alpha,\beta) = \sqrt{\frac{(l-n)!}{(1+N)!}\frac{2l+1}{4\pi}}P_l^n(\cos\alpha)\mathrm{e}^{in\beta}, \quad n=-l,-l+1,-l+2,\cdots,1; \ l=0,1,2,3,\cdots \tag{7.87}$$

式中，$P_l^n(\cos\alpha)$ 称为霍布森-勒让德(Hobson-Legendre)函数。令 $x=\cos\alpha$，则有

$$P_l^n(x) = (-1)^l\frac{(1+n)!(1-x^2)}{(l-n)!2^l l!}\frac{\mathrm{d}^{l-n}}{\mathrm{d}x^{l-n}}(1-x^2)^l \tag{7.88}$$

极密度表达式中球函数 $K_l^n(\alpha,\beta)$，以及上式中的 $P_l^n(\cos\alpha)$ 和 $\mathrm{e}^{in\beta}$ 都是已知的标准函数。给定 α,β 的值即可求出 $P_l^n(\cos\alpha)$ 和 $\mathrm{e}^{in\beta}$ 的值。显而易见，多晶样品的织构信息全部储存于展开系数组 $F_{l(HKL)}^n$ 之中。

根据球函数的正交关系，可求得函数 $K_l^n(\alpha,\beta)$ 的共轭复数表达式 $K_l^{*n}(\alpha,\beta)$ 为

$$K_l^{*n}(\alpha,\beta) = (-1)^n K_l^{-n}(\alpha,\beta) = \sqrt{\frac{(l-n)!}{(l+n)!}\frac{2l+1}{4\pi}}P_l^n(\cos\alpha)\mathrm{e}^{in\beta} \tag{7.89}$$

3. 取向分布函数的表达式

与极密度分布函数的球函数级数表达相似,根据旋转群的一些概念和新性质,

可将取向分布函数以级数的形式展开成广义球函数的线性组合，其形式如下：

$$f(\psi,\theta,\varphi) = \sum_{l=0}^{n} \sum_{m=-l}^{l} \sum_{n=-l}^{l} C_l^{mn} T_l^{mn}(\psi,\theta,\varphi) \tag{7.90}$$

式中，C_l^{mn} 是三维展开系数，它们是一组常数；$T_l^{mn}(\psi,\theta,\varphi)$ 是广义球函数，它的定义是

$$T_l^{mn}(\psi,\theta,\varphi) = \mathrm{e}^{im\varphi} P_l^{mn}(\cos\theta) \mathrm{e}^{in\psi} \tag{7.91}$$

其中，$P_l^{mn}(\cos\theta) = P_l^{mn}(x)$ 是广义勒让德函数，它的定义是

$$P_l^{mn}(\cos\theta) = P_l^{mn}(x) = \frac{(-1)^{l-n} i^{n-m}}{2^l(l-m)!} \sqrt{\frac{(l-m)!(l+n)!}{(l+m)!(l-n)!}} (1-x)^{-\frac{n-m}{2}}$$
$$\cdot (1+x)^{-\frac{n+m}{2}} \frac{\mathrm{d}^{l-n}}{\mathrm{d}x^{l-n}} [(1-x)^{l-m}(1+x)^{l-m}] \tag{7.92}$$

由式(7.91)和(7.92)可知，广义球函数是一个完全已知的标准函数。给定 ψ，θ 和 φ 值，即可求出 $T_l^{mn}(\psi,\theta,\varphi)$ 的值。取向分布函数 $f(\psi,\theta,\varphi)$ 中全部的织构信息储存于式(7.90)所示的系数 C_l^{mn} 之中。

4. 取向分布函数的计算

虽然能用三维衍射技术逐点扫描检测多晶材料某一三维区域内各点的取向，以计算取向分布函数，但目前还是通过测量多晶样品的极图数据来间接地计算取向分布函数。

取向分布函数 $f(\psi,\theta,\varphi)$ 中全部的织构信息储存于式(7.90)所示的系数 C_l^{mn} 之中，而多晶样品的织构信息同时也全部储存于式(7.86)所示的极密度分布函数的展开系数组 $F_{l(HKL)}^n$ 之中。只要建立了极密度函数 $P_{HKL}(\alpha,\beta)$ 的球函数展开系数 $F_{l(HKL)}^n$ 与取向分布函数 $f(\psi,\theta,\varphi)$ 的广义球函数展开系数 C_l^{mn} 的关系，就可以借助测量样品的极图而获得其取向分布函数。$F_{l(HKL)}^n$ 和 C_l^{mn} 之间的关系如下：

$$F_{l(HKL)}^n = \frac{4\pi}{2l+1} \sum_{m=-1}^{l} C_l^{mn} K_l^{*m}(\delta_{HKL}, \omega_{HKL}) \tag{7.93}$$

由式(7.93)可知，$K_l^{*m}(\delta_{HKL}, \omega_{HKL})$ 是已知的球函数，其中 $(\delta_{HKL}, \omega_{HKL})$ 表示 $[HKL]$ 晶向在晶体坐标系内的方位角。

通过实际测量多晶样品的极密度分布，即从极图获得 $P_{HKL}(\alpha,\beta)$；再根据已知的球函数 $K_l^n(\alpha,\beta)$ 借助式(7.86)求出各 $F_{l(HKL)}^n$ 值；然后利用关系式(7.93)求出 C_l^{mn}；最后把 C_l^{mn} 代入式(7.90)即可计算出取向分布函数 $f(\psi,\theta,\varphi)$。

由式(7.93)可以看出,对于每一个确定的 $F_{l(HKL)}^n$ 都有 $2n+1$ 个 C_l^{mn} 系数相对应,即 C_l^{mn} 系数中的 m 可取 $-l$,$-l+1$,$\cdots$,l。所以若想求得 $2l+1$ 个 C_l^{mn} 系数,就需有 $2l+1$ 个不同 HKL 值的式(7.93),组成一个线性方程组求解。实际上不可能测得这么多数据。由于实际晶体和样品总有一定的对称性,所以计算取向分布函数所需测量的极密度分布可以大大减少。对于立方晶系,通常需测量三组以上的极密度分布,六方晶系通常需测量四个以上的极图数据。

从极图测定原理可知,只有综合使用透射法和反射法进行极图测定才能获得完整的极图,如果仅其中一种方法,无论是透射还是反射法,都只能获得不完整的极图数据。对于完整的极图和不完整的极图,其三维取向分布函数的计算方法和过程不同,这里不再介绍,可参阅文献[9]。

5. 取向分布函数的截面图和取向线

三维取向分布函数图是一种三维空间分布图,一般只能描绘一些等 φ 或等 ψ 的截面图。图 7.19 给出 X 射线衍射测试的钢板织构的不同 ψ 角时的三维取向分布函数截面。X 射线只能测量某些表面和近表面的织构,而中子衍射则是整个样品尺度的平均,故与宏观性能有很好的对应关系,这是 X 射线衍射办不到的。

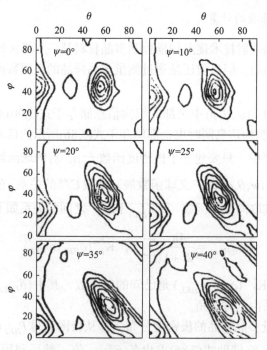

图 7.19　钢板织构的取向分布函数

所谓取向线是固定 ψ,θ,φ 三个参数中的两个，仅一个参数变化的取向分布函数。针对所研究材料的制备、加工、使用等过程，分析观察和直接对比取向空间内某一特定取向线上取向密度的变化规律就显得重要而方便。

7.3.4　材料织构分析

在有织构材料中，衍射分析技术除实验测定极图、反极图和计算三维取向分布函数外，还包括[26,27]：

(1) 对极图、反极图和三维取向分布函数图进行诠释，求得织构的理想取向及分散度；

(2) 进行某些定量织构的计算，进而与材料的各向异性参数联系起来，研究它们之间的关系；

(3) 加工织构到退火再结晶织构的织构演变分析；

(4) 材料加工织构、再结晶织构的形成机理及材料加工形变机理和再结晶过程的研究。

1. 理想取向的分析

1) 轴向对称织构的理想取向

一般垂直于丝(棒)取样，或直接用沉积片，用对称布拉格反射测试，其花样中异常增强的衍射线(最强或其他)的晶面指数为轴向对称织构的理想取向。按图 7.20 右上角的插图，即固定探测器于异常增强线的 2θ 位置，样品从 $\theta-\varphi$ 到 $\theta+\varphi$ 扫描，即得到如图 7.20 所示的一维极密度分布图。当 $\rho(\varphi)/\rho(0)=0.5$ 时，所对应的 φ 角定义为分散角，可见退火能大大减少轴向对称织构的分散度。

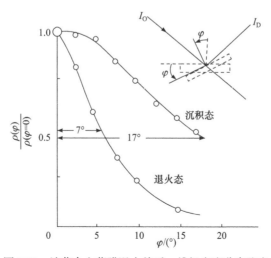

图 7.20　坡莫合金薄膜退火前后一维极密度分布取向

　　表 7.4 和表 7.5 分别为金属的一些轴向对称织构和沉积织构。

表 7.4　金属的一些轴向对称织构

金属	晶体构造	拉伸织构		压缩织构	
		加工	再结晶	加工	再结晶
Ag	fcc	$\langle 111\rangle + \langle 100\rangle$	$\langle 111\rangle + \langle 100\rangle$	$\langle 110\rangle + \langle 100\rangle$	$\langle 110\rangle$
Al	fcc	$\langle 111\rangle$	$\langle 112\rangle$	$\langle 110\rangle + \langle 100\rangle + \langle 113\rangle$	$\langle 110\rangle + \langle 113\rangle$
Au	fcc	$\langle 111\rangle + \langle 100\rangle$	—		
Cu	fcc	$\langle 111\rangle + \langle 100\rangle$	$\langle 112\rangle$	$\langle 110\rangle + \langle 100\rangle$	$\langle 100\rangle + \langle 100\rangle; \langle 111\rangle$
Ni	fcc	$\langle 111\rangle + \langle 100\rangle$	—	$\langle 110\rangle + \langle 100\rangle$	—
Pb	fcc	$\langle 111\rangle$	$\langle 111\rangle$		—
Pd	fcc	$\langle 111\rangle$	—		
Fe	bcc	$\langle 110\rangle$	$\langle 110\rangle$	$\langle 111\rangle + \langle 100\rangle$	$\langle 110\rangle$
M°	bcc	$\langle 110\rangle$	$\langle 110\rangle; \langle 100\rangle$	$\langle 110\rangle$	
W	bcc	$\langle 110\rangle$	—		
Zn	cph	$\langle 0001\rangle$ *	$\langle 10\bar{1}0\rangle$		
Mg	cph	$\langle 11\bar{2}0\rangle$	—		
Zr	cph	$\langle 10\bar{1}0\rangle$	$\langle 11\bar{2}0\rangle$ **		
Ti	cph	$\langle 10\bar{1}0\rangle$	$\langle 11\bar{2}0\rangle$ **	$\langle 0001\rangle$ ***	$\langle 0001\rangle$ ***

注: *〈0001〉与丝轴成 70°;** 〈11$\bar{2}$0〉与丝轴成 11°;*** 〈0001〉与压缩轴成 17.2°～30°。

表 7.5　金属的一些沉积织构

金属	晶体结构	固体凝固	电沉积	汽相外延
		平行与柱状晶的晶向	垂直于表面的晶向	垂直于基底的晶向
Ag	fcc	$\langle 100\rangle$	$\langle 111\rangle + \langle 100\rangle; \langle 111\rangle + \langle 110\rangle$	$\langle 111\rangle; \langle 100\rangle; \langle 110\rangle$
Al	fcc	$\langle 100\rangle$	—	$\langle 111\rangle; \langle 100\rangle; \langle 110\rangle$
Au	fcc	$\langle 100\rangle$	$\langle 110\rangle$	$\langle 110\rangle; \langle 111\rangle$
C°	fcc	—	$\langle 100\rangle$	—
Cr	fcc	—	$\langle 110\rangle + \langle 111\rangle$	$\langle 111\rangle$
Cu	fcc	$\langle 100\rangle$	$\langle 110\rangle; \langle 100\rangle$	—
Ni	fcc		$\langle 100\rangle; \langle 112\rangle$ $\langle 100\rangle + \langle 110\rangle + \langle 111\rangle$	$\langle 111\rangle$
Pb	fcc	$\langle 100\rangle$	$\langle 112\rangle$	
Pd	fcc			$\langle 111\rangle$
Fe	bcc		$\langle 111\rangle; \langle 112\rangle$	$\langle 111\rangle$
Cr	bcc	$\langle 100\rangle$	$\langle 111\rangle; \langle 112\rangle$	$\langle 110\rangle$
M°	bcc	—	—	$\langle 0001\rangle$
Cd	cph	—	$\langle 11\bar{2}2\rangle$	$\langle 0001\rangle$
Zn	cph	$\langle 0001\rangle$	$\langle 0001\rangle$	—
Mg	cph	$\langle 0001\rangle$		
β-Sn	四方	$\langle 11\bar{2}0\rangle$ $\langle 110\rangle$	$\langle 111\rangle; \langle 001\rangle$	

2) 板织构的理想取向

　　以图 7.21 给出超坡莫合金轧制织构的 {111} 极图, 以此为例, 借助于标准晶体投影图, 可确定板织构的理想取向指数 {hkl}〈uvw〉。超坡莫合金属立方晶系,应选立方晶系的标准投影图与之对照(基圆半径与极图相同)，将两图圆心重合，转动其中之一，使极图上{111}极点高密度区与标准投影图上的{111}面族极点位置重合，不能重合则换标准极图再对。最后，发现此图与(110)标准投影图的 111 极点对上，则轧面指数为(110)，与轧向重合点的指数为 $1\bar{1}2$，故此织构指数为 $\{110\}\langle1\bar{1}2\rangle$。

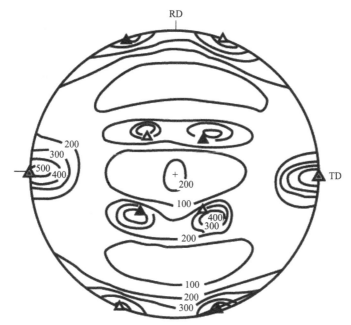

图 7.21　超坡莫合金轧制织构的{111}极图

△，▲分别示出{110}$\langle1\bar{1}2\rangle$

如果从反极图出发来分析织构的理想取向，则需综合法向、横向、轧向三个方向的反极图才能作出判定，例如，从图 7.21 所示的超坡莫合金织构的反极图可得，法向是(011)最强，轧向是(112)最强，横向方向是(111)最强，故得出其理想取向为$\{110\}\langle1\bar{1}2\rangle$，这与超坡莫合金轧制织构的理想取向相同，因为两者都属面心立方结构。表 7.6 列出一些金属的重要轧制织构。

表 7.6　金属的轧制织构

金属	晶体结构	冷轧织构	再结晶织构
Ag	fcc	$\{110\}\langle112\rangle$+$\{112\}\langle111\rangle$	$\{113\}\langle112\rangle$
Al	fcc	$\{110\}\langle112\rangle$+$\{112\}\langle111\rangle$	$\{100\}\langle001\rangle$
Cu	fcc	$\{110\}\langle112\rangle$+$\{112\}\langle111\rangle$	$\{100\}\langle001\rangle$
Ni	fcc	$\{110\}\langle112\rangle$+$\{112\}\langle111\rangle$	$\{100\}\langle001\rangle$

金属	晶体结构	冷轧织构	再结晶织构
Pb	fcc	{110}⟨112⟩+{112}⟨111⟩	—
Fe	bcc	{100}⟨011⟩+{112}⟨110⟩+{111}⟨112⟩	{100}⟨011⟩ *
M°	bcc	{100}⟨011⟩	{100}⟨011⟩
W	bcc	{100}⟨011⟩	—
Cd	cph	{0001}⟨11$\bar{2}$0⟩ **	{0001}⟨11$\bar{2}$0⟩ **
Zn	cph	{0001}⟨11$\bar{2}$0⟩ **	{0001}⟨11$\bar{2}$0⟩ **
Mg	cph	{0001}⟨11$\bar{2}$0⟩	{0001}⟨11$\bar{2}$0⟩
Zr	cph	{0001}⟨10$\bar{1}$0⟩ ***	{0001}⟨11$\bar{2}$0⟩ ***
Ti	cph	{0001}⟨10$\bar{1}$0⟩ ***	{0001}⟨11$\bar{2}$0⟩ ***

注：*⟨011⟩与轧向成 15°；**⟨0001⟩沿轧向倾斜 20°～25°；***⟨0001⟩沿轧向倾斜 25°～30°。

2. 多重织构组分分析

1) 轴向对称织构定量分析

轴向对称织构定量分析是按图7.20中右上角的插图测定各织构组分的极密度分布曲线，即固定探测器的 2θ 位置，样品作 $0°～\pm90°$ 的 φ 扫描，得 I-φ 分布曲线，然后转换成 $I\sin\varphi$-φ 曲线，可看到极密度分布曲线的峰位和峰形，该峰形的面积表征该织构组分。比如，Ag 丝具有 ⟨111⟩+⟨100⟩ 双重织构，它们的 $I\sin\varphi$-φ 曲线分别在 $-70°～+70°$ 和 $-54°～+54°$ 有峰，则两者织构组分比可由下式计算：

$$\frac{V_{111}}{V_{100}} = \frac{\int_{-70°}^{+70°} I_{111}\sin\varphi \mathrm{d}\varphi}{\int_{-54°}^{+54°} I_{100}\sin\varphi \mathrm{d}\varphi} \tag{7.94}$$

2) 板织构的定量分析

板织构组分的定量分析不能直接从极图计算，而是由取向分布函数入手。图 7.22 为某多晶材料的取向分布函数 $f(g)$-g 的分布图，由图可见，在 g_1 和 g_2 处有取向聚集现象，该聚集不仅有量多少的差别，还有分散情况的差别，一般认为分散呈正态分布规律。

这样可以认为取向分布函数 $f(g)$ 由 3 个组分叠加而成，分别用 $f_1(g)$，$f_2(g)$ 和 $f_r(g)$ 表示，其中 $f_r(g)$ 是除了在 g_1 和 g_2 附近聚集的取向分布之外的随机取向分布密度。叠加后的 $f(g)$ 形式为

$$f(g) = f_r(g) + \sum_{j=1}^{n} f_j(g) \tag{7.95}$$

这里 $n=2$。对于某一正态分布的织构组分，可推导出其体积含量应为

$$V_j = Z_j S_0^j \int_0^\infty \exp\left(-\frac{\varphi^2}{\varphi_j^2}\right)(1-\cos\varphi)\mathrm{d}\varphi = \frac{1}{2\sqrt{\pi}} Z_j S_0^j \varphi_j \left[1-\exp\left(-\frac{\varphi_j^2}{4}\right)\right] \quad (7.96)$$

式中，j 表示第 j 种织构组分；Z 为织构组分的重复次数；S_0 为正态分布织构组分中心的取向密度值；φ 为取向密度中心的 S_0 降至 $S_0 \mathrm{e}^{-1}$ 时偏离中心的角度。由此可计算出各织构组分的体积。通常，获得 n 种织构组分的条件后，还需要对各织构组分按照 $V_r + \sum_{j=1}^{n} V_j = 1$ 作归一化处理，式中，V_r 为取向随机分布组分的体积分数。

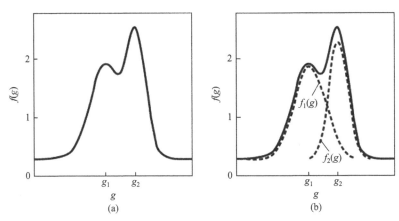

图 7.22　某多晶材料的取向分布函数 $f(g)$-g 的分布图
(a) 取向分布函数；(b) 正态分布函数

3. 织构的形成和演变

关于织构的形成和演变的详细讨论，似乎已超出本书的范围，但作为衍射专业的测试分析人员，也应该具备这方面的知识，故这里仅作简单介绍，更多内容可参阅文献[18，19，28-30]。表 7.7 给出一些重要织构的特征和形成，以供参考。

织构演变分析的内容十分广泛，例如织构在加工过程中随加工量(压下量等)的变化，此后随退火温度和时间的不同，变化也不同；不同类型材料以及晶体结构不同，织构演变也不同，因此不可能做系统讨论，这里仅举两个例子。

表 7.7　一些重要织构的特征和形成

织构类别	织构名称	织构特征	织构形成
冷加工织构	冷轧织构	轧制织构 $\{hkl\}\langle uvw\rangle$	各晶粒某些晶面择优平行于轧面，其中某些方向择优平行于轧向
	冷拉拔织构	轴向对称织构 $\langle uvw\rangle$	各晶粒某些晶向择优平行于拉拔单轴应力
	冷墩压织构	轴向对称织构 $\langle uvw\rangle$	各晶粒某些晶面倾向于压应力方向

织构类别	织构名称	织构特征	织构形成
再结晶织构	再结晶织构	与原织构组分有一定关系	择优成核和/或择优长大
	二次再结晶织构	原加工织构消除,再结晶织构降低,产生新的织构	择优成核和/或择优长大
热加工织构	铸造织构	具有轴向织构的柱状晶	金属快速生长方向与铸造温度梯度方向平行
	热轧织构	轧制织构 $\{hkl\}\langle uvw\rangle$	形变和再结晶交替作用,使形变织构降低
	热拔织构	轴向对称织构 $\langle uvw\rangle$	
	粉末烧结织构		烧结时颗粒的定向偏转造成明显的择优取向
表面膜织构	电沉积织构	轴向对称织构 $\langle uvw\rangle$	电沉积物的某些晶面择优垂直于电场方向
	沉积织构	轴向对称织构 $\langle uvw\rangle$	沉积物的某些晶面择优平行于衬底表面
	外延织构	轴向对称织构 $\langle uvw\rangle$	外延物的某些晶面择优平行于衬底表面
	金刚石薄膜	$\{100\}\{111\}$双重织构	$\{100\}\{111\}$的表面能最低
特殊再结晶织构	立方织构	$\{100\}\langle 001\rangle$	定向形核和/或选择生长
体织构	相变织构	母相与新相有固有的取向关系	母相与新相有固有的取向关系,特别是马氏体相变

1) 冷轧织构随真应变的变化

图 7.23 给出冷轧织构组分的体积分数 V_j 和分散度 ψ_j 的变化情况。可以看出,随着应变的增加,两织构组分的体积分数 V_j 也增加,而随机取向组分随之降低,无论是工业纯铝还是工业纯铁都是如此;两种织构成分的分散程度都随应变的增加而降低,表明随着应变的增加,两种织构组分都更强更集中。

2) 再结晶织构的变化

图 7.24 展示了用织构组分分析法观察与分析再结晶和二次再结晶织构演变的过程。从图 7.18(a)可知,800℃加热初期,95%冷轧 Cu-30%Zn 合金板中冷轧织构组分$\{110\}\langle 112\rangle$减少,而再结晶织构组分$\{236\}\langle 358\rangle$增加,表明合金板内发生了再结晶。随着加热时间的延长,再结晶组分$\{236\}\langle 358\rangle$减少,而新生的织构组分$\{179\}\langle 112\rangle$增强,说明合金板内发生了二次再结晶,$\{179\}\langle 112\rangle$取向的晶粒大量吞噬$\{236\}\langle 358\rangle$取向的晶粒。

图 7.24(b)示出,95%冷轧 Al-1%Mn 板材再结晶后得到了很强的$\{100\}\langle 001\rangle$织构。对该合金板做 620℃加热时,$\{100\}\langle 001\rangle$织构减弱,而$\{110\}\langle 123\rangle$织构增强,同时有少量的$\{100\}\langle 023\rangle$织构出现,也说明合金板内发生了二次再结晶。继后,随时间继续延长,$\{110\}\langle 133\rangle$逐渐减弱,同时$\{100\}\langle 023\rangle$织构明

显增强，说明合金板内发生了第二轮再结晶，因而造成织构组分的再次转换。

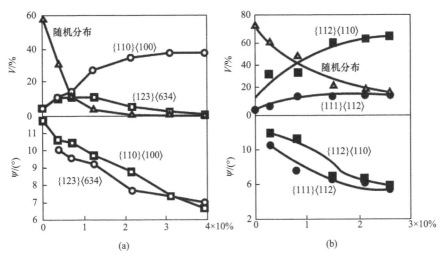

图 7.23　冷轧金属板材织构组分体积分数 V_j 和分散度 ψ_j 随冷轧真应变的变化关系
(a) 工业纯铝；(b) 工业纯铁

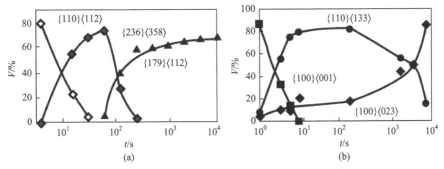

图 7.24　95%冷轧合金板再结晶织构组分的变化
(a) 冷轧 Cu-30%Zn 板 800℃加热；(b) 冷轧 Al-1%Mn 板再结晶后 620℃加热

参 考 文 献

[1] 杨传铮，谢达材，程癸尊，等. 物相的衍射分析. 北京: 冶金工业出版社, 1988.

[2] 姜传海，杨传铮. 材料射线衍射和散射分析. 北京: 高等教育出版社, 2010.

[3] Popovic S. An X-ray diffraction method for latlice parameter measurement from corresponding k_α ang k_β reflexions. J. Appl. Cryst., 1971, 4: 240.

[4] Halliwell M A. Precise measurement of lattice parameters of single crystals in conjunction with a hot stage. J. Appl. Cryst., 1972, 5: 240.

[5] 郭常霖，马利泰. 测定非立方晶系晶胞参数的 X 射线衍射线对法. 科学通报, 1982, 27: 467-471.

[6] 姜传海，杨传铮. 内应力衍射分析. 北京: 科学出版社, 2013.

[7] 姜传海，杨传铮. 中子衍射技术及其应用. 北京: 科学出版社, 2012.

[8] Noyan I C, Cohen J B. Residual Stress Measurement by Diffraction and Interpretation. New York: Springer-Verlag, 1987.

[9] Hauk V. Structural and Residual Stress Analysis by Non-destructive Methods. Amsterdam: Ejsevier, 1997.

[10] 姜传海, 王德尊, 王彦, 等. 双相材料中三向残余应力的 X 射线研究. 汽轮机技术, 1997, 39(3): 187-189.

[11] Xue X J, Kezaczek K J, Kurtz S K, et al. Modlling of X-diffraction stress analysis in polycrystalline interconnects with sarp fiber textures. Advance in X-ray Analisis, 2000, 42: 634-645.

[12] Welzel U, Ligot J, Lamparter P, et al. Stress analysis of polycrystalline thin films and surface regions by X-ray diffraction. J. Appl. Cryst., 2005, 38(1): 1-29.

[13] 廖微. 高温薄膜应力测定技术. 河北建筑科技学院学报, 1997, 14(2): 56-61.

[14] 杨于兴, 穆树人, 张榴凤. 高温氧化薄膜应力的测定. 上海交通大学学报, 1997, 31(1): 80-82.

[15] 洪波, 姜传海, 王新建. 电沉积铜薄膜中的内应力与织构特征. 理化检验(物理分册), 2007, 43(8): 392-394.

[16] Welzel U, Ligot J, Lamparter P, et al. Stress analysis of polycrystalline thin films and surface regions by X-ray diffraction. Journal of Applied Crystallography, 2005, 38(1): 1-29.

[17] Martinschitz K J, Daniel R, Mitterer C, et al. Elastic constants of fibre-textured thin films determined by X-ray diffraction. Journal of Applied Crystallography, 2009, 42: 416-428.

[18] 毛卫民. 金属材料的晶体学织构与各向异性. 北京: 科学出版社, 2002.

[19] 毛卫民, 杨平, 陈冷. 材料织构分析原理与检测技术. 北京: 冶金工业出版社, 2008.

[20] 毛卫民, 张新明. 晶体材料织构定量分析. 北京: 冶金工业出版社, 1993.

[21] Mitin B S, Serov M M, Yakovlev V B. The crystallographic texture and properties of metal materials, received by the PDME-method. Materials Science and Engineering: A, 2001, 304: 637-640.

[22] Vratislav S, Dlouha M, Kalvoda L, et al. Quantitative texture analysis of metal sheets and polymer foils by neutron diffraction. Physica B Condensed Matter, 2006, (15): 611-613.

[23] Bunge H J, Tobish J. Texture transition in β-brasses determined by neutron diffraction. Appl. Cryst., 1972, 5: 27-40.

[24] Szpunar J. Texture and neutron diffraction. Atomic Energy Rev., 1976, 14: 199-261.

[25] Kocks U F, Tome C N, Wenk H R. Texture and Anisotropy. Cambtidge: Cambridge University Press, 1998.

[26] 梁志德, 徐家桢, 王福. 织构材料的三维取向分析技术——ODF 分析. 沈阳: 东北工学院出版社, 1986.

[27] 张信钰. 金属和合金的织构. 北京: 科学出版社, 1976.

[28] 詹科. S30432 奥氏体不锈钢喷丸强化及其表征研究. 上海: 上海交通大学, 2013.

[29] 姜传海, 杨传铮. 中子衍射技术及其应用. 北京: 科学出版社, 2012.

[30] 张中泉. 电沉积 Ni-ZrC 复合镀层的织构及内应力研究. 上海: 上海交通大学, 2015.

第8章 表征电沉积材料微结构的方法

在 X 射线衍射分析材料中，由于样品的晶粒很小，存在微观应力，或/和堆垛层错和/或位错时，都会引起衍射线的宽化。如果这些效应分别单独存在，则分别求解微晶大小、微应变(应力)是相当方便的；当微晶和微应力同时存在时，目前可采用近似函数傅里叶(Fourier)分析和方差分析三种方法分离[1-3]。由于后两者计算分析繁杂，很少实际应用，因此，基于近似函数的作图法成为常用的方法，如美国的 Jade 程序[4]。但由于测量误差和宽化各向异性，有时难以手工作直线图，即使用 Origin 程序作图，也会产生较大的误差。为此，本章综述作者及合作者近年来提出和建立的分离微晶-微应力、微晶-堆垛层错、微应力-堆垛层错二重宽化效应和分离微晶-微应力-层错三重宽化效应的最小二乘方法，同时编制有关的求解程序系列；并提供一些应用实例[5]。

8.1 谱线线形的卷积关系

由于求解微结构参数是从待测样品的真实线形分析出发的，因此从待测样品的实测线形中求解待测样品的真实线形，是理论和实验分析的第一步。

待测样品实测线形 $h(x)$、标样线形 $g(x)$ 和待测样品的真实线形 $f(x)$ 三者之间有卷积关系：

$$h(x)=\int_{-\infty}^{+\infty} g(y)f(x-y)\mathrm{d}y \tag{8.1}$$

见图 8.1。因为 $h(x)$ 和 $g(x)$ 可通过实验测得，故可通过去卷积处理求得待测样的真实线形 $f(x)$。

分别定义上述三个函数的积分宽度：积分宽度等于衍射峰形面积除以曲线的最大值，积分宽度虽不等于谱线强度的半高宽，但与半高宽成正比。实测线形函数 $h(x)$ 积分宽度(综合宽度)表示为 B，标样衍射线形函数 $g(x)$ 积分宽度(仪器宽度)为 b，真实物理线形函数 $f(x)$ 积分宽度(真实宽度)为 β，同样可以证明，三个积分宽度的卷积关系为

$$B=b\beta \bigg/ \int_{-\infty}^{+\infty} g(x)f(x)\,\mathrm{d}x \tag{8.2}$$

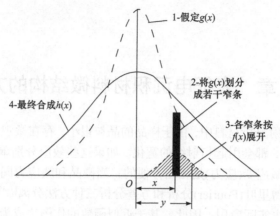

图 8.1　衍射线形的卷积合成

8.2　各种宽化效应

8.2.1　晶粒度宽化——谢乐公式

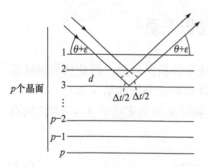

图 8.2　某微晶(hkl)晶面的衍射几何

图 8.2 所示为某微晶的(hkl)晶面, 共 p 层, 晶面间距为 d, 两相邻晶面的程差 Δl 等于波长倍数, 即

$$\Delta l = 2d\sin\theta = \lambda \tag{8.3}$$

时, 衍射线的振幅将有极大值。当入射角 θ 有一个小的偏离量 ε 时, 程差可写为

$$\begin{aligned}\Delta l &= 2d\sin(\theta + \varepsilon)\\ &= 2d(\sin\theta\cos\varepsilon + \cos\theta\sin\varepsilon)\end{aligned} \tag{8.4}$$

由于 ε 很小, $\cos\varepsilon \approx 1$, $\sin\varepsilon \approx \varepsilon$, 故得

$$\Delta l = \lambda + 2\varepsilon d\cos\theta \tag{8.5}$$

故相应的相位差为

$$\Delta\phi = \frac{2\pi}{\lambda}\Delta l = 2\pi n + \frac{4\pi}{\lambda}\varepsilon d\cos\theta = \frac{4\pi\varepsilon d\cos\theta}{\lambda} \tag{8.6}$$

因此, 共 p 层(hkl)晶面总的散射振幅为

$$E = E_0\sum_{k=0}^{p}e^{ik\Delta\phi} \tag{8.7}$$

得相干函数

$$E = E_0 \frac{\sin \frac{p}{2} \Delta\phi}{\sin \frac{1}{2} \Delta\phi} \tag{8.8}$$

由于 ε 极小，$\sin \frac{1}{2} \Delta\phi \approx \frac{\Delta\phi}{2}$，故有

$$E = E_0 \frac{p \sin \frac{p}{2} \Delta\phi}{\frac{1}{2} \Delta\phi} \tag{8.9}$$

衍射强度为

$$I = I_0 \frac{p^2 \sin^2 \frac{p}{2} \Delta\phi}{\frac{p}{2} \Delta\phi} \tag{8.10}$$

当 ε=0 时，衍射强度有极大值为

$$I_{\max} = I_0 p^2 \tag{8.11}$$

衍射线的半高强度与极大强度之比为

$$\frac{I_{\frac{1}{2}}}{I_{\max}} = \frac{1}{2} = \frac{\sin^2\left(\dfrac{4\pi p \varepsilon_{\frac{1}{2}} d \cos\theta}{2\lambda}\right)}{\left(\dfrac{4\pi p \varepsilon_{\frac{1}{2}} d \cos\theta}{2\lambda}\right)^2} = \frac{\sin^2 \dfrac{\varphi}{2}}{\left(\dfrac{\varphi}{2}\right)^2} \tag{8.12}$$

根据 $\dfrac{\sin^2 \dfrac{\varphi}{2}}{\left(\dfrac{\varphi}{2}\right)^2}$ 与 $\dfrac{\varphi}{2}$ 之间的函数关系，可以求得当 $\dfrac{\varphi}{2}$=1.40 时方程才成立，因此

$$\frac{4\pi p \varepsilon_{\frac{1}{2}} d \cos\theta}{2\lambda} = 1.40 \tag{8.13}$$

并且，在衍射线形半高强度处所对应的全角宽度(半高宽，FWHM)，$\beta_{hkl} = 4\varepsilon_{\frac{1}{2}}$，

$\dfrac{2 \times 1.40}{\pi} = 0.89$，$p$ 是有限晶面(hkl)数目，令 $pd = D_{hkl}$，故有

$$\begin{cases} \beta_{hkl} = \dfrac{0.89\lambda}{D_{hkl}\cos\theta_{hkl}} \\ D_{hkl} = \dfrac{0.89\lambda}{\beta_{hkl}\cos\theta_{hkl}} \end{cases} \qquad (8.14)$$

这就是著名的谢乐(Scherrer)公式，值得注意的是，由上述推导可知，D_{hkl} 指的是 (hkl) 晶面法线方向的晶粒尺度。

8.2.2 微应变引起的宽化

样品中某晶面间距为 d_0，由于微观应力的作用，该晶面的面间距对 d_0 有所偏离，设 d_+ 和 d_- 分别为与试样衍射线形半高宽处相应的衍射 $2\theta_+$ 和 $2\theta_-$，则平均的微应变 $\varepsilon_{平均}$ 为

$$\varepsilon_{平均} = \left(\frac{\Delta d}{d}\right)_{平均} \qquad (8.15)$$

而 $\Delta 2\theta = 2\theta_+ - 2\theta_0 = 2\theta_0 - 2\theta_-$，于是，$\beta_{hkl} = 4\Delta\theta$，利用 $\Delta d/d = -\cot\Delta\theta$ 关系则有

$$\begin{cases} \left(\dfrac{\Delta d}{d}\right)_{平均} = \varepsilon_{平均} = \dfrac{\beta_{hkl}}{4}\cot\theta_{hkl} \\ \beta_{hkl} = 4\varepsilon_{平均}\tan\theta_{hkl} \end{cases} \qquad (8.16)$$

式中，β_{hkl} 的单位为弧度。若 β_{hkl} 的单位为(°)，则有

$$\begin{cases} \sigma_{平均} = E\varepsilon_{平均} = E\dfrac{\pi\beta_{hkl}\cot\theta_{hkl}}{180° \times 4} \\ \beta_{hkl}(°) = \dfrac{180° \times 4}{E\pi}\sigma_{平均}\tan\theta_{hkl} \end{cases} \qquad (8.17)$$

式(8.16)把平均的应变($\varepsilon_{平均}$)或应力($\sigma_{平均}$)与衍射线形的半高宽(β_{hkl})联系起来。

8.2.3 层错引起的宽化效应

微晶和微应力无论是单独存在还是同时存在，8.2.1 节和 8.2.2 节讨论的宽化效应仍适用各种晶系结构的材料。然而，涉及堆垛层错则与晶系结构相关。

1. 密堆六方的堆垛层错效应

Warren[6]指出，密堆六方的滑移为$(001)\langle 110\rangle$，孪生系为$\{102\}\langle 101\rangle$，把实验线形 $F(x)$ 展开为傅里叶级数，将其余弦系数 A_L^S 对 L 作图，从曲线起始点的斜率求得微晶尺度 D，形变层错概率 f_D 和孪生层错概率 f_T 之间有三种组合，即

$$
\begin{cases}
h-k=3n\text{或}hk0, & -\left(\dfrac{\mathrm{d}A_L^S}{\mathrm{d}L}\right)_0=\dfrac{1}{D} \\[3mm]
h-k=3n\pm1,\ l=\text{偶数}, & -\left(\dfrac{\mathrm{d}A_L^S}{\mathrm{d}L}\right)_0=\dfrac{1}{D}+\dfrac{|l_0|d}{c^2}(3f_{\mathrm{D}}+3f_{\mathrm{T}}) \\[3mm]
h-k=3n\pm1,\ l=\text{奇数}, & -\left(\dfrac{\mathrm{d}A_L^S}{\mathrm{d}L}\right)_0=\dfrac{1}{D}+\dfrac{|l_0|d}{c^2}(3f_{\mathrm{D}}+f_{\mathrm{T}})
\end{cases}
\tag{8.18}
$$

可见，当 $h-k=3n$ 或 $hk0$ 时，无层错效应；$h-k=3n\pm1$ 时，当 l 为偶数时，衍射线严重宽化，当 l 为奇数时，衍射线宽化较小。还能从半高宽计算 f_{D} 和 f_{T}，即

$$
h-k=3n\pm1
\begin{cases}
l=\text{偶数},\ \beta_{\mathrm{f}}=\dfrac{2l}{\pi}\tan\theta\left(\dfrac{d}{c}\right)^2(3f_{\mathrm{D}}+3f_{\mathrm{T}}) \\[3mm]
l=\text{奇数},\ \beta_{\mathrm{f}}=\dfrac{2l}{\pi}\tan\theta\left(\dfrac{d}{c}\right)^2(3f_{\mathrm{D}}+f_{\mathrm{T}})
\end{cases}
\tag{8.19}
$$

式中，β 以弧度为单位；d 为晶面间距；c 为六方 c 轴的点阵参数。

2. 面心立方的堆垛层错效应

对于面心立方(fcc)，Warren[6]把总的衍射贡献看成是宽化(b)和未宽化(u)组分之和，并展开为傅里叶级数，得出结论：余弦系数表征线形宽化；正弦系数表征线形的不对称性，这种不对称性只表现在线形底部附近，对取半宽度的计算无影响；常数项与形变层错概率 f_{D} 成正比，使峰巅位移[6]。其中峰位移 $\Delta(2\theta)^\circ$ 的表达式为

$$
\Delta(2\theta)^\circ=\frac{90}{\pi^2}\frac{\sum(\pm)L_0}{h_0^2(u+b)}\tan\theta\sqrt{3}f_{\mathrm{D}}
\tag{8.20}
$$

其中，$\dfrac{\sum(\pm)L_0}{h_0^2(u+b)}=\sum\dfrac{(\pm)L_0}{h_0^2(u+b)}$，$h_0=(h^2+k^2+l^2)^{1/2}$。有关数据列于表 8.1 中。从表 8.1 可见，由于形变层错的存在，111 线峰 $2\theta_{111}$ 向高角度方向位移，而 $2\theta_{200}$ 向低角度方向位移。它们的二级衍射正好相反。由于 f_{D} 引起峰位移很小，用单线法测量会引起较大误差，故常用线对法，即

$$
\begin{cases}
(\Delta2\theta_{200}-\Delta2\theta_{111})^\circ=\dfrac{-90}{\pi^2}\sqrt{3}f_{\mathrm{D}}\left(\dfrac{\tan\theta_{200}}{2}+\dfrac{\tan\theta_{111}}{4}\right) \\[3mm]
(\Delta2\theta_{400}-\Delta2\theta_{222})^\circ=\dfrac{90}{\pi^2}\sqrt{3}f_{\mathrm{D}}\left(\dfrac{\tan\theta_{400}}{4}+\dfrac{\tan\theta_{222}}{8}\right)
\end{cases}
\tag{8.21}
$$

可见用线对峰位移法能求得形变层错概率 f_{D}。

表 8.1　　具有层错的(fcc)结构粉末衍射线形的几个有关数据

hkl	$\sum \dfrac{(\pm)L_0}{h_0^2(u+b)}$	$\sum \dfrac{|L_0|}{h_0(u+b)}$	$\Delta(2\theta)°$
111	$\dfrac{1}{4}$	$\sqrt{\dfrac{3}{4}}$	$\dfrac{90}{\pi^2}\sqrt{3}f_D\tan\theta_{111}\left(\dfrac{1}{4}\right)$
200	$-\dfrac{1}{2}$	1	$\dfrac{90}{\pi^2}\sqrt{3}f_D\tan\theta_{200}\left(-\dfrac{1}{2}\right)$
220	$\dfrac{1}{4}$	$\dfrac{1}{\sqrt{2}}$	
311	$-\dfrac{1}{11}$	$\dfrac{3}{2}\sqrt{11}$	
222	$-\dfrac{1}{8}$	$\sqrt{\dfrac{3}{4}}$	$\dfrac{90}{\pi^2}\sqrt{3}f_D\tan\theta_{222}\left(-\dfrac{1}{8}\right)$
400	$\dfrac{1}{4}$	1	$\dfrac{90}{\pi^2}\sqrt{3}f_D\tan\theta_{400}\left(\dfrac{1}{4}\right)$

当忽略微应力的影响时，衍射线形傅里叶级数展开的余弦系数可写为

$$A_L^S = 1 - L\left\{\frac{1}{D} + \frac{1.5f_D + f_T}{ah_0(u+b)}\sum|L_0|\right\} \tag{8.22}$$

其对 L 微分得

$$-\frac{\mathrm{d}A_L^S}{\mathrm{d}L} = \frac{1}{D} + \frac{1.5f_D + f_T}{ah_0(u+b)}\sum|L_0| \tag{8.23}$$

将式(8.23)与式(8.18)比较，并结合式(8.19)得

$$\beta_f = \frac{2}{\pi a}\sum\frac{|L_0|}{h_0(u+b)}\tan\theta(1.5f_D + f_T) \tag{8.24}$$

式中，β_f 的单位为弧度，$\sum\dfrac{|L_0|}{h_0(u+b)}$ 对各 hkl 衍射线之值列于表 8.1 中。

3. 体心立方的堆垛层错效应

对于体心立方(bcc)金属，Warren[6]也把总的衍射看成宽化(b)和未宽化(u)之和，并展开为傅里叶级数，其余弦系数可写为

$$A_L^S = 1 - L\left\{\frac{1}{D} + \frac{1.5f_D + f_T}{ah_0(u+b)}\sum|L|\right\} \tag{8.25}$$

其对 L 微分得

$$-\frac{\mathrm{d}A_L^S}{\mathrm{d}L} = \frac{1}{D} + \frac{1.5f_\mathrm{D} + f_\mathrm{T}}{ah_0(u+b)}\sum|L| \tag{8.26}$$

将式(8.26)与式(8.18)、式(8.23)比较，并结合式(8.19)和式(8.24)得

$$\beta_\mathrm{f} = \frac{2}{\pi a}\frac{\sum|L|}{h_0(u+b)}\tan\theta(1.5f_\mathrm{D} + f_\mathrm{T}) \tag{8.27}$$

式中，β_f 的单位同样为弧度；对(bcc)结构各 hkl 衍射线的 $\dfrac{\sum|L|}{h_0(u+b)}$ 之值列于表 8.2 中。

表 8.2 含有层错的(bcc)结构粉末衍射各衍射线的 $\dfrac{\sum|L|}{h_0(u+b)}$ 值

hkl	110	200	211	220	310	222	321	400
$\dfrac{\sum|L|}{h_0(u+b)}$	$\dfrac{2}{3}\sqrt{2}$	$\dfrac{4}{3}$	$\dfrac{2}{\sqrt{6}}$	$\dfrac{2}{3}\sqrt{2}$	$4\sqrt{10}$	$2\sqrt{3}$	$\dfrac{5}{2}\sqrt{14}$	$\dfrac{4}{3}$

由本节可知，式(8.19)、式(8.24)和式(8.27)分别表示堆垛层错对密堆六方(cph)、面心立方(fcc)和体心立方(bcc)粉末衍射线条宽化的贡献。

8.2.4 位错引起的宽化效应

由位错引起的积分宽度能表示为

$$\beta(d_{hkl}^*) = Kbd_{hkl}^*\sqrt{\bar{C}_{hkl}\rho} \tag{8.28}$$

与 $\Delta K^\mathrm{d} = (\pi b^2/(2A))^{1/2}\rho^{1/2}(g\bar{C}^{1/2})$ 相比较，这里的 $K = (\pi/(2A))^{1/2}$，$g = d_{hkl}^*$；$\bar{C}_{hkl}$ 是位错的比对因子(contrast factor)；$b = |\boldsymbol{b}|$ 是伯格斯(Burgers)矢量的模；ρ 为总的位错密度。于是有

$$\beta_{hkl} = (\pi/(2A))^{1/2}bd_{hkl}\sqrt{\bar{C}_{hkl}}\sqrt{\bar{\rho}}$$
$$\bar{\rho} = \frac{\beta_{hkl}^2}{(\pi/(2A))b^2 d_{hkl}^2\bar{C}_{hkl}} \tag{8.29}$$

我们注意到，式(8.29)中的比例项存在不同的定义。位错的傅里叶系数 $A^\mathrm{disl}(t, d_{hkl}^*)$，对于单滑移系能表示为

$$A^\mathrm{disl}(t, d_{hkl}^*) = \exp\left[-\frac{\pi}{2}\cdot d_{hkl}^{*2}\cdot b^2\cdot C_{hkl}\cdot\rho_j\cdot t^2\cdot f^*(\eta)\right] \tag{8.30}$$

式中，t 为平行于衍射矢量 g 的傅里叶长度；ρ_j 为第 j 种位错的密度。这样，总

的位错密度 ρ 被定义为

$$\rho = \sum_{j=1}^{N} \rho_j \tag{8.31}$$

式(8.30)中的 $f^*(\eta)$ 项赋予傅里叶系数，能对所有 t 进行计算。关于 $f^*(\eta)$ 函数的所有讨论和推导都由 Wilikens 给出，η 也由 Wilikens 定义。由式(8.29)可以看出，确定 ρ 项中位错宽化的主要项是位错的比对因子 C_{hkl}。该项描述位错的可见性，它与位移场 u、位错的滑移坐标系以及衍射矢量 g 有关。对 C_{hkl} 的估算需要了解位移场 u、位错类型和在它们给定点阵中的滑移系统。

8.3　分离微晶和微应力宽化效应的各种方法

8.3.1　傅里叶级数法

经过推导，衍射线的强度分布可写为傅里叶级数形式[1-3]

$$I_{(2\theta)} = \frac{KPMF^2}{\sin^2\theta} \sum_{n=-\infty}^{+\infty} (A_n \cos 2\pi n S_3 + B_n \sin 2\pi n S_3) \tag{8.32}$$

其中，系数

$$\begin{cases} A_n = \dfrac{N_n}{N_3}\langle \cos 2\pi l Z_n \rangle \\[3mm] B_n = \dfrac{N_n}{N_3}\langle \sin 2\pi l Z_n \rangle \end{cases} \tag{8.33}$$

K 为常数；P 和 F 为多重性因子和结构振幅；n 为级数的阶数；S_3 为变量。如果不考虑堆垛层错，则 Z_n 的正负值大致相等，所以 $B=0$，因此只考虑余弦系数 A_n。在系数 A_n 中，N_n/N_3 与晶胞柱的长度相关，是微晶大小的系数，记为 A_n^c；$\langle \cos 2\pi l Z_n \rangle$ 与晶胞位置的偏移相关，是微应变的系数，记为 A_n^s，于是有

$$A_n = A_n^c A_n^s \tag{8.34}$$

式中，A_n^c 与衍射级 l 无关；A_n^s 是 l 的函数，即

$$A_n(l) = A_n^c A_n^s(l) \tag{8.35}$$

可以证明：

$$\langle \cos 2\pi l Z_n \rangle = \frac{a}{\sqrt{\pi}} \int_{-\infty}^{+\infty} \cos 2\pi l Z_n [\exp(-a^2 Z_n^2)] \mathrm{d}Z_n = \exp[-2\pi^2 l^2 \langle Z_n^2 \rangle] \tag{8.36}$$

其中，Z_n 为晶柱内间隔为 n 的晶胞之间在 a_3 方向的偏移量。

$$A_n(l) = A_n^c A_n^s = A_n^c \exp[-2\pi^2 l^2 \langle Z_n^2 \rangle] \tag{8.37}$$

作自然对数：

$$\ln A_n(l) = \ln A_n^c - 2\pi^2 l^2 \langle Z_n^2 \rangle \tag{8.38}$$

对 $\ln A_n(l)$-l^2 作图得系列直线，分别对应于 $n=0,1,2,3,4,\cdots$，见图 8.3(a)，斜率对应 Z_n，而 $\varepsilon_L = \dfrac{Z_n}{n}$，于是

$$\langle \varepsilon_L^2 \rangle = \langle Z_n^2 \rangle / n^2 \tag{8.39}$$

这样求得 $\langle \varepsilon_L^2 \rangle$，它为各 a_3 方向上微应变的方均值。图 8.3(a) 中各 n 值的直线与纵坐标的交点为 $\ln A_n^c$，对 $\ln A_n^c$-n 作图，见图 8.3(b)，当 $n \to 0$ 时

$$\left(\frac{\mathrm{d} A_n^c}{\mathrm{d} n} \right)_{n \to 0} = -\frac{1}{N_3} \tag{8.40}$$

因此，在 A_n^c-n 曲线上，当 $n \to 0$ 的切线与横坐标交点就是 N_3，于是在垂直于 $(00l)$ 晶面方向的平均晶粒尺度 $\langle D_{00l} \rangle$ 为

$$\langle D_{00l} \rangle = N_3 a \tag{8.41}$$

虽然上面的推导是基于正交系的 ($00l$) 反射，但不难推广到一般情况。即使所测的是任意指数 hkl 衍射线，都可认为它是 ool' 的衍射，对于立方晶系，$l'^2 = h^2 + k^2 + l^2$，就可利用上述方法求得 $\langle \varepsilon_L^2 \rangle$ 和 N_3，只不过 $\langle \varepsilon_L^2 \rangle$ 和 N_3 是指与 (hkl) 晶面的垂直方向，因此微晶的尺度为

$$\langle D_{hkl} \rangle = N_3 d_{hkl} \tag{8.42}$$

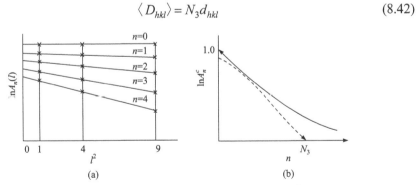

图 8.3　余弦系数 $\ln A_n(l)$ 对 l^2 作图(a)和 $\ln A_n^c$-n (b)作图

8.3.2　方差分解法

由于卷积的方差之间有加和性，因此可用方差法把微晶宽化和微晶应力宽化

两种效应分离。设 $f(x)$、$C(x)$ 和 $S(x)$ 的方差分别为 W、W_C、W_S，于是有

$$W = W_C + W_S \tag{8.43}$$

微晶的线形方差和微应变线形的方差分别为

$$\begin{cases} W_C = \dfrac{k\lambda\Delta2\theta}{2\pi^2 D\cos\theta} \\ W_S = 4\tan^2\theta\langle\varepsilon^2\rangle \end{cases} \tag{8.44}$$

其中，k 为谢乐公式中的常数；$\Delta2\theta$ 为衍射线的角宽度；$\langle\varepsilon^2\rangle$ 为微应变 $\varepsilon_{\text{平均}}$ 方均值。于是，待测试样的方差为

$$W = \frac{k\lambda\Delta2\theta}{2\pi^2 D\cos\theta} + 4\tan^2\theta\langle\varepsilon^2\rangle \tag{8.45}$$

也可改写为

$$\frac{W}{\Delta2\theta}\cdot\frac{\cos\theta}{\lambda} = \frac{1}{2\pi^2 D} + \frac{4\sin\theta\tan\theta}{\lambda\Delta2\theta}\langle\varepsilon^2\rangle \tag{8.46}$$

利用同一辐射不同级的衍射，以 $\dfrac{W\cos\theta}{\Delta2\theta\cdot\lambda} - \dfrac{4\sin\theta\tan\theta}{\Delta2\theta\cdot\lambda}$ 作图，直线的斜率为 $\langle\varepsilon^2\rangle$，由直线与纵坐标上的截距可获得微晶大小 D。

8.3.3 近似函数法

在待测样品中同时存在微晶和微应力两重宽化效应时，其真实线形 $f(x)$ 应为微晶线形 $C(x)$ 与微应变线形 $S(x)$ 的卷积，即

$$f(x) = \int C(y)S(x-y)\mathrm{d}y \tag{8.47}$$

假定能用柯西(Cauchy)函数

$$\begin{cases} C(x) = \mathrm{e}^{-a_1^2 x^2} \\ S(x) = \mathrm{e}^{-a_2^2 x^2} \end{cases} \tag{8.48}$$

或高斯(Gaussian)函数

$$\begin{cases} C(x) = \dfrac{1}{1 + a_1^2 x^2} \\ S(x) = \dfrac{1}{1 + a_2^2 x^2} \end{cases} \tag{8.49}$$

来描述线形的分布，则 $\beta_{总}$ 与 $\beta_{微晶}$、$\beta_{微应变}$ 间有以下几种关系。

(1) 若晶粒宽化线形和微应变宽化线形都能用柯西或高斯函数表示，则线形

总的物理宽度分别为

$$\beta_{总} = \beta_{微晶} + \beta_{微应变} \tag{8.50a}$$

$$\beta_{总}^2 = \beta_{微晶}^2 + \beta_{微应变}^2 \tag{8.50b}$$

将式(8.14)、式(8.16)代入并乘以 $\cos\theta / \lambda$（或 $\cos^2\theta / \lambda^2$）后得

$$\frac{\beta_{总}\cos\theta}{\lambda} = \frac{K}{D} + \bar{\varepsilon} \cdot \frac{4\sin\theta}{\lambda} \tag{8.51}$$

$$\frac{\beta_{总}^2\cos^2\theta}{\lambda^2} = \frac{K^2}{D^2} + \bar{\varepsilon}^2 \cdot \frac{16\sin^2\theta}{\lambda^2} \tag{8.52}$$

于是按 $\dfrac{\beta_{总}\cos\theta}{\lambda} - \dfrac{4\sin\theta}{\lambda}$ 或 $\dfrac{\beta_{总}^2\cos^2\theta}{\lambda^2} - \dfrac{16\sin^2\theta}{\lambda^2}$ 作图，由直线的斜率和截距分别求得微应变和微晶大小。

（2）如果用柯西函数 $C(x)$ 作为晶粒细化加宽函数，用高斯函数 $S(x)$ 作为微应变加宽线形的分布函数，则线形总的物理宽度为

$$\frac{\beta_{微晶}}{\beta_{总}} = 1 - \left(\frac{\beta_{微应变}}{\beta_{总}}\right)^2 \tag{8.53}$$

把式(8.14)和式(8.16)代入式(8.53)得

$$\frac{K\lambda}{\beta_{总}\cos\theta} \cdot \frac{1}{D} = 1 - \frac{16\tan^2\theta}{\beta_{总}^2} \cdot \varepsilon^2 \tag{8.54}$$

经移项可得

$$1 = \frac{\lambda}{\beta_{总}\cos\theta} \cdot \frac{K}{D} + \frac{16\tan^2\theta}{\beta_{总}^2} \cdot \varepsilon^2 \tag{8.55}$$

然后等式两边乘以 $\dfrac{\beta_{总}\cos\theta}{\lambda}$，则式(8.54)变为

$$\frac{\beta_{总}\cos\theta}{\lambda} = \frac{K}{D} + \frac{\cos\theta\tan^2\theta}{\beta_{总}\lambda} \cdot 16\varepsilon^2 \tag{8.56}$$

利用试样各个衍射面的数据，作 $\dfrac{\beta_{总}\cos\theta}{\lambda} - \dfrac{\cos\theta\tan^2\theta}{\beta_{总}\lambda}$ 曲线的线性拟合，分别由斜率和截距可求得微应变和平均晶粒大小。

式(8.55)的两边乘以 $\beta_{总}^2 / \tan^2\theta$，则得

$$\frac{\beta_{总}^2}{\tan^2\theta} = \frac{\beta_{总}\lambda}{\cos\theta\tan^2\theta} \cdot \frac{K}{D} + 16\varepsilon^2 \tag{8.57}$$

利用试样各个衍射面的数据，作 $\dfrac{\beta_{总}^2}{\tan^2\theta}$ - $\dfrac{\beta_{总}\lambda}{\cos\theta\tan^2\theta}$ 曲线的线性拟合，分别由斜率和截距可求得平均晶粒大小和微应变。

8.3.4　最小二乘方法

实际经验告诉我们，用式(8.51)和式(8.52)，以及式(8.56)和式(8.57)作图，由于宽化的各向异性，以及测量误差，常常会使人工作直线图有一定困难，即使用 Origin 程序作线性拟合，也会产生较大误差。因此我们分别对应于式(8.38)、式(8.39)和式(8.43)设

$$\begin{cases} Y_i = \dfrac{\beta_i\cos\theta_i}{\lambda}, \ \ 或 \dfrac{\beta_i^2\cos^2\theta_i}{\lambda^2}, \ \ 或 \dfrac{\beta_i\cos\theta_i}{\lambda} \\[3mm] a = \dfrac{K}{D}, \ \ 或 \dfrac{K^2}{D^2}, \ \ 或 \dfrac{K}{D} \\[3mm] X_i = \dfrac{4\sin\theta_i}{\lambda}, \ \ 或 \dfrac{16\sin^2\theta_i}{\lambda^2}, \ \ 或 \dfrac{\cos\theta_i\tan^2\theta_i}{\beta_i\lambda} \\[3mm] m = \varepsilon, \ \ 或 \ \varepsilon^2, \ \ 或 16\varepsilon^2 \end{cases} \tag{8.58}$$

于是式(8.52)、式(8.56)、式(8.57)可重写为

$$Y = a + mX \tag{8.59}$$

其最小二乘方法的正则方程组为

$$\begin{cases} \displaystyle\sum_{}^{n} Y_i = an + m\sum_{}^{n} X_i \\[3mm] \displaystyle\sum_{}^{n} X_i Y_i = a\sum_{}^{n} X_i + m\sum_{}^{n} X_i^2 \end{cases} \tag{8.60}$$

这是典型的二元一次方程组，写成矩阵形式(略去下标)为

$$\begin{pmatrix} n & \sum X \\ \sum X & \sum X^2 \end{pmatrix} \begin{pmatrix} a \\ m \end{pmatrix} = \begin{pmatrix} \sum Y \\ \sum XY \end{pmatrix} \tag{8.61}$$

其判别式为

$$\Delta = \begin{vmatrix} n & \sum X \\ \sum X & \sum X^2 \end{vmatrix} \tag{8.62}$$

当 $\Delta \neq 0$ 时，才能有唯一解

$$\begin{cases} a = \dfrac{\Delta_a}{\Delta} = \dfrac{\begin{vmatrix} \sum Y & \sum X \\ \sum XY & \sum X^2 \end{vmatrix}}{\Delta} = \dfrac{\sum Y \sum X^2 - \sum X \sum XY}{n\sum X^2 - \left(\sum X\right)^2} \\[4mm] m = \dfrac{\Delta_m}{\Delta} = \dfrac{\begin{vmatrix} n & \sum Y \\ \sum X & \sum XY \end{vmatrix}}{\Delta} = \dfrac{n\sum XY - \sum X \sum Y}{n\sum X^2 - \left(\sum X\right)^2} \end{cases} \tag{8.63}$$

此式对于不同晶系、不同结构均适用。从下述可知，对于存在层错的密堆六方，只有与层错无关(即 $h-k=3n$ 或 $hk0$)的线条才能计算。

8.3.5　前述几种方法的比较

上述三种分离方法在某些材料应用的例子列于表 8.3 中，可见基于不同物理模型的方法的差异是不小的。因此任何一种方法仅能作相对测定。

表 8.3　几种材料晶粒大小 D 和微应变 ε 三种方法的测定结果的比较

研究的材料	测定参数	傅里叶级数法	方差法	特殊函数法	
				柯西-高斯	高斯-高斯
钨	D /nm	21.0	18.0	48.0	—
	ε /($\times 10^{-3}$)	8.0	8.3	8.7	—
铝	D /nm	40.0	50.0	—	68.0
	ε /($\times 10^{-3}$)	0.7	2.2	—	1.0
氧化镉	D /nm	18.0	18.0	18.0	—
	ε /($\times 10^{-3}$)	8.4	8.0	8.6	—
	D /nm	48.0	58.0	58.0	—
	ε /($\times 10^{-3}$)	2.9	1.9	1.2	—
	D /nm	110.0	130.0	98.0	—
	ε /($\times 10^{-3}$)	1.2	0.8	0.6	—
Ag-8.15Zn	D /nm	18.5	11.6	—	—
	ε /($\times 10^{-3}$)	2.54	8.37	—	—
Ag-8.012Pd	D /nm	28.0	18.2	—	—
	ε /($\times 10^{-3}$)	2.18	8.22	—	—
Cu-8.79Sb	D /nm	11.2	8.3	—	—
	ε /($\times 10^{-3}$)	8.67	8.00	—	—

8.3.6　作图法与最小二乘方法的比较

8.3.2 节和 8.3.3 节所介绍的各种方法都是通过作图来求解的，Jade 程序也是用作图法来求解晶粒大小和微应变的，这与用最小二乘方法数值求解，是否有本质差别？让我们先来看一个具体例子。

MmB$_5$合金在球磨 30min 前、后的 X 射线衍射(XRD)花样如图 8.4 所示，其属六方结构，P6/mmm(No.191)空间群，各衍射线指标化结果示于图中。球磨后各线条明显宽化，200 和 111 条线已无法分开，有关数据列于表 8.4 中。首先，按式(8.16)和式(8.17)分别求得 D_{hkl} 和 ε_{hkl}，由表 8.4 的 D_{hkl} 和 ε_{hkl}，求得 $\overline{D}_{hkl} = (77.19 \pm 13.91)\,\text{Å}$，$\varepsilon^{\mathrm{II}} = (1.15 \pm 0.23) \times 10^{-2}$。

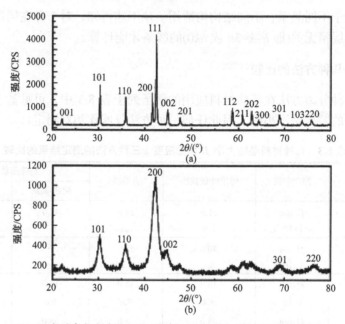

图 8.4 Ni-MH 电池负极材料 MmB$_5$ 球磨 30min 前、后的 XRD 花样(CuKα 辐射)

表 8.4 MmB$_5$ 球磨 30min 后衍射数据($\lambda = 1.5418\text{Å}$)

hkl	$2\theta / (°)$	$B_{1/2} / (°)$	$\beta_{1/2}^0 / (°)$	β / rad	D_{hkl} / nm	$\varepsilon_{hkl} / (\times 10^{-3})$	$\dfrac{\beta\cos\varsigma}{\lambda} / \text{Å}^{-1}$	$\dfrac{4\sin\theta}{\lambda} / \text{Å}^{-1}$
101	30.46	1.014	0.10	18.952×10^{-3}	8.92	14.6	8.983×10^{-3}	0.6815
110	38.82	1.081	0.11	18.947×10^{-3}	8.71	13.1	10.459×10^{-3}	0.7978
200	41.60	1.081	0.12	18.773×10^{-3}	8.75	11.0	10.170×10^{-3}	0.9213
301	68.02	1.689	0.20	28.988×10^{-3}	6.71	8.4	18.889×10^{-3}	1.4698
220	78.90	1.858	0.20	28.938×10^{-3}	6.01	8.3	18.800×10^{-3}	1.5955

其次，利用表 8.4 后两列的数据，借助 Origin 程序作 $\dfrac{\beta\cos\theta}{\lambda}$-$\dfrac{4\sin\theta}{\lambda}$ 关系图，如图 8.5 所示，得 $D = \dfrac{0.89}{5.88439\times10^{-3}} = 151\text{Å}$，$\bar{\varepsilon} = 5.466\times10^{-3}$。

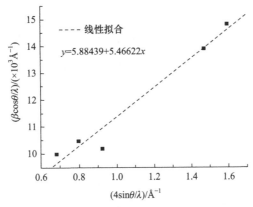

图 8.5 MmB₅ 合金球磨 30min 后，表 8.4 后两列数据线性拟合

最后，把有关数据代入式(8.50)用最小二乘方法求得

$$a = \frac{0.0593014 \times 6.6557156 - 5.4659430 \times 0.0685457}{5 \times 6.6557156 - 5.4659430^2} = 5.8866 \times 10^{-3}$$

$$D = \frac{0.89}{a} = \frac{0.89}{5.8866 \times 10^{-3}} = 151(\text{Å}) = 15.1(\text{nm})$$

$$m = \varepsilon^{\text{II}} = \frac{5 \times 0.0685457 - 5.4659430 \times 0.0593014}{5 \times 6.6557156 - 5.4659430^2} = 5.4645 \times 10^{-3}$$

综合三种方法的结果见表 8.5。

表 8.5 三种方法的结果

计算方法	D/nm	$\varepsilon^{\text{II}}/(\times 10^{-3})$
单线计算平均法	8.7±1.4	11.5±2.3
作图法	18.1	8.466
最小二乘方法	18.1	8.465

可见，球磨 30min 后已实现纳米化，作图法与最小二乘方法惊人地一致，这是因为 Origin 线性拟合就基于最小二乘原理；至于 D=(8.7±1.4)nm 和 18.1nm 的差别是可以理解的，这是因为真实宽化是微晶和微应力两种效应的贡献。同理，ε=(11.5±2.3)×10⁻³ 是不可信的。

作图法与最小二乘法的比较可得如下结论：①建立在特殊函数基础上的作图法和最小二乘方法分析结果完全一致，因为两者都基于线性拟合；②作图法只能解决二重宽化效应，而最小二乘法既能解决二重宽化效应，也能解决三重和四重宽化效应分离问题。

8.4　分离密堆六方 ZnO 中微晶-层错宽化效应的 Langford 方法

Langford 等[7] 把花样分解用于 ZnO 微晶尺度和层错复合衍射效应的研究,对于 hkl 衍射,其积分宽度 β_{ln} 与层错宽化 β_f 有

$$\beta_{ln} = \beta_f c / \cos\varphi_z \tag{8.64}$$

$$\begin{cases} h-k=3n \ 或 \ hk0, & \beta_f = 0 \\ h-k=3n\pm1, \ l=偶数, & \beta_f = 3f / \cos\varphi_z \\ h-k=3n\pm1, \ l=奇数, & \beta_f = f / \cos\varphi_z \end{cases} \tag{8.65}$$

其中,φ_z 为衍射面与六方基面(001)间的夹角;f 为层错概率;c 为 c 轴的点阵参数。

当微晶和层错两种效应同时存在时,为了获得 β_f 可分别采用洛伦兹(Lorentz)近似或洛伦兹高斯近似,这里仅介绍前者。

总的线宽 β_a 与 β_c、β_f 有如下关系:

$$\beta_a = \beta_c + \beta_f \tag{8.66}$$

对于各向同性的球形微晶:

$$\begin{cases} h-k=3n \ 或 \ hk0, & \beta_a = \beta_c \\ h-k=3n\pm1, \ l=偶数, & \beta_a = \beta_c + 3f / \cos\varphi_z \\ h-k=3n\pm1, \ l=奇数, & \beta_a = \beta_c + f / \cos\varphi_z \end{cases} \tag{8.67}$$

对于各向异性的圆柱体微晶,先从(100)和(001)的真实半高宽 $\beta_{\frac{1}{2}}$ 经谢乐公式计算得 $D_{100} = D$, $D_{001} = H$,再按下式计算 D_{101} 和 D_{102}:

$$\beta_z = \frac{D}{\pi}\left(\frac{1}{\sin\varphi_2}\right)\left[\frac{8}{3} + 2q\arccos q - \frac{1}{2q}\arcsin q - \frac{5}{2}(1-q^2)^{1/2} + \frac{1}{3}(1-q^2)^{3/2}\right], \quad 0 \leqslant \varphi_2 \leqslant \varphi \tag{8.68}$$

$$\beta_z = D\frac{1}{\sin\varphi_z}\left(\frac{8}{3\pi} - \frac{1}{4q}\right), \quad \varphi \leqslant \varphi_z \leqslant \frac{\pi}{2} \tag{8.69}$$

这里,

$$\varphi = \arctan\frac{D}{H} \tag{8.70}$$

$$q = H(\tan\varphi_z) / D \tag{8.71}$$

β_z 分别为扣除仪器宽化后的(101)和(102)的本征宽度，然后再用所得的 D_{101} 和 D_{102} 及谢乐公式反算出它们的微晶宽化 β_c(β_{101},β_{102})，最后按式(8.65)求得 f。显然，这种方法十分麻烦，如果再考虑包括微应变的三重效应就几乎不可能计算了，而且公式的物理意义也不明确，量纲分析难以理解。不过这种思路提示我们，用(101)和(102)求解 f 时，必须考虑 D_{101}、D_{102} 和 D_{001}、D_{100} 的差别。

8.5　分离多重宽化效应的最小二乘方法

8.5.1　分离微晶-层错二重线宽化效应的最小二乘方法

采用洛伦兹近似，同时受微晶和层错影响总的半高宽 β 为微晶宽化 β_c 和层错宽化 β_f 之和[5,8]，即

$$\beta = \beta_c + \beta_f \tag{8.72}$$

先讨论 cph 结构，把式(8.14)和式(8.52)代入式(8.72)，并乘以 $\dfrac{\cos\theta}{\lambda}$ 得

$$h-k=3n\pm1 \begin{cases} l = 偶数, & \dfrac{\beta\cos\theta}{\lambda} = \dfrac{2l}{\pi}\left(\dfrac{d}{c}\right)^2 \dfrac{\sin\theta}{\lambda}(3f_D+3f_T)+\dfrac{0.89}{D} \\[3mm] l = 奇数, & \dfrac{\beta\cos\theta}{\lambda} = \dfrac{2l}{\pi}\left(\dfrac{d}{c}\right)^2 \dfrac{\sin\theta}{\lambda}(3f_D+f_T)+\dfrac{0.89}{D} \end{cases} \tag{8.73}$$

令

$$\begin{cases} Y = \dfrac{\beta\cos\theta}{\lambda}, & f=3f_D+3f_T, \quad 当l=偶数 \\ & f=3f_D+f_T, \quad 当l=奇数 \\[2mm] X = \dfrac{2l}{\pi}\left(\dfrac{d}{c}\right)^2 \dfrac{\sin\theta}{\lambda}, & A=\dfrac{0.89}{D} \end{cases} \tag{8.74}$$

式(8.73)重写为

$$Y=fX+A \tag{8.75}$$

类似式(8.46)～式(8.50)的推导得

$$\begin{cases} A = \dfrac{\Delta_A}{\Delta} = \dfrac{\begin{vmatrix} \sum Y & \sum X \\ \sum XY & \sum X^2 \end{vmatrix}}{\Delta} = \dfrac{\sum Y \sum X^2 - \sum X \sum XY}{n\sum X^2 - \left(\sum X\right)^2} \\[6mm] f = \dfrac{\Delta_f}{\Delta} = \dfrac{\begin{vmatrix} n & \sum Y \\ \sum X & \sum XY \end{vmatrix}}{\Delta} = \dfrac{n\sum XY - \sum X \sum Y}{n\sum X^2 - \left(\sum X\right)^2} \end{cases} \tag{8.76}$$

求出 D_{even}、f_{even}、D_{odd}、f_{odd} 后，再利用式(8.77)

$$\begin{cases} f_{even} = 3f_D + 3f_T \\ f_{odd} = 3f_D + f_T \end{cases} \tag{8.77}$$

联立求得 f_D 和 f_T。

8.5.2　分离微应变-层错二重宽化效应的最小二乘方法

对于 cph，$h-k=3n\pm1$，采用洛伦兹近似，则有

$$\beta = \beta_f + \beta_s \tag{8.78}$$

1. 方法 1

将式(8.52)和式(8.16)代入式(8.78)并，并乘以 $\dfrac{\cos\theta}{\lambda}$ 得

$$\begin{cases} l = 偶数,\quad \dfrac{\beta\cos\theta}{\lambda} = \dfrac{2l}{\pi}\left(\dfrac{d}{c}\right)^2 \dfrac{\sin\theta}{\lambda}(3f_D + 3f_T) + \varepsilon\dfrac{4\sin\theta}{\lambda} \\[4mm] l = 奇数,\quad \dfrac{\beta\cos\theta}{\lambda} = \dfrac{2l}{\pi}\left(\dfrac{d}{c}\right)^2 \dfrac{\sin\theta}{\lambda}(3f_D + f_T) + \varepsilon\dfrac{4\sin\theta}{\lambda} \end{cases} \tag{8.79}$$

令

$$\begin{cases} Y = \dfrac{\beta\cos\theta}{\lambda},\quad f = 3f_D + 3f_T,\qquad 当 l = 偶数 \\[4mm] X = \dfrac{2l}{\pi}\left(\dfrac{d}{c}\right)^2 \dfrac{\sin\theta}{\lambda},\quad f = 3f_D + f_T,\quad 当 l = 奇数 \\[4mm] Z = \dfrac{4\sin\theta}{\lambda},\quad A = \varepsilon \end{cases} \tag{8.80}$$

则得

$$Y = fX + AZ \tag{8.81}$$

类似式(8.46) ～式(8.50)的推导得

$$\begin{cases} f = \dfrac{\Delta_f}{\Delta} = \dfrac{\begin{vmatrix} \sum YZ & \sum Z^2 \\ \sum XY & \sum XZ \end{vmatrix}}{\Delta} = \dfrac{\sum YZ \sum XZ - \sum Z^2 \sum XY}{\left(\sum XZ\right)^2 - \sum X^2 \sum Z^2} \\[6mm] A = \dfrac{\Delta_A}{\Delta} = \dfrac{\begin{vmatrix} \sum XZ & \sum YZ \\ \sum X^2 & \sum XY \end{vmatrix}}{\Delta} = \dfrac{\sum XZ \sum XY - \sum X^2 \sum YZ}{\left(\sum XZ\right)^2 - \sum X^2 \sum Z^2} \end{cases} \tag{8.82}$$

2. 方法 2

将式(8.52)和式(8.16)代入式(8.78)并除以 4tanθ 得

$$\begin{cases} l = 偶数, & \dfrac{\beta\cot\theta}{4} = \dfrac{l}{2\pi}\left(\dfrac{d}{c}\right)^2 (3f_{\mathrm{D}} + 3f_{\mathrm{T}}) + \varepsilon \\ l = 奇数, & \dfrac{\beta\cot\theta}{4} = \dfrac{l}{2\pi}\left(\dfrac{d}{c}\right)^2 (3f_{\mathrm{D}} + f_{\mathrm{T}}) + \varepsilon \end{cases} \tag{8.83}$$

令

$$\begin{cases} Y = \dfrac{\beta\cot\theta}{4}, & f = 3f_{\mathrm{D}} + 3f_{\mathrm{T}}, \quad 当 l = 偶数 \\ & f = 3f_{\mathrm{D}} + f_{\mathrm{T}}, \quad\ \ \, 当 l = 奇数 \\ X = \dfrac{l}{2\pi}\left(\dfrac{d}{c}\right)^2, & A = \varepsilon \end{cases} \tag{8.84}$$

则得

$$Y = fX + A \tag{8.85}$$

类似式(8.46)~式(8.50)的推导得

$$\begin{cases} A = \dfrac{\Delta_A}{\Delta} = \dfrac{\begin{vmatrix} \sum Y & \sum X \\ \sum XY & \sum X^2 \end{vmatrix}}{\Delta} = \dfrac{\sum Y \sum X^2 - \sum X \sum XY}{n\sum X^2 - \left(\sum X\right)^2} \\ f = \dfrac{\Delta_f}{\Delta} = \dfrac{\begin{vmatrix} n & \sum Y \\ \sum X & \sum XY \end{vmatrix}}{\Delta} = \dfrac{n\sum XY - \sum X \sum Y}{n\sum X^2 - \left(\sum X\right)^2} \end{cases} \tag{8.86}$$

比较可知，式(8.38)、式(8.52)、式(8.57)和式(8.83)，式(8.50)、式(8.76)、式(8.82)和式(8.86)，其形式是对应一致的，这给编制计算程序带来方便，但必须注意其符号的物理意义。

8.5.3 分离微晶-微应变-层错三重宽化效应的最小二乘方法

对于密堆六方结构的样品，当 $h-k=3n\pm1$ 时，仍采用洛伦兹近似，衍射线总的半高宽 β 为

$$\beta = \beta_{\mathrm{f}} + \beta_{\mathrm{c}} + \beta_{\mathrm{s}} \tag{8.87}$$

把式(8.52)、式(8.14)和式(8.16)代入式(8.79)并乘以 $\dfrac{\cos\theta}{\lambda}$ 得

$$h-k=3n\pm1\begin{cases} l=偶数, & \dfrac{\beta\cos\theta}{\lambda}=\dfrac{2l}{\pi}\left(\dfrac{d}{c}\right)^2\dfrac{\sin\theta}{\lambda}(3f_D+3f_T)+\dfrac{0.89}{D}+\varepsilon\dfrac{4\sin\theta}{\lambda} \\[4mm] l=奇数, & \dfrac{\beta\cos\theta}{\lambda}=\dfrac{2l}{\pi}\left(\dfrac{d}{c}\right)^2\dfrac{\sin\theta}{\lambda}(3f_D+f_T)+\dfrac{0.89}{D}+\varepsilon\dfrac{4\sin\theta}{\lambda} \end{cases}$$

$$(8.88)$$

令

$$\begin{cases} Y=\dfrac{\beta\cos\theta}{\lambda}, & f=3f_D+3f_T, \quad 当l=偶数 \\ & f=3f_D+f_T, \quad 当l=奇数 \\[3mm] X=\dfrac{2l}{\pi}\left(\dfrac{d}{c}\right)^2\dfrac{\sin\theta}{\lambda}, & A=\dfrac{0.89}{D} \\[3mm] Z=\dfrac{4\sin\theta}{\lambda}, & B=\varepsilon \end{cases}$$

$$(8.89)$$

式(8.88)重写为

$$Y=fX+A+BZ \tag{8.90}$$

最小二乘的正则方程为

$$\begin{cases} \sum XY=f\sum X^2+A\sum X+B\sum XZ \\ \sum Y=f\sum X+An+B\sum Z \\ \sum YZ=f\sum XZ+A\sum Z+B\sum Z^2 \end{cases} \tag{8.91}$$

写成矩阵形式

$$\begin{pmatrix} \sum X^2 & \sum X & \sum XZ \\ \sum X & n & \sum Z \\ \sum XZ & \sum Z & \sum Z^2 \end{pmatrix}\begin{pmatrix} f \\ A \\ B \end{pmatrix}=\begin{pmatrix} \sum XY \\ \sum Y \\ \sum YZ \end{pmatrix} \tag{8.92}$$

当该三元一次方程组的判别式

$$\Delta=\begin{vmatrix} \sum X^2 & \sum X & \sum XZ \\ \sum X & n & \sum Z \\ \sum XZ & \sum Z & \sum Z^2 \end{vmatrix}\neq0 \tag{8.93}$$

时才有唯一解:

$$
\begin{cases}
f = \dfrac{\Delta_f}{\Delta} = \dfrac{\begin{vmatrix} \sum XY & \sum X & \sum XZ \\ \sum Y & n & \sum Z \\ \sum YZ & \sum Z & \sum Z^2 \end{vmatrix}}{\Delta} \\[30pt]
A = \dfrac{\Delta_A}{\Delta} = \dfrac{\begin{vmatrix} \sum X^2 & \sum XY & \sum XZ \\ \sum X & \sum Y & \sum Z \\ \sum XZ & \sum YZ & \sum Z^2 \end{vmatrix}}{\Delta} \\[30pt]
B = \dfrac{\Delta_B}{\Delta} = \dfrac{\begin{vmatrix} \sum X^2 & \sum X & \sum XY \\ \sum X & n & \sum Y \\ \sum XZ & \sum Z & \sum YZ \end{vmatrix}}{\Delta}
\end{cases}
\tag{8.94}
$$

从上述公式推导可知，只有当 $h-k=3n\pm1$，l=偶数和 l=奇数的衍射线条数目 m_{even} 和 m_{odd} 均满足 $\geqslant 2$ (两重效应) 和 $\geqslant 3$ (三重效应) 时才能求解。

以上关于分离微晶-层错、微应力-层错的两重宽化效应和微晶-微应力-层错的三重宽化效应的方法，虽然仅对密堆六方结构推导，但推导方法和结果也适用于面心立方或体心立方结构，不过应注意所存在的重要差别，特别是层错项及其系数的重要差别。

8.5.4 系列计算程序的结构

1. 密堆六方、面心立方和体心立方层错宽化效应的比较

为了比较，现把三种结构的三重宽化效应有关公式集中重写如下。
对于 cph，$h-k=3n\pm1$

$$
\begin{cases}
l = \text{偶数}, & \dfrac{\beta\cos\theta}{\lambda} = \dfrac{2l}{\pi}\left(\dfrac{d}{c}\right)^2 \dfrac{\sin\theta}{\lambda}(3f_D + 3f_T) + \dfrac{0.89}{D} + \varepsilon\dfrac{4\sin\theta}{\lambda} \\[12pt]
l = \text{奇数}, & \dfrac{\beta\cos\theta}{\lambda} = \dfrac{2l}{\pi}\left(\dfrac{d}{c}\right)^2 \dfrac{\sin\theta}{\lambda}(3f_D + f_T) + \dfrac{0.89}{D} + \varepsilon\dfrac{4\sin\theta}{\lambda}
\end{cases}
\tag{8.95}
$$

对于 fcc，

$$
\frac{\beta\cos\theta}{\lambda} = \frac{1}{2\pi a}\sum\frac{|L_0|}{h_0(u+b)}\frac{\sin\theta}{\lambda}(1.5f_D + f_T) + \frac{0.89}{D} + \varepsilon\frac{4\sin\theta}{\lambda}
\tag{8.96}
$$

对于 bcc，

$$
\frac{\beta\cos\theta}{\lambda} = \frac{1}{2\pi a}\frac{\sum|L|}{h_0(u+b)}\frac{\sin\theta}{\lambda}(1.5f_D + f_T) + \frac{0.89}{D} + \varepsilon\frac{4\sin\theta}{\lambda}
\tag{8.97}
$$

可见三种结构的层错引起宽化效应的表达式有相似之处，而其重要异处有三点。①层错概率的关系上，对于 cph，$h-k=3n$ 和 $hk0$ 与层错无关，当 $h-k=3n\pm1$，$l=$偶数时 $f=3f_D+3f_T$，而 $l=$奇数时 $f=3f_D+f_T$；对于 fcc 和 bcc 则都是 $f=1.5f_D+f_T$。②层错项的系数的差异，对于 cph，$l=$偶数和 $l=$奇数时，形式相同；但对于 fcc 和 bcc，形式相同，取值不同，分别来源于表 8.4 和表 8.5。③另外对于 cph，可以求得 f_D 和 f_T；对于 fcc，在求得 f 后，可据式(8.53)求出 f_D，进而求得 f_T；而对于 bcc 只能求得 $1.5f_D+f_T$。

2. 计算程序系列结构

计算程序系列结构[8]见图 8.6。

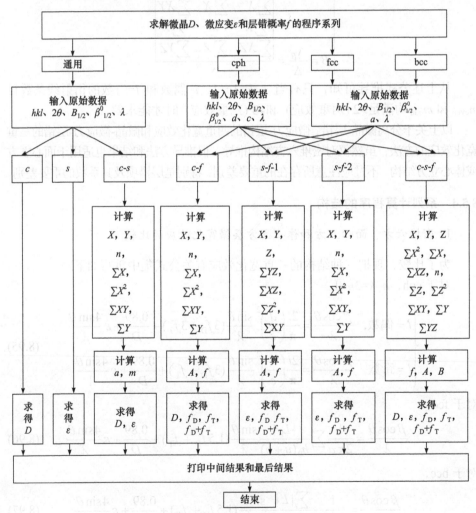

图 8.6　计算程序系列结构

8.6　求解微晶大小-微应变-位错的最小二乘方法

由 8.2 节的介绍可知,位错密度是由同一 hkl 晶面球的晶粒大小和微应变推算的。并非三重宽化效应。如果微晶-微应变-位错效应共存，则有

$$\beta = \beta_c + \beta_s + \beta_{dis} \tag{8.98}$$

将有关表达式代入式(8.74)并乘以 $\cos\theta_{hkl}/\lambda$ 得

$$\frac{\beta_i\cos\theta_i}{\lambda} = +\frac{4\sin\theta}{\lambda}\cdot\varepsilon + \frac{0.89}{D} + \frac{(\pi/(2A))^{1/2}bd_i\sqrt{\bar{C}}\cdot\sqrt{\rho}\cdot\cos\theta_i}{\lambda} \tag{8.99}$$

令

$$\begin{cases} Y = \dfrac{\beta\cos\theta}{\lambda}, \quad A = \varepsilon \\[2mm] X = \dfrac{4\sin\theta}{\lambda}, \quad B = \dfrac{0.89}{D} \\[2mm] Z = \dfrac{(\pi/(2A))^{1/2}bd_i\sqrt{\bar{C}}\cdot\cos\theta_i}{\lambda}, \quad C = \sqrt{\rho} \end{cases} \tag{8.100}$$

则式(8.99)改写为

$$Y = AX + B + CZ \tag{8.101}$$

最小二乘的正则方程为

$$\begin{cases} \sum XY = A\sum X^2 + B\sum X + C\sum XZ \\ \sum Y = A\sum X + Bn + C\sum Z \\ \sum YZ = A\sum XZ + B\sum Z + C\sum Z^2 \end{cases} \tag{8.102}$$

写成矩阵形式

$$\begin{pmatrix} \sum X^2 & \sum X & \sum XZ \\ \sum X & n & \sum Z \\ \sum XZ & \sum Z & \sum Z^2 \end{pmatrix} \begin{pmatrix} A \\ B \\ C \end{pmatrix} = \begin{pmatrix} \sum XY \\ \sum Y \\ \sum YZ \end{pmatrix} \tag{8.103}$$

当该三元一次方程组的判别式

$$\Delta = \begin{vmatrix} \sum X^2 & \sum X & \sum XZ \\ \sum X & n & \sum Z \\ \sum XZ & \sum Z & \sum Z^2 \end{vmatrix} \neq 0 \tag{8.104}$$

时才有唯一解:

$$A = \frac{\Delta_A}{\Delta} = \frac{\begin{vmatrix} \sum XY & \sum X & \sum XZ \\ \sum Y & n & \sum Z \\ \sum YZ & \sum Z & \sum Z^2 \end{vmatrix}}{\Delta}$$

$$B = \frac{\Delta_B}{\Delta} = \frac{\begin{vmatrix} \sum X^2 & \sum XY & \sum XZ \\ \sum X & \sum Y & \sum Z \\ \sum XZ & \sum YZ & \sum Z^2 \end{vmatrix}}{\Delta} \tag{8.105}$$

$$C = \frac{\Delta_C}{\Delta} = \frac{\begin{vmatrix} \sum X^2 & \sum X & \sum XY \\ \sum X & n & \sum Y \\ \sum XZ & \sum Z & \sum YZ \end{vmatrix}}{\Delta}$$

同样,用三阶行列式求解的对角线方法求各三阶行列式的值,即可求得 A、B、C,根据求得的 A、B、C,便能求得微应变 ε、微晶大小 D 和位错密度 ρ。

8.7 由半高宽求解晶粒大小-位错密度-层错概率的最小二乘方法

采用洛伦兹近似,同时受微晶和位错影响,总的半高宽 β 为微晶宽化 β_c、位错宽化 β_{dis} 和层错宽化 β_f 之和[1,2,11],即

$$\beta = \beta_c + \beta_{dis} + \beta_f \tag{8.106}$$

并以面心立方为例。把有关式代入式(8.82)并乘以 $\cos\theta / \lambda$ 得

$$\frac{\beta_i \cos\theta_i}{\lambda} = \frac{2}{\pi a} \sum \frac{|L_0|}{ah_0(u+b)} \tan\theta_i (1.5f_D + f_T)$$
$$+ \frac{0.89}{D} + \frac{(\pi/(2A))^{1/2} b d_i \sqrt{C} \cdot \sqrt{\rho} \cdot \cos\theta_i}{\lambda} \tag{8.107}$$

令

$$\begin{cases} Y_i = \dfrac{\beta_i \cos\theta_i}{\lambda}, \quad A = \dfrac{0.89}{D} \\[2mm] X_i = \dfrac{2}{a\pi} \sum \dfrac{|L_0|}{ah} \tan\theta_i, \quad f = 1.5f_D + f_T \\[2mm] Z_i = \dfrac{(\pi/(2A))^{1/2} b d_i \cos\theta_i \sqrt{C_i}}{\lambda}, \quad B = \sqrt{\rho} \end{cases} \tag{8.108}$$

重写式(8.107)为

$$Y = fX + A + BZ \tag{8.109}$$

最小二乘的正则方程的矩阵形式为

$$\begin{pmatrix} \sum X^2 & \sum X & \sum XZ \\ \sum X & n & \sum Z \\ \sum XZ & \sum Z & \sum Z^2 \end{pmatrix} \begin{pmatrix} f \\ A \\ B \end{pmatrix} = \begin{pmatrix} \sum XY \\ \sum Y \\ \sum YZ \end{pmatrix} \tag{8.110}$$

当该三元一次方程组的判别式为

$$\Delta = \begin{vmatrix} \sum X^2 & \sum X & \sum XZ \\ \sum X & n & \sum Z \\ \sum XZ & \sum Z & \sum Z^2 \end{vmatrix} \neq 0 \tag{8.111}$$

时才有唯一解：

$$f = \frac{\Delta_f}{\Delta} = \frac{\begin{vmatrix} \sum XY & \sum X & \sum XZ \\ \sum Y & n & \sum Z \\ \sum YZ & \sum Z & \sum Z^2 \end{vmatrix}}{\Delta}$$

$$A = \frac{\Delta_A}{\Delta} = \frac{\begin{vmatrix} \sum X^2 & \sum XY & \sum XZ \\ \sum X & \sum Y & \sum Z \\ \sum XZ & \sum YZ & \sum Z^2 \end{vmatrix}}{\Delta} \tag{8.112}$$

$$B = \frac{\Delta_B}{\Delta} = \frac{\begin{vmatrix} \sum X^2 & \sum X & \sum XY \\ \sum X & n & \sum Y \\ \sum XZ & \sum Z & \sum YZ \end{vmatrix}}{\Delta}$$

同样，用三阶行列式求解的对角线方法求各三阶行列式的值，即可求得 f、A、B，根据求得的 f、A、B 便能求得微晶大小 D、位错密度 ρ 和层错概率 f。

8.8　用最小二乘方法微结构参数测定实例

8.8.1　微晶-微应变-层错的测定实例——Ni/MH 电池活化前后对比研究[9-10]

　　某样品活化前(.raw)后(.HH.raw)的正极活性材料 β-Ni(OH)$_2$ 的 X 射线衍射花样如图 8.7 所示，其衍射原始数据列于表 8.6 中。无论是从衍射花样，还是从表 8.6

的数据均可看出，活化的作用是巨大的，衍射线条明显宽化了。按 8.6 节的方法处理数据后的结果列于表 8.7。由这些结果可知：

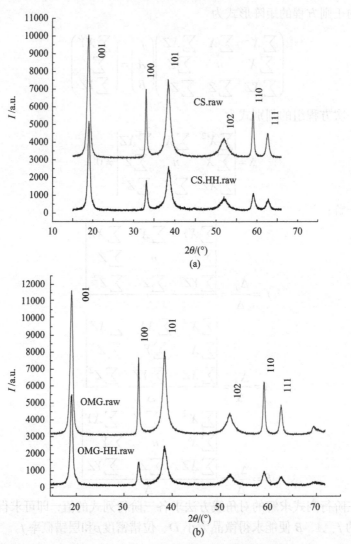

图 8.7　两种样品活化前(.raw)后(.HH.raw)的正极活性材料 β-Ni(OH)$_2$ 的 X 射线衍射花样

表 8.6　三种 β-Ni(OH)$_2$ 的 X 射线衍射原始数据

	hkl	001	100	101	102	110	111
	$2\theta/(°)$	18.16	33.20	38.67	52.25	58.16	62.55
CS-PTX	活化前	0.783	0.357	1.394	2.507	0.467	0.752
	活化后	0.672	0.514	1.605	2.536	0.833	1.046

续表

	hkl	001	100	101	102	110	111
OMG	活化前	0.667	0.322	1.288	2.310	0.379	0.592
	活化后	0.628	0.561	1.569	2.658	0.924	1.147
KL	活化前	0.644	0.342	1.336	2.326	0.409	0.656
	活化后	0.560	0.594	1.319	2.305	1.061	1.143

(1) 活化使晶粒明显细化，特别是垂直 c 晶轴方向的尺度大大减小，从而使微晶形状由矮胖的柱状体转化为近乎等轴晶或多面体；

(2) 电池的充放电，发生 β-Ni(OH)$_2$ $\xrightleftharpoons[放电]{充电}$ NiOOH 的可逆相变，使活化后的 β-Ni(OH)$_2$ 正极材料存在微应变(微应力)；

(3) 活化后层错结构发生变化，总层错概率变小。

以上三点是活化前后 β-Ni(OH)$_2$ 的 X 射线衍射花样发生巨大变化的原因。

表 8.7　三种 β-Ni(OH)$_2$ 的衍射数据分析结果

		D_{001} /nm	D_{100} /nm	$\dfrac{D_{100}}{D_{001}}$	D_{101} /nm	D_{102} /nm	$\overline{D}$ /nm	$\overline{\varepsilon}$ /($\times 10^{-3}$)	f_{D}/%	f_{T}/%	$f_{D}+f_{T}$/%
CS-PTX	活化前	12.4	33.6	2.792	38.8	28.6	—	—	8.35	3.09	11.44
	活化后	18.0	21.3	1.425	—	—	28.2	3.284	8.31	2.73	11.04
OMG	活化前	18.1	42.7	2.823	48.9	38.1	—	—	8.79	3.73	12.52
	活化后	18.3	18.0	1.165	—	—	38.3	3.703	8.11	3.27	11.38
KL	活化前	18.8	38.6	2.446	48.9	23.5	—	—	8.87	2.24	11.11
	活化后	18.98	18.67	0.931	—	—	58.38	8.961	3.28	3.66	6.94

8.8.2　用最小二乘方法测定位错密度实例——球磨铁粉末的晶粒大小和位错密度

α-纯铁属体心立方结构的晶体，点阵常参数 a=0.2867nm，其中螺型位错的伯格斯矢量和位错线方向为 $[\bar{1}11]$ 和 $[\bar{1}11]$，而刃型位错为 $[\bar{1}11]$ 和 $[1\bar{1}2]$。所以，伯格斯矢量的绝对值均为 $\dfrac{111}{2}$ = 0.0828nm，λ = 0.154056nm，$X=\dfrac{(\pi/(2A))^{1/2}bd\cos\theta\sqrt{C}}{\lambda}$，$Y=\dfrac{\beta\cos\theta}{\lambda}$。$\alpha$-纯铁有关参数见表 8.8。表 8.9 给出计算分析结果，并与 Williamson-Hall 法的结果作了比较。

从表 8.8 和表 8.9 的数据可知：①尽管初始态的晶粒大小(38.2nm 或 ≥160nm)

不太合理(因初始态的晶粒大小在微米量级)，但球磨使晶粒细化的趋势是明显的，且球磨50h后，晶粒大小已变化不大，退火使晶粒长大；②球磨使位错密度增加，但在168h后反而有所降低，这可能与长期在真空中球磨，球磨罐和铁粉的温度也相当高，有一定退火效应有关，三次升温退火使位错密度大大降低；③最小二乘方法的测定结果与Williamson-Hall法测定结果在绝对数值上有较大差异，但上述两种变化趋势是相同的。

表 8.8　α-纯铁的有关参数

hkl	d/nm	$\cos\theta$	$\bar{C}$	$\sqrt{\bar{C}}$	b/nm	A	$(\pi/(2A))^{1/2}bd\cos\theta\sqrt{\bar{C}}$
110	0.20273	0.9250	0.061	0.2470	0.0828	1	0.0048067
200	0.14335	0.8434	0.285	0.5338	0.0828	1	0.0066972
211	0.11704	0.7529	0.118	0.3435	0.0828	1	0.0031411
220	0.10136	0.6506	0.061	0.2470	0.0828	1	0.0016887

表 8.9　球磨α-纯铁原始宽化数据和晶粒大小及位错密度的分析结果

	hkl	未球磨	24h	50h	168h	720	退火
$\beta\cdot\cos\theta_B$ /(×10⁻³ rad)	110	1.01	5.07	5.93	6.48	6.62	1.51
	200	1.68	6.21	8.95	11.06	11.07	1.75
	211	1.81	8.51	8.25	8.75	10.19	1.66
	220	1.55	8.86	8.99	8.74	8.09	1.69
最小二乘方法	$\bar{D}$ /nm	38.2	12.2	16.1	8.3	16.0	83.9
	$\bar{\rho}$ /(×10¹⁶ m⁻²)	0.282	48.25	74.9	60.0	28.3	0.0152
Williamson-Hall 法	$\bar{D}$ /nm	≥160	75 ± 10	75 ± 10	54 ± 10	19 ± 2	18 ± 2
	$2\bar{\rho}$ /(×10¹⁶ m⁻²)	0.27	—	—	5.4	5.0	0.015

8.9　Voigt 单线法和 Rietveld 全谱拟合求解晶粒尺度、均方应变和位错密度

8.9.1　Voigt 的单线分析法

下面介绍 Voigt 的单条衍射线的分析方法。Voigt 方法的依据是下列公式：

$$\varepsilon = \frac{\beta_{\mathrm{G}}^{\mathrm{f}}}{4\tan\theta} \ , \quad D = \frac{\lambda}{\beta_{\mathrm{C}}^{\mathrm{f}}\cos\theta}$$

$$\rho_{\mathrm{t}} = \frac{2\sqrt{3}}{b}\frac{\langle \varepsilon^2 \rangle^{1/2}}{L} \tag{8.113}$$

式中，第一个式子表示微应变 ε 与积分宽度(或半高宽) $\beta_{\mathrm{G}}^{\mathrm{f}}$ 的关系；第二个式子表示晶块尺度 D 与积分宽度(或半高宽) $\beta_{\mathrm{C}}^{\mathrm{f}}$ 的关系。Voigt 方法是把衍射线形看成高斯线形和柯西线形的复合线形，通过拟合就可把一条衍射线宽度分解出高斯宽度和柯西宽度。这样就能用式(8.89)求得微应变和晶块尺度。

式(8.113)中的第三式就是 Williamson 公式，其中 $\langle \varepsilon^2 \rangle^{1/2}$ 为均方根应变，L 是特定方向的晶块尺度，与 D 的物理意义相同，b 是位错的伯格斯矢量的大小，于是可用上面求得的晶块尺度和微应变计算位错密度。

8.9.2 全谱拟合求解晶粒尺度和均方应变的原理

Rietveld 全谱拟合包含两个模型，一个是结构模型，另一个是峰形函数。结构模型决定了各衍射峰的位置和强度。峰形函数是由各种仪器因素和样品本身微结构因素决定的。因此峰宽函数分析是用全谱拟合法求解晶粒大小和微应变的出发点。

峰宽函数的高斯组分为

$$H_{\mathrm{G}} = \sqrt{U\tan^2\theta + V\tan\theta + W} \tag{8.114}$$

式中，U、V、W 为全谱拟合的精修参数，V、W 与仪器因素有关，U 与微应变有关。当不存在晶粒宽化和微应变宽化时，对应的精修参数为 U_1、V_1、W_1；在对未知样品作全谱拟合时，因仪器条件不变，可将峰宽函数中的与仪器有关的 V、W 固定为 V_1、W_1，可变的仅是 U，设最佳的拟合时得 U_2，则均方根微应变可用下式计算：

$$\langle \varepsilon^2 \rangle = \pi\sqrt{\frac{U_2 \quad U_1}{720 \times 21\ln 2}} \tag{8.115}$$

峰宽的洛伦兹组分与布拉格角 θ 的关系为

$$H_{\mathrm{L}} = \gamma\sec\theta = \frac{\gamma}{\cos\theta} \tag{8.116}$$

式中，系数 γ 与晶粒尺度 D 相关，对参考样品求得参 γ_1，对未知样品求得 γ_2，则

$$D = \frac{180}{\pi}\left(\frac{\lambda}{\gamma_2 - \gamma_1}\right) \tag{8.117}$$

　　在 Wiles 和 Young 编写的 Rietveld 全谱精修程序 DBWS9006，以及 Larson、von Dreele 编写的 GSAS 程序中，接受和发展了 PV(Pseudo-Voigt)模型，其峰宽函数的洛伦兹部分和高斯部分分别取如下形式：

$$H_{\mathrm{L}} = \frac{X}{\cos\theta} + Y\tan\theta + Z \tag{8.118}$$

$$H_{\mathrm{G}} = \left(\frac{P}{\cos^2\theta} + U\tan^2\theta + V\tan\theta + W \right)^{1/2} \tag{8.119}$$

上两式中的前两项是晶粒大小和微应变的贡献，系数 X、Y、P、U 可用来计算晶粒尺度和微应变值，而其他各项与仪器因素有关。

8.9.3　通过全谱拟合求解晶粒尺度和均方应变的步骤

(1) 通过全谱拟合得出衍射谱各衍射峰的峰宽函数 H 和半宽度 β；

(2) 从各衍射峰的 H 和宽度 β 计算出各峰的 L 和 G 组分的峰宽 β_{L} 和 β_{G}；

(3) 对各峰的 β_{L} 和 β_{G} 作仪器宽化校正；

(4) 可用下面公式：

$$D = \frac{0.89\lambda}{\beta_{\mathrm{L}}\cos\theta}, \quad \varepsilon = \frac{\beta_{\mathrm{G}}}{4\tan\theta} \tag{8.120}$$

求出微结构参数微晶尺度 D 和微应变 ε。

8.9.4　通过全谱拟合求解晶粒尺寸分布

　　在一个多晶系统中，众多的晶粒的尺寸是不一样的，存在着尺寸分布。其衍射峰形与只有一种晶粒尺寸的多晶系统是不同的。对于晶粒尺寸较均匀的体系，其峰形一般较宽，尾部延伸得较短。因此，从峰形分析不但可求取晶粒的平均尺寸，还能求得晶粒尺寸的分布情况。对于尺寸分布测定的研究，人们提出过许多不同的方法，如二次导数法、傅里叶变换法等。在 Retiveld 全谱拟合中，在对晶粒形状和分布函数作一定假设的前提下，作峰形函数计算拟合实验峰形，从而可以得到晶粒尺寸的分布函数。一般地，一个多晶在 Rietveld 全谱拟合中，可假定晶块均呈球形，晶块平均大小为 $\overline{D}$，方差为 σ，其晶块的对数正态分布为

$$f(D) = D^{-1}[2\pi\ln(1+c)]^{-1/2}\exp\{-\ln D\overline{D}^{-1}(1+c)^{1/2}/[2\ln(1+c)]\} \tag{8.121}$$

式中，无量纲比值 $c = \sigma_{\mathrm{R}}^2/\overline{R}^2$，这里 σ_{R} 为离差。由球形晶块尺寸对数正态分布引起的线形宽化函数可表示为

$$\overline{P}(s) = (3\overline{D}/2)(1+c)^3\overline{\phi}(2\pi s\overline{D}) \tag{8.122}$$

式中，$\bar{\phi}$ 为干涉因子，拟合中通过调节线形宽化参数，使实验值与拟合值残差最小，求出晶粒尺寸的分布。

8.9.5　通过全谱拟合求解位错密度

造成微应变的原因有很多，可以是各种位错、各种层错、孪晶等，按照加和规律，高斯宽化和洛伦兹宽化可以看成是各构成因素造成峰宽的简单加和或者平方加和，进而可以进一步求出位错密度、位错分布等。喷丸强化后表层位错密度出现明显的变化，在求出微观晶块尺寸以及微应变之后，根据 Williamson 方法公式，利用晶块尺寸和微应变可得出位错密度为

$$\rho = \frac{2\sqrt{3}}{|\boldsymbol{b}|} \cdot \frac{\langle \varepsilon^2 \rangle^{1/2}}{D} \tag{8.123}$$

式中，ρ 为位错密度；$\langle \varepsilon^2 \rangle^{1/2}$ 为微应变均方根；$\boldsymbol{b}$ 为伯格斯矢量。

值得注意的是，Voit 方法和 Rietveld 全谱拟合方法是基于把衍射线形分解为高斯型和柯西型两部分，分别求得微应变和微晶大小，进而求得位错密度。这不是分离三重效应的做法，而是分离二重效应，利用二重效应的结果去推算位错密度。

参 考 文 献

[1] Klug H P, Alexander L E. X-ray Diffraction Procedure for Polycrystalline and Amorphous Materials. New York: John Wiley & Sons 1974: 618-708.

[2] 王英华. X 光衍射技术基础. 北京: 原子能出版社, 1987: 258-274.

[3] 丘利, 胡玉和. X 射线衍射技术及设备. 北京: 冶金工业出版社, 1998: 121-187.

[4] Materials Data Inc. Jade 8.0 XRD Pattern Processing. USA: Materials Data Inc., 2004.

[5] 杨传铮, 张建. X 射线衍射研究纳米材料微结构的一些进展. 物理学进展, 2008, 28(3): 280-313.

[6] Warren B E. X-Ray Diffraction. London: Addison-Wesley, 1969: 275-313.

[7] Langford J I, Boultif A, Auffredic J P, et al. The use of pattern decomposition to study the combined X-ray diffraction effects of crystallite size and stacking faults in Ex-oxalate zinc oxide. J. Appl. Cryst., 1993, 26(1): 22-32.

[8] 钦佩, 娄豫皖, 杨传铮, 等. 分离 X 射线衍射线多重宽化效应的新方法和计算程序. 物理学报, 2006, 55(3): 1325-1335.

[9] Lou Y W, Yang C Z, Ma L P, et al. Comparative study on microstructure of β-Ni(OH)$_2$ as cathode material for Ni-MH battery. Science in China Series E: Technological Science, 2006, 49(3): 297-312.

[10] 娄豫皖, 杨传铮, 张熙贵, 等. MH-Ni 电池中正极材料β-Ni(OH)$_2$ 微结构的对比. 中国科学 (E 辑), 2006, 36(5): 467-482.

[11] 杨传铮. 表面纳米化和喷丸强化微结构的表征与研究. 理学用户论文集, 2016.

光中。另外，为了减小二次电子的产生而产生的干扰电子系统，使得这些干扰信号的影响更小，本系统还进行了充分考虑。

第 9 章 表征电沉积材料的扫描电子显微镜方法

电沉积材料显微组织除用一般的"金相"术观测外，主要是用扫描电子显微镜(SEM，简称扫描电镜)观测，透射电子显微镜(TEM，简称透射电镜)使用很少，故这里只介绍扫描电镜。由于现代扫描电镜的发展，除图像分析外，还配有微区成分分析和电子背散射衍射。本章介绍扫描电镜这三方面分析技术[1,2]。

9.1 扫描电子显微镜基本原理和结构

图 9.1 是扫描电镜的原理和结构示意图。其主要组成部分有：电子光学系统、试样室、计算机控制系统、扫描显示系统、真空系统，以及 EDS/WDS 和电子背

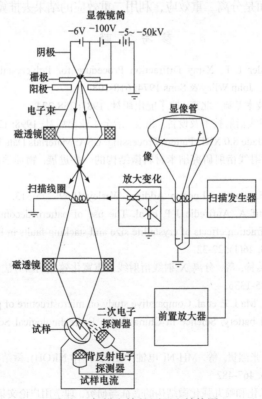

图 9.1 扫描电镜的原理和结构图

散射衍射(EBSD)等附件。从电子枪发射出来的电子束受 30kV 左右的高压加速,再经二级聚光镜和物镜的聚焦缩小,成具有一定能量、一定束流强度和束斑直径的电子束,入射于试样表面上。在物镜上部的扫描线圈作用下,高能聚焦电子束在试样表面。按一定时间和空间顺序作逐点逐行扫描,并在与试样交互作用过程中产生了二次电子、背散射电子、吸收电子、特征 X 射线等多种物理信号。每一信号都可用相应接收器接收,转换为电信号,再经前置放大、视频放大后输入显像管栅极,调制显像管亮度。由于显像管偏转线圈和镜筒中扫描线圈的扫描电压是严格同步的,所以由接收器检取的来自试样的逐点信号,能一一对应地调制显像管上相应点的亮度,形成扫描图像。这一过程与电视图像的产生是十分相似的。

9.1.1　电子光学系统(镜筒)

扫描电镜的电子光学系统由电子枪、电磁透镜、光阑、消像散器、试样室(样品室)等部件组成。

1. 电子枪

通常使用发叉式钨丝热阴极三极电子枪。电子枪的阳极接地,阴极(钨丝)上加 1～30kV 的可调负高压,以加速电子,阳极与栅极之间形成静电场,如图 9.1 所示。阴极通过电发热使电子逸出,处于负偏压的栅极使电子的发射集中在热阴极尖端的一小区域中。部分电子通过栅极孔进入阳极区,在静电场作用下在阳极附近形成具有一定能量的电子束交叉斑,称为电子源。钨丝热阴极电子枪对仪器真空度要求不高,但钨丝热电子发射效率低。目前发展了六硼化镧(LaB_6)作阴极的电子枪和场发射电子枪等新的电子源,它们不但亮度高,而且寿命长,但需要更高的真空度。三种电子枪的主要特性列于表 9.1。

表 9.1　三种电子枪的比较

电子枪类型	发叉式钨丝	LaB_6 阴极	场发射电子枪
电子能量分散度/eV	1.0	1.0	0.2
亮度/(A/($cm^2 \cdot$ sr))	10^6	10^7	10^9
电子源直径/μm	～50	～10	<0.01
使用寿命/h	50	1000	>1000
要求真空度/Pa	10^{-2}	10^{-4}	10^{-7}

2. 电磁透镜

扫描电镜的电磁透镜是使电子束直径缩小的透镜。原有直径约 50μm 的交叉斑经三级电磁透镜逐渐缩小,到达试样表面时变成直径只有几个纳米的细小束斑。该束斑就是电磁透镜的像。习惯称第一、第二级透镜为聚光镜,第三级透镜为物镜。每级透镜处的物距 b 应比像距 a 大得多,以使透镜的缩小倍率 $M=a/b$ 具有适当数值。假设从电子枪射出的交叉斑尺寸为 d_0,电子束最终在试样表面的尺寸为 d,则它们的关系由下式给出:

$$d = M_1 M_2 M_3 d_0 \tag{9.1}$$

依据电子光学设计, d 应小于分辨率的大小。

3. 光阑

扫描电镜中有聚光镜光阑和物镜光阑,它们一般由钼或铂薄片制成,中间有圆孔。聚光镜光阑孔径为 $300\mu m$,用于挡掉电子枪出射的散射角较大的电子或杂散电子,能降低噪声本底。物镜光阑主要用于控制入射电子束在试样上的张角(孔径角),它的作用是减小物镜球差,提高分辨率和增大景深。物镜光阑孔径为 $100\sim200\mu m$,若孔径过小,则会使入射电子束强度减小,从而使信噪比减小,影响图像质量。

4. 消像散器

消像散器用于消除电子光学系统由玷污带电所形成的非轴对称电场而引起的非固定像散。它是由相同结构的两组四极电磁线圈按相隔 $45°$ 排列成一圈而构成的。通电后会产生外加的电像散,调节线圈中的电流 I_1、 I_2 的方向和大小,能改变合成磁场的方位和强度,使电像散与非固定像散方向垂直,大小相等,以达到消除非固定像散,进而提高图像质量和分辨率之目的。

5. 试样室(样品室)

试样室位于镜筒下方,有较大空间,除装有微动机械结构的试样台,还可安装各种信号检测器、X 射线光谱仪、X 射线能谱仪等其他一些附件。

试样台上可放置 20mm×10mm 或更大尺寸的试样。观察试样时,试样台在水平面内能沿 X、 Y 方向平移,又可在 Z 方向升降以调节工作距离,还可以进行倾斜、转动,以利于对样品上每个特定位置的分析。若配置其他附件,则又可在加热、冷却、拉伸等动态实验中对试样进行材料的组织及性能研究。

9.1.2　信号检测放大及显示系统

该系统包括各种信号检测器、前置放大器和显示装置。各种物理信号需用相应不同类型信号检测器检测。二次电子、背散射电子和透镜电子的信号都可用闪烁计数器来检测。信号电子进入闪烁体后即产生可见光，光信号进入光导管，送至光电倍增器后，被放大及转变成电流信号，再经视频放大器放大后就成为调制信号输入显示装置，在荧光屏上得到反映试样表面特征的扫描电子图像。

如前所述，由于镜筒中电子束和显像管中电子束是同步扫描的，若试样表面各点的状态不同，则检测到的信号强度也不同，从而形成图像衬度，得到与试样表面特征一致的放大扫描电子像。

扫描电镜配备两个显像管，一个用作观察图像，另一个用作拍摄图像，以作照片记录。

9.1.3　电源系统和真空系统

扫描电镜与透射电镜有相似的电源系统和真空系统。

电源系统有高压电源、透镜电流电源、电子枪加热电源，以及真空系统自动化所需的电源。扫描电镜还有扫描线圈和图像显示系统电源。

真空系统由机械泵、油扩散泵(或分子泵)，以及各种真空管道和阀门组成。其作用是保证镜筒内有必须的真空度($10^{-4}\sim10^{-5}$mmHg，1mmHg=133Pa)，以确保电子光学系统正常工作，防止试样污染。

9.2　扫描电子显微镜的性能指标

9.2.1　放大倍数

扫描电镜的放大倍数 M 定义为显示荧光屏边长 $L_{荧}$ 和入射电子束在试样表面的扫描幅度 $l_{试}$ 之比：

$$M = L_{荧} / l_{试} \tag{9.2}$$

例如，若荧光屏边长 100mm，电子束在试样表面扫描幅度 1mm，则放大倍数 M=100；扫描幅度为 1μm，则放大倍数为 100000 倍。

由于显像管荧光屏尺寸是固定的，则只要通过改变入射电子束在试样表面扫描幅度，即可改变扫描电镜的放大倍数，目前扫描电镜的放大倍数可以从 20 倍连续调节到 200000 倍。

9.2.2　分辨率

分辨率是扫描电镜的重要性能指标。入射电子束进入试样表层后激发产生各种物理信号，并同时形成互作用体积。因俄歇电子和二次电子本身能量较低，且平均自由程短，则它们在相当于束斑直径的圆柱体内尚未横向扩展就逸出试样表层。由于束斑直径就是一个成像元(检测单元)的大小,因此俄歇电子和二次电子的分辨率就相当于束斑的直径。同理,背散射电子能量高,能在试样较深处横向扩展,互作用体积变大,成像单元也大,因此背散射电子图像的分辨率较低。特征 X 射线的作用体积更大,分辨率也更低。

扫描电镜的分辨率是以测定图像中两个颗粒(或区域)间最小距离来确定的。若已知放大倍数,则可以认为,用图像测定的两颗粒间的最小距离除放大倍数即为分辨率。习惯上用二次电子分辨率代表扫描电镜的分辨率。表 9.2 给出扫描电镜的各种信号成像时的分辨率。

表 9.2　各种信号成像时的分辨率　　　　(单位:nm)

信号	二次电子	背散射电子	吸收电子	特征 X 射线	俄歇电子
分辨率	5~10	50~200	100~1000	100~1000	5~10

以相同入射电子束照含不同元素的试样,其互作用体积的大小和形状也不同。轻元素试样的互作用体积为滴状,而重元素试样的互作用体积为半球状。可见,即使以束斑直径相同的电子束照射试样时,重元素试样的分辨率也要低于轻元素试样的分辨率。影响分辨率的决定因素是束斑直径,此外信噪比、机械振动、磁场环境和材料的原子序数等也会影响分辨率。

9.2.3　景深

景深是指聚焦成像时在保证图像清晰的前提下,试样沿电子束光轴方向可移动的范围;换言之,在这个范围内,试样上高、低不同部位的图像均可聚焦清晰。

景深 F 与电子束发散角 α 及电子束斑直径 d 之间的关系,可以用下式表示:

$$F = d / \tan \alpha \tag{9.3}$$

因发散角 α 较小,故 $F \approx d/\alpha$,可见发散角 α 越大,景深 F 越小。一般人眼的分辨率为 0.2mm,若设扫描电镜的放大倍数为 M,束斑直径为 d,则应有

$$d = 0.2 / M \tag{9.4}$$

将式(9.3)代入式(9.4)得

$$F = 0.2 / (\alpha M) \tag{9.5}$$

可见当束斑直径固定时,α、M 越小,则 F 越大。

观察试样上某个形貌特征时,在固定的束斑直径和放大倍数下,为了得到适当的景深,则只能调节光阑直径以改变孔径角 α。孔径角 α 与光阑直径 D、工作距离 L 间的关系可由下式表示:

$$\tan \alpha = D / (2L) \tag{9.6}$$

当 α 很小时，有 $\alpha \approx D/(2L)$，可见光阑直径 D 越小，则孔径角 α 也越小。

扫描电镜的特点是景深大，可达到 2000μm，优于透射电镜，比一般光学显微镜更要大 1～2 个量级，用光学显微镜难以看清的表面凹凸不平的试样，用扫描电镜就可以看得很清楚，因此特别适用于研究粗糙表面或断口形貌。

9.3　扫描电子显微镜的试样制备

扫描电子显微镜的试样制备方法较透射电镜简单。由于试样种类很多，应结合具体试样特点，尽可能利用已熟悉的光学显微镜及透射电镜的试样制备技术。

与透射电镜相同，扫描电镜观察试样是在高真空中进行的。试样应保持长时间稳定，在真空中不失水，不放气，不收缩变形。试样表面不含氧化层及腐蚀残留物，否则会有假像。试样表面应是不沾油污的清洁表面。对于磁性试样要预先去磁。

试样可分为导电或不导电两类。对于不导电的试样(陶瓷、半导体等材料)，入射电子束会导致试样表面的电荷积累，影响电子束的正常扫描，造成图像模糊，分辨率降低。为此，在试样表面需喷镀导电层(金、银、铜、碳等)。导电层厚 100～200μm，若导电层厚度不适当，会影响图像质量及降低分辨率。对于导电试样，例如对金属的断裂面进行分析时，不需加工，保持原始清洁表面即可观测其自然状态。对于大块试样，需加工切割方能送入试样室观察，切割时应注意不破坏观察面并保持清洁。对不宜切割或不许切割的试样，可用金相覆膜纸(AC)制成复型且在上面喷导电层。若试样为粉末(尤其是超细粉体)，需要用超声波振荡器振荡，使粉体颗粒相互间分离，经脱水后再喷镀导电层。

通常用导电胶(或导电双面胶带)将试样黏附在试样座上即可进行观察。试样制备过程须仔细、慎重，否则会影响图像质量及分析结果。

9.4　扫描电子显微镜图像衬度及其应用

扫描电子显微镜通常利用二次电子、背散射电子或吸收电子这三种信号成像。若增加附属的检测特征 X 射线装置，就能得到试样某微区元素分布的扫描像。

9.4.1　扫描电子显微镜图像衬度

扫描电子显微镜图像的衬度是信号衬度，它定义为

$$C = \Delta S / S = (S_2 - S_1) / S_2 \tag{9.7}$$

其中，S_1、S_2 分别代表电子束在相邻两个成像单元(称像元)产生的信号强度。

在扫描电镜中,不论是二次电子像、背散射电子像,还是其他信号的像,相邻像元的信号差ΔS必须超过噪声N的5倍方能被鉴别。根据衬度产生的原因,扫描电镜图像的衬度可分为形貌衬度、原子序数衬度和电压衬度。

1. 形貌衬度

试样表面各微区的形貌不同会造成信号强度的差异,将此类信号用来调制显像管的图像,所显示的衬度就是形貌衬度。二次电子、背散射电子等信号对试样表面起伏变化很敏感,且信号强度是表面倾角的函数。二次电子像的衬度是典型的形貌衬度。

2. 原子序数衬度

试样表面各微区物质的原子序数不同也会造成信号强度的变化,因此造成的图像衬度称为原子序数衬度。背散射电子像、吸收电子像以及特征X射线像的衬度均是原子序数衬度。

3. 电压衬度

试样表面各微区的电势差异而引起的图像衬度称为电压衬度。二次电子信号对试样的表面电势很敏感,以它作为显像管的调制信号可得到电压衬度像。

9.4.2 二次电子像衬度及应用

1. 二次电子成像原理

二次电子信号主要产生于距试样表层5~10nm左右的深度范围。大于10nm时,虽然入射电子也能使核外电子脱离原子而变成自由电子,但其能量较低以及平均自由程较短,不能逸出样品表面,最终只能被样品吸收。绝大多数二次电子能量很小,其平均能量约4eV,能量超过50eV以上的二次电子数量非常少。

被入射电子束激发出二次电子的数量与原子序数没有明显的关系,但二次电子对微区表面的几何形状十分敏感。图9.2说明了样品表面和电子束相对取向与二次电子产额之间的关系。入射电子束和样品表面法线平行时,即图中$\theta = 0°$,二次电子产额最少;若样品表面倾斜了45°,则电子束进入样品激发二次电子的有效深度增加到$\sqrt{2}$倍,入射电子束使距表面5~10nm的作用体积内逸出表面的二次电子数量增多(见图黑色区域);若入射电子束进入了较深的部位(如图9.2(b)的A点),虽然也能激发出一定数量的自由电子,但因A点距表面较远(大于$L=5$~10nm),自由电子只能被样品吸收而无法逸出。

图9.3所示为根据上述原理画出的造成二次电子形貌衬度的示意图。图中样

品上 B 面的倾斜度最小,二次电子产额最少,亮度最低;反之,C 面倾斜度最大,亮度也最大。

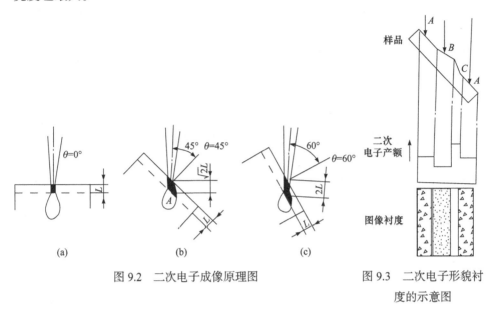

图 9.2 二次电子成像原理图   图 9.3 二次电子形貌衬度的示意图

实际样品表面的形状要比上面讨论的情况复杂得多,但是,形成二次电子像衬度的原理是相同的。图 9.4 所示为实际样品中二次电子被激发的一些典型例子。从例子中可以看出,凸出的尖棱、小粒子以及比较陡的斜面处二次电子产额较多,在荧光屏上这些部位的亮度较大;平面上二次电子的产额较小,亮度较低;在深的凹槽底部虽然也能产生较多的二次电子,但这些二次电子不易被检测器收集到,因此槽底的衬度也会显得较暗。

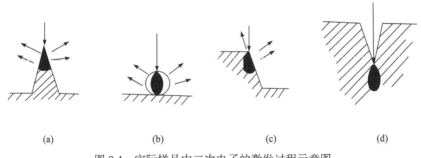

图 9.4 实际样品中二次电子的激发过程示意图
(a) 凸出尖端;(b) 小颗粒;(c) 侧面;(d) 凹槽

2. 二次电子形貌衬度的应用

二次电子形貌衬度的最大用途是观察材料/部件断口形貌,也可用作抛光腐蚀后金相表面及烧结样品的自然表面分析，并可用于断裂过程的动态原位观察。

1) 断口分析

工程构件的断裂分析，无论在理论上还是在应用上都十分重要。断口分析包括宏观分析和微观分析，通过断口分析可以揭示断裂机理，判断裂纹性质及原因，裂纹源及走向；还可以观察到断口中的外来物质或夹杂物。扫描电子显微镜的特点，使得它在现有的各种断口分析方法中占有突出的地位。

材料断口的微观形貌往往与材料的化学成分、显微组织、制造工艺及服役条件紧密相关，所以断口形貌的确定对分析断裂原因常常具有决定性作用。表 9.3 列出金属材料断口的主要特点及相应的断口微观形貌。

表 9.3　金属材料断口的分类

分类方法	断口类型	断口特点	断口微观形貌
按断裂性质分类	脆性断口	断裂前材料不产生明显的宏观塑性变形，断口宏观形貌为结晶状或放射状	解理断口、准解理断口或冰糖沿晶断口
	韧性断口	断裂前材料有明显的宏观塑性变，断口宏观形貌为纤维状	韧窝断口
	疲劳断口	由周期性重复载荷引起的断裂	穿晶、有疲劳条纹或沿晶断口
	环境因素断口	由应力腐蚀、氢脆、液态金属催化、腐蚀疲劳或高温蠕变引起的断裂	沿晶断口穿晶断口
按断裂途径分类	穿晶断口	脆性穿晶断口韧性穿晶断口	解理或准解理断口，韧性断口
	沿晶断口	脆性沿晶断口(回火脆及氢脆等断口)韧性沿晶断口(过热组织断口)	冰糖沿晶断口，断口晶界表面有密布的小韧窝
	混合断口	—	穿晶或沿晶两种断口混杂

图 9.5 是 30CrMnSi 钢沿晶断裂断口的二次电子像。因为靠近二次电子检测器的断裂面亮度大，背面暗，故断口呈冰糖块状或呈石块状。含 Cr、Mo 的合金钢产生回火脆性时发生沿晶断裂，一般认为其原因是 S、P 等有害杂质元素在晶界上偏分聚使晶界强度降低，从而导致沿晶断裂。沿晶断裂属于脆性断裂，断口上无塑性变形迹象。

图 9.6 为典型的韧窝断口的二次电子像。因为韧窝的边缘类似尖棱，故亮度较大，韧窝底部较平坦，图像亮度较低。有些韧窝的中心部位有第二相颗粒，由于小颗粒的尺度很小，入射电子束能在其背面激发出较多的二次电子，所以这种颗粒往往是比较亮的。韧窝断口是一种韧性断裂断口，无论是从试样的宏观变形行为上，还是从断口的微观区域上，都可以看出明显的塑性变形。一般韧窝底部都有第二相粒子存在，这是由于试样在拉伸或剪切变形时，第二相粒子与基体界

面首先开裂形成裂纹(韧窝)源。随着应力增加，形变量增大，韧窝逐渐撕开，韧窝周边形成塑变形程度较大的突起撕裂棱，因此，在二次电子像中，这些撕裂棱显亮的衬度。韧窝断口是穿晶韧性断裂。

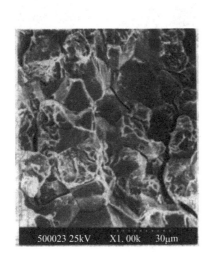
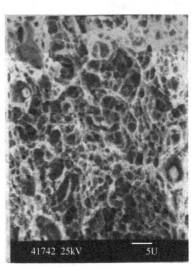

图9.5　30CrMnSi 钢沿晶断裂断口的二次电子像　　图 9.6　37SiMnCrNiMoV 钢韧窝断口二次电子像

图 9.7 为低碳钢冷脆解理断口的二次电子像。解理断裂是脆性断裂，是沿着某特定的晶体学晶面产生穿晶断裂。对体心立方的 α-Fe 来说，其解理面为{100}。从图中可以清楚地看到，由于相邻晶粒的晶向不同(二晶粒的解理面不在同一平面上，且不平行)，因此晶粒裂纹从一个晶粒扩展到相邻晶粒内部，在交界处(过界时)开始形成河流花样(晶粒台阶)。

图 9.8 为碳纤维增强陶瓷复合材料的断口的二次电子像。可以看出，断口上有很多纤维拔出。

由于纤维的强度高于基体，则承载时基体先开裂，但纤维没有断裂，仍能承受载荷。随着载荷进一步增大，基体和纤维晶面脱黏，直至载荷达到纤维断裂强度时，纤维断裂。由于纤维断裂的位置不都在基体主裂纹平面上，一些纤维与基体脱黏后断裂位置在基体中，所以断口上有定量露头的拔出纤维，同时还可看到纤维拔出后留下的孔洞。

2) 样品表面形貌观察

图 9.9 所示为三种成分 ZrO_2-Y_2O_3 陶瓷烧结自然表面的二次电子像。其中图 9.9(a) 为 ZrO_2-2mol% Y_2O_3，烧结温度为 1500℃，其为晶粒细小的正方相；图 9.9(b)为 1500℃ 烧结 ZrO_2-6mol%Y_2O_3 陶瓷的自然表面形态，其为晶粒尺寸较大的立方相；图 9.9(c) 为正方与立方双相混合组织，细小的晶粒为正方相，其中的大晶粒为立方相。

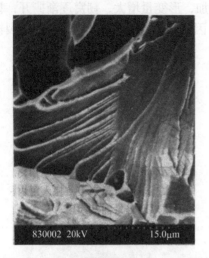

图 9.7　低碳钢冷脆解理断口二次电子像　　　图 9.8　碳纤维增强陶瓷复合材料断口的二次
　　　　　　　　　　　　　　　　　　　　　　　　电子像

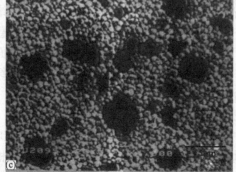

图 9.9　ZrO_2-Y_2O_3 陶瓷烧结自然表面的二次电子像

(a) ZrO_2-2mol%Y_2O_3；(b) ZrO_2-6mol% Y_2O_3；(c) 前两者的混合物

图 9.10 为经抛光腐蚀后金相样品的二次电子像,可以看出其分辨率及立体感均远好于光学金相照片,光学金相上显示不清的细节在这里可以清晰地显示出来,如珠光体中的 Fe_3C 与铁素体的层片形态及回火组织中析出的细小碳化物等。

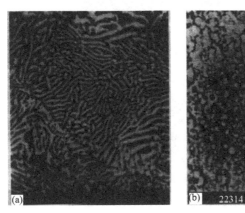

图 9.10　金相样品的二次电子像
(a) 珠光体组织；(b) 析出的细小碳化物

3) 材料变形与断裂动态过程的原位观察

图 9.11 为双相钢拉伸断裂过程的动态原位观察结果。可以看出,铁素体首先塑性变形,并且裂纹先萌生于铁素体(F)中,扩展过程中遇到马氏体(M)受阻;加大载荷,马氏体前方的铁素体中承受裂纹,而马氏体仍没有断裂,继续加大载荷,马氏体才断裂,将裂纹连接起来向前扩张。

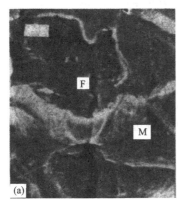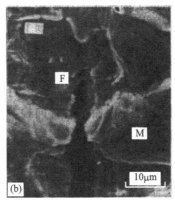

图 9.11　"铁素体(F)+马氏体(M)"双相钢拉伸断裂过程的动态原位观察
(a) 裂纹萌生；(b) 裂纹扩展

图 9.12 所示为 $Al_3Ti/(Al\text{-}Ti)$ 复合材料断裂过程的原位观察结果。可清楚地看到,裂纹遇到 Al_3Ti 颗粒时受阻而转向,沿着颗粒与基体的界面扩展,有时颗粒

也产生断裂，使裂纹穿过粒子扩展。

图 9.12　Al$_3$Ti/(Al-Ti)复合材料断裂过程的原位观察(灰色颗粒为 Al$_3$Ti 增强相)

9.4.3　背散射电子衬度原理及其应用

　　背散射电子的信号既可用来进行形貌分析，也可用于成分分析。在进行基体结构分析时，背散射电子信号的强弱是造成通道花样衬度的原因。这里主要讨论背散射电子信号引起的形貌衬度和原子序数衬度原理。

　　1. 背散射电子形貌衬度的特点

　　用背散射电子信号进行形貌分析时，其分辨率远比二次电子的低，因为背散射电子是在一个较大的作用体积内被入射电子激发出来的，成像单元变大是分辨率降低的原因。此外，背散射电子的能量很高，它们以直线轨迹逸出样品表面。对于背向检测器的样品表面，因检测器无法收集到背散射电子而变成一片阴影。因此在图像上显示出很强的衬度。衬度太大会失去细节的层次，不利于分析。用二次电子信号作形貌分析时，可以在检测器收集栅上加以一定大小的正电压(一般是 250～500V)来吸引能量较低的二次电子，使它们以弧形路线进入闪烁体，这样在样品表面某些背向检测器或凹坑等部位上逸出的二次电子也能对成像有所贡献，图像层次(景深)增加，细节清楚。图 9.13 为背散射电子和二次电子的运动路线以及它们进入检测器时的情况。图 9.14 为带有凹坑样品的扫描电子显微镜照片，凹坑底部仍清晰可见。

　　2. 背散射电子原子序数衬度原理

　　图 9.15 所示为原子序数对背散射电子产额的影响。在原子序数 Z 小于 40 的范围内，背散射电子的产额对原子序数十分敏感。在进行分析时，样品上原子序数较高区域中，由于收集到的背散射电子数目较多，故荧光屏上的图像较亮。因

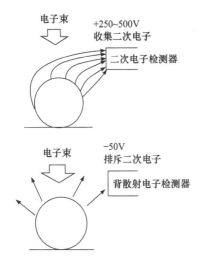

图 9.13　背散射电子和二次电子的运动路线以及它们进入探测器的情景

图 9.14　带有凹坑样品(IC)的扫描电子显微镜照片

IC(integrated circuit)为集成电路是一种微型电子器件或部件

此，利用原子序数造成的衬度变化可以对各种金属和合金进行定性的成分分析。样品中重元素区域相对于图像上是亮区，轻元素区域则为暗区。当然，在进行精度稍高的分析时，必须事先对亮区进行标定，才能得到满意的结果。

用背散射电子进行成分分析时，为了避免形貌衬度对原子序数衬度的干扰，被分析的样品只进行抛光，而不必腐蚀。对有些既要进行形貌分析又要进行成分分析的样品，可以采用一对检测器收集样品同一部位的背散射电子，然后把两个检测器收集到的信号

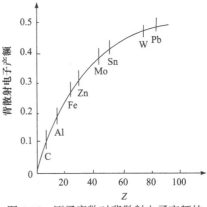

图 9.15　原子序数对背散射电子产额的影响

输入计算机处理，通过处理可以分别得到放大的形貌信号和成分信号。图 9.16 示意地说明了这种背散射电子检测器的工作原理，图中 A 和 B 表示一对半导体硅检测器。当一成分不均匀但表面抛光平整的样品作成分分析时，A、B 检测器收集到的信号大小是相同的。把 A 和 B 的信号相减，则成一条水平线，表示抛光表面的形貌像，见图 9.16(a)。图 9.16(b)所示是对均一成分但表面有起伏的样品进行形貌分析时的情况。例如，分析图中的 P 点，P 位于检测器 A 的正面，使 A 收集到的信号较强，但 P 点背向检测器 B，使 B 收集到较弱的信号，若把 A 和 B 的信号加和，则两者正好抵消，

这就是成分像；若把 A 和 B 两者相减，信号放大就成了形貌像。如果待分析的样品成分既不均匀，表面又不光滑，仍然是 A、B 信号相加是成分像，相减是形貌像，如图 9.16(c)所示。

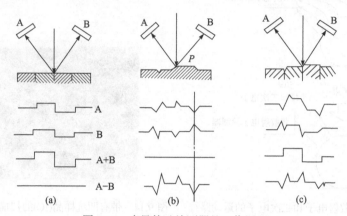

图 9.16　半导体硅检测器的工作原理
(a) 成分有差别，形貌无差别；(b) 形貌有差别，成分无差别；(c) 成分和形貌都有差别

利用原子序数衬度来分析晶界上或晶粒内部不同种类的析出相是十分有效的。因为析出相成分不同，激发出的背散射电子数量也不同，这使电子显微图像上出现亮度上的差别。从亮度上的差别，就可根据样品的原始资料定性地分析出物相的类型。

9.4.4　吸收电子衬度原理及其应用

吸收电子的产额与背散射电子相反，样品的原子序数越小，背散射电子越少，吸收电子越多；反之，样品的原子序数越大，则背散射电子越多，吸收电子越少。因此，背散射电子和二次电子像与吸收电子像的衬度是互补的。因 $I_0 = I_S + I_b + I_a + I_t$，如果试样较厚，透射电子流强度 $I_t = 0$，则 $I_S + I_b + I_a = I_0$。因此，背散射电子图像上的亮区在相应的吸收电子图像上必定是暗区。图 9.17 所示为铁素体基体球墨铸铁拉伸断口的背散射电子和吸收电子像，两者正好互补。

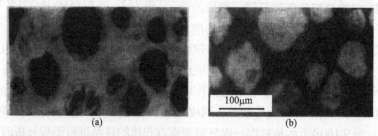

图 9.17　铁素体基体球墨铸铁拉伸断口的背散射电子和吸收电子像：(a)背散射电子像，黑色团状物为石墨相；(b)吸收电子像，白色团状物为石墨相

9.5　扫描电子显微镜图像分析的一般应用

应用领域有：①生物，如种子、花粉、细菌等；②医学，如血球、病毒等；③动物，如大肠、绒毛、细胞、纤维等；④材料，如陶瓷、高分子、粉末、金属、金属夹杂物、环氧树脂等；⑤化学、物理、地质、冶金、矿物、污泥(杆菌)、机械、电机及导电性样品，如半导体(集成电路(IC)、线宽量测、断面、结构观察等)电子材料等。下面介绍扫描电子显微镜在新型陶瓷材料显微分析中的应用。

1. 显微结构的分析

在陶瓷的制备过程中，原始材料及其制品的显微形貌、孔隙大小、晶界和团聚程度等将决定其最后的性能。扫描电子显微镜可以清楚地反映和记录这些微观特征，是观察分析样品微观结构时方便、易行的有效方法，样品无须制备，直接放入样品室内即可放大观察；同时扫描电子显微镜可以实现试样从低倍到高倍的定位分析，在样品室中的试样不仅可以沿三维空间移动，还能够根据观察需要进行空间转动，以利于使用者对感兴趣的部位进行连续、系统地观察分析。扫描电子显微镜拍出的图像真实、清晰，并富有立体感，从而在新型陶瓷材料的三维显微组织形态的观察研究方面获得了广泛的应用。

扫描电子显微镜可用多种物理信号对样品进行综合分析，并具有可以直接观察较大试样、放大倍数范围宽和景深大等特点，则当陶瓷材料处于不同的外部条件和化学环境时，扫描电子显微镜在其微观结构分析研究方面同样显示出极大的优势。主要表现为：①力学加载下的微观动态(裂纹扩展)研究；②加热条件下的晶体合成、气化、聚合反应等研究；③晶体生长机理、生长台阶、缺陷与位错的研究；④成分的非均匀性、壳芯结构、包裹结构的研究；⑤晶粒相成分在化学环境下差异性的研究等。

2. 纳米尺寸的研究

纳米材料是纳米科学技术最基本的组成部分，可以用物理、化学及生物学的方法制备出只有几个纳米的"颗粒"。纳米材料的应用非常广泛，比如，通常陶瓷材料具有高硬度、耐磨、抗腐蚀等优点，纳米陶瓷在一定程度上也可增加韧性、改善脆性等，新型陶瓷纳米材料如纳米秤、纳米天平等亦是重要的应用领域。纳米材料的一切独特性主要源于它的纳米尺寸，因此必须首先确切地知道其尺寸，否则对纳米材料的研究及应用便失去了基础。纵观当今国内外的研究状况和最新成果，该领域的检测手段和表征方法可以使用透射电子显微镜、扫描隧道显微镜、原子力显微镜等技术，但高分辨率的扫描电子显微镜在纳米级别材料的形貌观察和尺寸检测方面因具有简便、可操作性强的优势而被大量采用。另外，如果将扫描电子显微镜与扫描隧道显微镜结合起来，还可使普通的扫描电子显微镜升级改造为超高分辨率的扫描电子显微镜。

3. 铁电畴的观测

压电陶瓷由于具有较大的力电功能转换率及良好的性能可调控性等特点，在多层陶瓷驱动器、微位移器、换能器以及机敏材料与器件等领域获得了广泛的应用。随着现代技术的发展，铁电和压电陶瓷材料与器件正向小型化、集成化、多功能化、智能化、高性能和复合结构发展，并在新型陶瓷材料的开发和研究中发挥重要作用。铁电畴 (简称电畴)是其物理基础，电畴的结构及畴变规律直接决定了铁电体物理性质和应用方向。电子显微术是观测电畴的主要方法，其优点在于分辨率高，可直接观察电畴和畴壁的显微结构及相变的动态原位观察 (电畴壁的迁移)。

扫描电子显微镜观测电畴是通过对样品表面预先进行化学腐蚀来实现的，由于不同极性的畴被腐蚀的程度不一样，利用腐蚀剂可在铁电体表面形成凹凸不平的区域，从而可在显微镜中进行观察。因此，可以将样品表面预先进行化学腐蚀后，利用扫描电子显微镜图像中的黑白衬度来判断不同取向的电畴结构。对不同的铁电晶体选择合适的腐蚀剂种类、浓度、腐蚀时间和温度都能显示良好的畴图样。扫描电子显微镜也可与其他设备组合，以实现多种分析功能。

在实际分析工作中，往往在获得形貌放大像后，希望能在同一台仪器上进行原位化学成分或晶体结构分析，提供包括形貌、成分、晶体结构或位向在内的丰富资料，以便能够更全面、客观地进行判断分析。为了适应不同分析目的的要求，在扫描电子显微镜上相继安装了许多附件，实现了一机多用，使其成为一种快速、直观、综合性分析仪器。把扫描电子显微镜应用范围扩大到各种显微或微区分析方面，充分显示了扫描电子显微镜的多种性能及广泛的应用前景。

目前扫描电子显微镜的最主要组合分析功能有：X 射线显微分析系统(即能量色散 X 射线谱仪，又称能谱仪，EDS)，主要用于元素的定性和定量分析，并可分析样品微区的化学成分等信息；电子背散射系统 (即结晶学分析系统)，主要用于晶体和矿物的研究。随着现代技术的发展，其他一些扫描电子显微镜组合分析功能也相继出现，例如显微热台和冷台系统，主要用于观察和分析材料在加热和冷冻过程中微观结构上的变化；拉伸台系统，主要用于观察和分析材料在受力过程中所发生的微观结构变化。扫描电子显微镜与其他设备组合而具有的新型分析功能，为新材料、新工艺的探索和研究起到了重要作用。

9.6　扫描电子显微镜的中的波谱分析

扫描电子显微镜的一个新成就是，对样品微观组织形貌的选定位置，用电子束激发样品的特征 X 射线，并用波长色散谱仪(波谱仪)或能量色散 X 射线谱仪(能谱仪)来分析选定区域的元素成分[5,6]。波谱仪的结构和工作原理如下所述。

1. 波谱仪的各种部件

波谱仪由分光晶体和 X 射线探测器等组成，其核心元件是分光晶体，它是根据布拉格方程 $2d\sin\theta = n\lambda$ 工作的。从试样激发出来的 X 射线打到分光晶体上，波长不同的特征 X 射线将有不同的衍射角 2θ。利用这个原理制成的谱仪称作波长色散谱仪(WDS)。

特征 X 射线的波长(或频率)不随入射电子的能量(加速电压)而改变，而是取决于构成样品元素的种类。设特征 X 射线的频率为 ν，则 ν 随原子序数的变化由莫塞莱定律决定：

$$\sqrt{\nu} = C(Z - \sigma) \tag{9.8}$$

式中，C 和 σ 都为常数，$\sigma \approx 1$。波长 λ 可用下式最好地近似：

$$\lambda = \frac{1.21 \times 10^3}{(Z-1)^2} \tag{9.9}$$

由此可见，在一个成分未知的样品中，只要测定激发产生的特征 X 射线波长(或其光子能量)，即可作为样品中所含元素的可靠依据。在各种特征 X 射线中，K 系是最重要的，虽然 K 系 X 射线有许多条，但强度最高的只有三条，即 $K\alpha_1$、$K\alpha_2$ 和 $K\beta_1$。例如 Cu，其三条特征 X 射线的波长分别为 0.150562nm、0.154439 nm 和 0.139222nm。可见 $K\alpha_1$ 和 $K\alpha_2$ 两条线的波长相差甚小，实际上很难分开，当能分开时，成为 K 二重线，不能分开时就简单地成为 $K\alpha$ 线，其波长习惯上按下式计算：

$$\lambda_{K\alpha} = \frac{2\lambda_{K\alpha_1} + \lambda_{K\alpha_2}}{3} \tag{9.10}$$

故 $\lambda_{CuK\alpha} = \dfrac{1}{3}(2 \times 0.1540562 + 0.154439) = 0.1541838\,(nm)$。$K\alpha_1$ 与 $K\alpha_2$ 线的强度比为 2：1；$K\alpha_1$ 和 $K\beta_1$ 的强度比为 5：1。

2. 分光晶体及弯晶的聚焦作用

分光晶体的展谱遵循布拉格公式,由于 $\sin\theta$ 值的变化范围为 $0.0\sim1.0$,所以 λ 只能小于 $2d$。而不同元素的特征 X 射线波长变化却很大,如碳(^{6}C)的 $\lambda_{K\alpha}=4.47nm$,而钼(^{42}Mo) $\lambda_{K\alpha}=0.0709nm$,相差 60 多倍。因此,为使可分析元素尽可能覆盖周期表中的所有元素,需要配备面间距不同的数块分光晶体。表 9.4 列出了波谱仪中常用的分光晶体的基本参数及可检测到的元素范围。

表 9.4 波谱仪中常用的分光晶体的基本参数及可检测到的元素范围

晶体	化学分子式(或缩写)	反射晶面	晶面间距 $d/(\times 0.1nm)$	可检测波长范围/$(\times 0.1nm)$	可检测元素范围
氟化锂	LiF	200	2.013	$0.89\sim3.5$	K 系:^{20}Ca$\sim^{37}$Rb L 系:^{51}Sb$\sim^{92}$U
异戊四醇	C$_{15}$H$_{12}$O$_4$(PET)	002	4.375	$2.0\sim7.7$	K 系:^{14}Si$\sim^{26}$Fe L 系:^{37}Rb$\sim^{65}$Tb M 系:^{72}Hf$\sim^{92}$U
磷酸二氢铵	NH$_4$H$_2$PO$_4$(ADP)	110	5.32	$0.93\sim9.48$	K 系:^{13}Al$\sim^{20}$Ca L 系:^{33}As$\sim^{52}$Te M 系:^{66}Dy$\sim^{92}$U
邻苯二酸铷(或钾)	C$_8$H$_5$O$_4$Rb(RAP) (GH$_5$O$_4$K(KAP))	1010	13.06 (13.32)	$5.8\sim23.0$	K 系:^{9}F$\sim^{50}$P L 系:^{24}Cr$\sim^{40}$Zr M 系:^{51}La$\sim^{79}$Au
肉豆蔻铅	(C$_{14}$H$_{27}$O$_2$)$_2$M*(MYR)	—	40	$9.6\sim70$	L 系:^{5}B$\sim^9$F L 系:^{20}Ca$\sim^{25}$Mn
硬脂酸铅	(C$_{18}$H$_{35}$O$_2$)$_2$M*(STE)	—	50	$22\sim88$	K 系:^{5}B$\sim^8$O L 系:^{20}Ca$\sim^{23}$V
廿四烷酸铅	(C$_{14}$H$_{47}$O$_2$)$_2$M*(LIG)	—	—	$290\sim114$	K 系:^{4}Be$\sim^7$N L 系:^{20}Ca$\sim^{21}$Se

注:*表示 Pb 或 Ba 等重金属元素。这三种都是多层皂膜膺晶体,适用 $Z<20$ 的超轻元素分析。

为了测试超轻元素,WDS 用人工合成有机膜结构的分光晶体(LSA)、层状合成微结构(LSM)衍射体或者层状结构分光晶体(LDE)。LSA、LSM 和 LDE 晶体都是适用于测量长波长 X 射线的大层间距的分光晶体,不同厂家对测量超轻元素的分光晶体选择不同,例如扫描电镜厂家牛津仪器公司波谱仪采用 LSM 系列,而电子探针厂家岛津公司波谱仪使用 LSA55(5C$\sim$9F)、LSA70(6C$\sim$8O)、LSA80(5B$\sim$7N)、LSA120(5B$\sim$6C)、LSA200(4Be$\sim$5b)、LSA300(4Be)系列(图 9.18)。在波谱分析中,由于超轻元素测试比较困难,那么具有针对超轻元素的高灵敏度专用的分光晶体至关重要。

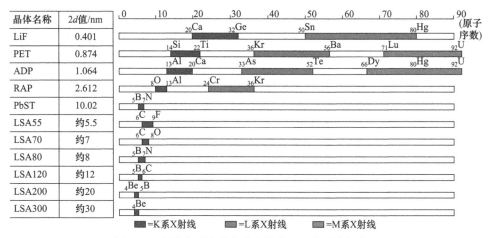

晶体名称	2d值/nm
LiF	0.401
PET	0.874
ADP	1.064
RAP	2.612
PbST	10.02
LSA55	约5.5
LSA70	约7
LSA80	约8
LSA120	约12
LSA200	约20
LSA300	约30

图 9.18　岛津公司波谱仪分光晶体及元素的分析范围

在波谱仪中，X 射线信号来自样品表层的一个极小的体积(约$1\mu m^3$)，可将其看作点光源，由此点光源发射的 X 射线是发散的，故能够达到分光晶体表面的，只有其中极小的一部分，信号很微弱。微量提高测试效率，必须采取聚焦方式，也就是使 X 射线源(样品表面被分析点)、分光晶体和探测器三者同处一个圆周上，此圆称为罗兰(Rowland)圆。将晶体表面磨成曲率半径等于 R 的曲面，如图 9.19 所示，此时，从点光源 S 发射出的呈发散状的符合布拉格条件的同一波长的 X 射线，经晶体反射后将聚焦于 P 点。因此，谱仪的总收集效率最高，并且保持良好的波长分辨率。这种聚焦方式称为约翰逊(Johansson)全聚焦，是目前波谱仪普遍适用的聚焦方式。

3. 波谱仪中分光晶体运动形式

波谱仪中分光晶体有回转式和直进式两种运动形式。回转式波谱仪如图 9.20 所示，罗兰圆的中心 O 固定不变，晶体和探测器在圆周上以 1∶2 的角速度运动来满足布拉格方程。这种

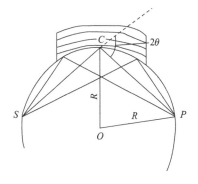

图 9.19　波谱仪的全聚焦方式
S-样品上被检测点；C-分光晶体；P-计数管；
R-聚焦圆半径

谱仪结构简单，但是 X 射线出射分析变化很大，适用 X 射线的出射窗口开得很大，因而也影响不平表面的分析结果。

一般常用如图 9.21 所示的直进式全聚焦波谱仪，晶体从光源 S 向外沿着一直线移动，并提高自转来变化θ角。罗兰圆的中心 O 在以 S 为中心，R 为半径的圆周上运动。探测器的运动轨迹为$\rho = 2R\sin 2\theta$，其中ρ为离光源的距离。这种波谱

仪结构复杂，优点是 X 射线照射晶体的分析是固定的。

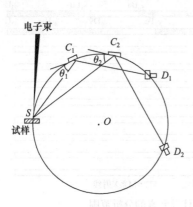 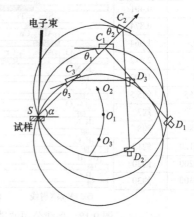

图 9.20　回转式波谱仪　　　　　　图 9.21　直进式全聚焦波谱仪

当晶体位于 θ 角时，晶体与光源之间的距离 L 总是等于 $2R\sin\theta$，将其代入布拉格方程得

$$\lambda = \frac{d}{nR} \cdot L \tag{9.11}$$

令

$$d/(nR) = k \tag{9.12}$$

当波谱仪的罗兰圆半径 R 和晶体确定后，k 为常数，所以

$$\lambda = kL \tag{9.13}$$

可见在直进式波谱仪中，晶体和光源的距离 L 与波长成比例。由此，X 射线的波长 λ 可直接用 L 来表示。

一般说来，波谱仪的波长分辨率是很高的，例如 VKβ(0.228nm)、CrKα_1(0.228962nm)和 CrKα_2(0.229351nm)三条谱线可清晰地分开，这是波谱仪的主要优点。不同厂家的波谱仪的罗兰圆半径 R 不同，例如 101mm、105mm、100mm、140mm、160mm 等。罗兰圆半径 R 小，X 射线进入分光晶体的立体角大，X 射线衍射强度高，即灵敏度高，适合于快速定性分析及微量元素分析。罗兰圆半径 R 大，波长分辨率高，但 X 射线计数率会降低，即灵敏度降低，对元素状态分析及元素重叠峰的分开更有利。为了兼顾 X 射线强度及波长分辨率，一般罗兰圆半径 R 为 100～105mm，岛津公司的波谱仪的罗兰圆半径 R 为 101mm。

4. 波谱仪的性能

对电子探针或扫描电镜波谱仪的性能要求，可以从以下几个方面考虑。

1) 探测灵敏度

通常以特定实验条件下对样品中某元素测定所得到的特征 X 射线的计数率来衡量谱仪的灵敏度，为了比较方便，将所有计数率都归一化到 1μA。在相同的电子束能量下，谱仪灵敏度的提升在于提高对特征 X 射线的收集效率，可以采取两种措施：①采用衍射率高的分光晶体；②采用缩小罗兰圆半径或是加大约翰逊型半聚焦分光晶体的长度，使特征 X 射线进入分光晶体的立体角增大，但如果罗兰圆半径太小，或者约翰逊型半聚焦分光晶体使用区的长度太长，谱仪的分辨率就会受到影响，所以要兼顾考虑。

2) 波谱仪的分辨性能

它主要与晶体间面网间距、晶体完整性(嵌镶结构情况)、检测器狭缝宽度以及罗兰圆半径有关。一般来说，如果将罗兰圆半径设计得越大，则分辨性能越高，但所接收到的特征 X 射线的强度变小，探测灵敏度降低，因此也不能顾此失彼。

3) 峰背比

背底主要由连续 X 射线所决定，与谱仪分辨性能、入射电子能量和样品元素组成有关。在波谱仪中，约翰逊型全聚焦分光晶体克服了约翰逊型半聚焦分光晶体两端不在罗兰圆上引起的散焦现象，其所产生的谱线非常明锐，灵敏度和分辨率都相对较高。因此，使用全聚焦型分光晶体的谱仪，无须加大分光晶体长度，并可使用统一的罗兰圆半径来实现高灵敏度和高分辨率分析，例如岛津公司 EPMA 中的约翰逊型全聚焦波谱仪的罗兰圆半径均为 101mm。但约翰逊型分光晶体不易加工，需要经过磨和弯两道工序，每道工序制作上的误差，都会引起谱线的加宽而降低分辨率。

随着电子计算机计算的发展，微处理机在各学科领域得到广泛应用。在电子显微镜分析方面，出现了波谱仪-微处理机的联机操作。例如，岛津公司的 EPMA-8050G 电子探针和日立公司的 SU8200 系列扫描电子显微镜等。联机之后，可对构成进行自动控制。例如，驱动分光晶体自动寻峰、多道分光谱仪同时测量、样品台位置的自动调整机在聚焦圆上自动聚焦，以及定性分析和定量分析计算等，使测量速度和精度大为提高，充分发挥波谱仪分析精度的特长。

9.7 能谱仪的工作原理、结构和软件系统

9.7.1 能谱仪的工作原理

能量色散 X 射线谱仪(EDS)，简称能谱仪，目前已成为扫描电子显微镜或透射电子显微镜和电子探针较为普遍应用的附件。它与主机共用电子光学系统，在观察分析样品的表面组织形貌或内部结构的透射时，能谱仪就可以探测到感兴趣

的某微区的化学成分[7]。

能谱仪是利用 X 射线光子的能量不同来进行元素分析的，对于某一元素的 X 射线光子能量是特征的；换言之，不同元素的特征 X 射线波长与一定的能量相对应，其间的关系为

比如
$$E(\text{keV}) = 12.3895 / \lambda\,(\text{Å}) \tag{9.14}$$

	Kα	Kα₁	Kα₂	Kβ₁
Cu 系波长/Å	1.54184	1.54056	1.54439	1.39222
能量/keV	8.0355	8.0422	8.0223	8.8991
Fe 系波长/Å	1.93735	1.93604	1.93998	1.75661
能量/keV	6.3951	6.3994	6.3864	7.0528

可见，元素的特征 X 射线的波长和能量是完全对应的，如果能够用能量探测器探测和记录样品发出的特征 X 射线光子的能量和数目，就能对样品进行元素的定性定量分析。

9.7.2 能谱仪的结构

图 9.22 为能谱仪的结构示意图，其核心部件是能量探测器和多通道分析器。所用的能量探测器 Si(Li)漂移管，可看作是一个特殊的半导体二极管(pIn)，它有一个厚度约为 3mm d 中性区 I，这样 X 射线光子在 I 区能够全部被吸收，将能量转化为电子-空穴对，在 p-n 结内电场的作用下产生电脉冲信号。这就要求半导体的 p-n 结接收 X 射线光子时，在加 1000V 左右电压的情况下，在一定时间内不漏电(无电流通过 p-n 结，不产生电脉冲)。尽管硅或锗的纯度非常高，但其中还有微量杂质使其电阻降低，在外加电场作用下会漏电，为此在半导体的中性区 I 中渗入离子半径很小的锂，以抵消这些杂质的导电。由于锂在室温下很容易扩散，因此这种探测器不仅须在液氮温度下使用，并且要一直放置在液氮中保存，这往往给操作者带来很大的负担，特别是半导体实验室。牛津仪器公司推出的 Link-Utracool 超冷冻无忧的能量色散 X 射线光谱仪(energy dispersive X-ray spectroscopy, EDX)探测器，无须液氮，无须维护，并且其分辨率可达 133eV/MnKα，是目前较先进的能量探测器。

2005 年推出的第 5 代硅漂移探测器(SDD)，能量分辨率优于 125eV。现在 SDD 的所有性能指标均达到或超过 Si(Li)探测器。SDD 工作温度−15～−60℃，无须液氮(−196℃)冷却，用半导体制冷就可以正常工作；SDD 采用小电极结构，电容小，可通过提高加速电压、增大束流等方法获得稳定的高计数率，计数率比 Si(Li)探测器高近 10 倍；轻元素分析能力与 Si(Li)探测器相同。SDD 的分辨率无论是低能量分辨率的面分布模式，还是高能量分辨率的定量分析模式，均高于 Si(Li)探测

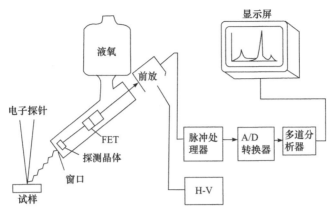

图 9.22　能谱仪的结构示意图

FET 为场效应晶体管；A/D 转换器为直流/交流转换器

器，特别是对于快速定量分析和快速面分布采集，SDD 有明显优势。SDD 特别适合于金属、合金及硅酸盐材料等计数率高的试样。

SDD 使用方便，不需要液氮，可在大电流下工作，明显提高了分析效率等优点，不久将会完全取代 Si(Li)探测器。

下面介绍多道脉冲高度分析器(MCA)。

不同元素的特征 X 射线能量不同，经探头接收，信号转换和放大后，其电压脉冲的幅度值大小也不一样。多道脉冲高度分析器(MCA)可将主放大器输出的，具有不同幅值的电压脉冲(对应于不同的 X 射线光子能量)按其能量大小进行分类和统计，并将结果送入存储器或输出给计算机，也可以在 x-y 记录仪或显示器记录或显示。

能谱仪不用晶体展谱，尽管 Si(Li)半导体探测器的分辨率较高，但整个能谱仪的能量和波长分辨率还远不如波谱仪，因此谱线重叠是常有的事。另外，能谱分析的特点是计数率高而峰背底低，例如，扫描电镜-能谱仪的计数率从 1000～10000 脉冲/(s·10^{-9}A)；而电子探针-波谱仪的计数是几十到 500 脉冲/(s·10^{-9}A)；差 2～3 个量级。由于能谱仪的峰背底低，因此分析的灵敏度及准确度不如波谱仪。表 9.5 是同一研究者用两种谱仪对 Au-Cu 合金分析的误差百分数，可见能谱仪的误差比波谱仪大得多。

表 9.5　用两种谱仪对 Au-Cu 合金分析的误差百分数

	Cu				Au			
真实质量百分数/%	19.9	3.96	59.9	79.9	20.1	40.1	60.4	80.1
波谱仪误差	−1.0	−1.0	0.2	0.4	1.4	0.0	0.8	1.2
能谱仪误差	−5.7	−4.0	−2.2	0.4	−2.5	8.0	4.1	−0.2

这种合金的 CuK 及 AlL 谱线无重叠现象，元素含量适中，这是背底理想的情况；在复杂合金体系中，特别是低含量的情况下，能谱分析的误差就更大。此外，能谱分析的检测下限一般是 0.5%，这比波谱分析的下限高 1～2 个量级。

能谱仪和波谱仪是不能互相取代的，只能是相互补充。一般来说，扫描电子显微镜与能谱仪结合一直还是较好的组合，因为扫描电子显微镜在大多数情况下观察的样品是凹凸不平的，这种情况也不可能得出电流分析结果，如需要精确定量，则可由波谱仪得出。

9.7.3　能谱仪中的软件系统

扫描电子显微镜中，无论是配备波谱仪或/和能谱仪，都必须配备操作软件和数据处理软件才能充分发挥作用。而且正确使用软件才能获得正确有效的分析结果。当然不同厂家或公司所用软件也大不一样，不可能一一介绍。这里仅对牛津仪器公司 INCA 能谱仪软件的基本功能、使用方法等作简单介绍。

INCA 能谱仪软件平台包含四个主要部分：导航条(navigator)、数据管理、帮助(help)系统及能谱仪分析软件选项。

1. 导航条

从分析进程开始一个新项目到最终的分析报告，INCA 软件平台都有导航条来指导用户操作每个步骤。导航条指导着能谱仪分析的工作流程，按照分析工作的逻辑步骤来实现样品的机理、参数的设置、数据采集、定量分析及报告输出。

2. 数据管理

INCA 能谱仪分析的所有数据按 Windows 文件管理方式，以数据树的形式合理归档，并且在数据树中之间显示，访问数据树，只需要单击导航条右边的"数据"(Data)图标即可。

在数据树中，项目为第一级，任何数据都通过"项目"(Project)管理，其次为"样品"(Sample)，在一个项目下可有多个样品，对每个样品而言操作者可以采集多个"感兴趣区域"(Site of Interest)的数据，感兴趣区域为第三级。来自同一感兴趣区域的数据被储存在一起，包括图像、谱线等。

在数据树中，不同的数据使用不同的缩略图表示，使操作者清晰地分辨出谱线或图像，独立的图像和图谱可以通过鼠标悬浮在数据树标签操作，以便于观察。

另外，图像，普通的"删除"(Delete)和"重命名"(Rename)以及数据导出等都能通过鼠标的右键来实现。比如，选择要导出的数据标签，单击鼠标右键并选择"导出"(Export)即可把要导出的数据导出，此操作允许用户以文件格式，如 JPG 和 TIF 格式转换数据和导出数据。

3. 帮助系统

INCA 软件系统提供了两个在线帮助系统，在每个页面的右上角都会看到两个以问号为标志的帮助图标，其一为在线指导，单击左问号图标显示页面上所有的功能区的功能简述，单击右问号图标则可进入详细的帮助索引"显微分析百科全书"(Encyelipedia)，其中对关键的显微分析术语、背底和理论提供详尽的描述，并带有多种多媒体格式。

4. 能谱仪分析软件选项

INCA 软件系统基本配置包括三个导航条：Analyzer，Point & ID 和 Mapping。

Analyzer——对扫描电镜观察的点/线/面作能谱仪分析。

Point & ID——采集扫描电镜二次电子/背散射电子图像，在图像上关键需要选择对点、线、面(区域)等方式采集图谱。

Mapping——对图像进行元素面分布扫描或线扫描。

除了上述三个基本选项软件外，还有以下附加的软件选项，如 Cameo⁺、图谱合成(Spectrum Synthesis)、相分布(Phase Mapping)、匹配(Match)、Automaye、枪击残余物分析(GSR)、薄膜分析软件(Thin Film II)、钢铁夹杂物分析软件(INCA Steel)、定量面分析(Quan-map)和特征物分析软件(Feature)等。这些附加的功能不是基本配置，应根据需要另外购置对应的密钥来激活。

9.8　扫描电子显微镜中电子背散射衍射分析原理

电子背散射衍射(electron back scattering diffraction，EBSD)是 20 世纪 80 年代发展起来的对金属材料进行显微组织分析和结晶学分析的新技术。显微组织结构分析包括材料内晶粒尺度测定、晶粒形状及各种点、线、面缺陷的分别、各个相的判定及每一种相的分别等。结晶学分析是表征每一基体内部的原子排列和运动方式，即基体结构的对称性、晶粒取向分析等[8,9]。

通常，EBSD 系统配备在扫描电子显微镜中，样品表面与水平面呈 70°左右的倾斜角度。由电子光学系统产生的电子束入射到样品内。电子束入射到晶体内，会发生非图像散射而向各个方向传播，散射的强度随着散射角度的增大而减小，若散射强度用箭头长度表示，则整个散射区域呈液滴状，如图 9.23 所示。其中有相当部分的电子因散射角大而离开样品表面，这部分电子称为背散射电子。由于非弹性散射，使之在入射点处发散，称为点发散源。在材料表面几纳米范围内，非弹性散射引起的损失一般只有几十电子伏特，这与几万电子伏特能量相比是一个小量。因此，电子的波长可以认为基本不变。这些被散射的电子在离开样品的过程中，存在有些散射方向的电子满足某个晶面(hkl)的衍射布拉格角，这些电子经过弹性散射产生更强的电子束，即衍射电子束。因为在三维空间下满足布拉格的电子衍射出现在各个方向，从而组成一个衍射圆锥。

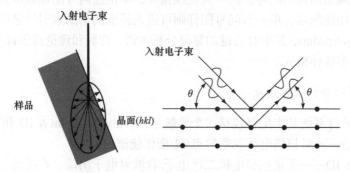

图 9.23　入射电子在材料表面发生衍射的示意图

在电子衍射过程中，(hkl)另一侧同样满足衍射条件，因此也会产生布拉格衍射。因此形成另外一个圆锥，两个衍射圆锥对称状态如图 9.24 所示。

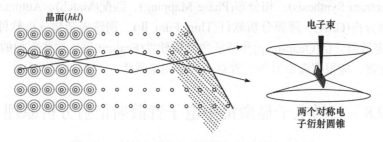

图 9.24　入射电子在晶面两侧发生衍射的示意图

当两个圆锥延长到电荷耦合器件(CCD)相机前面的荧光屏，并与之相交时，则会在荧光屏上形成菊池(Kikuchi)带，如图 9.25 所示。该菊池带有一定的宽度 ω。衍射圆锥和荧光屏的交线也就是菊池带的边缘，实际上是一对双曲线，但是由于埃瓦尔德球(Ewald sphere)半径很大，则人们所看到的交线通常是一对平行线。衍射晶面轨迹线是指晶体中对应的衍射晶面的延长线和荧光屏相交的线。基于上面的衍射原理，显然衍射晶面迹线正是菊池带的中心线。多个晶面都发生衍射时，就会在荧光屏上形成一系列的菊池带。通过计算机系统自动标定，从而确定菊池带的晶面指数(和标准的菊池图比较)。

图 9.26 为经过计算机标定的 Al 的典型菊池带图谱。一幅 EBSD 花样往往包含多根菊池带。荧光屏接收到的 EBSD 花样经过 CCD 数码相机数字化后，传送至计算机进行标定与计算。EBSD 花样信息来自于样品表面几十纳米深度的一个薄层。更深处的电子尽管也可能发生衍射，但在进一步离开样品表面的过程中可

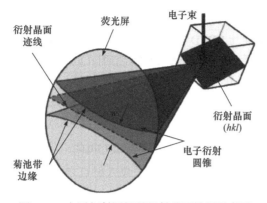

图 9.25 电子衍射圆锥即衍射晶面投影示意图

能再次被圆锥散射而改变运动方向，最终称为 EBSD 的背景。

衍射过程中，样品倾斜 70°左右是因为倾斜角越大，背散射电子越多，形成的 EBSD 花样越强。但过大的倾斜角会导致电子束在样品表面定位不准，降低在样品表面的空间分辨率等负面效果，故现在的 EBSD 方向都将样品倾斜 70°左右。

从晶体学讲，导致背散射衍射花样包含以下几个与样品相关的信息：晶体对称性信息、晶体取向信息、晶体完整性信息和点阵参数信息。如图 9.26 所示，EBSD 花样上包含若干与不同晶面族对应的菊池带。只有结构因子不为零的晶面族才会发生衍射形成菊池带，不同的菊池带相交成菊池极。由于菊池带与晶面族相对应，故菊池极相当于各相交菊池带所对应各晶面族的共有方向，即晶带轴方向。通常，菊池极具有旋转对称性。这种旋转对称性与晶体结构的对称性直接相关。

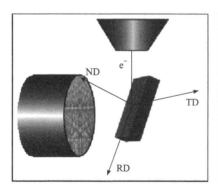
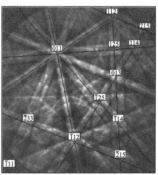

图 9.26 Al 的典型菊池带图谱

如前所述，每条菊池带的中心线相当于样品上受电子束照射处相应晶面扩展后与荧光屏的交截线，每个菊池极相当于电子束照射处相应晶面延长后与荧光屏交截形成的，因此，EBSD 包含了样品的晶体学取向信息。在样品的安装、入射电子束位置、荧光屏三者的几何位置已知的情况下，可以采用单菊池极或三菊池极法计算出样品的晶体学取向。

　　晶体的点阵完整性与 EBSD 花样质量有明显的关系。点阵完整时，形成 EBSD 花样中菊池带边缘明锐，甚至可观察到高阶衍射；点阵经受严重变形导致扭曲、畸变，存在大量位错等缺陷时，形成的菊池带边缘模糊、漫散。其原因是菊池带由布拉格衍射形成，反映的是原子周期性排列信息，晶体越完整，布拉格衍射强度越高，形成的菊池带的边缘越明锐。菊池带宽度 ω 与相应晶面族间距 d 的关系为

$$\omega = R\theta, \quad \lambda = 2d\sin\theta \tag{9.15}$$

式中，R 为荧光屏上菊池带与样品上电子束入射点之间的距离。

9.9　扫描电子显微镜中的电子背散射衍射硬件系统

9.9.1　硬件系统的整体布局

　　EBSD 分析系统如图 9.27 所示，整个系统由以下几部分构成：样品、电子束系统、样品台系统、扫描电子显微镜及其控制器、计算机系统、高灵敏度的 CCD 相机、图像处理器等。首先样品放置在经过 70°倾斜转动的样品台上，样品倾斜放置的目的是提高衍射强度。在计算机系统和扫描电镜控制器的工作下，电子束与样品相互只有参数散射，其中一部分背散射电子入射到某些晶面，因满足衍射条件而再次发生弹性相干散射，即菊池衍射，出射到样品表面外的衍射电子达到 CCD 相机前端的荧光屏上显像，形成背散射电子衍射花样，由 CCD 相机拍摄的衍射花样由数据采集系统扣除背底并经过霍夫(Hough)变换，自动识别进行标定，其过程简述如下：计算机自动确定菊池带的位置、宽度、强度、带间夹角，与计算机中晶体学数据库中的标准值比较，从而确定晶体的晶面指数和晶带轴指数等，进一步确定晶体的取向等[10]。

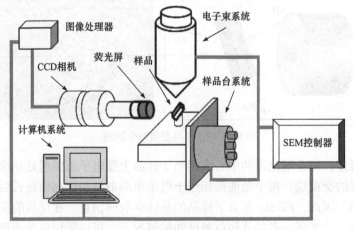

图 9.27　EBSD 分析系统示意图

9.9.2　硬件系统的整体布局实物照片

图 9.28 为安装有 EBSD 系统的扫描电子显微镜的实物照片。其中图 9.28(a)
是美国 FEI 公司 QUANTA-200 型场发射扫描电子显微镜,该扫描电子显微镜加速
电压最高能达 30kV。通常与扫描电子显微镜分析相比较,进行 EBSD 分析时需
要较大的稳定电流。该扫描电子显微镜具有高的分辨率和强的电子束流,从而可
以进行非常细小的微观尺度组织的衍射分析。主要部分包括扫描电子显微镜控制
台、电子束系统、样品腔和计算机系统。该场发射扫描电子显微镜配备有 EBSD
系统,包括 CCD 相机及图像处理器,如图 9.28(b)~(d)所示。CCD 相机位于电子
束系统的侧位,呈现 10°左右的倾斜状态(图 9.28(b))。

图 9.28(c)是图 9.28(b)中 CCD 相机的放大照片。样品的倾斜转动可以通过两
种方法来实现:一是旋转可倾斜转动样品台,如图 9.28(b)所示;二是直接将样品
固定在具有预制倾斜转动的小样品台上,如图 9.28(b)所示。

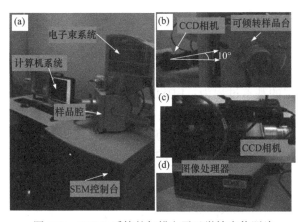

图 9.28　EBSD 系统的扫描电子显微镜实物照片

在扫描电子显微镜样品腔内,带相机的 EBSD 探头从扫描电子显微镜样品室
的侧面与电子显微镜相连,如图 9.29(a)所示。CCD 相机探头呈现略微倾斜状,可
以通过外部的控制器,采用电机控制的方式插入和收回 EBSD 探头。通常情况下,
不操作 EBSD 时,必须把 EBSD 探头收回。探头前方荧光屏非常脆弱,实验中需
要谨慎操作。通常探头具有自我保护功能,一旦受到碰撞就会自动收回。紧挨着
荧光屏旁边的是二次电子探头,用于形貌观察,在 EBSD 工作时,需要对样品表
面进行形貌观察,选择合适的分析区域。电子束系统的最低端有一个背散射电子
接收探头,用于背散射电子成像,该探头会对 EBSD 相互接收产生影响,通常都
将背散射电子接收探头取下,等 EBSD 操作结束之后,再重新安装背散射电子接
收探头。此外,当 EBSD 操作结束后需要将其控制电源关闭,否则会对扫描电子
显微镜图像调节有干扰作用。

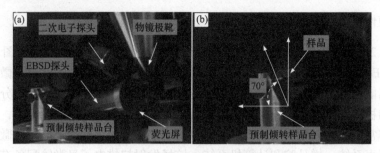

图 9.29　样品腔内 EBSD 系统的布置

预倾斜转动样品台呈现 70°的倾转，如图 9.29(b)所示，将试样固定在预制倾转的样品台上即可实现样品的倾转。通常，样品倾转 45°以上就可以看到 EBSD 花样，单电子穿透深度随着倾转角的增大而减小。超过 80°后，基本上就不能实现了，此时花样方式畸变，难以标定。实验证明，倾转 70°所得到的菊池带是相对最理想的。

9.10　菊池衍射花样的标定

菊池花样标定的基本过程为：EBSD 荧光屏接收到的菊池花样经过 CCD 相机采集后传送至计算机，计算机将菊池花样进行 Hough 变换以探测各菊池带的位置，并计算各菊池带间的距离和各菊池带间的夹角，然后与产生该菊池花样的物相的各晶面间距及各晶面间夹角的数据进行比较，从而对各菊池带和菊池极加以标定[11,12]。

其中 Hough 变换是标定的关键。其原理如下：图像中一点可以看作是无限条线在此点交叉，如图 9.30 所示直线 A、B、C。每一条线都可以通过 Hough 参数ρ和θ确定，其中，ρ代表从原点到该菊池线的垂直距离，θ描述了该垂线ρ 和横轴 x 的夹角。由此，图像中的点与 Hough 参数ρ 和θ就可以联系起来，即图像中的点对应一个坐标(x,y)，通过该点有无限条线，从原点到无限条线中的每一条线都对应着唯一的一个垂线ρ，以及垂线ρ和横坐标 x 的夹角，即有下列表达式：

$$\rho = x\cos\theta + y\sin\theta \tag{9.16}$$

这样一来，通过该点的所有交线可以表示在一个 Hough 变换后的 Hough 空间，具有正弦曲线特征。

考虑一条线上不同的四点，分别是 A、B、C、D，如图 9.31 所示。线上的每一个点都对应着一条 Hough 变换正弦曲线，如图 9.31(b)所示，那么 4 个点对应 4 条 Hough 正弦曲线。同时，由于这条直线穿过 4 个点，因此对于每个点来说这条

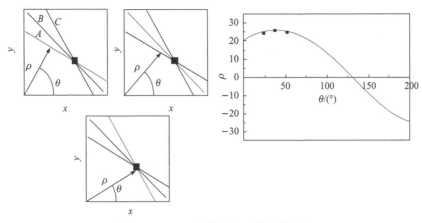

图 9.30　Hough 变换原理中的参数表达

直线都对应了同样的一个 ρ 和 θ，也就是说经过 Hough 变换后的 4 条 Hough 正弦曲线都会相交于一点。显然这样一来，图像空间的一条线就转化成 Hough 空间的一个点。

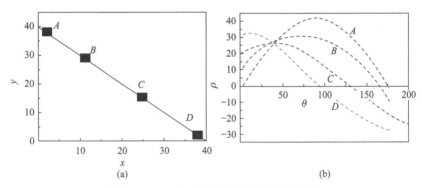

图 9.31　Hough 变换原理中线与点的转换

图 9.32 为 Hough 变换模拟示意图。菊池带经过 Hough 变换后形成类似蝴蝶结构的一个点，Hough 变换的基本原理在于利用点与线的对偶性，将原始图像空间给定的曲线通过曲线表达形式变为参数空间的一个点。这样就把原始图像中给

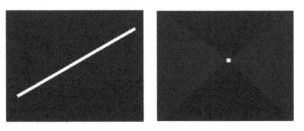

图 9.32　Hough 变换模拟示意图

定曲线的检测问题转化为寻找参数空间的峰值问题，也即把检测整体特性转化为检测局部特性，如直线、椭圆、圆、弧线等。

图 9.33 为 EDAX-TSL 数据获得的软件自动标定取向时产生的 Hough 变换图像，选择 Hough 变换 Classic 模式。图 9.33(a)内的每个点对应于菊池花样中的一个带。图像空间中在同一个圆、直线、椭圆上的每一个点，都对应了参数空间中的一个图形，在图像空间中这些点都满足它们的方程这一个条件，所以这些点，每个投影后得到的图像都会经过这个参数空间中的点。也就是在参数空间中它们会相交于一点。所以，当参数空间中的这个交点越大时，说明原图像空间中满足这个参数的图形越多，越可能是要检测的目标。Hough 变换能够查找任意的曲线，只要给定它的方程。Hough 变换在检验已知形状的目标方面，具有受曲线间断影响小和不受图形旋转影响的优点，即使目标有稍许缺损或污染，也能被正确识别。

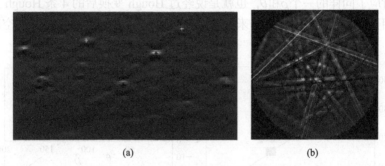

(a)   (b)

图 9.33　EDAX-TSL 数据获得的软件自动标定取向时产生的 Hough 变换图像

9.11　电子背散射衍射和信息获取

扫描电子显微镜中的 EBSD 技术广泛成为金属材料学家、硅酸盐材料学家分析材料显微结构及织构的强有力工具。EBSD 系统中自动花样分析技术的发展，加上扫描电子显微镜中电子束和样品台自动控制，使得样品表面的线或面扫描能够迅速自动地完成，从采集到的数据可绘制取向成像图(OIM)、极图和反极图，还可计算取向差分布函数，这样在很短的时间内就能获得关于样品的大量晶体学信息，例如，织构和取向差分析；晶粒尺寸及形状分布分析；晶界、亚晶界及孪晶界性质分析；应变和再结晶的分析；物相鉴定及定量计算等。

9.11.1　晶粒取向分布及取向差

图 9.34(a)为镍的晶粒取向分布图，可以明显地观察到晶粒的形状和尺寸，涂相同颜色的晶粒具有相同的取向。图 9.34(b)为对应的法向(ND)方向的反极图，关

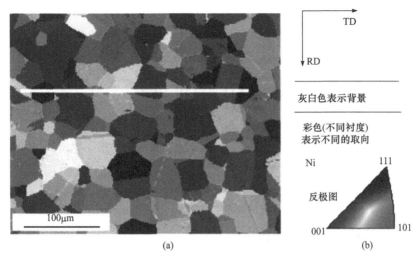

图 9.34　镍的晶粒取向分布图(彩图扫封底二维码)

于极图的定义前已介绍，在这里就是 Ni 晶粒对应的法向方向在晶体指标中的分布，红(深)色表示晶粒对应的法向方向平行于[001]方向，蓝色和绿色分别表示晶粒对应的法向方向平行于[111]和[101]方向。那么就可以根据每个晶粒的颜色确定其取向，将微观的组织结构和取向特征对应起来。

图 9.35 为 Ni 的晶粒取向差统计图。从图中可见，相应 3°及 60°左右的取向差所占份额相对较大。ENSD 技术可以测定样品每一点的取向，也可以测出晶界两侧晶粒间的取向差和旋转轴。图 9.36 是在晶粒图上画一条线(图 9.34 白线所示)，在这条线上，研究任意相邻两点之间的取向差，以及线上任意点相对于原点的取向差。由图可见，在晶界附近相邻两点之间的取向差显然非常大。

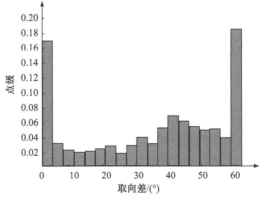

图 9.35　Ni 的晶粒取向差统计图

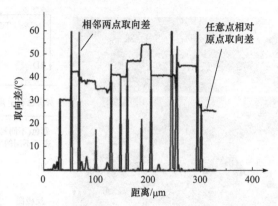

图 9.36 一条线上相邻两点的取向差以及线上任意点相对于原点的取向差

9.11.2 图像质量图及应力-应变分析

晶体点阵中有塑性应变，会使菊池线变模糊，由菊池花样质量可以直观地定性分析超合金及铝合金中的应变、半导体中离子注入损伤、从部分再结晶组织中识别无应变晶粒等。应力和应变造成晶体畸变，一方面可导致菊池衍射花样带宽的改变；另一方面由于畸变晶体的衍射强度降低，使得菊池花样带的明锐程度降低。由应变引起的带宽变化量极其微小，并且应变菊池带的边缘与背底衬度十分接近，很难直接测量出来。因此，可以利用菊池花样的质量参数(IQ)来评价微区应力的分布。通常 IQ 值用于快速标定菊池花样，它由 EBSD 花样中几条菊池带的衍射强度之和求出。此外，IQ 值又与晶体学取向、晶粒尺寸，以及样品表面状态密切相关。在单晶材料中，较大的应力和应变梯度是影响 IQ 变化的主要因素。此外，应力和应变还会引起转动和导致错配增加。因此，可以将 IQ 值、点阵局部转动量和错配度作为应力敏感参数。

EBSD 衍射菊池花样的质量或者清晰度与材料本身有关，包括材料的种类、表面质量及性质、应力状态等。影响花样质量的因素很多，从材料科学的角度来讲，只有完美的晶体结构才能产生非常好的衍射花样，也就是任何影响晶体结构的因素，都会或多或少地影响花样的质量，例如点阵扭曲，就会导致较差的衍射花样。因此，IQ 值可以用来定性地描述表面应变。但是它很难区分晶粒与晶粒之间细小的应变差。

在 EBSD 中，每一张衍射花样根据其明锐程度用一花样质量数值来表示，且可用于作图。明亮的点对应高花样质量，暗的点对应低花样质量。低花样质量意味着导致不完整，存在大量位错等缺陷。花样质量图法适合于单个晶粒内应变分布的测量，不适合于具有不同晶体取向的各个晶粒或不同相之间应变分布的测定，因为即使不存在应变，不同晶体取向的晶粒或不同相均具有不同的花样质量数值。图 9.37 为 EBSD 采集的 IQ 图像，从单个晶粒内部来看，呈现不同程度衬度。图 9.38

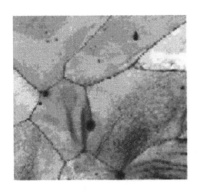

图 9.37　EBSD 采集的 IQ 图像(晶粒内部应变成像)

图 9.38　具有丝织构变形 Al 的 IQ 图

为具有丝织构变形 Al 的 IQ 图，在变形程度大的丝织构区域，衬度相对较暗，花样清晰度较弱，其他区域衬度相对较浅。前面阐述了变形不同导致花样质量不一样，不同的相也可能产生不同清晰度的花样。图 9.39 所示为 β-Ti 和 α-Ti 双相测量的 IQ 图，图中深灰色为 β-Ti，浅色为 α-Ti。β-Ti 和 α-Ti 的衬度相差较大。

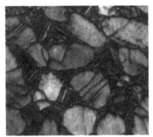

图 9.39　β-Ti 和 α-Ti 双相测量的 IQ 图

9.11.3　晶粒形貌图及晶粒尺寸分析

传统的晶粒尺寸测量是用显微镜成像方法，并非所有晶界都能用全相液刻蚀方法显露出来，如小角度晶界、孪晶界等就很难显示。按定义，一个晶粒相对于样品表面只有单一的结晶学取向，这就使得 EBSD 成为理想的晶粒尺寸测量工具，最简单的办法是对样品表面进行线扫描。EBSD 是测量方向中的一个强有力的手段，其可以快速准确地测出单个晶粒的取向，精度优于 1°，最大的优点是在要求方向的任一"点"上将显微组织和晶体学联系起来表征。目前 EBSD 的分辨率能够达到纳米级，可研究纳米材料及重变形材料。

图 9.40 为镍的晶粒扫描图像。描述晶粒尺寸的方法有两种：一是用面积来计算，首先确定晶粒含有多少个测量点，根据测量点的形状(也就是扫描网格的形状，可以是圆形，也可以是正四方形或正六方形)及步长即可确定晶粒的面积；二是用直径来描述晶粒尺寸。通常情况下晶粒的形状为圆形或接近圆形及正方形。图 9.41 为镍的不同晶粒尺寸所占面积分数。尺寸为 40μm 的晶粒所占面积分数最大，达到 20%左右。

图 9.40　镍的晶粒形貌及尺寸

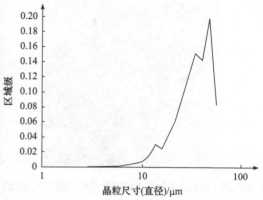

图 9.41　镍的不同晶粒尺寸所占面积分数

9.11.4　晶界类型分析

在测定各晶粒晶体学取向的情况下，可以方便地计算出晶粒间的错位角，区分大角度晶界、小角度晶界、亚晶界等，并能根据重合位置研究晶界是否为共格晶界。例如，当$\sum 3$、$\sum 9$、$\sum 27$等重合位置时，晶界一般为孪晶界。此外，可以研究各种错配角所占比例。用 EBSD 可以直接获得相邻晶粒之间的取向差。测定晶界两边的取向，则能研究晶界或相界。界面研究是 EBSD 应用的一项内容，由取向数据结合显微组织原位观察，研究腐蚀、裂纹、断裂、原子迁移、偏析、沉淀、孪生和再结晶等。

传统的金相晶界为一条线分开两个晶粒。一般说来，在取向成像显微技术(orientation zmaging microscopy, OIM)中，晶界指的是一条分开两个扫描测量点取向的线。为了完整地描述晶界，则需要五个参数，其中两个参数描述正常边界的界面取向，其他三个参数描述取向差。边界面无法从 OIM 数据还原。由于 OIM 数据收集在一个平面上，因而只有极微量宽度的边界难以观察到。然而，因为在分界线两边的两个点的取向方向是已知的，所以取向差可以计算出来。如图 9.42(a)所示，晶粒之间的取向差可以用不同颜色(或衬度)表示出来，例如，2°~5°用深(实线)色线条表示，5°~15°用虚线表示，15°~180°用长短线表示。这里角度值根据需要可以自行设定。各种角度晶界所占分数及长度等可以计算出来，如图 9.42(b)所示。

9.11.5　物相鉴别与鉴定及相取向关系

EBSD 可以对材料进行物相鉴别。通过已知的物相种类，选择其相应的数据库，可以经过采集的还原进行标定，从而鉴别物相。图 9.43(a)所示为β-Ti 和α-Ti

TD

RD

灰色尺度: 像的质量
28.126···131.994(28.126···131.994)

晶界: 旋转角/(°)
最小	最大	分数	数目	长度/μm
— 2	5	0.086	1222	70.55
— 5	15	0.041	578	33.37
— 15	180	0.873	12404	716.14

统计学数据: 具有错取向的任何点对
超过2°的被认为是晶界
总数: 14204; 总长度: 820.07μm

(a) (b)

图 9.42 钛的晶界表示线

的显微结构图。红(深)色表示α-Ti,绿(浅)色表示β-Ti。两相各占的面积分数可以
计算出来,如图 9.43(b)所示。

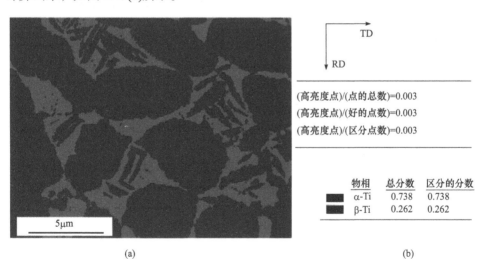

TD

RD

(高亮度点)/(点的总数)=0.003
(高亮度点)/(好的点数)=0.003
(高亮度点)/(区分点数)=0.003

物相	总分数	区分的分数
α-Ti	0.738	0.738
β-Ti	0.262	0.262

(a) (b)

图 9.43 α-Ti 和β-Ti 的显微结构图

物相鉴定就更为复杂,EBSD用于物相鉴定是CCD相机快速发展后才实现的。
物相鉴定要求相机具有足够的灰度级数和足够高的分辨率,以便能探测到强度很
弱的菊池线。用 EBSD 鉴定物相过程中需要借助能谱仪的分析结果。通常用能谱
仪首先能够检测物相的元素组成,然后采集该相的菊池花样。用这些元素可能形

成的所有物相对菊池花样进行标定，只有与给出花样的物相完全吻合的物相才是所鉴定的物相。

EBSD 的物相鉴定原理不同于透射电子显微镜(TEM)中的电子衍射和 X 射线衍射进行的物相鉴定，TEM 是根据衍射花样中的晶面间距和晶面夹角来鉴定物相；X 射线衍射是根据物相的特征衍射花样(花样中各衍射线间距的组合排列及相对强度)来鉴定物相。由于 X 射线衍射能准确地测定晶面间距，故不需要预先知道物相成分。EBSD 主要是根据晶面间的夹角来鉴定物相。EBSD 和 TEM 在测定晶面间距方面误差较大，必须事先测定出待测鉴定相成分，以缩小候选范围。尽管如此，三者衍射手段关于某一晶面是否发生衍射的条件是相同的，即该晶面的结构因子必须不等于零。

用 EBSD 鉴定物相结构，对于化学成分相近的矿物即某些衍射的氧化物、碳化物、氮化物的区分特别有用。例如 M_3C 和 M_7C_3(M 为 Cr、Fe、Mn 等)，在 TEM 中用能谱、波谱进行成分分析时很难区分它们，但是两种碳化物中一种是六方对称性，另一种是四方对称性，因而 EBSD 很容易区分它们。再如，赤铁矿(Fe_2O_3)、磁铁矿(Fe_3O_4)和方铁矿(FeO)用 EBSD 来区分也是容易的。

用 EBSD 同时测定两个相的晶体学取向时，可以确定两个相之间的晶体学关系。为了确定两相间的晶体学关系，一般需要测定几十处以上两相各自的晶体学取向，并将所有测定结果同时投影在同一极射赤面投影图上进行统计，才能确定两相的晶体学关系。与 TEM 和 X 射线衍射相比，采用 EBSD 测定两相间晶体学取向关系具有明显的优点。用于 EBSD 测试的样品表面平整、均匀，可以方便地找到几十处以上两相共存的位置。同时晶粒取向可以用软件自动计算。而 TEM 由于样品薄区小的关系，难以在同一样品上找到几十处以上两相共存的位置。另外，其晶粒取向需手动计算。X 射线衍射一般由于没有成像装置，难以准确地将 X 射线定位在所测定的位置上，当相尺寸细小时，采用 X 射线衍射难以确定物相间的晶体学关系。另外，当第二相与基体间的惯习面、孪生面、滑移面等在样品表面留下痕迹线，尤其在两个以上晶粒表面留下痕迹时，可以采用 EBSD 确定这些面的晶面指数。

9.11.6 织构分析

EBSD 技术在织构分析方面有明显的优势。因为 EBSD 技术不仅能测定各种取向的晶粒在样品中所占的比例，而且还能确定各种取向在显微组织结构中的分布。许多材料在诸如热处理或塑性变形的加工后，记录的取向并非随机混乱分布，而常是选择取向，即织构。显微组织加工中晶粒的择优取向，将导致材料的理想性能和物理性能出现各向异性。例如，弹性模量"弹性各向异性"，磁性能"磁各向异性"，强度(硬度)和塑性"力学性能各向异性"

等，因此，研究材料织构对于分析材料的各向异性，进而对材料的取向分析具有重要意义[11,12]。

　　EBSD 测定的织构可以用多种形式表达出来，如极图、反极图、三维取向分布函数(ODF)等。同用 X 射线衍射测定织构相比，EBSD 具有测定微区织构、选区织构，并将晶粒形貌与晶粒取向直接对应起来的优点。另外，X 射线衍射测定织构是通过测定衍射强度后，反推出晶粒取向情况，计算精度受选用的计算模型、各种参数设置的影响，一般测出的织构与实际情况偏差 15%以上。而EBSD 是通过测定各晶粒的绝对取向后，进行统计来测定织构，可以认为 EBSD 是目前测定织构的最准确手段。当然与 X 射线衍射相比，EBSD 存在制样麻烦等缺点。

　　图 9.44 是形变铝晶粒取向成像图，可以清楚地显示晶粒的形状和大小，图中相同颜色的晶粒具有相同的取向。取向衬度图虽然可直接观察晶粒的取向特征，但还不能揭示取向分布规律，需要将所有的晶粒取向表示在极图、反极图以及ODF 图中，全面地反映实际的取向分布情况。

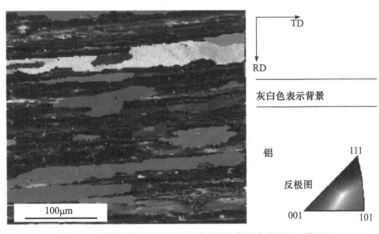

图 9.44　形变铝的晶粒取向成像图(彩图扫封底二维码)

　　图 9.45 为形变铝材晶粒{001}极图，显示形变铝在[001]方向具有明显的择优取向。在 EBSD 分析软件界面上，将鼠标放至取向程度高的晶粒位置，软件自动识别所在点的位置。不过这个点的坐标通常是相互质数，要注意该坐标是指样品的坐标系坐标。图 9.46 为形变铝材晶粒的 ND 反极图，鼠标放在取向程度最高的位置，软件自动显示此处的晶体学坐标，图中所示为[112]取向，该分析和样品坐标系的法向方向平行。

　　图 9.47 为形变铝材晶粒的 ODF 取向图。根据图像很容易读出 Al 的欧拉角在欧拉空间的分布，从而准确地确定晶体取向。用 EBSD 研究材料的择优取向，不

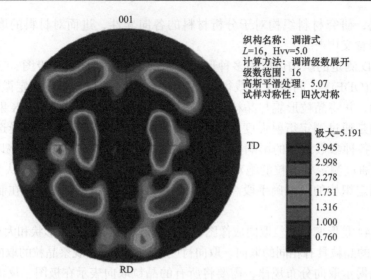

图 9.45　形变铝材晶粒的{001}极图(彩图扫封底二维码)

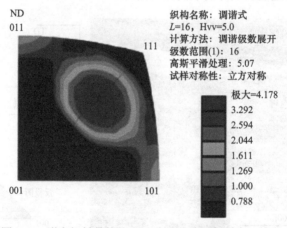

图 9.46　形变铝材晶粒的 ND 反极图(彩图扫封底二维码)

仅能够测得样品中每一种取向分量所占的比例,还能测出每一取向分量在显微组织中的分布,这是研究织构的全新方法。这就可能做到使取向分量的分布与相应的材料性能改变联系起来。EBSD 最常用的是测定加工产品的局域取向分布,法向局域取向的密度和相应的性能关系,例如,BCC 金属板的可成形性 EBSD 分析发现,只要[111]面平行于板平面,则板材有良好的深加工性能,可避免深冲压的制耳问题。另外还可利用 EBSD 的取向测量获得第二相与基体的位向关系,研究疲劳机理、穿晶和晶间裂纹、单晶完整性、断面晶体学、高温超导体中氧扩散、晶体方向和形变等。

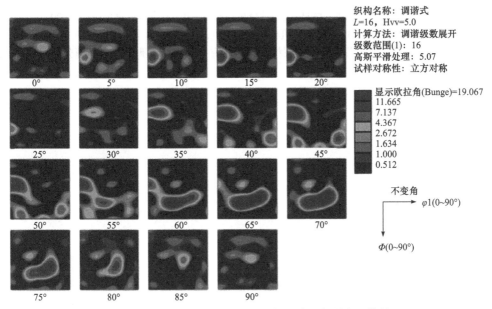

图 9.47　形变铝材晶粒的 ODF 取向图(彩图扫封底二维码)

9.11.7　点阵参数确定

　　通过测量菊池带的宽度，可以计算出相应晶面族的晶面间距。需要指出的是，每条菊池带的边缘相当于两根双曲线，因此在菊池带不同位置测定的宽度值不同。一般应测量菊池带上最狭窄处的宽度值来计算晶面间距。由于测量过程存在误差，用 EBSD 测定晶面间距时误差一般达 1.5%左右，故 EBSD 并不是测量点阵参数的专门方法。

参 考 文 献

[1] 马金鑫, 朱国凯. 扫描电子显微镜入门. 北京: 科学出版社, 1985.

[2] 杜学礼, 潘子昂. 扫描电子显微镜分析技术. 北京: 化学工业出版社, 1986.

[3] 戈尔茨坦 J I, 等. 扫描电子显微技术与 X 射线显微分析. 张大同, 译. 北京: 科学出版社, 1988.

[4] 谈育煦. 金属电子显微分析. 西安: 西安交通大学, 1989.

[5] 曾毅, 吴伟, 高建华. 扫描电镜和电子探针的基础及应用. 上海: 上海科学技术出版社, 2009.

[6] 焦汇胜, 李香庭. 扫描电镜能谱仪及波谱仪分析技术. 长春: 东北师范大学出版社, 2011.

[7] 施明哲. 扫描电镜和能谱仪的原理与实用分析技术. 北京: 电子工业出版社, 2015.

[8] Hirsch P H, Howie A, Nicholson R B, et al. Electron Microscopy of Thin Crystal. 刘安生, 李永洪, 译. 薄晶体电子显微学. 北京: 科学出版社, 1983.

[9] 黄孝瑛. 电子显微镜图像分析原理与应用. 北京: 宇航出版社, 1989.

[10] 魏光普, 姜传海, 杨传铮. 材料现代测试分析与研究. 北京: 高等教育出版社, 2020.

[11] 周玉. 材料方向方法. 3 版. 北京: 机械工业出版社, 2016.

[12] 陈家光, 李忠. 电子背散射衍射在材料科学研究中的应用. 理化检验(物理分册), 2000, 36(2): 71-74, 77.

第三篇　典型电沉积材料及其现代测试分析与表征示例

在这部分所涉及的电沉积材料以本书作者曾研究过的为主，兼顾重要和典型的普通电沉积材料和复合电沉积材料，故分为电沉积金属及其合金、电沉积复合材料和电沉积纳米材料三个主要部分，另外还编入了直接电沉积 Fe_3O_4 涂层。

第10章 电沉积铜薄膜和 Cu-SiC 复合材料及其测试分析与表征

电沉积铜薄膜中的织构和内应力是影响微电子元器件可靠性的重要因素。研究不同电沉积铜薄膜织构特征和内应力状态，以及制备工艺及后续处理的影响，探讨薄膜织构与内应力之间关系等，无疑对铜薄膜的制备及其应用起到非常重要的指导作用。

本章将全面介绍电沉积铜薄膜研究中的织构问题，探讨铜薄膜织构形成机理，并希望借助工艺调整来控制铜薄膜的织构程度。通过探讨织构对铜薄膜弹性常数及 X 射线弹性常数的影响，优化丝织构铜薄膜 XRD 应力测定方法，研究电沉积铜薄膜中的应力，探索薄膜内应力的调整途径。

10.1 电沉积铜薄膜材料制备和处理工艺及物相鉴定

10.1.1 电沉积铜薄膜基体材料的制备

这里选择电沉积 Ni-P 非晶合金层作为电沉积铜层的基底材料，为保证基底材料的稳定性，对不同磷含量的 Ni-P 非晶合金镀层的热稳定性进行研究[1]。

用电沉积方法制备不同磷含量 Ni-P 非晶合金样品，其电沉积液配方如表 10.1 所示。阴极为紫铜片，厚度为 1mm。

表 10.1 制备 Ni-P 非晶层的电沉积液

电沉积条件		1 号		2 号	
电解液成分		电流密度/(A/dm²)	温度/℃	电流密度/(A/dm²)	温度/℃
NiSO₄·6H₂O	250g/L				
NiCl₂·6H₂O	50g/L	2	60	12	60
NaH₂PO₂·6H₂O	40g/L				
H₃BO₄	30g/L				
Ni-P 非晶层中 P 的含量		16.8at%		27.8at%	

通过控制电流密度及电沉积液温度可以得到不同磷含量的 Ni-P 非晶合金薄膜。在样品制备过程中发现，电流密度对合金薄膜成分的影响要大于温度的影响，故

选择表 10.1 中两种薄膜制备工艺,合金薄膜的成分由 EDAX(energy dispersion analysis of X-ray)测定表明,1 号试样 P 含量为 16.8at%,2 号试样 P 含量为 27.8at%。

对以上两个样品分别进行退火处理,从室温加热到 700℃,同时进行原位 XRD 分析,动态研究退火过程中薄膜的晶化与相变行为[1]。

图 10.1 为 1 号和 2 号试样 Ni-P 合金薄膜沉积态的 XRD 谱线。如图所示,谱线在 2θ=45°位置出现明显的非晶散射轮廓。

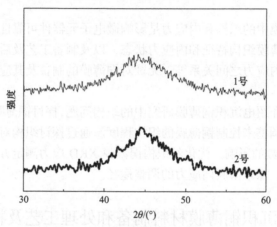

图 10.1　Ni-P 合金薄膜沉积态 XRD 谱

图 10.2 及图 10.3 分别是 1 号和 2 号试样晶化过程的 XRD 谱线。由图可知,试样经完全晶化后的稳定相都是 Ni 和 Ni_3P,而两个试样在晶化过程中所析出的亚稳相存在很大的差异。1 号试样在温度为 330℃时开始晶化,晶化过程初期的析出相主要有 Ni_3P、Ni 以及亚稳相 Ni_5P_2。亚稳相 Ni_5P_2 在温度达到 420℃时消失,

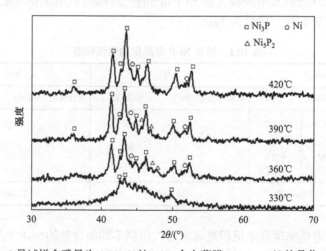

图 10.2　1 号试样含磷量为 16.8at%的 Ni-P 合金薄膜 330～420℃的晶化 XRD 谱线

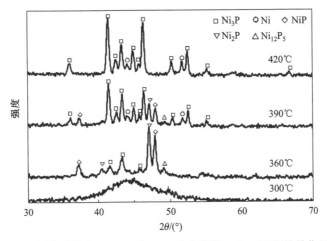

图 10.3　2 号试样含磷量为 27.8at%的 Ni-P 合金薄膜 300～420℃的晶化 XRD 谱线

完全晶化后样品由 Ni₃P₂ 和 Ni 两相组成；2 号试样在温度为 360℃时开始晶化，晶化过程初期的析出相主要有 Ni₃P₂、Ni，以及亚稳相 NiP、Ni₂P、Ni₁₂P₅。

在 360～420℃的温度范围，三种亚稳相 NiP、Ni₂P、Ni₁₂P₅ 的衍射强度逐渐减弱，直至温度达到 420℃时三种亚稳相完全消失，完全晶化后试样同样也是由 Ni₃P 和 Ni 两相组成。比较四种亚稳相与稳定晶相 Ni₃P 的 Ni/P 原子比大小关系，NiP>Ni₂P>Ni₁₂P₅ >Ni₅P₂ >Ni₃P，说明晶化相的稳定性与 P 原子的价态或者说键合方式有关，而且亚稳相的析出与 Ni-P 非晶合金中 P 的含量有关。分析两种不同 P 含量试样，在晶化初期亚稳相的析出主要与 P 在合金中存在着成分起伏有关。P 含量 27.8at%的 2 号试样，其成分起伏更为显著，所以形成含 P 量更高的亚稳相。随着温度的升高，P 原子的扩散能力逐渐加强；在晶化的同时，亚稳相也开始向 P 含量较低的稳定晶相 Ni₃P 转变。

10.1.2　电沉积铜膜工艺

选择以下三种较为典型的添加剂进行研究，基础电沉积液组成及添加剂含量如表 10.2 所示[1]。

表 10.2　硫酸盐铜电沉积液的组成和含量　　　　　　（单位：g/L）

电沉积液的组成		电沉积液编号及含量		
		1 号	2 号	3 号
主电沉积液	硫酸铜	280	280	280
	硫酸	80	80	80
添加剂	稀土铈盐	0.5	—	—

续表

电沉积液的组成		电沉积液编号及含量		
		1 号	2 号	3 号
添加剂	聚乙二醇	—	0.025	—
	乙二胺四乙酸二钠	—		20

超声电沉积试验中,超声发生器为槽式发生器,输出功率为 120W,输出频率为 40kHz。每次超声试验时,将圆形平底镀槽置于超声发生器中的相同位置,为控制超声电沉积温度在 30℃,采用外部循环冷却超声槽中的水。

考虑基底材料与薄膜间热膨胀性能的差异,可以通过低温处理对薄膜内应力进行调整。由于电沉积铜薄膜在集成电路等微电子元器件领域中的应用,低温处理试验选择磁控溅射 100nm 厚 Ti 过渡层的单晶硅片作为基底材料。低温处理方法是将试样缓冷至-78℃或-196℃,保持 10min 后取出并返回室温(25℃)状态。

10.1.3　电沉积铜薄膜的晶粒大小和自回火效应

如图 10.4 所示,电流密度分别为 $2A/dm^2$ 和 $16A/dm^2$ 条件下制备的铜薄膜,在电沉积后薄膜晶粒都有一个长大的过程;同时,薄膜的显微应变随着时间的延长,逐渐减小。一般认为,在电沉积过程中晶粒内存在大量缺陷,而由此产生的储存能被认为是电沉积铜薄膜自回火过程的驱动力。微应变随时间的变化可以验证这一观点。比较不同电流密度条件下制备的铜薄膜自回火过程发现,随着电流密度的提高,自回火过程时间缩短。分析认为,电沉积过程中电沉积速率随电流密度的提高而增大,在较大沉积速率下,电沉积镀层中缺陷数量将增加,使得铜薄膜自回火驱动力增加,加快自回火过程。

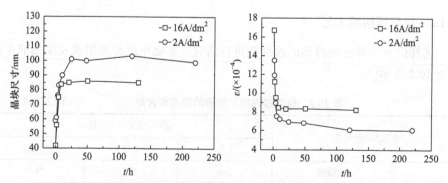

图 10.4　电沉积铜薄膜自回火过程中晶块尺寸和微应变随时间的变化

研究者们测量得到的电流密度对电沉积铜薄膜自回火影响的研究结果比较一

致，随着电流密度的升高，铜薄膜自回火时间缩短，认为随着电流密度的升高，电沉积的沉积速率增加，由此造成电沉积铜薄膜缺陷增加，使得自回火过程的驱动力增大，缩短了自回火过程的时间。针对本书研究的电沉积铜薄膜体系，选择较低电流密度($2A/dm^2$)条件下制备的铜薄膜进行自回火时间的研究。

10.2　电沉积铜薄膜的织构

10.2.1　不同电流密度下沉积铜薄膜的丝织构特征

在硫酸铜沉积液中不同电流密度下铜薄膜的 XRD 谱线示于图 10.5 中。可见在不同电流密度条件下，铜薄膜具有不同取向晶面丝织构特征，低电流密度时，铜薄膜存在{220}平行于膜面强的丝织构，高电流密度时，薄膜存在强{111}丝织构。比较不同电流密度下电沉积铜薄膜 XRD 谱图发现(图 10.5)，电流密度对电沉积铜薄膜不同晶面衍射峰强度有显著的影响，随着电流密度的升高，铜薄膜{220}晶面衍射峰的强度逐渐减弱，而{111}晶面衍射峰的强度逐渐增强，表明随着电流密度的升高，铜薄膜由{220}丝织构向{111}丝织构转变。故在硫酸盐铜沉积液中，通过调整电流密度可以制备具有不同织构特征的铜薄膜[2-4]。硫酸盐铜沉积液中，电流密度在 $2\sim16A/dm^2$ 范围内可以获得半光亮铜沉积层，且铜薄膜与基底有较好的结合力。研究发现，电流密度对电沉积铜薄膜织构产生显著影响。图 10.6 为低电流密度下($2A/dm^2$)制备的膜厚为 $60\mu m$ 铜薄膜的{220}、{200}及{111}极图。由图可知，薄膜具有明显的〈110〉丝织构特征，择优取向晶面为{220}晶面。图 10.7 为高电流密度下($16A/dm^2$)制备的膜厚为 $90\mu m$ 铜沉积层的{220}、{111}及{200}极图，薄膜表现为明显的〈111〉丝织构特征。

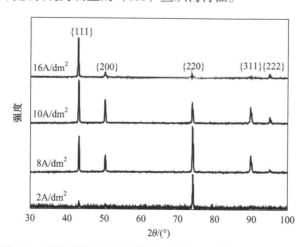

图 10.5　硫酸铜沉积液中不同电流密度下铜薄膜的 XRD 谱线

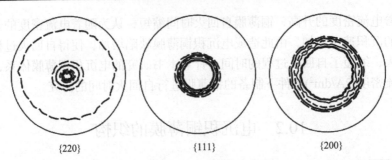

{220}　　　　　　　　{111}　　　　　　　　{200}

图 10.6　低电流密度下(2A/dm²)沉积膜厚为 60μm 铜薄膜的{220}、{200}及{111}极图，其中由
外到里的线分别表示 1、3、5、7、9

(0°<α<65°)，具有强〈110〉丝织构特征

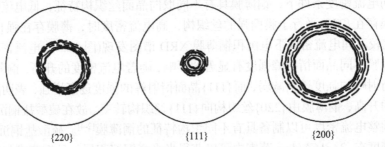

{220}　　　　　　　　{111}　　　　　　　　{200}

图 10.7　高电流密度下(16 A/dm²)制备的膜厚为 90μm 铜沉积层的{220}、{111}及{200}极图，
其中由外到里的线分别表示 1、3、5、7、9

(0°< α <65°)具有强〈111〉丝织构特征

　　根据以上三个晶面极图数据可知，在不同电流密度下，铜薄膜分别具有〈110〉
和〈111〉丝织构。为深入研究电沉积铜薄膜的织构特征，根据极图数据分别计算
具有强{220}和{111}丝织构铜薄膜的反极图。图 10.8 为不同电流密度下电沉积铜
薄膜反极图。如图所示，反极图结果与极图结果相一致，低电流密度时，铜薄膜
具有强{220}丝织构，高电流密度时，铜薄膜存在强{111}丝织构。

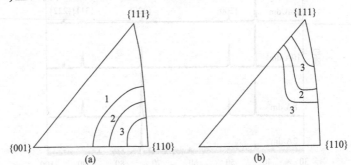

图 10.8　不同电流密度下电沉积铜薄膜反极图
(a) 2A/dm²；(b) 16A/dm²

10.2.2　薄膜厚度对丝织构的影响

研究硫酸盐铜沉积液中不同厚度铜薄膜的织构发现，轴向对称织构随膜的厚度而变化。图 10.9 为低电流密度下(2A/dm²)，不同厚度电沉积铜薄膜的{220}极图。可见在低电流密度(2A/dm²)下，薄膜{220}织构的分散程度随薄膜厚度的增加而减小。

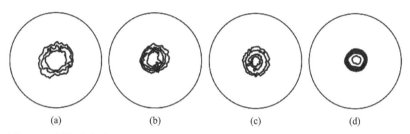

图 10.9　低电流密度(2A/dm²)下不同厚度电沉积铜薄膜的{220}极图($0°<\alpha<65°$)

(a) 2μm；(b) 10μm；(c) 45μm；(d) 60μm

图 10.10 为高电流密度下(16A/dm²)，不同厚度电沉积铜薄膜的{111}极图。在研究高电流密度下(16A/dm²)不同厚度电沉积铜薄膜的择优取向时发现，薄膜〈111〉丝织构的分散程度随薄膜厚度的增加而减小。

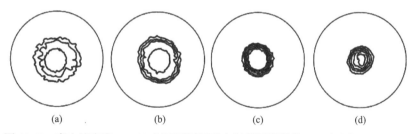

图 10.10　高电流密度(16A/dm²)下不同厚度电沉积铜薄膜的{111}极图($0°<\alpha<65°$)

(a) 8μm；(b) 25μm；(c) 75μm；(d) 110μm

根据不同厚度电沉积铜薄膜的 XRD 谱线数据按下式计算了不同厚度铜薄膜的织构系数：

$$TC_{hkl} = \frac{I_{(hkl)} / I_{0(hkl)}}{\sum I_{(hkl)} / I_{0(hkl)}} \times 100\% \qquad (10.1)$$

式中，$I_{(hkl)}$，$I_{0(hkl)}$ 分别为电沉积铜薄膜样品和标样(hkl)晶面的衍射强度，当各衍射晶面的 TC 值相同时，认为晶面取向是无序的；如果某一晶面(hkl)的 TC 值大于平均值 $1/n$ 时(n 为计算时所取的晶面数)，则该晶面为择优取向晶面。TC 值越大，表明晶面的择优取向程度越高。

计算结果如图 10.11 所示，在低电流密度(2A/dm²)下，随着薄膜厚度的增加，电沉积铜薄膜〈110〉轴向对称织构逐渐增强，相反，〈111〉轴向对称织构减弱；在高电流密度(16A/dm²)下，铜薄膜〈111〉轴向对称织构随薄膜厚度的增加而增强，而〈110〉轴向对称织构逐渐减弱。

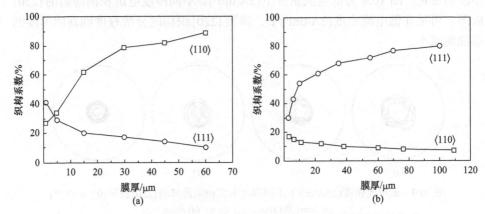

图 10.11　电沉积铜薄膜的织构系数 TC_{220} 和 TC_{111} 随膜厚的变化关系

(a) 低电流密度下(2A/dm²)；(b) 高电流密度下(16A/dm²)

10.2.3　添加剂对电沉积铜薄膜织构的影响

1. 添加稀土铈盐

硫酸盐铜沉积液中添加少量稀土铈盐，对电沉积铜薄膜织构产生较为显著的影响。图 10.12 为在硫酸盐铜沉积液中，不同电流密度下添加稀土铈盐后电沉积铜薄膜的 XRD 谱图。稀土铈盐对电沉积铜薄膜织构的影响有以下特点：在低电

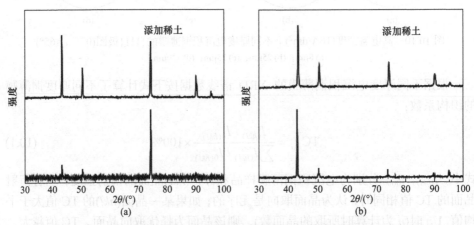

图 10.12　添加稀土铈盐后不同电流密度时电沉积铜薄膜的 XRD 谱图

(a) 2A/dm²；(b) 16A/dm²

流密度条件下，未加稀土铈盐时铜薄膜具有强{220}晶面择优取向，而加入稀土铈盐时，铜薄膜{220}晶面择优取向被抑制；在高电流密度条件下，未加稀土铈盐时，铜薄膜具有强{111}晶面择优取向，而当加入稀土铈盐时，铜薄膜{111}晶面择优取向被抑制，{220}晶面择优取向有所增强。

2. 添加聚乙二醇

聚乙二醇(PEG)作为表面活性剂，在电极表面产生很强的吸附作用，在沉积反应中，阻止金属在阴极表面沉积。图 10.13 为在硫酸盐铜沉积液中，不同电流密度下添加 PEG 后电沉积铜薄膜的 XRD 谱图。由图可知，添加 PEG 后原择优取向晶面的衍射峰强度显著降低，织构程度减弱，在高电流密度时，使得择优取向晶面发生了变化，由{111}晶面择优取向转变为{220}晶面择优取向。

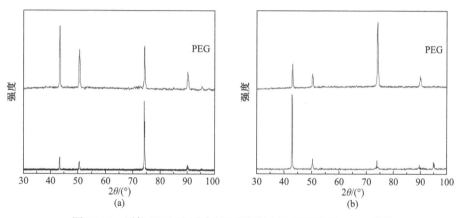

图 10.13　添加 PEG 后不同电流密度时电沉积铜薄膜 XRD 谱图
(a) 2A/dm^2；(b) 16A/dm^2

3. 添加乙二胺四乙酸

图 10.14 为添加乙二胺四乙酸(EDTA)铜沉积液，在较低电流密度下(2A/dm^2)电沉积铜薄膜 XRD 图谱。比较添加 EDTA 前后，相同电流密度下制备的铜薄膜反极图可知，EDTA 的加入，使得铜薄膜{220}晶面的择优取向明显减弱，而{111}晶面的择优取向显著增强。

此外，衍射峰显著宽化，这是由于铜络合离子的形成，不同取向晶粒的生长速率一定程度上将会受络合离子放电过程控制，不同取向晶粒的生长速率差异将会减小进而造成晶粒细化。

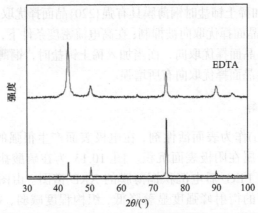

图 10.14　添加 EDTA 后电沉积铜薄膜的 XRD 谱图

10.2.4　超声对沉积膜织构的抑制作用

同样电沉积条件下用超声和不用超声电不同电流密度时沉积铜薄膜的 XRD 花样如图 10.15 所示。比较不同电流密度下有无超声作用时,电沉积铜薄膜的 XRD 谱线发现,超声作用导致铜薄膜不同衍射峰强度发生显著变化。在低电流密度下,铜薄膜{220}晶面衍射峰强度显著降低,在高电流密度下,铜薄膜{111}晶面衍射峰强度显著降低[2-4]。

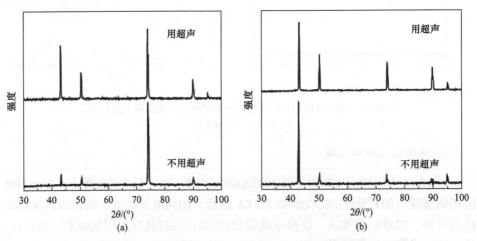

图 10.15　用超声和不用超声不同电流密度时电沉积铜薄膜的 XRD 谱线

(a) 2A/dm²; (b) 16A/dm²

10.2.5　织构与薄膜的各向异性

这里利用纳米压痕技术研究了不同织构铜薄膜的硬度,同时考虑到薄膜晶粒大小对薄膜硬度的影响,在表 10.3 中列出了不同电沉积工艺条件下铜薄膜的织构系数、晶块尺寸及硬度数据。由表 10.3 中数据可知，电沉积铜薄膜硬度与薄膜晶块尺寸满足霍尔-佩奇(Hall-Petch)关系，铜薄膜硬度随晶块尺寸的减小而增大，由表 10.3 可知，铜薄膜硬度与薄膜{111}晶面的织构系数成正比，随着{111}丝织构的增强，铜薄膜的硬度升高。由此可以认为，上述电沉积铜薄膜硬度的增加是薄膜晶粒尺寸细化和{111}织构增强的共同效果，这也可以解释薄膜硬度与晶块尺寸 $d^{-1/2}$ 的关系随薄膜{111}织构的增强而发生的非线性偏离，见图 10.16。

表 10.3　电沉积铜薄膜的硬度、晶块尺寸与织构系数的关系

电流密度/(A/dm²)	晶块尺寸/nm	织构系数 $TC_{\{111\}}$/%	硬度/HV
2	98	6	105
4	82	12	115
8	72	32	126
12	64	70	169
16	58	82	229

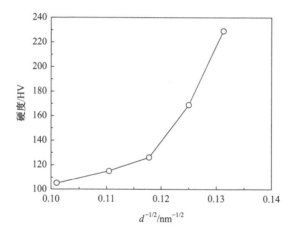

图 10.16　电沉积铜薄膜硬度与晶块尺寸 $d^{-1/2}$ 的关系曲线

10.3　电沉积铜薄膜中的内应力

本节研究不同电沉积工艺条件下铜薄膜的内应力，分析电流密度、添加剂和薄膜厚度等对电沉积铜薄膜内应力的影响，讨论铜薄膜内应力与织构之间的关系，探索电沉积铜薄膜内应力的调整途径。

10.3.1　电沉积工艺对铜薄膜内应力的影响

薄膜内应力与薄膜制备工艺密切相关，根据电沉积薄膜的制备条件，薄膜内

应力将包含有热应力和本征应力两个部分。热应力是由薄膜和基片热膨胀系数的差异而引起的；而本征应力还可分为界面应力和生长应力，界面应力是由薄膜结构和基片结构在界面处失配而产生的，生长应力来源于薄膜在电结晶过程中所形成的各种结构缺陷。宏观应力能使衍射线发生位移，而微观应力主要造成 X 射线衍射谱线的宽化。因此通过对电沉积铜薄膜 X 射线衍射峰位及衍射峰形的研究可以表征薄膜宏观和微观应力。

在硫酸盐铜沉积液中制备不同厚度铜薄膜，结果表明，不同厚度薄膜的内应力有显著的差异。图 10.17 为低电流密度($2A/dm^2$)时铜薄膜厚度与内应力的关系。由图可知，当薄膜较薄时，电沉积铜薄膜的内应力随薄膜厚度的增加而减小，当薄膜厚度较大时，铜薄膜的内应力随薄膜厚度的增加而增大[4-6]。

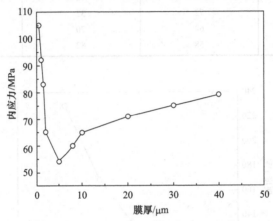

图 10.17　低电流密度($2A/dm^2$)时铜薄膜内应力与膜厚的关系曲线

分析不同厚度铜薄膜内应力的形成机理可知，在电结晶初期，由薄膜与基体晶格的差异造成较大的界面应力，而此时生长应力较小。随薄膜厚度的增加，界面错配对薄膜内应力的影响将逐渐减小，故薄膜的内应力随薄膜厚度增大而减小。当铜薄膜沉积到一定厚度时，生长应力将成为薄膜内应力的主要影响因素。根据薄膜生长应力 Klokholm 模型的假设，生长应力与薄膜厚度成正比，随着薄膜厚度的增加，薄膜生长应力逐渐增大，故当薄膜较厚时，薄膜内应力随薄膜厚度的增加而增大。

1. 电流密度对宏观应力的响应

电流密度是电沉积工艺中一个十分重要的参数，图 10.18 为不同电流密度下电沉积铜薄膜内应力与膜厚的关系。如图所示，随着电流密度的增加，电沉积铜薄膜内应力增加。

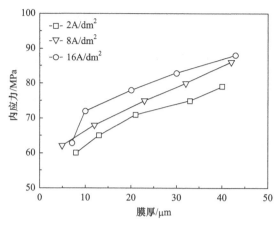

图 10.18　不同电流密度下电沉积铜薄膜内应力与膜厚的关系曲线

表 10.4 显示电流密度对电沉积铜中晶块尺寸、微应变及电阻率的响应。比较不同电流密度条件下铜薄膜的晶块尺寸、微应变及电阻率发现，随着薄膜晶块尺寸的减小，微应变的增大，铜薄膜的电阻率逐渐增大，且明显高于块体铜材料的电阻率。根据马西森(Matthiessen)定则，材料的电阻率等于声子、杂质、缺陷(位错、空位、间歇、应变)和晶界所引起的电阻率之和，而由于晶界等缺陷对薄膜电阻率的影响较为显著，故晶块尺寸和微应变对电沉积铜薄膜电阻率的影响较为明显。薄膜中的杂质和缺陷浓度通常都远高于块体材料，并且薄膜的晶粒也比较细小，故电沉积铜薄膜的电阻率大于块体铜材料。

表 10.4　不同电流密度下电沉积铜薄膜的晶块尺寸、微应变及电阻率

电流密度/(A/dm^2)	2	4	8	16
晶块尺寸/nm	97	90	82	73
微应变/(×10^{-4})	6.1	6.7	7.2	10.3
电阻率/(μΩ·cm)	2.4	2.8	3.1	3.1

2. 添加添加剂的效应

图 10.19～图 10.21 分别给出添加稀土铈盐、PEG 和 EDTA 后不同电流密度下电沉积铜薄膜中内应力随膜厚度的分布。研究发现以下规律。

(1) 应力的影响与未添加稀土铈盐时相类似，随着薄膜厚度的增加，薄膜内应力有所升高。比较不同电流密度下电沉积铜薄膜的内应力发现，不同电流密度条件下制备的铜薄膜，其内应力变化不明显。但在未添加稀土铈盐时，高电流密度条件下制备的铜薄膜，其内应力要明显高于低电流密度下的铜薄膜。稀土阳离

子具有很高的表面活性，其在阴极表面的吸附作用与电流密度有关，电流密度越高，其吸附作用越强。

(2) 图 10.20 为添加 PEG 后不同电流密度下电沉积铜薄膜的内应力测定结果。由图可知，当添加少量 PEG 后，电沉积铜薄膜的内应力显著增大。

(3) 添加 EDTA 络合剂后电沉积铜薄膜内应力明显增加。由电沉积层内应力的产生机理可知，晶格畸变和晶块尺寸的变化都是影响电沉积层内应力的主要因素。分析认为，添加 EDTA 后，铜薄膜晶块尺寸的细化以及微应变的增大是薄膜内应力增大的主要原因。

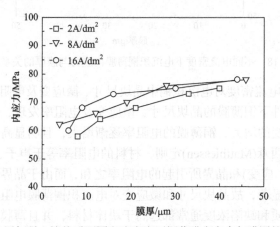

图 10.19　添加稀土铈盐后不同电流密度下铜薄膜内应力与膜厚的关系曲线

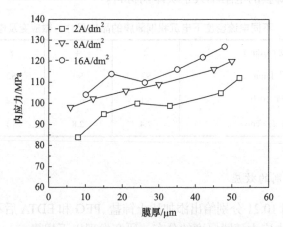

图 10.20　添加 PEG 后不同电流密度下铜薄膜内应力与膜厚的关系曲线

表 10.5 示出添加稀土铈盐、PEG 和 EDTA 后铜薄膜晶块尺寸的变化。比较表中数据可知：

(1) 当添加稀土铈盐后，铜薄膜晶块尺寸变小，而微应变的变化不明显，结果表明，稀土铈盐添加剂有抑制晶粒长大、细化晶粒的作用；

(2) 由表中结果可知，添加 PEG 后，薄膜晶块尺寸减小，微应变有所增加；

(3) 络合剂 EDTA 对电沉积铜薄膜晶块尺寸和微应变有较大影响，比较添加 EDTA 后铜薄膜晶块尺寸和微应变的变化率发现，EDTA 对薄膜微应变的影响显著大于对薄膜晶块尺寸的影响。

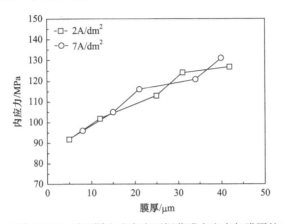

图 10.21　添加 EDTA 后不同电流密度下铜薄膜内应力与膜厚的关系曲线

表 10.5　不同电沉积工艺条件(电流密度、添加剂)下铜薄膜的晶块尺寸及微应变

电流密度/(A/dm²)	2	8	16	2	8	16	2	8	16	2	4	7
	硫酸盐电沉积液			添加稀土铈盐			添加 PEG			添加 EDTA		
晶粒尺寸/nm	97	82	73	58	45	34	70	65	46	34	37	31
微应变/(×10⁻⁴)	6.1	7.2	10.3	5.3	5.7	6.4	10.2	10.1	10.4	110.1	110.9	21.3

10.3.2　内应力对薄膜织构的影响

对不同厚度电沉积铜薄膜内应力的研究发现，薄膜内应力与薄膜厚度有关，当薄膜较厚时，薄膜内应力随薄膜厚度的增加而变大。铜薄膜试样均选择 X 与 Y 相互垂直的方向进行测量，结果显示，在 X 与 Y 方向上，薄膜的内应力之差小于 10MPa，即在测量误差范围内，故认为薄膜处于平面等应力状态。

虽然薄膜处于平面等应力状态，但由于晶体的弹性各向异性，在薄膜平面内不同取向的应变能存在差异，这将造成晶粒生长过程中，在垂直于丝轴方向上的择优生长。在垂直于丝轴的方向上，总是存在某些取向的拉伸抗力较小，这些取向上晶粒应变能较低；某些取向的拉伸抗力较大，这些取向上晶粒的应变能较高。应变能较高的晶粒将会被应变能较低的晶粒所取代，使体系的应变能降低，形成择优生长。

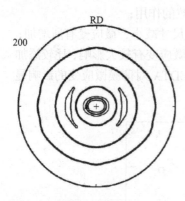

图 10.22　平面不等应力状态下电
沉积铜薄膜(200)计算全极图

对于无织构的多晶体材料，样品不同方位角(α, β)处的某晶面$\{hkl\}$的 X 射线衍射强度均相等。对于丝织构多晶体材料，样品不同方位(α, β)处的某晶面$\{hkl\}$的 X 射线衍射强度只与α角有关；在相同α角处，$\{hkl\}$晶面的 X 射线衍射强度在β角$(0\sim2\pi)$范围内相等。而对于板织构多晶体材料，相同α角处，$\{hkl\}$晶面的 X 射线衍射强度随β角的变化而变化。图 10.22 为该铜薄膜样品(200)计算全极图，由图可知，薄膜主要表现为丝织构特征，同样也存在弱板织构特征。

通过上述研究发现，电沉积铜薄膜在平面等应力和平面不等应力状态下，都具有弱板织构特征，在平面不等应力状态下，铜薄膜的板织构特征更为显著。分析可知，不同取向晶粒应变能的差异是薄膜中板织构形成的主要原因，在薄膜平面内，不同方向应力相差较大时，薄膜中不同取向晶粒间应变能的差异将进一步加剧，故更易形成板织构特征。

10.3.3　电沉积铜薄膜内应力调整

根据前面介绍，可通过超声或沉积后的低温退火来调整沉积膜中的应力[5,6]。

1. 超声波电沉积对铜薄膜内应力的影响

10.2.4 节已经介绍超声对织构的响应，图 10.23 为相同电流密度下，在有/无

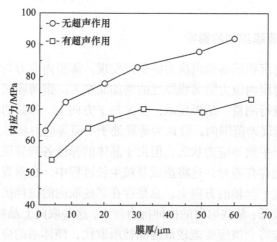

图 10.23　超声作用对不同厚度电沉积铜薄膜内应力的影响

超声作用下电沉积铜薄膜的内应力测量结果。如图所示，铜薄膜的内应力有明显的降低，在薄膜较厚时更为显著。超声波应用于电沉积工艺中，其主要作用有：①清洗作用，强大冲击波能渗透到不同电极介质表面和空隙里，使电极表面彻底清洗；②析氢作用，电沉积中常伴有氢气的产生，夹在沉积层中的氢使沉积层性能降低，而逸出的氢容易引起花斑和条纹，超声空化作用使氢进入空化泡或作为空化核加快了氢气的析出；③搅拌作用，超声空化所产生的高速微射流强化了溶液的搅拌作用，加强了离子的运输能力，减小了分散层厚度和浓度梯度，降低了溶液极化，加快电极过程，优化电沉积操作条件。

2. 后续低温处理对铜薄膜内应力的影响

厚度分别为 50μm 和 25μm 的电沉积铜薄膜沉积态的内应力分别为 175MPa 和 122MPa。经-78℃及-196℃低温处理后，铜薄膜室温状态下内应力有较为显著的降低，结果如图 10.24 所示。

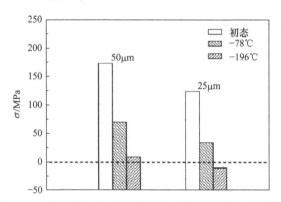

图 10.24 低温处理对两种厚度电沉积铜薄膜内应力的影响

经-196℃低温处理后，电沉积铜薄膜的内应力从 175MPa 和 122MPa 分别降至 10MPa 和-15MPa，说明低温处理可有效调整铜薄膜的内应力，而且比较不同处理温度发现，低温处理温度越低，铜薄膜内应力下降得越显著。

低温处理调整电沉积铜薄膜内应力原理示意图如图 10.25 所示。在沉积态时，薄膜与基体之间存在一定错配应变(e_1)。如果进行低温处理，在冷却过程中，因薄膜的收缩量较大，薄膜与基体错配应变继续增大，同时薄膜将发生塑性变形；而从低温返回室温时，因薄膜膨胀量较大，薄膜错配内应力经历卸载过程。考虑到基体的强度远高于薄膜，因此可以认为整个低温循环期间基体始终保持弹性应变状态。薄膜和基体返回室温状态后，因薄膜的膨胀量大于基体，薄膜与基体间的弹性拉伸错配应变(e_2)将得到明显的缓和，导致室温状态薄膜拉应力降低。

图 10.25　低温处理调整电沉积铜薄膜内应力原理示意图

10.4　电沉积铜薄膜力学行为研究

本节将利用优化的 X 射线衍射应力测定方法对电沉积铜薄膜的拉伸力学行为进行研究。将 ETM1503 微型拉伸试验机加载架固定在 X 射线应力分析仪的试样台上，采用单轴拉伸加载方式逐渐加载，测量各级载荷下薄膜加载方向上的承载应力，所采用的特征 X 射线和衍射晶面分别为 CrKα 和 Cu{220}。将电沉积铜薄膜从基底上剥离，使其成为自由膜。在薄膜弹性阶段进行加载拉伸试验，铜薄膜的外载应力由拉伸试验机所加载的力除以薄膜的截面积求出，薄膜加载方向上的承载应力由 X 射线衍射应力方法测量得到。将优化前后 X 射线衍射应力测定方法所测定的铜薄膜承载应力与薄膜加载应力进行比较，通过该试验来验证优化 X 射线衍射应力测定方法的可靠性[7-10]。

图 10.26 为该电沉积铜薄膜 X 射线衍射应力测定中，不同 ψ 角下铜薄膜{220}晶面衍射峰形，由图可知，该薄膜样品具有较强的织构特征，不同 ψ 角下{220}晶面衍射峰强度存在较大差别。故在利用 X 射线衍射应力方法测定铜薄膜拉伸过程中的承载应力时进行优化。

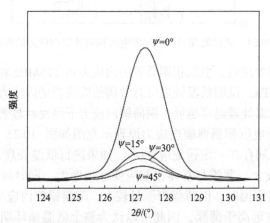

图 10.26　强丝织构电沉积铜薄膜 X 射线衍射应力测定不同 ψ 角下{220}晶面衍射峰形

图 10.27 为该铜薄膜外载应力与 X 射线衍射应力方法测定的薄膜承载应力的关系曲线。图中纵坐标为 X 射线衍射应力测定的薄膜承载应力，横坐标为薄膜的

外载应力。该铜薄膜为自由膜，基底对薄膜的约束消失，使得薄膜残余应力显著降低。对不加载荷时该铜薄膜进行应力测定结果表明，薄膜残余应力为 12MPa，故在拉伸试验中，X 射线衍射应力测定的薄膜承载应力应与薄膜的外载应力基本相等，即薄膜外载应力与薄膜承载应力的关系曲线斜率接近 1。对 X 射线衍射应力测定优化前后的数据进行线性拟合，结果表明，优化前应力测定结果的直线斜率为 1.11，优化后 X 射线衍射应力测定结果的直线斜率为 1.02，比较可知，优化后的应力测定结果更接近于薄膜外载应力，故优化的 X 射线衍射应力测定方法可以有效地提高丝织构铜薄膜应力测定结果的可靠性。

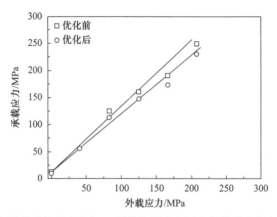

图 10.27　自由铜薄膜外载应力与 X 射线衍射应力测定的薄膜承载应力的关系曲线

在验证了优化 X 射线衍射应力测定方法可靠性的基础上，对电沉积铜薄膜的拉伸力学行为进行了研究。本实验选用高强度铝合金作为基底材料，而且保证电沉积铜薄膜与基体有较强的结合力，在拉伸过程中薄膜与基底不发生脱附。

图 10.28 为该拉伸铜薄膜样品不同 ψ 角下 {220} 晶面的衍射峰形。由图可知，该薄膜样品具有较强的丝织构特征，不同 ψ 角下 {220} 晶面衍射峰强度存在较大差别。考虑织构对 X 射线衍射应力测定的影响，故同样利用优化的 X 射线衍射应力测定铜薄膜拉伸过程中的承载应力。

根据 X 射线实测拉伸方向应力 σ_1 及横向应力 σ_2，薄膜中米泽斯(Mises)等效应力为

$$\bar{\sigma}=\sqrt{\sigma_1^2-\sigma_1\sigma_2+\sigma_2^2} \tag{10.2}$$

由三向应变计算等效应变的公式如下：

$$\bar{\varepsilon}=\sqrt{\frac{2}{9}\Big[(\varepsilon_1-\varepsilon_2)^2+(\varepsilon_2-\varepsilon_3)^2+(\varepsilon_3-\varepsilon_1)^2\Big]} \tag{10.3}$$

假定单向拉伸过程中材料体积不变，则等效应变与拉伸方向应变 ε 的关系为

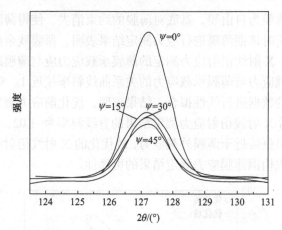

图 10.28 具有强丝织构电沉积铜薄膜 X 射线衍射应力测定不同 ψ 角下 {220} 晶面衍射峰形

$$\bar{\varepsilon} = \frac{2}{3}\left(\varepsilon - \frac{1}{\sqrt{1+\varepsilon}} + 1 \right) \tag{10.4}$$

图 10.29 为电沉积铜薄膜的等效应力 σ 与等效应变 ε 的关系曲线，图中等效应力 σ 是由优化前后 X 射线衍射应力测定方法所测得的应力数据计算得到的，观察图中数据发现，图中数据可分为两段，并且存在一个比较明显的拐点。

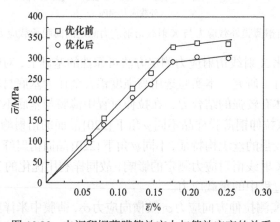

图 10.29 电沉积铜薄膜等效应力与等效应变的关系

铜薄膜拉伸过程中，在弹性阶段，随着外加载荷的增加，符合较好的线性关系。当薄膜发生屈服时，应力与应变将开始偏离线性关系而出现拐点，该拐点可以认为是薄膜的屈服点。比较发现，优化 X 射线衍射应力测定方法得到的薄膜的屈服强度接近 290MPa，与文献报道相近，但仍远高于铜材料的屈服强度 50MPa。分析认为，薄膜的几何特性所导致的尺度效应是这一现象的主要原因，薄膜晶粒相对细小是屈服强度较高的一个主要因素。此外，对于附着膜，基体可以通过膜基界面对膜产生强化作用，基片强度越高，薄膜越薄，这种强化效果就越显著。

由图 10.29 中铜薄膜等效应力与等效应变的关系，可得该铜薄膜的弹性模量为 132GPa，根据铜材料的弹性常数计算结果，计算可得铜薄膜的弹性模量为 123.2GPa，比较发现，理论计算值与实验值接近，由此可以认为，利用 X 射线衍射应力方法测得的铜薄膜屈服强度比较可信。

10.5 电沉积铜薄膜的生长、织构形成和内应力产生机理的讨论

10.5.1 电沉积的基本历程

在电沉积时，电沉积溶液中的金属正离子，在电场的作用下，向阴极迁移，达到阴极表面，并还原成金属原子而形成沉积层。在正常情况下，电沉积可以连续进行，沉积层金属从离子态到晶体，需要经过以下主要步骤。

(1) 离子液相传质：金属离子在阴极还原，首先消耗的是阴极附近的离子。溶液中离子通过电迁移、扩散、对流的方式进行补充，保持溶液中离子浓度的均衡。

(2) 前置转换：在阴极上还原的金属离子结构与溶液中主要离子(浓度最大的金属离子)的结构形式不同。在还原之前，离子在阴极附近或表面发生化学转化。单盐溶液中水合离子的水化数下降，络盐溶液中络离子的配体发生交换或配体数下降。

(3) 电荷转移：电荷转移是金属离子得到电子的过程，但是电荷转移不是一步完成的，要经过一种中间活性粒子状态。在电场作用下，金属离子首先吸附在电极表面，在配体转换、配位数下降或水合分子数下降的过程中，金属离子的能量不断提高，致使中心离子中空的价电子能级提高到与电极的费米能级相近时，电子就可以在电极与离子之间产生跃迁，往返运动的频率很高，概率近乎相等。可以认为离了所带电荷仅为离子电荷的一半，这种中间活化态的离子通常称为吸附原子。所以吸附原子保留着部分水化分子和部分电荷的离子。继之，失去剩余的水化分子进入金属晶格，完成电荷转移的全过程。

(4) 形成晶体：吸附原子通过表面扩散到达生长点进入晶格生长，或通过吸附原子形成晶核长大成晶体。由此可以看出，金属的电沉积包括两个过程：金属离子的放电过程和金属离子的电结晶过程。

10.5.2 电沉积铜薄膜的结晶生长机理

一般来说，电沉积初期的结晶生长可以分为三个阶段：初始外延期、过渡生长

期和电沉积条件控制的生长期。在初始外延期中，沉积层的取向完全由基体的性质所决定，而与电沉积条件无关；在过渡生长期中，基体的外延效应逐渐削弱直至完全消失；于是在最后的生长期中，沉积层的结晶取向只由电沉积条件所决定。

二维晶核理论的基本观点是：在"惰性"基体(即不产生外延效应的基体)上的沉积层中，或在基体的外延效应已经消失的厚沉积层中，结晶体的择优取向是由二维晶核的类型所决定的。换言之，晶体生长的模式(如侧向生长、向上生长或其他生长模式)只依赖于与电沉积条件相对应的二维晶核形成过程。

二维晶核的类型是指晶核的点阵型式，它可以用一组米勒(Miller)指数 $\{hkl\}$ 表示。$\{hkl\}$ 型二维晶核的生长速度正比于 $\exp(W_{hkl}/(kT))$，其中 W_{hkl} 是形成 $\{hkl\}$ 型二维晶核所需的功(即二维晶核的生成能)。显然，具有 W_{hkl} 值最小的二维晶核的生长速度最快，而 W_{hkl} 取决于电沉积条件。Pangarov 及其合作者已对不同类型的二维晶核的生成能进行计算，并总结出 W_{hkl} 的一般表达式。在电沉积的情况下，

$$W_{hkl} = B_{hkl} \bigg/ \left[\left(\frac{zF}{N} \right) \eta - A_{hkl} \right] \tag{10.5}$$

式中，z 为电沉积离子的电荷数；F 和 N 分别为法拉第(Faraday)常数和阿伏伽德罗(Avogadro)常量；η 为过电势；A_{hkl} 和 B_{hkl} 分别具有能量的因子和能量平方的因子，它们是晶核中原子间的相互作用能以及晶粒中的原子与基体之间的作用能的函数，不同类型晶核的 A_{hkl} 值和 B_{hkl} 值均不同。由此可以看出，电沉积层的织构与电沉积过电势关系密切。

根据二维晶核理论，杂质吸附对择优取向的影响是由于吸附杂质的存在会改变 W_{hkl} 值，然而吸附如何影响 W_{hkl}，并没有予以具体的解释。

二维晶核理论还就厚沉积层中择优取向的发展过程作了说明。假定电沉积条件恰好使得沉积层在惰性基体上形成 $\{110\}$ 取向织构，而基体是同种金属的 $\{111\}$ 晶面。由于基体的外延影响，初始电沉积层的取向应为 $\{111\}$。但是如果基体表面上存在具有惰性基体功能的惰性位置，则在第一沉积原子层中将同时出现取向为 $\{110\}$ 的若干晶核。这样一来，在第一个微晶层上出现取向为 $\{110\}$ 的微晶的概率为 $P_1 = a/N$，式中，a 为具有取向 $\{110\}$ 的微晶数目，N 为层中微晶的总数目。在"惰性"位置上形成其他类型的概率是零，因为实验条件就是这样选择的。为进一步简化起见，设想在 $\{111\}$ 晶面上的晶体生长过程中每个微晶层上的惰性位置的数目相同，那么可以推导出在第 n 个微晶层上出现具有 $\{110\}$ 取向的微晶的概率为

$$P_n = \sum_{q=1}^{q=n} \frac{n!}{(n-q)!q!} \left(\frac{a}{N} \right)^q (-1)^{q+1} \tag{10.6}$$

当 $n \to \infty$ 时，$P_n \to 1$，即当沉积层达到某一厚度之后薄膜中所有微晶均沿 $\{110\}$ 取向。根据式(10.6)，如果没有外延影响，则沉积层的第一层就按二维晶核理论进行取向，

这时在薄沉积层中就可观察到织构。如果有外延影响，则当 a/N 的值越小(惰性位置越少)时，可以观察到织构的沉积层厚度就越大。由此可见，不同的基体开始显示织构的厚度是不同的。

二维晶核理论虽然能够比较成功地解释从纯溶液中得到的沉积层织构的某些实验事实，但是它不能很好地解释杂质吸附对织构的影响。二维晶核理论虽然抓住了二维晶核形成过程影响织构的这一主要因素，但是它却忽视了另一个重要的因素——晶体生长过程对织构的影响。

与二维晶核理论的基本观点不同，几何选择理论认为择优取向是由不同晶面的生长速度不同所造成的。Горбунова 首先对择优取向作如下定性的解释：如果初始沉积层是由无序取向的晶粒组成的，由于不同晶面的生长速度不同，那些快速生长方向恰好与电流方向一致的晶粒将优先得到发展，并迅速地叠盖在取向不利的其他晶粒上。在电结晶生长的最后阶段，沉积层的表面将形成一层具有一定取向的微晶层，即出现择优取向的沉积层。Горбунова 的解释表明这样一个事实，在无序取向的沉积层上形成择优取向沉积层不是一个突变过程，而是一个逐渐形成的过程。

继 Горбунова 之后，不少研究者发展了几何选择理论。Reddy 的理论可以解释沉积层织构随电沉积条件而变化的某些实验事实。Reddy 认为，晶粒中的某一晶面能否得到优先发展不仅取决于结晶学因素，而且取决于电化学因素；而优先形成的晶面如何相对于基体而倾斜，则由生长模式决定。在向上生长模式的情况下最慢生长的晶面应垂直于基体表面。但是由于电化学因素的影响，各个晶面的相对生长速度可能发生改变，从而会改变沉积层的织构。

几何选择理论的另一新近模型是在总结锗、硅的晶体生长和某些金属的电结晶生长的实验结果的基础上提出的。这个模型认为，垂直于基体表面的孪晶平面交叉重叠所形成的凹角是一种活泼的生长位置。这些活性位置是晶体快速生长的基础。Maurin 等已利用这些概念解释从 Watts 沉积液中得到的镍沉积层的织构，许多实验表明，电沉积层的织构随电流密度而变化。

(1) 当电沉积是在低电流密度和较高温度下进行时，沉积层中的结晶体的取向使得最紧密堆积的原子平面平行于基体表面。具体地说，面心立方金属的择优取向晶面为{111}，体心立方金属为{110}。按照 Finch 等的概念，这时沉积金属采取"侧向生长"模式。侧向生长时的快速生长方向与电流方向垂直。

(2) 当电沉积是在高电流密度和较低温度下进行时，沉积层中结晶体的取向使最紧密堆积的原子平面垂直于基体表面。具体地说，面心立方金属的择优取向晶面为{110}，体心立方金属为{111}。按照 Finch 等的概念，这时沉积金属采取"向上生长"模式。在"向上生长"时，快速生长的方向平行于电流方向。但应该指出，在很多情况下具有强择优取向的沉积层并不符合上述的生长模式。例如，已经发现面心立方金属择优取向晶面可能有(100)、(211)和(311)；体心立方金属尚有(211)和(310)。显然，所谓"侧向生长"和"向上生长"只是晶体生长的两种特殊情况。

10.5.3　电沉积铜薄膜的织构生长机理

Finch 和 Sun 研究了许多金属电沉积层的结晶取向，发现基体对沉积层的外延影响约可伸展至 100nm 的厚度。Menzies 和 Ng 也指出，在晶粒尺寸为 100nm 的多晶体上外延范围约为 200nm；在单晶基体上则可达 4μm 以上。外延影响的消失与结晶过程中产生的位错有关，任何引起位错的因素都会促使多晶沉积层提早出现。

Watanabe 等研究了焦磷酸盐和硫酸盐铜沉积液中铜薄膜织构与电流密度和膜厚的关系，在焦磷酸盐铜沉积液中，当薄膜较薄时所有电流密度下都表现为{111}织构。低电流密度时，即使电流密度和膜厚有所增加，铜薄膜也主要为{111}织构特征。当电流密度超过 300mA/m² 时，随膜厚的增加，织构向(200)转变。在硫酸盐铜沉积液中，电流密度较低时，沉积层显示{220}织构，而当电流密度较高时，最初没有明显的择优取向，当沉积层厚度增加时，逐渐发展为{220}织构。

自 20 世纪 20 年代以来，已经提出三种解释择优取向现象的理论，即内应力理论、几何选择理论和二维晶核理论。内应力理论认为，择优取向是沉积层中内应力产生弹性形变的结果。这一理论把电沉积层中织构和金属材料加工形变时形成的织构相提并论，目前认为它不能作为解释沉积层织构的依据。

利用三维晶核理论来解释铜薄膜择优取向的形成机理。Kozlov 等根据三维晶核模型，计算了在"惰性"基底上，面心立方金属不同取向晶核的形成能。根据三维晶核理论，三维晶核形成能也是过电势的函数。对于面心立方金属，{111}取向晶核的形成能低于{110}取向晶核的形成能，即电沉积层更易于形成{111}择优取向。图 10.30 为根据三维晶核理论计算的不同取向晶核形成能与过电势的关系曲线。

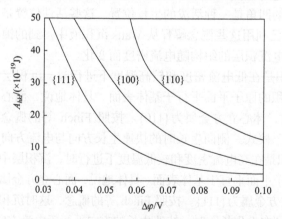

图 10.30　三维晶核形成能与过电势的关系曲线

在低电流密度时，根据三维晶核理论，认为"惰性"基底表面缺乏二维形核所需要的台阶和扭折，以二维形核机制形成的晶粒较少。在电沉积初期，铜薄膜晶粒主要以三维形核机制生长，所以当薄膜较薄时，易形成{111}晶面的择优取向。当最初的铜沉积层形成后，随着薄膜厚度的增加，沉积表面形成大量的台阶及扭折位置，且由于电流密度较小，沉积速率较低，此时有利于二维晶核的形成，薄膜的形核过程开始以二维形核机制进行。随着薄膜厚度的增加，形成了{220}晶面的择优取向。由此可以很好地解释低电流密度条件下，不同厚度铜薄膜的织构形成过程。

当电流密度较大时，在沉积的初始阶段，铜薄膜晶粒同样主要以三维形核机制生长，形成{111}晶面的择优取向。在最初的铜沉积层形成后，在某些台阶和扭折位置晶核通过二维形核机制形核，但由于电流密度较大，沉积速率较高，大量的铜原子到达沉积表面并形成吸附原子，二维晶核分层生长机制无法提供足够的生长位置来满足大量到达沉积表面的原子，大量的晶核还是通过三维形核机制形核。同时，对电沉积铜薄膜电结晶初期的研究结果发现，随着电沉积过电势的升高，铜薄膜逐渐倾向于按三维形核机制形核。这表明，随着电流密度的提高，过电势升高，铜电沉积过程中晶核趋于按三维形核机制生长。随着电流密度增大，更易形成{111}晶面的择优取向。故高电流密度有利于电沉积铜薄膜形成{111}丝织构特征。

比较不同电流密度下不同厚度电沉积铜薄膜的织构系数发现，形成强{111}丝织构铜薄膜的厚度远大于形成强{220}丝织构铜薄膜的厚度。分析认为，较高电流密度时，在最初的铜沉积层形成后，沉积层表面存在有利于二维形核的缺陷位置，少量晶核将按二维形核机制形核。高电流密度电结晶过程中二维形核过程的存在，造成了形成强{111}丝织构和强{220}丝织构铜薄膜厚度的差异。

10.5.4　电沉积薄膜中内应力产生机理

对于影响电沉积层内应力的各种因素，首先应该考虑的是电沉积层的厚度。一般厚度较薄时，会产生较大的拉应力。随着厚度的增加，应力是先急剧下降，随后逐渐缓慢下降并接近于一个定值。基体材料对电沉积层内应力的影响也与电沉积层厚度有关，当电沉积层较薄时，基体材料对电沉积层内应力有影响。这时内应力是由基体金属和电沉积金属之间的晶格错配造成的。这种影响在电沉积层为 $2\sim3$Å 时就能出现。当电沉积层厚度达到 1000Å 时，这种影响将下降。当电沉积层的厚度大于 2000Å 时，可以认为电沉积层内应力由电沉积过程决定。所以，此时电沉积层的内应力将受电沉积工艺参数的影响。

电流密度对电沉积层内应力的影响虽然会因金属种类的不同而异，但一般情况下，应力随着电流密度的提高而增加。电沉积温度对电沉积层内应力的影响比电流密度的影响更为显著。温度的影响还与电沉积层的厚度和电流密度有关，因此比较复杂。一般规律是电沉积温度升高，电沉积层内应力降低。

电沉积金属的组织结构受电沉积液的 pH 影响，pH 对电沉积层内应力的影响因金属不同而异。电沉积液组成对电沉积层内应力的影响主要包括电沉积液中金属主盐和添加剂的变化产生的影响。如果电沉积液中金属主盐的形态发生变化，电沉积层的内应力会发生显著的变化，严重时甚至使压应力变成拉应力。有机添加剂加入到电沉积液中，往往会在电沉积层表面产生吸附，电沉积层的内应力可能因此而下降。

内应力是影响薄膜性能的重要因素，故必须追寻其产生根源，曾经采用能量过剩、化合物夹杂、氢气吸附和晶粒聚集等一些概念来说明内应力的微观起因。但从本质上看，内应力的产生是电沉积层形成过程中结构组织发生变化的结果。

概括起来，产生内应力的原因有三个方面：①晶格参数的变化；②沉积物中晶粒尺寸的变化；③沉积物中晶粒间距的变化。目前对电沉积层内应力的产生有以下三种学说。

(1) 氢假说和氢化假说：在电沉积过程中，金属晶格内有氢的吸附，晶格发生膨胀。随后原子态的氢发生扩散和氢化物的分解，使得晶格收缩，从而导致拉应力的产生。

(2) 过剩能假说：在进行电沉积时，金属原子在电解析出时处于高能状态，使金属晶格极度膨胀，随着电沉积过程的进行，晶格发生收缩从而产生了拉应力。同时，也有人认为，在电沉积刚结束时，金属表面温度在 1nm 左右的薄层内可达到数百摄氏度。因此在其与周围邻近部分之间具有极大温度梯度，由于受到周围的急冷，便产生了拉应力。

(3) 吸附假说：Brenner 等的实验表明，镍电沉积层内应力受吸附物质的影响，并表现出应力升高与镀层内氢、氧含量的增加相关；Kushner 认为，这是电沉积过程中水的吸附引起的，当水扩散后，产生了拉应力。

以上三种假说都无法解释电沉积层内压应力的产生原因。

Hobbe 认为，内应力的产生依赖于晶体生长时晶格参数的变化。晶格参数取决于构成晶格的原子或者离子之间的相互作用。在无极性的原子晶格中，内层原子比表面层原子所邻接的原子数目多，因此内层的晶格参数比表面层的小。在离子晶体中，作用于内层离子的周围离子数目比较多，因此内层离子比表面层离子所受的排斥作用大，进而致使内层的晶格参数比外层的大。在金属电沉积结晶生长过程中，由于新的金属原子沉积的结果，原先属于表面层的晶格必然变为内层的晶格，因此在沉积层中出现用于改变晶格参数的力。

Hobbe 的观点可以解释晶粒小的沉积层具有较大内应力，晶粒越细小，意味着沉积相中属于"结晶外层"的部分越多，因而改变晶格常数的倾向越大。内应力的产生还可能由电沉积过程中(或过程之后)发生的晶粒尺寸变化所引起。金属电沉积过程是在非平衡条件下进行的，这时析出的高度分散的晶粒在沉积过程之后倾向于相互合并以减小总的表面能。晶粒的合并引起沉积层体积的减小，与此同时伴随着内应力的产生。电沉积中晶格常数发生畸变尚有其他的解释。例如，当晶格夹杂外原子时可能引起晶格的变形，是由局外原子的力场与晶体原子的力场不同所造成的，力场的差别造成内应力。

此外晶格畸变还被认为是电极/溶液界面中热效应所引起的。当电沉积的过电势越大时，即双电层中的电压降越大时，放电离子在放电瞬间所得到的热振动的平均能量越大，后者越容易促使不平衡晶格的形成。沉积物晶粒间距的变化可能是由表面活性物质和其他局外物质的吸附引起的。吸附在沉积物中的表面活性物质的不规则分布不仅使得晶粒间距发生变化，而且在沉积层形成后通过扩散作用进行再分配，于是引起内应力。

10.5.5　电沉积薄膜的组织结构

电沉积工艺参数对电沉积金属薄膜的组织结构的影响十分显著，图 10.31 为金属电沉积层表面形貌与晶粒尺寸随电流密度变化的示意图[9]，如图所示，随电流密度的升高金属薄膜晶粒细化，薄膜表面的粗糙度最终取决于图中凸点的大小、形状和分布。

图 10.32 对电沉积金属层晶粒大小和表面形貌之间的关系作了归纳。纯金属电沉积层有生成柱状晶的倾向。如图所示，电沉积初期薄膜晶粒较细，随着电结晶过程的进行，金属薄膜形成明显的柱状晶。当然，通过改变电沉积液类型、控制电流密度和加入添加剂等可以对薄膜的组织结构进行控制。

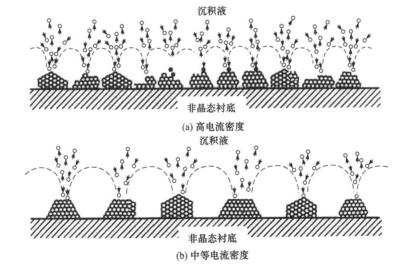

(a) 高电流密度

(b) 中等电流密度

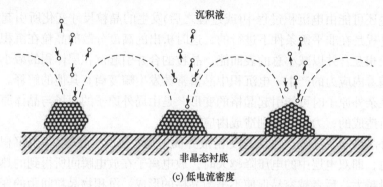

图 10.31　金属电沉积层表面形貌与晶粒尺寸随电流密度变化示意图[9]

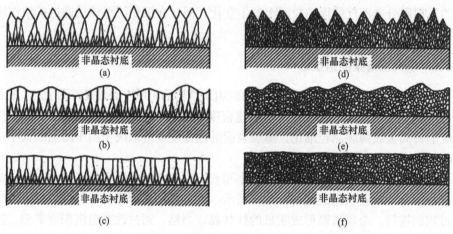

图 10.32　电沉积金属层晶粒大小和表面形貌之间的关系[9]

10.6　电沉积铜薄膜及测试分析小结

　　本章借助 X 射线衍射极图、反极图和取向分布函数(ODF)等方法，研究了电沉积工艺对铜薄膜织构的影响，探讨了薄膜织构的形成机理，计算了织构铜薄膜的弹性常数及 X 射线弹性常数，优化了薄膜 X 射线应力测定方法，借助原位拉伸 X 射线应力测定，验证了本书应力测定方法的可靠性；利用优化应力测定方法研究了电沉积铜薄膜中的内应力，探索了薄膜内应力的调整途径，得到以下结论。

　　(1) 研究电沉积工艺对铜薄膜织构的影响时发现：①当电流密度较低时，电沉积铜薄膜具有{220}平行于膜面的丝织构特征，当电流密度较高时，薄膜存在强{111}丝织构特征，且随电流密度的升高，铜薄膜逐渐由{220}丝织构向{111}丝织构转变；②随薄膜厚度的增加，电沉积铜薄膜的择优取向程度(或织构度)逐渐增加；③不同添加剂对电沉积铜薄膜织构的影响方面，稀土铈盐、聚乙二醇和乙二胺四乙酸二钠都不同程度地降低了电沉积铜薄膜的择优取向程度。

(2) 对硫酸铜电沉积液中铜薄膜电结晶初期形核过程的研究结果表明，铜电结晶初期按三维瞬时成核机制形核。当添加稀土铈盐后，稀土添加剂虽不改变铜电结晶初期的成核机制，但有利于提高铜电沉积阴极过电势；而聚乙二醇对铜电结晶有明显的阻化作用，改变了铜电结晶初期的形核机制，随电势的增加，由连续成核向瞬时成核转变。

(3) 分析不同电沉积工艺条件下铜薄膜织构形成机理可知，铜电结晶初期按三维成核机制形核，{111}取向晶核的形成能最低，且随过电势的升高，晶核形成能降低，故在薄膜生长初期和较高电流密度下有利于形成{111}晶面的择优取向；当初始沉积层形成后，由于薄膜表面提供了利于二维晶核形成的台阶和扭折等活性位置，故较低电流密度时，随着薄膜厚度的增加，薄膜形成{220}晶面择优取向。

(4) 研究电沉积铜薄膜中的织构发现，薄膜除具有丝织构特征外，还叠加板织构特征。由于晶体弹性各向异性，不同取向晶粒的应变能存在差异，为使体系的应变能最低，晶粒在生长过程中形成择优取向。随铜薄膜内应力增加，应变能对薄膜织构的影响越大，板织构特征越显著。研究还发现，铜薄膜电沉积到一定厚度后才呈现板织构特征，即板织构的发展需要一个临界驱动力，该驱动力来自于薄膜晶体不同取向应变能的差异。

(5) 研究不同取向丝织构对铜薄膜弹性常数的影响时发现，当薄膜存在织构时，其各弹性矩阵分量的计算结果与各向同性材料相差较大，相同分量最大相差超过 30GPa，且弹性矩阵的对称性也随之发生变化，随着材料各向异性程度的增大，对称性的降低，非零独立弹性系数分量增加，出现类似六方晶系弹性矩阵形式。

(6) 计算具有理想{100}、{110}和{111}丝织构铜薄膜的弹性常数与 X 射线弹性常数随测试 ψ 角的变化，结果表明，在丝织构影响下，弹性常数随 $\sin^2\psi$ 呈非线性分布，揭示了弹性各向异性对 X 射线应力测定中 2θ-$\sin^2\psi$ 关系非线性的影响。并利用加权多晶各向同性和具有理想丝织构材料 X 射线弹性常数，优化了 X 射线应力测定方法，借助原位拉伸 X 射线应力测定，验证了本书应力测定方法的可靠性。

(7) 利用优化 X 射线应力测定方法研究了电沉积工艺对铜薄膜内应力的影响，结果表明，电沉积铜薄膜主要表现为拉应力。电流密度对铜薄膜内应力的影响表现为，随电流密度的升高，薄膜内应力增加。稀土铈盐有降低铜薄膜内应力作用，而聚乙二醇和乙二胺四乙酸二钠不同程度地引起铜薄膜内应力的增加。研究铜薄膜内应力与薄膜厚度的关系发现，当薄膜较薄时，铜薄膜内应力随膜厚的增加而显著降低；当薄膜较厚时，随膜厚的增加缓慢增加。

(8) 利用超声波电沉积技术和后续低温处理工艺对电沉积铜薄膜的内应力进行调整，结果发现，由于超声空化作用及其所产生的高速微射流，在薄膜沉积过程中对薄膜表面产生冲击作用，可以有效降低铜薄膜内应力。在低温处理过程中，由于薄膜在冷却时收缩量较大，发生塑性变形；而升温过程中膨胀量较大，错配拉应力经历卸载过程，薄膜与基体间的弹性拉伸错配得到缓和，导致室温状态铜薄膜拉应力的降低。

10.7　电沉积 Cu-SiC 复合电极材料

10.7.1　电沉积 Cu-SiC 复合电极材料的制备方法

SiC 具有下列优异特性：熔点为 2700℃，沸点为 3500℃，密度为 3.2g/cm³，导热系数为 83.6W/(m·K)，特性模量为 176.4～294GPa。因此，这里在铜基体中引入具有良好的导电性、导热性、耐腐蚀和耐高温的 SiC 颗粒，研究用复合电沉积制备铜基 SiC 电极的复合电沉积工艺，并实验电火花电极损耗[10]。

电沉积中阳极材料采用磷铜板(含铜量 91.06%)；不锈钢片作为阴极材料，尺寸为 10mm×10mm。电沉积试样用 Sirion-200 扫描电镜观测其表面微观形貌。以体积百分数来测定 SiC 颗粒的含量,方法如下:首先采用20%稀硝酸溶液将 Cu-SiC 材料溶解，完全溶解后将溶液过滤，然后分离 SiC 沉淀物并进行烘干，最后进行称量。用式(10.5)来计算 SiC 的体积百分数：

$$a_v = \frac{a_w \cdot \rho_m}{\rho_r + a_w(\rho_m - \rho_r)} \tag{10.7}$$

式中，a_w 为质量百分数；ρ_m 为铜的密度；ρ_r 为 SiC 的密度。

实验中选用硫酸铜溶液作为电沉积液，其成分包含硫酸铜(含量为 180～220g/L)、硫酸(含量为 50～70g/L、工艺条件为温度 20～40℃)，电流密度为 1～10A/dm²，搅拌速度为 30～100r/min。

10.7.2　复合电沉积工艺对 SiC 含量的影响

1. 电流密度的影响

电流密度对不同粒径的 SiC 颗粒在复合电沉积层中含量的影响如图 10.33 所示。电沉积温度为 30℃，颗粒浓度为 35g/L。从图 10.33 可看出，随着电流密度的增加，SiC 颗粒的含量增加，这表明提高电流密度有利于 SiC 颗粒与基体 Cu 的共沉积。当增大阴极上的电流密度时，阴极上的过电势相应地提高，附近的电场强度增大，因而阴极对颗粒的静电引力增强，有利于颗粒向阴极方向移动，增强了对 SiC 颗粒的吸附能力。同时 SiC 颗粒自身也具有良好的导电性，更容易吸附到阴极上，铜离子在表面上迅速沉积，基体金属 Cu 与 SiC 颗粒的接触面积增大，颗粒脱离的机会减少，SiC 颗粒的含量增加。

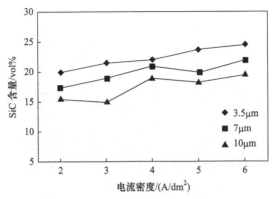

图 10.33　电流密度对 SiC 含量的影响图

vol%为体积分数

2. 电沉积液温度的影响

图 10.34 是电沉积液温度对 SiC 颗粒在复合电沉积层中的含量的影响曲线图，SiC 颗粒的添加量为 35g/L、电流密度为 4A/dm²。从图 10.34 可以看出，随着温度的升高 SiC 颗粒在复合电沉积层中的含量增加，温度的升高有利于颗粒在溶液中的运动。但当温度达到一定数值后，SiC 颗粒的含量会随着电沉积液温度的升高而减少，一方面，电沉积液的黏度随着电沉积液温度的升高而降低，使得 SiC 颗粒的黏附力下降；另一方面，随着温度的升高，阴极过电势减少，相伴着电场力也减弱。

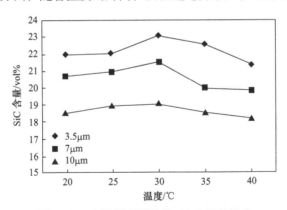

图 10.34　电沉积液温度对 SiC 含量的影响

10.7.3　SiC 颗粒在电沉积层中的分布和电沉积层表面形貌

1. SiC 颗粒在电沉积层中的分布

图 10.35 为电沉积 Cu 基 SiC 复合材料的显微组织，电沉积温度为 30℃，颗粒浓度为 35g/L，电流密度为 4A/dm²，从图 10.35 可看出，SiC 微粒沉积在了基体

材料里并能均匀分布。粒径小的 SiC 微粒在复合电沉积层中的含量要大，这是由于小粒径的微粒一方面更容易悬浮在溶液中，溶液中的浓度大；另一方面包裹小粒径的微粒需要的时间短，更容易镶嵌于基体金属里。

(a) 10μm SiC强化的电沉积层　　(b) 7μm SiC强化的电沉积层　　(c) 3.5μm SiC强化的电沉积层

图 10.35　复合强化的电沉积层的显微组织的扫描电镜照片

2. SiC 颗粒对电沉积层表面形貌的影响

图 10.36 为单质铜与添加不同粒径的 Cu 基 SiC 复合电沉积层的表面形貌图。电沉积温度为 30℃，颗粒浓度为 35g/L，电流密度为 $4A/dm^2$。从图 10.36 可发现，单质铜沉积表面由大小不一的胞状物组成，致密性差，表面较为粗糙。添加 SiC 颗粒的复合电沉积层表面的胞状晶族更细小、均匀，表面相对平整、致密性好。当电沉积液中添加 SiC 颗粒与铜基体共沉积时，对铜基体起到了弥散强化作用，沉积过程中，增大了形核概率，进而抑制了晶粒的过分长大，从而大大细化了铜基体的晶粒，电沉积层表面也随晶粒的细化变得更加致密。

对比图 10.36(a)~(d)可看出，SiC 颗粒越小，复合电沉积层表面越致密、平整。在 SiC 颗粒添加量相同的条件下，颗粒越小，向阴极移动并在其表面上分散的颗粒数目越多，被基体 Cu 包裹的颗粒也增多，从而使得复合电沉积层的形核率增大，阻止晶粒成长的颗粒数也增多，抑制了晶粒的成长，从而获得更加细小和致密的组织。

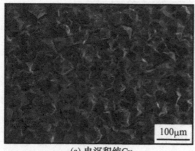 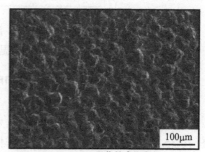

(a) 电沉积纯Cu　　　　　　　　　(b) 10μm SiC强化的电沉积层

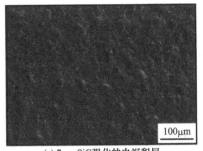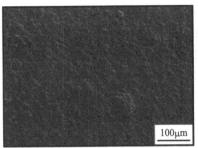

(c) 7μm SiC 强化的电沉积层　　　　　　　　　(d) 3.5μm SiC 强化的电沉积层

图 10.36　镀层的表面形貌的扫描电镜照片

10.7.4　抗电蚀性实验

该加工中采用烧结 NdFeB 材料作为工件，工作液介质为煤油。图 10.37 是在相同参数下所测的各种电沉积铜的电极相对磨损率。

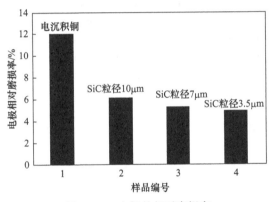

图 10.37　电极的相对磨损率

峰值电流为 6A，脉冲宽度为 20。电沉积 Cu-SiC 复合材料的电极相对损耗比单质铜的相对损耗明显降低，且 SiC 颗粒越小，损耗率越低。这是因为 SiC 熔点高，熔化时要吸收大量的热量，减少了电极的损耗。另一方面，电极材料的耐蚀性与材料的微观结构密切相关，组织粗大的材料在加工中越容易熔化或气化，电极损耗大。晶粒越细、越致密的材料，其耐电蚀性越强，电加工性能越好。当电极材料致密时能减少电极的损耗。在电铸中添加 SiC 微粒，能明显细化基体金属 Cu，从而提高了 Cu-SiC 复合电沉积层的抗电蚀性能。

10.7.5　电沉积 Cu-SiC 及其测试分析小结

(1) 复合电沉积中 SiC 颗粒含量受多种工艺因素的影响。相同浓度下，SiC 的含量随粒径的增大而减小。电沉积液浓度存在一最佳值，过低或过高都会降低 SiC

的含量；随着电流密度的增加，SiC 颗粒的含量会不同程度地增加；存在一最佳电沉积温度，过高或过低都会影响 SiC 在基体材料中的沉积。

(2) 添加 SiC 颗粒的复合铸层晶粒细小、均匀、SiC 颗粒越小，表面致密性越好。

(3) 电火花加工电极的耐蚀性与材料的微观结构密切相关，晶粒结晶越细、越致密，电极损耗越低，电加工性能越好。电沉积 Cu 基 SiC 复合材料的电极相对损耗比单质铜的相对损耗明显降低，且 SiC 颗粒越小，电极相对损耗越低。

参 考 文 献

[1] 洪波. 电沉积铜薄膜中织构与内应力的研究. 上海: 上海交通大学, 2008.

[2] Hong B, Jiang C H, Wang X J. Texture of electroplated copper film under biaxial stress. Materials Transactions, 2006, 47(9): 2299-2301.

[3] Hong B, Jiang C H, Wang X J. Influence of complexing agents on texture formation of electrodeposited copper. Surface & Coatings Technology, 2007, 201: 7449-7452.

[4] Hong B, Jiang C H, Wang X J. XRD characterization of texture and internal stress in electrodeposited copper films on Al substrates. Powder Diffraction, 2007, 22(4): 324-327.

[5] Hong B, Jiang C H, Wang X J. Effects of ultrasound on morphology of copper electrodeposited on titanium in aqueous and organic solutions. Materials Transactions, 2008, 49(2): 275-277.

[6] 洪波, 姜传海, 王新建, 等. Ni-P 非晶薄膜晶化相与相变动力学的 XRD 分析. 金属学报, 2006, 42(7): 699-702.

[7] 洪波, 姜传海. 基于影像板的 X 射线应力测试新技术. 理化检验(物理分册), 2007, 43(2): 78-80.

[8] 洪波, 姜传海, 王新建. 电沉积铜薄膜中的内应力与织构特征. 理化检验(物理分册), 2007, 43(8): 392-394.

[9] Watanabe T. 纳米电镀. 陈祝平, 杨光, 译. 北京: 化学工业出版社, 2007: 19-36.

[10] 李丽, 殷凤仕, 牛宗伟, 等. 电沉积 Cu 基 SiC 复合电极材料. 功能材料, 2013, 44(8): 1188-1190.

第11章 镁合金表面电沉积纳米 Cu/(Ni-Co-Cu)合金及其测试分析与表征

镁合金因具有优异的综合性能而被广泛应用于汽车、电子、航天航空等多个领域，但较差的耐腐蚀性能严重制约了其进一步发展与应用。一般而言，在镁合金表面电沉积金属电沉积层可有效改善镁合金的耐腐蚀性能。因此，研究镁合金表面电沉积工艺以及电沉积层组织结构与性能，对镁合金的腐蚀与防护、纳米合金电沉积层的制备与应用具有重要的理论指导和实际工程意义。本章采用电沉积技术在 AZ63 镁合金表面制备纳米 Cu/(Ni-Co-Cu)电沉积层，并测试分析及表征它们的组织结构、形貌及性能[1-5]。

11.1 电沉积前镁合金表面的预处理工艺和行为

所用镁合金为 AZ63，其成分为：Mg-5.7Al-3.1Zn-0.3Mn。在电沉积前镁合金表面必须进行严格的预处理。下面介绍其预处理工艺和行为。

11.1.1 镁合金表面的预处理工艺

镁合金表面的预处理过程包括碱洗、酸洗、活化和浸锌。碱洗之前，采用 800#、1200#、3000#、7000#金相砂纸依次磨抛试样表面，之后用去离子水清洗试样表面，最后在空气中干燥。每步处理前后，试样经丙酮、酒精、去离子水依次超声清洗，以保证清洁的表面。AZ63 镁合金表面预处理步骤及其对应的溶液成分与操作条件如表 11.1 所示。

表 11.1 AZ63 镁合金表面预处理步骤、溶液成分与操作条件

编号	步骤	溶液成分	含量	操作条件
1	碱洗	NaOH $Na_3PO_4 \cdot 12H_2O$	50g /L 10g /L	$(75 \pm 2)℃$ 10min
2	酸洗	H_3PO_4 (85vol%) HNO_3 (69vol%)	605cm³ /L 30cm³ /L	25℃
3	活化	NH_4HF_2 H_3PO_4 (85vol%)	100g /L 200cm³ /L	25℃

续表

编号	步骤	溶液成分	含量	操作条件
4	浸锌	$ZnSO_4 \cdot 7H_2O$ $K_4P_2O_7 \cdot 3H_2O$ Na_2CO_3 $KF \cdot 2H_2O$	30g /L 120g /L 5g /L 7g /L	80℃ 电磁搅拌速率：300r/min

11.1.2　镁合金表面的预处理产物的生成与溶解的开路电势分析

　　镁合金表面经碱洗后，分别研究其在酸洗、活化、浸锌过程中开路电势随处理时间的变化规律，为了获得完整的开路电势-处理时间曲线(OCP-t 曲线)，试样浸入处理液之前即开启测试软件，并记录数据，测试结果如图 11.1 所示。

　　由图 11.1(a)可知，在 a_{AP}-b_{AP} 过程中，镁合金表面的氧化物和氢氧化物发生了快速溶解，酸洗过程中的初始反应发生在 a_{AP} 处，对应电势是−0.89V；随后，在极短时间内(约 0.1s)，电势迅速下降至−1.5V，b_{AP} 对应的电势代表镁合金在该

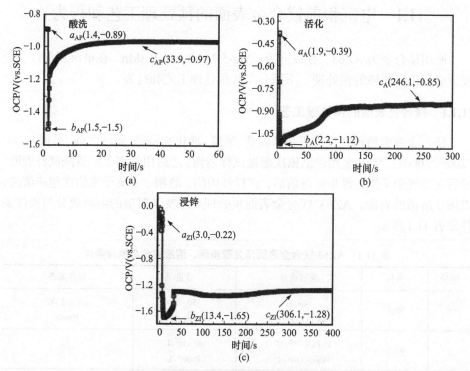

图 11.1　镁合金预处理过程中的 OCP-t 曲线

(a) 碱洗后酸洗；(b) 碱洗+34s 酸洗后活化；(c) 碱洗+34s 酸洗+246s 活化后浸锌。vs.SCE 代表相比于以饱和氯化钾溶液为电解液的甘汞电极的电极电势

酸洗液中的本征电极电势；当镁合金与溶液接触发生反应时，由于氢气的析出，镁合金/溶液界面酸度下降，Mg^{2+}、Al^{3+}浓度快速增加，难溶性磷酸盐成核并长大，从而抑制了反应的阳极过程，导致电势在 b_{AP}-c_{AP} 阶段快速升高，c_{AP} 之后，电势缓慢升高，此后，电势不再随处理时间而发生变化，表明产物膜的生成与溶解达到了动态平衡；酸洗过程的稳定电势为–0.97V，与文献[6]中报道的–1.09V 非常接近；依据 OCP-t 曲线，最佳酸洗处理时间为 34s。

依次经碱洗、34s 酸洗处理后，镁合金表面在活化过程中的 OCP-t 曲线如图 11.1(b)所示。在初始阶段(a_A-b_A)，镁合金表面不稳定产物(形成于酸洗或清洗过程)发生了快速溶解，导致电势从–0.39V 快速下降至–1.12V；b_A 之后，难溶性产物即氟化物快速形核、长大，导致电势升高；c_A 之后，电势缓慢升高，此后基本保持不变；活化过程中稳定电势为–0.85V，与处理液中氟离子浓度和处理温度密切相关；镁合金表面几乎被难溶性产物完全覆盖，即达到了理想的活化处理效果，最佳活化处理时间为 246s。

依次经碱洗、34s 酸洗、246s 活化处理后，镁合金表面在浸锌过程中的 OCP-t 曲线如图 11.1(c)所示。初始阶段(a_{ZI}-b_{ZI}，约 11.4s 内)电势从–0.22V 快速下降至–1.65V，代表镁合金表面不稳定产物(形成于活化或清洗过程)的溶解过程；之后，电势在 18s 内快速升高，代表大量锌在镁合金表面的高效形核过程。初期形成的不稳定锌层会发生二次溶解，导致电势略微下降，直到 c_{ZI} 处，电势基本保持不变；浸锌过程中的稳定电势是–1.28V，与文献[6]中报道的纯锌片在相同处理液中的开路电势值基本一致(–1.32V)；最佳浸锌处理时间为 306s。

11.1.3　镁合金表面预处理产物的 X 射线分析

应用掠入射 X 射线衍射(GIXRD)测试结果表明，在酸洗过程中镁合金表面形成的难溶性磷酸盐为 $MgHPO_4 \cdot 3H_2O$，见图 11.2(a)，这与许多学者依据化学反应或 EDS 测试结果推测的 $Mg_3(PO_4)_2$ 不同。这里，$MgHPO_4 \cdot 3H_2O$ 的形成与 H_3PO_4 在镁合金/处理液反应界面的电离程度有关，作为一种弱电解液，依据界面 pH，H_3PO_4 通常会发生三种不同程度的电离。由于反应界面上氢气持续析出，在无剧烈搅拌条件下，其 pH 通常大于酸洗液本身 pH，PO_4^{3-}浓度很低，而二级电离生成的 HPO_4^{2-}浓度较高，可以与 Mg^{2+}结合形成 $MgHPO_4 \cdot 3H_2O$，其形成过程可以描述为

$$Mg + 2H^+ \longrightarrow Mg^{2+} + H_2\uparrow \tag{11.1}$$

$$H_3PO_4 \rightleftharpoons H_2PO_4^- + H^+ \tag{11.2}$$

$$H_2PO_4^- \rightleftharpoons HPO_4^{2-} + H^+ \tag{11.3}$$

$$Mg^{2+} + HPO_4^{2-} + 3H_2O \longrightarrow MgHPO_4 \cdot 3H_2O \tag{11.4}$$

在酸洗过程中，Mg 还可以与 HNO_3 发生复杂的化学反应，尽管反应生成的可溶性 $Mg(NO_3)_2$ 对镁合金基体没有任何保护作用，但硝酸可以提高酸洗效率，尤其在去除杂质或加工影响层方面比磷酸效果更好。除此之外，镁合金表面形成的难溶性产物可能还包括少量磷酸铝、磷酸锌以及镁铝氧化物。

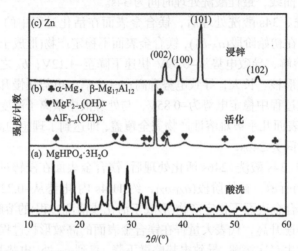

图 11.2　预处理过程中镁合金表面形成的难溶性产物的 GIXRD 图谱

(a) 碱洗+34s 酸洗；(b) 碱洗+34s 酸洗+246s 活化；(c) 碱洗+34s 酸洗+246s 活化+306s 浸锌

由图 11.2(b) 可知，活化过程中镁合金表面的难溶性产物主要由 $MgF_{2-x}(OH)_x$ 和 $AlF_{3-x}(OH)_x$ 组成，这与文献[7-9]中报道的试验结果一致；在这种羟基氟化物中，OH^- 基团属于 $Mg(OH)_2$ 或 $Al(OH)_3$，其数量与活化液浓度有关。值得注意的是，这两种羟基氟化物的衍射峰均较宽，说明它们由纳米晶组成，且结晶度较差。Y. H. Huang 等采用选区电子衍射技术证实，AZ91D 镁合金在 11wt% HF 溶液中形成的钝化膜结晶度较差。活化过程中形成的产物膜不仅可以抑制硝酸的过度侵蚀，而且其独特的微观组织结构为后续处理(浸锌)提供了必要条件，其形成过程可以描述为

$$NH_4HF \Longrightarrow NH_4^+ + F^- + HF \tag{11.5}$$

$$Mg + (2-x)HF + xH_2O \longrightarrow MgF_{2-x}(OH)_x + H_2\uparrow \tag{11.6}$$

$$2Al + 2(3-x)HF + 2xH_2O \longrightarrow 2AlF_{3-x}(OH)_x + 3H_2\uparrow \tag{11.7}$$

此外，基体的衍射信息表明，该镁合金由 α-Mg 和 β-$Mg_{17}Al_{12}$ 两相组成。浸锌处理后的 GIXRD 图谱如图 11.2(c) 所示，检测到了对应于 (002)，(100)，(101) 和 (102) 晶面的多个衍射峰，证实了镁合金表面形成了具有 hcp 结构且结晶度良好的 Zn

层(未检测到其他杂质)，其形成可描述为

$$Mg + [Zn(P_2O_7)_2]^{6-} = Zn + MgP_2O_7^{2-} + P_2O_7^{4-} \tag{11.8}$$

11.1.4　镁合金表面形貌演变

镁合金经 34s 酸洗处理后的表面形貌如图 11.3(a)和(b)所示。可以看到，第二相β-Mg$_{17}$Al$_{12}$呈杆状或树枝状均匀分布于基体α-Mg 上，β-Mg$_{17}$Al$_{12}$周围形成了明显的腐蚀坑(高倍形貌见插图)，说明酸洗过程中发生了电流腐蚀[10]。相对于α-Mg，β-Mg$_{17}$Al$_{12}$在该酸洗液中电势较高(正)，且β-Mg$_{17}$Al$_{12}$形成的产物膜在很大 pH 范围内比较稳定[10-12]。因此，在酸洗过程中，β-Mg$_{17}$Al$_{12}$几乎免受侵蚀，而α-Mg 遭受严重腐蚀而呈现粗糙的表面。EDS 分析结果表明，基体上的腐蚀痕迹部位检测到了约 1wt%的 P 元素，见图 11.3(b)及其插图。

由图 11.3(c)可知，活化过程中形成的产物在一定程度上改善了酸洗过程中形成的腐蚀坑，镁合金具有光滑平整的表面形貌，见图 311.3(c)插图。然而，在活化过程中，β-Mg$_{17}$Al$_{12}$遭受了严重的侵蚀，如图 11.3(d)所示。EDS 分析结果表明，活化后基体α-Mg 表面检测到约 1.7 wt%的 F 元素，见图 11.3(d)插图。镁合金经适当酸洗、活化及浸锌后的表面形貌如图 11.3(e)所示，第二相β-Mg$_{17}$Al$_{12}$依然清晰可见。生长的 Zn 层呈现颗粒状表面形貌，如图 11.3(f)所示。

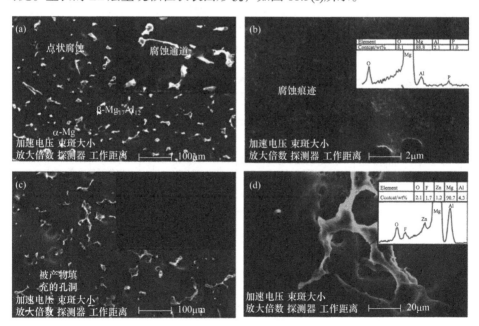

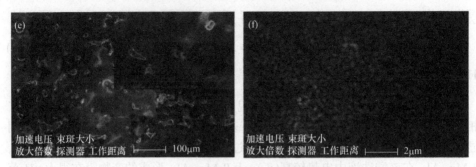

图 11.3 镁合金预处理过程中的表面形貌

(a), (b) 碱洗+34s 酸洗; (c), (d) 碱洗+34s 酸洗+246s 活化; (e), (f) 碱洗+34s 酸洗+246s 活化+306s 浸锌

11.2 电沉积 Cu/(Ni-Co-Cu)沉积层

11.2.1 电沉积工艺

镁合金表面经适当预处理后，依次电沉积 Cu、Ni-Co-Cu 沉积层，电沉积溶液的成分及操作条件如表 11.2 所示。研究镁合金表面预沉积的 Cu 沉积层的自回火行为时，制备两种类型的 Cu 沉积层(溶液的成分与操作条件见表 11.2)：一种以 Cu 沉积层作为外表面，即 Mg/Zn/Cu；另一种以 Cu 沉积层作为中间层，即 Mg/Zn/Cu/Ni，其中电沉积外层 Ni 时，表 11.2 中所示溶液成分不包含 $CoSO_4·7H_2O$、$CuSO_4·5H_2O$ 和柠檬酸钠，其他条件保持不变。

表 11.2 AZ63 镁合金表面依次电沉积 Cu、Ni-Co-Cu 合金沉积层的溶液成分与操作条件

编号	步骤	溶液成分	含量	操作条件
1	Cu 沉积层	$Cu_2P_2O_7$ $K_4P_2O_7·3H_2O$ $(NH_4)_3C_6H_5O_7$ $K_2HPO_4·3H_2O$ 植酸 香兰素	60g /L 300g /L 25g /L 40g /L 0.2g /L 0.08g /L	5A/dm² 180s pH: 7.9 电磁搅拌速率: 300r/min 50℃
2	Ni-Co-Cu 合金沉积层	$NiSO_4·6H_2O$ $CoSO_4·7H_2O$ $CuSO_4·5H_2O$ H_3BO_3 NaCl 柠檬酸钠 糖精 十二烷基硫酸钠	100g /L 5g /L 3g /L 30g /L 6g /L 20g /L 0.5g /L 0.12g /L	10A/dm² 150s 50℃ pH: 3.8 电磁搅拌速率: 300r/min

11.2.2　Cu/(Ni-Co-Cu)沉积层的形貌和成分

　　镁合金经适当预处理后(选用 11.2.1 节中最佳处理时间)，依次电沉积纯 Cu 底层和 Ni-Co-Cu 合金沉积层。由图 11.4(a)可知，相对于浸锌处理后的 β-Mg$_{17}$Al$_{12}$，覆盖 Cu 层的β-Mg$_{17}$Al$_{12}$具有较大的体积和清晰的边缘。α-Mg 上形成的 Cu 沉积层具有颗粒状的表面形貌，且包含大量孔洞，见插图。由图 11.4(b)可知，β-Mg$_{17}$Al$_{12}$上形成 Cu 沉积层具有较粗糙的表面。进一步电沉积 Ni-Co-Cu 合金沉积层后，β-Mg$_{17}$Al$_{12}$棱角消失，变得圆润，且表面沉积层均匀致密，类似地，覆盖合金沉积层的α-Mg 呈现均匀致密的颗粒状表面形貌，如图 11.4(c)、(d)所示。

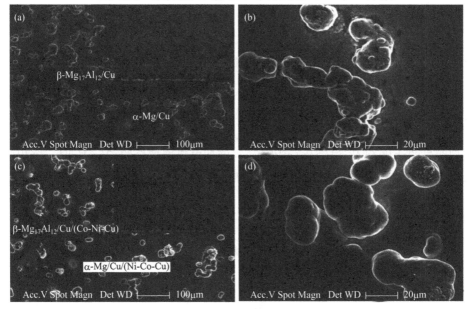

图 11.4　镁合金表面沉积的 Cu(a)，(b)和 Cu/(Ni-Co-Cu)(c)，(d)沉积层的表面形貌
Acc.V 为加速电压；Spot 为束斑大小；Magn 为放大倍数；Det 为探测器；WD 为工作距离

　　图 11.5 所示为基体α-Mg 和第二相β-Mg$_{17}$Al$_{12}$上沉积 Cu/(Ni-Co-Cu)沉积层的截面形貌以及 Ni，Co，Cu，Mg，Zn 和 O 元素的 EDS 面扫描分布叠加图。可以看到，在β-Mg$_{17}$Al$_{12}$剥落位置检测到了大量 Zn 的存在，β-Mg$_{17}$Al$_{12}$上沉积的 Cu 沉积层厚度不均匀，局部位置厚度远大于基体α-Mg 上 Cu 沉积层的厚度，说明 Cu 沉积层倾向于在第二相上生长。值得注意的是，电沉积的 Ni-Co-Cu 合金沉积层无论在基体还是在第二相上，其厚度都非常均匀，约 2.4μm。EDS 分析结果表明，Ni-Co-Cu 合金沉积层由 54.4wt% Ni、18.2wt% Co 和 27.4wt% Cu 组成，且化学成分均匀。

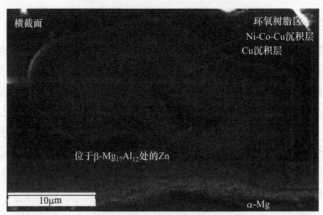

图 11.5　镁合金表面沉积 Cu/(Ni-Co-Cu)沉积层后的截面形貌以及 Ni、Co、Cu、Mg、Zn 和 O
元素的 EDS 面扫描分布叠加图

11.2.3　镁合金表面电沉积层前后的耐腐蚀性能

图 11.6 为镁合金表面电沉积 Cu/(Ni-Co-Cu)沉积层前后的动电势极化曲线。对于无沉积层的 AZ63 镁合金，在阳极极化区，电流密度随施加电势的增加而线性增大，表现为活化控制过程[13]。然而，镁合金表面的 Cu/(Ni-Co-Cu)沉积层则表现明显的活化-钝化-过钝化行为[14]。当施加电势增加至约−35mV 时，沉积层表面钝化膜溶解，导致电流密度快速增加，点蚀发生。塔费尔(Tafel)外推法计算结果表明，在 3.5wt% NaCl 溶液中，镁合金腐蚀电势为−1.43V，腐蚀电流密度为 $1.72 \times 10^{-4} A/cm^2$。

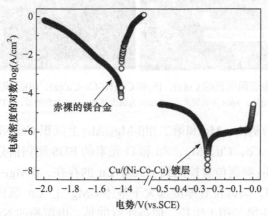

图 11.6　镁合金表面电沉积 Cu/(Ni-Co-Cu)沉积层前后的动电势极化曲线

Cu/(Ni-Co-Cu)沉积层由于较好的钝化性(钝化发生在距腐蚀电势约 120mV 以内的区间)，其没有明确的阳极塔费尔区，不能直接采用塔费尔外推法计算腐蚀电势及电流密度,需要对阳极区极化曲线进行修正,修正及计算过程如图 11.7 所示。计算结果表明,Cu/(Ni-Co-Cu)沉积层的腐蚀电势为–0.24V,腐蚀电流密度为 $7.76×10^{-7}A/cm^2$。通过比较可知,镁合金表面经适当预处理后,电沉积 Cu/(Ni-Co-Cu)沉积层可极大改善其在中性 NaCl 溶液中的耐腐蚀性能。

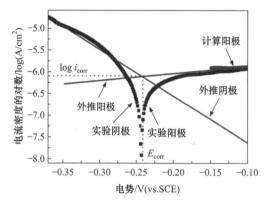

图 11.7　修正的阳极极化曲线及腐蚀电势与电流密度计算过程

11.3　Cu/(Ni-Co-Cu)纳米合金沉积层的制备

在传统 Watts 沉积液中直接添加硫酸钴可以获得 Ni-Co 合金沉积层,沉积层中 Co 的含量随着沉积液中 Co^{2+}浓度的增大而增大。当 Co 含量较低时,Ni-Co 沉积层(镍基)具有 fcc 单相结构;当 Co 含量较高时,Ni-Co 沉积层由 fcc 和 hcp 两相组成。此外,Co 的添加可以改变 Ni 沉积层的表面形貌、晶粒尺寸以及微应变。然而,在传统 Watts 沉积液中直接添加硫酸铜难以获得 Ni-Cu 合金沉积层,需要同时加入柠檬酸盐络合剂。室温下,Ni 和 Cu 具有良好的混溶性,电沉积制备的 Ni-Cu 沉积层通常具有 fcc 单相结构;且沉积液中 Cu^{2+}的浓度对沉积层的化学成分、组织结构和表面形貌均有很大的影响[7]。本书中,在传统 Watts 沉积液添加适量的柠檬酸盐、硫酸钴及硫酸铜以制备 Ni-Co-Cu 三元合金沉积层,三元沉积层的化学成分、组织结构、表面形貌均与沉积液成分、电沉积电流密度密切相关,而沉积层的成分和组织结构对其性能有很大影响。因此,研究沉积液成分、电流密度对镍基合金沉积层成分、结构及形貌的影响,具有重要的意义。

这里通过调整硫酸盐-柠檬酸盐沉积液中的硫酸盐含量、电沉积时的电流密度,制备了一系列不同化学成分的镍基沉积层(包括纯 Ni 沉积层);研究 Ni、Co、Cu 三金属的共沉积行为,以及电流密度对沉积层化学成分的影响;利用 XRD 技术分析所制备沉积层的织构、晶格常数、晶粒大小与微应变,利用 SEM 和 TEM 分别观察沉积层的表面、截面形貌和微观组织结构。

11.3.1　不同成分 Cu/(Ni-Co-Cu)纳米合金沉积层的制备

　　研究 Ni-Co-Cu 纳米合金沉积层的组织结构与形貌时,通过调节沉积液的成分(表11.3 中的硫酸盐浓度)获得不同化学成分的三元纳米合金沉积层,其中以纯 Ni、Ni-Cu 沉积层作为对比试样,沉积液的成分与操作条件如表 11.3 所示。通过调节电流密度获得不同化学成分的 Ni-Co-Cu 纳米合金沉积层,所选电流密度分别为 5A/dm²、10A/dm²、15A/dm²、20A/dm²,电沉积时间为 240s,其他操作条件如表 11.3 所示。

表 11.3　电沉积纯 Ni、Ni-Cu、Ni-Co-Cu 沉积层的溶液成分与操作条件

硫酸盐	含量/(g/L)							操作条件
	I	II	III	IV	V	VI	VII	
$NiSO_4 \cdot 6H_2O$	100	100	100	100	100	100	100	20min
$CuSO_4 \cdot 5H_2O$	0	0.5	0.5	2	2	5	5	$6.0A/dm^2$
$CoSO_4 \cdot 7H_2O$	0	0	4	4	10	10	20	50℃

11.3.2　电流密度对沉积层成分的影响

　　依据 EDS 和 XPS 成分分析结果,不同电流密度所制备的沉积层分别命名为 $Ni_{54.7}Co_{20.9}Cu_{24.4}$、$Ni_{64.6}Co_{19.3}Cu_{16.1}$、$Ni_{73.1}Co_{14.4}Cu_{12.5}$、$Ni_{83.1}Co_{10.8}Cu_{6.1}$,分别对应电流密度 5A/dm²、10A/dm²、15A/dm²、20A/dm²(沉积液成分与操作条件见表 11.3)。图 11.8 为沉积层中 Ni、Co、Cu 的含量随电流密度的变化。可以看到,随着电流密度从 5A/dm² 升高至 20A/dm²,沉积层中 Ni 的含量从 54.7wt%增加至 83.1wt%,Co 的含量从 20.9wt%减少至 11.8wt%,Cu 的含量从 24.4wt%减少至 6.1wt%。G. Qiao 等[15]研究结果表明,Co 电沉积由扩散控制,Ni 电沉积由活化控制,增大电流密度导致阴极过电势升高,进而提高电极反应活性,使沉积层中 Ni 含量增加。大量研究结果表明,Ni-Cu 沉积层中 Cu 的含量随电流密度增大而减少。本书中,电流密度对三元合金沉积层成分的影响与报道的二元 Ni-Co、Ni-Cu 沉积层一致。

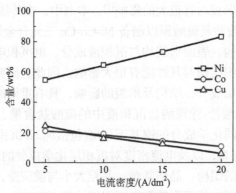

图 11.8　沉积层中 Ni、Co、Cu 的含量随电流密度的变化规律

11.4　Cu/(Ni-Co-Cu)纳米合金沉积层的显微硬度

这里研究 Co、Cu 合金元素对镍基沉积层硬度的影响；采用动电势极化和电化学阻抗谱技术研究不同成分沉积液所制备的 Ni、Ni-Cu 以及 Ni-Co-Cu 纳米沉积层在中性 NaCl 溶液中的耐腐蚀性能；采用动电势极化、线性极化、电化学阻抗谱技术结合长期盐雾试验,重点研究不同电流密度所制备的 Ni-Co-Cu 纳米合金沉积层的耐腐蚀性能。

11.4.1　不同成分沉积液所制备沉积层的显微硬度

图 11.9 为不同成分沉积液所制备的沉积层的硬度随 Cu 含量的变化规律。可以看到，纯 Ni 纳米沉积层的硬度为 421HV，添加少量 Cu 后(3.2wt%)，沉积层的硬度迅速下降为 356HV。Ni 和 $Ni_{96.8}Cu_{3.2}$ 沉积层具有类似的晶粒大小(约 28mn)、微应变(约 0.45×10^{-2})和表面形貌，因而两者硬度的差异主要源于化学成分的差异，Cu 本质较软，因而添加 Cu 会导致 Ni 沉积层硬度降低。$Ni_{69.9}Co_{23.8}Cu_{6.3}$、$Ni_{50.3}Co_{15}Cu_{34.7}$ 和 $Ni_{49}Co_{37.5}Cu_{13.5}$ 沉积层的硬度均比纯 Ni 高，主要因为合金沉积层中的 Co 含量较高，且这些沉积层具有相对较小的晶粒尺寸和致密的表面形貌，尽管包含一定量的 Cu，但 Co 的强化效应大于添加 Cu 引起的软化效应，综合表现为沉积层硬度的提高。$Ni_{49}Co_{37.5}Cu_{13.5}$ 沉积层中的 Co 含量最高,因而其显微硬度最高(481HV)。$Ni_{27.3}Co_{23.6}Cu_{49.1}$ 和 $Ni_{22.4}Co_{33.6}Cu_{44}$ 沉积层的硬度最低(218～249HV)，主要原因在于：①晶粒尺寸小于 20nm(约 10nm)，沉积层明显软化；②Cu 含量很高，可认为是 Cu 基合金沉积层，而非镍基合金沉积层，因而硬度明显小于纯 Ni 和镍基沉积层的硬度；③沉积层表面包含大量孔洞，因而具有较低的压入抵抗力。

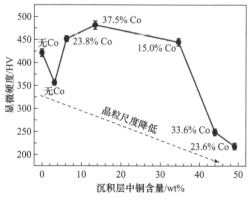

图 11.9　不同成分沉积液所制备的沉积层的硬度随 Cu 含量的变化规律

11.4.2 不同电流密度所制备沉积层的纳米硬度

图 11.10 为不同电流密度所制备的沉积层的纳米硬度。可以看出，不同压入深度测定的纳米硬度无明显差异，说明沉积层具有均匀的力学性能。$Ni_{54.7}Co_{20.9}Cu_{24.4}$ 沉积层的硬度较低，约 5.2GPa，$Ni_{64.6}Co_{19.3}Cu_{16.1}$、$Ni_{73.1}Co_{14.4}Cu_{12.5}$ 和 $Ni_{83.1}Co_{10.8}Cu_{6.1}$ 沉积层中的 Cu 含量较少，具有较高的硬度，其中，$Ni_{83.1}Co_{10.8}Cu_{6.1}$ 沉积层的硬度(约 7.2GPa)略小于 $Ni_{64.6}Co_{19.3}Cu_{16.1}$ 沉积层的硬度(约 7.6GPa)，$Ni_{73.1}Co_{14.4}Cu_{12.5}$ 沉积层的硬度最高，约 8.0GPa。不同电流密度所制备的沉积层具有类似的晶粒大小(24.8～26.3nm)、微应变(约 $0.52×10^{-2}$)和表面形貌，所以其硬度的差异主要源于化学成分的差异。$Ni_{54.7}Co_{20.9}Cu_{24.4}$ 沉积层中 Cu 的软化效应大于 Co 的强化效应，而对于 $Ni_{73.1}Co_{14.4}Cu_{12.5}$ 沉积层，Co 的强化效应则更加显著。

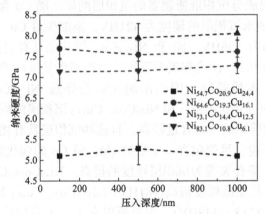

图 11.10　不同电流密度所制备的沉积层的纳米硬度

11.5　Cu/(Ni-Co-Cu)纳米合金沉积层的腐蚀性能

11.5.1 不同成分沉积液所制备沉积层的腐蚀性能

1. 动电势极化测试

图 11.11 所示为不同成分沉积液所制备的沉积层在 3.5wt% NaCl 溶液中的动电势极化曲线。可以看出，阴极极化区出现了极限电流密度，与如下反应相关：

$$O_2 + 2H_2O + 4e^- \longrightarrow 4OH^- \tag{11.9}$$

在阴极极化过程中，H^+ 的还原过程受到抑制[14]。因此，沉积层阴极极化过程主要由浓差极化控制，而非活化极化控制。在阳极极化区，Ni、$Ni_{96.8}Cu_{3.2}$、$Ni_{69.9}Co_{23.8}Cu_{6.3}$、$Ni_{50.3}Co_{15}Cu_{34.7}$、$Ni_{49}Co_{37.5}Cu_{13.5}$ 沉积层表现明显的活化-钝化-过钝化行为[16]。这些

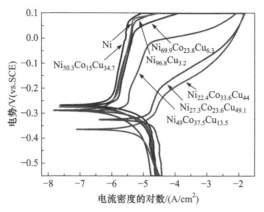

图 11.11　不同成分沉积液所制备的沉积层的动电势极化曲线

沉积层的钝化起始于零电流电势(zero-current potential，E_z)附近的阳极塔费尔区，随着电势增大至+50mV(vs.SCE)(对于 $Ni_{49}Co_{37.5}Cu_{13.5}$ 沉积层，电势增大至−20mV)，沉积层表面钝化膜开始溶解，点蚀发生，表现为电流密度随电势增大而线性增大。

图 11.12 所示为 $Ni_{50.3}Co_{15}Cu_{34.7}$ 沉积层的表面形貌(极化测试终止于+50mV (vs.SCE))。可以看到，沉积层表面形成了圆形点蚀坑。$Ni_{27.3}Co_{23.6}Cu_{49.1}$ 和 $Ni_{22.4}Co_{33.6}Cu_{44}$ 沉积层在阳极极化过程中没有发生钝化，其电流密度始终随电势增大而线性增大[13]。在 NaCl 溶液中，Ni 具有较好的钝化能力，因此沉积层的钝化能力与 Ni 含量密切相关。当沉积层为镍基合金时，即 Ni 含量大于约 50wt%，沉积层表现较高的钝化能力，而当 Co 和 Cu 的含量过高时(非镍基合金)，沉积层无钝化能力。通过动电势极化曲线可以定性判断沉积层的耐腐蚀性能。Ni、$Ni_{96.8}Cu_{3.2}$、$Ni_{69.9}Co_{23.8}Cu_{6.3}$ 和 $Ni_{50.3}Co_{15}Cu_{34.7}$ 沉积层具有较强的钝化能力，极化过程中电流密度较小，且 E_z 较高(正)，因而比 $Ni_{49}Co_{37.5}Cu_{13.5}$、$Ni_{27.3}Co_{23.6}Cu_{49.1}$、$Ni_{22.4}Co_{33.6}Cu_{44}$ 沉积层的耐腐蚀性能优异；$Ni_{27.3}Co_{23.6}Cu_{49.1}$ 和 $Ni_{22.4}Co_{33.6}Cu_{44}$ 沉积层的耐腐蚀性能较差。

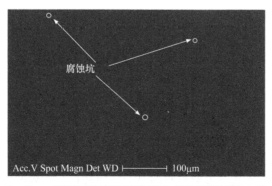

图 11.12　$Ni_{50.3}Co_{15}Cu_{34.7}$ 沉积层的表面形貌(动电势极化测试终止于+50mV(vs.SCE))

2. 阻抗谱测试

图 11.13 为不同成分沉积液所制备的沉积层在 3.5 wt% NaCl 溶液中的奈奎斯特(Nyquist)阻抗图。可以看到，所有沉积层的阻抗图呈现单一半圆形状，表明腐蚀机制受电荷转移过程控制，且半圆直径随沉积层成分发生变化。用于描述沉积层腐蚀机制的等效电路模型如图 11.13 中插图所示，其中，R_s 代表溶液电阻，R_{ct} 代表沉积层/溶液界面的电荷转移电阻(charge-transfer resistance)，该模型中用常相位角元件(constant phase element，CPE)替代双电层电容(double-layer capacitance) C_{dl} 以获得良好的拟合结果(考虑到沉积层表面形貌的非均匀性)。

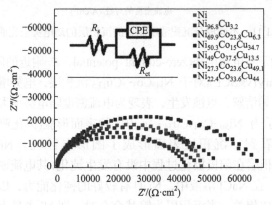

图 11.13　不同成分沉积液所制备的沉积层的奈奎斯特阻抗图(彩图扫封底二维码)

CPE 阻抗定义为

$$Z_{CPE} = [Y_0(jw)^n]^{-1} \tag{11.10}$$

这里，w 代表角频率；Y_0 代表 CPE 导纳；j 为虚数 $\sqrt{-1}$；n 值介于 0 到 1。等效电路参数的计算结果如表 11.4 所示。可以看到，$Ni_{50.3}Co_{15}Cu_{34.7}$ 沉积层的 R_{ct} 最大(约 58.87kΩ·cm²)，说明其耐腐蚀性能最好；其次为 $Ni_{96.8}Cu_{3.2}$(约 56.86kΩ·cm²)、Ni(约 45.98kΩ·cm²)、$Ni_{69.9}Co_{23.8}Cu_{6.3}$(约 45.05kΩ·cm²)、$Ni_{49}Co_{37.5}Cu_{13.5}$(约 42.32kΩ·cm²)沉积层。$Ni_{27.3}Co_{23.6}Cu_{49.1}$ 和 $Ni_{22.4}Co_{33.6}Cu_{44}$ 沉积层的 R_{ct} 最小，因而耐腐蚀性能较差。阻抗谱测试结果与动电势极化测试结果一致。所制备沉积层的耐腐蚀性能的差异可以归因于以下几点。①化学成分。镍基沉积层因 Ni 含量较高而表现出优异的耐腐蚀性能，且添加适量 Co 和 Cu 有利于提高沉积层的耐腐蚀性能，然而，添加大量 Co 和 Cu 会增大沉积层的微应变，使沉积层处于高能不稳定状态[5]。②晶粒尺寸。晶粒尺寸对耐腐蚀性能的影响具有两面性，这是因为晶界有助于钝化但自身又可作为腐蚀活性点位，因此，富 Co 和 Cu 沉积层因晶粒较小而表现较差的耐腐蚀性能。③表面形貌。表面致密的沉积层通常具有优异的耐腐蚀性能，富 Co

和 Cu 沉积层的表面包含大量孔洞，致密度较低，因而耐腐蚀性能较差。

表 11.4　通过拟合奈奎斯特阻抗图计算的等效电路参数

沉积层	$R_s/(\Omega \cdot cm^2)$	$R_{ct}/(\Omega \cdot cm^2)$	$CPE/(\mu\Omega^{-1} \cdot cm^{-2} \cdot s^{-n})$	n
Ni	6.4	45.98	18.09	0.92
$Ni_{96.8}Cu_{3.2}$	8.2	56.86	20.60	0.90
$Ni_{69.9}Co_{23.8}Cu_{6.3}$	7.8	45.05	22.22	0.90
$Ni_{50.3}Co_{15}Cu_{34.7}$	7.4	58.87	19.40	0.91
$Ni_{49}Co_{37.5}Cu_{13.5}$	7.1	42.32	19.65	0.89
$Ni_{27.3}Co_{23.6}Cu_{49.1}$	6.9	39.01	20.26	0.91
$Ni_{22.4}Co_{33.6}Cu_{44}$	6.6	35.67	15.78	0.94

11.5.2　不同电流密度所制备沉积层的腐蚀性能

1. 动电势极化与线性极化测试

图 11.14 为不同电流密度所制备的 Ni-Co-Cu 沉积层在 3.5wt% NaCl 溶液中的动电势极化曲线。可以看到，所有镍基合金沉积层表现活化-钝化-过钝化行为；在 E_z 附近存在一个较窄的活化溶解区，其宽度(电势范围)小于 50mV，该区域内金属 Ni 的溶解过程可以描述为[17]

$$Ni\,(H_2O)_{ads} + 2Cl^- \longrightarrow NiCl_2 + H_2O + 2e^- \tag{11.11}$$

$$NiClOH_{ads}^- + Cl^- \longrightarrow NiCl_2 + OH^- + e^- \tag{11.12}$$

这里，$Ni(H_2O)_{ads}$ 和 $NiClOH_{ads}^-$ 为电极表面的吸附物，形成于活化溶解之前。活化区之后，随着电势增大，钝化迅速发生，同时，电极表面形成保护性钝化膜，极限电流密度出现。本节中 Ni-Co-Cu 纳米合金沉积层的阳极钝化行为与报道的纯 Ni、Ni-Cu、Ni-Co 沉积层的钝化行为一致[14]。K. Sharifi 等[18]认为，镍基沉积层的钝化产物膜主要由 $Ni(OH)_2$ 和 NiO 组成。此外，极化过程中形成的 Co、Cu 难溶性化合物(如 $Co(OH)_2$、CuCl、Cu_2O 等)也会抑制沉积层的阳极溶解过程。例如，当施加电势在 $-120 \sim -20$ mV(vs. SCE)时，纯铜电极表面会形成难溶性 Cu_2O。随着电势的进一步增大，电流密度线性增大，钝化产物膜开始溶解，点蚀发生。

由图 11.14 可知，不同电流密度所制备的沉积层具有明显不同的钝化电流密度(i_p)、钝化区宽度(η_p)和点蚀电势(E_p)。$Ni_{54.7}Co_{20.9}Cu_{24.4}$ 沉积层的 i_p 最大，E_p 最小(负)，约 -50mV(vs.SCE)；$Ni_{73.1}Co_{14.4}Cu_{12.5}$ 和 $Ni_{83.1}Co_{10.8}Cu_{6.1}$ 沉积层的 i_p 最小，E_p 最大(正)；$Ni_{64.6}Co_{19.3}Cu_{16.1}$ 沉积层的 i_p 小于 $Ni_{54.7}Co_{20.9}Cu_{24.4}$ 沉积层的 i_p，但 E_p 较

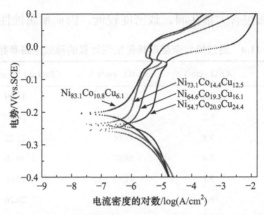

图 11.14　不同电流密度所制备的 Ni-Co-Cu 沉积层的动电势极化曲线

小(负)。此外，$Ni_{64.6}Co_{19.3}Cu_{16.1}$ 和 $Ni_{73.1}Co_{14.4}Cu_{12.5}$ 沉积层的 η_p 较宽，约 200mV，$Ni_{54.7}Co_{20.9}Cu_{24.4}$ 沉积层的 η_p 较窄，约 150mV，大小与 $Ni_{83.1}Co_{10.8}Cu_{6.1}$ 沉积层的 η_p 相当。以上观察结果说明，富 Ni 沉积层具有优异的钝化能力和抗局部腐蚀性能。

图 11.15 为 $Ni_{54.7}Co_{20.9}Cu_{24.4}$ 和 $Ni_{83.1}Co_{10.8}Cu_{6.1}$ 沉积层的截面与表面形貌。可以看到，当动电势极化测试终止于–50 mV(vs.SCE)时，$Ni_{54.7}Co_{20.9}Cu_{24.4}$ 沉积层的溶解厚度约为 3.6μm(见图 11.15(a))，远大于 $Ni_{83.1}Co_{10.8}Cu_{6.1}$ 沉积层的溶解厚度(约 2.8 μm，见图 11.15(b))；当动电势极化测试终止于+20mV(vs.SCE)时，$Ni_{54.7}Co_{20.9}Cu_{24.4}$ 沉积层表面的点蚀坑数量较多，如图 11.15(c)、(d)所示。两沉积层表面点蚀坑呈圆形且大小基本相同，这是因为沉积层具有类似的表面形貌和微观组织结构。当动电势极化测试终止于+100mV(vs.SCE)时，沉积层表面发生了严重的局部腐蚀，即点蚀坑扩大并加深，导致部分基体 Cu 暴露，如图 11.16 所示。此外，图 11.16 中较大点蚀坑(上表面)呈现波浪状腐蚀边界，由许多大小不一的小圆弧组成，可以推测，这些小圆弧属于较小点蚀坑的边界。当点蚀发生时，小点蚀坑不断横向(平行于沉积层表面)扩展，导致毗邻点蚀坑互相联结，此后，沉积层的均匀溶解使联结后形成的波浪状腐蚀边界得以保留。SEM 形貌观察结果与动电势极化测试结果一致。

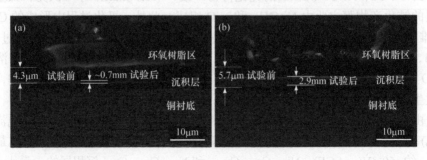

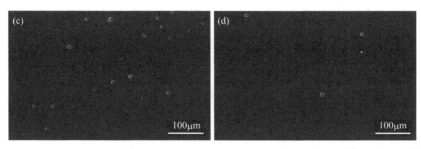

图 11.15　(a)Ni$_{54.7}$Co$_{20.9}$Cu$_{24.4}$ 和(b)Ni$_{83.1}$Co$_{10.8}$Cu$_{6.1}$ 沉积层的截面与表面形貌(极化测试终止于 −50mV(vs.SCE))以及(c)Ni$_{54.7}$Co$_{20.9}$Cu$_{24.4}$ 和(d)Ni$_{83.1}$Co$_{10.8}$Cu$_{6.1}$ 沉积层的表面形貌(极化测试终止于+20mV(vs.SCE))

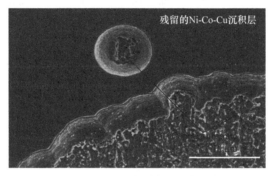

图 11.16　Ni$_{83.1}$Co$_{10.8}$Cu$_{6.1}$ 沉积层表面的点蚀坑形貌(极化测试终止于+100mV(vs.SCE))

由图 11.14 可知，沉积层的钝化起始于 E_z 附近(塔费尔区内)，导致没有明确的阳极塔费尔区，因此不能直接采用外推法估算腐蚀电流密度 i_{corr} 和腐蚀电势 E_{corr}[19]。本书中，采用两种方法计算 i_{corr} 和 E_{corr}。第一种是在修正阳极极化曲线的基础上，采用外推法求解。图 11.17 为 Ni$_{54.7}$Co$_{20.9}$Cu$_{24.4}$ 和 Ni$_{83.1}$Co$_{10.8}$Cu$_{6.1}$ 沉积层的阳极极化曲线的修正过程，以及 i_{corr} 和 E_{corr} 的计算过程。第二种方法是依据 Stern-Geary 关系：

$$i_{corr} = \frac{\beta_a \beta_c}{2.303 \times R_p(\beta_a + \beta_c)} \tag{11.13}$$

这里，β_a 和 β_c 分别代表阳极、阴极斜率；R_p 代表极化阻抗，其大小可以利用线性极化技术测定。Ni-Co-Cu 沉积层的线性极化曲线如图 11.18 所示，两种方法计算的腐蚀数据如表 11.5 所示。可以看到，两种方法计算结果一致，i_{corr} 随沉积层中 Ni 含量的增加而减小；值得注意的是，随着 Ni 含量的增加，沉积层的 R_p 从 11.68kΩ·cm^2 增大至 98.47kΩ·cm^2，增加了近 7 倍。此外，E_{corr} 随着沉积层中 Ni 含量的增加而增大(正)，但 Ni$_{54.7}$Co$_{20.9}$Cu$_{24.4}$ 沉积层的 E_{corr} 略高于 Ni$_{64.6}$Co$_{19.3}$Cu$_{16.1}$ 沉积层的 E_{corr}。事实上，E_{corr} 不仅与阳极溶解过程有关，而且与阴极还原过程即

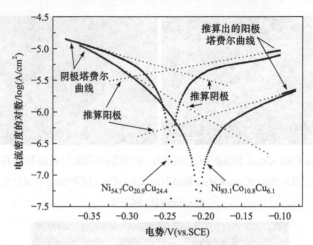

图 11.17　$Ni_{54.7}Co_{20.9}Cu_{24.4}$ 和 $Ni_{83.1}Co_{10.8}Cu_{6.1}$ 沉积层的阳极极化曲线的修正过程以及 E_{corr} 和 i_{corr}
的计算过程

析氢反应有关。析氢反应动力学与电极材料本质以及其表面状态紧密相关。$Ni_{54.7}Co_{20.9}Cu_{24.4}$ 沉积层具有适当的化学成分、较小的晶粒尺寸和高密度的表面缺陷(如孔洞、晶界、空位等),其协同作用可能有利于阴极析氢过程。但在 NaCl 溶液中,$Ni_{54.7}Co_{20.9}Cu_{24.4}$ 沉积层的 i_{corr} 较大、R_p 较小(负),故其耐腐蚀性能较差。

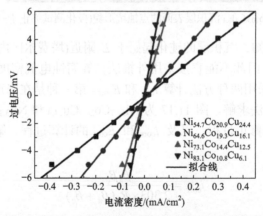

图 11.18　Ni-Co-Cu 纳米合金沉积层在中性 3.5wt%NaCl 溶液中的线性极化曲线

表 11.5　Ni-Co-Cu 纳米合金沉积层在 3.5wt% NaCl 溶液中的腐蚀数据

沉积层	E_{corr}/mV (vs.SCE)	R_p/(kΩ · cm²)	i_{corr}/(μA/cm²)	
			塔费尔阳极与阴极斜率交点	Stern-Geary 关系
$Ni_{54.7}Co_{20.9}Cu_{24.4}$	−243	11.68	4.47	5.75
$Ni_{64.6}Co_{19.3}Cu_{16.1}$	−257	21.31	3.09	2.67

续表

沉积层	E_{corr}/mV (vs.SCE)	R_p/(kΩ·cm²)	i_{corr}/(μA/cm²)	
			塔费尔阳极与阴极斜率交点	Stern-Geary 关系
Ni$_{73.1}$Co$_{14.4}$Cu$_{12.5}$	−239	63.71	1.16	0.71
Ni$_{83.1}$Co$_{10.8}$Cu$_{6.1}$	−208	98.47	0.83	0.41

以上结果说明，富 Ni 沉积层在中性 NaCl 溶液中具有优异的耐腐蚀性能，该结论与"添加 Co 和 Cu 可以提高 Ni 沉积层的耐腐蚀性能"的说法不一致。Co 对耐腐蚀性能的积极作用主要在于细化组织结构和提高表面致密度。本书中，由于沉积液中包含糖精添加剂，所制备的 Ni-Co-Cu 沉积层具有类似的形貌特征和微结构，从而不能凸显 Co 的积极作用。同样地，Cu 对沉积层形貌和微结构的影响也很小。另一方面，Co 比 Ni 活泼，而添加 Co 和 Cu 又会增大 Ni 沉积层的微应变。因此，富 Co 和 Cu 沉积层在中性 NaCl 溶液中具有较高的电化学活性[1,5]。虽然 Ni 在含氯水溶液中具有较好的钝化能力，但添加 Co、Cu 很可能改变钝化产物膜的本质特性。

2. 阻抗谱测试

图 11.19(a)为不同电流密度所制备的 Ni-Co-Cu 沉积层在 3.5wt% NaCl 溶液中的奈奎斯特图。可以看到，所有沉积层的阻抗图呈现单一半圆形状，说明腐蚀机制受电荷转移过程控制。显然，富 Ni 沉积层表现出优异的耐腐蚀性能，因为其阻抗图中的容抗弧较大。

由图 11.19(b)可知，在低频区，沉积层的阻抗存在显著差异，例如，当频率为 0.01Hz 时，随着沉积层中 Ni 含量增加，log(|Z|)从 4.3 增大至 5.1；在中频区(10^{-1}～$10^{2.5}$Hz)，Ni$_{64.6}$Co$_{19.3}$Cu$_{16.1}$、Ni$_{73.1}$Co$_{14.4}$Cu$_{12.5}$、Ni$_{83.1}$Co$_{10.8}$Cu$_{6.1}$ 沉积层的阻抗值相当，远大于 Ni$_{54.7}$Co$_{20.9}$Cu$_{24.4}$ 沉积层的阻抗值。

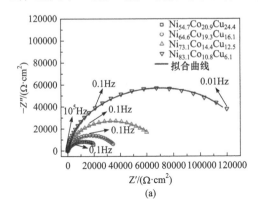
(a)

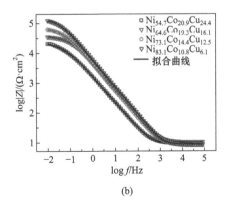
(b)

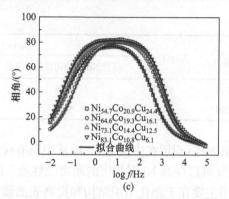

(c)

图 11.19　不同电流密度所制备的 Ni-Co-Cu 纳米合金沉积层在中性 3.5wt% NaCl 溶液中的阻抗谱
(a) 奈奎斯特图；(b) 波特图 $\log(f)$ vs.$\log(|Z|)$；(c) 波特图 $\log(f)$ vs.相角

图 11.19(c) 中较宽的峰形说明存在两个时间常数，且浸泡一天后，沉积层表面已经形成腐蚀产物。高频区的时间常数对应多孔腐蚀产物的电阻 R_f 和电容 C_f，低频区的时间常数对应电解液/沉积层界面附近(腐蚀产物孔末端)的电荷转移电阻 R_{ct} 和双电层电容 C_{dl}。这里兼顾双电层和多孔腐蚀产物的贡献，提出的等效电路模型如图 11.20 所示。在该模型中，R_s 代表溶液电阻；考虑到沉积层表面形貌的非均匀性，CPE_1 和 CPE_2 分别替代 C_f 和 C_{dl}。拟合曲线如图 11.19 所示，阻抗参数计算结果如表 11.6 所示。可以看到，随着沉积层中 Ni 含量增加，R_f 增大，CPE_2 减小，说明 Ni 有利于提高腐蚀产物膜的质量；同时，R_{ct} 增大，$Ni_{83.1}Co_{10.8}Cu_{6.1}$ 沉积层的 R_{ct} 比 $Ni_{54.7}Co_{20.9}Cu_{24.4}$ 沉积层的 R_{ct} 大了近一个数量级，证实了添加大量 Co 和 Cu 会降低 Ni-Co-Cu 纳米合金沉积层的表面电荷转移阻抗，致使沉积层耐腐蚀性能下降，该结论与 11.4.1 节中动电势、线性极化的测试结果一致。

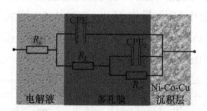

图 11.20　用于拟合阻抗谱的等效电路图

表 11.6　通过拟合奈奎斯特阻抗图计算的等效电路参数

沉积层	R_s /($\Omega \cdot cm^2$)	R_f /($k\Omega \cdot cm^2$)	CPE_1 /($\mu\Omega^{-1} \cdot cm^{-2} \cdot s^{-n}$)	n_1	R_{ct} /($k\Omega \cdot cm^2$)	CPE_2 /($\mu\Omega^{-1} \cdot cm^{-2} \cdot s^{-n}$)	n_2
$Ni_{54.7}Co_{20.9}Cu_{24.4}$	9.4	11.03	143.51	0.74	14.72	114.32	0.89
$Ni_{64.6}Co_{19.3}Cu_{16.1}$	11.5	11.19	119.95	0.78	27.43	38.86	0.91
$Ni_{73.1}Co_{14.4}Cu_{12.5}$	8.1	19.05	92.5	0.88	57.73	42.93	0.91
$Ni_{83.1}Co_{10.8}Cu_{6.1}$	8.7	29.58	62.17	0.96	111.3	29.49	0.92

3. 盐雾试验

Ni-Co-Cu 纳米合金沉积层在盐雾中保存 40 天后，依然保持光亮的表面，无明显腐蚀痕迹。然而，在微观尺度上，沉积层表面已遭受严重腐蚀，如图 11.21 所示。

由图 11.21(a)～(d)可知，1 天试验后，所有沉积层的表面出现大量圆盘状点蚀坑，这些点蚀坑边界清晰，形态类似于动电势极化测试中形成的点蚀坑，但盐雾中形成的点蚀坑较浅且尺寸较大，其独特的形貌特征在以往研究中鲜有报道[18]。盐雾试验中点蚀坑的形核、分布与材料表面的腐蚀活性点位敏感性密切相关。本书中所制备的 Ni-Co-Cu 沉积层的化学成分均匀、晶粒细小、晶体结构简单且包含大量的晶体缺陷，其独特的组织结构促使初期形成的点蚀坑呈现独特的形貌特征。腐蚀开始时，腐蚀产物快速形成，相对于金属沉积层，腐蚀产物的电势较高(正)，其作为微阴极将促使腐蚀沿平行于沉积层表面方向发展(由 D_P 表示)，导致点蚀坑发生横向扩张、联结。如果腐蚀产物具有多孔结构，对腐蚀介质无阻挡作用，则腐蚀产物同时促使腐蚀沿沉积层深度方向发展(由 D_N 表示)，表现为点蚀坑的不断加深、腐蚀产物的不断增厚。由图 11.21(a)可知，$Ni_{54.7}Co_{20.9}Cu_{24.4}$ 沉积层表面的点蚀坑分布独立，边界清晰；但 $Ni_{83.1}Co_{10.8}Cu_{6.1}$ 沉积层表面的点蚀坑联结紧密，边界模糊，且可以观察到尚未腐蚀的白色条带状区域(图 11.21(d))，说明富 Ni 沉积层表面形成的腐蚀产物具有一定保护性，在该沉积层表面，腐蚀倾向于沿 D_P 方向发展。而对于富 Co 和 Cu 沉积层，腐蚀则倾向于沿 D_N 方向发展，导致点蚀坑较深，且腐蚀产物较多(厚)。经 SEM 观察发现，两沉积层(图 11.22(a)和(b))表面的腐蚀产物均具有多孔层片状结构，$Ni_{54.7}Co_{20.9}Cu_{24.4}$ 沉积层表面的腐蚀产物的孔结构较立体。

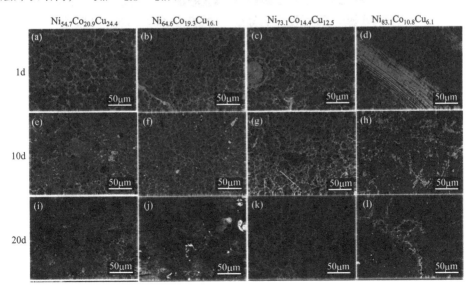

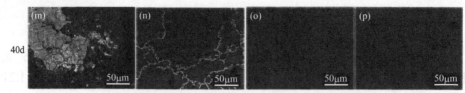

图 11.21　在盐雾中暴露不同时间的 Ni-Co-Cu 纳米合金沉积层的光学显微图像

(a)、(e)、(i)和(m)Ni$_{54.7}$Co$_{20.9}$Cu$_{24.4}$；(b)、(f)、(j)和(n)Ni$_{64.6}$Co$_{19.3}$Cu$_{16.1}$；(c)、(g)、(k)和(o)Ni$_{73.1}$Co$_{14.4}$Cu$_{12.5}$；(d)、(h)、(l)和(p)Ni$_{83.1}$Co$_{10.8}$Cu$_{6.1}$；(a)~(d)1d；(e)~(h)10d；(i)~(l)20d；(m)~(p)40d

　　10 天试验后，由于腐蚀沿 D_N 方向进一步发展，所有沉积层表面的腐蚀产物膜变厚，如图 11.22(e)~(h)所示。特别地，在 Ni$_{54.7}$Co$_{20.9}$Cu$_{24.4}$ 沉积层表面的初始点蚀坑下方(或周围)形成了大量新生点蚀坑，如图 11.21(e)所示。相比之下，Ni$_{64.6}$Co$_{19.3}$Cu$_{16.1}$ 和 Ni$_{73.1}$Co$_{14.4}$Cu$_{12.5}$ 沉积层的耐腐蚀性能较好，其表面形貌无明显变化(相对于 1d 试验后的形貌)。而在 Ni$_{83.1}$Co$_{10.8}$Cu$_{6.1}$ 沉积层表面，腐蚀沿 D_P 方向发展较快，点蚀坑联结紧密，且边界模糊。SEM 观察表明，随着腐蚀时间延长，腐蚀产物孔洞增大，值得注意的是，Ni$_{83.1}$Co$_{10.8}$Cu$_{6.1}$ 沉积层局部表面形成了形貌致密的腐蚀产物，然而，Ni$_{54.7}$Co$_{20.9}$Cu$_{24.4}$ 沉积层表面没有观察到致密产物膜，如图 11.22(c)和(d)所示。

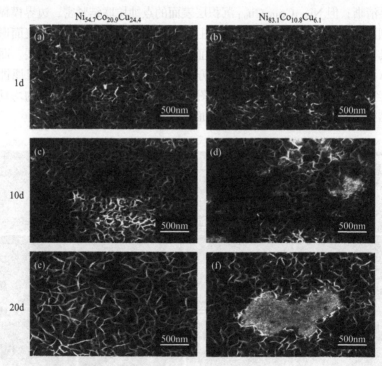

图 11.22　$Ni_{54.7}Co_{20.9}Cu_{24.4}$(左列)和 $Ni_{83.1}Co_{10.8}Cu_{6.1}$(右列)沉积层在盐雾中暴露不同时间的 SEM 图像

20d 试验后，$Ni_{54.7}Co_{20.9}Cu_{24.4}$ 沉积层表面被腐蚀产物完全覆盖(图 11.21(i))，然而，$Ni_{64.6}Co_{19.3}Cu_{16.1}$、$Ni_{73.1}Co_{14.4}Cu_{12.5}$、$Ni_{83.1}Co_{10.8}Cu_{6.1}$ 沉积层表面未形成完整腐蚀产物膜，如图 11.21(j)~(l)所示。值得注意的是，$Ni_{83.1}Co_{10.8}Cu_{6.1}$ 沉积层表面致密腐蚀产物膜开始横向扩张(沿 D_P 方向)，多孔结构部分变得更加立体(图 11.22(f))，$Ni_{54.7}Co_{20.9}Cu_{24.4}$ 沉积层表面腐蚀产物均匀多孔，无致密结构(图 11.22(e))。

40d 试验后，$Ni_{54.7}Co_{20.9}Cu_{24.4}$ 沉积层表面腐蚀产物浓厚且不均匀(包含裂纹，见图 11.21(m))，然而，$Ni_{73.1}Co_{14.4}Cu_{12.5}$ 和 $Ni_{83.1}Co_{10.8}Cu_{6.1}$ 沉积层表面被均匀致密的腐蚀产物完全覆盖，如图 11.21(o)、(p)所示。由图 11.22(g)可知，$Ni_{54.7}Co_{20.9}Cu_{24.4}$ 沉积层表面腐蚀产物具有多孔三维网络结构，而 $Ni_{83.1}Co_{10.8}Cu_{6.1}$ 沉积层表面腐蚀产物均匀致密，其多孔结构已完全消失，如图 11.22(h)所示。以上形貌观察证实，富 Ni 沉积层表面初始多孔腐蚀产物膜可以逐渐转变为致密产物膜，而富 Co、Cu 沉积层表面的腐蚀产物膜在整个试验过程中未发生致密化转变，表现为多孔结构的持续恶化。

11.6　Cu/(Ni-Co-Cu)纳米合金沉积层的组织结构和形貌

11.6.1　Ni-Co-Cu 纳米合金沉积层的织构

图 11.23 为不同成分沉积液所制备的沉积层的 XRD 图谱。可以看到，所有沉积层均检测到(111)、(200)、(220)、(311)和(222)晶面衍射峰信息，表明所制备的沉积层具有单相 fcc 结构，Ni、Co、Cu 三金属具有良好的混溶性。值得注意的是，这些衍射峰的相对强度随沉积层化学成分的变化而发生明显的变化，说明沉积层具有不同的或不同程度的生长择优取向，即织构。

采用织构系数 $TC_{(hkl)}$ 评估沉积层的织构，$TC_{(hkl)}$ 依据下式

$$TC_{(hkl)} = \frac{I_{(hkl)} / I_{0(hkl)}}{\frac{1}{n}\sum_{i=1}^{n}(I_{(hkl)} / I_{0(hkl)})} \times 100\% \tag{11.14}$$

计算。这里，$I_{(hkl)}$ 和 $I_{0(hkl)}$ 分别代表沉积层和标准粉末样品的(hkl)衍射峰的最大强

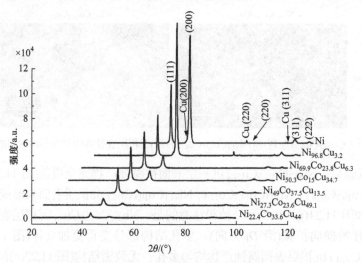

图 11.23　不同成分沉积液所制备的沉积层的 XRD 图谱

度。标准粉末样品的衍射信息可以查阅相关 PDF 卡片。

　　图 11.24 为沉积层的化学成分与织构系数的关系。由图 11.24(a)可知，纯 Ni 沉积层具有强[200]丝织构($TC_{(111)}=0.37<1$，$TC_{(200)}=1.63>1$)，$Ni_{96.8}Cu_{3.2}$ 沉积层的织构与纯 Ni 的织构近似($TC_{(111)}=0.25<1$，$TC_{(200)}=1.75>1$)，说明添加微量 Cu 对织构无显著影响。随着沉积层中 Ni 含量的减少(Cu、Co 含量的增加)，织构发生了明显的变化，由强[200]织构逐渐转变为强[111]织构。这里，所制备沉积层的成分与沉积液成分密切相关。因此，沉积液中硫酸盐浓度对沉积层的织构有显著影响。大致地，沉积液中 Co^{2+}、Cu^{2+} 浓度增大，促进晶粒沿[111]方向生长；相对于 Cu，沉积层中 Co 的含量与 $TC_{(hkl)}$ 具有较好的线性关系，说明沉积液中 Co^{2+} 的浓度对沉积层的生长取向有显著影响，这与 Co 的晶粒细化作用有关。

　　图 11.25 为不同电流密度所制备的沉积层的 XRD 图谱。可以看到，所有沉积

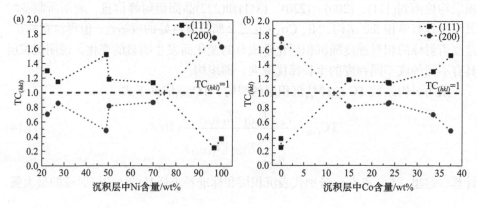

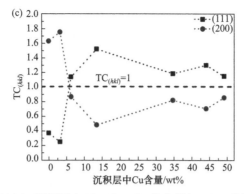

图 11.24　沉积层中 Ni、Co、Cu 的含量与 TC$_{(hkl)}$的关系

层具有单相 fcc 结构，其衍射峰相对强度基本保持不变。由图 11.26 可知，较大电

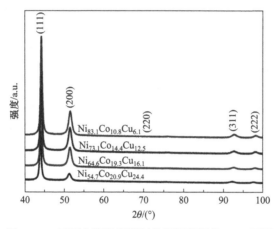

图 11.25　不同电流密度所制备的沉积层的 XRD 图谱

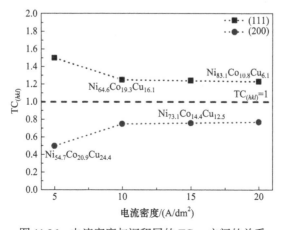

图 11.26　电流密度与沉积层的 TC$_{(hkl)}$之间的关系

流密度范围内制备的 Ni-Co-Cu 沉积层均具有较强的[111]织构($TC_{(111)}>1$，$TC_{(200)}<1$)；相对于沉积液成分，电流密度对沉积层的织构影响较小，尽管其对沉积层的化学成分有显著影响。

11.6.2　晶格常数随沉积层成分的变化

图 11.27 所示为所制备沉积层的晶格常数。可以看到，纯 Ni 沉积层的 a_0 为 3.5266Å，略大于纯 Ni 标准粉末样品的晶格常数(3.5232Å)。当少量 Cu 置换 Ni 形成固溶体时，沉积层的 a_0 增大至 3.5399Å。进一步添加 Co 后，$Ni_{83.1}Co_{10.8}Cu_{6.1}$ 沉积层的 a_0(3.5439Å)略小于纯 Co 标准粉末样品的晶格常数(3.5446Å)，$Ni_{73.1}Co_{14.4}Cu_{12.5}$沉积层的$a_0$(3.5445Å)基本与纯Co标准粉末样品的晶格常数一致。$Ni_{54.7}Co_{20.9}Cu_{24.4}$沉积层的 a_0 为 3.5485Å，小于 $Ni_{50.3}Co_{15}Cu_{34.7}$ 的 a_0(3.5546Å)，这是因为前者 Co 的含量比后者高 5.9%，但 Cu 的含量却比后者低 11.3%；类似地，$Ni_{49}Co_{37.5}Cu_{13.5}$沉积层($a_0$=3.5497Å)中 Co 的含量比 $Ni_{50.3}Co_{15}Cu_{34.7}$($a_0$=3.5546Å)和$Ni_{27.3}Co_{23.6}Cu_{49.1}$($a_0$=3.5601Å)沉积层中 Co 的含量高，但其 Cu 含量较低，导致该沉积层具有较小的 a_0。由于 Ni 含量远低于 50wt%，$Ni_{27.3}Co_{23.6}Cu_{49.1}$ 和 $Ni_{22.4}Co_{33.6}Cu_{44}$沉积层不属于镍基合金沉积层，大量 Co、Cu 置换使沉积层具有较大的 a_0，分别为 3.5601Å 和 3.5675Å，但仍远小于纯 Cu 标准粉末样品的晶格常数(3.6148Å)[8,9]。以上结果说明，可以通过外推法估算三元合金沉积层的晶格常数。所制备沉积层的晶格常数主要由其化学成分决定，与沉积液成分、电流密度等无

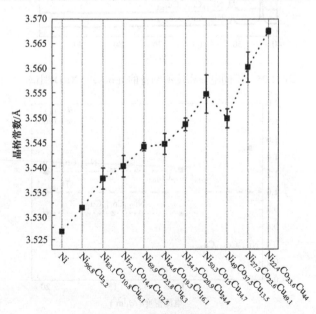

图 11.27　沉积层的晶格常数 a_0

关；沉积层的晶格常数随 Ni 含量的减少而增大，随 Co、Cu 含量的增大而增大；相对于 Co，具有较大原子半径的 Cu 对沉积层的 a_0 有更加显著的影响。

11.6.3　Ni-Co-Cu 纳米合金沉积层的晶粒大小和微应变

表 11.7 为不同成分沉积液所制备沉积层的晶粒大小 D 和微应变 ε，以及 $\beta^D_{(111)}$、$\beta^g_{(111)}$ 和 m。这里，利用 Voigt 单峰法，选用沉积层的(111)晶面衍射峰进行计算，可知，D 与 $\beta^D_{(111)}$ 成反比，ε 与 $\beta^g_{(111)}$ 成正比。因此，实测衍射峰线形结构宽化的程度越高，则 D 越小，ε 越大。表 11.7 中 m 值介于 $0.63662 \sim 0.93949$，证实了 Voigt 方法的可行性。所制备的沉积层均由纳米晶粒组成，且具有较大的微应变；其中，纯 Ni 沉积层晶粒大小为 28.7nm，小于已中报道的纯 Ni 沉积层的晶粒尺寸，这是因为本书中所用沉积液包含糖精添加剂，其在电沉积过程中有细化晶粒的作用[16]。当沉积液中添加少量 Cu^{2+} 时，沉积层($Ni_{96.8}Cu_{3.2}$)的晶粒尺寸(28.3nm)和微应变(0.45×10^{-2})略微增大(与纯 Ni 相比)；当大量 Co、Cu 置换 Ni 形成三元合金固溶体时($Ni_{69.9}Co_{23.8}Cu_{6.3}$、$Ni_{50.3}Co_{15}Cu_{34.7}$、$Ni_{49}Co_{37.5}Cu_{13.5}$)，沉积层晶粒尺寸减小至约 20nm，晶粒细化可归因于 Co 和 Cu 的置换作用以及 Co 自身的细化作用。在电沉积过程中，Co^{2+} 与 OH^- 反应生成 $Co(OH)^+$，$Co(OH)^+$ 可以吸附在沉积层生长表面以阻止晶粒长大，$Co(OH)^+$ 越多，晶粒尺寸越小[3,4]。由于 Co 和 Cu 的置换作用，三元合金沉积层具有较大的微应变。与 $Ni_{69.9}Co_{23.8}Cu_{6.3}$、$Ni_{49}Co_{37.5}Cu_{13.5}$ 相比，$Ni_{50.3}Co_{15}Cu_{34.7}$ 沉积层包含大量 Cu，因而微应变较大。$Ni_{27.3}Co_{23.6}Cu_{49.1}$ 和 $Ni_{22.4}Co_{33.6}Cu_{44}$ 沉积层的晶粒尺寸约为 10nm，具有较大的微应变(大于 1×10^{-2})。以上结果表明，通过改变沉积液成分可以有效调节沉积层的晶粒尺寸和微应变；相对于 Co、Cu 置换引起的晶粒细化，Co 自身的晶粒细化作用更加显著；相对于 Co，Cu 的置换作用对微应变的影响更加显著。

表 11.7　不同成分沉积液所制备的沉积层的晶粒大小和微应变

沉积层	$\beta^D_{(111)}/(°)$	$\beta^g_{(111)}/(°)$	m	D/nm	$\varepsilon/(\times 10^{-2})$
Ni	0.33294	0.33861	0.85764	28.7	0.43
$Ni_{96.8}Cu_{3.2}$	0.33710	0.35973	0.84791	28.3	0.45
$Ni_{69.9}Co_{23.8}Cu_{6.3}$	0.41968	0.38481	0.86552	22.7	0.48
$Ni_{50.3}Co_{15}Cu_{34.7}$	0.44927	0.82270	0.78544	21.2	0.96
$Ni_{49}Co_{37.5}Cu_{13.5}$	0.44769	0.63575	0.82117	21.4	0.75
$Ni_{27.3}Co_{23.6}Cu_{49.1}$	0.91194	0.94599	0.72283	11.5	1.09
$Ni_{22.4}Co_{33.6}Cu_{44}$	0.92420	1.03944	0.76631	11.3	1.19

采用 Voigt 单峰法计算不同电流密度所制备的沉积层的晶粒大小和微应变，列于表 11.8 中。

表 11.8   不同成分纳米沉积层的微结构参数

成分	$Ni_{54.7}Co_{20.9}Cu_{24.4}$	$Ni_{64.6}Co_{19.3}Cu_{16.1}$	$Ni_{73.1}Co_{14.4}Cu_{12.5}$	$Ni_{83.1}Co_{10.8}Cu_{6.1}$
$\beta^D_{(111)}/(°)$	0.48672	0.44355	0.47843	0.48352
$\beta^g_{(111)}/(°)$	0.44137	0.45564	0.43375	0.44264
m	0.88618	0.88147	0.87545	0.8681
D/nm	25.7	24.8	26.3	25.6
$\varepsilon/(×10^{-2})$	0.52	0.47	0.51	0.51

从表 11.8 可以看出，Ni-Co-Cu 合金沉积层的晶粒尺寸与电流密度无线性关系。增大电流密度可以提高晶粒的形核速率，抑制晶粒长大，减小晶粒尺寸，同时会导致沉积层中 Co、Cu 含量下降，减弱 Co 和 Cu 置换以及 Co 自身对晶粒的细化作用，最终晶粒尺寸取决于电流密度和沉积层化学成分变化引起的叠加效应。类似地，增大电流密度会导致晶格畸变增大，但 Co 和 Cu 含量下降会导致晶格畸变减小。因此，对于 Ni-Co-Cu 三元合金沉积层，电流密度对晶粒尺寸和微应变的影响比较复杂，需要兼顾沉积层化学成分变化的影响。需要注意的是，本书中所制备的纳米沉积层未经塑性变形，平均晶粒尺寸为 10~28.7nm，故沉积层具有较低的位错密度。K. S. Kumar 等[20]研究结果证实，尺寸小于 15~20nm 的晶粒内部不存在位错。大量研究结果表明，在纳米晶粒中，单位位错的活动是受限的，纳米晶变形主要以晶界发射不全位错、形成纳米孪晶的方式进行。

11.7   Ni-Co-Cu 纳米合金沉积层的形貌与微观组织结构观察

11.7.1   沉积液成分对沉积层形貌的影响

图 11.28 为不同成分沉积液所制备的沉积层的形貌和 EDS 线扫描分析结果。通过肉眼观察，所制备的沉积层表面光亮，归因于沉积液中糖精添加剂的增白效果。通过 SEM 观察发现，沉积层具有颗粒状表面，且包含大量孔洞。I. Baskaran 等[21]观察发现，直流电沉积制备的 Ni-Cu 沉积层表面包含大量孔洞和裂纹，该现象与文献[22]中报道的一致，但本书中所制备沉积层的表面无明显裂纹。图 11.28 中沉积层表面的孔洞可以分为两种(见图 11.28(a)插图)，第一种是团簇之间形成的孔洞，其尺寸较大且形状不规则，称为 Ps I；第二种是团簇上形成的孔洞，其尺寸较小且呈规则圆形，称为 Ps II。对比图 11.28(a)和(b)可以发现，添加 3.2wt% Cu 对 Ni 沉积层的表面形貌几乎没有影响。Co 的细化作用使 $Ni_{69.9}Co_{23.8}Cu_{6.3}$ 沉积层表面的颗粒尺寸明显减小，Ps I 和 Ps II 的形状均未发生明显变化，如图 11.28(c)所示。由图 11.28(d)及其插图可知，$Ni_{50.3}Co_{15}Cu_{34.7}$ 沉积层的表面形貌与 $Ni_{69.9}Co_{23.8}Cu_{6.3}$

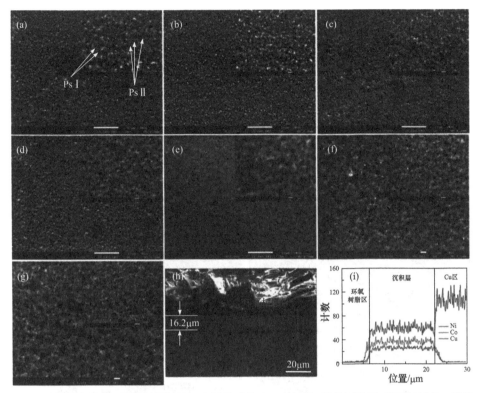

图 11.28　不同成分沉积液所制备的沉积层的形貌和 EDS 线扫描分析结果(彩图扫封底二维码)

(a) Ni；(b) Ni$_{96.8}$Cu$_{3.2}$；(c) Ni$_{69.9}$Co$_{23.8}$Cu$_{6.3}$；(d) Ni$_{50.3}$Co$_{15}$Cu$_{34.7}$；(e) Ni$_{49}$Co$_{37.5}$Cu$_{13.5}$；(f) Ni$_{27.3}$Co$_{23.6}$Cu$_{49.1}$、；
(g) Ni$_{22.4}$Co$_{33.6}$Cu$_{44}$；(h) Ni$_{22.4}$Co$_{33.6}$Cu$_{44}$

沉积层的形貌类似，部分 Ps I 呈规则圆形。相比之下，Ni$_{49}$Co$_{37.5}$Cu$_{13.5}$ 沉积层具有均匀致密的表面形貌，如图 11.28(e)及其插图所示。图 11.28(f)和(g)分别为 Ni$_{27.3}$Co$_{23.6}$Cu$_{49.1}$ 和 Ni$_{22.4}$Co$_{33.6}$Cu$_{44}$ 沉积层的表面形貌(高倍，×5000)，可以看到，沉积层表面形成大量 Ps I，尺寸较大，且呈规则圆形。所有沉积层表面的 Ps II 具有类似的大小及形状。在富 Ni 沉积层表面，Ps I 尺寸较小且不规则，在富 Cu 和 Co 沉积层表面，Ps I 尺寸较大且呈圆形。由图 11.28(h)可知，Ps I 和 Ps II 仅形成于沉积层上表层，所制备沉积层的厚度均匀(16.2～21.1μm)。EDS 线扫描分析结果表明，三元合金沉积层具有均匀的化学成分，如图 11.28(i)所示。

图 11.29 为不同电流密度所制备的沉积层的表面、截面形貌。可以看到，所有沉积层表面包含大量孔洞。对比图 11.29(a)、(c)、(e)和(g)可以发现，这些沉积层具有类似的形貌特征，说明电流密度对沉积层的表面形貌无显著影响。由图 11.29(b)、(d)、(f)和(h)可知，沉积层厚度随电流密度增大而增大(从 4.3～5.7μm)，因为在相同电沉积时间内，提高电流密度可以提高电沉积效率。EDS 线扫描分析结果表明，所制备的 Ni-Co-Cu 合金沉积层具有均匀的化学成分，如图 11.29(h)所示。

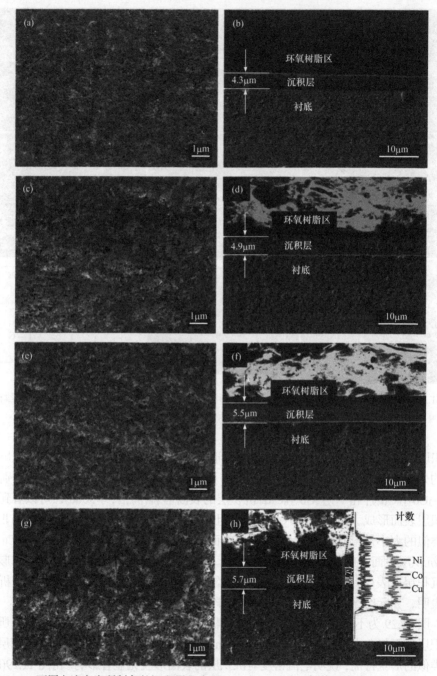

图 11.29　不同电流密度所制备的沉积层的表面(a)，(c)，(e)，(g)与截面形貌(b)，(d)，(f)，(h)
(彩图扫封底二维码)

(a)，(b)Ni$_{54.7}$Co$_{20.9}$Cu$_{24.4}$；(c)，(d)Ni$_{64.6}$Co$_{19.3}$Cu$_{16.1}$；(e)，(f)Ni$_{73.1}$Co$_{14.4}$Cu$_{12.5}$；(g)，(h)Ni$_{83.1}$Co$_{10.8}$Cu$_{6.1}$

11.7.2　沉积层微观组织结构的 TEM 观察

图 11.30 为 Ni$_{49}$Co$_{37.5}$Cu$_{13.5}$ 沉积层的 TEM 明场像。可以看到，沉积层具有弥散的微观组织结构，由纳米级晶粒组成。选区电子衍射(selected area electron diffraction，SAED)花样(见图 11.30 右上插图)证实，该纳米合金沉积层具有 fcc 单相结构，与图 11.23 中的 XRD 分析结果一致。晶粒大小统计结果(见图 11.30 右下插图)说明，沉积层晶粒尺寸介于 5～62nm，平均尺寸约 20.8nm，与 XRD 晶粒大小计算结果(21.4nm)基本一致。值得注意的是，76.6%晶粒的尺寸小于 30nm，尺寸大于 50nm 的晶粒仅占 7.8%，因而可以推测，该沉积层具有较低的位错密度。

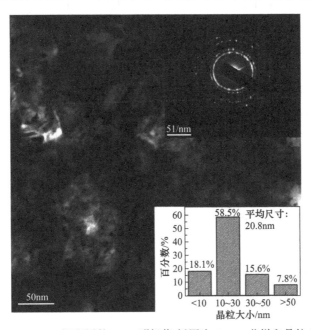

图 11.30　Ni$_{49}$Co$_{37.5}$Cu$_{13.5}$ 沉积层的 TEM 明场像(插图为 SAED 花样和晶粒大小统计结果)

图 11.31 为 Ni$_{54.7}$Co$_{20.9}$Cu$_{24.4}$ 沉积层的 TEM 图像。可以看出，沉积层具有弥

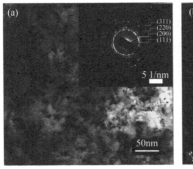
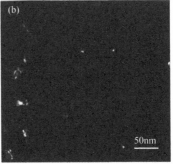

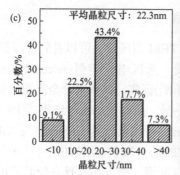
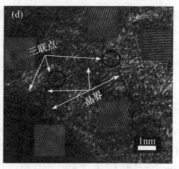

图 11.31　Ni$_{54.7}$Co$_{20.9}$Cu$_{24.4}$ 沉积层的 TEM 图像

(a) 明场像；(b) 对应的暗场像；(c) 晶粒大小统计结果；(d) 高分辨图像

散的微观组织结构(图 11.31(a))，与 Ni$_{49}$Co$_{37.5}$Cu$_{13.5}$ 沉积层观察结果一致。对应的暗场像证实，该沉积层由纳米级晶粒组成，平均尺寸约 22.3nm，与 XRD 分析结果一致，如图 11.31(b)所示。由图 11.31(d)可知，沉积层中包含高密度晶界和三叉晶界，图中所示晶粒尺寸仅几纳米，其内部没有发现位错。

11.8　综合分析和讨论

前面几节介绍了在镁合金表面电沉积 Cu/(Ni-Co-Cu)纳米合金沉积层的测试分析与表征结果。下面综合分析讨论 Ni-Co-Cu 的共沉积行为和腐蚀产物的形成和作用。

11.8.1　关于 Ni、Co、Cu 共沉积的讨论

参考第 2 章和有关文献得知：在电沉积过程中，阴极上有两种或两种以上金属同时沉积的过程，称为金属的共沉积(电沉积合金)。了解金属共沉积理论及影响因素是获得合金沉积层的理论保证。

1. 二元合金共沉积的条件

(1) 合金中的金属至少有一种能从其盐的水溶液中析出。有些金属如钨、钼等虽不能从其盐的水溶液中单独沉积，但可以与其他金属如铁、钴、镍等同时从水溶液中实现共沉积。所以，共沉积并不一定要求各组分金属都能单独从水溶液中沉积析出。

(2) 两种金属的析出电势要十分接近或相等。因为在共沉积过程中，电势较正的金属总是优先沉积，甚至可以完全排除电势较负的金属沉积析出。因此，为使电极电势相差较远的金属能同时析出，可通过改变离子活度或不同金属离子析

出的过电势来实现。

2. 有效实施金属共沉积

根据能斯特(Nernst)方程式，增大金属离子浓度可使电势正移；相反，降低浓度电势则负移。对于二价金属离子，当浓度改变 10 倍时，平衡电势移动 0.029V；而多数金属离子的平衡电势相差较大，因此仅通过改变金属离子浓度来实现共沉积，显然是很难的。以下两种方式则有助于实现金属共沉积。

(1) 向沉积液中加入适宜的络合剂。通过加入络合剂，对共沉积离子进行选择性络合，由于络离子稳定常数相差很大，因此可以较大幅度地改变平衡电势，实现共沉积；同时，加入络合剂后，还能增大阴极极化作用，改善沉积层质量。

(2) 加入适当添加剂也是实现共沉积的有效措施。添加剂对金属平衡电势影响很小，但对电极极化影响显著。由于添加剂对金属离子的还原过程有明显的阻碍作用，而且阻碍作用具有一定的选择性，因此在沉积液中加入添加剂对金属离子共沉积的影响要根据试验而定。为了实现金属共沉积，在电解液中可单独加入添加剂，也可与络合剂同时加入。

Ni、Cu、Co 共沉积行为与它们的标准还原电势(standard reduction potential，SRP，又称析出电势)有关，它们分别为$-0.25V$、$+0.35V$、$-0.28V$。可以看到，Ni、Co 的 SRP 非常接近，而 Cu 具有较高(正)的 SRP。

这里依据 EDS 和 XPS 成分分析结果，不同成分沉积液所制备的沉积层分别命名为 Ni、$Ni_{96.8}Cu_{3.2}$、$Ni_{69.9}Co_{23.8}Cu_{6.3}$、$Ni_{50.3}Co_{15}Cu_{34.7}$、$Ni_{49}Co_{37.5}Cu_{13.5}$、$Ni_{27.3}Co_{23.6}Cu_{49.1}$、$Ni_{22.4}Co_{33.6}Cu_{44}$，分别对应表 11.3 中的硫酸盐 Ⅰ、Ⅱ、Ⅲ、Ⅳ、Ⅴ、Ⅵ和Ⅶ。随着沉积液中 Co^{2+}、Cu^{2+}浓度升高，沉积层中 Ni 含量从 100wt%下降至 22.4wt%，Co 含量从 15.0wt%增加至 37.5wt%，Cu 含量从 3.2wt%增加至 49.1wt%。因此，通过调整硫酸盐-柠檬酸盐沉积液中硫酸盐含量，可获得大范围化学成分的 Ni-Co-Cu 三元合金沉积层，且沉积液中 Co^{2+}、Cu^{2+}浓度的小幅增加会导致沉积层中 Co、Cu含量的大幅提高。

图 11.32 为沉积液中 Co^{2+}/Ni^{2+}，Cu^{2+}/Ni^{2+}、Cu^{2+}/Co^{2+}物质的量比分别对沉积层中 Co/Ni,Cu/Ni 和 Cu/Co 物质的量比的影响。由图 11.32(a)可知，沉积层中 Co/Ni物质的量比远大于沉积液中 Co^{2+}/Ni^{2+}物质的量比，说明电势较低(负)的 Co 优先沉积，该结果与 Ni、Co 异常共沉积行为一致。值得注意的是，本章中的硫酸盐-柠檬酸盐沉积液中包含一定量的糖精添加剂和 Cu^{2+}，两者对 Ni、Co 异常共沉积行为几乎没有影响。由图 11.32(b)可知，沉积层中 Cu/Ni 物质的量比远大于沉积液中 Cu^{2+}/Ni^{2+}物质的量比，电势较高(正)的 Cu 优先沉积，该结果与 Ni、Cu 正常共沉积行为一致。然而，沉积液中 Co^{2+}的浓度对 Ni、Cu 正常共沉积行为有较大影响，这可能与 Ni、Co 共沉积及 Ni、Cu 共沉积之间的差异密切相关(讨论见下文)。

此外，Co、Cu 表现正常共沉积行为，即沉积层中 Cu/Co 物质的量比远大于沉积液中 Cu^{2+}/Co^{2+} 物质的量比，电势较高(正)的 Cu 优先沉积。

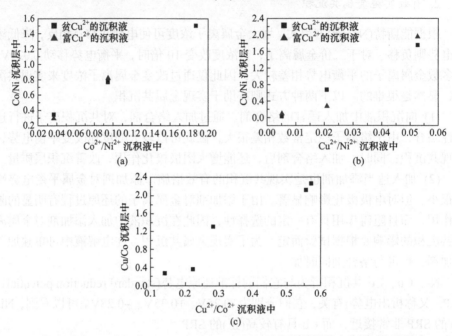

图 11.32　沉积液中(a)Co^{2+}/Ni^{2+}、(b)Cu^{2+}/Ni^{2+}、(c)Cu^{2+}/Co^{2+}物质的量比分别对沉积层中 Co/Ni、Cu/Ni、Cu/Co 物质的量比的影响

Ni、Co 异常共沉积主要取决于电沉积过程中 Co 的动力学行为[1]。研究结果表明，沉积过程中，镍氢氧化物的形成对异常共沉积没有显著影响，因而 Ni^{2+}对 Co 的沉积速率影响很小，但 Co^{2+}对 Ni 的沉积速率有较大的影响。当溶液 pH 较高时(3.0~4.4)，Co 的沉积行为与 pH 相关。在硫酸盐-柠檬酸盐沉积液中，Co 沉积的电流效率随 Co^{2+}浓度的升高而增大；在氯化物沉积液中，该电流效率则随 Co^{2+}浓度的升高而减小。因此，本书中 Ni、Co 异常共沉积基本不受其他硫酸盐浓度及阴极表面 pH 微小变化的影响，但 Co^{2+}的浓度对 Ni 和 Cu 沉积行为有一定的影响，即影响 Ni、Cu 正常共沉积过程。

11.8.2　腐蚀产物形成过程

金属 Ni 在中性盐环境中保存时，其表面会形成一些可溶性氯化物、$Ni(OH)^+$、$Ni(OH)_3^-$等，同时会形成一些难溶性固体化合物，其生成过程可描述为

$$2Ni + O_2 \longrightarrow 2NiO \tag{11.15}$$

$$NiO + H_2O \longrightarrow Ni(OH)_2 \tag{11.16}$$

$$Ni + H_2O \longrightarrow Ni(H_2O)_{ads} \tag{11.17}$$

$$Ni(H_2O)_{ads} \longrightarrow Ni(OH)^+ + H^+ + 2e^- \tag{11.18}$$

$$Ni(OH)^+ + H_2O \longrightarrow Ni(OH)_2 + H^+ \tag{11.19}$$

式(11.15)代表金属 Ni 与氧(化学吸附)反应生成 NiO 的过程，NiO 是镍基合金常温下形成的保护性腐蚀产物膜的重要组成部分。依据金属 Ni 的电势-pH 图(Pourbaix 图)，在水溶液中，NiO 是一种热力学不稳定的化合物，它可以溶解生成 Ni^{2+} 或转变为相对稳定的 $Ni(OH)_2$ (式(11.16))。大部分 $Ni(OH)_2$ 通过水解反应形成，即式(11.17)~式(11.19)。

在中性盐环境中，金属 Co 的溶解过程与 Ni 类似，形成的可溶性产物包括 Co^{2+}、羟基钴单体等，难溶性固体化合物的形成过程可描述为[18]

$$2Co + O_2 \longrightarrow 2CoO \tag{11.20}$$

$$CoO + H_2O \longrightarrow Co(OH)_2 \tag{11.21}$$

$$Co + H_2O \longrightarrow Co(H_2O)_{ads} \tag{11.22}$$

$$Co(H_2O)_{ads} \longrightarrow Co(OH)^+ + H^+ + 2e^- \tag{11.23}$$

$$Co(OH)^+ + H_2O \longrightarrow Co(OH)_2 + H^+ \tag{11.24}$$

CoO 作为一种强氧化剂，在含水环境中是一种热力学不稳定的化合物。除 CoO 与 H_2O 反应可以形成 $Co(OH)_2$ 以外(式(11.21))，$Co(OH)_2$ 主要通过水解反应生成，即式(11.22)~式(11.24)。此外，依据金属 Co 的电势-pH 图，在常温下，Co 表面还会形成一些难溶性高价化合物，如 Co_3O_4、CoOOH 等。

在中性盐环境中，金属 Cu 主要以 $CuCl_2^-$ 的形式溶解，其形成方式有三种。

方式 1

$$Cu + 2Cl^- \Longrightarrow CuCl_2^- + e^- \tag{11.25}$$

方式 2

$$Cu \Longrightarrow Cu^+ + e^- \tag{11.26}$$

$$Cu + 2Cl^- \Longrightarrow CuCl_2^- \tag{11.27}$$

方式 3

$$Cu + Cl^- \Longrightarrow CuCl + e^- \tag{11.28}$$

$$CuCl + Cl^- \rightleftharpoons CuCl_2^- \tag{11.29}$$

方式 1 和 3 代表氯化亚铜化合物的直接生成过程，方式 2 则涉及 Cu^+ 的形成。值得注意的是，式(11.28)中的 CuCl 是一种难溶性化合物。其他 Cu 相关的难溶性固态化合物包括 Cu_2O、CuO、$Cu(OH)_2$，其形成过程可描述为[23]

$$4Cu + O_2 \longrightarrow 2Cu_2O \tag{11.30}$$

$$2CuCl_2^- + 2OH^- \longrightarrow Cu_2O + H_2O + 4Cl^- \tag{11.31}$$

$$Cu_2O + H_2O \longrightarrow 2CuO + 2H^+ + 2e^- \tag{11.32}$$

$$Cu_2O + 3H_2O \longrightarrow 2Cu(OH)_2 + 2H^+ + 2e^- \tag{11.33}$$

式(11.30)代表 Cu_2O 在氧气充足条件下的直接生成过程。此外，式(11.31)代表 $CuCl_2^-$ 与 Cu_2O 之间的可逆反应，说明在一定条件下 Cu_2O 是不稳定的。

11.8.3　腐蚀产物成分 XPS 分析

这里利用 XPS 分析 $Ni_{54.7}Co_{20.9}Cu_{24.4}$ 和 $Ni_{83.1}Co_{10.8}Cu_{6.1}$ 沉积层外表面形成的腐蚀产物。图 11.33 为高分辨 Ni $2p_{3/2}$ XPS 图谱，金属 Ni 的峰位于 852.4eV，其卫星峰位于 858.9eV；NiO 的峰位于 854.2eV，其卫星峰位于 860.7eV；$Ni(OH)_2$ 的

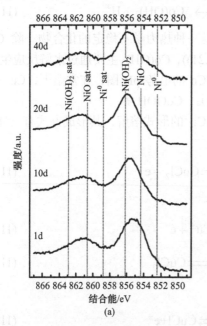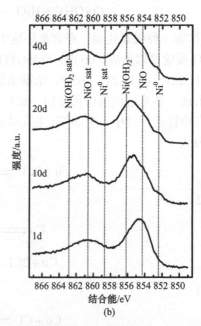

图 11.33　(a)$Ni_{54.7}Co_{20.9}Cu_{24.4}$ 和(b)$Ni_{83.1}Co_{10.8}Cu_{6.1}$ 沉积层腐蚀产物的高分辨 Ni $2p_{3/2}$ XPS 图谱
sat 指小的伴峰

峰位于 856.1eV，其卫星峰位于 862.9eV。可以看到，在 1~10d 试验期间，由于 Ni(OH)$_2$ 不断生成，NiO 持续减少(转变或溶解)，两扫描峰向高结合能方向移动；在 10~40d 试验期间，两扫描峰位置基本保持不变，说明 NiO 和 Ni(OH)$_2$ 相对含量保持不变。1d 试验后，Ni$_{83.1}$Co$_{10.8}$Cu$_{6.1}$ 沉积层扫描峰的结合能比 Ni$_{54.7}$Co$_{20.9}$Cu$_{24.4}$ 沉积层扫描峰低，如图 11.33(a)、(b)所示；在整个试验过程中，Ni$_{83.1}$Co$_{10.8}$Cu$_{6.1}$ 沉积层扫描峰对称性较差，其右侧存在肩峰，说明沉积层中金属 Ni 表现出缓慢的腐蚀进程。此外，在两沉积层表面均检测到少量金属 Ni，其可能作为掺杂物存在于高缺陷 p 型半导体 Cu$_2$O 晶格中。

图 11.34 为沉积层表面腐蚀产物膜的化学成分随试验时间的变化关系。可以看出，前 10d 试验期间，Ni$_{83.1}$Co$_{10.8}$Cu$_{6.1}$ 和 Ni$_{54.7}$Co$_{20.9}$Cu$_{24.4}$ 沉积层表面腐蚀产物的化学成分发生了明显变化；在 10~40d 试验期间，Ni$_{54.7}$Co$_{20.9}$Cu$_{24.4}$ 沉积层表面腐蚀产物的化学成分变化较小，而 Ni$_{83.1}$Co$_{10.8}$Cu$_{6.1}$ 沉积层基本保持不变。1d 试验后，Ni$_{54.7}$Co$_{20.9}$Cu$_{24.4}$ 沉积层腐蚀产物中 Co 的含量明显降低，Cu、Ni 的含量增加；Ni$_{83.1}$Co$_{10.8}$Cu$_{6.1}$ 沉积层腐蚀产物中 Cu 的含量增加，Ni 的含量降低，Co 的含量基本保持不变。1~10d 试验期间，Ni$_{54.7}$Co$_{20.9}$Cu$_{24.4}$ 沉积层腐蚀产物中 Co 和 Ni 的含量增加，Cu 的含量明显降低；Ni$_{83.1}$Co$_{10.8}$Cu$_{6.1}$ 沉积层腐蚀产物中 Cu 的含量减少，Co 和 Ni 的含量增加。

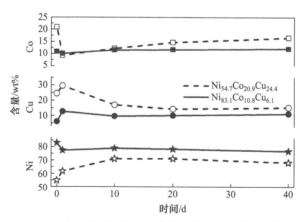

图 11.34 　腐蚀产物膜的化学成分与试验时间的变化关系

11.8.4　腐蚀产物结构 XRD 分析

图 11.35 为 Ni$_{83.1}$Co$_{10.8}$Cu$_{6.1}$ 和 Ni$_{54.7}$Co$_{20.9}$Cu$_{24.4}$ 沉积层经 40d 盐雾试验后表面腐蚀产物的 XRD 图谱。可以看到，腐蚀产物由 α-Ni(OH)$_2$(类水滑石结构)、Cu(OH)$_2$(正交结构)和 β-Ni(OH)$_2$ 组成。α-Ni(OH)$_2$ 是 Ni$_{83.1}$Co$_{10.8}$Cu$_{6.1}$ 沉积层表面腐蚀产物的主要成分，而 Ni$_{54.7}$Co$_{20.9}$Cu$_{24.4}$ 沉积层表面形成了大量 Cu(OH)$_2$。依据布拉格方程计算的 α-Ni(OH)$_2$ 相(001)晶面间距为 7.81Å，大于纯 α-Ni(OH)$_2$ (7.56Å)、α-(Ni，

Co)(OH)$_2$(7.69Å)和纯 α-Co(OH)$_2$(7.75Å)的(001)晶面间距，说明该 α-Ni(OH)$_2$ 相很可能是 Co、Cu 固溶的镍氢氧化物，即(Ni，Co，Cu)(OH)$_2$。此外，XRD 分析没有检测到 Ni、Co、Cu 相关氧化物的存在，可能是因为其结晶度较差或含量较少。

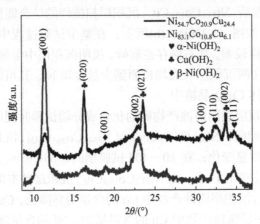

图 11.35　40d 盐雾试验后 Ni$_{83.1}$Co$_{10.8}$Cu$_{6.1}$、Ni$_{54.7}$Co$_{20.9}$Cu$_{24.4}$ 沉积层表面腐蚀产物的 XRD 图谱
(彩图扫封底二维码)

11.8.5　腐蚀产物膜形成机制

电化学测试结果表明，添加大量 Co 和 Cu 会导致沉积层的表面极化阻抗和电荷转移电阻降低，从而增大了沉积层与 NaCl 溶液反应的热力学倾向。的确，Ni、Co、Cu 三金属在富 Ni 沉积层中均表现出缓慢的腐蚀速率。基于单金属在水溶液中的电势-pH 图，可以大致比较三金属的腐蚀速率，因为电势-pH 图定义了热力学上可能形成的离子和化合物以及它们的形成次序。11.8.2 节中的化学反应仅适用于描述简化的电化学/化学腐蚀过程，没有兼顾三金属之间的相互影响。尽管如此，这些化学反应为深刻理解复杂 Ni-Co-Cu-Cl-H$_2$O 体系中腐蚀产物的形成过程提供了坚实的理论基础。

在腐蚀初期(1d 盐雾试验中)，由于 Ni、Co、Cu 三金属剧烈溶解和流失，沉积层表面腐蚀产物呈现多孔形貌。因为化学活性不同，三金属表现不同的腐蚀速率；在 NaCl 水溶液中，Cu 的腐蚀速率至少比 Ni 高两个数量级，Co 的腐蚀速率约为 Ni 的 4 倍。因此，腐蚀开始时，Co、Cu 优先溶解，同时生成相关难溶性化合物。尤其对于富 Co 和 Cu 沉积层，Co、Cu 的溶解更加剧烈，因而沉积层腐蚀产物的 Z_{Co}(0.39)和 Z_{Cu}(1.12)值较小，富 Ni 沉积层相对和缓的合金溶解导致其 Z_{Co}(0.98)和 Z_{Cu}(1.88)值较大，沉积层较好的钝化能力也可能促使合金元素形成难溶性化合物而不是可溶性离子物。另一方面，不稳定腐蚀产物，比如 NiO、CoO、CuCl 等，在中性盐环境中会发生再次溶解，该过程同样会导致多孔结构的形成和金属元素流失[23]。因此，在该阶段，多孔腐蚀产物膜是向外生长的，如图 11.36(a)所示。

在腐蚀中期(1～10d 盐雾试验期间)，随着腐蚀电势增大，初期腐蚀产物及其底部的金属沉积层继续发生溶解。该阶段 Z_{Cu} 值急剧减小，说明腐蚀产物中 Cu 相关化合物剧烈溶解。与初期相比，中期腐蚀速率较缓慢，主要是因为腐蚀产物膜不断增厚而增大了离子扩散的难度。腐蚀产物膜难以向外生长，逐渐转变为向内生长，尤其在富 Ni 沉积层表面，离子扩散极其困难，在腐蚀过程受抑制条件下，早期成核的 α-(Ni，Co，Cu)(OH)$_2$ 发生联合、增厚，并长大形成致密产物膜。尽管富 Co 和 Cu 沉积层表面包含少量 α-(Ni，Co，Cu)(OH)$_2$，但大量 Cu(OH)$_2$ 和较快腐蚀速率不利于致密产物膜的形成。在该阶段，腐蚀产物膜的演变过程如图 11.36(b)所示。

在腐蚀后期(10～40d 盐雾试验期间)，显著增大的孔对电解液几乎没有阻挡作用，腐蚀在孔底部继续进行，此时，产物膜多孔部分向内生长，同时，致密产物膜横向(平行于沉积层表面方向)扩张，如图 11.36(c)所示。最后，致密腐蚀产物膜长大成熟，多孔结构消失，覆盖整个沉积层表面，如图 11.36(d)所示。

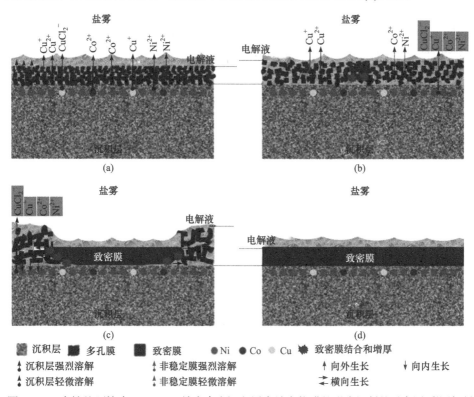

图 11.36　中性盐环境中 Ni-Co-Cu 纳米合金沉积层腐蚀产物膜的形成机制的示意图(彩图扫封底二维码)

(a) 早期，多孔膜向外生长；(b) 中期，致密膜联合与增厚；(c) 后期，多孔膜向内生长，同时致密膜横向生长；(d) 最后，致密膜完全覆盖沉积层表面

参 考 文 献

[1] 柴泽. 镁合金表面电沉积 Cu/Ni-Co-Cu 镀层及其组织结构与性能研究. 上海: 上海交通大学, 2019.

[2] Chai Z, Jiang C. Corrosion behavior and product film formation of Ni-Co-Cu nanocrystalline coatings in neutral salt environments. Electrochimica Acta, 2019, 298: 616-629.

[3] Chai Z, Jiang C. Electrochemical/chemical growth of porous (Ni, Co, Cu)(OH)₂ as an electrode material: ternary Ni-Co-Cu nanocrystalline films corroded in neutral salt spray. Electrochimica Acta, 2019, 294: 11-21.

[4] Chai Z, Jiang C, Zhu K, et al. Pretreatment behaviors and improved corrosion resistance for Cu/Co-Ni-Cu coating electrodeposition on magnesium alloy. Journal of the Electrochemical Society, 2016, 163(9): D493-D499.

[5] Chai Z, Jiang C, et al. Microstructural characterization and corrosion behaviors of Ni-Cu-Co coatings electrodeposited in sulphate-citrate bath with additives. Surface & Coatings Technology, 2016, 307: 817-824.

[6] Zhu Y, Yu G, Hu B, et al. Electrochemical behaviors of the magnesium alloy substrates in various pretreatment solutions. Applied Surface Science, 2010, 256(9): 2988-2994.

[7] Yang L, Luan B. Copper immersion deposition on magnesium alloy: the effect of fluoride and temperature. Journal of the Electrochemical Society, 2005, 152(7): c474-c481.

[8] Lei X, Yu G, Gao X, et al. A study of chromium-free pickling process before electroless Ni-P plating on magnesium alloys. Surface and Coatings Technology, 2011, 205(16): 4058-4063.

[9] Song Y, Han E H, Dong K H, et al. Microstructure and protection characteristics of the naturally formed oxide films on Mg-XZn alloys. Corrosion Science, 2013, 72: 133-143.

[10] Song G L. Atrens A. Corrosion mechanisms of magnesium alloys. Advanced Engineering Materials, 1999, 1(1): 11-33.

[11] Song G L, Atrens A, Wu X, et al. Corrosion behaviour of AZ21, AZ501 and AZ91 in sodium chloride. Corrosion Science, 1998, 40(10): 1769-1791.

[12] Song G L, Atrens A, Dargusch M. Influence of microstructure on the corrosion of diecast AZ91D. Corrosion Science, 1999, 41(2): 249-273.

[13] Gu C, Lian J, He J, et al. High corrosion-resistance nanocrystalline Ni coating on AZ91D magnesium alloy. Surface and Coatings Technology, 2006, 200(18-19): 5413-5418.

[14] Ghosh S K, Dey G K, Dusane R O, et al. Improved pitting corrosion behaviour of electrodeposited nanocrystalline Ni-Cu alloys in 3.0wt% NaCl solution. Journal of Alloys and Compounds, 2006, 426(1-2): 235-243.

[15] Qiao G, Jing T, Wang N, et al. High-speed jet electrodeposition and microstructure of nanocrystalline Ni-Co alloys. Electrochimica Acta, 2005, 51(1):85-92.

[16] Altamirano-Garcia L, Vazquez-Arenas J, Pritzker M, et al. Effects of saccharin and anions(SO₄²⁻, Cl⁻) on the electrodepostion of Co-Ni alloys. Journal of Solid State Electrochemistry, 2015, 19(2): 423-433.

[17] Badawy W A, Ismail K M, Fathi A M. Effect of Ni content on the corrosion behavior of Cu-Ni alloys in neutral chloride solutions. Electrochimica Acta, 2005, 50(18): 3603-3608.

[18] Sharifi K, Ghorbani M. Corrosion behaviour of Ni-Co alloy coatings at Kish Island(marine) atmosphere. Bulltein of Materials Science, 2014, 37(3): 713-719.

[19] McCafferty E. Validation of corrosion rates measured by the Tafel extrapolation method. Corrosion Science, 2005, 47(12): 3202-3215.

[20] Kumar K S, Suresh S, Chisholm M F, et al. Deformation of electrodeposited nanocrystalline nickel. Acta Materialia, 2003, 51(12): 387-405.

[21] Baskaran I, Narayanan T S, Stephen A. Pulsed electrodeposition of nanocrystalline Cu-Ni alloy films and evaluation of their characteristic properties. Materials Letters, 2006, 60(16): 1990-1995.

[22] Ghosh S K, Grover A K, Dey G K, et al. Nanocrystalline Ni-Cu alloy plating by pulse electrolysis. Surface and Coatings Technology, 2000, 126(1): 48-63.

[23] Kear G, Barker B D, Walsh F C. Electrochemical corrosion of unalloyed copper in chloride media-a critical review. Corrosion Science, 2004, 46(1): 109-135.

[17] Badawy W A, Ismail K M, Fathi A M. Effect of Ni content on the corrosion behavior of Cu-Ni alloys in neutral chloride solutions. Electrochimica Acta, 2005, 50(18): 3603-3608.

[18] Sherif K, Chi-Dieu M. Corrosion behavior of Ni-Co alloy coatings at KSU. Electrochimica Acta//Materials Science, 2013: 3-215.

Corrosion Science, 2008: 470.

[20] Kamel F S, Simcok S. Chlolamine. Electrocodeposited and electrodeposited nanocomposite of Asia Materiable, 2005, 51(12): 187-195.

第 12 章　电沉积 Ni-Al 颗粒与 Ni-Zr 颗粒复合材料的测试分析与表征

Ni 基复合沉积层以其优异的性能在电子封装、化工、精密仪器和兵器等行业上得到了广泛应用。电沉积镍基复合沉积层中内应力和织构的存在，对沉积层性能有着决定性的影响，尤其是沉积层中第二相金属颗粒以及 Co 合金元素的加入，导致复合沉积层在组织结构、内应力和织构方面与纯镍沉积层有很大的不同。本章通过电沉积技术制备 Al 和 Zr 微米(约 1μm)金属颗粒复合的 Ni-Al 和 Ni-Zr 沉积层以及 Co 元素合金化的 NiCo-Al 和 NiCo-Zr 沉积层，利用 X 射线衍射分析技术系统研究电沉积参数如沉积电流密度、颗粒浓度以及 Co^{2+} 浓度对沉积层组织结构、织构和内应力的影响，同时探讨沉积层的硬度和抗腐蚀性能以及其与组织结构和织构之间的关系，并对其产生和演变以及调整手段进行研究[1-8]。

12.1　Ni-Al 颗粒与 Ni-Zr 颗粒复合沉积层制备

表 12.1 为典型的电沉积液成分和电镀条件。选用的沉积液为 Watts 型电沉积液，具体成分见表 12.1。在制备 Ni-Al 沉积层时，Al 颗粒浓度为 25~200g/L，电流密度为 1~8A/dm²，电沉积时间 30~120min；制备 Ni-Zr 沉积层时，Zr 颗粒浓度为 10~80g/L，电流密度为 1~8A/dm²，电沉积时间 30~120min。在制备 NiCo-Al 沉积层时，Al 颗粒浓度和电流密度分别为 50g/L 和 4A/dm²，$CoSO_4 \cdot 7H_2O$ 浓度为 5~40g/L，沉积时间为 60mim；制备 NiCo-Zr 沉积层时，Zr 颗粒浓度和电流密度分别为 20g/L 和 4A/dm²，$CoSO_4 \cdot 7H_2O$ 浓度为 5~40g/L，沉积时间为 60mim。表 12.2 为使用的复合沉积层制备仪器。

表 12.1　Ni 的电沉积条件

电沉积液成分	浓度/(g/L)	电沉积条件
$NiSO_4 \cdot 6H_2O$	240	电流密度：1~8A/dm²
$NiCl_2 \cdot 6H_2O$	40	pH：4.0~4.5
H_3BO_3	30	温度：50℃　搅拌：350~400r/min
$C_{12}H_{25}NaO_4S$	0.2	时间：30~120min

表 12.2　主要实验仪器

设备名称	型号
直流电源	TrADEXMPS 308
数字显示恒温搅拌水浴锅	DF-101S 集热式加热磁力搅拌
pH 计	雷磁 PHS-25
数字显示超声波仪	DL-120A 超声波清洗器

12.1.1　纯 Ni 沉积层的制备

利用表 12.1 和表 12.2 所列的沉积液、条件和设备制得的纯 Ni 沉积层的扫描电镜照片见图 12.1，从图中可以看出，纯 Ni 沉积层表面较为平整，呈现规则的"菱形"结构，如图 12.1(b)所示。图 12.2 为纯 Ni 沉积层的横截面形貌图片，可以看出，沉积层与基体结合较好，厚度较为均匀，约 45μm。

图 12.1　纯 Ni 沉积层的表面形貌

(a) ×1000；(b) ×3000

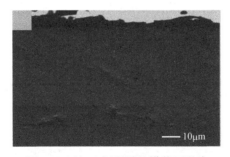

图 12.2　纯 Ni 沉积层的横截面形貌

12.1.2　Ni-Al 颗粒沉积层的制备

1. Al 颗粒浓度对 Ni-Al 沉积层元素含量和形貌的影响

图 12.3 为沉积液中 Al 颗粒浓度对 Ni-Al 沉积层中 Al 含量的影响，可以发现，

沉积层中 Al 含量随着 Al 颗粒浓度的增加而增加。根据 EDS 结果得到：当沉积液中 Al 颗粒浓度分别为 25g/L、50g/L、100g/L 和 200g/L 时，沉积层中 Al 含量分别为 1.6wt%、5.1wt%、10.9wt%和 23.9wt%。电沉积过程中，第二相粒子的沉积行为与其表面特性密切相关。Al 金属微米颗粒在制备过程中，其表面极易形成一层极薄的 Al_2O_3 氧化层(约 5nm)。这改变了 Al 金属微米颗粒的表面特性，使其类似于 Al_2O_3 颗粒，导致 Al 颗粒的沉积行为与 Al_2O_3 颗粒类似，即在一定的颗粒浓度范围内，沉积层中复合的颗粒含量随着沉积液中颗粒浓度的增加而增加。

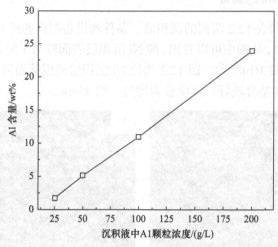

图 12.3　沉积液中 Al 颗粒浓度对 Ni-Al 沉积层中 Al 含量的影响

图 12.4 为不同 Al 颗粒浓度条件下制备的 Ni-Al 沉积层的表面形貌。与纯 Ni 沉积层不同，加入 Al 颗粒后，Ni-Al 沉积层表面"棱状型"结构消失，"球状型"结构出现。同时可以发现，沉积层表面出现孔洞，且孔洞的数目随着沉积液中 Al 颗粒浓度的增加而增加。出现孔洞的原因主要与电沉积过程中的析氢反应有关。加入的 Al 金属颗粒可以吸附溶液中水解的$(OH)^-$以及带负电荷的电子，导致溶液

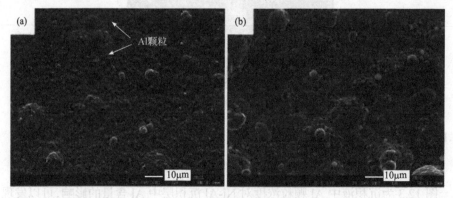

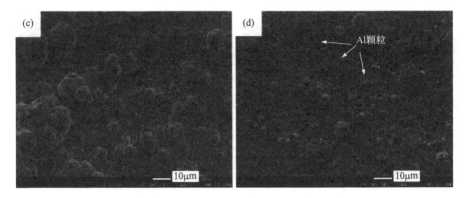

图 12.4　不同 Al 颗粒浓度下制备的 Ni-Al 沉积层的表面形貌

(a) 25g/L；(b) 50g/L；(c) 100g/L；(d) 200g/L

中 pH 降低，H^+浓度增加。溶液中的 H^+可以通过反应 $H^+ + H^+ + 2e^- \rule[0.5ex]{1.5em}{0.4pt} H_2\uparrow$ 而释放氢气，沉积层表面出现孔洞。

2. 电流密度对 Ni-Al 沉积层元素含量和形貌的影响

电流密度对 Ni-Al 沉积层中 Al 含量的影响见图 12.5，随着电流密度的增加，沉积层中 Al 含量呈现降低的趋势。根据 EDS 结果，当电流密度分别为 $1A/dm^2$、$2A/dm^2$、$4A/dm^2$ 和 $8A/dm^2$ 时，沉积层中 Al 含量分别为 22.6wt%、15.2wt%、10.9wt% 和 8.2wt%。

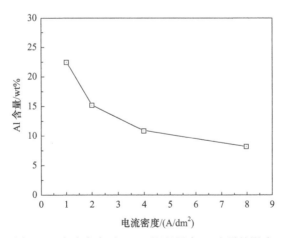

图 12.5　电流密度对 Ni-Al 沉积层中 Al 含量的影响

图 12.6 为不同电流密度条件下制备的 Ni-Al 沉积层的表面形貌，可以看出，当电流密度为 $1A/dm^2$ 时，沉积层表面比较粗糙。当电流密度增加到 $8A/dm^2$ 时，沉积层表面变得较为光滑，如图 12.6(b)所示。

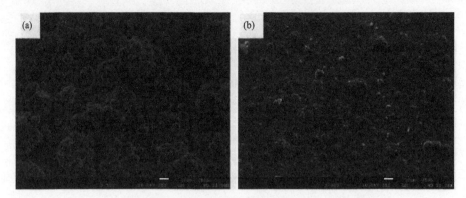

12.6　不同电流密度条件下制备的 Ni-Al 沉积层的表面形貌

(a) 1A/dm^2；(b) 8 A/dm^2

12.1.3　Ni-Zr 沉积层的制备

1. Zr 颗粒浓度对 Ni-Zr 沉积层元素含量和形貌的影响

图 12.7 为沉积液中 Zr 颗粒浓度对 Ni-Zr 沉积层中 Zr 含量的影响。可以发现，随着沉积液 Zr 颗粒浓度的增加，沉积层中 Zr 含量增加。根据 EDS 结果，当沉积液中 Zr 颗粒浓度分别为 10g/L、20g/L、40g/L 和 80g/L 时，沉积层中 Zr 含量分别为 3wt%、5wt%、8wt% 和 13.6wt%。

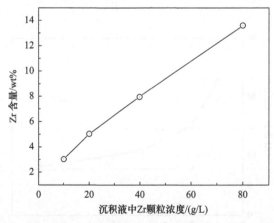

图 12.7　沉积液中 Zr 颗粒浓度对 Ni-Zr 沉积层中 Zr 含量的影响

图 12.8 为不同 Zr 颗粒浓度条件下制备的 Ni-Zr 沉积层的表面形貌。与 Ni-Al 沉积层类似，当沉积层中加入 Zr 颗粒后，Ni-Zr 沉积层表面"棱状型"结构基本消失，而"球状型"结构出现。同时还可以发现，与 Ni-Al 沉积层相比，Ni-Zr 沉积层表面没有孔洞出现，表面更加致密。

为了研究 Zr 颗粒在沉积层厚度范围内的分布情况，选取 Zr 颗粒浓度分别为

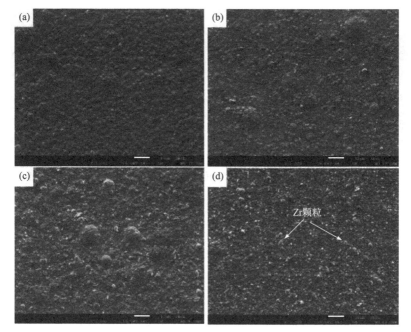

图 12.8　不同 Zr 颗粒浓度下制备的 Ni-Zr 沉积层的表面形貌
(a) 10g/L；(b) 20g/L；(c) 40g/L；(d) 80g/L

20g/L 和 40g/L 条件下制备的 Ni-Zr 沉积层横截面进行 Zr 元素面扫描，结果分别见图 12.9(c)和(d)。从图中可以看出，Zr 元素在 Ni-Zr 沉积层的横截面中显示出均匀的分布，表明 Zr 颗粒在沉积层中分布均匀。

2. 电流密度对 Ni-Zr 沉积层元素含量和形貌的影响

图 12.10 为 Ni-Zr 沉积层中 Zr 含量随电流密度的变化曲线。由图中可以看出，随着电流密度的增加，沉积层中 Zr 含量降低。根据 EDS 结果，当电流密度分别为 $1A/dm^2$、$2A/dm^2$、$4A/dm^2$ 和 $8A/dm^2$ 时，沉积层中 Zr 含量分别为 13.7wt%、12.9wt%、8wt% 和 4.5wt%。

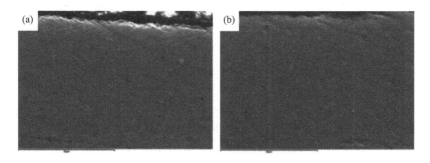

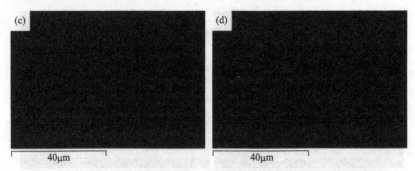

图 12.9　不同 Zr 颗粒浓度下 Ni-Zr 沉积层的横截面形貌及 Zr 元素面扫描

(a)，(c) 20g/L；(b)，(d) 40g/L

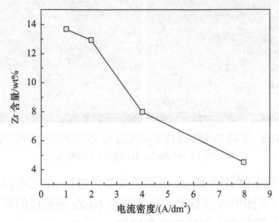

图 12.10　电流密度对 Ni-Zr 沉积层中 Zr 含量的影响

图 12.11 为不同电流密度条件下制备的 Ni-Zr 沉积层的表面形貌。可以看出，当电流密度为 1A/dm² 时，沉积层表面比较粗糙，如图 12.11(a)所示；当电流密度增加到 8A/dm² 时，沉积层表面变得较为光滑，如图 12.11(b)所示。

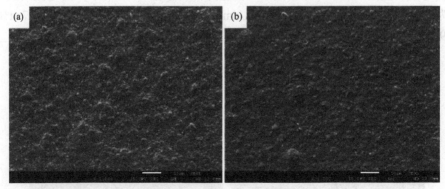

图 12.11　不同电流密度下制备的 Ni-Zr 沉积层的表面形貌

(a) 1A/dm²；(b) 8A/dm²

12.1.4　NiCo-Zr 沉积层的制备

在 Ni-Zr 沉积层的基础上制备 NiCo-Zr 沉积层，沉积液基本成分与制备 Ni-Zr 沉积层的沉积液成分相同，但需添加 $CoSO_4 \cdot 7H_2O$ 溶液，使 Zr 颗粒浓度为 20g/L，Co^{2+} 浓度分别为 5g/L、10g/L、20g/L 和 40g/L。

1. Co^{2+} 浓度对 NiCo-Zr 沉积层元素含量的影响

图 12.12 为不同 Co^{2+} 浓度下制备的 NiCo-Zr 沉积层的元素含量变化曲线。可以看出，随着 Co^{2+} 浓度从 0g/L 增加到 40g/L，沉积层中 Ni 含量从 95wt% 减少到 37.39wt%，而 Co 含量则从 0wt% 增加到 58.23wt%；而沉积层中 Zr 元素含量并没有明显变化，从 5wt% 减少到 4.38wt%。

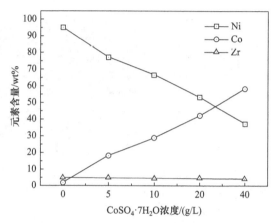

图 12.12　不同 Co^{2+} 浓度下制备的 NiCo-Zr 沉积层的元素含量变化

2. Co^{2+} 浓度对 NiCo-Zr 沉积层形貌的影响

图 12.13 为在不同 Co^{2+} 浓度条件下制备的 NiCo-Zr 沉积层的表面形貌。由图可以看出，NiCo-Zr 沉积层具有与 NiCo-Al 沉积层相似的表面变化趋势，即随着 Co^{2+} 浓度的增加，NiCo-Zr 沉积层表面变光滑；而与 Ni-Zr 沉积层相比(图 12.13(b))，NiCo-Zr 沉积层表面变光滑；与 NiCo-Al 沉积层相比，NiCo-Zr 沉积层表面没有针孔出现，显示出更好的表面致密性。

进一步研究 Zr 颗粒在横截面的分布情况，选择 Co^{2+} 浓度为 20g/L 条件下制备的 NiCo-Zr 沉积层横截面进行 Ni、Co 和 Zr 元素面扫描，结果如图 12.14 所示。可以看出，Zr 颗粒在沉积层厚度范围内分布均匀，Ni、Co 元素分布也是均匀的。

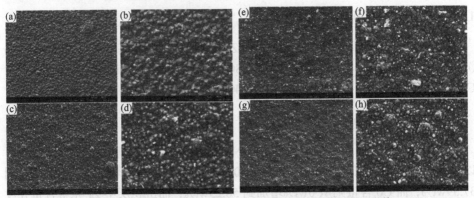

图 12.13　不同 Co^{2+}浓度下制备的 NiCo-Zr 沉积层的表面形貌
(a)和(b)5g/L；(c)和(d)10g/L；(e)和(f)20g/L；(g)和(h)40g/L

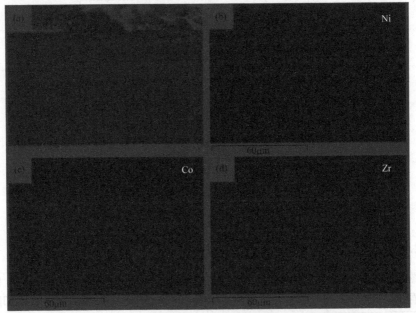

图 12.14　Co^{2+}颗粒浓度为 20g/L 时制备的 NiCo-Zr 沉积层
(a) 横截面形貌图；(b) Ni 元素面扫描；(c) Co 元素面扫描；(d) Zr 元素面扫描

12.2　Ni-Al 与 Ni-Zr 复合沉积层织构表征

12.2.1　Ni-Al 沉积层和 Ni-Zr 沉积层的 X 射线衍射花样

图 12.15 为不同 Al 含量的 Ni-Al 沉积层的 XRD 图谱，从图中可以看出，除了 Ni 的(111)、(200)和(311)衍射峰外，还出现了 Al 峰。当 Al 颗粒含量为零时，Ni(200)峰高远大于 Ni(111)峰；随着 Al 颗粒浓度的增加，Ni(200)峰强度逐渐降低，

Ni(111)峰强度逐渐增加；当 Al 颗粒浓度达 23.9wt%时，强度比反转。这表明 Al 颗粒的加入，抑制[100]纤维织构的形成。

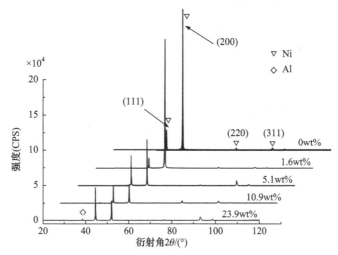

图 12.15　不同 Al 含量的 Ni-Al 沉积层的 XRD 图谱

CPS 即 counts per second，指探测器每秒接收到的光子数量

图 12.16 为不同 Zr 含量的 Ni-Zr 沉积层的 XRD 图谱，除了 Ni 的(111)、(200)

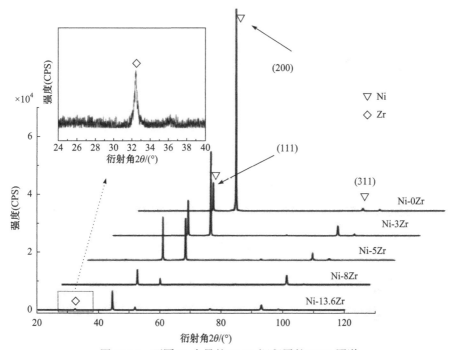

图 12.16　不同 Zr 含量的 Ni-Zr 沉积层的 XRD 图谱

和(311)衍射峰外，还出现了 Zr 衍射峰。同样，当 Zr 颗粒含量为零时，Ni(200)峰高远大于 Ni(111)峰，随着 Zr 颗粒浓度的增加，Ni(200)峰强度逐渐降低，Ni(111)峰强度逐渐增加；当 Zr 颗粒浓度仅达 8wt%时，强度比反转。这说明，Zr 颗粒的加入对[100]纤维织构的形成的抑制较 Al 颗粒强得多。

图 12.17 为约 6wt% Zr 时不同 Co 含量的 NiCo-Zr 沉积层的 XRD 图谱。从图中可以看出：①当 Co 含量为零时，Ni(111)衍射峰的强度已大于 Ni(200)，但仍未达到完全无取向分布的比例，这仍显示 Zr 弱化 Ni[100]织构；②随着 Co 含量增加，NiCo-Zr 沉积层的 Ni(111)衍射峰强度增加，逐渐显示 Ni[111]织构。还可以看出，当沉积层中 Co 含量增加到 58wt%时，沉积层中出现了六方结构 Co 相的线条。

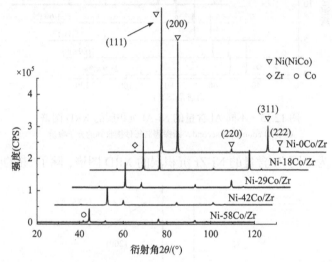

图 12.17　约 6wt% Zr 时不同 Co 含量的 NiCo-Zr 沉积层的 XRD 图谱

12.2.2　沉积层织构的 X 射线分析方法

1. 极图分析

为进一步研究沉积层的织构类型，这里选择纯 Ni 沉积层和 Ni-13.6Zr 沉积层进行极图测量，结果如图 12.18 所示。可以发现，利用电沉积技术制备的沉积层表现出明显的丝织构特征。由图 12.18(a)还可以发现，纯 Ni 沉积层显示出较强的(200)织构；而 Ni-13.6Zr 沉积层则表现出弱(111)织构，如图 12.18(b)所示。

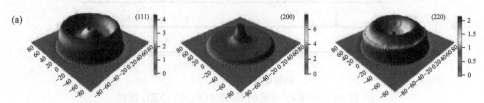

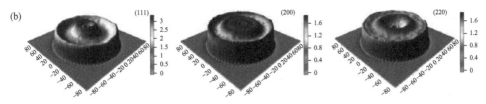

图 12.18　纯 Ni 沉积层(a)及 Ni-13.6Zr 沉积层(b)的极图(彩图扫封底二维码)

2. 沉积层织构的定量表征

由上述极图结果可知，电沉积层织构为丝织构，因此可以用计算出各衍射晶面(hkl)的相对织构系数(relative texture coefficient，RTC)。利用扫描所得沉积层的 XRD 图谱，根据结果中各衍射峰(hkl)的强度关系，可以利用下式计算出沉积层各衍射峰的相对织构系数 $RTC_{(hkl)}$：

$$RTC_{(hkl)} = \frac{R_{(hkl)}}{\sum R_{(hkl)}} \times 100\% \tag{12.1}$$

$$R_{(hkl)} = I_{s(hkl)} / I_{p(hkl)} \tag{12.2}$$

其中，$I_{s(hkl)}$ 和 $I_{p(hkl)}$ 分别为沉积层和无织构标准镍粉的(hkl)衍射峰的强度。在研究沉积层织构时，考察镍的前五个衍射峰，即(111)、(200)、(220)、(311)和(222)衍射峰用来计算沉积层的相对织构系数，进一步可计算：

$$f_{(111)/(200)} = RTC_{(111)} / RTC_{(200)} \tag{12.3}$$

12.2.3　复合沉积层的织构

1. Ni-Al 颗粒沉积层的织构

利用相对织构系数公式对不同 Al 颗粒含量的 Ni-Al 沉积层进行计算，结果如图 12.19(a)所示。可以看出，随着 Al 含量增加，Ni-Al 沉积层(200)相对织构系数减少，而(111)织构系数则增加。

利用式(12.3)对不同 Al 含量 Ni-Al 沉积层的 $f_{(111)/(200)}$ 进行计算，结果如图 12.19(b)所示。可以看出，随着 Al 含量增加，Ni-Al 沉积层之 $f_{(111)/(200)}$ 值也呈现增加的趋势。

Al 金属颗粒的加入抑制了(200)晶面的形成，而促进其他晶面如(111)和(220)等晶面的形成，其主要原因在于沉积液中硼碱发生水解：

$$B(OH)_3 + H_2O \rightleftharpoons [B(OH)_4]^- + H^+$$

添加的 Al 颗粒可以吸附 $B(OH)_4^-$ 和 H^+ 以及沉积液中的 Ni^{2+}，抑制(200)晶面的生长，而促进其他晶面的生长。

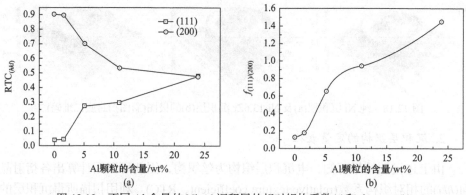

图 12.19　不同 Al 含量的 Ni-Al 沉积层的相对织构系数(a)和 $f_{(111)/(200)}$(b)

2. Ni-Zr 沉积层的织构

图 12.20(a)为不同 Zr 含量 Ni-Zr 沉积层的相对织构系数。可以看出，与 Ni-Al 沉积层类似，随着 Zr 含量增加，沉积层(200)相对织构系数降低，而(111)相对织构系数则增加。并且，比较图 12.19(a)可以发现，Ni-Zr 沉积层(200)相对织构系数降低的程度比 Ni-Al 沉积层的大。相反，Ni-Zr 沉积层(111)相对织构系数增加的程度比 Ni-Al 沉积层的大。这表明，Zr 颗粒对沉积层(200)织构抑制的效果比 Al 颗粒明显，更易促进(111)织构的形成。图 12.20(b)为不同 Zr 颗粒含量 Ni-Zr 沉积层的 $f_{(111)/(200)}$比值。从图中可以看出，随着 Zr 颗粒含量增加，沉积层的 $f_{(111)/(200)}$比值呈现增加的趋势；并且，比较图 12.19(b)可以发现，Ni-Zr 沉积层 $f_{(111)/(200)}$值增加的程度要比 Ni-Al 沉积层大，这从另一个方面表明 Zr 颗粒对沉积层(200)织构抑制的效果比 Al 颗粒明显，这与织构系数结果相一致。

3. NiCo-Al 沉积层的织构

除了 Al 和 Zr 金属颗粒对沉积层的织构有影响之外，Co 元素对沉积层织构的

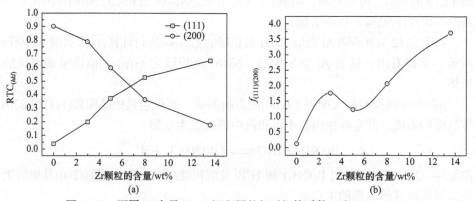

图 12.20　不同 Zr 含量 Ni-Zr 沉积层的相对织构系数(a)和 $f_{(111)/(200)}$(b)

改变也有明显的影响。由 NiCo-Al 和 NiCo-Zr 沉积层的 XRD 图谱可知，随着沉积层中 Co 含量的增加，衍射图谱的最强峰由(200)衍射峰变为(111)衍射峰，即 Co 元素促进了(111)晶面的形成。

利用相对织构系数公式对不同 Co 含量 NiCo-Al 沉积层进行计算，结果如图 12.21(a)所示。可以看出，随着 Co 含量的增加，NiCo-Al 沉积层(200)相对织构系数降低而(111)相对织构系数增加。图 12.21(b)为不同 Co 含量 NiCo-Al 沉积层的 $f_{(111)/(200)}$ 值。可以看出，NiCo-Al 沉积层 $f_{(111)/(200)}$ 比值随着沉积层中 Co 含量的增加而增加。

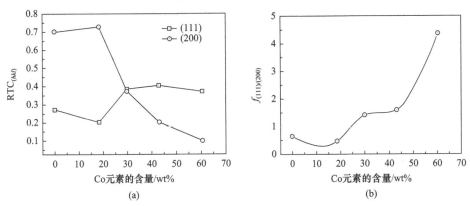

图 12.21　不同 Co 含量 NiCo-Al 沉积层的相对织构系数(a)和 $f_{(111)/(200)}$(b)

4. NiCo-Zr 沉积层的织构

图 12.22(a)为不同 Co 含量 NiCo-Zr 沉积层的相对织构系数，可以看出，随着 Co 含量的增加，沉积层(200)相对织构系数降低，而(111)相对织构系数则呈现增加的趋势。图 12.22(b)为不同 Co 含量 NiCo-Zr 沉积层的 $f_{(111)/(200)}$ 值。可以看出，沉积层 $f_{(111)/(200)}$ 比值随着 Co 含量的增加而增加。

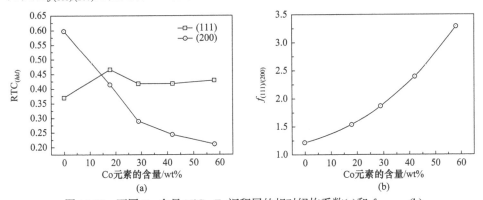

图 12.22　不同 Co 含量 NiCo-Zr 沉积层的相对织构系数(a)和 $f_{(111)/(200)}$(b)

由上述 NiCo-Al 和 NiCo-Zr 沉积层织构结果可知，Co 元素具有与 Al 及 Zr

金属颗粒类似的作用，即促进了(111)晶面的形成。

12.3　复合沉积层织构的沉积工艺调整方法

本节主要针对沉积层的生长织构进行调整，即通过改变沉积层的生长条件改变沉积层的织构。

上述 Ni-Al 和 Ni-Zr 沉积层的织构结果显示，通过改变沉积液中的颗粒浓度，即影响加入沉积层中金属颗粒含量，可以改变沉积层的织构。此外，也可以通过改变复合沉积层电沉积过程的另一个重要参数电流密度来改变沉积层的织构。

图 12.23(a)为不同电流密度条件下制备的 Ni-Al 沉积层的相对织构系数，可以看出，随着电流密度从 8A/dm^2 降低到 1A/dm^2，沉积层(200)的相对织构系数呈现下降的趋势，而(111)的相对织构系数呈现增加的趋势。

图 12.23(b)为不同电流密度条件下制备的 Ni-Zr 沉积层的相对织构系数，同样可以发现，随着电流密度的降低，沉积层(200)的相对织构系数呈现下降的趋势，而(111)的相对织构系数呈现增加的趋势。

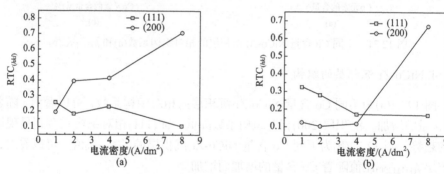

图 12.23　不同电流密度下制备的 Ni-Al(a)和 Ni-Zr(b)沉积层的相对织构系数

由上述电流密度对织构的影响可以看出，通过改变电流密度可以调整沉积层的织构。由第 3 章 Ni-Al 和 Ni-Zr 沉积层的元素含量结果可知，随着电流密度的降低，沉积层中的 Al 和 Zr 金属颗粒含量均增加。因此，沉积层织构从(200)织构向(111)织构转变。

12.4　Ni-Al 与 Ni-Zr 复合沉积层内应力表征和调整

12.4.1　复合沉积层内应力的表征

1. Ni-Zr 沉积层的内应力

图 12.24 为不同 Zr 含量 Ni-Zr 沉积层的内应力。可以看出，随着 Zr 含量的增

加，沉积层内应力增加。当 Zr 含量为 0wt%时，沉积层内应力为 79MPa。当 Zr 含量 13.6wt%时，内应力达到 216MPa。

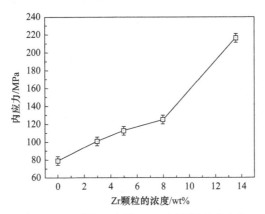

图 12.24 不同 Zr 含量 Ni-Zr 沉积层的内应力

2. NiCo-Al 和 NiCo-Zr 复合沉积层中的内应力

图 12.25(a)为不同 Co 含量 NiCo-Al 沉积层的内应力。可以看出，随着沉积层中 Co 含量的增加，NiCo-Al 沉积层内应力增加。图 12.25(b)为不同 Co 含量 NiCo-Zr 沉积层的内应力。可以看出，与 NiCo-Al 沉积层类似，随着 Co 含量的增加，NiCo-Zr 沉积层内应力增加。

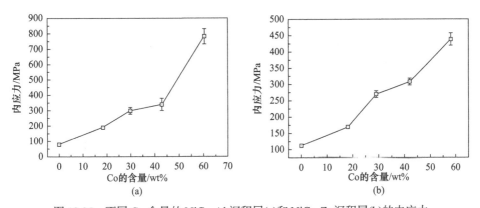

图 12.25 不同 Co 含量的 NiCo-Al 沉积层(a)和 NiCo-Zr 沉积层(b)的内应力

12.4.2 Ni-Al 及 Ni-Zr 沉积层内应力的调整方法

鉴于沉积层中内应力的存在对其使用性能具有重要的影响，因此，有必要对沉积层内应力进行处理，调整其内应力数值。接下来选择 Ni-Al 和 Ni-Zr 复合沉积层，进行内应力调整方法研究。

1. 退火处理对 Ni-Al 及 Ni-Zr 沉积层内应力的影响

选择 Ni-Al 和 Ni-Zr 沉积层分别在 473K、573K 和 673K 温度下进行退火处理 60min。表 12.3 为经不同温度退火后 Ni-Al 和 Ni-Zr 沉积层的内应力。可以发现，沉积态沉积层内应力均表现出拉应力状态。而经过退火处理后，沉积层的内应力从拉应力状态变为压应力状态，并且压应力的数值随着退火温度的升高而增加。

表 12.3　不同温度退火 60min 后 Ni-Al 和 Ni-Zr 沉积层内应力

复合沉积层	内应力/MPa			
	沉积态	473K	573K	673K
Ni-Al 沉积层	81	−146	−299	−499
Ni-Zr 沉积层	213	−188	−366	−581

沉积层经退火处理后，内应力转变主要与热应力 σ_{therm} 的产生有关。假设沉积层热应力 σ_{therm} 在沉积层中均匀分布，可通过下式表示：

$$\sigma_{therm} = -\int_{T_c}^{T_s} \left[\frac{\dfrac{E_c}{1-v}(\alpha_c - \alpha_s)}{1 + \dfrac{t_c}{t_s} \cdot \dfrac{E_c}{E_s} \cdot \dfrac{1-v_s}{1-v_c}} \right] \tag{12.4}$$

其中，E_c 和 E_s 分别为沉积层和基体的杨氏模量；t_c 和 t_s 分别为沉积层和基体的厚度；α_c 和 α_s 分别为沉积层和基体的热膨胀系数；v_s 和 v_c 分别为基体和沉积层的泊松比。考虑到沉积层厚度约为 45μm，而基体厚度约为 2000μm，因此基体可被认为是无限厚。因此，式(12.4)可简化为

$$\sigma_{therm} = \frac{E_c}{1-v_c}(\alpha_s - \alpha_c)(T_0 - T) \ \alpha \tag{12.5}$$

其中，T_0 和 T 分别为室温和退火温度。选择 $E_c = 205 \times 10^6$ Pa，$v_c = 0.31$，$\alpha_c = 13.1 \times 10^{-6}$ Pa，$\alpha_s = 18.6 \times 10^{-6}$ Pa。因不锈钢的热膨胀系数 α_s 要高于镍的热膨胀系数 α_c，经过热处理后，不锈钢基底会具有相对较大的变形量，与沉积层之间的相互作用使得基底施加给沉积层一个压应力。

假设理想无应力 Ni 沉积层水平方向晶格间距为 d_0，沉积态沉积层和热处理后沉积层水平方向晶格间距分别为 d_1 和 d_{th}。因 $d_1 > d_0$，沉积态沉积层呈现出拉应力状态。热处理后，不锈钢基底会给上方沉积层施加一个压应力，导致 $d_1 > d_{th}$，即沉积层水平方向的晶格间距减小，可降低沉积层拉应力。热处理温度越高，沉积层和基底之间的热应力越大，d_{th} 越小，沉积层压应力越大。

2. 超声波处理对 Ni-Al 及 Ni-Zr 沉积层内应力的影响

表 12.4 为沉积过程中超声波处理对 Ni-Al 和 Ni-Zr 沉积层中内应力的影响。可以看出，经超声处理后，沉积层内应力下降。

表 12.4　超声波处理对 Ni-Al 和 Ni-Zr 沉积层中内应力的影响

复合沉积层	沉积层中的内应力/MPa	
	不用超声波	用超声波
Ni-Al 沉积层	81	50
Ni-Zr 沉积层	213	115

在电沉积过程中，超声波产生的振动可使得沉积液中产生微小气泡，并发生振荡、扩大、收缩乃至崩溃等一系列动力学过程。此外，这些气泡在爆破时可释放较大的能量，产生具有强烈冲击力的微射流，可对阴极或者沉积层表面产生强烈的冲击作用，沉积层中的拉应力在一定程度上得到松弛。另外，超声波产生的清洗作用可以减少沉积层界面与基底上氢气的吸附，有效地加快氢气的析出，沉积层内应力降低。

12.5　Ni-Al 与 Ni-Zr 复合沉积层微结构的表征和研究

仔细观测图 12.15～图 12.17 还会发现，无论是 Al 粒子或 Zr 粒子的嵌入，还是 Co 固溶于 Ni 中，其衍射花样中的线条都呈现宽化现象，这表明 Al 粒子或 Zr 粒子的嵌入会使基体的微结构(晶粒细化和/或产生微应变)发生变化。

12.5.1　Ni-Al 沉积层和 NiCo-Al 沉积层的微结构

图 12.26 为利用单峰法计算的不同 Al 含量 Ni-Al 沉积层的晶粒尺寸和微应变。

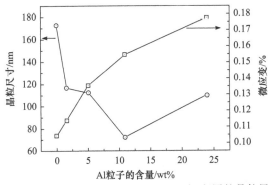

图 12.26　利用单峰法计算的不同 Al 含量 Ni-Al 沉积层的晶粒尺寸及微应变

可以看出，Ni-Al 沉积层的晶粒尺寸随着 Al 含量的增加而减少，且当 Al 含量为
10.9wt%时，取得较小的值。进一步增加 Al 含量，晶粒尺寸则增加，这可能是因
为沉积液中 Al 颗粒发生团聚，降低了 Al 颗粒的细化作用。从图 12.26 还可以看
出，随着沉积层中 Al 含量增加，沉积层微应变增加。

　　图 12.27 为利用单峰法计算的不同 Co 含量 NiCo-Al 沉积层的晶粒尺寸和微应
变。由图可以看出，与 Ni-Al 沉积层相比，Co 含量的增加可以降低 NiCo-Al 沉积
层的晶粒尺寸，而增加其微应变。随着 Co 含量的增加，NiCo-Al 沉积层的晶粒尺
寸减少，而微应变增加，这是因为 Co 固溶于 Ni 点阵中，使 Ni 的点阵参数增大。

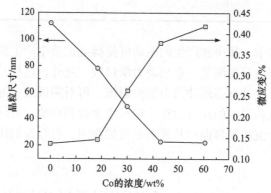

图 12.27　利用单峰法计算的不同 Co 含量 NiCo-Al 沉积层的晶粒尺寸及微应变

12.5.2　Ni-Zr 沉积层的微结构

　　图 12.28 为利用单峰法计算的不同 Zr 含量 Ni-Zr 沉积层的晶粒尺寸和微应
变。从图中可以看出，随着 Zr 含量的增加，Ni-Zr 沉积层晶粒尺寸减少，而微
应变增加。

　　图 12.29 为利用全谱拟合法得到的不同 Zr 含量 Ni-Zr 沉积层的晶粒尺寸及微

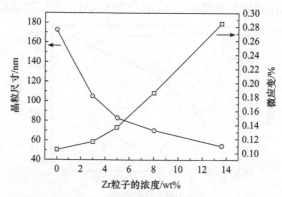

图 12.28　利用单峰法计算的不同 Zr 含量 Ni-Zr 沉积层的晶粒尺寸及微应变

应变。从图中可以看出，在(111)、(200)、(220)和(311)衍射面上，随着 Zr 含量的增加，沉积层晶粒尺寸均呈现降低的趋势，而微应变则呈现增加的趋势。

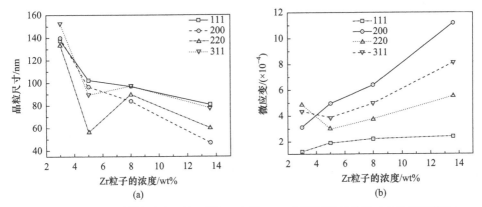

图 12.29　利用全谱拟合法得到的不同 Zr 含量 Ni-Zr 沉积层的晶粒尺寸(a)和微应变(b)

由上述全谱拟合法得到的 Ni-Zr 沉积层的晶粒尺寸和微应变结果可知，其与单峰 Voigt 法得出的结果相一致(图 12.30)。

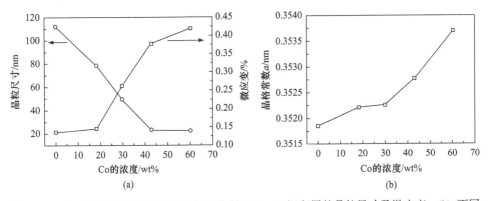

图 12.30　(a) 利用单峰法得到的不同 Co 含量 NiCo-Al 沉积层的晶粒尺寸及微应变；(b) 不同 Co 含量 NiCo-Al 沉积层中 Ni 的晶格常数

12.5.3　NiCo-Zr 沉积层的微结构

图 12.31(a)为利用单峰法计算的不同 Co 含量 NiCo-Zr 沉积层的晶粒尺寸和微应变。可以看出，与 Ni-Zr 沉积层相比，Co 元素的加入减少了 NiCo-Zr 沉积层晶粒尺寸，并且随着沉积层中 Co 含量的增加，沉积层晶粒尺寸减少，而微应变增加。

图 12.31(b)为利用 Nelson-Riley 方法得到的不同 Co 含量 NiCo-Zr 沉积层中 Ni 的晶格常数。由图可以看出，随着 Co 含量的增加，晶格常数增加，并在 Co

含量为 58wt%时晶格常数为 0.35309nm。

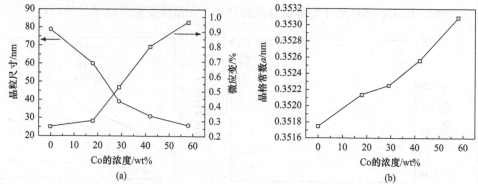

(a)　　　　　　　　　　　　　　　　　　(b)

图 12.31　(a) 利用单峰法计算的不同 Co 含量 NiCo-Zr 沉积层的晶粒尺寸和微应变；(b) 不同
Co 含量 NiCo-Zr 沉积层中 Ni 的晶格常数

12.5.4　等温退火过程中沉积层的组织结构变化

1. 退火过程中 Ni-Al 沉积层的组织结构变化

图 12.32 为不同退火温度和退火时间 Ni-Al 沉积层的晶粒尺寸和微应变。可以看出，一方面，随着退火温度的升高，Ni-Al 沉积层晶粒尺寸增加，且温度越高，晶粒尺寸增加速率越大。另一方面，随着退火时间增加，复合沉积层晶粒尺寸增加。Ni-Al 沉积层的晶粒尺寸增加速率同样可分为两个阶段：第一阶段，初始阶段(0~20min)，晶粒生长速率急剧增加；第二阶段，进一步增加退火时间，晶粒生长速率缓慢，逐渐趋于"平缓"。

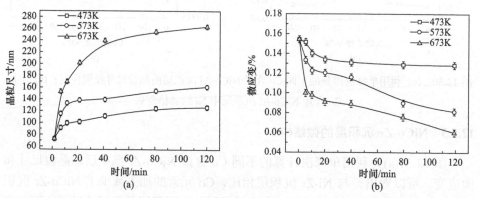

(a)　　　　　　　　　　　　　　　　　　(b)

图 12.32　不同退火温度和退火时间 Ni-Al 沉积层的晶粒尺寸(a)和微应变(b)

与晶粒尺寸变化相反，一方面，随着退火温度的升高，Ni-Al 沉积层微应变减少，且温度越高，微应变减少速率越大；另一方面，随着退火时间的增加，沉积层的微应变降低。同时可以发现，随着退火时间的增加，微应变的减少速率可分为两个阶段：第一阶段，在初始阶段(0~20min)，微应变减少速率增加；第二阶段，进一步增加退火时间，沉积层的微应变减少速率变缓慢。

2. 退火过程中 Ni-Zr 沉积层的组织结构变化

图 12.33 为不同退火温度和退火时间 Ni-Zr 沉积层的晶粒尺寸和微应变。可以看出，与 Ni-Zr 沉积层类似，一方面，随着退火温度的升高，沉积层晶粒尺寸增加，并且温度越高，晶粒尺寸增加的速率越大；另一方面，随着退火时间的增加，沉积层晶粒尺寸增加。同时可以发现，随着退火时间的增加，晶粒尺寸的增加速率分为两个阶段：第一阶段，初始阶段(0~20min)，晶粒生长速率急剧增加；第二阶段，进一步增加退火时间，晶粒生长速率缓慢，逐渐趋于"平台"。

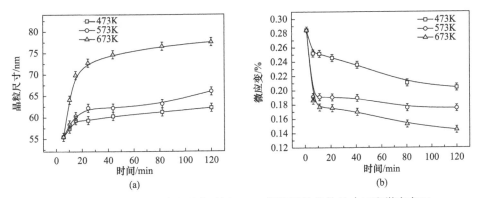

图 12.33　不同退火温度和退火时间 Ni-Zr 沉积层的晶粒尺寸(a)和微应变(b)

与晶粒尺寸变化相似，一方面，随着退火温度的升高，Ni-Zr 沉积层微应变减少，并且温度越高，微应变减少的速率越大；另一方面，随着退火时间的增加，复合沉积层的微应变降低。同时可以发现，随着退火时间的增加，微应变的减少速率也可分为两个阶段：第一阶段，在初始阶段(0~20min)，应变减少速率增加；第二阶段，进一步增加退火时间，沉积层微应变减少速率变缓慢，这一点与 Ni-Al 沉积层微应变随温度的变化相一致。

大量实验就材料生长动力学展开了研究，并提出了一系列模型。生长动力学数学模型可以通过下式表示：

$$dD / dt = AD^m \tag{12.6}$$

其中，D 和 t 分别为晶粒尺寸和退火时间。通过对式(12.6)积分，可得

$$D_t^n - D_0^n = Kt \tag{12.7}$$

式中，$n = 1 - m$ 为晶粒生长指数；K 为生长速率常数；D_t 和 D_0 分别为材料在退火

t 时间后和初始时间时的晶粒尺寸。

图 12.34 为利用晶粒尺寸和退火时间计算得出的, 不同退火温度条件下 Ni-Al 沉积层瞬时晶粒生长速率 dD/dt 与瞬时晶粒尺寸 D 之间的关系。利用公式(12.6) 和(12.7)对晶粒尺寸变化数据进行线性回归, 可以得出 Ni-Al 沉积层晶粒生长指数 n 为 17.6。材料的再结晶激活能 Q 可以通过阿伦尼乌斯(Arrhenius)方程表示[9]:

$$K = K_0 \exp\left(-\frac{Q}{RT}\right) \tag{12.8}$$

其中, K_0 为常数; R 为气体常数(8.314J/(mol·K))。

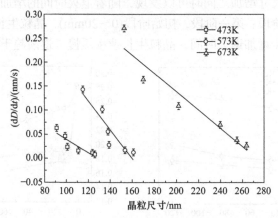

图 12.34　不同退火温度条件下 Ni-Al 沉积层瞬时生长速率与瞬时晶粒尺寸之间的关系

因此, 式(12.8)可改写为

$$D_t^n - D_0^n = K_0 t \exp\left(-\frac{Q}{RT}\right) \tag{12.9}$$

通过对晶粒尺寸以及 $1/T$ 进行线性回归, 可以得出 Ni-Al 沉积层的再结晶激活能为 79.4kJ/mol。再结晶激活能通常用来表征材料再结晶和生长的本质。纳米尺度的材料, 尤其当晶粒尺寸小于 100nm 时, 通常处于热力学非平衡状态, 具有较高的畸变能。而畸变能可作为储存能, 有利于材料再结晶和生长。

12.6　Ni-Al 与 Ni-Zr 复合沉积层性能的表征

本节将对 Ni 基复合沉积层的性能如硬度和抗腐蚀性能进行研究。首先, 分别研究 Zr 颗粒含量对 Ni-Zr 沉积层以及 Co 含量对 NiCo-Al 和 NiCo-Zr 沉积层硬度的影响, 并讨论硬度增强机理; 其次, 研究 Al 和 Zr 颗粒分别对 Ni-Al 和 Ni-Zr 沉积层以及 Co 含量对 NiCo-Al 和 NiCo-Zr 沉积层抗腐蚀性能的影响, 并对镍基沉积层的抗腐蚀性能进行详细讨论。

12.6.1　复合沉积层的硬度

Ni-Zr、NiCo-Al 和 NiCo-Zr 复合沉积层的硬度汇总于表 12.5 中。可以看出：①在 Ni-Zr 沉积层，随着 Zr 含量的增加，沉积层硬度增加；当 Zr 含量为 0wt%时，硬度为 288HV；而当 Zr 含量分别增加到 3wt%、5wt%、8wt%和 13.6wt%时，硬度分别为 310HV、338HV、348HV 和 389HV。②而在 NiCo-Al 沉积层中，硬度随着 Co 含量增加而增加，且在 Co 含量为 43wt%时，硬度达到 444HV；进一步增加 Co 含量至 60.5wt%时，沉积层硬度降低到 326HV。③NiCo-Zr 沉积层的硬度随着沉积层中 Co 含量增加而增加，且在 Co 含量为 42wt%时硬度达到 498HV；进一步增加 Co 含量至 58wt%，沉积层硬度值降低至 397HV。

表 12.5　三种复合沉积层的硬度测量结果汇总

不同 Zr 含量 Ni-Zr 沉积层的硬度		不同 Co 含量 NiCo-Al 沉积层的硬度		不同 Co 含量 NiCo-Zr 沉积层的硬度	
Zr 含量/wt%	硬度/HV	Co 含量/wt%	硬度/HV	Co 含量/wt%	硬度/HV
0	288	0	298	0	338
3	310	18.3	314	18	351
5	338	29.9	338	29	454
8	348	43.0	444	42	498
13.6	389	60.5	326	58	397

12.6.2　Ni-Al 和 Ni-Zr 复合沉积层的耐腐蚀性能

利用动态极化实验对不同 Al 含量 Ni-Al 和不同 Zr 含量沉积层的耐腐蚀性能进行研究，得到的极化曲线分别如图 12.35(a)和(b)中所示。可以发现，所有的 Ni-Al 沉积层的极化曲线表现出相似的形状。利用 Stern-Geary[10]方程对极化曲线进行拟合计算，可得出腐蚀电流密度 i_{corr}，其值大小可用来衡量沉积层的抗腐蚀性能：

$$i_{corr} = \frac{\beta_a \times \beta_c}{2.303 \times R_p (\beta_a + \beta_c)} \tag{12.10}$$

其中，β_a 和 β_c 分别为阳极和阴极塔费尔斜率。得出的不同 Al 含量 Ni-Al 沉积层的腐蚀电势 E_{corr} 和腐蚀电流密度 I_{corr} 见表 12.6。纯 Ni 沉积层具有较大的腐蚀电流密度 7.206μA/cm² (表 12.6)。而由表 12.6 可以发现，当加入 1.6wt%的 Al 颗粒之后，Ni-Al 沉积层的腐蚀电流密度降低至 0.596μA/cm²。并且随着 Al 含量的进一步增加，Ni-Al 沉积层的腐蚀电流密度 I_{corr} 减少。这表明，Al 颗粒加入增加了 Ni-Al 沉积层的抗腐蚀性能，并且沉积层的抗腐蚀性能随着 Al 含量的增加而增加。

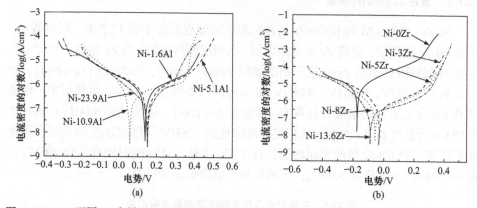

图 12.35　(a) 不同 Al 含量 Ni-Al 沉积层的极化曲线；(b) 不同 Zr 含量 Ni-Zr 沉积层的极化曲线

表 12.6　Ni-Al 和 Ni-Zr 沉积层的腐蚀电势 E_{corr} 和腐蚀电流密度 I_{corr}

Ni-Al 复合沉积层			Ni-Zr 复合沉积层		
Al 的含量	E_{corr}/mV	I_{corr}/(μA/cm^2)	Zr 含量	E_{corr}/mV	I_{corr}/(μA/cm^2)
			Ni-0Zr	−174.1	7.206
Ni-1.6Al	138.9	0.596	Ni-3Zr	−33.7	0.765
Ni-5.1Al	154.6	0.501	Ni-5Zr	−27.5	0.552
Ni-10.9Al	59.5	0.322	Ni-8Zr	−55.4	0.417
Ni-23.9Al	153.4	0.207	Ni-13Zr	−87.7	0.296

　　利用 GIXRD 技术对 Ni-Al 沉积层腐蚀后表面产物进行表征，掠入射角度为 2°，所得 XRD 图谱见图 12.36。可以发现，除了 Ni 峰和 Al 峰之外，还有 Al$_2$O$_3$ 峰出现。表明在 Ni-Al 沉积层腐蚀过程中，沉积层表面形成了 Al$_2$O$_3$ 钝化膜，阻碍了 Ni 金属基质的进一步腐蚀，增强了 Ni-Al 沉积层的抗腐蚀性能。

　　在 Ni-Zr 沉积层中，纯 Ni 沉积层具有较大的腐蚀电流密度 7.206μA/cm^2；当加入 3wt%的 Zr 颗粒时，Ni-Zr 沉积层的腐蚀电流密度急剧下降，为 0.765μA/cm^2，降低了约原来的 1/10；进一步增加 Zr 含量，沉积层腐蚀电流密度继续降低，且在 Zr 含量为 13.6wt%时，沉积层腐蚀电流密度降低至 0.296μA/cm^2。上述结果表明，金属 Zr 颗粒可以显著增加 Ni-Zr 沉积层的抗腐蚀性能，并且抗腐蚀性能随着 Zr 含量的增加而增加。

　　同样，对 Ni-13.6Zr 沉积层腐蚀后表面产物进行 X 射线光电子能谱(XPS)研究，结果如图 12.37 所示。从图 12.37(a) Ni 2p 图谱可以看出，除了金属 Ni 峰之外，还有 Ni(OH)峰出现；图 12.37(b) Zr 3d 图谱显示，腐蚀后有 ZrO$_2$ 峰出现；XPS 结果

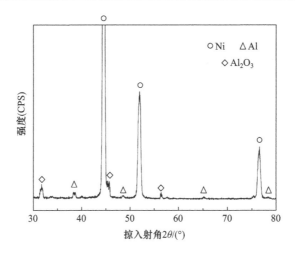

图 12.36　Ni-Al 沉积层腐蚀后表面产物的 XRD 图谱

显示，腐蚀过程中沉积层表面形成了 Ni(OH)$_2$ 和 ZrO$_2$ 钝化膜，能够进一步阻碍 Ni 金属基质的腐蚀，增强了 Ni-Zr 沉积层的抗腐蚀性能。

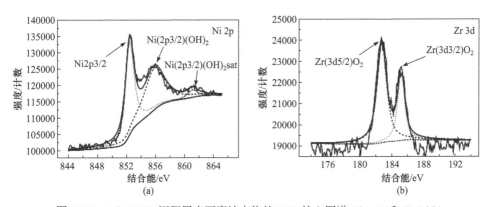

图 12.37　Ni-13.6Zr 沉积层表面腐蚀产物的 XPS 核心图谱 Ni 2p(a)和 Zr 3d(b)

12.6.3　NiCo-Al 和 NiCo-Zr 复合沉积层的耐腐蚀性能

不同 Co 含量的 NiCo-Al 和 NiCo-Zr 复合沉积层的极化曲线分别示于图 12.38(a) 和(b)，得到的相应的腐蚀电流密度如表 12.7 所示。从表 12.7 中可以发现以下规律。

(1) 当加入 18.3wt% Co 元素后，Ni-18.3Co/Al 沉积层的腐蚀电流密度稍微上升，为 0.537μA/cm^2；进一步增加 Co 含量，NiCo-Al 沉积层的腐蚀电流密度增加。这表明 NiCo-Al 沉积层抗腐蚀性能随着 Co 含量的增加而降低。虽然 Co 元素的加入降低了 NiCo-Al 沉积层的抗腐蚀性能，但与纯 Ni 沉积层相比，其抗腐蚀性能仍有很大的提高。

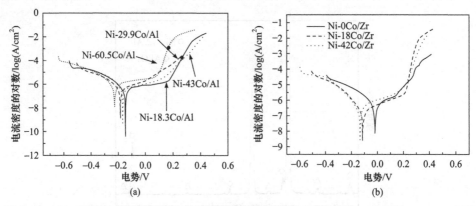

图 12.38　(a) 不同 Co 含量的 NiCo-Al 沉积层的极化曲线；(b) 不同 Co 含量的 NiCo-Zr 沉积层的极化曲线

表 12.7　不同 Co 含量的 NiCo-Al 和 NiCo-Zr 沉积层的腐蚀电势 E_{corr} 和腐蚀电流密度 I_{corr}

NiCo-Al 复合沉积层			NiCo-Zr 复合沉积层		
Co 含量	E_{corr}/mV	I_{corr}/$(\mu A/cm^2)$	Co 含量	E_{corr}/mV	I_{corr}/$(\mu A/cm^2)$
			Ni-0Co/Zr	−27.5	0.552
Ni-18.3Co/Al	−145	0.537	Ni-18Co/Zr	−113.7	0.263
Ni-29.9Co/Al	−144.7	0.604	Ni-29Co/Zr	−65.3	0.311
Ni-43Co/Al	−163.2	0.635	Ni-42Co/Zr	−134.3	0.448
Ni-60.5Co/Al	−224.9	1.197	Ni-58Co/Zr	−96.3	0.594

(2) 一方面，与 Ni-Zr 沉积层相比，NiCo-Zr 沉积层(除了 Ni-58Co/Zr)的腐蚀电流密度降低；另一方面，就 NiCo-Zr 沉积层而言，沉积层的腐蚀电流密度随着 Co 含量的增加而增加。但与 Ni-Zr 沉积层相比，NiCo-Zr 沉积层抗腐蚀性能的提高，除了织构的贡献之外，沉积层表面粗糙度的降低对腐蚀性能的提高具有一定的贡献。沉积层表面粗糙度的降低，可以减少沉积层表面与腐蚀介质的接触面积，增加沉积层的抗腐蚀性能。另一方面，随着 Co 含量的增加，NiCo-Zr 沉积层抗腐蚀性能降低。这主要与 Co 元素的加入有关。Co 元素的平衡电势比 Ni 元素低，使 NiCo-Zr 沉积层抗腐蚀性能降低。

12.7　电沉积工艺参数-性能-组织结构之间的关系

表 12.8 给出电沉积工艺参数-性能-组织结构之间的关系，可见，无论是对于 Ni-Al、Ni-Zr，还是 NiCo-Al、NiCo-Zr 的共沉积层，电沉积工艺参数-性能-组织结构之间有着良好的对应关系。

表 12.8　电沉积液中电沉积工艺参数-性能-组织结构之间的关系

浓度/(g/L)	体系	成分 Ni, Al, Zr, Co	表面形貌	硬度	耐蚀性 E_{corr}, I_{corr}	织构	内应力	微晶尺度	微应变	Ni 的点阵参数 a
Al 颗粒浓度：25、50、100、200	Ni-Al	随 Al 浓度增加而 Al 增加	球状结构，出现空洞，随 Al 增加，空洞增加		随 Al 浓度增加，I_{corr} 降低，抗蚀性增加	呈[100]纤维织构，随 Al 的增加，[100]织构越弱	随 Al 含量的增加，内应力增加	随 Al 含量的增加，微晶尺度降低	随 Al 含量的增加，微应变增加	
Zr 颗粒浓度：10、20、40、80	Ni-Zr	随 Zr 浓度增加而 Zr 增加	球状结构，Zr 的浓度增加，表面更加致密	随 Zr 增加，HV 增加	随 Zr 浓度增加 I_{corr} 降低，抗蚀性增加；与 Ni-Al 相比较，有较好的抗蚀性	呈[100]纤维织构，随 Zr 的增加，[100]织构越弱	随 Zr 含量的增加，内应力增加	随 Zr 含量的增加，微晶尺度降低	随 Zr 含量，微应变增加	
Co 的浓度：0、5、10、20、40	NiCo-Al	随 Co 浓度的增加，Ni 降低，Co 增加，Al 基本不变	随 Co 浓度增加，棱形状消失、球状出现，表面变得粗糙但抑制孔洞形成	随 Co 的增加，HV 增加，但过多，HV 下降，拐点在 43.0wt%	Co 在 18.5~60.5wt%范围，随 Co 的增加 I_{corr} 增加，表明耐蚀性随 Co 增加而降低	随 Co 浓度增加，[100]织构减弱	随 Co 浓度增加，内应力增加	随 Co 浓度增加，微晶尺度降低	随 Co 浓度增加，微应变增加	随 Co 浓度增加，基体的点阵参数增加
	NiCo-Zr	随 Co 浓度增加，Co 增加，Ni 降低，Zr 不变	随 Co 浓度增加，表面致密性越好，且比 Ni-Zr 更好	随 Co 的增加，HV 增加，但过多，HV 下降，拐点在 42.0wt%	Co 在 0~29wt%，I_{corr} 下降，Co 在 29~58wt%，I_{corr} 增加，表明 Co 过高则耐腐蚀性降低	随 Co 浓度增加，[100]织构减弱	随 Co 浓度增加，内应力增加	随 Co 浓度增加，微晶尺度降低	随 Co 浓度增加，微应变增加	随 Co 浓度增加，基体的点阵参数增加

12.8　有关机理的讨论

12.8.1　Al/Zr 抑制复合沉积层织构生长的机理

图 12.39 为 Al 和 Zr 金属颗粒对沉积层晶粒细化及织构转变作用示意图。从上述织构结果得知，(111)和(200)晶面是电沉积 Ni 基复合沉积层主要的两个晶面。纯 Ni 沉积层呈现出(200)织构，而金属颗粒的加入则抑制了(200)织构，促进了(111)织构。图 12.39(c)为 Ni 晶胞示意图，其标出了典型的 Ni(200)和(111)晶面。图 12.39(e)为得出的 Al 以及 Zr 金属颗粒对沉积层晶粒细化和织构改变的示意图，Al 以及 Zr 金属颗粒的加入，不但细化了沉积层的晶粒，同时还促进了(111)晶面优先生长的形成。

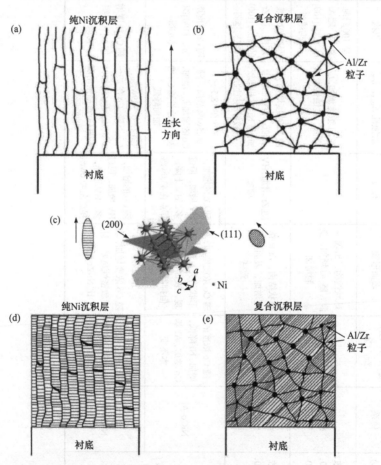

图 12.39　Al 和 Zr 金属颗粒对沉积层晶粒细化及织构转变作用示意图

(a) 纯 Ni 沉积层晶粒；(b) 复合沉积层晶粒；(c) Ni 晶胞；(d) 纯 Ni 沉积层晶粒取向；(e) 复合沉积层晶粒取向

12.8.2　沉积层中内应力的产生

沉积层中内应力的变化主要与以下两个因数有关：①晶粒尺寸，晶粒尺寸越小，内应力越大；②织构变化，(111)织构的沉积层比(200)织构的沉积层具有更大的内应力。

在晶粒生长过程中，基体的限制晶粒不能自由移动，导致沉积层产生拉应力，拉应力的大小可通过以下经验公式得到

$$\sigma = \frac{E}{1-v} \cdot \frac{\Delta}{d} \tag{12.11}$$

这里，E 和 v 分别为沉积层的弹性模量和泊松比；$d(=2a)$ 为晶粒尺寸；Δ 为相邻两个晶粒之间的间距。从式(12.11)可以得出，沉积层内应力随着晶粒尺寸的减小而增大。

假设晶粒为六边形立方体，晶粒粗化之前的表面自由能 E_1 可表示为

$$E_1 = E_0 + \frac{2h\gamma_{sv}}{\alpha} \tag{12.12}$$

这里，E_0 为单位体积内晶粒上表面以及与基体相连下表面的自由能；右边第二项为六边形晶粒除了上下表面之外的其他六个面的自由能；γ_{sv} 为表面自由能。晶粒粗化后的表面自由能 E_2 可以表达为

$$E_2 = E_0 + \frac{h\gamma_{gb}}{\alpha} + \frac{E}{1-v} \cdot h\left(\frac{\Delta}{2\alpha}\right)^2 \tag{12.13}$$

式中，右边第二项为晶界自由能，第三项为单位体积晶粒的应变能；γ_{gb} 为晶界表面自由能。

假设晶粒的弹性各向同性，当 $E_2-E_1=0$ 时可以得出

$$\sigma = \left[\frac{(2\gamma_{sv}-\gamma_{gb})}{\alpha} \cdot \frac{E}{1-v}\right]^{1/2} \tag{12.14}$$

由式(12.14)可知，当沉积层晶粒尺寸减小时，内应力增大。

织构对沉积层内应力变化也有影响。有研究表明，不同晶面的杨氏模量不同，Ni(111)晶面的杨氏模量为 303GPa，而 Ni(200)和 Ni(220)晶面的杨氏模量分别为 137GPa 和 233GPa。此外，(111)晶面应变能密度大于(200)晶面应变能密度。这将导致(111)织构沉积层的内应力大于(200)织构的沉积层。将织构因数考虑在内，式(12.14)可改写为

$$\sigma = \left[\frac{(2\gamma_{sv}-\gamma_{gb})}{\alpha} \cdot \frac{E}{1-v} \cdot \frac{I_{(111)}}{I_{(111)}+I_{(200)}}\right]^{1/2} \tag{12.15}$$

其中，$I_{(hkl)}$ 为相应晶面 (hkl) 的积分强度。式 (12.15) 又可改写为

$$\sigma = S\left(\frac{E}{1-\nu}\right)^{1/2} \tag{12.16}$$

$$S = \left(\frac{K}{\alpha}\right)^{1/2} \cdot \left(\frac{I_{(111)}}{I_{(111)} + I_{(200)}}\right)^{1/2} \tag{12.17}$$

其中，S 为只与晶粒尺寸和织构相关的应力常数；K 为与晶粒单位体积内表面能与晶界能之差相关的常数，取决于电沉积条件。从式 (12.15)～式 (12.17) 可以看出，随着沉积层晶粒尺寸的降低以及 $I_{(111)}/I_{(200)}$ 比值的增加，沉积层内应力增加。

12.8.3　复合沉积层硬化机理

复合沉积层硬度增强主要与晶粒细化和固溶强化有关。

1. 晶粒细化

根据 Hall-Petch 关系：

$$HV = HV_0 + k_{HV}D^{-1/2} \tag{12.18}$$

式中，HV_0 和 k_{HV} 为常数；D 为晶粒尺寸。由第 4 章结果可知，第二相 Al 和 Zr 颗粒以及 Co 元素的添加细化了沉积层晶粒尺寸。因此，随着沉积层晶粒尺寸的减小，沉积层硬度增加。

2. 固溶强化

对于 NiCo-Al 以及 NiCo-Zr 沉积层，固溶强化对硬度增强具有一定的贡献。Co 原子取代了沉积层中 Ni 原子，导致固溶强化。因此，随着沉积层中 Co 含量的增加，固溶强化效果增加，硬度增加。而当 Co 含量超过一定值时，沉积层中出现较软的六方金属 Co 相，导致复合沉积层硬度下降。

12.8.4　抗腐蚀性能提高的机理

Ni-Al 和 Ni-Zr 沉积层抗腐蚀性能的提高可归咎于以下三个原因：沉积层中弥散的金属颗粒、晶粒细化和织构转变 (即从 (200) 织构向 (111) 织构转变)。

1. 沉积层中弥散的金属颗粒

在腐蚀环境中，复合沉积层中的 Al 和 Zr 金属颗粒在沉积层表面可以优先形成 Al_2O_3 和 ZrO_2 钝化膜，减少沉积层与腐蚀介质的接触面积，阻碍 Ni 金属基质的进一步腐蚀，增强了 Ni-Al 和 Ni-Zr 沉积层的抗腐蚀性能。

2. 晶粒细化

在腐蚀过程中，沉积层晶界为腐蚀的发生和扩展提供了便利的"通道"。腐蚀将会沿着该通道进行，从沉积层表面腐蚀到基体。因此，通道的长短将会对腐蚀速度产生影响，"通道"的长度越长，腐蚀介质到达基体的时间越长。随着沉积层中 Al 或者 Zr 含量的增加，沉积层晶粒尺寸减小，"通道"的长度随之增加，沉积层抗腐蚀性能增加。

3. 织构转变

当金属暴露在腐蚀环境中时，由于不同晶面原子键能各异，因此具有不同织构的晶粒腐蚀速率不同。腐蚀开始阶段，金属原子键发生裂解。因此，键能高的原子具有更高的抗裂解能力。通常低指数平面或密排面的原子具有更高的表面键能，因此具有更高的抗腐蚀性能。对于 Ni-Al 和 Ni-Zr 沉积层，(111)和(200)晶面是两个最主要的晶面，而(111)为低指数平面或者密排面。随着沉积层中 Al 和 Zr 金属颗粒含量的增加，沉积层织构由纯 Ni 沉积层时(200)织构向复合沉积层时的(111)织构转变。因此，沉积层抗腐蚀性能增加。

12.9　织构结构的调整

基于对电沉积工艺参数-性能-织构结构之间关系的总结，以及对有关机理的讨论和理解，人们可以通过调整沉积层的织构结构来改善沉积层的性能。

12.9.1　织构的调整方法和效果

本节主要针对沉积层的生长织构进行调整，即通过改变沉积层的生长条件来改变沉积层的织构。

上述 Ni-Al 和 Ni-Zr 沉积层的织构结果显示，通过改变沉积液中的颗粒浓度，即影响加入沉积层中金属颗粒的含量，可以改变沉积层的织构。此外，也可以通过改变复合沉积层电沉积过程的另一个重要参数，即电流密度来改变沉积层的织构。

图 12.40 为不同电流密度条件下制备的 Ni-Al 沉积层织构系数，可以看出，随着电流密度从 8A/dm^2 降低到 1A/dm^2，沉积层(200)织构系数呈现下降的趋势，而(111)织构系数呈现增加的趋势。

图 12.41 为不同电流密度条件下制备的 Ni-Zr 沉积层织构系数，同样可以发现，随着电流密度的降低，沉积层(200)织构系数呈现下降的趋势，而(111)织构系数则呈现增加的趋势。

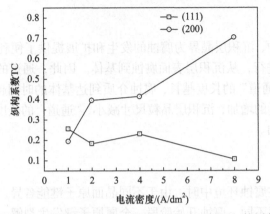

图 12.40　不同电流密度下制备的 Ni-Al 沉积层织构系数

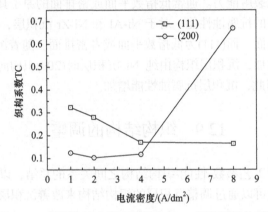

图 12.41　不同电流密度下制备的 Ni-Zr 沉积层织构系数

　　由上述电流密度对织构的影响可以看出，通过改变电流密度可以调整沉积层的织构。由第 3 章 Ni-Al 和 Ni-Zr 沉积层的元素含量结果可知，随着电流密度的降低，沉积层中的 Al 和 Zr 金属颗粒含量均增加。因此，沉积层织构从(200)织构向(111)织构转变。

12.9.2　沉积层内应力的调整方法和效果

1. 不同温度退火

　　选择 Ni-Al 和 Ni-Zr 沉积层分别在 473K、573K 和 673K 温度下进行退火处理60min。表 12.9 为经不同温度退火后 Ni-Al 和 Ni-Zr 沉积层的内应力。可以发现，沉积态沉积层内应力均表现出拉应力状态；而经过退火处理后，沉积层的内应力从拉应力状态变为压应力状态，并且压应力的数值随着退火温度的升高而增加。

表 12.9　不同温度退火后 Ni-Al 和 Ni-Zr 沉积层的内应力

复合沉积层	内应力/MPa			
	沉积态	473K	573K	673K
Ni-Al	81	−146	−299	−499
Ni-Zr	213	−188	−366	−581

2. 超声波处理

表 12.10 为沉积过程中超声波处理对 Ni-Al 和 Ni-Zr 沉积层内应力的影响。可以看出，经超声处理后，沉积层内应力下降。

表 12.10　超声波处理对 Ni-Al 和 Ni-Zr 沉积层内应力的影响

复合沉积层	内应力/MPa	
	沉积时不用超声	沉积时用超声
Ni-Al	81	50
Ni-Zr	213	115

在电沉积过程中，超声波产生的振动可使得沉积液中产生微小气泡，并发生振荡、扩大、收缩乃至崩溃等一系列动力学过程。此外，这些气泡在爆破时可释放较大的能量，产生具有强烈冲击力的微射流，可对阴极或者沉积层表面产生强烈的冲击作用，沉积层中的拉应力在一定程度上得到松弛。另外，超声波产生的清洗作用可以减少沉积层界面与基底上氢气的吸附，有效地加快氢气的析出，沉积层内应力降低[2]。

12.9.3　沉积层微结构参数的调整方法和效果

1. 退火过程中 Ni-Al 沉积层的组织结构变化

图 12.42 为不同退火温度和退火时间 Ni-Al 沉积层的晶粒尺寸和微应变。可以看出，一方面，随着退火温度的升高，Ni-Al 沉积层晶粒尺寸增加，且温度越高，晶粒尺寸增加速率越大。另一方面，随着退火时间的增加，复合沉积层晶粒尺寸增加。Ni-Al 沉积的晶粒尺寸增加速率同样可分为两个阶段：第一阶段，初始阶段(0~20min)，晶粒生长速率急剧增加；第二阶段，进一步增加退火时间，晶粒生长速率缓慢，逐渐趋于"平台"。

与晶粒尺寸变化相反，一方面，随着退火温度的升高，Ni-Al 沉积层微应变减少，且温度越高，微应变减少速率越大；另一方面，随着退火时间的增加，沉积层的微应变降低。同时可以发现，随着退火时间增加，微应变的减少速率可分为两个阶段：第一阶段，在初始阶段(0~20min)，微应变减少速率增加；第二阶段，进一步增加退火时间，沉积层的微应变减少速率变缓慢。

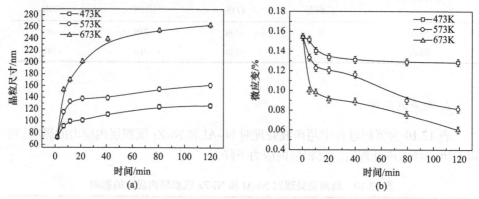

图 12.42 不同退火温度和退火时间 Ni-Al 沉积层的晶粒尺寸(a)和微应变(b)

2. 退火过程中 Ni-Zr 沉积层的组织结构变化

图 12.43 为不同退火温度和退火时间 Ni-Zr 沉积层的晶粒尺寸和微应变。可以看出，与 Ni-Zr 沉积层类似，一方面，随着退火温度的升高，沉积层晶粒尺寸增加，并且温度越高，晶粒尺寸增加的速率越大。另一方面，随着退火时间的增加，沉积层晶粒尺寸增加。同时可以发现，随着退火时间增加，晶粒尺寸的增加速率分为两个阶段：第一阶段，初始阶段(0~20min)，晶粒生长速率急剧增加；第二阶段，进一步增加退火时间，晶粒生长速率缓慢，逐渐趋于"平台"。

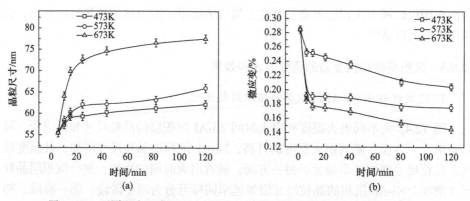

图 12.43 不同退火温度和退火时间 Ni-Zr 沉积层的晶粒尺寸(a)和微应变(b)

与晶粒尺寸变化相似，一方面，随着退火温度升高，Ni-Zr 沉积层微应变减少，并且温度越高，微应变减少的速率越大；另一方面，随着退火时间的增加，复合沉积层的微应变降低。同时可以发现，随着退火时间的增加，微应变的减少速率也可分为两个阶段：第一阶段，在初始阶段(0~20min)，微应变减少速率增加；第二阶段，进一步增加退火时间，沉积层微应变减少速率变缓慢，这一点与 Ni-Al 沉积层微应变随温度的变化相一致。

12.10　主要结论

本章采用复合电沉积技术制备了 Ni-Al、Ni-Zr、NiCo-Al 和 NiCo-Zr 复合沉积层，利用不同 X 射线分析方法详细研究了 Al 和 Zr 金属颗粒含量、Co 含量对沉积层组织结构、织构和内应力的影响及形成和演变机制，以及相应的调整方法；并研究了复合沉积层的硬度和抗腐蚀性能。主要结论如下所述。

(1) Ni-Al 和 Ni-Zr 沉积层中金属颗粒含量，其随着沉积液中 Al、Zr 金属颗粒浓度的增加或者电沉积电流密度的降低而增加，且在 Al、Zr 颗粒浓度分别 200g/L 时和 80g/L 时，颗粒含量分别为 23.9wt%和 13.6wt%。同时，沉积层表面形貌由"菱形"结构变为"球状"结构；金属颗粒与沉积层的共沉积行为符合经典的 Guglielmi 两步吸附模型。

(2) NiCo-Al 和 NiCo-Zr 沉积层中 Co 含量，其随着沉积液中 Co^{2+} 浓度的增加而增加，且在 Co^{2+} 浓度为 20g/L 时分别为 60.5wt%和 58wt%。同时，沉积层中 Ni 含量下降，显示出"异常共沉积"现象；Co 元素的加入提高了 NiCo-Al 和 NiCo-Zr 沉积层的表面致密性。

(3) 纯 Ni 沉积层显示出较大的晶粒尺寸(173nm)，而 Ni-Al 和 Ni-Zr 沉积层晶粒尺寸随着沉积层中金属颗粒含量的增加而减小。在 Al 和 Zr 含量分别为 10.9wt%和 13.6wt%时，沉积层晶粒尺寸分别为 72nm 和 55nm。NiCo-Al 和 NiCo-Zr 沉积层晶粒尺寸随着 Co 含量的增加而减小，且在 Co 含量分别为 60.5wt%和 58wt%时，晶粒尺寸为 22nm 和 21nm；而微应变和晶格常数均随着 Co 含量的增加而增加。

(4) 随着退火温度和退火时间的增加，Ni-Al 和 Ni-Zr 沉积层晶粒发生长大，而微应变下降。通过回归计算得到，Ni-Al 和 Ni-Zr 沉积层的再结晶激活能分别为 79.4kJ/mol 和 53.2kJ/mol。

(5) 极图和模拟极图结果均表明，电沉积 Ni 基复合沉积层具有丝织构特征。纯 Ni 沉积层显示出较强的(200)取向，而 Al 和 Zr 金属颗粒的加入均能有效抑制 Ni 沉积层(200)织构，促进(111)晶面的形成，并得到了金属颗粒对沉积层晶粒细化和织构改变过程的示意图；Co 元素的加入则可以进一步促进 NiCo-Al 和 NiCo-Zr 沉积层(111)晶面的形成，即 Co^{2+} 的加入抑制了沉积层(200)晶面的生长，而促进了(111)晶面的生长。

(6) 沉积层的内应力与沉积层中 Zr、Co 含量密切相关。Ni-Zr 沉积层内应力随着 Zr 含量的增加而增加，且在 Zr 含量为 13.6wt%时，内应力为 216MPa；而对于 NiCo-Al 和 NiCo-Zr 沉积层，其内应力随着 Co 含量的增加而增加，在 Co 含量分别为 60.5wt%和 58wt%时，应力值分别为 782MPa 和 438MPa。沉积层内应力的增加主要与晶粒细化和沉积层织构从(200)织构向(111)织构转变有关。

(7) 退火处理以及在电沉积层过程中施加超声波处理，均能降低 Ni-Al 和 Ni-Zr 沉积层的内应力。退火处理导致 Ni-Al 和 Ni-Zr 沉积层的内应力从拉应力变为压应力，且随着退火温度的增加，压应力增加；而在电沉积过程中施加超声波处理则可以大幅度降低沉积层的内应力。

(8) NiCo-Al 及 NiCo-Zr 沉积层的硬度与沉积层中 Co 含量密切相关。当沉积层中 Co 含量小于 43wt%时，NiCo-Al 及 NiCo-Zr 沉积层硬度随着 Co 含量的增加而增加，且在 Co 含量为 42wt%和 43wt%时分别达到 444HV 和 498HV。这主要得益于晶粒细化增强和固溶强化增强共同作用的结果；进一步增加 Co 含量则导致沉积层硬度下降，这主要归咎于沉积层中生成了较软的六方结构金属 Co 相。

(9) 纯 Ni 沉积层具有较差的抗腐蚀性能，其腐蚀电流密度 I_{corr} 高达 7.206μA/cm^2。Al 和 Zr 金属颗粒的加入均可以显著提高 Ni-Al 和 Ni-Zr 沉积层的抗腐蚀性能，并且沉积层的抗腐蚀性能均随着金属颗粒含量增加而增加，且在 Al 和 Zr 含量分别为 23.9wt%和 13.6wt%时，沉积层腐蚀电流密度 I_{corr} 分别降低至 0.207μA/cm^2 和 0.296μA/cm^2。Ni-Zr 和 Ni-Al 沉积层抗腐蚀性能的提高主要得益于沉积层中均匀分布的金属颗粒、细化的晶粒，以及(200)织构向(111)织构转变。

(10) 对于 NiCo-Al 沉积层，Co 元素的加入则降低了沉积层的抗腐蚀性能，但仍明显高于纯 Ni 沉积层的抗腐蚀性能；而对于 NiCo-Zr 沉积层，Co 元素的加入提高了沉积层的抗腐蚀性能，这主要得益于沉积层表面粗糙度的降低，进一步增加 Co 含量则会降低沉积层的抗腐蚀性能。

参 考 文 献

[1] 蔡飞. 电沉积 Ni-Al 与 Ni-Zr 复合镀层组织结构、织构及内应力研究. 上海: 上海交通大学, 2016.

[2] Cai F, Jiang C H. Influences of Al particles on the microstructure and property of electrodeposited Ni-Al composite coatings. Applied Surface Science, 2014, 292: 620-625.

[3] Cai F, Jiang C H, Wu X Y. X-ray diffraction characterization of electrodeposited Ni-Al composite coatings prepared at different current densities. Journal of Alloys and Compounds, 2014, 604: 292-297.

[4] Cai F, Jiang C H, Zhang Z Q, et al. Synthesis and characterization of Ni-Al-Y$_2$O$_3$ composite coatings with different Y$_2$O$_3$ particle content. Ceramics International, 2014, 40: 15105-15112.

[5] Cai F, Jiang C H. Characterisation of electrodeposited Ni-Zr coatings prepared at different current densities. Surface Engineering, 2015, 31(3): 245-250.

[6] Cai F, Jiang C H, Fu P, et al. Effects of Co contents on the microstructures and propertiesof electrodeposited NiCo-Al composite coatings. Applied Surface Science, 2015, 324: 482-489.

[7] Cai F, Jiang C H, Zhao Y T, et al. Effects of Co contents on the microstructures and properties of the electrodeposited NiCo-Zr composite coatings. Materials Research Bulletin, 2015, 65: 195-203.

[8] Cai F, Jiang C H, Zhang Z Q, et al. Fabrication and characterization of Ni-Zr composite coatings using electrodepositing technique. Journal of Alloys and Compounds, 2015, 635: 73-81.

[9] Humphrey F J, Hatherly M. Recrystallization and Related Annealing Phenomena. Oxford: Pergamon Press, 1996: 281-325.

[10] Stern M, Geary A. The mechanism of passivating-type inhibitors. Journal of the Electrochemical Society, 1958, 105: 638-647.

第13章 Ni-(xAl-yTi)颗粒复合电沉积材料的测试分析与表征

强化电沉积 Ni 的方法有合金强化和第二相粒子强化。第二相颗粒为碳化物的有 Ni-SiC、Ni-WC 与 Ni-TiC 等，第二相颗粒为氧化物的有 Ni-Al$_2$O$_3$、Ni-TiO$_2$ 与 Ni-Y$_2$O$_3$ 等，以及第二相颗粒为氮化物的有 Ni-AlN、Ni-TiN 及 Ni-BN 等。第二相颗粒的加入对镍基复合沉积层的组织结构及性能有重要影响。电沉积过程中，这些第二相颗粒会诱发镍基晶粒细化与织构改变等。第二相颗粒引起的组织结构变化通常会提高镍基复合沉积层的性能，如硬度与抗高温氧化性等。

第二相颗粒可以为单元颗粒，也可为二(多)元颗粒，可以是金属性，也可以是惰性。这些多元强化颗粒包括金属/金属混合颗粒、陶瓷/金属混合颗粒与陶瓷/陶瓷混合颗粒，如 Ni-Al-CeO$_2$、Ni-Cr-Al、Ni-Al-Ti、Ni-Al-Y$_2$O$_3$、Ni-W-Si、Ni-Al$_2$O$_3$-SiC 等。相对于二元镍基复合沉积层而言，三元镍基复合沉积层展现了更好的组织结构和性能表现，例如，纳米颗粒强化的 Ni-SiC 复合沉积层比微米颗粒强化的复合沉积层具有更好的硬度、耐磨及耐腐蚀等性能。

因此，从电沉积技术被开发以来，其应用已经遍及国民经济的各个生产和研究领域，如机器制造、电子、精密仪器、交通运输、航空航天及原子能等。近年来，电沉积技术制备的金属基复合沉积层得到了迅速发展。金属基复合沉积层具有特殊的织构、内应力以及组织结构，而这些组织结构是影响沉积层性能及其使用过程的重要因素。

本章介绍作者所在课题组制备的 Ni-(xAl-yTi) 颗粒复合电沉积层的性能及测试分析与表征[1-5]。

13.1 Ni-(xAl-yTi)颗粒复合电沉积层的制备

13.1.1 电沉积液及预处理

电沉积液在瓦特型溶液(Watts bath)基础上，选用十二烷基硫酸钠(lauryl sodium sulfate，SDS)作为表面活性剂，添加不同含量的铝(Al)与钛(Ti)颗粒，制备 Ni-(xAl-yTi)复合沉积层。Watts 溶液的具体试剂组成见表 13.1。

表 13.1　电沉积液的组成

化学药品	浓度/(g/L)	纯度/%
硫酸镍($NiSO_4 \cdot 6H_2O$)	240	≥98.5
氯化镍($NiCl_2 \cdot 6H_2O$)	40	≥98
硼酸(H_3BO_3)	30	≥99.5
十二烷基硫酸钠(SDS)	0.2	≥99.5

在电沉积前，使用氢氧化钠(NaOH)及稀盐酸(HCl)溶液，把 Watts 溶液的 pH 调整到 3.5 左右。对添加有 Al/Ti 混合颗粒的 Watts 溶液进行电沉积前处理(超声分散 30min 加 400r/min 的搅拌速率下搅拌 3h)，以便较好地分散 Watts 溶液中的第二相颗粒。

13.1.2　阳极和阴极基体材料及预处理

这里选用 Ti6Al4V (TC4)作为阴极(基底材料)，其面积为 2cm²；以纯镍片(99.99%)作为阳极，其面积为 5cm²。

电沉积之前的基底预处理，对所制备的 Ni-(xAl-yTi)复合沉积层的组织结构及性能有一定的影响。因此，TC4 钛合金基底的预处理是制备 Ni-(xAl-yTi)复合沉积层的重要步骤。由于 TC4 钛合金表面易形成氧化层而降低 Ni-(xAl-yTi)复合沉积层与基底的结合力，故采用的预处理步骤如下：磨光-除油-活化-清洗。首先，分别用 600 目、800 目、1000 目、1200 目的砂纸对 TC4 基底进行磨光处理；其次，将已磨光的基底用去离子水清洗，然后在除油溶剂中进行超声浸泡处理 1min，除油溶剂配方为：碳酸钠(Na_2CO_3，30g/L)，磷酸钠(Na_3PO_4，30g/L)，NaOH (40g/L)；随后，将基底先后在丙酮与去离子水中超声清洗；然后，将 TC4 基底浸入活化液中活化 2min，活化液配方为：甲基甲酰胺(DMF，500mL/L)，氢氟酸(HF，100mL/L)，去离子水(H_2O，400mL/L)；活化后用去离子水冲洗。同时，纯镍片在 10vol% (vol%为体积分数)稀盐酸中浸泡 10s 后，用去离子水冲洗。

13.1.3　电沉积设备

电沉积装置如图 13.1 所示，其中使用的仪器列于表 13.2。

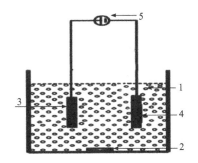

图 13.1　电沉积装置示意图

1-悬浮 Al/Ti 颗粒的 Watts 溶液；2-磁力搅拌；3-阳极镍片；4-阴极 TC4 基底；5-电源

表 13.2　实验主要仪器

设备名称	型号
直流电源	TRADEX MPS 308
数显恒温搅拌水浴锅	DF-101S 集热式加热磁力搅拌
pH 计	雷磁 PHS-25
数显超声波仪	DL-120A 超声波清洗器

13.1.4　电沉积工艺参数

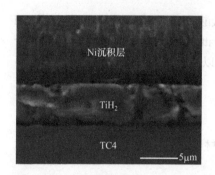

图 13.2　TC4 基底表面生成 TiH₂ 活化层

电沉积材料的剖面图示于图 13.2，其基体为 TC4 钛合金，在空气中，基底 TC4 钛合金表面很容易产生一系列稳定的氧化物。因而，在 TC4 基底上制备镍基复合沉积层时，沉积层与基底的结合力不好，故需对 TC4 基底进行预处理。这里采用氢氟酸与甲基甲酰胺的混合液对 TC4 钛合金进行预处理。如图 13.2 所示，此预处理方法可以使 TC4 表面生成一层灰黑色的 TiH₂ 膜层。TiH₂ 膜层可保护基体在电沉积前不被氧化，同时，能使基体与沉积层保持较好的结合力，即 TiH₂ 膜层起到了保护和结合两方面的作用。另外，室温下 TiH₂ 具有 CaF₂ 型晶体结构，属于立方晶系；在 30℃ 以上时，TiH₂ 相呈现面心立方结构；当温度降到 30℃ 以下时，TiH₂ 相呈现体心四方结构。TiH₂ 层这种二级相变将可能会对镍基复合沉积层的结构与性能产生一定的影响。

电沉积工艺参数控制包括：①电沉积液温度；②电流密度控制在 1～20A/dm²；③Al/Ti 混合颗粒浓度控制在 0～200g/L；④Al/Ti 的比例范围：1/0、4/1、2/1、1/1、1/2、1/4 和 0/1。

13.2　Ni-(xAl-yTi)颗粒复合沉积层的制备

13.2.1　电流密度对 Ni-(xAl-yTi)复合沉积层 Al、Ti 含量及形貌的影响

在探索电流密度对 Ni-(xAl-yTi)复合沉积层的影响时，所采用的制备工艺为：Al/Ti 混合颗粒浓度为 100g/L，其中 Al/Ti=1/1，电流密度分别为 1A/dm²、2A/dm²、5A/dm²、10A/dm² 与 20A/dm²。图 13.3 为不同电流密度下制备的 Ni-(xAl-yTi)复合

沉积层中 Al、Ti 颗粒含量的变化曲线。由图可知，随着电流密度的增加，复合沉积层中的 Al、Ti 颗粒含量都降低，Al 颗粒的含量明显高于 Ti 颗粒的含量。在 Al/Ti=1/1 时，相比 Ti 颗粒，较小密度的 Al 颗粒使其有更高的体积分数，促使更多的 Al 颗粒被共沉积。

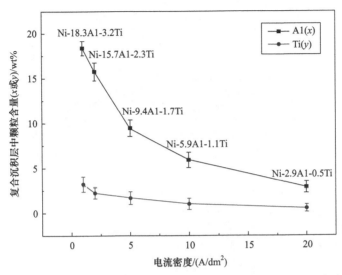

图 13.3 在 Al/Ti=1/1、100g/L 颗粒浓度下，不同电流密度制备的 Ni-(xAl-yTi)复合沉积层中 Al、Ti 颗粒含量

　　图 13.4 为不同电流密度下制备的 Ni-(xAl-yTi)复合沉积层的表面形貌。由图可知，复合沉积层表面呈现了类似 Ni-Al 复合沉积层的"类球状"多孔结构。这是在 Ni-(xAl-yTi)复合沉积层中，Al 颗粒的含量明显高出 Ti 颗粒很多造成的。随着电流密度的增加，复合沉积层的表面"类球状"结构减少，表面粗糙度降低。在 20A/dm^2 时，复合沉积层的表面则由"多边形"结构与"类球形"结构共同组成，这是由复合沉积层中的颗粒含量较少而引起的。从图 13.4 中还可以发现，Ni-(xAl-yTi)复合沉积层的表面都吸附了较多 Al 颗粒。图 13.4(d)为在典型的"类球状"结构表面，Al、Ti 颗粒的分布状况，可以看出，Al 颗粒并未被 Ni 沉积层完全包覆，说明了 Ni 沉积层并不直接在 Al 颗粒表面生长。图 13.5 为 20A/dm^2 与 1A/dm^2 电流密度下制备的 Ni-(xAl-yTi)复合沉积层的截面背散射电子(BSE)形貌。可以发现，20A/dm^2 制备的复合沉积层有部分柱状晶结构，共沉积的 Al、Ti 颗粒不足以完全干扰柱状晶结构的生长。而 1A/dm^2 制备的 Ni-(xAl-yTi)复合沉积层的柱状晶结构被完全干扰，晶粒也被细化。从图 13.5(c)可见，Al、Ti 颗粒在复合沉积层中的分布比较均匀。

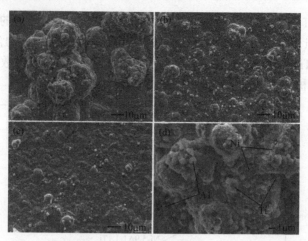

图 13.4 在 Al/Ti=1/1、100g/L 颗粒浓度下，不同电流密度制备的 Ni-(xAl-yTi)复合沉积层的表面形貌

(a) 1A/dm²；(b) 5A/dm²；(c) 20A/dm²；(d) 放大图 3000×

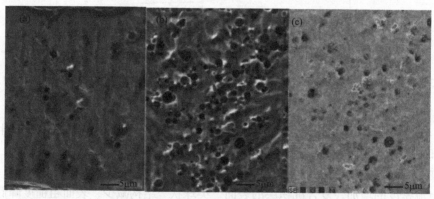

图 13.5 在 Al/Ti =1/1、100g/L 颗粒浓度下，不同电流密度制备的 Ni-(xAl-yTi)复合沉积层的截面 BSE 形貌及颗粒分布(彩图扫封底二维码)

(a) 20A/dm²；(b) 1A/dm²；(c) 元素分布图

13.2.2 颗粒浓度对 Ni-(xAl-yTi)复合沉积层 Al、Ti 含量及形貌的影响

这里所采用的制备工艺为：电流密度为 5A/dm²，Al/Ti = 1/1，Al/Ti 颗粒浓度分别为 0g/L、25g/L、50g/L、100g/L 与 200g/L。图 13.6 为不同 Al/Ti 颗粒浓度制备的 Ni-(xAl-yTi)复合沉积层中 Al、Ti 颗粒含量的变化曲线。由图可知，随着 Al/Ti 颗粒浓度的增加，复合沉积层中的 Al、Ti 颗粒含量都增加，但是 Al 颗粒含量的增加速率明显高于 Ti 颗粒。这主要是因为当 Al/Ti 颗粒浓度增加时，Al 颗粒的体积分数增加得更多。

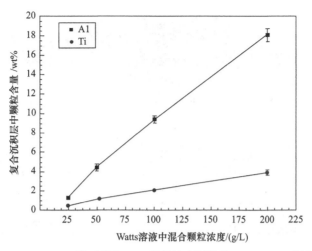

图 13.6　在 5A/dm²、Al/Ti=1/1 下，不同 Al/Ti 颗粒浓度制备的 Ni-(xAl-yTi)复合沉积层中的 Al、Ti 颗粒含量

　　图 13.7 为在不同 Al/Ti 颗粒浓度制备的 Ni-(xAl-yTi)复合沉积层的表面形貌。由于 Al/Ti 混合颗粒的共沉积，纯镍沉积层的"多边形"结构逐渐演变为复合沉积层的"类球形"结构，而且随着颗粒含量的增加，复合沉积层表面的多孔性也增加。Ni-(xAl-yTi)复合沉积层的多孔性，是由更高的 Al 颗粒含量造成的。图 13.8 为不同 Al/Ti 混合颗粒浓度制备的 Ni-(xAl-yTi)复合沉积层的截面形貌。由图可知，混合颗粒的共沉积干扰了纯镍沉积层的柱状晶的生成，且共沉积混合颗粒的量越多，干扰作用越强。从图 13.8(b)和(c)中可以发现，在 Al/Ti 颗粒含量较少时，颗粒的分布呈现"团簇状"不均匀分布；而在 Al/Ti 颗粒含量较高时，颗粒分布相对均匀。仔细观察图 13.8(e)与(f)可以发现，在靠近基底大约 2μm 厚度的沉积层中，基本上没有或很少有混合颗粒的出现。这一现象也被 Erler 等发现，其认为在沉积的初始阶段，阴极表面吸附了过饱和的 Ni²⁺，而没有吸附较多的颗粒，因此 Ni²⁺ 能够得到电子，在阴极表面快速地三维形核而生成了颗粒较少的 2μm 的沉积层。

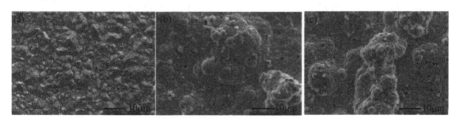

图 13.7　在 5A/dm²、Al/Ti=1/1 下，不同 Al/Ti 颗粒浓度制备的 Ni-(xAl-yTi)复合沉积层的表面形貌

(a) 0g/L；(b) 50g/L；(c) 200g/L

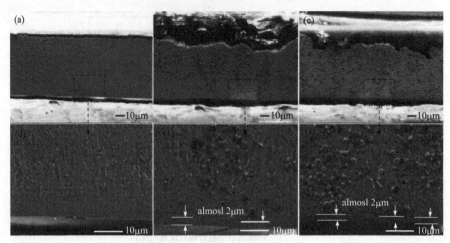

图 13.8　在 5A/dm^2、Al/Ti=1/1 下，不同 Al/Ti 混合颗粒浓度制备的 Ni-(xAl-yTi)复合沉积层的
截面形貌
(a) 0g/L；(b) 50g/L；(c) 200g/L

13.2.3　颗粒比例对 Ni-(xAl-yTi)复合沉积层 Al、Ti 含量及形貌的影响

通常，较高的颗粒含量能够提高镍基复合沉积层的性能。因此，在较高颗粒含量、性能表现较好的情况下，研究 Al/Ti 颗粒比例对 Ni-(xAl-yTi)复合沉积层颗粒含量及形貌的影响更具有研究价值。这里通过调查电流密度与颗粒浓度对 Ni-(xAl-yTi)复合沉积层的影响，发现在较低的电流密度与较高的颗粒浓度下，复合沉积层中的颗粒含量相对较高，这主要是因为，低电流促进了颗粒的传输，高浓度提高了颗粒吸附到阴极沉积层中的概率。因此，在研究 Al/Ti 颗粒比例的影响时，所采用的电沉积工艺为：电流密度为 1A/dm^2，Al/Ti 混合颗粒浓度为 200g/L，Al/Ti 颗粒比例为 1/0、4/1、2/1、1/1、1/2、1/4 与 0/1。图 13.9 为在 1A/dm^2、200g/L 浓度下，不同 Al/Ti 颗粒比例制备的 Ni-(xAl-yTi)复合沉积层中的 Al、Ti 颗粒含量。由图可知，随着 Al/Ti 颗粒比例的降低，复合沉积层中 Al 颗粒含量不断减少，Ti 颗粒含量不断增加。同时，还可以看出，Al、Ti 在相同浓度下，Al 颗粒的含量明显地高于 Ti 颗粒的含量。这是 Al 颗粒的密度小导致 Al 颗粒的体积分数高所引起的。

图 13.10 为不同 Al/Ti 混合颗粒比例下制备的 Ni-(xAl-yTi)复合沉积层的表面形貌。由图可知，随着 Al/Ti 颗粒比例的降低，复合沉积层的表面形貌由"类球状"结构向"类树枝状"结构转变，表面的球状 Al 颗粒及其所引起的孔洞都逐渐减少，且复合沉积层的表面粗糙度逐渐增加。这是 Al、Ti 两种颗粒对镍基晶粒生长有不同的影响而造成的。后续将会对 Al、Ti 颗粒对镍基晶粒生长的影响进行深入讨论。

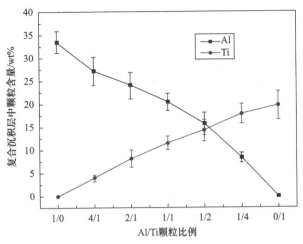

图 13.9 在 1A/dm²、200g/L 颗粒浓度下，不同 Al/Ti 颗粒比例制备的 Ni-(xAl-yTi)复合沉积层中的 Al、Ti 颗粒含量

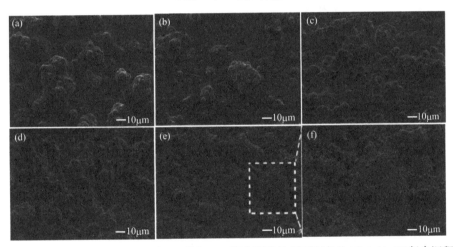

图 13.10 在 1A/dm²、200g/L 浓度，不同 Al/Ti 混合颗粒比例下制备的 Ni-(xAl-yTi)复合沉积层的表面形貌

(a) 1/0；(b) 2/1；(c) 1/1；(d) 1/2；(e) 0/1；(f) 放大图像

13.3　Ni-(xAl-yTi)颗粒复合沉积的性能表征

本节将分别研究电流密度、Al/Ti 混合颗粒浓度及颗粒比例对 Ni-(xAl-yTi)复合沉积层硬度的影响，并讨论硬度增强机理；研究电流密度、Al/Ti 混合颗粒浓度及颗粒比例对 Ni-(xAl-yTi)复合沉积层耐腐蚀性能的影响，并对镍基复合沉积层的耐腐蚀性能进行讨论。

13.3.1　Ni-(*x*Al-*y*Ti)颗粒复合沉积层硬度

三种不同工艺条件下的复合沉积层的硬度分别示于图 13.11(a)～(c)中，可见，沉积时的电流密度越大，沉积层表面的硬度越低，从 467.1HV 降到 241.9HV(图 13.11(a))；随着混合颗粒浓度的增加，复合沉积层的表面硬度逐渐增加，由纯镍的 213.7HV 增加到 200g/L 时的 407.8HV(图 13.11(b))；随着混合颗粒中 Al/Ti 比例的降低，复合沉积层的表面硬度逐渐增加，由 Ni-Al 到 Ni-Ti，其维氏硬度从 380HV 增加到 521.4HV(图 13.11(c))。

此外，本书还得到三种工艺情况下复合沉积层表面的硬度分布图，结果发现，硬度在表面的分布都是相对不均匀的，作为一个例子，图 13.12 给出第一种工艺的结果，可清楚地显示硬度分布相对不均匀性的。

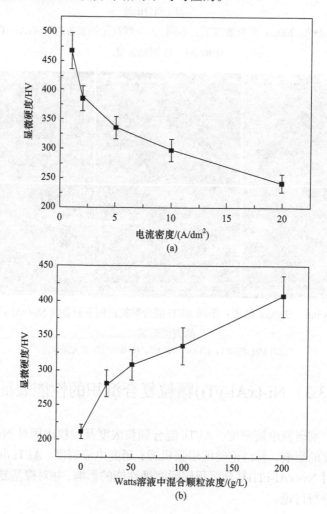

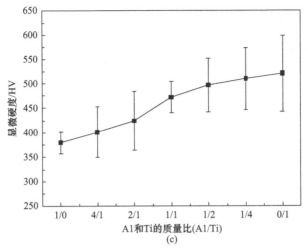

图 13.11　(a) 在 Al/Ti=1/1、100g/L 混合颗粒浓度下，不同电流密度制备的 Ni-(xAl-yTi)复合沉积层的表面硬度；(b) 在 5A/dm²、Al/Ti–1/1 下，不同 Al/Ti 混合颗粒浓度制备的 Ni-(xAl-yTi)复合沉积层的表面硬度；(c) 在 1A/dm²、200g/L 颗粒浓度下，不同 Al/Ti 颗粒比例制备的 Ni-(xAl-yTi)复合沉积层的表面硬度

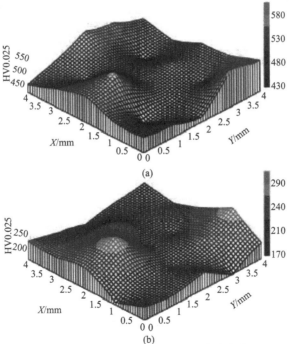

图 13.12　在 Al/Ti=1/1、100g/L 混合颗粒浓度下，不同电流密度制备的 Ni-(xAl-yTi)复合沉积层的表面硬度分布(彩图扫封底二维码)

(a) 1A/dm²；(b) 20A/dm²

13.3.2　Ni-(xAl-yTi)颗粒复合沉积层耐腐蚀性能

耐腐蚀性能作为镍基复合沉积层重要的性能之一，会受到第二相颗粒与复合沉积层的组织结构的影响。因此，电沉积工艺(电流密度、Al/Ti 混合颗粒浓度及颗粒比例)对 Ni-(xAl-yTi)复合沉积层耐腐蚀性能的影响需要被研究，同时沉积层耐腐蚀性与组织结构的关系需要进一步探索。本书利用电化学工作站对 Ni-(xAl-yTi)复合沉积层的耐腐蚀性能进行表征分析，其工作条件为：3.5wt% NaCl 溶液，温度为室温。

1. 电流密度对 Ni-(xAl-yTi)复合沉积层耐腐蚀性的影响

在 Al/Ti=1/1、100g/L 混合颗粒浓度下，改变电流密度制备了 Ni-(xAl-yTi)复合沉积层，并对沉积层的耐腐蚀性进行研究。图 13.13 为不同电流密度下制备的

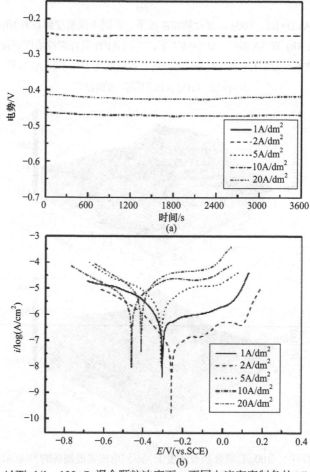

图 13.13　在 Al/Ti=1/1、100g/L 混合颗粒浓度下，不同电流密度制备的 Ni-(xAl-yTi)复合沉积层的开路电势(a)与动态极化曲线(b)

Ni-(xAl-yTi)复合沉积层的开路电势与动态极化曲线。可以发现，随着电流密度的减小，复合沉积层的开路电势有逐渐升高的趋势，但在 2A/dm² 条件下制备的复合沉积层的开路电势却比在 1A/dm² 条件下的高。从图 13.13(b)动态极化曲线中可以看出，在低电流密度下制备的复合沉积层比高电流密度下制备的复合沉积层具有更高的自腐蚀电势。

利用 Stern-Geary 方程对极化曲线进行外推拟合计算，可得出腐蚀电流密度 I_{corr}：

$$I_{corr} = \frac{\beta_a \beta_c}{2.303 R_p (\beta_a + \beta_c)} \tag{13.1}$$

其中，β_a 和 β_c 分别为阳极和阴极塔费尔斜率。由此得出的 Ni-(xAl-yTi)复合沉积层的腐蚀电势 E_{corr} 和腐蚀电流密度 I_{corr} 见表 13.3。由表 13.3 可以发现，高电流密度下制备的 Ni-(xAl-yTi)复合沉积层具有较低的 E_{corr} 与较大的 I_{corr}，其中在电流密度为 20A/dm² 条件下制备的复合沉积层的 I_{corr} 高达 8.89μA/cm²。随着电流密度的减小，复合沉积层的 E_{corr} 有增大的趋势，I_{corr} 有减小的趋势。在电流密度为 2A/dm² 时，Ni-(xAl-yTi)复合沉积层有最小的 E_{corr} 和 I_{corr}，其中 I_{corr} 相对于 20A/dm² 下制备的复合沉积层的 I_{corr} 下降了一个数量级。因此，降低电流密度可以有效地提高 Ni-(xAl-yTi)复合沉积层的耐腐蚀性能。

表 13.3　在 Al/Ti = 1/1、100g/L 混合颗粒浓度下，不同电流密度制备的 Ni-(xAl-yTi)
复合沉积层的 E_{corr}、I_{corr}、R_s、R_p 和 CPE

电流密度/ (A/dm²)	E_{corr} /mV	I_{corr} /(μA/cm²)	R_s /(Ω·cm²)	R_p /(kΩ·cm²)	CPE/(μΩ⁻¹·cm⁻²·s⁻ⁿ)
1	−304	0.996	13.67	247.73	20.5
2	−254	0.121	9.3	299.49	13.6
5	−315	2.72	8.93	169.18	34.5
10	−467	4.68	13.2	120.1	47.5
20	−418	8.89	9.47	75.81	54.9

电化学阻抗谱(EIS)技术已经被广泛用于表征沉积层的耐腐蚀性能,这里利用 EIS 对制备的 Ni-(xAl-yTi)复合沉积层的耐腐蚀性能进行研究。图 13.14 为不同电流密度下制备的 Ni-(xAl-yTi)复合沉积层的 Nyquist 图与伯德(Bode)图。从图 13.14(a)中可以看出,Ni-(xAl-yTi)复合沉积层的 Nyquist 曲线呈现单一的近似半圆弧形,而且随着电流密度的减小圆弧半径逐渐增大;但是,2A/dm² 制备的复合沉积层的圆弧半径大于 1A/dm² 制备的复合沉积层。图 13.14(b)为 Ni-(xAl-yTi)复合沉积层的 Bode 阻抗图与 Bode 相位图。在 Bode 阻抗中 Z_{mod} 的值大小与 Bode 相位中的相位最大值的大小能够验证复合沉积层的耐腐蚀性能。从图中可以看出,

随着电流密度的减小，复合沉积层的 Z_{mod} 值及相位最大值都逐渐增加；但是，$2A/dm^2$ 下制备的复合沉积层具有最大的 Z_{mod} 值及相位最大值。因此，不同电流密度下制备的 Ni-(xAl-yTi)复合沉积层的 Nyquist 图与 Bode 图都说明了 $2A/dm^2$ 下制备的复合沉积层具有更好的耐腐蚀性能。另外，Bode 相位能够说明电化学过程的时间常数，可以看出该电化学腐蚀过程为一个时间常数。

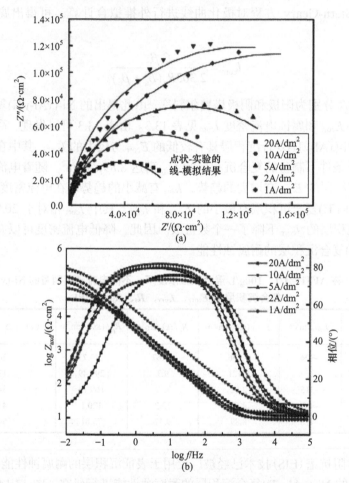

图 13.14　在 Al/Ti=1/1、100g/L 混合颗粒浓度下，不同电流密度制备的 Ni-(xAl-yTi)复合沉积层的 Nyquist 图(a)与 Bode 图(b)

利用 ZView 软件中的等效电路对 Nyquist 曲线进行拟合，所采用的等效电路如图 13.15 所示。其中，R_s 为 3.5wt% NaCl 溶液对电荷传递过程产生的电阻，CPE 为复合沉积层表面非理想双电子层电容，R_p 为复合沉积层表面电极反应的电荷转移电阻，其值与复合沉积层的腐蚀速率成反比。根据图 13.15 所示等效电路图，

可以得出总的阻抗为

$$Z = R_s + \left(\frac{1}{R_p} + \frac{1}{Z_{CPE}} \right) \tag{13.2}$$

其中，$Z_{CPE} = [A(j\omega)n]^{-1}$，这里 ω 为频率，j 为虚数单位，A 为常数项常数，n 为常数。

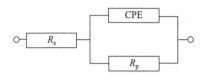

图 13.15　利用 ZView 软件中的等效电路

利用该等效电路进行拟合所获得的结果也列于表 13.3 中。可以看出，20A/dm² 制备的 Ni-(xAl-yTi)复合沉积层有最小的电荷转移电阻 R_p，其值为 75.81kΩ · cm²。随着电流密度的减小，复合沉积层的 R_p 值有逐渐增加的趋势，且在 2A/dm² 时达到最大值 247.73kΩ · cm²。降低电流密度能够提高 Ni-(xAl-yTi)复合沉积层的耐腐蚀性能，在 2A/dm² 时 Ni-(xAl-yTi)复合沉积层获得良好的耐腐蚀性能，这与由极化曲线得出的结果一致。

2. 颗粒浓度对 Ni-(xAl-yTi)复合沉积层耐腐蚀性的影响

用 13.3.2 节 1. 小节中所描述的方法处理，其结果列于表 13.4 中。由表 13.4 可知如下规律。

表 13.4　在 5A/dm² 和 Al/Ti=1/1 下，不同 Al/Ti 颗粒浓度下制备的 Ni-(xAl-yTi)复合沉积层的 E_{corr}、I_{corr}、R_s、R_p 和 CPE

不同 Al/Ti 浓度 /(g/L)	E_{corr} /mV	I_{corr} /($\mu A / cm^2$)	R_s /($\Omega \cdot cm^2$)	R_p /($k\Omega \cdot cm^2$)	CPE/($\mu\Omega^{-1} \cdot cm^{-2} \cdot s^{-n}$)
1	−427	6.30	13.64	2.36	77.8
2	−470	2.99	13.83	26.98	48.9
5	−423	2.82	14.38	125.10	35.0
10	−315	2.72	8.93	169.18	34.5
20	−343	0.709	13.51	277.46	20.8

(1) 低 Al/Ti 颗粒浓度下制备的 Ni-(xAl-yTi)复合沉积层具有相对较低的 E_{corr} 与较大的 I_{corr}，其中纯镍沉积层的 I_{corr}= 6.3μA/cm²。随着 Al/Ti 混合颗粒浓度的增加，复合沉积层的 I_{corr} 逐渐减小。在颗粒浓度为 200g/L 时，Ni-(xAl-yTi)复合沉积层有最小 I_{corr}= 0.709μA/cm²，其相对于纯镍沉积层的 I_{corr} 下降了一个数量级。因

此，增加混合颗粒浓度可以有效地提高 Ni-(xAl-yTi)复合沉积层的耐腐蚀性能。

(2) 从表 13.4 可以看出，纯镍沉积层有最小的电荷转移电阻 R_p，其值为 2.36kΩ·cm²。随着混合颗粒浓度的增加，Ni-(xAl-yTi)复合沉积层的 R_p 值逐渐增加，且在 20g/L 时达到 277.46kΩ·cm²。同时发现，随着 R_p 值的增加，CPE 的值逐渐减小，说明随着颗粒浓度的增加，复合沉积层的耐蚀性提高。因此，EIS 拟合获得的 Ni-(xAl-yTi)复合沉积层的耐腐蚀性能与极化曲线得出的结果一致。

3. 颗粒比例对 Ni-(xAl-yTi)复合沉积层耐腐蚀性的影响

同样用 13.3.2 节 1. 小节中所描述的方法处理，其结果列于表 13.5 中。由表 13.5 可知，在不同 Al/Ti 颗粒比例下，200g/L 混合颗粒浓度制备的 Ni-(xAl-yTi)复合沉积层都具有较高的 E_{corr} 与较小的 I_{corr}。当 Al/Ti 颗粒比例从 1/0 降到 4/1 时，复合沉积层的 E_{corr} 由 –292mV 降低到 –351mV，I_{corr} 由 0.207μA/cm² 增加到 1.07μA/cm²。当 Al/Ti 颗粒比例继续下降到 1/2 时，E_{corr} 却升高到 –261mV，I_{corr} 降低到 0.167μA/cm²。然而随着 Al/Ti 颗粒比例的继续降低，E_{corr} 却再次降低，I_{corr} 再次升高。其中，在 Al/Ti = 1/2 下，Ni-(xAl-yTi)复合沉积层具有最大的 E_{corr} 与最小的 I_{corr}，说明其具有最好的耐腐蚀性能，而在 Al/Ti = 4/1 时，复合沉积层具有最差的耐腐蚀性能。因此，Al/Ti 颗粒比例能够较强烈地影响 Ni-(xAl-yTi)复合沉积层的耐腐蚀性能。

表 13.5　在 Al/Ti = 1/1、100g/L 混合颗粒浓度下，不同电流密度制备的 Ni-(xAl-yTi) 复合沉积层的 E_{corr}、I_{corr}、R_s、R_p 和 CPE

不同 Al/Ti 的比例	E_{corr} /mV	I_{corr} /(μA / cm²)	R_s /(Ω·cm²)	R_p(kΩ·cm²)	CPE/(μΩ⁻¹·cm⁻²·s⁻ⁿ)
1/0	–292	0.207	8.57	344.75	53.81
4/1	–351	1.07	6.99	147.12	46.36
2/1	–317	1.06	13.28	164.88	51.12
1/1	–312	0.893	10.51	219.29	21.49
1/2	–261	0.167	13.44	359.83	29.14
1/4	–278	0.329	13.04	288.55	21.45
0/1	–301	0.690	13.07	278.85	21.75

当 Al/Ti 颗粒比例从 1/0 降低到 4/1 时，复合沉积层的电荷转移电阻 R_p 由 344.75kΩ·cm² 降低到 147.12kΩ·cm²；当 Al/Ti 颗粒比例继续下降到 1/2 时，R_p 却升高到 359.83kΩ·cm²，然而随着 Al/Ti 颗粒比例的继续降低，R_p 却再次降低，当 Al/Ti 为 0/1 时，R_p 为 278.85kΩ·cm²。EIS 分析所获得的 R_p 的变化规律与极化曲线获得的 E_{corr} 及 I_{corr} 的变化规律相符，说明 EIS 拟合获得的 Ni-(xAl-yTi)复合沉积层的耐腐蚀性能与极化曲线得出的结果一致。在 Al/Ti=1/2 下制备的 Ni-(xAl-yTi)

复合沉积层具有最好的耐腐蚀性能，而在 Al/Ti = 4/1 时复合沉积层的耐腐蚀性能一般。

13.4　Ni-(xAl-yTi)复合沉积层相结构和织构表征

13.4.1　电流密度对 Ni-(xAl-yTi)颗粒复合沉积层相结构和织构的影响

　　为了研究电流密度对 Ni-(xAl-yTi)复合沉积层组织结构的影响，这里选择在 Al/Ti 混合颗粒浓度为 100g/L，其中 Al/Ti=1/1 时，通过改变电流密度制备出 Ni-(xAl-yTi)复合沉积层。其中，所采用的电流密度分别为 1A/dm²、2A/dm²、5A/dm²、10A/dm² 和 20A/dm²。图 13.16 为不同电流密度下制备的 Ni-(xAl-yTi)复合沉积层的 XRD 图谱。Al、Ti 颗粒物相的衍射峰出现，说明 Al、Ti 颗粒被共沉积到复合沉积层中，并且在所有复合沉积层的 XRD 图谱中，镍基体的衍射峰仍是高强峰。随着电流密度的减小，镍基体的最强峰发生了明显的转变，由(200)峰转变为(111)峰。利用 Rietveld 方法来研究电流密度对 Ni-(xAl-yTi)复合沉积层组织结构的影响，并且所有 Rietveld 拟合结果吻合度参数 σ 都小于 2。

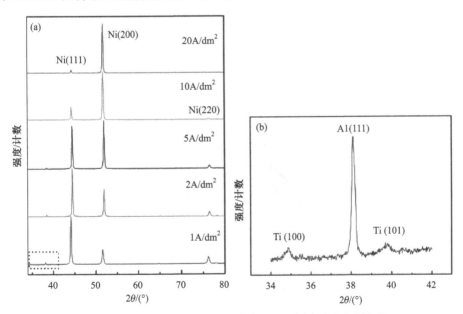

图 13.16　(a)在 Al/Ti=1/1、100g/L 混合颗粒浓度下，不同电流密度制备的 Ni-(xAl-yTi)复合沉积层的 XRD 图谱，(b)为(a)图中虚线区域放大图

　　图 13.17 为 Rietveld 方法获得的镍基晶粒尺寸及微应变随电流密度的变化。可以看出，随着电流密度的减小，镍基晶粒尺寸在三个晶向上都逐渐减小，且在

[200]晶向上减小得更加明显。对应电流密度 20A/dm²、10A/dm²、5A/dm²、2A/dm² 与 1A/dm²，在〈200〉晶向上镍基晶粒尺寸分别为 159.7nm、119.8nm、113.4nm、89.9nm 与 44.2nm。同时，随着电流密度的减小，镍基晶粒微应变在三个晶向上都有逐渐增加的趋势，且在〈200〉晶向上增加更加明显，其分别为 4.2×10^{-4}、6.4×10^{-4}、6.9×10^{-4}、9.2×10^{-4} 与 13.0×10^{-4}。图 13.18 为 Rietveld 方法获得的 Ni-(xAl-yTi)复合沉积层的镍基晶粒尺寸分布曲线。在低电流密度下，镍基晶粒尺寸较小且较均匀。在高电流密度下，镍基晶粒的尺寸增加且尺寸分布不均匀。

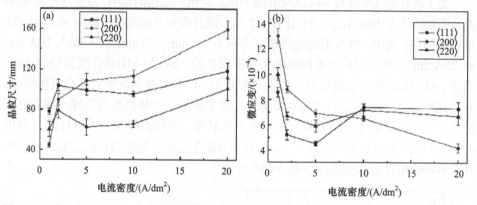

图 13.17　在 Al/Ti=1/1、100g/L 混合颗粒浓度下，镍基晶粒尺寸(a)与微应变随电流密度变化(b)

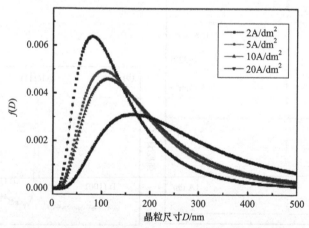

图 13.18　Al/Ti=1/1、100g/L 混合颗粒浓度下，不同电流密度制备的 Ni-(xAl-yTi) 复合沉积层中镍基晶粒尺寸的分布

图 13.19 为 Rietveld 方法获得的沉积层织构和 XRD 实测织构。可以发现，Rietveld 全谱拟合织构状况与 XRD 实测织构一致。在高电流密度下制备的 Ni-(xAl-yTi)复合沉积层有着较强的〈200〉丝织构。随着电流密度的减小，〈200〉

丝织构逐渐减弱，当电流密度降低到 1A/dm² 时，Ni-(*x*Al-*y*Ti)复合沉积层中几乎没有明显织构产生。因此，电流密度的减小不仅能够有效地细化 Ni-(*x*Al-*y*Ti)复合沉积层中镍基晶粒尺寸，还可以抑制镍基晶粒[200]丝织构的形成。

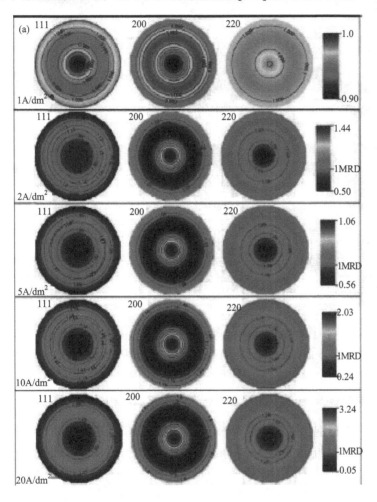

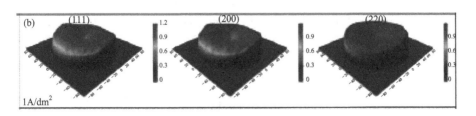

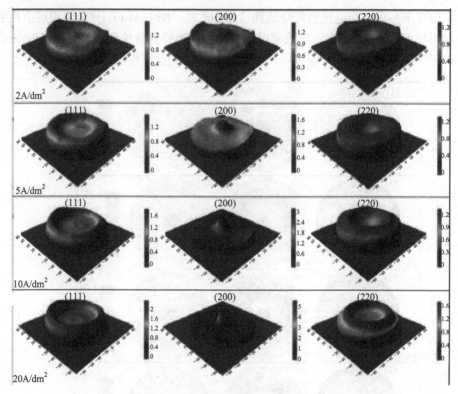

图 13.19　在 Al/Ti=1/1、100g/L 混合颗粒浓度下，不同电流密度制备的 Ni-(xAl-yTi)
复合沉积层的 Rietveld 计算极图(a)与 XRD 实测极图(b)(彩图扫封底二维码)
MRD：随机分布

13.4.2　颗粒浓度对 Ni-(xAl-yTi)颗粒复合沉积层组织结构的影响

为了研究 Al/Ti 混合颗粒浓度对 Ni-(xAl-yTi)复合沉积层组织结构的影响，这里选择在 Al/Ti=1/1，电流密度为 5A/dm² 时，通过改变 Al/Ti 混合颗粒的浓度制备出不同复合沉积层，并利用 XRD 技术对复合沉积层的表面组织结构进行表征。图 13.20 为不同 Al/Ti 混合颗粒浓度下制备的 Ni-(xAl-yTi)复合沉积层的表面 XRD 图谱。随着混合颗粒浓度的增加，Ni-(xAl-yTi)复合沉积层中镍基体的各个衍射峰的强度发生了明显的变化，其最强峰由(200)晶面转变为(111)晶面，说明 Al/Ti 混合颗粒的添加改变了复合沉积层的组织结构。为了研究复合沉积层的结构变化状况，这里采用 Rietveld 全谱拟合方法对 XRD 线形进行分析，为了确保 Rietveld 全谱拟合的结果的准确性，所有 Rietveld 拟合结果吻合度参数 σ 均小于 2。

图 13.21 为 Rietveld 方法得到的 Ni-(xAl-yTi)复合沉积层中镍基晶粒尺寸及微应变随混合 Al/Ti 颗粒浓度的变化趋势。可以发现，随着 Al/Ti 混合颗粒浓度的增加，镍基晶粒尺寸在三个晶向上均减小，尤其在[200]晶向上的减小程度最大，从

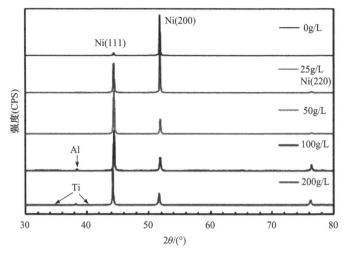

图 13.20 在 5A/dm²、Al/Ti=1/1 下，不同混合颗粒浓度制备的 Ni-(xAl-yTi)复合沉积层的表面 XRD 图谱

187nm 减小到 59nm。镍基晶粒在[200]晶向上的微应变随着 Ti 颗粒浓度的增加而增加，从 $3.74×10^{-4}$ 增加到 $16.9×10^{-4}$，但在另外两个晶向上的微应变变化不明显。用 Rietveld 方法研究 Al/Ti 混合颗粒浓度对 Ni-(xAl-yTi)复合沉积层织构的影响，结果显示在图 13.22(a)。可以发现，纯镍沉积层的强[200]织构随着混合颗粒浓度的增加而逐渐消除，在 200g/L 的混合颗粒浓度下，Ni-(xAl-yTi)复合沉积层中没有明显的织构出现。图 13.22(b)为 Ni-(xAl-yTi)复合沉积层的 XRD 实测极图，可以发现 XRD 实测极图与 Rietveld 方法计算的极图相一致。因此可以看出，Al/Ti 混合颗粒在 Ni-(xAl-yTi)复合沉积层共沉积过程中，不仅能够有效地细化镍基晶粒尺寸，还可以抑制镍基晶粒[200]丝织构的形成。

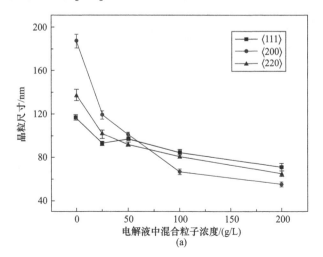

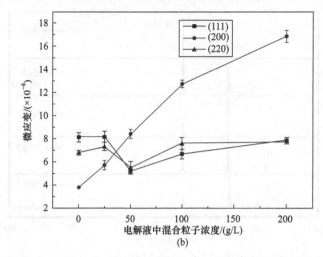

图 13.21 在 5A/dm², Al/Ti = 1/1 下, 镍基晶粒尺寸(a)及微应变(b)随 Al/Ti 颗粒浓度的变化

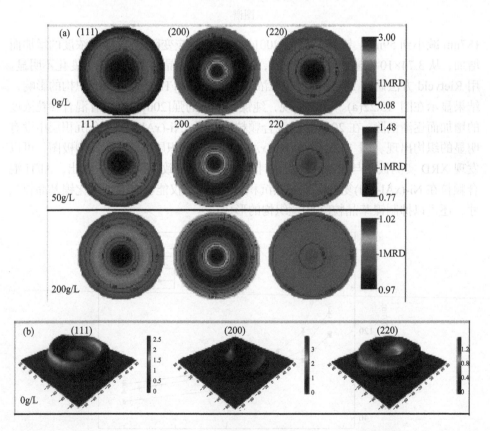

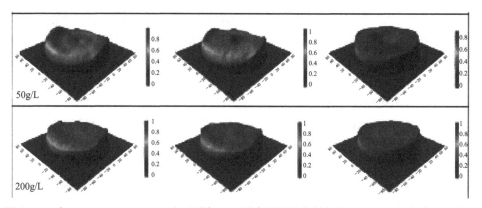

图 13.22　在 5A/dm²、Al/Ti=1/1 下，不同 Al/Ti 混合颗粒浓度制备的 Ni-(xAl-yTi)复合沉积层的 Rietveld 计算极图(a)及 XRD 实测极图(b)(彩图扫封底二维码)

13.4.3　颗粒比例对 Ni-(xAl-yTi)颗粒复合沉积层相结构及织构的影响

图 13.23 为不同 Al/Ti 颗粒比例下制备的 Ni-(xAl-yTi)复合沉积层的表面 XRD 图谱。可以发现，随着 Al/Ti 颗粒比例的降低，Al 颗粒相的衍射峰减弱，而 Ti 颗粒相的衍射峰增强，在 Al/Ti=1/0，0/1 时，Al 相衍射峰与 Ti 相衍射峰分别达到最

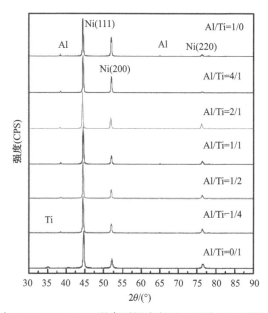

图 13.23　在 1A/dm²、200g/L 混合颗粒浓度下，不同 Al/Ti 颗粒比例制备的 Ni-(xAl-yTi)复合沉积层的表面 XRD 图谱

强，说明 Ni-(xAl-yTi)复合沉积层中两种颗粒的含量取决于 Al/Ti 颗粒比例。随着 Al/Ti 颗粒比例的降低，镍基晶粒的(200)晶面的衍射峰相对强度逐渐降低，说明了除了电流密度与颗粒浓度外，Al/Ti 颗粒比例也对 Ni-(xAl-yTi)复合沉积层的组织结构有重要的影响。采用 Rietveld 全谱拟合方法对其 XRD 线形进行分析，所有 Rietveld 拟合结果吻合度参数 σ 均小于 2。

　　图 13.24 为 Rietveld 方法得到的 Ni-(xAl-yTi)复合沉积层中，在[200]晶向上的镍基晶粒尺寸及微应变随 Al/Ti 颗粒比例的变化趋势。可以发现，随着 Al/Ti 颗粒比例的降低，镍基晶粒尺寸从 Ni-Al 复合沉积层时的 87.5nm 减小到 Ni-Ti 复合沉积层时的 31.8nm；同时，镍基晶粒在[200]晶向上的微应变也有增加的趋势，在 Al/Ti=1/4 与 0/1 时，微应变最大。这说明与 Al 颗粒相比，Ti 颗粒更能够促进镍基晶粒细化和微应变增加。

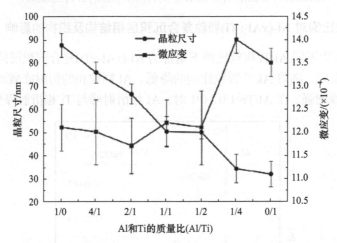

图 13.24　在 1A/dm² 、200g/L 颗粒浓度下，镍基晶粒尺寸及微应变随 Al/Ti 比例的变化

　　Al/Ti 颗粒比例对 Ni-(xAl-yTi)复合沉积层织构的影响也可用 Rietveld 全谱拟合及 XRD 实测极图研究，其结果分别显示在图 13.25(a)与(b)。可以发现，XRD 实测极图与 Rietveld 方法计算的极图相一致。当 Al 在混合颗粒中占绝大多数时(Al/Ti=1/0、4/1)，Ni-(xAl-yTi)复合沉积层有一定的[200]弱织构，随着 Ti 颗粒比例的增加，[200]弱织构被消除，[111]晶向有所增加。这说明 Al 颗粒并没有起到完全抑制[200]织构的作用，而 Ti 颗粒能够很好地抑制[200]织构，促进[111]晶向的发展。总之，Al/Ti 颗粒比例变化引起了镍基晶粒尺寸、微应变及织构的变化；同时 Al、Ti 颗粒对 Ni-(xAl-yTi)复合沉积层组织结构的影响存在差异，这种差异是由于两种颗粒的不同物理特性导致的。

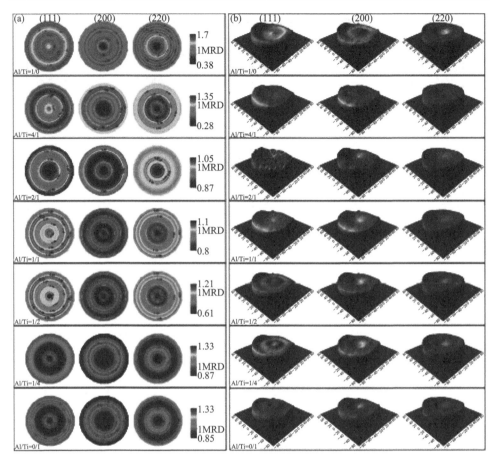

图 13.25　在 1A/dm² 、200g/L 混合颗粒浓度下，不同 Al/Ti 颗粒比例制备的 Ni-(xAl-yTi)复合沉积层的 Rietveld 计算极图(a)及 XRD 实测极图(b)(彩图扫封底二维码)

13.4.4　沉积过程中 Ni-(xAl-yTi)复合沉积层组织结构演变

图 13.26(a)给出纯镍沉积层不同深度处的 XRD 图谱，而图 13.26(b)和(c)分别给出 Al/Ti=1/1 时，50g/L 和 200g/L 颗粒浓度下沉积层不同深度处 XRD 图谱，比较这三张图可知，纯镍沉积层都存在强烈的(200)织构，但随深度的增加而减弱。图 13.27 为纯镍沉积层不同深度处的实测极图和几种织构系数的计算结果，这表明整个沉积层都存在强烈的(200)织构，并随深度而减弱，这显示 $RTC_{(200)}$ 随深度减弱，$RTC_{(111)}$ 随深度而增加，$RTC_{(220)}$ 几乎不变。

Al/Ti 颗粒加入后，(200)织构几乎消失，而存在弱的(111)织构，且随深度的变化不明显。这一结果已被图 13.28 和图 13.29 所证实。不过比较图 13.28 和图 13.29 可知，其细节上存在较明显的差异，比如，颗粒浓度为 50g/L 时，$RTC_{(200)}$ 随深度有小幅度的增加，而颗粒浓度为 200g/L 时 RTC$_{(200)}$ 在小的范围内波动。

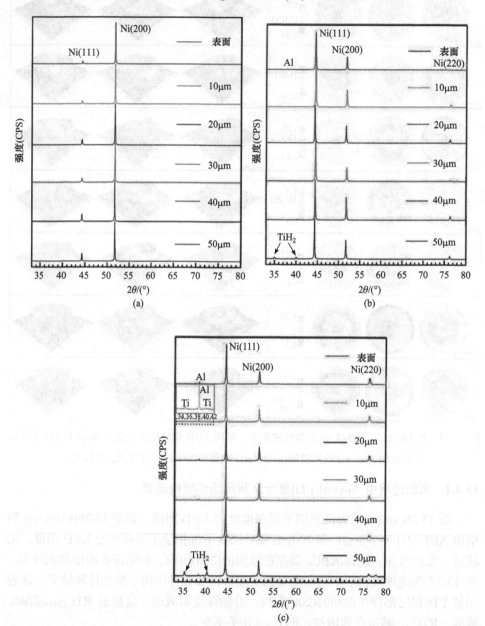

图 13.26　在 5A/dm² 下，(a) 纯镍沉积层不同厚度处的 XRD 图谱; (b) Al/Ti = 1/1 下，50g/L 颗粒浓度制备的 Ni-(xAl-yTi)复合沉积层不同厚度处的 XRD 图谱; (c) Al/Ti = 1/1 下，200g/L 颗粒制备的 Ni-(xAl-yTi)沉积层不同厚度的 XRD 图谱

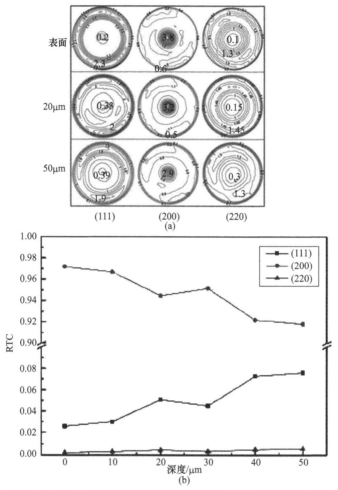

图 13.27　在 5A/dm² 下，纯镍沉积层在不同深度处的 XRD 实测极图(a)及 RTC(hkl)(b)

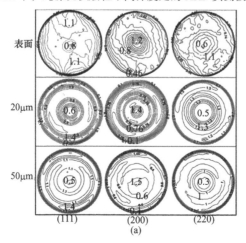

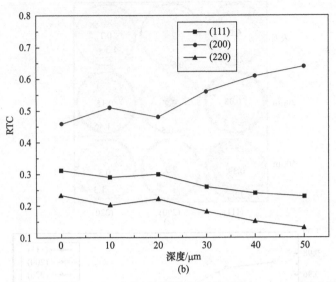

(b)

图 13.28　在 5A/dm² 、Al/Ti=1/1 下，50g/L 颗粒浓度制备的 Ni-(xAl-yTi)复合沉积层在不同
深度处的 XRD 实测极图(a)及 RTC(hkl)(b)

　　图 13.30 给出上述三种工艺条件下晶粒尺寸随深度的变化，由图可见，Al/Ti
颗粒的加入明显细化晶粒，而且颗粒浓度越大，细化程度越大，并随电沉积的进
程细化程度也增加。换言之，纯镍沉积层的晶粒尺寸随深度增加而减小，最表面
达 188nm；Al/Ti 颗粒的加入后，最表面的晶粒尺寸分别减小至 101nm 和 59nm，
并且整个沉积层晶粒大小分布比较均匀。

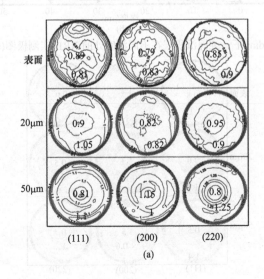

(a)

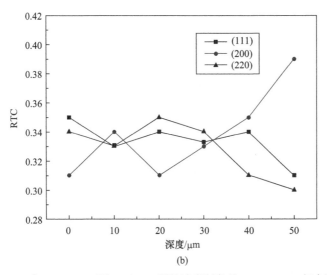

(b)

图 13.29　在 5A/dm² 、Al/Ti=1/1 下，200g/L 颗粒浓度制备的 Ni-(xAl-yTi)复合沉积层在不同
深度处的 XRD 实测极图(a)及 RTC(hkl)(b)

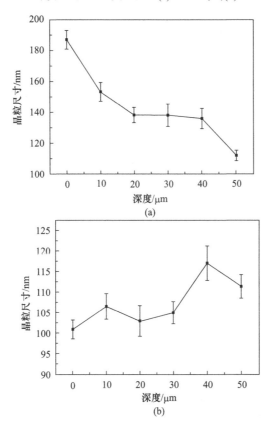

(a)

(b)

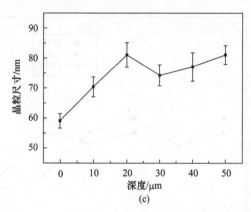

图 13.30　在 5A/dm² 下，晶粒尺寸随不同深度的变化

(a) 纯镍沉积层；(b) Al/Ti = 1/1 下，50g/L 颗粒浓度；(c) Al/Ti = 1/1 下，200g/L 颗粒浓度

13.5　Ni-(xAl-yTi)复合沉积层的内应力

由于复合沉积层存在强烈的丝织构，故在用不同衍峰测定宏观应力时必须考虑弹性常数的各向异性。表 13.6 列出用不同模型计算得到的几个重要晶面的 X 射线弹性常数。

表 13.6　用不同模型计算得到的几个重要晶面的 X 射线弹性常数

晶面	模型	S_1/(10^{-3}GPa)	$(1/2)S_2$/(10^{-3}GPa)	晶面	模型	S_1/(10^{-3}GPa)	$(1/2)S_2$/(10^{-3}GPa)
(111)	Voigt	−1.14	9.1	(311)	Voigt	−1.14	9.1
	Reuss	−0.72	4.01		Reuss	−1.79	7.22
	Hill	−0.93	6.56		Hill	−1.47	8.16
	几何学的	−0.91	6.04		几何学的	−1.43	8.11
(200)	Voigt	−1.14	9.1	(331)	Voigt	−1.14	9.1
	Reuss	−2.74	10.08		Reuss	−1.08	5.1
	Hill	−1.94	9.56		Hill	−1.11	7.1
	几何学的	−1.77	9.58		几何学的	−1.11	6.81
(220)	Voigt	−1.14	9.1				
	Reuss	−1.225	5.53				
	Hill	−1.18	7.31				
	几何学的	−1.18	7.09				

本节把电流密度、Al/Ti 颗粒浓度及颗粒比例作为 Ni-(xAl-yTi)复合沉积层内应力的影响因素，研究沉积层内应力形成及变化机制。研究内应力在沉积层生长

过程中的变化规律，调查镍基晶粒的电化学结晶生长过程与内应力的关系。研究 Al、Ti 颗粒与镍基晶粒之间的应力状态；研究和开发沉积层内应力的调整手段。

13.5.1　电沉积工艺对 Ni-(xAl-yTi)复合沉积层内应力的影响

由图 13.31(a)可见，随着电流密度的减小，Ni-(xAl-yTi)复合沉积层的表面内应力由压应力(–25.3MPa)变为张应力，同时应力值不断增加(1A/dm² 时，达到 251.6MPa)。这是因为在较高的电流密度下，Ni-(xAl-yTi)复合沉积层有较大的晶粒尺寸和较强的丝织构，而在较小电流密度下，复合沉积层拥有较小尺寸的晶粒和较弱的织构或无织构。小的晶粒往往会引起更多的晶粒间错配，弱织构或无织构会引起更多的结构错排，晶粒错配与结构错排会引起较强的内应力。由图 13.31(b)可知，纯镍沉积层表面呈现出–97.0MPa 的负应力，随着混合颗粒浓度的增加，复合沉积层的表面内应力由负应力转变为正应力并逐渐增加(200g/L 时达到 115.7MPa)。复合沉积层表面内应力随颗粒浓度的这种变化，也是由电沉积过程中，第二相 Al/Ti 颗粒对镍基复合沉积层晶粒的细化和织构的影响造成的。随着混合颗粒浓度的增加，镍基晶粒尺寸逐渐减小，丝织构逐渐被减弱。减小的晶粒尺寸和减弱的丝织构可以引起更多的晶粒错配与结构错排，从而引起较强的内应力。由图 13.31(c)可以看出，随着 Al/Ti 比例的降低，Ni-(xAl-yTi)复合沉积层的表面内应力有逐渐升高的趋势。这是因为随着 Al/Ti 比例的降低，复合沉积层中 Al 颗粒含量降低，Ti 颗粒含量升高。Ti 颗粒由"直接生长"机制引起了 Ni-(xAl-yTi)复合沉积层中更加强烈的晶粒细化与织构消除作用。Ni-(xAl-yTi)复合沉积层中减小的晶粒尺寸和减弱的丝织构引起了更多的晶粒错配与结构错排，从而引起较强的内应力。

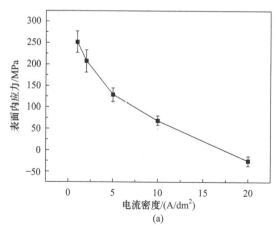

(a)

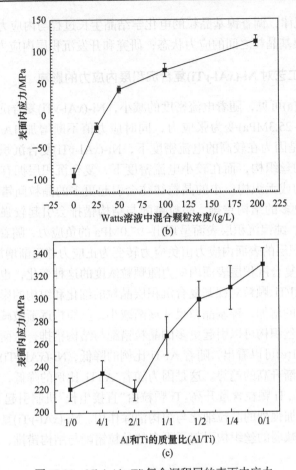

图 13.31　Ni-(xAl-yTi)复合沉积层的表面内应力

(a) 在 Al/Ti=1/1、100g/L 颗粒浓度下，电流密度的影响；(b) 在 5A/dm²、Al/Ti=1/1 下，不同 Al/Ti 混合颗粒浓度的影响；(c) 在 1A/dm²、200g/L 颗粒浓度下，不同 Al/Ti 颗粒比例的影响

13.5.2　沉积过程中 Ni-(xAl-yTi)复合沉积层内应力演变

图 13.32 为 Al/Ti = 1/1 时不同混合颗粒浓度下制备的 Ni-(xAl-yTi)复合沉积层不同深度处的内应力。从图 13.32(a)中可以看出，纯镍沉积层整体都呈现了一种压应力状态，而且随着深度的增加，压应力逐渐增大。这是 TiH₂ 基底对镍基沉积层的压缩，使得镍基沉积层在靠近基底处出现较高的压应力；从图 13.32(b)和(c)中可以看出，50g/L 与 200g/L 混合颗粒浓度下制备的 Ni-(xAl-yTi)复合沉积层具有相似的内应力状态分布。这是由于在 50g/L 与 200g/L 混合颗粒浓度下，Ni-(xAl-yTi)复合沉积层中第二相 Al/Ti 颗粒引起了镍基晶粒的细化以及丝织构的弱化或消除的作用。细化的晶粒尺寸与减弱的丝织构可以引起更多的晶粒错配与结构错排，加之第二相颗粒与基体晶粒的交互作用，从而引起了复合沉积层较大的内应力。

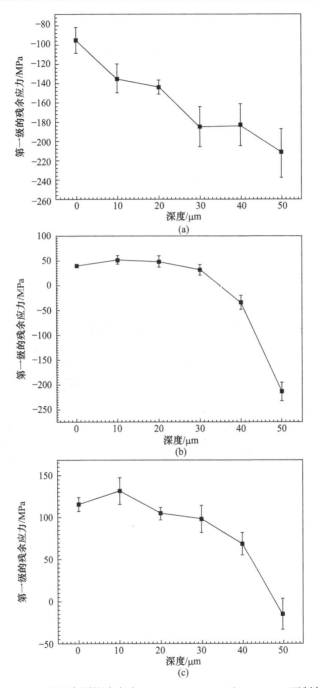

图 13.32 在 Al/Ti = 1/1 的混合颗粒浓度为 0g/L(a)、50g/L(b)和 200g/L(c)下制备的 Ni-(xAl-yTi)复合沉积层不同深度处的内应力

13.5.3　Al/Ti 颗粒与沉积层间的应力的关系

　　第二相 Al/Ti 颗粒与镍基晶粒间的相互作用会对 Ni-(xAl-yTi)复合沉积层中内应力的发展产生重要的影响。图 13.33 为 Ni-(xAl-yTi)复合沉积层中 Al 颗粒的 TEM 与高分辨 TEM(HR-TEM)图。从图 13.33(a)与(b)中可以看出，Al 颗粒周围并未出现较多的孪晶结构，这是 Al 颗粒周围镍基晶粒的 Lee 机制生长所导致的。镍基晶粒的 Lee 机制使得镍基晶粒不以 Al 颗粒为形核点而形核长大，而是以阴极基底为形核点形核，在电场的作用下生长并逐渐把 Al 颗粒包覆。Al 颗粒表面的非晶层与包覆的镍基晶间是非共格界面，其减少了颗粒与镍基晶粒的晶格错配。晶格错配的减弱使得晶格错配应力不易出现，从而孪晶结构减少。从图 13.33(c)中可以看出，Al 颗粒与镍基体之间存在一些不连续的区域，这些区域可能是由 Al 颗粒携带的 H⁺被还原成 H₂而造成的。这些不连续区域会降低 Al 颗粒与周围镍基体的黏合作用，使得 Al 颗粒容易脱落，造成多孔结构。同时，这些不连续区域会减小 Al 颗粒引起的镍基体内应力。

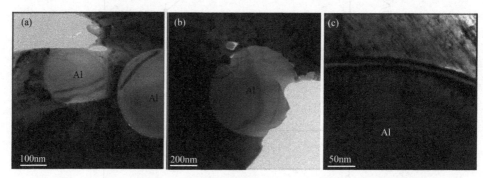

图 13.33　Ni-(xAl-yTi)复合沉积层中 Al 颗粒的 TEM 与高分辨 TEM(HR-TEM)图

　　图 13.34 为 Ni-(xAl-yTi)复合沉积层中 Ti 颗粒的 TEM 图。从图中可以看出，Ti 颗粒周围出现了较多的孪晶结构，这是 Ti 颗粒周围镍基晶粒的"直接生长"机制导致的。镍基晶粒的"直接生长"机制促进了镍基晶粒在 Ti 颗粒表面的形核生长，使得镍基晶粒与 Ti 颗粒晶粒间能够产生共格/非共格界面，如图 13.34(a)所示。共格/非共格界面将促进晶格错配的产生，造成了镍基晶粒内部的较强内应力。同时，由于 Ti 颗粒的热膨胀系数$(0.86×10^{-5}K^{-1})$比镍基晶粒的热膨胀系数$(1.3×10^{-5}K^{-1})$小，当周围温度降低时，镍晶粒的体积收缩将大于 Ti 颗粒的体积收缩。那么，Ti 颗粒将会对周围的镍基晶粒产生一个切向正应力。因此，Ti 颗粒周围镍基晶粒的"直接生长"机制与 Ti 颗粒小的热膨胀系数会造成镍基晶粒较强的内应力，从而使得 Ti 颗粒周围的镍基晶粒内部产生明显的孪晶结构。

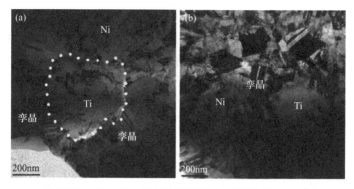

图 13.34　Ni-(xAl-yTi)复合沉积层中 Ti 颗粒的 TEM 图

13.5.4　Ni-(xAl-yTi)复合沉积层内应力调整方法

1. 电沉积工艺调整复合沉积层的内应力

在对 Ni-(xAl-yTi)复合沉积层内应力的研究中发现，电流密度、Al/Ti 颗粒浓度及颗粒比例等电沉积工艺都对 Ni-(xAl-yTi)复合沉积层的内应力产生了重要的影响。复合沉积层的微结构与 Al、Ti 颗粒影响了沉积层内应力的产生与发展。因此，通过调整复合沉积层的电沉积工艺，可以改善沉积层的微结构，降低沉积层的内应力。另外，在电沉积的不同阶段，Ni-(xAl-yTi)复合沉积层的内应力也有一定的变化。因此，也可以通过调整电沉积时间来改变沉积层的内应力，以满足实际使用的要求。

本研究中，TiH_2 基底在室温左右具有"二级相变"的特性，其可以促进沉积层正应力的减小甚至负应力的产生。该 TiH_2 基底材料的相变行为类似于电沉积前的预应力处理方法(图 13.35)。在电沉积之前，给基底材料一正应力，使得基底材料被弹性拉伸。在电沉积结束后，把外加正应力撤销，基底材料会发生弹性收缩，电沉积层中正应力能够被减小甚至出现负应力。预应力处理方法已经被广泛应用到内应力调整过程中，而通过基底材料相变调整的方法比较新颖。基底材料相变调整内应力方法跟预应力处理方法，都可以用来进行 Ni-(xAl-yTi)复合沉积层内应力的调整。

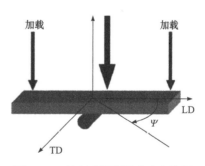

图 13.35　镍复合沉积层内应力的预应力调整

2. 超声电沉积技术调整

超声电沉积技术利用超声空化效应产生的冲击波、微射流等冲击沉积层表面，可以使得电沉积层的内应力降低。为了改善 Ni-(xAl-yTi)复合沉积层的内应力状态，本研究在外加超声处理下进行电沉积实验。图 13.36 给出了在 5A/dm^2 电流密度下，有/无超声波处理的纯镍沉积层与 Ni-(xAl-yTi)复合沉积层的内应力测量结果。如图 13.36 所示，超声电沉积技术可以明显地降低沉积层的表面内应力。由于受到基底 TiH$_2$ 的作用，纯镍沉积层的表面负应力在经过超声处理后变得更大。

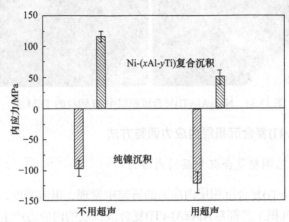

图 13.36　有/无超声处理的电沉积纯镍沉积层及 Ni-(xAl-yTi)
复合沉积层的内应力

在超声空化作用下，电沉积溶液中的微小气泡将会振荡、扩大、收缩乃至崩溃。气泡崩溃时产生的微射流，能够对镍基复合沉积层的表面产生强烈的冲击，使得沉积层中的正应力得到一定的松弛。同时，超声电沉积技术可以减少沉积层与基底界面上杂质的夹杂，同时促进了氢气的析出，这都能够降低沉积层的内应力。

13.6　Ni-(xAl-yTi)颗粒复合沉积的工艺-性能-组织结构之间的关系

现把电沉积 Ni(-xAl-yTi)的工艺参数-沉积层性能-组织结构之间的关系总结于表 13.7 中。可见，工艺参数-沉积层性能-组织结构之间有着良好的对应关系。

表 13.7　电沉积工艺参数-沉积层性能-组织结构之间的关系

工艺参数	沉积层硬度	耐腐蚀性	内应力	表面组织特点	沉积层织构
不同的电流密度	电流密度越大，沉积层硬度越低	电流密度越大，耐腐蚀性降低	电流密度增加，沉积层的内应力降低	随电流密度增加，表面粗糙度降低，晶粒尺度增大	随电流密度增加，转变成[100]织构越明显

续表

工艺参数	沉积层硬度	耐腐蚀性	内应力	表面组织特点	沉积层织构
Al/Ti 颗粒浓度	浓度增加，硬度增加	浓度增加，耐腐蚀性能提高	浓度增加，内应力也增加	浓度增加，表面颗粒分布相对均匀	浓度越高，[100]织构越不明显
Al/Ti 颗粒比例	Al/Ti 比例降低，硬度增加	Al/Ti 从 0~1/2 时，耐腐蚀性增加，但从 1/2~4/1 时，耐腐蚀性降低，比例为 1/2 时，耐腐蚀性最佳	Al/Ti 从 1.0~4/1 时，内应力增加；4/1~2/1 时，内应力降低；2/2~0/1 时，内应力增加	随 Al/Ti 比例增加，表面形貌由 Ni 在 Ti 颗粒周围的"类球状"转变为"类树枝状"增加，粗糙度增加	Al/Ti 从 0/1~4/1 无明显的织构；但{100}衍射峰强度稍有增强，表明有出现[100]织构的趋向

13.7 Ni-(xAl-yTi)颗粒复合沉积机理

13.7.1 Ni-(xAl-yTi)颗粒复合沉积过程

人们研究了电流密度、Al/Ti 颗粒浓度及 Al/Ti 颗粒比例对 Ni-(xAl-yTi)复合沉积层成分及结构的影响，发现 Ni-(xAl-yTi)复合沉积层的沉积过程与过往的许多研究类似，满足 Guglielmi 模型。Guglielmi 模型包括两个沉积过程：①弱吸附过程，颗粒在范德瓦耳斯力的作用下被吸附到阴极表面；②强吸附过程，颗粒被阴极还原的金属沉积层包覆。基于 Guglielmi 模型，本研究中 Al、Ti 颗粒的共沉积示意图如图 13.37 所示：第一步：在范德瓦耳斯力的作用下，Al、Ti 颗粒以及吸附在

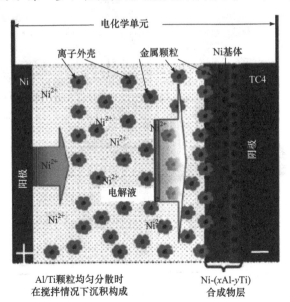

图 13.37 Ni-(xAl-yTi)复合沉积层的沉积过程示意图

其表面的 Ni^{2+} 金属离子被吸附到阴极表面；第二步，Ni^{2+} 被还原成 Ni 沉积层，而 Al、Ti 粒子被埋入沉积层中形成 Ni-(xAl-yTi) 复合沉积层。

13.7.2　Ni-(xAl-yTi)复合沉积层组织结构形成机制

在许多有关共沉积颗粒类型对镍基复合沉积层成分、结构及形貌影响的研究中发现，共沉积颗粒的性质将会对复合沉积层中颗粒含量、结构及形貌产生重要的影响，例如导电颗粒可以使复合沉积层产生 sponge-like 结构(类树枝状结构)，而非导电颗粒通常会引起 nodule-like 结构(类球状结构)。导电性颗粒与非导电性颗粒对镍基复合沉积层组织结构有着不同的影响，其原因为两类颗粒周围的镍基晶粒生长机制不同。因此，需要详细地研究 Ni-(xAl-yTi) 复合沉积层中 Al、Ti 颗粒周围的镍基晶粒的生长机制。那么，首先需要确定 Al、Ti 颗粒在 Watts 溶液中的存在状态。

图 13.38 为所采用的 Al 颗粒的 TEM 照片及相对应的 HR-TEM 照片。从图 13.38(a)与(c)可以看出，大部分 Al 颗粒呈现球状且边缘比较平滑整齐，但部分 Al 颗粒表面也存在一些突起。对区域 A 与 B 作相应的 HR-TEM 观察，Al 颗粒的表面周围存在一层约 4nm 厚的结构。该结构已经被验证为氧化铝非晶层，这可能

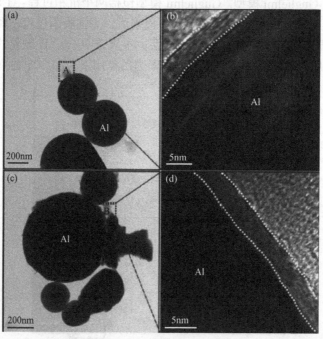

图 13.38　(a)和(c)为所采用的 Al 颗粒的 TEM 照片；(b)和(d)分别为颗粒边缘区域 A、B 的 HR-TEM 照片

是 Al 在空气中的氧化造成的。图 13.39 为在 Watts 溶液中搅拌后的 Al 颗粒的 TEM 照片及相应的 HR-TEM 照片。从图 13.39(a)与(b)中可以看出，在 Watts 溶液中经过超声和搅拌后，大部分 Al 颗粒仍保持着原先的球形状态，且表面仍有突起存在。对这些突起作 HR-TEM 分析(图 13.39(a1)、(a2)、(b1)与(b2))，发现这些突起为 Al 相，说明这些突起可能是在 Al 颗粒制备过程中形成的。对搅拌后的 Al 颗粒边缘区域 B 与 C 作 HR-TEM 分析(图 13.39(a3)与(b3))，可以看出 Al 颗粒边缘仍有一层约 4nm 厚的非晶层存在。通过以上 TEM 分析可以看出，Al 颗粒尽管在 Watts 溶液中被超声与搅拌处理，但是其仍保持了未被处理前的形貌及状态，说明 Al 表面的氧化铝非晶层未被 Watts 溶液改变。

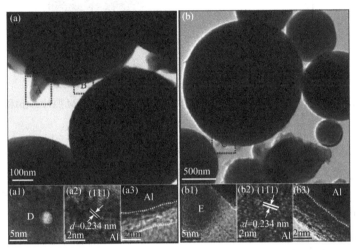

图 13.39　(a)和(b)为在 Watts 溶液中搅拌后的 Al 颗粒的 TEM 照片；(a1)、(a2)、(b1)、(b2)分别为突起区域 A、D、C、E 的 HR-TEM 照片；(a3)、(b3)分别为边缘区域 B、C 的 HR-TEM 照片

　　图 13.40 为所采用的 Ti 颗粒与在 Watts 溶液中搅拌后的 Ti 颗粒的 TEM 照片，以及颗粒边缘相对应的 HR-TEM 照片。从图 13.40(a)与(c)中可以看出，所采用的 Ti 颗粒与在 Watts 溶液中搅拌后的 Ti 颗粒保持了一致的形貌，都是不规则的颗粒形状。对 Ti 颗粒的边缘进行 HR-TEM 分析，结果如图 13.40(b)与(d)所示。从图 13.40(b)中可以发现，实验中所采用的 Ti 颗粒的边缘保持了与内部相同的晶体结构，并未出现如屠振密等[6]所描述的氧化层状况，说明所使用的 Ti 颗粒并未被明显氧化。从图 13.40(d)中可以发现，在 Watts 溶液中搅拌后的 Ti 颗粒的边缘与图 13.40(b)中 Ti 颗粒的边缘一致，也未出现明显的氧化状况，说明 Ti 颗粒的表面未形成明显氧化物层且表面状态未被 Watts 溶液改变。

　　为了进一步验证两种颗粒在 Watts 溶液中的存在状态，不同浓度的 Al 或 Ti 颗粒被加入 Watts 溶液中进行磁力搅拌 3h，然后进行溶液 pH 检测，其结果显示

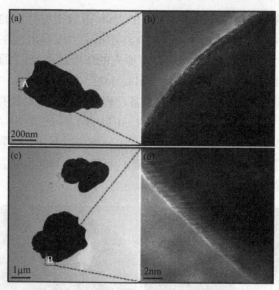

图 13.40　(a)采用的 Ti 颗粒与(c)Watts 溶液中搅拌后的 Ti 颗粒的 TEM 照片；(b)和(d)分别为颗粒边缘区域 A 与 B 的 HR-TEM 照片

在图 13.41(a)中。可以看出，随着 Al 颗粒浓度的升高，pH 从 3.54 升至 3.85 左右，说明 Al 颗粒的加入降低了 Watts 溶液中 H^+ 浓度。这可能是 Al 颗粒在 Watts 溶液中发生反应或者颗粒表面吸附了大量的 H^+ 导致的。从图 13.41(b)中可以看出，在 Watts 溶液中加入定量的 Al 颗粒(100g/L)时，刚开始溶液的 pH 快速升高，然后几乎保持不变。结合两图可以看出，Al 颗粒使溶液 pH 的升高，并非是 Al 颗粒在 Watts 溶液中的反应造成的，而是 Al 颗粒表面吸附大量的 H^+ 导致的。Al 颗粒表面的氧化铝非晶层阻止了 Al 颗粒与 Watts 溶液的直接接触，减少了 Al 颗粒在 Watts 溶液中的反应。另外，Ni-Al 复合沉积层的多孔性结构已经被广泛验证，这种多孔性就是由氢气的析出导致的。Al 颗粒携带大量的 H^+ 到达阴极表面，H^+ 被还原成 H_2，H_2 的析出减弱了 Al 颗粒与镍基体晶粒间的黏合作用，使得 Al 颗粒从表面脱落，造成了沉积层表面多孔性。在电沉积制备 Ni-Al 复合沉积层的实验过程中，发现有大量的氢气泡产生，这也证明了 Al 颗粒吸附 H^+ 而促进阴极 H_2 的析出。

从图 13.41 中还可以看出，不同浓度的 Ti 颗粒或定量 Ti 颗粒加入 Watts 溶液中搅拌时，pH 基本上不变，说明 Ti 颗粒的加入对 H^+ 的吸附影响较小。从颗粒类型及含量对电沉积阴极极化曲线的影响来看，Ti 颗粒在电沉积过程中能够起到增加阴极有效面积的效应，说明 Ti 颗粒仍保持着金属活性，从而引起了 Ni-Ti 复合沉积层的"类树枝状"生长。Hasannaeimi 等也对 Ni-Ti 复合沉积层的沉积过程进行了研究，发现 Ti 颗粒在沉积过程中依然保持金属活性，具有良好的导电性。导

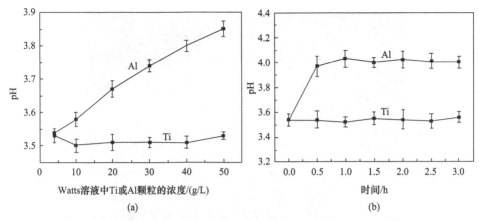

图 13.41　Watts 溶液的 pH 随 Al、Ti 颗粒含量(a)与搅拌时间(b)的变化

电的 Ti 颗粒同样引起了镍基晶粒的"类树枝状"生长，从而导致了 Ni-Ti 沉积层的"类树枝状"结构。Ti 颗粒表现的导电性与 Al 颗粒表现的惰性来源于两种颗粒的活性差异。在制备复合沉积层的过程中，Al 颗粒相对更加活泼，表面较容易生成氧化物覆盖层；而 Ti 颗粒活性相对较低，从而使得氧化物生成不明显。

13.7.3　Ni-(xAl-yTi)复合沉积层中 Al、Ti 颗粒

在电沉积制备 Ni-(xAl-yTi)复合沉积层的过程中，Al 颗粒将以氧化铝非晶层包覆的状态、Ti 以金属 Ti 的状态到达阴极并进行共沉积。由于氧化铝非晶层的包覆，Al 颗粒由导电性变为了非导电性，而 Ti 仍保持金属活性。这里对 5A/dm²、Al/Ti= 1/1、200g/L 条件下制备的 Ni-(xAl-yTi)复合沉积层中的 Al、Ti 颗粒进行研究，利用 HR-TEM 及选区电子衍射(SAED)来研究 Al、Ti 颗粒与镍基体之间的界面状态。

图 13.42 为 Ni-(xAl-yTi)复合沉积层中 Ti 颗粒的 TEM 图。对区域 A、B 进行 SAED 分析可知，其分别为 Ti 颗粒与镍基体晶粒。从图 13.42(a)中可以看出，Ti 颗粒与镍晶粒之间并未出现明显的中间层，镍晶粒直接与 Ti 颗粒相连。对 Ti 颗粒与镍基晶粒的界面进行 HR-TEM 分析，结果如图 13.43 所示。可以看出，镍基晶粒与 Ti 颗粒间的界面并非完全一致。从图 13.43(a)中可以看出，镍基晶粒与 Ti 颗粒拥有共格/半共格界面，说明镍基晶粒可以以 Ti 颗粒为形核点，沿 Ti 颗粒的晶格外延生长。这种镍基晶粒在 Ti 颗粒表面形核长大的生长模式称作"直接生长"模式，该模式是由 Ti 颗粒的导电性引起的。在电沉积过程中，当导电的 Ti 颗粒到达阴极表面时，镍基晶粒将会在 Ti 颗粒表面和阴极表面同时生长，但是由于 Ti 颗粒表面拥有较小的电沉积电阻，使得镍基晶粒优先在 Ti 颗粒表面生长，这也引起了电沉积 Ti 颗粒时的"类树枝状"结构。

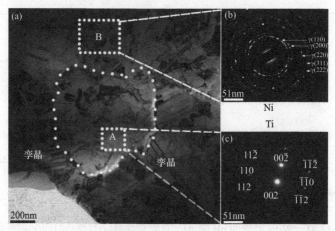

图 13.42　(a) Ni-(xAl-yTi)复合沉积层中 Ti 颗粒的 TEM 分析；(c)和(b)分别为区域 A、B 所对应 SAED 分析

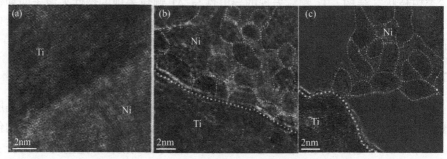

图 13.43　Ti 颗粒与镍基晶粒界面的 HR-TEM 分析
(a) 共格或半共格界面；(b)与(c) 非共格界面

另外，图 13.43(b)、(c)展现出与图 13.39(a)不同的界面，许多约 3nm 的镍基纳米晶存在于 Ti 颗粒边界上，这可能是镍基晶粒与该处 Ti 颗粒界面错配度很大，引起了非共格界面造成的。非共格界面引起了较细镍基纳米晶在 Ti 颗粒表面的形核生长。图 13.43 为 Al 颗粒在 Ni-(xAl-yTi)复合沉积层中的 TEM 图像，对区域 A、B 进行 SAED 分析可知，其分别为 Al 颗粒与镍基晶粒。可以看出，Al 颗粒与镍基晶粒之间可能有中间层出现。对 Al 颗粒与镍基体界面处作 TEM 和 HR-TEM 分析发现，该界面由三层结构构成(图 13.44(a))。在图 13.44(b)中，B 区域晶格间距 d=0.234nm，其为 Al 相的(111)晶面。在图 13.40(d)中，D 区域晶格间距 d=0.203nm，其为 Ni 相的(111)晶面；而从图 13.40(c)中的 EDX 成分分析可以看出，C 区域为氧化铝的非晶层。但是，EDX 图中出现了较多的 AlKα、NiKα 与 NiLα，这是 C 区域成分分析时受到周围 Al 颗粒及镍晶粒的影响导致的。因此，Ni-(xAl-yTi)复合沉积层中 Al 颗粒与镍基体的界面由 Al 颗粒、氧化铝非晶层与镍基晶粒三层结

构构成。图 13.41 为更多 Al 颗粒在 Ni-(xAl-yTi)复合沉积层中的存在状态，可以发现 Al 颗粒与镍基体界面都呈现出三层结构，说明这样的三层结构在 Al 颗粒表面广泛存在。假设镍基晶粒在氧化铝非晶层表面形核长大，那么由于非晶结构与镍基晶粒的晶格错配度很大，必然会引起细小镍纳米晶在非晶层表面生成。但是，通过对比图 13.45、图 13.46 与图 13.43 可以发现，Al 颗粒非晶层表面的镍晶粒并

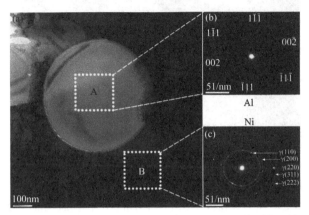

图 13.44　(a) Ni-(xAl-yTi)沉积层中 Al 颗粒的 TEM 分析；(b)和(c) 分别为区域 A、B 所对应 SAED 分析

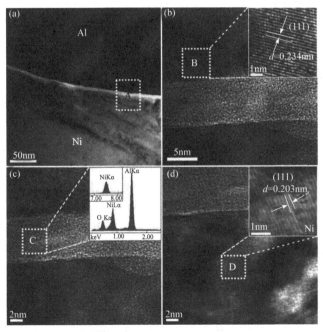

图 13.45　(a) Al 颗粒与镍基晶粒界面的 TEM 分析；(b)~(d) 区域 A 的 HR-TEM 分析

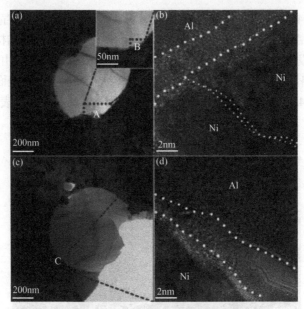

图 13.46　(a)和(c)为更多 Al 颗粒在 Ni-(xAl-yTi)复合沉积层中存在状态的 TEM 分析；区域 A、
B(b)与 C(d)相应的 HR-TEM 分析

未出现像 Ti 颗粒周围那样的纳米晶。这可能是氧化铝非晶层使得 Al 颗粒成为惰性颗粒，并阻止了镍晶粒在 Al 颗粒表面形核生长引起的。Al、Ti 颗粒不同的界面行为是由镍基晶粒在两种颗粒周围的生长模式不同造成的。

13.7.4　Al、Ti 颗粒周围镍基晶粒的生长机制

金属电沉积层在非导电性颗粒周围的生长机制已经在相关的文献中报道。Lee 等[7]采用有限元方法研究了金属电沉积过程中，非导电性颗粒周围阴极电流分布和电势线分布；他们发现，非导电性颗粒阻碍了金属沉积层的生长，并且阴极表面的二次电流分布被打乱。图 13.47 为在低电流密度和高电流密度下，非导电性颗粒对二次电流的电势线分布的影响状况(曲线为电势线)。可以看出，在低电流密度下(图 13.47(a)～(c))，电势线随着电沉积的进行仍分布比较均匀；在高电流密度下，二次电流的电势线将会随着电沉积的进行变得不均匀(图 13.47(d))。无论在低电流密度还是高电流密度下，颗粒周围的电沉积层将会在电势线和二次电流强度的共同作用下生长。颗粒的埋入是一种被周围金属沉积层生长逐渐包覆的过程，而不是沉积层在颗粒表面直接形核长大的过程。Stappers 和 Fransaer[8]采用电沉积镍铁交替层的方法研究了不导电颗粒(亲水性的玻璃颗粒及疏水性的 PMMA 颗粒)周围金属沉积层的生长过程；他们发现，在 0.5A/dm² 和 10A/dm² 的电流密度下，不导电性颗粒周围沉积层的生长主要受二次电流分布的影响。在该电流密度下，

颗粒周围的沉积层生长速度相对比较均匀。Lampke 等[9]研究了在低电流密度下，镍沉积层在微米 SiC 颗粒周围的生长状况。研究发现，SiC 颗粒周围的镍晶粒的生长没有被 SiC 颗粒强烈干扰，仍然在颗粒两侧保持柱状生长，只是在 SiC 颗粒的顶部出现了细小结晶的镍晶粒。Stappers 等与 Lampke 等的研究发现进一步验证了 Lee 等对金属沉积层在非导电性颗粒周围生长的研究。

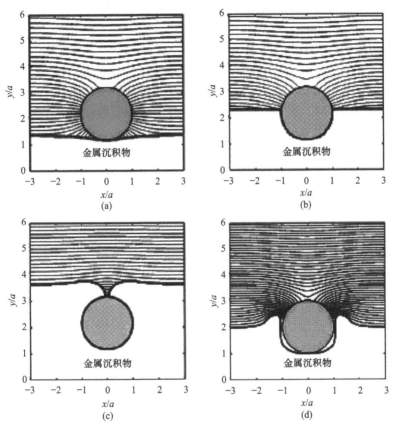

图 13.47　电沉积金属与非导电性颗粒界面处二次电流的电势线分布(i_{av}=−0.5)：
$J=0.01$ 时，(a)$t=0.6$，(b)$t=2.0$，(c)$t=4.3$；(d)$J=1000$，$t=6$
a 为颗粒半径

同时研究发现，不导电颗粒的表面能对颗粒周围金属沉积层的生长也有着重要的影响。Tsai 等[10]利用 X 射线同步光源，对电沉积过程中氢气泡周围金属沉积层的生长过程进行了研究。他们发现，氢气泡与阴极沉积层间较高的界面能，使得氢气泡周围迅速地生成一层金属沉积层，然后沉积金属将垂直于该覆盖层形核长大。他们认为颗粒与阴极间的界面能对颗粒周围金属沉积层的生长有着至关重要的影响。Lampke 等研究了在低电流密度下，TiO_2 颗粒周围镍沉积层的生长状况，研究发现，TiO_2 颗粒周围的镍晶粒垂直于颗粒表面生长。这说明了 TiO_2 表面先快速生成一层镍覆盖层，然后促进了镍晶粒在颗粒表面的形核生长，进一步验证了 Tsai 等的想法。

综上可知，不导电性颗粒周围镍沉积层的生长过程将会受到电流分布(电场分布)与界面能的共同影响。本研究基于二次电流分布对颗粒周围沉积层生长的影响，建立了"包覆"(Lee 机制)生长机制，如图 13.48(a)所示；基于界面能对颗粒周围沉积层生长的影响，建立了"包覆-直接"(Tsai 机制)生长机制，如图 13.48(b)所示。在包覆中，由于不导电颗粒与阴极间的界面能较小，颗粒周围的镍基沉积层的生长主要受二次电流分布的影响，即受电场电势分布的影响。颗粒周围的镍晶粒将在电场的作用下，垂直于电场等势线，沿电场强度方向生长。当颗粒与阴极间的界面能增加时，影响颗粒周围镍晶粒生长的因素将逐渐由二次电流分布转变为界面能。当界面能足够大时，为降低界面能的大小，颗粒表面将快速形成一层镍金属覆盖层。该镍金属覆盖层使得不导电颗粒变为导电颗粒，其周围的电场发生改变。颗粒周围的镍晶粒将在该镍覆盖层上形核长大，然后使得镍晶粒垂直于颗粒表面生长。

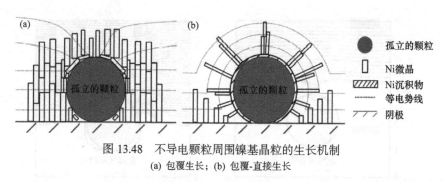

图 13.48　不导电颗粒周围镍基晶粒的生长机制
(a) 包覆生长；(b) 包覆-直接生长

在本研究中，Al 颗粒与镍基晶粒的界面 HR-TEM 结果显示，Al 颗粒表面的氧化铝非晶层把 Al 颗粒与镍基体相分离。与该非晶层连接的镍基晶粒并未出现类似于 Ti 颗粒周围的细小纳米晶，验证了镍基晶粒并未在 Al 颗粒表面直接形核长大的事实。这一结果说明，Ni-(xAl-yTi)复合沉积层中 Al 颗粒周围的镍基晶粒是以包覆生长。图 13.49 描述了 Al 颗粒到达阴极表面时，Al 颗粒周围镍基晶粒的包覆生长过程。

关于导电颗粒周围金属电沉积层的生长机制，Stappers 等发现，电沉积层可以直接在导电性颗粒表面形核，并垂直于颗粒表面长大。Hasannaeimi 等对 Ti 颗粒在 Ni-Ti 复合沉积层中的存在状态进行了研究，结果表明，镍晶粒直接在 Ti 颗粒表面形核生长。Ti 颗粒处于生长沉积层与电沉积溶液的中间，使得镍晶粒在 Ti 颗粒表面更易直接形核长大，产生树枝状的复合沉积层结构。在本研究中，Ni-(xAl-yTi)

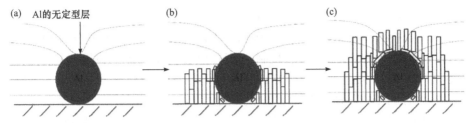

图 13.49　Ni-(xAl-yTi)复合沉积层中，氧化铝非晶层包覆的 Al 颗粒周围镍基晶粒的包覆生长过程
(a) Al 颗粒到达阴极；(b) Al 颗粒周围的镍基晶粒生长；(c) 镍基晶粒生长包覆 Al 颗粒

复合沉积层中 Ti 颗粒的 HR-TEM 说明，大量的纳米镍晶粒在 Ti 颗粒表面直接形核，并慢慢长大。因此，在 Ni-(xAl-yTi)复合沉积层中，Ti 颗粒周围镍基晶粒以"直接生长"机制生长(图 13.50)。

在 Ni-(xAl-yTi)复合沉积层中，Al、Ti 颗粒周围镍基晶粒的两种不同生长机制对复合沉积层的形貌与组织结构产生了不同的影响。图 13.51 为 Ni-(xAl-yTi)复合沉积层表面的 Al、Ti 颗粒状况。可以看出，Ti 颗粒由于具有"直接生长"机制，使得大量的镍沉积物在 Ti 颗粒表面直接生长。然而，几乎所有暴露的 Al 颗粒表面未有镍沉积物出现。同时，复合沉积层表面还存在由大量的 Al 颗粒脱离而造成的凹坑或未被完全覆盖的 Al 颗粒。Al 颗粒的存在状态说明，Al 颗粒周围的镍基晶粒是以包覆生长的。

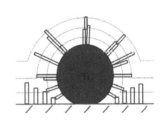

图 13.50　Ni-(xAl-yTi)复合沉积层中，Ti 颗粒周围镍基晶粒的"直接生长"机制

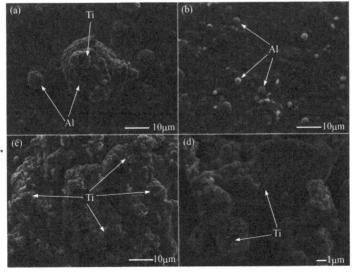

图 13.51　在 Ni-(xAl-yTi)(a)、Ni-Al(b)与 Ni-Ti(c)、(d)复合沉积层表面的 Al、Ti 颗粒形貌

　　在前面探究 Al/Ti 混合颗粒比例对 Ni-(xAl-yTi)复合沉积层形貌和组织结构的影响时，发现 Al 颗粒对复合沉积层织构与晶粒尺寸的限制作用弱于 Ti 颗粒。这是 Al、Ti 颗粒周围镍基晶粒生长机制的不同造成的。Ti 颗粒周围镍基晶粒的"直接生长"机制能够促进镍基晶粒在 Ti 颗粒表面直接形核长大，提高了镍基晶粒的形核率，细化了镍基晶粒；同时，Ti 颗粒能够阻止与其相连的阴极镍基晶粒的生长，并促进了其周围镍基晶粒的多向生长，增加了晶粒间的相互制约作用，从而使得织构减弱与微应变增加。然而，Al 颗粒周围镍基晶粒的包覆生长机制使得镍基晶粒能够绕过 Al 颗粒，保持原先的生长方向继续生长，而且镍基晶粒之间的相互制约作用被减弱，从而使得复合沉积层的织构、晶粒大小及微应变的改变不强烈。图 13.52 为在 5A/dm^2、50g/L 下制备的 Ni-Al、Ni-Ti 复合沉积层中 Al、Ti 颗粒的分布形貌。

　　可以看出，Ti 颗粒引起了镍基晶粒的放射状生长，增加了镍基晶粒间的相互制约作用。而 Al 颗粒周围的镍基晶粒绕过 Al 继续生长，减弱了镍基晶粒间的相互制约作用。图 13.52 验证了两种颗粒周围的镍基晶粒的生长机制及其对复合沉积层组织结构影响的差异。从 Al/Ti 颗粒比例对 Ni-(xAl-yTi)复合沉积层表面形貌的影响也可以发现，Ti 颗粒因为"直接生长"机制促进了复合沉积层的"类树枝状"形貌，而 Al 颗粒的包覆生长则引起了其表面的"类球状"形貌。另外，Tan 等研究发现，氧化铝颗粒与阴极界面处的表面能将会促进镍基晶粒的形核长大。在本书的研究中，Al 颗粒表面的氧化铝非晶层与阴极界面处的表面能也将会促进镍基晶粒在界面处形核长大，从而促进了 Ni-(xAl-yTi)复合沉积层的"类球状"形貌。因此，在 Ni-(xAl-yTi)复合沉积层中，Al、Ti 颗粒周围镍基晶粒的生长机制对复合沉积层的形貌与组织结构有重要的影响。

图 13.52　在 5A/dm^2、50g/L 下制备的 Ni-Al(a)、Ni-Ti(b)复合沉积层中 Al 与 Ti 颗粒的分布

13.7.5　Ni-(xAl-yTi)复合沉积层硬度增强机理

　　通常对多晶合金材料与金属复合材料来说，其硬度提高的机制分为：①基于 Orowan 机制的弥散强化机制；②基于 Hall-Petch 公式的晶粒细化强化机制；③固溶强化机制；④结晶织构强化机制；⑤细小颗粒的弥散强化。通过对 Ni-(xAl-yTi)

复合沉积层组织结构的研究发现, Al/Ti 颗粒的加入引起了复合沉积层晶粒的细化及结晶织构的改变。因此, Ni-(xAl-yTi)复合沉积层表面硬度的改变是由晶粒细化强化机制与结晶织构强化机制引起的。其中, 基于 Hall-Petch 公式的晶粒细化强化机制可以表述为

$$\sigma_y = \sigma_0 + kd^{-1/2} \tag{13.3}$$

$$HV = 3\sigma_y \tag{13.4}$$

其中, σ_0 表示移动单个位错时产生的晶格摩擦阻力; σ_y 表示材料的屈服极限强度; d 表示材料的平均晶粒尺寸; k 表示与材料相关的常数; HV 表示材料的硬度。

结晶织构强化机制是基于晶粒滑移系上滑移面与分切应力之间的位向关系[6]。对于面心立方结构 fcc 的镍基晶粒而言, 其滑移系为 {111}〈110〉。当外加作用力垂直于滑移系 {111} 晶面族时, 其在滑移面上的分切应力大小为 0MPa, 从而使得位错在滑移面上不易移动, 从而提高了硬度。当电沉积 Ni-(xAl-yTi)复合沉积层时, 第二相 Al/Ti 颗粒的加入引起了镍基晶粒结晶取向由[200]到[111]的转变, 使得更多的[111]晶面平行于复合沉积层表面, 从而增加了复合沉积层的硬度。

以上电沉积工艺对 Ni-(xAl-yTi)复合沉积层硬度的影响, 取决于电沉积工艺对复合沉积层组织结构的影响。通过第 4 章对 Ni-(xAl-yTi)复合沉积层组织结构的研究可知, 当电流密度减小、Al/Ti 混合颗粒浓度增加及 Al/Ti 颗粒比例降低时, Ni-(xAl-yTi)复合沉积层中镍基晶粒尺寸减小、[200]织构逐渐向[111]转变, 从而使得 Ni-(xAl-yTi)复合沉积层的硬度增加。

13.7.6　Ni-(xAl-yTi)复合沉积层耐腐蚀机制

通过对电流密度、Al/Ti 混合颗粒浓度及颗粒比例对 Ni-(xAl-yTi)复合沉积层耐腐蚀性能影响的研究发现, Ni-(xAl-yTi)复合沉积层耐腐蚀性能的提高归咎于两个原因: ①复合沉积层中的 Al、Ti 颗粒; ②复合沉积层组织结构的改变。基于该两点原因, Ni-(xAl-yTi)复合沉积层的腐蚀过程示意图被建立, 如图 13.53 所示。图 13.53(a)为纯镍沉积层的腐蚀示意图, 图 13.53(b)为 Ni-(xAl-yTi)复合沉积层的腐蚀示意图。

首先, Ni-(xAl-yTi)复合沉积层中 Al、Ti 颗粒对腐蚀性能的影响。如图 13.48(b)所示, 在腐蚀环境中, Ni-(xAl-yTi)复合沉积层中的 Al、Ti 颗粒将会起到"物理栅栏"的作用, 阻碍局部腐蚀的发生及延伸。当颗粒暴露到腐蚀环境中后, Al 和 Ti 颗粒可以在沉积层表面形成氧化物。这些氧化物能够与周围的镍基体形成大量的腐蚀微电池。在腐蚀微电池中, Al、Ti 氧化物将作为腐蚀电池阴极, 镍基体作为腐蚀电池阳极。大量腐蚀微电池的形成, 将会促进镍基体的阳极极化, 降低腐蚀速率。因此, Al、Ti 颗粒的共沉积能够有效地提高 Ni-(xAl-yTi)复合沉积层的耐腐蚀性能。

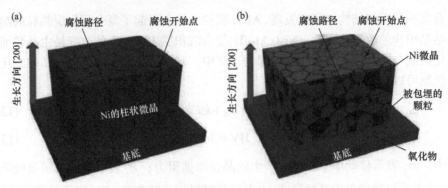

图 13.53　镍基沉积层腐蚀过程示意图
(a) 纯镍沉积层；(b) Ni-(xAl-yTi)复合沉积层

其次，Ni-(xAl-yTi)复合沉积层组织结构的改变对腐蚀性能的影响。复合沉积层组织结构的改变包括晶粒细化与柱状晶结构的消失。在腐蚀过程中，晶粒细化可以促进 Ni(OH)$_2$ 钝化膜的生成，使得镍基体与腐蚀环境的接触面积减小，从而提高 Ni-(xAl-yTi)的耐腐蚀性能。柱状晶结构的消失，抑制了腐蚀发展的快捷"通道"。同时，引起了晶粒细化，增加沉积层中的三叉晶界数量。当腐蚀扩展到三叉晶界时，腐蚀行为被阻止然后再重新发生，从而使得腐蚀速率降低。同时，作为腐蚀"通道"的晶界长度也会由于晶粒细化而被延长，从而降低腐蚀速率。因此，晶粒细化可以提高 Ni-(xAl-yTi)复合沉积层的耐腐蚀性能。

另外，结晶织构对复合沉积层的腐蚀性能有一定的影响。当腐蚀发生时，晶面原子就会发生裂解，而不同晶面上的原子发生裂解所需要的能量不一样，就会造成不同晶面上的腐蚀速率存在差异[23]。通常低指数平面或密排面的原子裂解需要更高的能量，因此当其处于腐蚀环境中时，不易发生裂解，耐腐蚀性能增强。对于 Ni-(xAl-yTi)复合沉积层，(111)晶面为原子密排面。当织构由强的[200]织构向[111]织构转变时，(111)晶面会取代(200)晶面处于腐蚀环境中，从而提高复合沉积层的耐腐蚀性能。

参 考 文 献

[1] 赵远涛. 电沉积 Ni-(xAl-yTi)复合沉积层组织结构及性能研究. 上海: 上海交通大学, 2018.

[2] Zhao Y, Wang L, Qin Z, et al. The roles of Ti particles in improving the corrosion resistance of electrochemically assembled Ni-Ti composite coatings. Corrosion, 2017, 73: 1107-1118.

[3] Zhao Y, Wang C, Wang L, et al. Hard and corrosion resistant Ni-(xAl-yTi) nanocomposite coatings for CNT/Al composites. Journal of Materials Engineering and Performance, 2017, 26: 2563-2571.

[4] Zhao Y, Jiang C, Xu Z, et al. Microstructure and corrosion behavior of Ti nanoparticles reinforced Ni-Ti composite coatings by electrodeposition. Materials and Design, 2015, 85: 39-46.

[5] Zhao Y, Cai F, Wang C, et al. Investigation on the evolution of microstructure and texture of

electroplated Ni-Ti composite coating by Rietveld method. Applied Surface Science, 2015, 353: 1023-1030.

[6] 屠振密, 李宁, 朱永明. 钛及钛合金表面处理技术和应用. 北京: 国防工业出版社, 2010.

[7] Lee J, Talbot J B. Simulation of particle incorporation during electrodeposition process primary and secondary current distribution. Journal of the Electrochemical Society, 2005, 152: c706-c715.

[8] Stappers L, Fransaer J. Growth of metal around particles during electrodeposition. Journal of the Electrochemical Society, 2006, 153(7): c472-c482.

[9] Lampke T, Wielage B, Dietrich D, et al. Details of crystalline growth in co-deposited electroplated nickel films with hard (nano) particles. Applied Surface Science, 2006, 253(5): 2399-2408.

[10] Tsai W L, Hsu P C, Hwu Y, et al. Building on bubbles in metal electrodeposition. Nature, 2002, 417: 139.

第 14 章 电沉积 Ni-ZrC 复合沉积层的测试分析与表征

目前，通过改变电沉积液中第二相颗粒种类，可以制备多种镍基复合沉积层，例如，以碳化物为第二相的 Ni-SiC、Ni-WC 及 Ni-TiC 等；以氧化物为第二相的 Ni-Al$_2$O$_3$、Ni-TiO$_2$、Ni-CeO$_2$、Ni-ZrO$_2$ 及 Ni-Y$_2$O$_3$ 等；以及以氮化物为第二相的 Ni-AlN、Ni-Si$_3$N$_4$、Ni-TiN 及 Ni-BN 等。不仅仅是微米尺寸的颗粒，具有纳米尺寸的第二相颗粒，也被用作增强相而加入镍基复合沉积层之中。在同等质量颗粒的情况下，纳米颗粒比微米颗粒具有更多的微粒数目。并且，在复合沉积层制备过程中，纳米颗粒可以起到较好的异质形核和抑制晶粒长大的作用，显著细化沉积层组织。因此，相比微复合沉积层，纳米复合沉积层常常具有更为优异的性能[1-6]。

14.1 Ni-ZrC 复合沉积层的制备工艺研究

选用不锈钢作为阴极，即为沉积层的沉积基底(substrate)；以纯镍片(99.99%)作为阳极，这样可以为电沉积液中消耗的镍离子提供补充。电沉积过程中，阴极及阳极间距为 2cm，阴极及阳极的面积为 1cm×1cm。

14.1.1 Ni-P 非晶层的制备

首先在作为阴极的不锈钢基底上电沉积 Ni-P 非晶沉积层，即在已经预处理的不锈钢基底上电沉积一层 Ni-P 非晶沉积层，然后在 Ni-P 非晶沉积层上电沉积纯镍层及 Ni-ZrC 复合沉积层。Ni-P 非晶沉积层的制备方法如表 14.1 所示。

表 14.1 Ni-P 非晶沉积层的电沉积液组成及电沉积条件

电沉积成分	浓度/(g/L)	电沉积条件	
NiSO$_4$·6H$_2$O	170	电流密度	12A/dm^2
NiCl$_2$·6H$_2$O	45	pH	2
H$_3$BO$_3$	50	温度	80℃
NaCO$_3$	10	搅拌速率	350~400r/min
NaH$_2$PO$_2$·H$_2$O	60	时间	10min

14.1.2　Ni-ZrC 复合沉积液

在 Watts 型电沉积液的基础上，选用十二烷基硫酸钠作为表面活性剂，加入不同含量的碳化锆(ZrC)颗粒，从而获得镍基复合电沉积层。使用氢氧化钠及稀盐酸溶液以调节沉积液的 pH，使 pH 在电沉积前为 3.5 左右。

电流密度调整在 $1.25\sim20A/dm^2$，从而研究电流密度对沉积层织构、内应力及微结构的影响。在 $0\sim40g/L$ 范围改变沉积液中 ZrC 颗粒的浓度，并选择 $0.8\mu m$、30nm 两种尺寸的 ZrC 颗粒，从而考察 ZrC 颗粒浓度及尺寸对镍基复合沉积层显微组织形貌、性能、织构，以及内应力及微结构的影响。研究所使用的电沉积参数以及电沉积条件如表 14.2 所示。将所制备的复合沉积层称为 Ni-ZrC 沉积层，其中含有微米颗粒的记为 Ni-mZrC 沉积层，含有纳米颗粒的记为 Ni-nZrC 沉积层。

表 14.2　制备 Ni-ZrC 沉积层的电沉积液组成及电沉积条件

电沉积液的成分	浓度/(g/L)	电沉积条件	
$NiSO_4\cdot6H_2O$	250	电流密度	$1.25\sim20A/dm^2$
$NiCl_2\cdot6H_2O$	40	pH	$1.5\sim4.0$
H_3BO_3	30	温度	$50^\circ C$
$C_{12}H_{25}NaO_4S$	0.2	搅拌速率	$350\sim400r/min$
ZrC 颗粒	$0\sim40$	时间	$2\sim60min$

1. 沉积液及基底预处理

为了使第二相颗粒在沉积液中较好地分散，需要对电沉积液进行镀前处理。这里先将沉积液超声分散 30min，然后在 400r/min 的搅拌速率下，将沉积液搅拌 3h。电沉积时，利用水浴保温装置，使得沉积液温度保持在 50℃ 左右，沉积液中电磁搅拌速率为 350～400r/min。

电沉积之前的基底预处理对所获得沉积层的结构及性能都有影响，因此，基底的预处理是制备电沉积层的重要步骤。预处理的步骤如下：抛光-除油-去氧化层-清洗待用。首先，分别用 600 目、800 目、1000 目、1200 目的砂纸对基底进行抛光处理；其次，将已抛光的基底用去离子水清洗，然后在除油溶剂中进行超声浸泡处理，以除去基底表面可能存在的油污，除油溶剂配方为：NaOH (40g/L)，Na_2CO_3 (30g/L)，$Na_3PO_4\cdot12H_2O$ (50g/L)，Na_2SO_3 (10g/L)；随后，将基底先后在丙酮、酒精及去离子水中超声清洗；最后，将基底及纯镍片在稀盐酸中浸泡 10s 后，用去离子水冲洗，再将基底及纯镍片放入电沉积液，进行镍基沉积层的电沉积制备。

2. 超声电沉积及预应力电沉积

超声电沉积是在电沉积镍基沉积层的过程中施加超声波处理，利用超声波影响并调整镍基沉积层中的内应力状态。

预应力电沉积是在电沉积过程中，在基底上施加某个方向的预应力，以调整沉积层中内应力状态。图 14.1 为预应力电沉积示意图，在电沉积过程中，在垂直于沉积方向的纵向(LD)轴上，给不锈钢基底施加一个双向拉应力，并在电沉积完成后卸载。

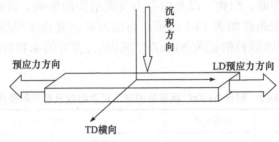

图 14.1　沉积层内应力的预应力调整

14.2　复合沉积 Ni-nZrC 层的表面形貌观察

14.2.1　电流密度对沉积层形貌的影响

1. 电流密度对沉积 Ni 层形貌的影响

图 14.2 为不同电流密度下电沉积 Ni 沉积层的表面形貌扫描电子显微镜(SEM)照片。可以看出，纯 Ni 的表面具有多面体结构，随着电流密度的增加，纯镍沉积层的形貌并没有太大的变化，仅仅是多面体结构的尺寸及规则性略微降低，这是电流密度的升高加快了电结晶过程，使得表面结构细化，并使其规则性下降。

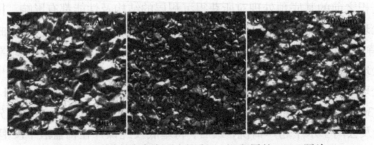

图 14.2　不同电流密度下电沉积 Ni 沉积层的 SEM 照片

2. 电流密度对沉积 Ni-ZrC 层形貌的影响

对比 Ni 沉积层，颗粒的嵌入必然会改变 Ni 的电沉积以及电结晶过程，并会影响复合沉积层的表面形貌。图 14.3 给出了电沉积 Ni-ZrC 复合沉积层的 SEM 图随电沉积电流密度的改变。对比电沉积 Ni 沉积层形貌，可以看出，ZrC 颗粒的引入对沉积层表面形貌的影响较大；复合沉积层的表面不再是多面体结构，而是由球状颗粒结构组成。不仅如此，在电流密度由 $1.25A/dm^2$ 向 $20A/dm^2$ 增大过程中，所获得 Ni-ZrC 复合沉积层的表面形貌发生较大变化。在电流密度为 $1.25A/dm^2$ 时，沉积层表面凹凸不平，表面由球状颗粒结构组成，且颗粒尺寸大小不等；当电流密度为 $5A/dm^2$ 时，球状颗粒结构尺寸较为均匀，且沉积层表面相对平整度；当电流密度升高至 $20A/dm^2$ 时，Ni-ZrC 表面由多面体及球状两种结构混合组成，可以推测，此时 ZrC 颗粒对沉积层形貌的影响较小，使得复合沉积层的表面呈现出类似于 Ni 沉积层的形貌特点。并且，可以认为，Ni-ZrC 复合沉积层表面的球状颗粒结构是由 ZrC 的添加而引起的。

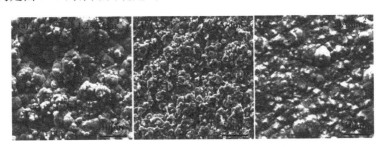

图 14.3　不同电流密度时电沉积 Ni-ZrC 复合沉积层的 SEM 图

14.2.2　颗粒浓度及尺寸对 Ni-ZrC 沉积层形貌的影响

1. 颗粒浓度对 Ni-ZrC 沉积层形貌的影响

为了研究沉积液中颗粒浓度对沉积层表面形貌的影响，当电沉积电流密度为 $5A/dm^2$ 时，通过改变颗粒浓度电沉积获得了 Ni-mZrC 沉积层，并利用 SEM 对沉积层形貌进行表征，如图 14.4 所示，可见，在较低 ZrC 颗粒浓度时(2g/L)，Ni-ZrC 沉积层表面形貌与纯镍沉积层较为类似，说明颗粒浓度对复合沉积层形貌的影响不大；随着镀液中颗粒浓度的增大(5g/L、10g/L)，复合沉积层的表面由球形突起结构组成，并且沉积层表面相对更为粗糙，这说明颗粒浓度的升高剧烈地影响了镍基沉积层的电沉积过程；当颗粒浓度达到 20g/L 时，沉积层表面趋于均匀、平整；此后随着颗粒浓度的升高，复合沉积层表面形貌变化不大，说明当颗粒浓度升至 20g/L 后，颗粒浓度对复合沉积层的形貌影响较为稳定。

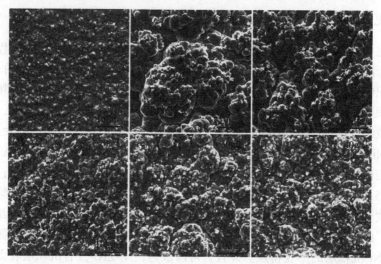

图 14.4　不同颗粒浓度时电沉积 Ni-mZrC 沉积层的 SEM 照片

2. 颗粒尺寸对 Ni-ZrC 沉积层形貌的影响

对比研究了 ZrC 颗粒尺寸对复合沉积层形貌的影响,图 14.5 给出了不同 nZrC 颗粒浓度的沉积液中所得 Ni-nZrC 沉积层的 SEM 图。相比于图 14.4 中 Ni-mZrC 沉积层的形貌,可以发现,当相同的 ZrC 颗粒浓度时,所制备的 Ni-nZrC 复合沉积层表面更为粗糙,球形突起的尺寸较大。然而,在颗粒浓度为 40g/L 时,所制备的 Ni-nZrC 复合沉积层表面较为平整均匀,但非常松散。由此可见,相比于微米 ZrC 颗粒,纳米 ZrC 颗粒对沉积层形貌的影响更为剧烈,推测是由于同等浓度的 ZrC 颗粒,纳米 ZrC 颗粒的数量更多,从而对镍的电结晶过程影响更为剧烈。

Ni-ZrC 复合沉积层表面形貌的变化,也从一个侧面反映了复合沉积层的组织结构随着电沉积参数、颗粒浓度及尺寸的变化而改变。根据以上电沉积复合沉积层表面形貌的变化结果,我们认为沉积层中颗粒含量是影响沉积层形貌的直接因素。Ni-ZrC 沉积层中 ZrC 颗粒的含量将在 14.3 节进行讨论。

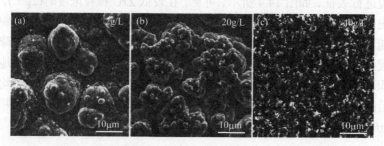

图 14.5　由不同 nZrC 颗粒浓度的沉积液中所获得 Ni-nZrC 沉积层的 SEM 图

14.3　复合沉积层中 ZrC 颗粒含量的测量和控制

这里利用 SEM 所配备的能量色散谱(EDS)对沉积层的成分进行分析,可以计算出沉积层中 ZrC 的含量。并且,应用 Rietveld 方法对 XRD 进行全谱拟合,同样获得了 Ni-mZrC 沉积层中 mZrC 相含量随电沉积参数的变化。

1. 电流密度对沉积层中 ZrC 含量的影响

当颗粒浓度为 20g/L 时,通过改变电流密度制备出不同的 Ni-mZrC 复合沉积层。图 14.6 给出了不同电流密度时,EDS 测试及 Rietveld 结构精修获得的电沉积 Ni-mZrC 复合沉积层中 ZrC 颗粒的含量。可见,Rietveld 结构精修所得的 ZrC 相含量与 EDS 结果相符,复合沉积层中 ZrC 的含量随着电沉积电流密度的升高而降低。当电流密度由 1.25A/dm² 升高至 20A/dm² 时,Ni-mZrC 沉积层中 mZrC 相含量由 12wt% 降至 1wt% 左右。

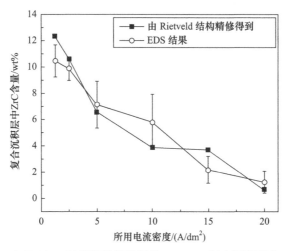

图 14.6　EDS 及 Rietveld 结构精修获得的 Ni-mZrC 复合沉积层中 ZrC 颗粒的含量随电流密度的变化

2. 颗粒浓度对沉积层中 ZrC 含量的影响

当电流密度为 5A/dm² 时,通过改变沉积液中微米 ZrC 颗粒浓度制备出不同的 Ni-mZrC 复合沉积层,并利用 EDS 测试分析及 Rietveld 结构精修得出了 Ni-mZrC 复合沉积层中 ZrC 含量,如图 14.7 所示。可见沉积层中 ZrC 含量随着沉积液中颗粒浓度的升高而不断增大。电流密度为 5A/dm²,当颗粒浓度由 0g/L 升高至 40g/L 时,Ni-mZrC 沉积层中 mZrC 相含量由 0 升至 12wt% 左右。

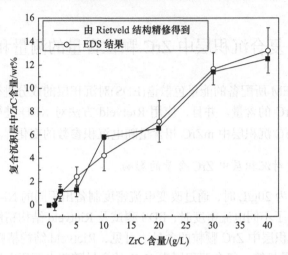

图 14.7　EDS 及 Rietveld 结构精修获得的 Ni-mZrC 复合沉积层中 ZrC 的含量随 ZrC 浓度的变化

　　利用 Rietveld 结构精修的方法获得的 Ni-mZrC 沉积层中 mZrC 相含量变化规律，与 EDS 测试结果较为吻合，即复合沉积层中第二相颗粒的含量随电流密度的升高而降低，随颗粒浓度的升高而升高。

　　结合表面形貌的变化，我们认为在第二相颗粒存在的情况下，沉积层中的 ZrC 颗粒含量是复合沉积层形貌剧烈变化的主要原因，而沉积层中颗粒含量受控于电流密度及沉积液颗粒浓度，因而在高电流密度或低颗粒浓度下，复合沉积层中较低的颗粒含量使得沉积层形貌与纯 Ni 沉积层较为相似。

　　3. 颗粒尺寸对沉积层中 ZrC 含量的影响

　　为了研究 ZrC 颗粒的尺寸对 Ni-ZrC 复合沉积层中 ZrC 含量的影响，图 14.8 给出了不同电流密度以及不同颗粒浓度下 Ni-nZrC 沉积层中 ZrC 的含量。可见，Ni-nZrC

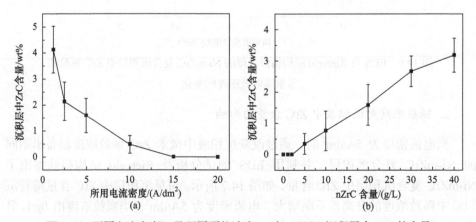

图 14.8　不同电流密度(a)及不同颗粒浓度(b)时 Ni-nZrC 沉积层中 ZrC 的含量

沉积层中纳米颗粒的含量也是随着电流的减小而下降以及随着颗粒浓度的升高而升高。对比添加微米颗粒的复合沉积层,在相同条件下,复合沉积层中的纳米 ZrC 颗粒的含量远低于微米 ZrC 颗粒,说明纳米 ZrC 颗粒比微米 ZrC 颗粒更不容易嵌入镍基体中。这是由于当颗粒尺寸为微米时,其复合电沉积行为被认为是晶间(inter-crystalline)嵌入,即随着微米尺寸的密度的升高而降低,颗粒被认为是沉积在镍晶粒的边缘;而当颗粒尺寸为纳米时,其在复合沉积层中的嵌入机制被认为是部分的晶内(intra-crystalline)嵌入。

14.4　复合沉积 Ni-nZrC 层的 X 射线衍射花样和纤维织构

14.4.1　复合沉积 Ni-nZrC 层的 X 射线衍射花样

1. 电流密度对沉积层衍射花样的影响

图 14.9 为在 ZrC 颗粒浓度 20g/L,颗粒尺寸为 0.8μm,即碳化锆为微米 ZrC (mZrC)时,电沉积 Ni-mZrC 复合沉积层的 XRD 图谱随电流密度的改变。由图中可见,随着电流密度的升高,镍基沉积层的 XRD 结果的最强峰由 Ni(200)衍射峰逐渐转变为 Ni(111)衍射峰,且最强峰的强度值随电流密度的升高而增大,这种转变说明,复合沉积层的晶体择优取向随电流密度的升高而改变。当电流密度为 1.25A/dm² 时,ZrC 衍射峰的出现,说明此时镍基沉积层中已嵌入 ZrC 颗粒。随着电流密度的升高,ZrC 衍射峰的强度逐渐降低,说明沉积层中 ZrC 的含量随着电流密度的升高而降低。由于 Ni 沉积层的最强峰并没有随电流密度发生很大的改

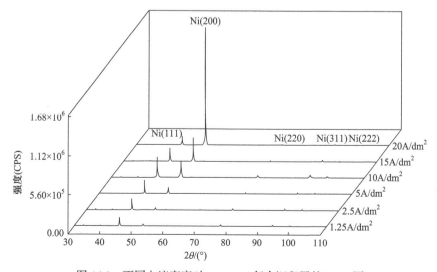

图 14.9　不同电流密度时 Ni-mZrC 复合沉积层的 XRD 图

变，我们认为，沉积层中 ZrC 的含量随电流密度的改变是 Ni-ZrC 沉积层组织结构变化的主要原因。

2. 颗粒浓度对沉积层衍射花样的影响

图 14.10 为 Ni-mZrC 沉积层的 XRD 图谱随颗粒浓度的改变，所使用的电流密度为 5A/dm²。由图中可见，在低颗粒浓度时，Ni-ZrC 复合沉积层的 XRD 图谱与纯镍镀层的图谱较为相似，都具有极强的 Ni(200)衍射峰，这是由于在低颗粒浓度时，Ni-ZrC 复合沉积层中的颗粒含量很低，而并没有改变沉积层的晶体择优取向。随着沉积液中颗粒浓度的增加，XRD 图谱上的最强峰逐渐由 Ni(200)衍射峰变为 Ni(111)衍射峰，并且 ZrC 的衍射峰也开始出现在 XRD 图谱上。而随着颗粒浓度的增大，沉积层衍射最强峰的强度值逐渐降低，而 ZrC 的衍射峰相对强度逐渐升高。这说明，随着沉积液中颗粒浓度的升高，沉积层中颗粒含量增大，进而改变了复合沉积层的组织结构。

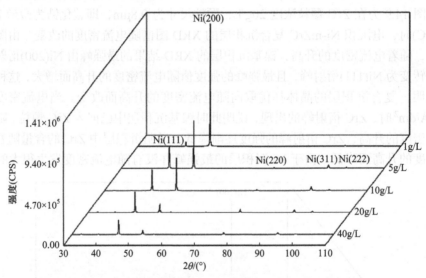

图 14.10　不同颗粒浓度时 Ni-mZrC 沉积层的 XRD 图

3. 颗粒尺寸对沉积层衍射花样的影响

图 14.11 为不同颗粒浓度及不同电流密度时，所制备的 Ni-nZrC 沉积层的 XRD 图谱。由图中可见，Ni-nZrC 沉积层的 XRD 图谱在低颗粒浓度或高电流密度时，与 Ni 沉积层较为相似，随着沉积液中颗粒浓度的升高或是电流密度的降低，Ni-nZrC 复合沉积层的 XRD 图谱上(200)衍射峰的强度逐渐降低。值得注意的是，所制备的 Ni-nZrC 复合沉积层的 XRD 图谱上并没有发现 ZrC 的衍射峰，这也说明所嵌入的纳米 ZrC 颗粒的含量较低。

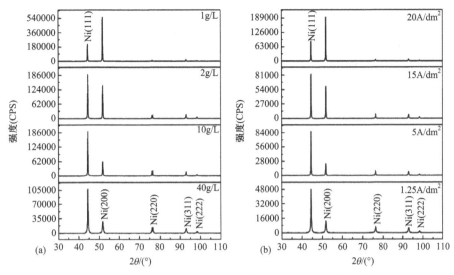

图 14.11　不同颗粒浓度(a)及不同电流密度(b)时 Ni-nZrC 沉积层的 XRD 图

可以发现，Ni-nZrC 沉积层的 XRD 结果随电沉积条件而改变的规律，与 Ni-mZrC 沉积层基本一致。这说明尽管在相同的电流密度及颗粒浓度时，Ni-nZrC 沉积层中的颗粒含量低于 Ni-mZrC 沉积层，但相同电沉积条件下所获得的复合沉积层的 XRD 图谱较为相似。

综上可见，随着电沉积条件的改变，Ni-ZrC 复合沉积层的 XRD 图谱上最明显的变化便是最强衍射峰的改变，计算了各种沉积层的(111)与(200)衍射峰的强度比 $I_{(111)}/I_{(200)}$ 随电沉积参数的变化规律，如图 14.12 所示。可见镍基沉积层的 $I_{(111)}/I_{(200)}$ 比值随电流密度的升高而不断降低，随 ZrC 颗粒浓度的升高而不断升高，而这也从侧面反映了沉积层择优取向的改变。值得注意的是，纳米 ZrC 对(200)衍射峰的抑制效果比微米 ZrC 更强。

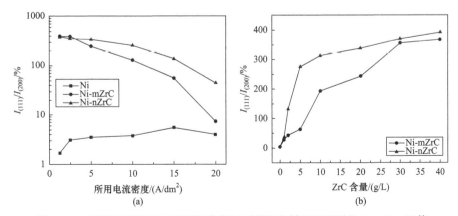

图 14.12　不同电流密度(a)及颗粒浓度(b)时获得的镍基沉积层的 $I_{(111)}/I_{(200)}$ 比值

14.4.2　电沉积参数对 Ni-ZrC 复合沉积层织构的影响

通过 XRD 谱线中各衍射峰的强度关系,可以计算出各衍射晶面(hkl)的相对织构系数(RTC)。利用扫描所得沉积层的 XRD 谱,根据结果中各衍射峰(hkl)的强度关系,可以利用下式计算出沉积层各衍射峰的 $\text{RTC}_{(hkl)}$:

$$\text{RTC}_{(hkl)} = \frac{R_{(hkl)}}{\sum R_{(hkl)}} \times 100\% \tag{14.1}$$

$$R_{(hkl)} = I_{\text{s}(hkl)} / I_{\text{p}(hkl)}$$

其中,$I_{\text{s}(hkl)}$ 和 $I_{\text{p}(hkl)}$ 分别为沉积层和无织构标准镍粉的(hkl)衍射峰的强度。在研究沉积层织构时,考察镍的前三个衍射峰(111)、(200)以及(220)。

1. 电流密度对沉积层织构的影响

首先计算了不同电流密度时所制备的 Ni 沉积层的 RTC 的值,如图 14.13 所示。可见电沉积 Ni 沉积层的 RTC 随着电流密度的升高变化不大,说明在该沉积液配方下,所使用的电流密度范围对纯镍沉积层的晶体择优取向的影响不大。并且,在所使用的所有电流密度下,Ni 沉积层的 $\text{RTC}_{(200)}$ 都在 90%以上,说明电沉积 Ni 沉积层具有强的[200]织构。

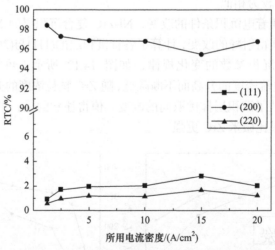

图 14.13　不同电流密度时 Ni 沉积层的 RTC 计算值

为了研究电流密度对 Ni-ZrC 复合沉积层的织构的影响,选择在 ZrC 颗粒浓度为 20g/L 时,通过改变电流密度制备出不同的复合沉积层,并利用 XRD 分析的方法对复合沉积层的表面织构进行表征。首先计算了不同电流密度时所制备的 Ni-mZrC 及 Ni-nZrC 复合沉积层的 RTC 值,如图 14.14 所示。由图可见,随着电流密度的升高，Ni-mZrC 及 Ni-nZrC 复合沉积层的 RTC$_{(200)}$的值都逐渐升高。在 20A/dm^2 时，Ni-mZrC 沉积层的 RTC$_{(200)}$超过 90%，而 Ni-nZrC 沉积层的 RTC$_{(200)}$ 也达到 70%左右，说明，此时无论是 Ni-mZrC 还是 Ni-nZrC 复合沉积层都具有较强的[200]织构。结合第 13 章的表面形貌分析，可以认为，沉积层中强织构的存在是沉积层表面呈现出多面体结构的原因。可见，尽管本书所使用的电流密度对 Ni 沉积层的织构系数影响不大，但是在沉积液中颗粒浓度确定的情况下，电流密度会明显影响 Ni-ZrC 复合沉积层的织构系数。

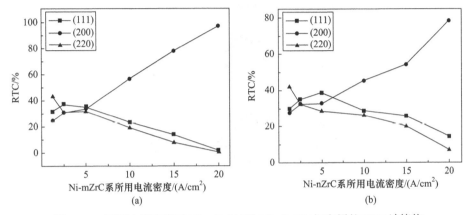

图 14.14　不同电流密度时 Ni-mZrC(a)及 Ni-nZrC(b)沉积层的 RTC 计算值

极图是表征材料择优取向的有效手段，利用 Rietveld 全谱拟合软件 MAUD，可以对材料的织构极图进行模拟。拟合了颗粒浓度为 20g/L，不同电流密度电沉积 Ni-mZrC 及 Ni-nZrC 复合沉积层的极图，以研究电流密度对沉积层织构的影响。由于拟合过程中，选择调和的织构模型，样品对称性使用"纤维"，因而所得到的极图为具有明显纤维织构特征的极图。

图 14.15(a)为 20g/L 颗粒浓度时，不同电流密度电沉积 Ni-mZrC 复合沉积层的拟合极图。可见，当电流密度为 1.25A/dm^2 时，Ni-mZrC 复合沉积层呈现出弱的[200]织构。随着电流密度的升高，复合沉积层的织构转变为弱的[200]织构，并且织构强度随着电流密度的增大而逐渐增强，当电流密度为 20A/dm^2 时，沉积层具有较强的(200)织构。可见织构变化规律与相对织构系数的分析结果相吻合。

图 14.15(b)为 Ni-mZrC 复合沉积层的 XRD 实测极图随电流密度的变化，此时颗粒浓度均为 20g/L。在电流密度为 1.25A/dm^2 时，Ni-mZrC 沉积层呈现较弱的⟨220⟩丝织构；当电流密度升高至 5A/dm^2 时，沉积层基本没有明显的择优取向；当电流密度继续增大至 10A/dm^2 时，弱的⟨200⟩丝织构出现在 Ni-mZrC 沉积层上；而在 20A/dm^2 时，Ni-mZrC 沉积层的⟨200⟩丝织构具有较高的强度。

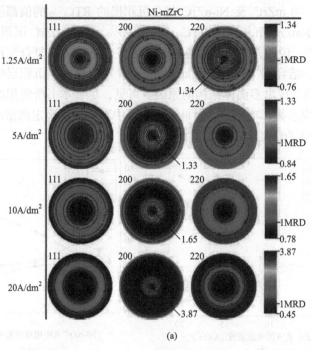

(a)

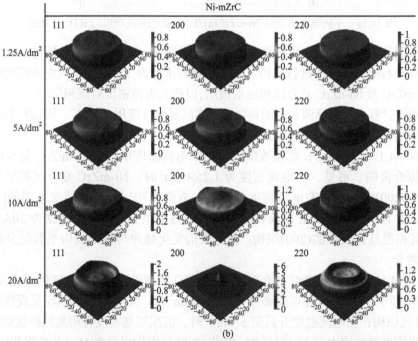

(b)

图 14.15　不同电流密度时电沉积 Ni-mZrC 复合沉积层的 Rietveld 精修所得极图(a)
与实验测定的极图(b)(彩图扫封底二维码)

图 14.16(a)为 20g/L 颗粒浓度时,不同电流密度电沉积 Ni-nZrC 复合沉积层的拟合极图。与 Ni-nZrC 沉积层不同, 在 1.25A/dm² 时, Ni-nZrC 复合沉积层上并没有出现明显的[220]或[200]织构;并且直到电流密度升高至 5A/dm² 时, 沉积层也没有呈现出明显的织构。之后随着电流密度的升高,Ni-nZrC 沉积层才呈现出[200]丝织构, 且织构强度随电流密度升高而增大。

图 14.16(b)给出了 Ni-nZrC 复合沉积层的 XRD 实测极图随电沉积电流密度的变化。可见在电流密度小于 10A/dm² 时, Ni-nZrC 沉积层上都没有出现明显的织构;而当电流密度由 10A/dm² 升高至 20A/dm², 沉积层出现了[200]丝织构,并且丝织构的强度不断增大。对比图 14.16(a), 可以发现 Ni-nZrC 沉积层的(200)的实测极图要低于 Ni-mZrC 沉积层,说明纳米颗粒对[200]丝织构的抑制作用更强。

2. 颗粒浓度及尺寸对沉积层织构的影响

图 14.17 给出了 Ni-ZrC 复合沉积层的 RTC 值随颗粒浓度的变化。可见无论是 Ni-mZrC 还是 Ni-nZrC 复合沉积层,RTC 随颗粒浓度的变化可以分为两个阶段。对于 Ni-mZrC 沉积层, 第一阶段为 0~10g/L, 此后为第二阶段。而对于 Ni-nZrC 沉积层,第一阶段在 5g/L 时结束,此后为第二阶段。在第一阶段,无论是 Ni-mZrC

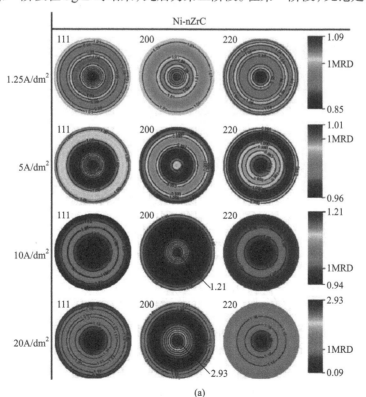

(a)

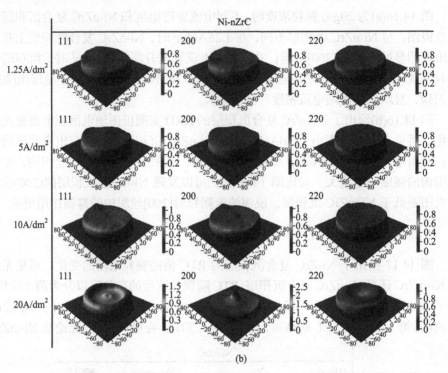

图 14.16 不同电流密度时电沉积 Ni-nZrC 复合沉积层的 Rietveld 精修所得极图(a)和实验测定极图(b)(彩图扫封底二维码)

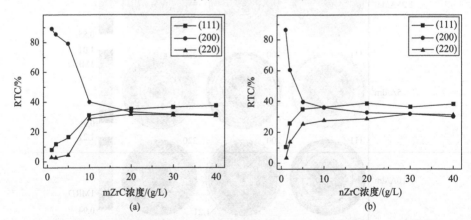

图 14.17 不同颗粒浓度时 Ni-mZrC(a)及 Ni-nZrC(b)复合沉积层的 RTC 计算值

还是 Ni-nZrC 沉积层，RTC$_{(200)}$都随 ZrC 颗粒浓度的升高而降低，而 RTC$_{(111)}$和 RTC$_{(220)}$的值却随着 ZrC 颗粒浓度的升高而增大，这说明电沉积液中 ZrC 颗粒浓度的增加可以抑制 Ni-ZrC 复合沉积层中的[200]织构。而且，在相同的 ZrC 颗粒浓度时，Ni-nZrC 沉积层的 RTC$_{(200)}$的值略高于 Ni-mZrC 沉积层，说明纳米 ZrC

颗粒对沉积层织构的抑制效果更强。而在第二阶段时，随着 ZrC 颗粒浓度的升高，Ni-ZrC 复合沉积层各衍射晶面的 RTC 的值基本不变。这说明 Ni-ZrC 复合沉积层的晶体择优取向，在第二阶段并不再随 ZrC 颗粒浓度的改变而变化。

14.4.3　镍基沉积层生长过程中的织构变化

为了研究沉积层生长过程中择优取向的演变规律，利用 XRD 分析，计算获得了在生长过程中沉积层的织构系数 RTC$_{(hkl)}$，来表征沉积层织构的变化信息。通过控制电沉积时间来控制电沉积层的厚度，首先，在电流密度为 5A/dm^2 时，电沉积了 Ni 沉积层。图 14.18 给出了不同厚度时，Ni 沉积层的 RTC$_{(hkl)}$ 的变化。由图 14.18 可见，随着沉积层厚度的增加，Ni 沉积层的 RTC$_{(111)}$ 的值不断降低，RTC$_{(200)}$ 的值不断升高，而 RTC$_{(220)}$ 的值基本不变。说明在电沉积初期，Ni 沉积层呈现出明显的[111]织构。随着电沉积的进行，沉积层厚度的逐渐增加，Ni 沉积层的织构逐渐由[111]转变为[200]织构。当沉积层厚度较厚时，Ni 沉积层呈现出明显的[200]织构。

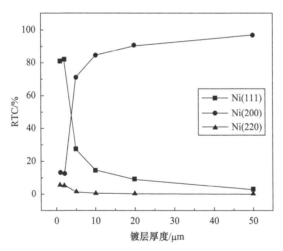

图 14.18　不同厚度时，Ni 沉积层的 RTC$_{(hkl)}$ 的值

图 14.19 给出了不同厚度时，Ni-mZrC 及 Ni-nZrC 沉积层的 RTC$_{(hkl)}$ 的变化。所用 Ni-ZrC 沉积层的电沉积电流密度为 5A/dm^2，沉积液中颗粒浓度为 20g/L。对于 Ni-ZrC 复合沉积层来说，在电沉积初期随着沉积层厚度的增加，RTC$_{(111)}$ 的值不断降低，RTC$_{(220)}$ 的值不断升高，而 RTC$_{(200)}$ 的值则变化不大，最终三者的数值差别不大。这说明 Ni-ZrC 复合沉积层在生长初期也呈现出明显的[111]织构，随着电沉积的进行，复合沉积层中的织构逐渐消失，并最终呈现无织构状态。而且，当沉积层的厚度超过 10μm 后，Ni 及 Ni-ZrC 沉积层的 RTC$_{(hkl)}$ 值基本不变，说明当厚度超过一定值后沉积层的织构状态变化不大。

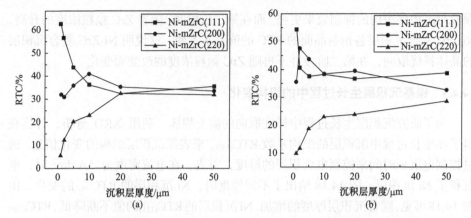

图 14.19　不同厚度时，Ni-mZrC(a)以及 Ni-nZrC(b)沉积层的 RTC(*hkl*)的值

综上可见，对于 Ni、Ni-mZrC 和 Ni-nZrC 沉积层，尽管沉积层最终的织构状态不同，但在生长初期都是呈现出明显的[111]织构。这说明，镍基复合沉积层的初始织构基本相同，而生长织构不同。

14.5　Ni-ZrC 沉积层的内应力测试分析

本节利用 X 射线应力仪，依据修正的 X 射线应力分析方程(见 7.2.7 节)，测试并计算不同电沉积条件下所制备的 Ni-ZrC 复合沉积层的表面内应力的值。

14.5.1　电沉积参数对 Ni-ZrC 沉积层内应力的影响

1. 电流密度对沉积层内应力的影响

在沉积液中颗粒浓度为 20g/L 时，镍基沉积层内应力随电流密度的变化如图 14.20 所示。由图中可见，随着电流密度的升高，Ni-mZrC 和 Ni-nZrC 复合沉积层的表面内应力随电流密度的变化而上下波动，说明电流密度对 Ni-ZrC 复合沉积层内应力的影响不大。这也从侧面说明，尽管复合沉积层中颗粒含量随电流密度的升高而不断降低，但复合沉积层中颗粒含量对沉积层表面应力的影响不大。此外，Ni-mZrC 沉积层的表面应力值在 200MPa 左右，高于 Ni-nZrC 沉积层的表面内应力(100MPa 左右)。

2. 沉积液中颗粒浓度对沉积层内应力的影响

在电流密度为 5A/dm² 时，Ni-ZrC 沉积层内应力随沉积液中颗粒浓度的变化如图 14.21 所示。由图中可见，在所使用的电沉积参数范围，所有制备的 Ni-ZrC 沉积层均呈现出拉应力。并且随着颗粒浓度的升高，Ni-ZrC 复合沉积层的表面应力先略微升高，然后则不断降低。而且在相同颗粒浓度时，Ni-mZrC 沉积层的表面内应力也要高于 Ni-nZrC 沉积层的表面内应力。

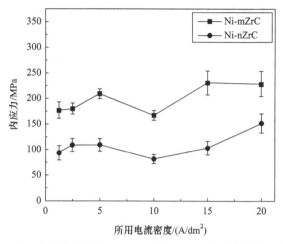

图 14.20　不同电流密度下 Ni-mZrC 及 Ni-nZrC 沉积层的表面内应力

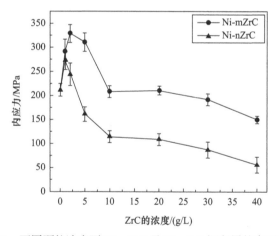

图 14.21　不同颗粒浓度下 Ni-mZrC 及 Ni-nZrC 沉积层的表面内应力

3. 沉积液的 pH 对沉积层内应力的影响

图 14.22 给出了沉积液的 pH 随 ZrC 颗粒浓度的变化，可见随颗粒浓度的升高，沉积液中 pH 逐渐降低，并且相对于微米 ZrC 颗粒，相同浓度的纳米 ZrC 颗粒的加入使得沉积液的 pH 更低。

电沉积镍基沉积层的过程中，氢气的吸附与释放是影响沉积层中内应力的一个重要原因。考虑到颗粒含量对复合沉积层表面内应力的影响不大，我们认为，复合沉积层内应力随颗粒浓度变化的原因是沉积液的 pH 随着沉积液中颗粒浓度的升高而降低。图 14.23 给出了 Ni 沉积层表面应力随沉积液的 pH 的变化。可见随着沉积液的 pH 的降低,Ni 沉积层的表面拉应力逐渐降低。这也说明,Ni-ZrC 复合沉积层表面拉应力的降低主要是因为沉积液中 pH 的改变。

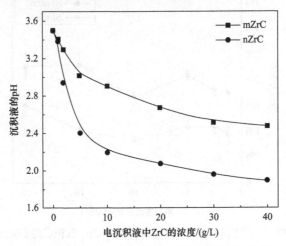

图 14.22 电沉积液的 pH 随 ZrC 颗粒浓度的变化

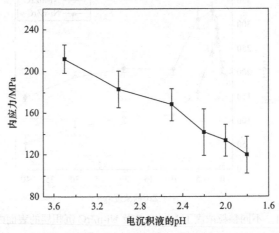

图 14.23 Ni 沉积层表面应力随沉积液的 pH 的变化

14.5.2 镍基沉积层生长过程中的内应力

沉积层内应力在电沉积过程中的变化规律,是研究沉积层内应力形成机制的重要依据。因此,为了研究电沉积镍基沉积层内应力在其生长过程中的演变规律,我们对 Ni 及 Ni-ZrC 沉积层电沉积初期的内应力进行了测定。在电流密度为 5A/dm^2 时制备 Ni 及 Ni-ZrC 沉积层,其中制备 Ni-ZrC 沉积层所使用的沉积液中 ZrC 颗粒浓度为 20g/L,并通过控制电沉积时间控制沉积层生长初期的沉积层厚度，并结合 X 射线内应力分析测试了所制备沉积层的内应力。

　　图 14.24 给出了 Ni 及 Ni-ZrC 沉积层内应力与沉积层厚度的关系。由图中可见，在沉积层厚度较小时，电沉积 Ni 与 Ni-ZrC 沉积层的内应力大小相差不大，沉积层的应力值都在 100MPa 左右。随着电沉积过程的进行，Ni 与 Ni-ZrC 沉积层的内应力都随着沉积层厚度的增大而降低。当沉积层厚度为 5μm 左右时，沉积层的应力值最小，在 50～80MPa。此后，Ni 与 Ni-ZrC 沉积层的内应力则随着沉积层厚度的增加而略微升高。可以看到，当沉积层厚度超过 10μm 后，Ni-mZrC 沉积层的应力值比 Ni 和 Ni-nZrC 沉积层的都要大。在沉积层厚度超过 20μm 后，沉积层应力几乎不再变化，最终 Ni-mZrC 沉积层的应力值在 200MPa 左右，而 Ni 和 Ni-nZrC 沉积层的应力值在 100MPa 左右。

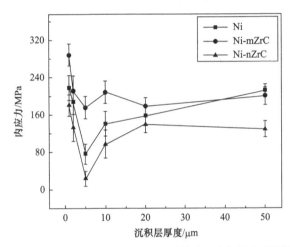

图 14.24　Ni、Ni-mZrC 及 Ni-nZrC 沉积层的内应力与沉积层厚度的关系

　　沉积层的内应力主要源于两方面：沉积层与基底之间因界面晶格差异而产生的界面应力，以及在沉积层的生长过程中其内部的生长应力。在电沉积初期，由于镍基沉积层的厚度很小，在沉积层整体内应力中，沉积层与基底晶格差异产生的界面应力所占组分较大，而沉积层中的因组织结构决定的生长应力较小。由于沉积层与基底之间的界面应力的影响会随着沉积层厚度的增大而降低，因此在沉积层生长初期，沉积层的内应力随着薄膜厚度的增大而降低。而沉积层与基底之间的界面应力所能影响的厚度有限，因而当沉积层厚度超过界面应力的影响厚度后，所测得的沉积层应力主要是沉积层生长过程中的生长应力。根据 Klokholm[7] 所提出的沉积薄膜的生长应力模型可以发现，沉积薄膜的生长应力与其厚度成正比，会随着薄膜厚度的增加而逐渐增大。因此，当电沉积 Ni 及 Ni-ZrC 沉积层的厚度超过某个值后，沉积层应力随着沉积层厚度的增大而升高。

　　对比 Ni 及 Ni-ZrC 复合沉积层，可以发现它们的初始应力差别不大，这说明 Ni

及 Ni-ZrC 复合沉积层与基底之间的界面应力差别并不大。而当厚度超过一定值之后，Ni-mZrC 复合沉积层的应力要高于 Ni 沉积层及 Ni-nZrC 沉积层。这说明 Ni 与 Ni-ZrC 复合沉积层中的生长应力不同，这是由于生长应力是由电沉积条件决定的。

14.5.3　沉积层内应力的调整方法

1. 超声波调整

超声波在电沉积中的应用较多，超声波不仅对电极具有较高的清洗功能，而且能够加快沉积层中可能的氢气析出。此外，对于复合沉积液来说，超声波还有利于固态颗粒在沉积液中的分散，可以降低沉积液中颗粒浓度梯度。之前有研究发现，利用超声波技术可以有效地降低电沉积层内的拉应力。

图 14.25 给出了有/无超声波处理的电沉积 Ni 及 Ni-ZrC 沉积层的内应力。可见，在电沉积过程中使用超声处理，可以明显降低电沉积镍基沉积层的表面张应力。超声波处理在电沉积过程中，可以使得沉积液中的微小气泡发生振荡、扩大、收缩乃至崩溃等一系列动力学过程。这些气泡在爆破时可释放较大的能量，产生具有强烈冲击力的微射流。而这些微射流对沉积表面将产生强烈的冲击作用，将使得薄膜中的拉应力一定程度上得到松弛。此外，超声波的清洗作用可以在一定程度上减少基底与电沉积薄膜界面上氢气的吸附，有效地加快氢气的析出，这都会使得电沉积薄膜的内应力降低。

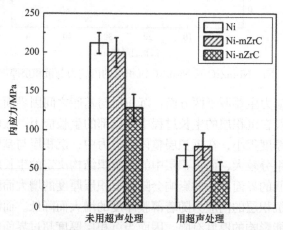

图 14.25　有/无超声处理的电沉积 Ni、Ni-mZrC 及 Ni-nZrC 沉积层的内应力

2. 预应力调整

沉积层内应力的预应力调整，是指在电沉积之前对不锈钢基底施加一个拉应力，然后进行电沉积镍基沉积层，电沉积结束后将外加拉应力卸载，从而调整沉

积层内应力。为了改善沉积层应力状态，本文进行预应力电沉积，即在电沉积过程中，在垂直于沉积方向的纵向(LD)轴上，给不锈钢基底施加一个单轴双向拉应力，并在电沉积完成后卸载。将预应力电沉积所制备的 Ni 及 Ni-ZrC 沉积层进行 X 射线内应力分析，内应力结果如表 14.3 所示。可见，相比没有经过预应力处理电沉积得到的镍基沉积层，预应力处理所得到的 Ni 及 Ni-ZrC 沉积层在 LD 方向上拉应力减小，而在 TD 方向上拉应力增大。可见，利用预应力调整，虽然可以降低某个方向的沉积层拉应力，但是有可能使得沉积层内应力在不同方向的分布不同。

表 14.3 有无预应力处理所得到的 Ni 及 Ni-ZrC 沉积层沿 LD 及 TD 方向的内应力

沉积层	沿 LD 的内应力/MPa	沿 TD 的内应力/MPa
未用预应力的 Ni 层	214.0±14.3	203.7±14.9
用预应力的 Ni 层	78±14.4	358.4±22.5
未用预应力的 Ni-ZrC 层	200.2±18.8	189.6±20.7
用预应力的 Ni-ZrC 层	126.6±14.1	363.2±16.3

3. 后续热处理调整

在 200℃、300℃以及 400℃时，将电沉积 Ni 及 Ni-ZrC 沉积层在高温退火炉中分别加热 10min 后，取出后在空气中冷却。然后对沉积层进行 X 射线应力分析，沉积层热处理前后的应力值如图 14.26 所示。可以看到，热处理后通过空气中冷却，可以明显降低镍基沉积层的表面张应力。并且在 300℃以及 400℃热处理后，Ni 及 Ni-ZrC 沉积层表面均呈现出压应力，而且随着温度的升高，压应力的值增大。图 14.27 给出了 Ni 及 Ni-mZrC 沉积层在 400℃ 热处理不同时间后的表面内应力。可见，沉积层均呈现出压应力，而应力值并不随时间的变化而有较大变化。

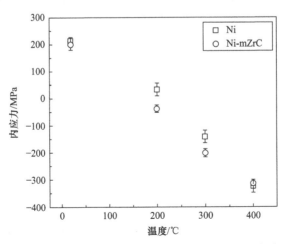

图 14.26 沉积层以及不同温度热处理 10min 后沉积层的内应力

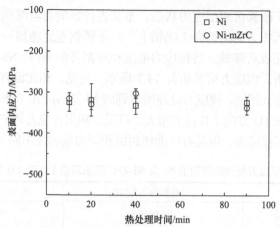

图 14.27　400℃热处理不同时间后 Ni 及 Ni-mZrC 沉积层的表面内应力

14.6　Ni-ZrC 沉积层微结构的 XRD 线形分析

这里用 Rietveld 全谱拟合方法进行分析。图 14.28 给出了几种沉积层 XRD 的 Rietveld 全谱拟合结果。由图中可见，拟合结果与实测 XRD 线形较为相符，拟合结果吻合度的参数 σ 均小于 2。

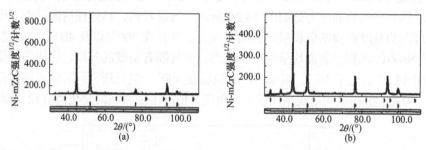

图 14.28　颗粒浓度为 1g/L(a)及 20g/L(b)时所获得 Ni-mZrC 沉积层的 Rietveld 拟合结果

14.6.1　电流密度对沉积层微结构的影响

图 14.29 给出了不同电流密度时，Rietveld 计算所得 Ni-mZrC 复合沉积层的晶粒尺寸及微应变，其中沉积液中的 ZrC 颗粒浓度为 20g/L。可见，随着电流密度的升高，Ni-mZrC 复合沉积层的 $D_{[200]}$ 不断增大；而 $D_{[111]}$ 及 $D_{[220]}$ 在低电流密度时随电流密度的升高而逐渐增大，在高电流密度时，$D_{[111]}$ 及 $D_{[220]}$ 的变化不大。值得注意的是，在较低的电流时，$D_{[111]}$、$D_{[200]}$ 及 $D_{[220]}$ 差别不大；然而在高电流的情况下，$D_{[200]}$ 比 $D_{[111]}$ 及 $D_{[220]}$ 都要大。而随电流密度的升高，微应变 $\varepsilon_{(111)}$ 和 $\varepsilon_{(220)}$ 先略微降低后略微升高，$\varepsilon_{(200)}$ 随电流密度的升高而不断降低。在低电流密度下，$\varepsilon_{(200)}$ 比 $\varepsilon_{(111)}$ 和 $\varepsilon_{(220)}$ 要高，而在高电流密度下，$\varepsilon_{(200)}$ 的值比 $\varepsilon_{(111)}$ 和 $\varepsilon_{(220)}$ 要低。

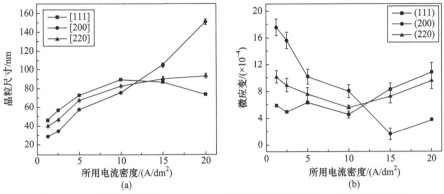

图 14.29　不同电流密度时 Ni-mZrC 复合沉积层的晶粒尺寸(a)及微应变(b)

图 14.30 给出了不同电流密度时，Rietveld 计算所得 Ni-nZrC 复合沉积层的晶粒尺寸及微应变，其中沉积液中的 ZrC 颗粒浓度同样为 20g/L。由图 14.30(a)可见，随着电流密度的升高，Ni-nZrC 复合沉积层的晶粒尺寸 $D_{[200]}$、$D_{[111]}$ 及 $D_{[220]}$ 都随着电流密度的升高而逐渐增大，这与 Ni-mZrC 复合沉积层不同。并且在电流密度范围为 1.25~15A/dm² 时，$D_{[200]}$ 比 $D_{[111]}$ 和 $D_{[220]}$ 都要小，而在电流密度为 20A/dm² 时，$D_{[200]}$ 的值高于 $D_{[111]}$ 和 $D_{[220]}$。由图 14.33(b)可见，在电流密度由 1.25A/dm² 升高至 2.5A/dm²，Ni-nZrC 复合沉积层的微应变 $\varepsilon_{(111)}$、$\varepsilon_{(220)}$ 及 $\varepsilon_{(200)}$ 升高，且 $\varepsilon_{(200)}$ 比 $\varepsilon_{(111)}$ 和 $\varepsilon_{(220)}$ 要高。此后，随着电流密度的升高，$\varepsilon_{(200)}$ 不断降低，而 $\varepsilon_{(111)}$ 及 $\varepsilon_{(220)}$ 先略微降低后变化不大。在电流密度为 20A/dm² 时，$\varepsilon_{(200)}$ 的值低于 $\varepsilon_{(111)}$ 及 $\varepsilon_{(220)}$。

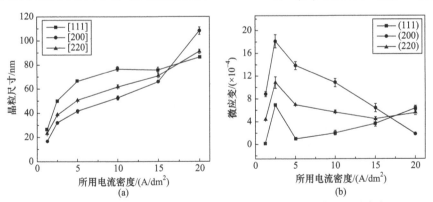

图 14.30　不同电流密度时 Ni-nZrC 复合沉积层的晶粒尺寸(a)及微应变(b)

此外，利用 Rietveld 结构精修可得到材料晶粒尺寸分布函数。在获得晶粒尺寸分布函数的过程中，假设材料的晶粒尺寸为理想的球形，且为各向同性。图 14.31 为颗粒浓度 20g/L，不同电流密度时，所获得 Ni-mZrC 沉积层的晶粒尺寸分布函数。由图中可见，随着电流密度的增大，沉积层的晶粒尺寸逐渐增大，并且沉积层晶粒尺寸的分布函数的范围更广，这说明在较低的电流密度时，Ni-mZrC 复合沉积层的晶粒尺寸不仅更小，而且其尺寸分布更为均匀。

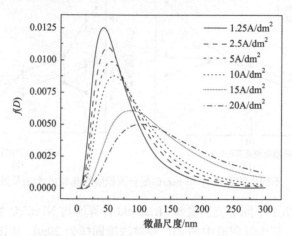

图 14.31　不同电流密度时 Ni-mZrC 复合沉积层的晶粒尺寸分布函数

14.6.2　颗粒浓度对沉积层微结构的影响

图 14.32 给出了不同颗粒浓度时，Ni-mZrC 复合沉积层的晶粒尺寸及微应变，其中所使用的电流密度为 5A/dm²。由图中可见，随着沉积液中 ZrC 颗粒浓度的升高，沉积层晶粒尺寸整体上减小，说明第二相颗粒具有细化晶粒的作用。在较低的颗粒浓度时，晶粒尺寸 $D_{[200]}$ 比 $D_{[111]}$ 及 $D_{[220]}$ 都要大；而在较高颗粒浓度时，沉积层中 $D_{[111]}$、$D_{[200]}$ 及 $D_{[220]}$ 之间差别不大。图 14.35(b) 中可见，微应变 $\varepsilon_{(200)}$ 随着颗粒浓度的升高而不断增大，而 $\varepsilon_{(111)}$ 及 $\varepsilon_{(220)}$ 却变化不大。其中在颗粒浓度为 1~10g/L 的范围内，晶粒尺寸 $D_{[200]}>D_{[220]}>D_{[111]}$，微应变 $\varepsilon_{(200)}<\varepsilon_{(220)}<\varepsilon_{(111)}$；在颗粒浓度为 10~40g/L 的范围内，晶粒尺寸 $D_{[200]}<D_{[220]}<D_{[111]}$，微应变 $\varepsilon_{(200)}>\varepsilon_{(220)}>\varepsilon_{(111)}$。

图 14.33 给出了不同颗粒浓度，电流密度为 5A/dm² 时所获得 Ni-nZrC 复合沉积层的晶粒尺寸及微应变。由图中可见，Ni-nZrC 沉积层的晶粒尺寸 $D_{[111]}$、$D_{[200]}$ 及 $D_{[220]}$ 在颗粒浓度升高初期急剧下降；当颗粒浓度高于 2g/L 后，Ni-nZrC 沉积层的晶粒尺寸随颗粒浓度的升高而缓慢降低。Ni-nZrC 沉积层的微应变 $\varepsilon_{(200)}$ 随颗粒浓度的升高先略微降低而后不断增大。而 $\varepsilon_{(111)}$ 和 $\varepsilon_{(220)}$ 随颗粒浓度的升高先降低后再略微上升，之后变化不大。

综上可见，复合沉积层中第二相颗粒的嵌入，具有细化晶粒的效果。这是由于在镍基复合沉积层电沉积的过程中，即镍基体电结晶的过程中，因为第二相颗粒的嵌入，原本的金属镍的电结晶过程会被打乱。被嵌入的第二相粒子，会为镍的电结晶提供更多的形核点，而镍的连续结晶则会被重新嵌入的颗粒打断，而使得沉积层中的晶粒尺寸更小。而沉积层中颗粒含量越高，这种晶粒细化的效果便越明显。值得注意的是，Ni-ZrC 复合沉积层的晶粒尺寸及微应变随沉积

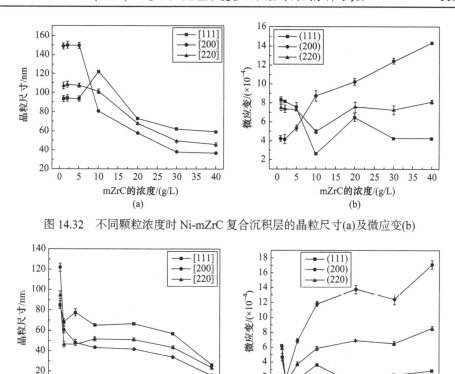

图 14.32　不同颗粒浓度时 Ni-mZrC 复合沉积层的晶粒尺寸(a)及微应变(b)

图 14.33　不同颗粒浓度时 Ni-nZrC 复合沉积层的晶粒尺寸(a)及微应变(b)

液中颗粒浓度的变化也分为两个阶段。对于 Ni-mZrC 复合沉积层来说，第一阶段对应 0～10g/L 的颗粒浓度范围，此后为第二阶段；而对于 Ni-nZrC 复合沉积层，0～5g/L 为第一阶段，此后为第二阶段。在 Ni-ZrC 沉积层组织结构变化的第一阶段，晶粒尺寸及微应变呈现波动性变化；而在组织结构变化的第二阶段，随着颗粒浓度的升高，晶粒尺寸 $D_{[111]}$、$D_{[200]}$ 及 $D_{[220]}$ 均不断降低，而微应变 $\varepsilon_{(200)}$ 不断升高。

14.6.3　微结构的退火行为

利用 Viogt 方法，对退火后 Ni-ZrC 复合沉积层的 XRD 图谱进行了线形分析。图 14.34(a)给出了不同条件退火后，Ni-ZrC 复合沉积层的晶粒尺寸的变化。可见，在退火的初期，即退火时间为 0～5min 时，沉积层的晶粒尺寸生长得较快；之后，随着退火时间的延长，沉积层的晶粒尺寸缓慢地增大。并且，当退火温度更高时，Ni-ZrC 复合沉积层具有更大的晶粒尺寸。同时获得了退火后 Ni-ZrC 复合沉积层的微应变的变化，如图 14.34(b)所示，可见，随着退火温度的升高及退火时间的延长，沉积层的微应变降低。在退火的初始阶段(0～5min)，微应变迅速降低，此后随着退火的进行，沉积层的微应变变化不大。总体来说，沉积层的微应变随着退火温度的升高而不断降低，然而在某些退火温度时，这种变化并不明显。

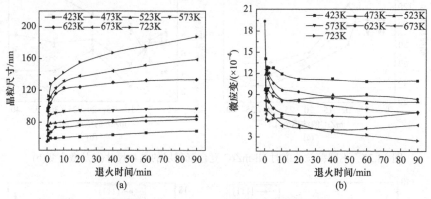

图 14.34　经过不同条件退火后，Ni-ZrC 沉积层的晶粒尺寸(a)和微应变(b)

14.7　Ni-ZrC 沉积层的力学性能研究

14.7.1　沉积层的硬度研究

1. 电流密度对沉积层硬度的影响

图 14.35 给出了电沉积 Ni-mZrC 及 Ni-nZrC 复合沉积层的显微硬度随电沉积电流密度的变化，其中沉积液中颗粒浓度为 20g/L。可见，两种复合沉积层的显微硬度随电流密度的变化规律不同。Ni-mZrC 沉积层的显微硬度，随着电流密度的升高而不断降低，由 475HV 降低至 240HV 左右；而 Ni-nZrC 沉积层的显微硬度则随着电流密度的升高先增加后不断降低，在电流密度为 5A/dm² 时，沉积层显微硬度达到最大，为 430HV 左右。值得注意的是，当电流密度超过 5A/dm² 时，Ni-nZrC 复合沉积层的显微硬度高于 Ni-mZrC 沉积层。

2. 颗粒浓度对沉积层硬度的影响

图 14.36 为电流密度为 5A/dm² 时，不同颗粒浓度下，电沉积 Ni-mZrC 及 Ni-nZrC 复合沉积层的显微硬度。可见，两种沉积层的显微硬度随沉积液中颗粒浓度的变化规律也不同。随着沉积液中颗粒浓度的增大，Ni-mZrC 沉积层的显微硬度不断升高，由 200HV 左右升高至 480HV 左右；而 Ni-nZrC 沉积层的显微硬度随颗粒浓度的升高先增加后减小，在颗粒浓度为 20g/L 时，沉积层的显微硬度达到最大，为 430HV 左右。在颗粒浓度低于 20g/L 时，Ni-nZrC 沉积层的显微硬度比 Ni-mZrC 沉积层略大。然而，当颗粒浓度高于 20g/L 时，Ni-nZrC 沉积层的显微硬度低于 Ni-mZrC 沉积层。

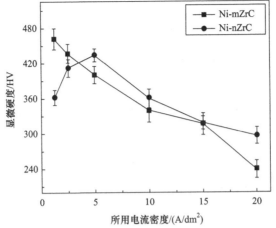

图 14.35　不同电流密度时 Ni-ZrC 复合沉积层的显微硬度

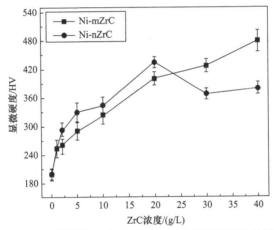

图 14.36　不同颗粒浓度时 Ni-ZrC 复合沉积层的显微硬度

3. 退火后的沉积层硬度变化

图 14.37 给出了不同的退火温度下，Ni-ZrC 沉积层的表面硬度随退火时间的变化。可见，在较高的退火温度或是较长的退火时间时，沉积层具有更低的硬度。在较低的温度时，沉积层硬度随着退火时间的改变而逐渐降低；而在较高的退火温度时，在退火的初期，沉积层硬度即急剧下降，此后变化缓慢。值得注意的是，在退火处理温度低于 523K 时，退火后沉积层硬度的降低较小。

14.7.2　沉积层力学性能的 XRD 分析

为了研究 Ni-ZrC 沉积层的力学性能，将电沉积层进行拉伸试验，并进行原位 X 射线应力分析。其中 Ni-ZrC 复合沉积层的制备参数为 5A/dm²，沉积液中 ZrC 浓度为 20g/L，ZrC 尺寸为 0.8μm。在拉伸试验之前，不锈钢基底的厚度 $es = 600\mu m$，镍基沉积层的厚度 $ec = 50\mu m$。整个试样的有效拉伸尺寸为 $30mm \times 5mm \times 0.65mm$。

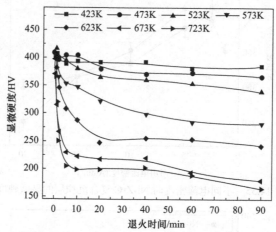

图 14.37　不同的退火温度下，Ni-ZrC 沉积层的硬度随退火时间的变化

　　图 14.38 给出了电沉积 Ni-ZrC 沉积层的表面应力随外加应力的变化，可见沿外加应力方向的沉积层内应力，随着外加应力的增大而不断升高；而垂直于外加应力方向的沉积层应力，随外加应力的增大而略微降低。

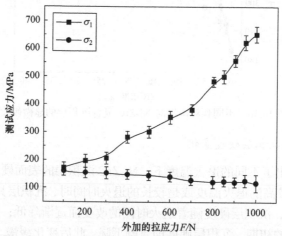

图 14.38　Ni-ZrC 沉积层表面应力随外加拉应力的变化

14.8　Ni-ZrC 复合沉积层的工艺-性能-组织结构之间的关系

　　总结前述的研究结果可获得表 14.4 所示的 Ni-ZrC 复合电沉积层的工艺-性能-组织结构之间的关系，由表中的数据可见，工艺-性能-织构结构之间有良好的对应关系。

表 14.4　Ni-ZrC 复合电沉积层的工艺-性能-组织结构之间的关系

工艺参数		表面形貌	ZrC 含量	显微硬度	内应力	纤微织构	微晶尺度	微应变
电流密度:1.25A/dm², 2.5A/dm², 5A/dm², 20A/dm², 40A/dm²	Ni-mZrC	1.25A/dm²时,表面凹凸不平;5~20 A/dm²时,表面由多面体和球状颗粒组成;平整度随电流密度增高越趋平整	随电流密度增加,mZrC 含量下降	2.5~20A/dm²时,电流密度范围,随电流密度增加,硬度下降	1~5A/dm²时,随电流密度增加,内应力增加,5~10A/dm²时下降,10~20A/dm²时增加	<2.5A/dm²低电流密度时,呈无纤维织构状态;然后随电流密度升高,[100]织构越强	随电流密度增加,微晶尺度增加	随电流密度增加,微应变减小
	Ni-nZrC	>5A/dm²时,表面由多面体和球状颗粒组成;平整度随电流密度增加越趋平整	随电流密度增加,mZrC 含量下降	<5A/dm²时,密度越高,沉积层中 nZrC 含量越高;>5A/dm²时,沉积液电流密度越高,沉积层的硬度越低	1~5A/dm²时,稍有增加;5~10A/dm²下降,10~20A/dm²增加	<1.25A/dm²低电流密度时,呈无纤维织构状态;然后随电流密度升高,[100]织构越强	随电流密度增加,微应变减小	1~2.5A/dm²时,随电流密度增加,微应变增加;>2.5 A/dm²时,随电流密度增加微应变下降
	两者之比较	相对而言在相同浓度下,nZrC 影响较大	相对而言,在相同电流密度下,沉积层中 mZrC 含量较低		在相同电流密度下,Ni-ZrC 中的 nZrC 内应力较中高	两种相比较,mZrC 对纤维织构形成进程的影响较大	两种相比较,mZrC 对晶粒细化的影响较大	两种相比较,mZrC 对微应变的影响较大

续表

工艺参数		表面形貌	ZrC含量	显微硬度	内应力	纤维织构	微晶尺度	微应变
颗粒浓度：2g/L、5g/L、10g/L、20g/L、30g/L、40g/L	Ni-mZrC	表面由球状突起结构组成，浓度越大越趋均匀，>20g/L，影响较小	沉积液中颗粒浓度越高，沉积层中mZrC含量越高	颗粒浓度0～4g/L范围随浓度增加，硬度增加	0～2.5g/L时，随浓度增加而增加；2.5～10g/L下降较大，10～40g/L下降缓慢	随浓度增加而趋于无织构状态；浓度越低，[100]织构越强	随电流密度增加，微晶尺度增加	随颗粒密度增加，微应变增加
	Ni-nZrC	表面由突状物组成，表面更微糙，随浓度增加，表面更微，>40g/L时，表面平整均匀	沉积液中颗粒浓度越高，沉积层中mZrC含量越高	颗粒浓度在20g/L范围，随浓度增加，硬度增加，>20g/L，有所降低	0～2.0g/L时，随浓度增加而增加；2.0～10g/L下降较大，10～40g/L下降缓慢	>40g/L时呈现无织构状态；浓度越低，[100]织构越强	随颗粒浓度增大，微应变减小，但变化量较小	随颗粒浓度增大，微应变增加
	两者之比较	相对而言，在相同浓度下，nZrC影响较大	相对而言，在相同浓度下，沉积层中，nZrC含量较高，mZrC低	相对而言，nZrC的影响较大	在相同浓度下，Ni-mZrC中内应力比Ni-nZrC中高	两种相比较，mZrC对纤维织构形成进程影响较大	两种相比较，mZrC对晶粒细化的影响较大	两种相比较，mZrC对微应变应力的影响较大

14.9　有关机理的讨论

14.9.1　Ni-ZrC 复合沉积层的电沉积过程

Ni-ZrC 复合沉积层的电沉积过程可以认为是，表面吸附了镍络合离子并带有正电荷的 ZrC 颗粒，在外加电场的作用下，受库仑力的作用，被移动至基底，并与液体中的金属镍离子共同被还原而沉积于基底，从而形成 Ni-ZrC 复合沉积层，如图 14.39 所示。因而，随着沉积液中颗粒浓度的升高，共沉积的颗粒数量升高，使得沉积层中颗粒含量升高。而相比于吸附了正电荷的 ZrC 颗粒，金属镍离子在外加电场下更容易移动。因此外加电流密度升高，相同时间内移动至基底的镍离子相对更多，从而使得复合沉积层中的颗粒含量更低。

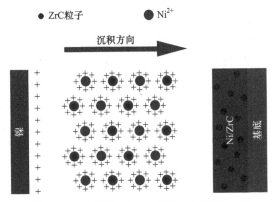

图 14.39　电沉积 Ni-ZrC 复合沉积层的过程

根据 Guglielmi 两步复合电沉积模型，首先，由于范德瓦耳斯作用力，ZrC 颗粒会被松散地吸附在阴极表面；然后，库仑力使 ZrC 颗粒被强吸附于阴极表面和 Ni 共沉积于基底之上。该模型可以表示为

$$\frac{C}{\alpha} = \frac{Mi_0}{nF\rho_m v_0}\exp(A-B)\eta\left(\frac{1}{k}+C\right) \tag{14.2}$$

其中，C 和 α 分别为溶液以及沉积层中颗粒的体积分数；M、n 以及 ρ_m 分别为被沉积金属的原子质量、电子价以及密度；i_0 为交换电流密度，并且 $i = i_0\exp(A\eta)$；F 为法拉第常数；η 为电极反应的过电势；k 为朗缪尔(Langmuir)等温常数；A 和 B 为对应于颗粒及金属沉积的常数。根据上述实验结果可以发现，在其他各参数固定的情况下，沉积层中的颗粒含量 α 会随着沉积液中颗粒浓度 C 的增加而增大，随着电流密度 i 的增大而减小，也说明对于 Ni-ZrC 复合电沉积体系，常数 $A>B$。

14.9.2　织构形成机理及晶粒细化

电沉积层的织构可以分为两类。第一类可以称为初始织构(initial texture)，该类织构形成于沉积层的生长初期，受沉积层与基底间的晶体关系影响；第二类沉积层织构称为生长织构(growth texture)，是指当沉积层厚度超过某一厚度值时，沉积层呈现出来的织构。对于初始织构，有两种情况：①以单晶或者多晶材料为基底，且沉积层与基底之间原子间结合力很强，那么沉积层晶粒的择优取向便会受基底晶体结构的外延影响；②以惰性材料为基底，那么基底的外延影响消失，初始织构也仅受电沉积条件的影响。XRD 测试过程中，当沉积层厚度低于某一个临界厚度时(X 射线穿透厚度)，那么沉积层的初始织构必然会影响测试结果。而沉积层的生长织构只受电沉积条件影响，而没有了下方基底的影响。通常沉积层织构的研究便是针对沉积层的生长织构，这也是沉积层表面织构研究的热点。

已经提出的电沉积层的织构形成机理有如下几种：①较大的残余沉积应力引起的冷变形机制，类似于金属线的冷拉拔过程中丝织构的形成，该理论认为沉积层织构的形成是由同样的塑性形变机制引起的；②内应力引起的大量孪晶也可能是沉积层织构形成的原因；③不同晶体学方向生长核心的形核功不同而引起织构；④晶体各晶面不同的表面能会使得各晶面的生长速率不同，而且各晶面生长速率也会因为电沉积过程中氢的吸附而不同，从而产生晶体择优取向；⑤某些物质的存在，阻碍了某些晶向方向的晶粒生长，而使另外一些晶向的晶粒生长，进而产生织构。由于某些电沉积层虽然具有很低的内应力，但是却呈现出较强的织构，从而①和②可以被排除在电沉积层织构的形成机理之外。

Pangarov[8]依据二维形核生长理论，计算了二维晶粒的形成功 W_{hkl} 与过饱和度的关系。根据其理论，[hkl]织构的形成是由于惰性基底上二维生长核心的择优取向。然而有实验发现，即使在外延生长的基底上同样有三维形核的出现。而且二维形核理论与铜沉积层上织构结果不一致[9]。而 Kozlov 和 Bicelli[10]利用三维形核生长理论，计算了惰性基底上三维生长核心的形核能与过电势的关系。根据三维形核生长理论，可以预测，对于 fcc 结构的金属来说，无论结晶过电势的大小，其初始织构都是[111]织构，这个结果对于 Ni 和 Cu 沉积层的实验结果都较为相符。在本研究中，无论是电沉积 Ni 层，还是 Ni-ZrC 层，其初始织构都为[111]织构，这也与三维形核生长理论相符。

可以认为，在电沉积 Ni 及 Ni-ZrC 层的初期，三维形核理论是沉积层织构形成的原因，并给出了三维形核理论计算所得形核能与过电势之间的关系。然而以上这些计算只能预测沉积层的初始织构，对于完全由电沉积条件控制的生长织构，该计算结果与实验不符。

在电沉积镍的条件中，电流密度和 pH 是影响镍沉积层晶体择优取向的重要因素。在常用的 Watts 液中电沉积纯镍层，其晶体择优取向随电流密度及 pH 的变化可以分为四个阶段[11]：①在低电流密度以及较宽泛的 pH 范围内，镍晶粒呈现出[110]择优取向；②在中等电流密度及较宽的 pH 范围内，镍晶粒呈现出[100]择优取向；③在中等电流密度以及较高的 pH 范围内，镍晶粒呈现出[211]择优取向；④在高电流密度以及较强的酸性介质内，镍晶粒呈现出[210]择优取向。而沉积层内部柱状晶的存在，是纯镍沉积层中丝织构形成的原因。

因此，对于 Ni 沉积层，可利用电沉积电流密度及沉积液的 pH，对沉积层织构进行调整。而对于 Ni-ZrC 复合沉积层，沉积层中 ZrC 颗粒含量是影响复合沉积层织构的重要因素，因此需要通过控制沉积层中第二相颗粒的含量调整沉积层织构。并且，复合沉积层的织构调整，需要在织构调整阶段(texture modified stage)进行，在晶粒细化阶段(crystallite refined stage)，复合沉积层并没有明显的择优取向，且随电沉积参数的变化不大。

14.9.3　Ni-ZrC 沉积层在高温下的晶粒长大

在等温退火时，晶粒尺寸的生长速率可以用下式表示：

$$dD_t / dt = AD_t^{1-n} \tag{14.3}$$

其中，D_t 为时间 t 时，材料的晶粒尺寸。将上式进行积分可以得到

$$D_t^n - D_0^n = Kt \tag{14.4}$$

其中，D_t^n 为材料初始的晶粒尺寸。在式(14.3)和式(14.4)中，n 称为时间因子。理论上，对于理想的单相材料，$n=2$；然而在实际中却发现，n 在绝大多数情况下都大于 2。对于绝大多数材料来说，n 的范围为 1.5～20。对式(14.4)取对数可得

$$\log\left(\frac{dD_t}{dt}\right) = \log A + (1-n)\log(D_t) \tag{14.5}$$

那么在时间为 t 时，以 $\log(dD_t/dt)$ 值为纵坐标，以 $\log(D_t)$ 为横坐标作图，假设所得拟合线的斜率为 S_1，从而可以获得时间因子 $n=1-S_1$。

图 14.40 给出了退火温度为 473K 以及 723K 时，沉积层的 $\log(dD_t/dt)$ 和 $\log(D_t)$ 的关系图。可见不同温度所对应的时间因子不同：随着退火温度的升高，时间因子逐渐降低；在温度为 473K 时，斜率约为-18.2，可得 n 为 19.2；在温度为 723K 时，斜率约为-6.9，那么 n 为 7.9。时间因子 n 的值越大，说明材料的晶粒尺寸随着时间的变化越快，因此相对应的晶粒长大激活能的值会越高。这也说明镍基沉积层在低温及高温退火时，其晶粒长大的机制是不同的。

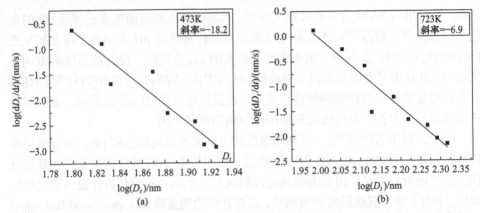

图 14.40 在 473K(a)及 723K(b)退火后，Ni-ZrC 沉积层的 $\log(\mathrm{d}D_t/\mathrm{d}t)$ 与 $\log(D_t)$ 的关系图

14.9.4 Ni-ZrC 复合沉积层的强化机制和抗腐蚀机制

由 Ni-ZrC 复合沉积层的显微硬度随电沉积参数的变化规律，可见 ZrC 颗粒具有强化沉积层的效果。在某些条件下，纳米 ZrC 颗粒的增强效果比微米 ZrC 颗粒的增强效果略高。然而，与 Ni-mZrC 沉积层的显微硬度的改变不同的是，Ni-nZrC 沉积层的显微硬度在达到某个极大值时，会随着电流密度的降低或颗粒浓度的升高而降低。结合 Ni-nZrC 表面形貌分析结果，我们认为这是由于较低电流密度或较高颗粒浓度时，Ni-nZrC 表面松散的结构导致了沉积层硬度下降。

通常，金属基复合沉积层的强化机制可以归类于四种[3]：①晶粒择优取向的改变；②可用 Hall-Petch 关系表示的晶粒细化机制；③Orowan 机制相关的第二相颗粒弥散强化；④固溶强化机制。

对于本研究中 ZrC 增强镍基复合沉积层，第二相颗粒只是机械嵌入镍基体之中，因而首先可以排除固溶强化机制。颗粒弥散强化的 Orowan 机制可以表示为

$$\Delta\sigma_{\mathrm{Org}} = \frac{2mGb}{1.18\times4\pi(\lambda-\varphi)}\ln\left(\frac{\phi}{2b}\right) \tag{14.6}$$

其中，$\Delta\sigma_{\mathrm{Org}}$ 为因 Orowan 机制而获得的屈服应力的升高；m 为泰勒因子(Taylor factor)，在随机晶粒取向时，$m=3$；G、b 分别对应于基体的剪切模量和位错的伯格矢量；λ 则为弥散颗粒中心位置之间的平均距离；ϕ 为颗粒的直径。而硬度与屈服应力的关系可表示为

$$HV = 3\sigma_y \tag{14.7}$$

则由 Orowan 机制而获得的硬度升高可表示为

$$\Delta H = 3\Delta\sigma_{\mathrm{Org}} = \frac{6mGb}{1.18\times4\pi(\lambda-\varphi)}\ln\left(\frac{\phi}{2b}\right) \tag{14.8}$$

而 ϕ 及 λ 的关系可以表示为

$$\lambda = \frac{(4\pi/(3f))^{1/3}\phi}{2} \tag{14.9}$$

其中，f 为沉积层中嵌入颗粒的含量。那么假设本研究中所嵌入的颗粒为理想的球形且为单分散状态，对于 Ni-mZrC 及 Ni-nZrC 复合沉积层，在颗粒含量 20g/L 时，因 Orowan 机制而获得的硬度升高分别为 33HV 及 120HV 左右，而实际上两种沉积层比纯镍沉积层的显微硬度要高出 200HV 左右。可见 Orowan 机制虽然可以使得复合沉积层的硬度略微升高，但并非 Ni-mZrC 复合沉积层的主要强化机制。

晶粒细化使得复合沉积层强化的机制可用 Hall-Petch 关系来表示，如下式：

$$\sigma_y = \sigma_0 + kD^{-1/2} \tag{14.10}$$

其中，σ_y 为屈服应力；σ_0 及 k 为材料常数；D 为材料的晶粒尺寸。由此可见，因晶粒细化机制而强化的材料，其 σ_y 与 $D^{1/2}$ 呈线性关系。为了排除织构对材料硬度的影响，我们仅选择没有择优取向的沉积层，我们将已制备的无择优取向的复合沉积层的 σ_y 与 $D^{-1/2}$ 作图，如图 14.41 所示。由图中可见，各方向相关的 $D^{-1/2}$ 与 σ_y 均呈线性关系，说明复合沉积层的强化机制符合 Hall-Petch 关系，因此可以认为晶粒细化是镍基复合沉积层的主要强化机制。

而当复合沉积层中择优取向存在时，发现 $D^{-1/2}$ 与 σ_y 并不是呈完全的线性关系，说明在较强织构存在时，晶粒细化并非 Ni-ZrC 沉积层唯一的强化机制。如文献[6]中关于织构对铜沉积层的影响一样，对于具有 fcc 晶体结构的金属镍来说，(111)晶面比(200)晶面具有更好的机械性能。因此在 Ni-ZrC 复合沉积层[100]织构消失的过程中，织构的改变也对复合沉积层的强化起到了一定的作用。

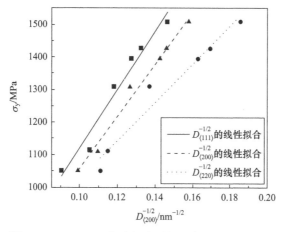

图 14.41　Ni-mZrC 复合沉积层的 σ_y 与 $D^{-1/2}$ 的关系图

　　而对于 Ni-nZrC 复合沉积层，当颗粒浓度超过一定量(20g/L)，或是电流密度较低时，尽管沉积层的晶粒尺寸较小，但沉积层的硬度反而降低。结合表面形貌分析可以发现，此时 Ni-nZrC 沉积层表面较为松散，因而使得沉积层表面硬度下降。结合之前组织结构的分析，我们认为，在制备复合沉积层时，为了使沉积层获得较好的性能，需要使沉积层中的含量超过织构调整阶段，进入晶粒细化阶段。在晶粒细化阶段，复合沉积层中的颗粒含量较高，沉积层晶粒尺寸较小，沉积层具有较好的机械性能。然而沉积液中过高的颗粒浓度，会使得形成的复合沉积层表面较为松散，尤其是纳米颗粒增强的复合沉积层，因此，颗粒浓度并不应该超过某一个值。

　　此外，已经提到 Ni-ZrC 复合沉积层呈现出比 Ni 沉积层更为优异的耐腐蚀性能。之前的研究发现，晶粒的细化不仅可以提高镍沉积层在 NaCl 溶液中的耐腐蚀性能，也可以提高其在 NaOH 溶液中的耐腐蚀性能。并且，Ni-ZrC 复合沉积层中，第二相 ZrC 颗粒可以在腐蚀过程中作为阴极而与镍基体形成腐蚀微电池，从而保护了镍基体。因此，具有更小晶粒尺寸的 Ni-ZrC 复合沉积层呈现出比纯镍沉积层更优异的耐腐蚀性能。

参 考 文 献

[1] 张中泉. 电沉积 Ni-ZrC 复合镀层的织构及内应力研究. 上海: 上海交通大学, 2015.

[2] Zhang Z Q, Jiang C H, Cai F, et al. Two stages for the evolution of crystallite size and texture of electrodeposited Ni-ZrC composite coating. Surface & Coatings Technology, 2015, 261: 122-129.

[3] Zhang Z Q, Jiang C H, Fu P, et al. Microstructure and texture of electrodeposited Ni-ZrC composite coatings investigated by Rietveld XRD line profile analysis. Journal of Alloys and Compounds, 2015, 626: 118-123.

[4] Zhang Z Q, Wu X Y, Jiang C H, et al. Electrodeposition of Ni matrix composite coatings containing ZrC particles. Surface Engineering, 2014, 30: 21-25.

[5] Zhang Z Q, Jiang C H, Ma N H. Microstructure and corrosion behavior of electrodeposited Ni-Co-ZrC coatings. Journal of Materials Engineering and Performance, 2014, 23(11): 4065-4071.

[6] Zhang Z Q, Jiang C H, Wu X Y, et al. Effect of particle concentration on property of electrodeposited Ni-ZrC nanocomposites. Materials Research Innovations, 2014, 18: 146-151.

[7] Klokholm E. Intrinsic stress in evaporated metal films. Journal of Vaccum Science and Technology, 1969, 6(1):138.

[8] Pangarov N. Preferred orientations in electro-deposited metals. Journal of Electroanalytical Chemistry, 1965, 9(1): 70-85.

[9] 洪波. 电沉积铜薄膜中织构与内应力的研究. 上海: 上海交通大学, 2008.

[10] Kozlov V M, Bicelli L P. Texture formation of electrodeposited fcc metals. Materials Chemistry and Physics, 2002, 77: 289-293.

[11] Nielsen C B, Horsewell A, Ostergard M J L. On texture formation of electrodepoited nickel. Journal of Applied Electrochemistry, 1997, 27: 839-845.

第15章 电沉积 Ni-(Ti-CeO₂)颗粒复合材料及其测试分析与表征

随着工业技术的不断发展,对材料性能的需求条件不断提高,一元颗粒增强的镍基复合沉积层已经无法满足人们的要求。人们将两种及两种以上颗粒加入镍沉积层中,制备了多元颗粒增强的镍基复合沉积层,弥补由加入单一颗粒造成的缺陷,来满足实际工业需求。已有大量多元颗粒增强的镍基复合沉积层通过复合电沉积技术制备出来,混合颗粒种类主要包括:金属/金属混合颗粒、金属/陶瓷混合颗粒、陶瓷/陶瓷混合颗粒,例如 Ni-(Al-Cr)颗粒、Ni-(Cr-CeO₂)颗粒和 Ni-(Al₂O₃-SiC)颗粒等。本章介绍电沉积 Ni-(Ti-CeO₂)颗粒复合材料及其表征[1-4]。

15.1 Ni-(Ti-CeO₂)颗粒复合沉积层的制备和形貌

15.1.1 制备溶液和工艺条件

从含 Ti 颗粒(约 2μm)和 CeO₂ 颗粒(100nm)的混合颗粒浓度的 Watts 溶液中,制备了 Ni-(Ti-CeO₂)颗粒复合沉积层。表 15.1 列出了 Watts 溶液基本组分及复合电沉积基本工艺参数。

表 15.1　Watts 溶液的基本组分及复合电沉积基本工艺参数

化学试剂	浓度/(g/L)	基本工艺参数	
硫酸镍(NiSO₄·6H₂O)	240±0.01	沉积时间	80min
氯化镍(NiCl₂·6H₂O)	80±0.01	pH	3.6±0.2
硼酸(H₂BO₃)	30±0.01	搅拌速率	±10r/min
十二烷基硫酸钠(SDS)	0.2±0.01	溶液温度	(50±2)℃
氢氧化钠(NaOH)	适量	调节溶液 pH	
盐酸(HCl)	适量	调节溶液 pH	

这里通过调节电沉积工艺参数,制备了不同的 Ni-(Ti-CeO₂)复合沉积层,研究电沉积工艺、微观组织结构与性能之间的关系。具体内容包括:①改变电流密度(10mA/cm², 25mA/cm², 50mA/cm², 100mA/cm², 200mA/cm²),研究电流密度

对 Ni-(Ti-CeO₂)复合沉积层的组分、组织结构与性能的影响；②调节 Watts 溶液中 Ti/CeO₂ 颗粒浓度，研究混合颗粒浓度对 Ni-(Ti-CeO₂)复合沉积层组分、组织结构与性能的影响；③改变 Ti/CeO₂ 颗粒比例，研究混合颗粒比例对 Ni-(Ti-CeO₂)复合沉积层组分、组织结构与性能的影响，并探讨两种颗粒对 Ni-(Ti-CeO₂)复合沉积层的协同影响作用。这里需要说明的是，Ti/CeO₂ 颗粒比例的改变是通过固定 Ti 颗粒在 Watts 溶液中的浓度，改变 CeO₂ 颗粒在 Watts 溶液中的浓度来实现的。具体颗粒相关实验参数列于表 15.2 中[1]。

表 15.2　复合电沉积工艺参数

工艺度	电流密度/(mA/cm²)	Ti/CeO₂ 颗粒浓度/(g/L)	Ti/CeO₂ 颗粒比例
电流密度系列	10~200	44	10/1
Ti/CeO₂ 颗粒浓度系列	50	0, 11, 22, 44, 88	10/1
Ti/CeO₂ 颗粒比例系列	50	Ti：100；　CeO₂：0, 2.5, 5, 10, 20	

在用电化学方法制备复合沉积层时，如果 Watts 溶液拥有过高的 pH，复合沉积层中氧元素含量会增加；过低的 pH 会促进 H⁺发生放电反应，降低电流效率。因此，在进行电沉积前，需要对 Watts 溶液进行 pH 调整，到达最佳电沉积状态。在本书中，配合使用 NaOH 溶液与 HCl 溶液，调节 Watts 溶液的 pH 至 3.5 左右。接着，使用电子天秤分别称取所需的 Ti、CeO₂ 颗粒加入调配好的 Watts 溶液中。Ti/CeO₂ 混合颗粒在 Watts 溶液中的分散状况对 Ni-(Ti-CeO2)复合沉积层的质量有重要影响。为了有效地分散 Watts 溶液中的 Ti/CeO₂ 混合颗粒，需要对含有 Ti/CeO₂ 混合颗粒的 Watts 溶液进行预处理，包括"磁力机械搅拌 3h+超声处理 30min"。

使用的基底为 304 不锈钢。基底的表面状态对 Ni-(Ti-CeO₂)复合沉积层的质量有着至关重要的影响，包括对残余内应力、沉积层附着力以及界面微结构等的影响。因此，在电沉积之前需要对基底表面进行预处理。预处理主要包括磨抛、去污、酸洗、清洗等步骤。具体操作如下：依次使用不同目的砂纸对 304 不锈钢基底进行表面磨抛处理；将磨抛处理过的 304 不锈钢基底用去离子水清洗后，浸泡到除油剂中，并进行超声处理 1min；依次使用丙酮、酒精、去离子水分别进行超声清洗 2min；将清洗好的 304 不锈钢基底浸入 10vol%的硫酸溶液中进行活化处理 15s；最后使用去离子水清洗 304 不锈钢基底表面，完成预处理。

15.1.2　电流密度对 Ni-(Ti-CeO₂)复合沉积层中 Ti、CeO₂ 含量及形貌的影响

固定 Ti/CeO₂ 颗粒浓度（"40g/L Ti 颗粒+4g/L CeO₂ 颗粒"），改变电流密度，制备了不同的 Ni-(Ti-CeO₂)复合沉积层，研究电流密度对复合沉积层成分及形貌的影响。图 15.1 为不同电流密度下制备的 Ni-(Ti-CeO₂)复合沉积层中 Ti、CeO₂

颗粒含量的变化。由图可知，随着电流密度的增加，复合沉积层中的 Ti、CeO₂ 颗粒含量都降低，当电流密度达 100mA/cm² 后，颗粒浓度降低十分缓慢；Ti 颗粒的含量始终高于 CeO₂ 颗粒的含量。Ti、CeO₂ 颗粒含量的降低主要是颗粒沉积速度和 Ni²⁺ 还原速度之间竞争的结果。电流密度越大，Ni²⁺ 发生还原反应转变为 Ni 原子的速度越快，导致镍金属基体生长速度越快，降低了颗粒的沉积速度，最终导致复合沉积层中的 Ti、CeO₂ 颗粒含量的降低。

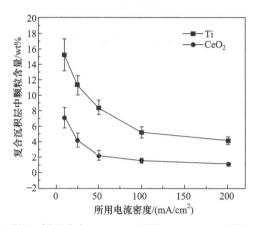

图 15.1　固定 Ti/CeO₂ 颗粒比例及浓度（"40g/L Ti 颗粒+4g/L CeO₂ 颗粒"），电流密度对 Ti、CeO₂ 颗粒在复合沉积层中含量的影响

　　图 15.2 为不同电流密度下制备的 Ni-(Ti-CeO₂)复合沉积层的表面形貌图。如图 15.2(a)所示，在低电流密度下，Ni-(Ti-CeO₂)复合沉积层表面为细小的"瘤节状"结构。随着电流密度提高到 50mA/cm²（图 15.2(b)），"瘤节状"结构数量逐渐减少，但其平均尺寸逐渐增加。继续增加电流密度至 200mA/cm²（图 15.2(c)），"瘤节状"结构数量进一步减少。这是 Ti、CeO₂ 颗粒在复合沉积层中的含量不断减少引起的。

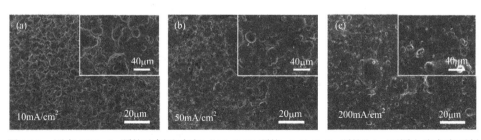

图 15.2　固定 Ti/CeO₂ 颗粒比例及浓度（"40g/L Ti 颗粒+4g/L CeO₂ 颗粒"），不同电流密度下制备的 Ni-(Ti-CeO₂)复合沉积层的表面形貌
(a) 10mA/cm²；(b) 50mA/cm²；(c) 200mA/cm²

　　图 15.3 为在 50mA/cm² 条件下制备的 Ni-(Ti-CeO₂)复合沉积层的侧面形貌。

由图可知，Ti 颗粒均匀地分布在镍基体中。虽然在 Ni-(Ti-CeO$_2$)复合沉积层表面可以看到微小的凸起，但与 Ni-Ti 复合沉积层相比，其表面粗糙度明显减小。

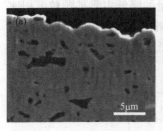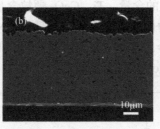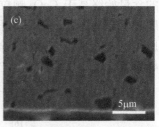

图 15.3　在 40g/L Ti 颗粒+4g/L CeO$_2$ 颗粒，50mA/cm^{2}电流密度条件下制备的 Ni-(Ti-CeO$_2$)颗粒侧面形貌：(a)顶部放大图；(b)侧面形貌；(c)底部放大图

15.1.3　颗粒浓度对 Ni-(Ti-CeO$_2$)复合沉积层中 Ti、CeO$_2$ 含量及形貌的影响

将不同浓度的 Ti/CeO$_2$ 混合颗粒分散到 Watts 溶液中，使用复合电沉积技术，制备不同的 Ni-(Ti-CeO$_2$)复合沉积层，研究混合颗粒浓度对其组分及形貌的影响。使用的制备工艺参数如下：电流密度为 5A/cm^2，Ti/CeO$_2$ 颗粒比例=10/1，Ti/CeO$_2$ 颗粒浓度分别为 11g/L、22g/L、44g/L、88g/L。图 15.4 展示了不同 Ti/CeO$_2$ 颗粒浓度条件下制备的 Ni-(Ti-CeO$_2$)复合沉积层中 CeO$_2$、Ti 颗粒的含量。如图 15.4 所示，随着溶液中 Ti/CeO$_2$ 颗粒浓度的提高，Ti、CeO$_2$ 的含量都不断增加。虽然 Ti 颗粒含量始终高于 CeO$_2$ 颗粒含量，但是两种颗粒含量的增加速度明显不同。Ti 颗粒的增加的速度随着混合颗粒浓度的增加而降低；相反，CeO$_2$ 颗粒含量增加的速度随着颗粒浓度的升高逐渐增加。这是小尺寸的 CeO$_2$ 颗粒具有更高的概率被沉积层捕获导致的。

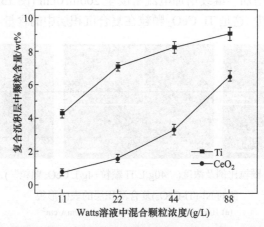

图 15.4　固定 Ti/CeO$_2$ 颗粒比例(10/1)及电流密度(50mA/cm^2)，Ti/CeO$_2$ 浓度对 Ti、CeO$_2$ 颗粒在 Ni-(Ti-CeO$_2$)复合沉积层中含量的影响

　　图 15.5 为不同 Ti/CeO₂ 颗粒浓度下制备的 Ni-(Ti-CeO₂)复合沉积层的表面形貌图。如图 15.5 的(a)和(b)所示，Ti/CeO₂ 混合颗粒加入后，纯镍沉积层的"多边形状"表面结构演化为"瘤节状"的表面结构。随着 Ti/CeO₂ 颗粒浓度的增加，"瘤节状"结构的平均尺寸逐渐降低。这是 Ti、CeO₂ 颗粒在复合沉积层中的含量不断提高，晶粒不断被细化造成的。另外，图 15.5(e)为在混合颗粒浓度为 88g/L 时制备的 Ni-(Ti-CeO₂)复合沉积层的原始截面，可以清晰分辨出 Ti 颗粒镶嵌在复合沉积层中。

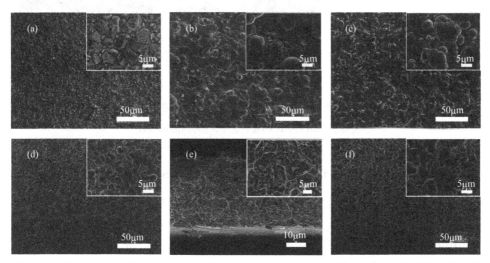

图 15.5　固定 Ti/CeO₂ 颗粒比例(10/1)及电流密度(50mA/cm²)，不同 Ti/CeO₂ 颗粒浓度条件下制备的 Ni-(Ti-CeO₂)颗粒表面形貌

(a) 镍沉积层；(b) 11g/L；(c) 22g/L；(d) 44g/L；(f) 88g/L；(e)为(f)样品的侧面形貌

　　图 15.6 展示了在不同 Ti/CeO₂ 颗粒浓度条件下制备的 Ni-(Ti-CeO₂)复合沉积层的侧面形貌。如图所示，纯镍沉积层是致密且表面平滑的，加入 11g/L 的 Ti/CeO₂ 混合颗粒后，复合沉积层表面变得粗糙、多孔。继续增加 Ti/CeO₂ 颗粒浓度至 88g/L，Ni-(Ti-CeO₂)复合沉积层的表面粗糙度逐渐降低，且变得致密，这是 Ti、CeO₂ 在 Ni-(Ti-CeO₂)复合沉积层里的含量占比变化导致的。如前所述，Ti 颗粒增强的 Ni-Ti 复合沉积层往往是表面粗糙、多孔的；CeO₂ 纳米颗粒增强的 Ni-CeO₂ 复合沉积层是致密且表面平滑的。因此，在低 Ti/CeO₂ 颗粒浓度条件下，Ti 颗粒含量占比较高，Ti 颗粒起主导作用，随着 Ti/CeO₂ 颗粒浓度的升高，CeO₂ 含量比不断增加，CeO₂ 颗粒逐渐起主导作用。实质上，两种颗粒对 Ni-(Ti-CeO₂)复合沉积层形貌的影响主要取决于颗粒导电性，导电的增强颗粒往往导致粗糙多孔的表面结构，非导电的增强颗粒往往促使致密平坦的复合沉积层表面形貌[5]。

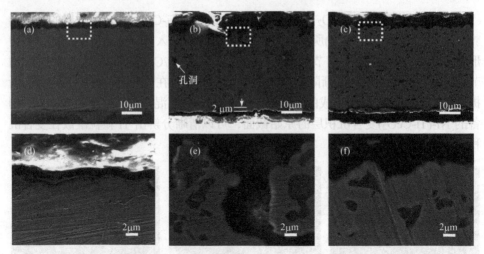

图 15.6　固定 Ti/CeO$_2$ 颗粒比例(10/1)及电流密度(50mA/cm^2)，在不同 Ti/CeO$_2$ 颗粒浓度条件下
制备的 Ni-(Ti-CeO$_2$)复合沉积层的侧面形貌图

(a), (d)镍沉积层；(b), (e)22g/L CeO$_2$；(c), (f)88g/L CeO$_2$；(d)~(f)分别是(a)~(c)中指定位置的放大

15.1.4　颗粒比例对 Ni-(Ti-CeO$_2$)复合沉积层中 Ti、CeO$_2$ 含量及形貌的影响

固定 Ti 颗粒在溶液中的浓度，通过改变 CeO$_2$ 纳米颗粒浓度来调节 Ti/CeO$_2$ 颗粒比例，制备了不同的 Ni-(Ti-CeO$_2$)复合沉积层，并研究了其组分和形貌的变化。所采用的 Ti 颗粒的浓度和电流密度分别为 100g/L 和 50mA/cm^2，CeO$_2$ 颗粒浓度分别为 0g/L、2.5g/L、5g/L、10g/L、20g/L。图 15.7 展示了 Ti、CeO$_2$ 颗粒在 Ni-(Ti-CeO$_2$)复合沉积层中的含量随着 CeO$_2$ 颗粒在 Watts 溶液中浓度的变化。由图可知，随着 CeO$_2$ 颗粒在 Watts 溶液中浓度的不断增加，CeO$_2$ 颗粒含量不断升高，后趋于平缓；

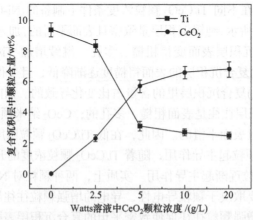

图 15.7　固定 Ti 颗粒浓度(100g/L)及电流密度(50mA/cm^2)，CeO$_2$、Ti 颗粒在复合沉积层
Ni-(Ti-CeO$_2$)中含量随 CeO$_2$ 颗粒在 Watts 溶液中浓度的变化

相反，Ti 颗粒含量逐渐降低，随后趋于平缓。一般地，在镍基复合沉积层中，增强颗粒的含量存在饱和值。因此，如果 Ti 颗粒和 CeO₂ 颗粒在复合沉积层中的含量达到了其饱和值，则当增加 CeO₂ 颗粒浓度时，CeO₂ 含量的提高将不可避免地引起 Ti 颗粒含量的下降。另外，CeO₂ 颗粒在溶液中浓度的增加，必然导致 Ti 颗粒被镍金属基体捕获的概率降低，致使 Ti 颗粒在复合沉积层中的含量减小。

图 15.8 展示了在不同 CeO₂ 颗粒浓度条件下制备的 Ni-(Ti-CeO₂)复合沉积层的表面形貌。由图可知，加入增强颗粒后，纯镍沉积层的多边形状结构转变为瘤节状结构。随着 CeO₂ 颗粒浓度从 0g/L 增加到 5g/L，瘤节状结构的平均尺寸逐渐减小，继续增加 CeO₂ 颗粒浓度，瘤节状结构的平均尺寸趋于稳定。

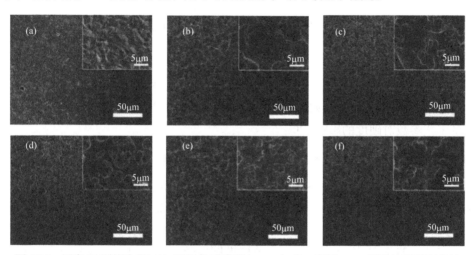

图 15.8　固定 Ti 颗粒浓度(100g/L)及电流密度(50mA/cm²)，不同 CeO₂ 颗粒浓度下制备的
Ni-(Ti-CeO₂)复合沉积层的表面形貌

(a) 镍沉积层；在(b) 0g/L、(c) 2.5g/L、(d) 5g/L、(e) 10g/L、(f) 20g/L 的 CeO₂ 颗粒浓度

图 15.9 展现了不同电沉积层的截面形貌图。如图 15.9(a)所示，镍沉积层是致密且表面平滑的。当加入 Ti 颗粒浓度为 100g/L 时，Ni-Ti 复合沉积层表面是多孔粗糙的，且 Ti 颗粒在复合沉积层中出现了团聚现象。当加入 CeO₂ 颗粒(5g/L)后，Ni-(Ti-CeO₂)复合沉积层变得致密，其表面粗糙度也明显得到改善。另外，CeO₂ 的加入促进了 Ti 颗粒的均匀分布。

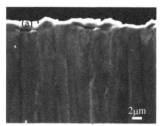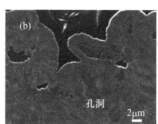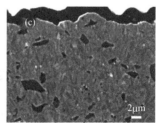

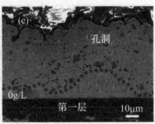

图 15.9　不同电沉积层的截面形貌图

(a)，(d)纯镍沉积层；(b)，(e)在 100g/L 微米 Ti 颗粒条件下制备的 Ni-Ti 复合沉积层；(c)，(f)在加入 5g/L 的 CeO₂ 纳米颗粒条件下制备的 Ni-(Ti-CeO₂)复合沉积层；(a)～(c)分别是(d)～(f)中指示区域的放大

15.2　Ni-(Ti-CeO₂)复合沉积层的表层硬度

硬度是材料对外界物体入侵的局部抵抗能力，影响复合沉积层的机械性能，例如耐磨损性及抗冲击性能。复合沉积层的硬度与其微观组织结构有密切关系，其组织结构可以通过调节制备工艺参数控制。因此，需要深入研究复合沉积层的制备工艺参数对硬度的影响[1-3]。

15.2.1　电流密度对 Ni-(Ti-CeO₂)复合沉积层表层硬度的影响

在不同电流密度($10mA/cm^2$, $25mA/cm^2$, $50mA/cm^2$, $100mA/cm^2$, $200mA/cm^2$)条件下，使用复合电沉积技术，从含有固定混合颗粒浓度（"40g/L Ti 颗粒+4g/L CeO₂ 颗粒"）Watts 溶液中制备不同的 Ni-(Ti-CeO₂)复合沉积层，并对其进行表面硬度表征。如图 15.10 所示，随着电流密度的提高，Ni-(Ti-CeO₂)复合沉积层表面

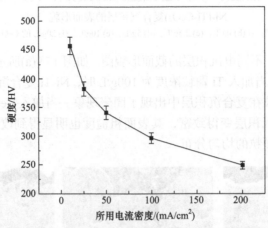

图 15.10　固定 Ti/CeO₂ 颗粒浓度及比例，在不同电流密度下制备的 Ni-(Ti-CeO₂)复合沉积层的表面硬度

Ti/CeO₂=10/1，Ti/CeO₂ 混合颗粒浓度 44g/L，电流密度 $0mA/cm^2$, $25mA/cm^2$, $50mA/cm^2$, $100mA/cm^2$, $200mA/cm^2$

硬度呈现递减趋势。当电流密度从 10mA/cm² 增加到 200mA/cm² 时，Ni-(Ti-CeO₂) 复合沉积层的表面硬度从 457HV₀.₀₂₅ 减小到 249.8HV₀.₀₂₅。

15.2.2 颗粒浓度对 Ni-(Ti-CeO₂)复合沉积层表层硬度的影响

在 50mA/cm² 的电流密度条件下，固定 Ti/CeO₂ 颗粒浓度比为 10/1，从含有不同 Ti/CeO₂ 颗粒浓度(11g/L，22g/L，44g/L，88g/L)的 Watts 溶液中制备了不同的 Ni-(Ti-CeO₂)复合沉积层，并研究了其表面硬度分布。如图 15.11 所示，增加 Ti/CeO₂ 颗粒浓度可以显著提高 Ni-(Ti-CeO₂)复合沉积层表层硬度。当溶液中混合颗粒浓度为 0g/L(纯镍沉积层)时，硬度仅为 246.2HV₀.₀₂₅。当加入 11g/L 的 Ti/CeO₂ 颗粒后，硬度明显提高到 372.5HV₀.₀₂₅。继续增加颗粒至 88g/L，Ni-(Ti-CeO₂)复合沉积层的表面硬度逐渐增加到 477.1HV₀.₀₂₅。

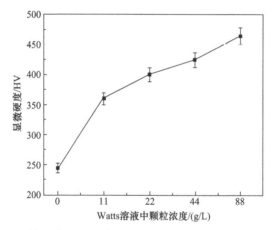

图 15.11 固定 Ti/CeO₂ 颗粒比例及电流密度，在不同 Ti/CeO₂ 颗粒浓度下制备的 Ni-(Ti-CeO₂) 复合沉积层的表面硬度

Ti/CeO₂=10/1，Ti/CeO₂ 混合颗粒浓度 11g/L，22g/L，44g/L，88g/L，电流密度 50 mA/cm²

15.2.3 颗粒比例对 Ni-(Ti-CeO₂)复合沉积层表面硬度的影响

在电流密度为 50mA/cm₂ 的条件下，固定 Ti 颗粒在 Watts 溶液中的 Ti 颗粒浓度(100g/L)，通过改变 CeO₂ 颗粒浓度来调制不同的混合颗粒浓度比，制备了不同的 Ni-Ti-CeO₂ 复合沉积层，并研究其表面硬度分布。图 15.12 展示了在不同 CeO₂ 颗粒浓度下制备的 Ni-(Ti-CeO₂)复合沉积层的表面硬度分布。如图所示，随着 CeO₂ 颗粒浓度的增加，Ni-(Ti-CeO₂)复合沉积层的表面硬度不断提高。当 CeO₂ 颗粒浓度从 0g/L 增加到 20g/L 时，硬度从 389.1HV₀.₀₂₅ 增加到 518.3HV₀.₀₂₅。

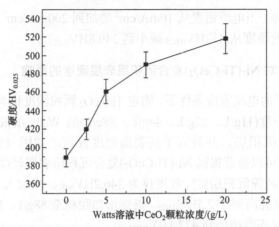

图 15.12　固定 Ti 颗粒浓度及电流密度，在不同 CeO₂ 颗粒浓度下制备的 Ni-(Ti-CeO₂)复合沉积层的表面硬度

Ti 颗粒浓度 100g/L，CeO₂ 混合颗粒浓度 0g/L，2.5g/L，5g/L，10g/L，20g/L，电流密度 50mA/cm²

15.2.4　Ti、CeO₂ 颗粒对 Ni-(Ti-CeO₂)复合沉积层截面硬度分布的协同作用

在 50 mA/cm² 的电流密度下，通过向 Watts 溶液中逐步加入 0g/L 纯 Ni 颗粒、100g/L 的 Ti 颗粒、100g/L "Ti 颗粒+4g/LCeO₂ 颗粒"，分别制备了纯 Ni 沉积层、Ni-Ti 复合沉积层、Ni-(Ti-CeO₂)复合沉积层。将制备好的沉积层镶嵌到镶料中，暴露出侧面，通过磨抛处理后，使用微米压痕表征了侧面空间硬度分布，研究颗粒对其空间硬度影响。图 15.13 展示了不同电沉积层的空间硬度分布及压痕点阵图，其中硬度单位统一为 GPa。

如图 15.13(a)所示，纯 Ni 沉积层的底部拥有较高的硬度，且硬度沿着沉积层生长方向逐渐降低。图 15.13(d)为纯 Ni 沉积层沿生长方向的硬度分布曲线，如图所示，材料硬度在镍沉积层中呈现一定的梯度分布。另外，在镍沉积层中间位置存在硬度较高的点，这是微米压痕区域包含镍晶界造成的。通过计算可知，纯 Ni 沉积层的平均硬度为(3.01 ± 0.38)GPa。

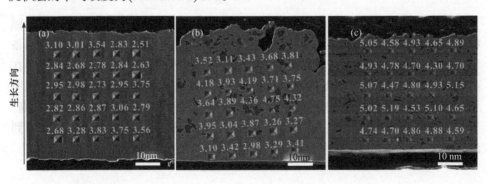

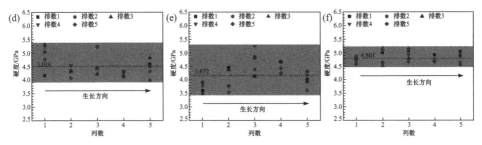

图 15.13　不同复合沉积层截面的硬度分布

(a)和(d)纯镍沉积层；(b)和(e)Ni-Ti 复合沉积层；(c)和(f)Ni-(Ti-CeO₂)复合沉积层

如图 15.13(b)所示，加入 Ti 颗粒之后，硬度总体得到了提升，但是硬度分布是明显不均匀的。例如，靠近 Ti 颗粒处的硬度高达 4.75GPa，而在远离 Ti 颗粒或不含 Ti 颗粒区域的硬度仅为 2.98GPa。图 15.13(e)定量地展示了 Ni-Ti 复合沉积层的空间硬度分布。由图可知，与纯 Ni 沉积层相比，平均硬度提高到(3.672 ± 0.78)GPa。但是 Ni-Ti 复合沉积层空间硬度分布围绕平均硬度(3.76GPa)是明显跌宕起伏的，说明了 Ni-Ti 复合沉积层中硬度空间分布是不均匀的。

图 15.13(c)为 Ni-(Ti-CeO₂)复合沉积层侧面空间硬度分布。由图可知，在同时加入 Ti 颗粒和 CeO₂ 颗粒后，硬度整体得到提高，并且硬度分布相对均匀。图 15.13(f)为其空间硬度分布曲线，由图可知，Ni-(Ti-CeO₂)复合沉积层的平均硬度为 4.8GPa，远大于镍沉积层或 Ni-Ti 复合沉积层的平均硬度值。另外，Ni-(Ti-CeO₂)复合沉积层的空间硬度的均匀性也得到了明显的提升。

综上所述可知，纯 Ni 沉积层具有最小的硬度值，单独加入的 Ti 颗粒提高后，Ni-Ti 复合沉积层的硬度得到明显提高，但是空间分布十分不均匀。通过同时加入 Ti 颗粒和 CeO₂ 颗粒，Ni-(Ti-CeO₂)复合沉积层的硬度不仅得到了进一步提高，硬度的空间分布均匀性也得到了明显改善。

15.3　Ni-(Ti-CeO₂)复合沉积层的耐腐蚀性能

复合电沉积层作为一种表面改性技术，不仅要具有良好的抵抗外力变形的能力，也应具有抵抗外界侵蚀的能力。因此，耐腐蚀性能也是镍基复合沉积层重要性能指标之一。前文已经指出，通过改变工艺参数，Ni-(Ti-CeO₂)复合沉积层中的颗粒浓度及分布状态受到影响，导致复合沉积层的组织结构发生变化，其耐腐蚀性能必然受到影响。因此，需要对 Ni-(Ti-CeO₂)复合沉积层的耐腐蚀性能进行研究，分析耐腐蚀性能与组织结构之间的关系。这里使用电化学方法对不同 Ni-(Ti-CeO₂)复合沉积层的腐蚀性能进行了表征，采用了 3.5wt% NaCl 溶液为腐蚀介质溶液，实验温度采取室温(25℃)[1]。

15.3.1 电流密度对 Ni-(Ti-CeO₂)复合沉积层耐腐蚀性能的影响

固定混合颗粒的浓度("40g/L 的 Ti 颗粒+4g/L 的 CeO₂ 颗粒"),通过改变电流密度制备了不同的 Ni-(Ti-CeO₂)复合沉积层,并研究了其耐腐蚀性能。图 15.14(a)为不同 Ni-(Ti-CeO₂)的动态极化曲线图。由图 15.14(a)可知,当电流密度由 10mA/cm² 增加到 200mA/cm² 时,自腐蚀电势不断减小,表明腐蚀性能不断降低。

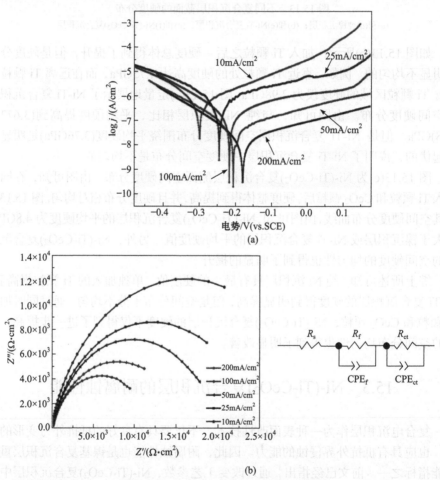

图 15.14 (a)固定 Ti/CeO₂ 颗粒浓度及比例,在不同电流密度下制备的 Ni-(Ti-CeO₂)复合沉积层塔费尔曲线(Ti/CeO₂ = 10/1, Ti/CeO₂ 颗粒浓度 44g/L, 电流密度 10A/cm², 25A/cm², 50A/cm², 100A/cm², 200mA/cm²); (b)为与(a)相同条件下在不同电流密度下制备的 Ni-(Ti-CeO₂)复合沉积层 Nyquist 曲线(左)与等效电路图(右)

为了进一步研究在不同电流密度下制备的 Ni-(Ti-CeO₂)复合沉积层耐腐蚀性

能，这里使用塔费尔外延法获得了自腐蚀电势(E_{corr})和腐蚀电流(I_{corr})。表 15.3 列出了不同 Ni-(Ti-CeO₂)复合沉积层的 E_{corr} 和 I_{corr}。由表可知，当电流密度从 10mA/cm² 增加到 200mA/cm² 时，E_{corr} 从 -182mV 减小到 -298mV，I_{corr} 从 1.993×10^{-8}A/cm² 增加到 6.473×10^{-7}A/cm²，表明电流密度的增加导致耐腐蚀性能减弱。因此可知，通过降低电流可以有效地提高 Ni-(Ti-CeO₂)复合沉积层的耐腐蚀性能。

表 15.3　固定 Ti/CeO₂ 颗粒浓度及比例，不同电流密度制备的 Ni-(Ti-CeO₂)复合沉积的 E_{corr}、I_{corr} 和 EIS 等效电路图拟合结果 (Ti/CeO₂=10/1，Ti/CeO₂ 混合颗粒浓度 44g/L)

不同电流密度下的试样	E_{corr}/mV	I_{corr}/(A/cm²)	R_s /(Ω·cm²)	R_p /(kΩ·cm²)	CPE /(μΩ⁻¹·cm⁻²·s⁻ⁿ)
Ni-(Ti-CeO₂)(10mA/cm²)	−182	1.993×10^{-8}	11.31	301.43	48.4
Ni-(Ti-CeO₂)(20mA/cm²)	−206	7.983×10^{-8}	8.41	281.39	41.2
Ni-(Ti-CeO₂)(50mA/cm²)	−216	1.983×10^{-7}	9.53	171.35	38.3
Ni-(Ti-CeO₂)(100mA/cm²)	−240	5.983×10^{-7}	10.32	135.64	29.8
Ni-(Ti-CeO₂)(200mA/cm²)	−298	6.473×10^{-7}	7.33	90.78	25.1

电化学阻抗谱(EIS)是快捷准确表征材料耐腐蚀性能的技术之一，目前已经被广泛应用于各个领域，测试不同材料的耐腐蚀性能。图 15.14(b)左为不同复合沉积层的 Nyquist 曲线。其中，实线为利用 ZView 软件对 Nyquist 曲线进行拟合的曲线，虚线为实际测试数据点。Nyquist 的圆弧曲线的半径代表着样品的极化电阻大小。增加 Nyquist 图的圆弧半径，也就意味着电子(腐蚀载流子)穿过样品和腐蚀介质界面的阻力越大。如图所示，半圆弧的半径随着电流密度的降低逐渐增加，说明了电流密度的降低可以提高复合沉积层的耐腐蚀性能。图 15.14(b)右为进行 Nyquist 曲线拟合时所采用的等效电路。其中，R_s 为溶液电阻，与腐蚀溶液电导率有关；CPE 为非理想双电子层电容；R_p 为极化电阻，一般地，极化电阻越大，电子越难穿过腐蚀介质与复合沉积层的界面，其值越大表示复合沉积层的耐腐蚀性能越好。

表 15.3 也列出了不同复合沉积层的 Nyquist 曲线(图 15.14(b)左)和使用等效电路获得的腐蚀性能参数 R_s(Ω·cm²)，R_p(kΩ·cm²)，CPE(μΩ⁻¹·cm⁻²·s⁻ⁿ)。由表可知，降低电流密度有利于提高复合沉积层的 R_p 值。在电流密度为 10mA/cm² 时，制备 Ni-(Ti-CeO₂)复合沉积层的 R_p 达到最大值 301.43kΩ·cm²，表现出了最好的耐腐蚀性能。

15.3.2　颗粒浓度对 Ni-(Ti-CeO₂)复合沉积层耐腐蚀性能的影响

固定 Ti/CeO₂ 颗粒的浓度，通过改变颗粒浓度制备了不同的 Ni-(Ti-CeO₂)复合沉积层，并研究了其耐腐蚀性能。图 15.15(a)为不同 Ni-(Ti-CeO₂)复合沉积层动态极化曲线图。从动态极化图中可以看出，随着 Ti/CeO₂ 颗粒浓度的升高，自腐蚀电势不断升高，说明腐蚀性能随 Ti/CeO₂ 颗粒浓度的升高而增强。

为了进一步研究在不同颗粒浓度下制备的 Ni-(Ti-CeO₂)复合沉积层耐腐蚀性能，使用塔费尔外延法获得了自腐蚀电势 E_{corr} 和 I_{corr}。表 15.4 列出了不同 Ni-(Ti-CeO₂)复合沉积层的 E_{corr} 和 I_{corr}。由表可知，当 Ti/CeO₂ 颗粒浓度从 11g/L 增加到 22g/L 时，E_{corr} 从 –319mV 增加到 294mV，I_{corr} 从 $7.821 \times 10^{-7} \text{A/cm}^2$ 减小到 $3.80 \times 10^{-7} \text{A/cm}^2$，表明耐腐蚀性能得到提高；继续不断增加 Ti/CeO₂ 颗粒浓度至 88g/L，腐蚀电流持续减小到 $5.321 \times 10^{-8} \text{A/cm}^2$，$E_{corr}$ 逐渐增加到 –135mV。因此可知，通过增加 Watts 溶液中 Ti/CeO₂ 颗粒浓度可以有效地提高 Ni-(Ti-CeO₂) 复合沉积层的耐腐蚀性能。

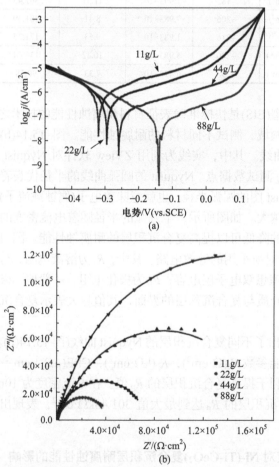

图 15.15　(a)固定 Ti/CeO₂ 颗粒比例及电流密度，制备的 Ni-(Ti-CeO₂)复合沉积层的塔费尔曲线，(Ti/CeO₂ =10/1，Ti/CeO₂ 混合颗粒浓度 11g/L，22g/L，44g/L，88g/L，电流密度 50mA/cm²)；(b) 为与(a)相同条件下在不同 Ti/CeO₂ 颗粒浓度下制备的 Ni-(Ti-CeO₂)复合沉积层的 Nyquist 曲线

表 15.4 也给出不同复合沉积层的 Nyquist 曲线(图 15.15(b))和等效电路进行拟合所获得的相关电化学参数。可以看出，在混合颗粒浓度为 11g/L 的 Watts 溶液中制备的 Ni-(Ti-CeO₂)复合沉积层的电阻 R_p 为 29.34kΩ·cm²。随着 Ti/CeO₂ 颗粒浓度的增加，复合沉积层的 R_p 值有逐渐增加的趋势，且在 88g/L 时达到最大值 294.92kΩ·cm²。因此，增加 Watts 溶液中 Ti/CeO₂ 颗粒浓度，能够提高 Ni-(Ti-CeO₂) 复合沉积层的耐腐蚀性能，这与分析极化曲线得出的结果一致。

表 15.4　固定 Ti/CeO₂ 颗粒比例及电流密度，不同混合颗粒浓度制备的 Ni-(Ti-CeO₂)复合沉积的 E_{corr}、I_{corr} 和 EIS 的等效电路图拟合结果(Ti/CeO₂ = 10/1，电流密度 50mA/cm²)

不同颗粒浓度下的试样	E_{corr}/mV	I_{corr}/(A/cm²)	R_s /(Ω·cm²)	R_p /(kΩ·cm²)	CPE /(μΩ⁻¹·cm⁻²·s⁻ⁿ)
Ni-(Ti-CeO₂)(11g/L)	−319	7.821×10⁻⁷	13.27	29.34	49.2
Ni-(Ti-CeO₂)(22g/L)	−294	3.80×10⁻⁷	12.57	114.30	37.5
Ni-(Ti-CeO₂)(44g/L)	−257	1.905×10⁻⁷	9.45	156.38	32.7
Ni-(Ti-CeO₂)(88g/L)	−135	5.321×10⁻⁸	10.32	294.92	21.8

15.3.3　颗粒比例对 Ni-(Ti-CeO₂)复合沉积层耐腐蚀性能的影响

与纯 Ni 相比，通过加入 Ti、CeO₂ 颗粒，调节制备工艺可以有效提高镍沉积层的耐腐蚀性能。因此，有必要研究 Ti、CeO₂ 颗粒提高 Ni-(Ti-CeO₂)复合沉积层的增强机理。固定 50mA/cm² 电流密度和 Ti 颗粒浓度为 100g/L，改变 CeO₂ 颗粒的浓度来调节 Ti/CeO₂ 颗粒比，制备了不同的 Ni-(Ti-CeO₂)复合沉积层，表征了其耐腐蚀性能，并分析腐蚀性能与组织结构的关系，揭示了 Ti、CeO₂ 颗粒增强的 Ni-(Ti-CeO₂)复合沉积层的耐腐蚀性能增强机理。图 15.16 展示了不同 Ni-(Ti-CeO₂)

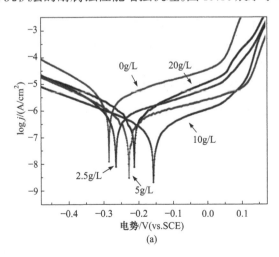

(a)

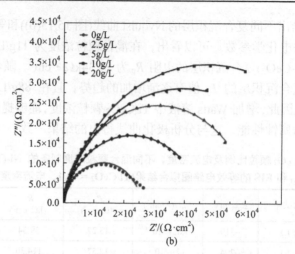

图 15.16　(a)固定 Ti 颗粒浓度及电流密度，在不同 CeO₂ 颗粒浓度下制备的 Ni-(Ti-CeO₂)复合沉积层塔费尔曲线

Ti 颗粒浓度 100g/L，CeO₂ 颗粒浓度 0g/L，2.5g/L，5g/L，10g/L，20g/L，电流密度 50mA/cm²；(b)为与(a)相同条件下在不同 CeO₂ 颗粒浓度下制备的 Ni-(Ti-CeO₂)复合沉积层

复合沉积层动态极化曲线。如图所示，Ni-Ti 复合沉积层拥有最小的自腐蚀电势。随着 CeO₂ 颗粒浓度从 0g/L 增加到 10g/L，自腐蚀电势逐渐正向移动(变大)，表明 Ni-(Ti-CeO₂)复合沉积层的耐腐蚀能力逐渐增强。当继续增加 CeO₂ 颗粒浓度至 20g/L 时，自腐蚀电势不断向负向移动(减小)，表明腐蚀性能有所下降。

　　表 15.5 列出了使用塔费尔外延法计算得到的自腐蚀电势(E_{corr})和腐蚀电流(I_{corr})。由表 15.5 可知，未加入 CeO₂ 颗粒时，Ni-Ti 复合沉积层的 E_{corr} 和 I_{corr} 别为 $-283mV$ 和 $2.443\times10^{-6}mA/cm^2$。当加入 2.5g/L 的 CeO₂ 颗粒时，$E_{corr}$ 增加到 $-263\ mV$，I_{corr} 减小到 $6.172\times10^{-6}mA/cm^2$，说明 Ni-(Ti-CeO₂) 复合沉积层的耐腐蚀性能得到了提高。Ni-(Ti-CeO₂) 复合沉积层的组织结构的优化对腐蚀性能的提高起着决定性作用。一方面，加入 CeO₂ 颗粒进一步细化了 Nyquist 曲线晶粒尺寸，同时增加了晶界等缺陷的数量。当 Ni-(Ti-CeO₂) 沉积层遭遇到腐蚀介质的侵蚀时，晶界等缺陷可以为 Ni(OH)₂ 等腐蚀产物提供大量均匀的形核点，有利于在 Ni-(Ti-CeO₂) 沉积层表面形成均匀致密的腐蚀产物钝化层，阻止腐蚀介质对内部 Ni-(Ti-CeO₂) 沉积层的进一步侵蚀。另一方面，镶嵌在 Ni-(Ti-CeO₂) 复合沉积层的增强颗粒坐落在晶界处，可以有效地阻止腐蚀介质沿着晶界进行腐蚀。除此之外，织构也对腐蚀性能有着重要影响。通常，对于面心立方结构的晶体，密排面具有较高的键能，可以有效地阻止晶格中的原子被溶解而发生腐蚀反应。因此，加入 CeO₂ 颗粒后，彻底清除了[200]丝织构，对提高耐腐蚀性能有着重要影响。继续增加 CeO₂ 颗粒至 10g/L，E_{corr} 达到最大值 $-156mV$，I_{corr} 达到最小值 2.510×10^{-7}，在此条件下制备的 Ni-(Ti-CeO₂)沉积层具有最优的耐腐蚀性能。进一步增加 CeO₂ 颗粒浓度至

20g/L，腐蚀性能有所下降，这是过量的 CeO₂ 颗粒在 Ni-(Ti-CeO₂)沉积层中的团聚导致的。

表 15.5　固定 Ti 颗粒浓度及电流密度，不同 CeO₂ 混合颗粒浓度制备的 Ni-(Ti-CeO₂)复合沉积的 E_{corr}、I_{corr} 和 EIS 的等效电路图拟合结果(Ti 颗粒浓度 100g/L，CeO₂ 颗粒浓度 0g/L，2.5g/L，5g/L，10g/L，20g/L，电流密度 50mA/cm²)

不同颗粒浓度下的试样	E_{corr} /mV	I_{corr} /(A·cm²)	R_s /(Ω·cm²)	R_p /(kΩ·cm²)	CPE /(μΩ⁻¹·cm⁻²·s⁻ⁿ)
Ni-(Ti-CeO₂)(0g/L)	−283	$2.443×10^{-6}$	8.384	16115	$1.80×10^{-4}$
Ni-(Ti-CeO₂)(2.5g/L)	−263	$6.712×10^{-7}$	7.102	28963	$9.58×10^{-5}$
Ni-(Ti-CeO₂)(5g/L)	−226	$5.283×10^{-7}$	6.886	37869	$8.67×10^{-5}$
Ni-(Ti-CeO₂)(10g/L)	−156	$2.510×10^{-7}$	6.501	82790	$7.93×10^{-5}$
Ni-(Ti-CeO₂)(20g/L)	−211	$8.752×10^{-7}$	5.532	68153	$1.08×10^{-4}$

表 15.5 也给出不同复合沉积层的 Nyquist 曲线(图 15.16(b))和 EIS 的等效电路图拟合结果，列出了相关腐蚀参数。随着 CeO₂ 颗粒浓度从 0g/L 增加到 10g/L，R_p 不断增加，说明在腐蚀过程中，Ni-(Ti-CeO₂)复合沉积层表面形成了致密的钝化保护膜。另外，CPE 由 $1.80×10^{-4}$ 减小到 $7.93×10^{-5}$ 表明载流子穿过 Ni-(Ti-CeO₂)复合沉积层和腐蚀介质界面的可能性降低，说明 Ni-(Ti-CeO₂)复合沉积层腐蚀性能的提高。将 CeO₂ 颗粒浓度从 10g/L 增加到 20g/L 后，R_p 减小，CPE 有所增加，表明腐蚀性能有所降低，这与塔费尔曲线的分析结果一致。

15.4　Ni-(Ti-CeO₂)复合沉积层的织构和微结构

加入的 Ti 颗粒可以细化镍晶粒尺寸、消除[200]织构。但是在电沉积过程中，导电的 Ti 颗粒附着在阴极表面时会导致镍金属的选择性沉积，致使 Ni-Ti 复合沉积层中存在许多缺陷(如多孔、Ti 颗粒聚集等)，限制了 Ni-Ti 复合沉积层性能的进一步提高；而 CeO₂ 颗粒不具备导电性，可以制备出致密、表面平坦的 Ni-CeO₂ 复合沉积层[1,3]。

15.1 节对 Ni-(Ti-CeO₂)复合沉积层的形貌及组分的表征已经发现，将 Ti 颗粒与 CeO₂ 颗粒同时加入镍基沉积层中，制备出了结构致密、表面平滑的高质量 Ni-(Ti-CeO₂)复合沉积层。因此需要对 Ni-(Ti-CeO₂)复合沉积层的微观结构进行进一步研究，揭示高质量 Ni-(Ti-CeO₂)复合沉积层形成的原因，并为下面章节的性能分析提供组织结构信息。

15.4.1 电流密度对 Ni-(Ti-CeO₂)复合沉积层织构和微结构的影响

这里固定 Watts 溶液中 Ti/CeO₂ 颗粒的浓度(Ti/CeO₂=10/1，44g/L)，使用不同的电流密度制备不同的 Ni-(Ti-CeO₂)复合沉积层，并研究电流密度对其组织结构的影响。其中，所采用的电流密度分别为 10mA/cm²、25mA/cm²、50mA/cm²、100mA/cm² 和 200mA/cm²。图 15.17 为不同电流密度下制备的 Ni-(Ti-CeO₂)复合沉积层的 XRD 谱线。在所有 XRD 谱线中都可以观测到 Ti 相和 CeO₂ 相的衍射线，表明所有的复合沉积层均为 Ni-(Ti-CeO₂)三相复合沉积层。另外，由图可知，电流密度的增加导致 Ni(111)衍射峰强度的削弱和 Ni(200)衍射峰强度的增加，表明其织构发生了改变。

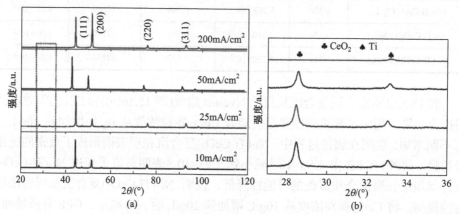

图 15.17　固定 Ti/CeO₂ 颗粒比例及浓度，不同电流密度下制备的 Ni-(Ti-CeO₂)复合沉积层的
XRD 谱线

Ti/CeO₂=10/1，混合颗粒浓度 44g/L，电流密度 10~200mA/cm²

图 15.18 为使用 Rietveld 方法计算获得的镍基晶粒尺寸、微应变与电流密度之间的关系。由图可知，当电流密度从 10mA/cm² 增加到 200mA/cm² 时，复合沉积层中镍晶粒的尺寸从 39.8nm 增加到 182nm，表明电流密度与晶粒尺寸成反比。相反，镍基晶粒微应变随着电流密度的提高而表现出逐渐增加的趋势。

图 15.19(a)和(b)分别为 Rietveld 全谱拟合方法和 XRD 实测方法获得的极图，它们的结果保持一致。由图可知，减小电流密度导致[200]丝织构强度不断减弱，表明 Ni-(Ti-CeO₂)复合沉积层中镍晶粒的择优取向不断被抑制。当电流密度降低到 10mA/cm² 时，Ni-(Ti-CeO₂)复合沉积层中[200]丝织构完全消失。由此可知，降低电流密度可以同时抑制镍晶粒的长大和削弱镍晶粒的择优取向。

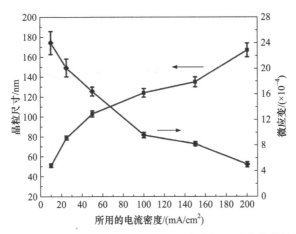

图 15.18　固定 Ti/CeO₂ 颗粒比例及浓度，Ni-(Ti-CeO₂)复合沉积层中镍晶粒尺寸、微应变与电流密度的关系

Ti/CeO₂=10/1，混合颗粒浓度 44g/L，电流密度 10～200mA/cm²

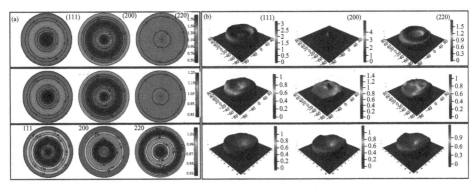

图 15.19　固定 Ti/CeO₂ 颗粒比例及浓度，在不同电流密度下制备的 Ni-(Ti-CeO₂)复合沉积层的极图

(彩图扫封底二维码)

(a) 使用 Rietveld 全部拟合获得的极图；(b) XRD 法实际测量获得的极图 Ti/ CeO₂ =10/1，混合颗粒浓度 44g/L，电流密度 10～200mA/cm²

15.4.2　颗粒浓度对 Ni-(Ti-CeO₂)复合沉积层织构和微结构的影响

固定电流密度(50mA/cm²)和 Ti/CeO₂ 颗粒质量比(10∶1)，使用复合电沉积技术，在含有不同 Ti/CeO₂ 颗粒浓度的 Watts 溶液中制备了不同的 Ni-(Ti-CeO₂)复合沉积层，并研究颗粒浓度对 Ni-(Ti-CeO₂)复合沉积层组织结构的影响。图 15.20 为在不同 Ti/CeO₂ 颗粒浓度条件下制备的 Ni-(Ti-CeO₂)复合沉积层的 XRD 谱线。如图所示，Ti/CeO₂ 颗粒的加入没有改变镍基沉积层的晶体相结构，但对其织构有显著影响。随着 Ti/CeO₂ 颗粒浓度的升高，(200)晶面的衍射峰强度明显减小。当 Ti/CeO₂ 颗粒的浓度增加到 44g/L 时，(111)晶面的衍射峰强度超过(200)晶面衍射峰强度，其他衍射峰的强度也逐渐增强，表明镍晶粒的(200)择优取向逐渐被抑制。

具体织构(择优取向)的演变可以通过极图进行进一步分析。

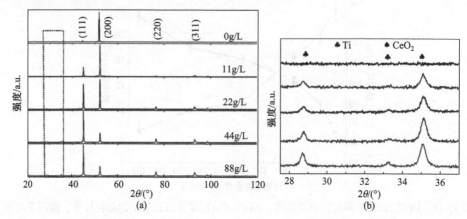

图 15.20　固定电流密度及 Ti/CeO₂ 颗粒比例，不同 Ti/CeO₂ 颗粒浓度下制备的 Ni-(Ti-CeO₂)复
合沉积层的 XRD 谱线

Ti/CeO₂=10/1，Ti/CeO₂ 混合颗粒浓度 0g/L，11g/L，22g/L，44g/L，88g/L，电流密度 50mA/cm²

图 15.21 为使用 Rietveld 全谱拟合方法得到的不同 Ni-(Ti-CeO₂)复合沉积层的晶粒尺寸与微应变分布。如图所示，当加入 11g/L 的 Ti/CeO₂ 颗粒时，镍晶粒尺寸从 199.2nm 减小到 149.7nm。随着 Watts 溶液中 Ti/CeO₂ 颗粒的浓度增加到 22g/L，镍晶粒尺寸继续减小。当 Ti/CeO₂ 颗粒浓度为 44g/L 时，镍晶粒尺寸进一步减小到 100nm 以内，镍晶粒进入纳米晶范畴。随着 Ti/CeO₂ 颗粒浓度增加到 88g/L 时，镍晶粒尺寸减小到 42.3nm。从图 15.21 中可以看出，微应变随着 Ti/CeO₂ 颗粒浓度的增加而增加。这是由于加入 Ti/CeO₂ 颗粒后，材料中引入更多的缺陷，

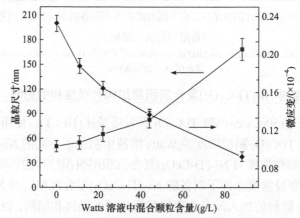

图 15.21　固定电流密度及 Ti/CeO₂ 颗粒比例，Ni-(Ti-CeO₂)复合沉积层中镍晶粒尺寸、微应变
与 Ti/CeO₂ 颗粒浓度的关系

Ti/ CeO₂=10/1，Ti 颗粒浓度 0g/L，11g/L，22g/L，44g/L，88g/L，电流密度 50mA/cm²

如晶界、相界、位错、点缺陷等。缺陷处的原子会偏离晶格平衡位置，导致微应变升高。

图 15.22 为使用 Rietveld 全谱拟合和 XRD 反射法测试的极图，两个结果保持一致。从图中可以看出，随着颗粒浓度的增加，纯镍沉积层中的强[200]丝织构被逐步削弱。当 Ti/CeO₂ 颗粒浓度增加到 150g/L 时，[200]丝织构完全消除，Ni-(Ti-CeO₂)复合沉积层中的镍晶粒生长不再拥有择优取向。由以上分析可知，通过调配 Ti/CeO₂ 颗粒的浓度，不仅可以有效降低镍晶粒尺寸，还可以消除 Ni-(Ti-CeO₂)复合沉积层中的[200]丝织构，有利于提高 Ni-(Ti-CeO₂)复合沉积层中的各项性能。

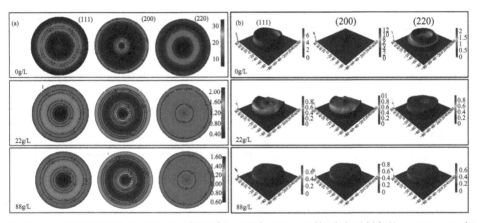

图 15.22 固定电流密度及 Ti/CeO₂ 颗粒比例，不同 Ti/CeO₂ 颗粒浓度下制备的 Ni-(Ti-CeO₂)复合沉积层的极图(彩图扫封底二维码)

(a) 使用 Rietveld 全部拟合获得的极图；(b) XRD 实际测量极图(Ti/CeO₂=10/1，Ti/CeO₂ 混合颗粒浓度 0g/L，22g/L，88g/L，电流密度 50mA/cm²)

15.4.3 颗粒比例对 Ni-(Ti-CeO₂)复合沉积层织构和微结构的影响

这里固定 Watts 溶液中 Ti 颗粒浓度(100g/L)和电流密度(50mA/cm²)，通过改变 Watts 溶液中 CeO₂ 颗粒浓度来控制 Ti/CeO₂ 颗粒比例，制备不同的 Ni-(Ti-CeO₂)复合沉积层，研究其组织结构变化。选取的 CeO₂ 颗粒在 Watts 溶液中的浓度分别为 0g/L、2.5g/L、5g/L、10g/L、20g/L。图 15.23(a)展示了不同 CeO₂ 颗粒浓度条件下制备的 Ni-TiCeO₂ 复合沉积层 XRD 谱线。如图所示，在 CeO₂ 颗粒浓度为 0g/L 时，XRD 谱线中只包含 Ti 和 Ni 两相相关晶面的衍射峰。当 CeO₂ 颗粒浓度为 2.5g/L 时，CeO₂ 相的衍射峰出现在 XRD 图谱中，说明 Ti 颗粒和 CeO₂ 颗粒共存于镍金属基体中。另外，从图 15.23(b)可以看出，随着 CeO₂ 颗粒浓度的增加，CeO₂ 相的衍射峰强度逐渐增强，而 Ti 相的衍射峰强度逐渐降低。这是 CeO₂ 颗粒浓度的提高导致 CeO₂ 颗粒在复合沉积层中的含量增加，Ti 颗粒含量降低造成的。因此，可以通过改变溶液中 Ti/CeO$_2$ 颗粒比例，调节两种颗粒在 Ni-(Ti-CeO$_2$)复合沉积层中的含量占比，进而控制其微观组织结构与性能。

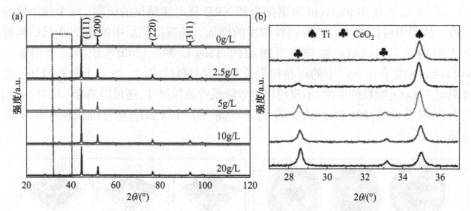

图 15.23　固定电流密度及 Ti 颗粒浓度，不同 CeO$_2$ 颗粒浓度下制备的 Ni-(Ti-CeO$_2$)复合沉积层的 XRD 谱线

Ti 颗粒浓度 100g/L，CeO$_2$ 颗粒浓度 0g/L，2.5g/L，5g/L，10g/L，20g/L，电流密度 50mA/cm^2

　　图 15.24 展示了利用 Rietveld 全谱拟合计算的晶粒尺寸和微应变与 Watts 溶液中 CeO$_2$ 颗粒浓度的关系。如图所示，当 CeO$_2$ 颗粒浓度从 0g/L 增加到 10g/L 时，晶粒尺寸从 112.3nm 减小到 42.4nm。当 CeO$_2$ 颗粒浓度进一步提高至 20g/L 时，镍晶粒尺寸略微变大。这是高浓度的 CeO$_2$ 纳米颗粒导致了团聚，降低了细化镍晶粒的效率导致的。

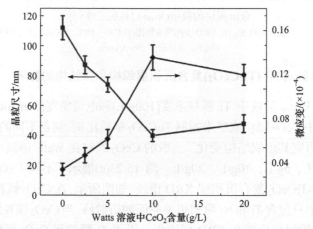

图 15.24　Ni-(Ti-CeO$_2$)复合沉积层中镍晶粒尺寸、微应变与 CeO$_2$ 颗粒浓度的关系

Ti 颗粒浓度 100g/L，CeO$_2$ 颗粒浓度 0g/L，2.5g/L，5g/L，10g/L，20g/L，电流密度 50mA/cm^2

　　图 15.25 展示了 CeO$_2$ 颗粒浓度对 Ni-(Ti-CeO$_2$)复合沉积晶粒择优取向的影响，

其中图 15.25(a)与(b)分别为使用 Rietveld 全谱拟合方法计算与 XRD 反射法实际测量获得的极图，它们的结果是一致的。如图所示，纯镍沉积层中存在极强的[200]丝织构。当 Watts 溶液中的 CeO₂ 颗粒浓度为 0g/L，Ti 颗粒浓度为 100g/L 时，复合沉积层中存在微弱的[200]丝织构。加入 2.5g/L 的 CeO₂ 颗粒浓度时，复合沉积层中的[200]丝织构被完全消除。继续增加 CeO₂ 颗粒浓度，Ni-(Ti-CeO₂)复合沉积层的择优取向不再发生变化。

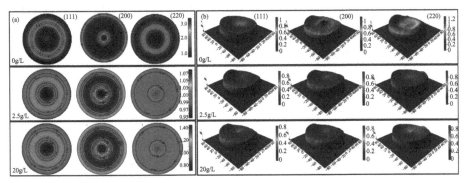

图 15.25　固定电流密度及 Ti 粒浓度，不同 CeO₂ 颗粒浓度下制备的 Ni-(Ti-CeO₂)复合沉积层的极图
(彩图扫封底二维码)

(a) 使用 Rietveld 全部拟合获得的极图；(b) XRD 实际测量极图(Ti 颗粒浓度 100g/L，CeO₂ 颗粒浓度 0g/L，2.5g/L，
20g/L，电流密度 50mA/cm²)

15.4.4　Ni-(Ti-CeO₂)复合沉积层生长过程中的组织结构演变

在 50mA/cm² 的电沉积电流密度下，使用复合电沉积技术，从含有 100g/L 的 Ti 颗粒和 5g/L 的 CeO₂ 颗粒的 Watts 溶液中制备了 Ni-(Ti-CeO₂)复合沉积层，并对其空间组织结构进行表征及分析。图 15.26 展示了在 Ni-(Ti-CeO₂)复合沉积层不同层深处的 XRD 谱线。如图所示，除了 Ni 相和 Ti 相的衍射峰以外，在 28.5°、33.0°

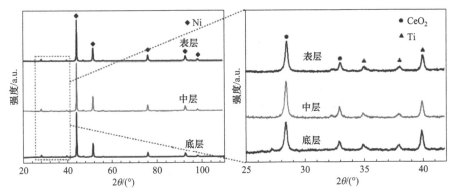

图 15.26　在 50mA/cm²、"100g/L Ti 颗粒+5g/L CeO₂ 颗粒"条件下制备的 Ni-(Ti-CeO₂)复合沉积层在不同层深处的 XRD 谱线

和 47.4°处的衍射峰分别为 CeO_2 相的(111)、(200)、(220)晶面，证明了 CeO_2 颗粒和 Ti 颗粒共存于 Ni-(Ti-CeO_2)复合沉积层中。

在 Ni-(Ti-CeO_2)复合沉积层的表层、中层或底层，XRD 谱线没有明显差别，表明 Ni-(Ti-CeO_2)复合沉积层具有均匀的组织结构。另外，(111)晶面的衍射峰为最强衍射峰，其次分别为(200)、(220)，说明镍晶粒没有择优取向。

图 15.27 展示了 Ni-(Ti-CeO_2)复合沉积层中镍晶粒尺寸沿层深的分布图。由图可知，在表层、中层和底层，晶粒尺寸稳定在 39nm 左右。因此，Ni-(Ti-CeO_2)复合沉积层具有均匀的组织结构。

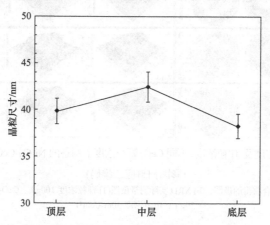

图 15.27　在 50mA/cm² 、"100g/L Ti 颗粒+5g/L CeO_2 颗粒"条件下制备的 Ni-(Ti-CeO_2)复合沉积层在不同层深处的晶粒尺寸

图 15.28 为 Ni-(Ti-CeO_2)沉积层在不同层深处的实测极图和 RTC 分布图。如图 15.28(a)所示，在 Ni-(Ti-CeO_2)沉积层的表层、中层和底层，没有发现镍晶粒的生长存在择优取向。从图 15.28(b)也可以看出，在 Ni-(Ti-CeO_2)沉积层的表层、中

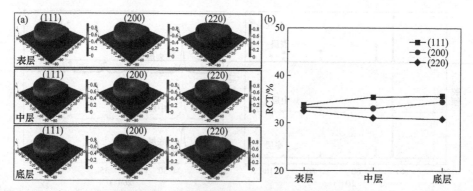

图 15.28　在 50mA/cm² 、"100g/L Ti 颗粒+5g/L CeO_2 颗粒"条件下制备的 Ni-(Ti-CeO_2)复合沉积层在不同层深处的实测极图(a)及 RTC(b)分布(彩图扫封底二维码)

层和底层，RTC(220)、RTC(111)和RTC(200)存在微小波动，其值都在 0.3 左右，表明
Ni-(Ti-CeO₂)沉积层中的镍晶粒生长不存在择优取向。

15.5　Ni-(Ti-CeO₂)复合沉积层内应力

一般地，对于电沉积镍沉积层来说，内应力主要来源于两个方面，包括基底
的影响和生长过程中的电化学影响。当基体材料与沉积材料之间的晶格常数或热
膨胀系数不同时，会在其界面诱发晶格畸变，引入内应力；电化学沉积生长过程
中的影响因素包括电流密度(沉积速度)、杂质原子等。对于电沉积镍基复合沉积
层，除了考虑以上两个因素外，还需考虑增强颗粒的影响。例如，增强颗粒与金
属基体间的晶格错配、增强颗粒带来的组织结构演变而引入的应变等。因此在对
Ni-(Ti-CeO₂)复合沉积层内应力进行研究时，还需要考虑增强颗粒带来的影响[1]。

15.5.1　电流密度对 Ni-(Ti-CeO₂)复合沉积层内应力的影响

固定 Ti/CeO₂=10/1 及 Ti/CeO₂ 颗粒(44g/L)在 Watts 溶液中的浓度，使用不同
的电流密度(10mA/cm²、25mA/cm²、50mA/cm²、100mA/cm² 和 200mA/cm²)，制
备了不同的 Ni-(Ti-CeO₂)复合沉积层，并对其内应力进行研究。

图15.29 展示了在不同电流密度下制备的Ni-(Ti-CeO₂)复合沉积层内应力的分
布趋势。如图所示，当电流密度为 10mA/cm² 时，内应力高达+248MPa。增加电
流密度导致复合沉积层的内应力不断降低。当电流密度为 200mA/cm² 时，复合沉
积层的内应力减小到+64MPa。一般地，较高的电流密度引入拉伸应力，较低的电

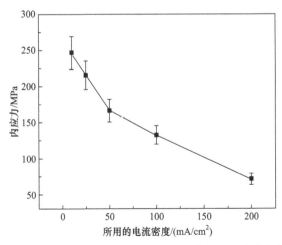

图 15.29　固定 Ti/CeO₂ 颗粒比例及浓度，Ni-(Ti-CeO₂)复合沉积层中内应力与电流密度的关系
Ti/CeO₂=10/1，Ti/CeO₂ 颗粒浓度 44g/L，电流密度 10mA/cm²，25mA/cm²，50mA/cm²，100mA/cm²，200mA/cm²

流密度引入压应力。而本实验结果与之相反，电流密度的增加导致复合沉积层的拉应力降低。这是由于，对于 Ni-(Ti-CeO$_2$)复合沉积层还需考虑基底与 Ti、CeO$_2$ 颗粒对内应力的影响。本实验合成的沉积层厚度约 50μm，基底对复合沉积层应力的影响可以忽略。因此，Ti、CeO$_2$ 颗粒对应力起着至关重要的作用。一方面，Ti、CeO$_2$ 颗粒的加入细化了镍晶粒，引入更多的晶界位错等缺陷，增加了复合沉积层的畸变；另一方面，Ti、CeO$_2$ 颗粒与镍基体具有不同的相结构，在颗粒与基体之间不可避免地出现晶格错配，引入内应力。另外，Ti、CeO$_2$ 颗粒与基体的热膨胀系数也存在差别，造成温度变化时的体积收缩不同步，也会引入内应力。由第 3 章和第 4 章可知，电流密度的增加导致 Ti、CeO$_2$ 颗粒在复合沉积层中的含量降低，致使由 Ti、CeO$_2$ 颗粒引入的内应力也会降低。因此，对于 Ni-(Ti-CeO$_2$)复合沉积层，电流密度的增加导致内应力的降低。

15.5.2　颗粒浓度对 Ni-(Ti-CeO$_2$)复合沉积层内应力的影响

这里固定电流密度为 50mA/cm^2 和 Ti/CeO$_2$=10/1，改变 Watts 溶液 Ti/CeO$_2$ 混合颗粒的总浓度，制备了不同的 Ni-(Ti-CeO$_2$)复合沉积层，研究了其内应力的变化，见图 15.30。由图可知，复合沉积层的内应力与 Ti/CeO$_2$ 颗粒在 Watts 溶液中的浓度成正比。电流密度固定为 50mA/cm^2，沉积层表面远离基底，不会对内应力产生影响。因此，Ti 颗粒在复合沉积层中的含量是影响内应力的唯一因素。增加 Ti/CeO$_2$ 颗粒在 Watts 溶液中的浓度，导致其在复合沉积层中的含量增加。随后，镍晶粒尺寸得到细化引入更多晶界等缺陷。同时，颗粒与镍基体的相界面也会增加。这些都会增加镍的畸变，有利于引入内应力。

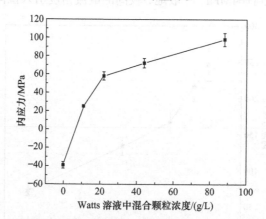

图 15.30　固定 Ti/CeO$_2$ 颗粒比例及电流密度，Ni-(Ti-CeO$_2$)复合沉积层中内应力与 Ti/CeO$_2$ 浓度的关系

Ti/CeO$_2$=10/1，Ti/CeO$_2$ 颗粒浓度 11g/L，22g/L，44g/L，88g/L，电流密度 50mA/cm^2

15.5.3　颗粒比例对 Ni-(Ti-CeO₂)复合沉积层内应力的影响

固定电流密度 50mA/cm² 和 Ti 颗粒在 Watts 溶液中的浓度，改变 Watts 溶液中 CeO₂ 颗粒的浓度来调节 Ti/CeO₂ 颗粒比例，制备了不同的 Ni-(Ti-CeO₂)复合沉积层。

图 15.31 为 CeO₂ 颗粒浓度与复合沉积层内应力的关系。由图可知，当 CeO₂ 颗粒的浓度从 0g/L 增加到 10g/L 时，复合沉积层的内应力由 163MPa 提高到 331MPa。这是由于，增加 CeO₂ 颗粒浓度导致两种颗粒在复合沉积层中的总含量提高，导致镍晶粒细化和相界面增加，诱发微应变引入高的内应力。继续增加 CeO₂ 颗粒至 20g/L，复合沉积层的内应力为 339MPa，基本没有变化。虽然颗粒含量有所增加，但是由于 CeO₂ 颗粒的团聚，晶粒细化作用减弱，相界面也有所下降。因此，内应力没有发生较大变化。

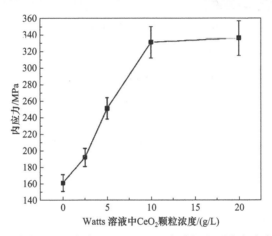

图 15.31　固定 Ti 颗粒浓度及电流密度，Ni-(Ti-CeO₂)复合沉积层中内应力与 CeO₂ 颗粒浓度的关系

Ti 颗粒浓度 100g/L，CeO₂ 颗粒浓度 0g/L，2.5g/L，5g/L，10g/L，20g/L，电流密度 50mA/cm²

15.5.4　Ti-CeO₂ 颗粒与镍沉积基体间的应力

如前所述，增强颗粒与沉积金属基体为不同的相或物质。所以，一方面在它们之间的界面存在相界面，导致晶格畸变引入内应力；另一方面，增强颗粒与沉积金属具有不同的热膨胀系数，在经历温度变化时，出现体积收缩不同步，引入内应力。为了研究增强颗粒与沉积金属间的界面，这里使用 TEM 对其进行表征。为了确认 Ti 颗粒及 Ni 基体的位置，首先在图 15.32(a) 的 B 处和 C 处进行了选区衍射表征。如图 15.32(b) 和 (c) 所示，相应的衍射斑点和衍射环分别属于 Ti 相和 Ni 相，确认了 Ti 颗粒和沉积金属的位置。在 Ti 颗粒周围可以看到生长孪晶。

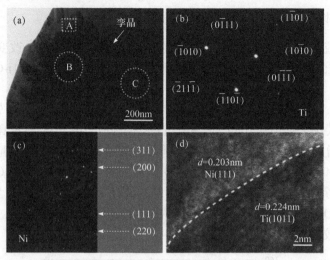

图 15.32　(a)Ti 颗粒及其周围的镍基体的 TEM 照片；(b)和(c)分别为在 B 和 C 处的选区电子衍射；(d)为在 A 处的高分辨图像

　　这是因为，Ti 是导电颗粒，镍金属可以直接在 Ti 颗粒表面沉积。如图 15.32(d)所示，本书使用的 Ti 为密排六方，Ni 为面心立方，因此会在界面产生共格/非共格晶面导致畸变，引入内应力。当界面应力较强时，会以孪晶的方式释放一部分内应力。此外，Ti 相和沉积镍基体的热膨胀系数分别为 $0.86 \times 10^{-5} \mathrm{K}^{-1}$ 和 $1.3 \times 10^{-5} \mathrm{K}^{-1}$。当复合沉积层的温度降低时，Ti 颗粒的收缩体积小于镍沉积金属的收缩体积，导致不同步体积变化，引入内应力。如果温度变化较大，引入较强的界面应力，也会诱发镍沉积层中产生孪晶。

　　图 15.33 为 CeO_2 颗粒与镍金属基体的 TEM 照片。与 Ti 颗粒不同，镍金属基体不会直接在其表面沉积，而是以掩埋的方式将 CeO_2 颗粒嵌入复合沉积层中。因此，如图 15.33(b)所示，虽然 CeO_2 颗粒与镍金属基体也存在晶格错配，但对引入内应力贡献比较小。如图 15.33(a)所示，在 CeO_2 颗粒周围也可以观测到部分镍孪晶。这是由于 CeO_2 与基体也具有不同热膨胀系数。当温度复合沉积层温度发

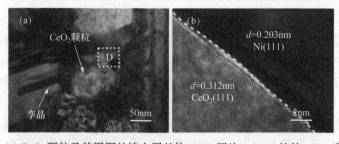

图 15.33　(a) CeO_2 颗粒及其周围的镍金属基体 TEM 照片；(b) D 处的 TEM 高分辨照片

生变化时，造成体积收缩不同步，引入内应力。当内应力较大时，促进了孪晶的形成，释放部分内应力，降低其内部能量。

15.6　电沉积工艺参数-结构-性能之间的关系

本文以列表的方式总结电沉积工艺参数-结构-性能之间的关系，见表 15.6，表中比较了工艺参数(电流密度，颗粒浓度和颗粒浓度比)-沉积层中颗粒含量、组织形貌、结构(包括织构、晶粒尺度、微应变、残余应力)-性能的对应关系。由表可知，在较低的电流密度(20mmA/cm^2)，较低的 Ti/CeO_2 颗粒浓度比(10/1)和高的颗粒浓度(88g/L)下制备的 Ni-(Ti-CeO₂)复合沉积层中含有最多的颗粒浓度，具有最合适的形貌，消除了[100]织构，以及最细的晶粒尺度、最大的微应变和最大的残余应力，因而具有高硬度和好的耐腐蚀性能。甚至还可推论，当 Ti 和 CeO₂ 两种颗粒都为纳米级时，会有更高的硬度和更好的耐腐蚀性能。

表 15.6　Ni-(Ti-CeO₂)颗粒复合电沉积工艺参数-结构-性能之间的关系

工艺参数	电流密度	颗粒浓度	颗粒浓度比
复合沉积层组织结构与性能	在固定 Ti/CeO₂=10/1 和浓度为 44g/L 的情况下，电流密度分别为 0mA/cm^2，20mA/cm^2，50mA/cm^2，100mA/cm^2，200mA/cm^2	在固定 Ti/CeO₂=10/1 和 50g/L 的情况下，浓度分别为 11g/L，22g/L，44g/L，88g/L	在 Ti 颗粒浓度为 100g/L、电流密度为 50mA/cm^2 情况下，CeO₂ 颗粒分别为 0g/L，2.5g/L，5g/L，10g/L，20g/L
沉积层中的颗粒浓度	随电流密度的增加沉积层中的颗粒浓度减小	在固定 Ti/CeO₂ 浓度比情况下，增加 Watts 溶液中的 Ti/CeO₂ 浓度，镀层中 Ti 和 CeO₂ 浓度增加	在固定 Ti 颗粒浓度及电流密度情况下，沉积层中 Ti 颗粒含量随 CeO₂ 颗粒浓度的增加而降低；沉积层中 CeO₂ 颗粒浓度随沉积液中 CeO₂ 的增加而增加
沉积层形貌	在低电流密度下，Ni-(Ti-CeO₂)复合沉积层表面为细小的"瘤节状"结构。随着电流密度提高到 50mA/cm^2，"瘤节状"结构数量逐渐减少，但其平均尺寸逐渐增加；继续增加电流密度至 200mA/cm^2，"瘤节状"数目减少 Ti 颗粒均匀地分布在镍基体中。虽然在 Ni-(Ti-CeO₂)复合沉积层表面可以看到微小的凸起，但与 Ni-Ti 复合沉积层相比，其表面粗糙度明显减小	镍金属基体优先在 Ti 颗粒表面沉积。这种镍金属基体的选择性沉积行为导致复合沉积层的类树枝状生长，促使形成不致密、表面粗糙及 Ti 颗粒团聚的 Ni-Ti 复合沉积层。同时加入 Ti、CeO₂ 颗粒，有利于制备致密、表面平坦且颗粒分布均匀的高质量 Ni-Ti-CeO₂ 沉积层	在固定 Ti 颗粒浓度及电流密度情况下，随着 CeO₂ 颗粒浓度从 0g/L 增加至 5g/L，"瘤节状"结构的平均尺寸逐渐减小，继续增加 CeO₂ 颗粒浓度，"瘤节状"结构的平均尺寸趋于稳定；当加入 CeO₂ 颗粒(5g/L)后，Ni-(Ti-CeO₂)复合沉积层变得致密，其表面粗糙度也明显得到改善。另外，CeO₂ 的加入促进了 Ti 颗粒的均匀分布

工艺参数	电流密度	颗粒浓度	颗粒浓度比
Ni 基体的纤维织构	随着电流密度的减小，[200]丝织构的强度不断降低，并最终消失	随着颗粒浓度的增加，纯镍沉积层中的强[200]丝织构被逐步削弱。当 Ti/CeO₂ 颗粒浓度增加到 150g/L 时，[200]丝织构完全消除	纯镍沉积层中存在极强的[200]丝织构。当 Watts 溶液中的 CeO₂ 颗粒为 0g/L，Ti 颗粒浓度为 100g/L 时，复合沉积层中存在微弱的[200]丝织构。加入 2.5g/L 的 CeO₂ 颗粒浓度时，复合沉积层中的[200]丝织构被完全消除
微晶尺度	随着电流密度的增加，微晶尺度增加	随着 Ti/CeO₂ 颗粒浓度的增加，镍基体晶粒尺寸逐渐增加	随 Ti/CeO₂ 颗粒浓度的增加，镍基体晶粒尺寸减小
微应力	随着电流密度的增加，微应变减小	随着 Ti/CeO₂ 颗粒浓度的增加，镍基体微应变减小	随着 Ti/CeO₂ 颗粒浓度比的降低，微应变增大
内应力	随着电流密度的增加，残余应力降低	随着 Ti/CeO₂ 颗粒浓度的增加，镍基体残余微应力增加，当 Ti/CeO₂ 颗粒浓度达 20g/L 后，增加较缓慢	随着 Ti/CeO₂ 颗粒浓度比的增加，残余应力较快增大，但比例大于 10，几乎无影响
硬度	随着电流密度的增加，硬度降低	随着颗粒浓度的增加，硬度增加	随着 Ti/CeO₂ 颗粒浓度比的增加，硬度增加
耐腐蚀性	随着电流密度的降低，耐腐蚀性增加，在电流密度为 10mA/cm² 时制备 Ni-(Ti-CeO₂)复合沉积层的 R_p 达到最大值 301.43kΩ·cm²，表现出了最好的耐腐蚀性能	颗粒浓度越高，耐腐蚀性越好	随着 Ti/CeO₂ 颗粒浓度比的降低，耐腐蚀性增加

15.7　关于多元颗粒共沉积及有关机理的讨论

15.7.1　Ti 和 CeO₂ 颗粒对 Ni-(Ti-CeO₂)组织结构的协同影响

　　Abi-Akar 等[6]制备了 Ni-金刚石和 Co-CrC，并分析研究了金属沉积层在不通过颗粒周围的生长行为，如图 15.34 所示，他们发现导电颗粒和不导电颗粒的生长行为十分不同，导电颗粒在金属复合成沉积层中易诱发多孔和粗糙的表面；不导电颗粒则相反，有利于形成致密和平坦的表面。但他们没有揭示其具体机理，也没有给出其微观组织结构的信息。Stappers 和 Fransaer[7]同样研究了不同颗粒对金属沉积层生长的影响，他们发现，导电颗粒诱发镍的选择性沉积，镍的生长绕过非导电颗粒。虽然他们研究了其中的生长机理，但未对其微观组织结构演变进行探索。

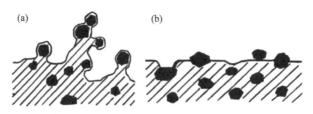

图 15.34　导电颗粒(a)与不导电颗粒(b)增强镍基复合沉积层的侧面典型形貌图

Lampke 等[8]研究了 SiC、TiO₂ 颗粒周围的镍晶粒的生长行为。他们发现，在 Ni-TiO₂ 复合沉积层中，镍晶粒围绕 TiO₂ 颗粒可以划分为不同区域，且在该区域内呈现递减梯度分布；在 Ni-SiC 复合沉积层中，镍晶粒生长影响不大，仅在 SiC 顶部观察到局部的细化晶粒。虽然他们指出了不同颗粒对镍晶粒生长行为的影响，且初步分析了其原因为不同的导电性，但没有指出其形成机理，也没有研究整个沉积层组织结构演变，及颗粒周围的局部组织结构情况。

Lee 和 Talbot[9]使用计算机模拟了不导电颗粒嵌入复合沉积层中的过程，并分析了颗粒周围电流密度的分布情况。如图 15.35 所示，在颗粒周围发生了明显的电流聚集和电势不均效应，其结果与本书结果相符。Lee 和 Talbot 在他们的工作中仅对不导电颗粒的电流密度等参数进行了分析，指出了颗粒周围 Ni 生长方式，并

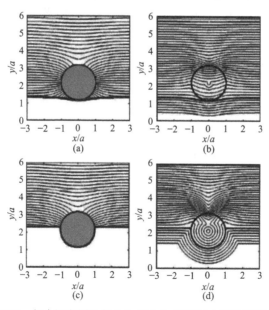

图 15.35　复合沉积层生长 0.6s 和 2.0s 后不导电颗粒模拟结果

(a)和(c)为电流密度分布；(b)和(d)为电势分布

没有指出其微观组织结构情况，也没有探讨局部电化学参数的变化对组织结构的影响。同时，他们没有分析导电颗粒对电流密度及电场强度的影响。

　　我们不仅研究了 Ni-(Ti-CeO$_2$)复合沉积层组织结构演变，还揭示了 Ti、CeO$_2$ 颗粒的协同作用，并结合 COMSOL 模拟分析，揭示了其机理。结果显示，通过合理地选择增强颗粒，可以有效地优化镍基复合沉积层的组织结构。单独加入 Ti 增强颗粒在一定程度上优化了镍的组织结构，但是粗糙的表面、沉积层不致密以及空间组织结构不均匀(局部粗晶和局部残留[200]织构)等缺陷，限制了镍基复合沉积层性能的进一步提高。通过同时添加 Ti 增强颗粒与 CeO$_2$ 增强颗粒，得到了高质量的 Ni-(Ti-CeO$_2$)复合沉积层。Ti 增强颗粒主要负责微观组织结构优化，CeO$_2$ 增强颗粒主要负责颗粒均匀性分布及空间组织结构的均匀性。两种颗粒协同作用，互补缺点，优化了 Ni-(Ti-CeO$_2$)复合沉积层。Ni-(Ti-CeO$_2$)复合沉积层的具体微观组织演变过程如图 15.36 所示。

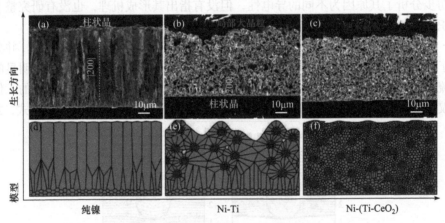

图 15.36　沉积层组织结构演变示意图

(a)和(d) 纯镍沉积层；(b)和(e) Ni-Ti 复合沉积层；(c)和(f) Ni-(Ti-CeO$_2$)复合沉积层

15.7.2　镍基复合沉积层内应力产生的机理

　　一般地，对于电沉积镍沉积层来说，内应力主要来源于两个方面，包括基底的影响和生长过程中的电化学影响。当基体材料与沉积材料之间的晶格常数或热膨胀系数不同时，会在它们的界面诱发晶格畸变，引入内应力；电化学沉积生长过程中的影响因素包括电流密度(沉积速度)、杂质原子等。对于电沉积镍基复合沉积层，除了考虑以上两个因素外，还需考虑增强颗粒的影响。例如，增强颗粒与金属基体间的晶格错配、增强颗粒带来的组织结构演变所引入的应变等。因此在对 Ni-(Ti-CeO$_2$)复合沉积层内应力进行研究时，还需要考虑增强颗粒带来的影响。应力主要形成机理如下所述。

1. 热膨胀机理

在电沉积进行时，当基底与电沉积层不是同一种材料，基底与金属沉积层在经历不同的温度变化时，会发生不同步的体积膨胀或收缩，引入热应力。可以通过数学模型表达式来描述热应力 σ_{th}：

$$\sigma_{th} = [E_c / (1-\nu_c)]\varepsilon_{th} = E_c / (1-\nu_c)\int_{T_0}^{T} (\alpha_c - \alpha_s)\mathrm{d}T \tag{15.1}$$

其中，σ_{th} 为热应力；α_c、α_s 分别为金属沉积层和基底材料的热膨胀系数；T_0 为起始温度；T 为最终温度。

2. 晶格错配机理

当基体材料和金属材料为不同相或晶格常数差别比较大时，两者在界面处会产生晶格错配，引入内应力。在某一方向上的晶格错配 f 可表达为

$$f = (a_s^0 - a_c^0) / a_s^0 \tag{15.2}$$

其中，a_s^0、a_c^0 分别为基底材料和金属沉积层的晶格常数。当两者之间的晶格常数差别不大时，其晶格错配较小，界面处的晶格畸变在弹性应变范围内，诱发金属沉积层产生错配应力。

3. 晶体聚集机理

图 15.37 展示了晶体聚集理论诱发沉积层内应力的原理图。一般地，金属阳离子在阴极表面得到电子还原为金属原子，随后金属原子扩散至阴极表面。在结形核长大过程中，为了降低表面能，阴极表面的金属原子会发生团聚形核。随着电沉积的继续，团聚的晶核不断结晶长大，晶粒长大的同时，不断将缺陷(如原子空位)排除，造成沉积层的体积缩小却无法由其他原子补充，因此引入正应力。正应力会随着电沉积层厚度的增加不断增大。

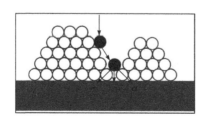

图 15.37　金属原子在阴极表面形核长大示意图

4. 氢理论

一般地，在使用电沉积技术制备复合沉积层时使用的溶液为 Watts 溶液，其

中水为基础溶剂。当施加外部电源进行电沉积时，H^+不可避免地会在阴极表面得到电子，发生还原反应并固溶到金属沉积层中。固溶进金属晶格的 H 原子会导致金属沉积层晶格的膨胀效应，进而引入负应力。相反，当金属沉积层发生脱氢反应时，会引起沉积层的体积收缩而在此处引入拉应力。

在对镍基复合沉积层进行应力分析时，还要考虑嵌入镍基体增强颗粒的影响，包括：①增强颗粒与镍基体产生的晶格畸变；②增强颗粒带来的组织结构改变，例如晶粒细化、织构演变等。因此，有必要研究镍基复合沉积层的制备工艺与内应力之间的关系。

15.7.3　Ni-(Ti-CeO₂)复合沉积层硬度的增加机制

目前被广泛接受的多晶或复合材料的硬度强化机制，可以总结为以下几种：①Orowan 机制强化(弥散强化)，弥散在基体中的颗粒，可以阻碍材料塑性变形时位错的移动；②细晶强化(Hall-Petch 关系)，晶粒细化后，出现大量晶界等缺陷，当位错移动时遇到晶界等缺陷会受到阻碍；③固溶强化，置换或间隙固溶原子造成晶格畸变，当位错移动时，需要更大的驱动力才可以继续滑移；④织构强化，对于晶体材料而言，不同的晶面具有性能的各向异性，例如，面心立方结构中，(200)晶面往往具有较低的硬度，一般在提高晶体材料时，要消除(200)织构的存在。本书已经指出，通过调节电沉积工艺参数控制 Ni-(Ti-CeO₂)复合沉积层 Ti、CeO₂ 颗粒含量，改变其组织结构(晶粒尺寸、织构)。因此，弥散强化、细晶强化和织构强化是 Ni-(Ti-CeO₂)复合沉积层主要硬度强化机制。弥散强化与颗粒尺寸、颗粒浓度等相关。本书中采用的颗粒尺寸是固定的。因此，颗粒浓度为主要影响因素。通过 15.2 节分析可知，电流密度的增加导致颗粒在 Ni-(Ti-CeO₂)复合沉积层中含量降低，弥散强化减弱，不利于硬度提高；颗粒浓度的增加，导致混合颗粒在 Ni-(Ti-CeO₂)复合沉积层中含量增加，弥散强化得到加强，虽然导致 Ti 颗粒浓度有所下降，但是总体颗粒含量增加，弥散强化也得到加强。

织构强化一般与晶粒生长时的择优取向有关。通常，对于面心立方材料，非原子密排面(200)具有较低的硬度和较高的塑性。在本书中，镍沉积层中存在[200]丝织构，不利于提高复合沉积层的硬度。本书 15.4 节指出，Ti、CeO₂ 颗粒含量的增加有利于消除[200]丝织构，从而提高了复合沉积层的硬度。

细晶强化是晶体材料强化硬度最重要手段之一，也是本研究中最主要的强化机制。

一般地，晶粒尺寸与材料硬度的关系可以通过 Hall-Petch 公式表述：

$$\sigma_y = \sigma_0 + kd^{-1/2} \tag{15.3}$$

$$HV = 3\sigma_y \tag{15.4}$$

其中，σ_y 为材料的屈服极限强度；σ_0 为位错移动时晶格对其的阻力；d 为晶粒的平均尺寸；k 为常数；HV 表示材料的硬度。通过 Hall-Petch 公式可知，晶粒尺寸越小，材料的硬度越大。对于 Ni-(Ti-CeO₂)复合沉积层而言，复合沉积层中的镍晶粒平均尺寸和颗粒含量成反比。因此，电流密度的增加导致 Ti/CeO₂ 颗粒含量降低，晶粒尺寸上升，硬度下降；Ti/CeO₂ 颗粒浓度的增加，导致颗粒含量增加，晶粒细化，硬度提高；CeO₂ 浓度的增加，导致 Ti/CeO₂ 颗粒总体含量增加，诱发晶粒细化，硬度得到提高。

通过以上分析可知，通过控制工艺参数，调节 Ni-(Ti-CeO₂)复合沉积层中颗粒的状态(颗粒含量、颗粒分布、颗粒种类)，优化 Ni-(Ti-CeO₂)复合沉积层组织结构，提高了 Ni-(Ti-CeO₂)复合沉积层硬度。

15.7.4　Ni-(Ti-CeO₂)复合沉积层提高耐腐蚀性能作用机理研究

为了进一步研究 Ni-(Ti-CeO₂)复合沉积层腐蚀行为，以及深入揭示 Ni-(Ti-CeO₂)复合沉积层腐蚀性能提高的原因，这里利用 SEM 对腐蚀后的复合沉积层形貌进行观察分析。如图 15.38(a)和(d)所示，Ni-Ti 复合沉积层表面点蚀坑密度明显高于 Ni-(Ti-CeO₂)复合沉积层的点蚀坑密度。较低的点蚀坑密度表明，Ni-(Ti-CeO₂)复合沉积层具有更高的耐腐蚀性能。前面已经指出，Ni-Ti 复合沉积层表面是多孔且粗糙的，Ni-(Ti-CeO₂)复合沉积层表面是致密和平坦的。粗糙多孔的 Ni-Ti 复合沉积层表面能为点蚀提供更多的形核点，导致腐蚀产物不能均匀地分布在 Ni-Ti 复合沉积层表面，产生大量局部点蚀，不利于腐蚀性能的提高。相反，致密而平坦的 Ni-(Ti-CeO₂)复合沉积层表面有利于均匀腐蚀，腐蚀产物均匀地分布在其表面，降低了点蚀的发生，有利于提高耐腐蚀性能。图 15.38(b)和(e)为相应的点蚀坑局部放大图。如图 15.38(b)所示，Ti 颗粒可以很清晰地辨认。一般地，在腐蚀过程中，Ti 颗粒表面会形成一层致密的 TiO₂ 保护膜。被 TiO₂ 覆盖的 Ti 颗粒暴露在腐蚀介质之中，可以减小镍金属基体与腐蚀介质的接触面积，降低镍金属基体被腐蚀介质侵蚀的风险，提高复合沉积层的耐腐蚀性能。但是，Ni-Ti 复合沉积层中 Ti 颗粒存在团聚以及 Ti 颗粒之间间距过大，无法将 Ti 颗粒相互之间连接起来，形成有效的保护膜。因此，腐蚀介质会沿着 Ti 与镍基体的界面持续侵蚀复合沉积层。当 Ti 颗粒周围的大部分镍基体被腐蚀介质侵蚀溶解之后，Ti 颗粒大部分暴露出来，部分 Ti 颗粒甚至从复合涂层中脱落。如图 15.38(b)所示，白色虚线标出了 Ti 颗粒脱落后残留的孔洞。该残留孔洞会引起局部腐蚀，进而降低 Ni-Ti 复合沉积层的腐蚀性能。

图 15.38(b)展示了 Ni-(Ti-CeO₂)复合沉积层表面点蚀坑的形貌。由图可知，加入 10g/L CeO₂ 颗粒后，Ti 颗粒脱落的问题得到明显改善。致密细小的腐蚀产物包裹住 Ti 颗粒，阻止了 Ti 颗粒的脱落。这是由于分散在 Ti 颗粒周围的 CeO₂ 纳

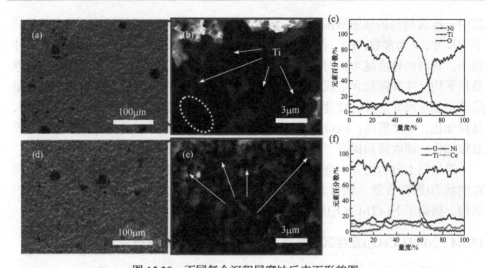

图 15.38　不同复合沉积层腐蚀后表面形貌图
(a)和(b)在 50mA/cm², 100g/L Ti 颗粒条件下制备的 Ni-Ti 复合沉积层的腐蚀低倍形貌图和高倍放大图；(d)和(e)在
50mA/cm²，"100g/L Ti 颗粒+10g/L CeO₂ 颗粒"条件下制备的 Ni-(Ti-CeO₂)复合沉积

米颗粒可以减小腐蚀介质沿着 Ti 颗粒与镍金属基体界面的腐蚀概率，避免了 Ti 颗粒的脱落。同时，CeO₂ 颗粒作为一种耐腐蚀陶瓷氧化物，具有极高的耐腐蚀性能。因此，CeO₂ 颗粒也可以减小镍金属基体与腐蚀介质的接触面积，提高 Ni-(Ti-CeO₂)复合沉积层耐腐蚀性能。另外，已经指出，CeO₂ 颗粒与 Ti 颗粒同时加入镍基体中，促进 Ti 颗粒在复合沉积层中的均匀分布，避免了腐蚀介质的选择性腐蚀。图 15.38(c)和(f)分别展示了在 A 处和 B 处执行的 EDS 线扫描结果。Ti 元素信号证明了 Ti 颗粒的位置。另外，伴随着 Ti 信号可以观测到 O 元素的信号，说明在 Ti 颗粒表面形成了 TiO₂ 保护层。除此之外，在图 15.38(f)中，Ti 颗粒表面发现了 Ce 元素的信号，说明 CeO₂ 颗粒紧紧地分散在 Ti 颗粒周围。

利用 XPS 分析技术对复合沉积层的腐蚀产物进行分析，从而进一步揭示腐蚀行为。如图 15.39(b)和(f)所示，在 Ni-Ti 和 Ni-(Ti-CeO₂)复合沉积层中都发现了 Ti 2p2/3 在 458.2eV 和 2p1/2 在 464.3eV 的峰，这两个峰都是属于 TiO₂ 的峰，证明了在腐蚀过程中，Ti 颗粒表面形成了 TiO₂ 保护层。如前所述，TiO₂ 包裹的 Ti 颗粒可以减小镍金属基体与腐蚀介质的接触面积，从而提高 Ni-(Ti-CeO₂)复合沉积层的腐蚀性能。另外引人注意的是，对比图 15.39(c)和(f)可以看到，Ti2p 在 Ni-(Ti-CeO₂)复合沉积层中的信号明显高于 Ni-Ti 复合沉积层中的信号，这说明，虽然 Ti 颗粒在 Ni-(Ti-CeO₂)复合沉积层中的含量降低了，但是 TiO₂ 在 Ni-(Ti-CeO₂)复合沉积层腐蚀产物中的含量有所提高。这是由于，CeO₂ 作为一种活性稀土氧化物，促使 TiO₂ 在 Ti 颗粒表面形成，有利于提高 Ni-(Ti-CeO₂)复合沉积层的腐蚀性能。

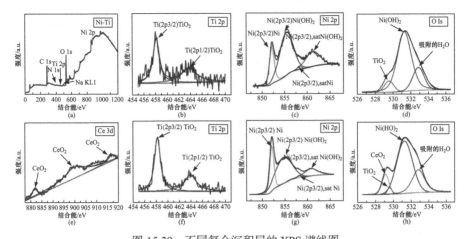

图 15.39　不同复合沉积层的 XPS 谱线图

(a)～(d)在 50mA/cm², 100g/L Ti 颗粒条件下制备的 Ni-Ti 复合沉积层；(e)～(h)在 50mA/cm²，"100g/L Ti 颗粒+10g/L CeO₂ 颗粒"条件下制备的 Ni-(Ti-CeO₂)复合沉积层

Dong 等[10]使用复合电沉积方法制备了 Ni-(Cr-CeO₂)复合沉积层，研究了 CeO₂纳米颗粒、Cr 颗粒对 Ni-(Cr-CeO₂)复合沉积层组织结构与耐高温腐蚀性能的影响。他们发现，Ce⁴⁺偏析在晶界位置阻碍了氧化原子的扩散和 CeO₂可以起到激活(催化)作用促进表面形成致密的 Cr₂O₃保护层。

Zhou 等[11]研究了使用复合电沉积技术制备的 Ni-Al-CeO₂复合沉积层的高温耐腐蚀性能。结果表明，Ni-(Al-CeO₂)沉积层的高温耐氧化性能明显比一元 Ni-Al复合沉积层高。Al 颗粒和 CeO₂颗粒共沉积促进了表面致密的 Al₂O₃保护膜的形成，提高了耐高温腐蚀性能。由图 15.39(c)和(g)可知，在 855.5eV 和 861.3eV 处出现了 Ni(OH)₂相的主峰和伴随峰，证明了镍经过腐蚀反应后形成了 Ni(OH)₂。腐蚀后形成的 Ni(OH)₂会附着在 Ni-(Ti-CeO₂)复合沉积层的表面，阻碍腐蚀介质进一步侵蚀复合沉积层，有利于 Ni-(Ti-CeO₂)复合沉积层腐蚀性能的提高。综上所述，在 CeO₂颗粒和 Ti 颗粒的协同作用下，Ni-(Ti-CeO₂)复合沉积层表现出了优异的腐蚀性能。

综上所述可知，作为保护基体材料的第一层屏障，镍基复合沉积层不仅要具有高硬度，还需要具有抵抗外界侵蚀的能力，即抗腐蚀能力。与纯镍沉积层相比，通过加入增强颗粒，可以有效地提高镍基复合沉积层的耐腐蚀能力。镍复合沉积层的腐蚀主要是腐蚀介质对镍基体的侵蚀。增强颗粒主要通过两个方面影响复合沉积层的腐蚀性能，包括颗粒自身的直接影响和颗粒引起的组织结构优化的间接影响。

增强颗粒自身的直接影响主要包括：①物理阻碍作用，第二相颗粒分布在腐蚀路径上，阻碍腐蚀的扩展；②减小基体暴露面积，当腐蚀进行时，镍基复合沉积层外表面与腐蚀介质直接接触，暴露的第二相颗粒减小了镍基体的暴露面积，降低了镍基体被腐蚀的概率；③形成腐蚀微电池，增强颗粒与镍基体具有不同的腐蚀电势，可以形成腐蚀微电池。因此，均匀分布的增强颗粒可以抑制局部腐蚀，促进均匀腐蚀；④增加腐蚀路径长度，当腐蚀介质遇到镶嵌在复合沉积层内的增强颗粒时，需要绕过增强颗粒，增加了腐蚀路径的总长度，延缓腐蚀。

颗粒引起的组织结构的优化包括：①晶粒细化诱发的均匀钝化膜，一方面晶粒细化导致晶界等缺陷数量增加，易发生腐蚀的位置数量增加，促进腐蚀速率增加；另一方面，腐蚀发生后残留的腐蚀产物 $Ni(OH)_2$ 附着在复合镀层表面，形成均匀的钝化保护膜，阻碍腐蚀的进一步进行。②消除丝织构，一般在沉积层中存在的织构主要是[200]丝织构，容易引起腐蚀，降低腐蚀性能，增强颗粒的加入有利于消除[200]丝织构，提高镍基复合电沉积层的耐腐蚀性能。

在本研究中，在镍基体中加入微米级的导电 Ti 和纳米级的不导电 CeO_2 两种增强颗粒，它们能起到很好的协调作用，特别是当两种增强颗粒在尺度上及浓度比上都合适时，这种协调作用是十分重要的[4,5]。

参 考 文 献

[1] 王联波. 电沉积 Ni-(Ti-CeO₂)复合沉积层组织结构及性能研究. 上海: 上海交通大学, 2020.

[2] Wang L B, Chen M, Liu H B, et al. Optimisation of microstructure and corrosion resistance of Ni-Ti composite coatings by the addition of CeO₂ nanoparticles. Surface and Coatings Technology, 2017, 331: 196-205.

[3] Wang L B, Zhao Y T, Jiang C H, et al. Investigation on microstructure and properties of electrodeposited Ni-(Ti-CeO₂) composite coating. Journal of Alloys and Compounds, 2018, 754: 93-104.

[4] Wang L B, Xing S L, Liu H B, et al. Improved wear properties of Ni-Ti nanocomposite coating with tailored spatial microstructures by extra adding CeO₂ nanoparticles. Surface and Coatings Technology, 2020, 399: 126119.

[5] Zhao Y T, Wang L B, Qin Z B, et al. The roles of Ti particles in improving the corrosion resistance of electrochemically assembled Ni-Ti composite coatings. Corrosion, 2017, 73(9): 1107-1118.

[6] Abi-Akar H, Riley C, Maybee G. Electrocodeposition of nickel-diamond and cobalt-chromium carbide in low gravity. Chemistry of Materials, 1996, 8(11): 2601-2610.

[7] Stappers L, Fransaer J. Growth of metal around particles during electrodeposition. Journal of the Electrochemical Society, 2006, 153(7): C472.

[8] Lampke T, Wielage B, Dietrich D, et al. Details of crystalline growth in co-deposited electroplated nickel films with hard (nano) particles. Applied Surface Science, 2006, 253(5): 2399-2408.

[9] Lee J, Talbot J B. Simulation of particle incorporation during electrodeposition process: primary and secondary current distributions. Journal of the Electrochemical Society, 2005, 152(10): C706.

[10] Dong Z, Peng X, Guan Y, et al. Optimization of composition and structure of electrodeposited

Ni-Cr composites for increasing the oxidation resistance. Corrosion Science, 2012, 62: 147-152.

[11] Zhou Y B, Zhao G G, Zhang H J, et al. Effect of CeO₂ on the microstructure and isothermal oxidation of Ni-Al alloy coatings transformed from electrodeposited Ni-Al films at 800℃. Vacuum, 2009, 83(11): 1333-1339.

第 16 章　电沉积(Ni-Co)-金刚石粉复合刀片的
测试分析与表征

谈起这个例子还有一个小故事，那就是我们杨传铮教授的夫人罗荣芳同志在 20 世纪 80 年代接受了一项研制分割硅集成电路芯片用的金刚刀片的任务。砂轮划片机使用的刀片是金属-金刚石复合的环状薄片，内外径分别约为 40.0mm 和 50.4mm，厚度在 15～30μm。当时国内已有铜基、镍基两种刀片，分别由粉末冶金和复合电沉积方法制成。这种刀片在其他切割方面还有着其他广泛的应用前景。但由于粉末冶金制备法是把 Cu 粉与金刚石粉按一定比例混合，然后经压片烧结而成，不仅工艺复杂，而且烧结后薄片容易翘曲、不平整，且刚度不够，故选择(Ni-Co)-金刚石粉复合电沉积工艺[1,2]。复合电沉积的工艺参数，以及沉积刀片的化学成分、结构和微观组织对刀片的性能有重要影响，研究它们之间的关系是任务的需要，也是学科的需要。因此本书乐意向读者介绍这个夫妻合作、学科交叉、任务带学科的研究例子。

16.1　电沉积装置和工艺方法

16.1.1　电沉积装置

实验用的复合电沉积装置示于图 16.1(a)，复合电沉积的刀片直接安装在转速达 30000r/s 的切割机上使用，复合电沉积刀片必须从阴极剥离，因此阴极比较复杂，其结构的剖面图示于图 16.1(b)中。阴极的主件是一个圆环(C)，用 1Cr18Ni19Ti 不锈钢制成，外径约 62mm，内径约 29mm，厚度为 5mm。表面经过研磨，光滑平整，无划痕和针孔等缺陷。为了防止在圆环棱角处的电流过于集中和电沉积片易于剥离，采用了有机玻璃保护环(见图 16.1 中的 A 和 B)；阴极水平地悬置在离沉积槽底部 10～20mm 处，阳极是圆形的电解镍板，直径比阴极外径大些，并与阴极平行；阴阳极之间相距 50mm，阳极套在尼龙布袋中，以防止阳极溶解时的不溶物或未溶解的镍颗粒散落在阴极表面上。电沉积槽放在超级恒温槽中，温度控制精度为±0.5℃。

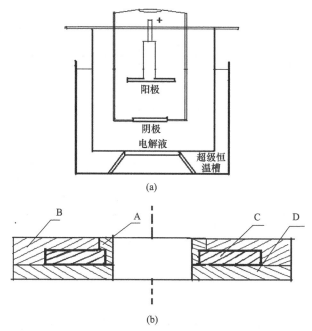

图 16.1　Ni-Co-金刚石复合电沉积装置示意图

(a)电沉积槽示意图；(b)阴极结构图，其中 A 为有机玻璃内环，B 为有机玻璃外环，C 为不锈钢环状阴极，
D 为有机玻璃底板

16.1.2　电沉积液和沉积工艺

经过实验探索，复合电沉积液和工艺参数列于表 16.1 中。可见，所谓工艺参数首先是电沉积液的成分，即被沉积物有关成分的比例，这里包括含 Ni 盐、Co 盐及金刚石的比例；其次是电沉积时的电流密度、温度和沉积时间等。

表 16.1　电沉积液组成及电沉积条件

沉积液编号	1	2	3	4	5
成分和基本条件	沉积液浓度/(g/L)				
$NiSO_4 \cdot 7H_2O$	200	220	220	200	300
$CoSO_4 \cdot 7H_2O$	—	15	30	30	50
$NiCl_2 \cdot 6H_2O$	—	—	30	—	40
NaCl	18	15	—	15	—
H_3BO_3	45	30	40	40	40
糖精	1~2	2	2	0.5~1.0	—

沉积液编号	1	2	3	4	5
十二烷基硫酸钠	0.2	0.2	0.3	0.2	0.3
1, 4丁炔二醇	1	1	1	1~2	1
EDTA	—	4	—	—	—
对甲苯磺酰胺	—	—	—	—	1
金刚石粉	10~15	7	2~3	2~3	7
pH	3.5~4.0	3.5~4.0	3.5~4.0	3.5~4.0	3.5~4.0
电流密度/(A/cm³)	2	2~3	2~3	—	2~6
温度/℃	50	30	30~50	30~50	24~30

16.2　复合电沉积层的成分与拉伸性能的测定

16.2.1　复合电沉积层的成分及刀片形貌观察

复合电沉积层的成分分析有两个方面，即沉积层中的金刚石的含量和 Co 的含量。在用原子吸收光谱法分析沉积层中 Co 含量的同时，测定了不溶物的含量，并视为金刚石含量 W_d。

另外，用"水中失重法"测定电沉积层的密度 D，即在分析天平中分别称出刀片在空气和水中的重量，再计算出刀片的密度 D。假定刀片是完全致密的，则可按下式计算出刀片中金刚石粉的含量 W_d：

$$D = \frac{1}{W_d / 3.52 + (1 - W_d) / 8.9} \tag{16.1}$$

经整理后得

$$W_d = \frac{31.33 / D - 3.52}{5.38} \times 100\% \tag{16.2}$$

式中，3.52 和 8.9 分别为金刚石和钴的理论密度。最后把算得的金刚石含量 W_d 与上述不溶物相比较。表 16.2 给出不同温度和电流密度下沉积层用两种方法测得的金刚石微粉的含量。可见，在本研究范围内金刚石微粉含量随沉积液温度和电流密度的变化无规律性。至于分析结果偏低，则可能与不溶物在分析试样制备过程中的损失有关。

表 16.2　沉积层中金刚石微粉的含量

电沉积液温度/℃	30				40				50				60			
电流密度/(A/dm²)	2	3	4	5	2	3	4	5	2	3	4	5	2	3	4	5
计算金刚石含量/%	16.1	10.5	16.6	16.2	8.0	8.6	7.6	7.9	6.8	8.6	16.3	8.2	8.5	3.5	16.2	8.4
分析金刚石含量/%	7.5	7.5	16.4	6.1	4.8	7.3	2.5	7.3	4.6	7.5	4.6	6.6	5.0	7.7	3.6	7.3

由于化学分析不溶物方法比较麻烦、费时，而且容易产生人为误差，因此在假定刀片是完全致密条件下，用“水中失重法”测定刀片密度再计算金刚石含量的方法具有实用意义。

16.2.2　拉伸强度试验

用电沉积得的刀片做成约 25mm×3.5mm 的拉伸试样，在瑞士 MI44/2 型微拉伸机上测量其强度。每种电沉积工艺沉积三片，每片制作三个拉伸试样，因此给出的强度为九个试样的平均值。

16.2.3　沉积层结构的 X 射线衍射分析

用 CuKα 辐射和带有石墨单色器的 X 射线衍射仪测定了镀层的相结构、点阵参数，通过(111)衍射峰的半高宽测定了沉积层的晶粒大小；测定沉积层的(111)和(200)衍射线的积分强度比，用以半定量地描述沉积层中晶粒的择优取向，还测定轴向对称织构的分散度。

16.3　电沉积(Ni-Co)-金刚石粉刀片化学成分、拉伸强度和结构的研究

16.3.1　电沉积参数对电沉积刀片的化学成分及拉伸强度的影响

1. 电沉积液温度对电沉积刀片拉伸强度及 Co 含量的影响

电沉积刀片的拉伸强度和电沉积刀片中 Co 含量随电沉积液温度的变化分别示于图 16.2(a)和(b)中，可见在试验的低电流密度如 2A/dm² 下，拉伸强度随沉积液温度的升高开始有所增加，然后反而下降；而在较高电流密度下，则随温度升高而增加。沉积层的 Co 含量在高电流密度 5A/dm² 下随温度升高略有下降，而在所研究的其他电流密度下则随温度升高而增加。这表明拉伸强度不仅与 Co 含量有关，还可能与沉积层的结构有关。

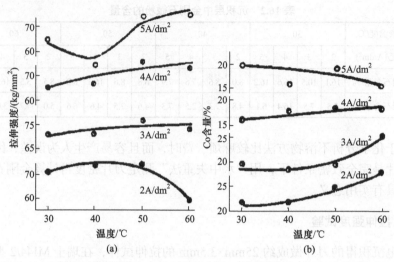

图 16.2　电沉积液温度对电沉积刀片拉伸强度(a)及电沉积刀片中 Co 含量(b)的影响

2. 电流密度对电沉积刀片拉伸强度和 Co 含量的影响

在同一沉积液温度下，电流密度对电沉积刀片拉伸强度和 Co 含量的影响分别示于图 16.3(a)和(b)中。可见，除 60℃下拉伸强度随电流密度增加而升高外，在其他温度下均随电流密度的增加而缓慢降低。沉积层的 Co 含量在各种温度下均随电流密度的增加而降低，这些结果与 Walter[3]，以及 Endicott 和 Knapp[4]的 Ni-Co 共沉积的结果相似，但与文献[5]的结果不同。

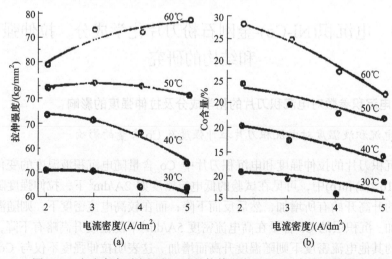

图 16.3　电流密度对电沉积刀片的拉伸强度(a)及 Co 含量(b)的影响

可进一步了解 Co 含量与沉积层强度的关系，为此将刀片的密度换算为 Ni 和 Co 的理论密度，以除去金刚石含量的影响，再将刀片强度也换算成理论密度时的强度，便能获得刀片强度与 Co 含量间的关系，示于图 16.4 中，可见虽然数据比较分散，但仍能看出刀片强度与 Co 含量间的线性关系。

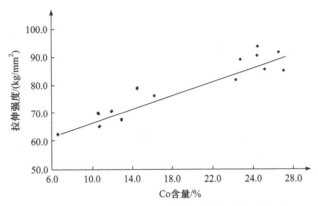

图 16.4　电沉积刀片中 Co 含量对拉伸强度的影响

16.3.2　沉积层的物相及点阵参数与钴含量的关系

由 Ni-金刚石和(Ni-Co)-金刚石沉积层的 XRD 花样可见：①仅存在 Ni 或 Ni 基固溶体和金刚石两相；②沉积层的各衍射线条的相对强度反常；③衍射线条明显宽化。面心立方结构的 Ni 基固溶体沉积层的点阵参数随 Co 含量的变化示于图 16.5 中，其近似呈线性关系。

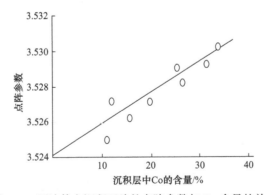

图 16.5　固溶体电沉积刀片的点阵参数与 Co 含量的关系

16.3.3　晶粒度和微观应力与电沉积参数的关系

测量沉积层(111)衍射峰的半高宽 β_1 减去本征半高宽 β_0，即可按下式计算晶粒的直径 D：

$$D = \frac{K\lambda}{\beta\cos\theta} = 95.33/\beta \ (\text{Å}) \tag{16.3}$$

式中，$\beta = \beta_1 - \beta_0$，以度表示；$K=0.97$；$\lambda$ 为 X 射线的波长 $=1.5416$Å。图 16.6 给出沉积液温度和电流密度对沉积层晶粒度的影响，可见只有在较低的电流密度下，沉积层的晶粒度随温度的升高而增大；在较高的电流密度($\geqslant 4$A/dm^2)下，晶粒度几乎不变；只有在较高温度(60℃)下，晶粒度随电流密度的增加而明显变细；在较低温度下晶粒度随电流密度变化甚小。

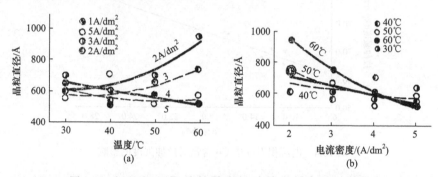

图 16.6　沉积液温度(a)和电流密度(b)对沉积层晶粒度的影响

16.3.4　沉积层的织构及其分散度

在(Ni-Co)-金刚石沉积刀片的衍射花样中(200)衍射峰的相对积分强度异常增强，表明存在强烈的〈100〉垂直于沉积层表面的轴向对称织构,故测量(200)和(111)衍射线积分强度比，其与电流密度的关系示于图 16.7 中，可见其随电流密度增加而降低，但仍保持〈100〉轴向对称织构。当加入 Co 以后，〈100〉轴向对称织构随 Co 含量增加明显降低，当 Co 含量达到一定值时可转化为〈111〉轴向对称织构，见图 16.8，并且几乎不再随沉积液温度和电流密度而变，见图 16.9。

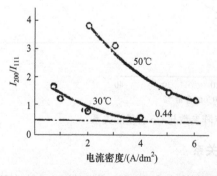

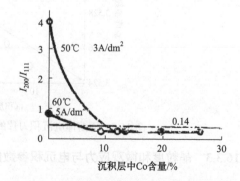

图 16.7　Ni-金刚石刀片〈100〉轴向对称织构随电流密的关系, 0.44 为无序时 I_{200}/I_{111} 值达一定值　　图 16.8　(Ni-Co)-金刚石刀片中 Co 含量对织构的影响

为了测定沉积层轴向对称织构的分散度，采用如图 16.10 右上角所示的衍射几何分别对沉积层和无序取向的粉末试样进行测量，后者为求得非聚焦、衍射体积和吸收的校正系数，其结果列于图 16.10 中，可见 Ni-金刚石复合沉积层的〈100〉轴向对称织构的分散度较大，当 $I_\varphi/I_\varphi=0$ 时，$\varphi \approx 6°$，而(Ni-Co)-金刚石复合沉积层 $\varphi \approx 4°$。

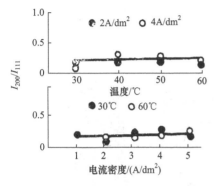
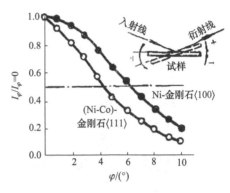

图 16.9　(Ni-Co)-金刚石沉积层〈111〉轴向对称织构与温度及电流密度的关系

图 16.10　〈100〉和〈111〉轴向对称织构的分散度

16.4　电复合沉积刀片的显微组织和划片性能

16.4.1　电复合沉积刀片的显微组织

使用扫描电子显微镜观察电沉积刀片的表面和断面的显微组织，刀片表面和断面的扫描电子显微镜照片分别示于图 16.11(a)和(b)，可以看到，无论是表面还是断面，金刚石粉都分布均匀，与(Ni-Co)合金结合良好。

(a) 表面 ×1000　　　　　　　(b) 断口 ×2500

图 16.11　符合电沉积(Ni-Co)-金刚石刀片的扫描电子显微镜照片

用复合电沉积的方法准备(Ni-Co)-金刚石刀片的目的是把刀片安装在 30000r/min 的切割机上分离硅集成电路管芯，因此观察研究其切割性能是完全必要的。图 16.12 给出被切割硅片的切缝形貌图，从图 16.12(a)可见，表面切缝平直、光滑，表面爆裂轻微；切口深度大于 0.2mm，满足划片要求。如果集成电路的管芯安排科学，即使切缝平行于{111}解理面与晶片表面交集的话，约 0.3mm 厚的硅片的切缝深度达 0.2mm，轻轻滚压硅片背面，可完全实现沿解理面分裂，划片成品率可达 100%。如果不能实现解理分裂，会影响划片成品率。

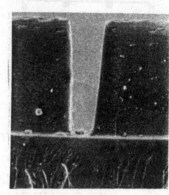

(a) 表面　　　　　　　　　(b) 断面

图 16.12　用电沉积(Ni-Co)-金刚石刀片切割硅片形貌图(×300)

16.4.2　复合沉积刀片的划片性能和合格率

实验研究统计表明，能否达到 0.2mm 划片深度，还与沉积刀片中金刚石含量有关，见表 16.3。Co 含量≥6.0～≤12.0 的刀片，划片深度达 0.2mm 的有 82%。

表 16.3　不同金刚石含量范围(基数为 51 片)能达到切割 0.2mm 深度的统计

金刚石含量/wt%	5.0～6.0	≥6.0～≤8.0	≥8.0～≤10.0	>10.0～≤12.0	>12.0～≤14.0	～16.0
达 0.2mm 深度片数	5	12	14	15	4	1
达 0.2mm 深度占比/%	9.8	23.5	27.5	16.4	7.8	1.9
合计/%			82			

各种不同工艺电沉积所获刀片的合格率(指划片深度≥0.2mm 的刀片，每片划 20 次)的统计数据列于表 16.4，只要调整好电沉积条件，即能得到合格的刀片。以 3 号和 4 号电沉积液的合格率最高(大于 70%)。划片合格的刀片的金刚石含量为 5.24%～16.13%，其中只有少数(约 20%)小于 6.0%或大于 12.6%；即已达到划片深度要求的刀片，其金刚石含量绝大多数是在 6.0%～12.0%，这与进口的 Ni-

金刚石刀片的金刚石含量(6.7%～10.9%)相近。

表 16.4　电沉积刀片划片合格率及其金刚石含量

沉积液编号	电沉积刀片总数/片	划片机	划片试验总数/片	金刚石含量/wt%	合格刀片数/片	合格刀片金刚石含量/wt%	合格率/%
1	41	冶金所制	25	4.90～16.19	2	5.41～7.54	8.0
2	37	同上	15	4.56～16.58	3	9.13～16.58	16.7
5	26	同上	17	5.41～16.70	3	6.37～16.70	17.7
4	81	同上	65	5.42～16.91	24	5.24～16.91	36.9
		日本机器	4	10.00～16.13	4	10.00～16.13	100.0
3	44	冶金所制	14	6.73～16.26	10	6.73～16.39	71.4
		日本机器	11	7.00～12.21	8	7.82～12.21	72.7
合计			154		54		35.1

16.5　复合电沉积过程及沉积层组织结构与性能间的关系

16.5.1　复合电沉积过程和复合电沉积机理

沉积层主要包含镍、钴和金刚石，既是两种金属的共沉积，又是以金属为骨架夹带弥散的金刚石微粒的复合电沉积。

复合沉积层的形成机理一般从下列三方面考虑[5]：①悬浮粒子的电泳共析；②颗粒与阴极表面冲击时出现偶发捕捉共析；③悬浮颗粒在阴极表面的吸附共析。在我们的电沉积工艺中，溶液剧烈搅拌后静置数分钟，再将阴极和阳极平行而水平地置于沉积液中，溶液中金刚石微粉含量较低(2g/L)，因此捕捉共析概率很小，外电场的电势也较小(小于 4V)，而且当阴极和阳极均铅垂置于沉积液中时，沉积层中金刚石微粉含量极少，这说明电泳共析也很微弱。

Tomaszewski 等[6]认为，在沉积镍溶液中，微粉表面吸附了 Ni^{2+} 和 H^+ 而带正电，在电场的作用下迁移到阴极表面，与金属离子一起共沉积，从而结合在金属沉积层中。但在我们的实验条件下，当阴极铅垂放置时，沉积层几乎不存在金刚石，可见这种共沉积也是很微弱的。由此可以认为，在我们所研究的复合电沉积工艺中，即沉积液中微粉含量较低时，主要是靠重力作用向阴极缓慢沉降，同时与金属离子共沉积在阴极上而形成金属-金刚石复合沉积层。

16.5.2　沉积层组织结构与性能间的关系

不同电沉积参数，如沉积液温度、电流密度、搅拌等均直接影响沉积层化学成分、结构和微观组织，三者综合起来决定沉积层的性能，如拉伸强度、硬度以及刀片的切割性能等，这里只研究拉伸强度。

沉积液在某一温度下，能在一定电流密度范围获得最好的沉积层结构和性能。一般而言，在某一温度下，当电流密度过低时，沉积层晶粒较粗，且随电流密度增加而变细，组织也变得致密。当电流密度超过上限值时，因阴极附近严重缺乏金属离子而形成疏松沉积层，但可用升高沉积液温度来提高允许电流密度的上限值。

一般而言，金属材料的室温拉伸强度随晶粒增大和组织疏松而降低，随固溶体中溶质含量增加而增加[6]。

在图 16.2(a)中，当电流密度为 $2A/dm^2$ 时，拉伸强度随温度的变化是，开始有所增加而后下降，可作如下解释：由图 16.5 可知，当温度在 30～50℃时，晶粒尺寸变化较少，强度的增加主要由固溶强化所贡献。此后，随温度升高，虽然固溶强化效应增强，但由于沉积层晶粒变粗，组织也变得不致密，因此拉伸强度下降。在 $3A/dm^2$ 和 $4A/dm^2$ 情况下，由于此值是处在电流密度上、下限范围内，沉积层晶粒尺寸几乎不随温度升高而变化，其拉伸强度主要由固溶强化贡献，因此沉积层拉伸强度随温度升高有所增加。但是，电流密度为 $5A/dm^2$ 时，在低温时因电流密度超过了上限值，形成疏松沉积层，故强度低，当温度升至 50～60℃ 时，此电流密度在允许范围内，故拉伸强度增加。

由图 16.3(b)可知，固溶体的溶质含量随电流密度增加而降低，在 60℃情况下，沉积层晶粒尺寸随电流密度增加而变细，见图 16.4(b)，此温度下所用电流密度没有超过上限值，因此决定沉积层拉伸强度的主要因素是晶粒变细和组织致密，所以拉伸强度随电流密度升高而增加。在 30～50℃时，沉积层晶粒大小变化不大，因此拉伸强度随固溶强化效应降低而降低。

由于电结晶受电场方向的影响而形成轴向对称织构。由实验结果可知，在 Ni 或 Ni-Co-金刚石复合沉积层中存在强烈的〈100〉织构，并随电流密度的增加、温度的降低和 Co 含量的增加而降低，并转化为〈111〉织构，见图 16.7 和图 16.8，而且〈100〉织构分散度比〈111〉织构大。由于面心立方结构的材料的力学各向异性不够明显，故未显示出织构的强化效应。但在刀片的切割性能上则可能显示出织构的影响。〈100〉织构的刀片可沿与刀片表面{100}成 54.5°的四组{111}面解理破裂，具有〈111〉织构的刀片可沿与刀片表面{111}成 70.4°的三组{111}面解理破裂，因此，具有〈111〉轴向对称织构的刀片可能有较好的切割性能。

16.6　电沉积(Ni-Co)-金刚石粉复合刀片结论

(1) 在所研究的温度、电流密度的工艺条件下，复合电沉积刀片的厚度可控制在 25～35μm 范围，每片最大相差 8μm，但一般多为 3～5μm。复合电沉积刀片具有较好的切割性能，刀片"手感"弹性较好，折断时呈明显的脆性断裂，响声清脆。

(2) 在所研究的温度、电流密度的工艺条件下，复合电沉积刀片中金刚石微粉含量不受这些参数的影响，但在同一电沉积温度下，沉积层中 Co 含量一般随温度升高而增加，随电流密度增加而降低；多为 6.0~12.0wt%；在刀片表面和断面金刚石粉分布均匀。

(3) 在同一种沉积液中获得复合电沉积刀片的拉伸强度不仅受 Co 的固溶强化影响，还与复合电沉积刀片的组织和结构有关。拉伸强度在 60~80kg/mm² 。

(4) 在本研究的条件下，复合电沉积刀片主要以微粒的缓慢沉降和共沉积金属在阴极上相结合的机理形成。

参 考 文 献

[1] 罗荣芳, 杨传铮. 复合电镀镍-钴-金刚石薄片的性能和结构. 上海金属(有色分册), 1985, 4: 21-26.

[2] 黄永书, 罗荣芳, 章志浩, 等. 复合电镀镍基-金刚石刀片的研制. 半导体技术, 1986, (4): 46-49.

[3] Walter R J. Tensile properties of electrodeposited nickel-cobalt. Plating and Surface Finishing, 1986, 73(10): 48-53.

[4] Endicott D W, Knapp J P. Electrodeposition of nickel-cobalt alloy—operating Parameters and physical properties of the deposits. Plating, 1966, 53(1): 43.

[5] 赖依聂尔, 库得莱采夫. 电镀原理(第 2 册). 张香春, 陈克忠, 译. 北京: 中国工业出版社, 1962: 161.

[6] Tomaszewski T W, Tomaszewski L C, Brown H. Codeposition of finely dispersed particles with metals. Plating, 1969, 56(11): 1234-1239.

第17章 电沉积纳米材料及其测试分析与表征

17.1 电沉积纳米材料概述

17.1.1 电沉积制备纳米材料的方法和特色

制备纳米材料的方法最基本的可归纳以下五种类型：①气相法，如物理或化学气相沉积、多相气体凝聚等；②液相法，如快速固化、雾化等；③固相法，如机械研磨、非晶态初始晶化等；④化学法，如溶胶、凝胶、化学沉积等；⑤电化学法，如电沉积法、复合电沉积。

制备纳米材料的电化学方法有很多种，综合起来有以下几种类型：①按电沉积方法，可分为直流法、脉冲法和复合电沉积法等；②按纳米材料，可分为单金属、合金、复合材料；③按纳米材料成型状态，可分为纳米膜(纳米多层膜、纳米梯度膜)、纳米管、纳米线、纳米块和纳米粉等；④按电沉积溶液类型可分为水溶液、有机溶液和熔体；⑤按纳米层特征，可分为高硬度耐磨沉积层、高耐腐蚀沉积层、耐高温氧化沉积层、电接触功能沉积层、减摩润滑沉积层、催化功能和磁性能沉积层，以及半导体沉积层等；⑥按耐磨材料的应用类型，可分为功能性、防护性及装饰性等。

电沉积方法制备纳米材料的优点有[1]：①电沉积层具有独特的高密度和低孔隙率，结晶组织取决于电沉积参数，通过控制电流、电压、电解液组分和工艺参数，就能精确控制膜层的厚度、化学组成、晶粒组成、晶粒大小和孔隙率；②适合于制备纯金属耐磨晶膜、合金膜及复合材料膜等各种类型的膜层；③电沉积过程，过电势是主要推动力，容易实现、工艺灵活、易转化；④可在常温下操作，节约了能源，避免了高温引入热应力；⑤电沉积易使沉积原子在单晶基质上外延生长，易得多晶化的外延生长层；⑥有很好的经济性和较高的生产率，投资低，经济效益好。

17.1.2 影响电沉积层晶粒尺寸的主要因素

1. 电沉积的过电势的影响

电沉积是抑制电化学过程，其重点是"阴极沉积"。为了得到耐磨晶，过电势和电流密度是关键。过电势越高，其反应阻力越大，这将有利于新晶核的生成和抑制晶粒的长大。电化学理论阴极表明，电结晶反应的成核速率(常用电流 I 表示)

与过电势有如下关系：

$$二维成核： \ln I = A - B / \eta \tag{17.1}$$

$$三维成核： \ln I = A - B / \eta^2 \tag{17.2}$$

式中，A、B 为常数；η 为过电势。

　　另外，电沉积耐磨材料是由两个步骤控制的：①形成高的晶核数目；②控制晶核的成长。以上两个条件可用控制化学和物理参数来实现，晶核的大小和数目可由过电势来控制。晶核的大小可用开尔文(Kelvin)电化学公式来表示：

$$\tau = \frac{2\delta V}{z e_0 |\eta|} \tag{17.3}$$

式中，τ 为临界晶核形成的半径；δ 为表面能量；V 为晶体中原子的体积；z 为元电荷数，e_0 为元电荷。

　　由 Kelvin 公式可以看出，当具有高的过电势 η 时，就可形成小的晶核，有利于小的纳米晶。

2. 添加剂的影响

　　有许多不饱和有机化合物和含有容易被还原元素(如含 S，Se 等)的有机物以及有些表面活性剂都容易在阴极上被还原，这样就抑制了金属离子在阴极上的还原，使晶粒成长减小，这类添加剂常称为晶粒细化剂，如在沉积镍溶液中常加入的糖精、香豆素和硫脲等。

3. 配位剂的影响

　　配位剂可以与金属离子形成稳定的配合物，使金属离子在阴极上电沉积困难，有利于电沉积层的晶粒细化，常用的配位剂有柠檬酸盐、酒石酸盐、焦硫酸盐、氰化物及 EDTA 等。

4. 电沉积时形成合金

　　与单金属相比，合金更容易形成较细的晶粒，因为与另一金属离子共沉积形成合金时，有可能通过阴极的过电势减少吸附原子的表面扩散，致使合金晶粒细化。

5. 复合电沉积

　　沉积液中加入第二相纳米微粒时，在纳米微粒与基质金属共沉积过程中，微粒作为基质形核核心，有利于加速微粒的沉积，增加晶粒形核速率和数目，并作为抑制相阻止基质沉积层晶粒长大，促使复合沉积层晶粒细化，可在电流密度较小时就得到纳米晶。

6. 脉冲电沉积

采用脉冲技术有利于电沉积方法制备纳米晶。

7. 沉积液组成和工艺条件

沉积液的组分和浓度，以及温度、pH、液流喷射和搅拌速度、电流密度等都会影响电沉积的晶粒大小。

下面将举几个例子介绍非复合材料电沉积纳米沉积层、纳米线、纳米管及其阵列的制备和表征。

17.2　电沉积铜纳米沉积层

Natter 和 Hempelmann[2]研究了脉冲电沉积纳米铜沉积层过程中，有机添加剂、电解液温度以及 pH 的影响。结果发现，柠檬酸和 EDTA 二钠的吸附自由能适中，可干扰脉冲之间的离子交换(抑制剂)，又不足以抑制脉冲过程中的解吸附(钝化)。升高温度和降低浓度可以降低吸附添加剂分子覆盖沉积层的面积，减弱抑制作用，利于晶粒生长。

17.2.1　制备工艺

用 $25mm \times 25mm \times 2mm$ 的铜板作阳极，用 $20mm \times 20mm \times 1mm$ 的钛板作阴极。铜在钛上沉积时结合力很好，若要制备易剥离的试样，则需要经过一道特殊工序，将 $20mm \times 20mm$，厚度为 $100\mu m$ 的箔片的一面用厚为 $1mm$ 的塑料薄膜封闭，以此避免铁箔在酸性溶液中溶解和析氢而引起铜粉沉积。另一面用一层薄砷膜封好，此砷膜是由 $50mL$ 含 As_2O_3 的浓盐酸溶液制得的。当试样沉积达到 $3mm$ 厚时，铁箔背面的塑料膜脱落，铁箔开始在稀盐酸中溶解，即可得到剥离状的纳米铜膜。

试样所用的电沉积液组成、电沉积液参数和脉冲电源参数列于表 17.1 中。

表 17.1　脉冲电沉积铜纳米颗粒材料的电沉积液组成、电沉积液参数和脉冲电源参数

	电沉积液的组成				
	组成	含量/(g/L)	螯合物	离解常数 K_{dis}	D_v/nm
A	$CoSO_4 \cdot 4H_2O$	28	$[CuH_2C_6H_5O_7]^+$	1.0×10^{-6}	29
	$(NH_4)_2SO_4$	50			
	柠檬酸	21			
B	柠檬酸	0			50

续表

电沉积液的组成					
	组成	含量/(g/L)	螯合物	离解常数 K_{dis}	D_v/nm
C	酒石酸	17			多晶
D	丙二酸	12			多晶
E	EDTA 二钠盐	42	Cu[NaEDTA]	$1.0 \times 10^{-2.35}$	20

电沉积液参数		
pH	T/℃	流体力学条件
1～2	40	机械搅拌

脉冲电源参数			
脉冲持续时间 t_{on}/ms	脉冲间隔时间 t_{off}/ms	脉冲电流密度 J_{pulse}/(A/cm^2)	阳极电流密度 J_a/(A/cm^2)
1	100	1.25	0.0125

17.2.2　添加剂的影响

即使在没有添加剂的条件下, XRD 花样中也出现较宽的衍射峰, 见图 17.1, 表明晶粒尺寸在 50nm 左右。这种效应是脉冲电沉积中使用大电流引起的。在阴极交换过程中, 多晶附近所存在的 Cu^{2+} 均放电并沉积。为了获得更细小的晶粒(30nm 或更小), 必须增大成核速率并抑制晶粒长大, 方法是加入螯合剂和抑制剂。

游离的柠檬酸有在铜电极表面吸附的趋势。吸附行为主要取决于自由电子对数目、亲水基团和抑制剂分子的大小。柠檬酸分子与铜离子之比为 1∶1。由于沉积液中游离的酸分子的浓度降低, 所以还原晶粒的大小(29nm)主要取决于螯合剂($K_{dis}=1.0 \times 10^{-6} L^2/mol^2$), 其次才是抑制剂。

EDTA 二钠盐有两个自由电子对(氨基)和四个亲水的羧基, 因此它具有很强的抑制作用, 同时它也是抑制很好的螯合剂。EDTA 二钠盐的抑制作用可使晶粒尺寸减小至 20nm, 丙二酸的加入可沉积得到粗大的晶粒。因为丙二酸分子和铜表面之间有很强的亲和力, 所以它能够置换吸附在铜表面的水分子, 这样铜离子很容易放电。

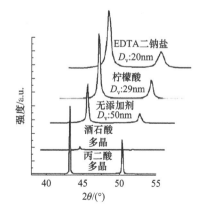

图 17.1　使用不同添加剂的电沉积液中获得的铜沉积层的 XRD 花样

酒石酸的加入则表现出更强的抑制作用。该种酸有四个亲水基团(两个羧基, 两个羟基)。当 pH 在 1~2 时, 酒石酸不与铜离子螯合, 因此沉积液中存在游离的 Cu^{2+} 和酒石酸分子($C_4H_6O_6$)。在沉积液中加入酒石酸可以获得织纹状结构且晶粒粗糙的铜沉积层, 这一点可归结为酒石酸具有强大的吸附(可能是不可逆吸附或化学吸附)性能。抑制剂首先占据活化区(即生长台阶的边缘), 铜离子只能在活性稍差的位置形成沉积层。这个过程反复继续, 就形成了纹状的组织结构。

酒石酸浓度与晶粒尺寸的关系: 当酒石酸的浓度降低时, 抑制剂不能占据所有的活化区(图 17.2 中的 2 和 3), 铜沉积层就可在活性区域快速生长, 才是大晶粒。当酒石酸的浓度较高时, 抑制剂几乎占据绝大部分表面(活化区活性稍差的区域), 对于铜, 只能以降低的电流密度占据图 17.2 中 1 点(高能区)。铜离子向活性区域的扩散受到抑制剂分子的阻碍, 因此晶粒生长受阻, 从而使晶粒尺寸较小。

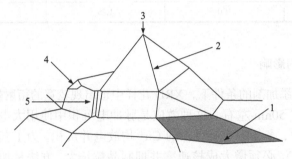

图 17.2　沉积表面的示意图

生长区域划分: 1-高能区; 2-边缘; 3-峰顶; 4-凹峰; 5-凹边

图 17.3 为从含不同浓度的酒石酸的沉积液中沉积得到的铜纳米颗粒的 XRD 花样。酒石酸的浓度依次为 2.5g/L、5.0g/L、25.0g/L、50.0g/L 和 100.0g/L。可以看出, 随着酒石酸浓度的增加, 线宽度增大, 晶粒尺寸由大于 50nm 降至 11nm。

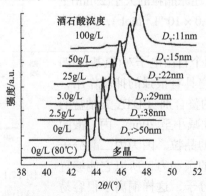

图 17.3　从含不同浓度的酒石酸的沉积液中沉积得到的铜纳米颗粒的 XRD(111)峰

17.2.3　脉冲参数的影响

1. 脉冲持续时间 t_{on} 的影响

在保持脉冲间隔时间 t_{off} 不变和恒定平均电流密度,适当峰值电流密度的情况下,pH 为 1~2,温度为 40℃。沉积液组成为:硫酸铜(28g/L),酒石酸(30g/L),硫酸铵(50g/L),获得脉冲持续时间 t_{on} 对沉积层晶粒尺寸的影响,如表 17.2 所示,可见随着 t_{on} 的减小,晶粒尺寸由 10nm 增加到 83nm。

表 17.2　脉冲持续时间 t_{on} 对沉积层晶粒尺寸的影响

t_{on}/ms	t_{off}/ms	J_{pulse}/(mA/cm^2)	J_a/(mA/cm^2)	晶粒尺寸 D_v/nm
100	1	1250	12	10
50	1	625	12	14
25	1	312	12	25
18	1	225	12	32
12	1	156	12	51
6	1	78	12	83

2. 脉冲间隔时间 t_{off} 的影响

保持 t_{on} 不变,其他条件同表 17.2 情况下,脉冲间隔时间 t_{off} 对沉积层晶粒尺寸的影响的实验结果列于表 17.3 所示。可见,随脉冲间隔时间的延长,晶粒尺寸增大。T_{off} 较短意味着电流密度较高,因此可以获得较小的晶粒。t_{off} 较长时,晶粒尺寸稍大。

表 17.3　脉冲间隔时间 t_{off} 对沉积层晶粒尺寸的影响

t_{off}/ms	t_{on}/ms	J_{pulse}/(mA/cm^2)	J_a/(mA/cm^2)	晶粒尺寸 D_v/nm
1	100	1250	12	10
2	100	625	12	12
4	100	312	12	19
8	100	156	12	25

当 t_{off} 较长时,铜纳米晶粒仍较小,这是由于阴极抑制剂分子可在 t_{off} 时间内吸附在新的沉积层表面,因为吸收熔足够大,严重抑制离子交换过程,则加入阴极抑制剂可降低晶粒尺寸。当 t_{off} 较小时,只有一小部分抑制剂分子达到生长区,因为较大的有机分子的扩散速率较低。已经吸附的有机分子在离子沉积过程中也具有一定的抑制作用。

17.2.4　电解液温度的影响

温度对晶粒尺寸的影响可以从电化学动力学和电化学热力学角度进行分析。

1. 电化学动力学

金属离子以及抑制剂分子扩散和迁移的速率是温度的函数。高温可促使离子向阴极的迁移，并使阴极过电势降低。成核过程所需要的能量增大，将使成核速率降低，并有利于现有晶核长大。结果就形成了粗大的晶粒。

电沉积液的黏度随温度升高而降低，温度对铜离子和抑制剂分子的扩散速率的影响方式是，随着温度的升高，抑制剂分子的吸附速率下降，晶粒表面能上升。抑制剂在高温下很容易解吸附，表面能增大，将使晶粒尺寸增大。

2. 电化学热力学

螯合物的加入可产生稳定性更好或稳定性更差的化合物。高温下，螯合物的解离速率增大将使 Cu^{2+} 的黏度增加，降低阴极过电势。结果高温下得到较大的晶粒，表 17.4 列出了实验参数。不同温度下得到的铜沉积层的(111)(200)衍射峰形示于图 17.4。明显可见，线宽度随温度的升高而降低，晶粒尺寸随温度的降低而降低，尺寸较小的金属晶粒有较高的界面能，并且很容易通过晶粒生长使界面能降低。界面处粒子的迁移是温度的函数。不同温度下晶粒尺寸的差异极可能是由粒子运动引起的。

表 17.4　不同温度下制备铜沉积层的实验参数

电沉积液的组成		
$CuSO_4/(g/L)$	$(NH_4)_2SO_4/(g/L)$	柠檬酸/(g/L)
20	50	50
电沉积液参数		
pH	$T/℃$	流体动力学条件
1～2	20, 30, 40, 50, 60, 80	机械搅拌
脉冲电源参数			

t_{on}/ms	t_{off}/ms	$J_{pulse}(A/cm^2)$	$J_a/(A/cm^2)$
1	100	1.25	0.0125

17.2.5　pH 的影响

柠檬酸铜的螯合结构取决于镀液的 pH。Zolotukhim 发现，在酸性介质中，螯合离子是正离子；在接近中性的介质中，螯合离子带一个单位的负电荷；在碱性介质中，深蓝色的螯合离子带有两个单位的负电荷，见表 17.5。随着 pH 的升高，这些螯合物的稳定性急剧增大。游离的 Cu^{2+} 可以从稳定性较差的螯合物（$K_{dis}=10^{-2}\sim$

$10^{-6}L^2/mol^2$)中沉积出来，而对于很稳定的螯合物($K_{dis}=10^{-20}\sim10^{-16}L^2/mol^2$)来说，直接沉积几乎是不可能的。

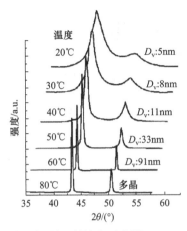

图 17.4　不同温度下得到的铜沉积层的(111)(200)衍射峰形

表 17.5　不同 pH 下的柠檬酸铜螯合物及其离解常数

pH	螯合物	离解常数 K_{dis}/ (L^2/mol^2)	pH	螯合物	离解常数 K_{dis}/ (L^2/mol^2)
2～4	$[CuH_2C_6H_5O_7]^+$	1.0×10^{-6}	7～11	$[Cu(OH)C_6H_5O_7]^{2-}$	1.8×10^{-18}
4～5	$[CuHC_6H_5O_7]$	1.0×10^{-7}	—	$[CuC_6H_4O_7]^{2-}$	1.5×10^{-16}
5～7	$[CuC_6H_5O_7]^-$	7.8×10^{-6}	>11	$[Cu(OH)C_6H_4O_7]^{3-}$	1.8×10^{-18}

　　实验参数见表 17.6，铜和柠檬酸的物质的量之比为 1∶1。用 NaOH 调节 pH。电沉积液由淡蓝(pH=2)变至深蓝(pH=11.5)，表明有螯合物的形成。结果如图 17.5 所示。当 pH 为 1.5～2.0 时，晶粒尺寸最小(8nm)，晶粒尺寸持续增至 100nm(pH=1.5)。

表 17.6　不同 pH 下制备铜沉积层的实验参数

电沉积液的组成		
$CuSO_4$/(g/L)	$(NH_4)_2SO_4$/(g/L)	柠檬酸/(g/L)
20	50	21
电沉积液参数		
pH	T/℃	流体动力学条件
1.5，5.0，8.0，11.5	40	机械搅拌
脉冲电源参数		
t_{on}/ms	t_{off}/ms	J_{pulse}/(A/cm²)	J_a/(A/cm²)
1	100	1.25	0.0125

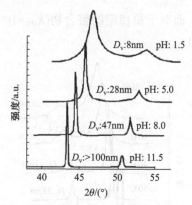

图 17.5　含柠檬酸沉积液在不同 pH 下得到的铜沉积层的 XRD 花样

17.3　电沉积铬层纳米结构及其热稳定性研究

17.3.1　电沉积工艺、条件和退火处理

研究中采用 3mm 厚的 08F 低碳钢作为基体金属，其化学成分的质量分数(%)为：C，$0.05\sim0.11$；Si，$\leqslant0.03$；Mn，$0.25\sim0.50$；P，$\leqslant0.04$；S，$\leqslant0.04$；Ni，$\leqslant0.25$；Cr，$\leqslant0.10$；Cu，$\leqslant0.25$。将板材裁剪成 100mm×100mm 的样品块后，采用工业普通电沉积铬方法电镀 150μm 厚的沉积铬层。电沉积液配方为：CrO_3(铬酐)$230\sim250g/L$；H_2SO_4 $2.3\sim2.5g/L$；温度 $50\sim55$℃；电流密度 $55A/dm^2$；时间 90min；纯铅阳极[3]。

电沉积工艺流程为：机械整平→抛光→除油→酸洗→水洗→电沉积→清洗。

在箱式电阻炉中对沉积铬后的样品进行退火，温度分别为 200℃、300℃、400℃、500℃、600℃，时间均为 2h。采用 D-500 型 X 射线衍射仪(XRD)对退火前后样品表面进行分析。试验参数为：管压 40kV，管流 30mA，CuKα 辐射，扫描范围 $20°\sim100°$，步进扫描，扫描速度 $4°/min$，步长 $0.02°$。

17.3.2　沉积铬层形貌观察

铬沉积层光亮、平整、细密，表面无起皮、脱落等现象，但有少许微裂纹。经 $200\sim400$℃退火后，铬沉积层宏观形貌上无明显变化。从 500℃退火开始，铬沉积层颜色逐渐变暗。这说明铬沉积层的耐热性很高，在加热 500℃时才开始发生明显的氧化，表层极薄的氧化膜开始变厚发暗。

图 17.6 为退火前铬沉积层样品表面组织形貌。由图 17.6(a)可以看出，铬沉积层表面呈胞状结构，且界限清晰，胞的直径有大有小，但分布致密。一个胞状结构里有很多更为细小的胞状结构，且这些胞状结构在沉积过程中会累积长大生成

新的胞状结构,这与电沉积的岛状生长理论是相符的,主要取决于电沉积的条件。从图 17.6 还可以看出,铬沉积层表面有一定程度的网状微裂纹,这是因为铬沉积层本身具有很高的内应力,当增加到一定厚度时,便会形成裂纹。通常随着铬沉积层厚度的增加,内应力增大,裂纹的数量增多。图 17.6(b)为铬沉积层横截面组织形貌。由图可见,退火前沉积层均匀平整,横截面上沉积层与基体间界面清晰,呈直线,结合紧密,无脱落现象。铬沉积层有分横截面裂纹及孔洞,但无贯穿性裂纹。

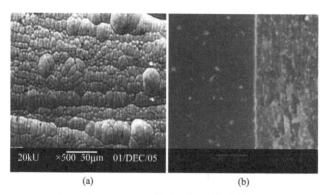

图 17.6　铬沉积层表面(a)和横截面形貌(b)

17.3.3　沉积层与基体间的互扩散

用扫描电镜能谱对基体与沉积层界面处在不同温度退火后的 Fe、Cr 元素分布进行了分析。结果表明,在电沉积状态下 Fe、Cr 元素在界面处几乎没有互扩散。随着退火温度的提高,互扩散逐渐增强。图 17.7 为电沉积后状态和 600℃退火后样品沉积层与基体间能谱线扫描结果。由图 17.7(a)可见,退火前 Fe、Cr 浓度分布曲线在界面处很陡,可以认为 Fe、Cr 没有形成互扩散层。600℃退火后的铁铬扩散曲线显得平缓(图 17.7(b)),表明互扩散使得沉积层与基体之间的结合由机械结合转变为冶金结合,这将有助于提高沉积层与基体间的结合强度。

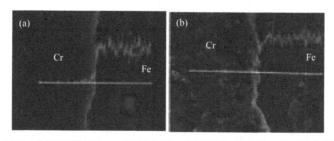

图 17.7　电沉积后(a)和 600℃退火后(b)沉积层与基体界面能谱分析结果

17.3.4　沉积层的 XRD 分析

用 XRD 分析了沉积铬表面原始状态和经不同温度退火后的状态,结果见

图 17.8。由图 17.8 可见，在沉积后状态下，铬沉积层的所有衍射峰强度都很低，并出现了明显的宽化。表明沉积层中存在较大的应变和非常细的晶粒，甚至是非晶状态。在 200℃退火后，沉积层的 XRD 谱并没有明显变化，说明组织结构和内应变情况并没有明显变化。300℃退火后，衍射峰的强度明显提高，表明沉积层金属的晶体完整性提高。随后随着退火温度的进一步提高，衍射峰的强度逐渐提高，衍射峰的宽度逐渐减少，表明沉积层金属中的晶粒随退火温度的提高不断长大，应变逐渐减小。若假设 600℃退火后沉积层金属中晶粒尺寸为亚微米以上，没有应变，则可以作为标准样品进行仪器宽化标定。分别选用低角度的(110)和高角度的(211)计算晶粒大小和应变，则测得的结果见表 17.7。由表 17.7 可见，随退火温度的提高，沉积层晶粒长大，应变降低。

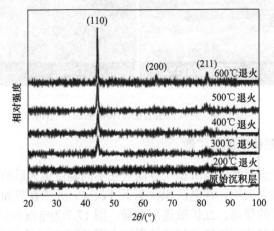

图 17.8　铬沉积层经不同温度退火后表层的 XRD 谱

表 17.7　铬沉积层的晶粒尺寸和微应变

退火温度/℃	晶粒尺寸/nm	微应变/($\times 10^{-3}$)
300	12	31
400	14	23
500	17	20

17.3.5　沉积层组织的 TEM 分析

对不同温度退火样品进行了 TEM 分析。在电沉积后状态下，沉积层为晶粒尺寸均匀分布的纳米结构组织，晶粒尺寸为 10～20nm。电子衍射环强度均匀，表明晶粒在不同取向分布均匀，甚至存在一定量的非晶体，见图 17.9(a)，这也和 XRD 图中衍射峰的消失结果一致(图 17.8)。随退火温度的提高，晶粒长大。在 400℃退火后，晶粒长大到 70nm 左右;在 500℃退火后,晶粒长大到 100nm

左右，见图 17.9(b)，衍射环开始变得不连续；600℃退火后晶粒长大到 200nm 以上(图 17.9(c))。

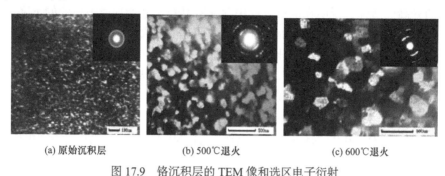

(a) 原始沉积层   (b) 500℃退火   (c) 600℃退火

图 17.9 铬沉积层的 TEM 像和选区电子衍射

对比表 17.7 中用衍射峰宽化计算的晶粒大小和图 17.9 中 TEM 观测的结果，可以看出，用 XRD 法得出的晶粒尺寸明显小于用 TEM 观测到的晶粒尺寸。可能的原因：一是 XRD 方法本身的误差；二是由于 X 射线有一定的测量深度，得到的结果是这一深度范围内的平均值，而 TEM 观测到的是这一深度范围内的某一薄层的结果，两者存在误差。

17.3.6 显微硬度变化

图 17.10 为退火前后样品的显微硬度变化曲线。退火前样品表面硬度为 1276HV，随着退火温度的升高，显微硬度值下降。在 400℃以下温度退火时，硬度下降比较缓慢。超过 400℃以后，硬度下降速度加快，到 600℃时下降到 648HV。这是由于，电沉积层形成的过程是在较低温度下进行的电结晶过程，在这一过程中形成的空位、间隙原子(如 H 原子)等点缺陷，以及位错等线缺陷密度都很高，同时晶粒的纳米化所形成的大量晶界，以及存在的非晶体，均会使得镀层有很高的硬度。随着回火温度的提高，非晶体会发生晶化；原子具有一定的扩散能力后 Cr 原子会回到平衡位置，H 原子会溢出沉积层，使得点缺陷密度下降；位错等缺陷的重组也会使其密度不同程度地减少，这些均会使得硬度降低。特别是当退火温度达到 400℃以上时，由于纳米晶粒发生明显长大而使硬度急剧下降。

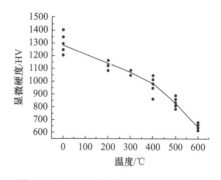

图 17.10 退火前后样品的显微硬度变化曲线

从上述研究结果获得如下结论。

(1) 利用工业普通电沉积铬方法制备了

纳米晶铬沉积层，沉积层平均晶粒尺寸为 10～20nm。

(2) Cr 相衍射峰的宽度随着退火温度的升高而减小，衍射峰的强度随着退火温度的升高而增强，说明在退火过程中存在着晶粒尺寸增加或微应变的下降。特别是 400℃退火后，铬沉积层晶粒开始发生明显的长大现象，并且随着退火温度的升高，铬沉积层与低碳钢基体间的互扩散层增加。

(3) 随着退火温度的升高，沉积层显微硬度降低，从退火前的 1276HV，下降为 648HV，且从 400℃开始呈现大幅度的下降趋势。

17.4　电沉积纳米 Ni-Fe 二元合金和 Ni-Fe-Co 三元合金沉积层

17.4.1　电沉积纳米 Ni-Fe 二元合金沉积层

Cheung 等[4]用电沉积方法得到了纳米 Ni-Fe 合金，其晶粒尺寸小于 30nm，合金中铁的含量为 28%，沉积厚度为 100μm，其晶粒尺寸和晶体结构取决于合金沉积层中的铁含量。

1. 电沉积纳米 Ni-Fe 合金工艺

电沉积液是在 Watts 沉积液中加入另一主盐氯化亚铁，柠檬酸作配合剂，糖精作晶粒细化剂，阴极用钛板，阳极用电解镍，工作温度 50℃，采用直流电源，电流密度 0.2A/cm²。

2. 工艺特性及沉积层性能

沉积液中 Ni^{2+}/Fe^{2+} 含量比与沉积层中铁含量的关系如图 17.11 所示。可以看出，随着沉积液中 Ni^{2+}/Fe^{2+} 含量比的增加，沉积层中 Fe 含量下降。

纳米 Ni-Fe 合金的 XRD 图如图 17.12 所示，可见，随着 Ni-Fe 合金中铁含量的增加，在共沉积中铁有细化晶粒的作用。Ni-Fe 合金中铁含量和晶粒尺寸的关系如图 17.13 所示，可见在 Ni-Fe 合金中随着铁含量的增加，晶粒尺寸减小。电沉积纳米 Ni-20%Fe 合金的晶粒尺寸分布如图 17.14 所示，平均晶粒尺寸为 (25.2±9.6)nm。

电沉积纳米合金的硬度如图 17.15 和图 17.16 所示。由图 17.15 可看出，常规 Ni-Fe 合金的铁含量对显微硬度影响很小，大致在 100HV，纳米 Ni-Fe 合金的显微硬度可达 500HV 以上，当铁含量在 20%以上时，硬度可达 600HV，显微硬度明显增加。由图 17.16 可知合金的纳米尺寸与显微硬度之间的关系。

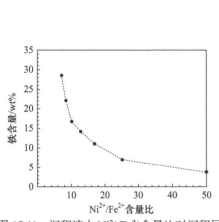

图 17.11 沉积液中 Ni²⁺/Fe²⁺含量比对沉积层中铁含量的影响

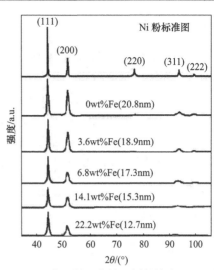

图 17.12 常规粉和含铁不同的纳米 Ni-Fe 合金的 XRD 图

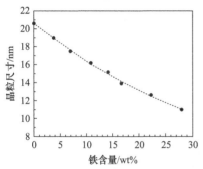

图 17.13 电沉积 Ni-Fe 合金中铁含量与晶粒尺寸的关系

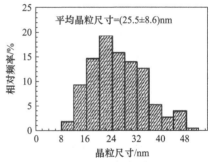

图 17.14 电沉积纳米 Ni-20%Fe 合金的晶粒尺寸分布

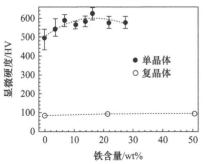

图 17.15 Ni-Fe 合金中铁含量对显微硬度的影响

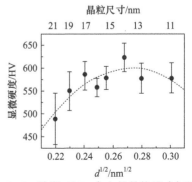

图 17.16 纳米 Ni-Fe 合金的晶粒尺寸与显微硬度的关系

17.4.2　电沉积纳米 Co-Ni-Fe 三元合金沉积层

铁族金属 Fe/Co 和 Ni 是主要的磁性材料。随着电子工业的迅速发展，对磁记录密度的要求也越来越高，磁芯头材料是当前最急需的。Co-Ni-Fe 合金具有很高的饱和磁通密度(B_s)和低的矫顽力(H_c)，$Co_{65}Ni_{12}Fe_{23}$ 对发展软磁材料具有很大的吸引力，该膜的饱和磁通密度为 B_s=2.1T，矫顽力为 H_c=1.2Oe(1Oe=79.5775A/m)，这种特性对磁记录头是非常需要的。最近阳极用电沉积方法可得到 Co-Ni-Fe 软磁膜，其平均晶粒尺寸接近 10nm，晶体结构为面心立方(fcc)和体心立方(bcc)两相混合物组成[5]。

1. 电沉积 Co-Ni-Fe 合金工艺

Nakanishi 等[5]用脉冲电沉积方法在旋转圆盘电极上制得 Co-Ni-Fe 纳米晶软磁薄膜，膜厚 1μm。基体采用 Cu 片，直径 10mm，厚 8μm。对电极用 Pt 线，参比电极为 Ag/AgCl。

电解液组成：硫酸钴，0.063mol/dm³；硫酸镍，0.2mol/dm³；硫酸亚铁，0.012mol/dm³；氯化铵，0.28mol/dm³；硼酸，0.4mol/dm³；十二烷基磷酸钠，0.01mol/dm³。化学药品为试剂级。工作温度为室温，pH=2.8。

脉冲参数：占空比 $= \theta_1 / (\theta_1 + \theta_2)$，这里 θ_1 为导通时间，θ_2 为断开时间。圆盘电极转速 1000r/min，脉冲周期 $\theta_1 + \theta_2 = 0.1$s。

2. 脉冲电沉积纳米 Co-Ni-Fe 合金沉积层的特性的表征

纳米 Co-Ni-Fe 合金沉积层的特性的表征，即用 X 射线荧光(XRF)分析沉积层的组成，用 XRD 方法，透射电镜(TEM)和高能透射电子衍射(THEED)分析结构。

平均电流密度对电沉积 Co-Ni-Fe 合金膜的组成的影响，如图 17.17 所示。当占空比为 0.3～1.0 时，得到的 Co-Ni-Fe 合金中随着平均电流密度的增加，Fe 含量有所降低，Co 含量有所上升，膜的组成基本不变为 $Co_{63}Ni_{11}Fe_{26}$，原子束相对偏差小于 1%，其结构组成是 fcc+bcc 的混合物。

在不同占空比时，脉冲电沉积薄膜的 XRD 图示于图 17.18 中。由图可看出，薄膜组成仍保持不变为 $Co_{63}Ni_{11}Fe_{26}$，bcc(110)和 fcc(111)的相对峰强度随工艺糟精的饱和而饱和，当 2θ 在 52°～60°范围时，bcc(110)和 fcc(111)两峰部分重叠，两个峰的相对强度随着占空比的增加，开始是 bcc(110)增强，$\gamma \geqslant 0.9$ 后则是 fcc(111)峰增强而 bcc(110)峰降低。

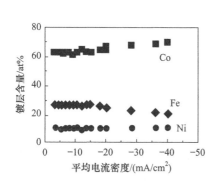

图 17.17 平均电流密度对薄膜组成的影响(占空比=0.3～1.0，J_p=−40mA/cm²)

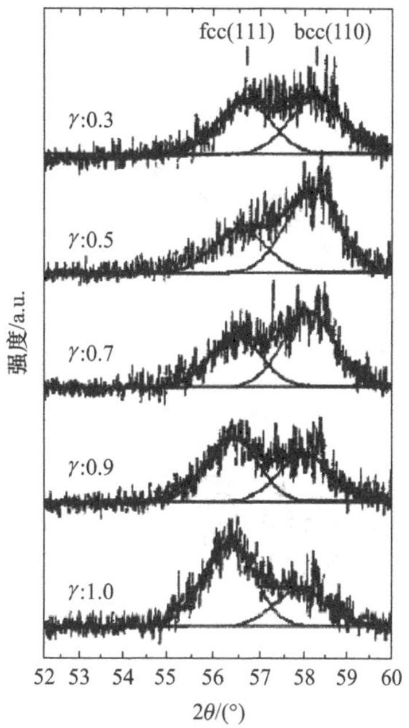

图 17.18 不同占空比条件下，Co-Ni-Fe 合金薄膜的 XRD 图谱(J_c=−20mA/cm²)

脉冲电沉积 Co-Ni-Fe 合金膜的 TEM 照片示于图 17.19 中，由图可见，在薄膜中晶粒尺寸基本相同，为 10nm。

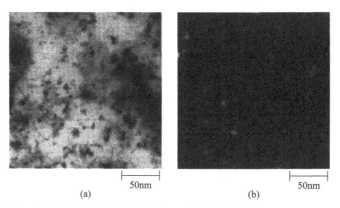

图 17.19 电沉积 Co-Ni-Fe 合金膜的 TEM 照片(占空比=0.5，J_p=−10mA/cm²)

在电沉积合金薄膜时，平均电流密度对电流效率的影响示于图 17.20，可见，随着平均电流密度的降低，电流效率下降。bcc(110)/fcc(111)的 XRD 峰强度比和电流效率的关系示于图 17.21，可见，当电流效率在 50%～60% 范围内时，

bcc(110)/fcc(111)达到最大值。

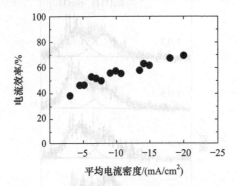
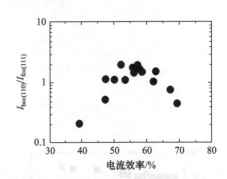

图 17.20 电沉积 $Co_{63}Ni_{11}Fe_{26}$ 薄膜的平均电流密度对电流效率的影响($J_p=-10\sim20mA/cm^2$)

图 17.21 XRD 测得 $Co_{63}Ni_{11}Fe_{26}$ 薄膜的 bcc(110)/fcc(111)峰强度比随电流效率的关系 ($J_p=-10\sim20mA/cm^2$，占空比 = 0.3～1.0)

$Co_{63}Ni_{11}Fe_{26}$ 薄膜的晶体结构与饱和磁通密度 B_s 的关系示于图 17.22，随着 bcc 峰的增强，$Co_{63}Ni_{11}Fe_{26}$ 薄膜的 B_s 也增加，从 1.8T 升至 2.0T。B_s 的增加是大量磁性 bcc 结构向的增加所致。若 XRD 的谱峰强比准确反映两相含量的比，则可推断出 bcc 结构相的饱和磁通密度比 fcc 结构相高出 10%～20%。

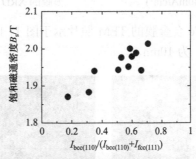

图 17.22 $Co_{63}Ni_{11}Fe_{26}$ 薄膜的中 bcc 相的含量[bcc(110)/(bcc(110)+fcc(111))]与饱和磁通密度的关系

17.5 电沉积半导体纳米 Ag_7Te_4 合金

由于半导体纳米材料的广泛应用，以及在制造纳米级电子器件方面的诱人特性，如磁性、光学特性以及检测和传感特性等优越性能，半导体纳米材料受到人们广泛的关注。另外，由于电沉积方法制备纳米材料工艺简便，可在常温下生产、工艺更容易控制，易批量生产，价格又便宜等优点，从而受到人们的极大重视。

已知 Ag-Te 合金具有热电子、电子和磁阻等特性，它广泛用于热电子、磁性和传感器等领域。金属 Ag 和 Te 还可形成 Ag-Te 合金纳米薄膜和纳米线。

Jia 等[6]利用多孔铝阳极氧化模板在非水溶液中制得高质量的 Ag$_7$Te$_4$ 合金纳米薄膜和纳米线，并得到了具有 300～500nm 尺寸的单晶，其非水溶液是二甲基亚砜溶液。

1. 电沉积工艺

溶液中有：TeCl$_4$，99%，7.5nmol/L；AgNO$_3$，5.0mmol/L；NaNO$_3$，0.1mol/L，工作温度为(80±1)℃。

电沉积前，将基体材料 ITO 玻璃浸入 0.1mol 的 NaCl 溶液，进行超声波清洗干净，并在电沉积前将铝阳极氧化膜沉积一层薄金(其厚度 120～140nm)作为工作电极，铝阳极氧化模板孔径为 25～50nm，采用三电极进行恒电势沉积，参比电极为 Ag/AgCl，对电极为 Pt 电极，电沉积过程中不断搅拌。沉积完毕后，将模板从电解液中除去，首先用二甲基亚砜清洗之后再用乙醇清洗，最后在室温空气中干燥，制得的纳米线用电子显微镜等观察和测试。

在非水溶液中测得的循环伏安曲线如图 17.23 所示。图中第一个原峰主要是由 Ag$^+$→Ag 引起，沉积电势在–0.1～0.3V(vs.Ag/AgCl)之间，此时沉积膜的主要组成是 Ag$_2$Te。第二个原峰是由于形成了 Ag$_7$Te$_4$，其电化学反应式为

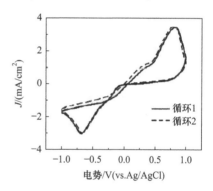

图 17.23　二甲基亚砜溶液 Ag$^+$/TeCl$_4$ 的循环伏安曲线

采用 ITO/玻璃电极；溶液成分及工艺条件见文中所述；扫描速度为 50mV/s

$$7Ag^+ + 4TeCl_4 + 23e \rightarrow Ag_7Te_4 + 16Cl$$

2. 电沉积 Ag-Te 合金特性的表征

在电势为 0.65V(vs.Ag/AgCl)，电沉积 10min 得到的 Ag$_7$Tc$_4$ 薄膜的 SEM 照片示于图 17.24，由图看出，电沉积 Ag$_7$Te$_4$ 膜呈镜面光泽，但略带蓝灰色，与基体结合良好；还可看出薄膜由三角形特性(111)单晶组成，属于六方晶系，三角晶平均大小约 0.4μm。

不同 TeCl$_4$ 含量的溶液中得到的沉积膜，其 XRD 花样如图 17.25 所示，图 17.25(a)为含 TeCl$_4$ 7.5mmol/L 时的衍射峰，属六方晶系的 Ag$_7$Te$_4$，没有 Te 或 Ag$_2$Te 的衍射峰；图 17.25(b)是含 TeCl$_4$ 5.0mmol/L 的溶液中获得的沉积物的衍射花样，呈现单斜晶系的 Ag$_2$Te 和六方晶系的 Ag$_7$Te$_4$ 衍射峰；图 17.25(c)为 TeCl$_4$ 4.0mmol/L 的溶液中获得的，仅出现单斜晶系的 Ag$_2$Te 衍射峰。

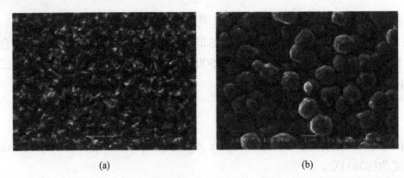

(a)   (b)

图 17.24　在电势为−0.65V(vs.Ag/AgCl)下，电沉积 10min 得到 Ag$_7$Te$_4$ 薄膜的 SEM 照片

(a)在含 TeCl$_4$ 7.5mmol/L 的二甲基亚砜溶液中电沉积；(b)在含 TeCl$_4$ 4.0mmol/L 的二甲基亚砜溶液中电沉积

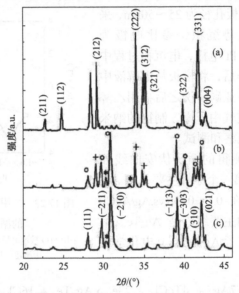

图 17.25　不同 TeCl$_4$ 含量(mmol/L)的溶液中电沉积的 Ag-Te 合金模的 XRD 谱图

(a)7.5；(b)5.0；(c)4.0。*代表 ITO 的衍射峰；○代表 Ag$_2$Te 的衍射峰；+代表 Ag$_7$Te$_4$ 的衍射峰

　　当去掉铝阳极氧化模板后，Ag$_7$Te$_4$ 电沉积纳米线的 SEM 和 TEM 照片如图 17.26 所示。由图 17.26 可以看出，膜平均孔径大约为 50nm，具有均匀直径的纳米线是连续的，且垂直有序排列在基体上，其长度大致为 12μm(沉积 40min 后)。能量色散谱表明，Ag 和 Te 的原子比为 1.79，其分子式接近 Ag$_7$Te$_4$。

　　去掉铝阳极氧化模板后 Ag$_7$Te$_4$ 纳米线的 XRD 花样如图 17.27 所示，该图进一步证明了沉积物是六方晶系的 Ag$_7$Te$_4$，没有出现 Ag、Te 和 Ag$_2$Te 的衍射峰，图中的 Au 衍射峰是工作电极 Au 给出的。

图 17.26　去掉铝阳极模板后 Ag_7Te_4 电沉积纳米线的照片
(a) Ag_7Te_4 的 SEM 照片；(b) Ag_7Te_4 单根纳米线的 TEM 照片

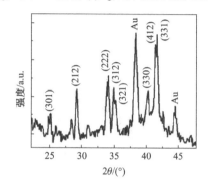

图 17.27　Ag_7Te_4 纳米线的 XRD 花样(模板孔直径 50nm，去掉铝阳极模板后)

17.6　电沉积纳米 SnO_2 及其表征

SnO_2 是一直广泛应用的陶瓷材料，它具有优良的特性，可用作催化剂、气体传感器、抗静电层、光电器件显示器、锂离子电池的阳极材料和太阳能电池等。尽管纳米 SnO_2 都可通过阳极或阴极沉积出来，但相比较而言，还是采用阴极电沉积制备 SnO_2 是较好的方法。Chang 等[7]采用电沉积方法制备了纳米 SnO_2，并测得了纳米 SnO_2 的物理特性。

电沉积金属氧化物时，在沉积液中必须有 OH^- 或 O^- 基存在。下面介绍几种阴极电沉积氧化物中氧来源的方法，包括 NO_3^-、H_2O_2 和吹氧法。若用 NO_3^- 作为氧的来源，在阴极表面上有两个板反应，如下表示：

$$NO_3^- + H_2O + 2e \longrightarrow NO_2^- + 2OH^-$$

$$NO_3^- + 7H_2O + 8e \longrightarrow NH_4^+ + 10OH^-$$

生成的 OH^- 与金属离子在阴极表面反应生成金属氧化物，于是有以下反应：

$$M^{n+} + nOH^- \longrightarrow MO_{n/2} + \frac{n}{2}H_2O$$

式中，n 为金属离子的价态。

1. 电沉积纳米 SnO$_2$ 的工艺

实验室制备纳米 SnO$_2$ 是在铜基体上进行的，14nm 直径的铜圆盘作为工作电极。工作前铜圆盘电极先用丙酮和稀盐酸清洗。电沉积在三电极槽中进行，对电极为 Sn 板，参比电极为 Ag/AgCl。

电沉积工艺为：SnCl$_2$·2H$_2$O，25mmol/L，HNO$_3$，150mmol/L，加蒸馏水至 1L，加热至 85℃稳定一段时间，吹氧 3h，将二价的氧化锡氧化为四价的氧化锡。溶液的 pH 在 1.09，沉积电势为–0.6V，电流密度为 19mA/cm^2，电沉积 10min。得到的电沉积层(SnO$_2$ 膜)先用水洗，再用去离子水洗去表面的氧化物，在空气中干燥即可。

2. 电沉积纳米 SnO$_2$ 膜的表征

电沉积纳米 SnO$_2$ 膜的 XRD 谱图见图 17.28，可以看出，除 Cu 的衍射峰外就是四方结构的 SnO$_2$ 的衍射花样。当电势为–0.6V(vs.Ag/AgCl)时，膜的平均晶粒尺寸约为 11nm。

电沉积 SnO$_2$ 膜的质量与沉积时间的关系如图 17.29 所示。可以看出，在最初 10min 内电沉积速率几乎恒定，之后逐渐降低，其原因可能是沉积层电阻的增加。

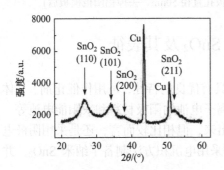

图 17.28　SnO$_2$ 膜的 XRD 谱图
电势为–0.6V (vs.Ag/AgCl)，电沉积 10min

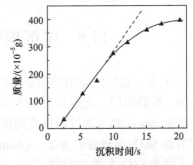

图 17.29　电沉积 SnO$_2$ 膜的质量与沉积时间的关系
电势为–0.6V (vs.Ag/AgCl)

SnO$_2$ 膜的 X 射线光电子能谱(XPS)图示于图 17.30。图 17.30(a)为 SnO$_2$ 沉积层中 Sn 3d 光电子的 XPS 图，发现有两个不太对称的波形为 Sn 3d$_{5/2}$ 和 Sn 3d$_{3/2}$，这说明锡有基质价态存在。为了分析锡的价态，首先解析了 Sn 3d$_{5/2}$。图 17.30(b)显示了 Sn 3d$_{5/2}$ 的 XPS 图，经分解发现主峰是 Sn^{4+}(486.5eV)，另一个小峰为 Sn^0(484.0eV)，未发现 Sn^{2+} 3d$_{3/2}$ 存在，说明沉积层中无 SnO$_2$ 存在。

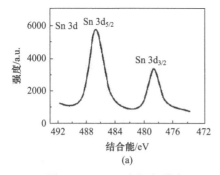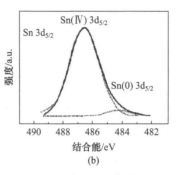

图 17.30　SnO₂ 电沉积膜中 Sn 3d(a)和 Sn 3d₅/₂(b)的 XPS 谱图

　　沉积层中 O 1s 的 XPS 谱图如图 17.31 所示，表明 O 有两种化学状态存在，包括 O 结合能 530.5eV 和 OH 结合能 531.3eV。从 O 1s 信号表明，沉积层可能存在 SnO₂ 和 Sn(OH)₄，阴极反应可表示为

$$Sn^{4+} + 4OH^- \longrightarrow Sn(OH)_4 \longrightarrow xSnO_2 + (1-x)Sn(OH)_4 + xH_2O$$

　　SnO₂ 沉积层形貌的 SEM 照片示于图 17.32。其中图 17.32(a)为电沉积 10min 后沉积层的形貌图，可以看出，沉积层表层为 50～150nm 的微粒组成，高孔率的表层具有大的表面积，可用于锂离子沉积层和气体传感器。图 17.32(b)是沉积层的断面图，显示了沉积层的双层结构，上层为多孔层，下层为致密层，两层的厚度分布为 400nm 和 12μm。两层的组织致密，微粒大小为 5～10nm，沉积层与价态结合良好。外层多孔的孔隙率为 50%，具有很大的

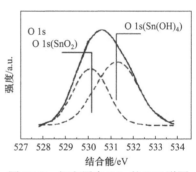

图 17.31　沉积层中 O 1s 的 XPS 谱图

表面积，其值为 34.3m²/g。因此，这种双层结构的纳米晶 SnO₂ 非常适用于锂离子沉积层和气体传感器以及其他应用。

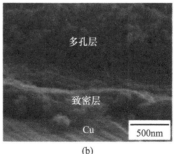

图 17.32　SnO₂ 沉积层形貌的 SEM 照片

(a) 沉积层的俯视图；(b) 沉积层剖面图

参 考 文 献

[1] 屠振密, 李宁, 胡会利, 等. 电沉积纳米材料技术. 北京: 国防工业出版社, 2008.

[2] Natter H, Hempelmann R. Nanocrystalline copper by pulsed electrodeposition: the effects of organic additives, bath temperature, and pH. J. Phys. Chem., 1996, 100(50): 19525-19532.

[3] 王斐霏, 任瑞铭, 陈春焕. 电镀铬层纳米结构及其热稳定性研究. 中国表面工程, 2007, 3: 30-33.

[4] Cheung C, Djuanda F, Erb U G, er al. Electrodeposition of nanocrystalline Ni-Fe alloys. Nanostructured Materials, 1995, 5: 513-523.

[5] Nakanishi T, Ozaki M, Nam H, et al. Plused electrodeposition of nanocrystalline Co-Ni-Fe soft magnetic thin films. J. Electrochem. Soc., 2001, 148(9): C627-C631.

[6] Jia C, Zhang B, Liu W F, et al. Single Ag_7Te_4 nanowire arrays prepared by DC electrodeposition from aqueous solution. J. Crystal Growth, 2005, 285: 527-533.

[7] Chang S T, Leu I C, Hon M H. Electrodeposition of nanocrystalline SnO_2 coatings with two-layer microstructure. J. Cryst. Growth, 2004, 273: 195-202.

第18章　脉冲电沉积(Ni-W-P)/(CeO₂-SiO₂)颗粒纳米材料及其测试分析与研究

已在第 3 章提到，冶金工业出版社 2010 年出版的徐瑞东、王军丽著的《金属基纳米复合材料脉冲电沉积制备技术》[1](共 167 页，22.6 万字)是一本脉冲电沉积复合材料的专著，也是电沉积材料测试分析与研究的优秀范例。作者读后写了两万多字的读书笔记。把这篇读书笔记收入本书第三篇中有两层意思：一是使读者花较少的时间就能了解这本书的大致内容；二是让年轻读者，特别是正在"电沉积(电镀)"这个领域攻读硕士、博士学位的读者，了解这项研究工作的思路(idea)和分析研究问题的方法等，这应该是会有所得益的。当然，还是应该去读原著。

18.1　实验研究方法及步骤

18.1.1　电沉积液的组成及工艺条件

制备(Ni-W-P)/(CeO₂-SiO₂)颗粒增强金属基纳米复合材料的电沉积液组成和工艺条件见表 18.1。

表 18.1　制备(Ni-W-P)/(CeO₂-SiO₂)复合材料的电沉积液组成和工艺条件

电沉积液组成		工艺条件	
$NiSO_4 \cdot 6H_2O$	50～90g/L	电解液 pH	3.5～7.5
$Na_2WO_4 \cdot 2H_2O$	60～140g/L	电解液温度	30～70℃
$NaH_2PO_2 \cdot H_2O$	4～12g/L	超声功率	100～500W
$C_6H_8O_7 \cdot H_2O$	80～160g/L	超声处理时间	30min
nm-CeO₂(平均粒径 30nm)	0～14g/L	机械搅拌转速	500～1750r/min
nm-SiO₂(平均粒径 30nm)	0～30g/L	电沉积时间	120min
非离子表面活化剂 PEG10000	5～35mg/L		
阳离子表面活化剂 CTAB	2～12mg/L		

为保证 nm-CeO₂ 和 nm-SiO₂ 颗粒在电解液及复合材料中分散均匀，在脉冲电沉积之前，采用超声设备对含有 nm-CeO₂ 和 nm-SiO₂ 颗粒的电解液作机械分散处理。除研究超声功率对复合材料脉冲电沉积过程的影响时改变了超声功率外，其他条件研究时，超声功率均控制在 300W，超声分散时间 30min。在脉冲电沉积

时，采用机械搅拌来维持电解液中 nm-CeO_2 和 nm-SiO_2 颗粒的分散均匀性。

阳极材料采用 316L 不锈钢，阴极材料采用普通碳钢，尺寸为 30mm × 60mm × 2mm。为减少实验检测误差，每次实验均使用重新配制的电解液完成。电解液的体积为 500mL。

18.1.2　实验设备及参数选择

1. 智能多脉冲电源及其特点

采用 SMD-605P 智能多脉冲电源，其特点有：①能够循环输出 10 组参数各异的电流波形，每组电流可在直流、单脉冲、双脉冲或直流换向、直流与脉冲换向、间断脉冲等波形中任意选择；②每组电流工作时间可以在 0～9999s 间任意选择，便于控制各组电流获得的金属及复合材料的厚度；③各组脉冲电流交替运行过程中，脉冲平均电流始终不变，以保证使用不同占空比时各组的脉冲峰值电流各不相同；④采用可编程逻辑控制器(PLC)控制，各组电流交替运行、脉冲参数运算、脉冲计时实现智能化；⑤触屏操作，动态显示每组电流各组画面，便于对正在运行的脉冲参数机械实时观测和调整。

2. 智能多脉冲电源的输出参数

智能多脉冲电源的输出参数有下列 7 种。①输出波形：方波脉冲或直流；②脉冲宽度(t_{on})：100～9999μs；③脉冲周期(T)：200～9999μs；④总工作时间：1～9999min；⑤组工作时间：$0 < t_1$，t_2，…或 $t_{10} \leqslant 9999$s；⑥正、反向脉冲工作时间：$0 \leqslant T_F$ 或 $T_R \leqslant 9999$ms；⑦最大峰值电流：60A。

3. 智能多脉冲电源输出的波形及参数计算

1) 智能多脉冲电源输出的波形

SMD-60P 型智能多脉冲电源可以循环输出 10 组脉冲宽度、频率、幅值、换向时间、工作时间等参数不同的单向或周期换向脉冲电流，如图 18.1 所示。

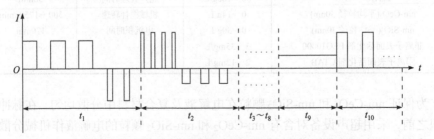

图 18.1　SMD-60P 型智能多脉冲电源输出的多脉冲波形

根据实验需要,可以将图 18.1 的多脉冲波形分解出多个相互独立的波形,如直流与直流换向波形、直流与脉冲换向波形、间断脉冲波形、直流换向波形、单脉冲波形及双脉冲波形等,分别如图 18.2 所示。

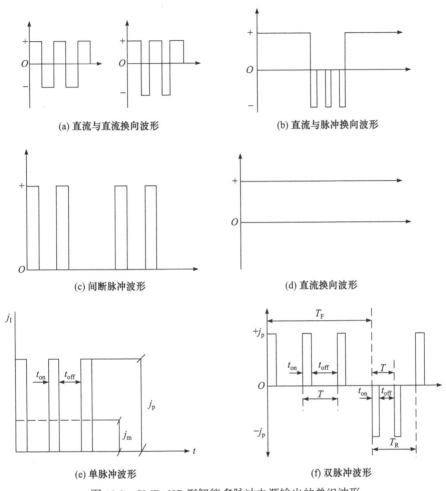

图 18.2　SMD-60P 型智能多脉冲电源输出的单组波形

2) 单脉冲电源脉冲参数的计算

SMD-60P 型智能多脉冲电源输出的单脉冲波形及主要参数如图 18.2(e)所示,图中 j_p 为峰值电流;j_m 为平均电流;t_{on} 为脉冲导通时间;t_{off} 为脉冲关断时间。用 T 代表脉冲通断周期。单脉冲参数有关计算如下所述

(1) 脉冲频率的计算。脉冲频率一般用 f 表示,由脉冲通断周期 T 计算,表示为

$$f = 1/T = 1/(t_{on} + t_{off}) \tag{18.1}$$

(2) 脉冲占空比的计算。脉冲占空比为脉冲导通时间占整个脉冲周期的百分比，一般用 γ 表示：

$$\gamma = \frac{t_{on}}{t_{on} + t_{off}} \times 100\% = \frac{1}{1 + t_{off}/t_{on}} \times 100\% \tag{18.2}$$

(3) 脉冲峰值电流的计算。脉冲峰值电流 j_p、平均电流 j_m 和占空比 γ 三者之间存在如下关系：

$$j_p = j_m / \gamma \tag{18.3}$$

3) 双脉冲电源脉冲参数的计算

SMD-60P 型智能脉冲电源输出的双脉冲波形及主要参数如图 18.2(f) 所示，图中 $+j_p$ 为正向脉冲峰值电流；$-j_p$ 为反向脉冲峰值电流；T 是一个脉冲通断周期，$T = t_{on} + t_{off}$；T_F 是一组正向脉冲工作时间，$T_F = nT$；T_R 是一组反向脉冲工作时间，$T_R = -nT$；$T_F + T_R$ 是正、反向脉冲换向的一个周期 (一般 $T_F > T_R$)。双脉冲参数的相关计算如下所述。

(1) 正、反向脉冲频率的计算。正、反向脉冲频率均由各自的脉冲通断周期 T 计算，显示为

$$f = \frac{1}{T} = \frac{1}{T_{on} + T_{off}} \tag{18.4}$$

(2) 正、反向脉冲占空比的计算。正、反向脉冲占空比均为各自的脉冲导通时间 t_{on} 占整个脉冲通断周期 T 的百分比：

$$+\gamma = \frac{+t_{on}}{+T} \times 100\%$$
$$-\gamma = \frac{-t_{on}}{-T} \times 100\% \tag{18.5}$$

(3) 正、反向脉冲峰值电流的计算。双脉冲的正、反向脉冲峰值电流 j_p 除与各自平均电流 j_m 和占空比 γ 有关外，还与各自的工作时间占整个正、反向脉冲工作周期的百分数有关，计算公式为

$$+j_p = \left(\frac{-j_p}{\gamma}\right) \bigg/ \left(\frac{T_F}{T_F + T_R}\right)$$
$$-j_p = \left(\frac{-j_p}{\gamma}\right) \bigg/ \left(\frac{T_R}{T_F + T_R}\right) \tag{18.6}$$

18.1.3　制备工艺流程

脉冲电沉积 (Ni-W-P)/(CeO$_2$-SiO$_2$) 复合材料制备的实验装置见图 18.3，可见由阳极镍板、阴极普通钢板、脉冲电源、搅拌装置、加热装置、恒温水浴槽和精密

温度计组成。其工艺过程如下。

普通钢板(阴极) → 机械抛光 → 冷水洗 → 碱性除油 → 冷水洗 → 酸洗活化 → 冷水洗 → 电化学抛光 → 冷水洗 → 阴极闪沉积镍 → 冷水洗 → 脉冲电沉积 → 冷水洗 → 无水乙醇清洗 → 吹干 → 成品 → 性能测试。其中阴极闪沉积镍工艺为：$NiCl_2$，240g/L；HCl，20mL/L；电流密度6A/dm²；温度为室温；时间为3min；阳极为镍板。

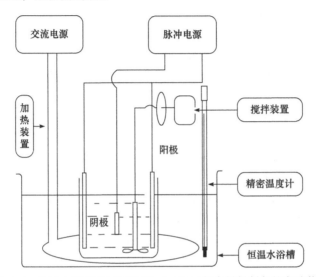

图 18.3　脉冲电沉积(Ni-W-P)/(CeO₂-SiO₂)复合材料制备的实验装置

采用 SMD-60P 智能多脉冲电源设备输出的双脉冲参数制备(Ni-W-P)/(CeO₂-SiO₂)复合材料，相关固定的双脉冲参数如表 18.2 所示。

表 18.2　SMD-60P 智能多脉冲电源固定的双脉冲参数

正向占空比 D_F	反向占空比 D_R	正向工作时间 T_F/ms	反向工作时间 T_R/ms	正向平均电流密度 $+j_m$/(A/dm²)	反向平均电流密度 $-j_m$/(A/dm²)
10%	10%	100	10	6	0.6

18.2　电解液组成和工艺条件对(Ni-W-P)/(CeO₂-SiO₂)纳米复合材料脉冲电沉积的影响

18.2.1　电解液组成对(Ni-W-P)/(CeO₂-SiO₂)纳米复合材料脉冲电沉积的影响

硫酸镍浓度(50g/L、60g/L、70g/L、80g/L 和 90g/L)对电沉积复合材料中的

CeO_2、SiO_2、Ni、W、P 含量的影响，硫酸镍浓度对电沉积速率及显微硬度的影响，硫酸镍浓度对电沉积层表面形貌的影响的实验研究。

柠檬酸浓度(80g/L、100g/L、120g/L、140g/L 和 160g/L)对电沉积材料中 CeO_2、SiO_2、Ni、W、P 含量的影响，柠檬酸浓度对电沉积速率及显微硬度的影响，柠檬酸浓度对电沉积层表面形貌的影响的实验研究。

钨酸钠浓度(80g/L、100g/L、120g/L、140g/L 和 160g/L)对电沉积材料中 CeO_2、SiO_2、Ni、W、P 含量的影响，钨酸钠浓度对电沉积速率及显微硬度的影响，钨酸钠浓度对电沉积层表面形貌的影响的实验研究。

次磷酸钠浓度(4g/L、6g/L、8g/L、10g/L 和 12g/L)对沉积层 CeO_2、SiO_2、Ni、W、P 含量的影响，次磷酸钠浓度对电沉积速率及显微硬度的影响，次磷酸钠浓度对电沉积层表面形貌的影响的实验研究。

nm-SiO_2 颗粒浓度(5g/L、10g/L、15g/L、20g/L、25g/L 和 30g/L)对电沉积层化学组成及元素分布的影响，nm-SiO_2 颗粒浓度对电沉积速率及显微硬度的影响，nm-SiO_2 颗粒浓度对电沉积层表面形貌的影响的实验研究。

nm-CeO_2 浓度(4g/L、6g/L、8g/L、10g/L、12g/L 和 14g/L)对电沉积层化学组成及元素分布的影响，nm-CeO_2 颗粒浓度对电沉积速率及显微硬度的影响，nm-CeO_2 颗粒浓度对电沉积层表面形貌的影响的实验研究。

非离子表面活性剂 PEG10000 的浓度(5mg/L、10mg/L、15mg/L、20mg/L、25mg/L 和 30mg/L)对复合材料脉冲电沉积过程的影响，阳离子表面活性剂十六烷基三甲基溴化铵(CTAB)浓度(2mg/L、4mg/L、6mg/L、8mg/L、10mg/L 和 12mg/L)对脉冲电沉积过程的影响的实验研究。

得出如下结论。

(1) 为增强金属基复合材料与基体之间的结合力，脉冲电沉积前需对阴极材料普通碳钢进行机械电化学抛光和闪电沉积镍工艺处理。

(2) 当硫酸镍和柠檬酸浓度分别控制在 70g/L 和 120g/L 时，复合材料表面平整，颗粒细小而均匀，基质金属颗粒轮廓清晰，nm-CeO_2 颗粒镶嵌均匀，但 nm-SiO_2 颗粒沉积量较少且分布不均匀。沉积速率为 25.32μm/h，显微硬度为 614HV。

(3) 当钨酸钠和次磷酸钠的浓度分别控制在 100~120g/L 和 4~6g/L 时，沉积速率和显微硬度较高。增加钨酸钠浓度，基质金属颗粒细化，呈规则圆球形，纳米颗粒镶嵌均匀。次磷酸钠浓度的增加对表面显微组织影响较小，但会明显降低显微硬度。

(4) 当 nm-SiO_2 颗粒浓度为 20g/L 时，沉积速率和显微硬度均较高；增加 nm-SiO_2 颗粒浓度，基质较少颗粒得到细化，但当 nm-SiO_2 浓度提高到 30g/L 时，颗粒尺寸又开始增加，同时产生许多小结瘤状凸起部位。

(5) 增加 nm-CeO_2 颗粒浓度，沉积速率和显微硬度随之增加，基质金属颗粒细化。当浓度超过 8～10g/L 后，显微硬度增加较缓慢。nm-CeO$_2$ 颗粒浓度控制在 10g/L 时，元素 Ni、W、P、Ce 和 Si 在复合材料中的分布是比较均匀的。

(6) 阳离子表面活性剂 CTAB 在提高 nm-CeO$_2$ 和 nm-SiO$_2$ 颗粒的沉积量以及改善显微组织方面，明显好于非离子表面活性剂 PEG10000。阳离子表面活性剂 CTAB 的体积量控制在 6～8mg/L 为宜。

18.2.2　工艺条件对(Ni-W-P)/(CeO₂-SiO₂)纳米复合材料脉冲电沉积的影响

电解液的 pH(3.5、4.5、5.5、6.5 和 7.5)对电沉积复合材料中的 CeO$_2$、SiO$_2$、Ni、W、P 含量的影响，电解液的 pH 对电沉积速率及显微硬度的影响，电解液的 pH 对电沉积层表面形貌的影响的实验研究。

电解液温度(30℃、40℃、50℃、60℃和 70℃)对电沉积复合材料中的 CeO$_2$、SiO$_2$、Ni、W、P 含量的影响，电解液温度对电沉积速率及显微硬度的影响，电解液温度对电沉积层表面形貌的影响的实验研究。

机械搅拌速度(500r/min、750r/min、1000r/min、1250r/min、1500r/min 和 1750r/min)对电沉积复合材料中的 CeO$_2$、SiO$_2$、Ni、W、P 含量及元素分布的影响，机械搅拌速度对电沉积速率及显微硬度的影响，机械搅拌速度对电沉积层表面形貌的影响的实验研究。

通过超声功率(100W、200W、300W、400W 和 500W)对(Ni-W-P)/(CeO₂-SiO₂)纳米复合材料脉冲电沉积的影响的实验研究。

得出如下结论。

(1) 增加电解液的 pH，则沉积速率和显微硬度以及 nm-CeO$_2$ 和 nm-SiO$_2$ 颗粒的质量分数增加。pH 控制在 5.5 时，沉积速率最快，纳米颗粒的质量分数和显微硬度最高。pH 较低时，基质金属颗粒粗大。当 pH 提高到 5.5～7.5 时，显微组织改善。

(2) 电解液温度低于 60℃时升高温度，则表面显微组织得到改善，基质金属颗粒尺寸较低，平整度提高，而沉积速率、显微硬度和纳米颗粒的质量分数随电解液温度的升高则先增加后降低，在电解液温度为 60℃时达到最高值。之后继续升高电解液温度，则这些指标又开始降低，基质金属颗粒尺寸又开始增加。

(3) 提高机械搅拌速度，则沉积速率、显微硬度和纳米颗粒的质量分数增加，在机械搅拌速度为 1000r/min 时达到最高值。继续增加继续搅拌速度，沉积速率、显微硬度和纳米颗粒的质量分数又开始降低。机械搅拌速度从 500r/min 提高到 1000r/min 时，显微组织得到改善。

(4) 电沉积之前未采用超声处理电解液，则纳米颗粒沉积量少且团聚严重，以聚合体形态存在。使用超声(400W)处理 30min 后再进行脉冲电沉积，便起到很好的效果。

18.3　脉冲参数对(Ni-W-P)/(CeO$_2$-SiO$_2$)纳米复合材料脉冲电沉积的影响

18.3.1　单脉冲参数对(Ni-W-P)/(CeO$_2$-SiO$_2$)纳米复合材料脉冲电沉积的影响

单脉冲参数包括单脉冲导通时间、单脉冲关断时间、单脉冲峰值电流和单脉冲占空比四个参数。

设定其他条件不变的情况下,实验研究单脉冲导通时间(100μs、200μs、400μs、600μs、800μs、1000μs)对脉冲电沉积(Ni-W-P)/(CeO$_2$-SiO$_2$)纳米复合材料的化学组成、沉积速率、显微硬度、表面形貌的影响。

设定其他条件不变的情况下,实验研究单脉冲关断时间(100μs、200μs、500μs、1000μs、2000μs 和 4000μs)对脉冲电沉积(Ni-W-P)/(nmCeO$_2$-nmSiO$_2$)纳米复合材料的化学组成、沉积速率、显微硬度、表面形貌的影响。

设定其他条件不变的情况下,实验研究单脉冲峰值电流(0A/dm^2、20A/dm^2、30A/dm^2、40A/dm^2、50A/dm^2 和 60A/dm^2)对脉冲电沉积(Ni-W-P)/(nmCeO$_2$-nmSiO$_2$)纳米复合材料的化学组成、沉积速率、显微硬度、表面形貌的影响。

设定其他条件不变的情况下,实验研究单脉冲占空比(10%、20%、30%、40%和 50%)对脉冲电沉积(Ni-W-P)/(nmCeO$_2$-nmSiO$_2$)纳米复合材料的化学组成、沉积速率、显微硬度、表面形貌的影响。

通过单脉冲参数对(Ni-W-P)/(CeO$_2$-SiO$_2$)纳米复合材料脉冲电沉积过程影响的实验研究得出如下结论。

(1) 增加单脉冲导通时间,则 CeO$_2$ 和 SiO$_2$ 纳米颗粒及 W 的质量分数增加,P 的质量分数降低;沉积速率和显微硬度增加,基质金属颗粒先得到细化后又开始增加。

(2) 增加单脉冲关断时间,则 CeO$_2$ 和 SiO$_2$ 纳米颗粒及 W 的质量分数降低,P 的质量分数增加;沉积速率和显微硬度较低,基质金属颗粒尺寸明显增加。

(3) 增加单脉冲峰值电流密度,则 CeO$_2$ 和 SiO$_2$ 纳米颗粒及 W 的质量分数增加,P 的质量分数降低;沉积速率和显微硬度增加,显微组织改善。

(4) 增加单脉冲占空比,则 CeO$_2$ 和 SiO$_2$ 纳米颗粒及 W 的质量分数增加,P 的质量分数降低;沉积速率和显微硬度均增加,显微组织得到改善,颗粒细化。

18.3.2　双脉冲参数对(Ni-W-P)/(CeO$_2$-SiO$_2$)纳米复合材料脉冲电沉积的影响

双脉冲参数包括正(反)脉冲占空比、正(反)向脉冲工作时间和正(反)向脉冲平均电流密度。

　　在其他条件不变的情况下，实验研究了正向脉冲占空比(10%、20%、30%、40%和50%)对(Ni-W-P)/(CeO$_2$-SiO$_2$)纳米复合材料中 CeO$_2$、SiO$_2$ 及 Ni、W、P 的质量分数、沉积速率和显微硬度以及表面形貌的影响。

　　在其他条件不变的情况下，实验研究了反向脉冲占空比(10%、30%、50%、70%和90%)对(Ni-W-P)/(CeO$_2$-SiO$_2$)纳米复合材料中 CeO$_2$、SiO$_2$ 及 Ni、W、P 的质量分数、沉积速率和显微硬度以及表面形貌的影响。

　　在其他条件不变的情况下，实验研究了正向脉冲工作时间(100ms、300ms、500ms、700ms 和 900ms)对(Ni-W-P)/(CeO$_2$-SiO$_2$)纳米复合材料中 CeO$_2$、SiO$_2$ 及 Ni、W、P 的质量分数、沉积速率和显微硬度以及表面形貌的影响。

　　在其他条件不变的情况下，实验研究了反向脉冲工作时间(10ms、20ms、40ms、60ms 和 80ms)对(Ni-W-P)/(CeO$_2$-SiO$_2$)纳米复合材料中 CeO$_2$、SiO$_2$ 及 Ni、W、P 的质量分数、沉积速率和显微硬度以及表面形貌的影响。

　　在其他条件不变的情况下，实验研究了正向脉冲平均电流密度(5A/dm^2、10A/dm^2、15A/dm^2、20A/dm^2 和 25A/dm^2)对(Ni-W-P)/(CeO$_2$-SiO$_2$)纳米复合材料中 CeO$_2$、SiO$_2$ 及 Ni、W、P 的质量分数、沉积速率和显微硬度以及表面形貌的影响。

　　在其他条件不变的情况下，实验研究了反向脉冲电流密度(1.5A/dm^2、2.5A/dm^2、3.5A/dm^2、4.5A/dm^2 和 5.5A/dm^2)对(Ni-W-P)/(CeO$_2$-SiO$_2$)纳米复合材料中 CeO$_2$、SiO$_2$ 及 Ni、W、P 的质量分数、沉积速率和显微硬度以及表面形貌的影响。

　　通过双脉冲参数对 Ni-W-P/CeO$_2$-SiO$_2$ 纳米复合材料脉冲电沉积过程影响的实验研究得出如下结论。

　　(1) 增加正向脉冲占空比，则 CeO$_2$ 和 SiO$_2$ 纳米颗粒及 W 的质量分数降低，P 的质量分数增加，正向脉冲占空比对 W 的沉积影响最大；沉积速率和显微硬度降低，基质金属晶粒尺寸也略有增加。

　　(2) 增加反向脉冲占空比，则 CeO$_2$ 和 SiO$_2$ 纳米颗粒及 W 的质量分数降低，P 的质量分数增加，正向脉冲占空比对 W 的沉积影响最大；沉积速率提高，显微硬度降低，基质金属晶粒尺寸增加。

　　(3) 增加正向脉冲工作时间，则 CeO$_2$ 和 SiO$_2$ 纳米颗粒及 W 的质量分数降低，P 的质量分数显著提高；沉积速率增加，显微硬度降低，基质金属晶粒尺寸得到细化，但组织缺陷增多。

　　(4) 增加反向脉冲工作时间，则 CeO$_2$ 和 SiO$_2$ 纳米颗粒及 W 的质量分数增加，P 的质量分数变化不大；沉积速率不断降低，显微硬度不断升高，沉积层的表面平整度也有所提高。

　　(5) 增加正向脉冲平均电流密度，则 CeO$_2$ 和 SiO$_2$ 纳米颗粒及 W 的质量分数降低，P 的质量分数显著提高；沉积速率和显微硬度不断提高，基质金属晶粒得到细化，微观组织结构得到改善。

(6) 增加反向脉冲平均电流密度,则 CeO₂ 和 SiO₂ 纳米颗粒及 W 的质量分数降低,P 的质量分数明显提高;沉积速率降低,显微硬度提高;当增加到 $1.5A/dm^2$ 以后,基质金属表面产生明显的裂纹。

18.4　(Ni-W-P)/(CeO₂-SiO₂)纳米复合材料脉冲电沉积初期生长行为

为了研究脉冲电沉积过程的初期生长行为,沉积的衬底材料普通碳钢不用闪沉积镍,但其表面必须经过电化学抛光和金相腐蚀,以显示衬底表面的显微组织结构,然后做不同时间的脉冲电沉积,并跟踪观测沉积层的元素的平面分布和表面形貌,进而做初期生长行为和沉积机理的探讨与研究。

18.4.1　不同脉冲电沉积时间下的成分分析

图 18.4 为衬底上脉冲电沉积 Ni-W-P 合金不同时间下的线扫描能谱分析结果,图 18.5 为脉冲电沉积(Ni-W-P)/(CeO₂-SiO₂)复合材料不同时间下的线扫描能谱分析结果。对比分析图 18.4 和图 18.5 的测试分析结果可得出以下结论。

(1) 脉冲电沉积 20s 时,在基体表面线扫描的不同位置均显示一定量的元素含量,表明在脉冲电沉积初期,普通碳钢表面已很快地电沉积出了一定量的 Ni-W-P 和(Ni-W-P)/(CeO₂-SiO₂)沉积层,但在基体表面显微组织的不同区域,成分起伏非常明显,说明沉积初期不是均匀形核,而是在某些位置优先沉积。

(2) 脉冲电沉积延长到 60s 时,随着电沉积过程的继续和沉积量的增大,成分起伏明显降低,说明脉冲电沉积过程已开始向形核处的周围扩展。

(3) 脉冲电沉积时间超过 300s 时,已开始在基体表面不同区域均匀沉积,基体表面的显微组织已被沉积层所覆盖,其组织特征对后续的脉冲电沉积过程的影响已完全消失,接下来就是基质继续形核、沉积和生长。

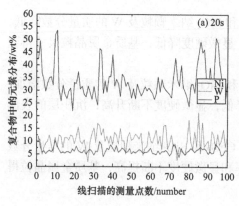
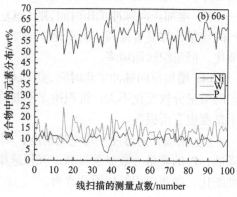

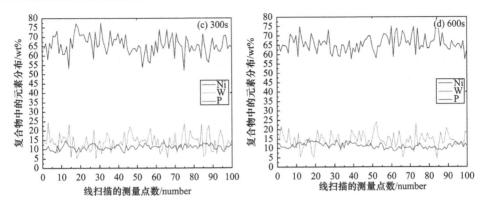

图 18.4　Ni-W-P 合金材料不同脉冲电沉积时间下的线扫描能谱分析结果(彩图扫封底二维码)

number 代表用数表示

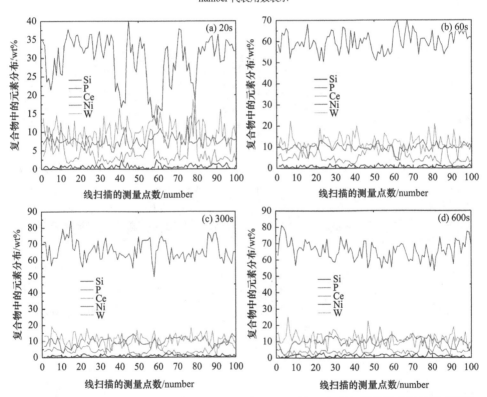

图 18.5　(Ni-W-P)/(CeO₂-SiO₂)复合材料不同脉冲电沉积时间下的线扫描能谱分析结果(彩图扫
封底二维码)

18.4.2　不同脉冲电沉积时间下的表面形貌

脉冲电沉积初期,Ni-W-P 合金和(Ni-W-P)/(CeO₂-SiO₂)颗粒增强金属基纳米复合材料的沉积具有明显的选择性,会在珠光体表面及珠光体与铁素体晶界处优先沉积。分析其原因，一种可能是珠光体表面α-Fe 晶界和 Fe₃C 的相界面密度大，界面处能量较高，造成优先形核和沉积。另一种可能是α-Fe 晶界和 Fe₃C 在一定介质中具有不同的稳定电势，电沉积时，珠光体组织内两相间存在微电势差，产生微电势效应，引起沉积反应。

有关α-Fe 晶界和 Fe₃C 两相在不同 pH 下的平衡电势研究表明，在各种 pH 条件下，Fe₃C 的稳定电势都要比α-Fe 的稳定电势正 150mV 左右。脉冲电沉积时，珠光体组织内部两相间存在的微电势差产生微电势效应。高电势的 Fe₃C 相作为阴极优先沉积，沉积过程随后会向四周发展，使附近的 α-Fe 也逐渐发生沉积。因此，造成脉冲电沉积初期的成分起伏较大，而沉积后期成分起伏明显减小。

图 18.6 为 Ni-W-P 合金材料不同脉冲电沉积时间下的表面形貌照片。其中(a)～(d)分别为脉冲电沉积时间为 20s、60s、300s、600s 时 5000 倍放大下的表面形貌照片。

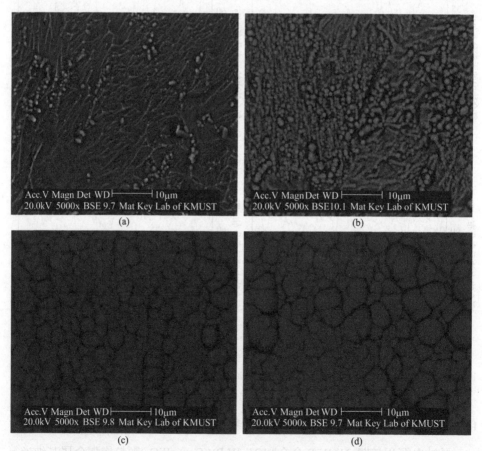

图 18.6　Ni-W-P 合金材料不同脉冲电沉积时间下的表面形貌照片

图 18.7 为(Ni-W-P)/(CeO₂-SiO₂)复合材料不同脉冲电沉积时间下的表面形貌照片。其中(a)～(e)分别为脉冲电沉积时间 20s、60s、300s、600s 和 3600s 时 5000

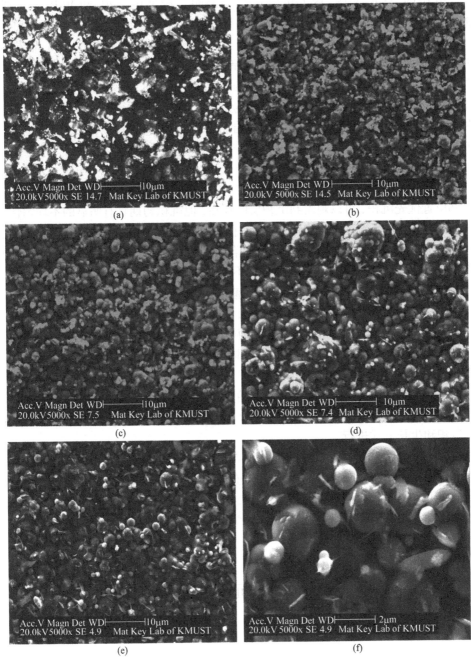

图 18.7　(Ni-W-P)/(CeO₂-SiO₂)复合材料不同脉冲电沉积时间下的表面形貌照片

倍放大下的表面形貌照片，(f)为沉积时间为 3600s 时 20000 倍放大下的表面形貌照片。

分析图 18.6 和图 18.7 的测试结果表明，脉冲电沉积 Ni-W-P 合金或 (Ni-W-P)/(CeO$_2$-SiO$_2$)颗粒强化纳米复合材料的初期，在普通碳钢表面的沉积和生长的确存在选择性，按照叠层型鳞片状二维生长方式进行，优先在α-Fe 晶界和 Fe$_3$C 的表面进行沉积，在沉积初期仍能呈现出鳞片状基体组织的珠光体特征。随着时间的延长，由于在 Fe$_3$C 表面的生长速度快，沉积层凹凸处逐渐平整，直至基体组织特征消失，最后按 Ni-W-P 基质金属生长方式进行形核、沉积和生长。同时还可以看出，在脉冲电沉积金属基复合材料时的基体表面形核点更多，沉积出的显微组织更为连续、均匀和完善。

通过以上分析，可归纳出以下结论。

(1) 在普通碳钢衬底上电沉积 20s 后，Ni-W-P 基质金属便开始在衬底的某些局部位置优先沉积，可以观察到沉积层的存在，但沉积初期具有明显的不均匀性。

(2) 脉冲电沉积时间延长到 60s 后，在 Ni-W-P 合金的表面，珠光体间的条纹间隙已经变得非常小，但 Fe$_3$C 之间的沟陷仍存在。同时可看出是在珠光体组织的方向进行沉积的，呈岛状分布，仍具有不连续性。相比而言，由于复合材料的沉积速度较快，此时珠光体的组织形态已基本被沉积层覆盖。

(3) 脉冲电沉积时间延长到 300s 时，珠光体中的 Fe$_3$C 之间的沟陷已完全被 Ni-W-P 基质金属基 CeO$_2$ 和 SiO$_2$ 纳米颗粒填补，一些浅显的痕迹已经消失，说明珠光体组织已经完全被沉积层覆盖，基体组织特征已消失，对后续的沉积过程不再产生影响。

(4) 脉冲电沉积时间超过 600s 后，随着沉积过程的延长，沉积层仍不断增厚，脉冲电沉积已从衬底表面转移到 Ni-W-P 基质金属表面，已经开始按照基质金属的沉积和生长方式进行。

综合以上研究表明，脉冲电沉积 Ni-W-P 合金和(Ni-W-P)/(CeO$_2$-SiO$_2$)颗粒增强复合材料的初期生长行为均为不连续沉积，均具有明显的选择性。但由于纳米颗粒在阴极表面吸附后也可以作为形核点，有利于促进沉积过程的连续进行。因此，复合材料实现从不连续沉积向连续沉积转变所需要的时间少于相应的合金材料。

18.5　(Ni-W-P)/(CeO$_2$-SiO$_2$)纳米颗粒增强复合材料的脉冲电沉积机理

18.5.1　电解液体系对脉冲复合电沉积的影响

电解液体系，如硫酸镍、柠檬酸、次磷酸钠和钨酸钠的浓度对脉冲电沉积制备(Ni-W-P)/(CeO₂-SiO₂)颗粒增强金属基纳米复合材料过程有很大的影响,具体表现如下所述。

(1) 降低次磷酸钠浓度下,通过诱导共沉积,可以增加 W 的沉积速率;当硫酸镍浓度增加到一定程度时,Ni^{2+}在阴极的沉积速率又会超过 W 的沉积速率。

(2) 柠檬酸是 Ni^{2+}的主要配合剂,适当的浓度有利于增加电解液的稳定性;当柠檬酸浓度很高时,柠檬酸与 W 的配合能力也会增强,使 W 的电极电势变得更负,明显增大了 W 和 P 在阴极表面沉积的浓度和速度;过高的柠檬酸浓度会引起电解液中的 H^+增多,阴极析氢反应加快,阻碍 CeO₂ 和 SiO₂ 纳米颗粒在阴极表面的竞争析出。

(3) 电解液中钨酸钠浓度越高,阴极反应电极电势越正,越有利于 W 与 Ni 和 P 的共沉积;铁族元素在阴极表面沉积时具有较高的析氢电势,增加钨酸钠浓度,沉积速率加快,H^+极易在阴极表面放电析出,使 CeO₂ 和 SiO₂ 纳米颗粒很难稳定地吸附在阴极表面,导致共沉积概率降低。

(4) 增加次磷酸钠浓度,相同时间内 Ni 和 P 的沉积速率加快,但同时也造成 H^+在阴极上的放电机会增多,阻碍 CeO₂ 和 SiO₂ 纳米颗粒在阴极上的析出。

18.5.2　脉冲工艺对脉冲复合电沉积的影响

脉冲电沉积依据的电化学原理主要是利用电流脉冲的张弛增加阴极的活化极化和降低阴极的浓度差极化,从而改善沉积层的物理化学性能[2]。脉冲电沉积过程中,当电流导通时,接近阴极的金属离子充分地被沉积;而当电流关断时,阴极周围的金属离子又恢复到初始浓度。这样,增强的连续重复脉冲电流主要用于金属离子的电沉积。如果选用导通时间很短的短脉冲,则必将使用非常大的脉冲电流密度,这将使金属离子处在直流电沉积实现不了的过电势下沉积,其结果不仅能改善沉积层的物理化学性质,而且还能降低析出电势较负的金属在电沉积时析氢副反应所占的比例。而增强反向脉冲的阳极电流部分是一个"退镀"过程,能够将阴极脉冲获得的沉积层表面的毛刺溶解除去,改善沉积层厚度的均匀分布,整平作用明显。

在阴极促进金属基非晶复合材料的过程中,原子束形成的概率与阴极的极化有关,阴极极化越大,阴极过电势越高,则阴极表明吸附原子的浓度越高,原子束形成的概率越大,最后形成的非晶小颗粒尺寸就越小。

18.5.3　纳米颗粒对脉冲复合电沉积的影响

纳米颗粒的表面能比较大,在电解液体系中非常容易发生团聚。在脉冲电沉积制备(Ni-W-P)/(CeO₂-SiO₂)颗粒增强金属基纳米复合材料过程中,向电解液中添加的 CeO₂ 和 SiO₂ 纳米颗粒经过了阳离子表面活性剂 CTAB 活化处理。阳离子表面活性剂的加入使电解液呈弱酸性，纳米颗粒表面会带正电荷，表面正电荷增多，过电势就增大，使纳米颗粒间的静电斥力增大，能够很好地抑制纳米颗粒的团聚，使颗粒分散的均匀程度和沉积速率提高。但过高浓度的阳离子表面活性剂也会造成电解液中的离子强度过高，压缩双电层，减小纳米颗粒间的静电斥力，又重新使纳米颗粒发生团聚。

在脉冲复合电沉积过程中，经过活化处理的纳米颗粒浓度增加时，在相同时间内被输送到阴极附近并与阴极发生碰撞形成弱吸附的纳米颗粒数量随之增加，这是因为，纳米颗粒产生强吸附的形成速度以及被嵌入阴极的概率与弱吸附的覆盖度成正比，使纳米颗粒的沉积量随电解液中纳米颗粒浓度的增加以及弱吸附覆盖度的增大而增加。当纳米颗粒浓度很高时，由于电解液黏度增加、纳米颗粒团聚严重，以及因大量纳米颗粒吸附于电极表面，使电极表面提供电化学反应的面积减小，从而，阴极电流密度增大而引起电极表面析氢量增多等，减少了纳米颗粒在复合沉积层中的沉积量。

在脉冲复合电沉积过程中，CeO_2 和 SiO_2 纳米颗粒在电解液以及复合材料中的分布均匀性，以及从电解液内部向阴极表面运动的过程，主要依靠适宜的机械搅拌速度和添加剂的相互作用共同实现。CeO_2 和 SiO_2 纳米颗粒从电解液内部向阴极表面的运动是靠机械搅拌引起的电解液流动进行输送的，机械搅拌速度增加，电解液流动速度增加，加快了纳米颗粒被输送到阴极表面的速度，被嵌入概率增大；但当机械搅拌速度很大时，电解液中的纳米颗粒长期处于剧烈运动状态，使其与阴极表面剧烈碰撞频率增加，在阴极表面停留时间较短，也会使部分已经在阴极表面吸附的纳米颗粒又重新脱落到电解液中，不利于纳米颗粒与基质金属的共沉积。

18.5.4 双脉冲电沉积机理

通过以上研究和探讨，构建了用于描述双脉冲电沉积制备(Ni-W-P)/(CeO_2-SiO_2)颗粒增强金属基纳米复合材料的物理生长机理模型，如图 18.8 所示。

根据双脉冲电沉积制备(Ni-W-P)/(CeO_2-SiO_2)颗粒增强金属基纳米复合材料的物理生长机理模型，探讨双脉冲电沉积的沉积机理。

(1) 元素 W 和 P 均不能单独从 WO_4^{2-} 和 $H_2PO_2^-$ 的水溶液中沉积出来。但在硫酸镍、钨酸钠、次磷酸钠和柠檬酸共同组成的电解液体系中，在 Ni^{2+} 的诱导作用下，实现了 W 和 P 的共沉积。因此，Ni-W-P 基质金属的共沉积类型为诱导共沉积。

(2) 正向脉冲电流工作时，Ni、W、P 原子在阴极表面的共沉积形成了大量的原子束；CeO_2 和 SiO_2 纳米颗粒经阳离子表面活性剂活化后，在机械搅拌和电场力的共同作用下，一部分纳米颗粒也作为活性质点在阴极表面富集，同时表面吸附被还原的 Ni、W、P 原子，也析出了以纳米颗粒为核心的原子束；随着正向脉

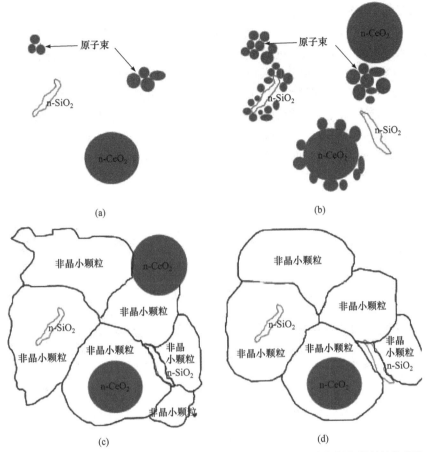

图 18.8　双脉冲电沉积制备(Ni-W-P)/(CeO₂-SiO₂)颗粒增强金属基纳米复合材料的物理生长机理模型

冲的进行，两类原子束在二维生长的同时进一步扩张沿三维方向生长；与直流电沉积相比，脉冲电流具有更高的瞬间电流密度，能够使原子束析出概率提高，避免了少数原子束的持续生长。

(3) 反向脉冲电流工作时，原子束的二维或三维生长停止，原子束表面凸起部分的电流密度较高，被优先溶解，使沉积层厚度均匀，平整度提高；同时，消除了浓差极化，补充了阴极附近已消耗掉的金属离子和纳米颗粒的浓度，有利于正向脉冲再次开通后形成新的原子束而成为新的生长点。

(4) 随着正、反向脉冲电流的交替进行，Ni、W、P 原子形成的原子束和以 CeO₂、SiO₂ 纳米颗粒为核心的原子束持续生长。W、P 原子固溶于 Ni 的晶粒中且含量较大以及纳米颗粒的嵌入，导致 Ni 晶粒内的原子排列无序，使原子束逐渐生长成非晶小颗粒；同时也有大部分 CeO₂ 和 SiO₂ 纳米颗粒被嵌入原子束与原子束之间或非晶小颗粒与非晶小颗粒之间。

(5) 当非晶小颗粒长大到一定程度时,相互结合成"小岛"。"小岛"相互接触后形成"大岛"和网络,进而形成连续的沉积层而覆盖基体。因此,双脉冲电沉积制备(Ni-W-P)/(CeO₂-SiO₂)颗粒增强金属基纳米复合材料,是由大量的非晶小晶粒和CeO₂、SiO₂纳米颗粒构成的,沉积态呈现出的是非晶结构。

为了验证双脉冲电沉积制备(Ni-W-P)/(CeO₂-SiO₂)颗粒增强金属基纳米复合材料沉积机理的可靠性,对双脉冲电沉积3h后制备出的复合材料进行了面扫描、沉积态下的相结构以及表面形貌的测试,其结果分别如图18.9~图18.11所示。

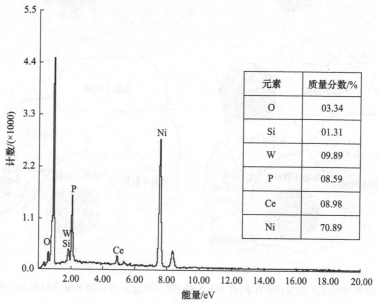

元素	质量分数/%
O	03.34
Si	01.31
W	09.89
P	08.59
Ce	08.98
Ni	70.89

图 18.9　(Ni-W-P)/(CeO₂-SiO₂)纳米复合材料面扫描能谱分析结果

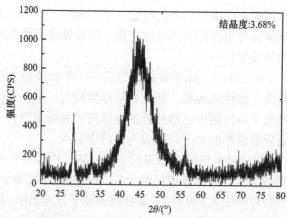

图 18.10　沉积态(Ni-W-P)/(CeO₂-SiO₂)纳米复合材料的 XRD 花样

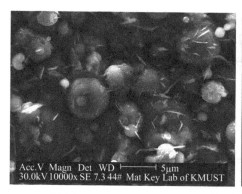

图 18.11　(Ni-W-P)/(CeO₂-SiO₂)纳米复合材料双脉冲电沉积 3h 下的表面形貌

通过图 18.9 可以看出，沉积层中均表现出了一定的元素含量。根据图 18.10 的测试结果，采用 MDI-Jade 软件对 XRD 花样进行分析，计算出(Ni-W-P)/(CeO₂-SiO₂)颗粒增强金属基纳米复合材料的金属合金为非晶态，其结晶度仅为 3.68%，说明沉积态的复合材料以非晶结果为主。

由图 18.11 可以看出，一部分嵌入 Ni-W-P 基质金属中的 CeO₂ 和 SiO₂ 纳米颗粒被包覆在非晶的小颗粒内部，也有大量的纳米颗粒被嵌入非晶颗粒之间。因此，通过对实际脉冲电沉积构成的成分分析、相结构分析以及表面形貌特征分析，进一步验证了(Ni-W-P)/(CeO₂-SiO₂)颗粒增强金属基纳米复合材料双脉冲电沉积机理分析的准确性和可靠性。

18.6　电沉积(Ni-W-P)/(CeO₂-SiO₂)纳米复合材料的结晶化过程及界面结合方式

所谓结晶化过程是指电沉积材料在后继的不同热处理温度下的结晶变化，即晶体结构、晶粒大小和结晶度的变化规律。

18.6.1　(Ni-W-P)/(CcO₂-SiO₂)纳米复合材料结晶化过程的研究

1. 物相结构的变化

图 18.12 和图 18.13 分别给出 Ni-W-P 合金和(Ni-W-P)/(CeO₂-SiO₂)复合材料在 100～400℃热处理 1h 后 XRD 花样，它们的物相分析结果已示于图中。根据这些分析结果可以得出以下结论。

(1) 未经热处理的称为沉积态。在沉积态下，Ni-W-P 合金和(Ni-W-P)/(CeO₂-SiO₂)复合材料在 $2\theta=43°$ 处有一个很宽化的峰，这属典型的非晶材料的衍射效应。在复合材料的衍射花样中呈现宽化的 CeO_2 特征峰，显示了晶态结构的衍射特征，但衍射强度很弱。因此两种材料在沉积下均属非晶态结构。

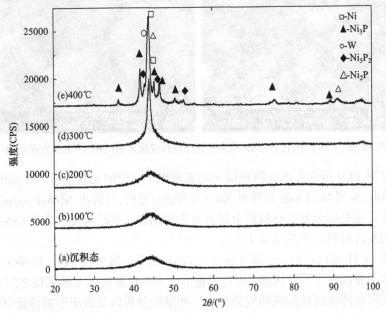

图 18.12　Ni-W-P 合金材料经 100～400℃热处理 1h 后的 XRD 花样

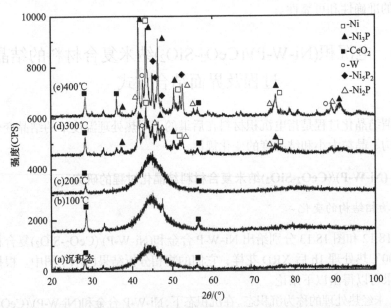

图 18.13　(Ni-W-P)/(CeO₂-SiO₂)复合材料在 100～400℃热处理 1h 后 XRD 花样

(2) 当热处理温度提高到 100℃或 200℃时，沉积层仍呈现沉积态时的非晶结构，只是衍射峰变高，宽度变窄。说明非晶结构减少，但仍然是以非晶结构为主。

(3) 当热处理温度提高到 300℃时，Ni-W-P 合金已基本结晶，但晶粒很细小，是纳米晶与少量非晶的混合物；而复合材料已大部分晶化，呈现出 Ni、W、Ni₃P、CeO₂、SiO₂诸多相的混合物。两者比较，合金材料结晶程度更为明显。

(4) 当热处理温度提高到 400℃时，衍射花样呈现多晶体的衍射特征，除主相 Ni 外，还析出大量的 Ni₃P 合金相，亚稳相 Ni₂P、Ni₅P₂ 等，表明此时两种材料的绝大部分也已转变为晶态结构。

当在温度 500～800℃下热处理 1h 后上述两者材料的 XRD 花样分别示于图 18.14 和图 18.15。根据图 18.14 和图 18.15 的测试分析结果可以得到以下结论。

(1) 热处理温度提高到 500℃时，合金和复合材料的每条衍射线峰强度都有不同程度的增强，两者的亚稳相 Ni₂P、Ni₅P₂ 已经消失，逐渐转变为稳定相 Ni₃P，说明晶化过程仍在进行。

(2) 热处理稳定提高到 600℃和 700℃时，温度升高，原子扩散及氧化的加快使得 2θ=43°处衍射峰仍在增强，分化出来的其他物相的衍射峰也逐渐明显，一部分 Ni 已被氧化成 NiO，一部分 W 被氧化成 WO₂ 和 WO₃。

(3) 热处理温度提高到 800℃时，合金材料和复合材料氧化严重，但合金材料中各相衍射峰的强度远高于复合材料，说明合金材料中的晶粒长大速度更快，而复合材料中的纳米颗粒在一定程度上有效阻止了晶粒的长大。

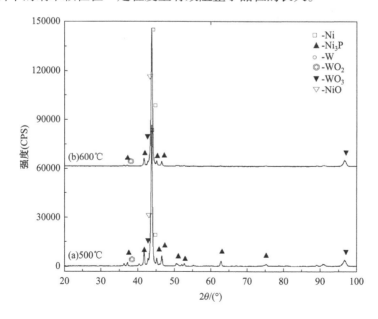

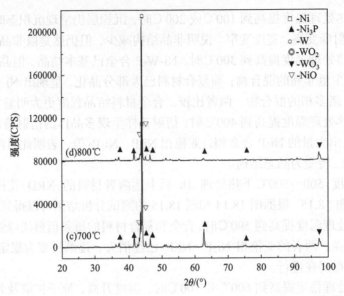

图 18.14　Ni-W-P 合金材料经 500～800℃热处理 1h 后的 XRD 花样

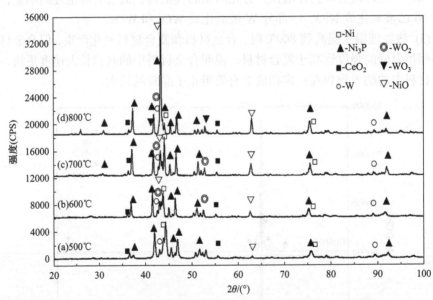

图 18.15　(Ni-W-P)/(CeO₂-SiO₂)复合材料在 500～800℃热处理 1h 后的 XRD 花样

上面的分析均未提到 SiO₂，也没有发现 SiO₂ 的衍射峰，主要原因如下所述。

(1) 向 Ni-W-P 基质金属中添加的第二相 SiO₂ 纳米颗粒本身为非晶结构，当其嵌入基质金属以后，仍然是以非晶态结构存在。因此，XRD 检测不到 SiO₂ 纳米颗粒的特征衍射峰。

(2) SiO₂ 纳米颗粒的热稳定性高，在低于 800℃热处理时，非晶结构不会改变，故未能检测出 SiO₂ 的特征衍射峰。

2. 结晶度分析

分别对两种材料的非晶峰和其他衍射峰进行拟合并计算出结晶度，其结果见图 18.16。在沉积态下，合金材料和复合材料的结晶度分别为 5.26%和 3.68%，从图 18.16 可知，合金的结晶化进程比复合材料快。温度达 400℃时合金的结晶度近100%，而温度达 500℃时复合材料的结晶度才近 100%。

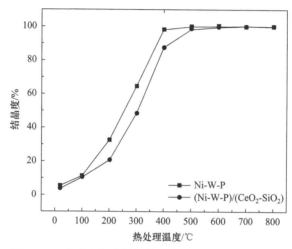

图 18.16 合金和复合材料结晶度随热处理温度的变化

3. 晶粒大小分析

从图 18.16 还可知，热处理温度在 400℃以下时，虽已有部分结晶，但 Ni 的衍射峰强度弱，而且宽化，表明晶粒尺寸很小，线形拟合不好进行，故只对温度≥400℃时才做处理。合金和复合材料在≥400℃时的平均晶粒尺寸随热处理温度的变化见图 18.17。复合材料不同晶向的晶粒尺寸随温度的变化见表 18.3 中。从图 18.17 可知，两种材料 Ni 的平均晶粒尺寸随热处理温度的升高而增加，但复合材料的晶粒尺寸总比合金的小，这再次证明，纳米颗粒的加入抑制材料结晶化的进程和阻碍晶粒的长大。由表 18.3 可知，不同结晶学方向的晶粒尺寸都随温度的升高而增加，但各结晶方向的晶粒尺寸有较大差别，〈220〉方向晶粒尺寸长大最快，〈110〉方向长得最慢，〈311〉方向居中，这与这些方向原子线密度有关。

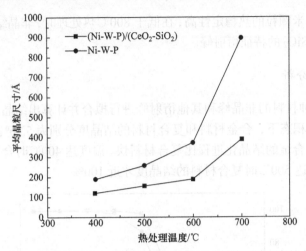

图 18.17　两种材料中 Ni 晶粒的平均晶粒尺寸随热处理温度的变化

表 18.3　脉冲电沉积 Ni-W-P/CeO₂-SiO₂ 复合材料中 Ni 晶粒在 400～700℃热处理 1h 后不同晶向的晶粒尺寸

热处理温度/℃	晶粒尺寸/nm		
	〈111〉	〈220〉	〈311〉
400	10.3	18.8	8.8
500	15.6	19.6	12.2
600	18.0	20.1	23.7
700	72.7	23.2	52.0

综合结晶化过程、结晶度和晶粒尺寸的研究，可得如下结论。

(1) 沉积下及热处理温度低于 200℃时，合金材料和复合材料均以非晶态为主；300℃时非晶态明显减少，为晶态与非晶态的混合结构；400℃时析出大量的 Ni₃P 合金相和 Ni₂P、Ni₅P₂ 亚稳相，大部分已变为晶态；500℃时，亚稳相消失，变为 Ni₃P，晶化过程仍在加强；晶化过程中，CeO₂ 和 SiO₂ 纳米颗粒的物相结构没有发生变化。

(2) 热处理温度低于 200℃时，提高热处理温度，结晶度有所提高，但增加幅度较小；热处理温度提高至 300～400℃时，结晶速度增加，结晶度明显提高；合金和复合材料分别在 700℃和 500℃的热处理温度下完成。

(3) 提高热处理温度，Ni 晶粒在 〈111〉、〈220〉和〈311〉三个方向的平均晶粒尺寸增加，合金材料中 Ni 的平均晶粒尺寸增加幅度较大，复合材料中 Ni 的平均晶粒尺寸增加幅度较小。统一温度下，复合材料中 Ni 的平均晶粒尺寸明显小于合金材料中 Ni 的平均晶粒尺寸。

(4) 热处理温度升高，Ni 晶粒在〈111〉、〈220〉和〈311〉三个方向都有不同程度的长大。从生长速率的角度方向，热处理温度从 500℃提高到 700℃时，Ni 晶粒〈111〉和〈113〉方向生长速率最快，〈220〉方向生长速率最慢。

18.6.2　界面显微组织、元素分布及界面结合方式研究

1. 界面显微组织分析

基体(普通钢)-沉积镍层-(Ni-W-P)/(CeO₂-SiO₂)复合电沉积材料界面处的显微组织如图 18.18 所示，可以看出，在沉积态和热处理过程中，在界面一和界面二附近区域没有出现空洞、裂隙以及微裂纹等界面结合缺陷存在，两个界面之间的结合是紧密的，没有明显的界面层。此外，随着热处理温度的升高，两个界面之间由比较平直的结合状态逐渐转变为有部分锯齿的形状，说明热处理过程促进了界面的复合，而且界面之间的复合并不是单纯的附着关系，可能有部分的互溶现象，形成紧密牢固的冶金结合。

2. 界面元素分布基界面结合方式

对应于图 18.18 中标出的四个测试位置，对基体-沉积镍层-复合材料界面的元素线扫描结果如图 18.19 所示。由图 18.19 可看到以下规律。

(1) 沉积态下，在基体与沉积镍层的界面附近，Fe 和 Ni 出现明显元素黏度突变，Fe 含量骤然下降，Ni 含量骤然升高；在沉积镍层与复合材料界面附近，Ni 逐渐下降，此时元素 W 和 P 开始显现，而且其含量有所提高。

(2) 热处理温度从 200℃提高到 400℃及 600℃时，随着热处理温度的升高，在两个界面附近，元素黏度突变减弱，在 Fe 和 Ni，以及 Ni 和 W、P 元素之间都存在一个质量分数逐渐变化的过渡区域，且热处理温度越高，过渡区范围也越宽。

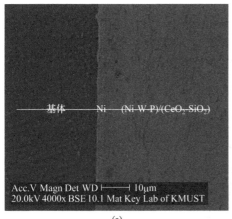
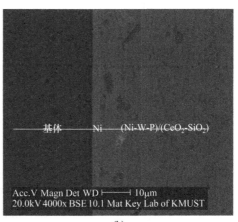

(a)　　　　　　　　　　　　　　　　(b)

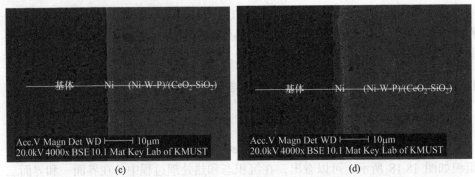

(c)   (d)

图 18.18 基体-沉积镍层-(Ni-W-P)/(CeO₂-SiO₂)复合电沉积材料界面处的显微组织的照片

(a)为沉积态；(b)~(d)分别为 200℃ 2h、400℃ 2h 和 600℃ 2h 处理后。图中白色横线代表线扫描位置

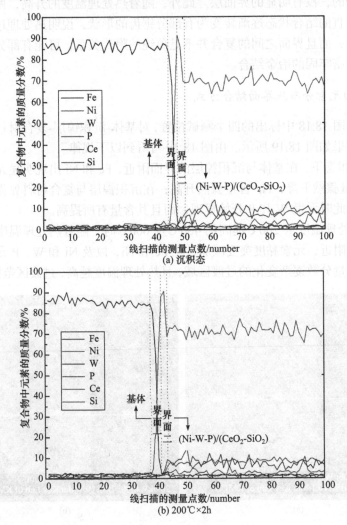

(a) 沉积态

(b) 200℃×2h

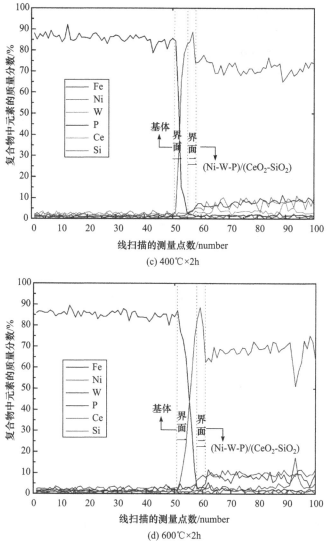

图 18.19　基体-沉积镍层-复合材料界面的元素线扫描分布(彩图扫封底二维码)

(a) 为沉积态；(b)~(d)分别为 200℃ 2h、400℃ 2h 和 600℃ 2h

根据这些测试分析，可讨论界面的结合方式和状态。

在沉积态下，基体与沉积镍层之间没有出现空洞、裂隙及微裂纹等界面结合缺陷存在，说明通过预沉积 Ni 处理，很好地消除了普通碳钢基体与沉积镍层之间的缝隙，在一定程度上提高了沉积层与基体的结合强度。但两者间的界面结合处出现了明显的 Fe 和 Ni 的突变，这说明沉积镍层不一定就能很好地按照基体点阵外延生长。因此，在沉积态下形成的沉积镍层也可能不是非常牢固的。

热处理温度升高，Fe 和 Ni 元素间出现了一个浓度逐渐变化的过渡区域，说明基体 Fe 元素和沉积镍层 Ni 原子发生了相互扩散。从 Fe-Ni 二元合金相图看，两种元素在一定的温度(300℃)以上时就具有一定的固溶度，能够相互形成固溶体。因此，随着热处理温度的升高，Fe 原子和 Ni 原子会发生相互扩散，形成少量的固溶体。当热处理温度提高到 600℃时，在普通碳钢基体与沉积镍层的结合界面处形成不规则的结合状态。这种结合状态的存在能够形成扩散型界面，进而改善基体与沉积镍层间的结合强度。

同时，随着热处理温度的升高，Ni-P 间可能形成金属间化合物。在形成这些化合物时，复合材料中的 P 原子一部分与其中的 Ni 原子形成化合物，还有少量的 P 原子扩散与沉积镍层中的 Ni 形成化合物，在沉积镍层-复合材料界面形成含部分化合物型的界面。这些化合物不但能改善界面的结合状态，同时也能作为硬质点而提高界面的结合强度。

3. 元素在界面平面分布

要想了解各元素在界面的分布情况，最好的方法是在电子探针或 SEM 中，让探测器选择接收不同元素的 Kα-特征 X 射线，然后做分析样品的平面扫描。图 18.20 分别给出界面附近的 Fe、Ni、W、P、Ce、Si 的 Kα-特征 X 射线平面分布图。

从图 18.20 可以看出，Ni、W、P、Ce、Si 诸元素在(Ni-W-P)/(CeO_2-SiO_2)复合材料中的分布非常均匀，不存在偏析。从 Ni-P 二元相图可以看出，Ni 和 P 能形成大量不稳定的化合物。因此，在沉积态下，P 原子可以以 Ni-P 化合物为基的固溶体形式存在于基质金属中。这样的固溶体也能促进界面的结合，进而提高碳钢复合材料的综合性能。

通过对(Ni-W-P)/(CeO_2-SiO_2)复合材料界面的显微组织及元素分布情况的分析研究，可得出以下结论。

(1) 界面结合区域没有空洞、缝隙及微裂纹等界面结合缺陷存在。热处理温度促进界面的复合，界面间有部分互溶现象，形成紧密牢固的冶金学界面。

(2) 沉积态下，在基体与沉积镍层的界面附近，出现元素浓度突变现象，界面结合不牢固；热处理温度通过 400℃或 600℃后，界面附近的元素浓度明显减弱，元素浓度梯度的过渡区域出现，形成扩散型界面或化合物型界面，通过了界面结合强度。

(3) 沉积态下，Ni、W、P、Ce 和 Si 等元素在(Ni-W-P)/(CeO_2-SiO_2)复合材料中的分布非常均匀，没有偏析。

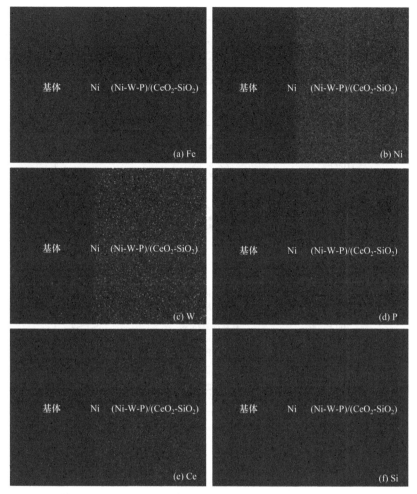

图 18.20　基体-沉积镍层-复合材料界面附近剖面的元素(Kα-特征 X 射线)平面分布图
(a)~(f)分别对应于 Fe、Ni、W、P、Ce 和 Si

18.7　电沉积(Ni-W-P)/(CeO₂-SiO₂)复合材料的性能研究

测试和表征电沉积材料的性能十分重要，而且是讨论材料成分、结构和显微组织与性能关系的重要方面。下面将用合金与复合材料对比的方式来测试表征显微硬度、磨损性能、抗高温氧化性能和化学腐蚀性能。

18.7.1　显微硬度测试分析和硬化原因探讨

1. 显微硬度测试分析

为了对比研究，把 Ni-W-P 合金与(Ni-W-P)/(CeO₂-SiO₂)复合材料按下述方法

进行热处理，即在不同温度(100℃、200℃、300℃、400℃、500℃、600℃、700℃
和800℃)下热处理不同时间(1h、2h、3h、4h、5h和6h)，这样可获得两组数据，
一组是(Ni-W-P)/(CeO$_2$-SiO$_2$)，一组是Ni-W-P在相同热处理时间下显微硬度与温
度的关系曲线示于图18.21中，仔细分析研究图18.21可见：

(1) 相同热处理时间和相同温度下，复合材料的显微硬度均明显高于合金的

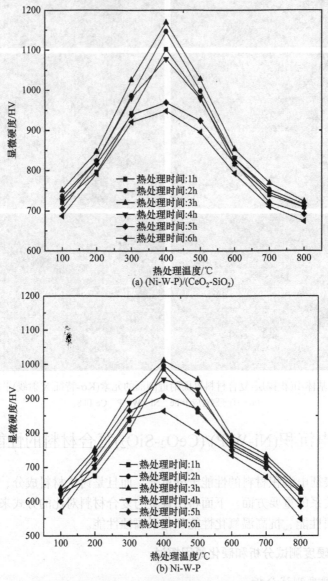

图18.21　复合材料和合金在不同热处理温度下不同材料时间的显微硬度

显微硬度;

(2) 相同的热处理时间下,合金与复合材料的显微硬度都随温度的升高而先增加后降低,在 400℃热处理时达到最高值;

(3) 相同的热处理温度下,复合材料和合金的显微硬度均随热处理的时间的增多而提高,在热处理时间为 3h 达到最高值;

(4) 在相同的热处理温度和不同热处理时间下,两种材料的显微硬度值都有一定差别,但在 100℃、200℃、800℃、700℃和 600℃温度下,差别较小,而在 300℃和 500℃时差别较大,在 400℃时差别最大。合金的显微硬度约为 1011,而复合材料的显微硬度高达 1169。

2. 沉积态下硬化原因探讨

在沉积态下, (Ni-W-P)/(CeO₂-SiO₂)复合材料和 Ni-W-P 合金材料的显微硬度均比较高,而复合材料又明显地高于相同制备条件下的合金材料的显微硬度。分析其原因主要是以下几方面。

(1) 脉冲电流能有效提高电沉积过程的阴极极化。阴极极化越大,所需要的形核功越小,形核概率就越大,而晶核的生长相对地受到限制,使沉积出的小颗粒非晶的尺寸减小。同时,脉冲间隔的存在打断了生长过程,改变了晶体生长方向,也使小颗粒非晶不易长大,小颗粒非晶的细化效果明显,引起显微硬度的不断提高。

(2) 与合金材料相比,CeO₂ 和 SiO₂ 耐磨颗粒的共沉积也会增加形核点,较好地阻止基质金属颗粒的长大,进一步细化小颗粒非晶,引起显微硬度的提高。

(3) 耐磨颗粒均匀弥散分布在基质金属中,也能提高显微硬度。根据 Orowan 机制,当移动着的位错与不可变形的颗粒相遇时,将受到颗粒阻挡,位错只能以绕过第二相粒子的方式通过。位错在绕过第二相质点后留下位错环,绕过的位错越多,质点周围的位错环越多,相当于质点间距减小,半径增大,位错难以通过,强化作用增强。这种颗粒的强化作用与颗粒间距呈反比关系。随着材料中颗粒质量百分数含量的增加,颗粒间距变小,强化作用增大,引起显微硬度的不断提高。

3. 热处理的软化效应

(Ni-W-P)/(CeO₂-SiO₂)复合材料和 Ni-W-P 合金材料的显微硬度,均会随着热处理温度的升高或热处理时间的延长而先增加后降低,主要与复合材料和合金材料在热处理过程中发生的组织结构变化有着密切的关系,具体体现在以下几方面。

(1) 热处理温度低于 200℃时或热处理时间低于 2h 时, (Ni-W-P)/(CeO₂-SiO₂)

复合材料和 Ni-W-P 合金材料的显微硬度增加幅度较小。主要是因为热处理温度降低或热处理时间较短时，两种处理的组织结构并未发生明显变化，非晶态仍然是物相的主要组分，其具体结构并未发生明显变化，故显微硬度变化不大。

(2) 热处理温度提高到 400℃或热处理时间为 3h 时，两种材料的显微硬度急剧增加。主要是因为在该处理条件下，两种处理的点阵畸变加重，从非晶态中析出了大量细小的 Ni₃P 合金相，已变成了镍的过饱和固溶体。而 Ni₃P 是一种金属间化合物，具有很高的硬度，它的存在产生了沉积硬化效应，使两种材料的显微硬度达到了最大值。

(3) 当热处理温度从 400℃提高到 800℃时或热处理时间从 3h 延长到 6h 时，两种材料的显微硬度又开始降低。主要原因是如下所述。

(a) 热处理温度或热处理时间进一步增加后，虽然析出的 Ni₃P 粒子数量仍在增多，但引起 Ni 固溶体颗粒的长大。小颗粒非晶的长大和回复效应占优势，内应力降低，Ni₃P 金属间化合物对硬度的贡献较小，不足以继续提高显微硬度值。

(b) 热处理温度高于 400℃时，复合材料结晶度已超过 87.5%。温度对晶粒尺寸的影响表明：热处理温度升高，Ni 的平均晶粒尺寸增加。金属或合金的显微硬度和晶粒尺寸一般满足 Hall-Petch 公式，即

$$H = H_0 + kD^{-1/2} \tag{18.7}$$

式中，H 为显微硬度的测量值；H_0 为显微硬度本征值；k 为与测量有关的参数；D 为晶粒的平均直径。

从该式可看出，显微硬度与晶粒的平均直径呈反比例关系。热处理温度升高，导致耐磨复合材料中 Ni 晶粒的平均尺寸增大，也会引起显微硬度的降低。

18.7.2　磨损性能测试结果和分析

1. 四种脉冲电沉积材料耐磨性能测试

当热处理时间控制在 2h 时，热处理温度对脉冲电沉积法制备的 Ni-W-P(P)合金和(Ni-W-P)/(CeO₂-SiO₂)(P)复合材料，以及直流电沉积法制备的(Ni-W-P)/(CeO₂-SiO₂)(D)和(Ni-W-P)/(CeO₂-SiO₂)-PTFE(P)的磨损率的影响示于图 18.22；当热处理温度控制在 400℃时，热处理时间对以上四种材料的磨损率的影响示于图 18.23。

脉冲电沉积制备的(Ni-W-P)/(CeO₂-SiO₂)(P)复合材料和 Ni-W-P(P)合金的磨损率分别为 2.89mg/(cm² · h)和 5.68mg/(cm² · h)。根据图 18.22 和图 18.23 的测试结果可以得到如下结论。

(1) 热处理时间控制在 2h 时，脉冲电沉积制备的(Ni-W-P)/(CeO₂-SiO₂)(P)复合材料和 Ni-W-P(P)合金材料的磨损率均随热处理温度的升高先降低后增加，在热处理温度为 400℃时，磨损率达最低值，分别为 1.06mg/(cm² · h)和 3.47mg/(cm² · h)。

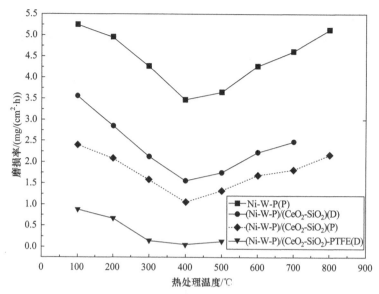

图 18.22　热处理温度对复合材料磨损率的影响

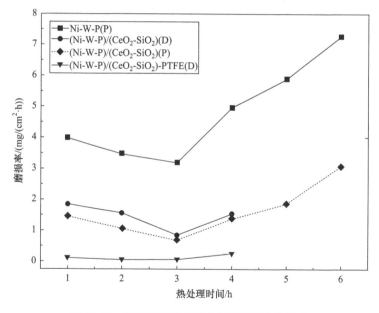

图 18.23　热处理时间对复合材料磨损率的影响

(2) 热处理温度控制在 400℃时，脉冲电沉积制备的(Ni-W-P)/(CeO₂-SiO₂)(P)复合材料和 Ni-W-P(P)合金材料的磨损率均随热处理时间的增加先降低后增加，在热处理时间为 3h 时，磨损率达到最低值，分别为 0.69mg/(cm² · h)和 3.18mg/(cm² · h)。

(3) 热处理温度和时间相同时，脉冲电沉积制备的(Ni-W-P)/(CeO₂-SiO₂)(P)复

合材料的磨损率明显低于 Ni-W-P(P)合金材料，也低于直流电沉积制备的
(Ni-W-P)/ (CeO₂-SiO₂)(D)复合材料，但高于直流电沉积制备的 Ni-W-P(P)合金材料
和(Ni-W-P)/(CeO₂-SiO₂)-PTFE 复合材料。

(4) (Ni-W-P)/(CeO₂-SiO₂)复合材料和 Ni-W-P 合金材料经过适当的热处理后，
其磨损率显著降低，耐磨损性能明显提高。

2. 耐磨性能原因分析

同样可从热处理过程引起复合材料和合金材料的组织结构变化来解释提高复
合材料耐磨性能的内在原因。

(1) 热处理温度较低或热处理时间较短时，适当提高热处理温度或延长热处
理时间，P 原子扩散和迁移速度加快，引起点阵畸变，弹性能与位错交互作用，
位错运动阻力增加，使磨损条件减小，磨损率减少。

(2) 热处理温度和热处理时间分别提高到 400℃和 3h 时，固溶体脱溶分解，
在结构中析出较多的 Ni₃P 硬值合金相，且均匀弥散分布在 Ni-W-P 基质金属中，
增加基质金属的塑变抗力，使耐磨复合材料或复合材料得以强化，耐磨性能最好。

(3) 热处理温度和热处理时间分别超过 400℃和 3h 以后，Ni₃P 又扩散聚集粗
化，晶粒长大，畸变消失，材料软化，磨损量上升。

(4) 与脉冲电沉积制备的(Ni-W-P)/(CeO₂-SiO₂)抗力增强金属基耐磨复合材料
相比，直流电沉积(Ni-W-P)/(CeO₂-SiO₂)-PTFE 抗力增强金属基复合材料虽然基质
金属抗力较大，致密性也不高，但磨损率却降低。原因是在 Ni-W-P 基质金属中
嵌入 PTFE 固体润滑剂，在一定负荷下会发生形变，能够对负荷材料起到紧密的
结合和支撑作用，减少了负荷材料的摩擦系数，明显降低了磨损率。

18.7.3　抗高温氧化性能研究

用纯 Ni、Ni-P、Ni-W-P 合金材料，以及(Ni-W-P)/CeO₂、(Ni-W-P)/SiO₂ 和
(Ni-W-P)/(CeO₂-SiO₂)复合材料，在相同的氧化条件下进行氧化实验，并测试它们
的氧化增重率与氧化和氧化时间的关系，以进行对比性的研究。

1. 氧化增重率与氧化温度的关系

六种材料在不同温度下氧化 2h，测得的氧化增重率与氧化温度的动力学特征
曲线示于图 18.24。从图 18.24 可以看出，六种材料的增重率均随氧化温度的升高
而增加，当温度低于 400℃时，氧化增重率变化较小；当氧化温度高于 400℃以后，
氧化增重率的增长幅度明显增加。在同一氧化温度下，纯 Ni 的氧化曲线位置最高，
(Ni-W-P)/(CeO₂-SiO₂)的最低，氧化曲线从高到低的顺序为：Ni→Ni-P→Ni-W-P→

(Ni-W-P)/CeO₂→(Ni-W-P)/SiO₂→(Ni-W-P)/(CeO₂-SiO₂)。以上规律说明，这个顺序倒过来就是抗氧化能力，即(Ni-W-P)/(CeO₂-SiO₂)抗氧化能力最好，纯 Ni 最差。

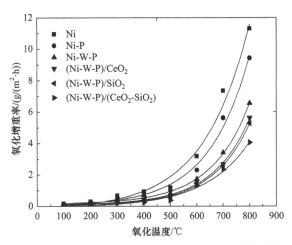

图 18.24　六种材料以氧化增重率与氧化温度之间的动力学特征曲线

根据氧化曲线的形态，可用下面的数学模型进行非线性拟合：

$$\Delta\omega = A + Be^{T/C} \tag{18.8}$$

式中，$\Delta\omega$ 为氧化增重率；A、B 和 C 都为常数；T 为热力学温度。经拟合的六种材料的氧化动力学方程和回归系数 R，列于表 18.4。

表 18.4　六种材料的氧化增重率与氧化温度之间的氧化动力学方程和回归系数

材料	氧化动力学方程　$\Delta\omega = A + Be^{T/C}$	回归系数 R	氧化温度范围/℃
Ni	$\Delta\omega = -0.17854 + 0.11639e^{T/173.23989}$	0.98576	
Ni-P	$\Delta\omega = 0.02702 + 0.05607e^{T/155.65952}$	0.99127	
Ni-W-P	$\Delta\omega = 0.15694 + 0.02573e^{T/144.94201}$	0.99808	
(Ni-W-P)/CeO₂	$\Delta\omega = 0.09641 + 0.01922e^{T/141.40207}$	0.99797	$100 < T < 800$
(Ni-W-P)/SiO₂	$\Delta\omega = 0.05415 + 0.01884e^{T/142.21058}$	0.99788	
(Ni-W-P)/(CeO₂-SiO₂)	$\Delta\omega = -0.04876 + 0.03398e^{T/166.27753}$	0.99350	

这说明，这六种材料的氧化增重率与氧化温度之间的关系曲线遵循一定的指数关系，即随着氧化温度的不断升高，氧化增重率按指数方式递增。

2. 氧化增重率与氧化时间的关系

前述六种材料在氧化温度为 300℃时的氧化增重率与氧化时间关系曲线如

图 18.25 所示，六种材料的氧化增重率与氧化时间都呈线性关系。同样，氧化曲线从高到低的顺序为：Ni→Ni-P→Ni-W-P→(Ni-W-P)/CeO$_2$→(Ni-W-P)/SiO$_2$→(Ni-W-P)/(CeO$_2$-SiO$_2$)。以上规律说明，这个顺序倒过来就是抗氧化能力，即(Ni-W-P)/(CeO$_2$-SiO$_2$)的抗氧化能力最好，纯 Ni 最差。

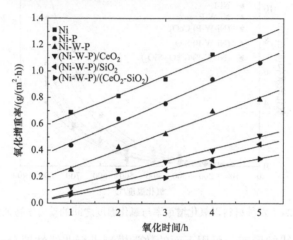

图 18.25　六种材料的氧化增重率与氧化时间之间的关系曲线

根据氧化曲线的形态，可用线性方程

$$\Delta\omega = A + Bt \tag{18.9}$$

来拟合得到六种材料氧化动力学方程和回归系数 R，列于表 18.5 中。

表 18.5　六种材料的氧化增重率与氧化时间之间的氧化动力学方程和回归系数

材料	氧化动力学方程 $\Delta\omega = A + Bt$	回归系数 R	氧化时间范围/h
Ni	$\Delta\omega=0.52541+0.14679t$	0.99703	
Ni-P	$\Delta\omega=0.303202+0.15472t$	0.99646	
Ni-W-P	$\Delta\omega=0.13507+0.13359t$	0.99512	
(Ni-W-P)/CeO$_2$	$\Delta\omega=0.04355+0.09217t$	0.99488	$100 < t < 800$
(Ni-W-P)/SiO$_2$	$\Delta\omega=-0.01615+0.09007t$	0.99678	
(Ni-W-P)/(CeO$_2$-SiO$_2$)	$\Delta\omega=-0.01084+0.07004t$	0.99818	

3. 合金与复合材料氧化后表面形貌的比较

仔细观察了 Ni-W-P 合金和(Ni-W-P)/(CeO$_2$-SiO$_2$)复合材料氧化后的表面形貌得知，随着氧化温度的升高，氧化程度加剧，复合材料和合金的基质金属的晶粒尺寸都呈现长大趋势，表明平整度下降。氧化温度低于 400℃时，复合材料的基质金属非晶小颗粒长大不明显；氧化温度提高到 800℃时，两种材料的基质金属小颗粒均有明显长大，但复合材料表面的氧化膜比较完整、连续和致密，没有产生明显的裂纹，也没有与基体剥离。而合金材料在高温氧化时表面大量的氧化膜已变得疏松，连续性和致密性较差，生长的氧化物颗粒也较大，有一部分已变成柱体状，甚至产生了裂纹和针孔。

4. 氧化概率探讨

根据以上分析表明，(Ni-W-P)/(CeO₂-SiO₂)复合材料的抗氧化性能明显优于 Ni-W-P 合金材料，究其原因主要为以下几方面。

Ni-W-P 合金材料中的 P 原子是固溶于 Ni 的晶体点阵中，沉积态下形成的 Ni 的过饱和固溶体。氧化温度升高，原子扩散在加剧，Ni-P 之间会析出大量化合物。这些化合物一部分弥散分布在材料内部，也有一部分会偏聚在局部区域。在局部区域偏析的这部分化合物导致合金材料内部的 Ni 晶粒长大速度加快、氧化严重，同时，在组织内部也会产生大量的缺陷，进一步加剧了合金材料的氧化。

CeO₂ 和 SiO₂ 纳米颗粒的脉冲共沉积，为脉冲电沉积过程提供了大量的形核点，在一定程度上很好地抑制了已形成的非晶小颗粒的连续长大。因此，(Ni-W-P)/(CeO₂-SiO₂)复合材料的组织晶格更为致密连续，有效阻止了氧化过程从膜层表面向膜层内部进行。当 CeO₂ 和 SiO₂ 纳米颗粒嵌入 Ni、W、P 原子束或非晶小颗粒之间后，一部分均匀分布在晶界缺陷处，另一部分被 Ni-W-P 基质金属包覆。在氧化过程中，嵌入基质金属中的固体颗粒能起到钉扎作用，有效抑制 Ni 晶粒的长大和化合物的偏聚，同时会产生连锁反应，促使析出的 NiP 化合物也将发挥出类似于 CeO₂ 和 SiO₂ 纳米固体颗粒的作用。此外，CeO₂ 和 SiO₂ 纳米颗粒热稳定性高，800℃以下时不会发生晶格和形状上的变化，还能起到屏障作用，降低复合材料的高温氧化速度，缓解氧化过程。

18.7.4　化学腐蚀行为研究

1. 腐蚀速率与腐蚀时间的关系

研究使用了 Ni-W-P、(Ni-W-P)/CeO₂、(Ni-W-P)/SiO₂ 和(Ni-W-P)/(CeO₂-SiO₂) 四种材料在不同浓度的 NaCl 和不同浓度的 HCl 腐蚀介质中腐蚀 48h、96h、144h、192h、240h、280h、336h 和 384h，并分别测得各试验样品的腐蚀速率，绘制各样品的腐蚀速率与腐蚀时间的关系曲线。

仔细研究这些数据和曲线得出以下结论。

(1) 在不同浓度的 NaCl 和 HCl 腐蚀介质中，四种材料的腐蚀速率也表现出相同的腐蚀规律，即在不同的腐蚀时间内，腐蚀剂的浓度增加，腐蚀速率增加。

(2) 在相同浓度的 NaCl 和 HCl 腐蚀介质中,四种材料的腐蚀速率都表现出相同的腐蚀规律, 腐蚀速率从低到高的顺序是: (Ni-W-P)/(CeO$_2$-SiO$_2$)<(Ni-W-P)/SiO$_2$<(Ni-W-P)/CeO$_2$<Ni-W-P, 即 Ni-W-P 抗腐蚀性能最差, (Ni-W-P)/(CeO$_2$-SiO$_2$) 抗腐蚀性能最好。有关数据见表 18.6。

表 18.6　四种材料分别在质量分数为 5% 和 10% 的 HCl 溶液腐蚀 96h 的腐蚀速率

材料	腐蚀介质 HCl 的腐蚀速率/(mg/(dm^2 · h))	
	5%质量分数	10%质量分数
316L 不锈钢	10.49	18.64
Ni-W-P	8.156	8.768
(Ni-W-P)/CeO$_2$	2.934	3.657
(Ni-W-P)/SiO$_2$	2.735	3.487
(Ni-W-P)/(CeO$_2$-SiO$_2$)	2.106	2.458

从以上比较可清楚地看出, 即使是 Ni-W-P 合金, 其抗腐蚀性能也比 316L 不锈钢优越, 但比三种复合材料差很多。在三种固体微粒增强的复合材料中, (Ni-W-P)/(CeO$_2$-SiO$_2$)抗腐蚀性能最好, (Ni-W-P)/SiO$_2$ 次之, (Ni-W-P)/CeO$_2$ 最差。

2. 四种材料腐蚀后表面形貌特征

详细观察了 Ni-W-P 合金和(Ni-W-P)/(CeO$_2$-SiO$_2$)复合材料在浓度分别为 2.5%、5.0%、7.5% 和 10% 的 NaCl 与 HCl 腐蚀介质中腐蚀 192h 和 384h 后的表面形貌发现, Ni-W-P 合金材料在 NaCl 和 HCl 腐蚀介质中的腐蚀主要为缝隙腐蚀和点腐蚀。随着腐蚀介质浓度的增加和腐蚀时间的延长, 产生的腐蚀坑和腐蚀缝隙越来越严重。腐蚀面积也越来越大。而(Ni-W-P)/(CeO$_2$-SiO$_2$)复合材料在 NaCl 和 HCl 腐蚀介质中的腐蚀主要是小颗粒非晶之间的界面腐蚀, 几乎无点腐蚀和缝隙腐蚀。一方面是因为包状小颗粒非晶的边缘和凸出的部位等都是较容易腐蚀的地方, 腐蚀沿包状小颗粒非晶的边界向深处发展, 结果是随着腐蚀介质浓度的增加和腐蚀时间的增长, 小颗粒非晶的界面变得越来越明显; 另一方面, 颗粒增强复合材料的组织结构致密、缺陷少, 使点腐蚀和缝隙腐蚀不易发生。

在相同的腐蚀介质浓度和腐蚀时间的条件下, Ni-W-P 合金材料的腐蚀更为严重, 而(Ni-W-P)/(CeO$_2$-SiO$_2$)复合材料的腐蚀相对要轻得多, 说明复合材料在 NaCl 与 HCl 腐蚀介质中的耐腐蚀性能明显优于 Ni-W-P 合金材料。

3. 耐腐蚀性能分析

从上述实验测试观察和分析得知, (Ni-W-P)/(CeO$_2$-SiO$_2$)复合材料的腐蚀相对要轻得多，说明复合材料在 NaCl 与 HCl 腐蚀介质中的耐腐蚀性能明显优于 Ni-W-P 合金材料，其主要原因如下所述。

(1) 从对各种材料表面显微组织的分析可以看出，Ni-W-P 合金材料的组织结构粗大，介质金属颗粒尺寸较大，表面缺陷较多，致密性差，腐蚀极易发生并向深处发展。CeO_2 和 SiO_2 纳米颗粒的脉冲共沉积，使 Ni-W-P 基质金属颗粒变成小颗粒非晶，组织结构致密，提高了耐腐蚀性。

(2) 在(Ni-W-P)/(CeO_2-SiO_2)复合材料中，CeO_2 和 SiO_2 纳米颗粒是均匀地嵌镶在小颗粒非晶的内部或界面处，填充了小颗粒非晶间的空隙。材料表面空隙尺寸的减小使腐蚀离子难以穿透复合材料的微孔，也有效提高了其抗点腐蚀和缝隙腐蚀的能力。同时，因 CeO_2 和 SiO_2 纳米颗粒在 Ni-W-P 基质金属中的弥散分布，也能够分散复合材料中的局部腐蚀微电池，使腐蚀电流密度降低，耐腐蚀性能提高。

(3) 在 Ni-W-P 基质金属中嵌入的 CeO_2 和 SiO_2 纳米颗粒本身的化学活性很低，可以耐受酸、碱和盐的腐蚀。当大量的纳米颗粒覆盖于小颗粒非晶的表面或界面之间时，较好地把腐蚀介质和小颗粒非晶隔开，减少了阳极在腐蚀溶液中的暴露面积，进一步减轻了腐蚀介质的腐蚀。同时，纳米颗粒作为增强相在介质金属中均匀嵌镶，也阻碍了腐蚀坑的增大。因此，即使发生点腐蚀，腐蚀后的点蚀坑也会很小。

参 考 文 献

[1] 徐瑞东, 王军丽. 金属基纳米复合材料脉冲电沉积制备技术. 北京: 冶金工业出版社, 2010.

[2] 郭忠诚, 曹梅. 脉冲复合电沉积的理论与工艺. 北京: 冶金工业出版社, 2009.

第19章 电沉积一维纳米材料及测试分析与表征

19.1 一维纳米材料概述

一维纳米材料可以根据其形貌和结构的不同，分为纳米线、纳米同轴电缆、纳米管、异质结纳米线、纳米带、多级结构纳米线和纳米环等，如图 19.1 所示。纳米线一般是指一维的实心纳米材料，其典型代表有：单质金属或半导体纳米线(如 Au、Si)；氧化物纳米线(如 In_2O_3、ZnO)；Ⅲ-Ⅴ族化合物纳米线(如 GaAs、GaN、InN)；硫化物纳米线(如 CdS、ZnS)；三元化合物纳米线(如 $BaTiO_3$、$PbTiO_3$)。纳米管的典型代表是碳纳米管，它可以看作由单层或者多层石墨按照一定的规则卷绕而成的无缝管状结构[1,2]。

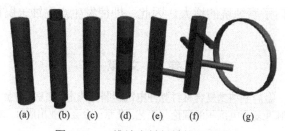

图 19.1 一维纳米材料结构示意图

(a) 纳米线；(b) 纳米同轴电缆；(c) 纳米管；(d) 异质结纳米线；(e) 纳米带；(f) 多级结构纳米线；(g) 纳米环

一维纳米结构的制备技术可以分为"自上而下"(top-down)和"自下而上"(bottom-up)两大类。传统的微电子工艺称作"自上而下"的技术，即利用电子束、聚焦粒子束、光蚀刻等平板印刷术，在特定的基底上通过一系列的刻蚀、扩散、注入、金属化等技术制备出功能器件。利用这种技术可以精确设计并实现高密度、多功能的一维纳米结构。在过去的几十年中，这些技术对微电子工业的发展起到了非凡的影响。通过不断地减小器件尺寸，人们制造出了能耗越来越低、工作速度越来越快的电子元件。然而，在不久的将来由于技术和经济成本方面的限制，"自上而下"的工艺和摩尔定律将面临巨大的挑战。首先，由于光衍射效应的存在，很快就要达到传统光学光刻分辨力的物理极限；其次，由于量子隧穿效应，特征尺寸在 50nm 以下的器件已经难以工作。另外，开发新一代集成电路设备的制造成本会遵循指数关系增长(摩尔第二定律)。以上都成为限制电子元件尺寸进一步减小的重要因素。尽管当前芯片制造领域仍广泛使用"自上而下"的工艺，但为了应对即将面临的发展壁垒，全世界的科学家已经开始寻找能够适应未来发展要求的新技术。2001 年，哈佛大学 Lieber 教授领导的研究小组提出了"自下而上"的方法，即用纳米尺度的基元构建出器件[3]。"自下而上"的方法是通过在生长过程中对材料在形状、大小和位置等方面进行人为的控制，从原子或分子层面出发，自组织生长出所需要的纳米结构与纳米器件。

19.1.1　非模板法生长技术

"自下而上"地生长一维纳米材料的方法主要分为模板法和非模板法，其中非模板法主要包括气相和液相生长过程。

1. 气相生长技术

气相生长技术包括热化学气相沉积(thermal CVD)、脉冲激光沉积(PLD)、分子束外延(MBE)、金属-有机化学气相沉积(MOCVD)等，它们可以有效地控制一维纳米结构的形貌特征。更重要的是，气相法经历一个较高的形成温度，其结晶性能以及相应的电子迁移性能要优于液相法制备的纳米结构。气相法的生长机制主要有两种模型，即气-液-固(vapor-liquid-solid，VLS)和气-固(vapor-solid，VS)模型。

2. 液相生长技术

液相法制备一维纳米材料是另外一个重要的领域。液相法制备一维纳米材料包括表面活性剂法、声化学法以及水热/溶剂热法等。其中水热/溶剂热法一般是将前驱体的混合溶液放在密闭的高压釜中，经过一系列的化学反应，一维材料即可合成出来。其优点是步骤简单、产量高、成本低，在较低的温度下即可实现，因此是最常用的一种方法之一。缺点是这种方法需要较长的合成时间，一般要几个小时甚至几天。

19.1.2　模板法生长技术

除了上述的气相法和液相法生长技术，模板法是另外一个重要的分支。在所有的纳米模板中，以离子蚀刻薄膜和多孔阳极氧化铝(anodic aluminum oxide，AAO)薄膜最为常用。六角密排结构的 AAO 薄膜具有光滑的直孔道，孔径大小均匀，一般可以通过二次阳极氧化或者预压痕技术获得。孔间距和孔径可以通过施加的氧化电压进行调节。以 AAO 为模板可以制备多种多样的纳米结构，主要包括量子点和纳米线以及其引申出来的复杂结构。此外，利用阳极氧化法制备的 TiO_2 纳米管阵列具有与 AAO 类似的自组织有序结构。n 型半导体 TiO_2 的禁带宽度为 3.2eV，其物理、化学性质稳定，在太阳能的利用和转换领域有着广泛的应用。TiO_2 纳米管阵列不仅具有高的比表面积,而且纳米管轴向的连续结构减少了电荷传输过程中的散射,为高性能的能量转换和存储元件提供了一个理想的体系。利用类似的模板沉积技术,可以在纳米管中填充第二相材料,从而构筑具有三维有序结构的功能薄膜。

19.2　多孔阳极氧化铝模板的制备

19.2.1　传统多孔阳极氧化铝的制备方法

AAO 的制备涉及的原材料包括高纯铝箔(Al,纯度为 99.999%)、磷酸(H_3PO_4)、草酸($H_2C_2O_4$)、铬酸(H_2CrO_4)、盐酸(HCl)、氢氧化钠(NaOH)、硫酸铜($CuSO_4$)、氯化汞($HgCl_2$)、去离子水(H_2O)、乙醇(C_2H_5OH)、丙酮(C_3H_6O)、高氯酸($HClO_4$)和异丙醇($(CH_3)_2CHOH$)等。阳极氧化反应可以在如图 19.2 所示的两种反应器中进行。两种方法各有特点,图 19.2(a)的反应器操作简单,在一般的烧杯中即可进行,不需要特别设计,并且氧化膜在铝箔的两侧同时形成。图 19.2(b)的反应器用有机玻璃制成,可以有效地保证阳极氧化只在 Al 箔的一侧进行。

在进行阳极氧化前,要对铝箔进行一定的预处理。首先将高纯铝箔(纯度为99.999%,厚度为 0.2~0.3mm)在空气中 400~500℃下退火 5h,以去除铝基体内部应力和其他缺陷。然后将退火后的铝箔在丙酮中超声清洗 15min 以除去表面的油脂。接着用 1mol/L NaOH 水溶液超声清洗铝箔,以除去表面的天然氧化层,直到有气泡冒出,说明 Al_2O_3 被完全溶解,金属铝已暴露在溶液中。取出高纯铝,用去离子水对其彻底清洗。然后将铝片放在 C_2H_5OH 和 $HClO_4$(体积比 4:1)的混合溶液中进行电化学恒压抛光,以达到镜面效果。抛光后用去离子水彻底清洗,干燥备用。

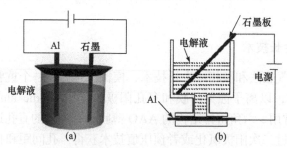

图 19.2　铝阳极氧化装置
(a) 圆形反应器;(b) 方形反应器

以 0.3mol/L 的 $H_2C_2O_4$ 溶液为例,二次阳极氧化法制备 AAO 薄膜的步骤如下所述(图 19.3)。

(1) 一次阳极氧化。将铝片作为阳极放入电解槽中，以惰性电极(石墨棒或铂丝)作阴极。在 0.3mol/L $H_2C_2O_4$ 溶液中(约 5℃)，恒压 40～60V，对铝片进行一次氧化(6h)。一次氧化的时间可以随意调整，但随着一次氧化时间的增加，氧化膜底部凹坑阵列结构的有序性也会随之提高，相应的二次氧化铝薄膜的有序性也会提高。

(2) 选择性溶解一次氧化膜。完成一次氧化后将铝片取出，用蒸馏水冲洗，干燥。由于一次氧化膜顶部的有序性较差，因此将一次氧化后的铝片置于 60℃的 H_3PO_4(6wt%)和 H_2CrO_4(1.8wt%)混合溶液中，将一次氧化膜选择性地腐蚀掉。一次氧化膜腐蚀掉以后，铝金属表面的六角密排的凹坑阵列结构便暴露出来。

(3) 二次阳极氧化。二次阳极氧化是在这种六角密排有序的凹坑阵列结构的表面上进行的，条件和一次氧化保持一致，氧化时间决定 AAO 薄膜的厚度。

(4) 去除氧化膜下面的金属 Al。一般采用 $HgCl_2$ 去除氧化膜下面的 Al 基体，然而 $HgCl_2$ 会对环境产生较大污染。因此，对于用图 19.2(b)所示的反应器制备的 AAO，常采用饱和 $CuSO_4$ 溶液和浓 HCl 的混合溶液(体积比 4∶1)选择性地除去铝基体。该方法反应速度快、无污染。

在图 19.2(a)所示的反应器中对 Al 箔进行阳极氧化，则 AAO 会同时在 Al 箔两侧形成。如果将样品放入 $CuSO_4$ 和 HCl 的混合溶液，生成的固态 Cu 会覆盖溶液和铝发生置换反应的界面，从而阻碍了进一步的置换反应。因此一般选用 $HgCl_2$ 去除氧化膜中间的铝，被置换出来的 Hg 以液体的形式存在，不会覆盖溶液和铝发生置换反应的界面。

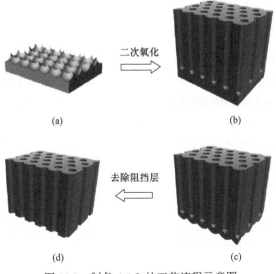

(a)　　　　　　　　　　(b)

(d)　　　　　　　　　　(c)

图 19.3　制备 AAO 的工艺流程示意图

(5) 去除阻挡层。去除铝基体以后，在 AAO 的底部还存在阻挡层。如果利用 AAO 作为模板制备一维纳米材料，一般需要把阻挡层去掉。化学法通常是使 AAO 浮在 5wt%的 H_3PO_4 溶液上，只让阻挡层的那一面与 H_3PO_4 接触，在 30℃恒定温度下腐蚀一段时间即可。也可利用物理方法，如离子刻蚀(ion milling)或反应离子刻蚀(reactive ion etching)，将底部的阻挡层去除。

图 19.4 是分别在 40V 和 60V 电压下得到的 AAO 薄膜。可见，纳米孔道内壁光滑，AAO 底部阻挡层呈半球形凸起，薄膜平面呈高度有序的六角密排结构，其孔间距与电压基本呈 2.5nm/V 的比例关系。

图 19.4　在 40V 下二次氧化制备的 AAO 的 SEM 照片：(a)断面；(b)顶部；(c)底部；
(d)在 60V 下二次氧化获得的 AAO 的顶视图

19.2.2　具有锯齿状孔道结构的氧化铝薄膜的研究

在 H_3PO_4 溶液中，对 Al 箔进行阳极氧化，制备了具有锯齿形孔道的 AAO 薄膜。结合成分、形貌分析以及数值模拟的结果，对这种新颖的结构进行了系统的研究，认为阳极氧化过程中的副产物 O_2 对锯齿形孔道的形成起了决定性作用。同时，该发现为设计和制备三维空间分等级的纳米结构提供了一个独特而可靠的方法。为了明确区分，在本小节中，定义具有锯齿状孔道结构的氧化铝薄膜为 SAA(serrated anodic alumina)，具有光滑直孔道的氧化铝薄膜为 STAA(straight anodic alumina)，而 AAO 为两者的合称，泛指多孔阳极氧化铝薄膜。

图 19.5 是在 $H_2C_2O_4$(0.3mol/L)溶液中 60V 下一次氧化，再在 6.0wt%的 H_3PO_4 溶液(23℃)中，以相同电压进行二次氧化后得到的 SAA 的 SEM 照片。图 19.5(a) 表明，SAA 的表面具有六角密排的有序结构。图 19.5(b)和(c)分别是不同放大倍率下的断面照片。可见几乎所有分枝都在孔壁的一侧，并且与主孔道成 20°～30°的夹角。主孔道的平均间距(D_c)、直径(W_c)和长度(L_c)分别为 150nm、80nm 和 4μm；

分枝孔道的值则分别为 250nm、50nm 和 250nm。主孔道的孔壁厚度和锯齿形孔道的壁厚相当，约为 50nm。图 19.5(d)是 SAA 侧面靠近底部的一个放大照片，可见在纳米孔道的底部就已经存在锯齿形的分枝结构。

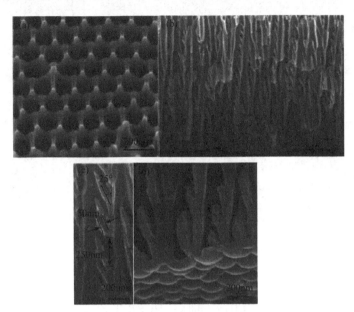

图 19.5　60V 电压下制备的 SAA 薄膜的顶视图(a)和侧视图(b)～(d)
其中(c)和(d)是对(b)的局部放大照片

　　结果发现，这种锯齿形的结构在很大的范围内都可以得到。图 19.6 所示的 SAA 薄膜为分别在 10～80V 的阳极电压下制备而成。如果进一步升高电压(大于 100V)，骤升的电流密度会导致氧化膜局部击穿。周期性的锯齿形孔道在主孔道的一侧，并与其成 20°～30°的夹角。将图 19.6(d)中的样品浸入饱和 HgCl₂ 溶液选择性地溶解掉 Al 基体，再利用离子蚀刻技术将阻挡层打掉以后，对其底部进行观察。如图 19.6(f)所示，由于分叉孔道在底部已经形成，因此 SAA 的底部并不是圆形，从而进一步证明，锯齿形的结构是在纳米孔道的底部形成并发展起来的。

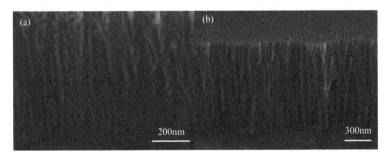

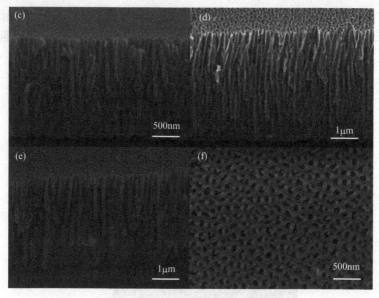

图 19.6   SAA 薄膜的 SEM 照片

其制备条件分别为(a)10V(30min)，(b)20V(30min)，(c)40V(30min)，(d)60V(75min)和(e)80V(30min)；(f)是(d)样品去掉底部阻挡层以后的视图

19.3   模板法制备 Pt 纳米线阵列

本节介绍以 SAA 为模板，将金属 Pt 填充到纳米孔道中，制备出锯齿状的纳米线阵列，一方面可以通过填充的方法证实纳米孔道内部的锯齿形结构；另一方面与光滑的纳米线进行对比，研究其电催化性能，以期提高 Pt 电极在燃料电池中的催化能力。

19.3.1   Pt 纳米线阵列的制备

首先利用二次阳极氧化法分别制备出 STAA 和 SAA 模板。具体地，首先将高纯铝箔(0.3mm，99.999%)在 $H_2C_2O_4$(0.3mol/L)溶液中阳极氧化 6h。电压和温度分别为 60V 和 5℃。由于自组织作用，氧化膜底部呈现六角密排的有序结构。然后利用 H_2CrO_4(1.8wt%)和 H_3PO_4(6.0wt%)的混合溶液在 60℃下将第一次形成的氧化膜溶解掉。这样铝基体上规则的凹坑就会暴露出来。如果第二步氧化选用和第一步氧化相同的参数，则会得到内壁光滑的 STAA 模板。SAA 的制备则是在第二步氧化中选用 6.0wt%的 H_3PO_4 溶液，氧化电压和温度分别为 60V 和室温(23℃)。表 19.1 列出了详细的实验参数。

表 19.1　STAA 和 SAA 制备过程中的实验参数

	第一步氧化			第二步氧化		
	电解液	温度/℃	时间/h	电解液	温度/℃	时间/h
STAA	0.3mol/L H$_2$C$_2$O$_4$	5	6	0.3mol/L H$_2$C$_2$O$_4$	5	1
SAA	0.3mol/L H$_2$C$_2$O$_4$	5	6	6.0wt% H$_3$PO$_4$	23	1

　　模板制备好之后，电沉积步骤同传统的电沉积金属纳米线类似(图 19.7)。首先在氧化膜的表面蒸镀上一层 200nm 厚的 Au 膜作为将来的工作电极(图 19.7(b))，然后用银胶将一根铜导线粘到 Au 电极上。待银胶自然干透以后(约 1h)，用环氧树脂将金膜覆盖，形成一个几毫米厚的薄片。环氧树脂的作用一个是避免 Au 电极与电解液接触，另一个是起到支撑的作用。待环氧树脂完全固化以后(约 5h)，将整个样品浸入饱和 HgCl$_2$ 溶液。经过 2~3h，铝基体会被完全腐蚀掉。由于暴露出来的 AAO 底部还具有阻挡层，因此需将阻挡层除掉后才能实施电沉积步骤。去除阻挡层的方法分干法蚀刻和湿法腐蚀两种。干法蚀刻是将 AAO 的阻挡层朝上，利用离子刻蚀或反应离子刻蚀将阻挡层打掉。湿法腐蚀是将 AAO 在 30℃下浸入 5%的 H$_3$PO$_4$ 溶液中，Al$_2$O$_3$ 会和 H$_3$PO$_4$ 反应被溶解掉。这种方法需要注意控制时间，因为腐蚀是各向同性的，时间过长会导致整个 AAO 都被溶解掉。这里作者用离子刻蚀的技术去除阻挡层，即将 AAO 阻挡层朝上放入离子刻蚀仪的真空腔，电压、电流分别控制在 3kV 和 0.5mA 左右，通入的 Ar 气被电离以后轰击到 AAO 底部的阻挡层。离子束的角度控制在 30°，从而保证轰击后氧化膜表面比较光滑。约 10min 后，阻挡层被完全去除掉，将样品浸入电解液，Au 电极便会与渗入纳米孔道中的溶液接触。

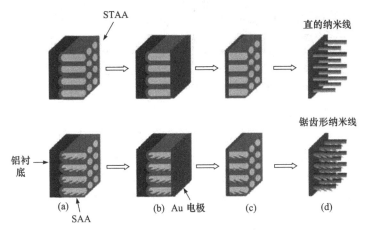

图 19.7　电沉积金属纳米线示意图

(a) 二次氧化制备 AAO 模板(上：STAA，下：SAA)；(b) 在 AAO 模板上蒸镀 Au 电极(200nm)；(c) 先后将铝基体和阻挡层除掉；(d) 电沉积制备金属纳米线。

电沉积的电解液选择 H_2PtCl_6(5mmol/L)和 HCl(0.1mol/L)的混合溶液。在实施电沉积之前，先将 STAA 或 SAA 连同电解液一同放入超声波清洗仪中轻微振荡10s，以排出纳米孔道中可能存在的空气。同时，由于孔道(尤其是锯齿形孔道)对溶液中离子的扩散有抑制作用，因此利用交流电(1Hz)在三电极系统(参比电极为Ag/AgCl)里进行沉积，以增强电解液中离子的扩散。交流电的偏压为-350mV，振幅为 50mV。

两种纳米线阵列的电催化活性在同样的三电极系统中进行测量。将 Pt 纳米线作为工作电极，Ag/AgCl(3mol/L NaCl)电极作为参比电极，同时利用一个 Pt 的金属丝作为对电极。将三电极系统放入 N_2 饱和的 CH_3OH(2mol/L)和 H_2SO_4(0.1mol/L)混合溶液中进行电催化活性测量，工作温度为 22℃。其中循环伏安(cyclic voltammetry，CV)的扫描速率为 50mV/s。安培响应曲线则在 0.66V 的恒压下进行。

19.3.2　Pt 纳米线的形貌、结构

图 19.8(a)和(b)分别是 STAA 和 SAA 的 SEM 照片。如图所示，在 $H_2C_2O_4$(0.3mol/L)溶液中，60V 电压下得到的氧化膜具有光滑的内壁，孔径和孔间距分别约为 60nm和 150nm。而相同电压下，在 H_3PO_4 溶液(6wt%)中得到的 SAA 具有锯齿状的纳米孔道，这些分枝与主孔道的夹角分布在 20°～30°。主孔道的孔径、孔间距分别为 80nm 和 150nm，而锯齿形分枝孔道的孔径和孔间距分别为 50nm 和 250nm。主孔道和锯齿形孔道的壁厚均约为 50nm。

图 19.8　60V 电压下阳极氧化得到的氧化膜的 SEM 照片
(a) 在 $H_2C_2O_4$ 溶液中得到的氧化膜具有光滑孔道；(b) 在 H_3PO_4 溶液中得到的氧化膜具有锯齿形孔道

如前所述，分枝结构的纳米线具有更多的活性位置，从而有望在传感器、催化、化学电池等领域得到应用。并且，由于 Pt 作为催化剂在燃料电池、石油裂解和电化学传感器中有着广泛的应用；同时 Pt 的颗粒大小和晶体取向在电催化活性中起着重要的作用，因此本章选择金属 Pt 来复制 AAO(包括 STAA 和 SAA)内部的结构，进而制备具有不同结构的 Pt 纳米线阵列，并研究其电催化活性。为了方便起见，将光滑平直的纳米线定义为 STNW(straight nanowire)，而锯齿状的纳米线定义为 SENW(serrated nanowire)。

电沉积结束之后，利用 NaOH 溶液(1mol/L)将氧化铝模板溶解掉以后，即可得到自由独立的 Pt 纳米线阵列。图 19.9(a)～(c)是将 STAA 模板溶解掉以后得到的 STNW 的 SEM 照片。纳米线的直径约为 60nm，分布均匀。其中图 19.9(b)是除掉模板后倒伏的纳米线，图中的白色圆环区域是部分纳米线从电极上脱掉后暴露出来的点状金属电极。这是由于 STAA 本身的多孔结构，则蒸镀上的金属电极是以类似纳米点阵列的形式组成的薄膜。图 19.9(d)是单根 STNW 的 TEM 照片。其直径与 SEM 照片的结果一致。

图 19.9(d)中的插图是纳米线的选区电子衍射(SAED)斑点，可见 Pt 纳米线是面心立方相的多晶结构。图中标出的多晶环分别对应于 Pt 的(111)、(200)、(220)和(311)面。

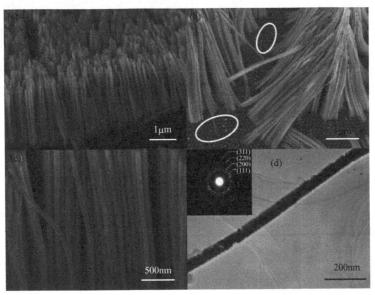

图 19.9　(a)～(c)分别是将模板溶解后在不同放大倍数下的 Pt 纳米线的 SEM 照片；(d)单根 Pt 纳米线的 TEM 照片，插图为相应的 SAED 花样

图 19.10(a)是锯齿形 Pt 纳米线阵列的 SEM 照片。图 19.10(b)是放置在 Si/SiO$_2$ 表面的单根 SENW 的 SEM 照片，锯齿之间的距离(D_b)、锯齿的长度(l_b)以及 SENW 的总长度分别约为 250nm、250nm 和 4μm，同 SAA 模板的孔道间距(D_c)、锯齿孔道长度(l_c)，以及模板的厚度一致。图 19.10(c)是 Pt 纳米线的 EDX 谱图，可以看出纳米线的成分为纯的 Pt，没有其他杂质存在。从 XRD 图谱(图 19.10(d))中可以看到三个衍射峰，它们是 39.8°、46.2°和 67.5°，分别对应面心立方的(111)、(200)和(220)面(PDF 卡片号 04-0802)，其余的三个衍射峰来自于纳米线下面的 Au 电极(面心立方结构，PDF 卡片号 04-0784)。选取(111)面的衍射峰，利用谢乐公式

(Scherrer's equation) $d = 0.89\lambda\beta\cos\theta$ 可以估算出，Pt 晶粒的大小约为 6.2nm，这里 $\lambda = 1.5418\text{Å}$ (Cu 的 Kα 射线的波长)，β 是在衍射角处的半高宽。

图 19.11(a)是一束 SENW 的 TEM 照片。锯齿形的分支清晰可见，这与前面的 SEM 照片相一致。插图中的 SAED 斑点与 STAA 的类似。图 19.10(b)是 Pt 纳米线的高分辨 TEM 照片(HRTEM)。图中分别标出了两个晶粒中的(111)和(200)晶面，其晶粒大小在 5～9nm 范围内，与 XRD 分析结果基本一致。

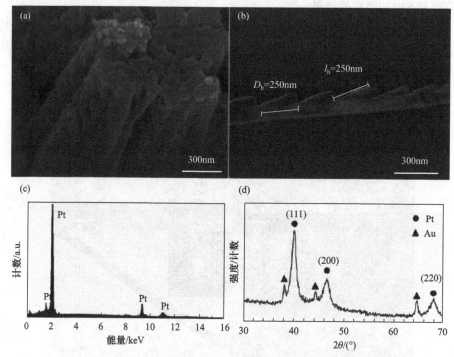

图 19.10　(a)SENW 阵列和(b)单根 SENW 的 SEM 照片；(c)SENW 纳米线阵列的 EDX 谱；(d)SENW 纳米线阵列的 XRD 图谱

图 19.11　(a)Pt 纳米线的 TEM 照片，插图为多晶 Pt 的电子衍射环；(b)Pt 纳米线的高分辨 TEM 照片

19.4　模板法制备 Co 纳米线/纳米管阵列

19.4.1　电沉积法制备 Co 纳米线

这里用到 AAO 的制备方法。首先将真空退火(450℃，6h)、电化学抛光后的高纯铝箔(0.3mm，99.999%)在 0.3mol/L 的 $H_2C_2O_4$ 溶液中阳极氧化 6h。电压和温度分别为 60V 和 5℃。形成的氧化膜呈乳白色。氧化膜表面孔洞是随机形成的，但是由于自组织作用，氧化膜底部呈六角密排的有序结构。然后将样品置入 60℃ 的 H_2CrO_4(1.8wt%)和 H_3PO_4(6.0wt%)混合溶液约 4h。这样一次氧化生成的氧化膜将被选择性地腐蚀掉，铝基体上规则的凹坑就会暴露出来。随后以同样的条件进行第二步氧化，氧化时间为 12h。AAO 的孔间距和孔径与阳极电压分别呈 2.5nm/V 和 0.9nm/V 的线性关系，所以在此条件下形成的氧化膜的孔间距约为 150nm。孔径可通过扩孔技术进行调节。一般地，将制备的 AAO 在 30℃ 下放入 5wt% 的 H_3PO_4 溶液中扩孔，得到的氧化膜孔径在 90～120nm。

电沉积制备 Co 纳米线与制备 Pt 纳米线类似，其流程如图 19.12(a)所示。首先利用图 19.12(a)的反应器，在铝箔两面同时制备 AAO 薄膜。随后利用电子束蒸发的方法在氧化膜的表面沉积一层 Au(200nm)薄膜作为工作电极。然后用银胶将一根铜的漆包线粘到 Au 电极上。待银胶自然干透以后(约 1h)，用环氧树脂将金膜覆盖，形成一个几毫米厚的薄片。待环氧树脂完全固化以后(约 5h)，将整个样品浸入饱和 $HgCl_2$ 溶液。经过 2～3h 后，铝基体会被完全腐蚀掉，AAO 的底部便暴露出来。翻转样品，将 AAO 底部的阻挡层朝上置入离子刻蚀仪的真空腔中。通入的 Ar 气被电离以后轰击到 AAO 底部的阻挡层。离子束的角度控制在 30°，从而保证轰击后氧化膜表面比较光滑。约 10min 后，阻挡层被完全去除掉，形成通孔结构。

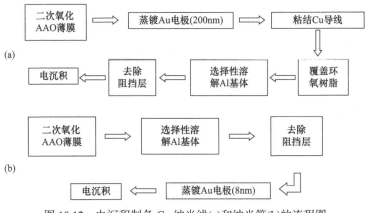

图 19.12　电沉积制备 Co 纳米线(a)和纳米管(b)的流程图

电沉积 Co 纳米线在三电极系统中进行,以沉积有 Au 膜的 AAO 为工作电极,Ag/AgCl 为参比电极,Pt 丝为对电极,电解液为 1mol/L CoSO$_4$·6H$_2$O 和 45g/L H$_3$BO$_3$ 的混合溶液。电沉积之前先将电解液连同模板一起放入超声仪中轻微振荡 10s,以驱除纳米孔道中可能存在的气泡。沉积电压为 -0.9V(vs.Ag/AgCl)。

19.4.2　Co 纳米线的形貌和结构表征

图 19.13(a)是 Co 纳米线在 AAO 模板中的断面 SEM 照片。图 19.13(b)是将 AAO 部分溶解以后的顶视 SEM 照片。可见 Co 纳米线的直径分布均匀(约 90nm),并且在 AAO 模板中具有非常高的填充率。为了研究其晶体结构,将样品放入 1mol/L 的 NaOH 水溶液中 10min,将 AAO 模板溶解掉,随后将样品放入水中清洗表面残留的氧化铝。这个步骤反复进行 3 次,最大限度地去除纳米线表面的 Al$_2$O$_3$ 残留。最后再将样品放入异丙醇中彻底清洗,氮气吹干。将清洗过后的样品放入异丙醇中并超声振荡 20s,Co 纳米线则从 Au 电极上分离,异丙醇变为黑色的悬浊液。利用滴管将少量溶液转移到铜网上以便进行 TEM 观察。

图 19.13　(a)Co 纳米线在 AAO 模板中的断面 SEM 照片;(b)部分溶解掉 AAO 模板之后的顶视 SEM 照片

图 19.14(a)为两根 Co 纳米线的 TEM 照片。可见纳米线表面光滑,直径约为 90nm,同 SEM 的结果一致。插图是单根 Co 纳米线的 SAED 斑点。可见六角密

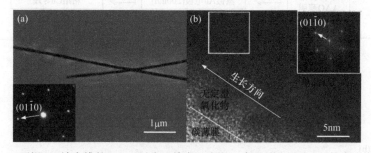

图 19.14　(a)两根 Co 纳米线的 TEM 照片,其表面光滑,直径约为 90nm,长度在微米级别,插图为单根纳米线的 SAED 花样;(b)Co 纳米线的 HRTEM 照片,插图为白色方框区域的快速傅里叶变换图

堆积结构(hcp)的 Co 纳米线具有较高的单晶质量,其生长方向为 $(01\overline{1}0)$,c 轴与纳米线的生长方向垂直。图 19.14(b)为纳米线边缘处的 HRTEM 照片。插图为对白色方框区域进行的快速傅里叶变换。可见纳米线的长轴方向晶面间距约为 0.22nm,证实了其 $(01\overline{1}0)$ 的生长方向(PDF 卡片号:05-0727)。此外纳米线外侧有一层约 3nm 厚的非晶层,可能是在空气中形成的天然氧化膜。

19.4.3　电沉积法制备 Co 纳米管

电沉积制备 Co 纳米管的流程如图 19.12(b)所示。利用图 19.12(b)的反应器,首先在铝箔一侧形成 AAO 薄膜。利用饱和 $CuSO_4$ 溶液和浓 HCl 的混合溶液(体积比 4:1)选择性地溶解掉中间部分铝基体。周围未被溶解的铝基体起到对氧化膜的支撑作用。将样品的阻挡层朝下,小心放置于 5wt%的 H_3PO_4 水溶液上面(30℃)。由于溶液张力的作用,样品会漂浮在上面。当阻挡层被腐蚀掉后,H_3PO_4 溶液会由于毛细作用而沿着通孔的 AAO 向上并润湿 AAO 薄膜的上表面。因此,可以通过观察 AAO 上表面是否润湿来确定其阻挡层是否被完全溶解掉,并及时停止腐蚀过程。如果腐蚀步骤过长,会将整个 AAO 模板都溶解掉。一般经过 30~50min,阻挡层会被完全溶解掉,形成通孔的 AAO 模板。

将通孔的氧化膜置于真空腔中,利用电子束蒸发技术在 AAO 的底部镀上一层 8nm 厚的 Au(图 19.15)。由于 AAO 的孔径约为 100nm,所以 8nm 的 Au 膜只是覆盖到了底部的孔壁,并不能将 AAO 的孔堵住。将制备好的 AAO 模板同样置于图 19.2(b)的反应器中进行电沉积。Co 纳米管的沉积电压为-0.9V(vs.Ag/AgCl),与制备 Co 纳米线阵列的参数相同。

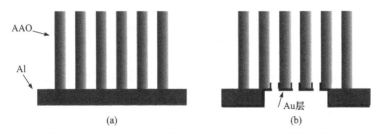

图 19.15　(a)单面阳极氧化制备的 AAO 薄膜;(b)在通孔的 AAO 薄膜底部蒸镀 8nm 的金属导电层

19.4.4　Co 纳米管的形貌和结构表征

采用所述的实验方法,在 AAO 中得到了高密度的 Co 纳米管阵列。利用 NaOH(1mol/L)水溶液将 AAO 部分溶解,可以更加清楚地观察纳米管阵列的形貌。由于部分未溶解的 AAO 对纳米管起到了支撑作用,纳米管互相平行并且垂直于基体，保持了较高的取向性。图 19.16 是不同放大倍率下的 SEM 照片，可见 Co 纳米管表面光滑，外径均匀(约 115nm)，同 AAO 的孔径大小一致，壁厚约为 15nm。

利用 NaOH 溶液完全溶解掉 AAO，将样品放入异丙醇中并轻微地利用超声仪振荡几秒钟，随后再把溶液滴到光滑的 Si 片表面。图 19.16(a)和(b)是一些互相交错的纳米管。通过 SEM 照片，仍可以观察到被压在下面的纳米管的轮廓。这可能是由于纳米管的孔壁较薄，部分电子束(SEM 的加速电压为 20kV)可以穿透孔壁达到下面的纳米管，从而得到具有透视效果的照片。

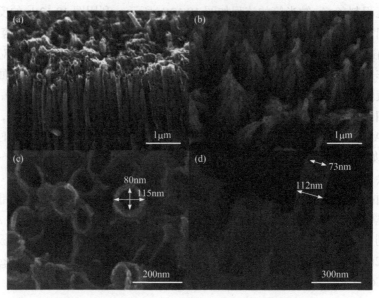

图 19.16　Co 纳米管在不同放大倍率下的 SEM 照片
平均外径为 115nm，管壁厚为 15nm

此外，在图 19.17 所述的电沉积过程中，Co 的电沉积首先发生在沉积有金膜的孔的边缘，在电沉积初期形成类似网状的结构，随后的电沉积会沿着纳米孔道的孔壁进行。在超声振荡过程中，部分纳米管发生断裂，从而会观察到这种纳米网状的结构。图 19.18 中的(a)和(b)分别为 Co 的纳米网的顶视图和底视图。

图 19.17　将 Co 纳米线分散在 Si 片上以后，在不同放大倍率下的 SEM 照片

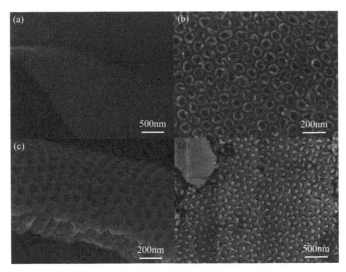

图 19.18　Co 纳米网状结构的 SEM 照片

(a)和(b)顶视图；(c)底视图；(d)Co 纳米网状结构的 TEM 照片

图 19.18(d)是这种纳米网的 TEM 照片。从纳米网的结构可以推断，电沉积的纳米管具有将近 100%的填充率。高的填充率主要得益于 AAO 的孔道在电沉积前是两端开孔，因此在电沉积过程中，电解液可以充分地进入孔道并与 Au 电极接触。

图 19.19 是溶解 AAO 之前对 Co 纳米管阵列作的 EDX 分析，从结果可见纳米管为纯的金属 Co。图谱中的 O 和 Al 的峰来自于氧化铝模板。

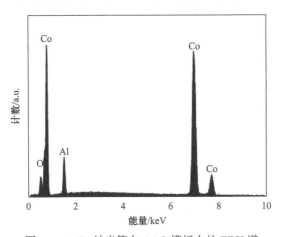

图 19.19　Co 纳米管在 AAO 模板中的 EDX 谱

图 19.20(a)是纳米管阵列在 AAO 模板中的 XRD 图谱。在 41.7°和 75.9°两处的峰分别对应于(hcp)结构的(100)和(110)面(PDF 卡片号：05-0727)。谱线中

其他衍射峰来自于 Au 电极(PDF 卡片号：04-0784)。同时，只有(100)和(110)面的两个峰被检测到，这说明晶体 Co 的 c 轴倾向于垂直于纳米管的长轴方向。利用 TEM 对 Co 纳米管进行观察，从而进一步研究其晶体结构。图 19.20(b)是单根 Co 纳米管的 TEM 照片。插图中相应的 SEAD 斑点进一步证实了纳米管同前面介绍的纳米线类似，即具有较高质量的单晶结构，并且其 c 轴垂直于生长方向。

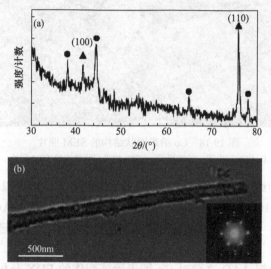

图 19.20 (a)Co 纳米管阵列在 AAO 模板中的 XRD 图谱；(b)单根 Co 纳米管的 TEM 照片，插图为纳米管的 SAED 斑点

其中▲代表 Co 的衍射峰，●代表 Au 的衍射峰

然而在本实验条件下(−0.9V(vs.Ag/AgCl))，电流密度在 1.5～4.5mA/cm² 范围内，纳米管的填充率接近 100%。纳米管的形成源于平行和垂直孔道两个方向上的竞争性生长。电沉积过程可以用 $E_d = E_0 + (RT / (nF))\ln(\alpha_{Co^{2+}}) + \eta$ 表示，其中 E_d 是沉积电势，E_0 是平衡电势，R 是普适气体常数(8.314J/(K·mol))，T 是热力学温度，F 是法拉第常数(9.65×10⁴C/mol)，$\alpha_{Co^{2+}}$ 是实际离子活度，在稀溶液中近似等于离子浓度，η 是过电势。在电沉积中用到的模板具有极高的长径比(接近1000)，同时纳米孔道是双通的，Au 电极只覆盖到纳米孔的边缘部分。因此，在电沉积初期电场会聚集到 Au 覆盖的电极区域。在电场的驱动下，Co²⁺主要是沿着 AAO 纳米孔道径向扩散。并且，由于这种极小孔道对离子的扩散限制作用，在底部发生电沉积并形成纳米管状结构以后，纳米管中间区域的 Co²⁺浓度要比纳米管顶部的浓度低很多，如图 19.21 所示。因此，在一定的沉积电势下，Co 更容易沿着 AAO 的孔壁生长，从而形成管状结构。

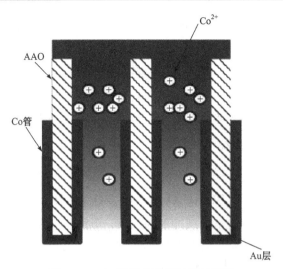

图 19.21　Co 纳米管生长过程示意图

19.5　AAO 模板制备 ZnO 纳米管阵列及其复合结构

19.5.1　电沉积 Zn 电解液的配制

电化学合成法由于具有成本低、操作简便、工艺参数易于控制等特点，在制备纳米材料方面有着重要地位。电化学模板辅助法是通过电化学沉积使材料定向生长进入模板的纳米孔洞中，模板的孔壁将限制所沉积材料的形状和尺寸，从而制得一维纳米结构材料。电化学模板辅助法合成的纳米线尺寸一致，直径、纵横比可控，并且由于有模板的支撑和保护，可以进行退火处理以得到氧化物[2]。

电解液中 $ZnCl_2$ 是主盐，NH_4Cl 是导电盐，H_3BO_3 是缓冲剂。电解液的配制在 80℃ 的温水中进行，$ZnCl_2$ 直接溶解在水中会水解形成氢氧化锌，使溶液浑浊，发生反应：

$$ZnCl_2 + H_2O \longrightarrow Zn(OH)Cl + HCl \tag{19.1}$$

为了防止上述水解反应发生，在电解液的配制时，需先加入 0.3mol/L H_3BO_3，使溶液呈酸性后再加入 0.6mol/L $ZnCl_2$，使水解反应产生同离子效应，抑制了水解反应的发生。在弱酸性电解液中，$ZnCl_2$ 电离成 Zn^{2+} 和 Cl^-：

$$ZnCl_2 \xrightarrow{H_2O} Zn^{2+} + 2Cl^- \tag{19.2}$$

Zn^{2+} 在电沉积过程中迁移到阴极表面，得到 2 个电子后被还原成 Zn 原子而沉积在阴极表面：

$$Zn^{2+} + 2e \longrightarrow Zn \tag{19.3}$$

在阴极表面，除发生式(19.3)所示的 Zn^{2+} 的还原反应外，同时还存在着 H^+ 的还原反应：

$$2H^+ + 2e \longrightarrow H_2 \uparrow \tag{19.4}$$

此反应会使 H^+ 浓度降低，使 OH^- 浓度升高，造成整体溶液的 pH 的升高，导致 Zn^{2+} 还没有来得及得到电子还原为金属 Zn，就已和 OH^- 反应形成 $Zn(OH)_2$ 沉淀物：

$$Zn^{2+} + 2(OH)^- \longrightarrow Zn(OH)_2 \downarrow \tag{19.5}$$

硼酸加入的主要作用在于它会与水发生反应而使水溶液呈现弱酸性，反应如下：

$$H_3BO_3 + H_2O \Longrightarrow (H_4BO_4)^- + H^+ \tag{19.6}$$

由式(19.6)可知，硼酸作为 pH 缓冲剂加入后，电沉积过程中损失的 H^+ 可通过硼酸中游离出来的 H^+ 来补充，从而使电解液中的 H^+ 浓度稳定，抑制反应(19.5)的发生。在实验室电沉积过程中，为了提高电解液的稳定性和导电能力，促进阴极极化作用，提高电解液的均沉积能力和深沉积能力，还将 NH_4Cl 作为络合剂和导电盐加入电解液中。在含 NH_4Cl 的电解液中，Zn^{2+} 会先与氨形成络合离子：

$$Zn^{2+} + 4NH_3 \longrightarrow \left[Zn(NH_3)_4\right]^{2+} \tag{19.7}$$

锌氨络合离子会在阴极表面获得电子被还原成锌沉积层：

$$\left[Zn(NH_3)_4\right]^{2+} + 2e \longrightarrow Zn + 4NH_3 \tag{19.8}$$

因此，在阴极表面不仅有反应(19.3)存在，也有反应(19.8)存在，且主要以反应(19.8)为主。

19.5.2　AAO 模板辅助电沉积 ZnO 纳米管阵列

本实验中电沉积过程在室温下进行，沉积采用 Keithley 2400 SourceMeter 电源的二电极系统，电压为 2V。沉积前，需对模板一面进行喷金，时间为 10min，溅射完后将模板漂浮在水面，观察水滴是否依然能够渗透到上表面，以确定金层未完全堵塞纳米孔洞。以背面金层为阴极，石墨为阳极，在 0.6mol/L $ZnCl_2$，0.3mol/L H_3BO_3，0.4mol/L NH_4Cl 水溶液中进行电沉积。Zn 在 AAO 模板中的电沉积过程如图 19.22 所示，可以看到，在电沉积初始阶段，曲线缓慢下降，这是由于纳米管增厚，电阻逐渐增大。电流在一些时间段反复振荡，可能是纳米孔洞很深，溶液流动性差，某段沉积较快，生长速度大于溶液扩散速度，Zn^{2+} 变稀，纳米结构的沉积生长过程变缓，从而使溶液扩散速度大于生长速度，Zn^{2+} 变浓，沉积变快，如此反复造成的。在 750s 处电流的突然上升意味着生长方式的改变，说明纳米管已生长完毕，开始大规模的面生长，此时即可停止电沉积过程。电沉积前后 AAO 模板的数码照片如图 19.23 所示，在沉积前背面喷金的 AAO 模板仍部分透明(图 19.23(a)),沉积后透明的 AAO 膜完全转变为黑色,而非块状 Zn 的银白色(图 19.23(b)),说明沉积过程宏观上进行均匀,金属 Zn 都沉积在纳米孔洞内部,没有出现大量 Zn 生长出孔洞覆盖在 AAO 膜表面的现象。

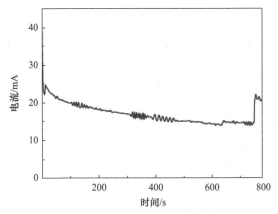

图 19.22　沉积的电流-时间(I-t)曲线

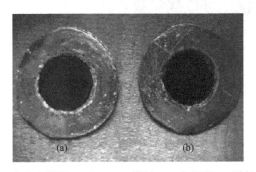

图 19.23　(a)尚未电沉积 Zn 的 AAO 模板;(b)电沉积 Zn 后的 AAO 模板

　　将沉积后的样品在空气中退火氧化,温度为 500℃,加热与降温速率都为 5℃/min,时间为 6h。另外,对部分沉积后尚未加热的模板进一步进行 Cu 的组装,Cu 的电解液配制为 0.1mol/L CuSO$_4$ + 0.1mol/L H$_3$BO$_3$,沉积电压为 1.5V,温度为室温。随后,样品在 500℃下氧化 6h,温度的升降速率同样为 5℃/min。

　　图 19.24 为 ZnO 纳米管阵列的 FESEM 图。由图 19.24(a)中可看到大规模的 ZnO 纳米管,管平均直径为 80nm,与 AAO 模板孔洞直径相同。图 19.24(b)中可以看到,由于缺少了 AAO 模板的支持,ZnO 纳米管出现了轻微的团簇现象。图 19.24(c)和(d)为坍塌后的 ZnO 纳米管阵列底部,这里我们可以清楚地看到,Zn 纳米管在生长的初始阶段即为管状结构,生长过程是由 Au 层底部逐步向外发展的,稍后将讨论详细的生长过程。图 19.24(d)还显示在纳米管阵列底部存在块状 ZnO,这说明,AAO 模板底部未完全被溅射的 Au 电极层堵塞,在 Zn 电解液中

的沉积过程中，部分电解液渗透到了 AAO 模板的另一面，并发生了电沉积过程。在图 19.24(d)的右下角可以发现脱落的溅射 Au 层，Au 层完好地复制了 AAO 膜的表面多孔结构，且孔洞未发生堵塞。

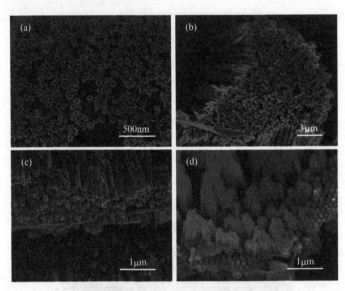

图 19.24 FESEM 照片

(a)，(b)溶去 AAO 模板后的 ZnO 纳米管阵列，(a)局部放大图，(b)部分 ZnO 纳米管阵列簇全貌；(c)和(d)坍塌后的 ZnO 纳米管阵列底部

ZnO 与未加热氧化前的 Zn 纳米管有序阵列的 XRD 花样见图 19.25，通过对比可以看到，通过 6h 的热处理后，所有沉积的 Zn(JCPDS File 87-0713)都已转变为 ZnO。ZnO 的衍射峰位和相对强度都与对应的标准粉末衍射花样(JCPDS File 80-0075)一致，意味着制得的 ZnO 纳米管为无择优取向的多晶结构。

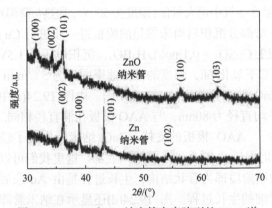

图 19.25 ZnO 和 Zn 纳米管有序阵列的 XRD 谱

在实验中,沉积电流密度始终维持在较高水平(25~50mA/cm²)。这使得 Zn 纳米管在 AAO 膜孔洞中的沉积满足 Yoo 提出的壁表面生长机制。在这个过程中,短管状的 Au 电极为管状 Zn 的沉积起到前驱作用。关于 AAO 模板底部的 Au 层作用,在最近的文献也有提起。然而,这种 Zn 纳米管的形成是否是由这种短管状的结构起到的前驱作用,未曾通过实验比较证实。为证实这种结构的作用效果,本实验中设计了一种简便的电化学电池,本设计基于 Teberna 报道的电池改进,电化学电池的设计如图 19.26(a)所示,AAO 膜被夹置紧贴在沉积金的玻璃上,之后将多孔纤维膜压置于 AAO 膜上方,以保证 AAO 与 Au 紧密接触,同时最小化损失溶液的流动性,其他各参数保持不变。相比于图 19.24(a)~(c),先前的 ZnO 管已完全被致密的棒状结构替代。图 19.26(b)插图中显示了沉积初期 Au 层表面的 Zn 层形貌,没有管状结构被发现,由此可以证实,短管状 Au 电极是形成 Zn 纳米管状结构的前提。

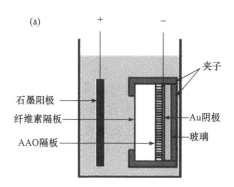
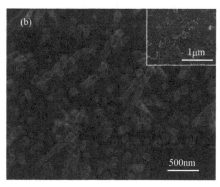

图 19.26　(a)用于沉积 Zn 纳米棒的电化学电池示意图;(b)沉积在 AAO/Au 层/玻璃基底上的 ZnO 纳米棒阵列,右上角为纳米棒沉积的初始阶段

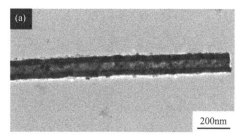

图 19.27　超薄 ZnO 纳米管的 TEM 图

(a) 包裹完整的 Al₂O₃ 管状壳; (b) Al₂O₃ 壳部分溶解后; (c) 完全去除 Al₂O₃ 外壳后的 ZnO 管,左上角插图为选区电子衍射(SAED)花样

通常,若用电沉积法将纳米管生长转变为纳米线生长,只需降低沉积的电流密度,延缓沉积材料的生长速度,让沉积离子有足够的扩散时间来完成。而对于

减小纳米管厚度，如果加大电流密度，往往会造成管壁松散、多孔现象的产生，这是阴极上的副反应析氢产生的气泡滞留在锌层表面造成的。为了进一步减小孔壁的厚度，同时保持孔壁的完整性，本实验采用了 0.5g/L 聚乙二醇($H(OCH_2CH_2)_nOH$，分子量 20000)作为非离子型活性剂加入，提高阴极极化作用。同时聚乙二醇作为表面活性剂，降低了电解液的界面张力，增强了锌层与 AAO 孔壁的结合强度。同时使在阴极上析出的氢气易于逸出，防止了沉积管壁上出现多孔和麻点，使 Zn 均匀地沿孔壁沉积，制得 ZnO 纳米管的厚度只有约 5nm，且管壁光滑，厚度均匀，为其他超薄纳米管的制备提供了新的思路。

超薄 ZnO 纳米管的 TEM 图见图 19.27，图 19.27(a)显示了包裹完整的 Al_2O_3 管状壳的 ZnO 结构，ZnO 在 Al_2O_3 管壁上分布十分均匀，无凸起或断裂现象。图 19.27(b)显示，随着 Al_2O_3 的进一步溶解，部分 ZnO 开始暴露出来。在图 19.27(c) 中可以看到，ZnO 管沿纵向生长均匀，管壁的厚度约为 5nm，接近其玻尔半径 2.34nm。选区电子衍射花样证实了其多晶结构，参与衍射的晶面从内依外依次为 (100)、(101)和(110)。由于参与衍射的晶粒数目有限，衍射环出现断续情况。这种超薄 ZnO 纳米管具有更大的口径和比表面积，在催化方面相对于普通管厚纳米管，有着更好的应用价值。

图 19.28 为超薄 ZnO 纳米管阵列的 XRD 谱图，由于管壁很薄，ZnO 衍射峰的强度不是很高，衍射时受到 AAO 模板的影响，可以看到背底仍然很强。制备的超薄 ZnO 纳米管同样是多晶结构，且无择优取向，说明 ZnO 的生长取向不受添加剂的影响。

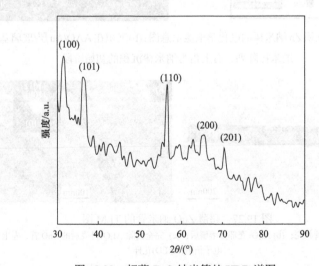

图 19.28　超薄 ZnO 纳米管的 XRD 谱图

19.5.3　模板法制备 Cu-ZnO 同轴纳米管异质结

同 ZnO 纳米管相比，Zn 金属管具有更好的导电性能，适于进一步组装复合结构。因此，在沉积好 Zn 管后，选择部分含 Zn 管 AAO 膜进行下一步的电沉积，之后一起进行热处理氧化。图 19.29(a)显示了部分溶解掉 AAO 模板后的纳米管阵列，除管内径有所减小外，管形貌与 ZnO 纳米管基本相同。保持残留 AAO 外壳的 TEM 照片如图 19.29(b)所示，可以看到填充 Cu 后的 ZnO 纳米管，衬度加深，看不出纳米管的分层结构。而 Cu 脱落的纳米管部分，仍可以看到中空的 ZnO/AAO 复合管。图 19.29(c)为同轴纳米管的 XRD 谱图，可以看到，除 ZnO 的衍射花样外，在 43.3°还有一衍射峰，对应 Cu 标准衍射卡片(PDF，No.89-2838)(111)峰位。此外，在 38.7°有一对应 CuO(PDF，No.89-5899)(111)弱峰，说明在 Zn 的热处理氧化过程中，少部分 Cu 也参与了氧化。

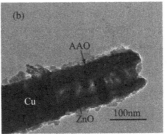

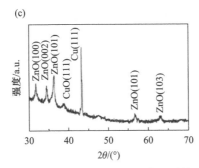

图 19.29　Cu/ZnO 同轴纳米管异质结的结构表征

(a) 同轴纳米管阵列的 SEM 图；(b) 单根同轴纳米管的 TEM 图片；(c) XRD 谱图

图 19.30(a)、(b)分别为纳米管阵列的顶部和底部的 EDX 谱图。其中，在图 19.30(b)中，Au 峰对应着膜底部蒸镀法溅射的 Au 电极。Cu 峰出现在顶部和底部 EDX 谱图中，意味着 Cu 的成功沉积，其中顶部 Cu 含量为 11.21%，底部 Cu 含量为 19.10%，底部 Cu 含量略高于顶部。

Zn 和 Cu-Zn 复合纳米管的生长机制如图 19.31 所示。图 19.31(a)显示 AAO 模板底部溅射 Au 后，Au 沉积在 AAO 模板背面，少量 Au 进入模板孔洞内表面底部。

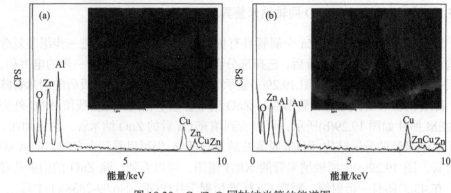

图 19.30　Cu/ZnO 同轴纳米管的能谱图
(a) 顶部；(b) 底部

　　图 19.31(b)显示在 Zn 沉积过程中，由于 AAO 膜的不导电性，纳米管的生长起始于 AAO 膜的底部的 Au 极。Au 电极的环形结构，导致了电场在孔洞底部并不是均匀分布的，而是在管壁处集中，因此，Zn 的沉积沿管壁进行。在高电场中，纳米管的生长速度很快，管顶下方的 Zn^{2+} 消耗尽后，新的离子的扩散速度不够快，来不及补充已消耗的离子，管内的离子数量可以忽略不计，因此 Zn 的沉积只能沿纵向生长，而不能沿轴向长大，在这种情况下只有管状结构的生成。而图 19.31(c)显示在 Cu 的沉积过程中，由于 Zn 管壁整体具备导电性，Cu 会倾向于沿整个 Zn 壁径向沉积。这里需要注意的一点是，由于孔洞底部 Au 极的影响，孔洞底部的导电性略强于顶部，Cu 还会发生向底部 Au 电极的沉积，因此底部的 Cu 含量相对顶部会高些，正如图 19.31(a)、(b)所示。

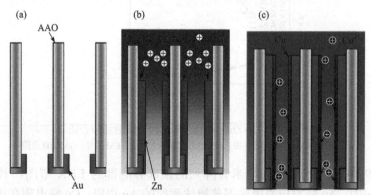

图 19.31　Zn 纳米管和 Cu-Zn 同轴纳米管的电沉积示意图
(a) 在 AAO 膜底部溅射 Au 环；(b) 纳米孔洞内的 Zn 纳米管电沉积；(c) Cu 在 Zn 纳米管内表面的电沉积

19.5.4　ITO 玻璃上的 ZnO 纳米管与纳米棒有序阵列

　　电沉积、氧化二步法制备 ZnO 纳米有序阵列的方法还可移植到透明导电玻璃上的纳米有序阵列制备中。实验采用的 AAO/ITO 复合模板制备方法在第 2 章已详述，最终选用的 AAO 复合模板孔径为 80nm。为了便于确定电沉积过程中的电极电势，实验中采用三电极体系。电沉积采用 Princeton 研究型恒电势仪，电压分别选用 1.05V、1.04V、1.03V 和 1V，沉积过程中电压保持恒定。工作电极为 AAO/ITO 复合基底，参比电极为饱和 KCl 溶液中的 Ag/AgCl 电极，对电极为 Pt 箔。工作电极与对电极保持平行，距离为 2cm。电解液同样采用 0.6mol/L ZnCl$_2$，0.3mol/L H$_3$BO$_3$，0.4mol/L NH$_4$Cl 水溶液。电沉积后，热处理温度选用 400℃ 而非之前的 500℃，以减小热处理对 ITO 导电性能的影响，样品在空气气氛中氧化 12h，温度的升降速率为 2℃/min。

　　图 19.32 显示了在 ITO 玻璃上的 ZnO 纳米管与纳米棒阵列的 X 射线衍射图，ITO 基底的 In$_2$O$_3$ 峰已经标出以示区别。纳米管与纳米棒的衍射峰都与 ZnO 标准粉末衍射花样(PDF，No.80-0075)一致，无明显择优取向的出现。由于 ZnO 纳米棒的实心结构，其衍射峰强度要略高于纳米管的衍射峰强。

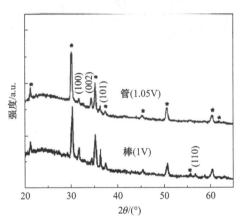

图 19.32　在 ITO 玻璃上的 ZnO 纳米管与纳米棒阵列的 X 射线衍射图。其中，纳米管和纳米棒的沉积电压分别为 1.05V 和 1V，热处理温度为 400℃

　　图 19.33 显示了不同电压下在 ITO 导电玻璃上沉积、氧化后得到的 ZnO 纳米管与纳米棒有序阵列，纳米阵列的直径都约为 80nm，与 AAO 模板的孔径一致。随着电压由 1.05V 逐渐减小为 1.04V、1.03V、1V，纳米阵列的形状由薄管逐渐增厚，最终转变为实心纳米棒(图 19.34(a)～(d))。图 19.34(c)右上角插图中显示了 1.03V 电压下，ZnO 在 AAO/ITO 复合模板中的 SEM 侧视图，纳米阵列的高度约为 150nm，通过控制沉积时间可在 AAO 模板厚度范围内对其进行调控。ZnO 纳米管在 AAO/ITO 复合模板中的形成证实了第 3 章中所提出的环状 W 电极的生成假设及其在纳米管结构生长中对电流的引导作用。

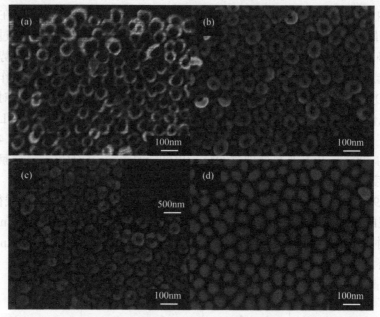

图 19.33　ITO 导电玻璃上制备的 ZnO 有序阵列纳米管(a)~(c)和纳米棒(d)

阵列在沉积过程中的沉积电压分别为(a)1.05V，(b)1.04V，(c)1.03V 和(d)1V

参 考 文 献

[1] 李东栋. Pt、Co 和 TiO₂一维纳米阵列的制备、表征及性能研究. 上海: 上海交通大学, 2010.

[2] 任鑫. 一维 TiO₂与 ZnO 纳米阵列的设计、制备及性能研究. 上海: 上海交通大学, 2011.

[3] Huang Y, Duan X F, Cui Y, et al. Logic gates and computation from assembled nanowire building blocks. Science, 2001, 294(5545): 1313-1317.

第20章　电沉积 Fe_3O_4 涂层及其测试分析与表征

20.1　引　言

从第 11 章开始，分别介绍了电沉积金属/合金、复合材料和纳米材料及其测试分析，但还未涉及直接电沉积氧化物的内容。

电沉积 Fe_3O_4 涂层有广泛应用前景，因此关于电沉积铁氧化物(ferrite)薄膜已有不少报道[1-4]。Abe 和 Tamaura[1]用空气氧化的非电沉积方法和用阳极氧化的电沉积方法，在 Cu 板(2mm 厚)、PET 膜 70μm 和不锈钢板(0.6mm)三种类型的衬底上制备了磁铁矿(Fe_3O_4)和 Co-Fe 氧化物(CoFe_2O_4)薄膜。制备 Fe_3O_4 膜，电解液为 $1\sim2$mol/L $FeCl_2$ 电解液，制备 $CoFe_2O_4$ 的电解液是 $1\sim2$mol/L $CoCl_2+2FeCl_2$ 溶液。空气氧化用行进的空气泡通过溶剂，而阳极氧化用不锈钢阳极(衬底)和 Pt 阴极。其结果归纳于表 20.1。

表 20.1　Abe 和 Tamaura 制备的铁氧化物薄膜的一些结果[1]

编号	衬底	中间层	薄膜厚度/μm	薄膜成分	顶层薄膜电沉积条件
1	Cu		0.05	$Co_{0.5}Fe_{2.5}O_4$	
2	PET	Cu(化学沉积)	0.16	$Co_{0.7}Fe_{2.3}O_4$	pH=7.4，T=70℃，空气氧化
3		Fe_3O_4(电沉积，pH=8.0，T=65℃)	0.26	$Co_{0.3}Fe_{0.27}O_4$	
4	不锈钢		0.16	$Co_{0.5}Fe_{2.5}O_4$	
5			0.8	$Co_{0.4}Fe_{2.6}O_4$	
6			1.0	——	pH=7.0，T=65℃，阳极氧化

从表 20.1 能看到，1 号和 2 号膜的成分偏离 Co/Fe=1/2 的化学计量比，而双层膜 3~6 号的成分为 Fe_3O_4 和 Co-Fe 氧化物间的平均。表面平整，具有满足光学测试的光滑表面。XRD 结果表明，薄膜都为立方尖晶结构的多晶体，且无择优取向。

其结论指出：①结晶体尖晶石薄膜可在低温度(低于 80℃)下形成，无须热处理，这允许用各种衬底材料，包括有机化合物；②可把各种过渡族金属离子混入尖晶石中，这促进了有用的磁性膜、磁-光膜和磁-声薄膜的生产。

Teng 和 Ryan[2]在多晶 Cu 衬底上通过电化学途径生长 Fe_3O_4 薄膜，电解液是 0.01mol/L 的[(NH_4)_2Fe(SO_4)_2·6H_2O]+0.04mol/L 的 CH_3COOK，初始 pH=6.5。分别

在 60℃、75℃和 90℃下生长。XRD 分析结果表明，90℃时沉积膜为纯的 Fe_3O_4，而 75℃时含有少量 α-FeOOH(羟基氧化铁，又名针铁矿)；60℃时，全部为 α-FeOOH。这可能在生长时的反应是

$$3Fe^{2+}+4H_2O \Longrightarrow Fe_3O_4+8H^++2e \tag{20.1}$$

$$4Fe^{2+}+6H_2O+O_2 \Longrightarrow 4\alpha\text{-}FeOOH+8H^+ \tag{20.2}$$

并用 SEM 和原子力显微镜(AFM)观察铁氧化物薄膜的形貌。

此外，2005 年，Kothari 等[3]用还原 Fe^{+3}-三乙醇胺方法电沉积 Fe_3O_4 薄膜。

下面介绍郑明珉等[4]电沉积 Fe_3O_4 涂层及其表征的研究。

研究在碳钢基体上沉积 Fe_3O_4 涂层，目前 Fe_3O_4 涂层的多种制备方法众多，如溶胶凝胶法、共沉淀法、脉冲激光沉积、分子束外延法、电沉积法[2,3]等，其中电沉积法具有操作简单、成本低等优势，且影响涂层生长和性能的关键参数易于控制，这对涂层性能优化有着重要意义。本研究还通过模拟服役工况环境下的耐腐蚀性能测试，研究了涂层性能并优化了制备工艺与参数，为预防流动加速腐蚀(flow accelerated corrosion，FAC)提供理论基础，并已在核电领域获得实际应用，效果很好。

20.2　电沉积 Fe_3O_4 涂层的工艺

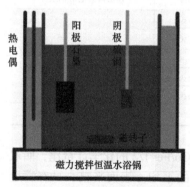

图 20.1　电沉积实验装置示意图

准备尺寸合适的阳极石墨和阴极碳钢片(样品)，取适量 TEA(三乙醇胺，$C_6H_{15}NO_3$)、蒸馏水、NaOH、$Fe_2(SO_4)_3$ 配置电沉积液，并持续搅拌至完成配置，再将已配置好的沉积液放置于恒温水浴锅中加热到 80℃，保温 30min。此后将石墨和碳钢片电极放入沉积液，开通直流电源，使用不同的电流密度($1mA/cm^2$、$1.5mA/cm^2$、$2mA/cm^2$、$2.5mA/cm^2$、$3mA/cm^2$)进行电沉积 5min，并保持搅拌速度 600r/min。电沉积完成后，样品洗净吹干，作进一步测试分析。图 20.1 为电沉积装置示意图。

20.3　Fe_3O_4 沉积层的物相鉴定

在制备 Fe_3O_4 时，γ-Fe_2O_3 是易出现的副产物，因此有必要测试涂层的相结构。

因γ-Fe₂O₃ 和 Fe₃O₄ 晶体结构上的相似性，使用 XRD 时，产生的峰强和峰位都很接近，故用 XRD 并不能够将两者区分。拉曼(Raman)光谱则可以通过散射峰的位置的不同将两者区分[5]。理论上，Fe₃O₄ 在室温下五个拉曼活性振动模式：3T2g+Eg+A1g，在 670cm⁻¹ 附近，对应的 A1g 振动模式有最高的频率，这是 Fe₃O₄ 拉曼光谱的特征峰，而γ-Fe₂O₃ 在 660cm⁻¹ 附近有一个峰，位置与 Fe₃O₄ 相近；另外，在1300cm⁻¹、720cm⁻¹、500cm⁻¹和360cm⁻¹附近也存在拉曼散射峰。在 1mA/cm²、2mA/cm²、3mA/cm² 下制备的涂层的拉曼光谱如图 20.2(a)所示，除了在 670cm⁻¹ 附近 Fe₃O₄ 出现散射峰，还在 300cm⁻¹、540cm⁻¹ 附近出现了散射峰。这些峰位和 γ-Fe₂O₃ 的相去甚远，因此可以确定涂层中没有γ-Fe₂O₃。再对涂层进行了 XRD 谱测试，测试结果示于图 20.2(b)，标示出的峰位是标准卡片中 Fe₃O₄ 的位置。由结果可知，本研究制备的涂层物相是 Fe₃O₄。图 20.2(b)显示的 Fe 为衬底的衍射峰。

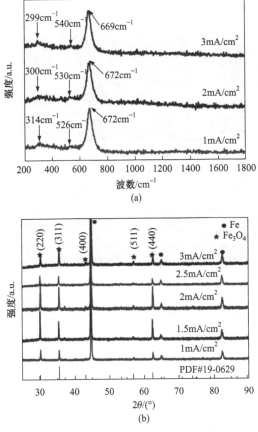

图 20.2　不同电流密度制备涂层的拉曼(a)光谱及 XRD(b)结果

20.4 沉积层的微观形貌和元素分析

20.4.1 沉积层的微观形貌

不同电流密度下制备的涂层的微观形貌如图 20.3 所示。当电流密度小于 $1.5mA/cm^2$ 时，涂层表面出现了明显零星的无规则团簇。在电流密度为 $1mA/cm^2$ 时，其中较大的团簇直径超过了 $5\mu m$，随着电流密度增加，这些团簇逐渐变多变大；到 $3mA/cm^2$ 时，团簇基本分布在整个涂层表面而引起了局部的聚集。再次放大后发现，随着电流密度的增加，涂层表面晶粒的尺寸逐渐增大。当电流密度小于 $2mA/cm^2$ 时，涂层表面较为平整，无明显的凸起，涂层更加致密，晶粒尺寸更均匀。当电流密度大于 $2.5mA/cm^2$ 时，晶粒尺寸变得不均匀，表面不再致密平整，晶粒的形状呈现出不规则状的多面体。因为在大电流密度下，沉积系统中提供了更多能量，得 Fe^{3+} 的沉积更容易，晶粒的生长有更大的动力。

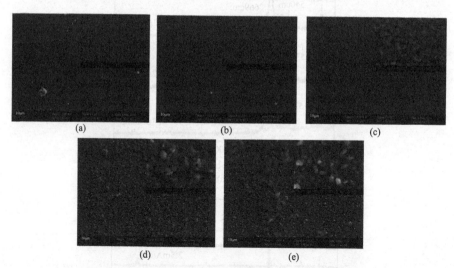

图 20.3　不同电流密度下制备的涂层的 SEM 图：(a)~(e) 分别是 $1mA/cm^2$、$1.5mA/cm^2$、$2mA/cm^2$、$2.5mA/cm^2$、$3mA/cm^2$ 放大倍数 1000×，每张图右上角的插图放大 10000×

20.4.2 沉积层的元素分布

为深入研究涂层表面的元素分布，分析了 $1.5mA/cm^2$ 电流密度下所制备涂层的元素含量，取点位置见图 20.4。其中包含了较平整的区域 1 和有团簇的区域 2，由表 20.2 分析结果可知，在平整的区域主要含元素 O 和 Fe。两者的原子比约为 1.44，接近 Fe_3O_4 的原子比 1.33，氧元素比例偏高，可能是涂层制备后在空气中有了少量的氧化。在有团簇的区域，出现了大量的 C，这可能是两方面的因素导致的。一方面是阳极材料为石墨，石墨在电沉积中会不可避免地发生溶解并进入沉积液中，而后沉积到阴极表面；另一方面是沉积液中的四价 C 在沉积过程中被还原后留在了涂层表面。此处，O 和 Fe 的原子比已经超过 3，因为 Fe 的氧化物中，氧铁原子比最大为 1.5(Fe_2O_3)，所以在位置 2 有部分氧原子与碳原子形成了复杂的氧化物。

(a)   (b)

图 20.4 电子探针元素分析的取点位置

表 20.2 元素原子百分数分析结果

位置	C	O	Fe	Si	Ca
1	0	58.91%	40.79%	0.29%	0
2	27.24%	54.68%	17.74%	0.15%	0.17%

20.4.3 涂层的结合力与厚度

不同制备条件下涂层的结合强度，结果如图 20.5 所示，涂层样品的结合力分布在 16～20MPa，并未随着电沉积电流度的变化而变化。图 20.6 显示了不同电流密度下制备样品的增重和涂层的厚度。结果表明，电流密度小于 2mA/cm² 时，随着

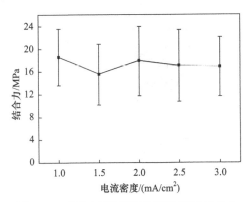

图 20.5 不同电流密度下沉积涂层的结合力

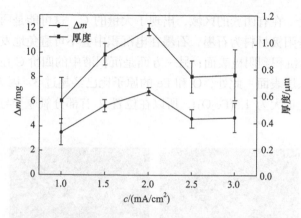

图 20.6　不同电流密度下制备样品的增重和涂层的厚度

电流密度增加，样品的增重越来越大。这是因为大的电流密度可以在相同时间内提供更多的能量，更多的 Fe^{3+} 就能够获得电子，发生还原反应并沉积到基体上。电流密度大于 $2mA/cm^2$ 时，增重并没有继续增加。

此处涂层的厚度是涂层样品的整体平均厚度，是通过样品的增重与表面积计算出来的数据，计算公式为

$$T = (\Delta m / (\rho s)) \times 10000 \tag{20.3}$$

其中，T 为涂层厚度，μm；Δm 为样品的增重，g；ρ 为 Fe_3O_4 密度，$5.18g/cm^3$；s 为样品表面积，$12cm^2$。

为了验证计算结果的准确性，对电流密度为 $1.5mA/cm^2$ 下制备的涂层进行了截面观察，其观察结果如图 20.7 所示。从图上的 O 元素的分布可知 Fe_3O_4 涂层的厚度约为 $0.9\mu m$，这与图 20.7 中电流密度为 $1.5mA/cm^2$ 时制备的涂层厚度的数据十分吻合，因此本实验中使用式(20.3)计算涂层厚度是合适的，同时也表明了本实验中制备的涂层的厚度均匀性良好。

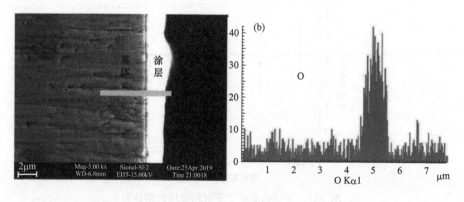

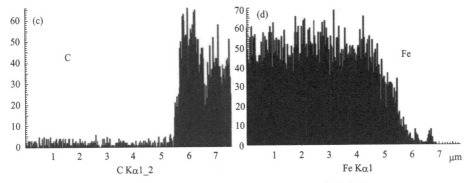

图 20.7　1.5mA/cm² 下沉积的涂层的截面图(a)和元素线分布(b)～(d)

20.5　电化学测试

不同电流密度制备的涂层样品经过电化学工作站测试后，对 Nyquist 曲线进行分析处理，可以得到电极/溶液界面电荷转移电阻 R_t，对动电势极化曲线进行塔费尔拟合，可以得到腐蚀电势 E_{corr} 和腐蚀电流 J_{corr}；R_t 越大，则 J 越小，表明材料耐蚀性越好。图 20.8 展示了 Fe₃O₄ 涂层的 Nyquist 曲线，在测试的频率范围内，所有涂层都只有一个容抗弧，因此全部的电极过程都是受基体与沉积液接触界面的活化控制的。

随着电流密度的增加，容抗弧的直径逐渐变大，说明电子在溶液和基体之间传递受到的电荷转移电阻增大了，这是大电

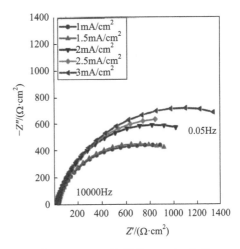

图 20.8　Fe₃O₄ 涂层的 Nyquist 曲线

流密度下涂层的厚度增加和表面结构变化导致的。又对所有涂层样品进行了动电势极化曲线的测试，测试结果如图 20.9 所示：所有涂层的极化行为类似。在阴极支的–0.75～–0.8V (vs.SCE) 区间内，都出现了析氢过程。析氢完成后，较大的电势区间内，极化电流没有出现剧烈下降，因为此时电极表面已经出现乏 H⁺ 区域，电极反应要继续进行，就要依靠远离电极表面的 H⁺ 的迁移，即此时的电极反应受到浓差极化控制。电势继续增大，来到阳极极化支。所有涂层在阳极极化支的表现类似，在测试区间内没有出现电流增速的剧烈波动，即在阳极支内只有一个电化学过程。所有涂层的极化电流的对数值随电势增大而基本呈线性增加，符合

塔费尔线性拟合对曲线的要求。

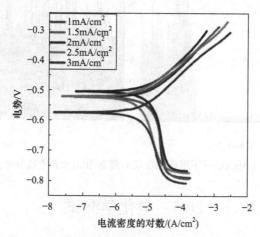

图 20.9　Fe$_3$O$_4$涂层的动电势极化曲线(彩图扫封底二维码)

选取极化曲线的阳极支进行塔费尔拟合，计算出了涂层的腐蚀电流密度 J_{corr} 和腐蚀电势 E_{20}。如表 20.3 所示，可知当电流密度为 3mA/cm^2 时，涂层有最小的 J_{corr}，即 4.01μA/cm^2，此时的涂层耐腐蚀性最好，与 Nyquist 曲线情况相吻合。

表 20.3　不同沉积电流密度下涂层的腐蚀电流密度 J_{corr} 和腐蚀电势 E_{corr}

沉积电流密度 c/(mA/cm^2)	腐蚀电流密度 J_{corr}/(μA/cm^2)	腐蚀电势 E_{corr}/mV
1	9.118	−522
1.5	7.409	−519
2	7.048	−503
2.5	4.131	−521
3	4.01	−572

20.6　水腐蚀测试

因为本研究的目的是在一个流动的水环境下使用上述制备的涂层，所以还需模拟流动加速腐蚀(FAC)的条件下涂层的耐腐蚀性。根据以上的测试结果筛选合适的制备工艺参数，制备了用于水腐蚀实验的涂层样品，水腐蚀实验参数是依照核电站二回路管的服役条件设置的，水腐蚀测试与涂层制备条件见表 20.4。

表 20.4　水腐蚀测试及涂层制备条件

位置	水腐蚀条件					涂层制备条件			
	线速度 /(m/s)	时间/d	温度 /℃	pH	含氧量 /ppm	温度 /℃	电流密度 /(mA/cm²)	时间 /min	转速 /(r/min)
内圈 A	1.6	60	150	7	2	80	1.5	5	600
外圈 B1	3.6	60	150	7	2	80	1.5	5	600
外圈 B2	3.6	60	150	7	2	80	1.5	5	0

20.6.1　失重结果与分析

　　腐蚀失重由腐蚀前的质量减去腐蚀后的质量得到。图 20.10 为样品的腐蚀失重与失重率，图 20.11 为不同位置的样品腐蚀前质量。由结果可知，三组带涂层的试样和不带涂层的样品的质量都有所降低，说明了在模拟工况的环境下有腐蚀发生。同样制备条件下的外圈 B1 组和内圈 A 组的涂层经过腐蚀后，环境中水流速度越大，涂层样品的失重越多，这与流动加速腐蚀的已有研究相吻合——流速越大，Fe₃O₄ 的溶解速率越大。而在相同的腐蚀环境下，外圈 B2 组比外圈 B1 组有更小的失重，说明涂层制备过程中不搅拌沉积液得到的涂层有更好的耐腐蚀性。而且通过与不带涂层的基体对比，能明显发现带有涂层的试样失重均比不带涂层的基体要小；充分说明了涂层能有效缓解模拟工况环境下的腐蚀程度。其中外圈 B2 组相比于无涂层基体，失重率降低了约 64%。

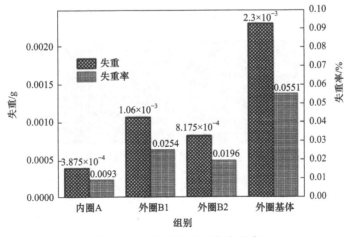

图 20.10　样品腐蚀失重与失重率

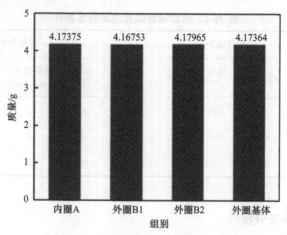

图 20.11　不同位置的样品腐蚀前质量

20.6.2　腐蚀后微观形貌

　　图 20.12 展示了内圈 A 组的涂层样品腐蚀前后的微观形貌。图 20.12(a)中涂层样品在腐蚀前表面除了少许颗粒外整体平整，晶粒较为致密。在图 20.12(b)中可以看到，涂层中央部分表面完整腐蚀程度小，而边缘区域涂层腐蚀程度变大。图 20.12(b1)～(b5)是中央到边缘的局部放大形貌图。在图 20.12(b1)中，涂层形貌和腐蚀前图 20.12(a1)基本一样，表面晶粒仍然呈现出柱状。在图 20.12(b2)中，出现了一些小颗粒，这些小颗粒覆盖在柱状的晶粒上；图 20.12(b3)中出现了尺寸在约 500nm 的更大的球形颗粒，这些颗粒疏松地堆积在一起；图 20.12(b4)中柱状晶粒开始溶解，柱状晶粒的交界处出现了与图 20.12(b2)中相似的小颗粒；图 20.12(b5)是最靠近边缘位置，柱状晶粒已经完全消失。

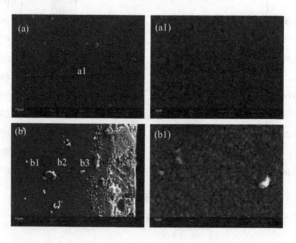

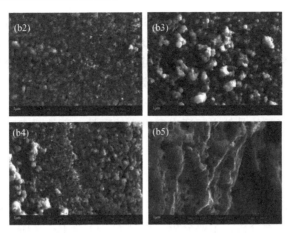

图 20.12 内圈 A 组的涂层样品腐蚀前(a)和腐蚀后(b)微观形貌，倍数 1000×
(a1)及(b1)～(b5)为(a)和(b)中相应部分放大，倍数 10000×

图 20.13 是外圈 B2 组的涂层腐蚀前后的微观形貌。如图 20.13(b)所示，在涂层边缘，有大小不一的凹坑出现，越靠近边缘，凹坑尺寸越大，最大的约 5μm。

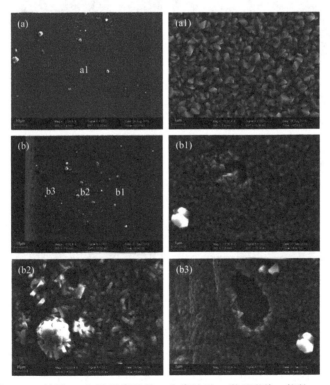

图 20.13 外圈 B2 组涂层腐蚀前(a)和腐蚀后(b)微观形貌，倍数 1000×
(a1)及(b1)～(b3)为(a)和(b)中相应部分放大，倍数 10000×

图 20.13(b1)为靠近涂层中部位置，腐蚀程度小，晶粒形态保持着棱柱状，与图 20.13(a1)腐蚀前的形态相似；在图 20.13(b2)中出现了明显的团簇和凹坑；在图 20.13(b3)能观察到更大的凹坑。从腐蚀前后的微观形貌结果分析，经过水腐蚀实验后涂层样品表面除了出现凹坑和团簇外，表面晶粒形态未发生变化。再与内圈 A 组涂层样品腐蚀前后的微观结果对比研究，发现内圈 A 组涂层试样经过水腐蚀实验后，涂层表面的晶粒之间还出现更小的颗粒，而外圈 B2 组则没出现此种情况。

20.6.3　腐蚀后涂层表面元素分析

根据上述分析结果，再针对 A 组涂层样品表面深入分析。通过电子探针对涂层样品表面进行元素分析，主要分析元素是 C、O 及 Fe。扫描结果见图 20.14，图 20.14(a)是扫描区域，图 20.14(b)~(d)分别是 C、O、Fe 的含量分布情况，含量从低到高表现为从蓝色到红色。

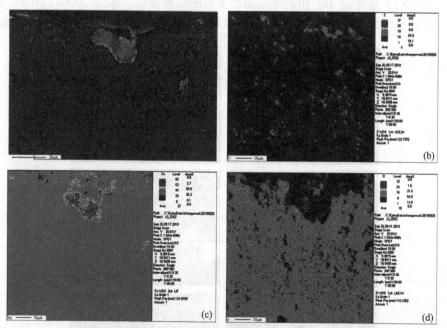

图 20.14　三种元素(C、O、Fe)分布及含量结果电子探针元素扫面结果(彩图扫封底二维码)

分析图 20.14 展示的三种元素分布及含量结果，C 元素整体分布较少，极大区域内的含量都在 1%以下，这跟涂层制备后进行的元素分析结果能吻合，此处的 C 是来源于石墨电极和电沉积液；Fe 元素和 O 元素在整体分布上接近，两者的含量分别为 44%与 16%，Fe 与 O 的含量比为 2.75，接近 Fe_3O_4 (2.625)，说明涂层在经过水腐蚀后，主体没有被破坏，仍保持着原有的成分；同时还有小部分区域的 Fe 元素含量最高达到了 82%，观察图 20.14(a)中对应的形貌可知，这些 Fe 元素富集的区域是涂层表面突出的部位且形貌与涂层微观形貌不同，所以这些部位只是 Fe 元素聚集产生的形貌不是涂层被腐蚀破坏的形貌。经过对 A 组涂层的元素分析，可以说明，A 组涂层经过水腐蚀后涂层表面保持完整，保护了基体不受腐蚀。

20.7　结　　论

上述通过不同电流密度制备得到了 Fe₃O₄涂层，并对制备的涂层进行了微观形貌观察、涂层结合力测试和电化学测试，得到了以下结论：

(1) Fe₃O₄涂层能在 $1 \sim 3 \mathrm{mA/cm^2}$ 的电流密度范围内沉积得到；

(2) 当电流密度小于 $2 \mathrm{mA/cm^2}$ 时，晶粒尺寸分布较为均匀，当电流密度增大后，涂层表面出现了团簇；

(3) 涂层厚度在电流密度为 $2 \mathrm{mA/cm^2}$ 时达到最大；涂层的结合力均大于 20MPa；

(4) 使用 $1.5 \mathrm{mA/cm^2}$ 电流密度，80℃的沉积液，电沉积 5min 得到的涂层经过 60d 水腐蚀实验后，比不带涂层的基体失重率降低 64%，有效地保护了基体不受腐蚀影响。

20.8　关于 Fe₃O₄电沉积机理的讨论

Abe 和 Tamaura[1]在介绍他们用 FeCl₂ 和 CoCl₂ 制备 Fe₃O₄和 CoₓFe₃₋ₓO₄薄膜的原理时作了如下描述。在水溶液中，铁离子(Fe^{2+})和其他金属离子(M^{n+})被水化成 $FeOH^+$ 和 $MOH^{(n-1)+}$。当衬底被浸泡在溶液的氧化物覆盖时，$FeOH^+$ 和 $MOH^{(n-1)+}$ 就吸附在氧化物表层(图 20.15)，把一种氧化剂，如空气、阳极电流或硝酸盐离子引到溶液中，吸附的 $FeOH^+$ 被氧化成 $FeOH^{2+}$，这会引起如下铁氧化物的形成反应：

$$x\mathrm{FeOH}^{2+} + y\mathrm{FeOH}^+ + z\mathrm{MOH}^{(n-1)+} + \mathrm{OH}^- \longrightarrow (\mathrm{Fe}^{3+}, \mathrm{Fe}^{2+}, \mathrm{M}^{n+}) + 4\mathrm{H}^+, \quad x+y+z=3 \tag{20.4}$$

因此，衬底表面被铁氧化物层覆盖，衬底再吸附 $FeOH^+$ 和 $MOH^{(n-1)+}$，继后发生铁氧化物层形成反应，如图 20.15 左所示。对于各种过渡族金属离子，也能在 $\mathrm{pH}=6 \sim 4$、$T=40 \sim 80$℃的水溶液中发生铁氧化物的形成：

$$M^{n+} = Fe^{3+}, Ni^{2+}, Co^{2,3+}, Mn^{3+}, Cr^{3+}, Al^{3+}, Zn^{2+}, Mg^{2+}, Pd^{2+}, Cd^{2+}, V^{3,4,5+}, Ti^{4+}, Mo^{4,5+}, Sn^{2,4+}$$
$$(20.5)$$

式(20.4)中显示的 M^{n+} 是式(20.5)中离子的混合体。

值得注意的是，氧化反应能用上述各种试剂实现，其在铁氧化物形成中起突出作用，也显示，金属离子组成的铁氧化物薄膜能从水溶液中提供，薄膜继续增厚，直至溶液中还存在水化金属离子和氧化剂，这样，我们就容易制备厚膜。

依据上述描述，在使用 $Fe_2(SO_4)_3$ 或 $FeSO_4+NaOH$ 和三乙醇胺的主电沉积液体系中 Fe_3O_4 的电沉积机理可如下所述。

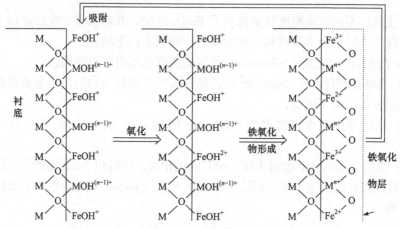

图 20.15　在水溶液中氧化铁膜形成过程的示意图[1]

第一步，硫酸铁$[Fe_2(SO_4)_3]$或硫酸亚铁$(FeSO_4)$和 NaOH 的置换反应，即

$$Fe_2(SO_4)_3 + 6NaOH \xlongequal{\quad} 2Fe(OH)_3 + 3Na_2(SO_4) \qquad (20.6a)$$

$$FeSO_4 + 2NaOH \xlongequal{\quad} Fe(OH)_2 + Na_2(SO_4) \qquad (20.6b)$$

第二步，$Fe(OH)_3$ 或 $Fe(OH)_2$ 的进一步氧化生成 Fe_3O_4，即

$$3Fe(OH)_3 \xlongequal{\quad} Fe_3O_4 + 4H_2O + OH \qquad (20.7a)$$

$$3Fe(OH)_2 + 2OH \xlongequal{\quad} Fe_3O_4 + 4H_2O \qquad (20.7b)$$

第三步，上述的 Fe_3O_4 是一种特殊的复合离子，是+1 价的复合离子$(Fe_3O_4)^{+1}$，其在电场的作用下，向阴极表面迁移，到达阴极表面被阴极强烈地静电吸附。

第四步，在阴极表面通过电结晶，使二价的铁原子和三价的铁原子占据不同的晶体学位置[5]，即

$$
\begin{array}{llll}
Fe^{2+} & 8a & 1/8 \quad 1/8 \quad 1/8 \\
2Fe^{3+} & 16d & 1/2 \quad 1/2 \quad 1/2
\end{array}
$$

4O^{2-} 32e x x x, x=0.2548

形成尖晶石立方结构，即 Fd3m(PDF，No.227)，这使得人们对电沉积层进行 XRD 测试时获得立方尖晶石结构的多晶体 Fe₃O₄衍射花样。

参 考 文 献

[1] Abe M, Tamaura Y. Ferrite-plating in aqueous solution: a new technique for preparing magnetic thin film. J. Appl. Phys., 1984, 55: 2614-2616.

[2] Teng C L, Ryan M P. A morphological study of nanocrystalline magnetite electrodeposited onto polycrystalline copper substrates. Electrochem. Solid-State Letters, 2007, 10: D108-D112.

[3] Kothari H K, Kulp E A, Limmer S J, et al. Electrochemical deposition and characterization of Fe₃O₄ films produced by the reduction of Fe(iii)-triethanolamine. J. Mater. Res., 2005, 21(1): 293-301.

[4] 郑明珉, 刘艳红, 张安磊, 等. 电沉积制备 Fe₃O₄涂层的工艺研究. 材料科学, 2020, 10(11): 927-941.

[5] 杨传铮, 韩定定, 朱红妹. Fe₃O₄中铁离子电子态的XDAFS研究. 应用科学学报, 1996, 14(4): 398-402.

第 21 章　电沉积材料研究的新进展和展望

第三部分是典型电沉积材及其现代测试分析与表征的若干例子，显然不可能概括所有的电沉积金属及其合金材料，电沉积纳米晶和非晶金属及其合金、电沉积复合材料，以及电沉积纳米复合材料。故这里从电沉积材料研究进展和展望的角度对这四类电沉积材料作简单的综述，以作补充。

谈及某类电沉积材料的研究进展时，多数作者都从电沉积工艺(包括电沉积液体系和电沉积工艺)、电沉积材料及其性能和应用，以及电沉积机理几个方面去综述。本章"电沉积材料研究的新进展和展望"是肯定办不到的，一是难度很大，二是量也太大，篇幅也不允许，故只能比较简单地加以综述。

21.1　电沉积金属及其合金的发展

电沉积金属及其合金的种类不少，下面仅就 Zn、Al、Cu、Ni 和 Fe 几种金属和合金作简单介绍[1]。

21.1.1　电沉积锌及锌合金的发展

金属锌(Zn)为密堆六方结构。长期以来，电沉积锌及锌合金主要是用作防护性沉积层。为进一步提高其耐蚀性，人们提出了在传统工艺的基础上改善沉积层质量的新技术，如电沉积 Zn-Ni 合金、锌基复合电沉积、Zn-Ni 合金基复合电沉积、Zn-Fe 合金基复合电沉积、Zn-Co 合金基复合电沉积等[2,3]。

对钢铁材料来说，沉积锌层是典型的阳极保护层，能有效防止钢铁的腐蚀，对基体具有良好的电化学保护作用，由于沉积锌层在干燥的空气中比较稳定，电沉积成本低，在机械、电子、仪表和轻工业方面广泛应用。在良好的环境下，通常厚度为 7～10μm，中等环境为 15～25μm，恶劣环境下则需 25μm。

沉积锌溶液分为氰化和无氰化两大类。氰化物沉积锌又分高氰、中氰和低氰。无氰沉积锌又分碱性、酸性、弱酸性。碱性沉积锌中有锌酸盐沉积锌、焦磷酸盐沉积锌等；弱酸性沉积锌中有氯化锌、氯化钾沉积锌、硫酸光亮沉积锌等；酸性沉积锌中有硫酸盐沉积锌、氯化铵沉积锌等。近些年由于氯化钾型沉积锌的沉积层致密、光亮，以及成本低廉、污染轻而受到广泛重视，氰化物因毒性只在特殊要求时应用。

Zn 与许多金属能形成合金，如 Fe、Co、Ni、Cu、Pt、Au、Ag、Sn 和 Sb 等，这些金属都能与 Zn 形成二元或三元合金，但并不是能与 Zn 形成合金的都具有好的抗腐蚀性能，因此电沉积 Zn 合金主要有 Zn-Ni、Zn-Co、Zn-Fe 和 Zn-Mn 四种。

21.1.2 电沉积铝及铝合金的发展

铝和铝合金具有优异的耐蚀性、装饰性、抗氧化性、可加工性，以及无毒和无污染等特性，将其沉积覆到钢铁和其他材料上，可以将铝及铝合金的表面性能与基体的性能结合起来，是一种理想的钢铁构件防护层。就电沉积基体来说，目前已经研究过的铝的沉积基体材料包括低碳钢、不锈钢、玻璃碳、铝合金、钛、铜、钨、铂、镁及镁合金、永磁材料、阻氘材料等，并且在某些机械零部件的表面也进行了相关研究，比如螺丝钉等，并得到了理想的沉积层[4-6]。

为提高铝沉积层的耐蚀和强度，抑制铝沉积层的枝晶生长，常需要在电沉积纯铝的基础上进行铝合金的电沉积。铝合金沉积层的种类很多，按合金元素对沉积层性能的影响可将合金沉积层分为以下三类。

(1) 耐蚀铝合金沉积层，如 Al-Mn、Al-Cr、Al-Nb、Al-Ni、Al-Mo、Al-Zr 等，合金元素的加入会极大提高沉积层的抗点蚀能力。

(2) 装饰性合金沉积层，如 Al-Mn、Al-Mo、Al-Ti 等，这类沉积层具有金属玻璃结构，因此具有美观光亮的金属外表，不经加工即可作为器具的外装涂饰。

(3) 功能性合金沉积层，如 Al-Co、Al-Cu、Al-Nb 等，这类沉积层具有一定的磁性和超导性能。

按加入合金元素的种类，可将沉积层分为二元合金沉积层，如 Al-Mn、Al-Cr、Al-Nb、Al-Ni、Al-Si、Al-Ti、Al-Mg、Al-Mo、Al-Cu、Al-La 等，以及在二元合金沉积层基础上扩展的三元或多元合金沉积层，如 Al-Mn-Ti、Al-Mn-Ce 和 Al-Mo-Si 等。

电沉积与应用较广泛的热浸沉积相比，有它的独特性能：所需温度低；沉积层与基体附着力好，显著提高基材的耐蚀性；可以实现不规则零部件表面的均匀涂覆，不存在涂沉积死角；沉积层的厚度可以通过电流和电沉积时间等参数较精准地控制，从而可以实现连续化大规模的生产。基材表面沉积铝的初衷即提高基材的抗腐蚀性能，经分析，电沉积层可以很好满足该需求的原因可能在于：电沉积过程在电极上发生，沉积层即为阴极的还原反应产物，在对电极反应机理的分析中可以得知，电极表面发生的反应集中在电极表面的双电层范围内，而双电层厚度极其微小，在这个范围内电场强度可达到 10^9V/m，因此电化学反应非常迅速，能量密度很高，还原金属可以与基体金属在该距离内形成非晶态的金属间化合物，形成的电沉积层与基体的附着力好，结合力强，正是由于该沉积层的优良性质，使得电沉积层不易出现热沉积、喷涂等沉积层中易出现的与基体金属剥离的状况。从微观观察来看，电沉积层的晶粒均匀细小，排列较为整齐致密，间隙小，这些都为其良好性能提供了有力保障。目前，人们对铝及铝合金的电沉积进行了多方面、多角度的探索，并不断改进和完善前人的研究结论，获得了可观的理论成果。

铝合金的电沉积技术虽然起步较晚，但已充分显示出其巨大的应用潜力。它的工艺设备简单，与常规水溶液电沉积相仿；热操作温度相对较低(无机熔盐为 373~523K，有机熔盐在室温下即可进行操作)，热应力小对基材无损伤；沉积层性能优良，其耐蚀性优于现有的纯铝薄膜或铝材；沉积层的延展性好，与基底结合力强；沉积层厚度可控，沉积层均匀，对基材无限制，可在钢铁、铜、镍、铝等金属基体上获得优质的合金沉积层。但由于电沉积时发生的电化学反应相当复杂，因此铝合金电沉积的技术还不十分成熟，电沉积工艺参数的选择还需要经过大量实验尝试，大部分的研究还停留在实验室阶段。

从电沉积铝合金的类型看，目前研究较多的是二元铝合金；在此基础上通过加入添加剂沉积出三元或多元合金，以及发展耐蚀性、功能性铝合金沉积层，将是今后的主要研究方向。此外，铝合金电沉积的机理、形核长大模型还需要进一步完善。从铝合金电沉积技术看，由于脉冲电流、旋转阴极法等特殊电沉积技术能够促进晶核形成，有效抑制电沉积时的枝晶生长，也将是今后人们关注的重要课题。

21.1.3　电沉积铜及铜合金的发展

铜(Cu)是面心立方结构，呈玫瑰红色，有良好的延展性，相对原子质量 63.54，密度 8.9g/cm^3。有+1 和+2 两个价态，它们的电化学当量分别为 2.372g/(A·h)和 1.136g/(A·h)，标准电极电势分别为 0.52V 和 0.34V；铜具有良好的导电性和导热性，易溶于硝酸，也易溶于热的浓硫酸中，在盐酸和稀硫酸中作用很慢。沉积铜层呈粉红色，质地柔软，富于延展性，容易抛光，经适当的化学处理可得古铜色、黑色等装饰彩色。铜在空气中易于氧化(尤其在加热的情况下)，氧化后将失去本身的颜色和光泽[7]。

在锌铸件及铝件表面沉积铜已很普遍。最为引人注目的是，随着电子工业、信息产业的发展，在印刷电路板领域，沉积铜技术得到迅速发展，一种是电解铜箔的制造，所制得的铜箔被用来制造覆铜板；一种是印刷电路的通孔电沉积布线，微米及布线的实现极大地提高了印制电路板的集成化。

沉积铜方法分为：硫酸盐沉积铜、氰化物沉积铜、焦硫酸盐沉积铜、无氰沉积铜等。

沉积铜合金主要有 Cu-Zn 和 Cu-Sn。

Cu-Zn 合金沉积层的色彩随含锌量而变化，可分为黄铜和白黄铜。黄铜一般含锌 20%~30%；白黄铜一般含锌 72%。电沉积黄铜广泛用于建筑、五金、灯饰等行业主要作为装饰性沉积层用，一般在光亮沉积镍层上沉积一层很薄的 Cu-Zn 合金沉积层(1~2μm)，以达到装饰目的。

Cu-Sn 合金沉积层按锡的含量分为三类，即 8%～16%锡的称为低锡的 Cu-Sn 合金，16%～40%锡的称为中锡的 Cu-Sn 合金，40%～45%Sn 锡的称为高锡的 Cu-Sn 合金，它们的外观色泽分别为粉红、金红和银白。其中高锡的 Cu-Sn 合金色泽银白似 Cr，硬度高，耐磨性好，不易变色，耐酸、碱和食品中的有机酸，抛光后具有良好的反光性，可用于反光沉积层，以及电子零件的导电、可焊沉积层。

21.1.4　电沉积镍及镍合金的发展

Ni 是面心六方结构，呈银白色(略呈黄色)的金属，密度 8.9g/cm³，相对原子质量为 58.69，熔点 1453℃，标准电极电势为–0.25V。镍具有很强的钝化能力，在空气中能迅速形成一层极薄的钝化层，使其保持经久不变的光泽。在常温下，镍能很好地防止大气、水、碱液的腐蚀，在碱、盐和有机酸中很稳定，在硫酸、盐酸中溶解很慢，易溶于硝酸，并使其具有较好的耐磨性和抗腐蚀性能，因此常电沉积为保护层。但由于沉积镍层常多孔，则常与其他金属沉积层组成多次体系，作底层或中间层，如 Ni/Cu/Ni/Cr、Cu/Ni/Cr 或 Cu/Ni/Ni/Ni/Cr 等多层镍以提高多层的抗腐蚀性能[8,9]。

沉积镍分普通沉积镍、光亮沉积镍、沉积多层镍，以及沉积黑镍、枪色镍和珍珠镍等。

电沉积镍基合金可分为：防护性 Ni 基合金，如 Ni-Zn 对钢铁基体来讲是阳极沉积层，具有电化学保护防护作用；装饰性 Ni 基合金，如 Ni-Fe、Ni-Cr、Ni-Sn 等；具有耐磨性的 Ni 基合金，如 Ni-Cr、Ni-P 和 Ni-B 合金；用于磁记忆元件的 Ni 基合金，如 Ni-Fe、Ni-Co 等

电沉积 Ni 基合金的主要特点是：可制取性能优异的非晶态的 Ni-P 合金；可获得在水溶液中难以单独电沉积金属的合金，如 Ni-W、Ni-Mo 等；电沉积 Ni 基合金的硬度一般较高，耐磨性较好；Ni 基合金的电沉积机理一般都属于非正常共沉积。

Ni 和 Fe 的原子结构相近，其标准电势分别为–0.250V 和–0.44V，同为铁族元素，从电化学角度来分析，它们在简单盐溶液中就有可能实现共沉积。该合金沉积层分低铁、中铁和高铁三种 Ni-Fe 沉积层，它们的 Fe 含量分别为 10%～15%、25%～35%和 35%～40%(质量分数)。当 Ni 的含量为 9wt%和 18wt%时，沉积层为体心立方结构，当 Ni 含量为 52wt%、64wt%和 75wt%时，沉积层为面心六方结构；当 Ni 含量为 31wt%时，沉积层为"面心六方+体心立方"两相结构。

Ni-Co 合金由于具有良好的耐放射性而广受重视。用于磁件沉积层含 Co 量大于 30wt%，这种 Ni-Co 合金具有较高的剩余磁通密度，主要用于计算机磁鼓、磁盘等表面磁性沉积层，而基体多数是铝。当 Co 含量在 14～72wt%时，沉积层为面心六方结构；Ni 含量小于 14wt%(即 Co 含量大于 86wt%)时，沉积层为密堆六方结构；当 Co 含量小于 76wt%时，沉积层为两种面心六方结构；Co 含量大于 76～

90wt%时，面心六方的 Co 转变成密堆六方；当 Co 含量大于 90wt%时，沉积层为密堆六方的固溶体。

Ni-P 合金，当 P 含量为 3wt%时，沉积层为细小晶态；当 P 含量为 5wt%时，沉积层为"细小晶态+非晶态"；当 Co 含量大于 7wt%时，沉积层为非晶态。

21.1.5 电沉积三元铁基合金研究进展

铁基非晶合金在各种磁性器件、计算机元器件、航空航天材料和形状记忆合金等方面也有较为广泛的应用。电沉积三元铁基非晶磁性合金有 Fe-Ni-S、Fe-Ni-Cr、Fe-Ni-W、Fe-Co-Ni 和 Fe-P-B 非晶合金[10]。

1. 磁学性能电沉积铁基非晶合金

研究 Fe-Ni-Co 合金薄膜发现，其具有高饱和磁感应强度(B_s)和低剩磁(B_r)，B_s 为 1.81T，B_r 为 0.62T，H_c 为 43A/m，同时表现为较低的饱和磁致伸缩系数(λ_s)。通过横向磁场热处理，其剩磁值可降低到 0.25T 左右。

通过测定 Fe-Ni-S 合金薄膜的磁滞回线发现，在室温下其饱和磁化强度(M_s)约为 876.25kA/m，矫顽力(H_c)约为 4.96kA/m，同时在饱和磁化状态下的磁致伸缩系数(λ_s)较小，是一种优良的非晶软磁材料，可用于磁头材料。

2. 耐磨性电沉积铁基非晶合金

Fe-Ni-Cr 合金沉积层的 δ 达到 11.3μm，硬度可达到 560HV，且与基体的结合力良好，沉积层未发生脱落及起皮的现象。

Fe-Ni-W 合金沉积层耐磨性优于硬铬沉积层；在不同的载荷下研究发现，Fe-Ni-W 合金沉积层与硬铬沉积层的摩擦系数相当，随时间和载荷的变化都不大，Fe-Ni-W 合金沉积层摩擦系数为 0.11～0.14，硬铬沉积层摩擦系数为 0.12～0.14，且两者都为磨粒磨损机制。Fe-Ni-W 合金沉积层 540℃热处理后，在干摩擦和边界润滑条件下，沉积层表面只有轻微模糊的磨痕和浅细的犁沟，而硬铬沉积层表面则有十分清晰的磨痕和宽深的犁沟，说明 Fe-Ni-W 合金沉积层耐磨性优于硬铬沉积层；在不同的载荷下研究发现，Fe-Ni-W 合金沉积层与硬铬沉积层的摩擦系数相当，随时间和载荷的变化都不大，Fe-Ni-W 合金沉积层摩擦系数为 0.11～0.14，硬铬沉积层摩擦系数为 0.12～0.14，且两者都为磨粒磨损机制。

3. 耐腐蚀性电沉积铁基非晶合金

研究 Fe-Ni-Cr 合金沉积层的工艺发现，合金沉积层在 3.5% NaCl 溶液中的腐蚀速率为 73.2mg/(m² · h)，与基体相比下降了 23.3%，在普通的碳素钢基材上电沉积 Fe-Ni-Cr 合金沉积层后，极化电阻显著增加，从而获得较好的耐蚀性。通过 SEM

观察发现，得到的 Fe-Ni-Cr 合金[13]沉积层表面光滑，由一系列有序排列的小球构成。随着电沉积时间的延长，沉积层表面小球半径增大，沉积层变厚；当沉积层较厚时，沉积层表面会出现细小的裂纹，但无针孔，因此，沉积层应该具有良好的耐腐蚀性。

在碱性条件下研究 Fe-P-B 非晶态合金发现，在 15%的 NaOH 溶液和 5%的 NaCl 溶液中分别浸泡沉积层，随着浸泡时间的延长，沉积层的质量损失率增大，但是在 15%NaOH 溶液浸泡的沉积层质量损失率远小于 5%的 NaCl 溶液的质量损失率，在 15% NaOH 溶液中的耐腐蚀性能优于 5%的 NaCl 溶液。

非晶态合金的研究与应用主要着重于沉积层的功能特性，高硬、耐磨、耐蚀和具有催化等特性的非晶态合金沉积层已得到大量应用，目前人们正在不断开拓其新用途。纳米合金和非晶态合金的研究及应用，将是新型材料领域发展的重要方向。

21.2　电沉积合金研究的两项新进展

长期以来，电沉积合金的研究对象主要是晶体物质，它是基于晶体中原子排列的周期性和对称性，通常认为是相对比较宏观的物质。电沉积纳米晶技术则是制备粒径在 1～100nm 的微细晶粒材料的技术，而非晶态电沉积技术则是制备非常细小的微晶组成的物质，其晶粒大小为十几埃至几十埃[11,12]。

下面就近年来发展的电沉积纳米合金和非晶态合金的制备方法、特性及应用进行概述。

21.2.1　电沉积纳米晶合金

电沉积纳米晶材料的形成由两个步骤控制：①形成高晶核数目；②控制晶核的成长。通常用电沉积法制备纳米晶合金的方法有两种：直流电沉积法和脉冲电沉积法。

目前，对电沉积纳米合金技术进行了很多研究。据不完全统计，用电沉积方法已制备了超过 30 种纳米合金，如 Zn-Ni 纳米合金、Ni-P 纳米合金、Ni-Co 纳米合金、Ni-Fe 纳米合金、Ni-W 纳米合金、Ni-Mo 纳米合金、Ni-Cu 纳米合金、Co-Cu 纳米合金、Fe-Ni 纳米合金、Pd-Fe 纳米合金、Fe-Pt 纳米合金、Pb-Se 纳米合金、Bi_2Te_3 合金、Bi-Sb 合金、Bi-Te-Se 合金、Ag_7Te_4 纳米合金、Co-Ni 合金、Co-Ni-Fe 纳米合金、Co-Ni-P 纳米合金、Bi-Co 合金、Ni-B 合金、Pt-Pb 合金等。

电沉积法制备纳米晶合金的主要优点如下所述：①电沉积层具有独特的高密度和低孔隙率，结晶组织取决于电沉积参数。通过控制电流、电势、电解液组分等工艺参数，可精确地控制膜层的厚度、化学组分、晶粒组织、晶粒大小和孔隙率等。②适用于制备纯金属纳米晶膜、合金膜及复合材料膜，以及粉、管、线、棒、板等。③电沉积过程中过电势是主要推动力，容易实现电沉积，工艺灵活，易转化。④可在常温常压下操作，节约了能源，避免了高温引起的热应力。⑤易使沉积原子在单晶基质上外延生长，从而得到较好的外延生长层。⑥有很好的经济性和较高的生产率，初始投资少。

由于纳米合金和非晶态合金具有优异的性能，已受到人们的极大关注。尤其是具有光、电、磁、热及半导体特性的功能性合金，为新型工业材料的应用打开了新局面，也为产品的微型化、小型化、轻量化和多功能化创造了有利条件，因此有极大的发展空间。随着科学技术和现代工业的迅速发展，纳米合金和非晶态合金的应用领域还会不断扩大，其发展前景十分广阔。

21.2.2　电沉积非晶态合金

固体材料按其组成的原子排列，可分为晶态和非晶态。非晶态材料的结构主要有两个特征：①长程无序、短程有序，没有平移的周期性；②亚稳态性，即系统的自由能比平衡态高，有向平衡态转变的趋势。制备非晶态材料的方法有电沉积、化学沉积、液态急冷法、离子注入法、气相沉积法等。其中电沉积法具有设备简单、耗能低、操作方便等特点，且较易获得各种组成的非晶态合金，沉积层结构可以连续地由晶态转变为非晶态，也可连续进行大批量生产，所以备受重视。

1. 具有良好力学性能的电沉积非晶态合金

非晶态合金的力学性能十分突出，其长程无序、短程有序的结构使其不仅具有高强度，还具有高的塑性和冲击韧性，形变时无加工硬化现象，具有高的疲劳寿命和良好的断裂韧性。例如，非晶态 Ni-P 合金沉积层经热处理后，其硬度会明显增加(由 500HV 升至 1000HV 以上)，而且耐磨性也会提高。Ni-W、Ni-B、Ni-Fe-P 等合金沉积层，经热处理后其硬度更高。非晶态 Ni-Mo 合金具有耐磨性好、热膨胀系数低、硬度较高等特性。非晶态 Ni-W-B 合金具有优良的力学性能，其硬度约为 612HV，经热处理后其硬度可达 950HV，与铬沉积层的硬度相近，其耐蚀性也大大提高。

2. 耐蚀性的电沉积非晶态合金

非晶态合金沉积层具有优异的耐蚀性，可用于许多严酷的腐蚀环境。由实验可知，金属-类金属系非晶态合金一般都表现出比晶态合金更好的耐蚀性。在非晶态合金中加入类金属元素 P，可增强非晶态合金的活性，加速腐蚀环境中钝化膜的形成；此外，非晶态合金中部分活性大的金属元素能生成腐蚀产物膜，起到抑制腐蚀的作用，使合金抗腐蚀性能大大提高。例如，P 含量为 10%～11%的非晶态 Ni-P 合金比晶态的 Ni-P 合金具有更优异的耐蚀性，而非晶态 Fe-P 合金也有类似的实验结果。

金属和金属形成的非晶态合金(如 Fe-Mo、Fe-W、Ni-W-P、Fe-Ni-Cr 等)的耐蚀性比晶态合金高得多，这主要归因于这类非晶态沉积层的均一性单相结构，无晶体缺陷，表面易形成稳定的钝化膜。非晶态 Ni-W-B 合金，由于少量硼的掺入，大大地提高了合金的耐蚀性(超过了 Co-W-B 合金的耐蚀性)。非晶态铁族基合金(如 Fe-B、Co-B 等)通常都有良好的耐蚀性。最近的研究表明，电沉积制得的非晶态 Fe-Cr-P-Co 合金具有非常优异的耐蚀性。

3. 具有良好摩擦学性能的电沉积非晶态合金

非晶态合金具有很高的耐磨性，可与硬铬沉积层相媲美，且其使用温度高、承载能力强，已较为广泛地被用作表面耐磨沉积层。目前，作为耐磨沉积层应用的非晶态合金主要有 Ni-P、Ni-B、Fe-P、Fe-Ni-P 等。

4. 具有良好电性能和电磁性能的电沉积非晶态合金

非晶态的金基合金(Au-Ni、Au-Co、Au-Ni-W 等)通常不仅具有良好的电性能，还具有较高的硬度和优良的电接触性能，适用于电接触器材料。最近的研究表明，从葡萄糖酸盐溶液中制得的非晶态 Sn-Co-Fe 和 Fe-Ni-W 合金，都具有良好的电磁性能。非晶态 Co-P 薄膜具有低的矫顽磁性、高的导磁性，以及相当高的饱和磁性和电阻率。许多非晶态合金(如 Ni-P、Fe-P、Co-P、Co-Ni-P 以及 Co-Ni-Mo)都具有良好的电磁性能，可作为矫顽力低、导磁性高的材料。

5. 非晶态合金的催化活性

由于镍基合金作为电解水的阴极时，具有析氢过电势低的特性，所以是优良的制氢阴极材料，其中 Ni-S 合金已受到关注。近期发展起来的非晶态 Ni-S-Co 合金的性能尤其优异，其析氢过电势比非晶态 Ni-S 合金还低，而且稳定性更高。

非晶态 Pt-Pb 和 Pt-Pd 合金具有良好的析氢特性，作为电解水的阴极时，由于其析氢过电势低，有利于节省能源。

21.3　电沉积金属/合金基质复合材料的研究进展

前面已经说过，用电沉积的方法制备金属/合金基质加入固体微粒的复合材料在电沉积发展史上具有里程碑的意义。因此引起各国材料科学界的广泛重视，无论是制备方法、复合材料体系，还是金属/合金基质与固体微粒的共沉积机理，以及实际应用都得到巨大进步和发展。在郭鹤桐、张三元著的《复合电镀技术》(化学工业出版社，2007)中有系统介绍，这方面的进展综述性的论文也不少。读者可以去阅读这本专著，查阅有关论文。

21.3.1　电沉积 Ni 和 Ni 基合金为基质的复合材料

由于农业深松铲技术的大力推广，汽车发动机和航天喷气式发动机的需要以及油田设备方面的需要，电沉积 Ni 和 Ni 基合金为基质的复合材料的研究和实践应用有很大发展[13-17]。这类复合材料大致可分为以下几种。

1) 高硬度、耐磨及耐腐蚀的复合沉积层

将硬度较高的 Al_2O_3、TiO_2、SiC、ZrO_2、碳纳米管(CNT)或金刚石等纳米颗粒加入镍基体中，可以提高沉积层的硬度、耐磨性和耐腐蚀性。因此这类电沉积复合材料有 $Ni-Al_2O_3$、$(Ni-P)-Al_2O_3$、$Ni-TiO_2$、Ni-SiC、(Ni-Co)-SiC、(Ni-P)-CNT 和 $Ni-ZrO_2$ 等。

2) 自润滑、减摩沉积层

使用具有润滑减摩作用的石墨、聚四氟乙烯(PTFE) 或 MoS_2 等在大气中的摩擦因数很小且表面较为平滑的纳米颗粒加入到沉积液，从而获得具有减摩性的 Ni 基纳米复合沉积层，其可以防止两摩擦副金属之间的直接接触，以减少甚至防止黏着磨损，起到固体减摩作用，因而也减少了零件表面的磨损。例如，纳米和微米级 PTFE 粒子的(Ni-P)-PTFE 复合沉积层，通过实验得知，PTFE 的体积均占上述复合沉积层总体积的 26%左右时，复合沉积层减摩性最好。

3) 具有催化功能沉积层

纳米 TiO_2 具有光催化活性高、热稳定性好及持续时间长等优点，与 Ni 基共沉积可制备出具有高光催化活性的纳米复合沉积层，如 $Ni-TiO_2$ 和$(N-Zn-P)-TiO_2$ 等。

4) 抗高温氧化性能沉积层

将 SiC、ZrO_2 或 TiO_2 等具有抗高温氧化性能的固体纳米颗粒在零件表面与 Ni 基共沉积，形成具有抗高温氧化性能的 Ni 基纳米复合沉积层，以提高零件表面抗高温氧化性能。

例如$(Ni-W)-ZrO_2$，由于纳米 ZrO_2 颗粒的存在，纳米 $Ni-P-ZrO_2$ 功能涂层具有更高的高温硬度和更好的耐高温性能。纳米 ZrO_2 可提高 Ni-W-B 非晶态复合沉积层在 550～850℃的抗高温氧化性能，可使沉积层耐磨性提高 2～3 倍，同时明显提高沉积层的硬度。

21.3.2　电沉积 Zn 基合金复合电沉积

$Zn-SiO_2$ 复合沉积层，例如在氯化物沉积锌溶液中加入粒径为 1～3μm 的 SiO_2 微粒获得 $Zn-SiO_2$ 复合沉积层，其耐蚀性能比沉积锌层高 2～4 倍，当复合沉积层中 SiO_2 含量超过 0.5%(质量分数)时，将影响沉积层与基体之间的结合力[3]。

$(Zn-Co)-TiO_2$(0.5%～1.5%体积分数)的复合沉积层，在 pH 为 3.8～4.5，J_k 为 1～4A/cm^2，温度为 15～35℃情况下，经腐蚀电阻测定、中性盐雾试验、周期浸渍试验证明，其耐腐蚀性能是普通沉积锌层的 2～3 倍。(Zn-Fe)-SiO₂(平均粒径 0.76μm)，其中 SiO₂ 体积分数在 0.40%～0.51%。在含 5%NaCl 水溶液中，该复合沉积层的耐腐蚀性比 Zn-Fe 复合沉积层高 1.5～4 倍,比普通沉积锌层高 3～20 倍。Zn-Al(颗粒)复合沉积层与普通沉积锌相比，其大大降低基体钢板红锈的产生。

此外，还有(Zn-Fe)-TiO₂、(Zn-Ni)-SiC 复合沉积层和(Zn-Ni)-TiO₂ 复合沉积层等。

21.3.3　Ni 或 Ni-Co 金刚石和复合沉积层

以金刚石为分散相，以镍为基体相的镍基金刚石复合沉积层既可作为耐磨沉积层用于航空、航天工业[7]，也可作为磨削工具用于硬质材料磨削或切削加工。近年来，随着人造金刚石制备技术与工艺的日趋成熟，金刚石颗粒的生产成本已大幅降低，深入开展镍基金刚石复合沉积层制备与性能的研究有着重要的理论意义和实用价值[17]。

通常认为，金刚石粒径的大小决定着镍基金刚石复合沉积层的特性及用途。因此，根据金刚石粒径的大小将镍基金刚石复合沉积层分为两类。当金刚石粒径在微米尺度(或大于 1μm)时，称为金刚石镶嵌镍基复合沉积层；当金刚石粒径小于 0.1μm(或几十纳米)时，称为金刚石弥散强化镍基复合沉积层。近年来，随着纳米材料科技的迅速发展，关于含有超细金刚石微粉(ultrafine diamond，UFD)复合沉积层的研究逐渐增多。含有 UFD 的复合沉积层不仅具有良好的强韧性、耐蚀性，而且还可细化沉积层的晶粒结构。

国内外关于提高镍基金刚石复合沉积层性能的探究取得了一定成果，其中关于基质材料有如下研究。Ni 基质韧性好，但硬度和耐磨性较差，使用过程中易发生变形失去对金刚石的把持力。而合金做金属基质则可克服这一问题。Ni-W 合金硬度高、熔点高、线性热膨胀率低、抗拉强度高，作为金属基质与金刚石颗粒共沉积时，所得沉积层磨损量少、耐磨性好。Ni-Co 合金硬度高、耐磨性好，可减少疲劳磨损的发生。电沉积(Ni-Co)-金刚石复合沉积层较 Ni-金刚石复合沉积层磨损率降低；埋砂法制备的(Ni-Co)-金刚石复合沉积层磨损失重可低至 2.2mg。但世界范围内 Co 储备量较小，因此 Ni-Co 合金沉积层造价昂贵。在适当韧化剂作用下，Ni-Co-Mn 三元合金比 Ni-Co 合金具有更优异的综合机械性能, (Ni-Co-Mn)-金刚石工具较(Ni-Co)-金刚石工具耐磨性提高，并且 Co 用量可降低 80%。

关于工艺探究的报道较多，而关于电沉积机理的研究报道尚不多见。在镍基金刚石复合沉积层中，界面、基体相、分散相的性能是影响复合沉积层性能的主要因素。微米级金刚石颗粒表面的功能化处理可有效改善颗粒与**镍**界面的结合特征，可提高镍对金刚石的把持力。在纳米金刚石弥散强化镍基复合沉积层研究领域，如何进一步改善超细微粒的分散稳定性，仍是当前研究的热点问题。实际上，若要拓宽镍基金刚石复合沉积层的应用范围，还须解决快速电沉积超厚镍基沉积层的实际问题。因此，开发新型快速沉积镍溶液，研发计算机辅助控制多波形输出电源，是镍基金刚石复合沉积层应用研究的关键问题。近期的研究结果还表明，金刚石不仅具有极高的硬度，还具有独特的导热、耐高温、耐腐蚀性，可赋予复合沉积层以独特功能。因此，深入开展镍基金刚石复合沉积层的研究，是获得新型功能材料的有效途径。

21.3.4 Cr-金刚石复合沉积层

1. 金刚石复合沉积铬溶液配制及工艺流程

我国自 20 世纪 70 年代末开始，以哈尔滨工业大学为代表的机构对三价铬电沉积工艺进行了研究，主要对甲酸盐体系、氨基乙酸体系、乙酸盐体系、草酸盐体系等进行了研究探索和理论探讨[18]。20 世纪 80 年代，甲酸盐-乙酸盐体系沉积液应用于小批量试生产，并在以下两方面取得了成果：首先通过微锑电极测得了阴极过程的特征，还通过脉冲技术获得了近 20μm 厚的铬沉积层，又采用三价铬沉积液得到铬-镍合金。20 世纪 90 年代，中南工业大学(现中南大学)等院校、工厂也相继开展了三价铬电沉积的研究，并取得一些成果。吴慧敏等通过正交法进行小槽试验和赫尔槽试验及筛选，研究了三价铬电沉积工艺中的 pH、温度、搅拌、电流密度等工艺条件和参数对沉积层的影响，在各不同沉积液组成和工艺条件下，充分地分析了沉积层的表观形貌，确定了最佳沉积液组成和工艺参数：采用了主盐和导电盐均为硫酸盐的全硫酸盐体系的三价铬沉积铬；当 pH = 2~3、J_k = 15~45A/dm^2、工作温度为 25~45℃时，采取静沉积的方法可以得到光亮、致密的合格沉积层。哈尔滨工业大学的郑剑、屠振密等研究了一种以甲酸、乙酸及第三种配位剂组合的三价铬电沉积工艺，并对该沉积液和沉积层进行了性能测试，测试结果显示，该体系所得沉积层外观光泽明亮，接近六价铬沉积层。结合力与耐冲击能力试验表明，该三价铬沉积层与传统的六价铬相当。中国科学院兰州化学物理研究所的曾志翔等在 200L 氯化物体系三价铬沉积液中进行电沉积，沉积件为 ϕ50mm×100mm 的钢管或铜管。在不同的温度和 pH 下进行沉积，来确定最佳工艺范围。

金刚石复合沉积铬溶液配制过程：配制沉积铬液→纳米金刚石活化处理→加入沉积液中。

沉积铬工艺流程：除油→水洗→酸洗→水洗→复合沉积铬→水洗→干燥。

2. 镀层外观形貌分析

图 21.1 为加入金刚石前后沉积层的 SEM 照片。从图中可以看出，纳米金刚

石加入沉积层后晶粒明显细化，说明纳米金刚石的存在阻止了晶胞的长大，形成了沉积层的形核率，从而起到了弥散强化的作用。俄罗斯有研究表明，含纳米金刚石复合沉积层存在大量金刚石-金属界面，计算得到，含 1wt% 纳米金刚石的复合沉积层其界面层可达 $20\sim25\text{m}^2/\text{cm}^2$，可见金刚石与金属间可能形成相当强的、硬化的化学结构。杨冬青等分析了沉积液中纳米金刚石的量和电沉积时间对沉积层的影响，结果表明，随着沉积液中纳米金刚石的增加，沉积层的晶粒逐渐变细小；随着电沉积时间的增加，沉积层的晶粒逐渐变细，随着沉积层的变厚，沉积层内部应力增大，产生裂纹。

(a) 未加金刚石　　　　　　　　(b) 加入金刚石

图 21.1　添加金刚石前后沉积层的表面形貌

3. 沉积层显微硬度分析

图 21.2 为纯铬沉积层与复合沉积层在不同电沉积时间下的显微硬度曲线。由图可知，两种情况有相同的变化趋势。纳米金刚石的加入对沉积层硬度的提高起到了一定的作用，并且复合电沉积时间在 15~20min 时的硬度最大，最高可达 1200HV。不含金刚石的沉积层在镀覆 15min 后，显微硬度变化不大。但若电沉积时间过长，沉积层表面会有漏沉积现象，所以电沉积时间在 15min 左右合适。王柏春等[19]的研究表明，在电沉积时间为 30min 的情况下，显微硬度随着加入的纳米金刚石浓度的增加而明显提高，并且出现峰值。王正等[20]研究了沉积液中纳

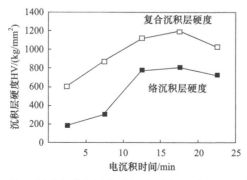

图 21.2　不同电沉积时间下纯铬沉积层和复合沉积层在不同电沉积时间下的显微硬度曲线

米金刚石含量、电沉积时间等因素对沉积层的影响，结果表明，在最佳电沉积条件下(金刚石体积分数 0.8%，电沉积时间 2h)，沉积层硬度随时效温度升高而增加，在 400℃时硬度最大为 1889HV，之后随温度升高而迅速下降，在 800℃时，硬度为 879HV，只有最佳值的 1/3。

4. 沉积层摩擦力矩分析

图 21.3 为纳米金刚石沉积层通过 MMW-1 摩擦系数试验机测试的结果，并与常规沉积层进行了对照，通过对比可知，纳米金刚石复合沉积层的摩擦力矩明显低于常规铬沉积层，最高只有 200N·mm，且整条曲线较平滑，而常规铬沉积层的摩擦力矩均在 400N·mm 以上，最高接近 600N·mm。可见，纳米金刚石复合铬沉积层滑动性能明显优于常规铬沉积层。纳米金刚石复合铬沉积层之所以有着比普通铬沉积层更高的耐磨性，是由于纳米金刚石颗粒弥散分布在沉积层中，对沉积层的强化在多个方面发挥作用。首先，纳米金刚石颗粒自身的强度、硬度对沉积层起到了整体支撑作用，沉积层中的这些硬质点对提高沉积层的耐磨性极为有利。其次，纳米金刚石的小尺寸效应，富集在纳米颗粒表面的电子还会与表面金属或沉积层的金属的原子产生化学键的吸附，从而使沉积层与金属的结合更加牢固，有效提高了沉积层的结合强度。

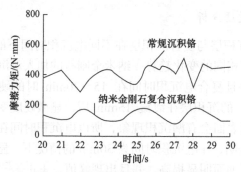

图 21.3　沉积层摩擦试验测试曲线

21.3.5　多元复合电沉积功能材料

人们研制出的沉积层的功能已形成多种系列，可分为耐磨沉积层、耐高温沉积层、耐蚀沉积层、高温耐磨沉积层、高温耐磨耐蚀沉积层、特殊装饰性彩色沉积层、有电接触功能的沉积层等。在电沉积复合沉积层工艺方面，已从二元到多元，从普通的固体微粒到纳米颗粒，从一般的复合电沉积到梯度复合电沉积。下面就近年来国内外在复合电沉积制备多功能复合材料方面的研究动态和发展趋势作综述[21]。

1. 多元金属合金基质的复合电沉积

通过对二元复合沉积层的研究表明，纯金属主体往往强度潜力有限，若采用合金主体，则复合沉积层具有更高的硬度和耐磨性。例如 Ni-P 或 Ni-B 等系列合金沉积层，本身具有较好的硬化效果，在这些合金上共沉积一些固体微粒，获得了耐磨性更好、硬度更高的复合沉积层，可满足工业的不同要求。国内有不少学者研究过 Ni-P-SiC 复合沉积层，国外在这方面也有许多报道。Karthikeyan 研究表明，SiC 对 Ni-P-SiC 复合沉积层硬度及耐磨性都有良好的影响。Cheng 采用电沉积法制备了 Ni-P 合金沉积层并在合金基体中成功地引入 SiC 粒子，研究发现，在同样的温度下复合沉积层的硬度随沉积层中 SiC 含量的增加而增加，且在 400℃附近最大硬度约为 1100HV，此体系为：Ni-w(P)8.8%-w(SiC)18.9%；该复合沉积层的磨损失重随沉积层中 SiC 含量的增加而减少，在 SiC 为 20%时达到最小，之后又增加。Yucheng 实验发现，SiC 的存在并不影响 Ni-P 基的结构，其作用是使硬度分散且将形变力降到最低。

郭忠诚等[21]采用电沉积法制备的 Ni-W 非晶合金和 Ni-W-SiC 复合沉积层，经过热处理后的硬度，后者高于前者。同时还制备出 Ni-W-P-SiC、Ni-W-B-SiC 和 Ni-W-Ti-SiC 等复合沉积层。经 400℃热处理 1h 后，Ni-W-P-SiC 的显微硬度略高于 Ni-P-SiC，略低于 Ni-W-SiC，而摩擦失重量远小于 Ni-P-SiC 和 Ni-W-SiC 复合沉积层；Ni-W-B-SiC 复合沉积层在热处理条件下，沉积层中有 Ni_2B 粒子出现，产生弥散强化，使沉积层的硬度增大，当温度达到 400℃时，复合沉积层的硬度达到最大值，接近 1200HV；经碳氮共渗的 Ni-W-Ti-SiC 复合沉积层的硬度和耐磨性大大优于未经碳氮共渗的 Ni-W-Ti-SiC 复合沉积层。文明芬等[22] 利用最佳沉积液组成和工艺条件得到深黑、均匀的 Ni-Mo-P-SiC 复合沉积层，与基体结合较好，耐蚀性也较好，该复合材料沉积层可用作太阳能吸热材料，其吸收率高达 93%～94%，而反射率只有 5%～7%。张敬尧等[23] 在化学复合沉积 Ni-Co-P/SiC 沉积层前，对其中的复合相微粒 SiC 做了表面活处理——浸胶体钯，降低了 SiC 复合相与 Ni-Co-P 基质相的界面张力，提高浸润性，使沉积层两相结合更紧密，孔隙率降低，因此，具有优异耐磨性能的 Ni-Co-P/SiC 复合沉积层的耐蚀性明显增加。刘颖等[24] 研究了 Ni-P-ZrO₂ 化学复合沉积层的抗氧化性，结果表明，加入 ZrO_2 粒子可以显著提高 Ni-P 合金基体的抗氧化性能。李爱昌[25] 试验得出制备 (Ni-W)-ZrO₂ 非晶复合沉积层的电沉积工艺，获得了含 $\varphi(ZrO_2)$10.0%～36.2%的非晶态复合沉积层。分析测试表明，ZrO_2 微粒的引入，明显提高了非晶态 Ni-W 合金的热稳定性、硬度和高温抗氧化性能，其中，(Ni-W)-ZrO₂ 复合沉积层将第一晶化温度提高了 13℃，使第二晶化温度提高了 25℃，使形成多相合金的温度提高了 49℃；经热处理后的 $\varphi(ZrO_2)$ 含量为 33.1%，沉积层显微硬度可达 1332HV；500℃

时(Ni-W)-ZrO_2 复合层的抗高温氧化性能比 Ni-W 合金沉积层高 1 倍。刘善淑等[26]用电沉积方法制备了 Ni-P-ZrO_2 复合电极，并表明在 80℃、25% NaOH 碱性溶液中，Ni-P-ZrO_2 的表观交换电流密度及表面粗糙度皆大于 Ni、Ni-P 电极，而反应电阻较小，因而 Ni-P 中引入 ZrO_2 所形成的复合沉积层具有较高的析氢催化活性和良好的化学稳定性。宋来洲等[27] 提出了化学沉积 Ni-P / TiO_2 复合沉积层于碳钢表面的新技术，并研究了沉积层的耐蚀性。由于复合膜中 TiO_2 的存在，抑制了硫酸溶液对 Ni-P 沉积层的氧化，减缓了氯化钠中 Cl^- 对膜的侵蚀作用，从而使 TiO_2 复合膜在腐蚀介质中长期浸泡，仍然保持较好的耐蚀性能。Osiewicz 在 20℃、5 A/dm^2 条件下，沉积液中加入 TiO_2 和 PTFE 粒子的悬浮液在铜基体上获得了 Ni-P-TiO_2 和 Ni-P-TiO_2 -PTFE 复合沉积层。Wang 等的研究表明，电沉积的 Al_2O_3-Cu(Sn)、CaF_2-Cu(Sn)和 tale-Cu(Sn)复合沉积层的显微硬度高于 Cu-Sn 合金沉积层，而且复合沉积层的硬度和耐磨性与沉积粒子的硬度有关，三者中以 Al_2O_3-Cu (Sn) 复合沉积层的硬度和耐磨性最优良。曲彦平等制备并研究了 Ni-P-Al_2O_3 复合沉积层，在沉积层中加入 Al_2O_3 粒子使沉积层硬度和耐磨性明显提高，且在酸性和含 Cl^- 的水溶液中具有良好的抗蚀性能(硝酸、硫酸和强碱除外)。董允等采用电刷沉积技术制备了 Ni-W-Co/Al_2O_3 颗粒复合沉积层，其硬度随 Al_2O_3 颗粒含量的增加而显著提高，复合沉积层的耐磨性明显提高，最高可达单纯 Ni-W-Co 合金沉积层的 3 倍以上。周白杨等的研究表明，在改变电沉积工艺过程中，Ni-Fe-P/Al_2O_3 复合沉积层的显微硬度明显高于 Ni-Fe-P 合金沉积层，平均显微硬度高出 100～160HV 。谢凤宽采用摩擦电喷沉积技术制备的 Ni-Co-MoS_2 复合沉积层，与基体结合良好。对摩擦性能研究表明，MoS_2 含量不同的 Ni-Co-MoS_2 复合沉积层在高速条件下都具有很好的减摩性能；随着沉积层 MoS_2 含量的增加，摩擦因数开始急剧下降，当沉积层中 MoS_2 含量大于 13% 时，摩擦因数随着沉积层中 MoS_2 含量的增加而趋于平缓。肖秀峰等实验制备的 Ni-W-WC 沉积层为晶态复合沉积层，其耐蚀性优良，在碱性溶液中具有优于 Ni-W 合金沉积层的析氢和析氧电催化活性。朱龙章等研究了在一定条件下，在镍钴合金沉积液中加入 WC 微粒形成 Ni-Co-WC 复合沉积层的共沉积过程。由于 WC 微粒的嵌入，复合沉积层的表面粗糙度比镍钴合金层大，其真实表面积也有所增大，从而有利于氢的析出。

近年来研制的合金基体的复合沉积层还有 Ni-B-SiC、Ni-B-Al_2O_3、Ni-B-人造金刚石、Ni-B-天然金刚石、Ni-P-金刚石、Ni-P-Si_3N_4、Ni-P-B_4C、Ni-P-Cf (碳纤维)、Au-Co-PTFE、Zn-Co-TiO_2、Sn-Zn-PTFE (或石墨、云母)、Ni-W-B-ZrO_2 等。研究结果都表明，以合金为主体的复合沉积层大都比以单金属为主体的复合沉积层的性能优越。

2. 多种微粒的复合电沉积

20 世纪 70 年代末和 80 年代初，人们就已研制出少数由两种或两种以上的固体微粒与多元合金共沉积的复合沉积层，有人将制得的 Ni-P- (CaF$_2$ +SiC)与 Ni-P 两种沉积层进行耐磨实验，后者的磨损失重是前者的 25 倍。已制得的 Cu-NbSe$_2$ -MoS$_2$ 与 Cu-石墨-MoS$_2$ 自润滑复合涂层，在 20℃空气中的摩擦系数在 0.11~0.36。郭忠诚等在 20 世纪 90 年代初就开展了多元复合电沉积工艺及技术的研究与开发工作，现已研制出一系列的合金基体的多功能复合沉积层，如 Ni-B-SiC、Ni-W-SiC、Ni-W-P-SiC 等，特别是在多种微粒、多种金属基体复合电沉积方面取得重大进展。这些沉积层有：RE-Ni-W-P-SiC、RE-Ni-W-P-SiC-PTFE、RE-Ni-W-B-B$_4$C-MoS$_2$、RE-Ni-B-SiC、RE-Ni-W-B-SiC、RE-Ni-W-B-SiC-MoS$_2$、RE-Ni-W-P-B$_4$C-PTFE 和 RE-Ni-B-Al$_2$O$_3$ 等，并系统地研究了这些沉积层的工艺条件、组织结构、耐磨、耐蚀以及抗氧化等性能。他们研究了热处理温度和时间对 RE-Ni-W-P-PTFE-SiC、RE-Ni-W-P-SiC 两种复合沉积层硬度及耐磨性的影响规律，结果表明，两种沉积层在 400℃时磨损率最低、硬度最高和耐磨性最好；400℃以下，随温度升高硬度上升，磨损率下降；400℃以上，则正好相反；随着热处理时间的延长，复合沉积层的硬度和耐磨性增加，当热处理时间达到 2h 时，沉积层的硬度和耐磨性达到最佳值。此外，RE-Ni-W-P-PTFE-SiC 沉积层的硬度始终小于 RE-Ni-W-P-SiC 沉积层，但其磨损量却远小于 RE-Ni-W-P-SiC 沉积层，这都与 PTFE 的自润滑特性有关。他们还在 10% HCl、10% FeCl$_3$、10% H$_2$SO$_4$ 和 40% H$_3$PO$_4$ 等介质中，研究了 RE-Ni-W-P-SiC 复合沉积层的腐蚀行为，结果表明，以 Ni-W-P 合金为基体的复合材料沉积层在沉积态或热处理条件下，在硫酸、磷酸、盐酸和氯化铁溶液中具有较好的耐蚀性，均优于 316L 不锈钢；RE-Ni-W-P-SiC 复合沉积层在硫酸和磷酸溶液中的耐蚀性更明显，其腐蚀机理为晶间腐蚀，而在盐酸和氯化铁溶液中的腐蚀机理为点蚀。抗氧化性研究表明，RE-Ni-W-P-SiC-PTFE 复合沉积层随着氧化温度的升高，氧化膜的质量增大，特别在 800℃以上沉积层质量增大迅速。通过比较得出，RE-Ni-W-P-SiC-PTFE 复合沉积层的抗氧化性不如 Ni-W-P、Ni-W-P-SiC 和 RE-Ni-W-P-SiC 三种复合沉积层好。对 RE-Ni-W-B-B$_4$C-MoS$_2$ 复合沉积层的研究得出结论，当温度小于 800℃时，沉积层被氧化的程度较小，温度超过 800℃时，氧化膜的增重呈直线增加，即复合沉积层的氧化程度大。该复合沉积层在 400℃热处理后耐磨性最好。硬度随热处理温度的升高而增加，400℃时硬度升到最大值 1368HV；电沉积工艺条件对 RE-Ni-W-B-B$_4$C-MoS$_2$ 复合沉积层的表面形貌影响较大，随着电流密度或沉积液温度的升高，复合沉积层结晶粗，晶粒大；反之，沉积层结晶细，表面晶粒细小。

在应用方面，RE-Ni-W-P-SiC、RE-Ni-W-B-SiC、RE-Ni-W-B-B$_4$C-MoS$_2$ 等多

种微粒的多元复合沉积层已用于卷烟机械的零部件，化工机械的搅拌轴、叶片、冶金工业中的蒸发管、阀门、输送管道等的表面保护。值得一提的是，由昆明理工恒达科技股份有限公司承担，郭忠诚主持的国家发展和改革委员会高技术产业化推进项目"电沉积法制备多功能复合材料的产业化"已进入建设阶段，2004 年 3 月投产。该公司通过工业试验，制备出 5 种具有耐磨、减摩、耐蚀和自润滑的复合材料层，如 RE-Ni-W-P-SiC、RE-Ni-W-P-SiC-PTFE、RE-Ni-W-P-B₄C-MoS₂、RE-Ni-W-B-B₄C-MoS₂ 和 RE-Ni-W-B-SiC 等。经过中试到工业化，该技术日趋成熟和完善，并先后在卷烟、纺织、磷化工、榨糖、冶金等机械，以及汽车、电子、军工等行业得到初步应用，该工艺过程具有热处理温度范围宽、电流效率高、设备投资省、加工成本低、占地少、污染小等优点。该项技术已申请国家发明专利。

21.3.6 电沉积 Ni 和 Ni 基合金为基质的复合材料发展趋势

镍基纳米复合电沉积工艺日益成熟。随着纳米技术的不断进步，纳米管、纳米线、纳米块的批量生产，含有纳米材料的镍基复合沉积层性能将会有质的飞跃。但是，现在镍基纳米电沉积还是以纳米材料的制取为主要研发方向，用作表面纳米改性的沉积层也仅仅是以含有纳米级粉体的镍基复合电沉积为主，直接电沉积出具有镍基纳米结晶沉积层的研究还在加紧进行中，这将是比用复合电沉积技术更直接和方便地获得镍基纳米沉积层的方法。就材料而言，主要在功能性镍基纳米复合沉积层方面发展[13-17]。

1. 耐蚀防护装饰复合材料

添加了纳米 TiO_2、SiC 等的镍基复合沉积层的耐蚀性比普通锌沉积层提高了 2～5 倍，外观也得到了大幅度的改善。

$Ni-Al_2O_3$ 纳米复合沉积层的耐蚀性比纯镍沉积层提高 2 个数量级，厚度仅为常规沉积层的 1/2 左右时就可以达到国家的耐蚀标准。这是因为，纳米 Al_2O_3 颗粒的弥散强化作用使得 $Ni-Al_2O_3$ 纳米复合沉积层有比纯镍沉积层更高的硬度。

纳米微粒与基质金属是两种不同的相，纳米微粒的存在使基质金属的电沉积结晶更加细化，甚至可以达到纳米级。纳米微粒本身具有的独特性能，使得纳米复合沉积层具有更高的硬度和更好的耐蚀性，并且其性能一般是随着纳米微粒粒径的减小、沉积复合量的增加而变得更加优异。

2. 耐磨减摩复合材料

在镍基沉积液中加入纳米级非金属硬质相微粒，如 SiC、Al_2O_3、SiO_2、金刚石等形成的复合沉积层，硬度可大幅度提高。这些纳米微粒大都以粉体的形式添加到沉积液中，可以使沉积层位错密度提高，从而具有很高的硬度，表现出良好的耐磨减摩性能。

Ni-P-纳米 ZrO_2 化学复合沉积层，纳米 ZrO_2 粉的加入显著改善了沉积层的耐磨性。制备 Ni-P-纳米 SiC 复合沉积层，由于纳米 SiC 的存在，沉积层硬度显著提高；与 Ni-P-微米 SiC 复合沉积层相比，耐磨减摩性明显增强。

在 Ni-Cr 合金中加入纳米 Al_2O_3 微粒制成镍基纳米复合沉积层，其平均维氏硬度为 700MPa，耐磨损性能比淬火态基体提高了 1125 倍。

Ni-SiC 纳米复合沉积层的耐磨性能与普通镍沉积层相比有较大幅度的提高，在油润滑下磨损体积仅为普通镍沉积层的 1/8。

Ni-Si_3N_4 纳米复合沉积层在油润滑条件下，纳米 Si_3N_4 微粒在支撑载荷的同时，有利于边界润滑膜的形成，避免黏着磨损；同时，由于纳米 Si_3N_4 微粒本身的结构特征，提高了纳米复合沉积层的耐磨性能。

Ni-La_2O_3 纳米复合沉积层的耐磨性比纯镍沉积层提高了约 5 倍，显示出了优良的耐磨损性能，这是因为纳米 La_2O_3 颗粒的加入使沉积层的硬度增加，纳米 La_2O_3 颗粒的弥散强化作用不但提高了沉积层的显微硬度，而且使沉积层的抗塑变形性和抑制裂纹扩展能力得到增强，从而减少了摩擦面的扩展和剥落，避免了材料的大量磨损。

3. 抗高温氧化复合材料

Ni-ZrO_2 纳米复合沉积层的抗高温氧化性能明显优于镍沉积层。将纳米 ZrO_2 颗粒与化学沉积 Ni-P 非晶态合金共沉积，再经适当的热处理使 Ni-P 非晶化成纳米颗粒，可获得纳米 Ni-P-ZrO_2 功能涂层；由于纳米 ZrO_2 颗粒的存在，纳米 Ni-P-ZrO_2 功能涂层具有更高的高温硬度和更好的耐高温性能。纳米 ZrO_2 可提高 Ni-W-B 非晶态复合沉积层在 550～850℃的抗高温氧化性能，可使沉积层耐磨性提高 2～3 倍，同时明显提高沉积层的硬度。

Ni-SiC 纳米复合沉积层的耐高温氧化性能与沉积层中的粉体复合量以及孔隙率有关，复合量小、孔隙率低的沉积层耐高温氧化性强；Ni-SiC 纳米复合沉积层在 800℃灼烧 1.5h 后，增重仅为 Watts 沉积层的 3/4，其中基底金属 Fe 的氧化增重减少近 2/3，复合沉积层对基底金属的保护作用明显增强。

Ni-纳米 SiO_2 复合沉积层的表面形成了完好、稳定的氧化皮，其抗高温氧化性能优于镍沉积层。此外，具有耐高温特性和抗高温氧化特性的纳米陶瓷颗粒，如 TiO_2 等也被广泛应用于镍基复合沉积中，并获得了抗高温氧化性能良好的镍基纳米复合沉积层。稀土氧化物 La_2O_3 纳米粒子的加入，使镍基复合沉积层的晶粒明显细化，抗高温氧化能力明显提高。

4. 自润滑

自身具有润滑性能的纳米颗粒，如 MoS_2、PTFE、CaF、BN 和石墨等，均能与基质金属共沉积，获得自润滑镍基纳米沉积层。

目前，电沉积法得到的纳米自润滑梯度功能材料有纳米 Ni-BN、纳米 Ni-PTFE 等。MoS_2、PTFE 等纳米颗粒因其较低的硬度和良好的润滑性能而被用于减摩复合沉积层中。用含金刚石(27%～30%)、石墨和少量无定型碳的纳米级的黑粉制得的镍基复合沉积层呈非晶化趋向，其硬度和耐磨性能明显改善，而且还具有较好的自润滑性能。

在 Ni-Co 沉积液中加入碳纳米管(CNT)制备的 Ni-Co-CNT 纳米复合沉积层，比 Ni-Co 合金沉积层具有更低的摩擦系数，随着滑动循环次数的增加，两种沉积层的摩擦系数逐渐增加；载荷和滑动频率的增加有助于降低摩擦系数，这主要是因为滑动过程中在复合沉积层表面形成了润滑过渡层。化学沉积制备的 Ni-P-CNT 纳米复合沉积层，在相同的热处理条件下比 Ni-P-SiC、Ni-P-石墨等复合沉积层具有更好的自润滑性能，而热处理温度和时间对 Ni-P-CNT 复合沉积层的摩擦系数影响不大，这是由于碳纳米管具有独特的管状结构，在摩擦过程中碳纳米管从复合沉积层中释放出来，在摩擦表面作为沉积层表面增强体和自润滑剂，阻止了摩擦表面与沉积层的直接接触，从而增强了纳米复合沉积层的自润滑性能。

在 Ni-P 化学沉积液中加入单壁碳纳米管(SWCNT)制备 Ni-P-SWCNT 复合沉积层，随着热处理温度升高，沉积层显微硬度逐渐增加；0.1% SWCNT 的 Ni-P-SWCNT 纳米复合沉积层维氏硬度最大，磨损量最低(约是 Ni-P 沉积层的 1/3)，摩擦系数最低(约是 Ni-P 沉积层的 1/2)，具有最佳的耐磨性和最低的摩擦系数，有更强的自润滑性能。

5. 其他功能材料

在信息产业迅速发展的今天，镍基纳米复合沉积层在电接触材料中也大有发展前途。添加了纳米金刚石的镍基复合沉积层可使电接触材料的寿命提高 2 倍以上。

某些半导体微粒，如纳米 TiO_2 等形成的镍基复合沉积层具有光电转换效应，在光的作用下沉积层表面可以获得电压和电流响应，因而在许多领域，如光催化降解水及空气中的污染物、光电化学太阳能电池等方面有着广泛的应用前景。利用电沉积技术还开发出具有夜光功能的镍基纳米复合沉积层，如镍基夜光颜料，这些镍基纳米复合材料具有吸光性好、结合力强、耐蚀性好、对环境污染小等特点，可用在装饰、广告、节能等工程上。镍基纳米材料与常规材料在磁结构方面存在巨大差异，当晶粒尺寸减小到临界尺寸时，铁磁性材料会转变为顺磁性，其至处于超顺磁状态，这必然使材料表现出不同的磁性能。人们用振动样品磁强计(VSM)研究化学复合沉积方法制备的 Ni-P-纳米 SiC 复合沉积层的磁性，得出沉积态下纳米复合沉积层的磁学性能比 Ni-P 沉积层略有提高；400℃热处理 1h 后，纳米复合沉积层和 Ni-P 沉积层的磁学性能都提高很大，但纳米复合沉积层的磁学性能提高更大；500℃热处理 1h 后，Ni-P 沉积层的磁学性能开始下降，而纳米复合沉积层磁学性能小幅上升。

21.3.7　电沉积 Zn 和 Zn 基合金为基质的复合材料研究进展

1. 锌基复合沉积层[3]

1) Zn-SiO$_2$ 复合沉积层

含有大量 SiO$_2$ 分散粒子的复合沉积层，虽具有较高的耐蚀性能，但由于分散粒子的作用，使沉积层与基体的结合受到影响。为了解决 Zn-SiO$_2$ 复合沉积层与基体结合力的问题，白晓军等研究了各分层含不同 SiO$_2$ 粒子量的 Zn-SiO$_2$ 三层复合沉积层(沉积层组成见表 21.1)，在提高沉积层耐蚀性的基础上大大改善了沉积层与基体的结合力。

表 21.1　Zn-SiO$_2$ 三层复合沉积层的组成

沉积层	单位面积质量/(g/m^2)	复合沉积层中 SiO$_2$ 含量/wt%
底层沉积层	5～600	0.1～1
中间沉积层	1～10	5～20
表面沉积层	3～20	0.1～1

2) Zn-TiO$_2$ 复合沉积层

Zn-TiO$_2$ 纳米复合沉积层在常温下于不同 pH 的盐酸中进行浸泡耐蚀试验，发现 Zn-TiO$_2$ 纳米复合沉积层要比纯锌沉积层的耐腐蚀性能增加一倍以上；钝化后的 Zn-TiO$_2$ 纳米复合沉积层的耐腐蚀性能比钝化后的纯锌沉积层提高 8 倍以上。

3) Zn-Al 复合沉积层

盐雾腐蚀试验表明，热沉积锌层、电沉积锌层的腐蚀速率为 10～30g/(m^2·d)，而 Zn-Al 复合沉积层的腐蚀速率仅为 2～5g/(m^2·d)，耐蚀性相差 4～6 倍。

4) Zn-Ni 复合沉积层

腐蚀实验结果表明，Zn-Ni 复合沉积层在酸中的溶解速度只有普通沉积锌层的 2/5～1/2。同样，含有总量为 0.02%～0.14%镍粉及硫化物的锌基复合沉积层也有类似的效果。

5) Zn-CeO$_2$ 复合沉积层

有研究表明，在含纳米 CeO$_2$ 微粒的氯化钾沉积锌溶液中，得到的锌复合沉积层的耐蚀能力比纯锌层提高 48%～60%；而微米 CeO$_2$ 微粒的锌复合沉积层的耐蚀能力与纯锌层相比没有明显差别。

2. 锌合金基复合沉积层

1) Zn-Fe-TiO$_2$ 复合沉积层

在 Zn-Fe 二元合金沉积液中加入 TiO$_2$，得到的 Zn-Fe-TiO$_2$ 复合沉积层具有较高的耐蚀性能，并且具有 Zn-Fe 合金沉积层所不具备的一些特殊功能。

对 Zn-Fe-TiO$_2$ 复合电沉积的电化学行为的研究结果表明，这种协同效应是源于 TiO$_2$ 粒子与金属离子之间的吸附。在复合电沉积过程中，TiO$_2$ 粒子持续向阴极表面移动。一般认为，TiO$_2$ 粒子的存在必然会减小阴极面积，使氧化还原电流峰降低，然而实验结果却显示氧化还原峰都升高了。由此认为，TiO$_2$ 粒子对金属离子沉积的影响是由吸附和形成表面络合物造成的，而且对于不同的微观结构，不同金属离子有不同的影响。

2) Zn-Fe-SiO$_2$ 复合沉积层

Zn-Fe-SiO$_2$ 沉积层的耐蚀性与沉积层成分有关，在酸性环境中的耐蚀性主要取决于沉积层中的铁含量，铁含量越大，沉积层的耐蚀性就越好，而 SiO$_2$ 含量对沉积层耐蚀性的影响不大。也就是说，Zn-Fe-SiO$_2$ 复合沉积层在酸性溶液中的耐蚀性主要取决于沉积层中锌铁的比例。

3) Zn-Co-TiO$_2$ 复合沉积层

将 Zn-Co-TiO$_2$ 复合电沉积与纯 Zn 沉积层、Zn-Co (0.58%)合金沉积层和 Zn-Co (0.77%)合金沉积层一起经银白色钝化后，在 5% NaCl 溶液中进行浸泡腐蚀试验，发现钴含量为 0.65%、TiO$_2$ 含量为 1.27%的 Zn-Co-TiO$_2$ 复合沉积层的耐蚀性能大约是钴含量为 0.58%和 0.77%的 Zn-Co 合金沉积层的 2 倍左右，是纯 Zn 沉积层的 5 倍左右。

4) Zn-Ni-SiO$_2$ 复合沉积层

电沉积获得的 Zn-Ni-SiO$_2$ 复合沉积层由于 SiO$_2$ 粒子的加入，使其耐蚀性能明显提高。盐雾腐蚀结果表明，沉积层的耐蚀性随沉积层中 SiO$_2$ 含量的增加而增加，红锈开始出现的时间从未加 SiO$_2$ 粒子的 Zn-Ni 合金沉积层的 4000h，随着 SiO$_2$ 含量的增加上升到 8000h。复合沉积层耐蚀性的提高，可能是由于 SiO$_2$ 粒子的加入并未改变复合沉积层的结构，使复合沉积层保留了原来具有γ相的 Zn-Ni 合金沉积层的优良耐蚀性；另一方面，SiO$_2$ 粒子并没有均匀地分散在沉积层中，而是在沉积层表面形成了一层 SiO$_2$ 富集层，该富集层起到了保护膜的作用。

21.4　复合电沉积机理研究及最新进展

21.4.1　几个重要的机理及模型

早在 20 世纪 60 年代，一些研究者就曾提出过"电泳机理""吸附机理"和"力学机理"，但都不能较好地解释复合沉积层的形成过程。直到 20 世纪 70 年代，随着复合电沉积研究的广泛开展，许多研究者对其形成机理进行了深入的研究和探讨，才使得人们对复合电沉积机理有了更多的认识[28]。

1. 两步吸附机理和模型

1972 年，意大利的 Guglielmi 第一个提出了两步吸附机理。两步吸附机理认为：微粒与金属共沉积时，第一步，微粒到达阴极并松散地吸附在阴极表面。这种松散吸附的粒子被吸附离子和溶剂分子所覆盖。这一吸附是可逆的，实质上是一种物理吸附。第二步，吸附了各种离子的微粒在电场力的作用下向阴极移动，当带电荷的微粒电泳到双电层内时，由于静电引力的增强，形成依赖于电场的强吸附。这一步是不可逆的，界面电场的影响而使微粒固定在阴极表面，之后被不断增厚的金属沉积层所捕获，永久地嵌合在沉积层中。该机理认为强吸附步骤是复合电沉积过程的速度控制步骤。两步吸附机理综合考虑了电泳和吸附机理，为人们理解金属和微粒共沉积过程做出了重要贡献。直到现在，该机理仍然是研究复合电沉积机理的经典理论。

Guglielmi 通过理论推导，得出了其基本模型的方程式为

$$\frac{C}{\alpha} = \frac{Wi_0}{nFdv_0} \cdot e^{(A-B)\eta} \cdot \left(\frac{1}{k} + C\right) \tag{21.1}$$

式中，α 和 C 分别为微粒在复合沉积层和电沉积液中的体积分数；W、d 和 i_0 分别为电沉积金属的原子量、密度和交换电流密度；n 为参加反应的电子数；F 为法拉第常数；v_0 为微粒弱吸附覆盖度 $\sigma=1$ 及阴极过电势 $\eta=0$ 时的微粒强吸附速度；A 和 B 分别表示反映电极与溶液界面间电场对金属电沉积和对微粒强吸附影响程度的常数；k 为微粒弱吸附速度常数。

上述数学模型在 Ni-SiC，Ni-TiO$_2$、Cu-α-Al$_2$O$_3$、Ag-Al$_2$O$_3$、Cu-Al$_2$O$_3$、Ni-WC、Au-SiC、Au-WC、Ni-Al$_2$O$_3$ 和纳米 SiC-Ni 等体系中得到了实验验证。但也有学者证实，在 Cr-Al$_2$O$_3$ 体系中电沉积 Guglielmi 模型并不成立。

由于该模型没有考虑流体力学、颗粒尺寸大小、电沉积温度、沉积液组成等因素对复合电沉积的影响，因而存在一定的局限性。值得一提的是，哈尔滨工业大学的胡信国等在研究 Guglielmi 两步连续吸附的基础上，于 1989 年提出了并联

吸附理论，并认为两步吸附理论是并联吸附理论的特例。

他们还推导出颗粒强吸附能保持的时间 τ 的表达式为

$$\tau = \frac{knFdD(1-\alpha)}{pim} \times 10^{-4} \text{(s)} \tag{21.2}$$

式中，F 为法拉第常数；i 为电流密度(A/cm^2)；n 为沉积微粒的价数；m 为沉积微粒的原子量；d 为沉积金属的密度(g/cm^3)；D 为沉积微粒的平均粒径(μm)；p 为金属沉积的电流效率(%)；α 为微粒的共析含量(质量分数)；k 是与沉积微粒形状有关的常数($0 < k \leqslant 1/2$)。

胡信国等提出的通过两个途径发生强吸附的共析机理，既考虑了带电颗粒与界面电场间的电场作用因素，也考虑了搅拌因素，能较好地解释搅拌对微粒共沉积的影响，并将两步吸附视作是并联吸附中的一个途径。但他们的这一理论并没有得到其他人的重视。

2. 五步沉积机理和模型

1987 年，比利时的 Celis 等在研究金和铜与惰性粒子共沉积的电化学性质的基础上，提出"MTM"(Mathematical Model)模型来解释金属与微粒复合共沉积的机理[29]。他们认为复合沉积层由以下 5 步沉积过程形成：

第 1 步，沉积液中的每个微粒都在其周围形成吸附层；

第 2 步，微粒通过对流迁移到动力学边界层；

第 3 步，微粒通过扩散到达阴极表面；

第 4 步，在阴极，自由吸附的电活性离子得到还原；

第 5 步，当微粒上最初吸附的一部分离子还原的同时，微粒被捕获，进而与基质金属形成复合沉积层。

Celis 等通过分析，推导出复合沉积层中微粒共沉积的质量分数表达式为

$$\omega\% = \frac{4\pi r^3 \rho_p \cdot N_{ion} \cdot \dfrac{C_p^*}{C_{ion}^*} \left(\dfrac{i_u}{i}\right)^\alpha \cdot H \cdot P_{(k/kj)}}{\dfrac{3M}{nF} + 4\pi r^3 \rho_p \cdot N_{ion} \cdot \dfrac{C_o^*}{C_{ion}^*} \left(\dfrac{i_u}{i}\right)^\alpha \cdot H \cdot P_{(k/kj)}} \cdot 100\% \tag{21.3}$$

式中，N_{ion} 为通过扩散层的离子流量；C_p^* 为沉积液中的微粒数；C_{ion}^* 为沉积液中的离子数；α 为由于电流密度影响而测得的自由离子和吸附离子间的相互作用；H 为流体动力学因子，对于层流 $H=1$，对于紊流 $H=0$；P 是在电流密度为 i 时单个微粒被嵌合的概率。很明显，这个基于沉积过程统计方法的模型，为不同电沉积条件下定量描述复合电沉积的机理提供了可能性。该模型的最大优点是同时考虑了流体力学因素和界面场强对复合电沉积的影响，并在 Cu-Al$_2$O$_3$ 和 Au-Al$_2$O$_3$

体系中进行电沉积时得到了实验证实。然而模型本身和假设的某些错误，以及数学处理的过于简单，使得该模型在实际应用中也有很大的局限性。

3. "完全沉降"模型

Valdes 认为试图解释复合电沉积机理时所遇到的最主要的问题，在于对微粒-电极的相互作用缺乏足够的认识。为了避免这一问题，他于 1987 年提出了"完全沉降"(perfect sink)模型。该模型假定处在电极表面一定距离内的所有微粒都将不可逆地被电极立即捕获。在电子-离子-微粒电子迁移模型(EIPET)中，Valdes 认为吸附在微粒上的电活性离子，其电化学还原为电极表面微粒的共沉积提供了必要的相互结合作用。因此，影响微粒共沉积的主要驱动力不可避免地成为活化过电势。根据 Bulter-Volmer 动力学，微粒与固体复合沉积的电化学速度可以用下式来表示：

$$r_{\mathrm{p}} = k^0(C_{\mathrm{s}}^{\mathrm{p}})n\left[\exp\left(\frac{-\alpha ZF}{RT}\eta_{\mathrm{a}}\right) - \exp\left(\frac{(1-\alpha)ZF}{RT}\eta_{\mathrm{a}}\right)\right] \tag{21.4}$$

式中，k^0 是依赖于 $C_{\mathrm{s}}^{\mathrm{p}}$ 的标准电化学反应速率常数；$C_{\mathrm{s}}^{\mathrm{p}}$ 为吸附在微粒上的电化学活性物质的浓度；η_{a} 为电极反应过电势。

Valdes 提出的"完全沉降"模型，采用了旋转圆盘电极(RDE)的方法，在具体处理流体力学对复合电沉积的影响时，能定量地描述流体力学运动规律，理论上可以预测电流密度与微粒复合沉积速度之间的变化趋势。

21.4.2 近期机理研究及模型

1. 抛物线轨迹模型

1992 年，在 Valdes 模型的基础上，比利时的 Fransaer 等提出了一个更精确的描述作用于微粒上的力的模型，即运动轨迹模型(trajectory model)。该模型用于分析和估计微粒共沉积速率的最基本的思想是基于对旋转圆盘电极周围流体场的认识，考虑了所有作用于微粒上的力，例如由于流体的对流和运动而施加在微粒上的力，即重力、浮力、电泳力、分散力、双电层力等。在不考虑微粒的布朗运动的前提下，建立微粒的运动方程，并由此确定其轨迹方程。在旋转圆盘电极上，通过极限轨迹分析方法，可求得单位时间内碰撞到工作电极表面上微粒的体积流量。若有一部分微粒能黏附在电极表面，便可计算出微粒的共沉积速度。该模型提出了滞留系数的概念，其表达式如下：

$$P_{\mathrm{i}} = \frac{\int_{\mathrm{shear}}^{\infty}\left[f_{\mathrm{adh}}(f) + F_{\mathrm{stagn}}\right]\mathrm{d}F}{\int_0^{\infty}\left[f_{\mathrm{adh}}(F) + F_{\mathrm{stagn}}\right]\mathrm{d}F} \tag{21.5}$$

式中，$f_{adh}(F)$为微粒在电极表面黏附力的分布函数；F_{stagn}为作用在微粒上并指向电极表面的滞留力；P_i为碰撞到电极表面上的某个微粒被电极黏附并停留在其上的概率，它与体积流量J_i的乘积即为滞留在电极表面的微粒数量，可认为其就是微粒的复合沉积速率。

抛物线轨迹模型详细地考察了电极表面上微粒所受的力和流体场因素对其复合沉积的影响，可以定量地描述沉积液中的流体力学规律，使实验结果可以重现，从而进一步深化了对复合电沉积机理的认识。但不足之处是没有很好地分析界面电场对微粒共沉积的影响。

2. Hwang 模型

1993 年，我国台湾的 Bing Joe Hwang 和 ChengSheng Hwang 在酸性溶液中电沉积 Co-SiC 复合沉积层时提出了一个比 Celis 模型更普遍的模型。Hwang 模型基于 Guglielmi 模型，考虑了不同电流密度范围内微粒的共沉积速率是由吸附不同种类的微粒电极反应所决定，而吸附速率则是由动力学或扩散参数确定的作用，也考虑了液相传质对反应机理的影响。模型能较好地解释 SiC 共沉积量与电流密度关系曲线中出现 2 个峰值的现象。他们认为，微粒从本体溶液到完成复合沉积的整个过程经历了 3 个步骤：首先由强制对流带到电极表面的吸附层；然后在阴极表面弱吸附；最后不可逆沉积在基底上。

在 Co-SiC 体系中，微粒的沉积速度由 Co^{2+}和 H^+的电化学还原速率和液相传质速率联合控制：在低电流密度区，只有 H^+得到还原；中电流密度区，H^+的还原速率达到极限值，而 Co^{2+}开始还原；在高电流密度区，Co^{2+}和 H^+的还原速率都达到极限值。类似于 Guglielmi 模型，他们将金属沉积的速率 V_m 定义为

$$V_m = \frac{M_m}{\rho_m nF} i\Gamma(1-\theta) \tag{21.6}$$

式中，Γ为电流效率；θ为强吸附表面覆盖率。

在低电流密度区，微粒的沉积速率表示为

$$V_p = k_1 C_H^0 \sigma e^{B_1\eta} \tag{21.7}$$

式中，C_H^0为微粒表面吸附 H^+的浓度，随着 H^+还原的增加而降低。

在中电流密度区，微粒的沉积速率为

$$V_p = V_{p,H^+} + k_2\left(1 - \frac{V_p}{V_{p,m}}\right) C_m^\infty \sigma e^{B_2\eta} \tag{21.8}$$

式中，$V_{p,m}$是由金属还原而产生的微粒极限沉积速率；C_m^∞是沉积液中的金属离子浓度。在高电流密度区，微粒的沉积速率可简化为

$$V_p = k_3 \sigma \tag{21.9}$$

与先前的模型相比，Hwang 模型更为精确。但公式中包含许多参数，使得轻易洞察这些参数的影响变得困难起来，需要用计算机进行大量的计算。

3. Yeh 和 Wan 模型

1997 年，我国台湾的 Yeh 和 Wan 在研究 Ni-SiC 复合电沉积时发现，在低电流密度区，复合沉积遵循 Guglielmi 的两步连续吸附；然而当电流密度大于 I_{max} 时，复合电沉积是微粒扩散控制的函数，SiC 微粒没有足够的时间在电极表面弱吸附。在这种情况下，就不能用吸附控制模型来正确地解释复合沉积的机理，因此要推导一个新的模型来阐释高电流密度区的共沉积机理。经过假定推导，他们得出的公式如下式所示：

$$\frac{\alpha}{1-\alpha} = \frac{nFdfw}{\zeta iM} \cdot C \tag{21.10}$$

式中，α 和 C 分别为微粒在复合沉积层和电沉积液中的体积分数；i 为电流密度；f 为转换因子；ζ 为电流效率；w 为电磁搅拌速度(r/min)；d 为电沉积金属的密度；n 是电沉积金属的化合价；M 是电沉积金属的原子量；F 为法拉第常数。此模型在 Watts 沉积液中电沉积 Ni/ZrO$_2$ 复合沉积层时得到了证实。

式(21.10)可以解释高电流密度区 Ni-SiC 复合电沉积机理，但其直线斜率的物理意义并不清楚，而且，磁力搅拌导致沉积液产生湍流，使实验数据的重现性受到影响，因此该模型只有半定量的意义。

4. Wang 模型

1998 年，中国的王殿龙等在 Fe-P-α-Al$_2$O$_3$ 复合电沉积时提出了一个"吸附力"模型，他们认为只有吸附强度超过临界值的微粒才能与金属离子发生复合沉积，并由此推导出基于阴极上微粒的吸附都是有效而均匀分布这一假设的模型。模型的数学表达式如下式所示：

$$\frac{C_p}{\alpha}\left(1-\frac{\alpha}{\rho_p}\right) = \frac{Mi}{nF\rho_m} \times \frac{1}{NP}\left(\frac{1}{K} + \frac{3C_p}{4r_p\rho_p}\right) \tag{21.11}$$

式中，C_p 为沉积液中微粒的浓度(kg/m^3)；α 为沉积层中微粒的含量(kg/m)；ρ_p 为微粒的密度(kg/m^3)；ρ_m 为沉积金属的密度；P 为微粒有效吸附的概率；r_p 为微粒的半径(m)。经实验证实，该数学表达式所表示的关系与实验结果能较好地吻合。

21.4.3　复合电沉积机理研究最新进展

1. Guglielmi 模型修正

2002 年，法国的 Berçot 等在旋转圆盘电极上共沉积 Ni-PTFE 时，发现用 Guglielmi 模型预测的共沉积率值高于实验所得值，考虑到磁力搅拌的动力学作用，他们提出用修正因子 $h \cdot f(\omega, C)$ 对 Guglielmi 模型进行修正，来解释 Ni-PTFE 复合共沉积机理，其数学模型如下：

$$\alpha = \frac{nFdV_0}{MJ_0^{B/A}} \cdot \frac{C}{(1/k)+C} \cdot J_c^{(B/A)-1} \cdot h \cdot f(\omega, C) \tag{21.12}$$

实验结果表明，当搅拌速度 500～800r/min、电流密度 1～7 A/dm^2、PTFE 浓度达到 30g/L 时，用函数 $f(\omega, C)$ 修正得到的数学模型仍然有效。

2. 武刚模型

2003 年，武刚等在经典复合电沉积机理的基础上，综合考虑了粒子与电极表面之间的多种作用力，以吸附强度来表征粒子与电极表面的作用力大小。根据粒子在电极表面的临界吸附强度，把粒子的吸附分为有效吸附和非有效吸附，并提出只有当吸附强度大于临界吸附强度时，粒子才能被有效吸附嵌入沉积层中，粒子被有效吸附的概率与平均吸附强度有关。

他们据此建立了如下的复合电沉积动力学模型。

(1) 粒子在单位电极表面的覆盖量 θ 的表达式为

$$\theta = \frac{v_e \varphi_s}{KV_0 + S_0 v_e \varphi_s} \tag{21.13}$$

式中，v_e 为垂直于沉积层方向的速度分量；φ_s 为粒子在溶液中的体积分数；V_0 为单个粒子的体积；S_0 为单个粒子的截面积；令 $K=(k_d+k_pP)/k_a$，称为吸脱附常数(s^{-1})，其与电流密度有关。

(2) 粒子在沉积层中的体积含量：

$$\frac{1-\varphi_c}{\varphi_c} = \frac{3Mj}{4nF\rho_m r_0 k_p P}\left(1 + \frac{4Kr_0}{3v_0} \cdot \frac{1}{\varphi_s}\right) \tag{21.14}$$

上述数学模型表示了电沉积液中粒子体积分数 φ_s 和沉积层中粒子的体积分数 φ_c 之间的关系，并且综合考虑了电化学因素 j、电沉积液流速 v_0、粒子半径 r_0、吸脱附常数 K，以及电极表面相互作用力所表征的有效吸附概率 P 等因素对沉积层中粒子含量 φ_c 的影响。

武刚等提出的数学模型在 α-Al$_2$O$_3$ 与 Co-Ni 合金的复合共沉积体系中，电流密度为 1～20A/dm² 的范围内得到了验证。

21.4.4　纳米复合电沉积机理

20 世纪，复合电沉积普遍采用的微粒多为微米及亚微米级的。进入 21 世纪，随着纳米技术的兴起，将纳米微粒加入传统沉积液中制得纳米复合沉积层，已成为研究的热点，许多文献报道有关研究成果。与此同时，对纳米复合电沉积机理的研究也正在开展。

1. Vereecken 模型

2000 年，美国的 Vereecken 等[30]发表了他们关于 Ni-纳米 Al_2O_3 复合电沉积机理的研究。他们认为纳米微粒通过对流扩散到电极表面并停留在电极表面上，以实现复合沉积，纳米微粒与金属的共沉积可以用一个模型来描述。他们提出的模型表达式如下式所示：

$$\frac{x_V}{1-x_V} = \frac{4\pi r^3 zFN_A}{3V_{m,M}} \cdot (1.55D_p^{2/3}v^{-1/6}) \cdot (c_{p,b}-c_{p,s}) \cdot \frac{w^{1/2}}{i} \tag{21.15}$$

式中，$c_{p,b}$ 为微粒在沉积液中的浓度；$c_{p,s}$ 为微粒在电极表面的浓度；D_p 为微粒的扩散系数(cm^2/s)；w 为电极的旋转速度(s^{-1})；v 为溶液的动力学黏度(cm^2/s)；i 为电流密度；z 为金属离子带的电荷；$V_{m,M}$ 为沉积金属的摩尔体积含量，x_V 为微粒在复合沉积层中的体积分数；r 为微粒的半径；N_A 为阿伏伽德罗常量；F 为法拉第常数。

在 Ni-Al_2O_3 体系中，以不同电流密度下微粒的体积分数作为旋转速度的函数，所得实验数据验证了该模型的有效性。但该模型只适用于微粒直径小于 1μm 的复合电镀。

2. Shao 模型

2002 年，美国的 Shao 等在研究纳米复合沉积层的结构、力学性能和磁特性的基础上，综合考虑了作用于微粒上的扩散力和重力等因素的影响，提出了金属基质和惰性纳米微粒复合电沉积的动力学模型。该模型的数学表达式如下：

$$\frac{V_p}{V_{metal}} = \frac{4\pi r^3 zFN_A}{3V_{m,M}} \cdot \left[(0.62D_p^{2/3}v^{-1/6}w^{1/2}) \cdot (c_{p,b}-c_{p,s}) - \frac{\rho g r^2}{9\eta}(c_{p,b}+c_{p,s})\right] \tag{21.16}$$

该动力学模型是基于 Ni-Al_2O_3 体系复合电沉积时得出的，考虑了扩散力和微粒重力的影响。实验证实，对直径 300nm 的微粒，重力比扩散力大 40%；但对直径小于 50nm 的微粒，重力的影响可以忽略不计。到目前为止，已获得共识的复合机理主要有以下 3 步：在搅拌作用下沉积液中的微粒向阴极表面迁移；微粒黏附于阴极上；吸附的微粒被发生还原的基质金属嵌合，形成复合沉积层。

21.4.5 其他复合电沉积机理研究

1995 年，天津大学的刘淑兰等应用相似理论研究了复合电沉积，在同时考虑电化学因素和流体力学因素对复合电沉积过程影响的基础上，建立了固体微粒与金属复合电沉积过程的模型。其关联式为

$$Sh' = c_0 Re^{c_1} \cdot G_q^{c_2} \cdot S_x^{c_3} \cdot D_m^{c_4} \tag{21.17}$$

式中，Sh' 为微粒与基质金属复合电沉积的 Sherwood 数；Re 为 Reynolds 数；G_q 为微粒被电沉积金属嵌合的无因次准数；S_x 为悬浮浓度准数；D_m 为电极电势用过电势表示时的双电层准数；$c_1 \sim c_4$ 为常数。由该式计算出的微粒的共沉积量与实验值吻合较好，误差最大不超过 6%。

胡信国等对 Cr-SiC 共沉积的数学模型进行了研究，认为其共沉积动力学是吸附机理。White 等将边界层和扩散层的思想用于研究 Ni-Cr 复合电沉积，在实验的基础上建立了一个数学模型。Nowak 等用阻抗法研究了 SiO_2、SiC 在 Ni 金属基质上的复合沉积。Stojak 等则用旋转圆柱电极研究了亚微米级的氧化铝与铜共沉积过程中微粒对极化的影响。

21.5 电沉积纳米金属及合金材料的研究进展

纳米材料基本的制备方法可归纳为气相法、液相法、固相法、化学法、电沉积法五种[31-39]。电沉积法具有以下特点：①通过控制电流、电压、电解液组分和工艺参数，能精确地控制沉积层的组分、晶粒组织、晶粒大小；②常温常压操作；③工艺灵活、易实现，投资，效益好，因此已成为普遍关注的研究领域，并取得了很大进展。

21.5.1 单金属纳米材料

曹立新、屠振密、李宁和胡会利在自己研究工作的基础上，对近年来采用电沉积法制备单金属纳米粒子(零维)、纳米线(一维)和纳米沉积层(二维)所取得的进展进行了综述，并对其发展前景进行了探讨和展望[33,35]。

1. 纳米粒子

采用双模板法制纳米点阵，用旋转电极法、匀速电流递增法、有机相保护还原法和脉冲超声法制备纳米粒子。

1) 双模板法

采用先后自组装、沉积和溶解的方法，制成两种模板，然后在其中空球模板中电化学沉积得到纳米粒子点阵，溶去另外一种模板后得到纳米粒子点阵。这是目前获得粒子均匀排列有序纳米粒子点阵的最有效方法，关键是如何控制粒子的大小和获得较窄且均匀的粒度分布。

2) 旋转电极法

利用电极的旋转使阴极表面形成的粒子迅速脱离阴极表面，从而在溶液中获得纳米粒子。

3) 匀速电流递增法

采用恒电流法及匀速递增电流电解的方法可有效控制纳米粒子的形貌。恒电流递增法合成过程中纳米粒子的生长速度快于成核速度，部分小粒子溶解后在其他粒子的特定晶面生长，从而定向生长成棒状粒子。

4) 有机相保护还原法

利用阴极附近还原的纳米金属粒子与阴极表面的有机物结合形成吸附原子，逐渐聚积成原子簇，并在有机物的保护下形成金属纳米胶体溶液。溶液极性、电流密度、两电极之间的距离和温度等因素对纳米粒子的粒径具有重要影响。

5) 脉冲超声法

电流脉冲在阴极上得到致密的金属纳米晶核，用超声脉冲发出的超声能量把阴极上形成的高密度金属晶核振离阴极表面，分散到溶液中得到金属纳米粒子，同时使阴极表面得到清洁。

2. 纳米线

模板合成(铝阳极膜法、聚碳酸酯滤膜法、光刻法)和台阶边缘缀饰制备纳米线。

用模板法电沉积可以制备一些其他方法难以得到的纳米线。通过对模板参数的调整可以控制纳米线的直径和长度，实现对纳米线尺寸的有效控制。模板可以采用聚合物刻蚀膜、阳极氧化铝膜、多孔氧化硅及其他多孔固体、胶体分子团等。目前，使用最多的模板为多孔氧化铝膜和聚碳酸酯滤膜。制备基本步骤：首先在模板的一面通过溅射或真空沉积膜等方法制备一层金属薄膜作阴极，通过控制电压、电流等方法，使金属在模板的纳米孔道中沉积，得到纳米线阵列，移去模板即得相应的纳米线。

目前制作纳米线的有效方法，主要是在基体表面的晶面台阶处完成纳米线生长过程，通常需要采用有机物附膜的办法将纳米线从基体上分开。

3. 纳米沉积层

用直流电沉积、脉冲电沉积和喷射电沉积制备纳米沉积层。

直流电沉积纳米晶常采用较大的电流密度，并通过加入添加剂来增大阴极电化学极化提高成核率，阻碍晶体的生长来细化晶粒而获得纳米晶。

脉冲电沉积能在短时间内给出高的电流密度，有利于晶核生成速度的增加和纳米晶的形成，也容易得到平滑表面。实际操作中可通过控制波形、频率、通断比及平均电流密度等参数，控制形成高晶核数和晶核的成长。适当使用添加剂，也能控制和改善晶体表面形态和细化晶体微粒。脉冲电沉积可分为恒电流和恒电势两种控制形式，按脉冲性质又可分为单脉冲、双脉冲及换向脉冲等。

喷射电沉积时，是一定流量和压力的电解液从阳极喷嘴垂直喷射到阴极表面，使电沉积反应在喷射流与阴极表面冲击的区域发生。电解液的冲击不仅对沉积层进行了机械活化，同时还有效地减少了扩散层的厚度，改善了电沉积过程，使沉积层组织致密、晶粒细化、性能提高。根据施加的电流方式又可分为直流喷射电沉积法、扫描和脉冲喷射电沉积法等。

4. 用单槽法和双槽法制备纳米金属多层膜

所谓单槽法就是将两种不同金属离子按一定的比例加入同一个电解槽中，通过控制沉积电势或电流，可得到成分和结构周期性变化的膜层。单槽法设备简单，可通过调整脉冲波形来改善层与层之间的界限，基体总是浸渍在电解液中，避免了交叉污染。在含有不同电解质溶液的电解槽中交替电沉积得到多层膜。使用双槽法可以比较容易地获得纯金属层交替的多层膜。然而，必须严格选择沉积液成分，以免两种金属间发生置换或溶解反应，还要避免沉积液交叉污染。

21.5.2　脉冲电沉积法制备纳米材料的研究进展

张学会和刘峥在"脉冲电沉积法制备纳米材料的研究进展"一文中介绍了脉冲电沉积技术在制备纳米晶材料、纳米复合材料、纳米析氢材料、纳米金属薄膜及纳米金属多层膜、纳米线材料等方面的应用，总结了纳米材料的一些特点，展望了脉冲电沉积技术制备纳米材料的前景[36]。

1. 纳米晶材料

制备纳米晶材料的方法有以下几种类型：
(1) 气相法(物理或化学气相沉积、惰性气体凝聚等)；
(2) 液相法(快速固化、雾化等)；
(3) 固相法(机械研磨、非晶态初始晶化等)；

(4) 化学法(溶胶、凝胶法、沉积法等);

(5) 电化学法(脉冲电沉积、复合电沉积、化学沉积等)。

与直流电沉积相比,脉冲电沉积获得的纳米晶体具有以下特点:

(1) 硬度、密度、延展性、耐磨性、耐蚀性等较高,孔隙率及内应力较低;

(2) 电流密度高、电沉积速率大;

(3) 金属表面的氧化产物较少,附着力高;

(4) 有利于获得均匀、厚度一致的沉积层;

(5) 沉积层中杂质的含量比直流电沉积的少;

(6) 合金沉积层成分更稳定。

2. 纳米复合材料

纳米材料具有优异的力学性能,主要包括强度、硬度、塑性、弹性模量、疲劳强度、耐磨性等。将纳米颗粒应用于电沉积、化学沉积及电刷沉积中可获得比普通复合沉积层高的硬度、耐磨性、减摩性等。脉冲纳米复合电沉积技术综合了脉冲电沉积强大的工艺调控功能和纳米复合沉积层的优异性能,具有良好的发展前景。

3. 析氢电极纳米材料

为了有效降低能耗,研究和开发高催化活性的析氢电极纳米材料具有重要的现实意义和实用价值。在众多的催化析氢电极材料中,过渡金属具有低析氢超电势和低成本的双重优势,是目前公认最优的电极材料。在过渡金属中,Ni 及 Ni 合金材料和多元合金复合材料将会成为研究发展的主流。脉冲电沉积在制备析氢电极纳米材料方面更优于常规直流电沉积,因为通过各种脉冲参数的有效控制可以得到晶粒尺寸更加细小的纳米电极材料,从而进一步增大电极的表面积来降低析氢过电势。

4. 金属纳米薄膜及纳米金属多层膜

纳米薄膜是指由尺寸在纳米量级的晶粒(或颗粒)构成的薄膜,或将纳米晶粒镶嵌于某种薄膜中构成复合膜(如 Ge/SiO_2,将 Ge 镶嵌于 SiO_2 薄膜中)以及每层厚度在纳米量级的单层或多层膜,有时也称为纳米晶粒薄膜或纳米多层膜,其性能依赖于晶粒(颗粒)尺寸、膜厚、表面粗糙度及多层膜结构。按纳米薄膜的应用功能,大致可分为以下几种:纳米磁性薄膜、纳米光学薄膜、纳米气敏膜、纳滤膜、纳米润滑膜、纳米多孔膜。纳米薄膜有许多独特的性能,如巨电导、巨磁电阻效应、巨霍尔效应、可见光发射等。

5. 纳米线材料

近几年，许多准一维纳米材料，如碳纳米管、半导体和一些金属及合金纳米线已经合成，低维半导体材料制备是多年来凝聚态物理研究的热点之一。准一维纳米材料的纳米线和纳米管可用于电子输运和光学激发最小的维数结构体系，因在光电集成、光电器件和传感器等方面具有巨大的应用前景而备受关注。纳米线准一维纳米材料，其直径处于 10～100nm，而长度可达微米量级。从 20 世纪 90 年代开始，采用模板法组装各种纳米线成为一种非常有吸引力的纳米结构材料的合成方法。模板的种类很多，如多孔阳极氧化铝膜/聚碳酸酯膜、多孔硅、碳纳米管模板等，其中多孔阳极氧化铝(AAO)由于具有高度有序的纳米级柱状孔阵列结构，孔径及膜厚可以通过调整阳极氧化参数进行调控，同时又具有较好的热稳定性和化学稳定性而成为理想的模板材料，在制备垂直磁记录材料、光电元件、电子器件等方面得到了广泛的应用，并取得了一些研究成果。目前，以多孔阳极氧化铝为模板采用电沉积方法制备纳米材料。

21.5.3　电沉积纳米晶材料的关键技术

获得纳米晶材料的关键在于制备过程中有效地控制晶粒的成核和生长。在电沉积过程中，沉积层晶粒尺寸的大小是由晶核的生成速度和晶粒的成长速度所决定。若晶核的生成速度大于晶粒成长速度，则会在沉积层表面堆积大量的晶核，并且由于其相互之间的影响，必然会导致晶粒的成长速度受到一定程度的抑制，即可以使沉积层的晶粒尺寸控制在纳米尺度范围内，最终获得晶粒细小且组织均匀、致密的纳米晶材料。

由电化学理论可知，在电沉积过程中采用高的阴极过电势，可以减小形核半径和形核过程所消耗的能量，并且能增大晶核的生成概率，亦即加速晶粒的形核过程，有助于形成晶粒细小且致密的沉积层。因此，在实际应用中常采取提高沉积液相对于阴极表面的流速或极窄脉宽的脉冲电沉积工艺等措施以提高阴极过电势，也可以通过采用类似于摩擦电喷沉积等其他工艺措施来细化沉积层的晶粒。

1. 优选工艺参数

在纳米晶材料电沉积过程中，工艺参数的选择至关重要，而电流密度值则直接影响晶粒尺寸的大小。制备纳米晶材料所要求的电流密度远大于普通电沉积的电流密度，因为使用大的电流密度，可以使阴极上的过电势增大，形核速率提高，晶粒长大速率减小，最终导致沉积层晶粒尺寸减小。但若电流密度过大，阴极附近所消耗的金属离子得不到及时补充，浓差极化就会随之迅速增大，则有可能导致树枝状粗晶的出现或形成海绵状沉淀物，使沉积层质量恶化。

电沉积过程中适当控制沉积液的 pH 是获得纳米晶材料的又一个重要条件。研究表明，pH 较低时，析氢反应加剧，氢气在还原过程中为基质金属提供了更多的成核中心，因此可以得到结晶细致的电沉积层。

2. 复合电沉积

复合电沉积是指利用电化学原理，使不溶性固体颗粒与欲沉积金属的离子在阴极表面实现共沉积，以获得具有某些特殊性能的复合沉积层的工艺过程。在复合电沉积过程中，所加入的纳米颗粒吸附了沉积液中的正离子，在电场力和流体动力的作用下，经历了碰撞阴极表面、直接吸附在阴极表面上、并被析出的基质金属包裹及覆盖这三个阶段，最终镶嵌于基质金属中，形成均匀、致密，且具有一定纳米颗粒含量的复合沉积层。

与普通电沉积层相比，纳米复合电沉积层由大量均匀弥散分布于基质金属中，且尺寸在纳米量级的纳米颗粒和基质金属两部分构成，因而纳米复合电沉积层具有多相结构。显然，复合电沉积层的生长应以一般多晶沉积层的生长为基础，但是在该过程中由于纳米颗粒的存在，将直接影响基质金属的电结晶过程。足够量纳米颗粒的加入，可以在电流密度很小的情况下，使得沉积金属成为纳米晶体。这是因为纳米颗粒的加入不仅能增大阴极极化，降低金属成核反应的过电势，有利于新晶核的生成，而且能抑制复合电沉积过程中晶粒的聚集和长大，使基质金属的晶粒大为细化，甚至可以使其尺寸小到纳米量级而成为纳米晶，同时会导致基质金属沿着某个新的晶面择优取向，并使基质金属中的晶体缺陷数增加，因而复合沉积层的机械性能较金属沉积层有着较为明显的提高。含有纳米颗粒的纳米晶材料，其热稳定性能可以得到很大程度的改善，这是由于具有很好热稳定性的纳米颗粒的存在，在高温时不仅其本身能保持较高的硬度，同时还能明显抑制晶粒的粗化，有效改善复合沉积层的高温耐磨性能。

在复合电沉积过程中，加入适量的稀土元素不仅有助于纳米颗粒复合量的提高，而且还有利于复合沉积层中纳米晶的形成，从而使复合沉积层的硬度、耐磨性和耐蚀性得以提高。这是由于稀土元素具有独特的最外层电子结构，从而具有较强的吸附能力，这就有可能使纳米颗粒的表面电荷数增加，最终有助于复合共沉积过程的进行和纳米晶的形成。此外，稀土元素的加入还能起到消除应力、强化和稳定晶界等作用。

3. 脉冲电沉积

脉冲电沉积工艺可以通过控制波形、频率、占空比以及平均电流密度等参数，有效地改善金属离子的电结晶过程，从而获得成分稳定、晶粒细小且致密的电沉积层，以改善其力学机械性能，使其硬度、密度、延展性、耐磨性和耐蚀性增加，内应力降低，并且可以使沉积速率增大，沉积层与基体附着力增强，杂质含量降低。这是由于在脉冲电沉积过程中，沉积液中的金属离子在脉冲间歇时间内从主体溶液中通过扩散到达电极表面，从而降低了电极附近扩散层的有效厚度，减小了浓差极化，同时可以提高瞬时电流密度和电极过电势，而较高的电极过电势使得电结晶驱动力增大，电结晶的临界尺寸减小，新晶核形成概率增大，最终获得表面形貌较好，晶粒细小且组织均匀、致密的纳米晶材料。

4. 使用有机添加剂

在电沉积过程中，加入偶极矩较大的有机添加剂将会对金属离子的放电过程起到阻化作用，从而影响电化学步骤和结晶步骤。

当有机添加剂在阴极表面吸附后，其分子会吸附在生长晶面的活性点上，改变界面上的电势分布，从而引起沉积层表面局部位置过电势的提高。由于阴极极化作用的增大，晶核的生成速度大于其成长速度，导致大量新晶核产生，从而有效地抑制了晶粒的长大，使晶粒得到细化；同时某些添加剂还可以有选择地吸附在晶体的某些活性较高、生长速度较快的晶面上，减慢其生长速度，使各个界面的生长速度趋于一致，从而形成维度均匀、结构致密的晶体。

此外，在复合电沉积过程中，某些有机添加剂还能使沉积液中的纳米颗粒表面荷正电，同时改善其润湿性和亲水性，最终提高其在复合沉积层中的复合量，并改善分散，实现均匀性复合。

5. 采用其他工艺措施

通过提高沉积液在阴极表面的流速，可减小扩散层的厚度，减小浓差极化，有效地提高阴极极限电流密度，使电沉积过程在较高过电势下进行，以达到细化晶粒的目的。

强烈搅拌、高速冲液、阴极高速旋转和喷射电沉积等都是实现提高沉积液流速的有效途径。在有超声波振动条件下进行的超声波电沉积，由于超声波空化作用所产生强烈的冲击波，能使搅拌作用直达电极表面，使表面扩散层不复存在，从而使在沉积液中紧靠电极表面的放电离子浓度得到很大程度提高，浓差极化大为减小。

正是由于这种异常强烈的去极化作用，能够极大地提高工作电流密度的上限，从而有利于最终获得晶粒细小且组织均匀、致密的电沉积层。

高速冲液工艺，即在阴、阳极之间保持一定的狭窄间距，使电解液从狭缝中高速通过而进行连续电沉积的方法。该工艺要求阴、阳极之间的间距较小且均等，因而只适用于圆筒内、外圆表面和平板状等简单形状表面的电沉积。

喷射电沉积工艺是一种局部高速电沉积技术，它是通过使具有一定压力的电解液连续从阳极喷嘴垂直喷射到阴极表面，导致电沉积在特定区域内发生。

电解液的冲击不仅对沉积层进行了机械活化，同时还能有效地减薄扩散层厚度，改善电沉积条件，允许在局部范围内使用较大的电流密度，从而使沉积层晶粒细小，组织均匀致密。该工艺由于其特殊的流体力学性能、高的热量和物质传输率，以及高的沉积速率而备受关注。

磨沉积法是在电沉积的同时，利用硬度较大的非金属磨料、粒子或摩擦块对电极表面进行摩擦、挤压或振动，一边进行电沉积，一边通过摩擦、挤压或振动的方式使粒子运动到阴极表面。该工艺是以机械方式活化阴极表面，消除或减小扩散层厚度，使电极表面的离子迅速得到补充，从而有可能采用高的电流密度，这样不仅有利于提高结晶速度，而且还可以抑制垂直于电极表面方向上晶粒的成长，去除微观不平，获得晶粒细小且组织均匀致密的电沉积层。

21.6　电沉积纳米复合材料的研究进展

21.6.1　纳米复合电沉积的研究进展

纳米材料为结构单元在 0.1～100nm 的粉体材料。纳米技术是 21 世纪科技领域中的热门学科之一，它与信息科学、生物医学、能源、环境科学等成为 21 世纪最具发展前途的前沿课题，备受各国政府和科技工作者的重视。纳米材料具有量子尺寸效应、小尺寸效应、表面和界面效应、宏观量子隧道效应，从而呈现出独特的宏观物理、化学特性，如低熔点、高比热容、高热膨胀系数、高强度、高韧性、高塑性等。因而，纳米材料的研制、性能及应用等方面的研究将推动材料科学的发展。目前，纳米技术已逐渐深入表面处理工艺中，在纳米电沉积领域也取得了一定进展。用电沉积法制备的纳米复合沉积层也显示出优异的性能[40-42]。

纳米复合电沉积就是在沉积液中加入纳米固体颗粒，通过与金属共沉积获得沉积层。把纳米颗粒应用在电沉积、化学沉积、电刷沉积中来获得比普通复合沉积层性能优异的复合沉积层，可大大提高沉积层的工作温度、耐磨性、耐蚀性等。日本复合电沉积专家林忠夫曾预言超微粒了的使用将使电沉积更上一层楼。目前已制备出多种具有不同性能的纳米复合沉积层。

1. 装饰防护性沉积层

以纳米微粒 SiO_2、$BaSO_4$、高岭土等的镍基沉积层打底，并用镍封闭所得的微孔铬复合沉积层，极大地提高了其耐蚀性。用纳米 TiO_2、SiO_2 等制得的复合沉积层，比普通的非纳米复合沉积层的耐蚀性提高 2～5 倍，外观也得到稳定和改善。据报道，日本的松林宗顺在 Watts 浴中添加粒度为 20～100nm 的 Al_2O_3 微粒，获得了耐蚀和硬度俱佳的功能性沉积层；日本的大和康二也将粒度为 30～50nm 的 Al_2O_3 添加到 KCl 电沉积锌槽中，所得的复合沉积层的腐蚀电流、盐雾试验和钝化膜的稳定性试验均显示出优异的耐蚀性。

2. 耐磨减摩复合沉积层

耐磨复合沉积层是将硬度较高的 SiC、Al_2O_3 及金刚石等纳米颗粒加入基体中，以提高基质金属的硬度。1999 年，顾宝珊等初步探讨了化学沉积 Ni-P-超微金刚石复合沉积层的制备和特性。2000 年，荷兰的 I. Vitina 等用 CrO_3-H_2SO_4-NH_4F 槽在室温下制得耐磨的 $Cr-Cr_3C_{1.6}N_{0.3}$ 复合沉积层，N. V. Mandich 用三种铬槽 (Sargent，HEEF-25 和氟化物)进行纳米金刚石与铬的共沉积，所得复合沉积层的耐磨性都高于单一铬层。L. Benea 在电沉积 Ni 液中加入 SiC 纳米粒子(平均粒径 20nm)得到纳米复合沉积层。A. F. Zimmerman 采用脉冲电沉积获得的纳米复合层由 Ni (粒子尺寸 10～20nm)与 SiC 粒子(平均尺寸为 200～400nm)组成，低浓度 SiC (小于 2%)能改善材料的延展性，且纳米复合沉积层有较强的耐磨性能。程森等采用 Watts 液，添加纳米 SiC 粉制备的复合沉积层，其耐磨损性最好的工艺条件是：电流密度 $3A/dm^2$，SiC 含量 5g/L，pH =3.5。

若将碳纳米管加入沉积层中，将有利于沉积层的耐磨、减摩和耐腐蚀等性能，从而得到新一类复合沉积层。Chen 等对电沉积 Ni-C 纳米管复合沉积层的工艺进行了研究，结果表明，随着沉积液中碳纳米管浓度、电流和搅拌速率的增加，沉积层中的碳纳米管含量增加并达到最大值。王健雄等还研究了碳纳米管镍基复合沉积层材料的耐腐蚀性，结果表明，该沉积层的耐蚀性在 20% NaOH 溶液和 35% NaCl 溶液中优于同等条件下制备的镍沉积层，原因在于：碳纳米管起到了减少沉积层孔隙尺寸和隔离腐蚀介质的作用，而且沉积于镍沉积层的碳纳米管可以阻止点蚀坑的长大；同时，由于碳纳米管的复合，可能促进镍的钝化过程，从而保护基体金属，提高产品的耐蚀性。陶瓷纳米粉体材料与电刷沉积工艺相结合的纳米复合电刷沉积技术，可得到性能良好的复合刷沉积层。张玉峰提出了一种纳米 $Ni-ZrO_2$ 复合刷沉积工艺,得到的纳米 $Ni-ZrO_2$ 沉积层的摩擦系数只有基材的20%，耐磨性是基材的 5～7 倍。徐滨士等在快镍沉积液中加入添加剂和 $n-Al_2O_3$ 纳米粉体获得纳米粉分散性和悬浮稳定性较好的复合沉积液，制备出 $n-Al_2O_3$-Ni 复合刷沉积层，硬度较快镍沉积层可提高 50%以上，磨损失重比快镍沉积层降低 60%以上。

黄新民等通过对化学沉积 Ni-P 合金、化学复合沉积 Ni-P-微米 SiC 复合沉积层和 $Ni-P$-纳米 TiO_2 微粒复合沉积层研究与比较，得出结论：纳米颗粒复合沉积层具有比微米颗粒复合沉积层和合金沉积层更低的摩擦系数和更好的耐磨性，尤其是在高载荷下，纳米颗粒复合沉积层优异的摩擦特性表现得更为突出。在材料纳米颗粒表面复合沉积工艺中，如何使纳米颗粒均匀分散是一个重要环节。黄新民等还在纳米 TiO_2 的化学复合沉积液中分别添加阳离子表面活性剂、阴离子表面活性剂、非极性表面活性剂进行试验，结果表明，添加非极性表面活性剂的沉积层，其复合的颗粒量居中，但颗粒团尺寸小，分散状况良好，因而沉积层表现出最高的硬度。刘先黎应用电刷沉积技术制备含有纳米 FeS 粉的复合沉积层，测试表明，其耐磨性是纯镍沉积层的 2.5 倍。纳米 Si_3N_4 微粒与 Ni-P 形成的复合刷沉积层由于纳米 Si_3N_4 微粒的存在，使其具有很高的耐磨性能。试验结果已经表明，加入纳米级颗粒后电刷沉积层耐热温度由 200℃ 提高到 400℃，耐磨性提高 1.5～2 倍，硬度提高 1.5 倍以上。

3. 耐高温复合沉积层

钴基纳米复合沉积层，如 $Co-Cr_3C_2$、$Co-ZrB_2$ 和 Co-SiC 等可大大提高复合沉积层的高温耐磨性能，其中尤以钴基纳米金刚石沉积层为佳。纳米陶瓷颗粒如 ZrO_2、TiO_2 等具有耐高温特性和抗高温氧化特性而应用于纳米复合沉积中，如 Ni-P-纳米 ZrO_2，Ni-纳米 ZrO_2，$Ni-P-TiO_2$ 等。欧忠文研究得出，Ni-W-B 非晶态复合沉积层中的纳米 ZrO_2 能在 550～850℃ 时提高沉积层的抗高温氧化性能。

4. 电子复合沉积层

当今信息产业发展迅速，纳米复合电沉积在电接触材料中也大有发展前途，不仅可以节约银、金等贵金属材料，而且可以提高电接触性能。银的导电性能好，但硬度低、耐磨性差、抗电蚀能力差，以至于电接触寿命较低。吴元康等使用纳米金刚石颗粒来增强银基沉积层，有效地提高了银沉积层的硬度，大大降低了电磨损率，提高了电触头的使用寿命及耐大电流强度的能力。Pierre-Antonine Gay 研制的 $Ag-ZrO_2$ 复合沉积层大大提高了电接触材料的硬度、抗磨性以及耐蚀性。另外，已研制出具有导电功能的 $Sn-Ti_{0.34}C_{0.38}N_{0.58}$、$Cr-Cr_3C_{1.6}N_{0.3}$ 等纳米复合沉积层，用电化学法制得粒度 40nm 的 $Cu-Y-Fe_2O_3$ 复合材料具有超常的机械、电和磁学性能。

西南大学李声泽教授经过长期的研究，试验成功镍基纳米复合电沉积工艺，该工艺已正式在重庆阿波罗机电技术开发公司投产，并已在重庆宗申产业集团有限公司的前挡泥板、后挡泥板、消声器、脚踏、后货架等产品上应用。

5. 梯度功能材料的复合电沉积

梯度功能材料(FGM)是指材料的组成和结构从材料的一面向另一面呈梯度变化，从而使材料的性质和功能也呈梯度变化的一种新型材料。随着 FGM 研发的深入，其用途已由原来的宇航工业扩展到核能、电子、光学、化学、电磁学、生物医学等领域，通过金属、陶瓷和聚合物等不同材料的巧妙组合，FGM 的应用前景将越来越好。目前，电沉积法制备 FGM 时多用复合电沉积法。复合电沉积的优点是属于湿法，不需高温高压；所得沉积层空隙率低，结合力好，具有耐磨、耐蚀、减摩等功能；设备简单，工艺条件易于控制。在复合电沉积的基础上，通过控制沉积液中颗粒的分散量、电流密度和搅拌速度等工艺参数，可使固体微粒从被沉积件表面至沉积层表层连续递增而获得 FGM。Kim 等用电沉积法制备了 Ni-SiC FGM，其内层钢片的 HKN =171 ±13，低 SiC 含量的 Ni-SiC 复合层的 HKN =352 ±77，而高 SiC 含量的 Ni-SiC 复合层的 HKN =665 ±226。Orlovskqya 等制备的多层 Co-SiC 复合沉积层在硬度、内应力和抗氧化性等方面都优于普通的 Co-SiC 复合沉积层。Zhao 等对梯度复合沉积层 Ni-P-PTFE 的研制表明，从内层到外层逐渐增加 PTFE 的含量能有效地提高 Ni-P-PTFE 复合沉积层与基体的结合力，并且梯度复合沉积层 Ni-P-PTFE 的表面能远低于 Ni-P 和铜的表面能，在减少热交换器的淤积物方面具有很大潜力。

到目前为止，已用复合电沉积法研制出不同的 FGM：航空航天用 FGM，如 Ni-ZrO$_2$；高硬度的 FGM，如 Ni-金刚石、Co-金刚石；高温耐磨性能和抗氧化性能的 FGM，如 Co-Cr$_2$O$_3$、Co-SiC 等；具自润滑功能的 FGM，如 Ni-BN、Ni-P-PTFE 等。多层复合电沉积是制备 FGM 的新型方法。同样以复合电沉积为基础，通过多次改变沉积液中的分散微粒类型、沉积液成分等得到 FGM。人们已经制备出的高硬度、耐磨性、耐蚀性好的多层复合 FGM，有 Ni-P/Ni-P-SiC/Ni-P-ZrO$_2$、Ni-P/Ni-W-SiC/Ni-W-P-SiC 等。Ni-P/Ni-P-SiC/Ni-P-ZrO$_2$ 的形成可大幅度提高工件寿命，含 Ni-P/Ni-W-SiC/Ni-W-P-SiC 沉积层的材料适用于要求高硬度和耐磨性的场所，如磨削工具、发动机气缸等。有研究表明，采用多层复合电沉积制备的 Ni-P/Ni-P-SiC/Ni-P-PTFE 复合沉积层具有耐磨、耐蚀、减摩的性质，比 Ni-P-PTFE 复合沉积层的性质优越得多。

复合电沉积的研究近年来引起各国研究者的广泛关注，并进行了大量的研究工作，但还面临许多研究课题，如电沉积机理还需深入探讨，颗粒在沉积层中的行为和作用机制、纳米微粒在沉积液及沉积层中的均匀分散、扩大功能梯度材料复合电沉积的研究范围等，这些方面还有待于进一步做工作。另一方面，复合电沉积这种表面强化新工艺还没有大范围地推广应用，许多科研成果停留在实验室水平，或只能在个别工厂、个别产品上应用，因此在提高科研成果的转化率方面还应加大力度。相信在不久的将来，复合电沉积技术的研究和应用都会上一个新台阶。喷射电沉积日益受到国内外专家、学者的重视，但目前仍停留在实验室研究阶段。研究内容主要集中在电解液的组成及工艺参数对沉积层质量的影响。研究体系局限于沉积纯镍、纯铜和纯金沉积层，喷射电沉积合金沉积层的研究还很少，而采用脉冲喷射电沉积制备复合沉积层的研究还无相关报道。今后，研究体系还有待于进一步拓宽，采用脉冲电源对喷射电沉积层的影响，尚未做深入研究。试验采用的喷嘴仅局限于圆柱管，基片也往往非常小，喷嘴的喷射区域可以完全覆盖整个基片表面，但在实际生产中，喷嘴的喷射区域不一定能覆盖工件的整个欲沉积区域，因此需要喷嘴与工件间做相对运动，在实际应用中如何控制喷嘴的运动轨迹，以获得厚度均匀、满足要求的沉积层，合理设计喷射电沉积装置，是今后需要研究的内容。同时，在移动喷嘴的过程中，在喷射区之外暴露于空气中的部位，是否会发生氧化和沉积层出现分层等问题，也需要研究。这些问题的研究和解决，是喷射电沉积技术能否获得实际应用的关键。

21.6.2　电沉积制备纳米复合材料的研究进展

曹莹等提出，在硫酸盐电积锌液中添加硫酸钴可使锌沉积层的晶粒细化，达到 80nm 左右，成为纳米晶沉积层，该沉积层的耐蚀性明显优于普通锌沉积层。与直流电沉积相比，脉冲电沉积在晶粒尺寸的控制、沉积层表面形貌、晶面的择优取向等方面显示出明显的优势。Saber 等研究了在含有聚丙烯酰胺和硫脲添加剂的电沉积锌液中，脉冲峰值电流(J_P)对锌沉积层晶粒尺寸、表面与断面形貌、显微硬度及锌的择优取向的影响。研究发现，J_P 增加，沉积层表面形貌发生显著的变化，且晶粒尺寸变小，当 J_P 为 2A/cm^2 时，锌晶粒尺寸为 56nm。在 J_P 为 0.4A/cm^2 时，锌的择优取向为(112)，而当 J_P 为 0.8Acm^2、1.2A/cm^2、1.6A/cm^2 时，其择优取向变为棱锥的(110)，当 J_P 达 2.0A/cm^2 时，锌的择优取向又由棱锥的(110)变为随机的(101)。纳米晶锌沉积层的硬度几乎是多晶纯锌沉积层(0.29GPa)的 8 倍，加为 1.6A/cm^2 时，其硬度达到最大值为 23GPa；而当 J_P 增大到 2.0A/cm^2 时，硬度又减小到 1.5GPa。纳米晶锌沉积层硬度的这种变化规律与添加剂有密切关系，同时也与择优晶面由(110)变为(101)相关。

21.7　纳米复合电沉积在发展中存在的问题

21.7.1　电沉积机理研究

(1) 对纳米复合电沉积机理的研究滞后于对电沉积工艺的研究。纳米电沉积已经成为现代电子电沉积中一个重要的研发领域，受到越来越多的重视。这方面的论文、技术和研究课题层出不穷，有些技术成果已经具备实用价值。然而，尽管很多科研工作者做了大量的工作，也得到了许多有意义的结果，但由于实验条件控制方面的复杂性，至今没有建立一个能将微观结构和性能控制协调起来的理论。文献中常提到的复合电沉积模型有：Guglielmi 模型、Celis 模型、Valdes 模型、运动轨迹模型、Hwang 及 Yeh 等模型。每一种模型都只是从一个或几个方面描述了纳米复合电沉积的过程，从一定程度上描述了电沉积反应的部分现象，但却又都有各自的局限性。

(2) 对纳米复合沉积层的结构与性能的关系，纳米粒子在沉积层中的行为以及纳米粒子对沉积层性能的影响机制等方面的研究较少。例如，大连理工大学吴蒙华等利用超声脉冲电沉积方法制备了 Ni-TiN-CeO$_2$ 二元纳米复合沉积层，研究了工艺参数对沉积层中纳米粒子含量的影响；张艳等利用复合电沉积方法制备了含有 Cr 粒子的 Ni 基复合沉积层，研究了电沉积工艺参数对沉积层性能的影响，并对 Ni-Cr 电沉积机理进行了一定的探讨。虽然都能够从一个或者几个角度对各自的研究做出简要的分析或进行工艺参数的优化。但最终难以系统地运用实验数据和已知的经典理论解释，电沉积过程中增强相的加入是如何提高纳米复合沉积层的性能，以及沉积层结构是如何影响沉积层性能的。

21.7.2 电沉积资源的综合利用

科学的发展也给人类的生活环境带来巨大威胁，发展绿色的电沉积生产工艺成为电沉积行业亟待解决的问题。提高沉积液的利用效率，在保证不影响沉积层性能的前提下，使得沉积液中的重金属可以得到较大程度的利用和回收等问题，应获得更高的关注度，从而减少对环境的伤害。

21.7.3 纳米复合电沉积的应用前景及发展方向

1. 电沉积方法的多元化

纳米复合沉积层作为纳米复合材料的一种，其性能取决于所选用的连续相和分散相的特性、含量及沉积层结构等。电沉积方法的多元化主要包括增强相与连续相组成的多元化，以及沉积层结构的多元化两部分。在组元成分上，通过引入不同种类、不同形态及不同尺度的分散相，利用多元增强体本身性质的不同，通过相与相，以及相界面与界面之间的耦合作用，复合沉积层的性能比在单一增强相条件下的沉积层更易控制；在结构上，不同性能交替的微叠层以及具有功能梯度的金属基复合材料研究越来越引起关注，其目的是通过改变材料的结构来弥补单层材料内在性能的不足，以满足材料的特殊应用需求。

2. 电沉积产品的功能化与实用化

纳米复合沉积层发展至今，人们已经能够根据复合沉积层在不同工作环境中的不同性能要求，通过改变增强相粒子与连续相基质的种类、成分等工艺参数，制备出满足相应性能要求的复合沉积层。较为广泛应用的纳米复合沉积层主要有：高硬度耐磨纳米复合沉积层、耐高温抗氧化纳米复合沉积层及耐蚀纳米复合沉积层。

3. 电沉积工艺的环保化

工业的飞速发展导致的环境污染愈加严重，实现纳米复合沉积层制备工艺的环保化愈发成为电沉积产业迫在眉睫的任务。目前，应用于生产实践的绿色沉积层制备工艺主要有：Cr(VI)替代工艺、铬酸回收工艺、锌-镍合金代镉电沉积技术等。以上几种工艺都从一定程度上缓解了电沉积工艺过程对环境的污染，然而还没有出现一种较完善的复合电沉积工艺可以较彻底地解决复合电沉积过程中所造成的污染。

4. 结论

纳米复合电沉积作为一种纳米复合材料制备技术和材料表面处理技术为很多行业所认可，被广泛应用于机械制造、国防工业及通信电子等行业；纳米复合电沉积凭借工艺过程简单、经济，沉积层结构和性质容易调控等特点获得了越来越多的关注，并有很多在电沉积工艺等方面进行研究的文献。然而，复合电沉积机理以及电沉积资源综合利用等问题研究的滞后限制了纳米复合电沉积技术的发展。因此，若要实现纳米复合电沉积的可持续发展，还需要人们进一步努力研究纳米复合电沉积中不同粒子的沉积机理，探索沉积液和纳米粒子利用效率更高、更环保的电沉积工艺，推动纳米复合沉积层向着多元化、功能化、实用化和制备工艺环保化的方向发展。

21.8　电沉积材料研究现状的综合分析

有关书籍对电沉积金属及其合金的原理、工艺、沉积层的性能和应用都有较详细的介绍。上面仅就其材料系列作了简单的综述。但仍有许多问题需要进一步的研究和讨论。

1. 哪些金属可作为合金共沉积？

对于这个问题虽然有些分析和讨论，但总觉很不够，有必要综合现在的研究成果做进一步研究，找出规律用以指导实践。看来解决这个问题需要电化学家、材料科学家与从事电沉积研究的人员紧密结合，进行学科交叉，才能获得更深入的认识。

2. 金属共沉积机理的问题

在研究不同的合金体系时，对共沉积机理都有些描述，解释了所观测到的现象，但是没有人很好地把各种机理综合起来，进行梳理、分类，说明什么情况下符合什么机理。

3. 电沉积材料的成分和相结构的现代测试分析及综合研究

可能是因为金属和合金的电沉积研究开发比较早，所以没有很好地、系统地进行这方面的测试分析与研究。目前进行材料成分分析的电子探针、荧光 X 射线分析仪和进行结构分析的 XRD 分析仪器，以及微区的成分和结构分析都很普遍，有条件做这方面的深入系统研究。探索沉积态材料的成分和结构，以及电沉积材料在不同温度下热处理后的成分分布的变化，以及相结构的变化，并与相应的二元(三元)相图去对比。特别是晶体结构不同的二(三)种元素组成的合金，观测合金元素在基体中的固溶情况，或形成金属间合金的情况，并与相图进行比对。

4. 对电沉积材料及其后继热处理过程中材料精细结构的变化测试分析

对沉积态的沉积材料晶粒取向(织构)、宏观内应力测定，了解晶粒取向和与基体材料晶粒取向之间的关系，以及电沉积工艺之间的关系，了解残余应力大小与电沉积工艺之间的关系；用什么方法能对沉积态的电沉积材料的晶粒取向和残余应力进行综合测试分析与研究。关于这方面，本书的 10.1～10.3 节对电沉积铜薄膜有过一些介绍。

5. 对电沉积材料及其后继热处理过程中材料微结构的变化测试分析

对沉积态的沉积材料晶粒大小、微观内应力以及晶体缺陷的测试分析，以了解它们与电沉积工艺参数之间的关系，了解晶粒大小、微观应力和晶体缺陷在沉积材料的继后热处理中的变化。要进行这方面的研究，合理使用第 7 章中介绍的方法是很重要的。

6. 对电沉积材料及其后继热处理过程中材料显微组织变化的测试分析

利用现代的扫描电子显微镜和透射电子显微镜对电沉积层表面组织形貌以及材料断面和内部进行测试分析也是完全需要的，以了解晶粒大小和形状，特别是沉积层与基体界面附近情况尤为重要，以及这些参数在后继热处理中的变化。此外，在必要时可利用扫描电子显微镜的能谱附件进行微区的成分测试分析，也可利用透射电子显微镜中的微区衍射进行微区的结构分析。

参 考 文 献

[1] 屠振密, 胡会利, 程瑾宁, 等. 电沉积合金研究的新进展. 电镀与涂饰, 2007, 26(7): 42-47.
[2] 安茂忠. 电镀锌及锌合金发展现状. 电镀与涂饰, 2003, 22(6): 35-40.

[3] 许乔瑜, 蔡勤. 锌及锌合金基电沉积耐蚀复合镀层的研究进展. 腐蚀与防护, 2006, 27(6): 271-279.

[4] 夏扬, 王吉会, 王茂范. 铝合金电镀的研究进展. 材料导报, 2005, 19(12): 60-63.

[5] 蔡婷婷, 王兆文. 铝及铝合金电镀研究进展. 有色矿冶, 2013, 29(6): 35-41.

[6] 祝珊珊, 阚洪敏, 张宁, 等. 电沉积法制备铝镀层的研究进展. 轻合金加工技术, 2016, 44(6): 7-12.

[7] 赵海军, 刘磊, 沈彬, 等. 电沉积铜基自润滑复合材料的研究进展. 电镀与涂饰, 2005, 24(7): 50-53.

[8] 王凤娥. 电沉积镍基合金的研究进展. 稀有金属, 1998, 22(5): 375-379.

[9] 陈霜, 刘磊. 电沉积 Ni 基 Ni 基合金的研究进展. 材料导报, 2012.

[10] 孟栋, 宣天鹏, 王峰. 电沉积三元铁基非晶磁性合金薄膜的研究进展. 电镀与精饰, 2012, 34(5): 12-16.

[11] 赵阳培, 黄因慧. 电沉积纳米晶材料的研究进展. 材料科学与工程学报, 2003, 24(1): 126-129.

[12] 杨建明, 朱荻, 雷卫宁. 电沉积法制备纳米晶材料的研究进展. 材料保护, 2003, 36(4): 1-4.

[13] 冯筱珺, 阚洪敏, 魏晓冬, 等. 电沉积制备镍基复合镀层的研究进展. 表面技术, 2017, 46(5): 75-82.

[14] 李萌, 张小平, 周存龙, 等. 镍基纳米复合镀层的研究现状. 电镀与精饰, 2016, 38(11): 24-28.

[15] 袁庆龙, 凌文丹. 镍基纳米复合镀层的研究进展. 电镀与环保, 2012, 32(3): 1-4.

[16] 杜登学, 张志鹏, 李文鹏, 等. 镍基纳米复合镀层的研究进展. 材料保护, 2010, 43(9): 45-49.

[17] 张闫, 费敬银, 李倍, 等. 镍基金刚石复合镀层研究进展. 热加工工艺, 2016, 45(8): 25-29.

[18] 李恩重, 李江存, 周新远, 等. 铬(Ⅲ)-纳米金刚石复合电镀的研究进展. 广州化工, 2010, 38(8): 38-45.

[19] 王柏春, 许向阳, 朱永伟, 等. 铬-纳米金刚石复合镀影响因素的研究. 纳米科技, 2004, 1(3): 38-42.

[20] 王正, 任晨星, 徐向俊. 金刚石复合镀层的研究. 腐蚀与防护, 2001, (7): 283-286.

[21] 郭忠诚, 朱晓云, 杨显万. 电沉积法制备多功能复合材料研究动态与发展趋势. 中国工程科学, 2004, 6(4): 86-94.

[22] 文明芬, 郭忠诚, 杨显万. 电沉积 Ni-Mo-P-SiC 复合镀层. 材料保护, 1999, 32(3): 6.

[23] 张敬尧, 李延祥. SiC 表面活化对 Ni-Co-P/SiC 复合沉积层性能的影响. 腐蚀与防护, 2002, 23(3): 3.

[24] 刘颖, 陈家钊, 涂铭旌. ZrO_2 对 Ni-P 化学镀层抗高温氧化性影响. 表面技术, 1996, 25(5): 7-8.

[25] 李爱昌. (Ni-W)-ZrO_2 非晶复合镀层的制备及其性能. 材料保护, 2000, 33(7): 3.

[26] 刘善淑, 成旦红, 应太林, 等. 电沉积 Ni-P-ZrO_2 复合电极析氢电催化性能的研究. 电镀与涂饰, 2001, 20(6): 4.

[27] 林万舟, 王海林, 宋来洲. Ni-P 镀层磷含量对 Ni-P/TiO_2 复合膜耐蚀性能的影响. 金属功能材料, 2009, 16(2): 29-33.

[28] 冯秋元, 李廷举, 金俊泽. 复合电镀机理研究及最新进展. 稀有金属材料与工程, 2007, 36(3): 559-564.

[29] Celis J P, Roos J R, Buelens C. A mathematical model for the electrolytic codeposition of particles with a metallic matrix. Journal of the Electrochemical Society, 1977, 124(10): 1508-1515.

[30] Vereecken P M, Shao I, Searson P C. Particle codeposition in nanocomposite films. Journal of the Electrochemical Society, 2000, 147: 2572.

[31] 张文峰, 朱荻. 纳米晶复合材料电沉积工艺的研究进展. 兵器材料科学与工程, 2003, 26(6): 44-49.

[32] 戴玉明, 张振忠, 赵芳霞, 等. 电沉积法制备块体纳米晶材料的研究进展. 材料导报, 2009, 23(S1): 10-13.

[33] 曹立新, 屠振密, 李宁, 等. 电沉积法制备单金属纳米晶材料的研究进展. 材料保护, 2009, 42(6): 47-52.

[34] 李莉, 魏子栋, 李兰兰. 电沉积纳米材料研究现状. 电镀与精饰, 2004, 26(3): 9-14.

[35] 屠振密, 胡会利, 李宁, 等. 电沉积制备半导体纳米合金材料的研究进展. 电镀与环保, 2008, 28(2): 1-3.

[36] 张学会, 刘峥. 脉冲电沉积法制备纳米材料的研究进展. 材料保护, 2009, 42(6): 53-58.

[37] 张文峰, 朱荻. 纳米晶复合材料电沉积工艺的研究进展. 兵器材料科学与工程, 2003, 26(6): 44-49.

[38] 刘维桥, 雷卫宁, 曲宁松, 等. 基于 SCF-CO₂ 电沉积制备纳米材料的研究进展. 稀有金属材料与工程, 2010, 39(11): 2064-2038.

[39] 朱荻, 张文峰, 雷卫宁. 基于电沉积技术的纳米晶材料晶粒细化工艺研究. 人工晶体学报, 2004, 33(5): 765-769.

[40] 苏建铭, 路金林, 王一庸, 等. 纳米复合电镀的研究进展与展望. 电镀与精饰, 2014, 37(7): 20-24.

[41] 亓新华, 彭峰, 王红娟. 纳米复合电镀研究进展. 电镀与涂饰, 2005, 24(11): 51-55.

[42] 杨升红. 电沉积法制备纳米结构陶瓷和复合材料. 稀有金属快报, 2003, (8): 14-15.

索　引